国家科技支撑计划项目（2012BAD29B01）
国家科技基础性工作专项（2015FY111200）

中国市售水果蔬菜农药残留报告（2015～2019）

（华南卷）

庞国芳　范春林　主编

科学出版社

内 容 简 介

《中国市售水果蔬菜农药残留报告》共分8卷：华北卷（北京市、天津市、石家庄市、太原市、呼和浩特市），东北卷（沈阳市、长春市、哈尔滨市），华东卷一（上海市、南京市、杭州市、合肥市），华东卷二（福州市、南昌市、山东蔬菜产区、济南市），华中卷（郑州市、武汉市、长沙市），华南卷（广州市、深圳市、南宁市、海口市、海南蔬菜产区），西南卷（重庆市、成都市、贵阳市、昆明市、拉萨市）和西北卷（西安市、兰州市、西宁市、银川市、乌鲁木齐市）。

每卷包括2015~2019年市售20类135种水果蔬菜农药残留侦测报告和膳食暴露风险与预警风险评估报告。分别介绍了市售水果蔬菜样品采集情况，液相色谱-四极杆飞行时间质谱（LC-Q-TOF/MS）和气相色谱-四极杆飞行时间质谱（GC-Q-TOF/MS）农药残留检测结果，农药残留分布情况，农药残留检出水平与最大残留限量（MRL）标准对比分析，以及农药残留膳食暴露风险评估与预警风险评估结果。

本书对从事农产品安全生产、农药科学管理与施用、食品安全研究与管理的相关人员具有重要参考价值，同时可供高等院校食品安全与质量检测等相关专业的师生参考，广大消费者也可从中获取健康饮食的裨益。

图书在版编目（CIP）数据

中国市售水果蔬菜农药残留报告. 2015～2019. 华南卷 / 庞国芳，范春林主编. —北京：科学出版社，2019.12

ISBN 978-7-03-063322-4

Ⅰ. ①中… Ⅱ. ①庞… ②范… Ⅲ. ①水果-农药残留物-研究报告-华南地区-2015-2019 ②蔬菜-农药残留物-研究报告-华南地区-2015-2019 Ⅳ. ①X592

中国版本图书馆CIP数据核字（2019）第252141号

责任编辑：杨 震 刘 冉 杨新改/责任校对：杨 赛
责任印制：肖 兴/封面设计：北京图阅盛世

科学出版社出版
北京东黄城根北街16号
邮政编码：100717
http: //www.sciencep.com

北京汇瑞嘉合文化发展有限公司印刷
科学出版社发行 各地新华书店经销
*
2019年12月第 一 版 开本：787×1092 1/16
2019年12月第一次印刷 印张：41 3/4
字数：990 000

定价：298.00元

（如有印装质量问题，我社负责调换）

中国市售水果蔬菜农药残留报告（2015~2019）
（华南卷）

编　委　会

序

据世界卫生组织统计，全世界每年至少发生 50 万例农药中毒事件，死亡 11.5 万人，数十种疾病与农药残留有关。为此，世界各国均制定了严格的食品标准，对不同农产品设置了农药最大残留限量(MRL)标准。我国将于 2020 年 2 月实施《食品安全国家标准　食品中农药最大残留限量》(GB 2763—2019)，规定食品中 483 种农药的 7107 项最大残留限量标准；欧盟、美国和日本等发达国家和地区分别制定了 162248 项、39147 项和 51600 项农药最大残留限量标准。作为农业大国，我国是世界上农药生产和使用最多的国家。据中国统计年鉴数据统计，2000~2015 年我国化学农药原药产量从 60 万吨/年增加到 374 万吨/年，农药化学污染物已经是当前食品安全源头污染的主要来源之一。

因此，深受广大消费者及政府相关部门关注的各种问题也随之而来：我国“菜篮子”的农药残留污染状况和风险水平到底如何？我国农产品农药残留水平是否影响我国农产品走向国际市场？这些看似简单实则难度相当大的问题，涉及农药的科学管理与施用，食品农产品的安全监管，农药残留检测技术标准以及资源保障等多方面因素。

可喜的是，此次由庞国芳院士科研团队承担完成的国家科技支撑计划项目(2012BAD29B01)和国家科技基础性工作专项(2015FY111200)研究成果之一《中国市售水果蔬菜农药残留报告》(以下简称《报告》)，对上述问题给出了全面、深入、直观的答案，为形成我国农药残留监控体系提供了海量的科学数据支撑。

该《报告》包括水果蔬菜农药残留侦测报告和水果蔬菜农药残留膳食暴露风险与预警风险评估报告两大重点内容。其中，“水果蔬菜农药残留侦测报告”是庞国芳院士科研团队利用他们所取得的具有国际领先水平的多元融合技术，包括高通量非靶向农药残留侦测技术、农药残留侦测数据智能分析及残留侦测结果可视化等研究成果，对我国 46 个城市 1443 个采样点的 40151 例 135 种市售水果蔬菜进行非靶向农药残留侦测的结果汇总；同时，解决了数据维度多、数据关系复杂、数据分析要求高等技术难题，运用自主研发的海量数据智能分析软件，深入比较分析了农药残留侦测数据结果，初步普查了我国主要城市水果蔬菜农药残留的“家底”。而“水果蔬菜农药残留膳食暴露风险与预警风险评估报告”是在上述农药残留侦测数据的基础上，利用食品安全指数模型和风险系数模型，结合农药残留水平、特性、致害效应，进行系统的农药残留风险评价，最终给出了我国主要城市市售水果蔬菜农药残留的膳食暴露风险和预警风险结论。

该《报告》包含了海量的农药残留侦测结果和相关信息，数据准确、真实可靠，具有以下几个特点：

一、样品采集具有代表性。侦测地域范围覆盖全国除港澳台以外省级行政区的 46 个城市(包括 4 个直辖市，27 个省会城市，15 个水果蔬菜主产区城市的 288 个区县)的 1443 个采样点。随机从超市或农贸市场采集样品 22000 多批。样品采集地覆盖全国 25%人口的生活区域，具有代表性。

二、紧扣国家标准反映市场真实情况。侦测所涉及的水果蔬菜样品种类覆盖范围达到 20 类 135 种，其中 85%属于国家农药最大残留限量标准列明品种，彰显了方法的普遍适用性，反映了市场的真实情况。

三、检测过程遵循统一性和科学性原则。所有侦测数据均来源于 10 个网络联盟实验室，按“五统一”规范操作(统一采样标准、统一制样技术、统一检测方法、统一格式数据上传、统一模式统计分析报告)全封闭运行，保障数据的准确性、统一性、完整性、安全性和可靠性。

四、农残数据分析与评价的自动化。充分运用互联网的智能化技术，实现从农产品、农药残留、地域、农药残留最高限量标准等多维度的自动统计和综合评价与预警。

总之，该《报告》数据庞大，信息丰富，内容翔实，图文并茂，直观易懂。它的出版，将有助于广大读者全面了解我国主要城市市售水果蔬菜农药残留的现状、动态变化及风险水平。这对于全面认识我国水果蔬菜食用安全水平、掌握各种农药残留对人体健康的影响，具有十分重要的理论价值和实用意义。

该书适合政府监管部门、食品安全专家、农产品生产和经营者以及广大消费者等各类人员阅读参考，其受众之广、影响之大是该领域内前所未有的，值得大家高度关注。

2019 年 11 月

前　言

食品是人类生存和发展的基本物质基础。食品安全是全球的重大民生问题，也是世界各国目前所面临的共同难题，而食品中农药残留问题是引发食品安全事件的重要因素，尤其受到关注。目前，世界上常用的农药种类超过1000种，而且不断地有新的农药被研发和应用，在关注农药残留对人类身体健康和生存环境造成新的潜在危害的同时，也对农药残留的检测技术、监控手段和风险评估能力提出了更高的要求和全新的挑战。

为解决上述难题，作者团队此前一直围绕世界常用的1200多种农药和化学污染物展开多学科合作研究，例如，采用高分辨质谱技术开展无需实物标准品作参比的高通量非靶向农药残留检测技术研究；运用互联网技术与数据科学理论对海量农药残留检测数据的自动采集和智能分析研究；引入网络地理信息系统(Web-GIS)技术用于农药残留检测结果的空间可视化研究等等。与此同时，对这些前沿及主流技术进行多元融合研究，在农药残留检测技术、农药残留数据智能分析及结果可视化等多个方面取得了原创性突破，实现了农药残留检测技术信息化、检测结果大数据处理智能化、风险溯源可视化。这些创新研究成果已整理成《食用农产品农药残留监测与风险评估溯源技术研究》一书另行出版。

《中国市售水果蔬菜农药残留报告》(以下简称《报告》)是上述多项研究成果综合应用于我国农产品农药残留检测与风险评估的科学报告。为了真实反映我国百姓餐桌上水果蔬菜中农药残留污染状况以及残留农药的相关风险，2015~2019年期间，作者团队采用液相色谱-四极杆飞行时间质谱(LC-Q-TOF/MS)及气相色谱-四极杆飞行时间质谱(GC-Q-TOF/MS)两种高分辨质谱技术，从全国46个城市(包括27个省会城市、4个直辖市及15个水果蔬菜主产区城市)的1443个采样点(包括超市及农贸市场等)，随机采集了20类135种市售水果蔬菜(其中85%属于国家农药最大残留限量标准列明品种)40151例进行了非靶向农药残留筛查，初步摸清了这些城市市售水果蔬菜农药残留的“家底”，形成了2015~2019年全国重点城市市售水果蔬菜农药残留检测报告。在这基础上，运用食品安全指数模型和风险系数模型，开发了风险评价应用程序，对上述水果蔬菜农药残留分别开展膳食暴露风险评估和预警风险评估，形成了2015~2019年全国重点城市市售水果蔬菜农药残留膳食暴露风险与预警风险评估报告。现将这两大报告整理成书，以飨读者。

为了便于查阅，本次出版的《报告》按我国自然地理区域共分为八卷：华北卷(北京市、天津市、石家庄市、太原市、呼和浩特市)，东北卷(沈阳市、长春市、哈尔滨市)，华东卷一(上海市、南京市、杭州市、合肥市)，华东卷二(福州市、南昌市、山东蔬菜产区、济南市)，华中卷(郑州市、武汉市、长沙市)，华南卷(广州市、深圳市、南宁市、海口市、海南蔬菜产区)，西南卷(重庆市、成都市、贵阳市、昆明市、拉萨市)和西北卷(西安市、兰州市、西宁市、银川市、乌鲁木齐市)。

《报告》的每一卷内容均采用统一的结构和方式进行叙述，对每个城市的市售水果蔬菜农药残留状况和风险评估结果均按照 LC-Q-TOF/MS 及 GC-Q-TOF/MS 两种技术分别阐述。主要包括以下几方面内容：①每个城市的样品采集情况与农药残留检测结果；②每个城市的农药残留检出水平与最大残留限量(MRL)标准对比分析；③每个城市的水果(蔬菜)中农药残留分布情况；④每个城市水果蔬菜农药残留报告的初步结论；⑤农药残留风险评估方法及风险评价应用程序的开发；⑥每个城市的水果蔬菜农药残留膳食暴露风险评估；⑦每个城市的水果蔬菜农药残留预警风险评估；⑧每个城市水果蔬菜农药残留风险评估结论与建议。

本《报告》是我国“十二五”国家科技支撑计划项目(2012BAD29B01)和“十三五”国家科技基础性工作专项(2015FY111200)的研究成果之一。该项研究成果紧扣国家“十三五”规划纲要“增强农产品安全保障能力”和“推进健康中国建设”的主题，可在这些领域的发展中发挥重要的技术支撑作用。本《报告》的出版得到河北大学高层次人才科研启动经费项目(521000981273)的支持。

由于作者水平有限，书中不妥之处在所难免，恳请广大读者批评指正。

2019 年 11 月

缩略语表

ADI	allowable daily intake	每日允许最大摄入量
CAC	Codex Alimentarius Commission	国际食品法典委员会
CCPR	Codex Committee on Pesticide Residues	农药残留法典委员会
FAO	Food and Agriculture Organization	联合国粮食及农业组织
GAP	Good Agricultural Practices	农业良好管理规范
GC-Q-TOF/MS	gas chromatograph/quadrupole time-of-flight mass spectrometry	气相色谱-四极杆飞行时间质谱
GEMS	Global Environmental Monitoring System	全球环境监测系统
IFS	index of food safety	食品安全指数
JECFA	Joint FAO/WHO Expert Committee on Food and Additives	FAO、WHO 食品添加剂联合专家委员会
JMPR	Joint FAO/WHO Meeting on Pesticide Residues	FAO、WHO 农药残留联合会议
LC-Q-TOF/MS	liquid chromatograph/quadrupole time-of-flight mass spectrometry	液相色谱-四极杆飞行时间质谱
MRL	maximum residue limit	最大残留限量
R	risk index	风险系数
WHO	World Health Organization	世界卫生组织

凡　例

- 采样城市包括31个直辖市及省会城市（未含台北市、香港特别行政区和澳门特别行政区）及山东蔬菜产区、深圳市和海南蔬菜产区，分成华北卷（北京市、天津市、石家庄市、太原市、呼和浩特市）、东北卷（沈阳市、长春市、哈尔滨市）、华东卷一（上海市、南京市、杭州市、合肥市）、华东卷二（福州市、南昌市、山东蔬菜产区、济南市）、华中卷（郑州市、武汉市、长沙市）、华南卷（广州市、深圳市、南宁市、海口市、海南蔬菜产区）、西南卷（重庆市、成都市、贵阳市、昆明市、拉萨市）、西北卷（西安市、兰州市、西宁市、银川市、乌鲁木齐市）共8卷。
- 表中标注*表示剧毒农药；标注◊表示高毒农药；标注▲表示禁用农药；标注 a 表示超标。
- 书中提及的附表（侦测原始数据），请扫描封底二维码，按对应城市获取。

目　　录

广　州　市

深　圳　市

南　宁　市

海 口 市

海南蔬菜产区

广　州　市

第1章　LC-Q-TOF/MS 侦测广州市 731 例市售水果蔬菜样品农药残留报告

从广州市所属 6 个区，随机采集了 731 例水果蔬菜样品，使用液相色谱-四极杆飞行时间质谱（LC-Q-TOF/MS）对 565 种农药化学污染物进行示范侦测（7 种负离子模式 ESI⁻未涉及）。

1.1　样品种类、数量与来源

1.1.1　样品采集与检测

为了真实反映百姓餐桌上水果蔬菜中农药残留污染状况，本次所有检测样品均由检验人员于 2016 年 3 月至 2017 年 6 月期间，从广州市所属 35 个采样点，包括 12 个农贸市场 23 个超市，以随机购买方式采集，总计 36 批 731 例样品，从中检出农药 152 种，823 频次。采样及监测概况见图 1-1 及表 1-1，样品及采样点明细见表 1-2 及表 1-3（侦测原始数据见附表 1）。

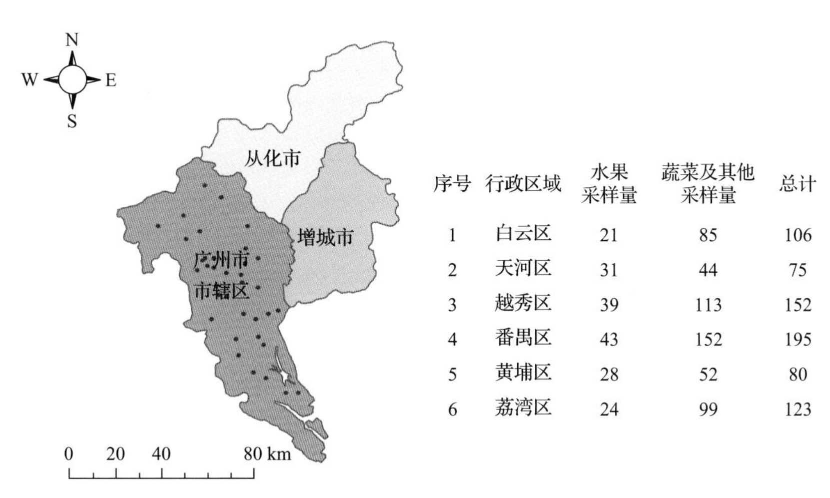

图 1-1　广州市所属 35 个采样点 731 例样品分布图

表 1-1　农药残留监测总体概况

采样地区	广州市所属 6 个区
采样点（超市+农贸市场）	35
样本总数	731
检出农药品种/频次	152/823
各采样点样本农药残留检出率范围	12.5%~100.0%

表 1-2　样品分类及数量

样品分类	样品名称(数量)	数量小计
1. 调味料		8
1)叶类调味料	芫荽(8)	8
2. 谷物		8
1)旱粮类谷物	鲜食玉米(8)	8
3. 水果		186
1)仁果类水果	苹果(8),梨(8),枇杷(6)	22
2)核果类水果	桃(4),李子(6),枣(8),樱桃(6)	24
3)浆果和其他小型水果	猕猴桃(8),草莓(7),葡萄(9)	24
4)瓜果类水果	西瓜(6),哈密瓜(8),香瓜(2),甜瓜(2)	18
5)热带和亚热带水果	山竹(4),香蕉(8),柿子(8),木瓜(8),芒果(8),火龙果(8),杨桃(8),菠萝(6)	58
6)柑橘类水果	柑(8),柚(8),橘(8),橙(8),柠檬(8)	40
4. 食用菌		31
1)蘑菇类	平菇(8),香菇(8),蘑菇(7),金针菇(8)	31
5. 蔬菜		498
1)豆类蔬菜	豇豆(8),豌豆(8),菜用大豆(6),菜豆(16)	38
2)鳞茎类蔬菜	青蒜(8),大蒜(8),洋葱(8),韭菜(8),葱(8)	40
3)水生类蔬菜	莲藕(8),豆瓣菜(8)	16
4)叶菜类蔬菜	蕹菜(10),芹菜(8),小茴香(2),菠菜(8),奶白菜(10),春菜(8),苋菜(1),小白菜(24),油麦菜(8),叶芥菜(8),娃娃菜(8),茼蒿(7),大白菜(16),生菜(8),小油菜(8),甘薯叶(8),青菜(8),莴笋(8)	158
5)芸薹属类蔬菜	结球甘蓝(16),花椰菜(16),芥蓝(8),紫甘蓝(8),青花菜(8),菜薹(12)	68
6)瓜类蔬菜	黄瓜(8),西葫芦(8),佛手瓜(8),南瓜(8),冬瓜(8),苦瓜(8),丝瓜(8)	56
7)茄果类蔬菜	番茄(8),甜椒(8),人参果(4),樱桃番茄(8),辣椒(8),茄子(8)	44
8)茎类蔬菜	芦笋(4)	4
9)其他类蔬菜	竹笋(2)	2
10)根茎类和薯芋类蔬菜	紫薯(8),甘薯(8),山药(8),芋(8),胡萝卜(8),萝卜(16),姜(8),马铃薯(8)	72
合计	1.调味料 1 种 2.谷物 1 种 3.水果 27 种 4.食用菌 4 种 5.蔬菜 58 种	731

表 1-3　广州市采样点信息

采样点序号	行政区域	采样点
农贸市场(12)		
1	天河区	***市场
2	番禺区	***市场
3	番禺区	***市场
4	白云区	***市场
5	荔湾区	***街市
6	荔湾区	***市场
7	荔湾区	***市场
8	荔湾区	***市场
9	越秀区	***市场
10	越秀区	***市场
11	越秀区	***市场
12	黄埔区	***市场
超市(23)		
1	天河区	***超市(车陂北街店)
2	天河区	***超市(广州中山大道店)
3	番禺区	***超市(购物城店)
4	番禺区	***超市(番禺区万达广场店)
5	番禺区	***超市(员岗店)
6	番禺区	***超市(大石店)
7	白云区	***超市
8	白云区	***超市(石井店)
9	白云区	***超市(增槎路店)
10	荔湾区	***超市(荔湾店)
11	荔湾区	***超市(西华路店)
12	荔湾区	***超市(康王中路店)
13	荔湾区	***超市(广雅店)
14	越秀区	***超市(中六店)
15	越秀区	***超市(应元路店)
16	越秀区	***超市(北京路店)
17	越秀区	***超市(中环广场店)
18	越秀区	***超市(中华广场店)
19	越秀区	***超市(小北路店)
20	黄埔区	***超市(黄埔店)
21	黄埔区	***超市(黄埔区店)
22	黄埔区	***超市(怡港店)
23	黄埔区	***超市(港湾店)

1.1.2　检测结果

这次使用的检测方法是庞国芳院士团队最新研发的不需使用标准品对照，而以高分辨精确质量数(0.0001 *m/z*)为基准的 LC-Q-TOF/MS 检测技术，对于 731 例样品，每个样品均侦测了 565 种农药化学污染物的残留现状。通过本次侦测，在 731 例样品中共计检出农药化学污染物 152 种，检出 823 频次。

1.1.2.1　各采样点样品检出情况

统计分析发现 35 个采样点中，被测样品的农药检出率范围为 12.5%~100.0%。其中，***市场和***市场的检出率最高，均为 100.0%，***超市(小北路店)的检出率最低，为 12.5%，见图 1-2。

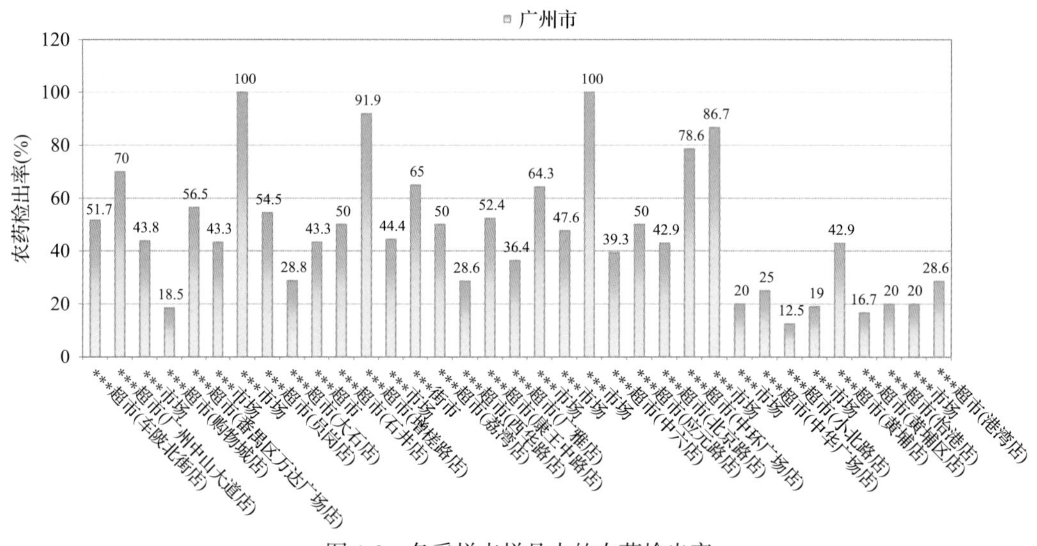

图 1-2　各采样点样品中的农药检出率

1.1.2.2　检出农药的品种总数与频次

统计分析发现，对于 731 例样品中 565 种农药化学污染物的侦测，共检出农药 823 频次，涉及农药 152 种，结果如图 1-3 所示。其中吡蚜酮检出频次最高，共检出 90 次。检出频次排名前 10 的农药如下：①吡蚜酮(90)；②烯酰吗啉(62)；③多菌灵(47)；④啶虫脒(40)；⑤苯醚甲环唑(29)；⑥吡唑醚菌酯(28)；⑦灭蝇胺(28)；⑧毒死蜱(26)；⑨哒螨灵(24)；⑩吡虫啉(22)。

由图 1-4 可见，小白菜、芹菜、菜薹、奶白菜和青菜这 5 种果蔬样品中检出的农药品种数较高，均超过 15 种，其中，小白菜检出农药品种最多，为 32 种。由图 1-5 可见，小白菜、芹菜和青菜这 3 种果蔬样品中的农药检出频次较高，均超过 30 次，其中，小白菜检出农药频次最高，为 67 次。

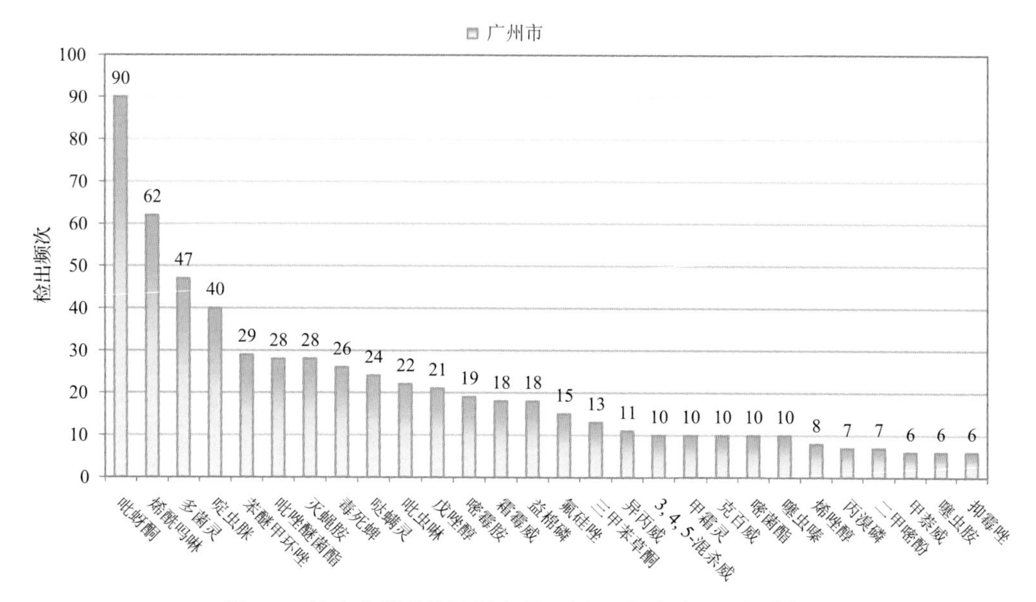

图 1-3　检出农药品种及频次(仅列出 6 频次及以上的数据)

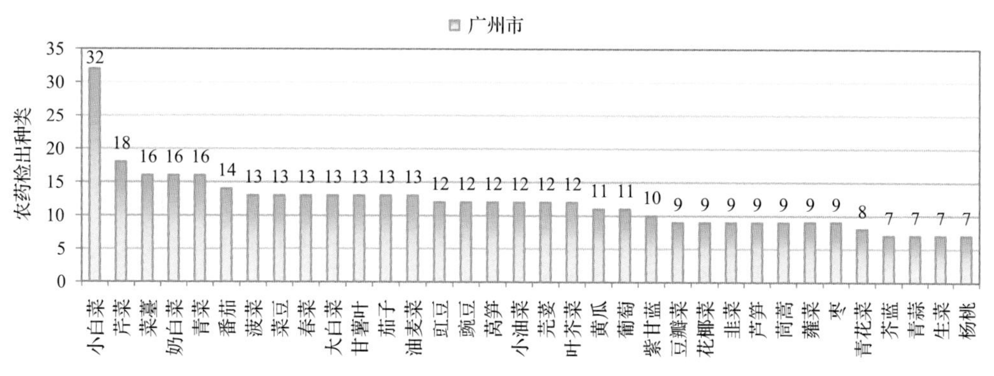

图 1-4　单种水果蔬菜检出农药的种类数(仅列出检出农药 7 种及以上的数据)

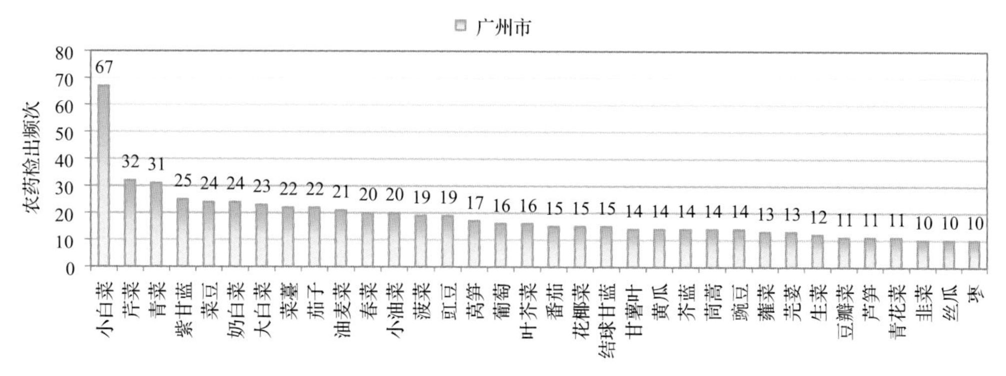

图 1-5　单种水果蔬菜检出农药频次(仅列出检出农药 10 频次及以上的数据)

1.1.2.3　单例样品农药检出种类与占比

对单例样品检出农药种类和频次进行统计发现，未检出农药的样品占总样品数的

51.8%，检出 1 种农药的样品占总样品数的 18.6%，检出 2~5 种农药的样品占总样品数的 27.1%，检出 6~10 种农药的样品占总样品数的 2.3%，检出大于 10 种农药的样品占总样品数的 0.1%。每例样品中平均检出农药为 1.1 种，数据见表 1-4 及图 1-6。

表 1-4　单例样品检出农药品种占比

检出农药品种数	样品数量/占比(%)
未检出	379/51.8
1 种	136/18.6
2~5 种	198/27.1
6~10 种	17/2.3
大于 10 种	1/0.1
单例样品平均检出农药品种	1.1 种

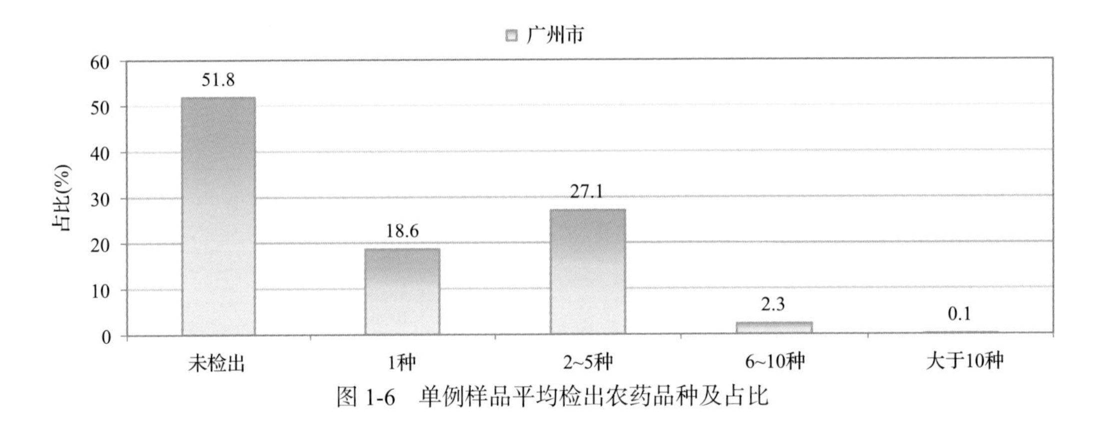

图 1-6　单例样品平均检出农药品种及占比

1.1.2.4　检出农药类别与占比

所有检出农药按功能分类，包括杀虫剂、杀菌剂、除草剂、植物生长调节剂、增塑剂、除草剂安全剂、驱避剂共 7 类。其中杀虫剂与杀菌剂为主要检出的农药类别，分别占总数的 40.1%和 27.0%，见表 1-5 及图 1-7。

表 1-5　检出农药所属类别及占比

农药类别	数量/占比(%)
杀虫剂	61/40.1
杀菌剂	41/27.0
除草剂	38/25.0
植物生长调节剂	8/5.3
增塑剂	2/1.3
除草剂安全剂	1/0.7
驱避剂	1/0.7

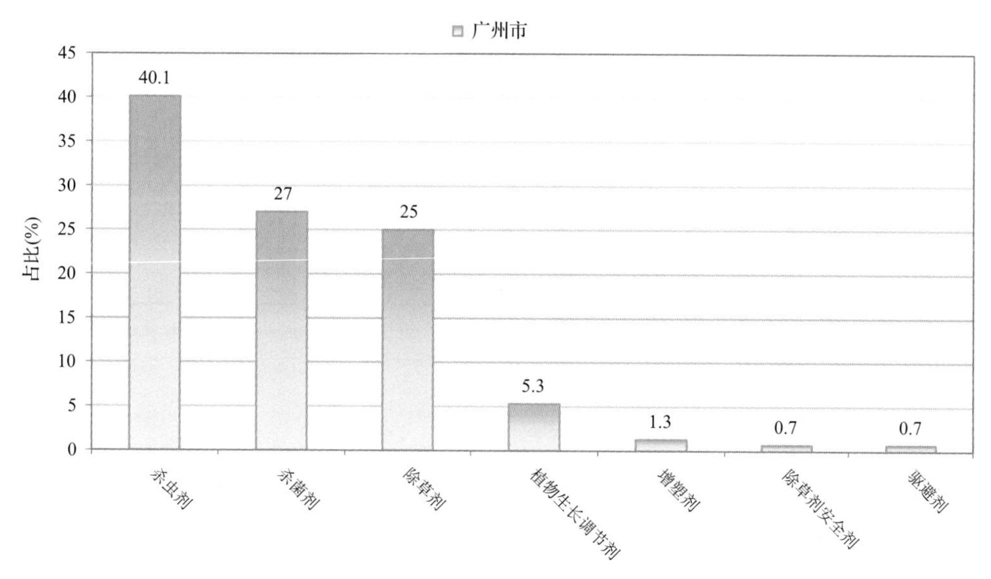

图 1-7 检出农药所属类别和占比

1.1.2.5 检出农药的残留水平

按检出农药残留水平进行统计，残留水平在 1~5 μg/kg(含)的农药占总数的 12.2%，在 5~10 μg/kg(含)的农药占总数的 7.9%，在 10~100 μg/kg(含)的农药占总数的 57.6%，在 100~1000 μg/kg(含)的农药占总数的 20.9%，在>1000 μg/kg 的农药占总数的 1.5%。

由此可见，这次检测的 36 批 731 例水果蔬菜样品中农药多数处于中高残留水平。结果见表 1-6 及图 1-8，数据见附表 2。

表 1-6 农药残留水平及占比

残留水平(μg/kg)	检出频次数/占比(%)
1~5(含)	100/12.2
5~10(含)	65/7.9
10~100(含)	474/57.6
100~1000(含)	172/20.9
>1000	12/1.5

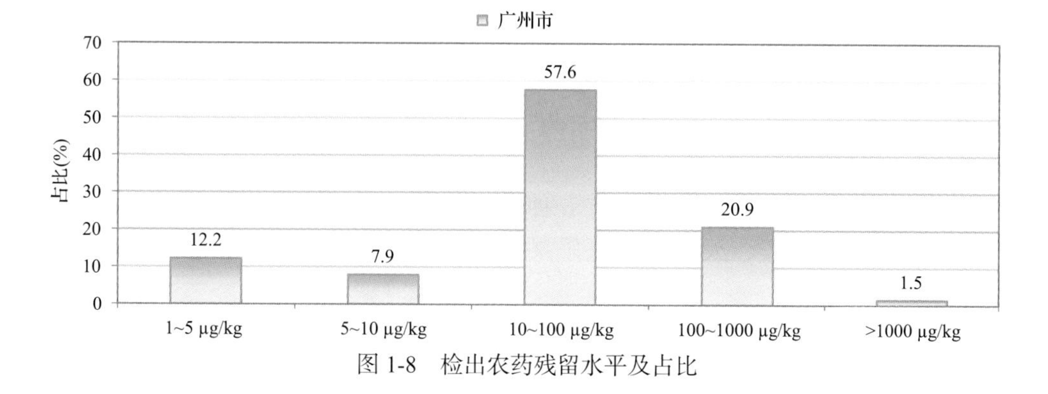

图 1-8 检出农药残留水平及占比

1.1.2.6 检出农药的毒性类别、检出频次和超标频次及占比

对这次检出的 152 种 823 频次的农药，按剧毒、高毒、中毒、低毒和微毒这五个毒性类别进行分类，从中可以看出，广州市目前普遍使用的农药为中低微毒农药，品种占 90.2%，频次占 93.6%。结果见表 1-7 及图 1-9。

表 1-7 检出农药毒性类别及占比

毒性分类	农药品种/占比(%)	检出频次/占比(%)	超标频次/超标率(%)
剧毒农药	3/2.0	5/0.6	3/60.0
高毒农药	12/7.9	48/5.8	5/10.4
中毒农药	60/39.5	325/39.5	2/0.6
低毒农药	57/37.5	316/38.4	1/0.3
微毒农药	20/13.2	129/15.7	3/2.3

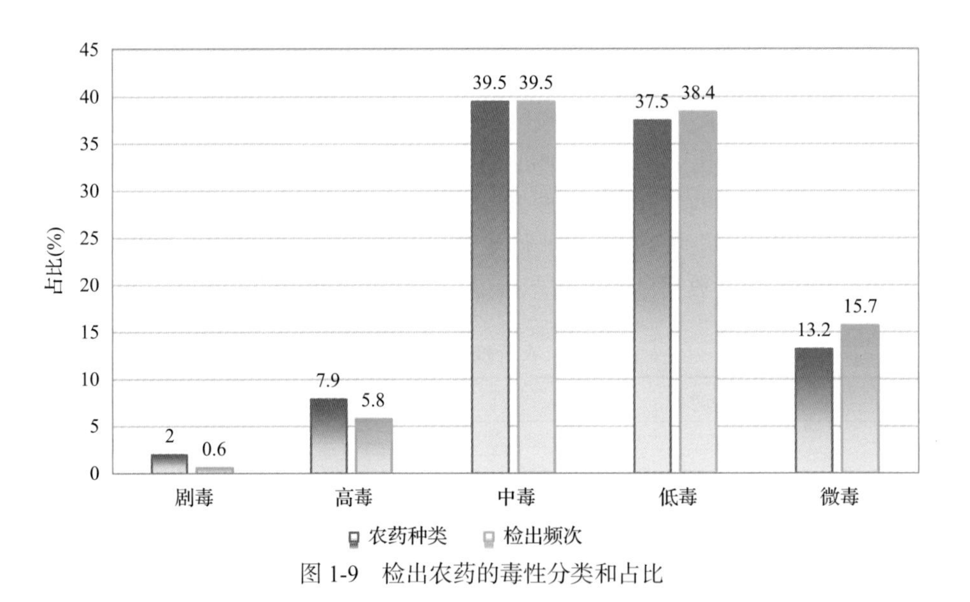

图 1-9 检出农药的毒性分类和占比

1.1.2.7 检出剧毒/高毒类农药的品种和频次

值得特别关注的是，在此次侦测的 731 例样品中有 23 种蔬菜 3 种水果的 48 例样品检出了 15 种 53 频次的剧毒和高毒农药，占样品总量的 6.6%，详见图 1-10、表 1-8 及表 1-9。

在检出的剧毒和高毒农药中，有 6 种是我国早已禁止在果树和蔬菜上使用的，分别是：克百威、磷胺、灭多威、氧乐果、灭线磷和涕灭威。禁用农药的检出情况见表 1-10。

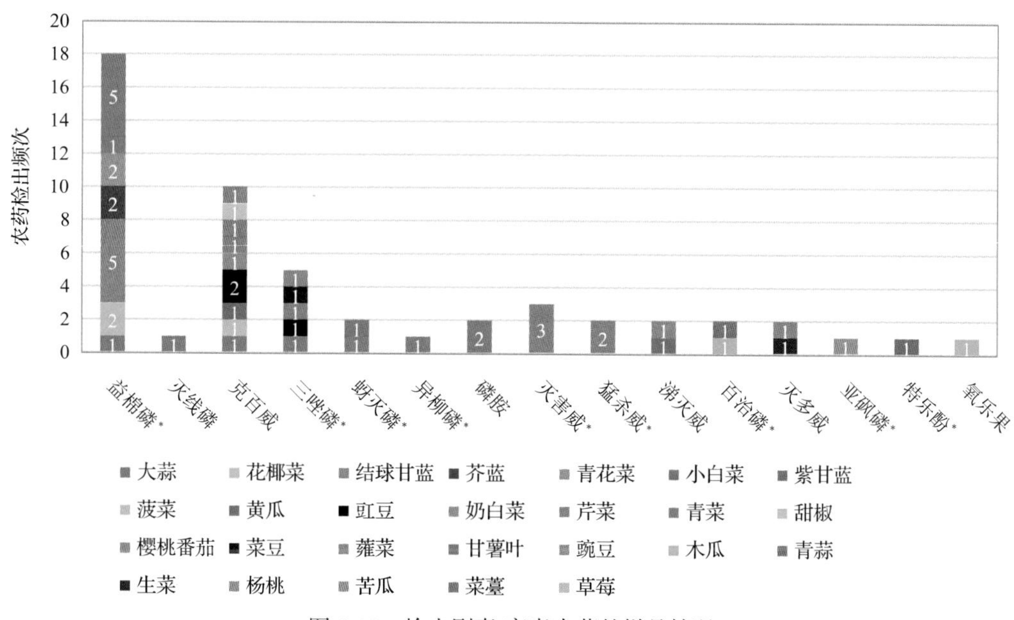

图1-10 检出剧毒/高毒农药的样品情况

*表示允许在水果和蔬菜上使用的农药

表1-8 剧毒农药检出情况

序号	农药名称	检出频次	超标频次	超标率
水果中未检出剧毒农药				
	小计	0	0	超标率：0.0%
从4种蔬菜中检出3种剧毒农药，共计检出5次				
1	磷胺*	2	2	100.0%
2	涕灭威*	2	1	50.0%
3	灭线磷*	1	0	0.0%
	小计	5	3	超标率：60.0%
	合计	5	3	超标率：60.0%

表1-9 高毒农药检出情况

序号	农药名称	检出频次	超标频次	超标率
从3种水果中检出3种高毒农药，共计检出3次				
1	百治磷	1	0	0.0%
2	灭多威	1	0	0.0%
3	氧乐果	1	1	100.0%
	小计	3	1	超标率：33.3%

续表

序号	农药名称	检出频次	超标频次	超标率
从 22 种蔬菜中检出 11 种高毒农药，共计检出 45 次				
1	益棉磷	18	0	0.0%
2	克百威	10	4	40.0%
3	三唑磷	5	0	0.0%
4	灭害威	3	0	0.0%
5	猛杀威	2	0	0.0%
6	蚜灭磷	2	0	0.0%
7	百治磷	1	0	0.0%
8	灭多威	1	0	0.0%
9	特乐酚	1	0	0.0%
10	亚砜磷	1	0	0.0%
11	异柳磷	1	0	0.0%
小计		45	4	超标率：8.9%
合计		48	5	超标率：10.4%

表 1-10　禁用农药检出情况

序号	农药名称	检出频次	超标频次	超标率
从 2 种水果中检出 2 种禁用农药，共计检出 2 次				
1	灭多威	1	0	0.0%
2	氧乐果	1	1	100.0%
小计		2	1	超标率：50.0%
从 16 种蔬菜中检出 7 种禁用农药，共计检出 19 次				
1	克百威	10	4	40.0%
2	磷胺*	2	2	100.0%
3	杀虫脒	2	1	50.0%
4	涕灭威*	2	1	50.0%
5	丁酰肼	1	0	0.0%
6	灭多威	1	0	0.0%
7	灭线磷*	1	0	0.0%
小计		19	8	超标率：42.1%
合计		21	9	超标率：42.9%

注：超标结果参考 MRL 中国国家标准计算

此次抽检的果蔬样品中，有 4 种蔬菜检出了剧毒农药，分别是：大蒜中检出灭线磷 1 次；甘薯叶中检出涕灭威 1 次；紫甘蓝中检出磷胺 2 次；豌豆中检出涕灭威 1 次。

样品中检出剧毒和高毒农药残留水平超过 MRL 中国国家标准的频次为 8 次，其中：草莓检出氧乐果超标 1 次；樱桃番茄检出克百威超标 1 次；紫甘蓝检出磷胺超标 2 次；芹菜检出克百威超标 1 次；菠菜检出克百威超标 1 次；豇豆检出克百威超标 1 次；豌豆检出涕灭威超标 1 次。本次检出结果表明，高毒、剧毒农药的使用现象依旧存在，详见表 1-11。

表 1-11　各样本中检出剧毒/高毒农药情况

样品名称	农药名称	检出频次	超标频次	检出浓度(μg/kg)
水果 3 种				
木瓜	百治磷	1	0	71.5
杨桃	灭多威▲	1	0	4.8
草莓	氧乐果▲	1	1	1012.0[a]
小计		3	1	超标率：33.3%
蔬菜 23 种				
大蒜	益棉磷	1	0	15.4
大蒜	灭线磷*▲	1	0	2.3
奶白菜	克百威▲	1	0	9.6
小白菜	三唑磷	1	0	5.8
小白菜	克百威▲	1	0	13.6
小白菜	异柳磷	1	0	2.3
小白菜	益棉磷	1	0	10.2
小白菜	蚜灭磷	1	0	12.9
樱桃番茄	克百威▲	1	1	45.6[a]
甘薯叶	蚜灭磷	1	0	5.5
甘薯叶	涕灭威*▲	1	0	17.7
甜椒	克百威▲	1	0	19.5
生菜	灭多威▲	1	0	104.5
紫甘蓝	益棉磷	5	0	18.8, 48.1, 16.0, 47.2, 76.5
紫甘蓝	磷胺*▲	2	2	68.8[a], 124.8[a]
结球甘蓝	益棉磷	5	0	17.4, 11.8, 19.9, 21.3, 12.9
芥蓝	益棉磷	2	0	35.2, 12.0
花椰菜	益棉磷	2	0	25.0, 17.6
芹菜	灭害威	3	0	125.7, 112.3, 128.4
芹菜	猛杀威	2	0	23.4, 10.6
芹菜	克百威▲	1	1	85.5[a]
苦瓜	亚砜磷	1	0	8.9

续表

样品名称	农药名称	检出频次	超标频次	检出浓度(μg/kg)
		蔬菜 23 种		
菜薹	特乐酚	1	0	136.9
菜豆	三唑磷	1	0	84.9
菠菜	克百威▲	1	1	67.6[a]
蕹菜	三唑磷	1	0	12.9
豇豆	克百威▲	2	1	16.7, 54.9[a]
豇豆	三唑磷	1	0	160.9
豌豆	涕灭威*▲	1	1	404.2[a]
青花菜	益棉磷	2	0	31.2, 31.2
青菜	三唑磷	1	0	5.7
青菜	克百威▲	1	0	2.2
青蒜	百治磷	1	0	15.3
黄瓜	克百威▲	1	0	11.8
小计		50	7	超标率：14.0%
合计		53	8	超标率：15.1%

1.2　农药残留检出水平与最大残留限量标准对比分析

我国于 2014 年 3 月 20 日正式颁布并于 2014 年 8 月 1 日正式实施食品农药残留限量国家标准《食品中农药最大残留限量》(GB 2763—2014)。该标准包括 371 个农药条目，涉及最大残留限量(MRL)标准 3653 项。将 823 频次检出农药的浓度水平与 3653 项 MRL 中国国家标准进行核对，其中只有 169 频次的农药找到了对应的 MRL 标准，占 20.5%，还有 654 频次的侦测数据则无相关 MRL 标准供参考，占 79.5%。

将此次侦测结果与国际上现行 MRL 标准对比发现，在 823 频次的检出结果中有 823 频次的结果找到了对应的 MRL 欧盟标准，占 100.0%，其中，706 频次的结果有明确对应的 MRL 标准，占 85.8%，其余 117 频次按照欧盟一律标准判定，占 14.2%；有 823 频次的结果找到了对应的 MRL 日本标准，占 100.0%，其中，468 频次的结果有明确对应的 MRL 标准，占 56.9%，其余 355 频次按照日本一律标准判定，占 43.1%；有 354 频次的结果找到了对应的 MRL 中国香港标准，占 43.0%；有 360 频次的结果找到了对应的 MRL 美国标准，占 43.7%；有 147 频次的结果找到了对应的 MRL CAC 标准，占 17.9%。(见图 1-11 和图 1-12，数据见附表 3 至附表 8)。

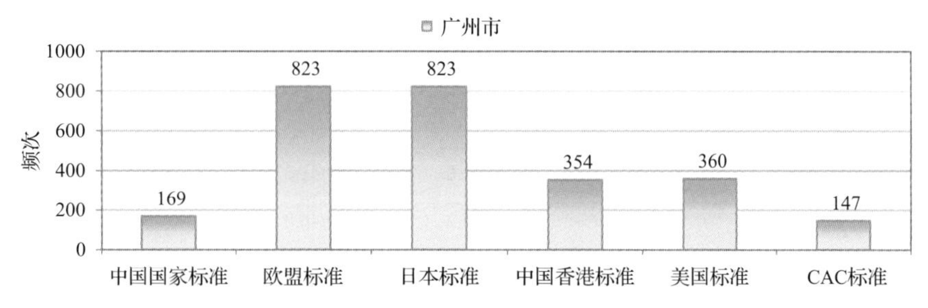

图 1-11　823 频次检出农药可用 MRL 中国国家标准、欧盟标准、日本标准、中国香港标准、美国标准、CAC 标准判定衡量的数量

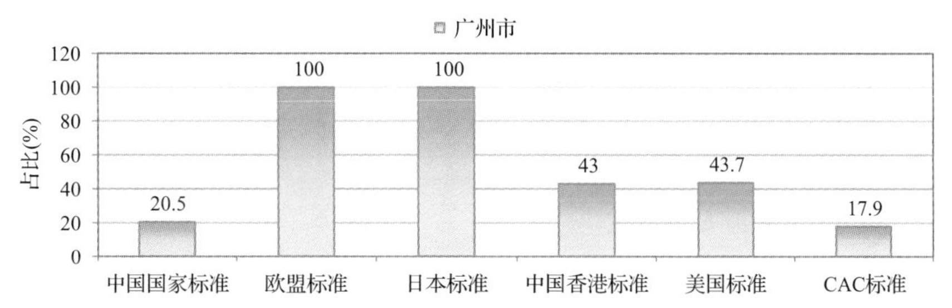

图 1-12　823 频次检出农药可用 MRL 中国国家标准、欧盟标准、日本标准、中国香港标准、美国标准、CAC 标准衡量的占比

1.2.1　超标农药样品分析

本次侦测的 731 例样品中，379 例样品未检出任何残留农药，占样品总量的 51.8%，352 例样品检出不同水平、不同种类的残留农药，占样品总量的 48.2%。在此，我们将本次侦测的农残检出情况与 MRL 中国国家标准、欧盟标准、日本标准、中国香港标准、美国标准和 CAC 标准这 6 大国际主流 MRL 标准进行对比分析，样品农残检出与超标情况见图 1-13、表 1-12 和图 1-14，详细数据见附表 9 至附表 14。

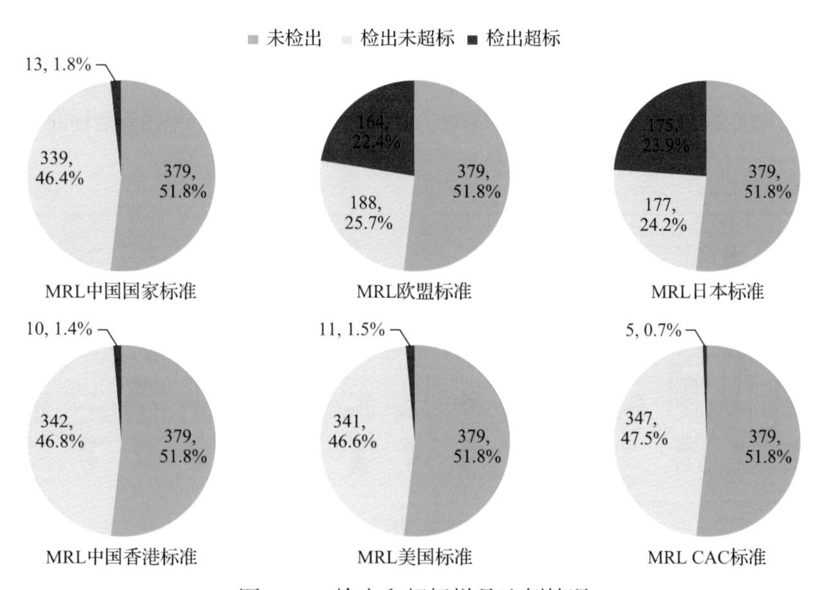

图 1-13　检出和超标样品比例情况

表 1-12　各 MRL 标准下样本农残检出与超标数量及占比

	中国国家标准 数量/占比(%)	欧盟标准 数量/占比(%)	日本标准 数量/占比(%)	中国香港标准 数量/占比(%)	美国标准 数量/占比(%)	CAC 标准 数量/占比(%)
未检出	379/51.8	379/51.8	379/51.8	379/51.8	379/51.8	379/51.8
检出未超标	339/46.4	188/25.7	177/24.2	342/46.8	341/46.6	347/47.5
检出超标	13/1.8	164/22.4	175/23.9	10/1.4	11/1.5	5/0.7

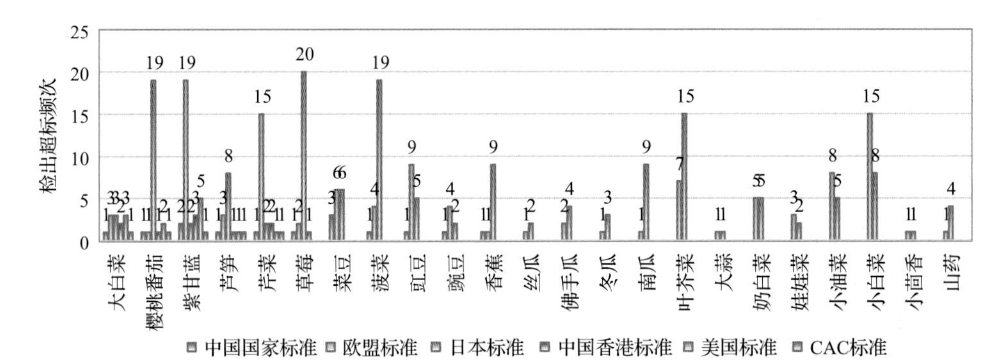

图 1-14-1　超过 MRL 中国国家标准、欧盟标准、日本标准、中国香港标准、美国标准和 CAC 标准结果在水果蔬菜中的分布

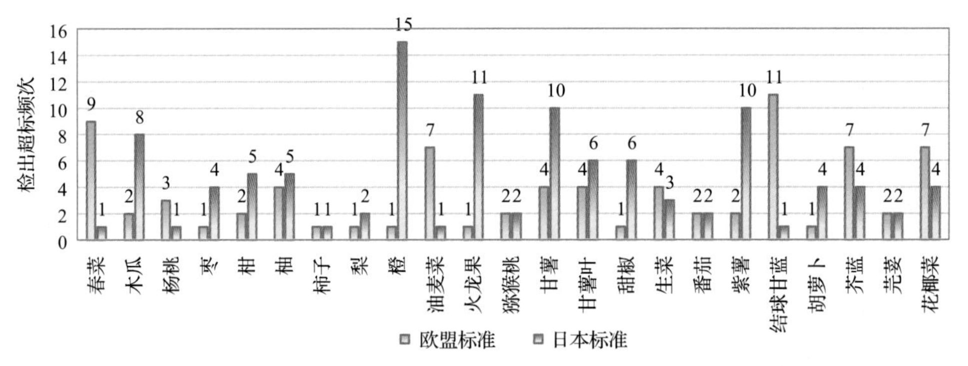

图 1-14-2　超过 MRL 中国国家标准、欧盟标准、日本标准、中国香港标准、美国标准和 CAC 标准结果在水果蔬菜中的分布

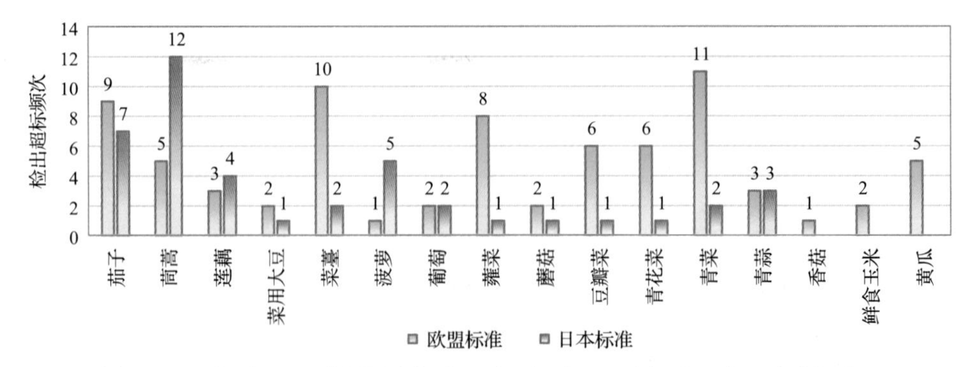

图 1-14-3　超过 MRL 中国国家标准、欧盟标准、日本标准、中国香港标准、美国标准和 CAC 标准结果在水果蔬菜中的分布

1.2.2 超标农药种类分析

按照 MRL 中国国家标准、欧盟标准、日本标准、中国香港标准、美国标准和 CAC 标准这6大国际主流 MRL 标准衡量,本次侦测检出的农药超标品种及频次情况见表 1-13。

表 1-13 各 MRL 标准下超标农药品种及频次

	中国国家标准	欧盟标准	日本标准	中国香港标准	美国标准	CAC 标准
超标农药品种	8	78	79	6	6	4
超标农药频次	14	268	304	10	12	5

1.2.2.1 按 MRL 中国国家标准衡量

按 MRL 中国国家标准衡量，共有 8 种农药超标，检出 14 频次，分别为剧毒农药磷胺和涕灭威，高毒农药克百威和氧乐果，中毒农药杀虫脒和倍硫磷，低毒农药灭蝇胺，微毒农药多菌灵。

按超标程度比较，草莓中氧乐果超标 49.6 倍，菜豆中倍硫磷超标 19.5 倍，豌豆中涕灭威超标 12.5 倍，大白菜中杀虫脒超标 5.5 倍，芹菜中克百威超标 3.3 倍。检测结果见图 1-15 和附表 15。

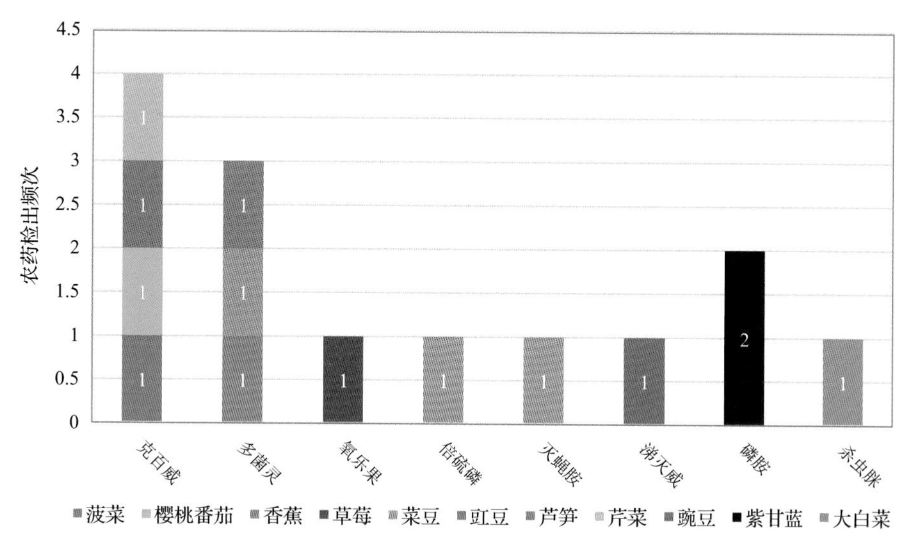

图 1-15 超过 MRL 中国国家标准农药品种及频次

1.2.2.2 按 MRL 欧盟标准衡量

按 MRL 欧盟标准衡量，共有 78 种农药超标，检出 268 频次，分别为剧毒农药涕灭威和磷胺，高毒农药猛杀威、特乐酚、蚜灭磷、克百威、三唑磷、百治磷、益棉磷、氧乐果和灭害威，中毒农药戊唑醇、氟蚁腙、毒死蜱、烯唑醇、甲萘威、喹螨醚、噻虫嗪、炔丙菊酯、三唑醇、3,4,5-混杀威、苯醚甲环唑、麦穗宁、噁霜灵、辛硫磷、丙环唑、速灭威、甲基吡噁磷、啶虫脒、氟硅唑、哒螨灵、杀虫脒、倍硫磷、抑霉唑、吡虫啉、丙溴磷、残杀威、异丙威和鱼藤酮，低毒农药灭蝇胺、烯酰吗啉、呋虫胺、氯吡脲、嘧霉胺、环丙津、吡蚜酮、磷酸三苯酯、二甲嘧酚、磺噻隆、螺螨酯、胺苯磺隆、三甲苯草酮、戊草丹、驱蚊叮、氟虫脲、噻菌灵、扑灭通、乙虫腈、胺菊酯、去异丙基莠去津、吡氟禾草灵、绿谷隆、噻吩磺隆、特草灵、环莠隆、炔螨特、环庚草醚和环丙嘧啶醇，微毒农药多菌灵、吡唑醚菌酯、丁酰肼、甲氧虫酰肼、甲基硫菌灵、氟草隆、磺草唑胺、灭草烟、霜霉威和除草定。

按超标程度比较，蘑菇中丙溴磷超标 455.3 倍，芫荽中氟草隆超标 142.2 倍，菜豆中倍硫磷超标 101.7 倍，草莓中氧乐果超标 100.2 倍，草莓中环庚草醚超标 87.7 倍。检测结果见图 1-16 和附表 16。

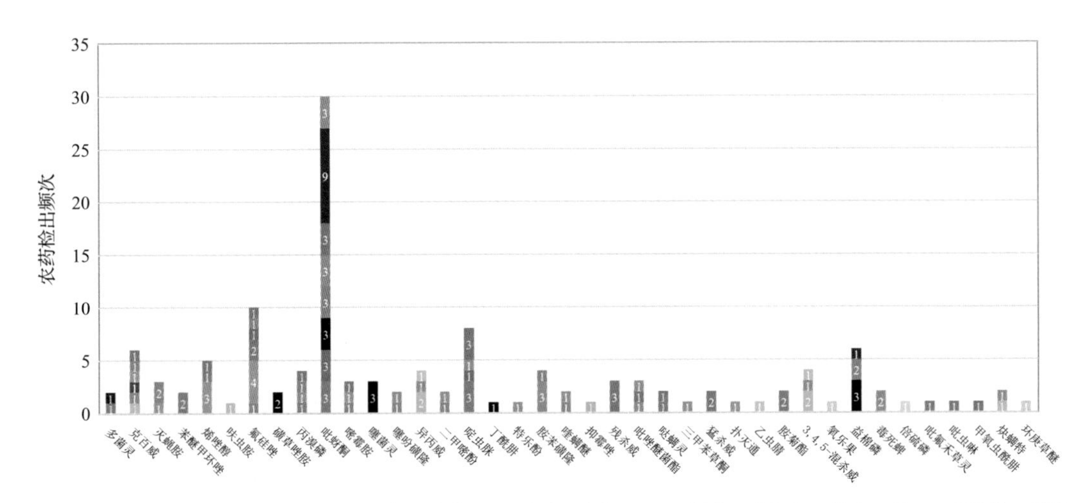

图 1-16-1　超过 MRL 欧盟标准农药品种及频次

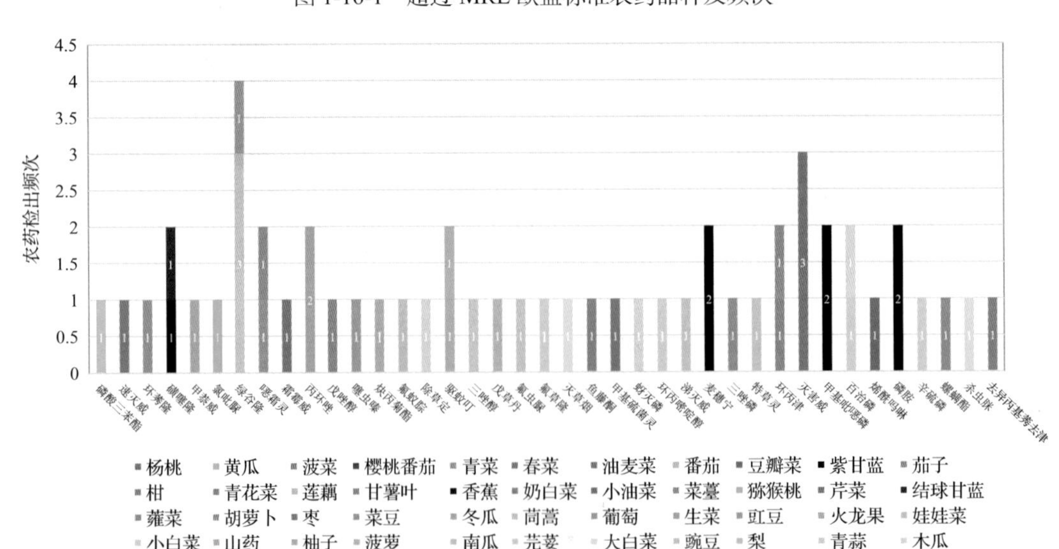

图 1-16-2　超过 MRL 欧盟标准农药品种及频次

1.2.2.3　按 MRL 日本标准衡量

按 MRL 日本标准衡量，共有 79 种农药超标，检出 304 频次，分别为剧毒农药涕灭威，高毒农药猛杀威、特乐酚、蚜灭磷、克百威、三唑磷、百治磷、益棉磷、氧乐果和灭害威，中毒农药氟喹唑、噻唑磷、氟蚁腙、甲哌、多效唑、戊唑醇、毒死蜱、烯唑醇、噻虫嗪、炔丙菊酯、3,4,5-混杀威、喹螨醚、甲基吡噁磷、苯醚甲环唑、茚虫威、辛硫磷、丙环唑、速灭威、麦穗宁、啶虫脒、氟硅唑、哒螨灵、杀虫脒、倍硫磷、抑霉唑、吡虫啉、异丙威、丙溴磷和鱼藤酮，低毒农药灭蝇胺、烯酰吗啉、嘧霉胺、环丙津、嘧菌环胺、吡蚜酮、磷酸三苯酯、二甲嘧酚、磺噻隆、虫酰肼、戊草丹、胺苯磺隆、三甲苯草酮、氟菌唑、驱蚊叮、乙虫腈、扑灭通、胺菊酯、去异丙基莠去津、吡氟禾草灵、噻吩磺隆、绿谷隆、特草灵、环莠隆、乙嘧酚磺酸酯、环庚草醚、炔螨特和环丙嘧啶醇，微毒农药多菌灵、吡唑醚菌酯、乙螨唑、丁酰肼、嘧菌酯、甲基硫菌灵、氟草隆、磺草唑胺、灭草烟、除草定、双酰草胺和霜霉威。

按超标程度比较，豇豆中啶虫脒超标 121.3 倍，菜豆中倍硫磷超标 101.7 倍，叶芥菜中烯酰吗啉超标 91.5 倍，蘑菇中丙溴磷超标 90.3 倍，草莓中环庚草醚超标 87.7 倍。检测结果见图 1-17 和附表 17。

1.2.2.4　按 MRL 中国香港标准衡量

按 MRL 中国香港标准衡量，共有 6 种农药超标，检出 10 频次，分别为中毒农药毒死蜱、噻虫嗪、啶虫脒、倍硫磷和吡虫啉，低毒农药吡蚜酮。

按超标程度比较，豇豆中噻虫嗪超标 81.6 倍，菜豆中倍硫磷超标 19.5 倍，豇豆中毒死蜱超标 7.6 倍，茄子中啶虫脒超标 1.8 倍，芦笋中吡蚜酮超标 1.7 倍。检测结果见图 1-18 和附表 18。

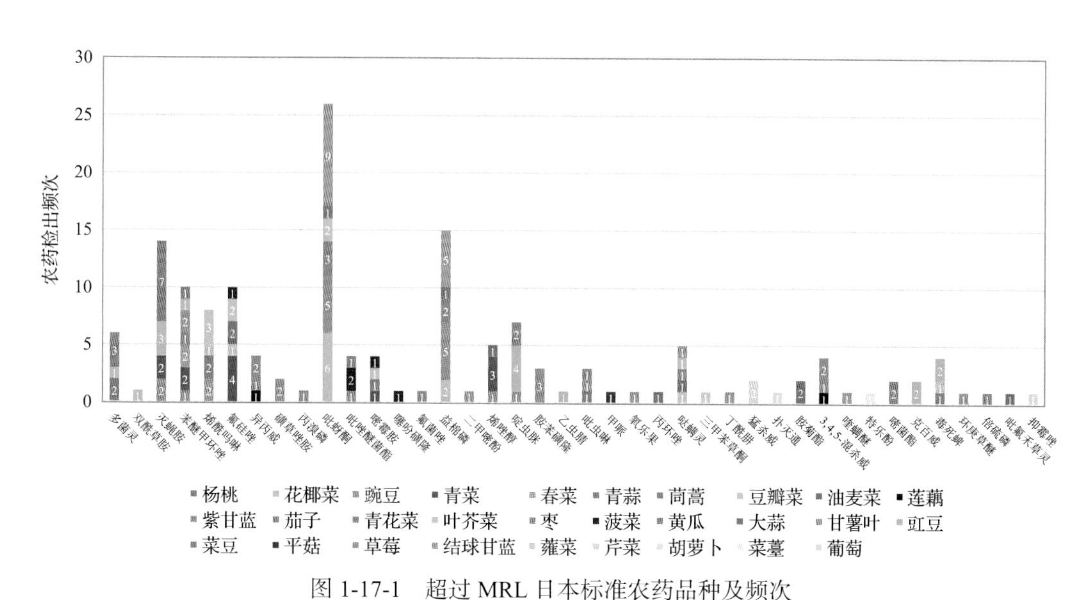

图 1-17-1　超过 MRL 日本标准农药品种及频次

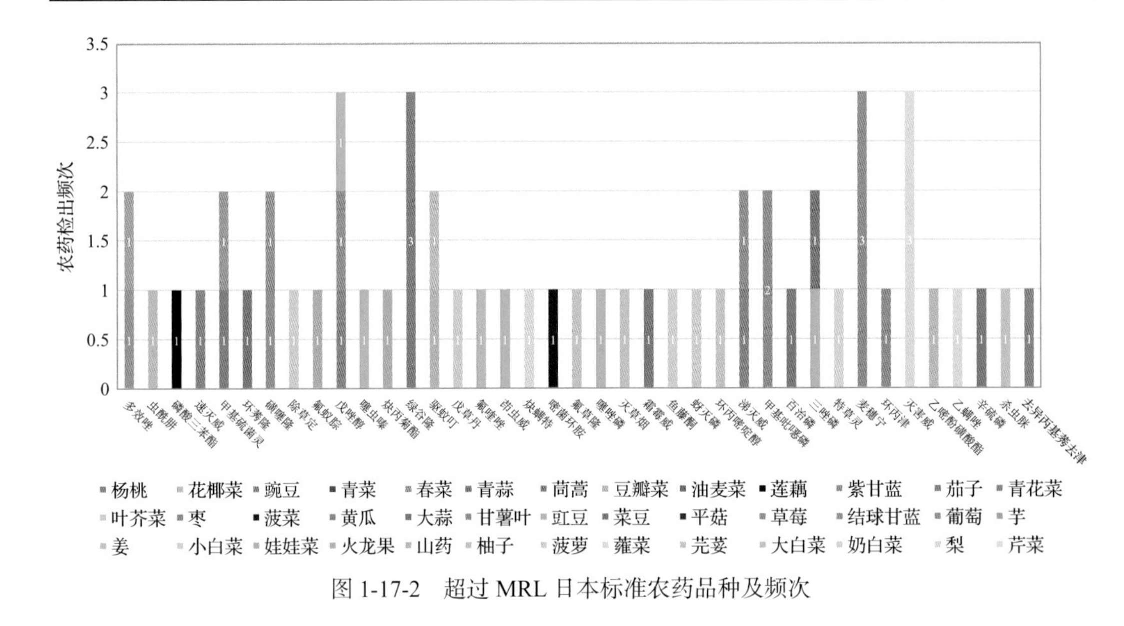

图 1-17-2　超过 MRL 日本标准农药品种及频次

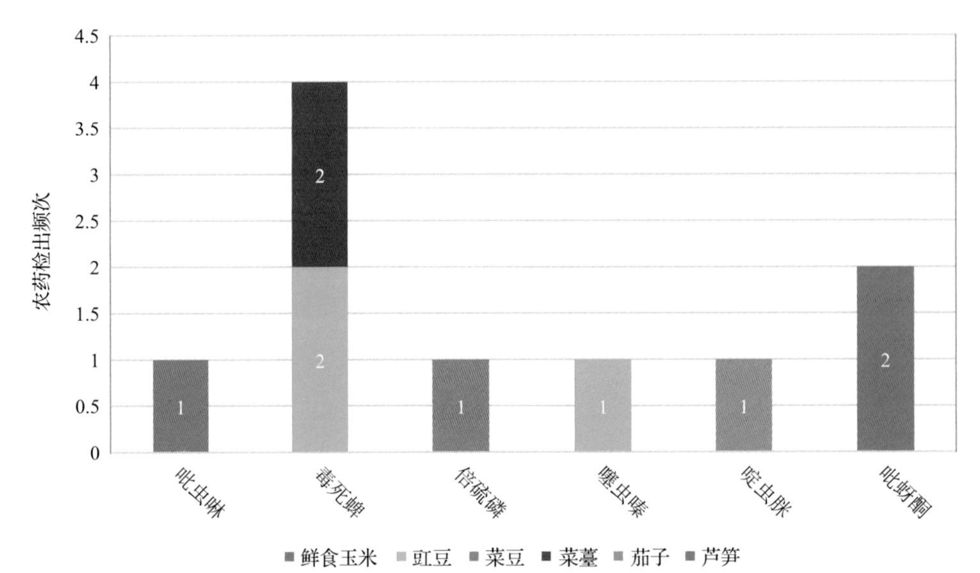

图 1-18　超过 MRL 中国香港标准农药品种及频次

1.2.2.5　按 MRL 美国标准衡量

按 MRL 美国标准衡量，共有 6 种农药超标，检出 12 频次，分别为中毒农药毒死蜱、噻虫嗪和啶虫脒，低毒农药吡蚜酮、虫酰肼和噻菌灵。

按超标程度比较，豇豆中噻虫嗪超标 40.3 倍，姜中虫酰肼超标 10.5 倍，紫甘蓝中噻菌灵超标 10.1 倍，茄子中啶虫脒超标 1.8 倍，芦笋中吡蚜酮超标 1.7 倍。检测结果见图 1-19 和附表 19。

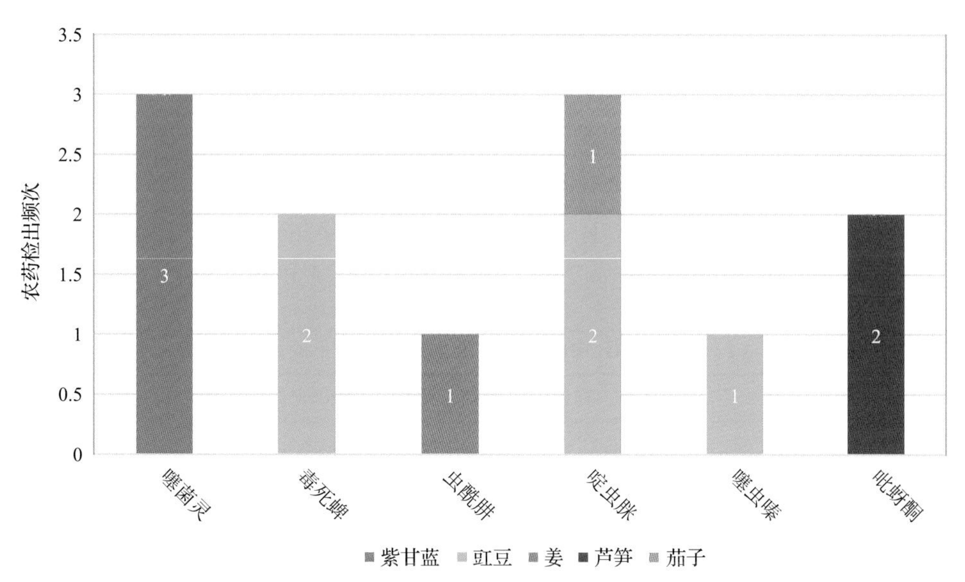

图 1-19　超过 MRL 美国标准农药品种及频次

1.2.2.6　按 MRL CAC 标准衡量

按 MRL CAC 标准衡量，共有 4 种农药超标，检出 5 频次，分别为中毒农药噻虫嗪、啶虫脒和吡虫啉，微毒农药多菌灵。

按超标程度比较，豇豆中噻虫嗪超标 81.6 倍，茄子中啶虫脒超标 1.8 倍，鲜食玉米中吡虫啉超标 1.0 倍，菜豆中多菌灵超标 0.3 倍，豌豆中啶虫脒超标 0.2 倍。检测结果见图 1-20 和附表 20。

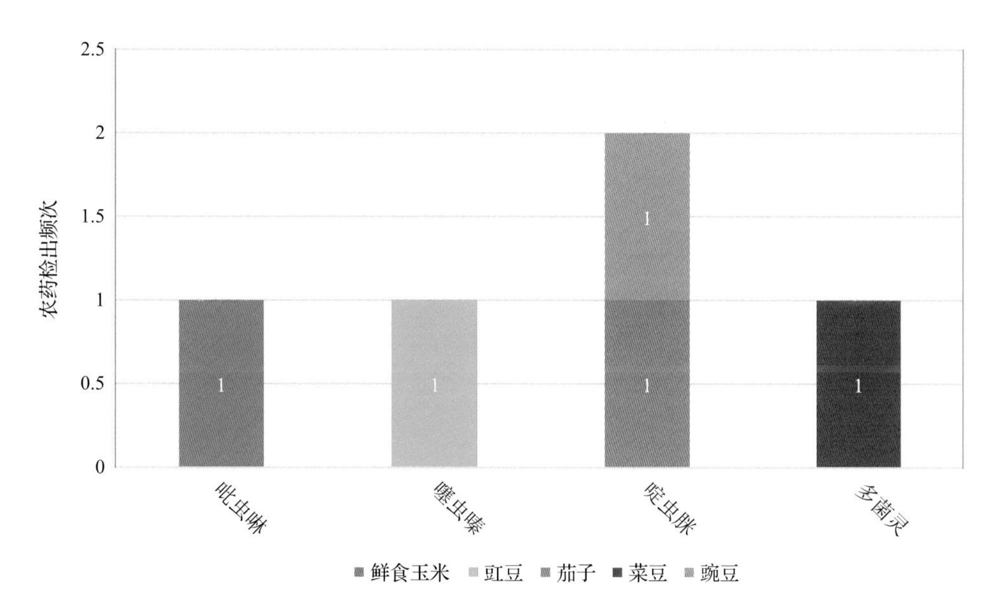

图 1-20　超过 MRL CAC 标准农药品种及频次

1.2.3　35 个采样点超标情况分析

1.2.3.1　按 MRL 中国国家标准衡量

按 MRL 中国国家标准衡量，有 10 个采样点的样品存在不同程度的超标农药检出，其中***超市(黄埔店)的超标率最高，为 28.6%，如表 1-14 和图 1-21 所示。

表 1-14　超过 MRL 中国国家标准水果蔬菜在不同采样点分布

序号	采样点	样品总数	超标数量	超标率(%)	行政区域
1	***市场	55	1	1.8	黄埔区
2	***超市(增槎路店)	37	2	5.4	白云区
3	***超市(中六店)	28	1	3.6	越秀区
4	***市场	28	1	3.6	荔湾区
5	***超市(番禺区万达广场店)	23	1	4.3	番禺区
6	***市场	21	1	4.8	荔湾区
7	***街市	20	1	5.0	荔湾区
8	***市场	20	2	10.0	番禺区
9	***超市(广雅店)	11	1	9.1	荔湾区
10	***超市(黄埔店)	7	2	28.6	黄埔区

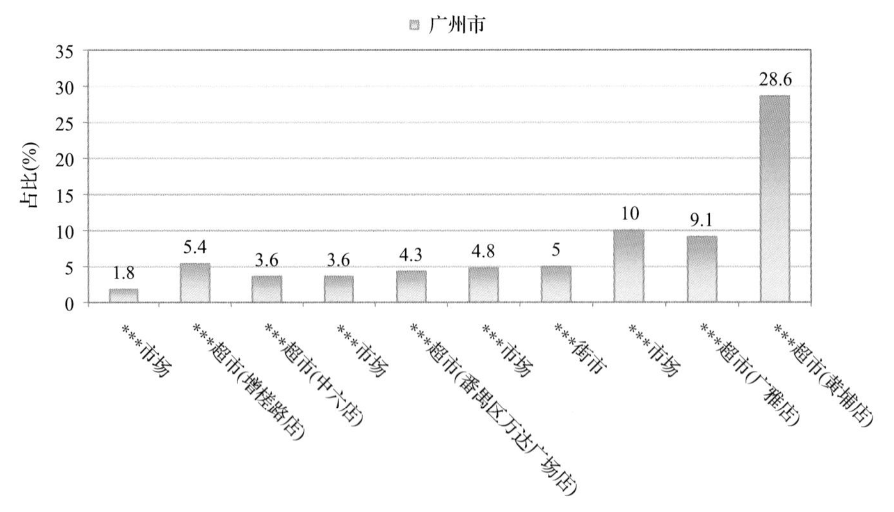

图 1-21　超过 MRL 中国国家标准水果蔬菜在不同采样点分布

1.2.3.2　按 MRL 欧盟标准衡量

按 MRL 欧盟标准衡量，有 33 个采样点的样品存在不同程度的超标农药检出，其中***市场的超标率最高，为 100.0%，如表 1-15 和图 1-22 所示。

表 1-15 超过 MRL 欧盟标准水果蔬菜在不同采样点分布

序号	采样点	样品总数	超标数量	超标率(%)	行政区域
1	***超市(大石店)	73	10	13.7	番禺区
2	***市场	55	7	12.7	黄埔区
3	***超市(增槎路店)	37	15	40.5	白云区
4	***市场	30	6	20.0	越秀区
5	***市场	30	6	20.0	番禺区
6	***超市	30	8	26.7	白云区
7	***超市(石井店)	30	8	26.7	白云区
8	***超市(广州中山大道店)	30	7	23.3	天河区
9	***超市(车陂北街店)	29	7	24.1	天河区
10	***超市(中环广场店)	28	7	25.0	越秀区
11	***超市(中六店)	28	5	17.9	越秀区
12	***市场	28	11	39.3	荔湾区
13	***超市(番禺区万达广场店)	23	5	21.7	番禺区
14	***超市(员岗店)	22	6	27.3	番禺区
15	***市场	21	1	4.8	越秀区
16	***市场	21	8	38.1	荔湾区
17	***超市(康王中路店)	21	4	19.0	荔湾区
18	***街市	20	9	45.0	荔湾区
19	***市场	20	2	10.0	越秀区
20	***市场	20	8	40.0	番禺区
21	***市场	16	1	6.2	天河区
22	***超市(荔湾店)	12	2	16.7	荔湾区
23	***超市(广雅店)	11	3	27.3	荔湾区
24	***市场	9	4	44.4	白云区
25	***超市(小北路店)	8	1	12.5	越秀区
26	***超市(中华广场店)	8	2	25.0	越秀区
27	***超市(港湾店)	7	1	14.3	黄埔区
28	***超市(西华路店)	7	2	28.6	荔湾区
29	***超市(黄埔店)	7	2	28.6	黄埔区
30	***超市(北京路店)	7	1	14.3	越秀区
31	***超市(黄埔区店)	6	1	16.7	黄埔区
32	***超市(怡港店)	5	1	20.0	黄埔区
33	***市场	3	3	100.0	荔湾区

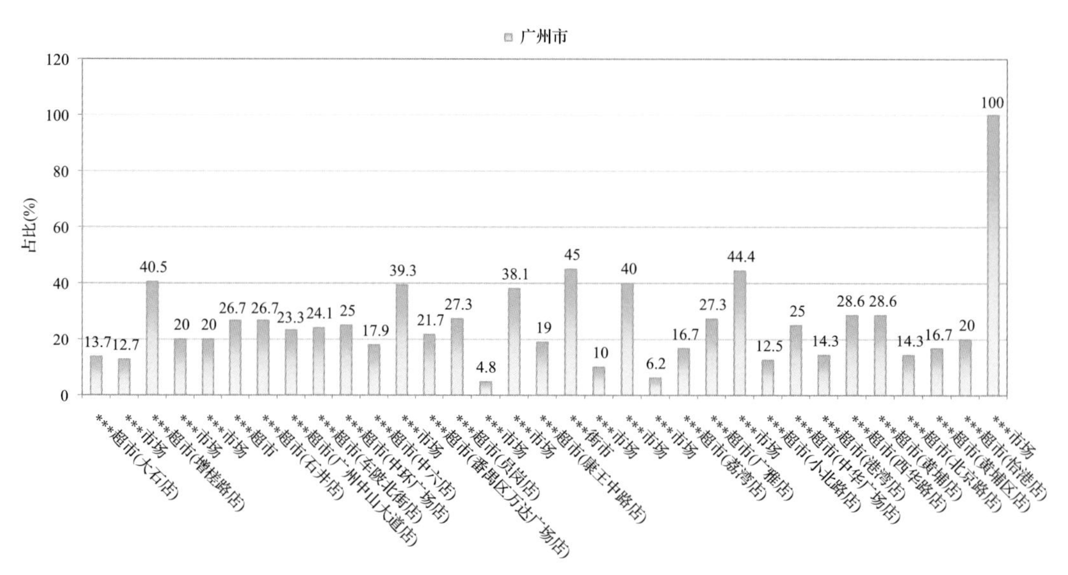

图 1-22　超过 MRL 欧盟标准水果蔬菜在不同采样点分布

1.2.3.3　按 MRL 日本标准衡量

按 MRL 日本标准衡量，有 31 个采样点的样品存在不同程度的超标农药检出，其中***市场的超标率最高，为 100%，如表 1-16 和图 1-23 所示。

表 1-16　超过 MRL 日本标准水果蔬菜在不同采样点分布

序号	采样点	样品总数	超标数量	超标率(%)	行政区域
1	***超市(大石店)	73	10	13.7	番禺区
2	***市场	55	7	12.7	黄埔区
3	***超市(增槎路店)	37	17	45.9	白云区
4	***市场	30	5	16.7	越秀区
5	***市场	30	9	30.0	番禺区
6	***超市	30	10	33.3	白云区
7	***超市(石井店)	30	9	30.0	白云区
8	***超市(广州中山大道店)	30	8	26.7	天河区
9	***超市(车陂北街店)	29	7	24.1	天河区
10	***超市(中环广场店)	28	8	28.6	越秀区
11	***超市(中六店)	28	6	21.4	越秀区
12	***市场	28	13	46.4	荔湾区
13	***超市(番禺区万达广场店)	23	7	30.4	番禺区
14	***超市(员岗店)	22	8	36.4	番禺区
15	***市场	21	1	4.8	越秀区

续表

序号	采样点	样品总数	超标数量	超标率(%)	行政区域
16	***市场	21	9	42.9	荔湾区
17	***超市(康王中路店)	21	6	28.6	荔湾区
18	***街市	20	9	45.0	荔湾区
19	***市场	20	2	10.0	越秀区
20	***市场	20	6	30.0	番禺区
21	***市场	16	1	6.2	天河区
22	***超市(荔湾店)	12	1	8.3	荔湾区
23	***超市(广雅店)	11	2	18.2	荔湾区
24	***市场	9	2	22.2	白云区
25	***超市(小北路店)	8	1	12.5	越秀区
26	***超市(中华广场店)	8	2	25.0	越秀区
27	***超市(港湾店)	7	1	14.3	黄埔区
28	***超市(西华路店)	7	2	28.6	荔湾区
29	***超市(黄埔店)	7	2	28.6	黄埔区
30	***超市(怡港店)	5	1	20.0	黄埔区
31	***市场	3	3	100.0	荔湾区

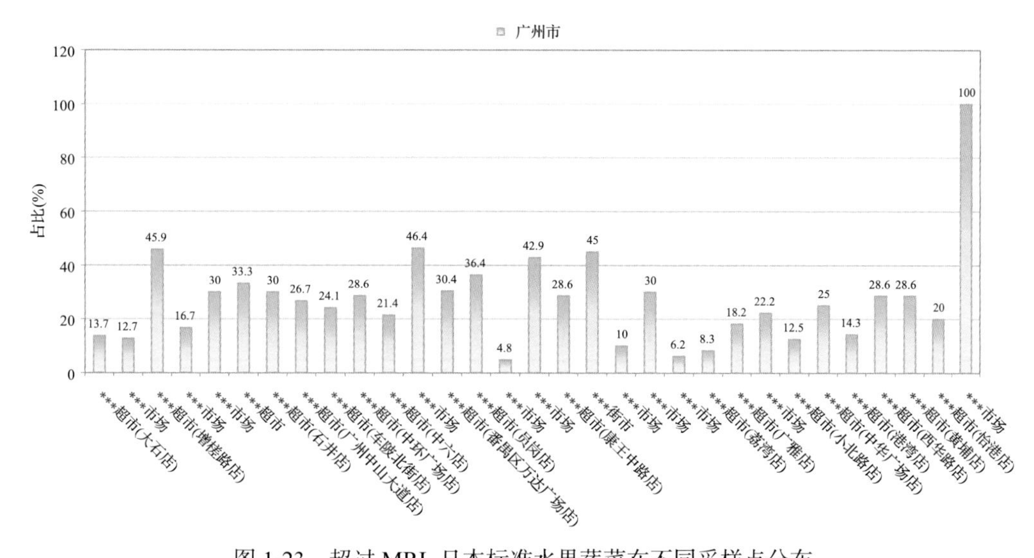

图 1-23　超过 MRL 日本标准水果蔬菜在不同采样点分布

1.2.3.4　按 MRL 中国香港标准衡量

按 MRL 中国香港标准衡量，有 6 个采样点的样品存在不同程度的超标农药检出，其中***市场的超标率最高，为 14.3%，如表 1-17 和图 1-24 所示。

表 1-17　超过 MRL 中国香港标准水果蔬菜在不同采样点分布

序号	采样点	样品总数	超标数量	超标率(%)	行政区域
1	***超市(增槎路店)	37	2	5.4	白云区
2	***市场	30	1	3.3	越秀区
3	***超市(番禺区万达广场店)	23	2	8.7	番禺区
4	***超市(员岗店)	22	1	4.5	番禺区
5	***市场	21	3	14.3	荔湾区
6	***市场	20	1	5.0	越秀区

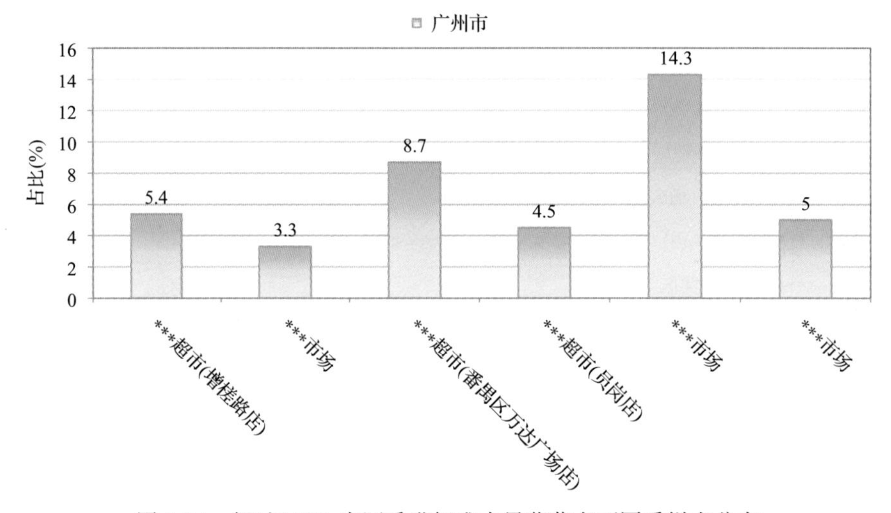

图 1-24　超过 MRL 中国香港标准水果蔬菜在不同采样点分布

1.2.3.5　按 MRL 美国标准衡量

按 MRL 美国标准衡量，有 9 个采样点的样品存在不同程度的超标农药检出，其中 ***超市(黄埔店)的超标率最高，为 14.3%，如表 1-18 和图 1-25 所示。

表 1-18　超过 MRL 美国标准水果蔬菜在不同采样点分布

序号	采样点	样品总数	超标数量	超标率(%)	行政区域
1	***超市(增槎路店)	37	1	2.7	白云区
2	***市场	30	1	3.3	越秀区
3	***超市	30	1	3.3	白云区
4	***超市(广州中山大道店)	30	1	3.3	天河区
5	***市场	28	1	3.6	荔湾区
6	***超市(番禺区万达广场店)	23	2	8.7	番禺区
7	***市场	21	2	9.5	荔湾区
8	***市场	20	1	5.0	番禺区
9	***超市(黄埔店)	7	1	14.3	黄埔区

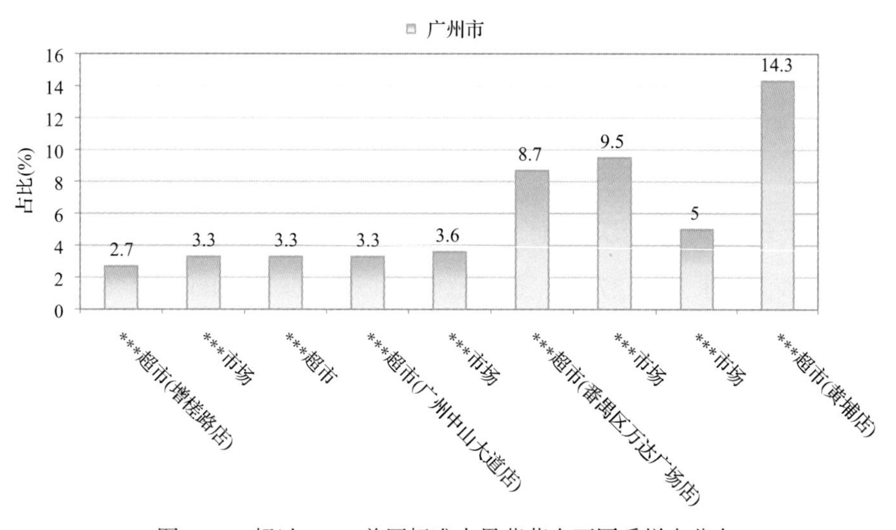

图 1-25　超过 MRL 美国标准水果蔬菜在不同采样点分布

1.2.3.6　按 MRL CAC 标准衡量

按 MRL CAC 标准衡量，有 4 个采样点的样品存在不同程度的超标农药检出，其中***超市(增槎路店)的超标率最高，为 5.4%，如表 1-19 和图 1-26 所示。

表 1-19　超过 MRL CAC 标准水果蔬菜在不同采样点分布

序号	采样点	样品总数	超标数量	超标率(%)	行政区域
1	***市场	55	1	1.8	黄埔区
2	***超市(增槎路店)	37	2	5.4	白云区
3	***市场	30	1	3.3	越秀区
4	***市场	20	1	5.0	番禺区

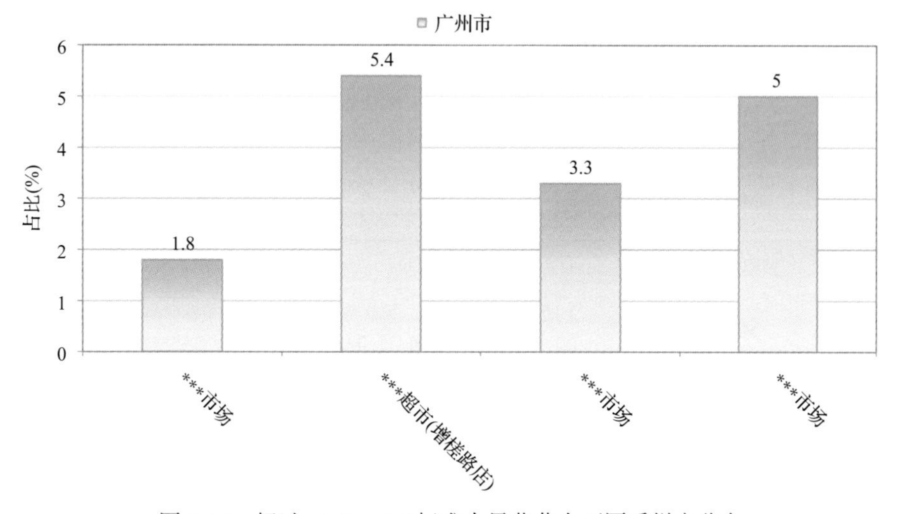

图 1-26　超过 MRL CAC 标准水果蔬菜在不同采样点分布

1.3 水果中农药残留分布

1.3.1 检出农药品种和频次排前 10 的水果

本次残留侦测的水果共 27 种，包括猕猴桃、桃、西瓜、山竹、香蕉、柿子、哈密瓜、木瓜、柑、苹果、香瓜、草莓、葡萄、柚、李子、梨、枇杷、枣、芒果、橘、樱桃、橙、柠檬、火龙果、杨桃、菠萝和甜瓜。

根据检出农药品种及频次进行排名，将各项排名前 10 位的水果样品检出情况列表说明，详见表 1-20。

表 1-20 检出农药品种和频次排名前 10 的水果

检出农药品种排名前 10(品种)	①葡萄(11)，②枣(9)，③杨桃(7)，④草莓(6)，⑤柑(6)，⑥柠檬(6)，⑦桃(6)，⑧香蕉(6)，⑨橘(5)，⑩枇杷(5)
检出农药频次排名前 10(频次)	①葡萄(16)，②枣(10)，③桃(9)，④杨桃(9)，⑤柑(8)，⑥草莓(7)，⑦橘(7)，⑧柠檬(7)，⑨香蕉(6)，⑩枇杷(5)
检出禁用、高毒及剧毒农药品种排名前 10(品种)	①草莓(1)，②木瓜(1)，③杨桃(1)
检出禁用、高毒及剧毒农药频次排名前 10(频次)	①草莓(1)，②木瓜(1)，③杨桃(1)

1.3.2 超标农药品种和频次排前 10 的水果

鉴于 MRL 欧盟标准和日本标准制定比较全面且覆盖率较高，我们参照 MRL 中国国家标准、欧盟标准和日本标准衡量水果样品中农残检出情况，将超标农药品种及频次排名前 10 的水果列表说明，详见表 1-21。

表 1-21 超标农药品种和频次排名前 10 的水果

超标农药品种排名前 10 (农药品种数)	MRL 中国国家标准	①草莓(1)，②香蕉(1)
	MRL 欧盟标准	①杨桃(3)，②柚(3)，③草莓(2)，④柑(2)，⑤猕猴桃(2)，⑥木瓜(2)，⑦葡萄(2)，⑧菠萝(1)，⑨橙(1)，⑩火龙果(1)
	MRL 日本标准	①枣(7)，②葡萄(4)，③杨桃(4)，④柚(3)，⑤草莓(2)，⑥木瓜(2)，⑦菠萝(1)，⑧柑(1)，⑨火龙果(1)，⑩梨(1)
超标农药频次排名前 10 (农药频次数)	MRL 中国国家标准	①草莓(1)，②香蕉(1)
	MRL 欧盟标准	①柚(4)，②杨桃(3)，③草莓(2)，④柑(2)，⑤猕猴桃(2)，⑥木瓜(2)，⑦葡萄(2)，⑧菠萝(1)，⑨橙(1)，⑩火龙果(1)
	MRL 日本标准	①枣(8)，②杨桃(5)，③葡萄(4)，④柚(4)，⑤草莓(2)，⑥木瓜(2)，⑦菠萝(1)，⑧柑(1)，⑨火龙果(1)，⑩梨(1)

1.4　蔬菜中农药残留分布

1.4.1　检出农药品种和频次排前 10 的蔬菜

本次残留侦测的蔬菜共 58 种，包括结球甘蓝、黄瓜、青蒜、紫薯、莲藕、甘薯、大蒜、洋葱、蕹菜、芹菜、韭菜、小茴香、豇豆、花椰菜、芦笋、番茄、菠菜、豌豆、山药、西葫芦、甜椒、芥蓝、菜用大豆、奶白菜、佛手瓜、人参果、樱桃番茄、葱、春菜、辣椒、苋菜、芋、小白菜、紫甘蓝、油麦菜、胡萝卜、豆瓣菜、叶芥菜、南瓜、青花菜、萝卜、姜、茄子、马铃薯、菜薹、菜豆、娃娃菜、冬瓜、茼蒿、苦瓜、大白菜、生菜、小油菜、甘薯叶、青菜、莴笋、丝瓜和竹笋。

根据检出农药品种及频次进行排名，将各项排名前 10 位的蔬菜样品检出情况列表说明，详见表 1-22。

表 1-22　检出农药品种和频次排名前 10 的蔬菜

检出农药品种排名前 10(品种)	①小白菜(32),②芹菜(18),③菜薹(16),④奶白菜(16),⑤青菜(16),⑥番茄(14),⑦菠菜(13),⑧菜豆(13),⑨春菜(13),⑩大白菜(13)
检出农药频次排名前 10(频次)	①小白菜(67),②芹菜(32),③青菜(31),④紫甘蓝(25),⑤菜豆(24),⑥奶白菜(24),⑦大白菜(23),⑧菜薹(22),⑨茄子(22),⑩油麦菜(21)
检出禁用、高毒及剧毒农药品种排名前 10(品种)	①小白菜(5),②芹菜(3),③紫甘蓝(3),④大蒜(2),⑤甘薯叶(2),⑥豇豆(2),⑦青菜(2),⑧菠菜(1),⑨菜豆(1),⑩菜薹(1)
检出禁用、高毒及剧毒农药频次排名前 10(频次)	①紫甘蓝(8),②芹菜(6),③结球甘蓝(5),④小白菜(5),⑤豇豆(3),⑥大蒜(2),⑦甘薯叶(2),⑧花椰菜(2),⑨芥蓝(2),⑩青菜(2)

1.4.2　超标农药品种和频次排前 10 的蔬菜

鉴于 MRL 欧盟标准和日本标准的制定比较全面且覆盖率较高，我们参照 MRL 中国国家标准、欧盟标准和日本标准衡量蔬菜样品中农残检出情况，将超标农药品种及频次排名前 10 的蔬菜列表说明，详见表 1-23。

表 1-23　超标农药品种和频次排名前 10 的蔬菜

超标农药品种排名前 10(农药品种数)	MRL 中国国家标准	①菜豆(3),②菠菜(1),③大白菜(1),④豇豆(1),⑤芦笋(1),⑥芹菜(1),⑦豌豆(1),⑧樱桃番茄(1),⑨紫甘蓝(1)
	MRL 欧盟标准	①紫甘蓝(9),②芹菜(8),③菜薹(7),④茄子(7),⑤小白菜(7),⑥豇豆(6),⑦青菜(6),⑧蕹菜(6),⑨小油菜(6),⑩叶芥菜(6)
	MRL 日本标准	①豇豆(12),②菜豆(10),③菜薹(7),④小白菜(7),⑤紫甘蓝(7),⑥油麦菜(6),⑦菠菜(5),⑧甘薯叶(5),⑨芹菜(5),⑩青菜(5)
超标农药频次排名前 10(农药频次数)	MRL 中国国家标准	①菜豆(3),②紫甘蓝(2),③菠菜(1),④大白菜(1),⑤豇豆(1),⑥芦笋(1),⑦芹菜(1),⑧豌豆(1),⑨樱桃番茄(1)
	MRL 欧盟标准	①紫甘蓝(19),②芹菜(15),③小白菜(15),④结球甘蓝(11),⑤青菜(11),⑥菜薹(10),⑦春菜(9),⑧豇豆(9),⑨茄子(9),⑩蕹菜(8)
	MRL 日本标准	①菜豆(20),②豇豆(19),③紫甘蓝(19),④结球甘蓝(15),⑤小白菜(15),⑥青菜(12),⑦芥蓝(11),⑧菜薹(10),⑨花椰菜(10),⑩小油菜(9)

1.5 初步结论

1.5.1 广州市市售水果蔬菜按MRL中国国家标准和国际主要MRL标准衡量的合格率

本次侦测的731例样品中，379例样品未检出任何残留农药，占样品总量的51.8%，352例样品检出不同水平、不同种类的残留农药，占样品总量的48.2%。在这352例检出农药残留的样品中：

按MRL中国国家标准衡量，有339例样品检出残留农药但含量没有超标，占样品总数的46.4%，有13例样品检出了超标农药，占样品总数的1.8%。

按MRL欧盟标准衡量，有188例样品检出残留农药但含量没有超标，占样品总数的25.7%，有164例样品检出了超标农药，占样品总数的22.4%。

按MRL日本标准衡量，有177例样品检出残留农药但含量没有超标，占样品总数的24.2%，有175例样品检出了超标农药，占样品总数的23.9%。

按MRL中国香港标准衡量，有342例样品检出残留农药但含量没有超标，占样品总数的46.8%，有10例样品检出了超标农药，占样品总数的1.4%。

按MRL美国标准衡量，有341例样品检出残留农药但含量没有超标，占样品总数的46.6%，有11例样品检出了超标农药，占样品总数的1.5%。

按MRL CAC标准衡量，有347例样品检出残留农药但含量没有超标，占样品总数的47.5%，有5例样品检出了超标农药，占样品总数的0.7%。

1.5.2 广州市市售水果蔬菜中检出农药以中低微毒农药为主，占市场主体的90.1%

这次侦测的731例样品包括调味料1种8例，谷物1种8例，水果27种186例，食用菌4种31例，蔬菜58种498例，共检出了152种农药，检出农药的毒性以中低微毒为主，详见表1-24。

表1-24　市场主体农药毒性分布

毒性	检出品种	占比	检出频次	占比
剧毒农药	3	2.0%	5	0.6%
高毒农药	12	7.9%	48	5.8%
中毒农药	60	39.5%	325	39.5%
低毒农药	57	37.5%	316	38.4%
微毒农药	20	13.2%	129	15.7%
中低微毒农药，品种占比90.1%，频次占比93.6%				

1.5.3　检出剧毒、高毒和禁用农药现象应该警醒

在此次侦测的 731 例样品中有 25 种蔬菜和 3 种水果的 50 例样品检出了 17 种 56 频次的剧毒和高毒或禁用农药，占样品总量的 6.8%。其中剧毒农药磷胺、涕灭威和灭线磷以及高毒农药益棉磷、克百威和三唑磷检出频次较高。

按 MRL 中国国家标准衡量，剧毒农药磷胺，检出 2 次，超标 2 次；涕灭威，检出 2 次，超标 1 次；高毒农药克百威，检出 10 次，超标 4 次；按超标程度比较，草莓中氧乐果超标 49.6 倍，豌豆中涕灭威超标 12.5 倍，芹菜中克百威超标 3.3 倍，菠菜中克百威超标 2.4 倍，豇豆中克百威超标 1.7 倍。

剧毒、高毒或禁用农药的检出情况及按 MRL 中国国家标准衡量的超标情况见表 1-25。

表 1-25　剧毒、高毒或禁用农药的检出及超标明细

序号	农药名称	样品名称	检出频次	超标频次	最大超标倍数	超标率
1.1	涕灭威*▲	豌豆	1	1	12.473	100.0%
1.2	涕灭威*▲	甘薯叶	1	0	0	0.0%
2.1	灭线磷*▲	大蒜	1	0	0	0.0%
3.1	磷胺*▲	紫甘蓝	2	2	1.496	100.0%
4.1	三唑磷◊	小白菜	1	0	0	0.0%
4.2	三唑磷◊	菜豆	1	0	0	0.0%
4.3	三唑磷◊	蕹菜	1	0	0	0.0%
4.4	三唑磷◊	豇豆	1	0	0	0.0%
4.5	三唑磷◊	青菜	1	0	0	0.0%
5.1	亚砜磷◊	苦瓜	1	0	0	0.0%
6.1	克百威◊▲	豇豆	2	1	1.745	50.0%
6.2	克百威◊▲	芹菜	1	1	3.275	100.0%
6.3	克百威◊▲	菠菜	1	1	2.38	100.0%
6.4	克百威◊▲	樱桃番茄	1	1	1.28	100.0%
6.5	克百威◊▲	奶白菜	1	0	0	0.0%
6.6	克百威◊▲	小白菜	1	0	0	0.0%
6.7	克百威◊▲	甜椒	1	0	0	0.0%
6.8	克百威◊▲	青菜	1	0	0	0.0%
6.9	克百威◊▲	黄瓜	1	0	0	0.0%
7.1	异柳磷◊	小白菜	1	0	0	0.0%
8.1	氧乐果◊▲	草莓	1	1	49.6	100.0%
9.1	灭多威◊▲	杨桃	1	0	0	0.0%
9.2	灭多威◊▲	生菜	1	0	0	0.0%

续表

序号	农药名称	样品名称	检出频次	超标频次	最大超标倍数	超标率
10.1	灭害威◇	芹菜	3	0	0	0.0%
11.1	特乐酚◇	菜薹	1	0	0	0.0%
12.1	猛杀威◇	芹菜	2	0	0	0.0%
13.1	百治磷◇	木瓜	1	0	0	0.0%
13.2	百治磷◇	青蒜	1	0	0	0.0%
14.1	益棉磷◇	紫甘蓝	5	0	0	0.0%
14.2	益棉磷◇	结球甘蓝	5	0	0	0.0%
14.3	益棉磷◇	芥蓝	2	0	0	0.0%
14.4	益棉磷◇	花椰菜	2	0	0	0.0%
14.5	益棉磷◇	青花菜	2	0	0	0.0%
14.6	益棉磷◇	大蒜	1	0	0	0.0%
14.7	益棉磷◇	小白菜	1	0	0	0.0%
15.1	蚜灭磷◇	小白菜	1	0	0	0.0%
15.2	蚜灭磷◇	甘薯叶	1	0	0	0.0%
16.1	杀虫脒▲	大白菜	1	1	5.5	100.0%
16.2	杀虫脒▲	萝卜	1	0	0	0.0%
17.1	丁酰肼▲	紫甘蓝	1	0	0	0.0%
合计			56	9		16.1%

注：超标倍数参照 MRL 中国国家标准衡量

这些超标的剧毒和高毒农药都是中国政府早有规定禁止在水果蔬菜中使用的，为什么还屡次被检出，应该引起警惕。

1.5.4 残留限量标准与先进国家或地区标准差距较大

823 频次的检出结果与我国公布的《食品中农药最大残留限量》（GB 2763—2014）对比，有 169 频次能找到对应的 MRL 中国国家标准，占 20.5%；还有 654 频次的侦测数据无相关 MRL 标准供参考，占 79.5%。

与国际上现行 MRL 标准对比发现：

有 823 频次能找到对应的 MRL 欧盟标准，占 100.0%；

有 823 频次能找到对应的 MRL 日本标准，占 100.0%；

有 354 频次能找到对应的 MRL 中国香港标准，占 43.0%；

有 360 频次能找到对应的 MRL 美国标准，占 43.7%；

有 147 频次能找到对应的 MRL CAC 标准，占 17.9%。

由上可见，MRL 中国国家标准与先进国家或地区标准还有很大差距，我们无标准，境外有标准，这就会导致我们在国际贸易中，处于受制于人的被动地位。

1.5.5 水果蔬菜单种样品检出 7~32 种农药残留，拷问农药使用的科学性

通过此次监测发现，葡萄、枣和杨桃是检出农药品种最多的 3 种水果，小白菜、芹菜和菜薹是检出农药品种最多的 3 种蔬菜，从中检出农药品种及频次详见表 1-26。

表 1-26 单种样品检出农药品种及频次

样品名称	样品总数	检出农药样品数	检出率	检出农药品种数	检出农药(频次)
小白菜	24	21	87.5%	32	烯酰吗啉(10),吡蚜酮(9),哒螨灵(7),啶虫脒(4),吡唑醚菌酯(3),毒死蜱(3),多菌灵(3),嘧霉胺(2),噻虫胺(2),烯唑醇(2),苯醚甲环唑(1),吡氟禾草灵(1),除草定(1),丁噻隆(1),啶斑肟(1),环丙唑醇(1),腈菌唑(1),抗蚜威(1),克百威(1),咪唑喹啉酸(1),三环唑(1),三唑磷(1),霜霉威(1),戊唑醇(1),烯啶虫胺(1),蚜灭磷(1),乙嘧酚(1),乙氧喹啉(1),异丙乐灵(1),异柳磷(1),益棉磷(1),唑螨酯(1)
芹菜	8	7	87.5%	18	苯醚甲环唑(4),吡蚜酮(3),残杀威(3),灭害威(3),吡唑醚菌酯(2),多菌灵(2),猛杀威(2),嘧霉胺(2),戊唑醇(2),吡虫啉(1),吡氟禾草灵(1),啶虫脒(1),毒草胺(1),克百威(1),噻虫嗪(1),霜霉威(1),烯酰吗啉(1),乙螨唑(1)
菜薹	12	11	91.7%	16	吡蚜酮(3),哒螨灵(2),啶虫脒(2),毒死蜱(2),烯酰吗啉(2),苯醚甲环唑(1),吡唑醚菌酯(1),多菌灵(1),环丙津(1),喹螨醚(1),噻虫嗪(1),噻吩磺隆(1),三环唑(1),三甲苯草酮(1),特乐酚(1),异丙甲草胺(1)
葡萄	9	6	66.7%	11	烯酰吗啉(4),吡唑醚菌酯(2),嘧霉胺(2),吡蚜酮(1),多菌灵(1),多效唑(1),环酰菌胺(1),绿谷隆(1),嘧菌酯(1),戊唑醇(1),抑霉唑(1)
枣	8	2	25.0%	9	苯醚甲环唑(2),吡虫啉(1),吡唑醚菌酯(1),哒螨灵(1),啶虫脒(1),速灭威(1),戊唑醇(1),抑霉唑(1),唑螨酯(1)
杨桃	8	3	37.5%	7	多菌灵(2),甲基硫菌灵(2),吡虫啉(1),毒死蜱(1),多效唑(1),甲氨基阿维菌素(1),灭多威(1)

上述 6 种水果蔬菜，检出农药 7~32 种，是多种农药综合防治，还是未严格实施农业良好管理规范(GAP)，抑或根本就是乱施药，值得我们思考。

第 2 章　LC-Q-TOF/MS 侦测广州市市售水果蔬菜农药残留膳食暴露风险与预警风险评估

2.1　农药残留风险评估方法

2.1.1　广州市农药残留侦测数据分析与统计

庞国芳院士科研团队建立的农药残留高通量侦测技术以高分辨精确质量数（0.0001 *m/z* 为基准）为识别标准，采用 LC-Q-TOF/MS 技术对 565 种农药化学污染物进行侦测。

科研团队于 2016 年 3 月~2017 年 6 月在广州市所属 6 个区的 35 个采样点，随机采集了 731 例水果蔬菜样品，采样点分布在超市和农贸市场，具体位置如图 2-1 所示，各月内水果蔬菜样品采集数量如表 2-1 所示。

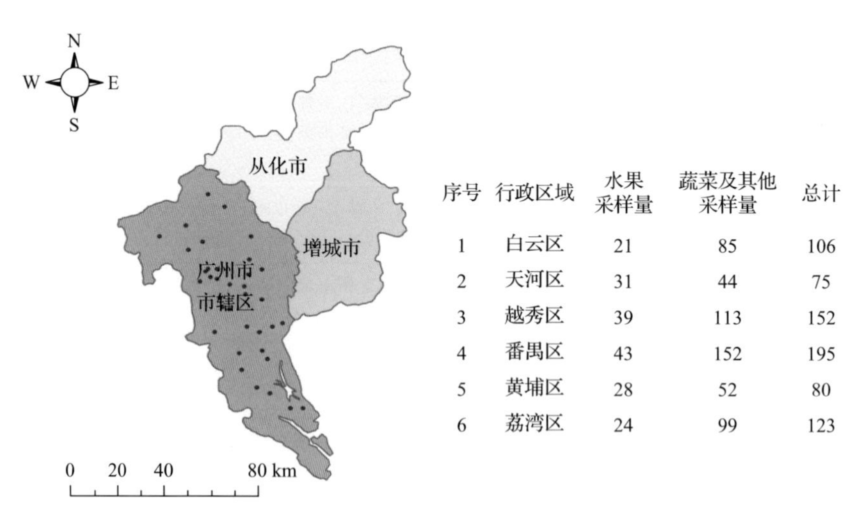

序号	行政区域	水果采样量	蔬菜及其他采样量	总计
1	白云区	21	85	106
2	天河区	31	44	75
3	越秀区	39	113	152
4	番禺区	43	152	195
5	黄埔区	28	52	80
6	荔湾区	24	99	123

图 2-1　LC-Q-TOF/MS 侦测广州市 35 个采样点 731 例样品分布示意图

表 2-1　广州市各月内采集水果蔬菜样品数列表

时间	样品数(例)
2016 年 3 月	150
2017 年 6 月	581

利用 LC-Q-TOF/MS 技术对 731 例样品中的农药进行侦测，侦测出残留农药 152 种，823 频次。侦测出农药残留水平如表 2-2 和图 2-2 所示。检出频次最高的前 10 种农药如

表 2-3 所示。从检测结果中可以看出，在水果蔬菜中农药残留普遍存在，且有些水果蔬菜存在高浓度的农药残留，这些可能存在膳食暴露风险，对人体健康产生危害，因此，为了定量地评价水果蔬菜中农药残留的风险程度，有必要对其进行风险评价。

表 2-2　侦测出农药的不同残留水平及其所占比例列表

残留水平(μg/kg)	检出频次	占比(%)
1~5(含)	100	12.2
5~10(含)	65	7.9
10~100(含)	474	57.6
100~1000(含)	172	20.9
>1000	12	1.5
合计	823	100

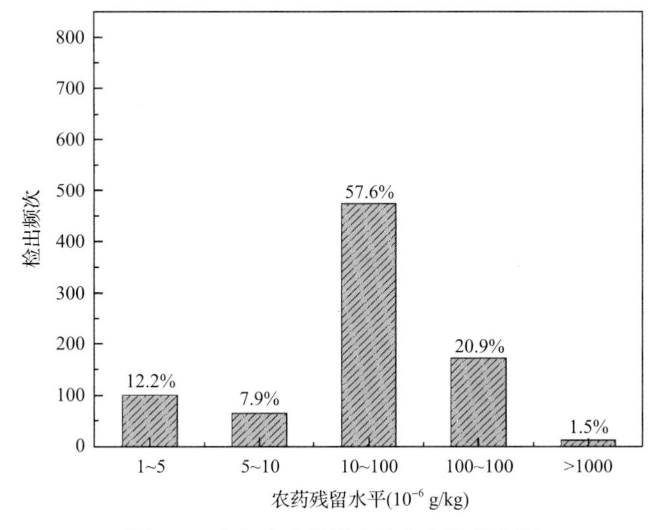

图 2-2　残留农药侦测出浓度频数分布图

表 2-3　检出频次最高的前 10 种农药列表

序号	农药	检出频次
1	吡蚜酮	90
2	烯酰吗啉	62
3	多菌灵	47
4	啶虫脒	40
5	苯醚甲环唑	29
6	吡唑醚菌酯	28
7	灭蝇胺	28
8	毒死蜱	26
9	哒螨灵	24
10	吡虫啉	22

2.1.2 农药残留风险评价模型

对广州市水果蔬菜中农药残留分别开展暴露风险评估和预警风险评估。膳食暴露风险评估利用食品安全指数模型对水果蔬菜中的残留农药对人体可能产生的危害程度进行评价，该模型结合残留监测和膳食暴露评估评价化学污染物的危害；预警风险评价模型运用风险系数(risk index，R)，风险系数综合考虑了危害物的超标率、施检频率及其本身敏感性的影响，能直观而全面地反映出危害物在一段时间内的风险程度。

2.1.2.1 食品安全指数模型

为了加强食品安全管理，《中华人民共和国食品安全法》第二章第十七条规定“国家建立食品安全风险评估制度，运用科学方法，根据食品安全风险监测信息、科学数据以及有关信息，对食品、食品添加剂、食品相关产品中生物性、化学性和物理性危害因素进行风险评估”[1]，膳食暴露评估是食品危险度评估的重要组成部分，也是膳食安全性的衡量标准[2]。国际上最早研究膳食暴露风险评估的机构主要是 JMPR(FAO、WHO 农药残留联合会议)，该组织自 1995 年就已制定了急性毒性物质的风险评估急性毒性农药残留摄入量的预测。1960 年美国规定食品中不得加入致癌物质进而提出零阈值理论，渐渐零阈值理论发展成在一定概率条件下可接受风险的概念[3]，后衍变为食品中每日允许最大摄入量(ADI)，而国际食品农药残留法典委员会(CCPR)认为 ADI 不是独立风险评估的唯一标准[4]，1995 年 JMPR 开始研究农药急性膳食暴露风险评估，并对食品国际短期摄入量的计算方法进行了修正，亦对膳食暴露评估准则及评估方法进行了修正[5]，2002 年，在对世界上现行的食品安全评价方法，尤其是国际公认的 CAC 评价方法、全球环境监测系统/食品污染监测和评估规划(WHO GEMS/Food)及 FAO、WHO 食品添加剂联合专家委员会(JECFA)和 JMPR 对食品安全风险评估工作研究的基础之上，检验检疫食品安全管理的研究人员提出了结合残留监控和膳食暴露评估，以食品安全指数 IFS 计算食品中各种化学污染物对消费者的健康危害程度[6]。IFS 是表示食品安全状态的新方法，可有效地评价某种农药的安全性，进而评价食品中各种农药化学污染物对消费者健康的整体危害程度[7, 8]。从理论上分析，IFS_c 可指出食品中的污染物 c 对消费者健康是否存在危害及危害的程度[9]。其优点在于操作简单且结果容易被接受和理解，不需要大量的数据来对结果进行验证，使用默认的标准假设或者模型即可[10, 11]。

1) IFS_c 的计算

IFS_c 计算公式如下：

$$\mathrm{IFS_c} = \frac{\mathrm{EDI_c} \times f}{\mathrm{SI_c} \times \mathrm{bw}} \tag{2-1}$$

式中，c 为所研究的农药；EDI_c 为农药 c 的实际日摄入量估算值，等于 $\sum(R_i \times F_i \times E_i \times P_i)$ (i 为食品种类；R_i 为食品 i 中农药 c 的残留水平，mg/kg；F_i 为食品 i 的估计日消费量，g/(人・天)；E_i 为食品 i 的可食用部分因子；P_i 为食品 i 的加工处理因子)；SI_c 为安全摄入量，可采用每日允许最大摄入量 ADI；bw 为人平均体重，kg；f为校正因子，如果安全摄入量采用 ADI，则f取 1。

$IFS_c \ll 1$，农药 c 对食品安全没有影响；$IFS_c \leqslant 1$，农药 c 对食品安全的影响可以接受；$IFS_c > 1$，农药 c 对食品安全的影响不可接受。

本次评价中：

$IFS_c \leqslant 0.1$，农药 c 对水果蔬菜安全没有影响；

$0.1 < IFS_c \leqslant 1$，农药 c 对水果蔬菜安全的影响可以接受；

$IFS_c > 1$，农药 c 对水果蔬菜安全的影响不可接受。

本次评价中残留水平 R_i 取值为中国检验检疫科学研究院庞国芳院士课题组利用以高分辨精确质量数(0.0001 *m/z*)为基准的 LC-Q-TOF/MS 侦测技术于 2016 年 3 月~2017 年 6 月对广州市水果蔬菜农药残留的侦测结果，估计日消费量 F_i 取值 0.38 kg/(人 · 天)，E_i=1，P_i=1，f=1，SI_c 采用《食品安全国家标准　食品中农药最大残留限量》(GB 2763—2016)中 ADI 值(具体数值见表 2-4)，人平均体重(bw)取值 60 kg。

表 2-4　广州市水果蔬菜中侦测出农药的 ADI 值

序号	农药	ADI	序号	农药	ADI	序号	农药	ADI
1	胺苯磺隆	2	22	莠灭净	0.072	43	嘧菌环胺	0.03
2	毒草胺	0.54	23	啶虫脒	0.07	44	苯嗪草酮	0.03
3	烯啶虫胺	0.53	24	丙环唑	0.07	45	甲基嘧啶磷	0.03
4	丁酰肼	0.5	25	噻吩磺隆	0.07	46	噻螨酮	0.03
5	霜霉威	0.4	26	苯霜灵	0.07	47	三唑醇	0.03
6	咪唑喹啉酸	0.25	27	氯吡脲	0.07	48	三唑酮	0.03
7	烯酰吗啉	0.2	28	灭蝇胺	0.06	49	西草净	0.025
8	嘧霉胺	0.2	29	吡虫啉	0.06	50	虫酰肼	0.02
9	嘧菌酯	0.2	30	仲丁威	0.06	51	灭多威	0.02
10	呋虫胺	0.2	31	乙螨唑	0.05	52	苯锈啶	0.02
11	环酰菌胺	0.2	32	三环唑	0.04	53	环丙唑醇	0.02
12	仲丁灵	0.2	33	氟虫脲	0.04	54	抗蚜威	0.02
13	噻虫胺	0.1	34	乙嘧酚	0.035	55	烯效唑	0.02
14	多效唑	0.1	35	氟菌唑	0.035	56	西玛津	0.018
15	噻菌灵	0.1	36	吡蚜酮	0.03	57	苯醚甲环唑	0.01
16	甲氧虫酰肼	0.1	37	多菌灵	0.03	58	毒死蜱	0.01
17	异丙甲草胺	0.1	38	吡唑醚菌酯	0.03	59	哒螨灵	0.01
18	甲霜灵	0.08	39	戊唑醇	0.03	60	噁霜灵	0.01
19	噻虫嗪	0.08	40	丙溴磷	0.03	61	炔螨特	0.01
20	甲基硫菌灵	0.08	41	抑霉唑	0.03	62	螺螨酯	0.01
21	吡唑草胺	0.08	42	腈菌唑	0.03	63	唑螨酯	0.01

续表

序号	农药	ADI	序号	农药	ADI	序号	农药	ADI
64	茚虫威	0.01	94	磺噻隆	—	124	氟草隆	—
65	联苯肼酯	0.01	95	磷酸三苯酯	—	125	氟喹唑	—
66	噻嗪酮	0.009	96	绿谷隆	—	126	去异丙基莠去津	—
67	甲萘威	0.008	97	特草灵	—	127	氟蚁腙	—
68	蚜灭磷	0.008	98	残杀威	—	128	环庚草醚	—
69	吡氟禾草灵	0.0074	99	非草隆	—	129	甲哌	—
70	氟硅唑	0.007	100	氟苯嘧啶醇	—	130	甲氧隆	—
71	倍硫磷	0.007	101	环丙津	—	131	解草嗪	—
72	烯唑醇	0.005	102	麦穗宁	—	132	灭草烟	—
73	喹螨醚	0.005	103	灭害威	—	133	灭菌唑	—
74	己唑醇	0.005	104	胺菊酯	—	134	内吸磷-S	—
75	乙虫腈	0.005	105	百治磷	—	135	去甲基-甲酰氨基-抗蚜威	—
76	乙氧喹啉	0.005	106	敌线酯	—	136	去甲基抗蚜威	—
77	噻唑磷	0.004	107	丁噻隆	—	137	炔丙菊酯	—
78	辛硫磷	0.004	108	环丙嘧啶醇	—	138	双苯基脲	—
79	涕灭威	0.003	109	环莠隆	—	139	双苯酰草胺	—
80	异丙威	0.002	110	磺草唑胺	—	140	双酰草胺	—
81	克百威	0.001	111	甲基吡噁磷	—	141	速灭威	—
82	三唑磷	0.001	112	螺环菌胺	—	142	特丁通	—
83	杀虫脒	0.001	113	猛杀威	—	143	特乐酚	—
84	磷胺	0.0005	114	扑灭通	—	144	戊草丹	—
85	甲氨基阿维菌素	0.0005	115	驱蚊叮	—	145	戊菌隆	—
86	灭线磷	0.0004	116	仲丁通	—	146	乙嘧酚磺酸酯	—
87	鱼藤酮	0.0004	117	阿苯达唑	—	147	异丙乐灵	—
88	亚砜磷	0.0003	118	避蚊胺	—	148	异噁隆	—
89	氧乐果	0.0003	119	除草定	—	149	异柳磷	—
90	甲咪唑烟酸	0.7	120	啶斑肟	—	150	抑芽唑	—
91	三甲苯草酮	—	121	噁唑磷	—	151	酯菌胺	—
92	3,4,5-混杀威	—	122	噁唑隆	—	152	益棉磷	—
93	二甲嘧酚	—	123	呋草酮	—			

注：“—”表示为国家标准中无 ADI 值规定；ADI 值单位为 mg/kg bw

2) 计算 IFS_c 的平均值 $\overline{IFS}$，评价农药对食品安全的影响程度

以 $\overline{IFS}$ 评价各种农药对人体健康危害的总程度，评价模型见公式(2-2)。

$$\overline{\mathrm{IFS}}=\frac{\sum_{i=1}^{n}\mathrm{IFS_c}}{n} \tag{2-2}$$

$\overline{\mathrm{IFS}}\ll 1$，所研究消费者人群的食品安全状态很好；$\overline{\mathrm{IFS}}\leqslant 1$，所研究消费者人群的食品安全状态可以接受；$\overline{\mathrm{IFS}}>1$，所研究消费者人群的食品安全状态不可接受。

本次评价中：

$\overline{\mathrm{IFS}}\leqslant 0.1$，所研究消费者人群的水果蔬菜安全状态很好；

$0.1<\overline{\mathrm{IFS}}\leqslant 1$，所研究消费者人群的水果蔬菜安全状态可以接受；

$\overline{\mathrm{IFS}}>1$，所研究消费者人群的水果蔬菜安全状态不可接受。

2.1.2.2　预警风险评估模型

2003 年，我国检验检疫食品安全管理的研究人员根据 WTO 的有关原则和我国的具体规定，结合危害物本身的敏感性、风险程度及其相应的施检频率，首次提出了食品中危害物风险系数 R 的概念[12]。R 是衡量一个危害物的风险程度大小最直观的参数，即在一定时期内其超标率或阳性检出率的高低，但受其施检测率的高低及其本身的敏感性(受关注程度)影响。该模型综合考察了农药在蔬菜中的超标率、施检频率及其本身敏感性，能直观而全面地反映出农药在一段时间内的风险程度[13]。

1) R 计算方法

危害物的风险系数综合考虑了危害物的超标率或阳性检出率、施检频率和其本身的敏感性影响，并能直观而全面地反映出危害物在一段时间内的风险程度。风险系数 R 的计算公式如式(2-3)：

$$R=aP+\frac{b}{F}+S \tag{2-3}$$

式中，P 为该种危害物的超标率；F 为危害物的施检频率；S 为危害物的敏感因子；a, b 分别为相应的权重系数。

本次评价中 F=1；S=1；a=100；b=0.1，对参数 P 进行计算，计算时首先判断是否为禁用农药，如果为非禁用农药，P=超标的样品数(侦测出的含量高于食品最大残留限量标准值，即 MRL)除以总样品数(包括超标、不超标、未检出)；如果为禁用农药，则检出即为超标，P=能检出的样品数除以总样品数。判断广州市水果蔬菜农药残留是否超标的标准限值 MRL 分别以 MRL 中国国家标准[14]和 MRL 欧盟标准作为对照，具体值列于本报告附表一中。

2) 评价风险程度

$R\leqslant 1.5$，受检农药处于低度风险；

$1.5<R\leqslant 2.5$，受检农药处于中度风险；

$R>2.5$，受检农药处于高度风险。

2.1.2.3　食品膳食暴露风险和预警风险评估应用程序的开发

1) 应用程序开发的步骤

为成功开发膳食暴露风险和预警风险评估应用程序，与软件工程师多次沟通讨论，逐步提出并描述清楚计算需求，开发了初步应用程序。为明确出不同水果蔬菜、不同农药、不同地域和不同季节的风险水平，向软件工程师提出不同的计算需求，软件工程师对计算需求进行逐一地分析，经过反复的细节沟通，需求分析得到明确后，开始进行解决方案的设计，在保证需求的完整性、一致性的前提下，编写出程序代码，最后设计出满足需求的风险评估专用计算软件，并通过一系列的软件测试和改进，完成专用程序的开发。软件开发基本步骤见图 2-3。

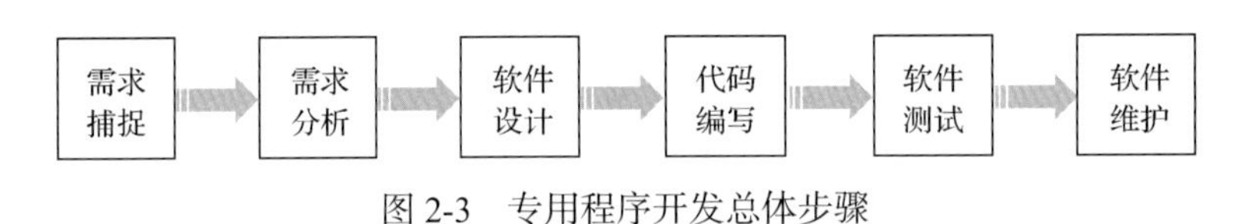

图 2-3　专用程序开发总体步骤

2) 膳食暴露风险评估专业程序开发的基本要求

首先直接利用公式(2-1)，分别计算 LC-Q-TOF/MS 和 GC-Q-TOF/MS 仪器侦测出的各水果蔬菜样品中每种农药 IFS_c，将结果列出。为考察超标农药和禁用农药的使用安全性，分别以我国《食品安全国家标准　食品中农药最大残留限量》(GB 2763—2016)和欧盟食品中农药最大残留限量(以下简称 MRL 中国国家标准和 MRL 欧盟标准)为标准，对侦测出的禁用农药和超标的非禁用农药 IFS_c 单独进行评价；按 IFS_c 大小列表，并找出 IFS_c 值排名前 20 的样本重点关注。

对不同水果蔬菜 i 中每一种侦测出的农药 c 的安全指数进行计算，多个样品时求平均值。若监测数据为该市多个月的数据，则逐月、逐季度分别列出每个月、每个季度内每一种水果蔬菜 i 对应的每一种农药 c 的 IFS_c。

按农药种类，计算整个监测时间段内每种农药的 IFS_c，不区分水果蔬菜。若检测数据为该市多个月的数据，则需分别计算每个月、每个季度内每种农药的 IFS_c。

3) 预警风险评估专业程序开发的基本要求

分别以 MRL 中国国家标准和 MRL 欧盟标准，按公式(2-3)逐个计算不同水果蔬菜、不同农药的风险系数，禁用农药和非禁用农药分别列表。

为清楚了解各种农药的预警风险，不分时间，不分水果蔬菜，按禁用农药和非禁用农药分类，分别计算各种侦测出农药全部检测时段内风险系数。由于有 MRL 中国国家标准的农药种类太少，无法计算超标数，非禁用农药的风险系数只以 MRL 欧盟标准为标准，进行计算。若检测数据为多个月的，则按月计算每个月、每个季度内每种禁用农药残留的风险系数和以 MRL 欧盟标准为标准的非禁用农药残留的风险系数。

4) 风险程度评价专业应用程序的开发方法

采用 Python 计算机程序设计语言，Python 是一个高层次地结合了解释性、编译性、互动性和面向对象的脚本语言。风险评价专用程序主要功能包括：分别读入每例样品 LC-Q-TOF/MS 和 GC-Q-TOF/MS 农药残留检测数据，根据风险评价工作要求，依次对不同农药、不同食品、不同时间、不同采样点的 IFS_c 值和 R 值分别进行数据计算，筛选出禁用农药、超标农药(分别与 MRL 中国国家标准、MRL 欧盟标准限值进行对比)单独重点分析，再分别对各农药、各水果蔬菜种类分类处理，设计出计算和排序程序，编写计算机代码，最后将生成的膳食暴露风险评估和超标风险评估定量计算结果列入设计好的各个表格中，并定性判断风险对目标的影响程度，直接用文字描述风险发生的高低，如“不可接受”、“可以接受”、“没有影响”、“高度风险”、“中度风险”、“低度风险”。

2.2　LC-Q-TOF/MS 侦测广州市市售水果蔬菜农药残留膳食暴露风险评估

2.2.1　每例水果蔬菜样品中农药残留安全指数分析

基于农药残留侦测数据，发现在 731 例样品中侦测出农药 823 频次，计算样品中每种残留农药的安全指数 IFS_c，并分析农药对样品安全的影响程度，结果详见附表二，农药残留对水果蔬菜样品安全的影响程度频次分布情况如图 2-4 所示。

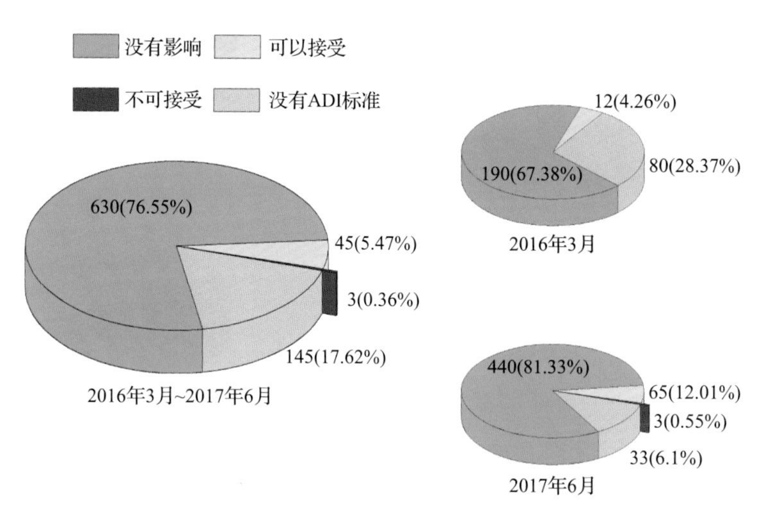

图 2-4　农药残留对水果蔬菜样品安全的影响程度频次分布图

由图 2-4 可以看出，农药残留对样品安全的影响不可接受的频次为 3，占 0.36%；农药残留对样品安全的影响可以接受的频次为 45，占 5.47%；农药残留对样品安全的没有影响的频次为 630，占 75.55%。分析发现，在 2017 年 6 月农药残留对样品安全影响不可接受频次为 3，在 2016 年 3 月内农药对样品安全的影响在可以接受和没有影响的范围内。表 2-5 为对水果蔬菜样品中安全指数不可接受的农药残留列表。

表 2-5　水果蔬菜样品中安全影响不可接受的农药残留列表

序号	样品编号	采样点	基质	农药	含量(mg/kg)	IFS_c
1	20170624-440100-SZCIQ-ST-09A	***超市(黄埔店)	草莓	氧乐果	1.012	21.3644
2	20170624-440100-SZCIQ-ZG-16A	***市场	紫甘蓝	磷胺	0.1248	1.5808
3	20170624-440100-SZCIQ-JD-05A	***超市(番禺区万达广场店)	豇豆	三唑磷	0.1609	1.0190

部分样品侦测出禁用农药 8 种 21 频次，为了明确残留的禁用农药对样品安全的影响，分析侦测出禁用农药残留的样品安全指数，禁用农药残留对水果蔬菜样品安全的影响程度频次分布情况如图 2-5 所示，农药残留对样品安全的影响不可接受的频次为 2，占 9.52%；农药残留对样品安全的影响可以接受的频次为 9，占 42.86%；农药残留对样品安全没有影响的频次为 10，占 47.62%。由图中可以看出 2 个月份的水果蔬菜样品中均侦测出禁用农药残留，分析发现，在该 2 个月份内只有 2017 年 6 月内有 2 种禁用农药对样品安全影响不可接受，2016 年 3 月内禁用农药对样品安全的影响均在可以接受和没有影响的范围内。表 2-6 列出了水果蔬菜样品中侦测出的禁用农药残留不可接受的安全指数表。

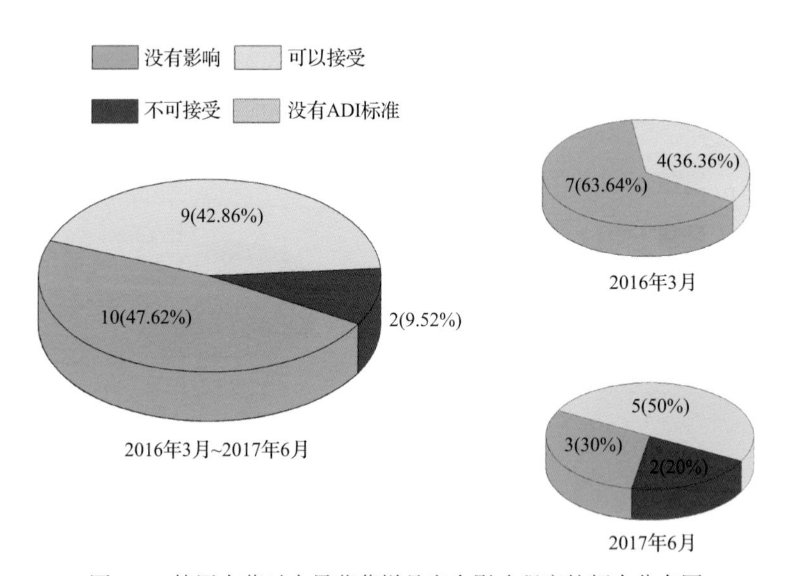

图 2-5　禁用农药对水果蔬菜样品安全影响程度的频次分布图

表 2-6　水果蔬菜样品中侦测出的禁用农药残留不可接受的安全指数表

序号	样品编号	采样点	基质	农药	含量(mg/kg)	IFS_c
1	20170624-440100-SZCIQ-ST-09A	***超市(黄埔店)	草莓	水果	氧乐果	1.012
2	20170624-440100-SZCIQ-ZG-16A	***市场	紫甘蓝	蔬菜	磷胺	0.1248

此外，本次侦测发现部分样品中非禁用农药残留量超过了 MRL 中国国家标准和欧盟标准，为了明确超标的非禁用农药对样品安全的影响，分析了非禁用农药残留超标的

样品安全指数。

水果蔬菜残留量超过 MRL 中国国家标准的非禁用农药对水果蔬菜样品安全的影响程度频次分布情况如图 2-6 所示。可以看出侦测出超过 MRL 中国国家标准的非禁用农药共 3 频次，其中农药残留对样品安全的影响可以接受的频次为 2，占 66.67%；农药残留对样品安全没有影响的频次为 1，占 33.3%。表 2-7 为水果蔬菜样品中侦测出的非禁用农药残留安全指数表。

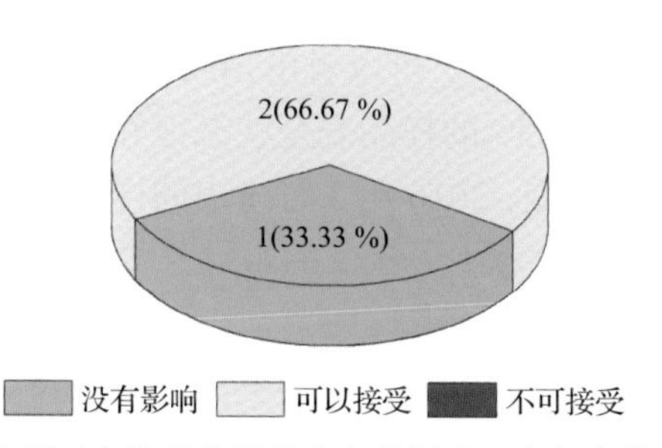

图 2-6　残留超标的非禁用农药对水果蔬菜样品安全的影响程度频次分布图(MRL 中国国家标准)

表 2-7　水果蔬菜样品中侦测出的非禁用农药残留安全指数表(MRL 中国国家标准)

序号	样品编号	采样点	基质	农药	含量(mg/kg)	中国国家标准	IFS_c	影响程度
1	20170622-440100-SZCIQ-DJ-05A	***市场	菜豆	倍硫磷	1.0272	0.05	0.9294	可以接受
2	20170622-440100-SZCIQ-DJ-04A	***市场	菜豆	多菌灵	0.6472	0.5	0.1366	可以接受
3	20170622-440100-SZCIQ-DJ-05A	***市场	菜豆	灭蝇胺	0.6612	0.5	0.0698	没有影响

残留量超过 MRL 欧盟标准的非禁用农药对水果蔬菜样品安全的影响程度频次分布情况如图 2-7 所示。可以看出超过 MRL 欧盟标准的非禁用农药共 252 频次，其中农药没有 ADI 的频次为 69，占 27.38%；农药残留对样品安全不可接受的频次为 1，占 0.4%；农药残留对样品安全的影响可以接受的频次为 30，占 11.9%；农药残留对样品安全没有影响的频次为 152，占 60.32%。表 2-8 为水果蔬菜样品中不可接受的残留超标非禁用农药安全指数列表。

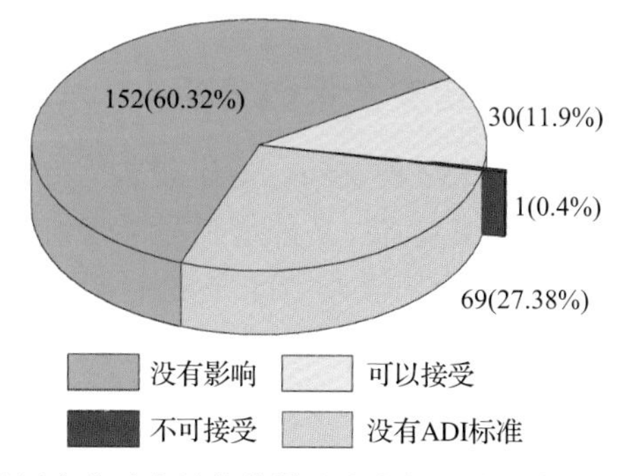

图 2-7　残留超标的非禁用农药对水果蔬菜样品安全的影响程度频次分布图(MRL 欧盟标准)

表 2-8　对水果蔬菜样品中不可接受的残留超标非禁用农药安全指数列表(MRL 欧盟标准)

序号	样品编号	采样点	基质	农药	含量(mg/kg)	欧盟标准	IFS_c
1	20170624-440100-SZCIQ-JD-05A	***超市(番禺区万达广场店)	豇豆	三唑磷	0.1609	0.01	1.0190

在 731 例样品中，379 例样品未侦测出农药残留，352 例样品中侦测出农药残留，计算每例有农药侦测出样品的 $\overline{IFS}$ 值，进而分析样品的安全状态结果如图 2-8 所示(未侦测出农药的样品安全状态视为很好)。可以看出，0.14%的样品安全状态不可接受；3.01%的样品安全状态可以接受；93.43%的样品安全状态很好。此外，可以看出只有 2017 年 6 月有 1 例样品安全状态不可接受，2016 年 3 月份内的样品安全状态均在很好和可以接受的范围内。表 2-9 列出了安全状态不可接受的水果蔬菜样品。

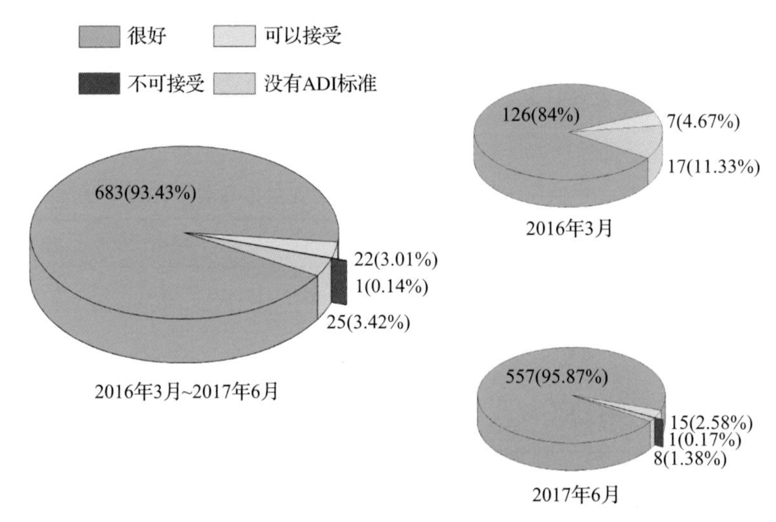

图 2-8　水果蔬菜样品安全状态分布图

表 2-9　水果蔬菜安全状态不可接受的样品列表

序号	样品编号	采样点	基质	$\overline{IFS}$
1	20170624-440100-SZCIQ-ST-09A	***超市(黄埔店)	草莓	5.3425

2.2.2　单种水果蔬菜中农药残留安全指数分析

本次 91 种水果蔬菜共侦测出 152 种农药，检出频次为 823 次，其中 62 种农药残留没有 ADI 标准，90 种农药存在 ADI 标准。7 种水果蔬菜未侦测出任何农药，2 种水果蔬菜(胡萝卜和菠萝)侦测出农药残留全部没有 ADI 标准，对其他的 82 种水果蔬菜按不同种类分别计算侦测出的具有 ADI 标准的各种农药的 IFS_c 值，农药残留对水果蔬菜的安全指数分布图如图 2-9 所示。

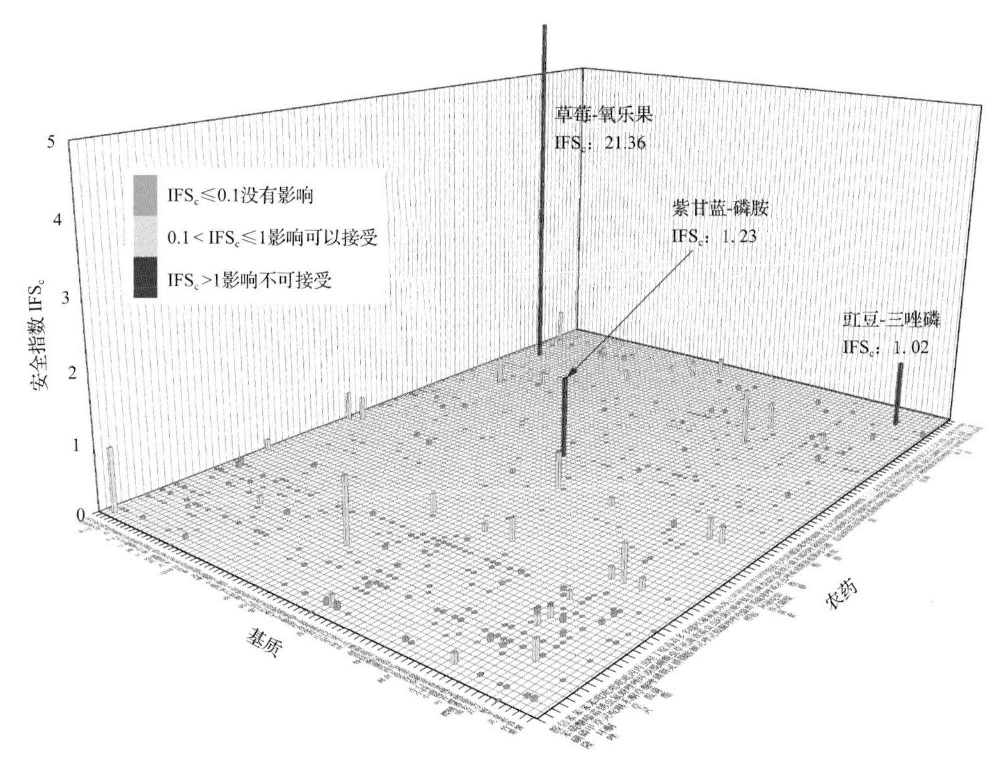

图 2-9　82 种水果蔬菜中 90 种残留农药的安全指数分布图

分析发现 3 种水果蔬菜(草莓、豇豆和紫甘蓝)中的氧乐果、三唑磷和磷胺残留对食品安全影响不可接受，如表 2-10 所示。

表 2-10　单种水果蔬菜中安全影响不可接受的残留农药安全指数表

序号	基质	农药	检出频次	检出率(%)	IFS＞1 的频次	IFS＞1 的比例(%)	IFS_c
1	草莓	氧乐果	1	14.29	1	14.29	21.36
2	紫甘蓝	磷胺	2	8.00	1	4.00	1.23
3	豇豆	三唑磷	1	5.26	1	5.26	1.02

本次侦测中，84 种水果蔬菜和 152 种残留农药(包括没有 ADI 标准)共涉及 567 个分析样本，农药对单种水果蔬菜安全的影响程度分布情况如图 2-10 所示。可以看出，74.07%的样本中农药对水果蔬菜安全没有影响，6%的样本中农药对水果蔬菜安全的影响可以接受，0.53%的样本中农药对水果蔬菜安全的影响不可接受。

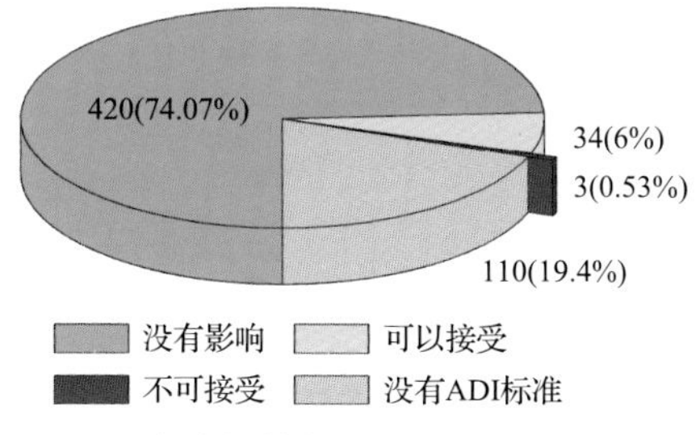

图 2-10　567 个分析样本的安全影响程度频次分布图

此外，分别计算 82 种水果蔬菜中所有侦测出农药 IFS_c 的平均值 $\overline{IFS}$，分析每种水果蔬菜的安全状态，结果如图 2-11 所示，分析发现，1 种水果蔬菜(1.22%)的安全状态不可接受，7 种水果蔬菜(8.54%)的安全状态可以接受，74 种(90.24%)水果蔬菜的安全状态很好。

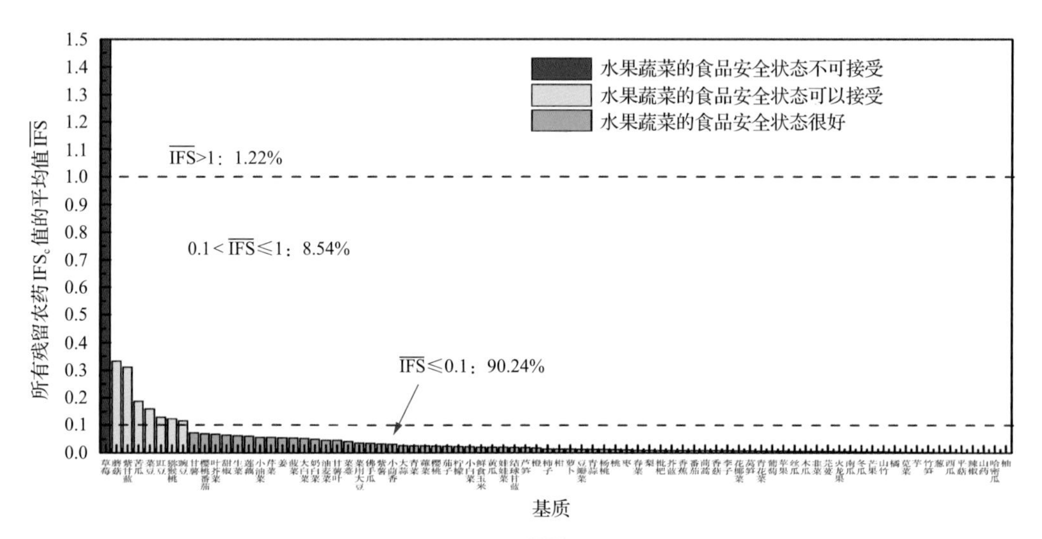

图 2-11　82 种水果蔬菜的 $\overline{IFS}$ 值和安全状态统计图

对每个月内每种水果蔬菜中农药的 IFS_c 进行分析，并计算每月内每种水果蔬菜的 $\overline{IFS}$ 值，以评价每种水果蔬菜的安全状态，结果如图 2-12 所示，可以看出，2 个月份的所有水果蔬菜的安全状态均处于很好和可以接受的范围内，各月份内单种水果蔬菜安全状态统计情况如图 2-13 所示。

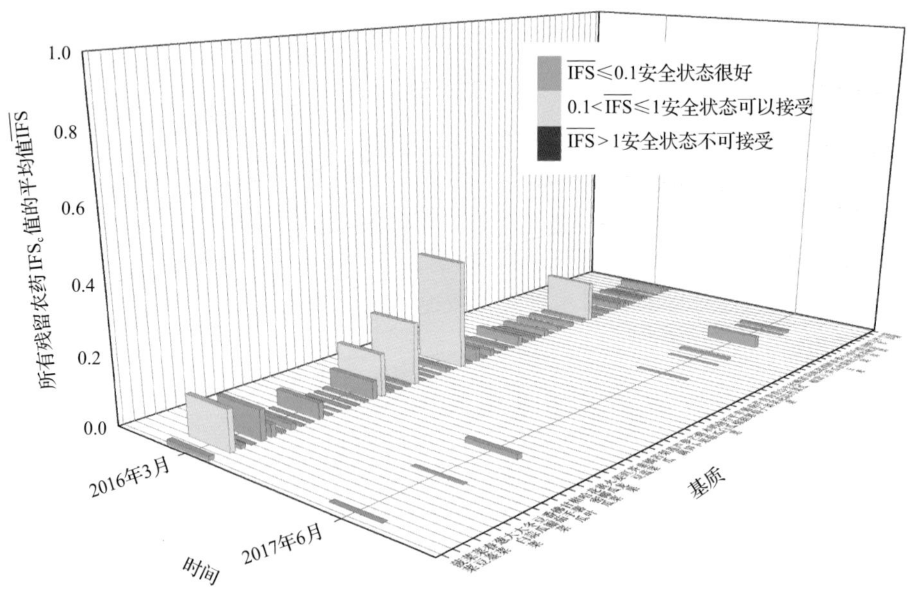

图 2-12　各月内每种水果蔬菜的 $\overline{IFS}$ 值与安全状态分布图

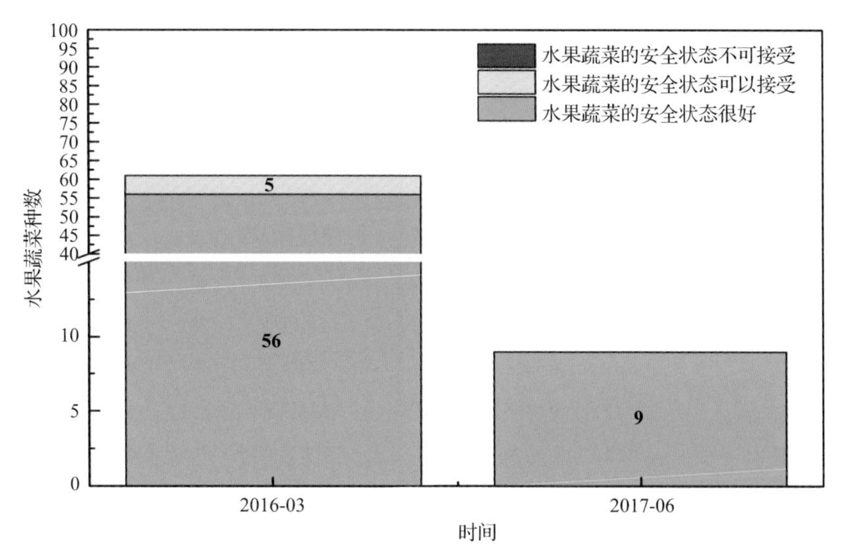

图 2-13　各月份内单种水果蔬菜安全状态统计图

2.2.3　所有水果蔬菜中农药残留安全指数分析

计算所有水果蔬菜中 90 种农药的 $\overline{\mathrm{IFS}}_{\mathrm{c}}$ 值，结果如图 2-14 及表 2-11 所示。

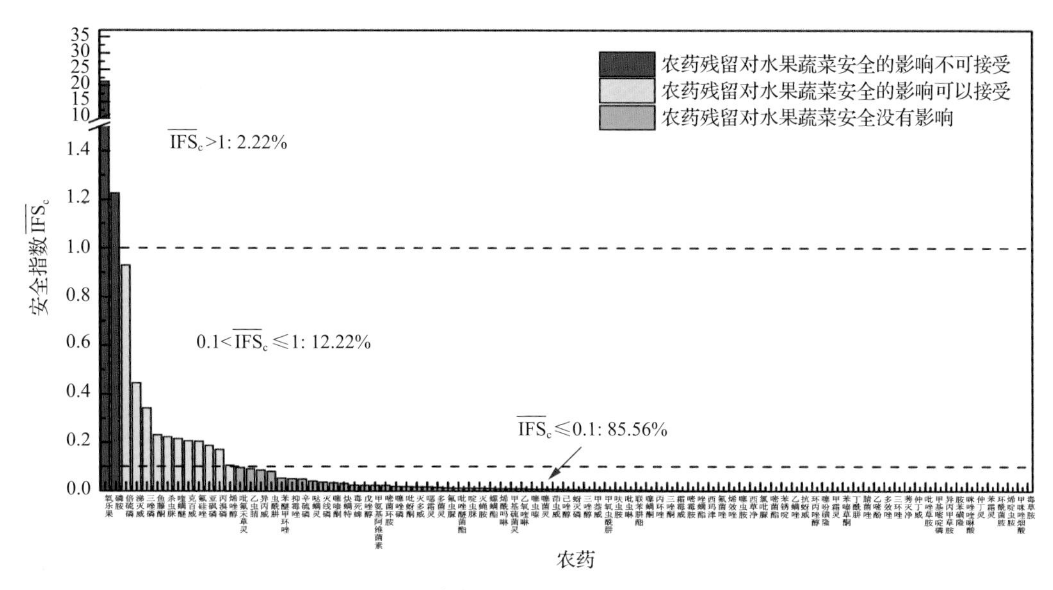

图 2-14　90 种残留农药对水果蔬菜的安全影响程度统计图

分析发现，只有氧乐果和磷胺的 $\overline{\mathrm{IFS}}_{\mathrm{c}}$ 大于 1，其他农药的 $\overline{\mathrm{IFS}}_{\mathrm{c}}$ 均小于 1，说明氧乐果和磷胺对水果蔬菜安全的影响不可接受，其他农药对水果蔬菜安全的影响均在没有影响和可以接受的范围内，其中 12.22%的农药对水果蔬菜安全的影响可以接受，85.56%的农药对水果蔬菜安全没有影响。

表 2-11　水果蔬菜中 90 种农药残留的安全指数表

序号	农药	检出频次	检出率（%）	$\overline{IFS}_c$	影响程度	序号	农药	检出频次	检出率（%）	$\overline{IFS}_c$	影响程度
1	氧乐果	1	0.12	21.3644	不可接受	34	氟虫脲	1	0.12	0.0134	没有影响
2	磷胺	2	0.24	1.2261	不可接受	35	吡唑醚菌酯	28	3.40	0.0122	没有影响
3	倍硫磷	1	0.12	0.9294	可以接受	36	啶虫脒	40	4.86	0.0119	没有影响
4	涕灭威	2	0.24	0.4453	可以接受	37	灭蝇胺	28	3.40	0.0117	没有影响
5	三唑磷	5	0.61	0.3423	可以接受	38	螺螨酯	3	0.36	0.0108	没有影响
6	鱼藤酮	1	0.12	0.2328	可以接受	39	烯酰吗啉	62	7.53	0.0103	没有影响
7	杀虫脒	2	0.24	0.2242	可以接受	40	甲基硫菌灵	5	0.61	0.0102	没有影响
8	喹螨醚	2	0.24	0.2157	可以接受	41	乙氧喹啉	1	0.12	0.0096	没有影响
9	克百威	10	1.22	0.2071	可以接受	42	噻虫嗪	10	1.22	0.0087	没有影响
10	氟硅唑	15	1.82	0.2051	可以接受	43	噻菌灵	3	0.36	0.0086	没有影响
11	亚砜磷	1	0.12	0.1879	可以接受	44	茚虫威	2	0.24	0.0086	没有影响
12	丙溴磷	7	0.85	0.1722	可以接受	45	己唑醇	1	0.12	0.0077	没有影响
13	烯唑醇	8	0.97	0.1045	可以接受	46	蚜灭磷	2	0.24	0.0073	没有影响
14	吡氟禾草灵	5	0.61	0.0963	没有影响	47	三唑醇	1	0.12	0.0066	没有影响
15	乙虫腈	1	0.12	0.0911	没有影响	48	甲萘威	6	0.73	0.0056	没有影响
16	异丙威	11	1.34	0.0858	没有影响	49	甲氧虫酰肼	2	0.24	0.0054	没有影响
17	虫酰肼	2	0.24	0.0804	没有影响	50	呋虫胺	1	0.12	0.0049	没有影响
18	苯醚甲环唑	29	3.52	0.0531	没有影响	51	吡虫啉	22	2.67	0.0047	没有影响
19	抑霉唑	6	0.73	0.0506	没有影响	52	联苯肼酯	1	0.12	0.0046	没有影响
20	辛硫磷	1	0.12	0.0489	没有影响	53	噻螨酮	1	0.12	0.0043	没有影响
21	哒螨灵	24	2.92	0.0407	没有影响	54	丙环唑	5	0.61	0.0041	没有影响
22	灭线磷	1	0.12	0.0364	没有影响	55	三唑酮	1	0.12	0.0041	没有影响
23	噻嗪酮	1	0.12	0.0338	没有影响	56	霜霉威	18	2.19	0.0031	没有影响
24	炔螨特	4	0.49	0.0311	没有影响	57	嘧霉胺	19	2.31	0.0029	没有影响
25	毒死蜱	26	3.16	0.0246	没有影响	58	唑螨酯	3	0.36	0.0028	没有影响
26	戊唑醇	21	2.55	0.0243	没有影响	59	西玛津	2	0.24	0.0028	没有影响
27	甲氨基阿维菌素	1	0.12	0.0241	没有影响	60	氟菌唑	1	0.12	0.0027	没有影响
28	嘧菌环胺	2	0.24	0.0236	没有影响	61	烯效唑	1	0.12	0.0026	没有影响
29	噻唑磷	1	0.12	0.0193	没有影响	62	噻虫胺	6	0.73	0.0025	没有影响
30	吡蚜酮	90	10.94	0.0186	没有影响	63	西草净	1	0.12	0.0023	没有影响
31	灭多威	2	0.24	0.0173	没有影响	64	氯吡脲	1	0.12	0.0022	没有影响
32	噁霜灵	4	0.49	0.0172	没有影响	65	嘧菌酯	10	1.22	0.0018	没有影响
33	多菌灵	47	5.71	0.0158	没有影响	66	苯锈啶	1	0.12	0.0014	没有影响

续表

序号	农药	检出频次	检出率(%)	$\overline{IFS_c}$	影响程度	序号	农药	检出频次	检出率(%)	$\overline{IFS_c}$	影响程度
67	乙螨唑	1	0.12	0.0014	没有影响	79	仲丁威	1	0.12	0.0003	没有影响
68	抗蚜威	1	0.12	0.0014	没有影响	80	吡唑草胺	1	0.12	0.0003	没有影响
69	环丙唑醇	1	0.12	0.0013	没有影响	81	甲基嘧啶磷	1	0.12	0.0003	没有影响
70	噻吩磺隆	2	0.24	0.0013	没有影响	82	异丙甲草胺	1	0.12	0.0003	没有影响
71	甲霜灵	10	1.22	0.0010	没有影响	83	胺苯磺隆	5	0.61	0.0003	没有影响
72	苯嗪草酮	1	0.12	0.0008	没有影响	84	咪唑喹啉酸	2	0.24	0.0003	没有影响
73	丁酰肼	1	0.12	0.0007	没有影响	85	仲丁灵	1	0.12	0.0002	没有影响
74	腈菌唑	3	0.36	0.0007	没有影响	86	苯霜灵	1	0.12	0.0001	没有影响
75	乙嘧酚	4	0.49	0.0006	没有影响	87	环酰菌胺	1	0.12	0.0001	没有影响
76	多效唑	3	0.36	0.0006	没有影响	88	烯啶虫胺	1	0.12	0.0001	没有影响
77	三环唑	5	0.61	0.0006	没有影响	89	甲咪唑烟酸	1	0.12	0.0001	没有影响
78	莠灭净	2	0.24	0.0003	没有影响	90	毒草胺	3	0.36	0.0001	没有影响

对每个月内所有水果蔬菜中残留农药的 $\overline{IFS_c}$ 进行分析，结果如图 2-15 所示。分析发

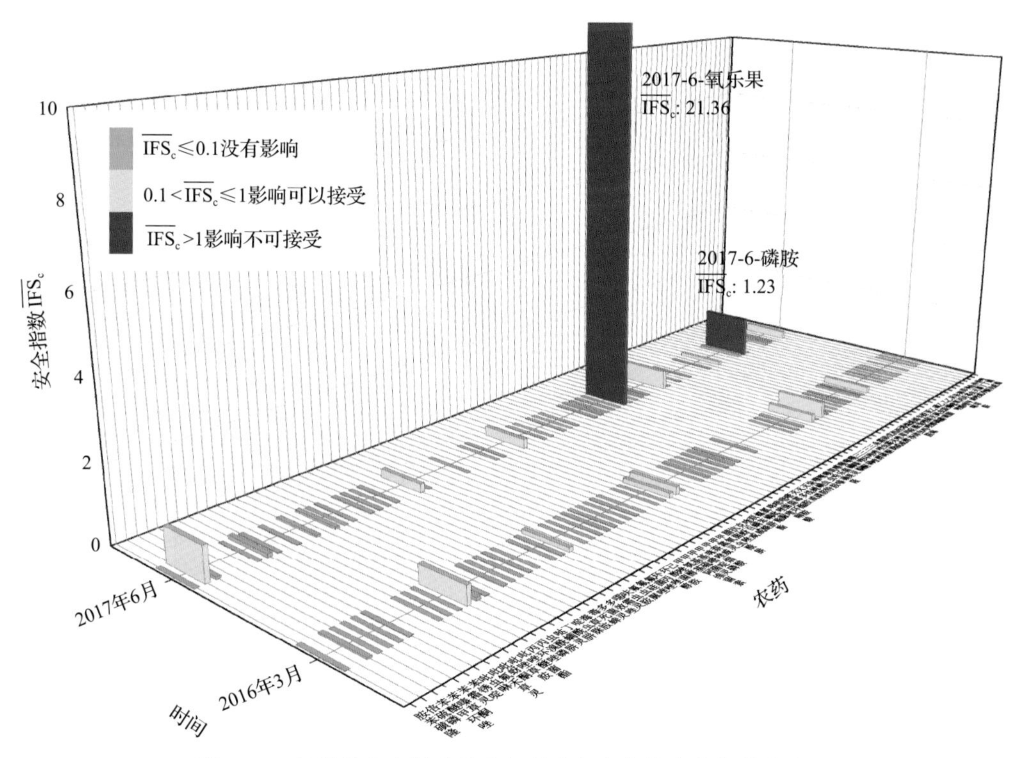

图 2-15　各月份内水果蔬菜中每种残留农药的安全指数分布图

现，2017 年 6 月的氧乐果和磷胺对水果蔬菜安全的影响不可接受，该三个月份的其他农药和其他月份的所有农药对水果蔬菜安全的影响均处于没有影响和可以接受的范围内。每月内不同农药对水果蔬菜安全影响程度的统计如图 2-16 所示。

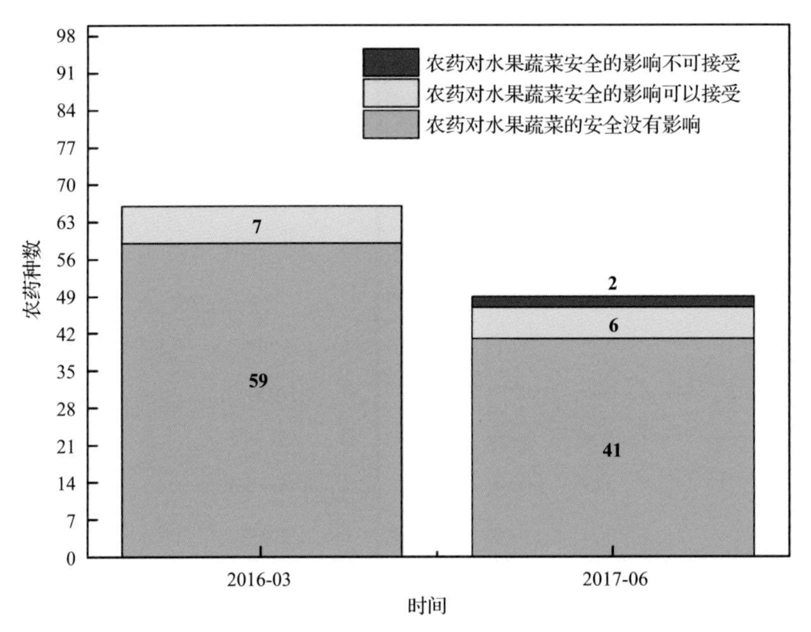

图 2-16　各月份内农药对水果蔬菜安全影响程度的统计图

计算每个月内水果蔬菜的 $\overline{\mathrm{IFS}}$，以分析每月内水果蔬菜的安全状态，结果如图 2-17 所示，可以看出，2 个月份的水果蔬菜安全状态均处于很好和可以接受的范围内。分析发现，在 50%的月份内，水果蔬菜安全状态可以接受，50%的月份内水果蔬菜的安全状态很好。

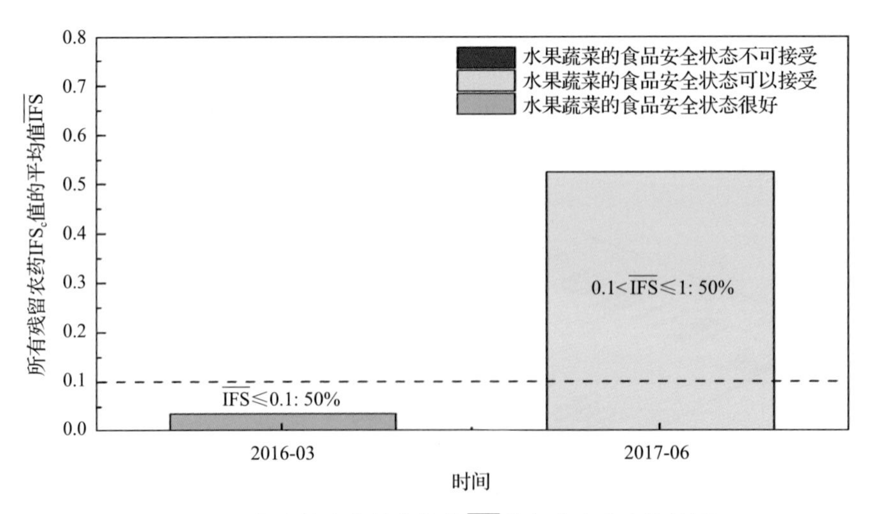

图 2-17　各月份内水果蔬菜的 $\overline{\mathrm{IFS}}$ 值与安全状态统计图

2.3 LC-Q-TOF/MS 侦测广州市市售水果蔬菜农药残留预警风险评估

基于广州市水果蔬菜样品中农药残留 LC-Q-TOF/MS 侦测数据，分析禁用农药的检出率，同时参照中华人民共和国国家标准 GB 2763—2016 和欧盟农药最大残留限量（MRL）标准分析非禁用农药残留的超标率，并计算农药残留风险系数。分析单种水果蔬菜中农药残留以及所有水果蔬菜中农药残留的风险程度。

2.3.1 单种水果蔬菜中农药残留风险系数分析

2.3.1.1 单种水果蔬菜中禁用农药残留风险系数分析

侦测出的 152 种残留农药中有 8 种为禁用农药，且它们分布在 18 种水果蔬菜中，计算 18 种水果蔬菜中禁用农药的超标率，根据超标率计算风险系数 R，进而分析水果蔬菜中禁用农药的风险程度，结果如图 2-18 与表 2-12 所示。分析发现 8 种禁用农药在 18 种水果蔬菜中的残留处均于高度风险。

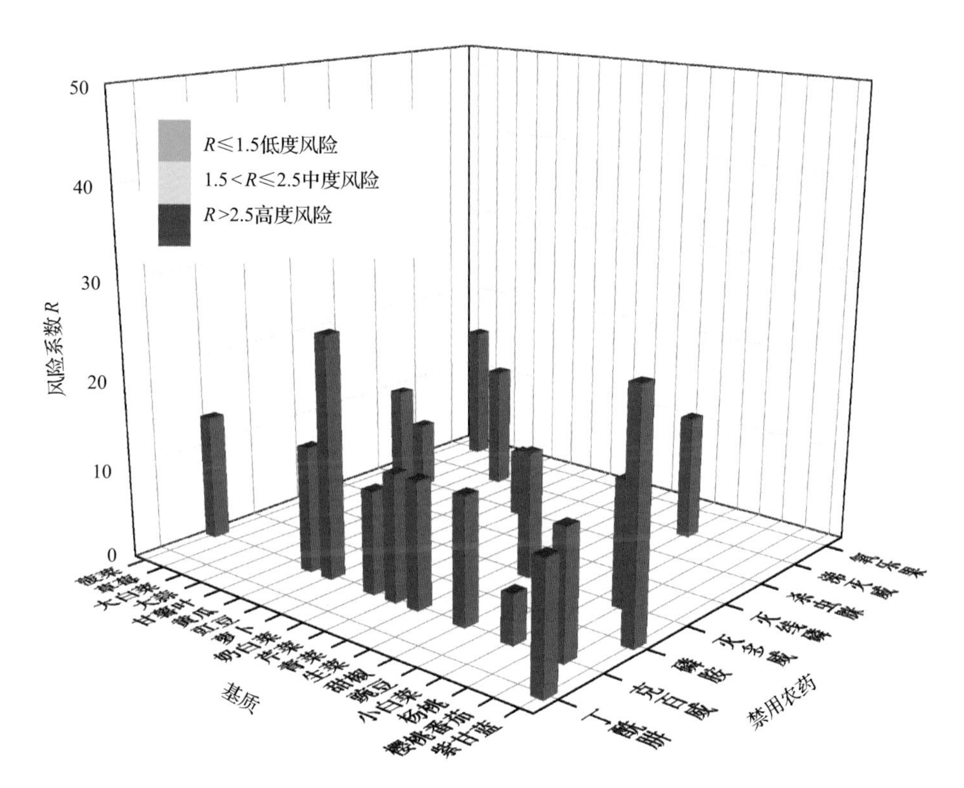

图 2-18 18 种水果蔬菜中 8 种禁用农药的风险系数分布图

表 2-12　18 种水果蔬菜中 8 种禁用农药的风险系数列表

序号	基质	农药	检出频次	检出率(%)	风险系数 *R*	风险程度
1	菠菜	克百威	1	12.50	13.60	高度风险
2	草莓	氧乐果	1	14.29	15.39	高度风险
3	大白菜	杀虫脒	1	6.25	7.35	高度风险
4	大蒜	灭线磷	1	12.50	13.60	高度风险
5	甘薯叶	涕灭威	1	12.50	13.60	高度风险
6	黄瓜	克百威	1	12.50	13.60	高度风险
7	豇豆	克百威	2	25.00	26.10	高度风险
8	萝卜	杀虫脒	1	6.25	7.35	高度风险
9	奶白菜	克百威	1	10.00	11.10	高度风险
10	芹菜	克百威	1	12.50	13.60	高度风险
11	青菜	克百威	1	12.50	13.60	高度风险
12	生菜	灭多威	1	12.50	13.60	高度风险
13	甜椒	克百威	1	12.50	13.60	高度风险
14	豌豆	涕灭威	1	12.50	13.60	高度风险
15	小白菜	克百威	1	4.17	5.27	高度风险
16	杨桃	灭多威	1	12.50	13.60	高度风险
17	樱桃番茄	克百威	1	12.50	13.60	高度风险
18	紫甘蓝	丁酰肼	1	12.50	13.60	高度风险
19	紫甘蓝	磷胺	2	25.00	26.10	高度风险

2.3.1.2　基于 MRL 中国国家标准的单种水果蔬菜中非禁用农药残留风险系数分析

参照中华人民共和国国家标准 GB 2763—2016 中农药残留限量计算每种水果蔬菜中每种非禁用农药的超标率，进而计算其风险系数，根据风险系数大小判断残留农药的预警风险程度，水果蔬菜中非禁用农药残留风险程度分布情况如图 2-19 所示。

本次分析中，发现在 84 种水果蔬菜侦测出 144 种残留非禁用农药，涉及样本 548 个，在 548 个样本中，0.55%处于高度风险，16.97%处于低度风险，此外发现有 452 个样本没有 MRL 中国国家标准值，无法判断其风险程度，有 MRL 中国国家标准值的 96 个样本涉及 45 种水果蔬菜中的 29 种非禁用农药，其风险系数 *R* 值如图 2-20 所示。表 2-13 为非禁用农药残留处于高度风险的水果蔬菜列表。

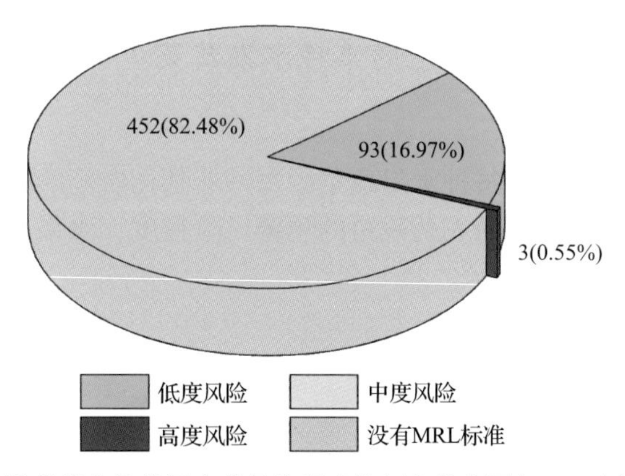

图 2-19　水果蔬菜中非禁用农药风险程度的频次分布图（MRL 中国国家标准）

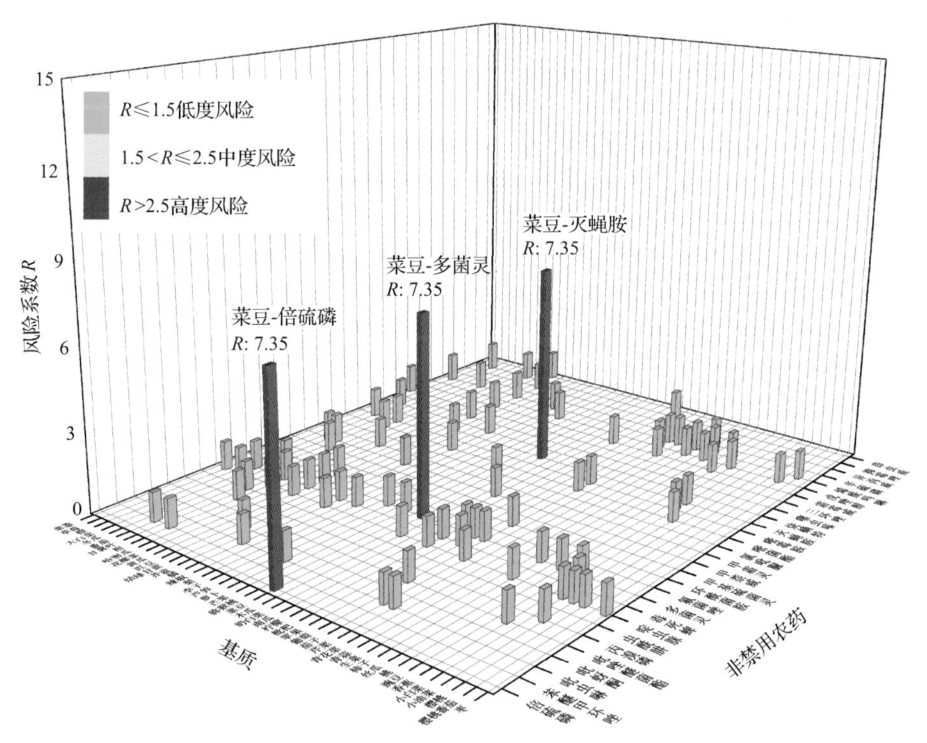

图 2-20　45 种水果蔬菜中 29 种非禁用农药的风险系数分布图（MRL 中国国家标准）

表 2-13　单种水果蔬菜中处于高度风险的非禁用农药风险系数表（MRL 中国国家标准）

序号	基质	农药	超标频次	超标率 P(%)	风险系数 R
1	菜豆	倍硫磷	1	6.25	7.35
2	菜豆	多菌灵	1	6.25	7.35
3	菜豆	灭蝇胺	1	6.25	7.35

2.3.1.3 基于 MRL 欧盟标准的单种水果蔬菜中非禁用农药残留风险系数分析

参照 MRL 欧盟标准计算每种水果蔬菜中每种非禁用农药的超标率，进而计算其风险系数，根据风险系数大小判断农药残留的预警风险程度，水果蔬菜中非禁用农药残留风险程度分布情况如图 2-21 所示。

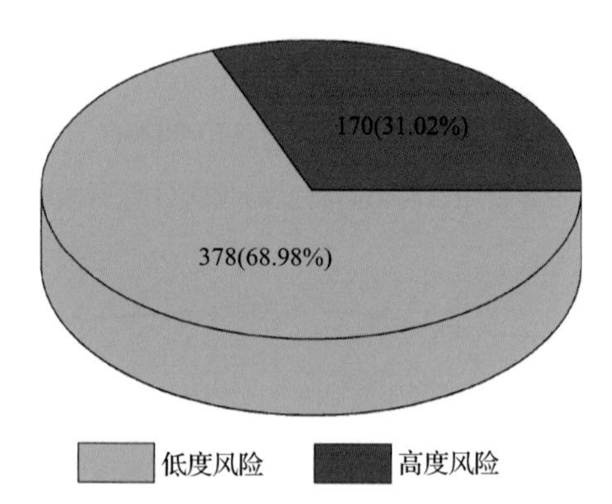

图 2-21 水果蔬菜中非禁用农药的风险程度的频次分布图（MRL 欧盟标准）

本次分析中，发现在 84 种水果蔬菜中共侦测出 144 种非禁用农药，涉及样本 548 个，其中，31.02%处于高度风险，涉及 60 种水果蔬菜和 72 种农药；68.98%处于低度风险，涉及 79 种水果蔬菜和 106 种农药。单种水果蔬菜中的非禁用农药风险系数分布图如图 2-22 所示。单种水果蔬菜中处于高度风险的非禁用农药风险系数如图 2-23 和表 2-14 所示。

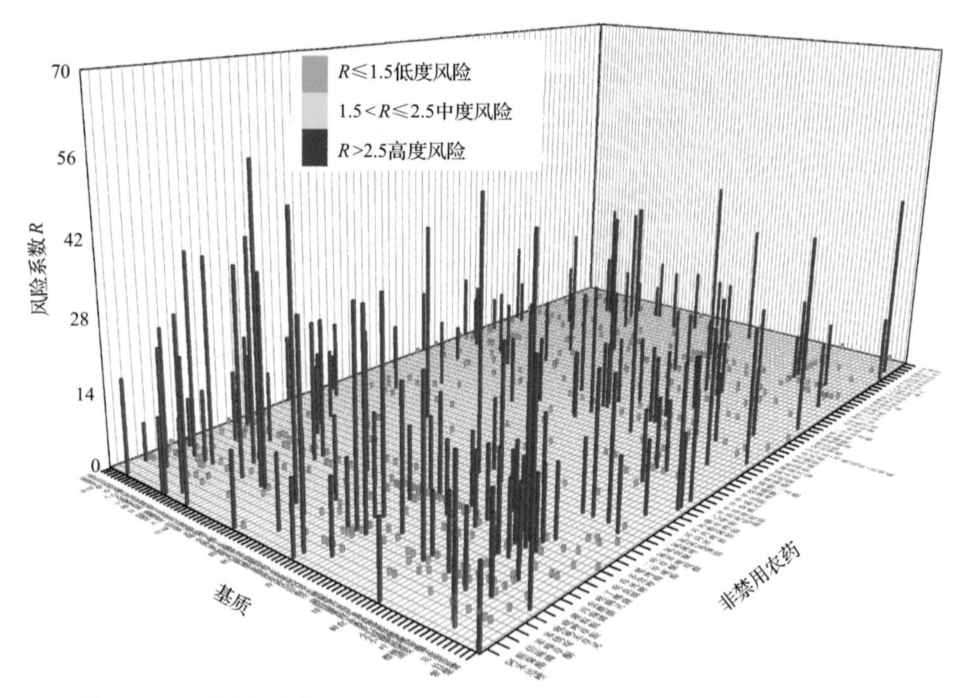

图 2-22 84 种水果蔬菜中 144 种非禁用农药的风险系数分布图（MRL 欧盟标准）

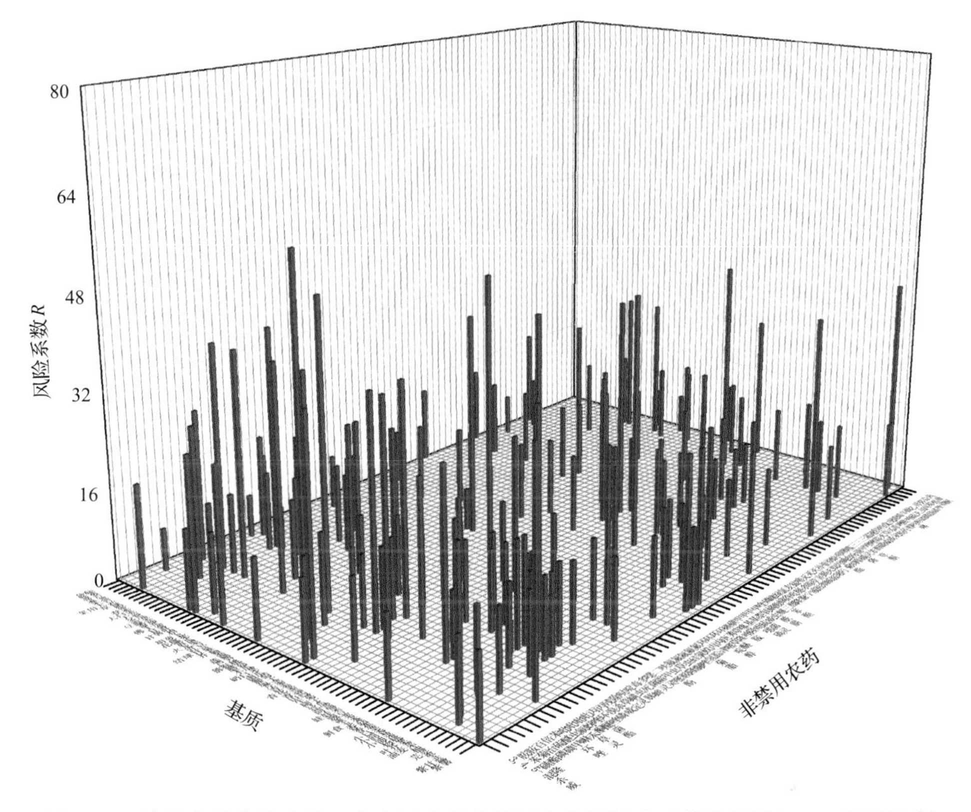

图 2-23　单种水果蔬菜中处于高度风险的非禁用农药的风险系数分布图(MRL 欧盟标准)

表 2-14　单种水果蔬菜中处于高度风险的非禁用农药的风险系数表(MRL 欧盟标准)

序号	基质	农药	超标频次	超标率 P(%)	风险系数 R
1	菠菜	嘧霉胺	1	12.50	13.60
2	菠菜	噻吩磺隆	1	12.50	13.60
3	菠菜	氟硅唑	1	12.50	13.60
4	菠萝	戊草丹	1	16.67	17.77
5	菜豆	三唑磷	1	6.25	7.35
6	菜豆	倍硫磷	1	6.25	7.35
7	菜豆	啶虫脒	1	6.25	7.35
8	菜豆	多菌灵	2	12.50	13.60
9	菜豆	环莠隆	1	6.25	7.35
10	菜薹	吡唑醚菌酯	1	8.33	9.43
11	菜薹	吡蚜酮	3	25.00	26.10
12	菜薹	喹螨醚	1	8.33	9.43
13	菜薹	噻吩磺隆	1	8.33	9.43
14	菜薹	毒死蜱	2	16.67	17.77

续表

序号	基质	农药	超标频次	超标率 P(%)	风险系数 R
15	菜薹	特乐酚	1	8.33	9.43
16	菜薹	环丙津	1	8.33	9.43
17	菜用大豆	3,4,5-混杀威	1	16.67	17.77
18	菜用大豆	异丙威	1	16.67	17.77
19	草莓	环庚草醚	1	14.29	15.39
20	橙	炔螨特	1	12.50	13.60
21	春菜	吡蚜酮	3	37.50	38.60
22	春菜	哒螨灵	1	12.50	13.60
23	春菜	啶虫脒	3	37.50	38.60
24	春菜	苯醚甲环唑	2	25.00	26.10
25	大白菜	啶虫脒	1	6.25	7.35
26	大白菜	灭草烟	1	6.25	7.35
27	大蒜	吡蚜酮	1	12.50	13.60
28	冬瓜	甲萘威	1	12.50	13.60
29	豆瓣菜	吡蚜酮	3	37.50	38.60
30	豆瓣菜	啶虫脒	1	12.50	13.60
31	豆瓣菜	氟硅唑	1	12.50	13.60
32	豆瓣菜	烯酰吗啉	1	12.50	13.60
33	番茄	呋虫胺	1	12.50	13.60
34	番茄	炔螨特	1	12.50	13.60
35	佛手瓜	3,4,5-混杀威	1	12.50	13.60
36	佛手瓜	异丙威	1	12.50	13.60
37	甘薯	3,4,5-混杀威	2	25.00	26.10
38	甘薯	异丙威	2	25.00	26.10
39	甘薯叶	二甲嘧酚	1	12.50	13.60
40	甘薯叶	喹螨醚	1	12.50	13.60
41	甘薯叶	戊唑醇	1	12.50	13.60
42	甘薯叶	环丙津	1	12.50	13.60
43	柑	丙溴磷	1	12.50	13.60
44	柑	胺苯磺隆	1	12.50	13.60
45	胡萝卜	扑灭通	1	12.50	13.60
46	花椰菜	吡蚜酮	6	37.50	38.60
47	花椰菜	益棉磷	1	6.25	7.35
48	黄瓜	3,4,5-混杀威	2	25.00	26.10

续表

序号	基质	农药	超标频次	超标率 P(%)	风险系数 R
49	黄瓜	异丙威	2	25.00	26.10
50	火龙果	炔丙菊酯	1	12.50	13.60
51	豇豆	三唑磷	1	12.50	13.60
52	豇豆	乙虫腈	1	12.50	13.60
53	豇豆	啶虫脒	2	25.00	26.10
54	豇豆	噻虫嗪	1	12.50	13.60
55	豇豆	毒死蜱	2	25.00	26.10
56	结球甘蓝	吡蚜酮	9	56.25	57.35
57	结球甘蓝	益棉磷	1	6.25	7.35
58	结球甘蓝	磺噻隆	1	6.25	7.35
59	芥蓝	吡蚜酮	3	37.50	38.60
60	芥蓝	益棉磷	1	12.50	13.60
61	芥蓝	磺噻隆	3	37.50	38.60
62	梨	特草灵	1	12.50	13.60
63	莲藕	3,4,5-混杀威	1	12.50	13.60
64	莲藕	异丙威	1	12.50	13.60
65	莲藕	磷酸三苯酯	1	12.50	13.60
66	芦笋	吡蚜酮	2	50.00	51.10
67	芦笋	多菌灵	1	25.00	26.10
68	猕猴桃	抑霉唑	1	12.50	13.60
69	猕猴桃	氯吡脲	1	12.50	13.60
70	蘑菇	丙溴磷	1	14.29	15.39
71	蘑菇	吡虫啉	1	14.29	15.39
72	木瓜	啶虫脒	1	12.50	13.60
73	木瓜	百治磷	1	12.50	13.60
74	奶白菜	氟硅唑	1	10.00	11.10
75	奶白菜	灭蝇胺	2	20.00	21.10
76	奶白菜	鱼藤酮	1	10.00	11.10
77	南瓜	氟虫脲	1	12.50	13.60
78	葡萄	吡蚜酮	1	11.11	12.21
79	葡萄	绿谷隆	1	11.11	12.21
80	茄子	3,4,5-混杀威	1	12.50	13.60
81	茄子	丙溴磷	1	12.50	13.60
82	茄子	啶虫脒	1	12.50	13.60

续表

序号	基质	农药	超标频次	超标率 *P*(%)	风险系数 *R*
83	茄子	噁霜灵	1	12.50	13.60
84	茄子	异丙威	1	12.50	13.60
85	茄子	胺苯磺隆	3	37.50	38.60
86	茄子	螺螨酯	1	12.50	13.60
87	芹菜	吡唑醚菌酯	1	12.50	13.60
88	芹菜	吡蚜酮	3	37.50	38.60
89	芹菜	嘧霉胺	1	12.50	13.60
90	芹菜	残杀威	3	37.50	38.60
91	芹菜	灭害威	3	37.50	38.60
92	芹菜	猛杀威	2	25.00	26.10
93	芹菜	霜霉威	1	12.50	13.60
94	青菜	嘧霉胺	1	12.50	13.60
95	青菜	噁霜灵	1	12.50	13.60
96	青菜	氟硅唑	4	50.00	51.10
97	青菜	灭蝇胺	1	12.50	13.60
98	青菜	烯唑醇	3	37.50	38.60
99	青花菜	吡蚜酮	3	37.50	38.60
100	青花菜	去异丙基莠去津	1	12.50	13.60
101	青花菜	益棉磷	2	25.00	26.10
102	青蒜	百治磷	1	12.50	13.60
103	青蒜	辛硫磷	1	12.50	13.60
104	青蒜	霜霉威	1	12.50	13.60
105	山药	驱蚊叮	1	12.50	13.60
106	生菜	丙环唑	2	25.00	26.10
107	生菜	氟硅唑	2	25.00	26.10
108	柿子	啶虫脒	1	12.50	13.60
109	丝瓜	噁霜灵	1	12.50	13.60
110	茼蒿	三唑醇	1	14.29	15.39
111	茼蒿	嘧霉胺	1	14.29	15.39
112	茼蒿	绿谷隆	3	42.86	43.96
113	娃娃菜	嘧霉胺	1	12.50	13.60
114	娃娃菜	氟蚁腙	1	12.50	13.60
115	娃娃菜	灭蝇胺	1	12.50	13.60
116	豌豆	啶虫脒	1	12.50	13.60

续表

序号	基质	农药	超标频次	超标率 *P*(%)	风险系数 *R*
117	豌豆	多菌灵	1	12.50	13.60
118	豌豆	烯唑醇	1	12.50	13.60
119	蕹菜	三唑磷	1	10.00	11.10
120	蕹菜	三甲苯草酮	1	10.00	11.10
121	蕹菜	二甲嘧酚	1	10.00	11.10
122	蕹菜	吡唑醚菌酯	1	10.00	11.10
123	蕹菜	吡蚜酮	3	30.00	31.10
124	蕹菜	炔螨特	1	10.00	11.10
125	鲜食玉米	3,4,5-混杀威	1	12.50	13.60
126	鲜食玉米	异丙威	1	12.50	13.60
127	香菇	吡蚜酮	1	12.50	13.60
128	香蕉	多菌灵	1	12.50	13.60
129	小白菜	哒螨灵	4	16.67	17.77
130	小白菜	啶虫脒	4	16.67	17.77
131	小白菜	嘧霉胺	2	8.33	9.43
132	小白菜	烯唑醇	2	8.33	9.43
133	小白菜	蚜灭磷	1	4.17	5.27
134	小白菜	除草定	1	4.17	5.27
135	小茴香	毒死蜱	1	50.00	51.10
136	小油菜	丙溴磷	1	12.50	13.60
137	小油菜	哒螨灵	1	12.50	13.60
138	小油菜	啶虫脒	3	37.50	38.60
139	小油菜	氟硅唑	1	12.50	13.60
140	小油菜	烯唑醇	1	12.50	13.60
141	小油菜	甲氧虫酰肼	1	12.50	13.60
142	杨桃	吡虫啉	1	12.50	13.60
143	杨桃	多菌灵	1	12.50	13.60
144	杨桃	甲基硫菌灵	1	12.50	13.60
145	叶芥菜	哒螨灵	1	12.50	13.60
146	叶芥菜	啶虫脒	1	12.50	13.60
147	叶芥菜	嘧霉胺	1	12.50	13.60
148	叶芥菜	噁霜灵	1	12.50	13.60
149	叶芥菜	氟硅唑	2	25.00	26.10
150	叶芥菜	甲氧虫酰肼	1	12.50	13.60
151	油麦菜	丙溴磷	1	12.50	13.60
152	油麦菜	吡氟禾草灵	1	12.50	13.60

续表

序号	基质	农药	超标频次	超标率 *P*(%)	风险系数 *R*
153	油麦菜	氟硅唑	2	25.00	26.10
154	油麦菜	烯唑醇	1	12.50	13.60
155	油麦菜	胺菊酯	2	25.00	26.10
156	柚	磷酸三苯酯	2	25.00	26.10
157	柚	胺苯磺隆	1	12.50	13.60
158	柚	驱蚊叮	1	12.50	13.60
159	芫荽	氟草隆	1	12.50	13.60
160	芫荽	环丙嘧啶醇	1	12.50	13.60
161	枣	速灭威	1	12.50	13.60
162	紫甘蓝	吡蚜酮	3	37.50	38.60
163	紫甘蓝	噻菌灵	3	37.50	38.60
164	紫甘蓝	甲基吡噁磷	2	25.00	26.10
165	紫甘蓝	益棉磷	3	37.50	38.60
166	紫甘蓝	磺噻隆	1	12.50	13.60
167	紫甘蓝	磺草唑胺	2	25.00	26.10
168	紫甘蓝	麦穗宁	2	25.00	26.10
169	紫薯	3,4,5-混杀威	1	12.50	13.60
170	紫薯	异丙威	1	12.50	13.60

2.3.2 所有水果蔬菜中农药残留风险系数分析

2.3.2.1 所有水果蔬菜中禁用农药残留风险系数分析

在侦测出的 152 种农药中有 8 种为禁用农药，计算所有水果蔬菜中禁用农药的风险系数，结果如表 2-15 所示。禁用农药克百威处于中度风险，剩余 7 种禁用农药处于低度风险。

表 2-15 水果蔬菜中 8 种禁用农药的风险系数表

序号	农药	检出频次	检出率 *P*(%)	风险系数 *R*	风险程度
1	克百威	10	1.37	2.47	中度风险
2	磷胺	2	0.27	1.37	低度风险
3	灭多威	2	0.27	1.37	低度风险
4	杀虫脒	2	0.27	1.37	低度风险
5	涕灭威	2	0.27	1.37	低度风险
6	丁酰肼	1	0.14	1.24	低度风险
7	灭线磷	1	0.14	1.24	低度风险
8	氧乐果	1	0.14	1.24	低度风险

对每个月内的禁用农药的风险系数进行分析，结果如图 2-24 和表 2-16 所示。

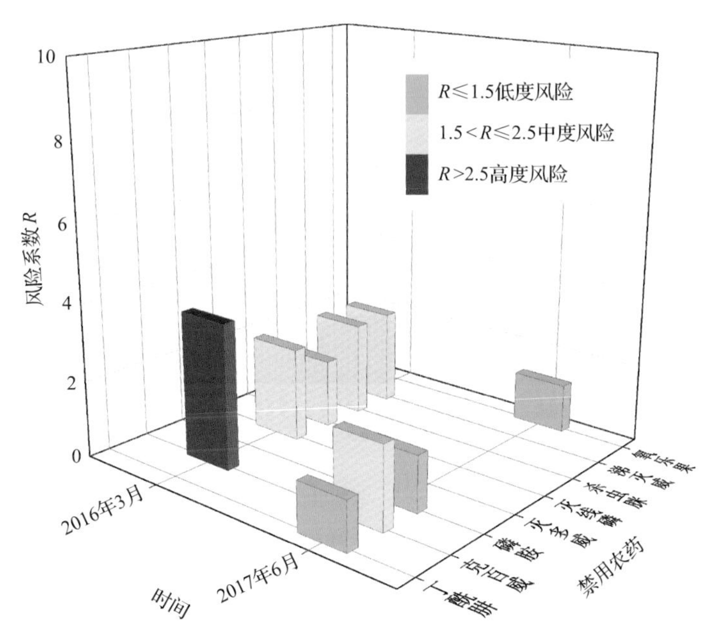

图 2-24　各月份内水果蔬菜中禁用农药残留的风险系数分布图

表 2-16　各月份内水果蔬菜中禁用农药的风险系数表

序号	年月	农药	检出频次	检出率 P(%)	风险系数 R	风险程度
1	2016 年 3 月	克百威	4	2.67	3.77	高度风险
2	2016 年 3 月	灭多威	2	1.33	2.43	中度风险
3	2016 年 3 月	灭线磷	1	0.67	2.43	中度风险
4	2016 年 3 月	杀虫脒	2	1.33	2.43	中度风险
5	2016 年 3 月	涕灭威	2	1.33	1.77	中度风险
6	2017 年 6 月	克百威	6	1.03	2.13	中度风险
7	2017 年 6 月	磷胺	2	0.34	1.44	低度风险
8	2017 年 6 月	丁酰肼	1	0.17	1.27	低度风险
9	2017 年 6 月	氧乐果	1	0.17	1.27	低度风险

2.3.2.2　所有水果蔬菜中非禁用农药残留风险系数分析

参照 MRL 欧盟标准计算所有水果蔬菜中每种非禁用农药残留的风险系数，如图 2-25 与表 2-17 所示。在侦测出的 144 种非禁用农药中，3 种农药(2.08%)残留处于高度风险，21 种农药(14.58%)残留处于中度风险，120 种农药(83.33%)残留处于低度风险。

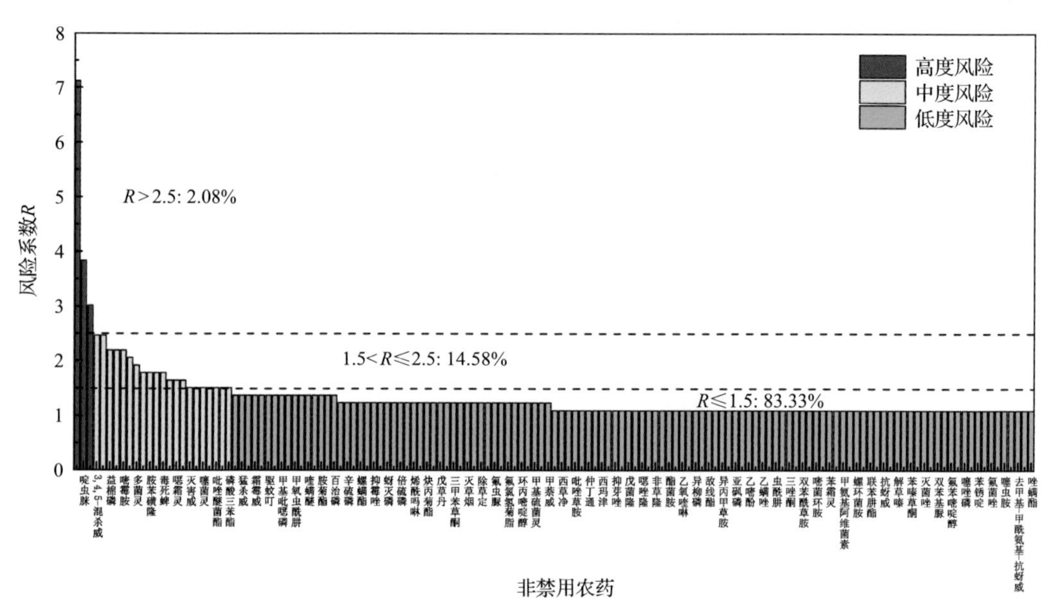

图 2-25　水果蔬菜中 144 种非禁用农药的风险程度统计图

表 2-17　水果蔬菜中 144 种非禁用农药的风险系数表

序号	农药	超标频次	超标率 P(%)	风险系数 R	风险程度
1	吡蚜酮	44	6.02	7.12	高度风险
2	啶虫脒	20	2.74	3.84	高度风险
3	氟硅唑	14	1.92	3.02	高度风险
4	3,4,5-混杀威	10	1.37	2.47	中度风险
5	异丙威	10	1.37	2.47	中度风险
6	益棉磷	8	1.09	2.19	中度风险
7	烯唑醇	8	1.09	2.19	中度风险
8	嘧霉胺	8	1.09	2.19	中度风险
9	哒螨灵	7	0.96	2.06	中度风险
10	多菌灵	6	0.82	1.92	中度风险
11	丙溴磷	5	0.68	1.78	中度风险
12	胺苯磺隆	5	0.68	1.78	中度风险
13	磺噻隆	5	0.68	1.78	中度风险
14	毒死蜱	5	0.68	1.78	中度风险
15	灭蝇胺	4	0.55	1.65	中度风险
16	噁霜灵	4	0.55	1.65	中度风险
17	绿谷隆	4	0.55	1.65	中度风险
18	灭害威	3	0.41	1.51	中度风险

续表

序号	农药	超标频次	超标率 P(%)	风险系数 R	风险程度
19	残杀威	3	0.41	1.51	中度风险
20	噻菌灵	3	0.41	1.51	中度风险
21	炔螨特	3	0.41	1.51	中度风险
22	吡唑醚菌酯	3	0.41	1.51	中度风险
23	三唑磷	3	0.41	1.51	中度风险
24	磷酸三苯酯	3	0.41	1.51	中度风险
25	磺草唑胺	2	0.27	1.37	低度风险
26	猛杀威	2	0.27	1.37	低度风险
27	麦穗宁	2	0.27	1.37	低度风险
28	霜霉威	2	0.27	1.37	低度风险
29	苯醚甲环唑	2	0.27	1.37	低度风险
30	驱蚊叮	2	0.27	1.37	低度风险
31	环丙津	2	0.27	1.37	低度风险
32	甲基吡噁磷	2	0.27	1.37	低度风险
33	噻吩磺隆	2	0.27	1.37	低度风险
34	甲氧虫酰肼	2	0.27	1.37	低度风险
35	丙环唑	2	0.27	1.37	低度风险
36	喹螨醚	2	0.27	1.37	低度风险
37	二甲嘧酚	2	0.27	1.37	低度风险
38	胺菊酯	2	0.27	1.37	低度风险
39	吡虫啉	2	0.27	1.37	低度风险
40	百治磷	2	0.27	1.37	低度风险
41	速灭威	1	0.14	1.24	低度风险
42	辛硫磷	1	0.14	1.24	低度风险
43	鱼藤酮	1	0.14	1.24	低度风险
44	螺螨酯	1	0.14	1.24	低度风险
45	氯吡脲	1	0.14	1.24	低度风险
46	抑霉唑	1	0.14	1.24	低度风险
47	乙虫腈	1	0.14	1.24	低度风险
48	蚜灭磷	1	0.14	1.24	低度风险
49	扑灭通	1	0.14	1.24	低度风险
50	倍硫磷	1	0.14	1.24	低度风险
51	特草灵	1	0.14	1.24	低度风险

续表

序号	农药	超标频次	超标率 P(%)	风险系数 R	风险程度
52	烯酰吗啉	1	0.14	1.24	低度风险
53	戊唑醇	1	0.14	1.24	低度风险
54	炔丙菊酯	1	0.14	1.24	低度风险
55	噻虫嗪	1	0.14	1.24	低度风险
56	戊草丹	1	0.14	1.24	低度风险
57	特乐酚	1	0.14	1.24	低度风险
58	三甲苯草酮	1	0.14	1.24	低度风险
59	三唑醇	1	0.14	1.24	低度风险
60	灭草烟	1	0.14	1.24	低度风险
61	环庚草醚	1	0.14	1.24	低度风险
62	除草定	1	0.14	1.24	低度风险
63	氟草隆	1	0.14	1.24	低度风险
64	氟虫脲	1	0.14	1.24	低度风险
65	吡氟禾草灵	1	0.14	1.24	低度风险
66	去异丙基莠去津	1	0.14	1.24	低度风险
67	氟蚁腙	1	0.14	1.24	低度风险
68	环丙嘧啶醇	1	0.14	1.24	低度风险
69	环莠隆	1	0.14	1.24	低度风险
70	甲基硫菌灵	1	0.14	1.24	低度风险
71	呋虫胺	1	0.14	1.24	低度风险
72	甲萘威	1	0.14	1.24	低度风险
73	茚虫威	0	0	1.10	低度风险
74	西草净	0	0	1.10	低度风险
75	毒草胺	0	0	1.10	低度风险
76	吡唑草胺	0	0	1.10	低度风险
77	烯效唑	0	0	1.10	低度风险
78	仲丁通	0	0	1.10	低度风险
79	烯啶虫胺	0	0	1.10	低度风险
80	西玛津	0	0	1.10	低度风险
81	多效唑	0	0	1.10	低度风险
82	抑芽唑	0	0	1.10	低度风险
83	仲丁威	0	0	1.10	低度风险
84	戊菌隆	0	0	1.10	低度风险

续表

序号	农药	超标频次	超标率 P(%)	风险系数 R	风险程度
85	噁唑磷	0	0	1.10	低度风险
86	噁唑隆	0	0	1.10	低度风险
87	特丁通	0	0	1.10	低度风险
88	非草隆	0	0	1.10	低度风险
89	仲丁灵	0	0	1.10	低度风险
90	酯菌胺	0	0	1.10	低度风险
91	啶斑肟	0	0	1.10	低度风险
92	乙氧喹啉	0	0	1.10	低度风险
93	避蚊胺	0	0	1.10	低度风险
94	异柳磷	0	0	1.10	低度风险
95	异噁隆	0	0	1.10	低度风险
96	敌线酯	0	0	1.10	低度风险
97	异丙乐灵	0	0	1.10	低度风险
98	异丙甲草胺	0	0	1.10	低度风险
99	莠灭净	0	0	1.10	低度风险
100	亚砜磷	0	0	1.10	低度风险
101	乙嘧酚磺酸酯	0	0	1.10	低度风险
102	乙嘧酚	0	0	1.10	低度风险
103	呋草酮	0	0	1.10	低度风险
104	乙螨唑	0	0	1.10	低度风险
105	丁噻隆	0	0	1.10	低度风险
106	虫酰肼	0	0	1.10	低度风险
107	甲哌	0	0	1.10	低度风险
108	三唑酮	0	0	1.10	低度风险
109	双酰草胺	0	0	1.10	低度风险
110	双苯酰草胺	0	0	1.10	低度风险
111	嘧菌酯	0	0	1.10	低度风险
112	嘧菌环胺	0	0	1.10	低度风险
113	咪唑喹啉酸	0	0	1.10	低度风险
114	苯霜灵	0	0	1.10	低度风险
115	已唑醇	0	0	1.10	低度风险
116	甲氨基阿维菌素	0	0	1.10	低度风险
117	阿苯达唑	0	0	1.10	低度风险

续表

序号	农药	超标频次	超标率 P(%)	风险系数 R	风险程度
118	螺环菌胺	0	0	1.10	低度风险
119	甲基嘧啶磷	0	0	1.10	低度风险
120	联苯肼酯	0	0	1.10	低度风险
121	甲咪唑烟酸	0	0	1.10	低度风险
122	抗蚜威	0	0	1.10	低度风险
123	腈菌唑	0	0	1.10	低度风险
124	解草嗪	0	0	1.10	低度风险
125	甲氧隆	0	0	1.10	低度风险
126	苯嗪草酮	0	0	1.10	低度风险
127	环酰菌胺	0	0	1.10	低度风险
128	灭菌唑	0	0	1.10	低度风险
129	噻螨酮	0	0	1.10	低度风险
130	双苯基脲	0	0	1.10	低度风险
131	甲霜灵	0	0	1.10	低度风险
132	氟苯嘧啶醇	0	0	1.10	低度风险
133	三环唑	0	0	1.10	低度风险
134	噻唑磷	0	0	1.10	低度风险
135	噻嗪酮	0	0	1.10	低度风险
136	苯锈啶	0	0	1.10	低度风险
137	内吸磷-S	0	0	1.10	低度风险
138	氟菌唑	0	0	1.10	低度风险
139	氟喹唑	0	0	1.10	低度风险
140	噻虫胺	0	0	1.10	低度风险
141	去甲基抗蚜威	0	0	1.10	低度风险
142	去甲基-甲酰氨基-抗蚜威	0	0	1.10	低度风险
143	环丙唑醇	0	0	1.10	低度风险
144	唑螨酯	0	0	1.10	低度风险

对每个月份内的非禁用农药的风险系数分析，每月内非禁用农药风险程度分布图如图 2-26 所示。2 个月份内处于高度风险的农药数排序为 2017 年 6 月(5)＞2016 年 3 月(1)。

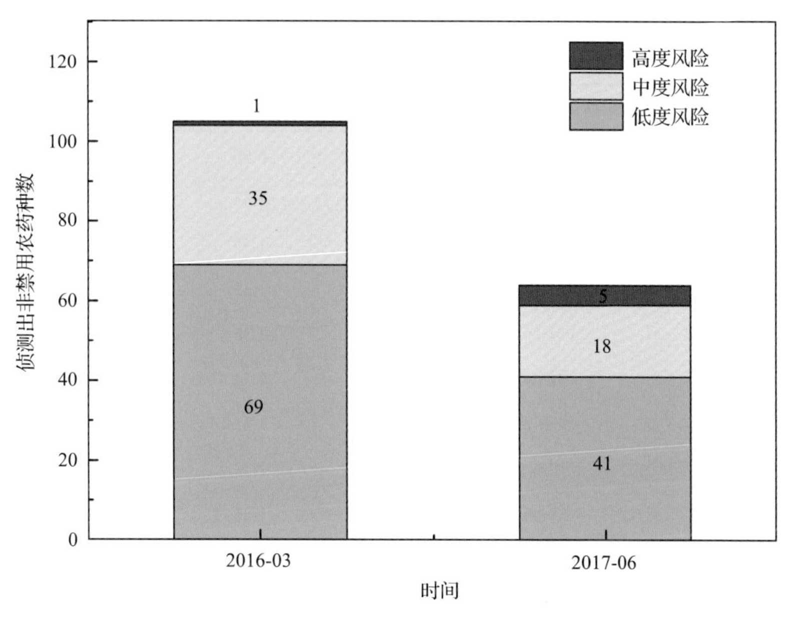

图 2-26 各月份水果蔬菜中非禁用农药残留的风险程度分布图

2 个月份内水果蔬菜中非禁用农药处于中度风险和高度风险的风险系数如图 2-27 和表 2-18 所示。

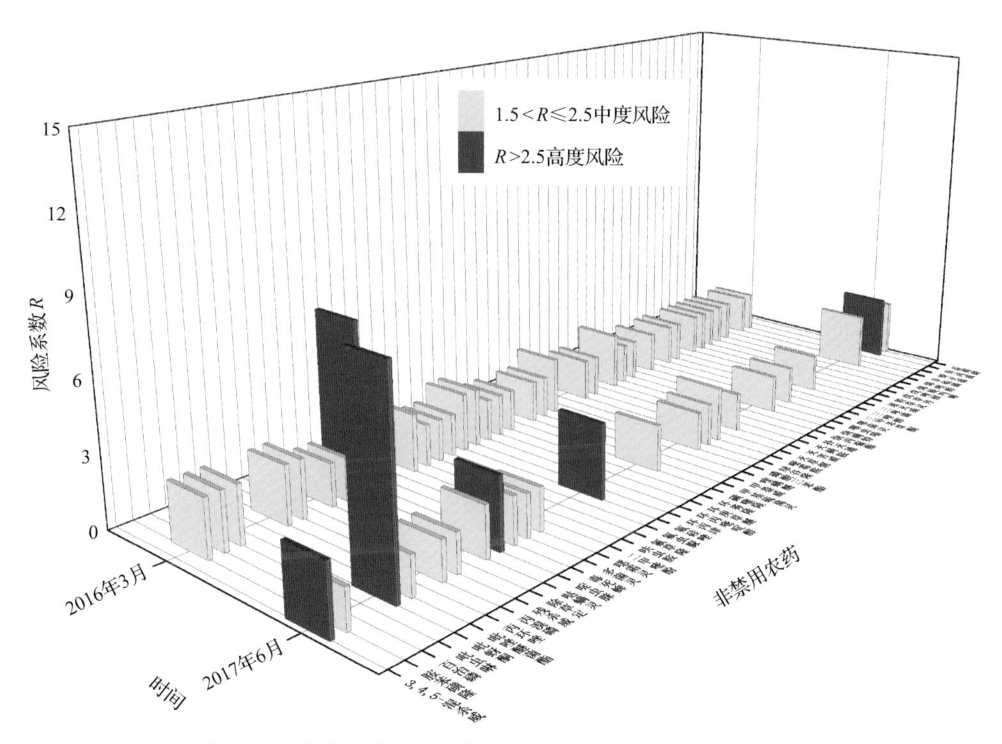

图 2-27 各月份水果蔬菜中非禁用农药处于中度风险和高度风险的风险系数分布图

表 2-18　各月份水果蔬菜中非禁用农药处于中度风险和高度风险的风险系数表

序号	年月	农药	超标频次	超标率 P(%)	风险系数 R	风险程度
1	2016 年 3 月	啶虫脒	9	6.00	7.10	高度风险
2	2016 年 3 月	胺苯磺隆	2	1.33	2.43	中度风险
3	2016 年 3 月	百治磷	2	1.33	2.43	中度风险
4	2016 年 3 月	吡虫啉	2	1.33	2.43	中度风险
5	2016 年 3 月	丙环唑	2	1.33	2.43	中度风险
6	2016 年 3 月	丙溴磷	2	1.33	2.43	中度风险
7	2016 年 3 月	多菌灵	2	1.33	2.43	中度风险
8	2016 年 3 月	二甲嘧酚	2	1.33	2.43	中度风险
9	2016 年 3 月	氟硅唑	2	1.33	2.43	中度风险
10	2016 年 3 月	环丙津	2	1.33	2.43	中度风险
11	2016 年 3 月	喹螨醚	2	1.33	2.43	中度风险
12	2016 年 3 月	灭蝇胺	2	1.33	2.43	中度风险
13	2016 年 3 月	除草定	1	0.67	1.77	中度风险
14	2016 年 3 月	哒螨灵	1	0.67	1.77	中度风险
15	2016 年 3 月	呋虫胺	1	0.67	1.77	中度风险
16	2016 年 3 月	氟草隆	1	0.67	1.77	中度风险
17	2016 年 3 月	氟虫脲	1	0.67	1.77	中度风险
18	2016 年 3 月	环丙嘧啶醇	1	0.67	1.77	中度风险
19	2016 年 3 月	环庚草醚	1	0.67	1.77	中度风险
20	2016 年 3 月	环莠隆	1	0.67	1.77	中度风险
21	2016 年 3 月	甲基硫菌灵	1	0.67	1.77	中度风险
22	2016 年 3 月	甲萘威	1	0.67	1.77	中度风险
23	2016 年 3 月	嘧霉胺	1	0.67	1.77	中度风险
24	2016 年 3 月	灭草烟	1	0.67	1.77	中度风险
25	2016 年 3 月	扑灭通	1	0.67	1.77	中度风险
26	2016 年 3 月	炔丙菊酯	1	0.67	1.77	中度风险
27	2016 年 3 月	噻虫嗪	1	0.67	1.77	中度风险
28	2016 年 3 月	三甲苯草酮	1	0.67	1.77	中度风险
29	2016 年 3 月	三唑醇	1	0.67	1.77	中度风险
30	2016 年 3 月	速灭威	1	0.67	1.77	中度风险
31	2016 年 3 月	特草灵	1	0.67	1.77	中度风险
32	2016 年 3 月	戊草丹	1	0.67	1.77	中度风险
33	2016 年 3 月	戊唑醇	1	0.67	1.77	中度风险

续表

序号	年月	农药	超标频次	超标率 P(%)	风险系数 R	风险程度
34	2016年3月	烯酰吗啉	1	0.67	1.77	中度风险
35	2016年3月	辛硫磷	1	0.67	1.77	中度风险
36	2016年3月	蚜灭磷	1	0.67	1.77	中度风险
37	2017年6月	吡蚜酮	44	7.57	8.67	高度风险
38	2017年6月	氟硅唑	12	2.07	3.17	高度风险
39	2017年6月	啶虫脒	11	1.89	2.99	高度风险
40	2017年6月	3,4,5-混杀威	10	1.72	2.82	高度风险
41	2017年6月	异丙威	10	1.72	2.82	高度风险
42	2017年6月	烯唑醇	8	1.38	2.48	中度风险
43	2017年6月	益棉磷	8	1.38	2.48	中度风险
44	2017年6月	嘧霉胺	7	1.20	2.30	中度风险
45	2017年6月	哒螨灵	6	1.03	2.13	中度风险
46	2017年6月	毒死蜱	5	0.86	1.96	中度风险
47	2017年6月	磺噻隆	5	0.86	1.96	中度风险
48	2017年6月	多菌灵	4	0.69	1.79	中度风险
49	2017年6月	噁霜灵	4	0.69	1.79	中度风险
50	2017年6月	绿谷隆	4	0.69	1.79	中度风险
51	2017年6月	胺苯磺隆	3	0.52	1.62	中度风险
52	2017年6月	吡唑醚菌酯	3	0.52	1.62	中度风险
53	2017年6月	丙溴磷	3	0.52	1.62	中度风险
54	2017年6月	残杀威	3	0.52	1.62	中度风险
55	2017年6月	磷酸三苯酯	3	0.52	1.62	中度风险
56	2017年6月	灭害威	3	0.52	1.62	中度风险
57	2017年6月	炔螨特	3	0.52	1.62	中度风险
58	2017年6月	噻菌灵	3	0.52	1.62	中度风险
59	2017年6月	三唑磷	3	0.52	1.62	中度风险

2.4 LC-Q-TOF/MS 侦测广州市市售水果蔬菜农药残留风险评估结论与建议

农药残留是影响水果蔬菜安全和质量的主要因素，也是我国食品安全领域备受关注的敏感话题和亟待解决的重大问题之一[15,16]。各种水果蔬菜均存在不同程度的农药残留现象，本研究主要针对广州市各类水果蔬菜存在的农药残留问题，基于 2016 年 3 月~2017 年 6 月对广州市 731 例水果蔬菜样品中农药残留侦测得出的 823 个侦测结果，分别采用食品安全指数模型和风险系数模型，开展水果蔬菜中农药残留的膳食暴露风险和预警风险评估。水果蔬菜样品取自超市和农贸市场，符合大众的膳食来源，风险评价时更具有代表性和可信度。

本研究力求通用简单地反映食品安全中的主要问题，且为管理部门和大众容易接受，为政府及相关管理机构建立科学的食品安全信息发布和预警体系提供科学的规律与方法，加强对农药残留的预警和食品安全重大事件的预防，控制食品风险。

2.4.1　广州市水果蔬菜中农药残留膳食暴露风险评价结论

1) 水果蔬菜样品中农药残留安全状态评价结论

采用食品安全指数模型，对 2016 年 3 月~2017 年 6 月期间广州市水果蔬菜食品农药残留膳食暴露风险进行评价，根据 IFS_c 的计算结果发现，水果蔬菜中农药的 $\overline{IFS}$ 为 0.2989，说明广州市水果蔬菜总体处于可以接受的安全状态，但部分禁用农药、高残留农药在蔬菜、水果中仍有侦测出，导致膳食暴露风险的存在，成为不安全因素。

2) 单种水果蔬菜中农药膳食暴露风险不可接受情况评价结论

单种水果蔬菜中农药残留安全指数分析结果显示，农药对单种水果蔬菜安全影响不可接受（$IFS_c>1$）的样本数共 3 个，占总样本数的 0.53%，3 个样本分别为草莓中的氧乐果、紫甘蓝中的磷胺和豇豆中的三唑磷，说明草莓中的氧乐果、紫甘蓝中的磷胺和豇豆中的三唑磷会对消费者身体健康造成较大的膳食暴露风险。氧乐果和磷胺属于禁用的剧毒农药，且草莓和紫甘蓝为较常见的水果蔬菜，百姓日常食用量较大，长期食用大量残留氧乐果的草莓会对人体造成不可接受的影响，本次检测发现氧乐果和磷胺在草莓和紫甘蓝样品中多次侦测出，是未严格实施农业良好管理规范（GAP），抑或是农药滥用，这应该引起相关管理部门的警惕，应加强对草莓中氧乐果和紫甘蓝中磷胺的严格管控。

3) 禁用农药膳食暴露风险评价

本次检测发现部分水果蔬菜样品中有禁用农药侦测出，侦测出禁用农药 8 种，检出频次为 21，水果蔬菜样品中的禁用农药 IFS_c 计算结果表明，禁用农药残留膳食暴露风险不可接受的频次为 2，占 9.52%；可以接受的频次为 9，占 42.86%；没有影响的频次为 10，占 47.62%。对于水果蔬菜样品中所有农药而言，膳食暴露风险不可接受的频次为 3，仅占总体频次的 0.36%。可以看出，禁用农药的膳食暴露风险不可接受的比例远高于总体水平，这在一定程度上说明禁用农药更容易导致严重的膳食暴露风险。此外，膳食暴露风险不可接受的残留禁用农药为氧乐果、磷胺，因此，应该加强对禁用农药氧乐果和磷胺的管控力度。为何在国家明令禁止禁用农药喷洒的情况下，还能在多种水果蔬菜中多次侦测出禁用农药残留并造成不可接受的膳食暴露风险，这应该引起相关部门的高度警惕，应该在禁止禁用农药喷洒的同时，严格管控禁用农药的生产和售卖，从根本上杜绝安全隐患。

2.4.2　广州市水果蔬菜中农药残留预警风险评价结论

1) 单种水果蔬菜中禁用农药残留的预警风险评价结论

本次检测过程中，在 18 种水果蔬菜中检测超出 8 种禁用农药，禁用农药为：克百威、磷胺、灭多威、杀虫脒、涕灭威、丁酰肼、灭线磷和氧乐果，水果蔬菜为：菠菜、草莓、大白菜、大蒜、甘薯叶、黄瓜、豇豆、萝卜、奶白菜、芹菜、青菜、生菜、甜椒、豌豆、小白菜、杨桃、樱桃番茄和紫甘蓝，水果蔬菜中禁用农药的风险系数分析结果显示，8 种禁用农药在 18 种水果蔬菜中的残留均处于高度风险，说明在单种水果蔬菜中禁用农药的残留会导致较高的预警风险。

2) 单种水果蔬菜中非禁用农药残留的预警风险评价结论

以 MRL 中国国家标准为标准，计算水果蔬菜中非禁用农药风险系数情况下，548 个样本中，3 个处于高度风险(0.55%)，93 个处于低度风险(16.97%)，452 个样本没有 MRL 中国国家标准(82.48%)。以 MRL 欧盟标准为标准，计算水果蔬菜中非禁用农药风险系数情况下，发现有 170 个处于高度风险(31.02%)，378 个处于低度风险(68.98%)。基于两种 MRL 标准，评价的结果差异显著，可以看出 MRL 欧盟标准比中国国家标准更加严格和完善，过于宽松的 MRL 中国国家标准值能否有效保障人体的健康有待研究。

2.4.3　加强广州市水果蔬菜食品安全建议

我国食品安全风险评价体系仍不够健全，相关制度不够完善，多年来，由于农药用药次数多、用药量大或用药间隔时间短，产品残留量大，农药残留所造成的食品安全问题日益严峻，给人体健康带来了直接或间接的危害。据估计，美国与农药有关的癌症患者数约占全国癌症患者总数的 50%，中国更高。同样，农药对其他生物也会形成直接杀伤和慢性危害，植物中的农药可经过食物链逐级传递并不断蓄积，对人和动物构成潜在威胁，并影响生态系统。

基于本次农药残留侦测数据的风险评价结果，提出以下几点建议：

1) 加快食品安全标准制定步伐

我国食品标准中对农药每日允许最大摄入量 ADI 的数据严重缺乏，在本次评价所涉及的 152 种农药中，仅有 59.2%的农药具有 ADI 值，而 40.8%的农药中国尚未规定相应的 ADI 值，亟待完善。

我国食品中农药最大残留限量值的规定严重缺乏，对评估涉及的不同水果蔬菜中不同农药 567 个 MRL 限值进行统计来看，我国仅制定出 114 个标准，我国标准完整率仅为 20.1%，欧盟的完整率达到 100%(表 2-19)。因此，中国更应加快 MRL 标准的制定步伐。

表 2-19　我国国家食品标准农药的 ADI、MRL 值与欧盟标准的数量差异

分类		中国 ADI	MRL 中国国家标准	MRL 欧盟标准
标准限值(个)	有	90	114	567
	无	62	453	0
总数(个)		152	567	567
无标准限值比例		40.8%	79.9%	0

此外，MRL 中国国家标准限值普遍高于欧盟标准限值，这些标准中共有 69 个高于欧盟。过高的 MRL 值难以保障人体健康，建议继续加强对限值基准和标准的科学研究，将农产品中的危险性减少到尽可能低的水平。

2) 加强农药的源头控制和分类监管

在广州市某些水果蔬菜中仍有禁用农药残留，利用 LC-Q-TOF/MS 技术侦测出 8 种禁用农药，检出频次为 21 次，残留禁用农药均存在较大的膳食暴露风险和预警风险。早已列入黑名单的禁用农药在我国并未真正退出，有些药物由于价格便宜、工艺简单，此类高毒农药一直生产和使用。建议在我国采取严格有效的控制措施，从源头控制禁用农药。

对于非禁用农药，在我国作为“田间地头”最典型单位的县级蔬果产地中，农药残留的检测几乎缺失。建议根据农药的毒性，对高毒、剧毒、中毒农药实现分类管理，减少使用高毒和剧毒高残留农药，进行分类监管。

3) 加强残留农药的生物修复及降解新技术

市售果蔬中残留农药的品种多、频次高、禁用农药多次检出这一现状，说明了我国的田间土壤和水体因农药长期、频繁、不合理的使用而遭到严重污染。为此，建议中国相关部门出台相关政策，鼓励高校及科研院所积极开展分子生物学、酶学等研究，加强土壤、水体中残留农药的生物修复及降解新技术研究，切实加大农药监管力度，以控制农药的面源污染问题。

综上所述，在本工作基础上，根据蔬菜残留危害，可进一步针对其成因提出和采取严格管理、大力推广无公害蔬菜种植与生产、健全食品安全控制技术体系、加强蔬菜食品质量检测体系建设和积极推行蔬菜食品质量追溯制度等相应对策。建立和完善食品安全综合评价指数与风险监测预警系统，对食品安全进行实时、全面的监控与分析，为我国的食品安全科学监管与决策提供新的技术支持，可实现各类检验数据的信息化系统管理，降低食品安全事故的发生。

第3章　GC-Q-TOF/MS侦测广州市731例市售水果蔬菜样品农药残留报告

从广州市所属6个区，随机采集了731例水果蔬菜样品，使用气相色谱-四级杆飞行时间质谱(GC-Q-TOF/MS)对507种农药化学污染物进行示范侦测。

3.1　样品种类、数量与来源

3.1.1　样品采集与检测

为了真实反映百姓餐桌上水果蔬菜中农药残留污染状况，本次所有检测样品均由检验人员于2016年3月至2017年6月期间，从广州市所属35个采样点，包括12个农贸市场23个超市，以随机购买方式采集，总计36批731例样品，从中检出农药46种，380频次。采样及监测概况见图3-1及表3-1，样品及采样点明细见表3-2及表3-3(侦测原始数据见附表1)。

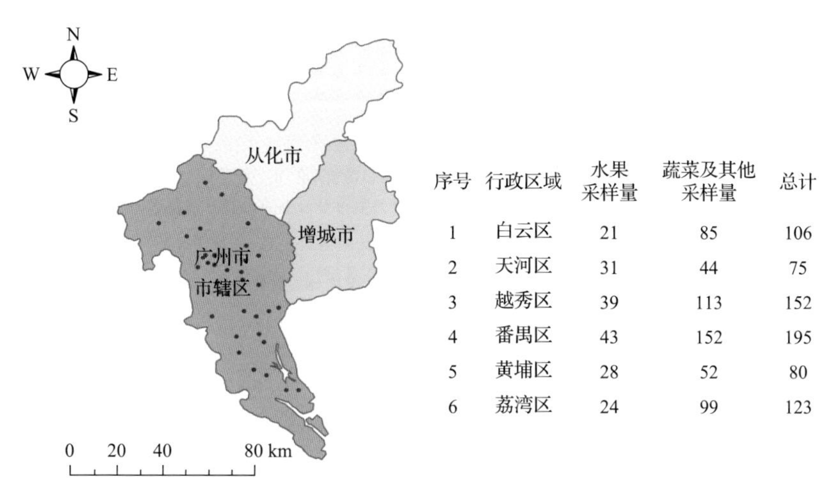

序号	行政区域	水果采样量	蔬菜及其他采样量	总计
1	白云区	21	85	106
2	天河区	31	44	75
3	越秀区	39	113	152
4	番禺区	43	152	195
5	黄埔区	28	52	80
6	荔湾区	24	99	123

图3-1　广州市所属35个采样点731例样品分布图

表3-1　农药残留监测总体概况

采样地区	广州市所属6个区
采样点(超市+农贸市场)	35
样本总数	731
检出农药品种/频次	46/380
各采样点样本农药残留检出率范围	0.0%~100.0%

表 3-2　样品分类及数量

样品分类	样品名称(数量)	数量小计
1. 调味料		8
1) 叶类调味料	芫荽(8)	8
2. 谷物		8
1) 旱粮类谷物	鲜食玉米(8)	8
3. 水果		186
1) 仁果类水果	苹果(8),梨(8),枇杷(6)	22
2) 核果类水果	桃(4),李子(6),枣(8),樱桃(6)	24
3) 浆果和其他小型水果	猕猴桃(8),草莓(7),葡萄(9)	24
4) 瓜果类水果	西瓜(6),哈密瓜(8),香瓜(2),甜瓜(2)	18
5) 热带和亚热带水果	山竹(4),香蕉(8),柿子(8),木瓜(8),芒果(8),火龙果(8),杨桃(8),菠萝(6)	58
6) 柑橘类水果	柑(8),柚(8),橘(8),橙(8),柠檬(8)	40
4. 食用菌		31
1) 蘑菇类	平菇(8),香菇(8),蘑菇(7),金针菇(8)	31
5. 蔬菜		498
1) 豆类蔬菜	豇豆(8),豌豆(8),菜用大豆(6),菜豆(16)	38
2) 鳞茎类蔬菜	青蒜(8),大蒜(8),洋葱(8),韭菜(8),葱(8)	40
3) 水生类蔬菜	莲藕(8),豆瓣菜(8)	16
4) 叶菜类蔬菜	蕹菜(10),芹菜(8),小茴香(2),菠菜(8),奶白菜(10),春菜(8),苋菜(1),小白菜(24),油麦菜(8),叶芥菜(8),娃娃菜(8),茼蒿(7),大白菜(16),生菜(8),小油菜(8),甘薯叶(8),青菜(8),莴笋(8)	158
5) 芸薹属类蔬菜	结球甘蓝(16),花椰菜(16),芥蓝(8),紫甘蓝(8),青花菜(8),菜薹(12)	68
6) 瓜类蔬菜	黄瓜(8),西葫芦(8),佛手瓜(8),南瓜(8),冬瓜(8),苦瓜(8),丝瓜(8)	56
7) 茄果类蔬菜	番茄(8),甜椒(8),人参果(4),樱桃番茄(8),辣椒(8),茄子(8)	44
8) 茎类蔬菜	芦笋(4)	4
9) 其他类蔬菜	竹笋(2)	2
10) 根茎类和薯芋类蔬菜	紫薯(8),甘薯(8),山药(8),芋(8),胡萝卜(8),萝卜(16),姜(8),马铃薯(8)	72
合计	1.调味料 1 种 2.谷物 1 种 3.水果 27 种 4.食用菌 4 种 5.蔬菜 58 种	731

表 3-3　广州市采样点信息

采样点序号	行政区域	采样点
农贸市场(12)		
1	天河区	***市场
2	番禺区	***市场
3	番禺区	***市场
4	白云区	***市场
5	荔湾区	***街市
6	荔湾区	***市场
7	荔湾区	***市场
8	荔湾区	***市场
9	越秀区	***市场
10	越秀区	***市场
11	越秀区	***市场
12	黄埔区	***市场
超市(23)		
1	天河区	***超市(车陂北街店)
2	天河区	***超市(广州中山大道店)
3	番禺区	***超市(购物城店)
4	番禺区	***超市(番禺区万达广场店)
5	番禺区	***超市(员岗店)
6	番禺区	***超市(大石店)
7	白云区	***超市
8	白云区	***超市(石井店)
9	白云区	***超市(增槎路店)
10	荔湾区	***超市(荔湾店)
11	荔湾区	***超市(西华路店)
12	荔湾区	***超市(康王中路店)
13	荔湾区	***超市(广雅店)
14	越秀区	***超市(中六店)
15	越秀区	***超市(应元路店)
16	越秀区	***超市(北京路店)
17	越秀区	***超市(中环广场店)
18	越秀区	***超市(中华广场店)
19	越秀区	***超市(小北路店)
20	黄埔区	***超市(黄埔店)
21	黄埔区	***超市(黄埔区店)
22	黄埔区	***超市(怡港店)
23	黄埔区	***超市(港湾店)

3.1.2 检测结果

这次使用的检测方法是庞国芳院士团队最新研发的不需使用标准品对照，而以高分辨精确质量数(0.0001 *m/z*)为基准的 GC-Q-TOF/MS 检测技术，对于 731 例样品，每个样品均侦测了 507 种农药化学污染物的残留现状。通过本次侦测，在 731 例样品中共计检出农药化学污染物 46 种，检出 380 频次。

3.1.2.1 各采样点样品检出情况

统计分析发现 35 个采样点中，被测样品的农药检出率范围为 0.0%~100.0%。其中，***超市(应元路店)的检出率最高，为 100.0%，***市场的检出率最低，为 0.0%，见图 3-2。

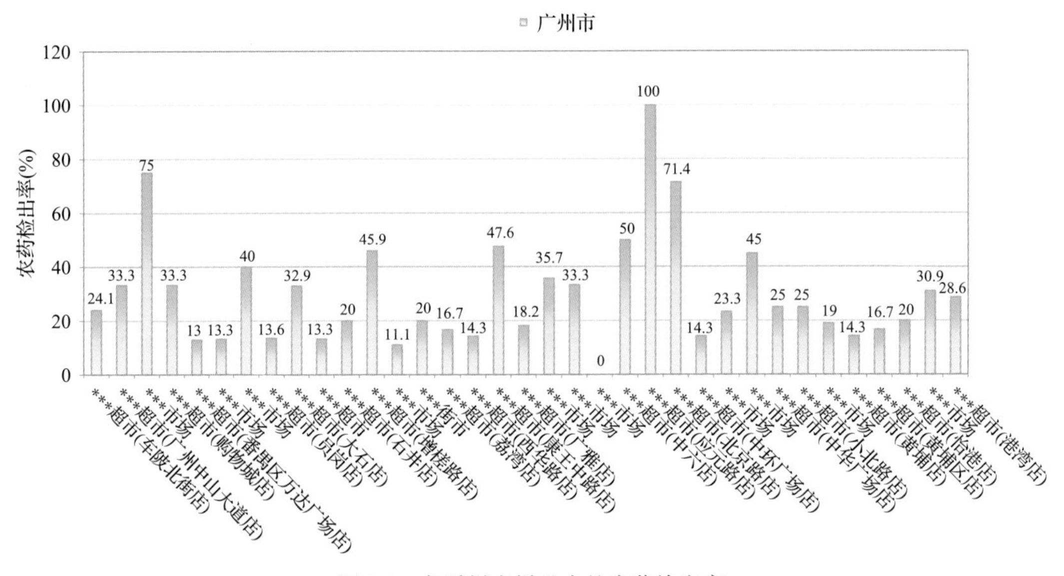

图 3-2 各采样点样品中的农药检出率

3.1.2.2 检出农药的品种总数与频次

统计分析发现，对于 731 例样品中 507 种农药化学污染物的侦测，共检出农药 380 频次，涉及农药 46 种，结果如图 3-3 所示。其中速灭威检出频次最高，共检出 48 次。检出频次排名前 10 的农药如下：①速灭威(48)；②哒螨灵(41)；③毒死蜱(40)；④仲丁威(34)；⑤丙溴磷(22)；⑥氟丙菊酯(22)；⑦联苯菊酯(18)；⑧炔丙菊酯(18)；⑨3,5-二氯苯胺(17)；⑩异丙威(17)。

由图 3-4 可见，橙、葡萄这 2 种果蔬样品中检出的农药品种数较高，均超过 10 种，其中，橙检出农药品种最多，为 16 种。由图 3-5 可见，火龙果、柑和橙这 3 种果蔬样品中的农药检出频次较高，均超过 20 次，其中，火龙果检出农药频次最高，为 25 次。

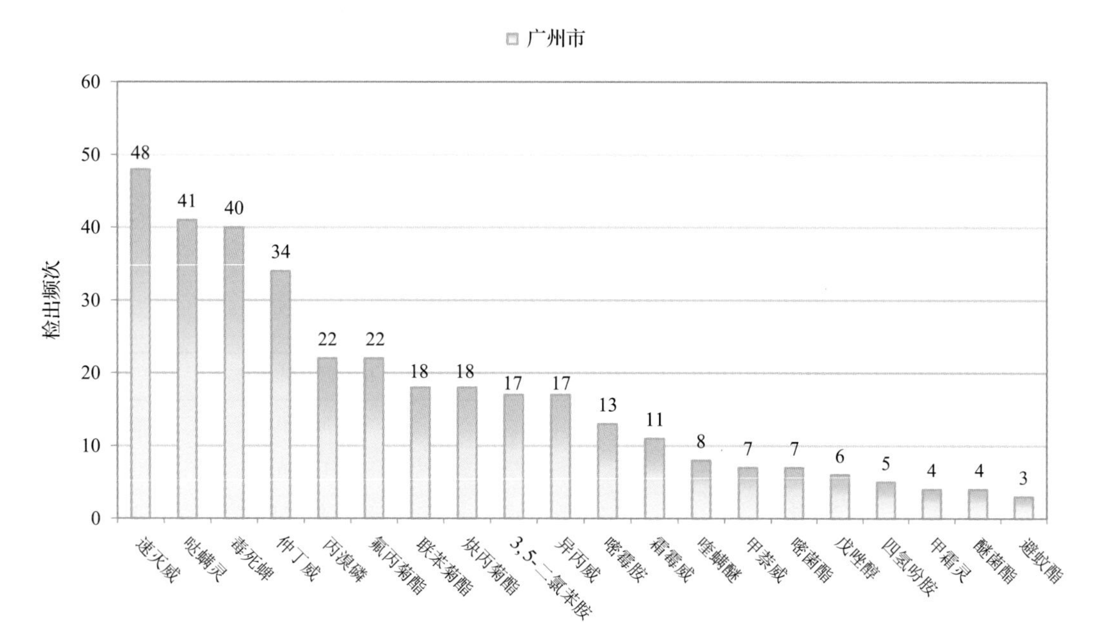

图3-3 检出农药品种及频次(仅列出3频次及以上的数据)

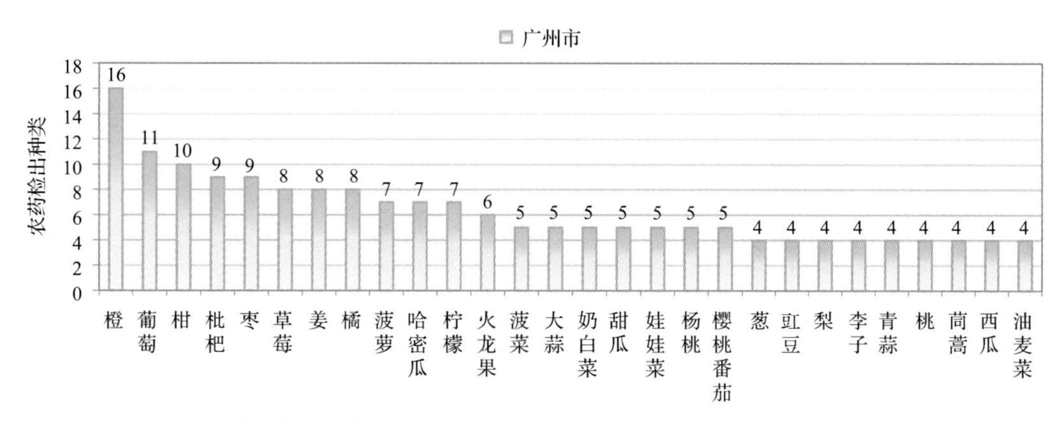

图3-4 单种水果蔬菜检出农药的种类数(仅列出检出农药4种及以上的数据)

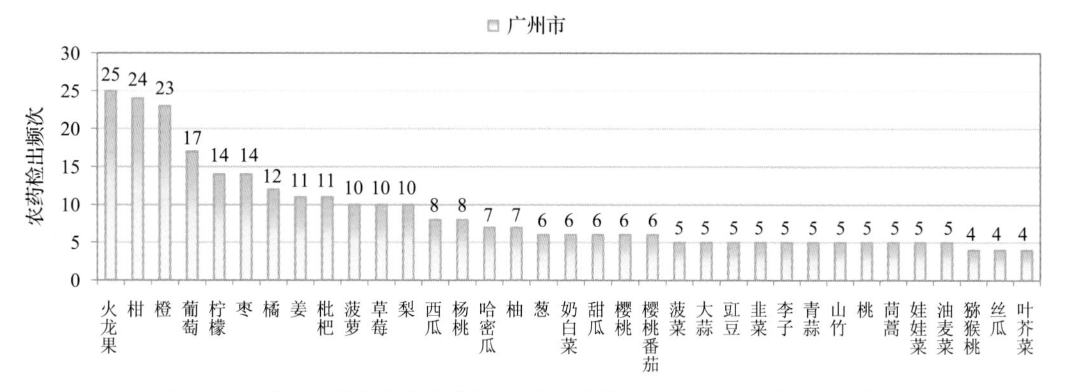

图3-5 单种水果蔬菜检出农药频次(仅列出检出农药4频次及以上的数据)

3.1.2.3 单例样品农药检出种类与占比

对单例样品检出农药种类和频次进行统计发现，未检出农药的样品占总样品数的70.6%，检出 1 种农药的样品占总样品数的 16.8%，检出 2~5 种农药的样品占总样品数的12.0%，检出 6~10 种农药的样品占总样品数的 0.5%。每例样品中平均检出农药为 0.5 种，数据见表 3-4 及图 3-6。

表 3-4 单例样品检出农药品种占比

检出农药品种数	样品数量/占比(%)
未检出	516/70.6
1 种	123/16.8
2~5 种	88/12.0
6~10 种	4/0.5
单例样品平均检出农药品种	0.5 种

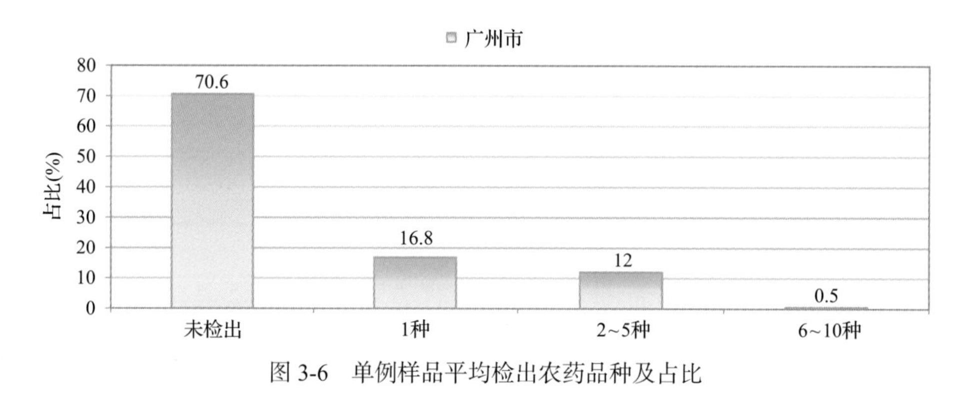

图 3-6 单例样品平均检出农药品种及占比

3.1.2.4 检出农药类别与占比

所有检出农药按功能分类，包括杀虫剂、杀菌剂、除草剂、植物生长调节剂和其他共 5 类。其中杀虫剂与杀菌剂为主要检出的农药类别，分别占总数的 52.2%和 34.8%，见表 3-5 及图 3-7。

表 3-5 检出农药所属类别及占比

农药类别	数量/占比(%)
杀虫剂	24/52.2
杀菌剂	16/34.8
除草剂	4/8.7
植物生长调节剂	1/2.2
其他	1/2.2

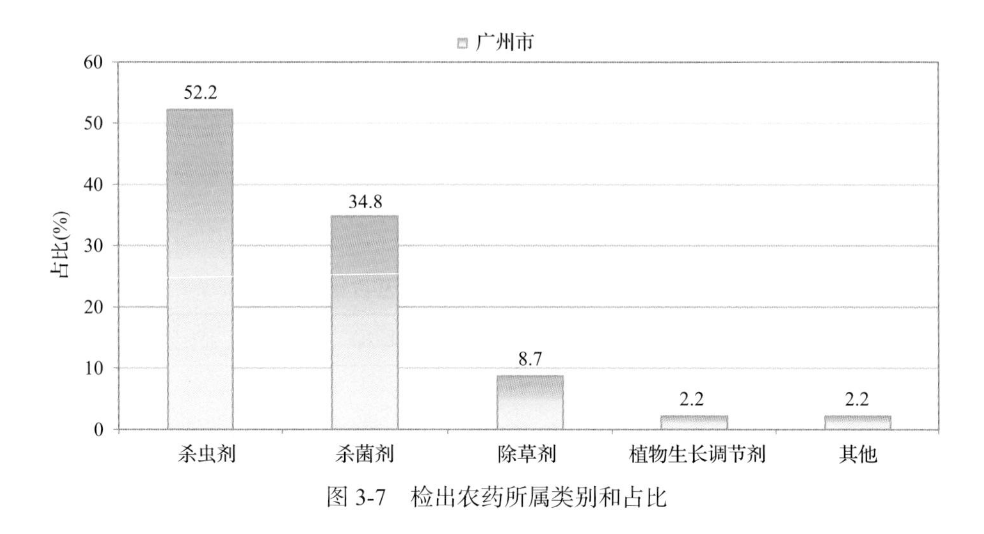

图 3-7 检出农药所属类别和占比

3.1.2.5 检出农药的残留水平

按检出农药残留水平进行统计，残留水平在1~5 μg/kg(含)的农药占总数的38.4%，在5~10 μg/kg(含)的农药占总数的16.3%，在10~100 μg/kg(含)的农药占总数的33.4%，在100~1000 μg/kg(含)的农药占总数的10.3%，在>1000 μg/kg的农药占总数的1.6%。

由此可见，这次检测的36批731例水果蔬菜样品中农药多数处于较低残留水平。结果见表3-6及图3-8，数据见附表2。

表 3-6 农药残留水平及占比

残留水平(μg/kg)	检出频次数/占比(%)
1~5(含)	146/38.4
5~10(含)	62/16.3
10~100(含)	127/33.4
100~1000(含)	39/10.3
>1000	6/1.6

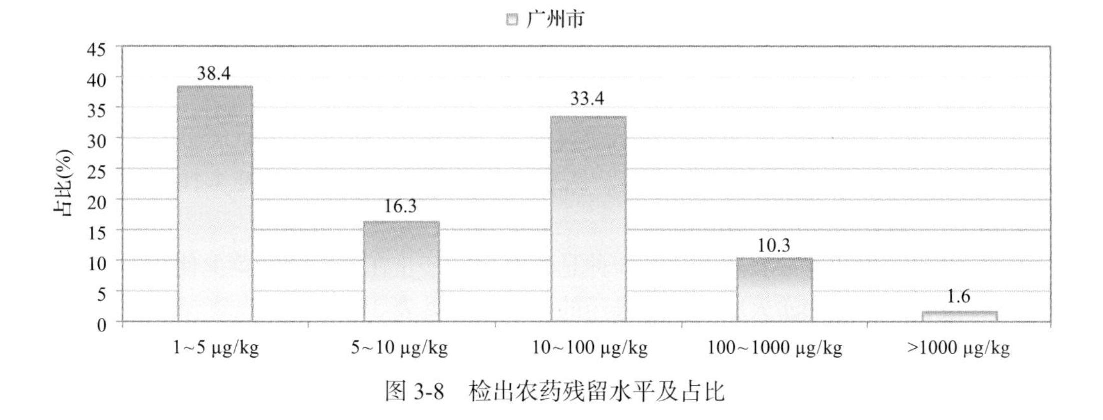

图 3-8 检出农药残留水平及占比

3.1.2.6　检出农药的毒性类别、检出频次和超标频次及占比

对这次检出的 46 种 380 频次的农药，按剧毒、高毒、中毒、低毒和微毒这五个毒性类别进行分类，从中可以看出，广州市目前普遍使用的农药为中低微毒农药，品种占 89.1%，频次占 98.4%。结果见表 3-7 及图 3-9。

表 3-7　检出农药毒性类别及占比

毒性分类	农药品种/占比(%)	检出频次/占比(%)	超标频次/超标率(%)
剧毒农药	1/2.2	1/0.3	1/100.0
高毒农药	4/8.7	5/1.3	1/20.0
中毒农药	18/39.1	271/71.3	3/1.1
低毒农药	14/30.4	52/13.7	0/0.0
微毒农药	9/19.6	51/13.4	0/0.0

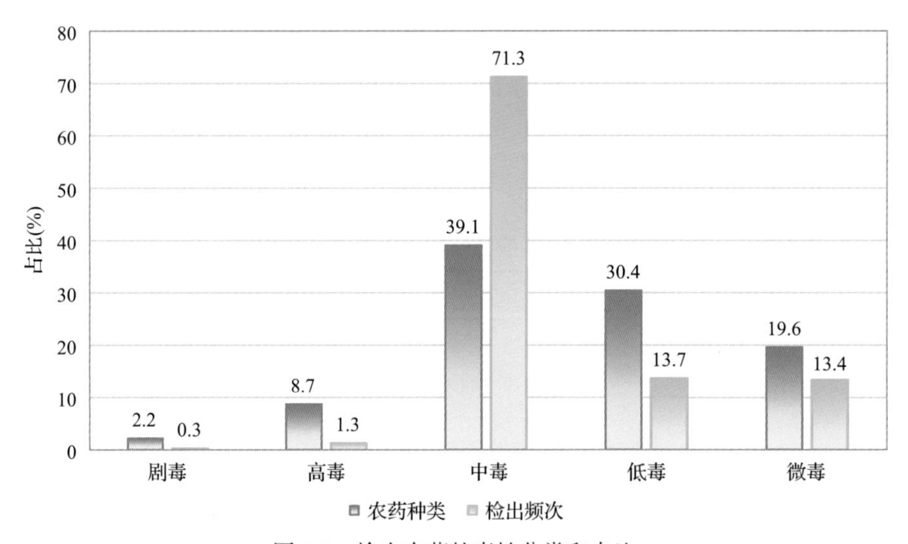

图 3-9　检出农药的毒性分类和占比

3.1.2.7　检出剧毒/高毒类农药的品种和频次

值得特别关注的是，在此次侦测的 731 例样品中有 3 种蔬菜 2 种水果的 6 例样品检出了 5 种 6 频次的剧毒和高毒农药，占样品总量的 0.8%，详见图 3-10、表 3-8 及表 3-9。

在检出的剧毒和高毒农药中，有 3 种是我国早已禁止在果树和蔬菜上使用的，分别是：克百威、甲胺磷和涕灭威。禁用农药的检出情况见表 3-10。

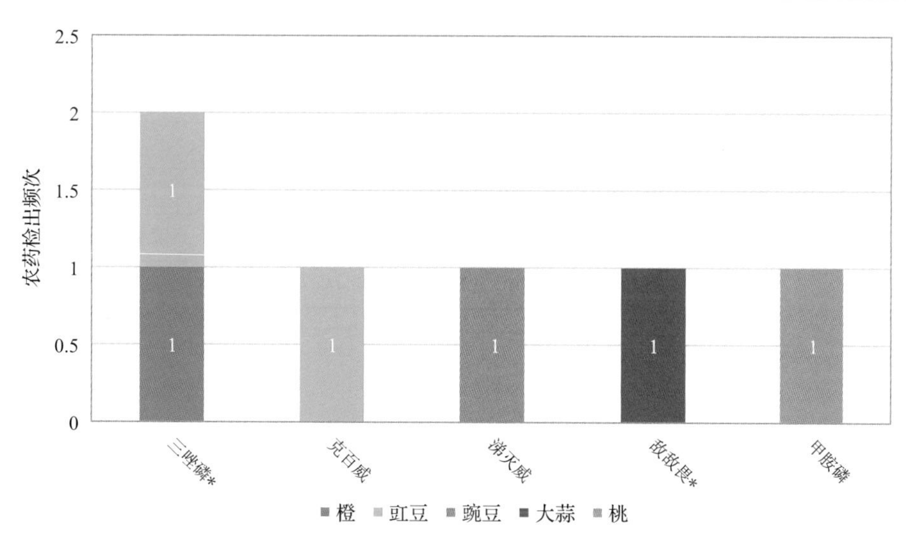

图 3-10　检出剧毒/高毒农药的样品情况

*表示允许在水果和蔬菜上使用的农药

表 3-8　剧毒农药检出情况

序号	农药名称	检出频次	超标频次	超标率
水果中未检出剧毒农药				
	小计	0	0	超标率：0.0%
从 1 种蔬菜中检出 1 种剧毒农药，共计检出 1 次				
1	涕灭威*	1	1	100.0%
	小计	1	1	超标率：100.0%
	合计	1	1	超标率：100.0%

表 3-9　高毒农药检出情况

序号	农药名称	检出频次	超标频次	超标率
从 2 种水果中检出 2 种高毒农药，共计检出 2 次				
1	甲胺磷	1	1	100.0%
2	三唑磷	1	0	0.0%
	小计	2	1	超标率：50.0%
从 2 种蔬菜中检出 3 种高毒农药，共计检出 3 次				
1	敌敌畏	1	0	0.0%
2	克百威	1	0	0.0%
3	三唑磷	1	0	0.0%
	小计	3	0	超标率：0.0%
	合计	5	1	超标率：20.0%

表 3-10　禁用农药检出情况

序号	农药名称	检出频次	超标频次	超标率
从 1 种水果中检出 1 种禁用农药，共计检出 1 次				
1	甲胺磷	1	1	100.0%
小计		1	1	超标率：100.0%
从 3 种蔬菜中检出 3 种禁用农药，共计检出 3 次				
1	克百威	1	0	0.0%
2	硫丹	1	0	0.0%
3	涕灭威*	1	1	100.0%
小计		3	1	超标率：33.3%
合计		4	2	超标率：50.0%

注：超标结果参考 MRL 中国国家标准计算

此次抽检的果蔬样品中，有 1 种蔬菜检出了剧毒农药，为：豌豆中检出涕灭威 1 次。

样品中检出剧毒和高毒农药残留水平超过 MRL 中国国家标准的频次为 2 次，其中：桃检出甲胺磷超标 1 次；豌豆检出涕灭威超标 1 次。本次检出结果表明，高毒、剧毒农药的使用现象依旧存在，详见表 3-11。

表 3-11　各样本中检出剧毒/高毒农药情况

样品名称	农药名称	检出频次	超标频次	检出浓度(μg/kg)
水果 2 种				
桃	甲胺磷▲	1	1	235.7[a]
橙	三唑磷	1	0	19.7
小计		2	1	超标率：50.0%
蔬菜 3 种				
大蒜	敌敌畏	1	0	2.9
豇豆	三唑磷	1	0	24.4
豇豆	克百威▲	1	0	4.1
豌豆	涕灭威*▲	1	1	118.1[a]
小计		4	1	超标率：25.0%
合计		6	2	超标率：33.3%

3.2　农药残留检出水平与最大残留限量标准对比分析

我国于 2014 年 3 月 20 日正式颁布并于 2014 年 8 月 1 日正式实施食品农药残留限量国家标准《食品中农药最大残留限量》(GB 2763—2014)。该标准包括 371 个农药条目，涉及最大残留限量(MRL)标准 3653 项。将 380 频次检出农药的浓度水平与 3653 项 MRL 中国国家标准进行核对，其中只有 72 频次的农药找到了对应的 MRL 标准，占 18.9%，还有 308 频次的侦测数据则无相关 MRL 标准供参考，占 81.1%。

将此次侦测结果与国际上现行 MRL 标准对比发现，在 380 频次的检出结果中有 380 频次的结果找到了对应的 MRL 欧盟标准，占 100.0%，其中，224 频次的结果有明确对应的 MRL 标准，占 58.9%，其余 156 频次按照欧盟一律标准判定，占 41.1%；有 380 频次的结果找到了对应的 MRL 日本标准，占 100.0%，其中，174 频次的结果有明确对应的 MRL 标准，占 45.8%，其余 206 频次按照日本一律标准判定，占 54.2%；有 109 频次的结果找到了对应的 MRL 中国香港标准，占 28.7%；有 106 频次的结果找到了对应的 MRL 美国标准，占 27.9%；有 59 频次的结果找到了对应的 MRL CAC 标准，占 15.5%(见图 3-11 和图 3-12，数据见附表 3 至附表 8)。

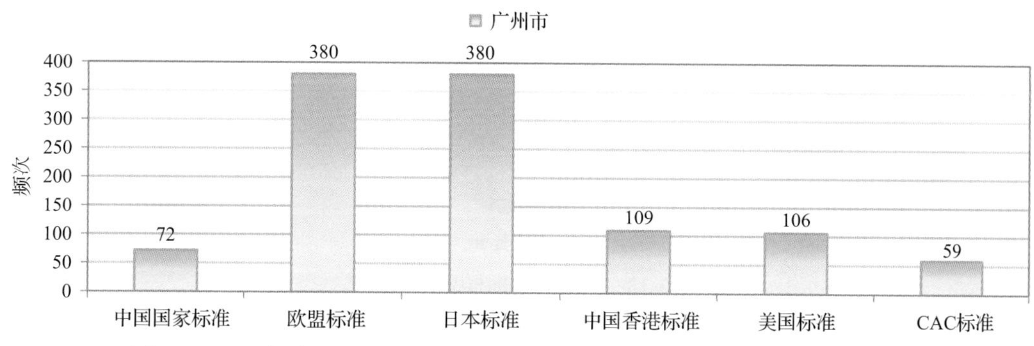

图 3-11　380 频次检出农药可用 MRL 中国国家标准、欧盟标准、日本标准、中国香港标准、美国标准、CAC 标准判定衡量的数量

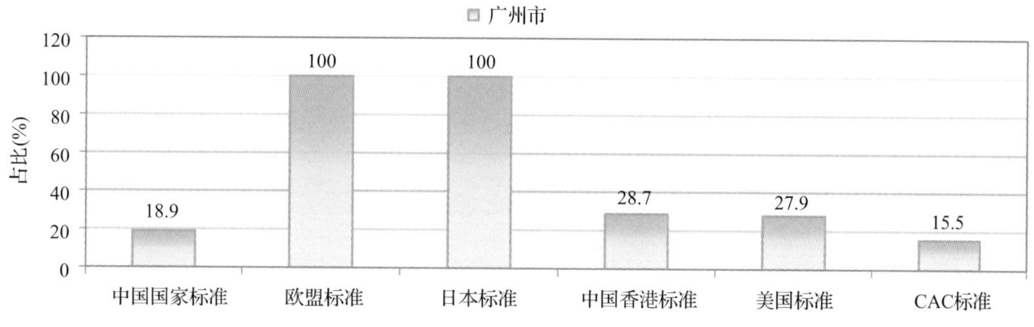

图 3-12　380 频次检出农药可用 MRL 中国国家标准、欧盟标准、日本标准、中国香港标准、美国标准、CAC 标准衡量的占比

3.2.1　超标农药样品分析

本次侦测的 731 例样品中，516 例样品未检出任何残留农药，占样品总量的 70.6%，215 例样品检出不同水平、不同种类的残留农药，占样品总量的 29.4%。在此，我们将本次侦测的农残检出情况与中国国家标准、欧盟标准、日本标准、中国香港标准、美国标准和 CAC 标准这 6 大国际主流 MRL 标准进行对比分析，样品农残检出与超标情况见

图 3-13、表 3-12 和图 3-14，详细数据见附表 9 至附表 14。

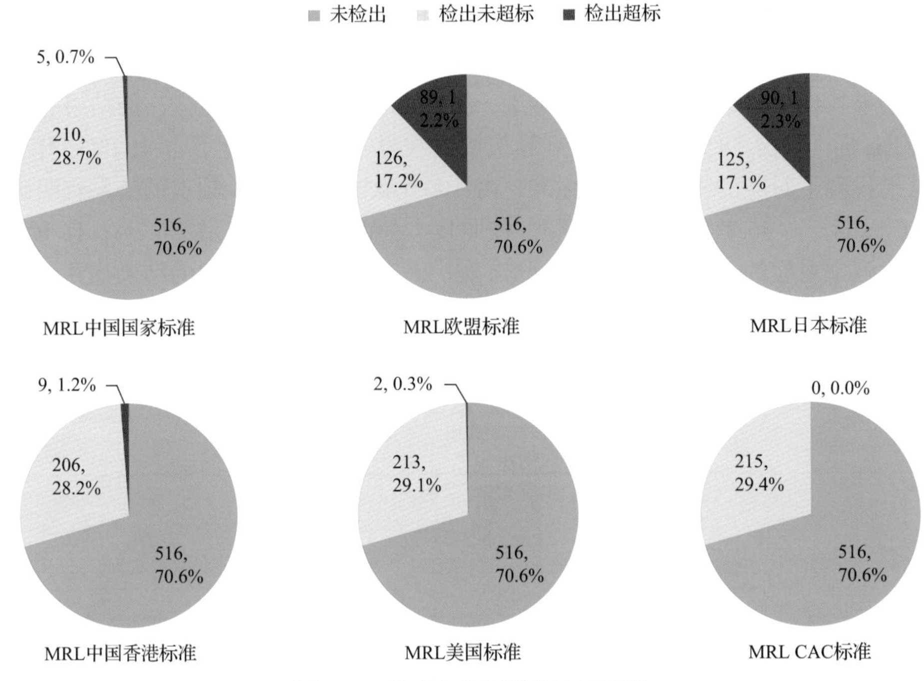

图 3-13　检出和超标样品比例情况

表 3-12　各 MRL 标准下样本农残检出与超标数量及占比

	中国国家标准 数量/占比(%)	欧盟标准 数量/占比(%)	日本标准 数量/占比(%)	中国香港标准 数量/占比(%)	美国标准 数量/占比(%)	CAC 标准 数量/占比(%)
未检出	516/70.6	516/70.6	516/70.6	516/70.6	516/70.6	516/70.6
检出未超标	210/28.7	126/17.2	125/17.1	206/28.2	213/29.1	215/29.4
检出超标	5/0.7	89/12.2	90/12.3	9/1.2	2/0.3	0/0.0

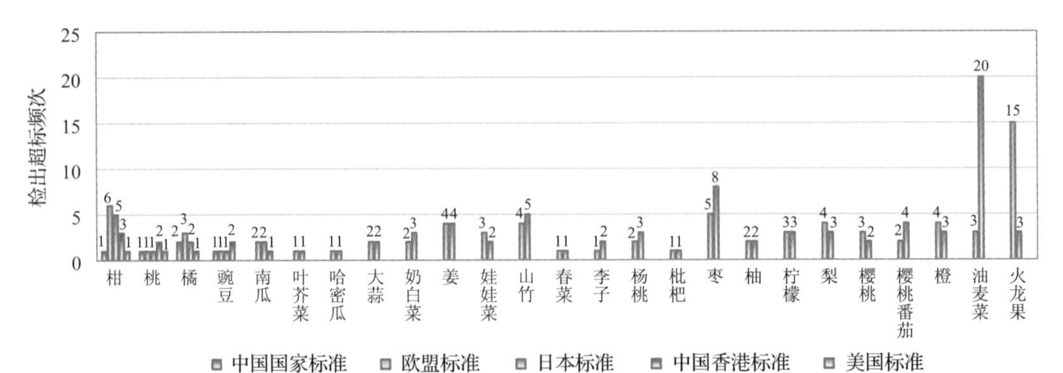

图 3-14-1　超过 MRL 中国国家标准、欧盟标准、日本标准、中国香港标准、美国标准和 CAC 标准结果在水果蔬菜中的分布

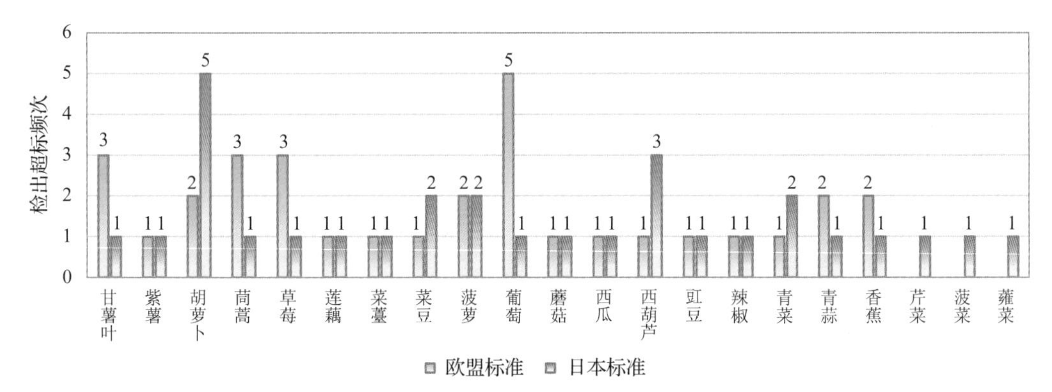

图 3-14-2　超过 MRL 中国国家标准、欧盟标准、日本标准、中国香港标准、美国标准和 CAC 标准结果在水果蔬菜中的分布

3.2.2　超标农药种类分析

按 MRL 中国国家标准、欧盟标准、日本标准、中国香港标准、美国标准和 CAC 标准这 6 大国际主流 MRL 标准衡量，本次侦测检出的农药超标品种及频次情况见表 3-13。

表 3-13　各 MRL 标准下超标农药品种及频次

	中国国家标准	欧盟标准	日本标准	中国香港标准	美国标准	CAC 标准
超标农药品种	3	28	26	2	1	0
超标农药频次	5	108	114	9	2	0

3.2.2.1　按 MRL 中国国家标准衡量

按 MRL 中国国家标准衡量，共有 3 种农药超标，检出 5 频次，分别为剧毒农药涕灭威，高毒农药甲胺磷，中毒农药丙溴磷。

按超标程度比较，柑中丙溴磷超标 9.5 倍，橘中丙溴磷超标 4.3 倍，桃中甲胺磷超标 3.7 倍，豌豆中涕灭威超标 2.9 倍。检测结果见图 3-15 和附表 15。

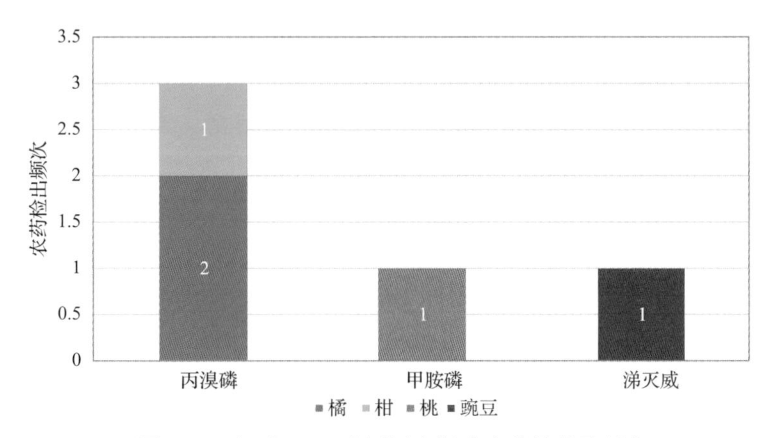

图 3-15　超过 MRL 中国国家标准农药品种及频次

3.2.2.2　按 MRL 欧盟标准衡量

按 MRL 欧盟标准衡量，共有 28 种农药超标，检出 108 频次，分别为剧毒农药涕灭威，高毒农药甲胺磷和三唑磷，中毒农药戊唑醇、仲丁威、硫丹、喹螨醚、炔丙菊酯、速灭威、氟硅唑、哒螨灵、丙溴磷和异丙威，低毒农药嘧霉胺、烯虫炔酯、戊草丹、四氢吩胺、氟唑菌酰胺、甲醚菊酯、噻嗪酮和 3,5-二氯苯胺，微毒农药避蚊酯、腐霉利、溴丁酰草胺、嘧菌酯、生物苄呋菊酯、醚菌酯和霜霉威。

按超标程度比较，蘑菇中丙溴磷超标 270.7 倍，柑中丙溴磷超标 209.7 倍，橙中四氢吩胺超标 107.2 倍，橘中丙溴磷超标 105.1 倍，油麦菜中丙溴磷超标 104.5 倍。检测结果见图 3-16 和附表 16。

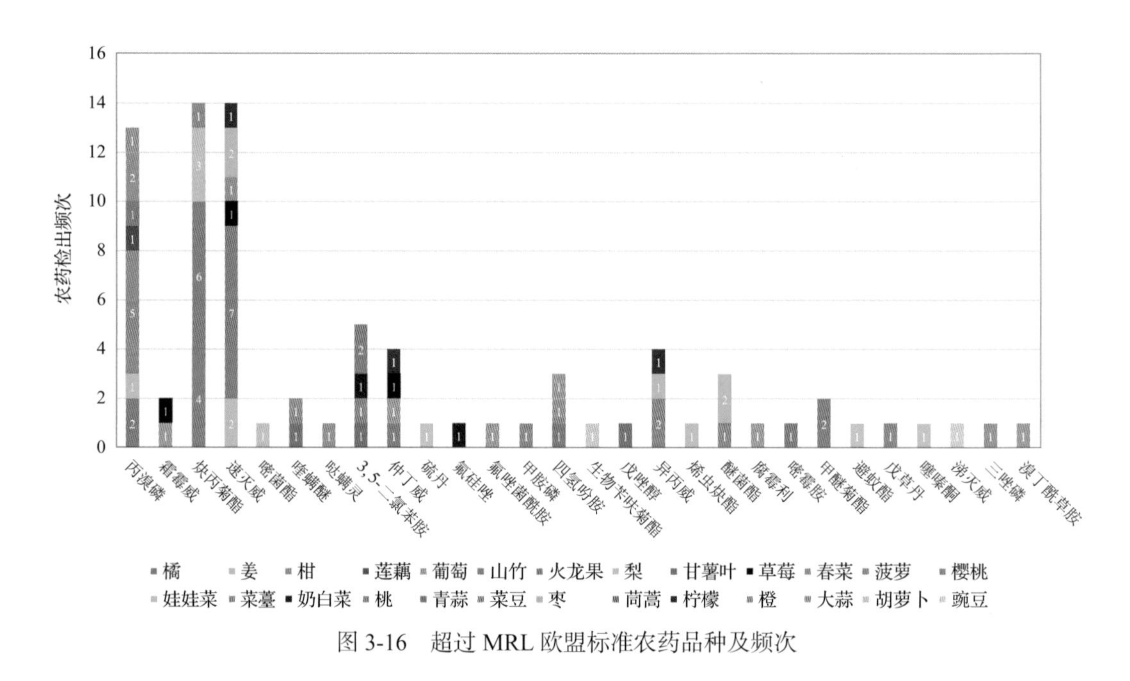

图 3-16　超过 MRL 欧盟标准农药品种及频次

3.2.2.3　按 MRL 日本标准衡量

按 MRL 日本标准衡量，共有 26 种农药超标，检出 114 频次，分别为剧毒农药涕灭威，高毒农药三唑磷，中毒农药联苯菊酯、仲丁威、戊唑醇、毒死蜱、炔丙菊酯、喹螨醚、速灭威、氟硅唑、哒螨灵、异丙威和丙溴磷，低毒农药嘧霉胺、嘧菌环胺、戊草丹、烯虫炔酯、四氢吩胺、甲醚菊酯、噻嗪酮和 3,5-二氯苯胺，微毒农药避蚊酯、溴丁酰草胺、嘧菌酯、醚菌酯和霜霉威。

按超标程度比较，橙中四氢吩胺超标 107.2 倍，菠菜中嘧菌环胺超标 90.9 倍，香蕉中四氢吩胺超标 85.8 倍，青蒜中四氢吩胺超标 71.4 倍，蘑菇中丙溴磷超标 53.3 倍。检测结果见图 3-17 和附表 17。

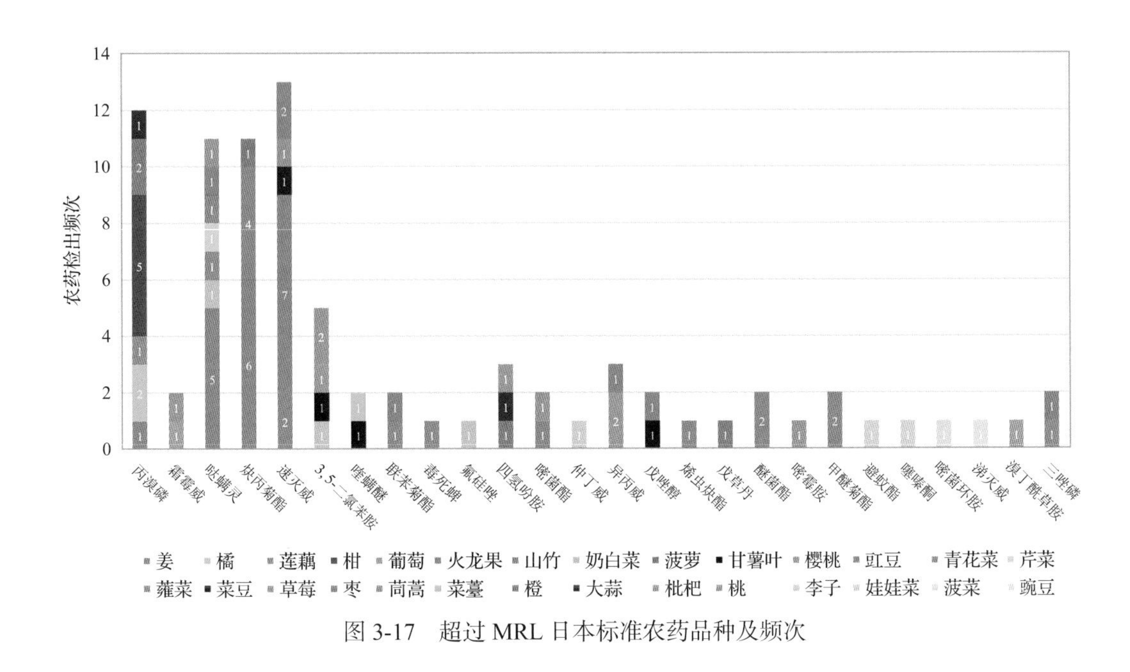

图 3-17　超过 MRL 日本标准农药品种及频次

3.2.2.4　按 MRL 中国香港标准衡量

按 MRL 中国香港标准衡量，共有 2 种农药超标，检出 9 频次，分别为中毒农药毒死蜱和丙溴磷。

按超标程度比较，柑中丙溴磷超标 20.1 倍，姜中丙溴磷超标 12.6 倍，橘中丙溴磷超标 9.6 倍，豇豆中毒死蜱超标 1.0 倍，橙中丙溴磷超标 0.3 倍。检测结果见图 3-18 和附表 18。

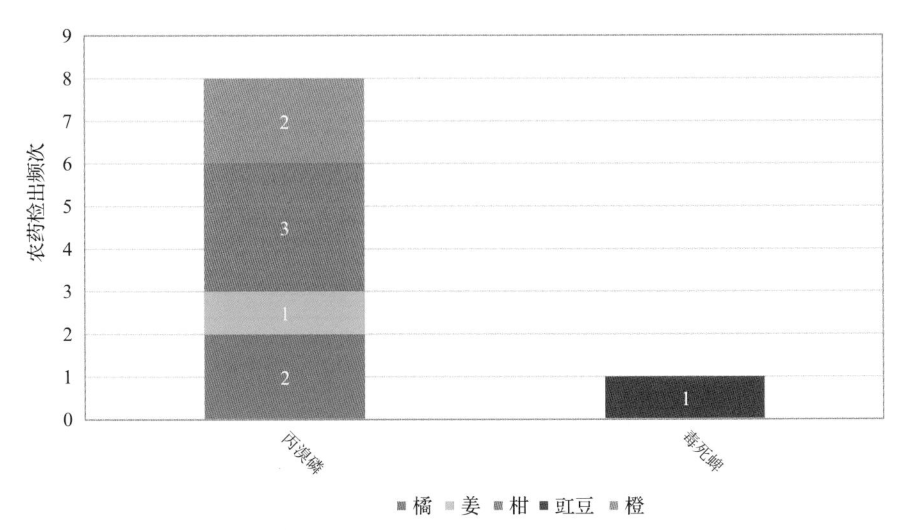

图 3-18　超过 MRL 中国香港标准农药品种及频次

3.2.2.5 按 MRL 美国标准衡量

按 MRL 美国标准衡量，有 1 种农药超标，检出 2 频次，为中毒农药毒死蜱。

按超标程度比较，苹果中毒死蜱超标 0.6 倍，梨中毒死蜱超标 0.2 倍。检测结果见图 3-19 和附表 19。

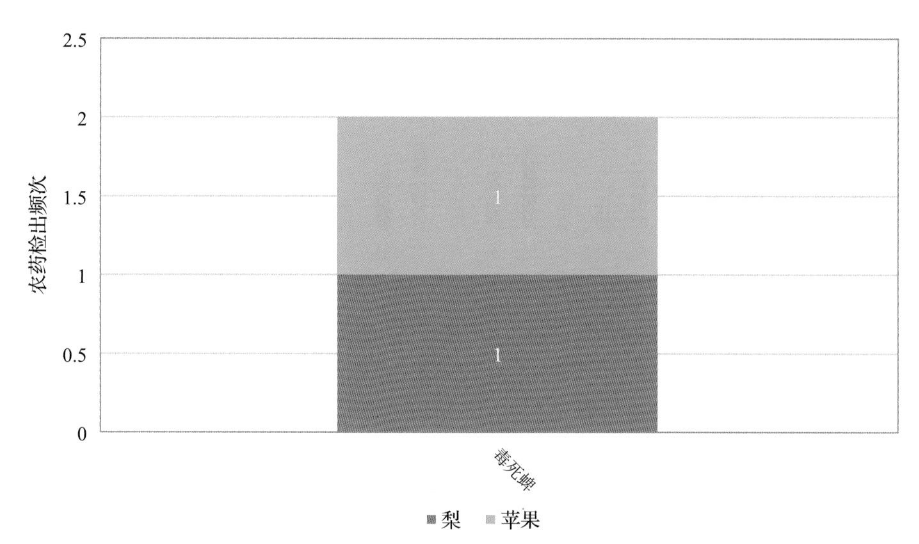

图 3-19 超过 MRL 美国标准农药品种及频次

3.2.2.6 按 MRL CAC 标准衡量

按 MRL CAC 标准衡量，无样品检出超标农药残留。

3.2.3 35 个采样点超标情况分析

3.2.3.1 按 MRL 中国国家标准衡量

按 MRL 中国国家标准衡量，有 5 个采样点的样品存在不同程度的超标农药检出，其中***超市(黄埔店)的超标率最高，为 14.3%，如表 3-14 和图 3-20 所示。

表 3-14 超过 MRL 中国国家标准水果蔬菜在不同采样点分布

序号	采样点	样品总数	超标数量	超标率(%)	行政区域
1	***市场	55	1	1.8	黄埔区
2	***超市(增槎路店)	37	1	2.7	白云区
3	***市场	20	1	5.0	越秀区
4	***市场	20	1	5.0	番禺区
5	***超市(黄埔店)	7	1	14.3	黄埔区

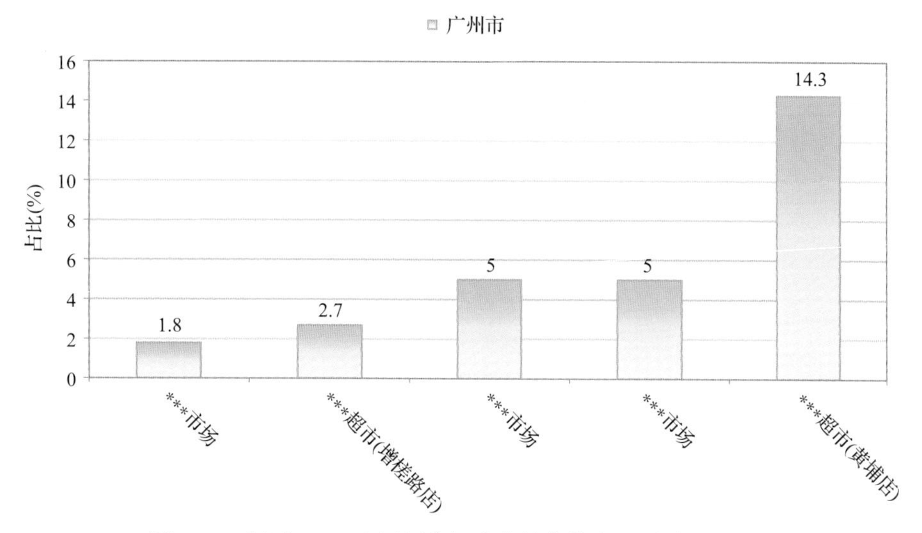

图 3-20　超过 MRL 中国国家标准水果蔬菜在不同采样点分布

3.2.3.2　按 MRL 欧盟标准衡量

按 MRL 欧盟标准衡量，有 30 个采样点的样品存在不同程度的超标农药检出，其中***超市(应元路店)的超标率最高，为 50.0%，如表 3-15 和图 3-21 所示。

表 3-15　超过 MRL 欧盟标准水果蔬菜在不同采样点分布

序号	采样点	样品总数	超标数量	超标率(%)	行政区域
1	***超市(大石店)	73	14	19.2	番禺区
2	***市场	55	11	20.0	黄埔区
3	***超市(增槎路店)	37	6	16.2	白云区
4	***市场	30	2	6.7	越秀区
5	***超市	30	1	3.3	白云区
6	***超市(石井店)	30	1	3.3	白云区
7	***超市(广州中山大道店)	30	3	10.0	天河区
8	***超市(车陂北街店)	29	3	10.3	天河区
9	***超市(中环广场店)	28	1	3.6	越秀区
10	***超市(中六店)	28	5	17.9	越秀区
11	***市场	28	2	7.1	荔湾区
12	***超市(购物城店)	27	5	18.5	番禺区
13	***超市(番禺区万达广场店)	23	2	8.7	番禺区
14	***超市(员岗店)	22	2	9.1	番禺区
15	***市场	21	1	4.8	越秀区
16	***市场	21	1	4.8	荔湾区

续表

序号	采样点	样品总数	超标数量	超标率(%)	行政区域
17	***超市(康王中路店)	21	2	9.5	荔湾区
18	***街市	20	2	10.0	荔湾区
19	***市场	20	6	30.0	越秀区
20	***市场	20	4	20.0	番禺区
21	***市场	16	6	37.5	天河区
22	***超市(荔湾店)	12	1	8.3	荔湾区
23	***超市(小北路店)	8	1	12.5	越秀区
24	***超市(中华广场店)	8	1	12.5	越秀区
25	***超市(西华路店)	7	1	14.3	荔湾区
26	***超市(黄埔店)	7	1	14.3	黄埔区
27	***超市(北京路店)	7	1	14.3	越秀区
28	***超市(黄埔区店)	6	1	16.7	黄埔区
29	***超市(怡港店)	5	1	20.0	黄埔区
30	***超市(应元路店)	2	1	50.0	越秀区

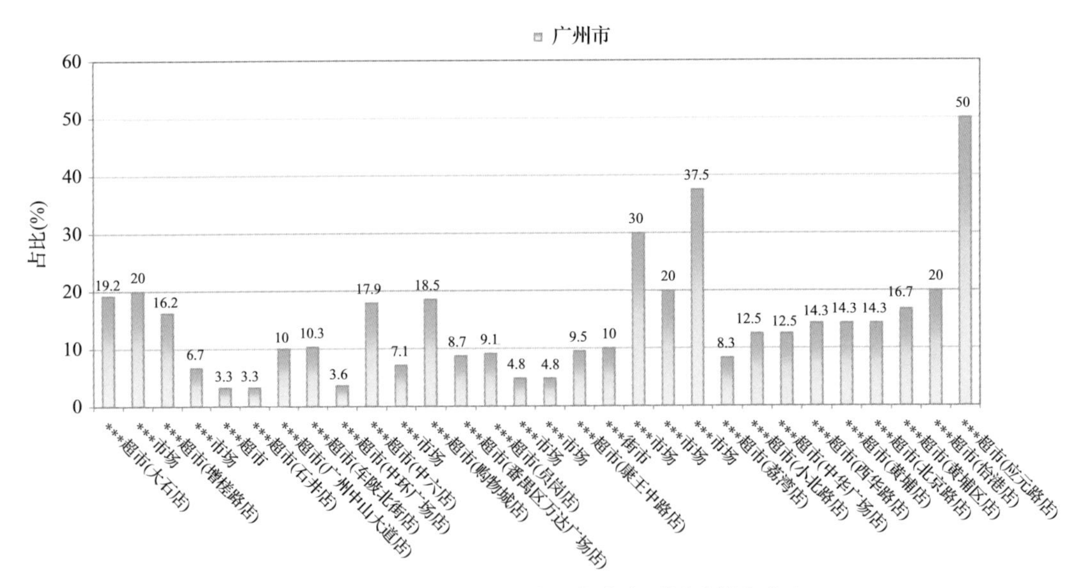

图 3-21 超过 MRL 欧盟水果蔬菜在不同采样点分布

3.2.3.3 按 MRL 日本标准衡量

按 MRL 日本标准衡量，有 30 个采样点的样品存在不同程度的超标农药检出，其中***超市(应元路店)的超标率最高，为 50.0%，如表 3-16 和图 3-22 所示。

表 3-16　超过 MRL 日本标准水果蔬菜在不同采样点分布

序号	采样点	样品总数	超标数量	超标率(%)	行政区域
1	***超市(大石店)	73	12	16.4	番禺区
2	***市场	55	10	18.2	黄埔区
3	***超市(增槎路店)	37	8	21.6	白云区
4	***市场	30	4	13.3	越秀区
5	***超市	30	2	6.7	白云区
6	***超市(石井店)	30	3	10.0	白云区
7	***超市(广州中山大道店)	30	3	10.0	天河区
8	***超市(车陂北街店)	29	3	10.3	天河区
9	***超市(中环广场店)	28	1	3.6	越秀区
10	***超市(中六店)	28	4	14.3	越秀区
11	***市场	28	3	10.7	荔湾区
12	***超市(购物城店)	27	4	14.8	番禺区
13	***超市(番禺区万达广场店)	23	2	8.7	番禺区
14	***超市(员岗店)	22	2	9.1	番禺区
15	***市场	21	1	4.8	越秀区
16	***市场	21	1	4.8	荔湾区
17	***超市(康王中路店)	21	2	9.5	荔湾区
18	***街市	20	1	5.0	荔湾区
19	***市场	20	6	30.0	越秀区
20	***市场	20	4	20.0	番禺区
21	***市场	16	5	31.2	天河区
22	***超市(荔湾店)	12	1	8.3	荔湾区
23	***超市(小北路店)	8	1	12.5	越秀区
24	***超市(中华广场店)	8	1	12.5	越秀区
25	***超市(港湾店)	7	1	14.3	黄埔区
26	***超市(西华路店)	7	1	14.3	荔湾区
27	***超市(北京路店)	7	1	14.3	越秀区
28	***超市(黄埔区店)	6	1	16.7	黄埔区
29	***超市(怡港店)	5	1	20.0	黄埔区
30	***超市(应元路店)	2	1	50.0	越秀区

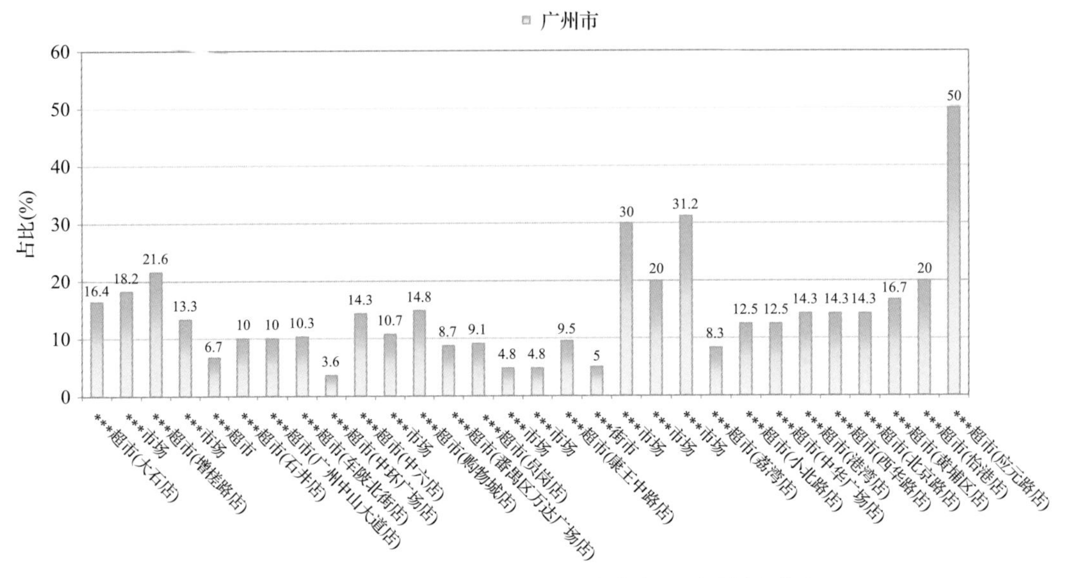

图 3-22　超过 MRL 日本标准水果蔬菜在不同采样点分布

3.2.3.4　按 MRL 中国香港标准衡量

按 MRL 中国香港标准衡量，有 7 个采样点的样品存在不同程度的超标农药检出，其中***市场的超标率最高，为 10.0%，如表 3-17 和图 3-23 所示。

表 3-17　超过 MRL 中国香港标准水果蔬菜在不同采样点分布

序号	采样点	样品总数	超标数量	超标率(%)	行政区域
1	***超市(大石店)	73	1	1.4	番禺区
2	***市场	55	2	3.6	黄埔区
3	***超市(增槎路店)	37	1	2.7	白云区
4	***超市(番禺区万达广场店)	23	1	4.3	番禺区
5	***市场	20	2	10.0	越秀区
6	***市场	16	1	6.2	天河区
7	***超市(荔湾店)	12	1	8.3	荔湾区

3.2.3.5　按 MRL 美国标准衡量

按 MRL 美国标准衡量，有 2 个采样点的样品存在不同程度的超标农药检出，其中***超市(车陂北街店)的超标率最高，为 3.4%，如表 3-18 和图 3-24 所示。

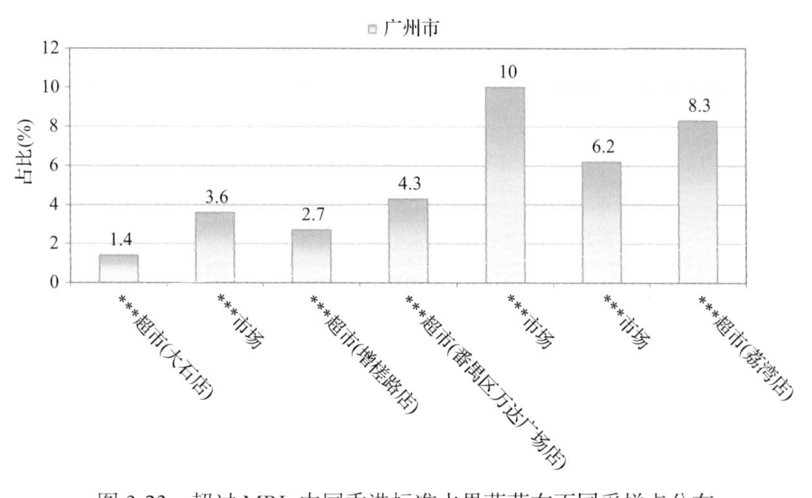

图 3-23　超过 MRL 中国香港标准水果蔬菜在不同采样点分布

表 3-18　超过 MRL 美国标准水果蔬菜在不同采样点分布

序号	采样点	样品总数	超标数量	超标率(%)	行政区域
1	***超市(大石店)	73	1	1.4	番禺区
2	***超市(车陂北街店)	29	1	3.4	天河区

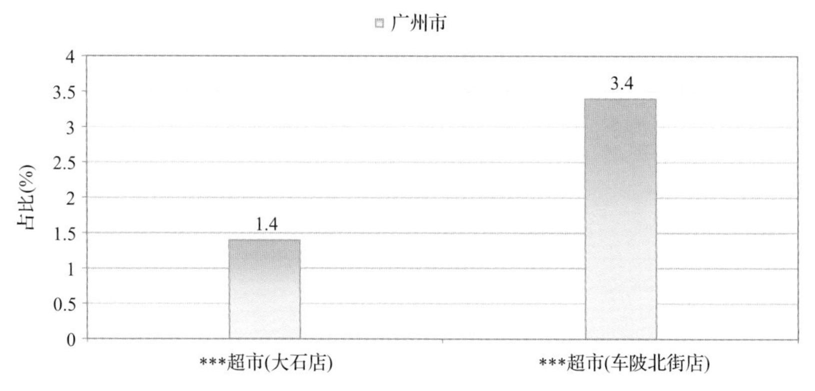

图 3-24　超过 MRL 美国标准水果蔬菜在不同采样点分布

3.2.3.6　按 MRL CAC 标准衡量

按 MRL CAC 标准衡量，所有采样点的样品均未检出超标农药残留。

3.3　水果中农药残留分布

3.3.1　检出农药品种和频次排前 10 的水果

本次残留侦测的水果共 27 种，包括猕猴桃、桃、西瓜、山竹、香蕉、柿子、哈密瓜、木瓜、柑、苹果、香瓜、草莓、葡萄、柚、李子、梨、枇杷、枣、芒果、橘、樱桃、橙、柠檬、火龙果、杨桃、菠萝和甜瓜。

根据检出农药品种及频次进行排名，将各项排名前 10 位的水果样品检出情况列表说明，详见表 3-19。

表 3-19　检出农药品种和频次排名前 10 的水果

检出农药品种排名前 10(品种)	①橙(16)，②葡萄(11)，③柑(10)，④枇杷(9)，⑤枣(9)，⑥草莓(8)，⑦橘(8)，⑧菠萝(7)，⑨哈密瓜(7)，⑩柠檬(7)
检出农药频次排名前 10(频次)	①火龙果(25)，②柑(24)，③橙(23)，④葡萄(17)，⑤柠檬(14)，⑥枣(14)，⑦橘(12)，⑧枇杷(11)，⑨菠萝(10)，⑩草莓(10)
检出禁用、高毒及剧毒农药品种排名前 10(品种)	①橙(1)，②桃(1)
检出禁用、高毒及剧毒农药频次排名前 10(频次)	①橙(1)，②桃(1)

3.3.2　超标农药品种和频次排前 10 的水果

鉴于 MRL 欧盟标准和日本标准制定比较全面且覆盖率较高，我们参照 MRL 中国国家标准、欧盟标准和日本标准衡量水果样品中农残检出情况，将超标农药品种及频次排名前 10 的水果列表说明，详见表 3-20。

表 3-20　超标农药品种和频次排名前 10 的水果

超标农药品种排名前 10 (农药品种数)	MRL 中国国家标准	①柑(1)，②橘(1)，③桃(1)
	MRL 欧盟标准	①葡萄(5)，②草莓(3)，③橙(3)，④火龙果(3)，⑤柠檬(3)，⑥枣(3)，⑦菠萝(2)，⑧柑(2)，⑨橘(2)，⑩梨(2)
	MRL 日本标准	①枣(6)，②火龙果(4)，③橙(3)，④菠萝(2)，⑤李子(2)，⑥柠檬(2)，⑦葡萄(2)，⑧山竹(2)，⑨香蕉(2)，⑩杨桃(2)
超标农药频次排名前 10 (农药频次数)	MRL 中国国家标准	①橘(2)，②柑(1)，③桃(1)
	MRL 欧盟标准	①火龙果(15)，②柑(6)，③葡萄(5)，④枣(5)，⑤橙(4)，⑥梨(4)，⑦山竹(4)，⑧草莓(3)，⑨橘(3)，⑩柠檬(3)
	MRL 日本标准	①火龙果(20)，②枣(8)，③柑(5)，④山竹(5)，⑤橙(4)，⑥梨(3)，⑦杨桃(3)，⑧樱桃(3)，⑨菠萝(2)，⑩橘(2)

3.4　蔬菜中农药残留分布

3.4.1　检出农药品种和频次排前 10 的蔬菜

本次残留侦测的蔬菜共 58 种，包括结球甘蓝、黄瓜、青蒜、紫薯、莲藕、甘薯、大蒜、洋葱、蕹菜、芹菜、韭菜、小茴香、豇豆、花椰菜、芦笋、番茄、菠菜、豌豆、山药、西葫芦、甜椒、芥蓝、菜用大豆、奶白菜、佛手瓜、人参果、樱桃番茄、葱、春菜、辣椒、苋菜、芋、小白菜、紫甘蓝、油麦菜、胡萝卜、豆瓣菜、叶芥菜、南瓜、青花菜、萝卜、姜、茄子、马铃薯、菜薹、菜豆、娃娃菜、冬瓜、茼蒿、苦瓜、大白菜、生菜、小油菜、甘薯叶、青菜、莴笋、丝瓜和竹笋。

根据检出农药品种及频次进行排名，将各项排名前 10 位的蔬菜样品检出情况列表说明，详见表 3-21。

表 3-21　检出农药品种和频次排名前 10 的蔬菜

检出农药品种排名前 10(品种)	①姜(8),②菠菜(5),③大蒜(5),④奶白菜(5),⑤娃娃菜(5),⑥樱桃番茄(5),⑦葱(4),⑧豇豆(4),⑨青蒜(4),⑩茼蒿(4)
检出农药频次排名前 10(频次)	①姜(11),②葱(6),③奶白菜(6),④樱桃番茄(6),⑤菠菜(5),⑥大蒜(5),⑦豇豆(5),⑧韭菜(5),⑨青蒜(5),⑩茼蒿(5)
检出禁用、高毒及剧毒农药品种排名前 10(品种)	①豇豆(2),②大蒜(1),③娃娃菜(1),④豌豆(1)
检出禁用、高毒及剧毒农药频次排名前 10(频次)	①豇豆(2),②大蒜(1),③娃娃菜(1),④豌豆(1)

3.4.2　超标农药品种和频次排前 10 的蔬菜

鉴于 MRL 欧盟标准和日本标准制定比较全面且覆盖率较高，我们参照 MRL 中国国家标准、欧盟标准和日本标准衡量蔬菜样品中农残检出情况，将超标农药品种及频次排名前 10 的蔬菜列表说明，详见表 3-22。

表 3-22　超标农药品种和频次排名前 10 的蔬菜

超标农药品种排名前 10(农药品种数)	MRL 中国国家标准	①豌豆(1)
	MRL 欧盟标准	①甘薯叶(3),②姜(3),③娃娃菜(3),④大蒜(2),⑤胡萝卜(2),⑥奶白菜(2),⑦青蒜(2),⑧茼蒿(2),⑨油麦菜(2),⑩菜豆(1)
	MRL 日本标准	①茼蒿(4),②甘薯叶(3),③姜(3),④豇豆(3),⑤奶白菜(3),⑥油麦菜(3),⑦大蒜(2),⑧娃娃菜(2),⑨菠菜(1),⑩菜豆(1)
超标农药频次排名前 10(农药频次数)	MRL 中国国家标准	①豌豆(1)
	MRL 欧盟标准	①姜(4),②甘薯叶(3),③茼蒿(3),④娃娃菜(3),⑤油麦菜(3),⑥大蒜(2),⑦胡萝卜(2),⑧奶白菜(2),⑨南瓜(2),⑩青蒜(2)
	MRL 日本标准	①茼蒿(5),②姜(4),③甘薯叶(3),④豇豆(3),⑤奶白菜(3),⑥油麦菜(3),⑦大蒜(2),⑧南瓜(2),⑨娃娃菜(2),⑩樱桃番茄(2)

3.5　初步结论

3.5.1　广州市市售水果蔬菜按 MRL 中国国家标准和国际主要 MRL 标准衡量的合格率

本次侦测的 731 例样品中，516 例样品未检出任何残留农药，占样品总量的 70.6%，

215 例样品检出不同水平、不同种类的残留农药，占样品总量的 29.4%。在这 215 例检出农药残留的样品中：

按 MRL 中国国家标准衡量，有 210 例样品检出残留农药但含量没有超标，占样品总数的 28.7%，有 5 例样品检出了超标农药，占样品总数的 0.7%。

按 MRL 欧盟标准衡量，有 126 例样品检出残留农药但含量没有超标，占样品总数的 17.2%，有 89 例样品检出了超标农药，占样品总数的 12.2%。

按 MRL 日本标准衡量，有 125 例样品检出残留农药但含量没有超标，占样品总数的 17.1%，有 90 例样品检出了超标农药，占样品总数的 12.3%。

按 MRL 中国香港标准衡量，有 206 例样品检出残留农药但含量没有超标，占样品总数的 28.2%，有 9 例样品检出了超标农药，占样品总数的 1.2%。

按 MRL 美国标准衡量，有 213 例样品检出残留农药但含量没有超标，占样品总数的 29.1%，有 2 例样品检出了超标农药，占样品总数的 0.3%。

按 MRL CAC 标准衡量，有 215 例样品检出残留农药但含量没有超标，占样品总数的 29.4%，没有样品检出超标农药。

3.5.2 广州市市售水果蔬菜中检出农药以中低微毒农药为主，占市场主体的 89.1%

这次侦测的 731 例样品包括调味料 1 种 8 例，谷物 1 种 8 例，食用菌 4 种 186 例，水果 27 种 31 例，蔬菜 58 种 498 例，共检出了 46 种农药，检出农药的毒性以中低微毒为主，详见表 3-23。

表 3-23　市场主体农药毒性分布

毒性	检出品种	占比	检出频次	占比
剧毒农药	1	2.2%	1	0.3%
高毒农药	4	8.7%	5	1.3%
中毒农药	18	39.1%	271	71.3%
低毒农药	14	30.4%	52	13.7%
微毒农药	9	19.6%	51	13.4%
中低微毒农药，品种占比 89.1%，频次占比 98.4%				

3.5.3 检出剧毒、高毒和禁用农药现象应该警醒

在此次侦测的 731 例样品中有 4 种蔬菜和 2 种水果的 7 例样品检出了 6 种 7 频次的剧毒和高毒或禁用农药，占样品总量的 1.0%。其中剧毒农药涕灭威以及高毒农药三唑磷、敌敌畏和甲胺磷检出频次较高。

按 MRL 中国国家标准衡量，剧毒农药涕灭威，检出 1 次，超标 1 次；高毒农药甲胺磷，检出 1 次，超标 1 次；按超标程度比较，桃中甲胺磷超标 3.7 倍，豌豆中涕灭威

超标 2.9 倍。

剧毒、高毒或禁用农药的检出情况及按照 MRL 中国国家标准衡量的超标情况见表 3-24。

表 3-24 剧毒、高毒或禁用农药的检出及超标明细

序号	农药名称	样品名称	检出频次	超标频次	最大超标倍数	超标率
1.1	涕灭威*▲	豌豆	1	1	2.9	100.0%
2.1	三唑磷◊	橙	1	0	0	0.0%
2.2	三唑磷◊	豇豆	1	0	0	0.0%
3.1	克百威◊▲	豇豆	1	0	0	0.0%
4.1	敌敌畏◊	大蒜	1	0	0	0.0%
5.1	甲胺磷◊▲	桃	1	1	3.7	100.0%
6.1	硫丹▲	娃娃菜	1	0	0	0.0%
合计			7	2		28.6%

注：超标倍数参照 MRL 中国国家标准衡量

这些超标的剧毒和高毒农药都是中国政府早有规定禁止在水果蔬菜中使用的，为什么还屡次被检出，应该引起警惕。

3.5.4 残留限量标准与先进国家或地区标准差距较大

380 频次的检出结果与我国公布的《食品中农药最大残留限量》(GB 2763—2014) 对比，有 72 频次能找到对应的 MRL 中国国家标准，占 18.9%；还有 308 频次的侦测数据无相关 MRL 标准供参考，占 81.1%。

与国际上现行 MRL 标准对比发现：

有 380 频次能找到对应的 MRL 欧盟标准，占 100.0%；

有 380 频次能找到对应的 MRL 日本标准，占 100.0%；

有 109 频次能找到对应的 MRL 中国香港标准，占 28.7%；

有 106 频次能找到对应的 MRL 美国标准，占 27.9%；

有 59 频次能找到对应的 MRL CAC 标准，占 15.5%；

由上可见，MRL 中国国家标准与先进国家或地区标准还有很大差距，我们无标准，境外有标准，这就会导致我们在国际贸易中，处于受制于人的被动地位。

3.5.5 水果蔬菜单种样品检出 5~16 种农药残留，拷问农药使用的科学性

通过此次监测发现，橙、葡萄和柑是检出农药品种最多的 3 种水果，姜、菠菜和大蒜是检出农药品种最多的 3 种蔬菜，从中检出农药品种及频次详见表 3-25。

表 3-25　单种样品检出农药品种及频次

样品名称	样品总数	检出农药样品数	检出率	检出农药品种数	检出农药(频次)
姜	8	7	87.5%	8	速灭威(3),仲丁威(2),3,5-二氯苯胺(1),丙溴磷(1),哒螨灵(1),氟丙菊酯(1),嘧菌环胺(1),烯虫炔酯(1)
菠菜	8	3	37.5%	5	毒死蜱(1),氟丙菊酯(1),嘧菌环胺(1),嘧霉胺(1),霜霉威(1)
大蒜	8	3	37.5%	5	丙溴磷(1),敌敌畏(1),毒死蜱(1),联苯菊酯(1),四氢吩胺(1)
橙	8	6	75.0%	16	速灭威(5),丙溴磷(2),毒死蜱(2),异丙威(2),哒螨灵(1),丁噻隆(1),氟丙菊酯(1),甲萘威(1),喹螨醚(1),联苯菊酯(1),邻苯二甲酰亚胺(1),嘧霉胺(1),噻菌灵(1),三唑磷(1),四氢吩胺(1),仲丁威(1)
葡萄	9	6	66.7%	11	嘧霉胺(3),仲丁威(3),3,5-二氯苯胺(2),速灭威(2),毒死蜱(1),氟丙菊酯(1),氟唑菌酰胺(1),腐霉利(1),霜霉威(1),戊唑醇(1),溴丁酰草胺(1)
柑	8	7	87.5%	10	丙溴磷(5),毒死蜱(5),氟丙菊酯(3),哒螨灵(2),嘧菌酯(2),速灭威(2),仲丁威(2),吡丙醚(1),喹螨醚(1),醚菌酯(1)

上述 6 种水果蔬菜，检出农药 5~16 种，是多种农药综合防治，还是未严格实施农业良好管理规范(GAP)，抑或根本就是乱施药，值得我们思考。

第4章　GC-Q-TOF/MS 侦测广州市市售水果蔬菜农药残留膳食暴露风险与预警风险评估

4.1　农药残留风险评估方法

4.1.1　广州市农药残留侦测数据分析与统计

庞国芳院士科研团队建立的农药残留高通量侦测技术以高分辨精确质量数(0.0001 *m/z* 为基准)为识别标准，采用 GC-Q-TOF/MS 技术对 507 种农药化学污染物进行侦测。

科研团队于 2016 年 3 月~2017 年 6 月在广州市所属 6 个区的 35 个采样点，随机采集了 731 例水果蔬菜样品，采样点分布在超市和农贸市场，具体位置如图 4-1 所示，各月内水果蔬菜样品采集数量如表 4-1 所示。

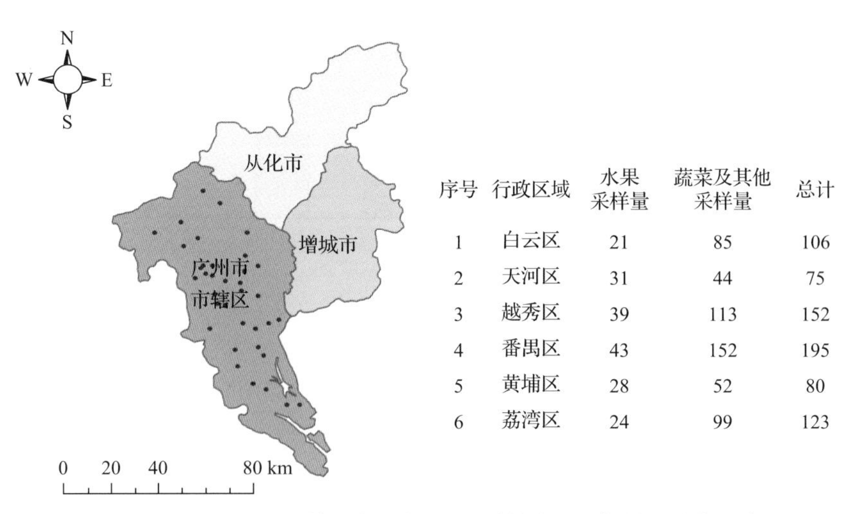

序号	行政区域	水果采样量	蔬菜及其他采样量	总计
1	白云区	21	85	106
2	天河区	31	44	75
3	越秀区	39	113	152
4	番禺区	43	152	195
5	黄埔区	28	52	80
6	荔湾区	24	99	123

图 4-1　GC-Q-TOF/MS 侦测广州市 35 个采样点 731 例样品分布示意图

表 4-1　广州市各月内采集水果蔬菜样品数列表

时间	样品数(例)
2016 年 3 月	150
2017 年 6 月	581

利用 GC-Q-TOF/MS 技术对 731 例样品中的农药进行侦测，侦测出残留农药 46 种，380 频次。侦测出农药残留水平如表 4-2 和图 4-2 所示。检出频次最高的前 10 种农药如

表 4-3 所示。从检测结果中可以看出，在水果蔬菜中农药残留普遍存在，且有些水果蔬菜存在高浓度的农药残留，这些可能存在膳食暴露风险，对人体健康产生危害，因此，为了定量地评价水果蔬菜中农药残留的风险程度，有必要对其进行风险评价。

表 4-2 侦测出农药的不同残留水平及其所占比例

残留水平(μg/kg)	检出频次	占比(%)
1~5(含)	146	38.4
5~10(含)	127	33.4
10~100(含)	39	10.3
100~1000(含)	62	16.3
>1000	6	1.6
合计	380	100

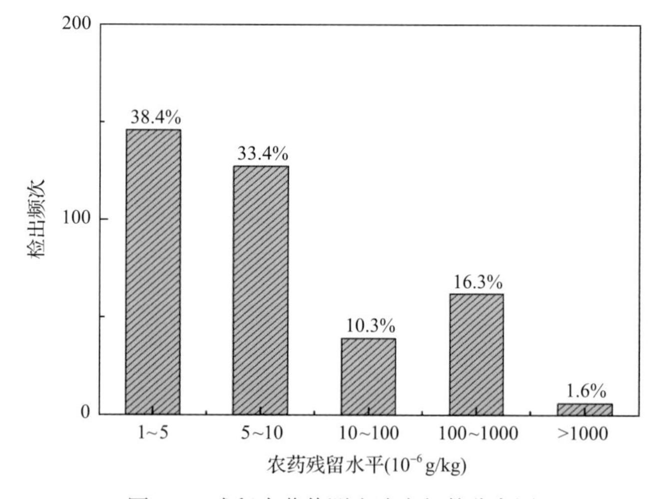

图 4-2 残留农药侦测出浓度频数分布图

表 4-3 检出频次最高的前 10 种农药列表

序号	农药	检出频次
1	速灭威	48
2	哒螨灵	41
3	毒死蜱	40
4	仲丁威	34
5	丙溴磷	22
6	氟丙菊酯	22
7	联苯菊酯	18
8	炔丙菊酯	18
9	3,5-二氯苯胺	17
10	异丙威	17

4.1.2 农药残留风险评价模型

对广州市水果蔬菜中农药残留分别开展暴露风险评估和预警风险评估。膳食暴露风险评估利用食品安全指数模型对水果蔬菜中的残留农药对人体可能产生的危害程度进行评价，该模型结合残留监测和膳食暴露评估评价化学污染物的危害；预警风险评价模型运用风险系数(risk index，*R*)，风险系数综合考虑了危害物的超标率、施检频率及其本身敏感性的影响，能直观而全面地反映出危害物在一段时间内的风险程度。

4.1.2.1 食品安全指数模型

为了加强食品安全管理，《中华人民共和国食品安全法》第二章第十七条规定“国家建立食品安全风险评估制度，运用科学方法，根据食品安全风险监测信息、科学数据以及有关信息，对食品、食品添加剂、食品相关产品中生物性、化学性和物理性危害因素进行风险评估”[1]，膳食暴露评估是食品危险度评估的重要组成部分，也是膳食安全性的衡量标准[2]。国际上最早研究膳食暴露风险评估的机构主要是 JMPR(FAO、WHO 农药残留联合会议)，该组织自 1995 年就已制定了急性毒性物质的风险评估急性毒性农药残留摄入量的预测。1960 年美国规定食品中不得加入致癌物质进而提出零阈值理论，渐渐零阈值理论发展成在一定概率条件下可接受风险的概念[3]，后衍变为食品中每日允许最大摄入量(ADI)，而国际食品农药残留法典委员会(CCPR)认为 ADI 不是独立风险评估的唯一标准[4]，1995 年 JMPR 开始研究农药急性膳食暴露风险评估，并对食品国际短期摄入量的计算方法进行了修正，亦对膳食暴露评估准则及评估方法进行了修正[5]，2002 年，在对世界上现行的食品安全评价方法，尤其是国际公认的 CAC 的评价方法、全球环境监测系统/食品污染监测和评估规划(WHO GEMS/Food)及 FAO、WHO 食品添加剂联合专家委员会(JECFA)和 JMPR 对食品安全风险评估工作研究的基础之上，检验检疫食品安全管理的研究人员提出了结合残留监控和膳食暴露评估，以食品安全指数 IFS 计算食品中各种化学污染物对消费者的健康危害程度[6]。IFS 是表示食品安全状态的新方法，可有效地评价某种农药的安全性，进而评价食品中各种农药化学污染物对消费者健康的整体危害程度[7, 8]。从理论上分析，IFS_c 可指出食品中的污染物 c 对消费者健康是否存在危害及危害的程度[9]。其优点在于操作简单且结果容易被接受和理解，不需要大量的数据来对结果进行验证，使用默认的标准假设或者模型即可[10, 11]。

1) IFS_c 的计算

IFS_c 计算公式如下：

$$IFS_c = \frac{EDI_c \times f}{SI_c \times bw} \tag{4-1}$$

式中，c 为所研究的农药；EDI_c 为农药 c 的实际日摄入量估算值，等于 $\sum(R_i \times F_i \times E_i \times P_i)$ (i 为食品种类；R_i 为食品 i 中农药 c 的残留水平，mg/kg；F_i 为食品 i 的估计日消费量，g/(人・天)；E_i 为食品 i 的可食用部分因子；P_i 为食品 i 的加工处理因子)；SI_c 为安全摄入量，可采用每日允许最大摄入量 ADI；bw 为人平均体重，kg；f 为校正因子，如果安全摄入量采用 ADI，则 f 取 1。

$IFS_c \ll 1$，农药 c 对食品安全没有影响；$IFS_c \leqslant 1$，农药 c 对食品安全的影响可以接受；$IFS_c > 1$，农药 c 对食品安全的影响不可接受。

本次评价中：

$IFS_c \leqslant 0.1$，农药 c 对水果蔬菜安全没有影响；

$0.1 < IFS_c \leqslant 1$，农药 c 对水果蔬菜安全的影响可以接受；

$IFS_c > 1$，农药 c 对水果蔬菜安全的影响不可接受。

本次评价中残留水平 R_i 取值为中国检验检疫科学研究院庞国芳院士课题组利用以高分辨精确质量数(0.0001 m/z)为基准的 GC-Q-TOF/MS 侦测技术于 2016 年 3 月~2017 年 6 月对广州市水果蔬菜农药残留的侦测结果，估计日消费量 F_i 取值 0.38 kg/(人·天)，E_i=1，P_i=1，f=1，SI_c 采用《食品安全国家标准　食品中农药最大残留限量》(GB 2763—2016)中 ADI 值(具体数值见表 4-4)，人平均体重(bw)取值 60 kg。

表 4-4　广州市水果蔬菜中侦测出农药的 ADI 值

序号	农药	ADI	序号	农药	ADI
1	霜霉威	0.4	24	硫丹	0.006
2	醚菌酯	0.4	25	喹螨醚	0.005
3	嘧霉胺	0.2	26	敌敌畏	0.004
4	嘧菌酯	0.2	27	甲胺磷	0.004
5	噻菌灵	0.1	28	涕灭威	0.003
6	吡丙醚	0.1	29	异丙威	0.002
7	多效唑	0.1	30	三唑磷	0.001
8	腐霉利	0.1	31	克百威	0.001
9	甲霜灵	0.08	32	速灭威	—
10	仲丁威	0.06	33	氰丙菊酯	—
11	丙溴磷	0.03	34	炔丙菊酯	—
12	戊唑醇	0.03	35	3,5-二氯苯胺	—
13	腈菌唑	0.03	36	四氢吩胺	—
14	嘧菌环胺	0.03	37	避蚊酯	—
15	三唑醇	0.03	38	甲醚菊酯	—
16	生物苄呋菊酯	0.03	39	邻苯二甲酰亚胺	—
17	哒螨灵	0.01	40	新燕灵	—
18	毒死蜱	0.01	41	3,4,5-混杀威	—
19	联苯菊酯	0.01	42	丁噻隆	—
20	氟吡菌酰胺	0.01	43	氟唑菌酰胺	—
21	噻嗪酮	0.009	44	戊草丹	—
22	甲萘威	0.008	45	烯虫炔酯	—
23	氟硅唑	0.007	46	溴丁酰草胺	—

注：“—”表示为国家标准中无 ADI 值规定；ADI 值单位为 mg/kg bw

2) 计算 IFS_c 的平均值 $\overline{IFS}$，评价农药对食品安全的影响程度

以 $\overline{IFS}$ 评价各种农药对人体健康危害的总程度，评价模型见公式(4-2)。

$$\overline{IFS}=\frac{\sum_{i=1}^{n}IFS_c}{n} \tag{4-2}$$

$\overline{IFS}\ll 1$，所研究消费者人群的食品安全状态很好；$\overline{IFS}\leqslant 1$，所研究消费者人群的食品安全状态可以接受；$\overline{IFS}>1$，所研究消费者人群的食品安全状态不可接受。

本次评价中：

$\overline{IFS}\leqslant 0.1$，所研究消费者人群的水果蔬菜安全状态很好；

$0.1<\overline{IFS}\leqslant 1$，所研究消费者人群的水果蔬菜安全状态可以接受；

$\overline{IFS}>1$，所研究消费者人群的水果蔬菜安全状态不可接受。

4.1.2.2　预警风险评估模型

2003年，我国检验检疫食品安全管理的研究人员根据WTO的有关原则和我国的具体规定，结合危害物本身的敏感性、风险程度及其相应的施检频率，首次提出了食品中危害物风险系数 R 的概念[12]。R 是衡量一个危害物的风险程度大小最直观的参数，即在一定时期内其超标率或阳性检出率的高低，但受其施检测率的高低及其本身的敏感性(受关注程度)影响。该模型综合考察了农药在蔬菜中的超标率、施检频率及其本身敏感性，能直观而全面地反映出农药在一段时间内的风险程度[13]。

1) R 计算方法

危害物的风险系数综合考虑了危害物的超标率或阳性检出率、施检频率和其本身的敏感性影响，并能直观而全面地反映出危害物在一段时间内的风险程度。风险系数 R 的计算公式如式(4-3)：

$$R=aP+\frac{b}{F}+S \tag{4-3}$$

式中，P 为该种危害物的超标率；F 为危害物的施检频率；S 为危害物的敏感因子；a, b 分别为相应的权重系数。

本次评价中 F=1；S=1；a=100；b=0.1，对参数 P 进行计算，计算时首先判断是否为禁用农药，如果为非禁用农药，P=超标的样品数(侦测出的含量高于食品最大残留限量标准值，即MRL)除以总样品数(包括超标、不超标、未检出)；如果为禁用农药，则检出即为超标，P=能检出的样品数除以总样品数。判断广州市水果蔬菜农药残留是否超标的标准限值MRL分别以MRL中国国家标准[14]和MRL欧盟标准作为对照，具体值列于本报告附表一中。

2) 评价风险程度

$R\leqslant 1.5$，受检农药处于低度风险；

$1.5 < R \leqslant 2.5$，受检农药处于中度风险；

$R > 2.5$，受检农药处于高度风险。

4.1.2.3 食品膳食暴露风险和预警风险评估应用程序的开发

1) 应用程序开发的步骤

为成功开发膳食暴露风险和预警风险评估应用程序，与软件工程师多次沟通讨论，逐步提出并描述清楚计算需求，开发了初步应用程序。为明确出不同水果蔬菜、不同农药、不同地域和不同季节的风险水平，向软件工程师提出不同的计算需求，软件工程师对计算需求进行逐一地分析，经过反复的细节沟通，需求分析得到明确后，开始进行解决方案的设计，在保证需求的完整性、一致性的前提下，编写出程序代码，最后设计出满足需求的风险评估专用计算软件，并通过一系列的软件测试和改进，完成专用程序的开发。软件开发基本步骤见图 4-3。

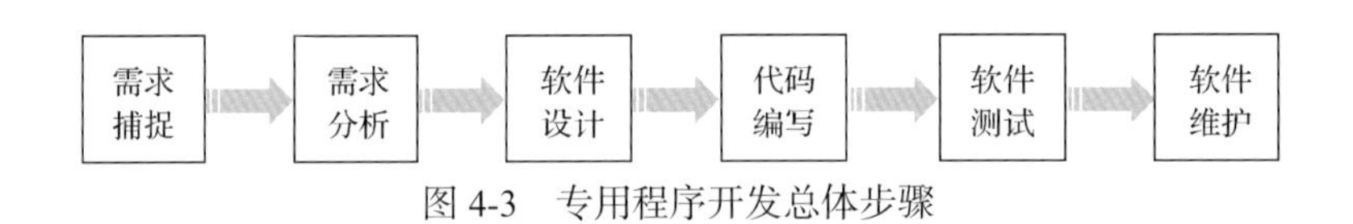

图 4-3 专用程序开发总体步骤

2) 膳食暴露风险评估专业程序开发的基本要求

首先直接利用公式(4-1)，分别计算 LC-Q-TOF/MS 和 GC-Q-TOF/MS 仪器侦测出的各水果蔬菜样品中每种农药 IFS_c，将结果列出。为考察超标农药和禁用农药的使用安全性，分别以我国《食品安全国家标准 食品中农药最大残留限量》(GB 2763—2016) 和欧盟食品中农药最大残留限量(以下简称 MRL 中国国家标准和 MRL 欧盟标准) 为标准，对侦测出的禁用农药和超标的非禁用农药 IFS_c 单独进行评价；按 IFS_c 大小列表，并找出 IFS_c 值排名前 20 的样本重点关注。

对不同水果蔬菜 i 中每一种侦测出的农药 c 的安全指数进行计算，多个样品时求平均值。若监测数据为该市多个月的数据，则逐月、逐季度分别列出每个月、每个季度内每一种水果蔬菜 i 对应的每一种农药 c 的 IFS_c。

按农药种类，计算整个监测时间段内每种农药的 IFS_c，不区分水果蔬菜。若检测数据为该市多个月的数据，则需分别计算每个月、每个季度内每种农药的 IFS_c。

3) 预警风险评估专业程序开发的基本要求

分别以 MRL 中国国家标准和 MRL 欧盟标准，按公式(4-3)逐个计算不同水果蔬菜、不同农药的风险系数，禁用农药和非禁用农药分别列表。

为清楚了解各种农药的预警风险，不分时间，不分水果蔬菜，按禁用农药和非禁用农药分类，分别计算各种侦测出农药全部检测时段内风险系数。由于有 MRL 中国国家标准的农药种类太少，无法计算超标数，非禁用农药的风险系数只以 MRL 欧盟标准为标准，进行计算。若检测数据为多个月的，则按月计算每个月、每个季度内每种禁用农药残留的风险系数和以 MRL 欧盟标准为标准的非禁用农药残留的风险系数。

4)风险程度评价专业应用程序的开发方法

采用 Python 计算机程序设计语言，Python 是一个高层次地结合了解释性、编译性、互动性和面向对象的脚本语言。风险评价专用程序主要功能包括：分别读入每例样品 LC-Q-TOF/MS 和 GC-Q-TOF/MS 农药残留检测数据，根据风险评价工作要求，依次对不同农药、不同食品、不同时间、不同采样点的 IFS_c 值和 R 值分别进行数据计算，筛选出禁用农药、超标农药(分别与 MRL 中国国家标准、MRL 欧盟标准限值进行对比)单独重点分析，再分别对各农药、各水果蔬菜种类分类处理，设计出计算和排序程序，编写计算机代码，最后将生成的膳食暴露风险评估和超标风险评估定量计算结果列入设计好的各个表格中，并定性判断风险对目标的影响程度，直接用文字描述风险发生的高低，如“不可接受”、“可以接受”、“没有影响”、“高度风险”、“中度风险”、“低度风险”。

4.2 GC-Q-TOF/MS 侦测广州市市售水果蔬菜农药残留膳食暴露风险评估

4.2.1 每例水果蔬菜样品中农药残留安全指数分析

基于农药残留侦测数据，发现在 731 例样品中侦测出农药 380 频次，计算样品中每种残留农药的安全指数 IFS_c，并分析农药对样品安全的影响程度，结果详见附表二，农药残留对水果蔬菜样品安全的影响程度频次分布情况如图 4-4 所示。

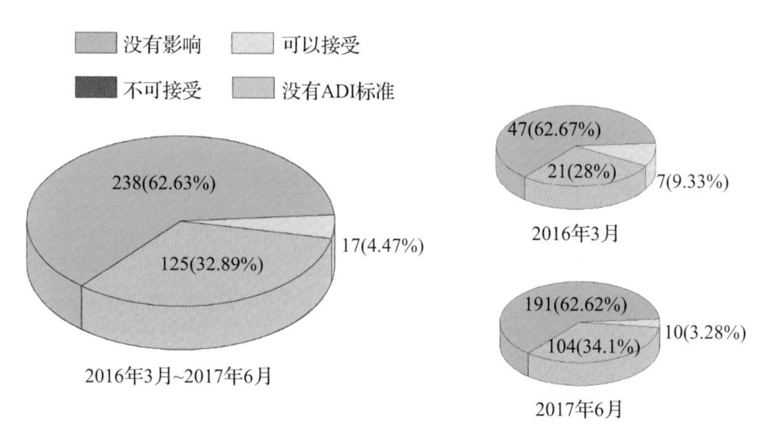

图 4-4 农药残留对水果蔬菜样品安全的影响程度频次分布图

由图 4-4 可以看出，农药残留对样品安全的影响可以接受的频次为 17，占 4.47%；农药残留对样品安全的没有影响的频次为 238，占 62.63%。分析发现，2 个月内农药对样品安全的影响均在可以接受和没有影响的范围内。表 4-5 为对水果蔬菜样品中安全指数排名前 10 的农药残留列表。

表 4-5　水果蔬菜样品中安全指数排名前 10 的残留农药列表

序号	样品编号	采样点	基质	农药	含量(mg/kg)	IFS_c	影响程度
1	20160329-440100-SZCIQ-MU-06A	***超市(中环广场店)	蘑菇	丙溴磷	2.7174	0.5737	可以接受
2	20170622-440100-SZCIQ-GA-04A	***市场	柑	丙溴磷	2.1069	0.4448	可以接受
3	20170624-440100-SZCIQ-PH-09A	***超市(黄埔店)	桃	甲胺磷	0.2357	0.3732	可以接受
4	20160321-440100-SZCIQ-PA-02A	***市场	豌豆	涕灭威	0.1181	0.2493	可以接受
5	20170622-440100-SZCIQ-OR-09A	***市场	橘	丙溴磷	1.0607	0.2239	可以接受
6	20170622-440100-SZCIQ-YM-04A	***市场	油麦菜	丙溴磷	1.0548	0.2227	可以接受
7	20160321-440100-SZCIQ-BO-01A	***超市(增槎路店)	菠菜	嘧菌环胺	0.9192	0.1941	可以接受
8	20160321-440100-SZCIQ-NB-01A	***超市(增槎路店)	奶白菜	氟硅唑	0.2034	0.1840	可以接受
9	20160321-440100-SZCIQ-DL-01A	***超市(增槎路店)	甘薯叶	戊唑醇	0.7872	0.1662	可以接受
10	20160321-440100-SZCIQ-OR-01A	***超市(增槎路店)	橘	丙溴磷	0.7592	0.1603	可以接受

部分样品侦测出禁用农药 4 种 4 频次，为了明确残留的禁用农药对样品安全的影响，分析侦测出禁用农药残留的样品安全指数，禁用农药残留对水果蔬菜样品安全的影响程度频次分布情况如图 4-5 所示，农药残留对样品安全的影响可以接受的频次为 3，占 75%；农药残留对样品安全没有影响的频次为 1，占 25%。由图中可以看出禁用农药对样品安全的影响均在可以接受和没有影响的范围内。表 4-6 列出了水果蔬菜样品中侦测出的禁用农药残留的安全指数表。

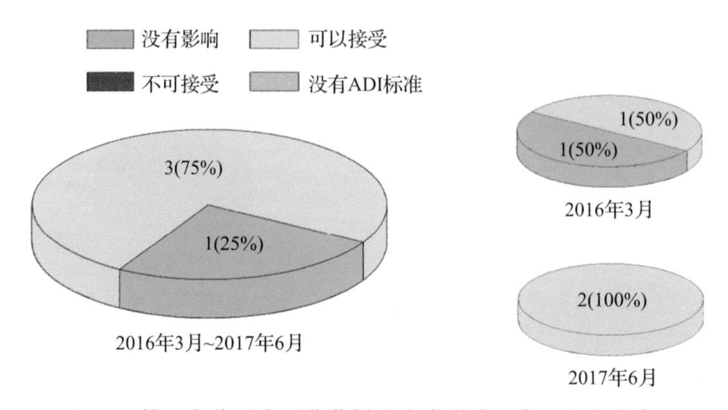

图 4-5　禁用农药对水果蔬菜样品安全影响程度的频次分布图

表 4-6 水果蔬菜样品中侦测出的禁用农药残留安全指数表

序号	样品编号	采样点	基质	农药	含量(mg/kg)	IFS_c	影响程度
1	20160321-440100-SZCIQ-JD-02A	***市场	豇豆	克百威	0.0041	0.0260	没有影响
2	20170624-440100-SZCIQ-PH-09A	***超市(黄埔店)	桃	甲胺磷	0.2357	0.3732	可以接受
3	20170622-440100-SZCIQ-WW-04B	***市场	娃娃菜	硫丹	0.1232	0.1300	可以接受
4	20160321-440100-SZCIQ-PA-02A	***市场	豌豆	涕灭威	0.1181	0.2493	可以接受

此外，本次侦测发现部分样品中非禁用农药残留量超过了 MRL 中国国家标准和欧盟标准，为了明确超标的非禁用农药对样品安全的影响，分析了非禁用农药残留超标的样品安全指数。

水果蔬菜残留量超过 MRL 中国国家标准的非禁用农药对水果蔬菜样品安全的影响程度频次分布情况如表 4-7 所示。可以看出侦测出超过 MRL 中国国家标准的非禁用农药共 3 频次且对水果蔬菜样品安全的影响程度均在可以接受范围内。

表 4-7 水果蔬菜样品中侦测出的非禁用农药残留安全指数表(MRL 中国国家标准)

序号	样品编号	采样点	基质	农药	含量(mg/kg)	中国国家标准	IFS_c	影响程度
1	20170622-440100-SZCIQ-GA-04A	***市场	柑	丙溴磷	2.1069	0.2	0.4448	可以接受
2	20170622-440100-SZCIQ-OR-09A	***市场	橘	丙溴磷	1.0607	0.2	0.2239	可以接受
3	20160321-440100-SZCIQ-OR-01A	***超市(增槎路店)	橘	丙溴磷	0.7592	0.2	0.1603	可以接受

残留量超过 MRL 欧盟标准的非禁用农药对水果蔬菜样品安全的影响程度频次分布情况如图 4-6 所示。可以看出超过 MRL 欧盟标准的非禁用农药共 105 频次，其中农药没有 ADI 标准的频次为 55，占 52.38%；农药残留对样品安全的影响可以接受的频次为 12，占 11.43%；农药残留对样品安全没有影响的频次为 38，占 36.19%。表 4-8 为水果蔬菜样品中安全指数排名前 10 的残留超标非禁用农药列表。

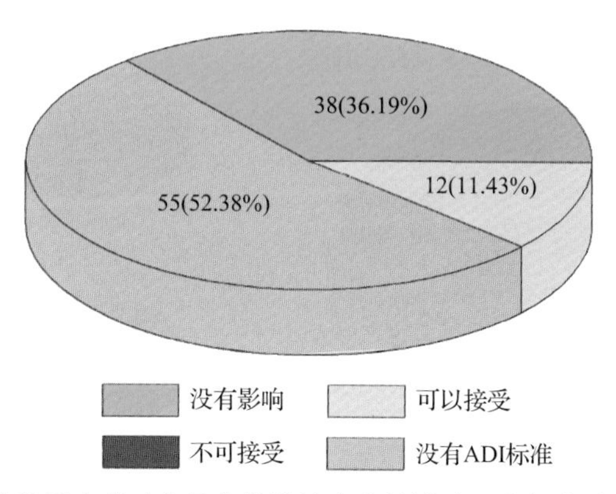

图 4-6 残留超标的非禁用农药对水果蔬菜样品安全的影响程度频次分布图(MRL 欧盟标准)

表 4-8　水果蔬菜样品中安全指数排名前 10 的残留超标非禁用农药列表(MRL 欧盟标准)

序号	样品编号	采样点	基质	农药	含量(mg/kg)	欧盟标准	IFS_c	影响程度
1	20160329-440100-SZCIQ-MU-06A	***超市(中环广场店)	蘑菇	丙溴磷	2.7174	0.01	0.5737	可以接受
2	20170622-440100-SZCIQ-GA-04A	***市场	柑	丙溴磷	2.1069	0.01	0.4448	可以接受
3	20170622-440100-SZCIQ-OR-09A	***市场	橘	丙溴磷	1.0607	0.01	0.2239	可以接受
4	20170622-440100-SZCIQ-YM-04A	***市场	油麦菜	丙溴磷	1.0548	0.01	0.2227	可以接受
5	20160321-440100-SZCIQ-NB-01A	***超市(增槎路店)	奶白菜	氟硅唑	0.2034	0.01	0.1840	可以接受
6	20160321-440100-SZCIQ-DL-01A	***超市(增槎路店)	甘薯叶	戊唑醇	0.7872	0.02	0.1662	可以接受
7	20160321-440100-SZCIQ-OR-01A	***超市(增槎路店)	橘	丙溴磷	0.7592	0.01	0.1603	可以接受
8	20170624-440100-SZCIQ-JD-05A	***超市(番禺区万达广场店)	豇豆	三唑磷	0.0244	0.01	0.1545	可以接受
9	20170622-440100-SZCIQ-JA-04B	***市场	姜	丙溴磷	0.6815	0.05	0.1439	可以接受
10	20160321-440100-SZCIQ-CT-02B	***市场	菜薹	喹螨醚	0.1091	0.01	0.1382	可以接受

在 731 例样品中，516 例样品未侦测出农药残留，215 例样品中侦测出农药残留，计算每例有农药侦测出样品的 $\overline{IFS}$ 值，进而分析样品的安全状态结果如图 4-7 所示(未侦测出农药的样品安全状态视为很好)。可以看出，未侦测出对样品安全状态不可接受的农药残留；1.23%的样品安全状态可以接受；92.75%的样品安全状态很好。表 4-9 列出了水果蔬菜安全指数排名前 10 的样品列表。

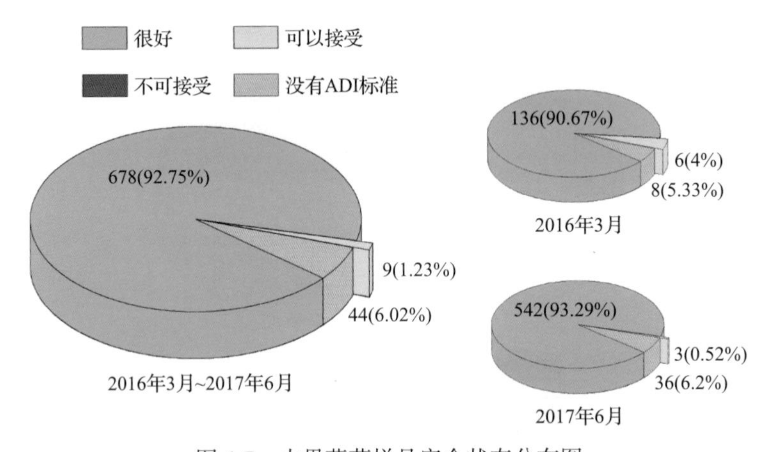

图 4-7　水果蔬菜样品安全状态分布图

表 4-9　水果蔬菜安全指数排名前 10 的样品列表

序号	样品编号	采样点	基质	$\overline{\text{IFS}}$	安全状态
1	20160329-440100-SZCIQ-MU-06A	***超市(中环广场店)	蘑菇	0.5737	可以接受
2	20170624-440100-SZCIQ-PH-09A	***超市(黄埔店)	桃	0.3732	可以接受
3	20160321-440100-SZCIQ-PA-02A	***市场	豌豆	0.2493	可以接受
4	20170622-440100-SZCIQ-YM-04A	***市场	油麦菜	0.2227	可以接受
5	20160321-440100-SZCIQ-BO-01A	***超市(增槎路店)	菠菜	0.1941	可以接受
6	20160321-440100-SZCIQ-NB-01A	***超市(增槎路店)	奶白菜	0.1840	可以接受
7	20160321-440100-SZCIQ-CT-02B	***市场	菜薹	0.1382	可以接受
8	20160321-440100-SZCIQ-DL-01A	***超市(增槎路店)	甘薯叶	0.1307	可以接受
9	20170622-440100-SZCIQ-GA-04A	***市场	柑	0.1126	可以接受
10	20170622-440100-SZCIQ-WW-04B	***市场	娃娃菜	0.0960	没有影响

4.2.2　单种水果蔬菜中农药残留安全指数分析

本次 91 种水果蔬菜共侦测出 46 种农药，检出频次为 380 次，其中 15 种农药残留没有 ADI 标准，31 种农药存在 ADI 标准。18 种水果蔬菜未侦测出任何农药，11 种水果蔬菜(香菇、香蕉、西葫芦等)侦测出农药残留全部没有 ADI 标准，对其他的 62 种水果蔬菜按不同种类分别计算侦测出的具有 ADI 标准的各种农药的 IFS_c 值，农药残留对水果蔬菜的安全指数分布图如图 4-8 所示。

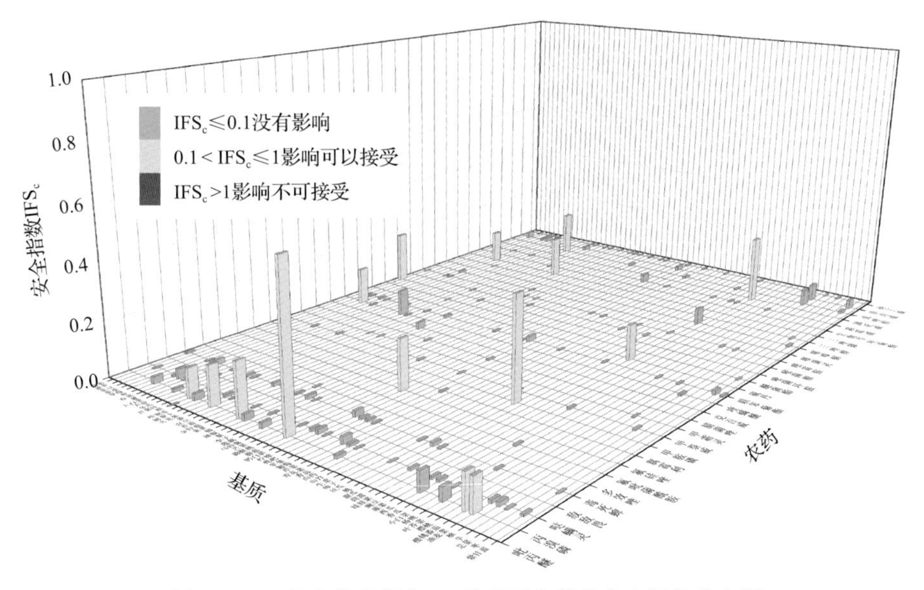

图 4-8　62 种水果蔬菜中 31 种残留农药的安全指数分布图

可以看出农药残留对水果蔬菜的安全影响均处在可以接受和没有影响范围内。表 4-10 列出了单种水果蔬菜中安全指数表排名前 10 的残留农药列表。

表 4-10　单种水果蔬菜中安全指数表排名前 10 的残留农药列表

序号	基质	农药	检出频次	检出率(%)	IFS>1 的频次	IFS>1 的比例(%)	IFS_c	影响程度
1	蘑菇	丙溴磷	1	50.00	0	0	0.5737	可以接受
2	桃	甲胺磷	1	20.00	0	0	0.3732	可以接受
3	豌豆	涕灭威	1	100.00	0	0	0.2493	可以接受
4	菠菜	嘧菌环胺	1	20.00	0	0	0.1941	可以接受
5	橘	丙溴磷	2	16.67	0	0	0.1921	可以接受
6	奶白菜	氟硅唑	1	16.67	0	0	0.1840	可以接受
7	甘薯叶	戊唑醇	1	33.33	0	0	0.1662	可以接受
8	豇豆	三唑磷	1	20.00	0	0	0.1545	可以接受
9	姜	丙溴磷	1	9.09	0	0	0.1439	可以接受
10	菜薹	喹螨醚	1	50.00	0	0	0.1382	可以接受

本次侦测中，73 种水果蔬菜和 46 种残留农药(包括没有 ADI 标准)共涉及 259 个分析样本，农药对单种水果蔬菜安全的影响程度分布情况如图 4-9 所示。可以看出，62.55%的样本中农药对水果蔬菜安全没有影响，5.79%的样本中农药对水果蔬菜安全的影响可以接受，未侦测出对水果蔬菜安全影响不可接受的农药。

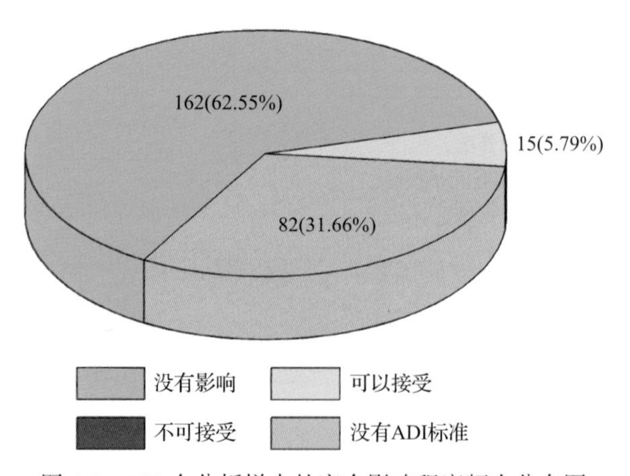

图 4-9　259 个分析样本的安全影响程度频次分布图

此外，分别计算 62 种水果蔬菜中所有侦测出农药 IFS_c 的平均值 $\overline{IFS}$，分析每种水果蔬菜的安全状态，结果如图 4-10 所示，分析发现，3 种水果蔬菜(4.8%)的安全状态可以接受，59 种(95.2%)水果蔬菜的安全状态很好。

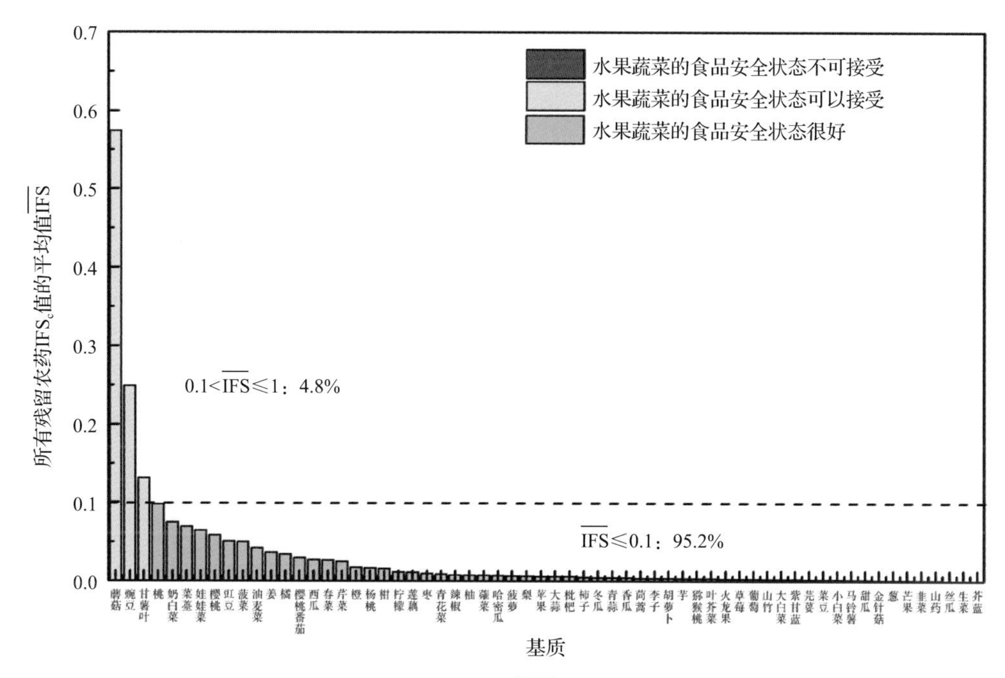

图 4-10　62 种水果蔬菜的 $\overline{IFS}$ 值和安全状态统计图

对每个月内每种水果蔬菜中农药的 IFS_c 进行分析，并计算每月内每种水果蔬菜的 $\overline{IFS}$ 值，以评价每种水果蔬菜的安全状态，结果如图 4-11 所示，可以看出，2 个月份的所有水果蔬菜的安全状态均处于很好和可以接受的范围内，各月份内单种水果蔬菜安全状态统计情况如图 4-12 所示。

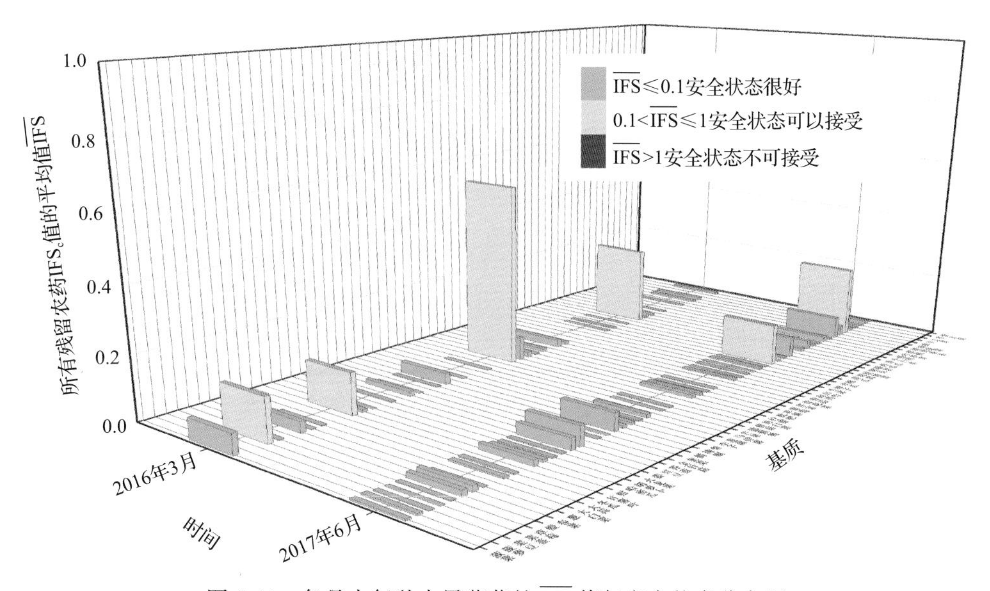

图 4-11　各月内每种水果蔬菜的 $\overline{IFS}$ 值与安全状态分布图

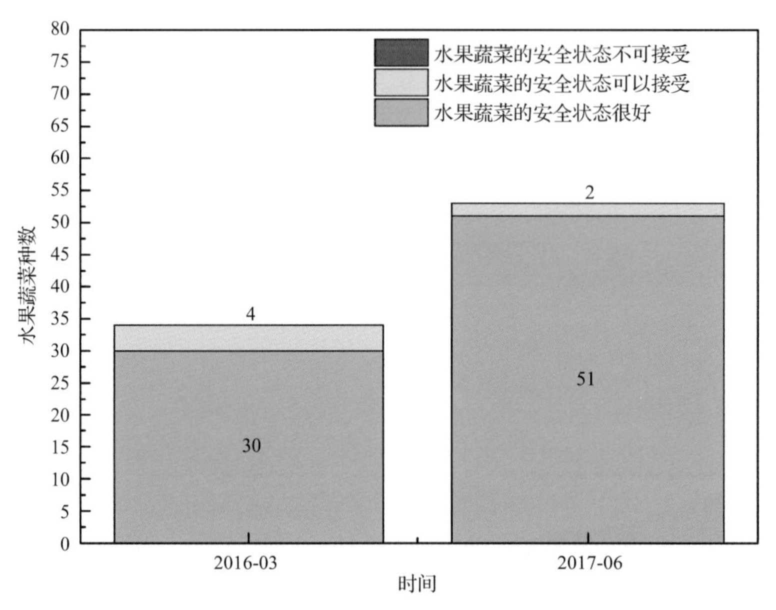

图 4-12　各月份内单种水果蔬菜安全状态统计图

4.2.3　所有水果蔬菜中农药残留安全指数分析

计算所有水果蔬菜中 31 种农药的 $\overline{IFS_c}$ 值，结果如图 4-13 及表 4-11 所示。

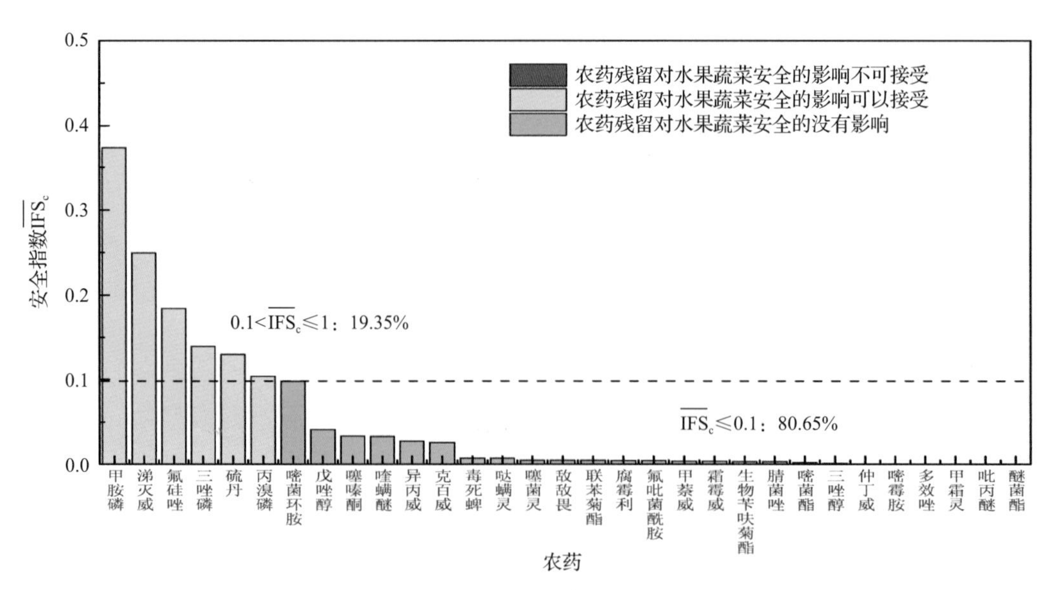

图 4-13　31 种残留农药对水果蔬菜的安全影响程度统计图

分析发现，农药对水果蔬菜安全的影响均在没有影响和可以接受的范围内，其中 19.35%的农药对水果蔬菜安全的影响可以接受，80.65%的农药对水果蔬菜安全没有影响。

表 4-11　水果蔬菜中 31 种农药残留的安全指数表

序号	农药	检出频次	检出率(%)	$\overline{IFS}_c$	影响程度	序号	农药	检出频次	检出率(%)	$\overline{IFS}_c$	影响程度
1	甲胺磷	1	0.26	0.3732	可以接受	17	联苯菊酯	18	4.74	0.0046	没有影响
2	涕灭威	1	0.26	0.2493	可以接受	18	腐霉利	1	0.26	0.0044	没有影响
3	氟硅唑	1	0.26	0.1840	可以接受	19	氟吡菌酰胺	1	0.26	0.0042	没有影响
4	三唑磷	2	0.53	0.1397	可以接受	20	甲萘威	7	1.84	0.0039	没有影响
5	硫丹	1	0.26	0.1300	可以接受	21	霜霉威	11	2.89	0.0037	没有影响
6	丙溴磷	22	5.79	0.1036	可以接受	22	生物苄呋菊酯	1	0.26	0.0033	没有影响
7	嘧菌环胺	2	0.53	0.0978	没有影响	23	腈菌唑	2	0.53	0.0031	没有影响
8	戊唑醇	6	1.58	0.0415	没有影响	24	嘧菌酯	7	1.84	0.0020	没有影响
9	噻嗪酮	2	0.53	0.0337	没有影响	25	三唑醇	2	0.53	0.0013	没有影响
10	喹螨醚	8	2.11	0.0331	没有影响	26	仲丁威	34	8.95	0.0007	没有影响
11	异丙威	17	4.47	0.0276	没有影响	27	嘧霉胺	13	3.42	0.0006	没有影响
12	克百威	1	0.26	0.0260	没有影响	28	多效唑	1	0.26	0.0005	没有影响
13	毒死蜱	40	10.53	0.0072	没有影响	29	甲霜灵	4	1.05	0.0005	没有影响
14	哒螨灵	41	10.79	0.0071	没有影响	30	吡丙醚	1	0.26	0.0004	没有影响
15	噻菌灵	2	0.53	0.0046	没有影响	31	醚菌酯	4	1.05	0.0002	没有影响
16	敌敌畏	1	0.26	0.0046	没有影响						

对每个月内所有水果蔬菜中残留农药的 $\overline{IFS}_c$ 进行分析，结果如图 4-14 所示。分析发现，2 个月份的所有农药对水果蔬菜安全的影响均处于没有影响和可以接受的范围内。每月内不同农药对水果蔬菜安全影响程度的统计如图 4-15 所示。

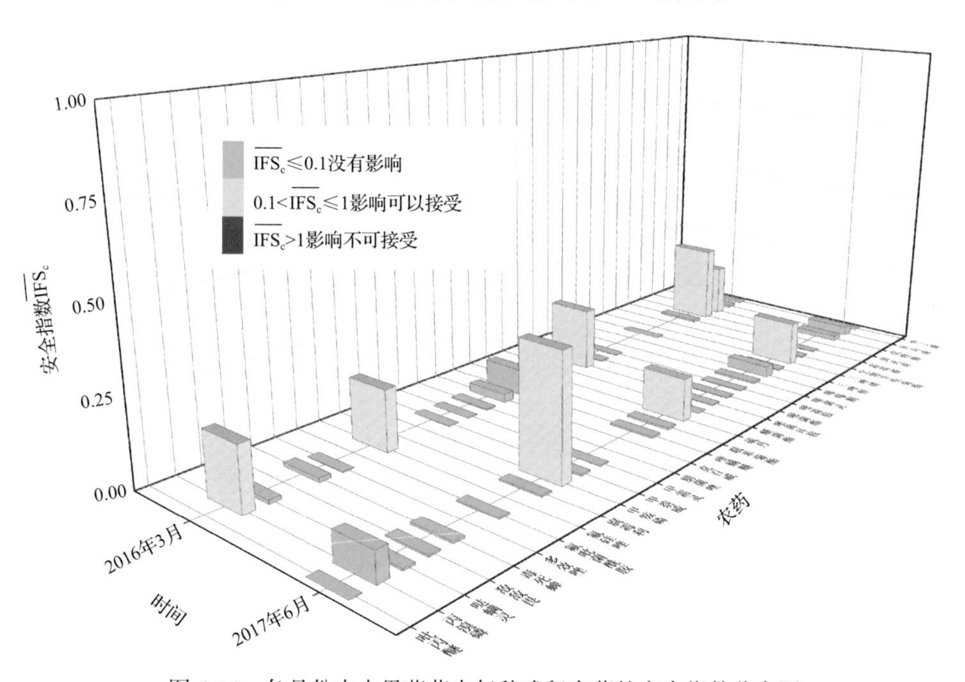

图 4-14　各月份内水果蔬菜中每种残留农药的安全指数分布图

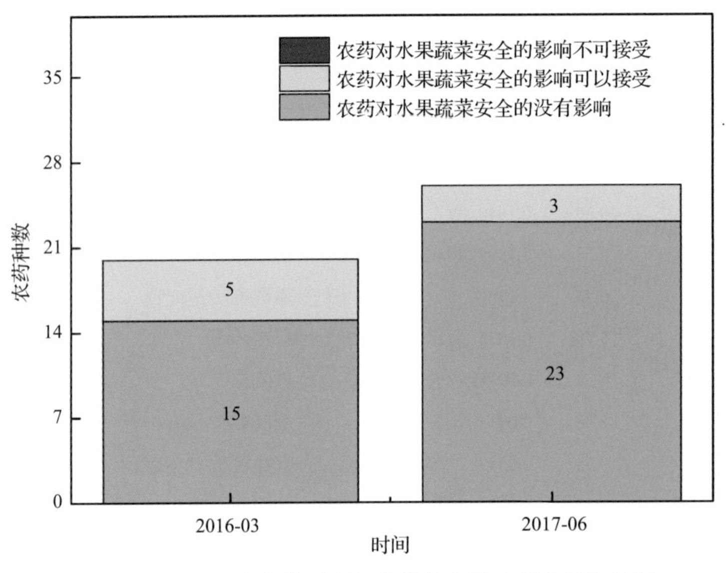

图 4-15　各月份内农药对水果蔬菜安全影响程度的统计图

计算每个月内水果蔬菜的 $\overline{IFS}$，以分析每月内水果蔬菜的安全状态，结果如图 4-16 所示，可以看出，2 个月份的水果蔬菜安全状态均处于很好和可以接受的范围内。

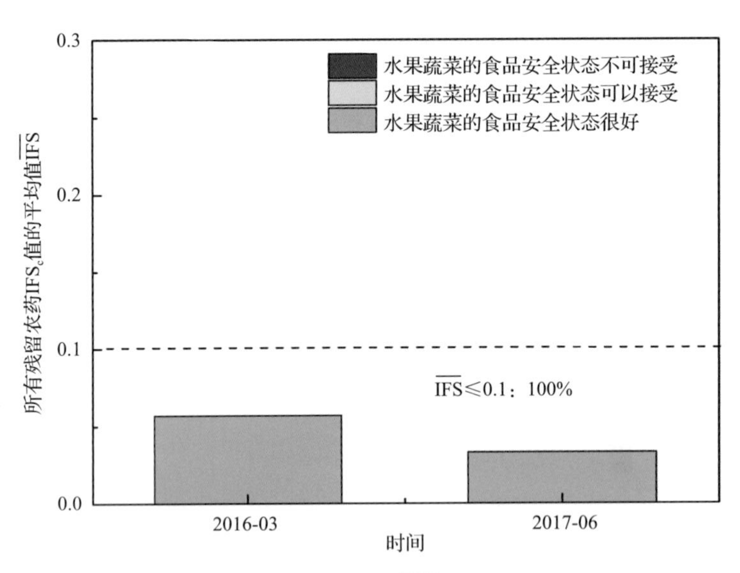

图 4-16　各月份内水果蔬菜的 $\overline{IFS}$ 值与安全状态统计图

4.3　GC-Q-TOF/MS 侦测广州市市售水果蔬菜农药残留预警风险评估

基于广州市水果蔬菜样品中农药残留 GC-Q-TOF/MS 侦测数据，分析禁用农药的检出率，同时参照中华人民共和国国家标准 GB2763—2016 和欧盟农药最大残留限量

(MRL)标准分析非禁用农药残留的超标率，并计算农药残留风险系数。分析单种水果蔬菜中农药残留以及所有水果蔬菜中农药残留的风险程度。

4.3.1　单种水果蔬菜中农药残留风险系数分析

4.3.1.1　单种水果蔬菜中禁用农药残留风险系数分析

侦出的 46 种残留农药中有 4 种为禁用农药，且它们分布在 4 种水果蔬菜中，计算 4 种水果蔬菜中禁用农药的超标率，根据超标率计算风险系数 R，进而分析水果蔬菜中禁用农药的风险程度，结果如图 4-17 与表 4-12 所示。分析发现 4 种禁用农药在 4 种水果蔬菜中的残留处均于高度风险。

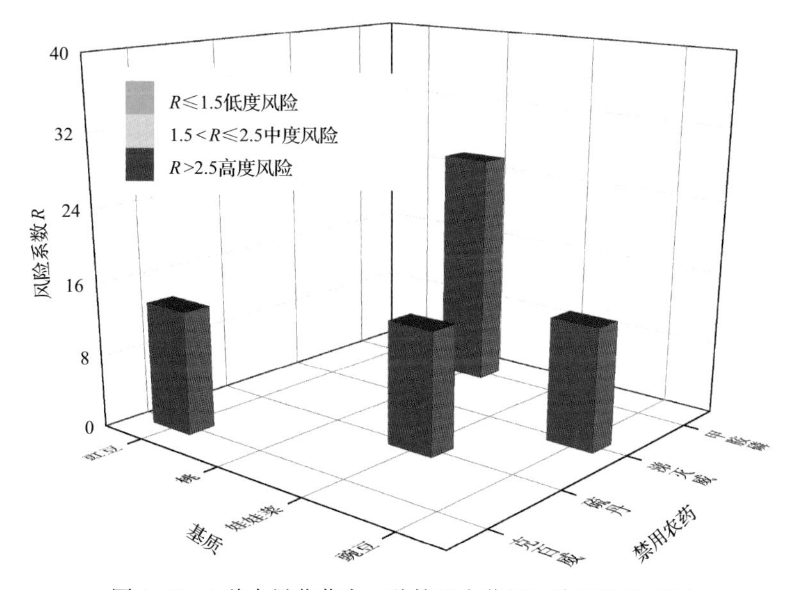

图 4-17　4 种水果蔬菜中 4 种禁用农药的风险系数分布图

表 4-12　4 种水果蔬菜中 4 种禁用农药的风险系数列表

序号	基质	农药	检出频次	检出率(%)	风险系数 R	风险程度
1	桃	甲胺磷	1	25.00	26.10	高度风险
2	豇豆	克百威	1	12.50	13.60	高度风险
3	娃娃菜	硫丹	1	12.50	13.60	高度风险
4	豌豆	涕灭威	1	12.50	13.60	高度风险

4.3.1.2　基于 MRL 中国国家标准的单种水果蔬菜中非禁用农药残留风险系数分析

参照中华人民共和国国家标准 GB 2763—2016 中农药残留限量计算每种水果蔬菜中每种非禁用农药的超标率，进而计算其风险系数，根据风险系数大小判断残留农药的预警风险程度，水果蔬菜中非禁用农药残留风险程度分布情况如图 4-18 所示。

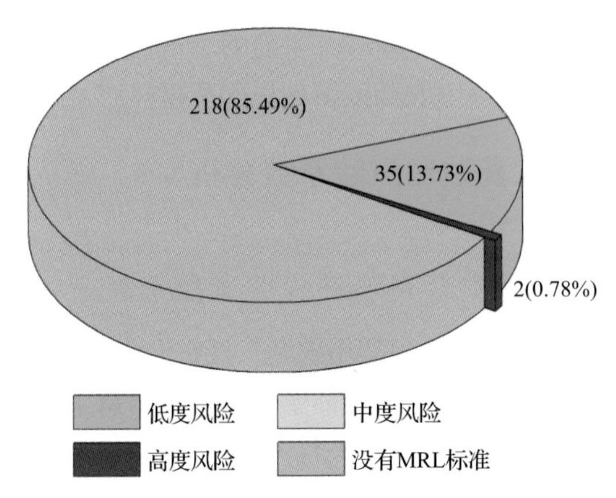

图 4-18 水果蔬菜中非禁用农药风险程度的频次分布图(MRL 中国国家标准)

本次分析中，发现在 72 种水果蔬菜侦测出 42 种残留非禁用农药，涉及样本 255 个，在 255 个样本中，0.78%处于高度风险，13.73%处于低度风险，此外发现有 218 个样本没有 MRL 中国国家标准值，无法判断其风险程度，有 MRL 中国国家标准值的 37 个样本涉及 24 种水果蔬菜中的 15 种非禁用农药，其风险系数 R 值如图 4-19 所示。表 4-13 为非禁用农药残留处于高度风险的水果蔬菜列表。

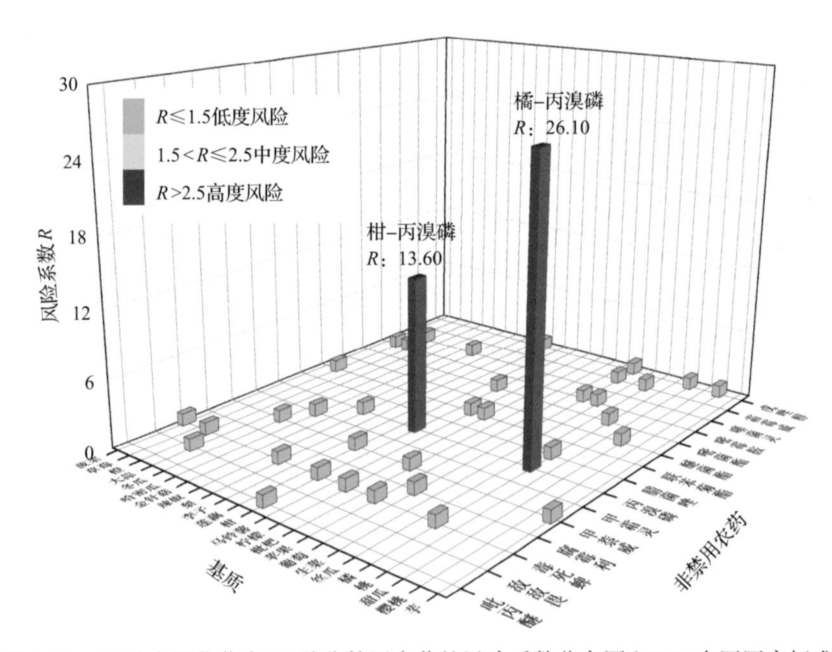

图 4-19 24 种水果蔬菜中 15 种非禁用农药的风险系数分布图(MRL 中国国家标准)

表 4-13 单种水果蔬菜中处于高度风险的非禁用农药风险系数表(MRL 中国国家标准)

序号	基质	农药	超标频次	超标率 P(%)	风险系数 R
1	柑	丙溴磷	1	12.50	13.60
2	橘	丙溴磷	2	25.00	26.10

4.3.1.3　基于 MRL 欧盟标准的单种水果蔬菜中非禁用农药残留风险系数分析

参照 MRL 欧盟标准计算每种水果蔬菜中每种非禁用农药的超标率，进而计算其风险系数，根据风险系数大小判断农药残留的预警风险程度，水果蔬菜中非禁用农药残留风险程度分布情况如图 4-20 所示。

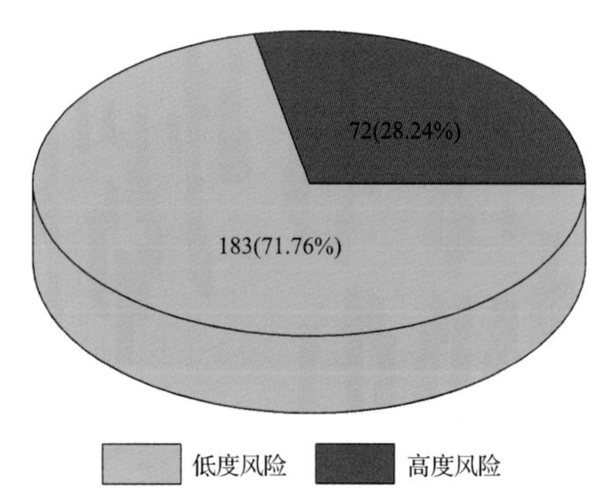

图 4-20　水果蔬菜中非禁用农药的风险程度的频次分布图(MRL 欧盟标准)

本次分析中，发现在 72 种水果蔬菜中共侦测出 42 种非禁用农药，涉及样本 255 个，其中，28.24%处于高度风险，涉及 41 种水果蔬菜和 25 种农药；71.76%处于低度风险，涉及 68 种水果蔬菜和 31 种农药。单种水果蔬菜中的非禁用农药风险系数分布图如图 4-21 所示。单种水果蔬菜中处于高度风险的非禁用农药风险系数如图 4-22 和表 4-14 所示。

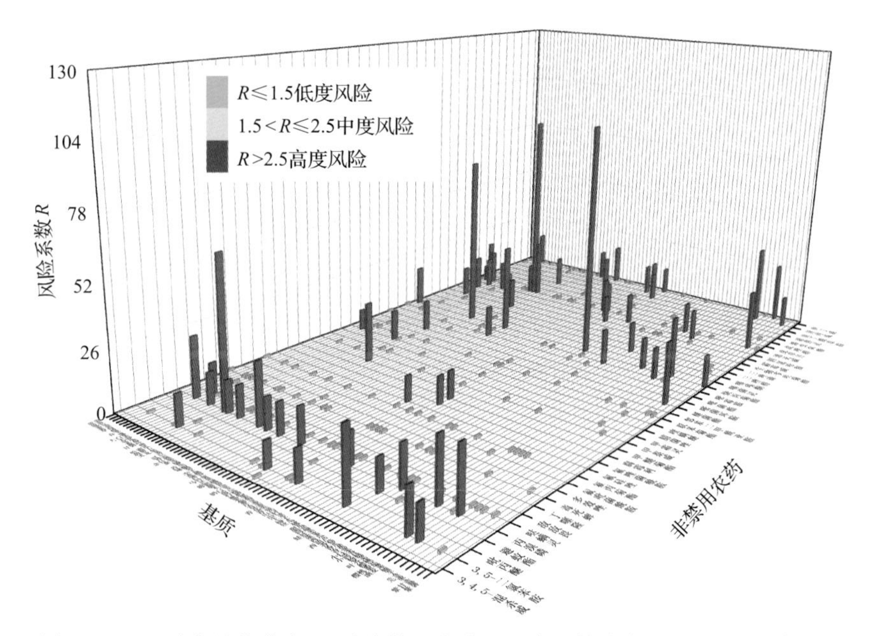

图 4-21　72 种水果蔬菜中 42 种非禁用农药的风险系数分布图(MRL 欧盟标准)

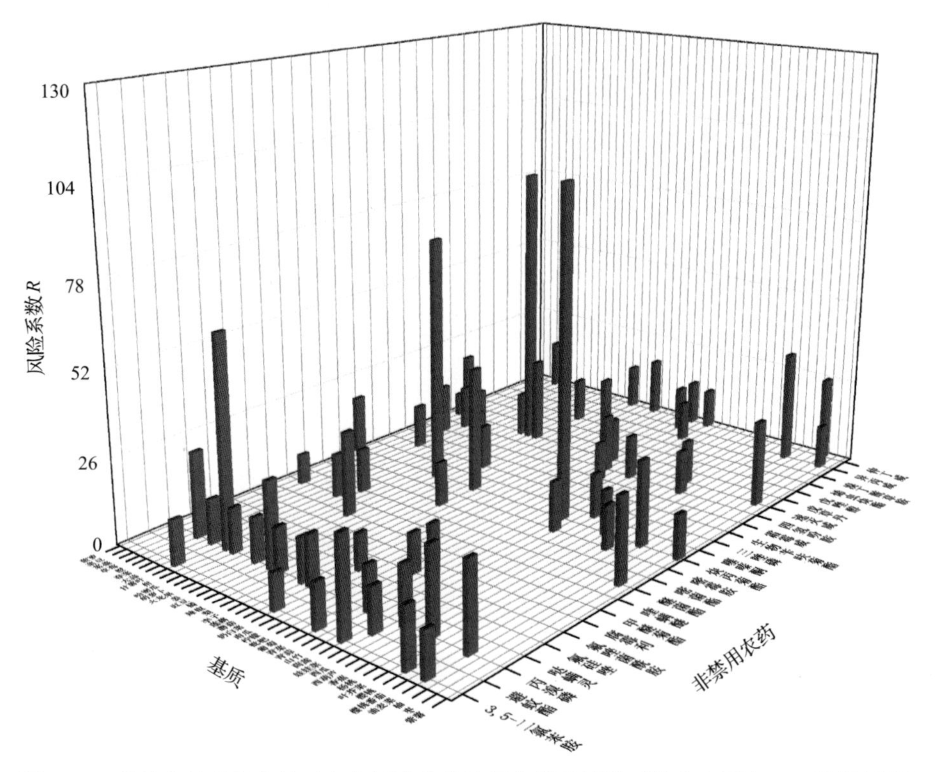

图 4-22　单种水果蔬菜中处于高度风险的非禁用农药的风险系数分布图（MRL 欧盟标准）

表 4-14　单种水果蔬菜中处于高度风险的非禁用农药的风险系数表（MRL 欧盟标准）

序号	基质	农药	超标频次	超标率 P(%)	风险系数 R
1	山竹	炔丙菊酯	4	100	101.10
2	火龙果	速灭威	7	87.50	88.60
3	火龙果	炔丙菊酯	6	75.00	76.10
4	柑	丙溴磷	5	62.50	63.60
5	梨	炔丙菊酯	3	37.50	38.60
6	樱桃	异丙威	2	33.33	34.43
7	茼蒿	3,5-二氯苯胺	2	28.57	29.67
8	橙	丙溴磷	2	25.00	26.10
9	火龙果	甲醚菊酯	2	25.00	26.10
10	姜	速灭威	2	25.00	26.10
11	橘	丙溴磷	2	25.00	26.10
12	南瓜	速灭威	2	25.00	26.10
13	杨桃	丙溴磷	2	25.00	26.10
14	樱桃番茄	炔丙菊酯	2	25.00	26.10

续表

序号	基质	农药	超标频次	超标率 P(%)	风险系数 R
15	油麦菜	丙溴磷	2	25.00	26.10
16	柚	仲丁威	2	25.00	26.10
17	枣	速灭威	2	25.00	26.10
18	枣	醚菌酯	2	25.00	26.10
19	菠萝	戊草丹	1	16.67	17.77
20	菠萝	炔丙菊酯	1	16.67	17.77
21	李子	仲丁威	1	16.67	17.77
22	枇杷	四氢吩胺	1	16.67	17.77
23	西瓜	丙溴磷	1	16.67	17.77
24	樱桃	3,5-二氯苯胺	1	16.67	17.77
25	草莓	仲丁威	1	14.29	15.39
26	草莓	速灭威	1	14.29	15.39
27	草莓	霜霉威	1	14.29	15.39
28	蘑菇	丙溴磷	1	14.29	15.39
29	茼蒿	嘧霉胺	1	14.29	15.39
30	橙	三唑磷	1	12.50	13.60
31	橙	四氢吩胺	1	12.50	13.60
32	春菜	哒螨灵	1	12.50	13.60
33	大蒜	丙溴磷	1	12.50	13.60
34	大蒜	四氢吩胺	1	12.50	13.60
35	甘薯叶	3,5-二氯苯胺	1	12.50	13.60
36	甘薯叶	喹螨醚	1	12.50	13.60
37	甘薯叶	戊唑醇	1	12.50	13.60
38	柑	醚菌酯	1	12.50	13.60
39	哈密瓜	丙溴磷	1	12.50	13.60
40	胡萝卜	生物苄呋菊酯	1	12.50	13.60
41	胡萝卜	速灭威	1	12.50	13.60
42	姜	丙溴磷	1	12.50	13.60
43	姜	烯虫炔酯	1	12.50	13.60
44	豇豆	三唑磷	1	12.50	13.60
45	橘	仲丁威	1	12.50	13.60
46	辣椒	丙溴磷	1	12.50	13.60
47	梨	嘧菌酯	1	12.50	13.60

续表

序号	基质	农药	超标频次	超标率 P(%)	风险系数 R
48	莲藕	丙溴磷	1	12.50	13.60
49	柠檬	仲丁威	1	12.50	13.60
50	柠檬	异丙威	1	12.50	13.60
51	柠檬	速灭威	1	12.50	13.60
52	青菜	3,5-二氯苯胺	1	12.50	13.60
53	青蒜	丙溴磷	1	12.50	13.60
54	青蒜	四氢吩胺	1	12.50	13.60
55	娃娃菜	噻嗪酮	1	12.50	13.60
56	娃娃菜	避蚊酯	1	12.50	13.60
57	西葫芦	速灭威	1	12.50	13.60
58	香蕉	四氢吩胺	1	12.50	13.60
59	香蕉	炔丙菊酯	1	12.50	13.60
60	叶芥菜	嘧霉胺	1	12.50	13.60
61	油麦菜	3,5-二氯苯胺	1	12.50	13.60
62	枣	异丙威	1	12.50	13.60
63	紫薯	炔丙菊酯	1	12.50	13.60
64	葡萄	仲丁威	1	11.11	12.21
65	葡萄	氟唑菌酰胺	1	11.11	12.21
66	葡萄	溴丁酰草胺	1	11.11	12.21
67	葡萄	腐霉利	1	11.11	12.21
68	葡萄	霜霉威	1	11.11	12.21
69	奶白菜	3,5-二氯苯胺	1	10.00	11.10
70	奶白菜	氟硅唑	1	10.00	11.10
71	菜薹	喹螨醚	1	8.33	9.43
72	菜豆	速灭威	1	6.25	7.35

4.3.2 所有水果蔬菜中农药残留风险系数分析

4.3.2.1 所有水果蔬菜中禁用农药残留风险系数分析

在侦测出的 46 种农药中有 4 种为禁用农药，计算所有水果蔬菜中禁用农药的风险系数，结果如表 4-15 所示。4 种禁用农药均处于低度风险。

表 4-15　水果蔬菜中 4 种禁用农药的风险系数表

序号	农药	检出频次	检出率 *P*(%)	风险系数 *R*	风险程度
1	甲胺磷	1	0.14	1.24	低度风险
2	克百威	1	0.14	1.24	低度风险
3	硫丹	1	0.14	1.24	低度风险
4	涕灭威	1	0.14	1.24	低度风险

对每个月内的禁用农药的风险系数进行分析，结果如图 4-23 和表 4-16 所示。

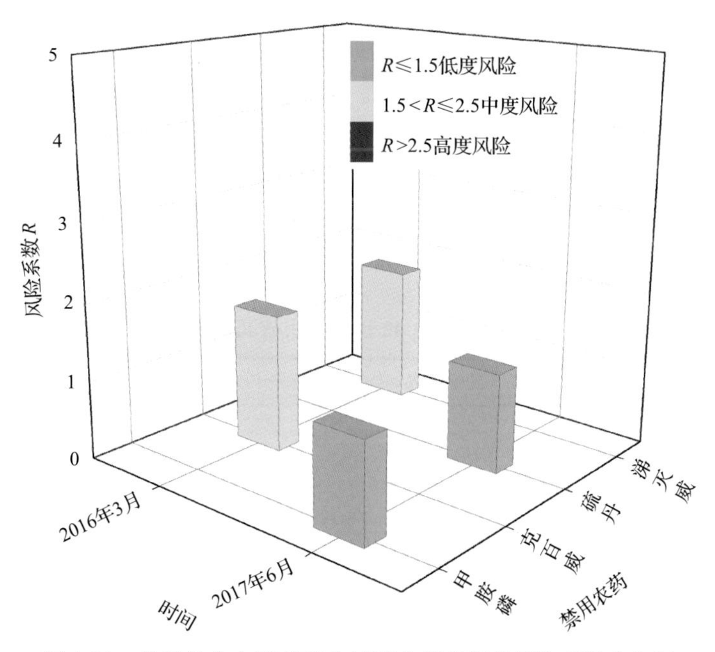

图 4-23　各月份内水果蔬菜中禁用农药残留的风险系数分布图

表 4-16　各月份内水果蔬菜中禁用农药的风险系数表

序号	年月	农药	检出频次	检出率 *P*(%)	风险系数 *R*	风险程度
1	2016 年 3 月	克百威	1	0.67	1.77	中度风险
2	2016 年 3 月	涕灭威	1	0.67	1.77	中度风险
3	2017 年 6 月	甲胺磷	1	0.17	1.27	低度风险
4	2017 年 6 月	硫丹	1	0.17	1.27	低度风险

4.3.2.2　所有水果蔬菜中非禁用农药残留风险系数分析

参照 MRL 欧盟标准计算所有水果蔬菜中每种非禁用农药残留的风险系数，如图 4-24 与表 4-17 所示。在侦测出的 42 种非禁用农药中，3 种农药(7.14%)残留处于高度风险，5 种农药(11.91%)残留处于中度风险，34 种农药(80.95%)残留处于低度风险。

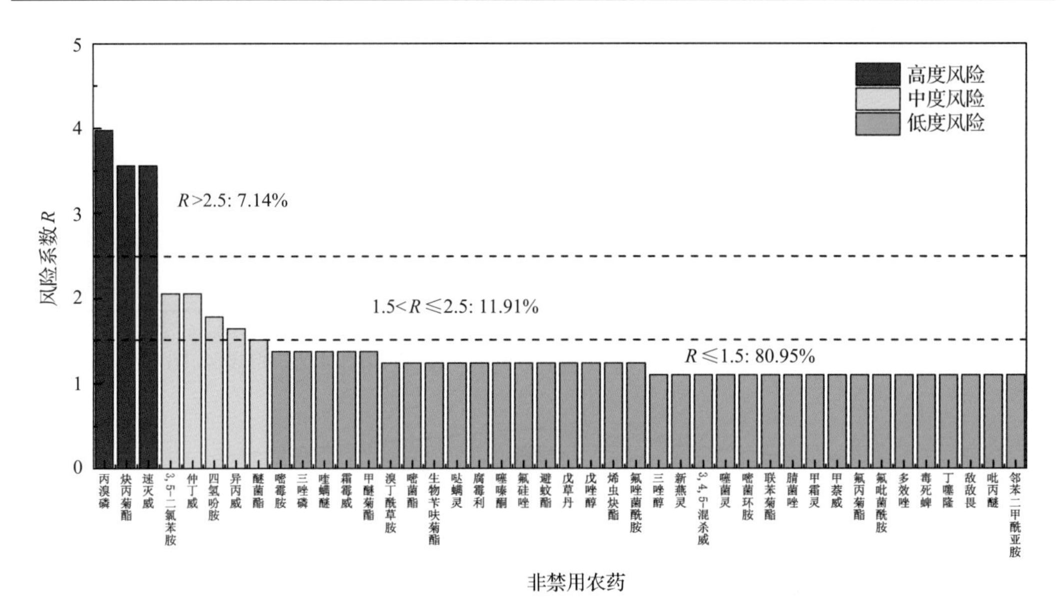

图 4-24　水果蔬菜中 42 种非禁用农药的风险程度统计图

表 4-17　水果蔬菜中 42 种非禁用农药的风险系数表

序号	农药	超标频次	超标率 P(%)	风险系数 R	风险程度
1	丙溴磷	21	2.87	3.97	高度风险
2	炔丙菊酯	18	2.46	3.56	高度风险
3	速灭威	18	2.46	3.56	高度风险
4	3,5-二氯苯胺	7	0.96	2.06	中度风险
5	仲丁威	7	0.96	2.06	中度风险
6	四氢吩胺	5	0.68	1.78	中度风险
7	异丙威	4	0.55	1.65	中度风险
8	醚菌酯	3	0.41	1.51	中度风险
9	嘧霉胺	2	0.27	1.37	低度风险
10	三唑磷	2	0.27	1.37	低度风险
11	喹螨醚	2	0.27	1.37	低度风险
12	霜霉威	2	0.27	1.37	低度风险
13	甲醚菊酯	2	0.27	1.37	低度风险
14	溴丁酰草胺	1	0.14	1.24	低度风险
15	嘧菌酯	1	0.14	1.24	低度风险
16	生物苄呋菊酯	1	0.14	1.24	低度风险
17	哒螨灵	1	0.14	1.24	低度风险
18	腐霉利	1	0.14	1.24	低度风险
19	噻嗪酮	1	0.14	1.24	低度风险
20	氟硅唑	1	0.14	1.24	低度风险
21	避蚊酯	1	0.14	1.24	低度风险

续表

序号	农药	超标频次	超标率 *P*(%)	风险系数 *R*	风险程度
22	戊草丹	1	0.14	1.24	低度风险
23	戊唑醇	1	0.14	1.24	低度风险
24	烯虫炔酯	1	0.14	1.24	低度风险
25	氟唑菌酰胺	1	0.14	1.24	低度风险
26	三唑醇	0	0	1.10	低度风险
27	新燕灵	0	0	1.10	低度风险
28	3,4,5-混杀威	0	0	1.10	低度风险
29	噻菌灵	0	0	1.10	低度风险
30	嘧菌环胺	0	0	1.10	低度风险
31	联苯菊酯	0	0	1.10	低度风险
32	腈菌唑	0	0	1.10	低度风险
33	甲霜灵	0	0	1.10	低度风险
34	甲萘威	0	0	1.10	低度风险
35	氟丙菊酯	0	0	1.10	低度风险
36	氟吡菌酰胺	0	0	1.10	低度风险
37	多效唑	0	0	1.10	低度风险
38	毒死蜱	0	0	1.10	低度风险
39	丁噻隆	0	0	1.10	低度风险
40	敌敌畏	0	0	1.10	低度风险
41	吡丙醚	0	0	1.10	低度风险
42	邻苯二甲酰亚胺	0	0	1.10	低度风险

对每个月份内的非禁用农药的风险系数分析，每月内非禁用农药风险程度分布图如图 4-25 所示。2 个月份内处于高度风险的农药数排序为 2017 年 6 月(3)>2016 年 3 月(1)。

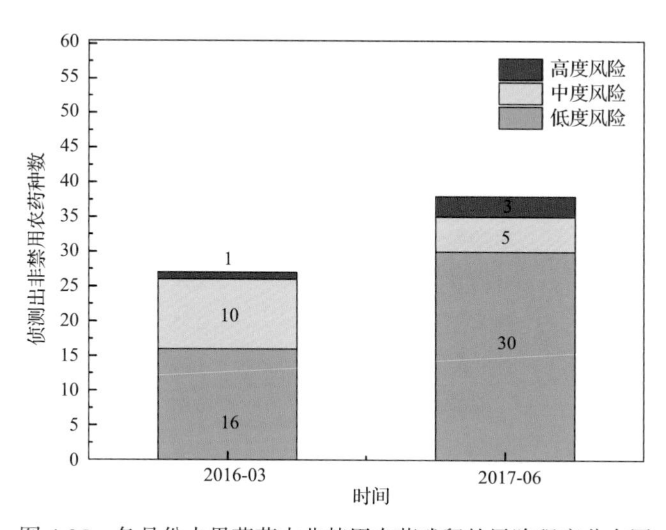

图 4-25 各月份水果蔬菜中非禁用农药残留的风险程度分布图

2 个月份内水果蔬菜中非禁用农药处于中度风险和高度风险的风险系数如图 4-26 和表 4-18 所示。

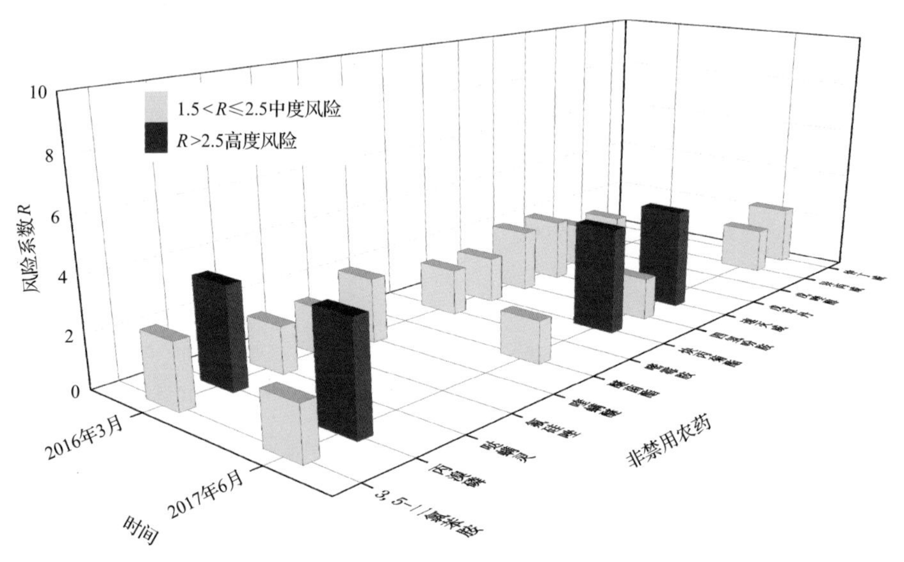

图 4-26 各月份水果蔬菜中非禁用农药处于中度风险和高度风险的风险系数分布图

表 4-18 各月份水果蔬菜中非禁用农药处于中度风险和高度风险的风险系数表

序号	年月	农药	超标频次	超标率 P(%)	风险系数 R	风险程度
1	2016 年 3 月	丙溴磷	4	2.67	3.77	高度风险
2	2016 年 3 月	3,5-二氯苯胺	2	1.33	2.43	中度风险
3	2016 年 3 月	喹螨醚	2	1.33	2.43	中度风险
4	2016 年 3 月	四氢吩胺	2	1.33	2.43	中度风险
5	2016 年 3 月	速灭威	2	1.33	2.43	中度风险
6	2016 年 3 月	哒螨灵	1	0.67	1.77	中度风险
7	2016 年 3 月	氟硅唑	1	0.67	1.77	中度风险
8	2016 年 3 月	嘧霉胺	1	0.67	1.77	中度风险
9	2016 年 3 月	炔丙菊酯	1	0.67	1.77	中度风险
10	2016 年 3 月	戊草丹	1	0.67	1.77	中度风险
11	2016 年 3 月	戊唑醇	1	0.67	1.77	中度风险
12	2017 年 6 月	丙溴磷	17	2.93	4.03	高度风险
13	2017 年 6 月	炔丙菊酯	17	2.93	4.03	高度风险
14	2017 年 6 月	速灭威	16	2.75	3.85	高度风险
15	2017 年 6 月	仲丁威	7	1.20	2.30	中度风险
16	2017 年 6 月	3,5-二氯苯胺	5	0.86	1.96	中度风险
17	2017 年 6 月	异丙威	4	0.69	1.79	中度风险
18	2017 年 6 月	醚菌酯	3	0.52	1.62	中度风险
19	2017 年 6 月	四氢吩胺	3	0.52	1.62	中度风险

4.4 GC-Q-TOF/MS 侦测广州市市售水果蔬菜农药残留风险评估结论与建议

农药残留是影响水果蔬菜安全和质量的主要因素，也是我国食品安全领域备受关注的敏感话题和亟待解决的重大问题之一[15,16]。各种水果蔬菜均存在不同程度的农药残留现象，本研究主要针对广州市各类水果蔬菜存在的农药残留问题，基于 2016 年 3 月~2017 年 6 月对广州市 731 例水果蔬菜样品中农药残留侦测得出的 380 个侦测结果，分别采用食品安全指数模型和风险系数模型，开展水果蔬菜中农药残留的膳食暴露风险和预警风险评估。水果蔬菜样品取自超市和农贸市场，符合大众的膳食来源，风险评价时更具有代表性和可信度。

本研究力求通用简单地反映食品安全中的主要问题，且为管理部门和大众容易接受，为政府及相关管理机构建立科学的食品安全信息发布和预警体系提供科学的规律与方法，加强对农药残留的预警和食品安全重大事件的预防，控制食品风险。

4.4.1 广州市水果蔬菜中农药残留膳食暴露风险评价结论

1) 水果蔬菜样品中农药残留安全状态评价结论

采用食品安全指数模型，对 2016 年 3 月~2017 年 6 月期间广州市水果蔬菜食品农药残留膳食暴露风险进行评价，根据 IFS_c 的计算结果发现，水果蔬菜中农药的 $\overline{IFS}$ 为 0.0483，说明广州市水果蔬菜总体处于很好的安全状态，但部分禁用农药、高残留农药在蔬菜、水果中仍有侦测出，导致膳食暴露风险的存在，成为不安全因素。

2) 单种水果蔬菜中农药膳食暴露风险不可接受情况评价结论

单种果蔬中农药残留安全指数分析结果显示，在单种果蔬中未发现膳食暴露风险不可接受的残留农药，检测出的残留农药对单种果蔬安全的影响均在可以接受和没有影响的范围内，说明广州市的果蔬中虽侦测出农药残留，但残留农药不会造成膳食暴露风险或造成的膳食暴露风险可以接受。

3) 禁用农药膳食暴露风险评价

本次检测发现部分水果蔬菜样品中有禁用农药侦测出，侦测出禁用农药 4 种，检出频次为 4，水果蔬菜样品中的禁用农药 IFS_c 计算结果表明，禁用农药残留膳食暴露风险可以接受的频次为 3，占 75%；没有影响的频次为 1，占 25%。禁用农药残留的膳食暴露风险均在可以接受和没有影响的范围内，虽然残留禁用农药没有造成不可接受的膳食暴露风险，但为何在国家明令禁止禁用农药喷洒的情况下，还能在多种果蔬中多次侦测出禁用农药残留，这应该引起相关部门的高度警惕，应该在禁止禁用农药喷洒的同时，严格管控禁用农药的生产和售卖，从根本上杜绝安全隐患。

4.4.2 广州市水果蔬菜中农药残留预警风险评价结论

1) 单种水果蔬菜中禁用农药残留的预警风险评价结论

本次检测过程中，在 4 种水果蔬菜中检测超出 4 种禁用农药，禁用农药为：甲胺磷、克百威、硫丹和涕灭威，水果蔬菜为：桃、豇豆、娃娃菜、豌豆，水果蔬菜中禁用农药的风险系数分析结果显示，4 种禁用农药在 4 种水果蔬菜中的残留均处于高度风险，说明在单种水果蔬菜中禁用农药的残留会导致较高的预警风险。

2) 单种水果蔬菜中非禁用农药残留的预警风险评价结论

以 MRL 中国国家标准为标准，计算水果蔬菜中非禁用农药风险系数情况下，255 个样本中，2 个处于高度风险(0.78%)，35 个处于低度风险(13.73%)，218 个样本没有 MRL 中国国家标准(85.49%)。以 MRL 欧盟标准为标准，计算水果蔬菜中非禁用农药风险系数情况下，发现有 72 个处于高度风险(28.24%)，183 个处于低度风险(71.76%)。基于两种 MRL 标准，评价的结果差异显著，可以看出 MRL 欧盟标准比中国国家标准更加严格和完善，过于宽松的 MRL 中国国家标准值能否有效保障人体的健康有待研究。

4.4.3 加强广州市水果蔬菜食品安全建议

我国食品安全风险评价体系仍不够健全，相关制度不够完善，多年来，由于农药用药次数多、用药量大或用药间隔时间短，产品残留量大，农药残留所造成的食品安全问题日益严峻，给人体健康带来了直接或间接的危害。据估计，美国与农药有关的癌症患者数约占全国癌症患者总数的 50%，中国更高。同样，农药对其他生物也会形成直接杀伤和慢性危害，植物中的农药可经过食物链逐级传递并不断蓄积，对人和动物构成潜在威胁，并影响生态系统。

基于本次农药残留侦测数据的风险评价结果，提出以下几点建议：

1) 加快食品安全标准制定步伐

我国食品标准中对农药每日允许最大摄入量 ADI 的数据严重缺乏，在本次评价所涉及的 46 种农药中，仅有 67.4%的农药具有 ADI 值，而 32.6%的农药中国尚未规定相应的 ADI 值，亟待完善。

我国食品中农药最大残留限量值的规定严重缺乏，对评估涉及的不同水果蔬菜中不同农药 259 个 MRL 限值进行统计来看，我国仅制定出 40 个标准，我国标准完整率仅为 15.4%，欧盟的完整率达到 100%(表 4-19)。因此，中国更应加快 MRL 标准的制定步伐。

表 4-19 我国国家食品标准农药的 ADI、MRL 值与欧盟标准的数量差异

分类		中国 ADI	MRL 中国国家标准	MRL 欧盟标准
标准限值(个)	有	31	40	259
	无	15	219	0
总数(个)		46	259	259
无标准限值比例		32.6%	84.6%	0

此外，MRL 中国国家标准限值普遍高于欧盟标准限值，这些标准中共有 26 个高于欧盟。过高的 MRL 值难以保障人体健康，建议继续加强对限值基准和标准的科学研究，将农产品中的危险性减少到尽可能低的水平。

2) 加强农药的源头控制和分类监管

在广州市某些水果蔬菜中仍有禁用农药残留，利用 GC-Q-TOF/MS 技术侦测出 4 种禁用农药，检出频次为 4 次，残留禁用农药均存在较大的膳食暴露风险和预警风险。早已列入黑名单的禁用农药在我国并未真正退出，有些药物由于价格便宜、工艺简单，此类高毒农药一直生产和使用。建议在我国采取严格有效的控制措施，从源头控制禁用农药。

对于非禁用农药，在我国作为“田间地头”最典型单位的县级蔬果产地中，农药残留的检测几乎缺失。建议根据农药的毒性，对高毒、剧毒、中毒农药实现分类管理，减少使用高毒和剧毒高残留农药，进行分类监管。

3) 加强残留农药的生物修复及降解新技术

市售果蔬中残留农药的品种多、频次高、禁用农药多次检出这一现状，说明了我国的田间土壤和水体因农药长期、频繁、不合理的使用而遭到严重污染。为此，建议中国相关部门出台相关政策，鼓励高校及科研院所积极开展分子生物学、酶学等研究，加强土壤、水体中残留农药的生物修复及降解新技术研究，切实加大农药监管力度，以控制农药的面源污染问题。

综上所述，在本工作基础上，根据蔬菜残留危害，可进一步针对其成因提出和采取严格管理、大力推广无公害蔬菜种植与生产、健全食品安全控制技术体系、加强蔬菜食品质量检测体系建设和积极推行蔬菜食品质量追溯制度等相应对策。建立和完善食品安全综合评价指数与风险监测预警系统，对食品安全进行实时、全面的监控与分析，为我国的食品安全科学监管与决策提供新的技术支持，可实现各类检验数据的信息化系统管理，降低食品安全事故的发生。

深　圳　市

第 5 章　LC-Q-TOF/MS 侦测深圳市 612 例市售水果蔬菜样品农药残留报告

从深圳市所属 4 个区，随机采集了 612 例水果蔬菜样品，使用液相色谱-四极杆飞行时间质谱（LC-Q-TOF/MS）对 565 种农药化学污染物进行示范侦测（7 种负离子模式 ESI^- 未涉及）。

5.1　样品种类、数量与来源

5.1.1　样品采集与检测

为了真实反映百姓餐桌上水果蔬菜中农药残留污染状况，本次所有检测样品均由检验人员于 2016 年 3 月至 2017 年 11 月期间，从深圳市所属 42 个采样点，包括 14 个农贸市场 28 个超市，以随机购买方式采集，总计 110 批 612 例样品，从中检出农药 131 种，537 频次。采样点及监测概况见图 5-1 及表 5-1，样品及采样点明细见表 5-2 及表 5-3（侦测原始数据见附表 1）。

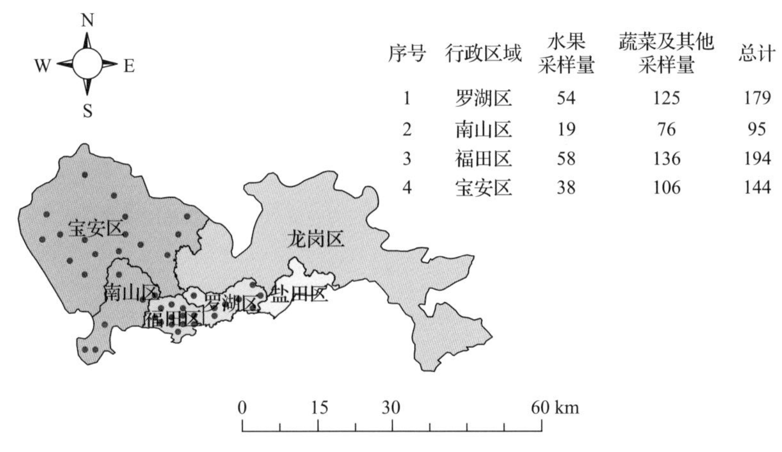

图 5-1　深圳市所属 42 个采样点 612 例样品分布图

表 5-1　农药残留监测总体概况

采样地区	深圳市所属 4 个区
采样点（超市+农贸市场）	42
样本总数	612
检出农药品种/频次	131/537
各采样点样本农药残留检出率范围	0.0% ~ 100.0%

表 5-2　样品分类及数量

样品分类	样品名称(数量)	数量小计
1. 调味料		6
1)叶类调味料	芫荽(6)	6
2. 谷物		6
1)旱粮类谷物	鲜食玉米(6)	6
3. 水果		169
1)仁果类水果	苹果(12)，枇杷(4)，梨(13)	29
2)核果类水果	桃(4)，李子(4)，枣(6)，樱桃(3)	17
3)浆果和其他小型水果	猕猴桃(6)，葡萄(7)，草莓(4)	17
4)瓜果类水果	西瓜(6)，哈密瓜(7)，香瓜(5)，甜瓜(4)	22
5)热带和亚热带水果	山竹(3)，香蕉(7)，柿子(8)，木瓜(6)，芒果(6)，火龙果(9)，菠萝(5)，杨桃(6)	50
6)柑橘类水果	柑(4)，柚(6)，橘(7)，橙(11)，柠檬(6)	34
4. 食用菌		21
1)蘑菇类	平菇(3)，香菇(6)，蘑菇(6)，金针菇(6)	21
5. 蔬菜		410
1)豆类蔬菜	豇豆(6)，菜用大豆(5)，菜豆(11)，食荚豌豆(5)	27
2)鳞茎类蔬菜	洋葱(6)，韭菜(6)，青蒜(6)，大蒜(4)，葱(5)	27
3)水生类蔬菜	莲藕(6)，豆瓣菜(4)	10
4)叶菜类蔬菜	芹菜(7)，蕹菜(12)，小茴香(2)，苦苣(2)，菠菜(3)，苋菜(4)，春菜(6)，奶白菜(6)，落葵(1)，小白菜(18)，油麦菜(6)，叶芥菜(4)，小油菜(6)，娃娃菜(9)，大白菜(8)，茼蒿(6)，生菜(6)，青菜(6)，莴笋(7)，甘薯叶(5)	124
5)芸薹属类蔬菜	结球甘蓝(12)，花椰菜(11)，芥蓝(6)，青花菜(7)，紫甘蓝(6)，菜薹(10)	52
6)茎类蔬菜	芦笋(3)	3
7)茄果类蔬菜	番茄(10)，甜椒(6)，樱桃番茄(7)，辣椒(6)，人参果(3)，茄子(7)	39
8)瓜类蔬菜	黄瓜(8)，西葫芦(9)，佛手瓜(3)，南瓜(6)，苦瓜(8)，冬瓜(4)，丝瓜(6)	44
9)其他类蔬菜	竹笋(2)	2
10)根茎类和薯芋类蔬菜	甘薯(3)，紫薯(6)，山药(6)，芋(6)，胡萝卜(7)，马铃薯(8)，萝卜(40)，姜(6)	82
合计	1.调味料 1 种 2.谷物 1 种 3.水果 27 种 4.食用菌 4 种 5.蔬菜 60 种	612

表 5-3 深圳市采样点信息

采样点序号	行政区域	采样点
农贸市场(14)		
1	南山区	***市场
2	南山区	***市场
3	宝安区	***市场
4	宝安区	***市场
5	宝安区	***批发行
6	宝安区	***蔬菜店
7	宝安区	***街市
8	宝安区	***市场
9	福田区	***街市
10	福田区	***市场
11	福田区	***市场
12	罗湖区	***街市布心店 B04
13	罗湖区	***街市布心店 B75
14	罗湖区	***水果店
超市(28)		
1	南山区	***超市(南油店)
2	南山区	***超市
3	南山区	***超市(南新店)
4	南山区	***超市(蛇口店)
5	宝安区	***超市(大浪店)
6	宝安区	***超市(书香门第店)
7	宝安区	***超市
8	宝安区	***超市(坂田店)
9	宝安区	***超市(民治店)
10	宝安区	***超市(龙华店)
11	宝安区	***超市(民治店)
12	宝安区	***超市
13	宝安区	***超市(龙华西店)
14	宝安区	***超市(三联店)
15	福田区	***超市
16	福田区	***超市(益田店)
17	福田区	***超市(美莲店)
18	福田区	***超市(中信店)
19	福田区	***超市(新洲店)
20	福田区	***超市(梅林店)

续表

采样点序号	行政区域	采样点
超市(28)		
21	福田区	***超市(振中店)
22	福田区	***超市(燕南路店)
23	福田区	***超市(香蜜湖店)
24	罗湖区	***超市(翠竹店)
25	罗湖区	***超市(东湖店)
26	罗湖区	***超市
27	罗湖区	***超市
28	罗湖区	***超市(黄贝路店)

5.1.2　检测结果

这次使用的检测方法是庞国芳院士团队最新研发的不需使用标准品对照，而以高分辨精确质量数(0.0001 *m/z*)为基准的LC-Q-TOF/MS检测技术，对于612例样品，每个样品均侦测了565种农药化学污染物的残留现状。通过本次侦测，在612例样品中共计检出农药化学污染物131种，检出537频次。

5.1.2.1　各采样点样品检出情况

统计分析发现42个采样点中，被测样品的农药检出率范围为0.0%～100.0%。其中，***超市(美莲店)的检出率最高，为100.0%。有3个采样点样品未检出任何农药，分别是：***市场、***超市(益田店)和***超市(振中店)，见图5-2。

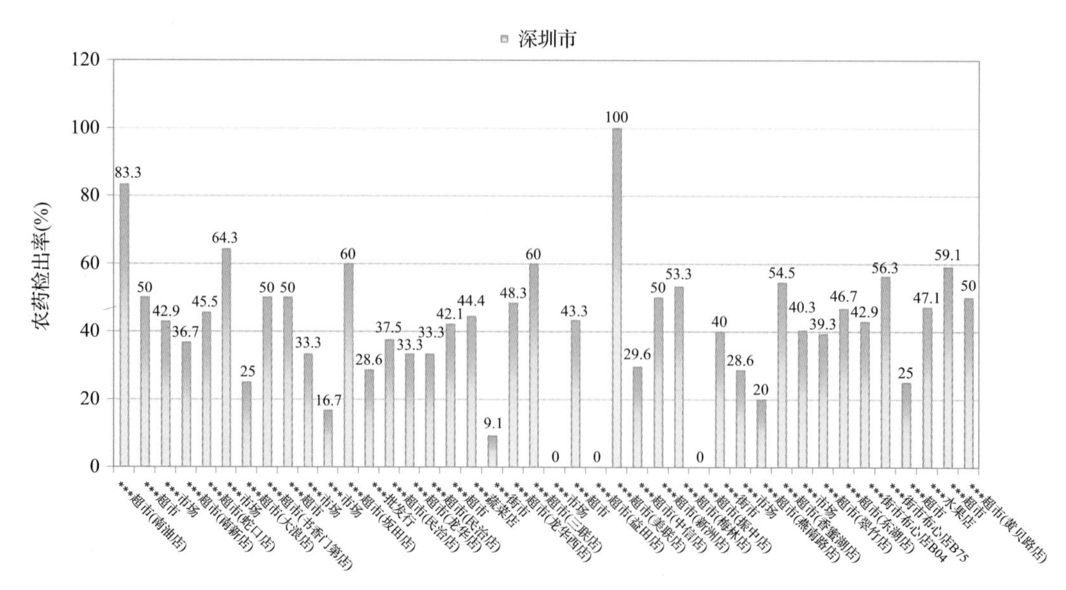

图5-2　各采样点样品中的农药检出率

5.1.2.2　检出农药的品种总数与频次

统计分析发现，对于 612 例样品中 565 种农药化学污染物的侦测，共检出农药 537 频次，涉及农药 131 种，结果如图 5-3 所示。其中啶虫脒检出频次最高，共检出 36 次。检出频次排名前 10 的农药如下：①啶虫脒(36)；②多菌灵(31)；③烯酰吗啉(30)；④戊唑醇(21)；⑤苯醚甲环唑(19)；⑥吡唑醚菌酯(15)；⑦抑霉唑(14)；⑧嘧霉胺(13)；⑨莠灭净(13)；⑩吡虫啉(10)。

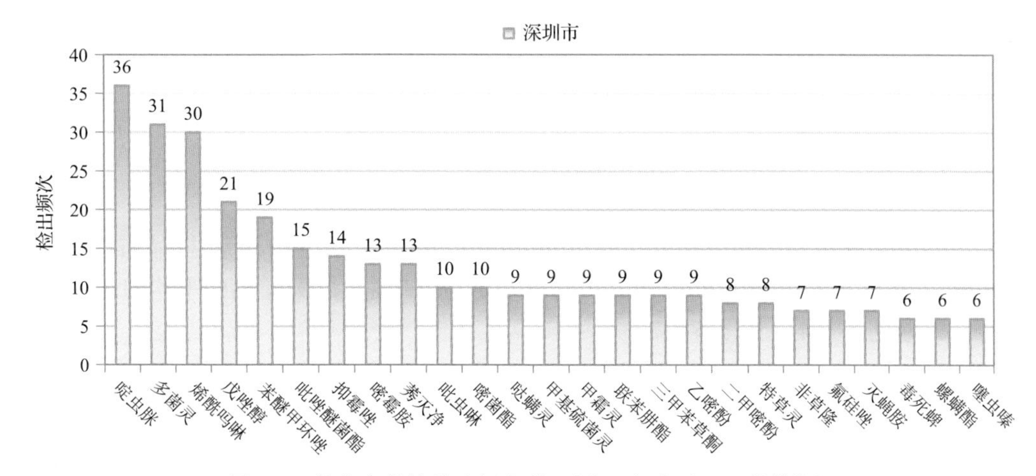

图 5-3　检出农药品种及频次(仅列出 6 频次及以上的数据)

由图 5-4 可见，萝卜、大白菜、春菜、甘薯叶和菜豆这 5 种果蔬样品中检出的农药品种数较高，均超过 15 种，其中，萝卜中检出农药品种最多，为 36 种。由图 5-5 可见，萝卜、甘薯叶、春菜和大白菜这 4 种果蔬样品中的农药检出频次较高，均超过 20 次，其中，萝卜中检出农药频次最高，为 52 次。

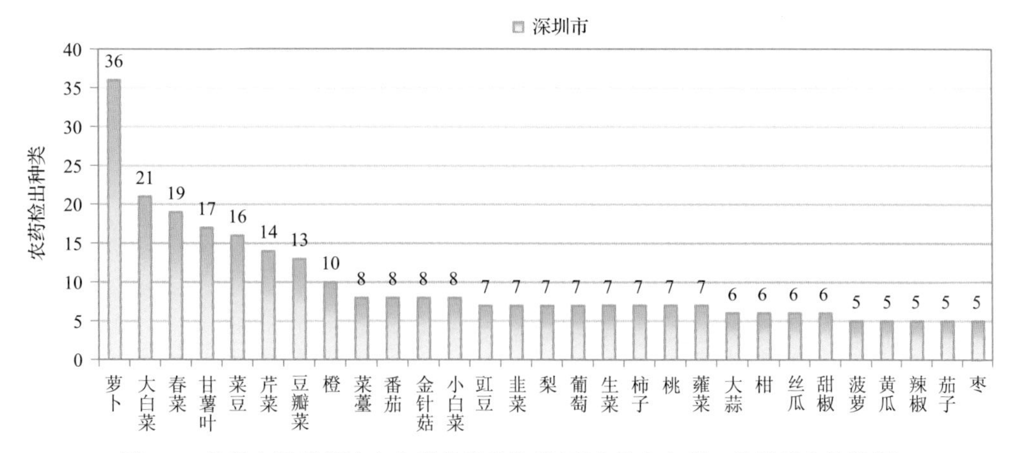

图 5-4　单种水果蔬菜检出农药的品种数(仅列出检出农药 5 种及以上的数据)

5.1.2.3　单例样品农药检出种类与占比

对单例样品检出农药种类和频次进行统计发现，未检出农药的样品占总样品数的

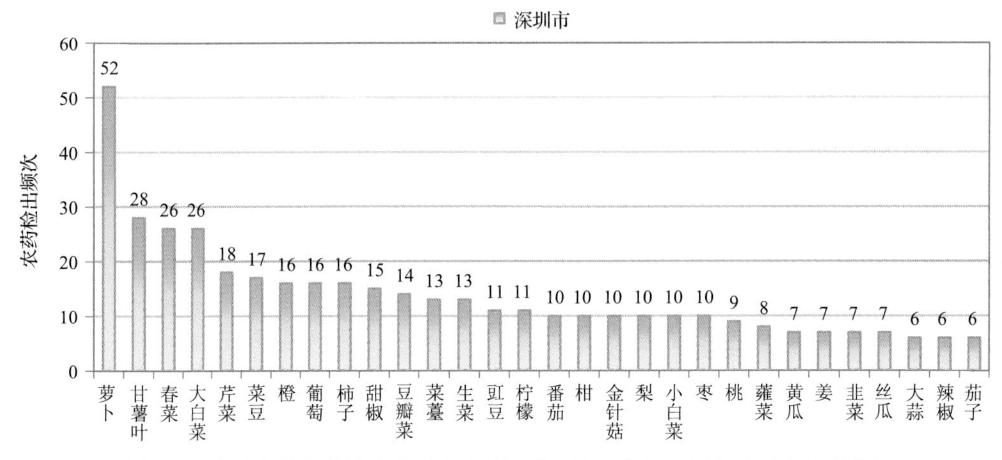

图 5-5　单种水果蔬菜检出农药频次（仅列出检出农药 6 频次及以上的数据）

57.4%，检出 1 种农药的样品占总样品数的 19.8%，检出 2～5 种农药的样品占总样品数的 21.7%，检出 6～10 种农药的样品占总样品数的 1.1%。每例样品中平均检出农药为 0.9 种，数据见表 5-4 及图 5-6。

表 5-4　单例样品检出农药品种占比

检出农药品种数	样品数量/占比(%)
未检出	351/57.4
1 种	121/19.8
2～5 种	133/21.7
6～10 种	7/1.1
单例样品平均检出农药品种	0.9 种

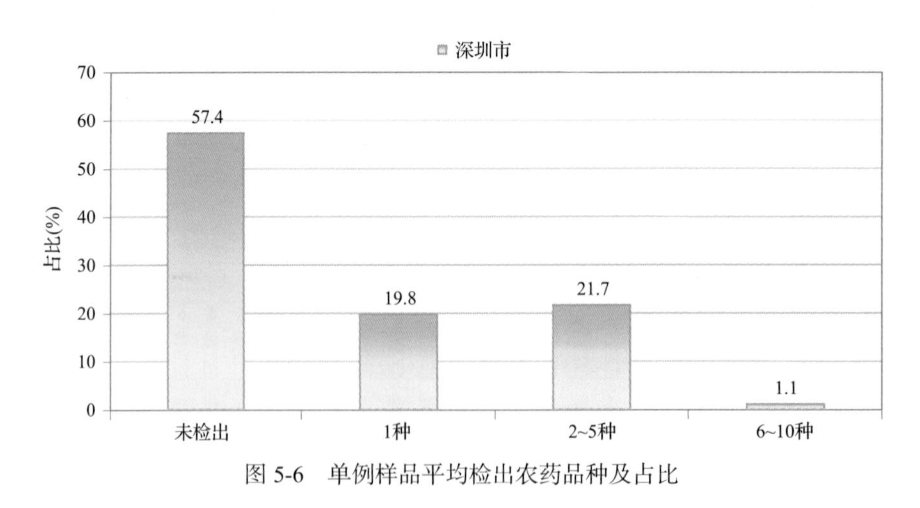

图 5-6　单例样品平均检出农药品种及占比

5.1.2.4　检出农药类别与占比

所有检出农药按功能分类，包括杀虫剂、杀菌剂、除草剂、植物生长调节剂、增塑剂、驱避剂、增效剂共 7 类。其中杀虫剂与杀菌剂为主要检出的农药类别，分别占总数的 36.6%和 32.1%，见表 5-5 及图 5-7。

表 5-5 检出农药所属类别及占比

农药类别	数量/占比(%)
杀虫剂	48/36.6
杀菌剂	42/32.1
除草剂	31/23.7
植物生长调节剂	6/4.6
增塑剂	2/1.5
驱避剂	1/0.8
增效剂	1/0.8

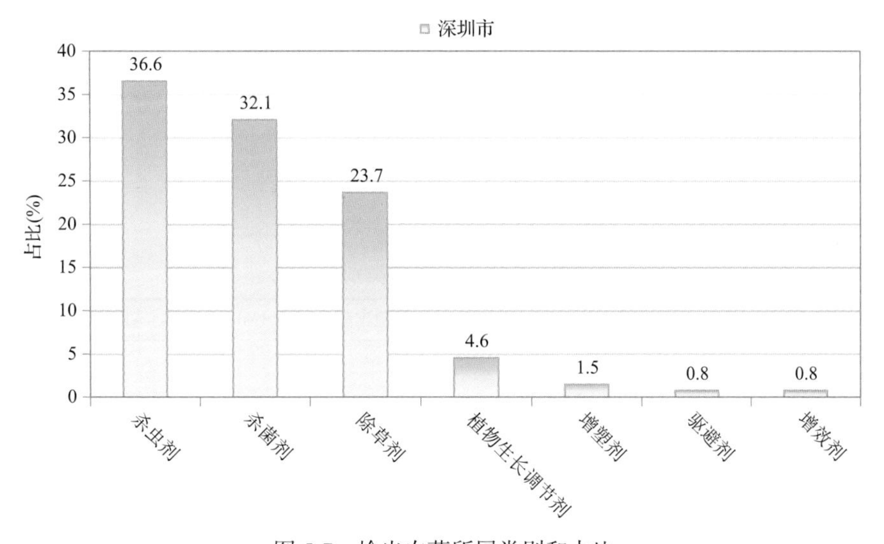

图 5-7 检出农药所属类别和占比

5.1.2.5 检出农药的残留水平

按检出农药残留水平进行统计，残留水平在 1 ~ 5 μg/kg(含)的农药占总数的 22.7%，在 5 ~ 10 μg/kg(含)的农药占总数的 12.8%，在 10 ~ 100 μg/kg(含)的农药占总数的 43.8%，在 100 ~ 1000 μg/kg(含)的农药占总数的 19.2%，在>1000 μg/kg 的农药占总数的 1.5%。

由此可见，这次检测的 110 批 612 例水果蔬菜样品中农药多数处于中高残留水平。结果见表 5-6 及图 5-8，数据见附表 2。

5.1.2.6 检出农药的毒性类别、检出频次和超标频次及占比

对这次检出的 131 种 537 频次的农药，按剧毒、高毒、中毒、低毒和微毒这五个毒性类别进行分类，从中可以看出，深圳市目前普遍使用的农药为中低微毒农药，品种占 88.9%，频次占 95.0%。结果见表 5-7 及图 5-9。

表 5-6　农药残留水平及占比

残留水平(μg/kg)	检出频次数/占比(%)
1～5(含)	122/22.7
5～10(含)	69/12.8
10～100(含)	235/43.8
100～1000(含)	103/19.2
>1000	8/1.5

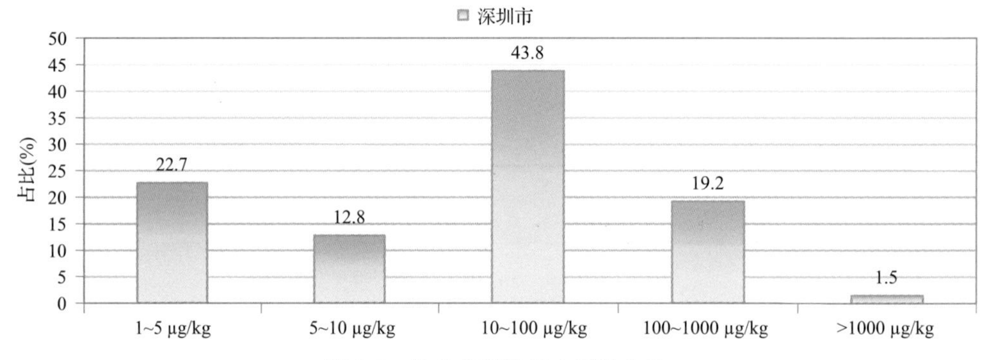

图 5-8　检出农药残留水平及占比

表 5-7　检出农药毒性类别及占比

毒性分类	农药品种/占比(%)	检出频次/占比(%)	超标频次/超标率(%)
剧毒农药	4/3.1	5/0.9	1/20.0
高毒农药	10/7.6	22/4.1	2/9.1
中毒农药	48/36.6	221/41.2	3/1.4
低毒农药	51/38.9	178/33.1	0/0.0
微毒农药	18/13.7	111/20.7	2/1.8

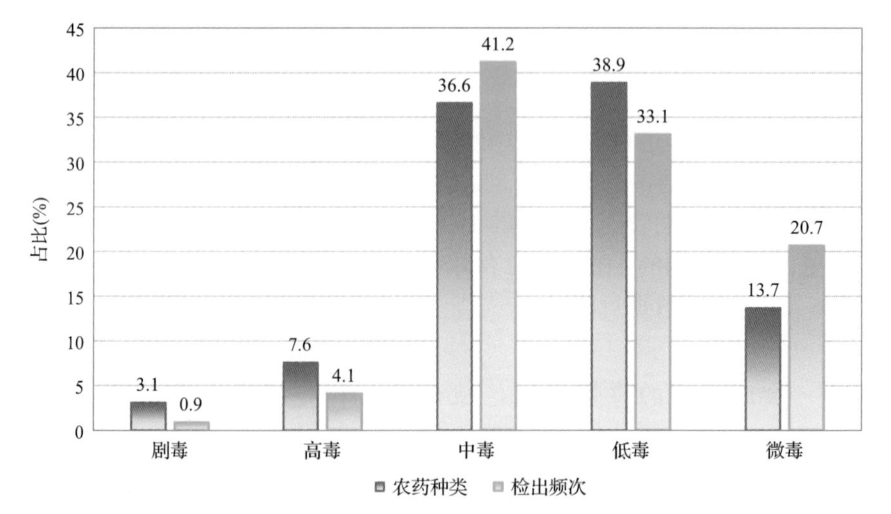

图 5-9　检出农药的毒性分类和占比

5.1.2.7　检出剧毒/高毒类农药的品种和频次

值得特别关注的是，在此次侦测的 612 例样品中有 13 种蔬菜 1 种调味料 2 种食用菌的 26 例样品检出了 14 种 27 频次的剧毒和高毒农药，占样品总量的 4.2%，详见图 5-10、表 5-8 及表 5-9。

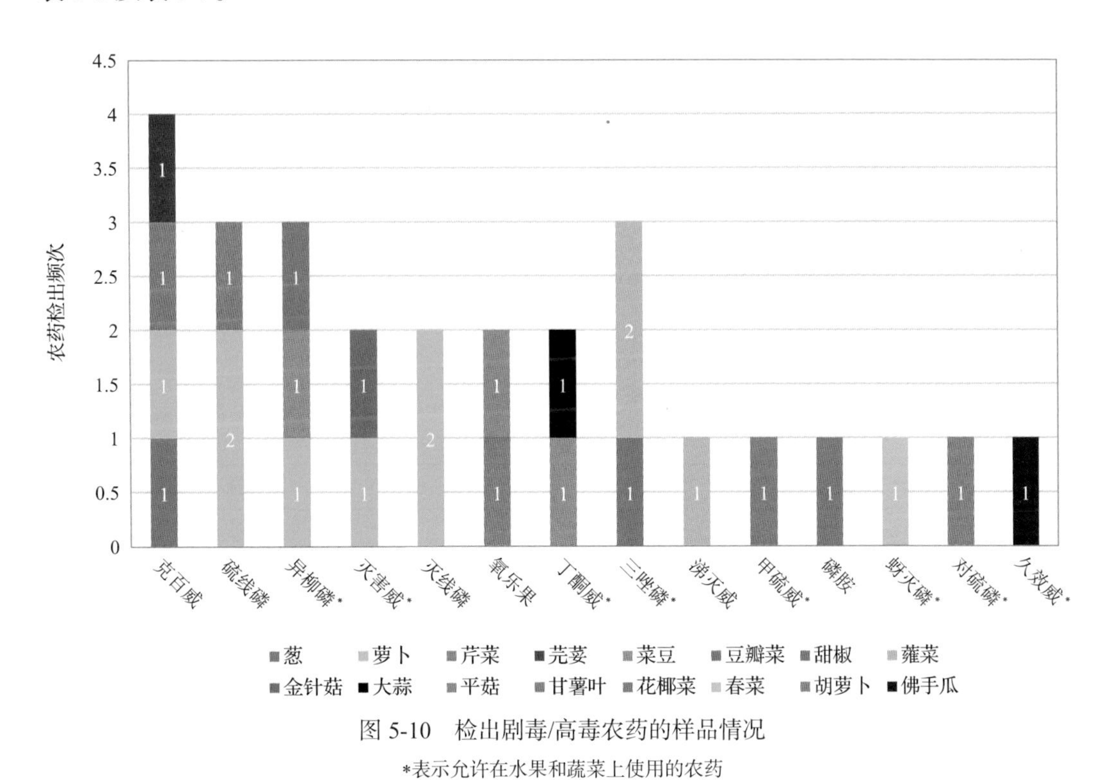

图 5-10　检出剧毒/高毒农药的样品情况

*表示允许在水果和蔬菜上使用的农药

表 5-8　剧毒农药检出情况

序号	农药名称	检出频次	超标频次	超标率
水果中未检出剧毒农药				
小计		0	0	超标率：0.0%
从 4 种蔬菜中检出 4 种剧毒农药，共计检出 5 次				
1	灭线磷*	2	0	0.0%
2	对硫磷*	1	0	0.0%
3	磷胺*	1	0	0.0%
4	涕灭威*	1	1	100.0%
小计		5	1	超标率：20.0%
合计		5	1	超标率：20.0%

表 5-9 高毒农药检出情况

序号	农药名称	检出频次	超标频次	超标率
水果中未检出高毒农药				
小计		0	0	超标率：0.0%
从 11 种蔬菜中检出 10 种高毒农药，共计检出 19 次				
1	克百威	3	1	33.3%
2	硫线磷	3	0	0.0%
3	三唑磷	3	0	0.0%
4	异柳磷	3	0	0.0%
5	丁酮威	2	0	0.0%
6	甲硫威	1	0	0.0%
7	久效威	1	0	0.0%
8	灭害威	1	0	0.0%
9	蚜灭磷	1	0	0.0%
10	氧乐果	1	1	100.0%
小计		19	2	超标率：10.5%
合计		19	2	超标率：10.5%

在检出的剧毒和高毒农药中，有 6 种是我国早已禁止在果树和蔬菜上使用的，分别是：克百威、磷胺、氧乐果、灭线磷、硫线磷和涕灭威。禁用农药的检出情况见表 5-10。

表 5-10 禁用农药检出情况

序号	农药名称	检出频次	超标频次	超标率
水果中未检出禁用农药				
小计		0	0	超标率：0.0%
从 6 种蔬菜中检出 8 种禁用农药，共计检出 16 次				
1	丁酰肼	4	0	0.0%
2	克百威	3	1	33.3%
3	硫线磷	3	0	0.0%
4	灭线磷*	2	0	0.0%
5	磷胺*	1	0	0.0%
6	杀虫脒	1	1	100.0%
7	涕灭威*	1	1	100.0%
8	氧乐果	1	1	100.0%
小计		16	4	超标率：25.0%
合计		16	4	超标率：25.0%

注：超标结果参考 MRL 中国国家标准计算

此次抽检的果蔬样品中，有 4 种蔬菜检出了剧毒农药，分别是：胡萝卜中检出对硫磷 1 次；花椰菜中检出磷胺 1 次；萝卜中检出灭线磷 2 次；蕹菜中检出涕灭威 1 次。

样品中检出剧毒和高毒农药残留水平超过 MRL 中国国家标准的频次为 3 次，其中：芹菜检出克百威超标 1 次，检出氧乐果超标 1 次；蕹菜检出涕灭威超标 1 次。本次检出结果表明，高毒、剧毒农药的使用现象依旧存在，详见表 5-11。

表 5-11　各样本中检出剧毒/高毒农药情况

样品名称	农药名称	检出频次	超标频次	检出浓度(μg/kg)
		水果 0 种		
小计		0	0	超标率：0.0%
		蔬菜 13 种		
佛手瓜	久效威	1	0	46.8
大蒜	丁酮威	1	0	9.0
春菜	蚜灭磷	1	0	5.9
甘薯叶	甲硫威	1	0	1.0
甜椒	三唑磷	1	0	38.9
胡萝卜	对硫磷*	1	0	51.5
花椰菜	磷胺*▲	1	0	5.0
芹菜	克百威▲	1	1	67.4[a]
芹菜	氧乐果▲	1	1	34.0[a]
芹菜	硫线磷▲	1	0	2.5
菜豆	丁酮威	1	0	13.2
菜豆	异柳磷	1	0	25.2
萝卜	硫线磷▲	2	0	2.5, 2.0
萝卜	克百威▲	1	0	13.3
萝卜	异柳磷	1	0	4.1
萝卜	灭害威	1	0	1.9
萝卜	灭线磷*▲	2	0	5.5, 5.5
葱	克百威▲	1	0	3.3
蕹菜	三唑磷	2	0	28.2, 43.8
蕹菜	涕灭威*▲	1	1	557.9[a]
豆瓣菜	异柳磷	1	0	8.7
小计		24	3	超标率：12.5%
合计		24	3	超标率：12.5%

5.2　农药残留检出水平与最大残留限量标准对比分析

我国于 2014 年 3 月 20 日正式颁布并于 2014 年 8 月 1 日正式实施食品农药残留限量国家标准《食品中农药最大残留限量》(GB 2763—2014)。该标准包括 371 个农药条目，涉及最大残留限量(MRL)标准 3653 项。将 537 频次检出农药的浓度水平与 3653 项 MRL 中国国家标准进行核对，其中只有 128 频次的农药找到了对应的 MRL 标准，占 23.8%，还有 409 频次的侦测数据则无相关 MRL 标准供参考，占 76.2%。

将此次侦测结果与国际上现行 MRL 标准对比发现，在 537 频次的检出结果中有 537 频次的结果找到了对应的 MRL 欧盟标准，占 100.0%，其中，417 频次的结果有明确对应的 MRL 标准，占 77.7%，其余 120 频次按照欧盟一律标准判定，占 22.3%；有 537 频次的结果找到了对应的 MRL 日本标准，占 100.0%，其中，275 频次的结果有明确对应的 MRL 标准，占 51.2%，其余 258 频次按照日本一律标准判定，占 48.8%；有 200 频次的结果找到了对应的 MRL 中国香港标准，占 37.2%；有 183 频次的结果找到了对应的 MRL 美国标准，占 34.1%；有 134 频次的结果找到了对应的 MRL CAC 标准，占 25.0%(见图 5-11 和图 5-12，数据见附表 3 至附表 8)。

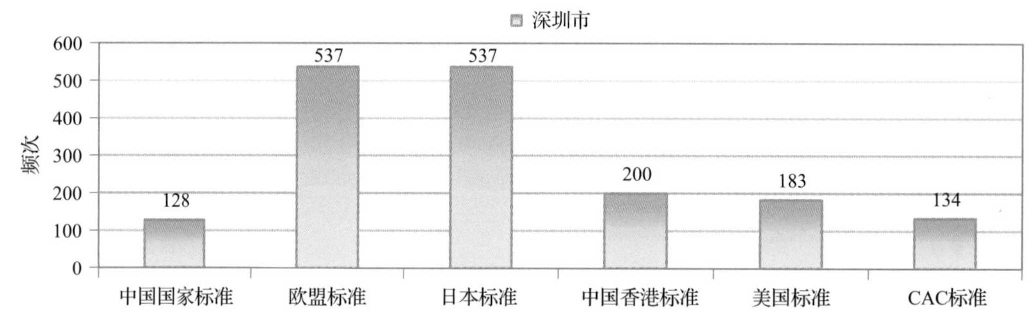

图 5-11　537 频次检出农药可用 MRL 中国国家标准、欧盟标准、日本标准、中国香港标准、美国标准、CAC 标准判定衡量的数量

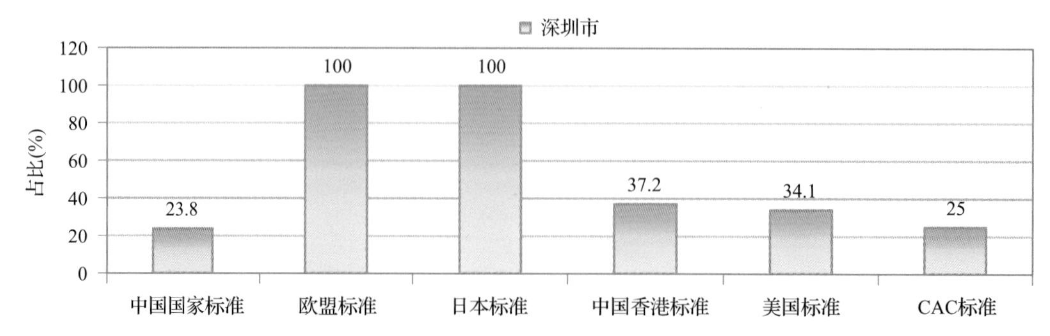

图 5-12　537 频次检出农药可用 MRL 中国国家标准、欧盟标准、日本标准、中国香港标准、美国标准、CAC 标准衡量的占比

5.2.1　超标农药样品分析

本次侦测的 612 例样品中，351 例样品未检出任何残留农药，占样品总量的 57.4%，261 例样品检出不同水平、不同种类的残留农药，占样品总量的 42.6%。在此，我们将本次侦测的农残检出情况与 MRL 中国国家标准、欧盟标准、日本标准、中国香港标准、美国标准和 CAC 标准这 6 大国际主流 MRL 标准进行对比分析，样品农残检出与超标情况见图 5-13、表 5-12 和图 5-14，详细数据见附表 9 至附表 14。

5.2.2　超标农药种类分析

按照 MRL 中国国家标准、欧盟标准、日本标准、中国香港标准、美国标准和 CAC 标准这 6 大国际主流 MRL 标准衡量，本次侦测检出的农药超标品种及频次情况见表 5-13。

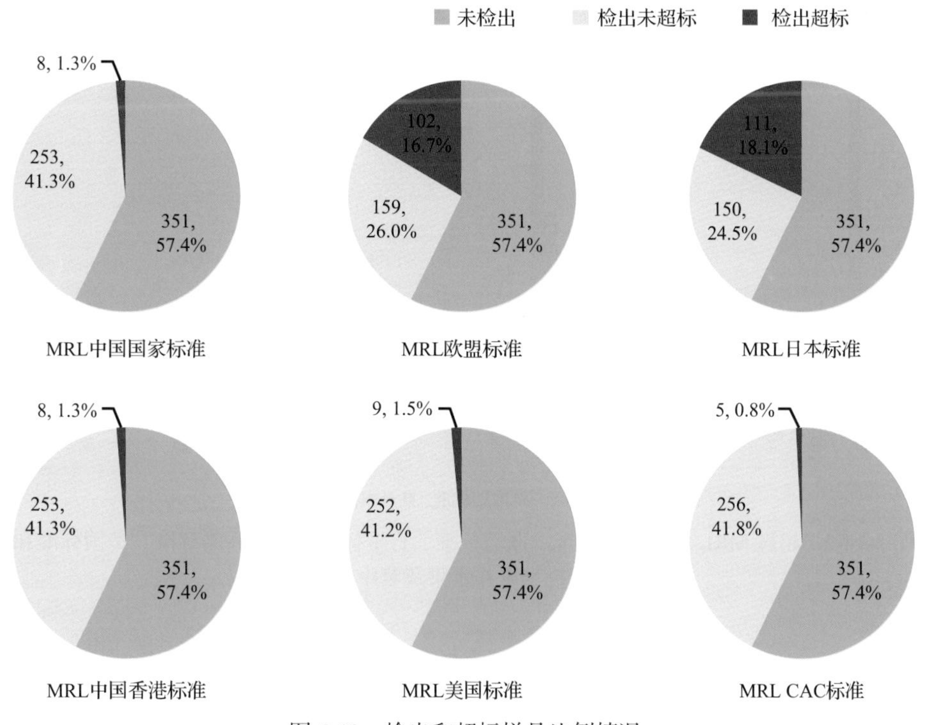

图 5-13　检出和超标样品比例情况

表 5-12　各 MRL 标准下样本农残检出与超标数量及占比

	中国国家标准 数量/占比(%)	欧盟标准 数量/占比(%)	日本标准 数量/占比(%)	中国香港标准 数量/占比(%)	美国标准 数量/占比(%)	CAC 标准 数量/占比(%)
未检出	351/57.4	351/57.4	351/57.4	351/57.4	351/57.4	351/57.4
检出未超标	253/41.3	159/26.0	150/24.5	253/41.3	252/41.2	256/41.8
检出超标	8/1.3	102/16.7	111/18.1	8/1.3	9/1.5	5/0.8

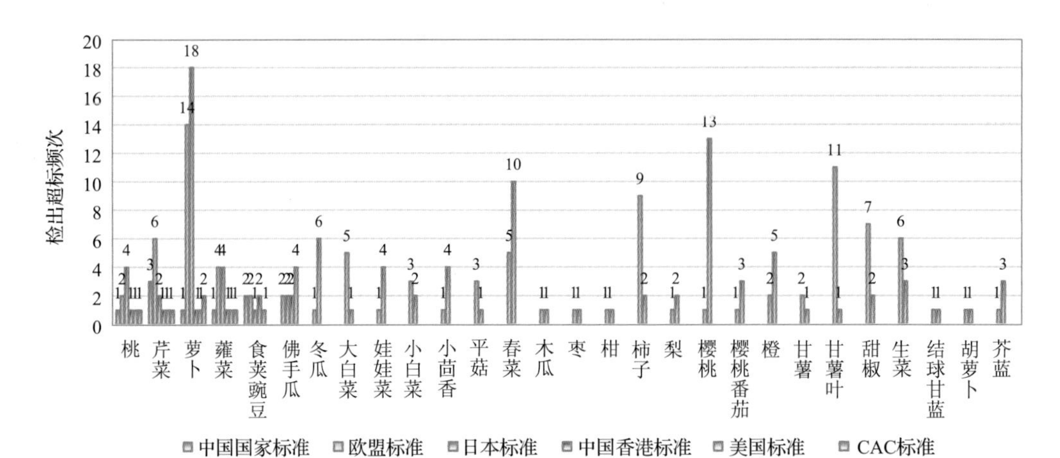

图 5-14-1　超过 MRL 中国国家标准、欧盟标准、日本标准、中国香港标准、美国标准和 CAC 标准结果在水果蔬菜中的分布

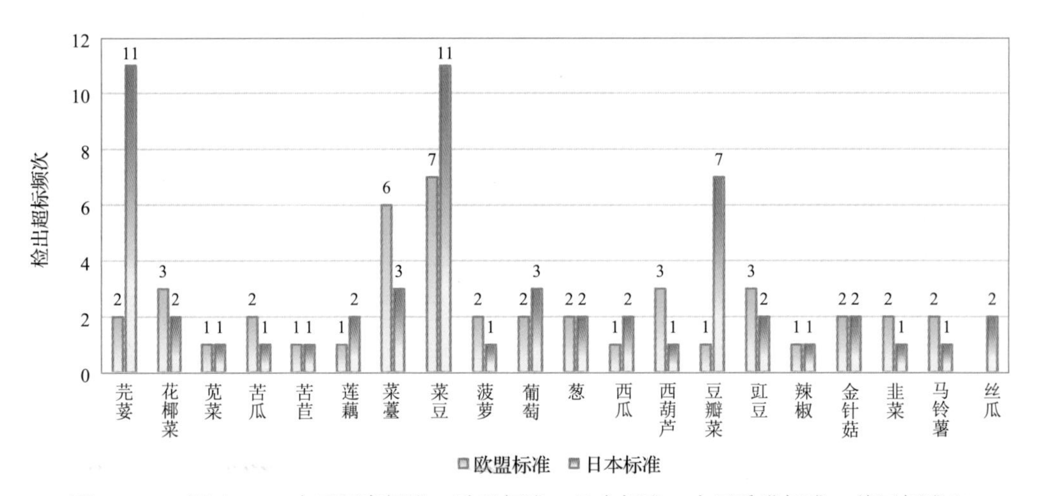

图 5-14-2　超过 MRL 中国国家标准、欧盟标准、日本标准、中国香港标准、美国标准和 CAC 标准结果在水果蔬菜中的分布

表 5-13　各 MRL 标准下超标农药品种及频次

	中国国家标准	欧盟标准	日本标准	中国香港标准	美国标准	CAC 标准
超标农药品种	7	63	69	5	4	4
超标农药频次	8	139	156	8	9	5

5.2.2.1　按 MRL 中国国家标准衡量

按 MRL 中国国家标准衡量，共有 7 种农药超标，检出 8 频次，分别为剧毒农药涕灭威，高毒农药克百威和氧乐果，中毒农药毒死蜱、苯醚甲环唑和杀虫脒，微毒农药多菌灵。

按超标程度比较，蕹菜中涕灭威超标 17.6 倍，食荚豌豆中多菌灵超标 11.4 倍，芹菜中克百威超标 2.4 倍，芹菜中毒死蜱超标 1.1 倍，芹菜中氧乐果超标 0.7 倍。检测结果见图 5-15 和附表 15。

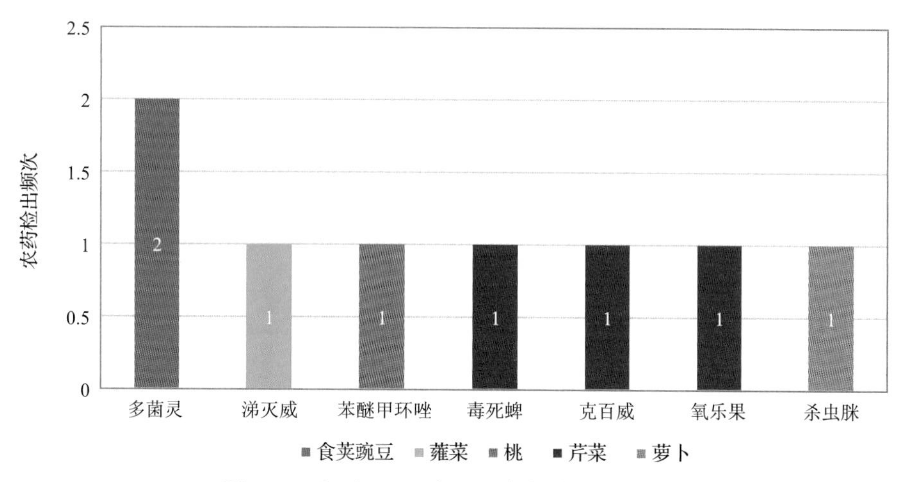

图 5-15　超过 MRL 中国国家农药品种及频次

5.2.2.2　按 MRL 欧盟标准衡量

按 MRL 欧盟标准衡量，共有 63 种农药超标，检出 139 频次，分别为剧毒农药涕灭威和对硫磷，高毒农药久效威、异柳磷、克百威、三唑磷、氧乐果和丁酮威，中毒农药乐果、异丙隆、敌百虫、莠灭净、戊唑醇、环嗪酮、毒死蜱、噻虫胺、烯唑醇、喹螨醚、噻虫嗪、双苯酰草胺、苯醚甲环唑、茚虫威、噁霜灵、丙环唑、速灭威、啶虫脒、氟硅唑、哒螨灵、杀虫脒、抑霉唑、丙溴磷和鱼藤酮，低毒农药呋虫胺、嘧霉胺、环丙津、嘧菌环胺、敌草隆、螺螨酯、四螨嗪、胺苯磺隆、硫菌灵、驱蚊叮、非草隆、异戊乙净、噁唑隆、马拉硫磷、扑灭津、特草灵、噻嗪酮、环庚草醚、异丙净和环丙嘧啶醇，微毒农药多菌灵、乙嘧酚、吡唑醚菌酯、咪草酸、丁酰肼、乙螨唑、咪唑喹啉酸、增效醚、联苯肼酯、灭草烟和醚菌酯。

按超标程度比较，芫荽中戊唑醇超标 112.1 倍，芫荽中克百威超标 86.1 倍，芹菜中嘧霉胺超标 84.7 倍，生菜中氟硅唑超标 76.6 倍，甘薯叶中环庚草醚超标 47.8 倍。检测结果见图 5-16 和附表 16。

5.2.2.3　按 MRL 日本标准衡量

按 MRL 日本标准衡量，共有 69 种农药超标，检出 156 频次，分别为剧毒农药涕灭威和对硫磷，高毒农药久效威、异柳磷、克百威、三唑磷和丁酮威，中毒农药莠灭净、异丙隆、环嗪酮、甲哌、多效唑、戊唑醇、毒死蜱、噻虫胺、甲霜灵、烯唑醇、乙氧喹啉、噻虫嗪、喹螨醚、双苯酰草胺、苯醚甲环唑、茚虫威、丙环唑、速灭威、啶虫脒、氟硅唑、哒螨灵、杀虫脒、抑霉唑、吡虫啉、丙溴磷和鱼藤酮，低毒农药灭蝇胺、烯酰吗啉、呋虫胺、嘧霉胺、环丙津、喹禾灵、嘧菌环胺、螺螨酯、虫酰肼、四螨嗪、氟环唑、胺苯磺隆、三甲苯草酮、硫菌灵、驱蚊叮、异戊乙净、非草隆、特丁津、噁唑隆、特草灵、乙嘧酚磺酸酯、环庚草醚、异丙净和环丙嘧啶醇，微毒农药多菌灵、咪草酸、吡唑醚菌酯、乙嘧酚、乙螨唑、丁酰肼、嘧菌酯、咪唑喹啉酸、联苯肼酯、甲基硫菌灵、灭草烟和醚菌酯。

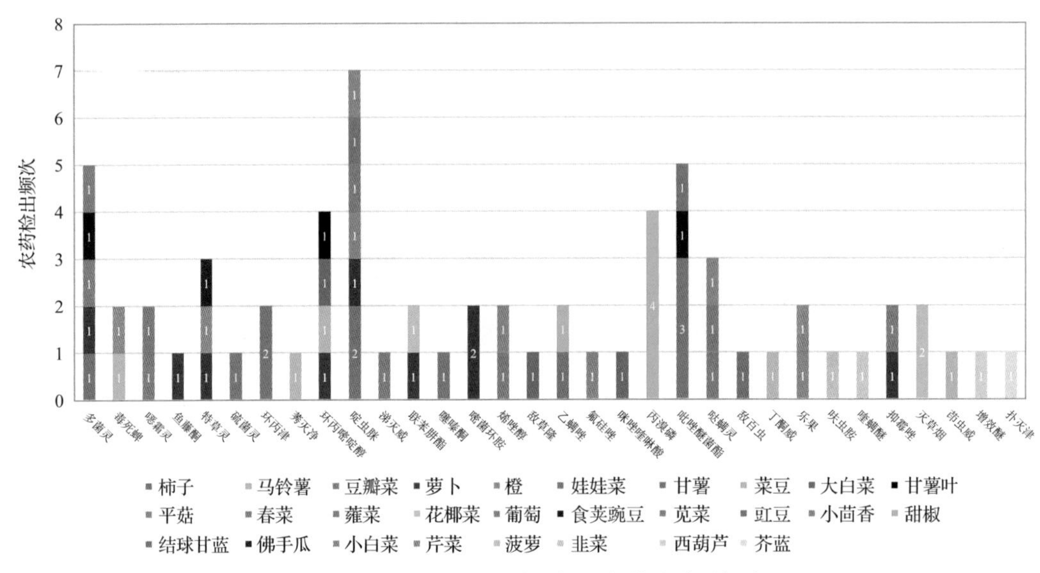

图 5-16-1　超过 MRL 欧盟标准农药品种及频次

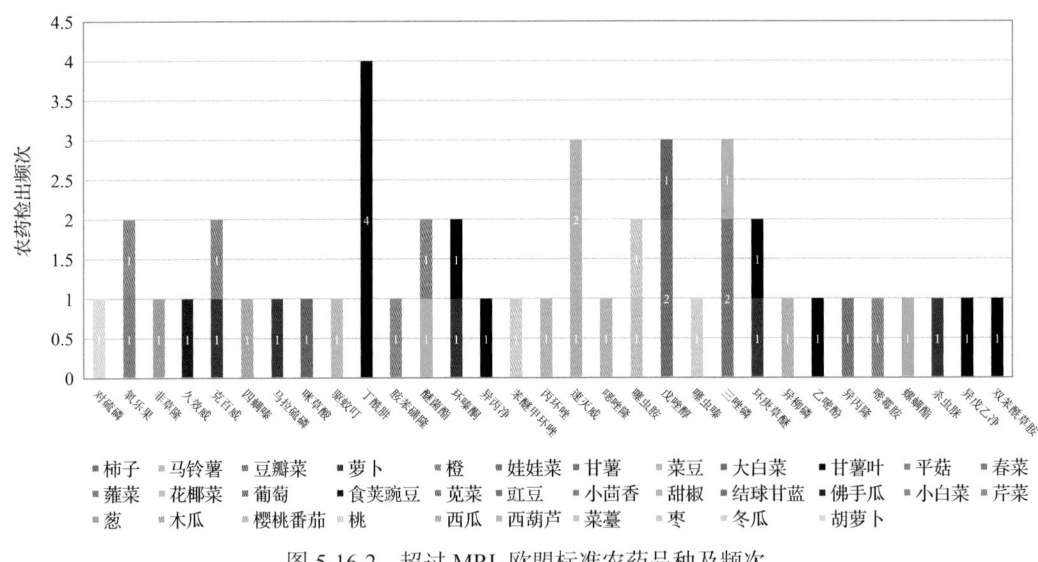

图 5-16-2　超过 MRL 欧盟标准农药品种及频次

按超标程度比较，芫荽中戊唑醇超标 564.3 倍，春菜中烯酰吗啉超标 103.6 倍，芹菜中嘧霉胺超标 84.7 倍，菜豆中联苯肼酯超标 83.6 倍，生菜中氟硅唑超标 76.6 倍。检测结果见图 5-17 和附表 17。

5.2.2.4　按 MRL 中国香港标准衡量

按 MRL 中国香港标准衡量，共有 5 种农药超标，检出 8 频次，分别为中毒农药毒死蜱、噻虫嗪和啶虫脒，低毒农药螺螨酯，微毒农药吡唑醚菌酯。

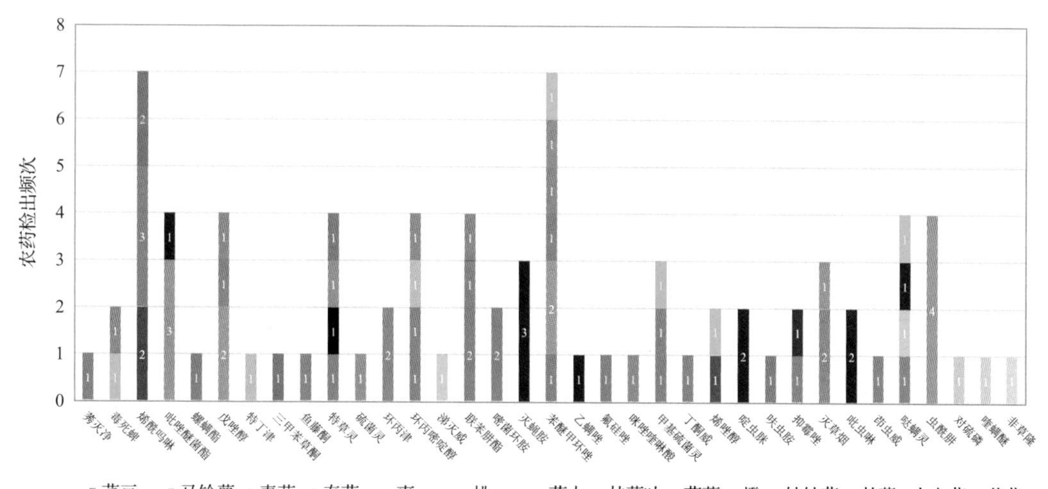

图 5-17-1 超过 MRL 日本标准农药品种及频次

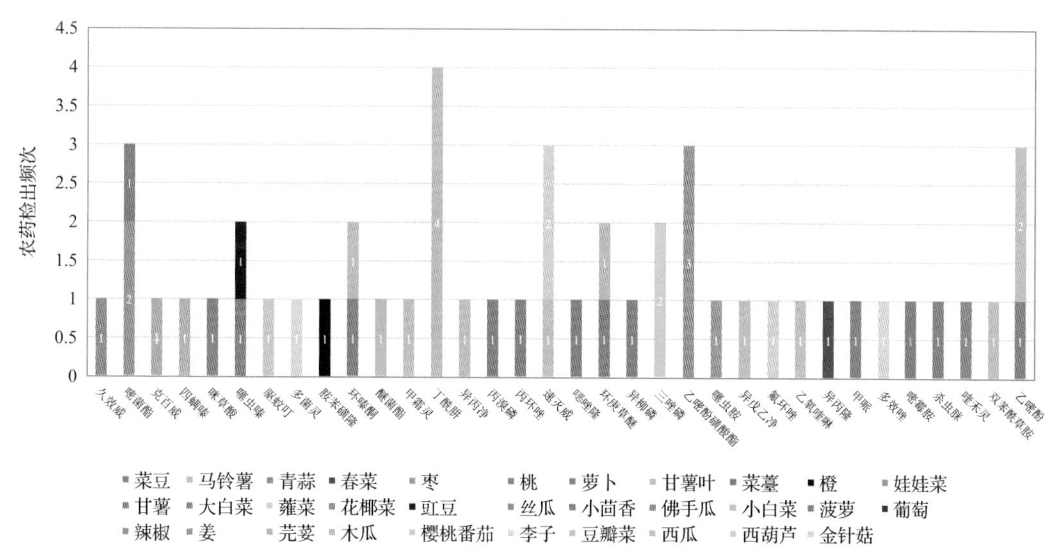

图 5-17-2 超过 MRL 日本标准农药品种及频次

按超标程度比较，食荚豌豆中吡唑醚菌酯超标 8.6 倍，豇豆中吡唑醚菌酯超标 3.9 倍，豇豆中噻虫嗪超标 1.2 倍，芹菜中毒死蜱超标 1.1 倍，冬瓜中噻虫嗪超标 0.5 倍。检测结果见图 5-18 和附表 18。

5.2.2.5 按 MRL 美国标准衡量

按 MRL 美国标准衡量，共有 4 种农药超标，检出 9 频次，分别为中毒农药噻虫嗪和啶虫脒，低毒农药虫酰肼，微毒农药联苯肼酯。

按超标程度比较，姜中虫酰肼超标 13.2 倍，冬瓜中噻虫嗪超标 2.9 倍，莲藕中联苯肼酯超标 2.9 倍，甜椒中啶虫脒超标 0.5 倍，豇豆中噻虫嗪超标 0.1 倍。检测结果见图 5-19 和附表 19。

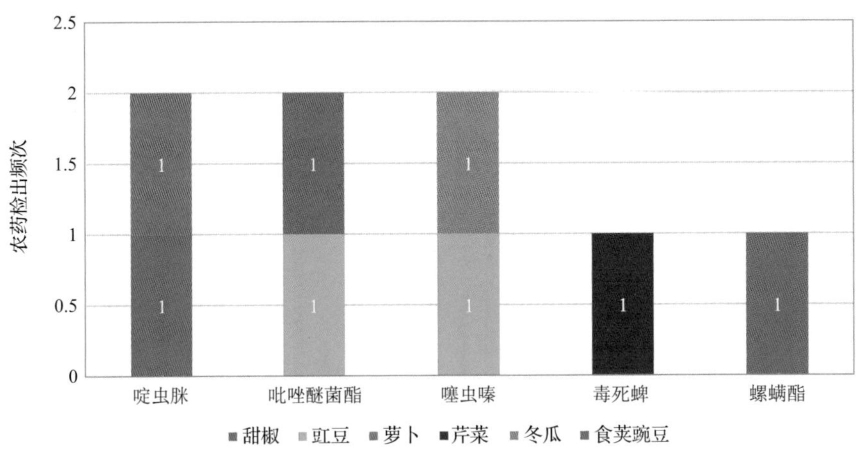

图 5-18　超过 MRL 中国香港标准农药品种及频次

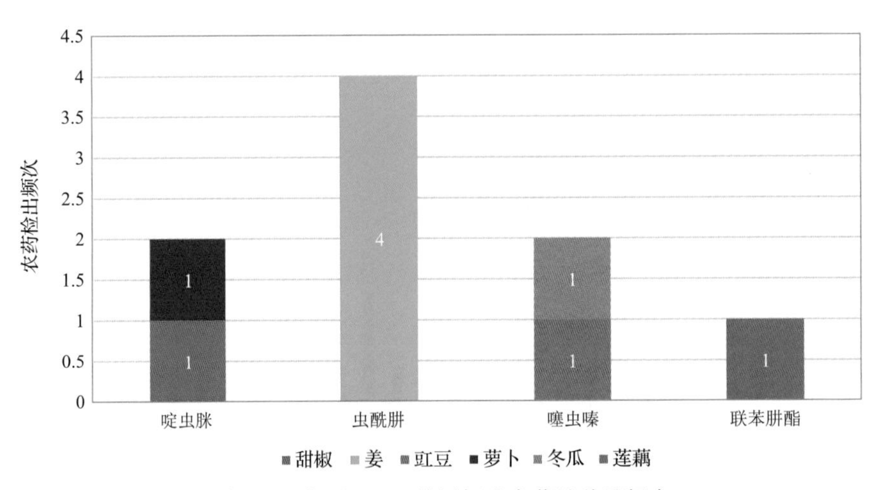

图 5-19　超过 MRL 美国标准农药品种及频次

5.2.2.6　按 MRL CAC 标准衡量

按 MRL CAC 标准衡量，共有 4 种农药超标，检出 5 频次，分别为中毒农药噻虫嗪、苯醚甲环唑和啶虫脒，低毒农药螺螨酯。

按超标程度比较，豇豆中噻虫嗪超标 1.2 倍，冬瓜中噻虫嗪超标 0.5 倍，甜椒中螺螨酯超标 0.5 倍，甜椒中啶虫脒超标 0.5 倍，桃中苯醚甲环唑超标 0.4 倍。检测结果见图 5-20 和附表 20。

5.2.3　42 个采样点超标情况分析

5.2.3.1　按 MRL 中国国家标准衡量

按 MRL 中国国家标准衡量，有 6 个采样点的样品存在不同程度的超标农药检出，其中***超市的超标率最高，为 9.1%，如表 5-14 和图 5-21 所示。

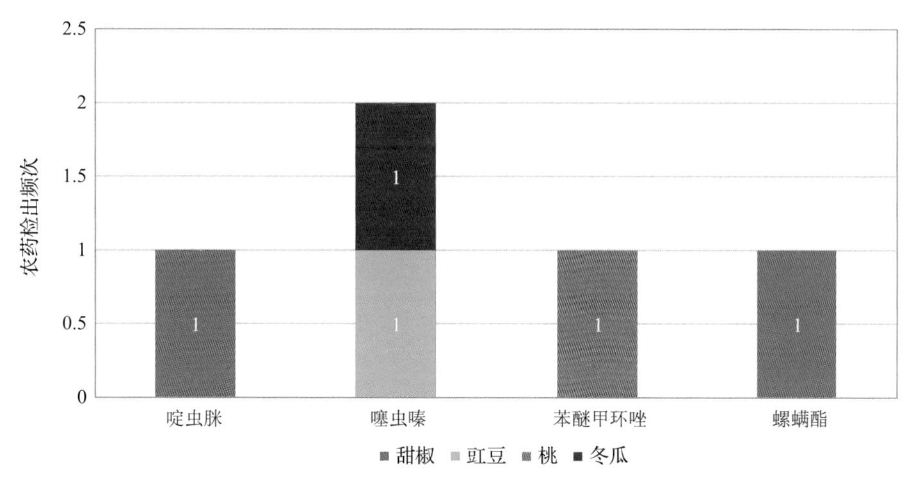

图 5-20　超过 MRL CAC 标准农药品种及频次

表 5-14　超过 MRL 中国国家标准水果蔬菜在不同采样点分布

序号	采样点	样品总数	超标数量	超标率(%)	行政区域
1	***市场	67	1	1.5	福田区
2	***超市(南新店)	30	2	6.7	南山区
3	***超市(东湖店)	30	1	3.3	罗湖区
4	***超市	22	2	9.1	罗湖区
5	***街市布心店 B75	16	1	6.2	罗湖区
6	***超市(大浪店)	12	1	8.3	宝安区

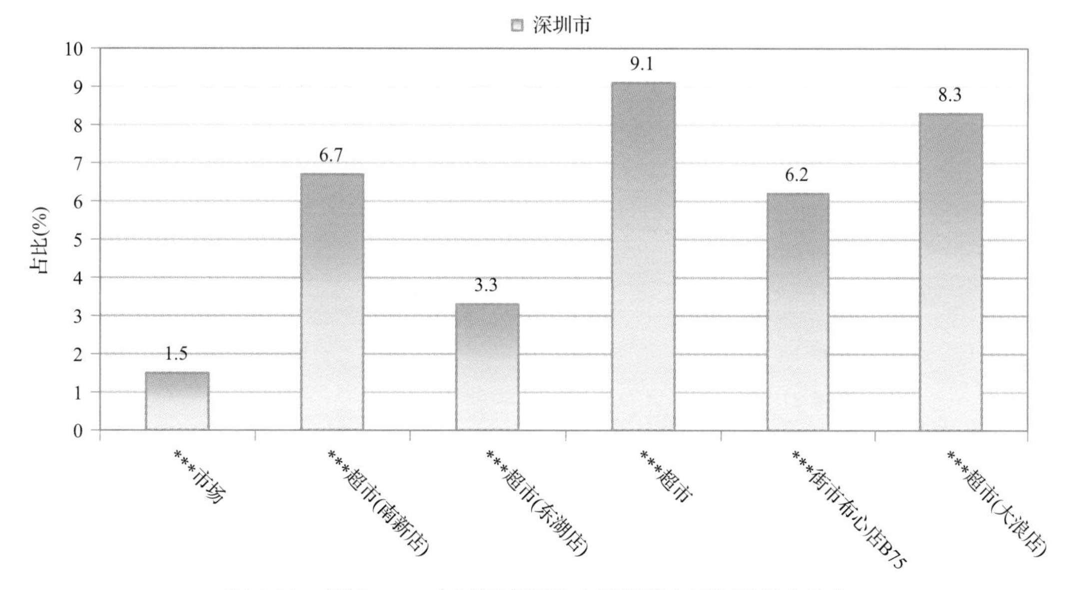

图 5-21　超过 MRL 中国国家标准水果蔬菜在不同采样点分布

5.2.3.2 按 MRL 欧盟标准衡量

按 MRL 欧盟标准衡量，有 28 个采样点的样品存在不同程度的超标农药检出，其中***超市(坂田店)的超标率最高，为 60.0%，如表 5-15 和图 5-22 所示。

表 5-15 超过 MRL 欧盟标准水果蔬菜在不同采样点分布

序号	采样点	样品总数	超标数量	超标率(%)	行政区域
1	***市场	67	10	14.9	福田区
2	***超市(黄贝路店)	44	7	15.9	罗湖区
3	***超市(南新店)	30	3	10.0	南山区
4	***超市(梅林店)	30	4	13.3	福田区
5	***超市	30	7	23.3	福田区
6	***超市(东湖店)	30	4	13.3	罗湖区
7	***超市(龙华西店)	29	8	27.6	宝安区
8	***超市(翠竹店)	28	4	14.3	罗湖区
9	***市场	28	7	25.0	南山区
10	***超市(中信店)	27	4	14.8	福田区
11	***超市	22	5	22.7	罗湖区
12	***超市	19	6	31.6	宝安区
13	***水果店	17	2	11.8	罗湖区
14	***街市布心店 B75	16	4	25.0	罗湖区
15	***市场	15	4	26.7	宝安区
16	***街市布心店 B04	14	3	21.4	罗湖区
17	***市场	14	3	21.4	南山区
18	***超市(香蜜湖店)	11	2	18.2	福田区
19	***超市(***店)	11	1	9.1	南山区
20	***蔬菜店	9	1	11.1	宝安区
21	***超市	8	1	12.5	罗湖区
22	***超市(民治店)	8	1	12.5	宝安区
23	***超市	6	3	50.0	宝安区
24	***市场	6	1	16.7	宝安区
25	***街市	5	2	40.0	福田区
26	***超市(坂田店)	5	3	60.0	宝安区
27	***超市(燕南路店)	5	1	20.0	福田区
28	***超市(龙华店)	3	1	33.3	宝安区

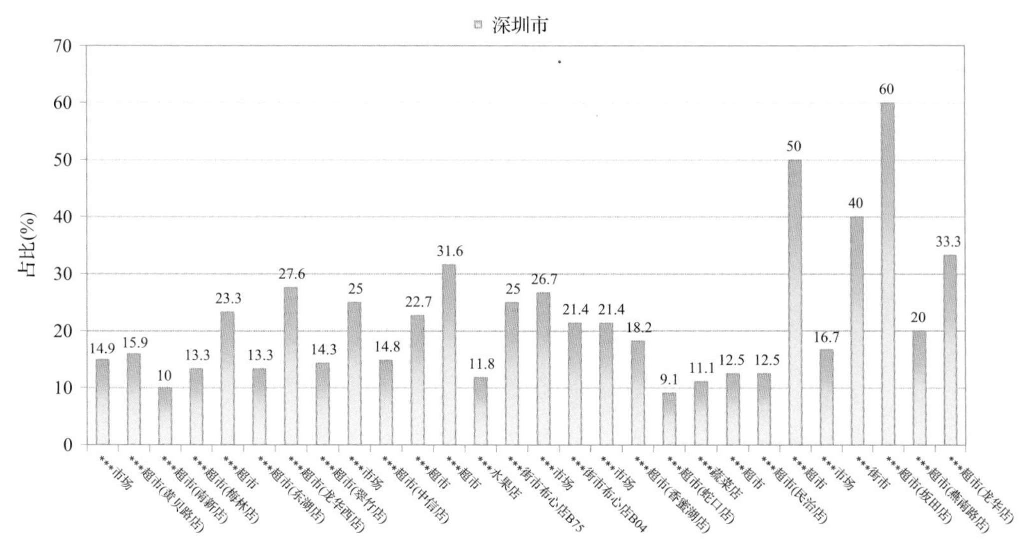

图 5-22　超过 MRL 欧盟标准蔬菜在不同采样点分布

5.2.3.3　按 MRL 日本标准衡量

按 MRL 日本标准衡量，有 32 个采样点的样品存在不同程度的超标农药检出，其中***超市和***超市(书香门第店)的超标率最高，为 50.0%，如表 5-16 和图 5-23 所示。

表 5-16　超过 MRL 日本标准水果蔬菜在不同采样点分布

序号	采样点	样品总数	超标数量	超标率(%)	行政区域
1	***市场	67	7	10.4	福田区
2	***超市(黄贝路店)	44	10	22.7	罗湖区
3	***超市(南新店)	30	4	13.3	南山区
4	***超市(梅林店)	30	3	10.0	福田区
5	***超市	30	7	23.3	福田区
6	***超市(东湖店)	30	7	23.3	罗湖区
7	***超市(龙华西店)	29	7	24.1	宝安区
8	***超市(翠竹店)	28	6	21.4	罗湖区
9	***市场	28	4	14.3	南山区
10	***超市(中信店)	27	3	11.1	福田区
11	***超市	22	5	22.7	罗湖区
12	***超市	19	6	31.6	宝安区
13	***水果店	17	2	11.8	罗湖区
14	***街市布心店 B75	16	4	25.0	罗湖区
15	***市场	15	2	13.3	宝安区
16	***街市布心店 B04	14	4	28.6	罗湖区

续表

序号	采样点	样品总数	超标数量	超标率(%)	行政区域
17	***市场	14	6	42.9	南山区
18	***超市(香蜜湖店)	11	2	18.2	福田区
19	***街市	11	1	9.1	宝安区
20	***超市(***店)	11	4	36.4	南山区
21	***蔬菜店	9	3	33.3	宝安区
22	***超市	8	1	12.5	罗湖区
23	***超市(民治店)	8	1	12.5	宝安区
24	***批发行	7	1	14.3	宝安区
25	***超市(南油店)	6	1	16.7	南山区
26	***超市	6	3	50.0	宝安区
27	***超市(民治店)	6	1	16.7	宝安区
28	***超市	6	1	16.7	南山区
29	***街市	5	1	20.0	福田区
30	***超市(坂田店)	5	2	40.0	宝安区
31	***超市(燕南路店)	5	1	20.0	福田区
32	***超市(书香门第店)	2	1	50.0	宝安区

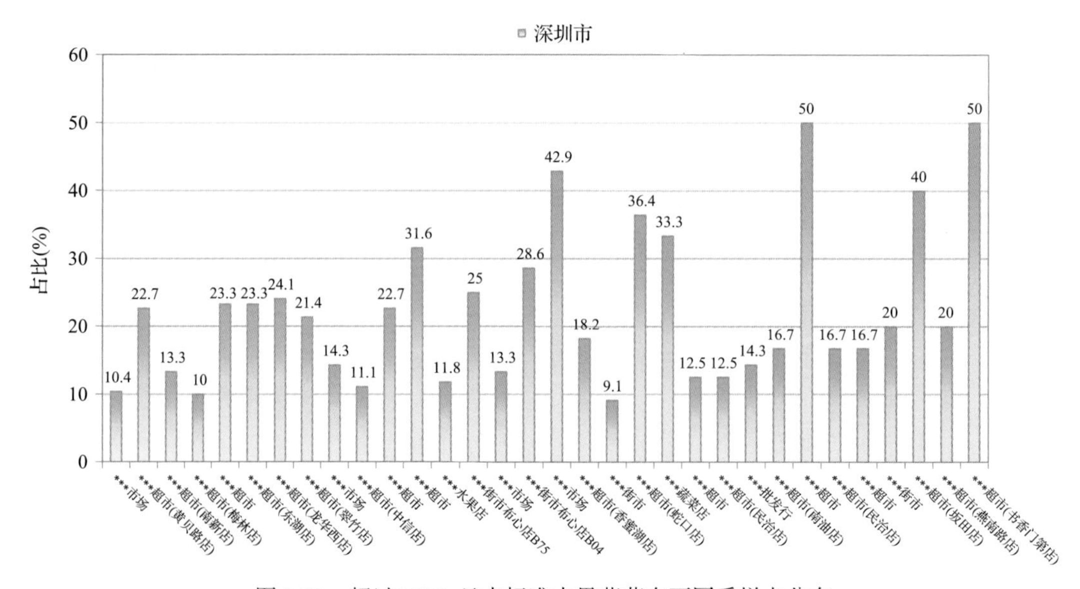

图 5-23　超过 MRL 日本标准水果蔬菜在不同采样点分布

5.2.3.4　按 MRL 中国香港标准衡量

按 MRL 中国香港标准衡量，有 8 个采样点的样品存在不同程度的超标农药检出，其中***超市(民治店)的超标率最高，为 16.7%，如表 5-17 和图 5-24 所示。

表 5-17　超过 MRL 中国香港标准水果蔬菜在不同采样点分布

序号	采样点	样品总数	超标数量	超标率(%)	行政区域
1	***市场	67	1	1.5	福田区
2	***超市(南新店)	30	1	3.3	南山区
3	***超市(梅林店)	30	1	3.3	福田区
4	***超市(东湖店)	30	1	3.3	罗湖区
5	***超市	22	1	4.5	罗湖区
6	***街市布心店 B75	16	1	6.2	罗湖区
7	***超市(民治店)	8	1	12.5	宝安区
8	***超市(民治店)	6	1	16.7	宝安区

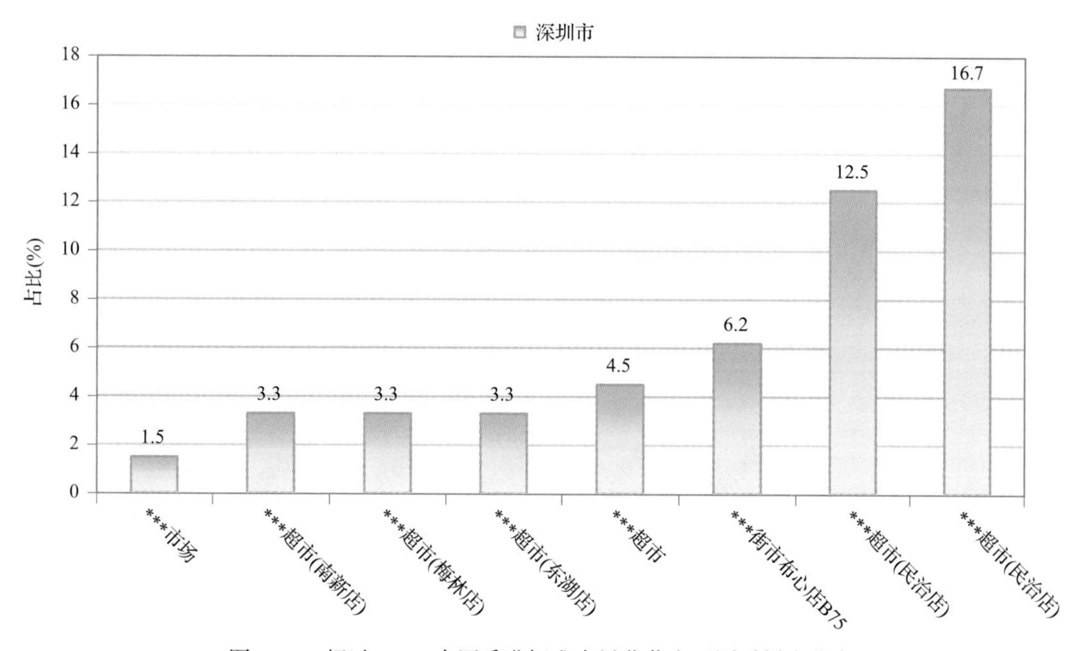

图 5-24　超过 MRL 中国香港标准水果蔬菜在不同采样点分布

5.2.3.5　按 MRL 美国标准衡量

按 MRL 美国标准衡量，有 8 个采样点的样品存在不同程度的超标农药检出，其中***超市(民治店)的超标率最高，为 16.7%，如表 5-18 和图 5-25 所示。

5.2.3.6　按 MRL CAC 标准衡量

按 MRL CAC 标准衡量，有 5 个采样点的样品存在不同程度的超标农药检出，其中***超市(民治店)的超标率最高，为 16.7%，如表 5-19 和图 5-26 所示。

表 5-18　超过 MRL 美国标准水果蔬菜在不同采样点分布

序号	采样点	样品总数	超标数量	超标率(%)	行政区域
1	***市场	67	1	1.5	福田区
2	***超市(黄贝路店)	44	1	2.3	罗湖区
3	***超市(梅林店)	30	1	3.3	福田区
4	***超市(东湖店)	30	1	3.3	罗湖区
5	***超市(翠竹店)	28	1	3.6	罗湖区
6	***街市布心店 B75	16	1	6.2	罗湖区
7	***街市布心店 B04	14	2	14.3	罗湖区
8	***超市(民治店)	6	1	16.7	宝安区

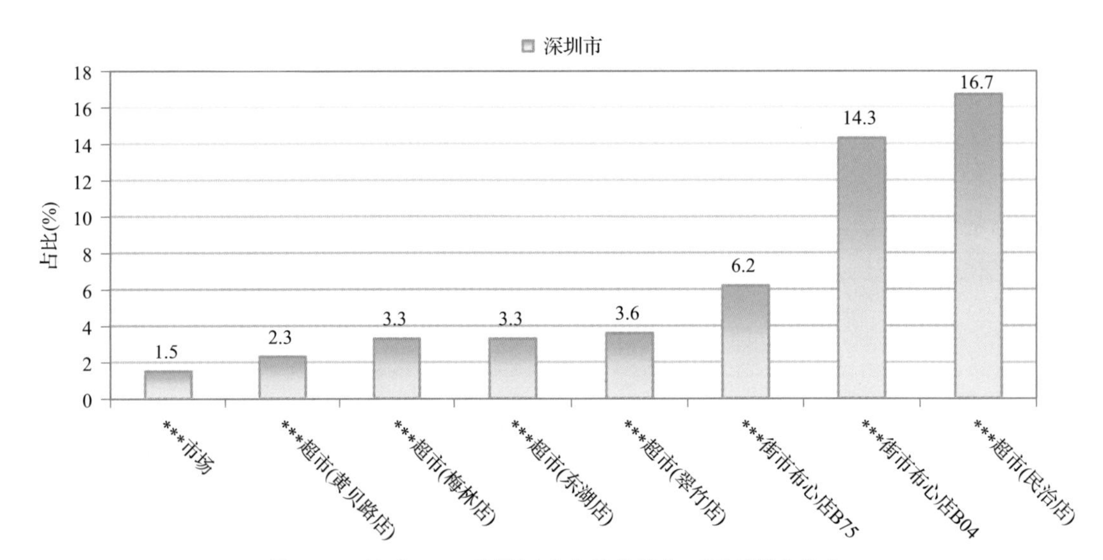

图 5-25　超过 MRL 美国标准水果蔬菜在不同采样点分布

表 5-19　超过 MRL CAC 标准水果蔬菜在不同采样点分布

序号	采样点	样品总数	超标数量	超标率(%)	行政区域
1	***市场	67	1	1.5	福田区
2	***超市(南新店)	30	1	3.3	南山区
3	***超市	22	1	4.5	罗湖区
4	***街市布心店 B75	16	1	6.2	罗湖区
5	***超市(民治店)	6	1	16.7	宝安区

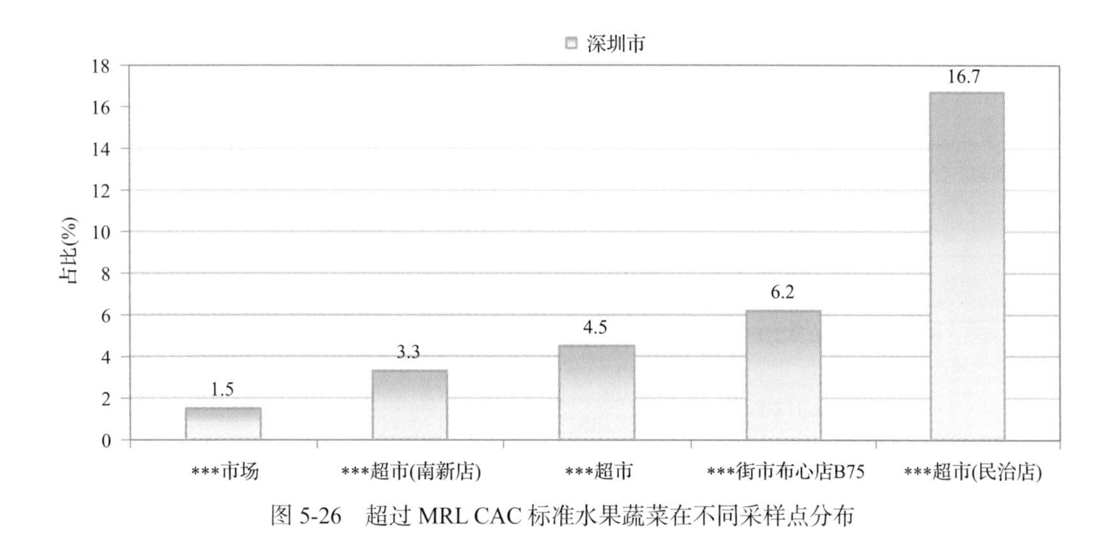

图 5-26　超过 MRL CAC 标准水果蔬菜在不同采样点分布

5.3　水果中农药残留分布

5.3.1　检出农药品种和频次排前 10 的水果

本次残留侦测的水果共 27 种，包括猕猴桃、山竹、桃、西瓜、哈密瓜、香蕉、柿子、木瓜、苹果、柑、香瓜、葡萄、草莓、李子、柚、枇杷、梨、芒果、枣、橘、樱桃、橙、柠檬、火龙果、菠萝、杨桃和甜瓜。

根据检出农药品种及频次进行排名，将各项排名前 10 位的水果样品检出情况列表说明，详见表 5-20。

表 5-20　检出农药品种和频次排名前 10 的水果

检出农药品种排名前 10(品种)	①橙(10)，②梨(7)，③葡萄(7)，④柿子(7)，⑤桃(7)，⑥柑(6)，⑦菠萝(5)，⑧枣(5)，⑨草莓(4)，⑩柠檬(4)
检出农药频次排名前 10(频次)	①橙(16)，②葡萄(16)，③柿子(16)，④柠檬(11)，⑤柑(10)，⑥梨(10)，⑦枣(10)，⑧桃(9)，⑨菠萝(5)，⑩樱桃(5)
检出禁用、高毒及剧毒农药品种排名前 10(品种)	
检出禁用、高毒及剧毒农药频次排名前 10(频次)	

5.3.2　超标农药品种和频次排前 10 的水果

鉴于 MRL 欧盟标准和日本标准制定比较全面且覆盖率较高，我们参照 MRL 中国国家标准、欧盟标准和日本标准衡量水果样品标准中农残检出情况，将超标农药品种及频次排名前 10 的水果列表说明，详见表 5-21。

表 5-21 超标农药品种和频次排名前 10 的水果

超标农药品种排名前 10(农药品种数)	MRL 中国国家标准	①桃(1)
	MRL 欧盟标准	①柿子(5)，②菠萝(2)，③橙(2)，④葡萄(2)，⑤桃(2)，⑥柑(1)，⑦梨(1)，⑧木瓜(1)，⑨西瓜(1)，⑩樱桃(1)
	MRL 日本标准	①枣(5)，②桃(4)，③菠萝(2)，④橙(2)，⑤李子(2)，⑥猕猴桃(2)，⑦柑(1)，⑧梨(1)，⑨木瓜(1)，⑩葡萄(1)
超标农药频次排名前 10(农药频次数)	MRL 中国国家标准	①桃(1)
	MRL 欧盟标准	①柿子(9)，②菠萝(2)，③橙(2)，④葡萄(2)，⑤桃(2)，⑥柑(1)，⑦梨(1)，⑧木瓜(1)，⑨西瓜(1)，⑩樱桃(1)
	MRL 日本标准	①枣(10)，②桃(4)，③菠萝(2)，④橙(2)，⑤李子(2)，⑥猕猴桃(2)，⑦柑(1),⑧梨(1)，⑨木瓜(1)，⑩葡萄(1)

5.4 蔬菜中农药残留分布

5.4.1 检出农药品种和频次排前 10 的蔬菜

本次农药残留侦测的蔬菜共 60 种，包括莲藕、结球甘蓝、甘薯、洋葱、韭菜、芹菜、青蒜、黄瓜、大蒜、蕹菜、紫薯、小茴香、苦苣、芦笋、豇豆、番茄、花椰菜、山药、菠菜、菜用大豆、芥蓝、西葫芦、甜椒、佛手瓜、樱桃番茄、苋菜、辣椒、葱、春菜、奶白菜、人参果、落葵、芋、小白菜、胡萝卜、油麦菜、青花菜、紫甘蓝、叶芥菜、南瓜、豆瓣菜、马铃薯、萝卜、姜、茄子、菜薹、菜豆、小油菜、娃娃菜、大白菜、茼蒿、生菜、食荚豌豆、苦瓜、冬瓜、青菜、竹笋、莴笋、丝瓜和甘薯叶。

根据检出农药品种及频次进行排名，将各项排名前 10 位的蔬菜样品检出情况列表说明，详见表 5-22。

表 5-22 检出农药品种和频次排名前 10 的蔬菜

检出农药品种排名前 10(品种)	①萝卜(36)，②大白菜(21)，③春菜(19)，④甘薯叶(17)，⑤菜豆(16)，⑥芹菜(14)，⑦豆瓣菜(13)，⑧菜薹(8)，⑨番茄(8)，⑩小白菜(8)
检出农药频次排名前 10(频次)	①萝卜(52)，②甘薯叶(28)，③春菜(26)，④大白菜(26)，⑤芹菜(18)，⑥菜豆(17)，⑦甜椒(15)，⑧豆瓣菜(14)，⑨菜薹(13)，⑩生菜(13)
检出禁用、高毒及剧毒农药品种排名前 10(品种)	①萝卜(6)，②芹菜(3)，③菜豆(2)，④甘薯叶(2)，⑤蕹菜(2)，⑥春菜(1)，⑦葱(1)，⑧大蒜(1)，⑨豆瓣菜(1)，⑩佛手瓜(1)
检出禁用、高毒及剧毒农药频次排名前 10(频次)	①萝卜(8)，②甘薯叶(5)，③芹菜(3)，④蕹菜(3)，⑤菜豆(2)，⑥春菜(1)，⑦葱(1)，⑧大蒜(1)，⑨豆瓣菜(1)，⑩佛手瓜(1)

5.4.2 超标农药品种和频次排前 10 的蔬菜

鉴于 MRL 欧盟标准和日本标准制定比较全面且覆盖率较高，我们参照 MRL 中国国家标准、欧盟标准和日本标准衡量蔬菜样品中农残检出情况，将超标农药品种及频次排名前 10 的蔬菜列表说明，详见表 5-23。

表 5-23　超标农药品种和频次排名前 10 的蔬菜

超标农药品种排名前 10(农药品种数)	MRL 中国国家标准	①芹菜(3),②萝卜(1),③食荚豌豆(1),④蕹菜(1)
	MRL 欧盟标准	①萝卜(13)，②甘薯叶(8)，③菜豆(7)，④芹菜(6)，⑤春菜(5)，⑥大白菜(5)，⑦甜椒(4)，⑧菜薹(3)，⑨豇豆(3)，⑩生菜(3)
	MRL 日本标准	①萝卜(15)，②菜豆(10)，③甘薯叶(9)，④豇豆(7)，⑤大白菜(6)，⑥小白菜(4)，⑦春菜(3)，⑧豆瓣菜(3)，⑨甜椒(3)，⑩蕹菜(3)
超标农药频次排名前 10(农药频次数)	MRL 中国国家标准	①芹菜(3)，②食荚豌豆(2)，③萝卜(1)，④蕹菜(1)
	MRL 欧盟标准	①萝卜(14)，②甘薯叶(11)，③菜豆(7)，④甜椒(7)，⑤菜薹(6)，⑥芹菜(6)，⑦生菜(6)，⑧春菜(5)，⑨大白菜(5)，⑩蕹菜(4)
	MRL 日本标准	①萝卜(18)，②甘薯叶(13)，③菜豆(11)，④豇豆(11)，⑤姜(7)，⑥大白菜(6)，⑦生菜(5)，⑧春菜(4)，⑨蕹菜(4)，⑩小白菜(4)

5.5　初 步 结 论

5.5.1　深圳市市售水果蔬菜按 MRL 中国国家标准和国际主要 MRL 标准衡量的合格率

本次侦测的 612 例样品中，351 例样品未检出任何残留农药，占样品总量的 57.4%，261 例样品检出不同水平、不同种类的残留农药，占样品总量的 42.6%。在这 261 例检出农药残留的样品中：

按 MRL 中国国家标准衡量，有 253 例样品检出残留农药但含量没有超标，占样品总数的 41.3%，有 8 例样品检出了超标农药，占样品总数的 1.3%。

按 MRL 欧盟标准衡量，有 159 例样品检出残留农药但含量没有超标，占样品总数的 26.0%，有 102 例样品检出了超标农药，占样品总数的 16.7%。

按 MRL 日本标准衡量，有 150 例样品检出残留农药但含量没有超标，占样品总数的 24.5%，有 111 例样品检出了超标农药，占样品总数的 18.1%。

按 MRL 中国香港标准衡量，有 253 例样品检出残留农药但含量没有超标，占样品总数的 41.3%，有 8 例样品检出了超标农药，占样品总数的 1.3%。

按 MRL 美国标准衡量，有 252 例样品检出残留农药但含量没有超标，占样品总数的 41.2%，有 9 例样品检出了超标农药，占样品总数的 1.5%。

按 MRL CAC 标准衡量，有 256 例样品检出残留农药但含量没有超标，占样品总数的 41.8%，有 5 例样品检出了超标农药，占样品总数的 0.8%。

5.5.2　深圳市市售水果蔬菜中检出农药以中低微毒农药为主，占市场主体的 89.3%

这次侦测的 612 例样品包括调味料 1 种 6 例，谷物 1 种 6 例，食用菌 4 种 169 例，水果 27 种 21 例，蔬菜 60 种 410 例，共检出了 131 种农药，检出农药的毒性以中低微毒为主，详见表 5-24。

表 5-24　市场主体农药毒性分布

毒性	检出品种	占比(%)	检出频次	占比(%)
剧毒农药	4	3.1	5	0.9
高毒农药	10	7.6	22	4.1
中毒农药	48	36.6	221	41.2
低毒农药	51	38.9	178	33.1
微毒农药	18	13.7	111	20.7
中低微毒农药，品种占比 89.3%，频次占比 95.0%				

5.5.3　检出剧毒、高毒和禁用农药现象应该警醒

在此次侦测的 612 例样品中有 13 种蔬菜的 30 例样品检出了 16 种 32 频次的剧毒和高毒或禁用农药，占样品总量的 4.9%。其中剧毒农药灭线磷、对硫磷和磷胺以及高毒农药克百威、硫线磷和三唑磷检出频次较高。

按 MRL 中国国家标准衡量，高毒农药克百威，检出 4 次，超标 1 次；按超标程度比较，蕹菜中涕灭威超标 17.6 倍，芹菜中克百威超标 2.4 倍，芹菜中氧乐果超标 0.7 倍。

剧毒、高毒或禁用农药的检出情况及按照 MRL 中国国家标准衡量的超标情况见表 5-25。

表 5-25　剧毒、高毒或禁用农药的检出及超标明细

序号	农药名称	样品名称	检出频次	超标频次	最大超标倍数	超标率
1.1	对硫磷*	胡萝卜	1	0	0	0.0%
2.1	涕灭威*▲	蕹菜	1	1	17.6	100.0%
3.1	灭线磷*▲	萝卜	2	0	0	0.0%
4.1	磷胺*▲	花椰菜	1	0	0	0.0%
5.1	丁酮威◊	大蒜	1	0	0	0.0%
5.2	丁酮威◊	菜豆	1	0	0	0.0%
6.1	三唑磷◊	蕹菜	2	0	0	0.0%
6.2	三唑磷◊	甜椒	1	0	0	0.0%
7.1	久效威◊	佛手瓜	1	0	0	0.0%
8.1	克百威◊▲	芹菜	1	1	2.4	100.0%
8.2	克百威◊▲	芫荽	1	0	0	0.0%
8.3	克百威◊▲	萝卜	1	0	0	0.0%
8.4	克百威◊▲	葱	1	0	0	0.0%
9.1	异柳磷◊	菜豆	1	0	0	0.0%

续表

序号	农药名称	样品名称	检出频次	超标频次	最大超标倍数	超标率
9.2	异柳磷◊	萝卜	1	0	0	0.0%
9.3	异柳磷◊	豆瓣菜	1	0	0	0.0%
10.1	氧乐果◊▲	芹菜	1	1	0.7	100.0%
10.2	氧乐果◊▲	平菇	1	0	0	0.0%
11.1	灭害威◊	萝卜	1	0	0	0.0%
11.2	灭害威◊	金针菇	1	0	0	0.0%
12.1	甲硫威◊	甘薯叶	1	0	0	0.0%
13.1	硫线磷◊▲	萝卜	2	0	0	0.0%
13.2	硫线磷◊▲	芹菜	1	0	0	0.0%
14.1	蚜灭磷◊	春菜	1	0	0	0.0%
15.1	杀虫脒▲	萝卜	1	1	0.3	100.0%
16.1	丁酰肼▲	甘薯叶	4	0	0	0.0%
合计			32	4		12.5%

注：超标倍数参照 MRL 中国国家标准衡量

这些超标的剧毒和高毒农药都是中国政府早有规定禁止在水果蔬菜中使用的，为什么还屡次被检出，应该引起警惕。

5.5.4　残留限量标准与先进国家或地区标准差距较大

537 频次的检出结果与我国公布的《食品中农药最大残留限量》(GB 2763—2014)对比，有 128 频次能找到对应的 MRL 中国国家标准，占 23.8%；还有 409 频次的侦测数据无相关 MRL 标准供参考，占 76.2%。

与国际上现行 MRL 标准对比发现：

有 537 频次能找到对应的 MRL 欧盟标准，占 100.0%；

有 537 频次能找到对应的 MRL 日本标准，占 100.0%；

有 200 频次能找到对应的 MRL 中国香港标准，占 37.2%；

有 183 频次能找到对应的 MRL 美国标准，占 34.1%；

有 134 频次能找到对应的 MRL CAC 标准，占 25.0%；

由上可见，MRL 中国国家标准与先进国家或地区标准还有很大差距，我们无标准，境外有标准，这就会导致我们在国际贸易中，处于受制于人的被动地位。

5.5.5　水果蔬菜单种样品检出 7~36 种农药残留，拷问农药使用的科学性

通过此次监测发现，橙、梨和葡萄是检出农药品种最多的 3 种水果，萝卜、大白菜和春菜是检出农药品种最多的 3 种蔬菜，从中检出农药品种及频次详见表 5-26。

表 5-26　单种样品检出农药品种及频次

样品名称	样品总数	检出农药样品数	检出率	检出农药品种数	检出农药(频次)
萝卜	40	27	67.5%	36	吡虫啉(3)，三甲苯草酮(3)，烯酰吗啉(3)，苯醚甲环唑(2)，多菌灵(2)，甲基硫菌灵(2)，硫线磷(2)，马拉硫磷(2)，嘧菌环胺(2)，嘧霉胺(2)，灭线磷(2)，乙嘧酚(2)，莠灭净(2)，胺苯磺隆(1)，哒螨灵(1)，啶虫脒(1)，非草隆(1)，氟草隆(1)，环丙嘧啶醇(1)，环庚草醚(1)，环嗪酮(1)，甲萘威(1)，腈菌唑(1)，克百威(1)，联苯肼酯(1)，灭害威(1)，去甲基-甲酰氨基-抗蚜威(1)，杀虫脒(1)，双苯酰草胺(1)，特草灵(1)，戊唑醇(1)，异噁隆(1)，异柳磷(1)，异戊乙净(1)，抑霉唑(1)，鱼藤酮(1)
大白菜	8	8	100.0%	21	莠灭净(3)，丙环唑(2)，哒螨灵(2)，萎锈灵(2)，倍硫磷(1)，苯醚甲环唑(1)，稻瘟灵(1)，敌草隆(1)，啶虫脒(1)，毒草胺(1)，环丙津(1)，环丙嘧啶醇(1)，喹禾灵(1)，咪草酸(1)，咪唑喹啉酸(1)，扑灭津(1)，三唑酮(1)，双苯酰草胺(1)，戊草丹(1)，戊唑醇(1)，烯酰吗啉(1)
春菜	6	6	100.0%	19	莠灭净(4)，烯酰吗啉(3)，哒螨灵(2)，异噁隆(2)，吡唑醚菌酯(1)，避蚊胺(1)，丙环唑(1)，丁嗪草酮(1)，啶虫脒(1)，噁霜灵(1)，噁唑磷(1)，二甲嘧酚(1)，甲霜灵(1)，腈菌唑(1)，戊唑醇(1)，烯唑醇(1)，蚜灭磷(1)，异丙隆(1)，异戊乙净(1)
橙	11	8	72.7%	10	嘧霉胺(3)，抑霉唑(3)，胺苯磺隆(2)，二甲嘧酚(2)，丁噻隆(1)，环氟菌胺(1)，磷酸三丁酯(1)，特草灵(1)，乙嘧酚(1)，异稻瘟净(1)
梨	13	4	30.8%	7	啶虫脒(2)，二甲嘧酚(2)，特草灵(2)，苯醚甲环唑(1)，丁噻隆(1)，腈苯唑(1)，乙嘧酚(1)
葡萄	7	6	85.7%	7	烯酰吗啉(6)，吡唑醚菌酯(2)，嘧菌酯(2)，戊唑醇(2)，抑霉唑(2)，多菌灵(1)，嘧霉胺(1)

上述 6 种水果蔬菜，检出农药 7 ~ 36 种，是多种农药综合防治，还是未严格实施农业良好管理规范(GAP)，抑或根本就是乱施药，值得我们思考。

第 6 章　LC-Q-TOF/MS 侦测深圳市市售水果蔬菜农药残留膳食暴露风险与预警风险评估

6.1　农药残留风险评估方法

6.1.1　深圳市农药残留侦测数据分析与统计

庞国芳院士科研团队建立的农药残留高通量侦测技术以高分辨精确质量数（0.0001 *m/z* 为基准）为识别标准，采用 LC-Q-TOF/MS 技术对 565 种农药化学污染物进行侦测。

科研团队于 2016 年 3 月～2017 年 11 月在深圳市所属 4 个区的 42 个采样点，随机采集了 612 例水果蔬菜样品，采样点分布在超市和农贸市场，具体位置如图 6-1 所示，各月内水果蔬菜样品采集数量如表 6-1 所示。

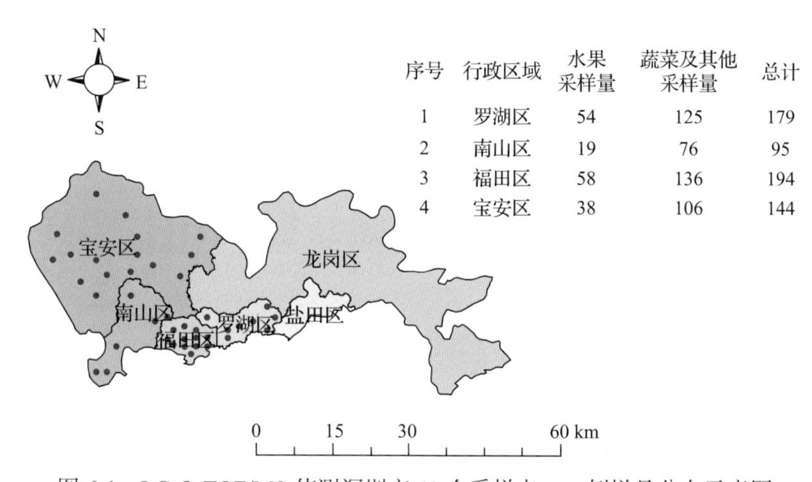

序号	行政区域	水果采样量	蔬菜及其他采样量	总计
1	罗湖区	54	125	179
2	南山区	19	76	95
3	福田区	58	136	194
4	宝安区	38	106	144

图 6-1　LC-Q-TOF/MS 侦测深圳市 42 个采样点 612 例样品分布示意图

表 6-1　深圳市各月内采集水果蔬菜样品数列表

时间	样品数（例）
2016 年 3 月	176
2016 年 11 月	3
2017 年 3 月	116
2017 年 5 月	61
2017 年 11 月	256

利用 LC-Q-TOF/MS 技术对 612 例样品中的农药进行侦测，侦测出残留农药 131 种，537 频次。侦测出农药残留水平如表 6-2 和图 6-2 所示。检出频次最高的前 10 种农药如表 6-3 所示。从检测结果中可以看出，在水果蔬菜中农药残留普遍存在，且有些水果蔬菜存在高浓度的农药残留，这些可能存在膳食暴露风险，对人体健康产生危害，因此，为了定量地评价水果蔬菜中农药残留的风险程度，有必要对其进行风险评价。

表 6-2　侦测出农药的不同残留水平及其所占比例列表

残留水平(μg/kg)	检出频次	占比(%)
1～5(含)	122	22.7
5～10(含)	69	12.8
10～100(含)	235	43.8
100～1000(含)	103	19.2
>1000	8	1.5
合计	537	100

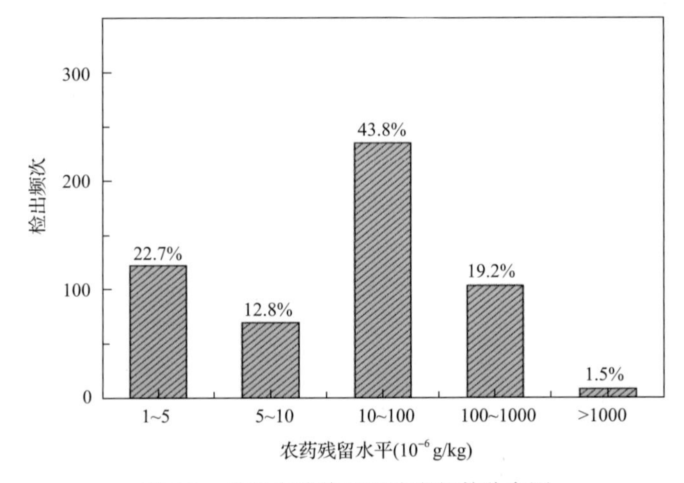

图 6-2　残留农药侦测出浓度频数分布图

表 6-3　检出频次最高的前 10 种农药列表

序号	农药	检出频次
1	啶虫脒	36
2	多菌灵	31
3	烯酰吗啉	30
4	戊唑醇	21
5	苯醚甲环唑	19
6	吡唑醚菌酯	15
7	抑霉唑	14
8	嘧霉胺	13
9	莠灭净	13
10	嘧菌酯	10

6.1.2　农药残留风险评价模型

对深圳市水果蔬菜中农药残留分别开展暴露风险评估和预警风险评估。膳食暴露风险评估利用食品安全指数模型对水果蔬菜中的残留农药对人体可能产生的危害程度进行评价，该模型结合残留监测和膳食暴露评估评价化学污染物的危害；预警风险评价模型运用风险系数(risk index，*R*)，风险系数综合考虑了危害物的超标率、施检频率及其本身敏感性的影响，能直观而全面地反映出危害物在一段时间内的风险程度。

6.1.2.1　食品安全指数模型

为了加强食品安全管理，《中华人民共和国食品安全法》第二章第十七条规定“国家建立食品安全风险评估制度，运用科学方法，根据食品安全风险监测信息、科学数据以及有关信息，对食品、食品添加剂、食品相关产品中生物性、化学性和物理性危害因素进行风险评估”[1]，膳食暴露评估是食品危险度评估的重要组成部分，也是膳食安全性的衡量标准[2]。国际上最早研究膳食暴露风险评估的机构主要是 JMPR(FAO、WHO 农药残留联合会议)，该组织自 1995 年就已制定了急性毒性物质的风险评估急性毒性农药残留摄入量的预测。1960 年美国规定食品中不得加入致癌物质进而提出零阈值理论，渐渐零阈值理论发展成在一定概率条件下可接受风险的概念[3]，后衍变为食品中每日允许最大摄入量(ADI)，而国际食品农药残留法典委员会(CCPR)认为 ADI 不是独立风险评估的唯一标准[4]，1995 年 JMPR 开始研究农药急性膳食暴露风险评估，并对食品国际短期摄入量的计算方法进行了修正，亦对膳食暴露评估准则及评估方法进行了修正[5]，2002 年，在对世界上现行的食品安全评价方法，尤其是国际公认的 CAC 评价方法、全球环境监测系统/食品污染监测和评估规划(WHO GEMS/Food)及 FAO、WHO 食品添加剂联合专家委员会(JECFA)和 JMPR 对食品安全风险评估工作研究的基础之上，检验检疫食品安全管理的研究人员提出了结合残留监控和膳食暴露评估，以食品安全指数 IFS 计算食品中各种化学污染物对消费者的健康危害程度[6]。IFS 是表示食品安全状态的新方法，可有效地评价某种农药的安全性，进而评价食品中各种农药化学污染物对消费者健康的整体危害程度[7,8]。从理论上分析，IFS_c可指出食品中的污染物 c 对消费者健康是否存在危害及危害的程度[9]。其优点在于操作简单且结果容易被接受和理解，不需要大量的数据来对结果进行验证，使用默认的标准假设或者模型即可[10,11]。

1) IFS_c 的计算

IFS_c计算公式如下：

$$\mathrm{IFS_c}=\frac{\mathrm{EDI_c}\times f}{\mathrm{SI_c}\times \mathrm{bw}} \tag{6-1}$$

式中，c 为所研究的农药；EDI_c为农药 c 的实际日摄入量估算值，等于$\sum(R_i\times F_i\times E_i\times P_i)$($i$ 为食品种类；R_i为食品 i 中农药 c 的残留水平，mg/kg；F_i为食品 i 的估计日消费量，g/(人·天)；E_i为食品 i 的可食用部分因子；P_i为食品 i 的加工处理因子)；SI_c为安全摄入量，可采用每日允许最大摄入量 ADI；bw 为人平均体重，kg；f为校正因子，如果安全摄入量采用 ADI，则 f 取 1。

$IFS_c \ll 1$，农药 c 对食品安全没有影响；$IFS_c \leqslant 1$，农药 c 对食品安全的影响可以接受；$IFS_c > 1$，农药 c 对食品安全的影响不可接受。

本次评价中：

$IFS_c \leqslant 0.1$，农药 c 对水果蔬菜安全没有影响；

$0.1 < IFS_c \leqslant 1$，农药 c 对水果蔬菜安全的影响可以接受；

$IFS_c > 1$，农药 c 对水果蔬菜安全的影响不可接受。

本次评价中残留水平 R_i 取值为中国检验检疫科学研究院庞国芳院士课题组利用以高分辨精确质量数(0.0001 m/z)为基准的 LC-Q-TOF/MS 侦测技术于 2016 年 3 月～2017 年 11 月对深圳市水果蔬菜农药残留的侦测结果，估计日消费量 F_i 取值 0.38 kg/(人·天)，E_i=1，P_i=1，f=1，SI_c 采用《食品安全国家标准　食品中农药最大残留限量》(GB 2763—2016) 中 ADI 值(具体数值见表 6-4)，人平均体重(bw)取值 60 kg。

表 6-4　深圳市水果蔬菜中侦测出农药的 ADI 值

序号	农药	ADI	序号	农药	ADI	序号	农药	ADI
1	胺苯磺隆	2	23	啶虫脒	0.07	45	氟环唑	0.02
2	毒草胺	0.54	24	丙环唑	0.07	46	烯效唑	0.02
3	烯啶虫胺	0.53	25	苯霜灵	0.07	47	甲硫威	0.02
4	丁酰肼	0.5	26	吡虫啉	0.06	48	四螨嗪	0.02
5	醚菌酯	0.4	27	灭蝇胺	0.06	49	抗蚜威	0.02
6	霜霉威	0.4	28	乙螨唑	0.05	50	稻瘟灵	0.016
7	马拉硫磷	0.3	29	环嗪酮	0.05	51	异丙隆	0.015
8	咪唑喹啉酸	0.25	30	肟菌酯	0.04	52	苯醚甲环唑	0.01
9	烯酰吗啉	0.2	31	三环唑	0.04	53	哒螨灵	0.01
10	嘧霉胺	0.2	32	乙嘧酚	0.035	54	联苯肼酯	0.01
11	嘧菌酯	0.2	33	氟菌唑	0.035	55	毒死蜱	0.01
12	呋虫胺	0.2	34	异稻瘟净	0.035	56	螺螨酯	0.01
13	增效醚	0.2	35	多菌灵	0.03	57	噁霜灵	0.01
14	噻虫胺	0.1	36	戊唑醇	0.03	58	茚虫威	0.01
15	异丙甲草胺	0.1	37	吡唑醚菌酯	0.03	59	噻嗪酮	0.009
16	噻菌灵	0.1	38	抑霉唑	0.03	60	萎锈灵	0.008
17	多效唑	0.1	39	丙溴磷	0.03	61	蚜灭磷	0.008
18	氟酰胺	0.09	40	腈苯唑	0.03	62	甲萘威	0.008
19	甲霜灵	0.08	41	三唑酮	0.03	63	氟硅唑	0.007
20	甲基硫菌灵	0.08	42	嘧菌环胺	0.03	64	倍硫磷	0.007
21	噻虫嗪	0.08	43	腈菌唑	0.03	65	烯唑醇	0.005
22	莠灭净	0.072	44	虫酰肼	0.02	66	乙氧喹啉	0.005

续表

序号	农药	ADI	序号	农药	ADI	序号	农药	ADI
67	喹螨醚	0.005	89	非草隆	—	111	丁酮威	—
68	对硫磷	0.004	90	戊草丹	—	112	扑灭津	—
69	乙霉威	0.004	91	乙嘧酚磺酸酯	—	113	环莠隆	—
70	辛硫磷	0.004	92	十三吗啉	—	114	灭害威	—
71	特丁津	0.003	93	环丙嘧啶醇	—	115	噁唑隆	—
72	涕灭威	0.003	94	双苯酰草胺	—	116	内吸磷-S	—
73	乐果	0.002	95	异戊乙净	—	117	驱蚊叮	—
74	敌百虫	0.002	96	苄呋菊酯	—	118	久效威	—
75	克百威	0.001	97	避蚊胺	—	119	莠去通	—
76	三唑磷	0.001	98	氟草隆	—	120	咪草酸	—
77	敌草隆	0.001	99	异柳磷	—	121	麦穗宁	—
78	杀虫脒	0.001	100	环丙津	—	122	噁唑磷	—
79	嗪草酸甲酯	0.001	101	灭草烟	—	123	丁嗪草酮	—
80	喹禾灵	0.0009	102	氟苯嘧啶醇	—	124	甲哌	—
81	硫线磷	0.0005	103	丁噻隆	—	125	敌线酯	—
82	磷胺	0.0005	104	异噁隆	—	126	去甲基-甲酰氨基-抗蚜威	—
83	鱼藤酮	0.0004	105	速灭威	—	127	抑芽唑	—
84	灭线磷	0.0004	106	去甲基抗蚜威	—	128	灭菌唑	—
85	氧乐果	0.0003	107	甲氧丙净	—	129	硫菌灵	—
86	三甲苯草酮	—	108	环庚草醚	—	130	环氟菌胺	—
87	特草灵	—	109	异丙净	—	131	残杀威	—
88	二甲嘧酚	—	110	磷酸三丁酯	—			

注：“—”表示为国家标准中无 ADI 值规定；ADI 值单位为 mg/kg bw

2) 计算 IFS_c 的平均值 $\overline{IFS}$，评价农药对食品安全的影响程度

以 $\overline{IFS}$ 评价各种农药对人体健康危害的总程度，评价模型见公式(6-2)。

$$\overline{IFS}=\frac{\sum_{i=1}^{n}IFS_c}{n} \tag{6-2}$$

$\overline{IFS}\ll 1$，所研究消费者人群的食品安全状态很好；$\overline{IFS}\leqslant 1$，所研究消费者人群的食品安全状态可以接受；$\overline{IFS}>1$，所研究消费者人群的食品安全状态不可接受。

本次评价中：

$\overline{IFS}\leqslant 0.1$，所研究消费者人群的水果蔬菜安全状态很好；

$0.1<\overline{\mathrm{IFS}}\leqslant 1$，所研究消费者人群的水果蔬菜安全状态可以接受；

$\overline{\mathrm{IFS}}>1$，所研究消费者人群的水果蔬菜安全状态不可接受。

6.1.2.2 预警风险评估模型

2003 年，我国检验检疫食品安全管理的研究人员根据 WTO 的有关原则和我国的具体规定，结合危害物本身的敏感性、风险程度及其相应的施检频率，首次提出了食品中危害物风险系数 *R* 的概念[12]。*R* 是衡量一个危害物的风险程度大小最直观的参数，即在一定时期内其超标率或阳性检出率的高低，但受其施检测率的高低及其本身的敏感性（受关注程度）影响。该模型综合考察了农药在蔬菜中的超标率、施检频率及其本身敏感性，能直观而全面地反映出农药在一段时间内的风险程度[13]。

1）*R* 计算方法

危害物的风险系数综合考虑了危害物的超标率或阳性检出率、施检频率和其本身的敏感性影响，并能直观而全面地反映出危害物在一段时间内的风险程度。风险系数 *R* 的计算公式如式（6-3）：

$$R = aP + \frac{b}{F} + S \tag{6-3}$$

式中，*P* 为该种危害物的超标率；*F* 为危害物的施检频率；*S* 为危害物的敏感因子；*a*, *b* 分别为相应的权重系数。

本次评价中 $F=1$；$S=1$；$a=100$；$b=0.1$，对参数 *P* 进行计算，计算时首先判断是否为禁用农药，如果为非禁用农药，*P*=超标的样品数（侦测出的含量高于食品最大残留限量标准值，即 MRL）除以总样品数（包括超标、不超标、未侦测出）；如果为禁用农药，则侦测出即为超标，*P*=能侦测出的样品数除以总样品数。判断深圳市水果蔬菜农药残留是否超标的标准限值 MRL 分别以 MRL 中国国家标准[14]和 MRL 欧盟标准作为对照，具体值列于本报告附表一中。

2）评价风险程度

$R\leqslant 1.5$，受检农药处于低度风险；

$1.5<R\leqslant 2.5$，受检农药处于中度风险；

$R>2.5$，受检农药处于高度风险。

6.1.2.3 食品膳食暴露风险和预警风险评估应用程序的开发

1）应用程序开发的步骤

为成功开发膳食暴露风险和预警风险评估应用程序，与软件工程师多次沟通讨论，逐步提出并描述清楚计算需求，开发了初步应用程序。为明确出不同水果蔬菜、不同农药、不同地域和不同季节的风险水平，向软件工程师提出不同的计算需求，软件工程师对计算需求进行逐一地分析，经过反复的细节沟通，需求分析得到明确后，开始进行解决方案的设计，在保证需求的完整性、一致性的前提下，编写出程序代码，最后设计出满足需求的风险评估专用计算软件，并通过一系列的软件测试和改进，完成专用程序的开发。软件开发基本步骤见图 6-3。

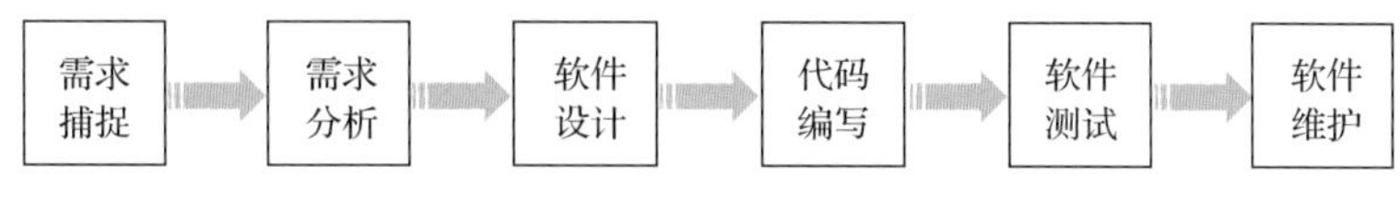

图 6-3　专用程序开发总体步骤

2) 膳食暴露风险评估专业程序开发的基本要求

首先直接利用公式(6-1)，分别计算 LC-Q-TOF/MS 和 GC-Q-TOF/MS 仪器侦测出的各水果蔬菜样品中每种农药 IFS_c，将结果列出。为考察超标农药和禁用农药的使用安全性，分别以我国《食品安全国家标准　食品中农药最大残留限量》(GB 2763—2016) 和欧盟食品中农药最大残留限量(以下简称 MRL 中国国家标准和 MRL 欧盟标准) 为标准，对侦测出的禁用农药和超标的非禁用农药 IFS_c 单独进行评价；按 IFS_c 大小列表，并找出 IFS_c 值排名前 20 的样本重点关注。

对不同水果蔬菜 i 中每一种侦测出的农药 c 的安全指数进行计算，多个样品时求平均值。若监测数据为该市多个月的数据，则逐月、逐季度分别列出每个月、每个季度内每一种水果蔬菜 i 对应的每一种农药 c 的 IFS_c。

按农药种类，计算整个监测时间段内每种农药的 IFS_c，不区分水果蔬菜。若检测数据为该市多个月的数据，则需分别计算每个月、每个季度内每种农药的 IFS_c。

3) 预警风险评估专业程序开发的基本要求

分别以 MRL 中国国家标准和 MRL 欧盟标准，按公式(6-3) 逐个计算不同水果蔬菜、不同农药的风险系数，禁用农药和非禁用农药分别列表。

为清楚了解各种农药的预警风险，不分时间，不分水果蔬菜，按禁用农药和非禁用农药分类，分别计算各种侦测出农药全部检测时段内风险系数。由于有 MRL 中国国家标准的农药种类太少，无法计算超标数，非禁用农药的风险系数只以 MRL 欧盟标准为标准进行计算。若检测数据为多个月的，则按月计算每个月、每个季度内每种禁用农药残留的风险系数和以 MRL 欧盟标准为标准的非禁用农药残留的风险系数。

4) 风险程度评价专业应用程序的开发方法

采用 Python 计算机程序设计语言，Python 是一个高层次地结合了解释性、编译性、互动性和面向对象的脚本语言。风险评价专用程序主要功能包括：分别读入每例样品 LC-Q-TOF/MS 和 GC-Q-TOF/MS 农药残留检测数据，根据风险评价工作要求，依次对不同农药、不同食品、不同时间、不同采样点的 IFS_c 值和 R 值分别进行数据计算，筛选出禁用农药、超标农药(分别与 MRL 中国国家标准、MRL 欧盟标准限值进行对比) 单独重点分析，再分别对各农药、各水果蔬菜种类分类处理，设计出计算和排序程序，编写计算机代码，最后将生成的膳食暴露风险评估和超标风险评估定量计算结果列入设计好的各个表格中，并定性判断风险对目标的影响程度，直接用文字描述风险发生的高低，如“不可接受”、“可以接受”、“没有影响”、“高度风险”、“中度风险”、“低度风险”。

6.2 LC-Q-TOF/MS 侦测深圳市市售水果蔬菜农药残留膳食暴露风险评估

6.2.1 每例水果蔬菜样品中农药残留安全指数分析

基于农药残留侦测数据，发现在 612 例样品中侦测出农药 537 频次，计算样品中每种残留农药的安全指数 IFS_c，并分析农药对样品安全的影响程度，结果详见附表二，农药残留对水果蔬菜样品安全的影响程度频次分布情况如图 6-4 所示。

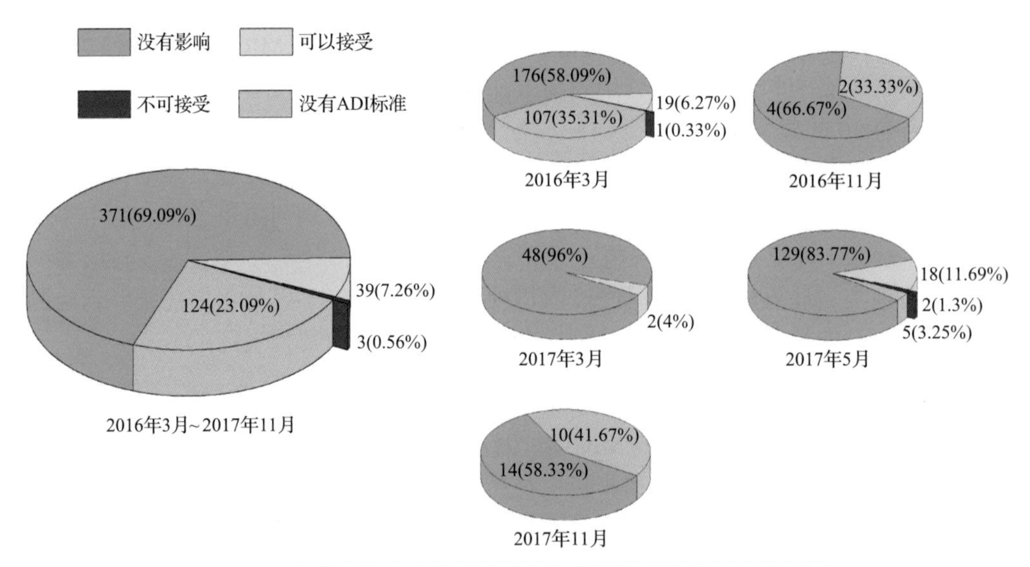

图 6-4 农药残留对水果蔬菜样品安全的影响程度频次分布图

由图 6-4 可以看出，农药残留对样品安全的影响不可接受的频次为 3，占 0.56%；农药残留对样品安全的影响可以接受的频次为 39，占 7.26%；农药残留对样品安全的没有影响的频次为 371，占 69.09%。分析发现，在 5 个月份内有 2 个月份出现不可接受频次，排序为：2017 年 5 月(2)>2016 年 3 月(1)，其他月份内，农药对样品安全的影响均在可以接受和没有影响的范围内。表 6-5 为对水果蔬菜样品中安全指数不可接受的农药残留列表。

表 6-5 水果蔬菜样品中安全影响不可接受的农药残留列表

序号	样品编号	采样点	基质	农药	含量(mg/kg)	IFS_c
1	20170510-440300-SZCIQ-YS-24A	***超市(龙华西店)	芫荽	克百威	1.742	11.0327
2	20170510-440300-SZCIQ-YS-24A	***超市(龙华西店)	芫荽	戊唑醇	5.653	1.1934
3	20160317-440300-SZCIQ-IP-17A	***超市(南新店)	蕹菜	涕灭威	0.5579	1.1778

部分样品侦测出禁用农药 8 种 18 频次，为了明确残留的禁用农药对样品安全的影响，分析侦测出禁用农药残留的样品安全指数，禁用农药残留对水果蔬菜样品安全的影响程度频次分布情况如图 6-5 所示，农药残留对样品安全的影响不可接受的频次为 2，占 11.11%；农药残留对样品安全的影响可以接受的频次为 3，占 16.67%；农药残留对样品安全没有影响的频次为 13，占 72.22%。由图中可以看出 2016 年 11 月和 2017 年 3 月的水果蔬菜中未侦测出禁用农药残留，其余 3 个月份的水果蔬菜样品中均侦测出禁用农药残留，分析发现，在该 5 个月份内只有 2016 年 3 月和 2017 年 5 月内分别有 1 种禁用农药对样品安全影响不可接受，2017 年 11 月份内禁用农药对样品安全没有影响。表 6-6 列出了水果蔬菜样品中侦测出的禁用农药残留不可接受的安全指数表。

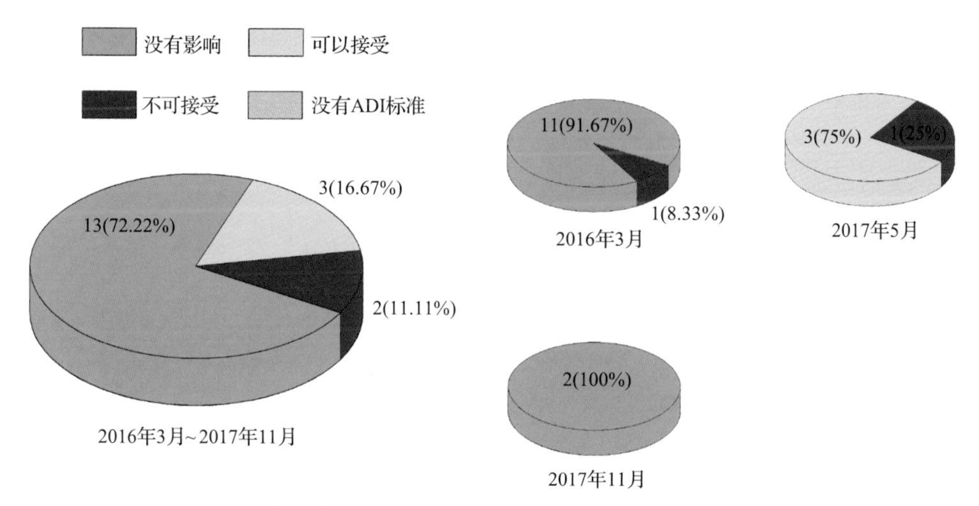

图 6-5 禁用农药对水果蔬菜样品安全的影响程度频次分布图

表 6-6 水果蔬菜样品中侦测出的禁用农药残留不可接受的安全指数表

序号	样品编号	采样点	基质	农药	含量(mg/kg)	IFS_c
1	20170510-440300-SZCIQ-YS-24A	***超市(龙华西店)	芫荽	克百威	1.742	11.0327
2	20160317-440300-SZCIQ-IP-17A	***超市(南新店)	蕹菜	涕灭威	0.5579	1.1778

此外，本次侦测发现部分样品中非禁用农药残留量超过了 MRL 中国国家标准和欧盟标准，为了明确超标的非禁用农药对样品安全的影响，分析了非禁用农药残留超标的样品安全指数。

水果蔬菜残留量超过 MRL 中国国家标准的非禁用农药对水果蔬菜样品安全的影响程度频次分布情况如图 6-6 所示。可以看出侦测出超过 MRL 中国国家标准的非禁用农药共 5 频次，其中农药残留对样品安全的影响可以接受的频次为 1，占 20%；农药残留对样品安全没有影响的频次为 4，占 80%。表 6-7 为水果蔬菜样品中侦测出的非禁用农药残留安全指数表。

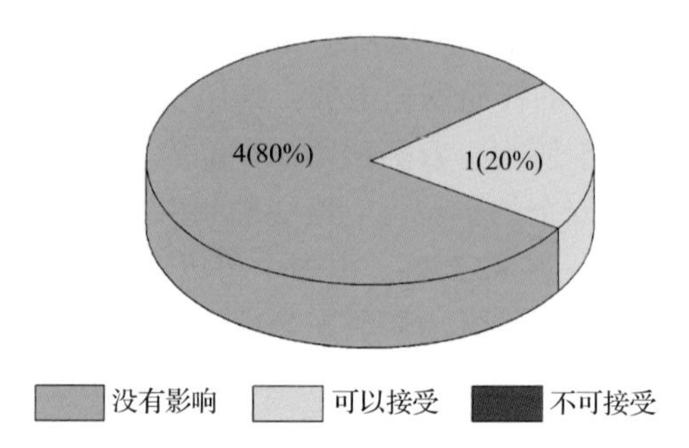

图 6-6　残留超标的非禁用农药对水果蔬菜样品安全的影响程度频次分布图(MRL 中国国家标准)

表 6-7　水果蔬菜样品中侦测出的非禁用农药残留安全指数表(MRL 中国国家标准)

序号	样品编号	采样点	基质	农药	含量(mg/kg)	中国国家标准	IFS_c	影响程度
1	20160321-440300-SZCIQ-HU-06A	***超市(翠竹店)	胡萝卜	对硫磷	0.0515	0.01	0.0815	没有影响
2	20170510-440300-SZCIQ-CE-28A	***超市(东湖店)	芹菜	毒死蜱	0.1071	0.05	0.0678	没有影响
3	20170510-440300-SZCIQ-WD-25A	***超市	食荚豌豆	多菌灵	0.2489	0.02	0.0525	没有影响
4	20170510-440300-SZCIQ-WD-22A	***超市(大浪店)	食荚豌豆	多菌灵	0.0248	0.02	0.0052	没有影响
5	20170510-440300-SZCIQ-PH-25A	***超市	桃	苯醚甲环唑	0.7097	0.5	0.4495	可以接受

残留量超过 MRL 欧盟标准的非禁用农药对水果蔬菜样品安全的影响程度频次分布情况如图 6-7 所示。可以看出超过 MRL 欧盟标准的非禁用农药共 127 频次，其中农药没有 ADI 标准的频次为 33，占 25.98%；农药残留对样品安全不可接受的频次为 1，占 0.79%；农药残留对样品安全的影响可以接受的频次为 25，占 19.69%；农药残留对样品安全没有影响的频次为 68，占 53.54%。表 6-8 为水果蔬菜样品中不可接受的残留超标非禁用农药安全指数列表。

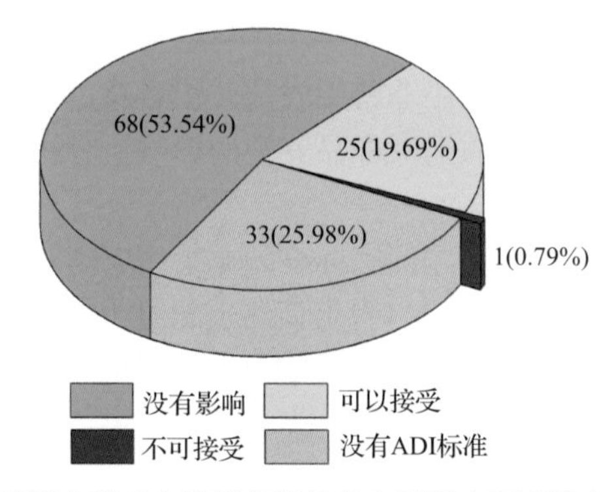

图 6-7　残留超标的非禁用农药对水果蔬菜样品安全的影响程度频次分布图(MRL 欧盟标准)

表 6-8　对水果蔬菜样品中不可接受的残留超标非禁用农药安全指数列表（MRL 欧盟标准）

序号	样品编号	采样点	基质	农药	含量(mg/kg)	欧盟标准	IFS_c
1	20170510-440300-SZCIQ-YS-24A	***超市（龙华西店）	芫荽	戊唑醇	5.653	0.05	1.1934

在 612 例样品中，351 例样品未侦测出农药残留，261 例样品中侦测出农药残留，计算每例有农药侦测出样品的 $\overline{IFS}$ 值，进而分析样品的安全状态，结果如图 6-8 所示（未侦测出农药的样品安全状态视为很好）。可以看出，0.16%的样品安全状态不可接受；3.59%的样品安全状态可以接受；89.71%的样品安全状态很好。此外，可以看出只有 2017 年 5 月有 1 例样品安全状态不可接受，其他月份内的样品安全状态均在很好和可以接受的范围内。表 6-9 列出了安全状态不可接受的水果蔬菜样品。

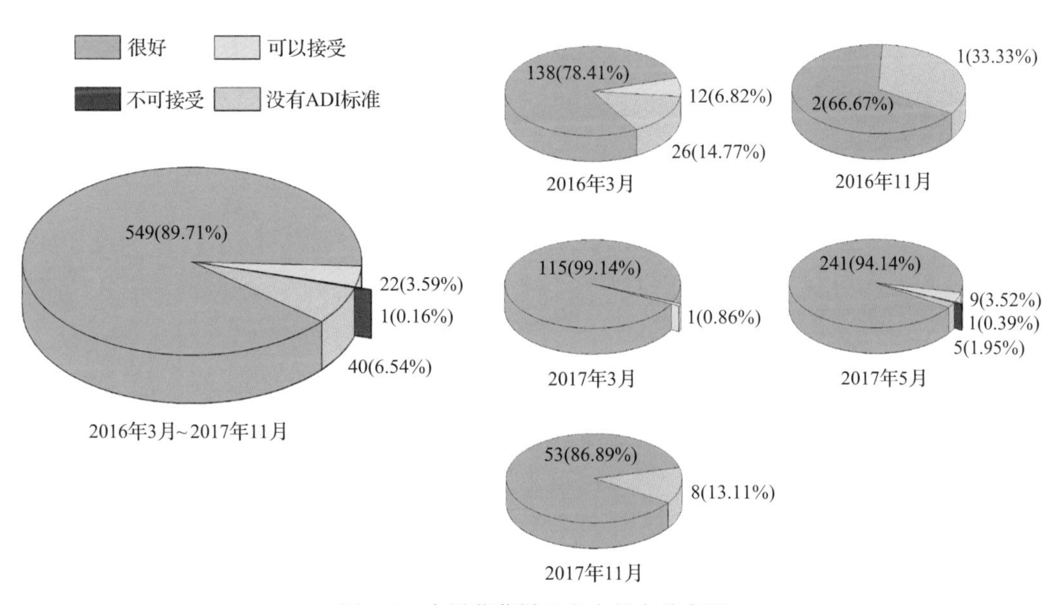

图 6-8　水果蔬菜样品安全状态分布图

表 6-9　水果蔬菜安全状态不可接受的样品列表

序号	样品编号	采样点	基质	$\overline{IFS}$
1	20170510-440300-SZCIQ-YS-24A	***超市（龙华西店）	芫荽	6.1130

6.2.2　单种水果蔬菜中农药残留安全指数分析

本次 93 种水果蔬菜共侦测出 131 种农药，检出频次为 537 次，其中 46 种农药残留没有 ADI 标准，85 种农药存在 ADI 标准。20 种水果蔬菜未侦测出任何农药，5 种水果蔬菜(火龙果、娃娃菜、茼蒿、西瓜和樱桃番茄)侦测出农药残留全部没有 ADI 标准，对其他的 68 种水果蔬菜按不同种类分别计算侦测出的具有 ADI 标准的各种农药的 IFS_c 值，农药残留对水果蔬菜的安全指数分布图如图 6-9 所示。

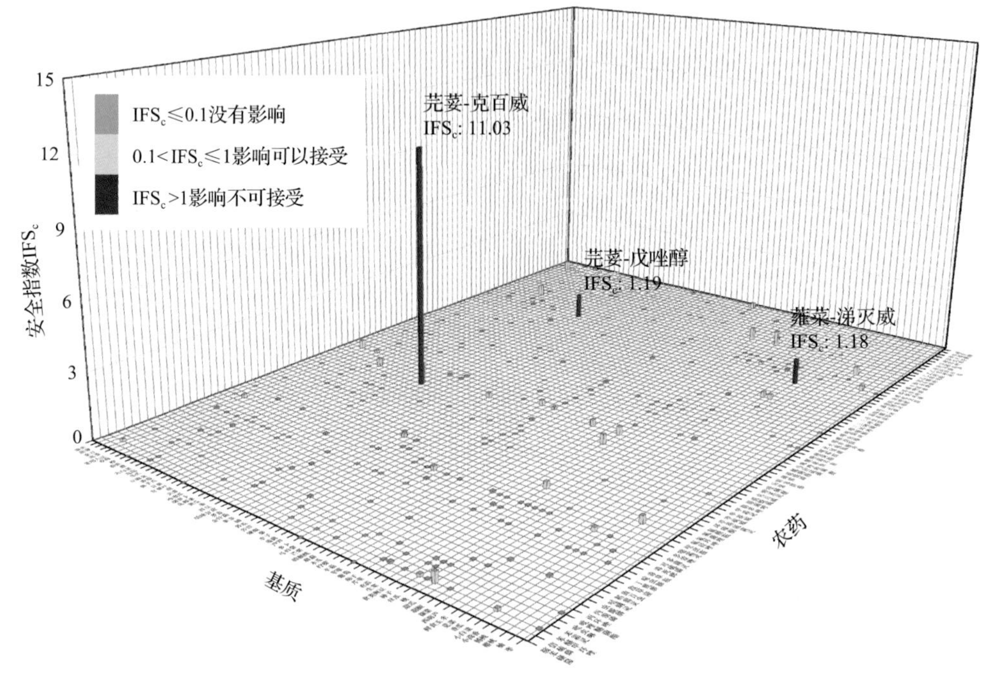

图 6-9 68 种水果蔬菜中 85 种残留农药的安全指数分布图

分析发现 2 种水果蔬菜(芫荽和蕹菜)中的克百威、涕灭威和戊唑醇残留对食品安全影响不可接受，如表 6-10 所示。

表 6-10 单种水果蔬菜中安全影响不可接受的残留农药安全指数表

序号	基质	农药	检出频次	检出率(%)	IFS>1 的频次	IFS>1 的比例(%)	IFS_c
1	芫荽	克百威	1	50.0	1	50.0	11.03
2	芫荽	戊唑醇	1	50.0	1	50.0	1.19
3	蕹菜	涕灭威	1	12.5	1	12.5	1.18

本次侦测中，73 种水果蔬菜和 131 种残留农药(包括没有 ADI 标准)共涉及 387 个分析样本，农药对单种水果蔬菜安全的影响程度分布情况如图 6-10 所示。可以看出，65.89%的样本中农药对水果蔬菜安全没有影响，7.75%的样本中农药对水果蔬菜安全的影响可以接受，0.78%的样本中农药对水果蔬菜安全的影响不可接受。

此外，分别计算 68 种水果蔬菜中所有侦测出农药 IFS_c 的平均值 $\overline{IFS}$，分析每种水果蔬菜的安全状态，结果如图 6-11 所示，分析发现，1 种水果蔬菜(1.47%)的安全状态不可接受，7 种水果蔬菜(10.29%)的安全状态可以接受，60 种(88.24%)水果蔬菜的安全状态很好。

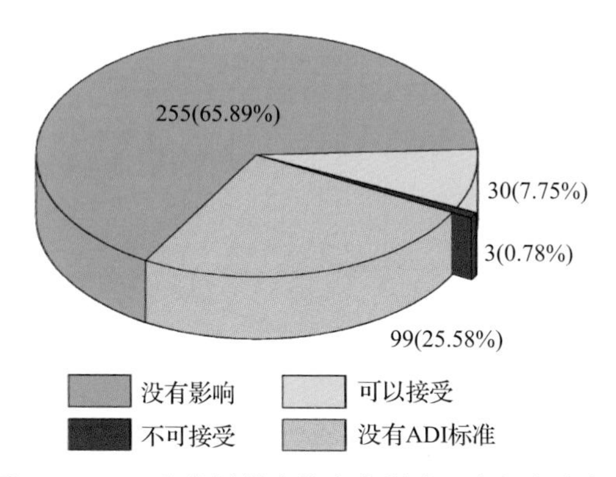

图 6-10　387 个分析样本的安全影响程度频次分布图

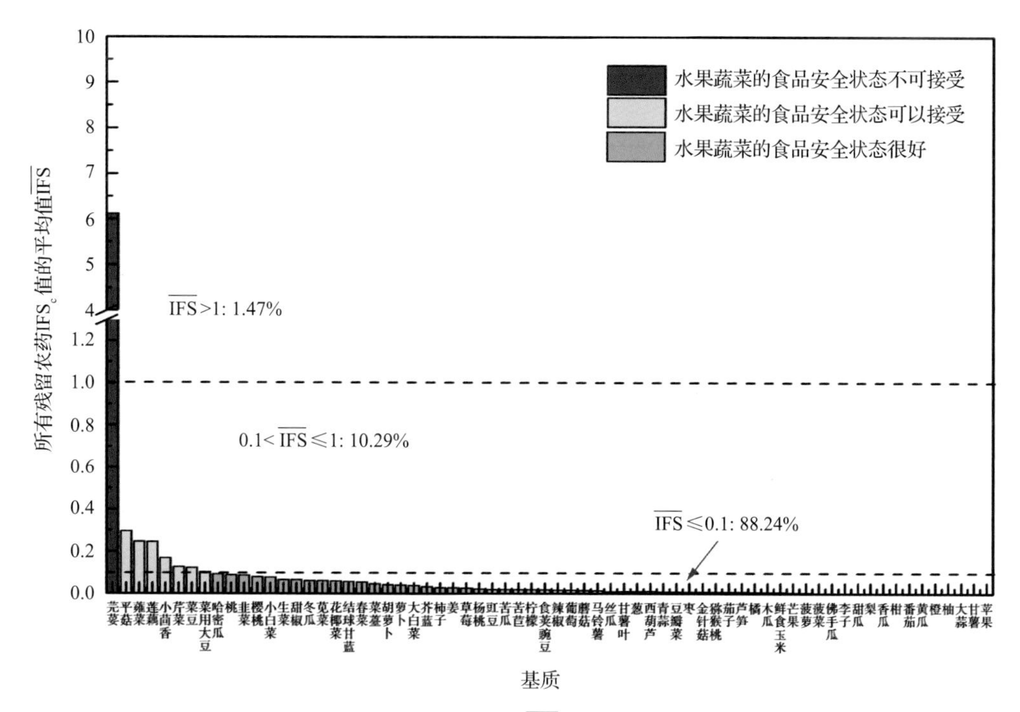

图 6-11　68 种水果蔬菜的 $\overline{\text{IFS}}$ 值和安全状态统计图

对每个月内每种水果蔬菜中农药的 IFS_c 进行分析，并计算每月内每种水果蔬菜的 $\overline{\text{IFS}}$ 值，以评价每种水果蔬菜的安全状态，结果如图 6-12 所示，可以看出，只有 2017 年 5 月的芫荽的安全状态不可接受，该月份其余水果蔬菜和其他月份的所有水果蔬菜的安全状态均处于很好和可以接受的范围内。各月份内单种水果蔬菜安全状态统计情况如图 6-13 所示。

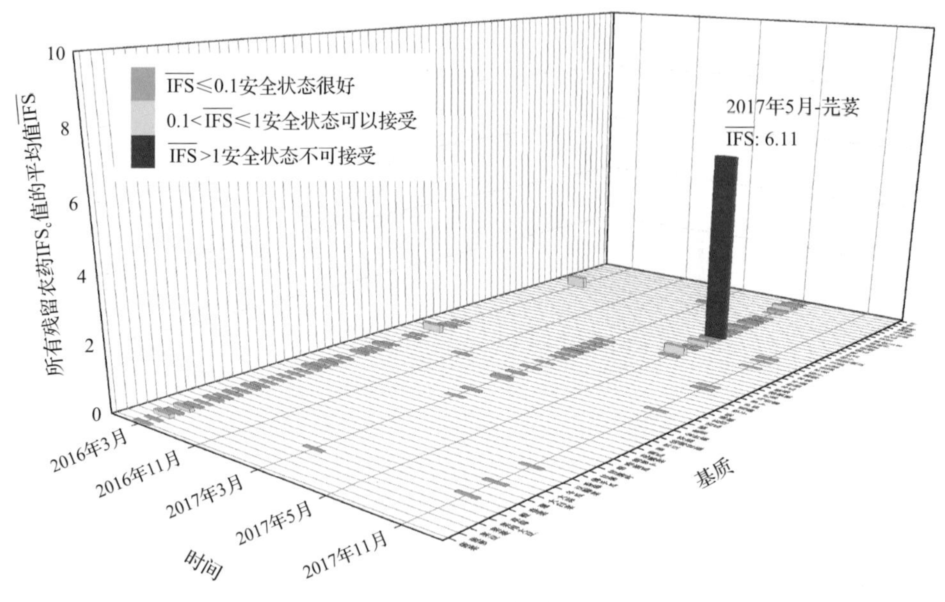

图 6-12　各月内每种水果蔬菜的 $\overline{IFS}$ 值与安全状态分布图

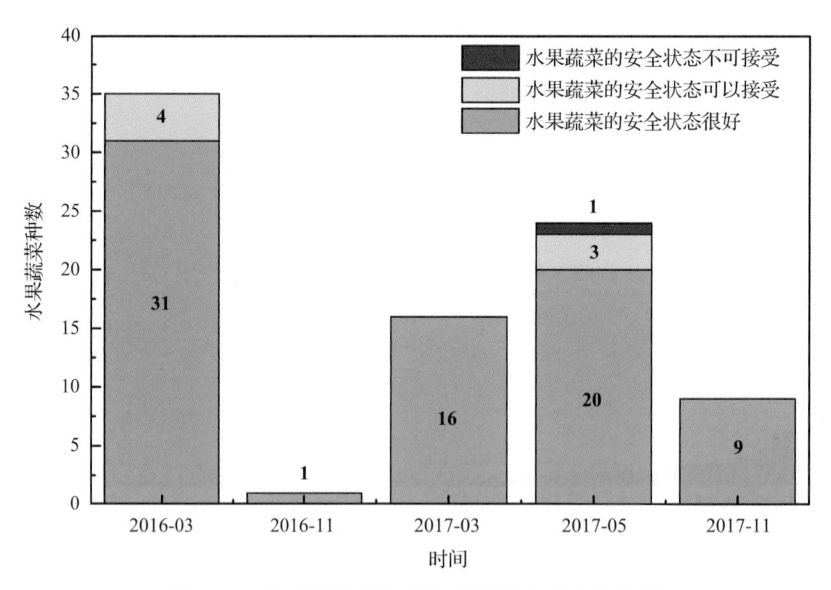

图 6-13　各月份内单种水果蔬菜安全状态统计图

6.2.3　所有水果蔬菜中农药残留安全指数分析

计算所有水果蔬菜中 85 种农药的 $\overline{IFS_c}$ 值，结果如图 6-14 及表 6-11 所示。

克百威和涕灭威的 $\overline{IFS_c}$ 大于 1，其他农药的 $\overline{IFS_c}$ 均小于 1，说明克百威和涕灭威对水果蔬菜安全的影响不可接受，其他农药对水果蔬菜安全的影响均在没有影响和可以接受的范围内，其中 12.94%的农药对水果蔬菜安全的影响可以接受，84.71%的农药对水果蔬菜安全没有影响。

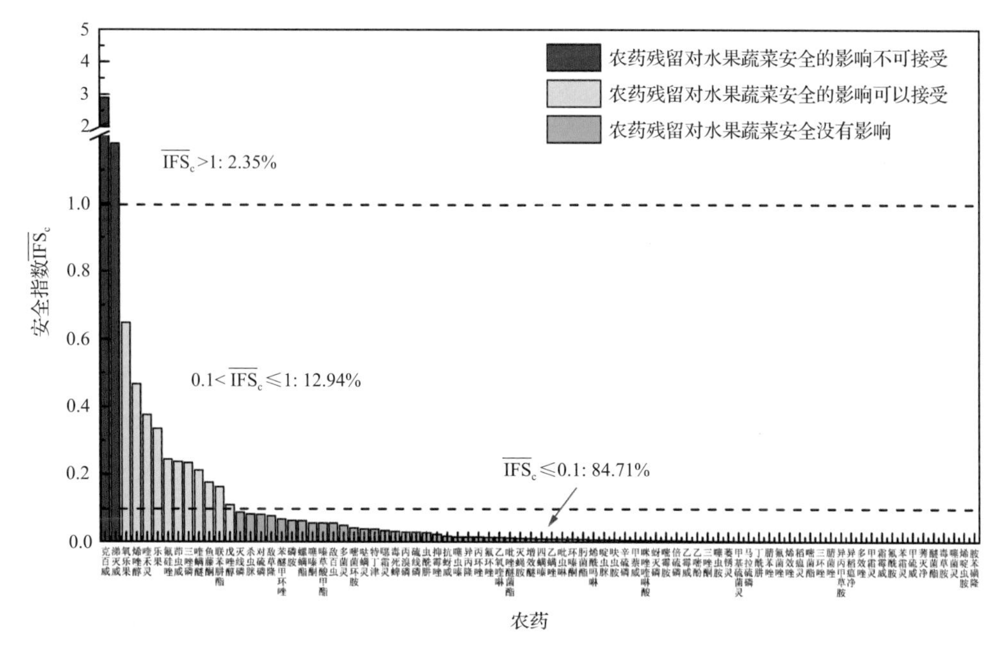

图 6-14　85 种残留农药对水果蔬菜的安全影响程度统计图

表 6-11　水果蔬菜中 85 种农药残留的安全指数表

序号	农药	检出频次	检出率(%)	$\overline{IFS_c}$	影响程度	序号	农药	检出频次	检出率(%)	$\overline{IFS_c}$	影响程度
1	克百威	4	0.74	2.8912	不可接受	18	苯醚甲环唑	19	3.54	0.0677	没有影响
2	涕灭威	1	0.19	1.1778	不可接受	19	磷胺	1	0.19	0.0633	没有影响
3	氧乐果	2	0.37	0.6481	可以接受	20	螺螨酯	6	1.12	0.0626	没有影响
4	烯唑醇	2	0.37	0.4659	可以接受	21	噻嗪酮	2	0.37	0.0558	没有影响
5	喹禾灵	1	0.19	0.3758	可以接受	22	嗪草酸甲酯	1	0.19	0.0557	没有影响
6	乐果	2	0.37	0.3346	可以接受	23	敌百虫	1	0.19	0.0557	没有影响
7	氟硅唑	7	1.30	0.2444	可以接受	24	多菌灵	31	5.77	0.0491	没有影响
8	茚虫威	2	0.37	0.2377	可以接受	25	嘧菌环胺	2	0.37	0.0413	没有影响
9	三唑磷	3	0.56	0.2341	可以接受	26	哒螨灵	9	1.68	0.0386	没有影响
10	喹螨醚	1	0.19	0.2122	可以接受	27	特丁津	3	0.56	0.0377	没有影响
11	鱼藤酮	2	0.37	0.1765	可以接受	28	噁霜灵	5	0.93	0.0332	没有影响
12	联苯肼酯	9	1.68	0.1642	可以接受	29	毒死蜱	6	1.12	0.0307	没有影响
13	戊唑醇	21	3.91	0.1092	可以接受	30	丙溴磷	5	0.93	0.0297	没有影响
14	灭线磷	2	0.37	0.0871	没有影响	31	硫线磷	3	0.56	0.0296	没有影响
15	杀虫脒	1	0.19	0.0823	没有影响	32	虫酰肼	4	0.74	0.0279	没有影响
16	对硫磷	1	0.19	0.0815	没有影响	33	抑霉唑	14	2.61	0.0228	没有影响
17	敌草隆	1	0.19	0.0766	没有影响	34	抗蚜威	1	0.19	0.0176	没有影响

续表

序号	农药	检出频次	检出率(%)	$\overline{IFS_c}$	影响程度	序号	农药	检出频次	检出率(%)	$\overline{IFS_c}$	影响程度
35	噻虫嗪	6	1.12	0.0151	没有影响	61	萎锈灵	2	0.37	0.0027	没有影响
36	异丙隆	2	0.37	0.0150	没有影响	62	甲基硫菌灵	9	1.68	0.0023	没有影响
37	丙环唑	5	0.93	0.0148	没有影响	63	马拉硫磷	3	0.56	0.0018	没有影响
38	氟环唑	1	0.19	0.0143	没有影响	64	丁酰肼	4	0.74	0.0018	没有影响
39	乙氧喹啉	1	0.19	0.0138	没有影响	65	腈苯唑	5	0.93	0.0017	没有影响
40	吡唑醚菌酯	15	2.79	0.0125	没有影响	66	氟菌唑	1	0.19	0.0016	没有影响
41	灭蝇胺	7	1.30	0.0118	没有影响	67	烯效唑	1	0.19	0.0014	没有影响
42	增效醚	1	0.19	0.0105	没有影响	68	稻瘟灵	1	0.19	0.0012	没有影响
43	四螨嗪	1	0.19	0.0097	没有影响	69	嘧菌酯	10	1.86	0.0011	没有影响
44	乙螨唑	3	0.56	0.0092	没有影响	70	三环唑	1	0.19	0.0011	没有影响
45	吡虫啉	10	1.86	0.0091	没有影响	71	腈菌唑	2	0.37	0.0011	没有影响
46	环嗪酮	2	0.37	0.0086	没有影响	72	异丙甲草胺	1	0.19	0.0008	没有影响
47	肟菌酯	1	0.19	0.0082	没有影响	73	异稻瘟净	1	0.19	0.0007	没有影响
48	烯酰吗啉	30	5.59	0.0074	没有影响	74	多效唑	1	0.19	0.0007	没有影响
49	啶虫脒	36	6.70	0.0073	没有影响	75	甲霜灵	9	1.68	0.0006	没有影响
50	呋虫胺	1	0.19	0.0072	没有影响	76	霜霉威	3	0.56	0.0006	没有影响
51	辛硫磷	1	0.19	0.0052	没有影响	77	氟酰胺	1	0.19	0.0005	没有影响
52	甲萘威	1	0.19	0.0051	没有影响	78	苯霜灵	1	0.19	0.0004	没有影响
53	咪唑喹啉酸	2	0.37	0.0051	没有影响	79	甲硫威	1	0.19	0.0003	没有影响
54	蚜灭磷	1	0.19	0.0047	没有影响	80	莠灭净	13	2.42	0.0003	没有影响
55	嘧霉胺	13	2.42	0.0045	没有影响	81	醚菌酯	5	0.93	0.0002	没有影响
56	倍硫磷	1	0.19	0.0042	没有影响	82	毒草胺	1	0.19	0.0001	没有影响
57	乙霉威	1	0.19	0.0036	没有影响	83	噻菌灵	1	0.19	0.0001	没有影响
58	乙嘧酚	9	1.68	0.0031	没有影响	84	烯啶虫胺	1	0.19	0.0001	没有影响
59	三唑酮	2	0.37	0.0027	没有影响	85	胺苯磺隆	5	0.93	0.0000	没有影响
60	噻虫胺	2	0.37	0.0027	没有影响						

对每个月内所有水果蔬菜中残留农药的$\overline{IFS_c}$进行分析，结果如图 6-15 所示。分析发现，2016 年 3 月的涕灭威和 2017 年 5 月的克百威对水果蔬菜安全的影响不可接受，该 2 个月份的其他农药和其他月份的所有农药对水果蔬菜安全的影响均处于没有影响和可以接受的范围内。每月内不同农药对水果蔬菜安全影响程度的统计如图 6-16 所示。

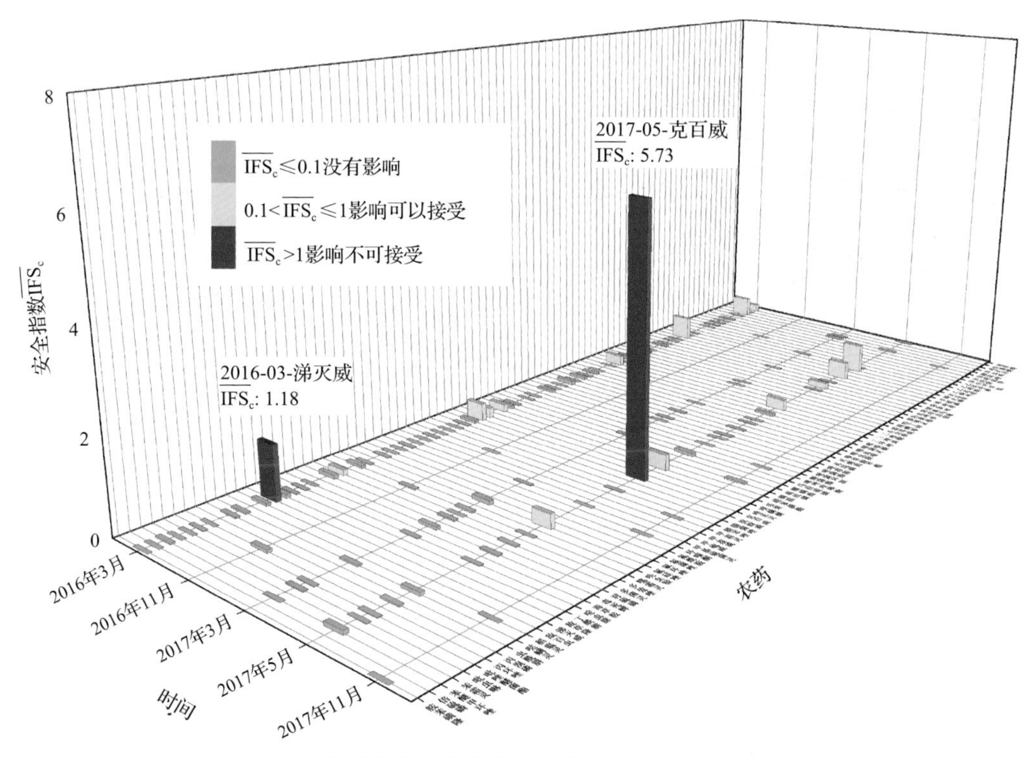

图 6-15　各月份内水果蔬菜中每种残留农药的安全指数分布图

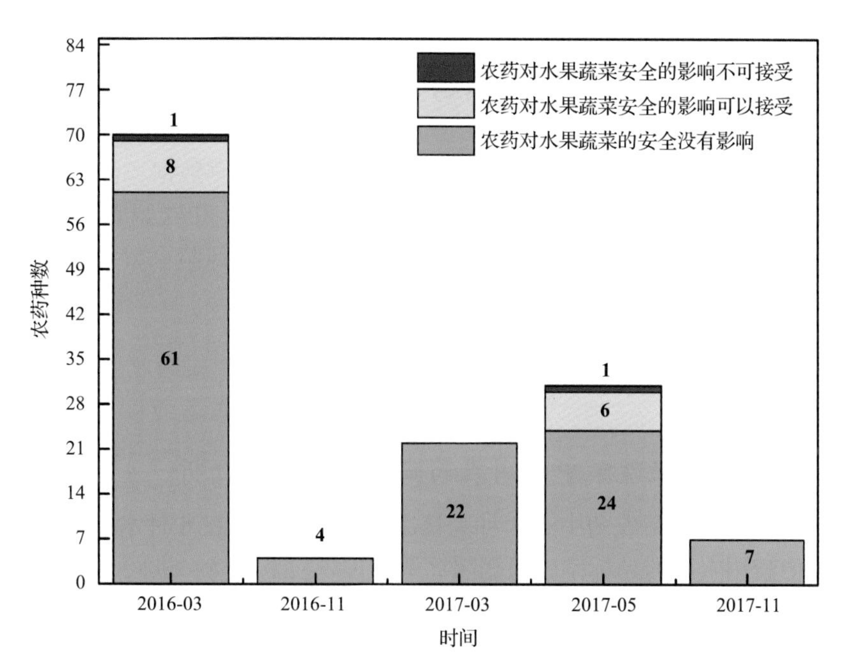

图 6-16　各月份内农药对水果蔬菜安全影响程度的统计图

计算每个月内水果蔬菜的$\overline{\text{IFS}}$，以分析每月内水果蔬菜的安全状态，结果如图 6-17 所示，可以看出，5 个月份的水果蔬菜安全状态均处于很好和可以接受的范围内。分析发现，在 20%的月份内，水果蔬菜安全状态可以接受，80%的月份内水果蔬菜的安全状态很好。

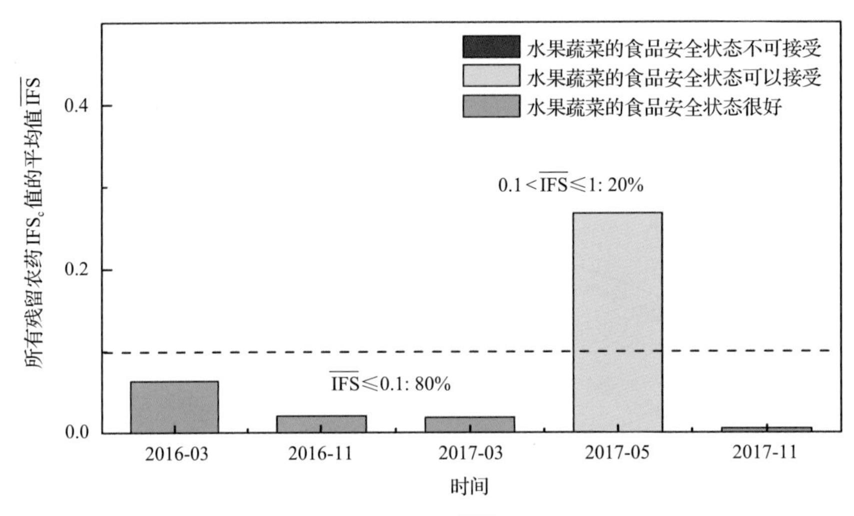

图 6-17 各月份内水果蔬菜的$\overline{\text{IFS}}$值与安全状态统计图

6.3 LC-Q-TOF/MS 侦测深圳市市售水果蔬菜农药残留预警风险评估

基于深圳市水果蔬菜样品中农药残留 LC-Q-TOF/MS 侦测数据，分析禁用农药的检出率，同时参照中华人民共和国国家标准 GB 2763—2016 和欧盟农药最大残留限量(MRL)标准分析非禁用农药残留的超标率，并计算农药残留风险系数。分析单种水果蔬菜中农药残留以及所有水果蔬菜中农药残留的风险程度。

6.3.1 单种水果蔬菜中农药残留风险系数分析

6.3.1.1 单种水果蔬菜中禁用农药残留风险系数分析

侦测出的 131 种残留农药中有 8 种为禁用农药，且分布在 8 种水果蔬菜中，计算 8 种水果蔬菜中禁用农药的超标率，根据超标率计算风险系数 R，进而分析水果蔬菜中禁用农药的风险程度，结果如图 6-18 与表 6-12 所示。分析发现 8 种禁用农药在 8 种水果蔬菜中的残留处均于高度风险。

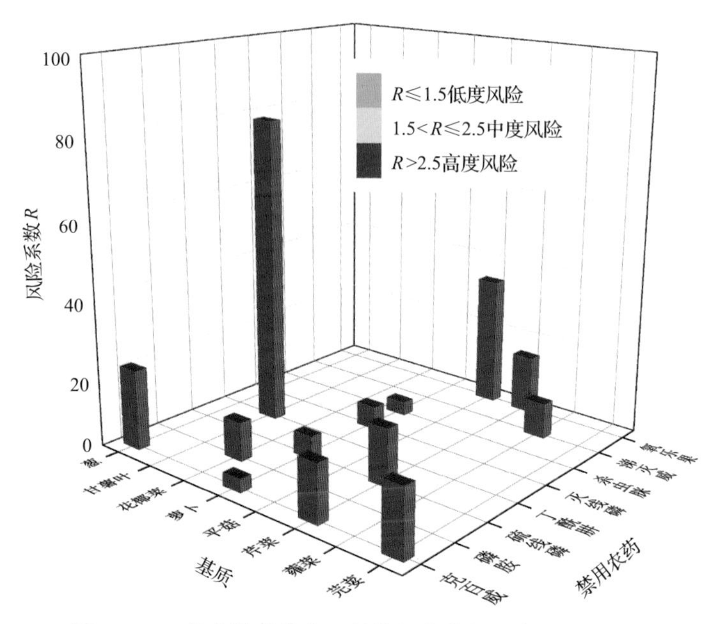

图 6-18　8 种水果蔬菜中 8 种禁用农药的风险系数分布图

表 6-12　8 种水果蔬菜中 8 种禁用农药的风险系数列表

序号	基质	农药	检出频次	检出率(%)	风险系数 R	风险程度
1	甘薯叶	丁酰肼	4	80.00	81.10	高度风险
2	平菇	氧乐果	1	33.33	34.43	高度风险
3	葱	克百威	1	20.00	21.10	高度风险
4	芫荽	克百威	1	16.67	17.77	高度风险
5	芹菜	克百威	1	14.29	15.39	高度风险
6	芹菜	氧乐果	1	14.29	15.39	高度风险
7	芹菜	硫线磷	1	14.29	15.39	高度风险
8	花椰菜	磷胺	1	9.09	10.19	高度风险
9	蕹菜	涕灭威	1	8.33	9.43	高度风险
10	萝卜	灭线磷	2	5.00	6.10	高度风险
11	萝卜	硫线磷	2	5.00	6.10	高度风险
12	萝卜	克百威	1	2.50	3.60	高度风险
13	萝卜	杀虫脒	1	2.50	3.60	高度风险

6.3.1.2　基于 MRL 中国国家标准的单种水果蔬菜中非禁用农药残留风险系数分析

参照中华人民共和国国家标准 GB 2763—2016 中农药残留限量计算每种水果蔬菜中每种非禁用农药的超标率，进而计算其风险系数，根据风险系数大小判断残留农药的预警风险程度，水果蔬菜中非禁用农药残留风险程度分布情况如图 6-19 所示。

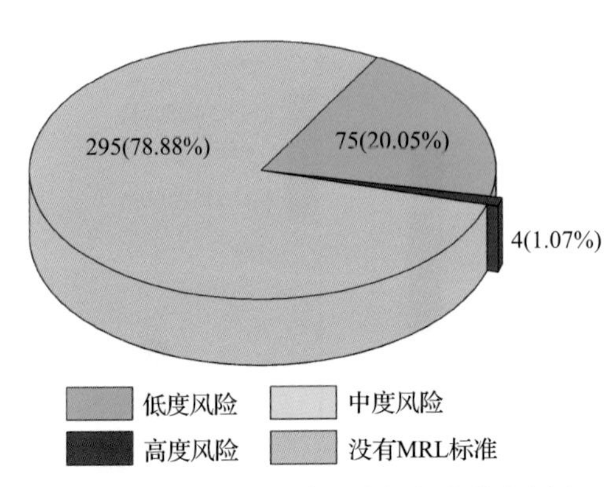

图 6-19 水果蔬菜中非禁用农药残留风险程度的频次分布图(MRL 中国国家标准)

本次分析中，发现在 73 种水果蔬菜中侦测出 123 种残留非禁用农药，涉及样本 374 个，在 374 个样本中，1.07%处于高度风险，20.05%处于低度风险，此外发现有 295 个样本没有 MRL 中国国家标准值，无法判断其风险程度，有 MRL 中国国家标准值的 79 个样本涉及 39 种水果蔬菜中的 28 种非禁用农药，其风险系数 *R* 值如图 6-20 所示。表 6-13 为非禁用农药残留处于高度风险的水果蔬菜列表。

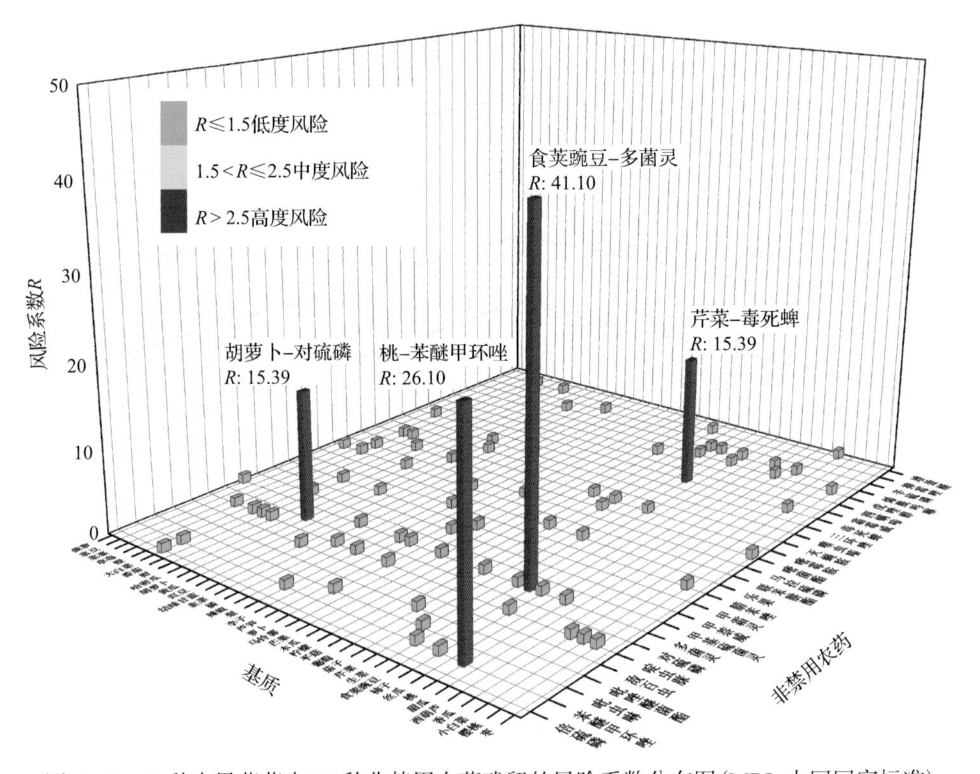

图 6-20 39 种水果蔬菜中 28 种非禁用农药残留的风险系数分布图(MRL 中国国家标准)

表 6-13　单种水果蔬菜中处于高度风险的非禁用农药风险系数表(MRL 中国国家标准)

序号	基质	农药	超标频次	超标率 P(%)	风险系数 R
1	食荚豌豆	多菌灵	2	40.00	41.10
2	桃	苯醚甲环唑	1	25.00	26.10
3	胡萝卜	对硫磷	1	14.29	15.39
4	芹菜	毒死蜱	1	14.29	15.39

6.3.1.3　基于 MRL 欧盟标准的单种水果蔬菜中非禁用农药残留风险系数分析

参照 MRL 欧盟标准计算每种水果蔬菜中每种非禁用农药的超标率，进而计算其风险系数，根据风险系数大小判断农药残留的预警风险程度，水果蔬菜中非禁用农药残留风险程度分布情况如图 6-21 所示。

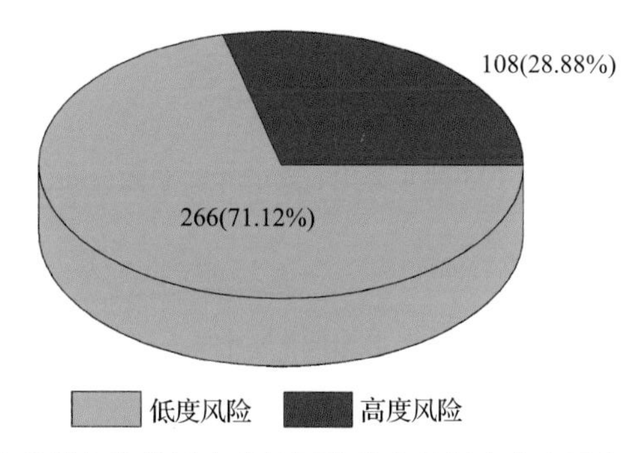

图 6-21　水果蔬菜中非禁用农药的风险程度的频次分布图(MRL 欧盟标准)

本次分析中，发现在 73 种水果蔬菜中共侦测出 123 种非禁用农药，涉及样本 374 个，其中，28.88%处于高度风险，涉及 47 种水果蔬菜和 58 种农药；71.12%处于低度风险，涉及 68 种水果蔬菜和 95 种农药。单种水果蔬菜中的非禁用农药残留风险系数分布图如图 6-22 所示。单种水果蔬菜中处于高度风险的非禁用农药残留风险系数如图 6-23 和表 6-14 所示。

6.3.2　所有水果蔬菜中农药残留风险系数分析

6.3.2.1　所有水果蔬菜中禁用农药残留风险系数分析

在侦测出的 131 种农药中有 8 种为禁用农药，计算所有水果蔬菜中禁用农药的风险系数，结果如表 6-15 所示。丁酰肼、克百威和硫线磷 3 种禁用农药处于中度风险，剩余 5 种禁用农药处于低度风险。

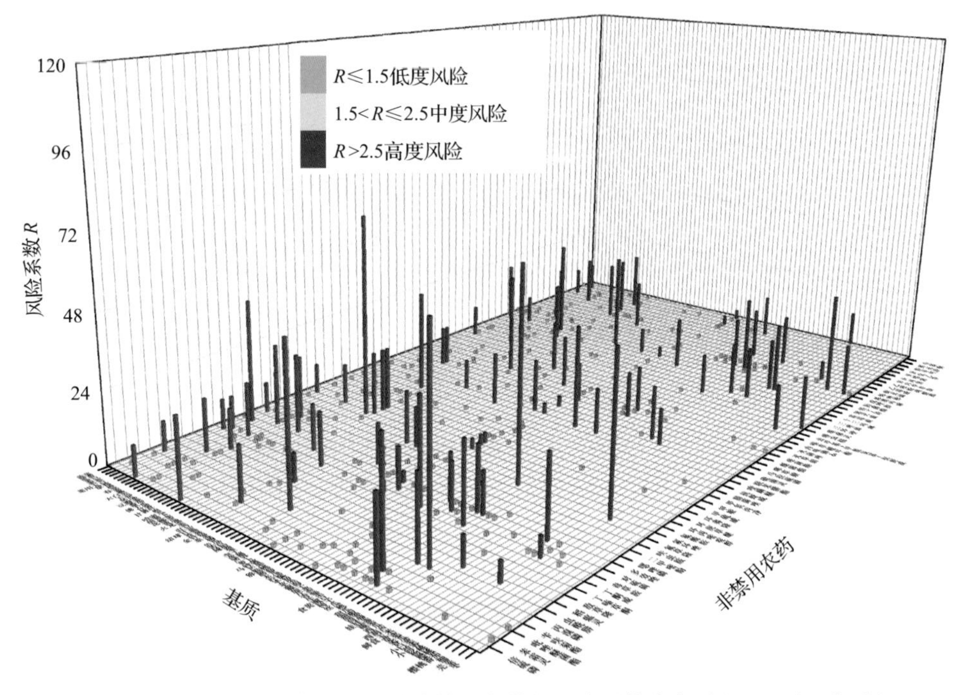

图 6-22　73 种水果蔬菜中 123 种非禁用农药的风险系数分布图（MRL 欧盟标准）

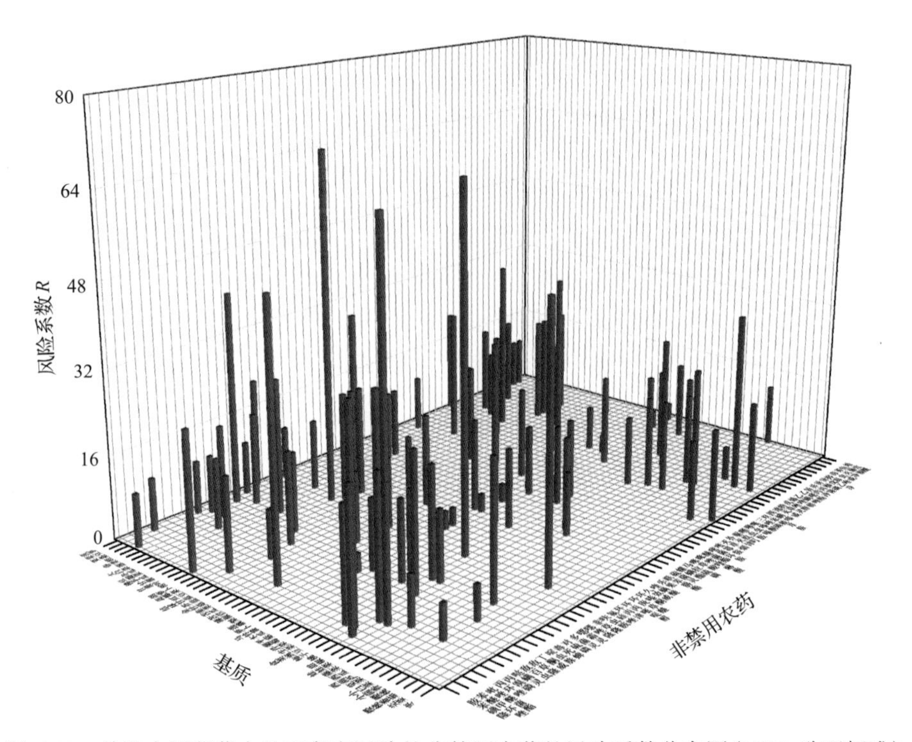

图 6-23　单种水果蔬菜中处于高度风险的非禁用农药的风险系数分布图（MRL 欧盟标准）

表 6-14 单种水果蔬菜中处于高度风险的非禁用农药的风险系数表(MRL 欧盟标准)

序号	基质	农药	超标频次	超标率 *P*(%)	风险系数 *R*
1	甘薯	环丙津	2	66.67	67.77
2	生菜	氟硅唑	4	66.67	67.77
3	甜椒	丙溴磷	4	66.67	67.77
4	苦苣	丙环唑	1	50.00	51.10
5	小茴香	氟硅唑	1	50.00	51.10
6	菜薹	多菌灵	4	40.00	41.10
7	柿子	吡唑醚菌酯	3	37.50	38.60
8	佛手瓜	久效威	1	33.33	34.43
9	佛手瓜	特草灵	1	33.33	34.43
10	金针菇	特草灵	2	33.33	34.43
11	平菇	乐果	1	33.33	34.43
12	平菇	啶虫脒	1	33.33	34.43
13	樱桃	戊唑醇	1	33.33	34.43
14	冬瓜	噻虫嗪	1	25.00	26.10
15	豆瓣菜	噁霜灵	1	25.00	26.10
16	柑	胺苯磺隆	1	25.00	26.10
17	柿子	啶虫脒	2	25.00	26.10
18	柿子	戊唑醇	2	25.00	26.10
19	桃	丙溴磷	1	25.00	26.10
20	桃	苯醚甲环唑	1	25.00	26.10
21	苋菜	多菌灵	1	25.00	26.10
22	西葫芦	速灭威	2	22.22	23.32
23	菠萝	呋虫胺	1	20.00	21.10
24	菠萝	特草灵	1	20.00	21.10
25	葱	非草隆	1	20.00	21.10
26	甘薯叶	乙嘧酚	1	20.00	21.10
27	甘薯叶	双苯酰草胺	1	20.00	21.10
28	甘薯叶	异丙净	1	20.00	21.10
29	甘薯叶	异戊乙净	1	20.00	21.10
30	甘薯叶	环丙嘧啶醇	1	20.00	21.10
31	甘薯叶	环嗪酮	1	20.00	21.10
32	甘薯叶	环庚草醚	1	20.00	21.10
33	食荚豌豆	吡唑醚菌酯	1	20.00	21.10

续表

序号	基质	农药	超标频次	超标率 P(%)	风险系数 R
34	食荚豌豆	多菌灵	1	20.00	21.10
35	花椰菜	灭草烟	2	18.18	19.28
36	春菜	哒螨灵	1	16.67	17.77
37	春菜	啶虫脒	1	16.67	17.77
38	春菜	噁霜灵	1	16.67	17.77
39	春菜	异丙隆	1	16.67	17.77
40	春菜	烯唑醇	1	16.67	17.77
41	豇豆	乙螨唑	1	16.67	17.77
42	豇豆	吡唑醚菌酯	1	16.67	17.77
43	豇豆	啶虫脒	1	16.67	17.77
44	芥蓝	扑灭津	1	16.67	17.77
45	韭菜	喹螨醚	1	16.67	17.77
46	韭菜	氟硅唑	1	16.67	17.77
47	辣椒	灭草烟	1	16.67	17.77
48	莲藕	联苯肼酯	1	16.67	17.77
49	木瓜	四螨嗪	1	16.67	17.77
50	生菜	乙螨唑	1	16.67	17.77
51	生菜	戊唑醇	1	16.67	17.77
52	甜椒	三唑磷	1	16.67	17.77
53	甜椒	乙螨唑	1	16.67	17.77
54	甜椒	螺螨酯	1	16.67	17.77
55	蕹菜	三唑磷	2	16.67	17.77
56	西瓜	速灭威	1	16.67	17.77
57	芫荽	戊唑醇	1	16.67	17.77
58	枣	噻虫胺	1	16.67	17.77
59	胡萝卜	对硫磷	1	14.29	15.39
60	葡萄	多菌灵	1	14.29	15.39
61	葡萄	抑霉唑	1	14.29	15.39
62	芹菜	乐果	1	14.29	15.39
63	芹菜	嘧霉胺	1	14.29	15.39
64	芹菜	毒死蜱	1	14.29	15.39
65	芹菜	醚菌酯	1	14.29	15.39
66	樱桃番茄	驱蚊叮	1	14.29	15.39
67	大白菜	咪唑喹啉酸	1	12.50	13.60
68	大白菜	咪草酸	1	12.50	13.60

续表

序号	基质	农药	超标频次	超标率 P(%)	风险系数 R
69	大白菜	戊唑醇	1	12.50	13.60
70	大白菜	敌草隆	1	12.50	13.60
71	大白菜	环丙嘧啶醇	1	12.50	13.60
72	苦瓜	噁霜灵	1	12.50	13.60
73	苦瓜	氟硅唑	1	12.50	13.60
74	马铃薯	毒死蜱	1	12.50	13.60
75	马铃薯	醚菌酯	1	12.50	13.60
76	柿子	噻嗪酮	1	12.50	13.60
77	柿子	多菌灵	1	12.50	13.60
78	娃娃菜	硫菌灵	1	11.11	12.21
79	西葫芦	增效醚	1	11.11	12.21
80	菜薹	啶虫脒	1	10.00	11.10
81	菜薹	噻虫胺	1	10.00	11.10
82	菜豆	丁酮威	1	9.09	10.19
83	菜豆	丙环唑	1	9.09	10.19
84	菜豆	噁唑隆	1	9.09	10.19
85	菜豆	异柳磷	1	9.09	10.19
86	菜豆	环丙嘧啶醇	1	9.09	10.19
87	菜豆	茚虫威	1	9.09	10.19
88	菜豆	莠灭净	1	9.09	10.19
89	橙	特草灵	1	9.09	10.19
90	橙	胺苯磺隆	1	9.09	10.19
91	花椰菜	联苯肼酯	1	9.09	10.19
92	结球甘蓝	敌百虫	1	8.33	9.43
93	蕹菜	哒螨灵	1	8.33	9.43
94	梨	特草灵	1	7.69	8.79
95	小白菜	哒螨灵	1	5.56	6.66
96	小白菜	啶虫脒	1	5.56	6.66
97	小白菜	烯唑醇	1	5.56	6.66
98	萝卜	嘧菌环胺	2	5.00	6.10
99	萝卜	啶虫脒	1	2.50	3.60
100	萝卜	多菌灵	1	2.50	3.60
101	萝卜	抑霉唑	1	2.50	3.60
102	萝卜	特草灵	1	2.50	3.60

续表

序号	基质	农药	超标频次	超标率 P(%)	风险系数 R
103	萝卜	环丙嘧啶醇	1	2.50	3.60
104	萝卜	环嗪酮	1	2.50	3.60
105	萝卜	环庚草醚	1	2.50	3.60
106	萝卜	联苯肼酯	1	2.50	3.60
107	萝卜	马拉硫磷	1	2.50	3.60
108	萝卜	鱼藤酮	1	2.50	3.60

表 6-15　水果蔬菜中 8 种禁用农药的风险系数表

序号	农药	检出频次	检出率 P(%)	风险系数 R	风险程度
1	丁酰肼	4	0.65	1.75	中度风险
2	克百威	4	0.65	1.75	中度风险
3	硫线磷	3	0.49	1.59	中度风险
4	灭线磷	2	0.33	1.43	低度风险
5	氧乐果	2	0.33	1.43	低度风险
6	磷胺	1	0.16	1.26	低度风险
7	杀虫脒	1	0.16	1.26	低度风险
8	涕灭威	1	0.16	1.26	低度风险

对每个月内的禁用农药的风险系数进行分析，结果如图 6-24 和表 6-16 所示。

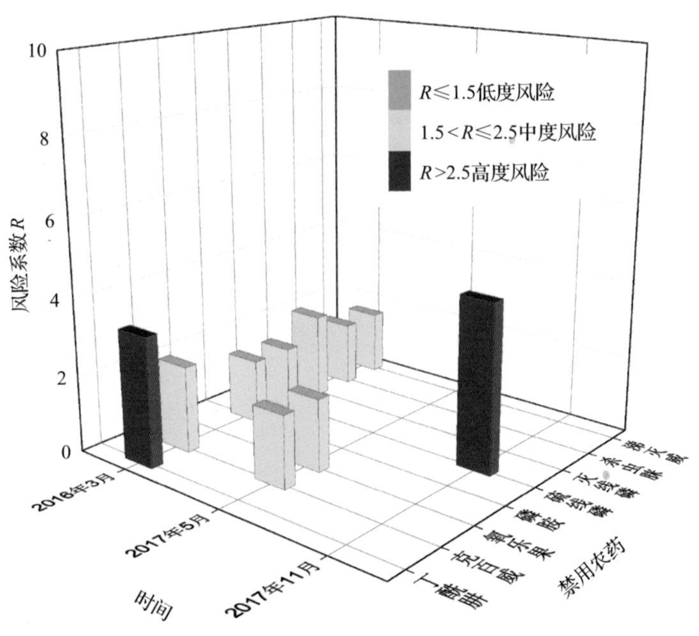

图 6-24　各月份内水果蔬菜中禁用农药残留的风险系数分布图

表 6-16　各月份内水果蔬菜中禁用农药的风险系数表

序号	年月	农药	检出频次	检出率(%)	风险系数 R	风险程度
1	2016 年 3 月	丁酰肼	4	2.27	3.37	高度风险
2	2016 年 3 月	克百威	2	1.14	2.24	中度风险
3	2016 年 3 月	磷胺	1	0.57	1.67	中度风险
4	2016 年 3 月	硫线磷	1	0.57	1.67	中度风险
5	2016 年 3 月	灭线磷	2	1.14	2.24	中度风险
6	2016 年 3 月	杀虫脒	1	0.57	1.67	中度风险
7	2016 年 3 月	涕灭威	1	0.57	1.67	中度风险
8	2017 年 5 月	克百威	2	0.78	1.88	中度风险
9	2017 年 5 月	氧乐果	2	0.78	1.88	中度风险
10	2017 年 11 月	硫线磷	2	3.28	4.38	高度风险

6.3.2.2　所有水果蔬菜中非禁用农药残留风险系数分析

参照 MRL 欧盟标准计算所有水果蔬菜中每种非禁用农药残留的风险系数，如图 6-25 与表 6-17 所示。在侦测出的 123 种非禁用农药中，1 种农药(0.81%)残留处于高度风险，14 种农药(11.38%)残留处于中度风险，108 种农药(87.80%)残留处于低度风险。

对每个月份内的非禁用农药的风险系数分析，每月内非禁用农药风险程度分布图如图 6-26 所示。5 个月份内处于高度风险的农药数排序为 2016 年 3 月(6)>2017 年 5 月(5)>2017 年 11 月(4)>2016 年 11 月(1)=2017 年 3 月(1)。

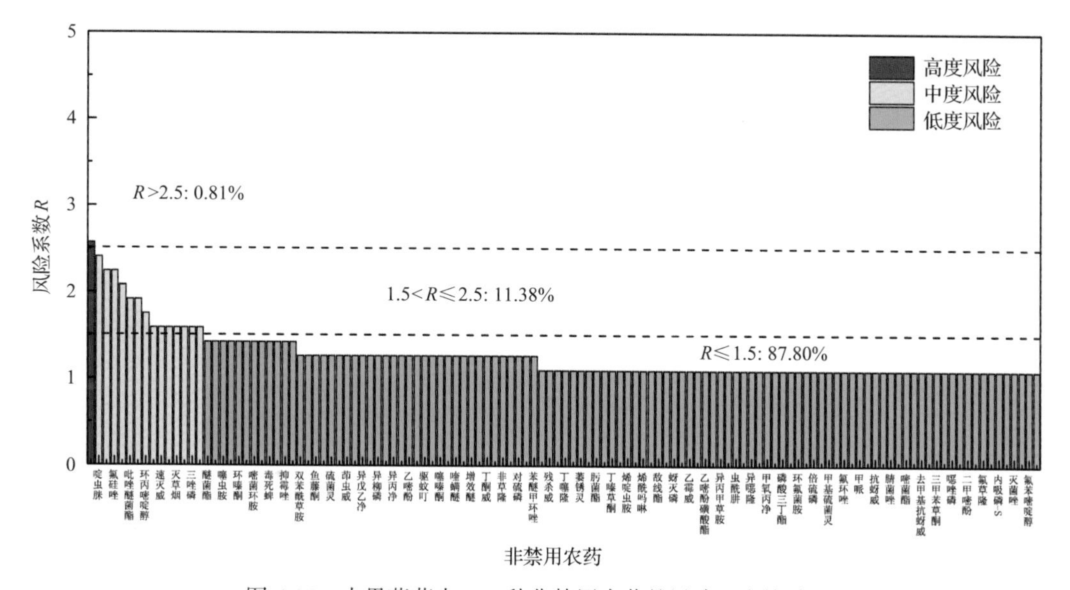

图 6-25　水果蔬菜中 123 种非禁用农药的风险程度统计图

表 6-17　水果蔬菜中 123 种非禁用农药的风险系数表

序号	农药	超标频次	超标率 P(%)	风险系数 R	风险程度
1	多菌灵	9	1.47	2.57	高度风险
2	啶虫脒	8	1.31	2.41	中度风险
3	特草灵	7	1.14	2.24	中度风险
4	氟硅唑	7	1.14	2.24	中度风险
5	戊唑醇	6	0.98	2.08	中度风险
6	吡唑醚菌酯	5	0.82	1.92	中度风险
7	丙溴磷	5	0.82	1.92	中度风险
8	环丙嘧啶醇	4	0.65	1.75	中度风险
9	哒螨灵	3	0.49	1.59	中度风险
10	速灭威	3	0.49	1.59	中度风险
11	乙螨唑	3	0.49	1.59	中度风险
12	灭草烟	3	0.49	1.59	中度风险
13	噁霜灵	3	0.49	1.59	中度风险
14	三唑磷	3	0.49	1.59	中度风险
15	联苯肼酯	3	0.49	1.59	中度风险
16	醚菌酯	2	0.33	1.43	低度风险
17	环丙津	2	0.33	1.43	低度风险
18	噻虫胺	2	0.33	1.43	低度风险
19	环庚草醚	2	0.33	1.43	低度风险
20	环嗪酮	2	0.33	1.43	低度风险
21	乐果	2	0.33	1.43	低度风险
22	嘧菌环胺	2	0.33	1.43	低度风险
23	胺苯磺隆	2	0.33	1.43	低度风险
24	毒死蜱	2	0.33	1.43	低度风险
25	烯唑醇	2	0.33	1.43	低度风险
26	抑霉唑	2	0.33	1.43	低度风险
27	丙环唑	2	0.33	1.43	低度风险
28	双苯酰草胺	1	0.16	1.26	低度风险
29	咪唑喹啉酸	1	0.16	1.26	低度风险
30	鱼藤酮	1	0.16	1.26	低度风险
31	莠灭净	1	0.16	1.26	低度风险
32	硫菌灵	1	0.16	1.26	低度风险
33	螺螨酯	1	0.16	1.26	低度风险

续表

序号	农药	超标频次	超标率 P(%)	风险系数 R	风险程度
34	茚虫威	1	0.16	1.26	低度风险
35	咪草酸	1	0.16	1.26	低度风险
36	异戊乙净	1	0.16	1.26	低度风险
37	异丙隆	1	0.16	1.26	低度风险
38	异柳磷	1	0.16	1.26	低度风险
39	久效威	1	0.16	1.26	低度风险
40	异丙净	1	0.16	1.26	低度风险
41	嘧霉胺	1	0.16	1.26	低度风险
42	乙嘧酚	1	0.16	1.26	低度风险
43	扑灭津	1	0.16	1.26	低度风险
44	驱蚊叮	1	0.16	1.26	低度风险
45	噻虫嗪	1	0.16	1.26	低度风险
46	噻嗪酮	1	0.16	1.26	低度风险
47	四螨嗪	1	0.16	1.26	低度风险
48	喹螨醚	1	0.16	1.26	低度风险
49	马拉硫磷	1	0.16	1.26	低度风险
50	增效醚	1	0.16	1.26	低度风险
51	敌百虫	1	0.16	1.26	低度风险
52	丁酮威	1	0.16	1.26	低度风险
53	噁唑隆	1	0.16	1.26	低度风险
54	非草隆	1	0.16	1.26	低度风险
55	呋虫胺	1	0.16	1.26	低度风险
56	对硫磷	1	0.16	1.26	低度风险
57	敌草隆	1	0.16	1.26	低度风险
58	苯醚甲环唑	1	0.16	1.26	低度风险
59	苄呋菊酯	0	0	1.10	低度风险
60	残杀威	0	0	1.10	低度风险
61	毒草胺	0	0	1.10	低度风险
62	丁噻隆	0	0	1.10	低度风险
63	特丁津	0	0	1.10	低度风险
64	萎锈灵	0	0	1.10	低度风险
65	莠去通	0	0	1.10	低度风险
66	肟菌酯	0	0	1.10	低度风险
67	戊草丹	0	0	1.10	低度风险
68	丁嗪草酮	0	0	1.10	低度风险

续表

序号	农药	超标频次	超标率 P(%)	风险系数 R	风险程度
69	苯霜灵	0	0	1.10	低度风险
70	烯啶虫胺	0	0	1.10	低度风险
71	吡虫啉	0	0	1.10	低度风险
72	烯酰吗啉	0	0	1.10	低度风险
73	烯效唑	0	0	1.10	低度风险
74	敌线酯	0	0	1.10	低度风险
75	辛硫磷	0	0	1.10	低度风险
76	蚜灭磷	0	0	1.10	低度风险
77	抑芽唑	0	0	1.10	低度风险
78	乙霉威	0	0	1.10	低度风险
79	避蚊胺	0	0	1.10	低度风险
80	乙嘧酚磺酸酯	0	0	1.10	低度风险
81	乙氧喹啉	0	0	1.10	低度风险
82	异丙甲草胺	0	0	1.10	低度风险
83	稻瘟灵	0	0	1.10	低度风险
84	虫酰肼	0	0	1.10	低度风险
85	异稻瘟净	0	0	1.10	低度风险
86	异噁隆	0	0	1.10	低度风险
87	霜霉威	0	0	1.10	低度风险
88	甲氧丙净	0	0	1.10	低度风险
89	十三吗啉	0	0	1.10	低度风险
90	磷酸三丁酯	0	0	1.10	低度风险
91	氟酰胺	0	0	1.10	低度风险
92	环氟菌胺	0	0	1.10	低度风险
93	麦穗宁	0	0	1.10	低度风险
94	倍硫磷	0	0	1.10	低度风险
95	环莠隆	0	0	1.10	低度风险
96	甲基硫菌灵	0	0	1.10	低度风险
97	甲硫威	0	0	1.10	低度风险
98	氟环唑	0	0	1.10	低度风险
99	甲萘威	0	0	1.10	低度风险
100	甲哌	0	0	1.10	低度风险
101	喹禾灵	0	0	1.10	低度风险
102	抗蚜威	0	0	1.10	低度风险
103	甲霜灵	0	0	1.10	低度风险

续表

序号	农药	超标频次	超标率 P(%)	风险系数 R	风险程度
104	腈菌唑	0	0	1.10	低度风险
105	氟菌唑	0	0	1.10	低度风险
106	嘧菌酯	0	0	1.10	低度风险
107	腈苯唑	0	0	1.10	低度风险
108	去甲基抗蚜威	0	0	1.10	低度风险
109	多效唑	0	0	1.10	低度风险
110	三甲苯草酮	0	0	1.10	低度风险
111	三环唑	0	0	1.10	低度风险
112	噁唑磷	0	0	1.10	低度风险
113	噻菌灵	0	0	1.10	低度风险
114	二甲嘧酚	0	0	1.10	低度风险
115	去甲基-甲酰氨基-抗蚜威	0	0	1.10	低度风险
116	氟草隆	0	0	1.10	低度风险
117	嗪草酸甲酯	0	0	1.10	低度风险
118	内吸磷-S	0	0	1.10	低度风险
119	灭蝇胺	0	0	1.10	低度风险
120	灭菌唑	0	0	1.10	低度风险
121	灭害威	0	0	1.10	低度风险
122	氟苯嘧啶醇	0	0	1.10	低度风险
123	三唑酮	0	0	1.10	低度风险

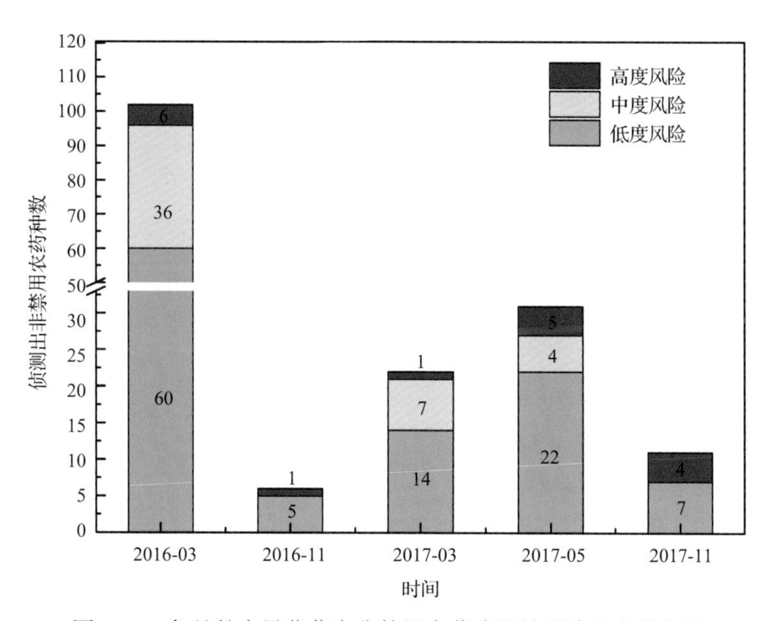

图 6-26　各月份水果蔬菜中非禁用农药残留的风险程度分布图

5 个月份内水果蔬菜中非禁用农药处于中度风险和高度风险的风险系数如图 6-27 和表 6-18 所示。

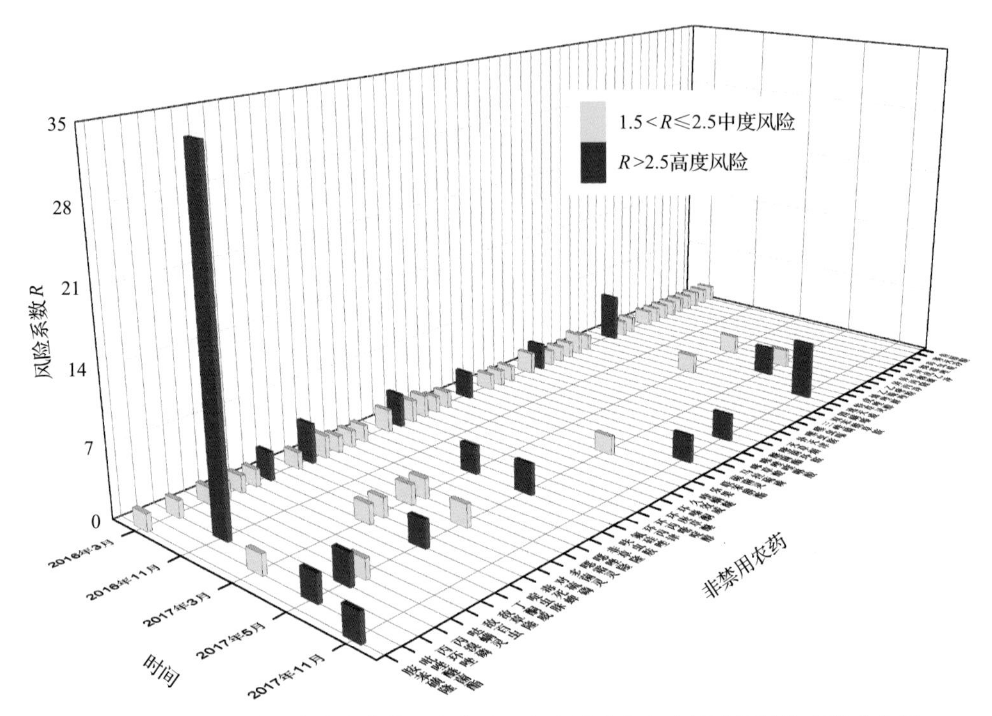

图 6-27 各月份水果蔬菜中非禁用农药处于中度风险和高度风险的风险系数分布图

表 6-18 各月份水果蔬菜中非禁用农药处于中度风险和高度风险的风险系数表

序号	年月	农药	超标频次	超标率 P(%)	风险系数 R	风险程度
1	2016 年 3 月	特草灵	7	3.98	5.08	高度风险
2	2016 年 3 月	多菌灵	5	2.84	3.94	高度风险
3	2016 年 3 月	环丙嘧啶醇	4	2.27	3.37	高度风险
4	2016 年 3 月	啶虫脒	3	1.70	2.80	高度风险
5	2016 年 3 月	联苯肼酯	3	1.70	2.80	高度风险
6	2016 年 3 月	灭草烟	3	1.70	2.80	高度风险
7	2016 年 3 月	噁霜灵	2	1.14	2.24	中度风险
8	2016 年 3 月	环丙津	2	1.14	2.24	中度风险
9	2016 年 3 月	环庚草醚	2	1.14	2.24	中度风险
10	2016 年 3 月	环嗪酮	2	1.14	2.24	中度风险
11	2016 年 3 月	嘧菌环胺	2	1.14	2.24	中度风险
12	2016 年 3 月	三唑磷	2	1.14	2.24	中度风险
13	2016 年 3 月	胺苯磺隆	1	0.57	1.67	中度风险
14	2016 年 3 月	丙环唑	1	0.57	1.67	中度风险

续表

序号	年月	农药	超标频次	超标率 P(%)	风险系数 R	风险程度
15	2016 年 3 月	哒螨灵	1	0.57	1.67	中度风险
16	2016 年 3 月	敌百虫	1	0.57	1.67	中度风险
17	2016 年 3 月	敌草隆	1	0.57	1.67	中度风险
18	2016 年 3 月	丁酮威	1	0.57	1.67	中度风险
19	2016 年 3 月	对硫磷	1	0.57	1.67	中度风险
20	2016 年 3 月	噁唑隆	1	0.57	1.67	中度风险
21	2016 年 3 月	非草隆	1	0.57	1.67	中度风险
22	2016 年 3 月	呋虫胺	1	0.57	1.67	中度风险
23	2016 年 3 月	久效威	1	0.57	1.67	中度风险
24	2016 年 3 月	喹螨醚	1	0.57	1.67	中度风险
25	2016 年 3 月	马拉硫磷	1	0.57	1.67	中度风险
26	2016 年 3 月	咪草酸	1	0.57	1.67	中度风险
27	2016 年 3 月	咪唑喹啉酸	1	0.57	1.67	中度风险
28	2016 年 3 月	扑灭津	1	0.57	1.67	中度风险
29	2016 年 03 月	噻虫胺	1	0.57	1.67	中度风险
30	2016 年 3 月	噻虫嗪	1	0.57	1.67	中度风险
31	2016 年 3 月	双苯酰草胺	1	0.57	1.67	中度风险
32	2016 年 3 月	戊唑醇	1	0.57	1.67	中度风险
33	2016 年 3 月	烯唑醇	1	0.57	1.67	中度风险
34	2016 年 3 月	乙嘧酚	1	0.57	1.67	中度风险
35	2016 年 3 月	异丙净	1	0.57	1.67	中度风险
36	2016 年 3 月	异丙隆	1	0.57	1.67	中度风险
37	2016 年 3 月	异柳磷	1	0.57	1.67	中度风险
38	2016 年 3 月	异戊乙净	1	0.57	1.67	中度风险
39	2016 年 3 月	抑霉唑	1	0.57	1.67	中度风险
40	2016 年 3 月	茚虫威	1	0.57	1.67	中度风险
41	2016 年 3 月	莠灭净	1	0.57	1.67	中度风险
42	2016 年 3 月	鱼藤酮	1	0.57	1.67	中度风险
43	2016 年 11 月	丙环唑	1	33.33	34.43	高度风险
44	2017 年 3 月	氟硅唑	2	1.72	2.82	高度风险
45	2017 年 3 月	吡唑醚菌酯	1	0.86	1.96	中度风险
46	2017 年 3 月	啶虫脒	1	0.86	1.96	中度风险
47	2017 年 3 月	毒死蜱	1	0.86	1.96	中度风险

续表

序号	年月	农药	超标频次	超标率 P(%)	风险系数 R	风险程度
48	2017 年 3 月	多菌灵	1	0.86	1.96	中度风险
49	2017 年 3 月	噁霜灵	1	0.86	1.96	中度风险
50	2017 年 3 月	四螨嗪	1	0.86	1.96	中度风险
51	2017 年 3 月	乙螨唑	1	0.86	1.96	中度风险
52	2017 年 5 月	丙溴磷	5	1.95	3.05	高度风险
53	2017 年 5 月	氟硅唑	5	1.95	3.05	高度风险
54	2017 年 5 月	戊唑醇	5	1.95	3.05	高度风险
55	2017 年 5 月	吡唑醚菌酯	4	1.56	2.66	高度风险
56	2017 年 5 月	啶虫脒	4	1.56	2.66	高度风险
57	2017 年 5 月	多菌灵	3	1.17	2.27	中度风险
58	2017 年 5 月	哒螨灵	2	0.78	1.88	中度风险
59	2017 年 5 月	乐果	2	0.78	1.88	中度风险
60	2017 年 5 月	乙螨唑	2	0.78	1.88	中度风险
61	2017 年 11 月	速灭威	3	4.92	6.02	高度风险
62	2017 年 11 月	胺苯磺隆	1	1.64	2.74	高度风险
63	2017 年 11 月	硫菌灵	1	1.64	2.74	高度风险
64	2017 年 11 月	醚菌酯	1	1.64	2.74	高度风险

6.4　LC-Q-TOF/MS 侦测深圳市市售水果蔬菜农药残留风险评估结论与建议

农药残留是影响水果蔬菜安全和质量的主要因素，也是我国食品安全领域备受关注的敏感话题和亟待解决的重大问题之一[15,16]。各种水果蔬菜均存在不同程度的农药残留现象，本研究主要针对深圳市各类水果蔬菜存在的农药残留问题，基于 2016 年 3 月～2017 年 11 月对深圳市 612 例水果蔬菜样品中农药残留侦测得出的 537 个侦测结果，分别采用食品安全指数模型和风险系数模型，开展水果蔬菜中农药残留的膳食暴露风险和预警风险评估。水果蔬菜样品取自超市和农贸市场，符合大众的膳食来源，风险评价时更具有代表性和可信度。

本研究力求通用简单地反映食品安全中的主要问题，且为管理部门和大众容易接受，为政府及相关管理机构建立科学的食品安全信息发布和预警体系提供科学的规律与方法，加强对农药残留的预警和食品安全重大事件的预防，控制食品风险。

6.4.1 深圳市水果蔬菜中农药残留膳食暴露风险评价结论

1) 水果蔬菜样品中农药残留安全状态评价结论

采用食品安全指数模型，对 2016 年 3 月～2017 年 11 月期间深圳市水果蔬菜食品农药残留膳食暴露风险进行评价，根据 IFS_c 的计算结果发现，水果蔬菜中农药的 $\overline{IFS}$ 为 0.5663，说明深圳市水果蔬菜总体处于可以接受的安全状态，但部分禁用农药、高残留农药在蔬菜、水果中仍有侦测出，导致膳食暴露风险的存在，成为不安全因素。

2) 单种水果蔬菜中农药膳食暴露风险不可接受情况评价结论

单种水果蔬菜中农药残留安全指数分析结果显示，农药对单种水果蔬菜安全影响不可接受($IFS_c>1$)的样本数共 3 个，占总样本数的 0.78%，3 个样本分别为芫荽中的克百威、芫荽中的戊唑醇和蕹菜中的涕灭威，说明芫荽中的克百威、戊唑醇和蕹菜中的涕灭威会对消费者身体健康造成较大的膳食暴露风险。克百威和涕灭威属于禁用的剧毒农药，且芫荽和蕹菜均为较常见的蔬菜，百姓日常食用量较大，长期食用大量残留克百威的芫荽和涕灭威的蕹菜会对人体造成不可接受的影响，本次检测发现克百威和涕灭威在芫荽和蕹菜样品中多次侦测出，是未严格实施农业良好管理规范(GAP)，抑或是农药滥用，应该引起相关管理部门的警惕，应加强对芫荽中的克百威和蕹菜中的涕灭威的严格管控。

3) 禁用农药膳食暴露风险评价

本次检测发现部分水果蔬菜样品中有禁用农药侦测出，侦测出禁用农药 8 种，检出频次为 18，水果蔬菜样品中的禁用农药 IFS_c 计算结果表明，禁用农药残留膳食暴露风险不可接受的频次为 2，占 11.11%；可以接受的频次为 3，占 16.67%；没有影响的频次为 13，占 72.22%。对于水果蔬菜样品中所有农药而言，膳食暴露风险不可接受的频次为 3，仅占总体频次的 0.56%。可以看出，禁用农药的膳食暴露风险不可接受的比例远高于总体水平，这在一定程度上说明禁用农药更容易导致严重的膳食暴露风险。此外，膳食暴露风险不可接受的残留禁用农药为克百威和涕灭威，因此，应该加强对禁用农药克百威和涕灭威的管控力度。为何在国家明令禁止禁用农药喷洒的情况下，还能在多种水果蔬菜中多次侦测出禁用农药残留并造成不可接受的膳食暴露风险，这应该引起相关部门的高度警惕，应该在禁止禁用农药喷洒的同时，严格管控禁用农药的生产和售卖，从根本上杜绝安全隐患。

6.4.2 深圳市水果蔬菜中农药残留预警风险评价结论

1) 单种水果蔬菜中禁用农药残留的预警风险评价结论

本次检测过程中，在 8 种水果蔬菜中检测超出 8 种禁用农药，禁用农药为：克百威、丁酰肼、磷胺、硫线磷、灭线磷、杀虫脒、氧乐果和涕灭威，水果蔬菜为：葱、甘薯叶、花椰菜、萝卜、平菇、芹菜、蕹菜、芫荽，水果蔬菜中禁用农药的风险系数分析结果显示，丁酰肼、克百威和硫线磷 3 种禁用农药处于中度风险，剩余 5 种禁用农药处于低度风险，说明在单种水果蔬菜中禁用农药的残留会导致较高的预警风险。

2) 单种水果蔬菜中非禁用农药残留的预警风险评价结论

以 MRL 中国国家标准为标准，计算水果蔬菜中非禁用农药风险系数情况下，374 个样本中，4 个处于高度风险(1.07%)，75 个处于低度风险(20.05%)，295 个样本没有 MRL 中国国家标准(78.88%)。以 MRL 欧盟标准为标准，计算水果蔬菜中非禁用农药风险系数情况下，发现有 108 个处于高度风险(28.88%)，266 个处于低度风险(71.12%)。基于两种 MRL 标准，评价的结果差异显著，可以看出 MRL 欧盟标准比中国国家标准更加严格和完善，过于宽松的 MRL 中国国家标准值能否有效保障人体的健康有待研究。

6.4.3 加强深圳市水果蔬菜食品安全建议

我国食品安全风险评价体系仍不够健全，相关制度不够完善，多年来，由于农药用药次数多、用药量大或用药间隔时间短，产品残留量大，农药残留所造成的食品安全问题日益严峻，给人体健康带来了直接或间接的危害。据估计，美国与农药有关的癌症患者数约占全国癌症患者总数的 50%，中国更高。同样，农药对其他生物也会形成直接杀伤和慢性危害，植物中的农药可经过食物链逐级传递并不断蓄积，对人和动物构成潜在威胁，并影响生态系统。

基于本次农药残留侦测数据的风险评价结果，提出以下几点建议：

1) 加快食品安全标准制定步伐

我国食品标准中对农药每日允许最大摄入量 ADI 的数据严重缺乏，在本次评价所涉及的 131 种农药中，仅有 64.9%的农药具有 ADI 值，而 35.1%的农药中国尚未规定相应的 ADI 值，亟待完善。

我国食品中农药最大残留限量值的规定严重缺乏，对评估涉及的不同水果蔬菜中不同农药 387 个 MRL 限值进行统计来看，我国仅制定出 89 个标准，标准完整率仅为 23.0%，欧盟的完整率达到 100%(表 6-19)。因此，中国更应加快 MRL 标准的制定步伐。

表 6-19 我国国家食品标准农药的 ADI、MRL 值与欧盟标准的数量差异

分类		中国 ADI	MRL 中国国家标准	MRL 欧盟标准
标准限值(个)	有	85	89	387
	无	46	298	0
总数(个)		131	387	387
无标准限值比例		35.1%	77.0%	0

此外，MRL 中国国家标准限值普遍高于欧盟标准限值，这些标准中共有 47 个高于欧盟。过高的 MRL 值难以保障人体健康，建议继续加强对限值基准和标准的科学研究，将农产品中的危险性减少到尽可能低的水平。

2) 加强农药的源头控制和分类监管

在深圳市某些水果蔬菜中仍有禁用农药残留，利用 LC-Q-TOF/MS 技术侦测出 8 种禁用农药，检出频次为 18 次，残留禁用农药均存在较大的膳食暴露风险和预警风险。早已列入黑名单的禁用农药在我国并未真正退出，有些药物由于价格便宜、工艺简单，此类高毒农药一直生产和使用。建议在我国采取严格有效的控制措施，从源头控制禁用农药。

对于非禁用农药，在我国作为"田间地头"最典型单位的县级蔬果产地中，农药残留的检测几乎缺失。建议根据农药的毒性，对高毒、剧毒、中毒农药实现分类管理，减少使用高毒和剧毒高残留农药，进行分类监管。

3) 加强残留农药的生物修复及降解新技术

市售果蔬中残留农药的品种多、频次高、禁用农药多次检出这一现状，说明了我国的田间土壤和水体因农药长期、频繁、不合理的使用而遭到严重污染。为此，建议中国相关部门出台相关政策，鼓励高校及科研院所积极开展分子生物学、酶学等研究，加强土壤、水体中残留农药的生物修复及降解新技术研究，切实加大农药监管力度，以控制农药的面源污染问题。

综上所述，在本工作基础上，根据蔬菜残留危害，可进一步针对其成因提出和采取严格管理、大力推广无公害蔬菜种植与生产、健全食品安全控制技术体系、加强蔬菜食品质量检测体系建设和积极推行蔬菜食品质量追溯制度等相应对策。建立和完善食品安全综合评价指数与风险监测预警系统，对食品安全进行实时、全面的监控与分析，为我国的食品安全科学监管与决策提供新的技术支持，可实现各类检验数据的信息化系统管理，降低食品安全事故的发生。

第 7 章　GC-Q-TOF/MS 侦测深圳市 612 例市售水果蔬菜样品农药残留报告

从深圳市所属 4 个区，随机采集了 612 例水果蔬菜样品，使用 GC-Q-TOF/MS 对 507 种农药化学污染物进行示范侦测。

7.1　样品种类、数量与来源

7.1.1　样品采集与检测

为了真实反映百姓餐桌上水果蔬菜中农药残留污染状况，本次所有检测样品均由检验人员于 2016 年 3 月至 2017 年 11 月期间，从深圳市所属 42 个采样点，包括 14 个农贸市场 28 个超市，以随机购买方式采集，总计 110 批 612 例样品，从中检出农药 83 种，944 频次。采样点及监测概况见图 7-1 及表 7-1，样品及采样点明细见表 7-2 及表 7-3（侦测原始数据见附表 1）。

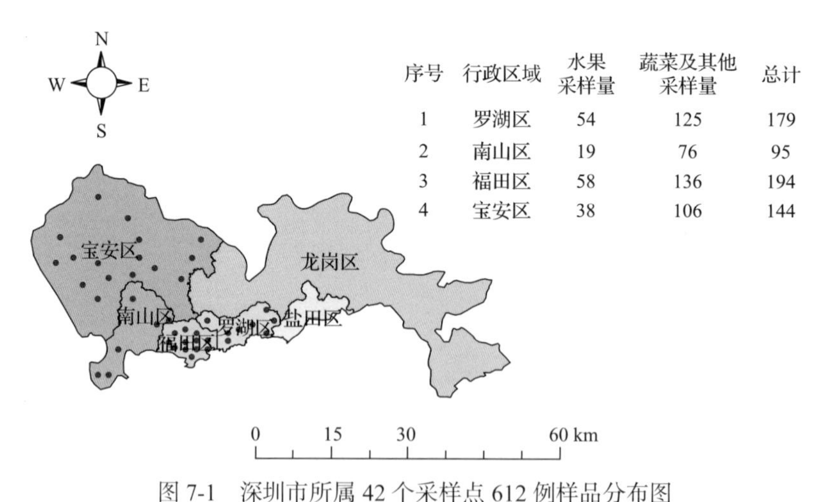

图 7-1　深圳市所属 42 个采样点 612 例样品分布图

表 7-1　农药残留监测总体概况

采样地区	深圳市所属 4 个区
采样点（超市+农贸市场）	42
样本总数	612
检出农药品种/频次	83/944
各采样点样本农药残留检出率范围	0.0% ~ 100.0%

表 7-2　样品分类及数量

样品分类	样品名称(数量)	数量小计
1. 调味料		6
1)叶类调味料	芫荽(6)	6
2. 谷物		6
1)旱粮类谷物	鲜食玉米(6)	6
3. 水果		169
1)仁果类水果	苹果(12), 枇杷(4), 梨(13)	29
2)核果类水果	桃(4), 李子(4), 枣(6), 樱桃(3)	17
3)浆果和其他小型水果	猕猴桃(6), 葡萄(7), 草莓(4)	17
4)瓜果类水果	西瓜(6), 哈密瓜(7), 香瓜(5), 甜瓜(4)	22
5)热带和亚热带水果	山竹(3), 香蕉(7), 柿子(8), 木瓜(6), 芒果(6), 火龙果(9), 菠萝(5), 杨桃(6)	50
6)柑橘类水果	柑(4), 柚(6), 橘(7), 橙(11), 柠檬(6)	34
4. 食用菌		21
1)蘑菇类	平菇(3), 香菇(6), 蘑菇(6), 金针菇(6)	21
5. 蔬菜		410
1)豆类蔬菜	豇豆(6), 菜用大豆(5), 菜豆(11), 食荚豌豆(5)	27
2)鳞茎类蔬菜	洋葱(6), 韭菜(6), 青蒜(6), 大蒜(4), 葱(5)	27
3)水生类蔬菜	莲藕(6), 豆瓣菜(4)	10
4)叶菜类蔬菜	芹菜(7), 蕹菜(12), 小茴香(2), 苦苣(2), 菠菜(3), 苋菜(4), 春菜(6), 奶白菜(6), 落葵(1), 小白菜(18), 油麦菜(6), 叶芥菜(4), 小油菜(6), 娃娃菜(9), 大白菜(8), 茼蒿(6), 生菜(6), 青菜(6), 莴笋(7), 甘薯叶(5)	124
5)芸薹属类蔬菜	结球甘蓝(12), 花椰菜(11), 芥蓝(6), 青花菜(7), 紫甘蓝(6), 菜薹(10)	52
6)茄果类蔬菜	番茄(10), 甜椒(6), 樱桃番茄(7), 辣椒(6), 人参果(3), 茄子(7)	39
7)茎类蔬菜	芦笋(3)	3
8)瓜类蔬菜	黄瓜(8), 西葫芦(9), 佛手瓜(3), 南瓜(6), 苦瓜(8), 冬瓜(4), 丝瓜(6)	44
9)其他类蔬菜	竹笋(2)	2
10)根茎类和薯芋类蔬菜	甘薯(3), 紫薯(6), 山药(6), 芋(6), 胡萝卜(7), 马铃薯(8), 萝卜(40), 姜(6)	82
合计	1.调味料 1 种 2.谷物 1 种 3.水果 27 种 4.食用菌 4 种 5.蔬菜 60 种	612

表 7-3　深圳市采样点信息

采样点序号	行政区域	采样点
农贸市场(14)		
1	南山区	***市场
2	南山区	***市场
3	宝安区	***市场
4	宝安区	***市场
5	宝安区	***批发行
6	宝安区	***蔬菜店
7	宝安区	***街市
8	宝安区	***市场
9	福田区	***街市
10	福田区	***市场
11	福田区	***市场
12	罗湖区	***街市布心店 B04
13	罗湖区	***街市布心店 B75
14	罗湖区	***水果店
超市(28)		
1	南山区	***超市(南油店)
2	南山区	***超市
3	南山区	***超市(南新店)
4	南山区	***超市(蛇口店)
5	宝安区	***超市(大浪店)
6	宝安区	***超市(书香门第店)
7	宝安区	***超市
8	宝安区	***超市(坂田店)
9	宝安区	***超市(民治店)
10	宝安区	***超市(龙华店)
11	宝安区	***超市(民治店)
12	宝安区	***超市
13	宝安区	***超市(龙华西店)
14	宝安区	***超市(三联店)
15	福田区	***超市
16	福田区	***超市(益田店)
17	福田区	***超市(美莲店)
18	福田区	***超市(中信店)
19	福田区	***超市(新洲店)
20	福田区	***超市(梅林店)

续表

采样点序号	行政区域	采样点
超市(28)		
21	福田区	***超市(振中店)
22	福田区	***超市(燕南路店)
23	福田区	***超市(香蜜湖店)
24	罗湖区	***超市(翠竹店)
25	罗湖区	***超市(东湖店)
26	罗湖区	***超市
27	罗湖区	***超市
28	罗湖区	***超市(黄贝路店)

7.1.2 检测结果

这次使用的检测方法是庞国芳院士团队最新研发的不需使用标准品对照，而以高分辨精确质量数(0.0001 *m/z*)为基准的 GC-Q-TOF/MS 检测技术，对于 612 例样品，每个样品均侦测了 507 种农药化学污染物的残留现状。通过本次侦测，在 612 例样品中共计检出农药化学污染物 83 种，检出 944 频次。

7.1.2.1 各采样点样品检出情况

统计分析发现 42 个采样点中，被测样品的农药检出率范围为 0.0%～100.0%。其中，有 4 个采样点样品的检出率最高，达到了 100.0%，分别是：***超市(南油店)、***超市(龙华店)、***市场和***超市(振中店)。***超市(美莲店)的检出率最低，为 0.0%，见图 7-2。

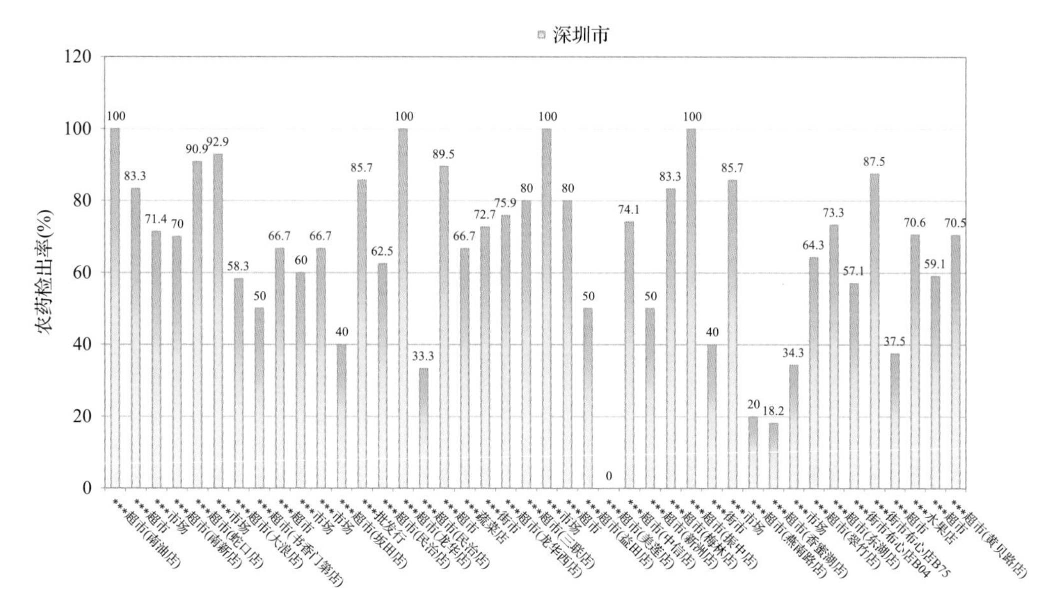

图 7-2　各采样点样品中的农药检出率

7.1.2.2　检出农药的品种总数与频次

统计分析发现，对于 612 例样品中 507 种农药化学污染物的侦测，共检出农药 944 频次，涉及农药 83 种，结果如图 7-3 所示。其中哒螨灵检出频次最高，共检出 167 次。检出频次排名前 10 的农药如下：①哒螨灵（167）；②速灭威（119）；③甲萘威（100）；④氟丙菊酯（68）；⑤毒死蜱（59）；⑥仲丁威（51）；⑦嘧霉胺（24）；⑧3,4,5-混杀威（23）；⑨联苯菊酯（22）；⑩炔丙菊酯（20）。

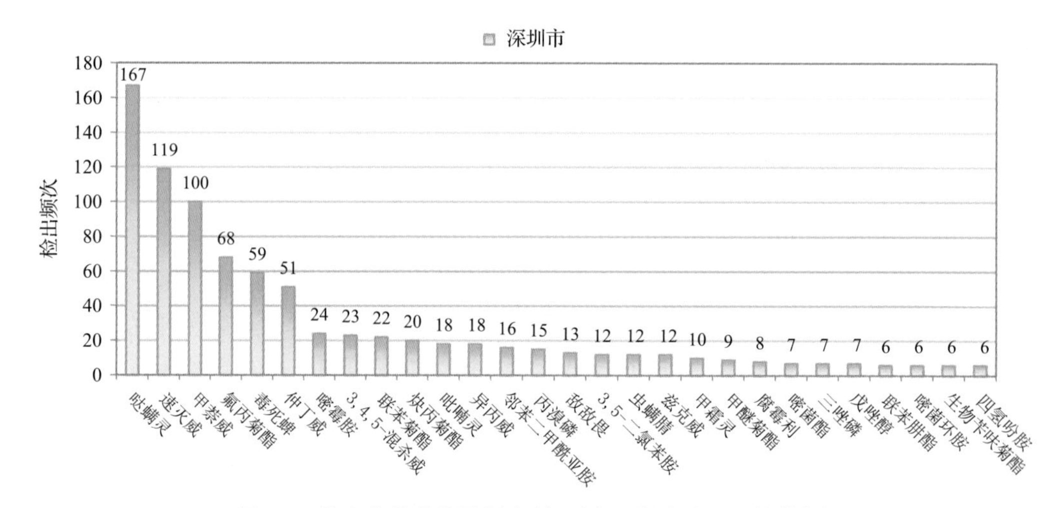

图 7-3　检出农药品种及频次（仅列出 6 频次及以上的数据）

由图 7-4 可见，萝卜、蕹菜和小白菜这 3 种果蔬样品中检出的农药品种数较高，均超过 15 种，其中，萝卜检出农药品种最多，为 31 种。由图 7-5 可见，萝卜、小白菜和蕹菜这 3 种果蔬样品中的农药检出频次较高，均超过 30 次，其中，萝卜检出农药频次最高，为 51 次。

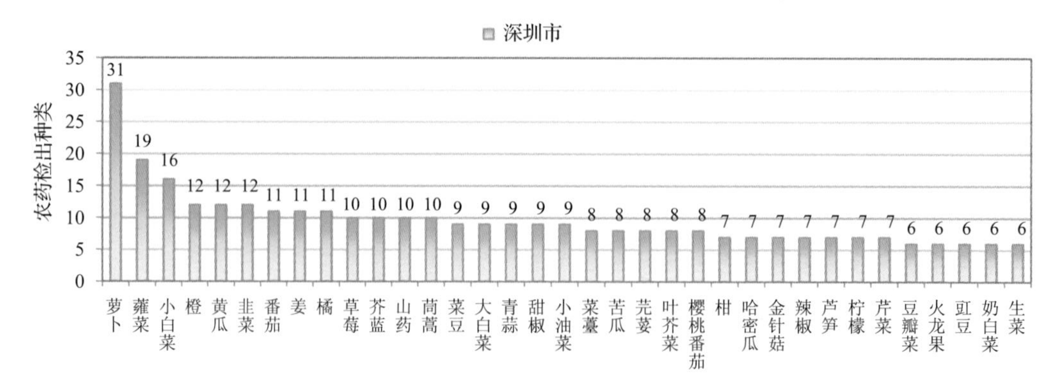

图 7-4　单种水果蔬菜检出农药的种类数（仅列出检出农药 6 种及以上的数据）

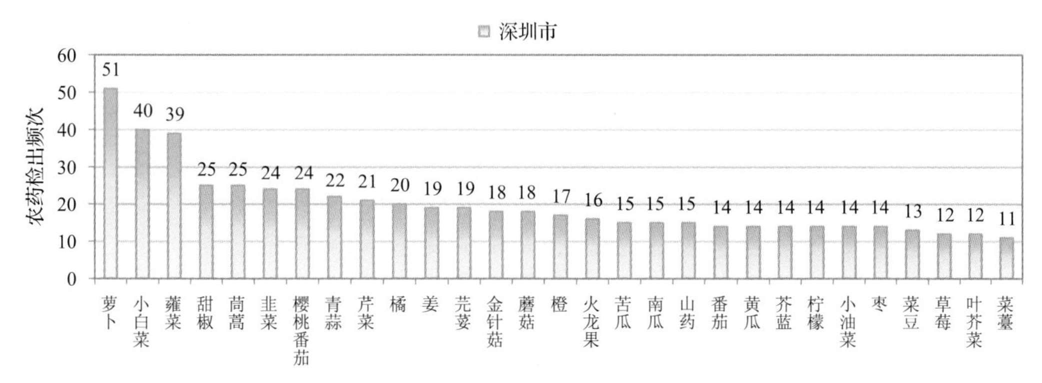

图 7-5　单种水果蔬菜检出农药频次(仅列出检出农药 11 频次及以上的数据)

7.1.2.3　单例样品农药检出种类与占比

对单例样品检出农药种类和频次进行统计发现，未检出农药的样品占总样品数的 33.3%，检出 1 种农药的样品占总样品数的 25.3%，检出 2～5 种农药的样品占总样品数的 39.1%，检出 6～10 种农药的样品占总样品数的 2.3%。每例样品中平均检出农药为 1.5 种，数据见表 7-4 及图 7-6。

表 7-4　单例样品检出农药品种占比

检出农药品种数	样品数量/占比(%)
未检出	204/33.3
1 种	155/25.3
2～5 种	239/39.1
6～10 种	14/2.3
单例样品平均检出农药品种	1.5 种

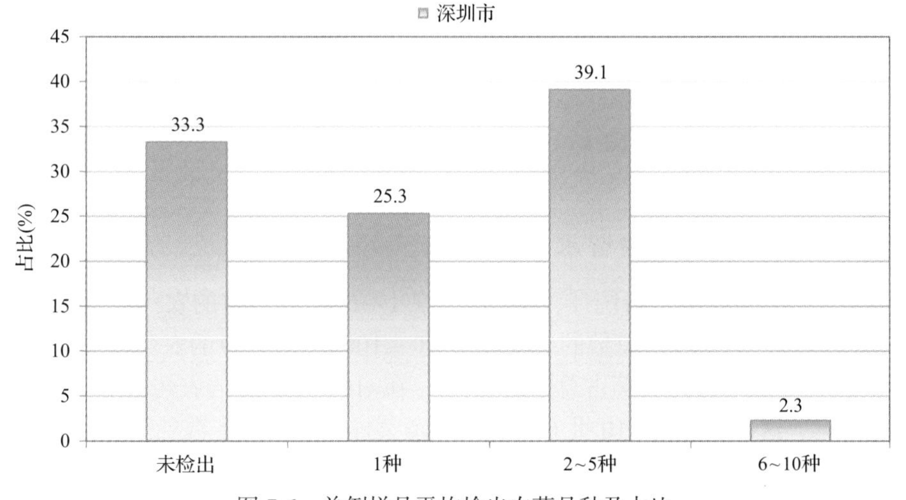

图 7-6　单例样品平均检出农药品种及占比

7.1.2.4　检出农药类别与占比

所有检出农药按功能分类，包括杀虫剂、杀菌剂、除草剂、增塑剂、植物生长调节剂和其他共 6 类。其中杀虫剂与杀菌剂为主要检出的农药类别，分别占总数的 44.6%和 33.7%，见表 7-5 及图 7-7。

表 7-5　检出农药所属类别及占比

农药类别	数量/占比(%)
杀虫剂	37/44.6
杀菌剂	28/33.7
除草剂	14/16.9
增塑剂	1/1.2
植物生长调节剂	1/1.2
其他	2/2.4

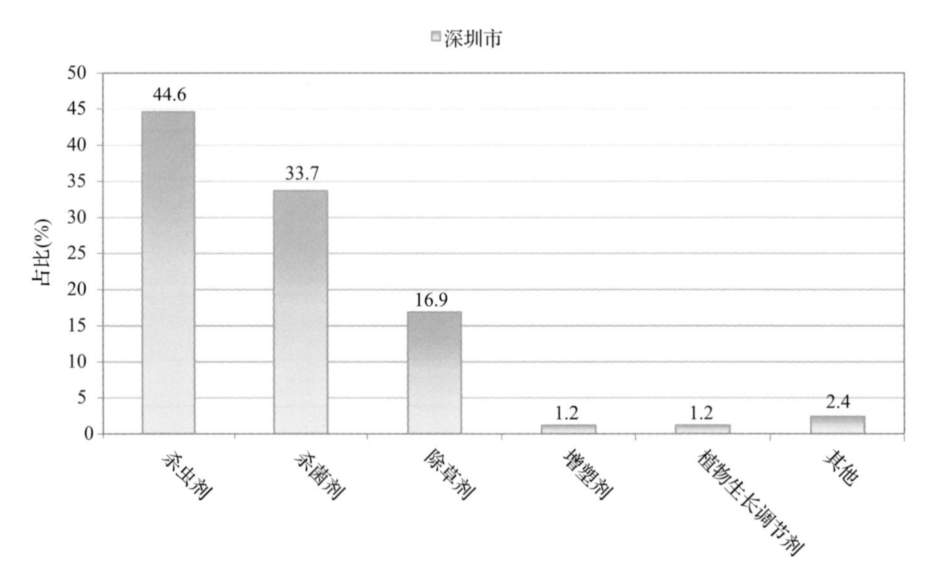

图 7-7　检出农药所属类别和占比

7.1.2.5　检出农药的残留水平

按检出农药残留水平进行统计，残留水平在 1～5 μg/kg（含）的农药占总数的 41.2%，在 5～10 μg/kg（含）的农药占总数的 25.7%，在 10～100 μg/kg（含）的农药占总数的 27.4%，在 100～1000 μg/kg（含）的农药占总数的 5.5%，在>1000 μg/kg 的农药占总数的 0.1%。

由此可见，这次检测的 110 批 612 例水果蔬菜样品中农药多数处于较低残留水平。结果见表 7-6 及图 7-8，数据见附表 2。

表 7-6　农药残留水平及占比

残留水平(μg/kg)	检出频次数/占比(%)
1～5(含)	389/41.2
5～10(含)	243/25.7
10～100(含)	259/27.4
100～1000(含)	52/5.5
>1000	1/0.1

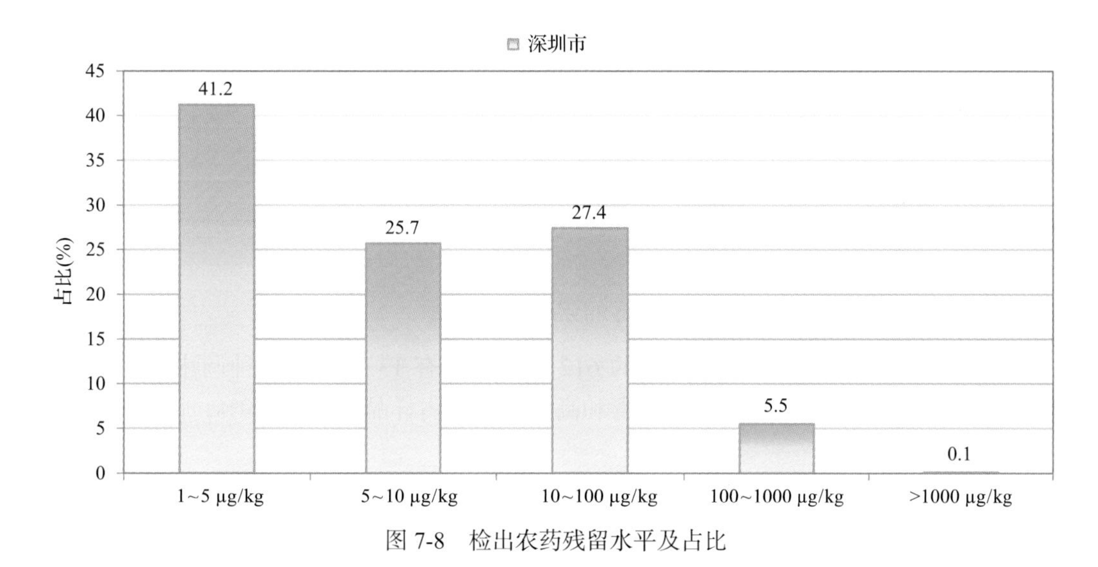

图 7-8　检出农药残留水平及占比

7.1.2.6　检出农药的毒性类别、检出频次和超标频次及占比

对这次检出的 83 种 944 频次的农药，按剧毒、高毒、中毒、低毒和微毒这五个毒性类别进行分类，从中可以看出，深圳市目前普遍使用的农药为中低微毒农药，品种占 92.8%，频次占 96.1%。结果见表 7-7 及图 7-9。

表 7-7　检出农药毒性类别及占比

毒性分类	农药品种/占比(%)	检出频次/占比(%)	超标频次/超标率(%)
剧毒农药	1/1.2	2/0.2	0/0.0
高毒农药	5/6.0	35/3.7	3/8.6
中毒农药	37/44.6	658/69.7	2/0.3
低毒农药	26/31.3	132/14.0	0/0.0
微毒农药	14/16.9	117/12.4	0/0.0

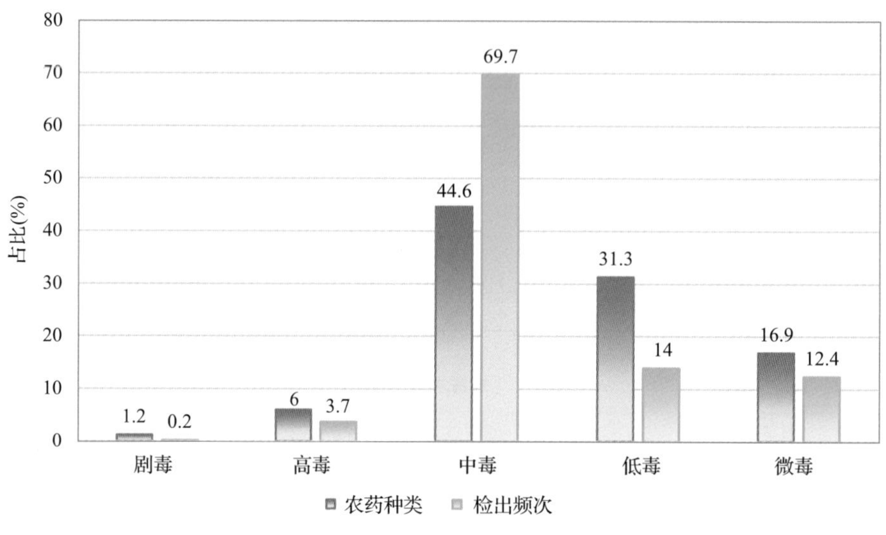

图 7-9　检出农药的毒性分类和占比

7.1.2.7　检出剧毒/高毒类农药的品种和频次

值得特别关注的是，在此次侦测的 612 例样品中有 13 种蔬菜 1 种调味料 3 种水果的 36 例样品检出了 6 种 37 频次的剧毒和高毒农药，占样品总量的 5.9%，详见图 7-10、表 7-8 及表 7-9。

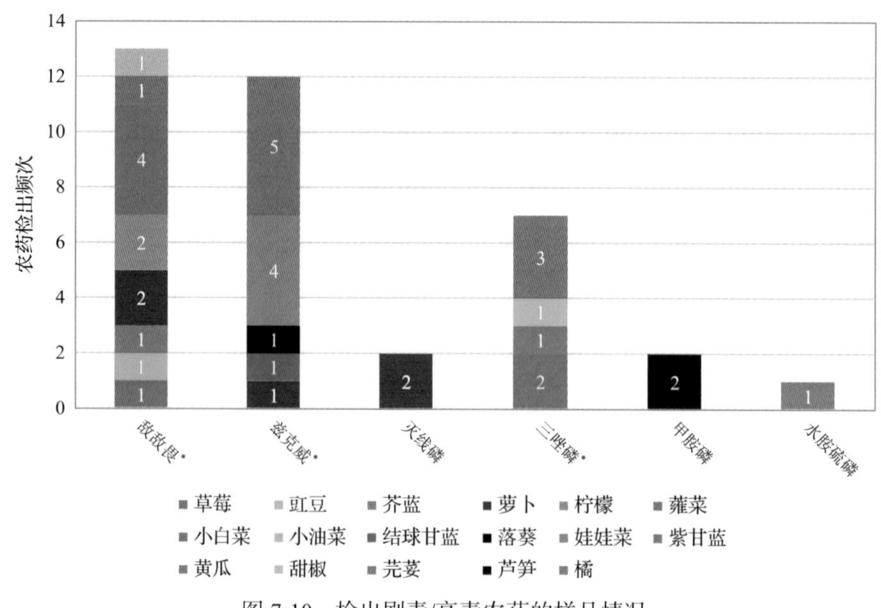

图 7-10　检出剧毒/高毒农药的样品情况

*表示允许在水果和蔬菜上使用的农药

表 7-8　剧毒农药检出情况

序号	农药名称	检出频次	超标频次	超标率
水果中未检出剧毒农药				
	小计	0	0	超标率：0.0%
从 1 种蔬菜中检出 1 种剧毒农药，共计检出 2 次				
1	灭线磷*	2	0	0.0%
	小计	2	0	超标率：0.0%
	合计	2	0	超标率：0.0%

表 7-9　高毒农药检出情况

序号	农药名称	检出频次	超标频次	超标率
从 3 种水果中检出 2 种高毒农药，共计检出 4 次				
1	敌敌畏	3	0	0.0%
2	水胺硫磷	1	1	100.0%
	小计	4	1	超标率：25.0%
从 13 种蔬菜中检出 4 种高毒农药，共计检出 28 次				
1	兹克威	12	0	0.0%
2	敌敌畏	10	0	0.0%
3	三唑磷	4	0	0.0%
4	甲胺磷	2	2	100.0%
	小计	28	2	超标率：7.1%
	合计	32	3	超标率：9.4%

在检出的剧毒和高毒农药中，有 3 种是我国早已禁止在果树和蔬菜上使用的，分别是：甲胺磷、灭线磷和水胺硫磷。禁用农药的检出情况见表 7-10。

表 7-10　禁用农药检出情况

序号	农药名称	检出频次	超标频次	超标率
从 1 种水果中检出 1 种禁用农药，共计检出 1 次				
1	水胺硫磷	1	1	100.0%
	小计	1	1	超标率：100.0%
从 3 种蔬菜中检出 4 种禁用农药，共计检出 6 次				
1	甲胺磷	2	2	100.0%
2	灭线磷*	2	0	0.0%
3	六六六	1	0	0.0%
4	杀虫脒	1	1	100.0%
	小计	6	3	超标率：50.0%
	合计	7	4	超标率：57.1%

注：超标结果参考 MRL 中国国家标准计算

此次抽检的果蔬样品中，有 1 种蔬菜检出了剧毒农药：萝卜中检出灭线磷 2 次。

样品中检出剧毒和高毒农药残留水平超过 MRL 中国国家标准的频次为 3 次，其中：橘检出水胺硫磷超标 1 次；芦笋检出甲胺磷超标 2 次。本次检出结果表明，高毒、剧毒农药的使用现象依旧存在，详见表 7-11。

表 7-11　各样本中检出剧毒/高毒农药情况

样品名称	农药名称	检出频次	超标频次	检出浓度(μg/kg)
		水果 3 种		
柠檬	敌敌畏	2	0	5.4, 13.4
橘	水胺硫磷▲	1	1	478.2[a]
草莓	敌敌畏	1	0	13.6
小计		4	1	超标率：25.0%
		蔬菜 13 种		
娃娃菜	兹克威	4	0	4.2, 2.8, 3.1, 2.9
小油菜	敌敌畏	1	0	3.8
小白菜	敌敌畏	1	0	29.6
甜椒	三唑磷	1	0	17.9
紫甘蓝	兹克威	5	0	2.9, 3.9, 2.8, 3.9, 1.4
结球甘蓝	兹克威	1	0	3.5
芥蓝	敌敌畏	1	0	5.2
芦笋	甲胺磷▲	2	2	276.5[a], 537.9[a]
萝卜	敌敌畏	2	0	3.3, 170.1
萝卜	兹克威	1	0	1.9
萝卜	灭线磷*▲	2	0	10.3, 8.1
落葵	兹克威	1	0	5.7
蕹菜	敌敌畏	4	0	3.1, 20.0, 3.3, 10.7
蕹菜	三唑磷	2	0	32.2, 2.0
豇豆	敌敌畏	1	0	4.8
黄瓜	三唑磷	1	0	13.3
小计		30	2	超标率：6.7%
合计		34	3	超标率：8.8%

7.2　农药残留检出水平与最大残留限量标准对比分析

我国于 2014 年 3 月 20 日正式颁布并于 2014 年 8 月 1 日正式实施食品农药残留限量国家标准《食品中农药最大残留限量》(GB 2763—2014)。该标准包括 371 个农药条目，涉及最大残留限量(MRL)标准 3653 项。将 944 频次检出农药的浓度水平与 3653 项 MRL 中国国家标准进行核对，其中只有 144 频次的农药找到了对应的 MRL 标准，占 15.3%，还有 800 频次的侦测数据则无相关 MRL 标准供参考，占 84.7%。

将此次侦测结果与国际上现行 MRL 标准对比发现，在 944 频次的检出结果中有 944 频次的结果找到了对应的 MRL 欧盟标准，占 100.0%，其中，594 频次的结果有明确对应的 MRL 标准，占 62.9%，其余 350 频次按照欧盟一律标准判定，占 37.1%；有 944 频次的结果找到了对应的 MRL 日本标准，占 100.0%，其中，430 频次的结果有明确对应的 MRL 标准，占 45.6%，其余 514 频次按照日本一律标准判定，占 54.4%；有 263 频次的结果找到了对应的 MRL 中国香港标准，占 27.9%；有 204 频次的结果找到了对应的 MRL 美国标准，占 21.6%；有 70 频次的结果找到了对应的 MRL CAC 标准，占 7.4%(见图 7-11 和图 7-12，数据见附表 3 至附表 8)。

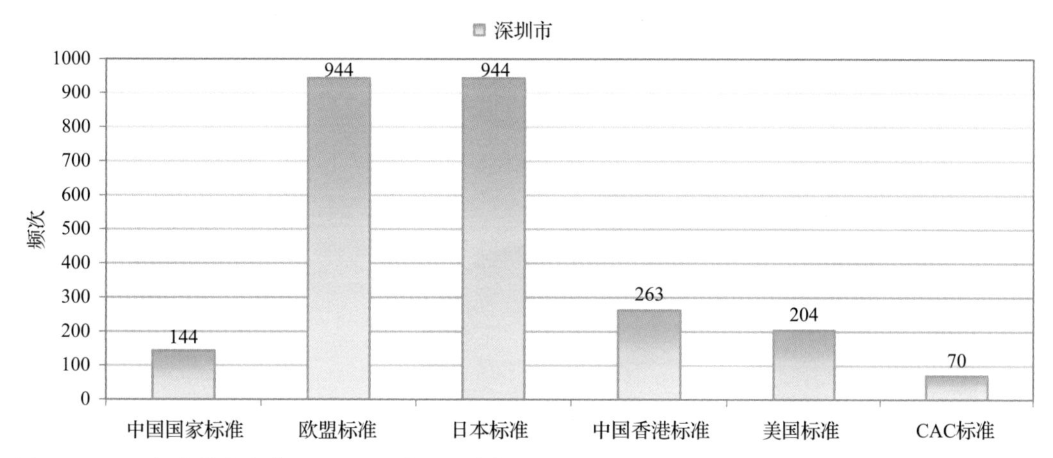

图 7-11　944 频次检出农药可用 MRL 中国国家标准、欧盟标准、日本标准、中国香港标准、美国标准、CAC 标准判定衡量的数量

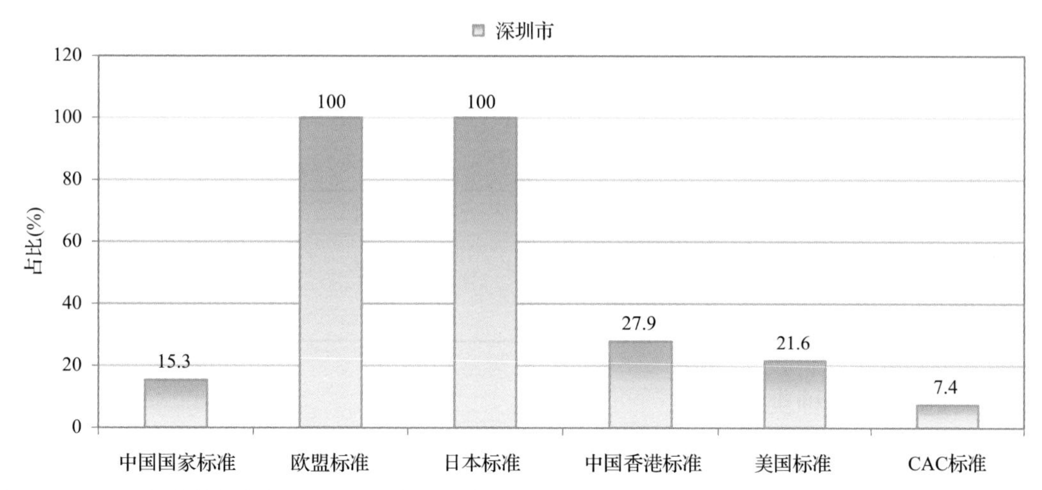

图 7-12　944 频次检出农药可用 MRL 中国国家标准、欧盟标准、日本标准、中国香港标准、美国标准、CAC 标准衡量的占比

7.2.1 超标农药样品分析

本次侦测的 612 例样品中，204 例样品未检出任何残留农药，占样品总量的 33.3%，408 例样品检出不同水平、不同种类的残留农药，占样品总量的 66.7%。在此，我们将本次侦测的农残检出情况与 MRL 中国国家标准、欧盟标准、日本标准、中国香港标准、美国标准和 CAC 标准这 6 大国际主流 MRL 标准进行对比分析，样品农残检出与超标情况见图 7-13、表 7-12 和图 7-14，详细数据见附表 9 至附表 14。

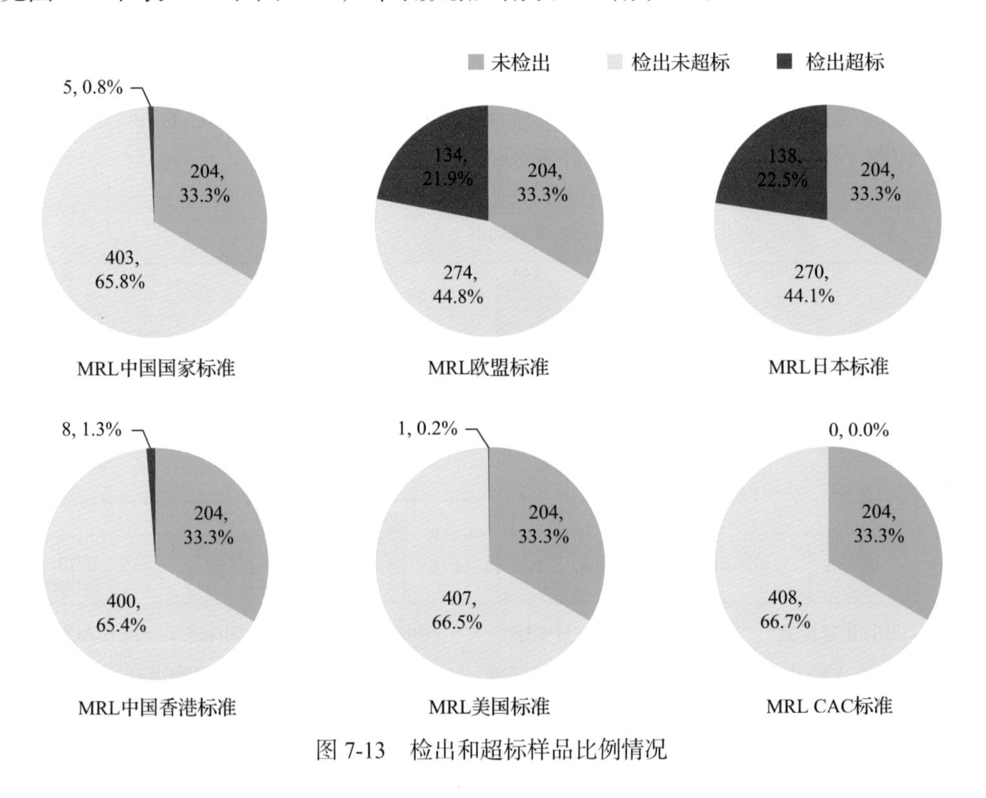

图 7-13 检出和超标样品比例情况

表 7-12 各 MRL 标准下样本农残检出与超标数量及占比

	中国国家标准 数量/占比(%)	欧盟标准 数量/占比(%)	日本标准 数量/占比(%)	中国香港标准 数量/占比(%)	美国标准 数量/占比(%)	CAC 标准 数量/占比(%)
未检出	204/33.3	204/33.3	204/33.3	204/33.3	204/33.3	204/33.3
检出未超标	403/65.8	274/44.8	270/44.1	400/65.4	407/66.5	408/66.7
检出超标	5/0.8	134/21.9	138/22.5	8/1.3	1/0.2	0/0.0

7.2.2 超标农药种类分析

按照 MRL 中国国家标准、欧盟标准、日本标准、中国香港标准、美国标准和 CAC 标准这 6 大国际主流 MRL 标准衡量，本次侦测检出的农药超标品种及频次情况见表 7-13。

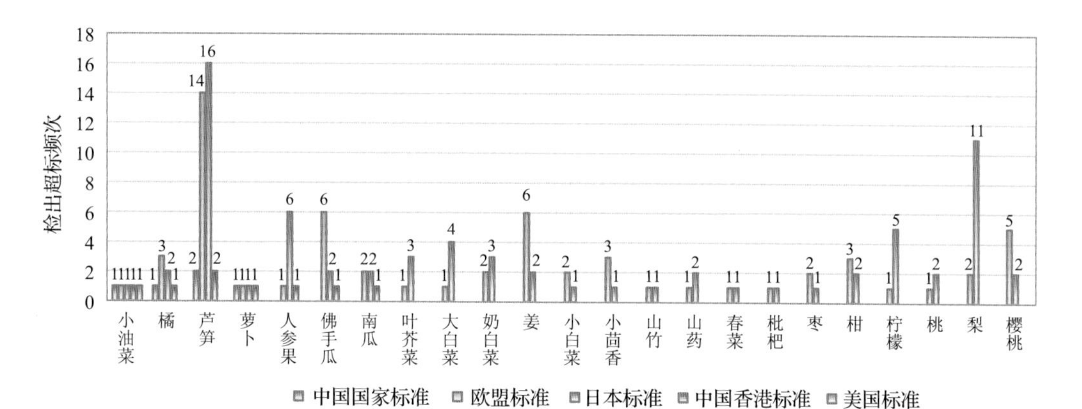

图 7-14-1 超过 MRL 中国国家标准、欧盟标准、日本标准、中国香港标准、美国标准和 CAC 标准结果在水果蔬菜中的分布

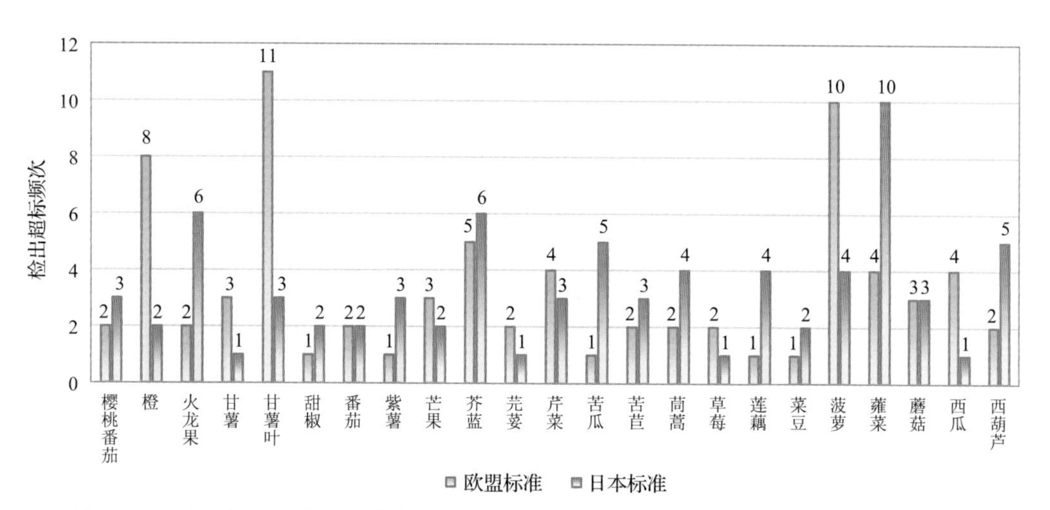

图 7-14-2 超过 MRL 中国国家标准、欧盟标准、日本标准、中国香港标准、美国标准和 CAC 标准结果在水果蔬菜中的分布

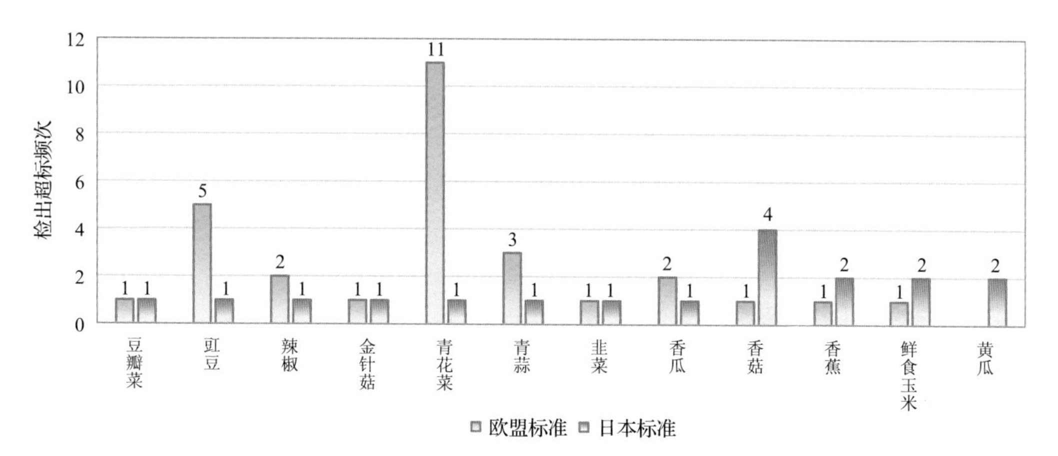

图 7-14-3 超过 MRL 中国国家标准、欧盟标准、日本标准、中国香港标准、美国标准和 CAC 标准结果在水果蔬菜中的分布

表 7-13　各 MRL 标准下超标农药品种及频次

	中国国家标准	欧盟标准	日本标准	中国香港标准	美国标准	CAC 标准
超标农药品种	4	45	41	4	1	0
超标农药频次	5	166	166	8	1	0

7.2.2.1　按 MRL 中国国家标准衡量

按 MRL 中国国家标准衡量，共有 4 种农药超标，检出 5 频次，分别为高毒农药甲胺磷和水胺硫磷，中毒农药毒死蜱和杀虫脒。

按超标程度比较，橘中水胺硫磷超标 22.9 倍，芦笋中甲胺磷超标 9.8 倍，小油菜中毒死蜱超标 1.2 倍，萝卜中杀虫脒超标 0.5 倍。检测结果见图 7-15 和附表 15。

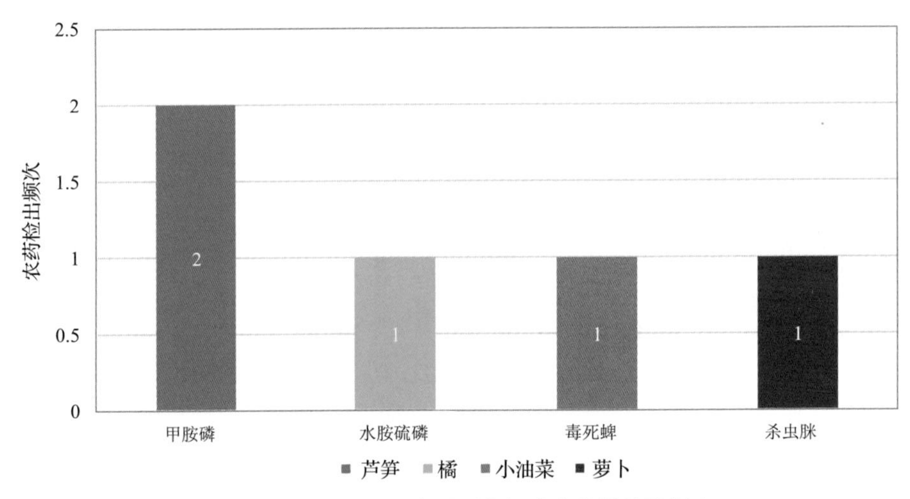

图 7-15　超过 MRL 中国国家标准农药品种及频次

7.2.2.2　按 MRL 欧盟标准衡量

按 MRL 欧盟标准衡量，共有 45 种农药超标，检出 166 频次，分别为高毒农药甲胺磷、三唑磷、水胺硫磷和敌敌畏，中毒农药杀螟硫磷、异丙隆、戊唑醇、环嗪酮、仲丁威、烯唑醇、硫丹、甲萘威、喹螨醚、炔丙菊酯、三唑醇、3,4,5-混杀威、双苯酰草胺、虫螨腈、茚虫威、噁霜灵、速灭威、氟硅唑、哒螨灵、杀虫脒、丙溴磷和异丙威，低毒农药嘧霉胺、环丙津、嘧菌环胺、吡喃灵、三甲苯草酮、烯虫炔酯、五氯苯甲腈、四氢吩胺、异戊乙净、扑灭津、特草灵和 3,5-二氯苯胺，微毒农药氟丙菊酯、腐霉利、联苯肼酯、吡丙醚、生物苄呋菊酯、醚菌酯和烯虫酯。

按超标程度比较，青蒜中丙溴磷超标 136.2 倍，甜椒中丙溴磷超标 98.5 倍，火龙果中四氢吩胺超标 87.5 倍，苦瓜中氟硅唑超标 72.2 倍，芦笋中甲胺磷超标 52.8 倍。检测结果见图 7-16 和附表 16。

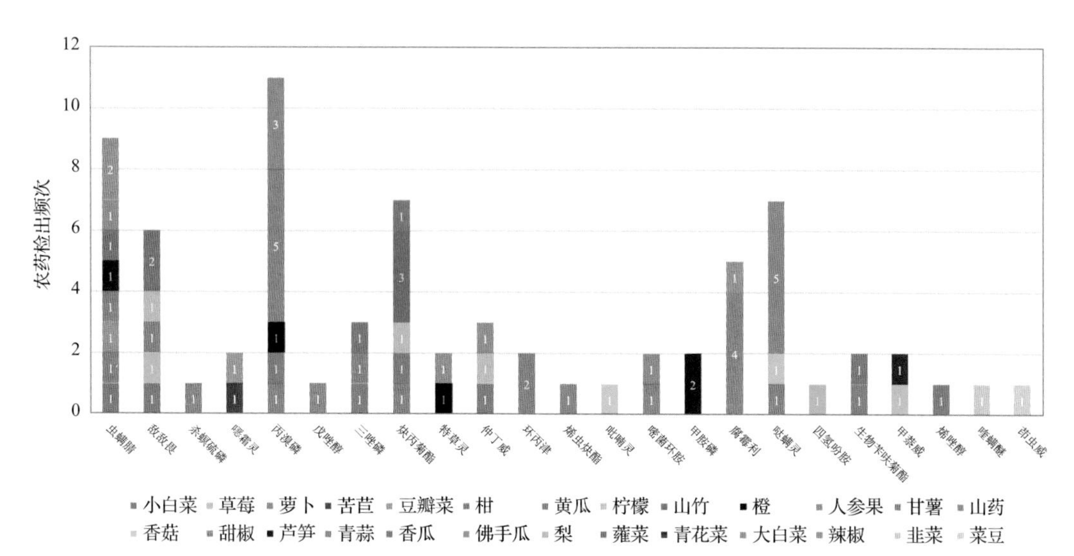

图 7-16-1　超过 MRL 欧盟标准农药品种及频次

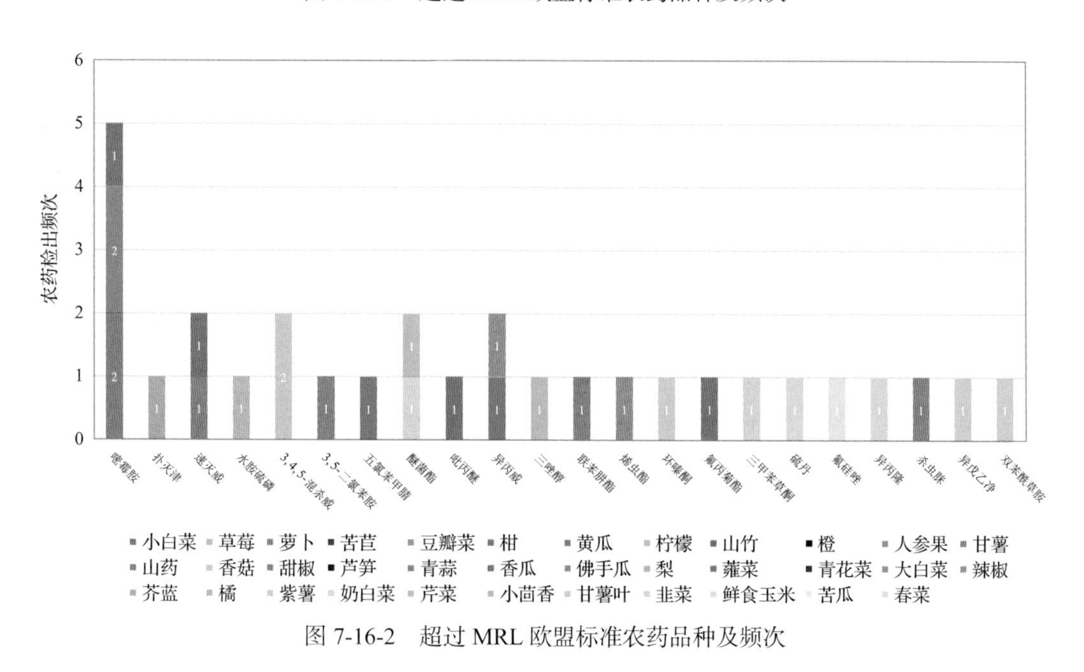

图 7-16-2　超过 MRL 欧盟标准农药品种及频次

7.2.2.3　按 MRL 日本标准衡量

按 MRL 日本标准衡量，共有 41 种农药超标，检出 166 频次，分别为剧毒农药灭线磷，高毒农药甲胺磷、三唑磷、水胺硫磷和敌敌畏，中毒农药联苯菊酯、异丙隆、环嗪酮、多效唑、戊唑醇、毒死蜱、烯唑醇、炔丙菊酯、3,4,5-混杀威、喹螨醚、双苯酰草胺、虫螨腈、茚虫威、速灭威、氟硅唑、哒螨灵、杀虫脒、异丙威和丙溴磷，低毒农药嘧霉胺、环丙津、嘧菌环胺、氟吡菌酰胺、吡喃灵、三甲苯草酮、烯虫炔酯、五氯苯甲腈、异戊乙净、四氢吩胺、特草灵、乙嘧酚磺酸酯和 3,5-二氯苯胺，微毒农药氟丙菊酯、联苯肼酯、吡丙醚和烯虫酯。

按超标程度比较，火龙果中四氢吩胺超标 87.5 倍，苦瓜中氟硅唑超标 72.2 倍，菜豆中联苯肼酯超标 65.4 倍，青蒜中丙溴磷超标 53.9 倍，芦笋中甲胺磷超标 52.8 倍。检测结果见图 7-17 和附表 17。

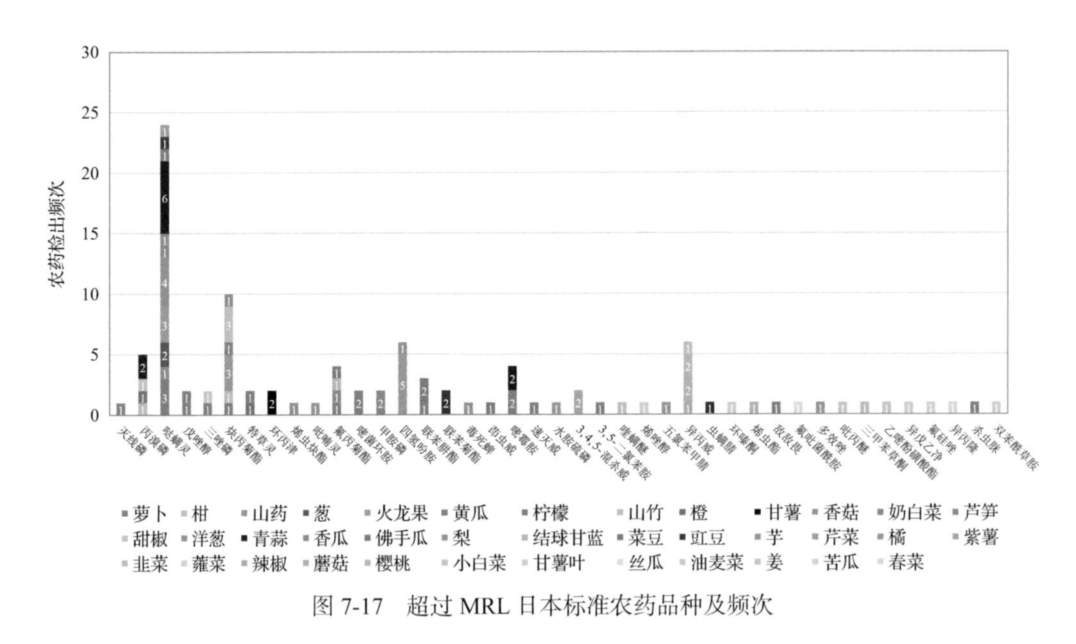

图 7-17　超过 MRL 日本标准农药品种及频次

7.2.2.4　按 MRL 中国香港标准衡量

按 MRL 中国香港标准衡量，共有 4 种农药超标，检出 8 频次，分别为高毒农药甲胺磷和水胺硫磷，中毒农药毒死蜱和丙溴磷。

按超标程度比较，橘中水胺硫磷超标 22.9 倍，芦笋中甲胺磷超标 9.8 倍，小油菜中毒死蜱超标 1.2 倍，甜椒中丙溴磷超标 1.0 倍，柑中丙溴磷超标 0.9 倍。检测结果见图 7-18 和附表 18。

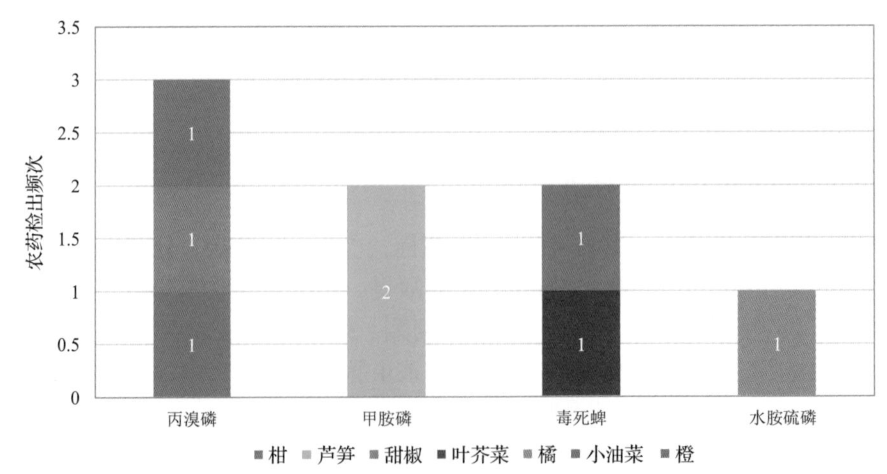

图 7-18　超过 MRL 中国香港标准农药品种及频次

7.2.2.5　按 MRL 美国标准衡量

按 MRL 美国标准衡量，有 1 种农药超标，检出 1 频次，为中毒农药毒死蜱。

按超标程度比较，葡萄中毒死蜱超标 0.01 倍。检测结果见图 7-19 和附表 19。

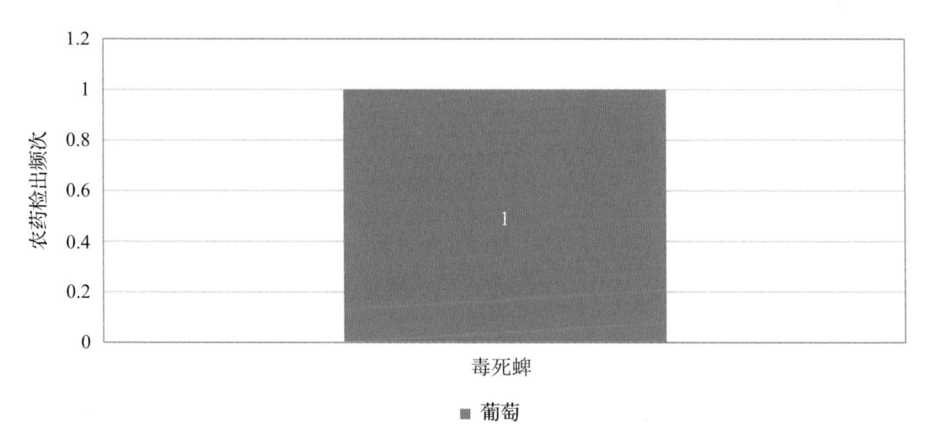

图 7-19　超过 MRL 美国标准农药品种及频次

7.2.2.6　按 MRL CAC 标准衡量

按 MRL CAC 标准衡量，无样品检出超标农药残留。

7.2.3　42 个采样点超标情况分析

7.2.3.1　按 MRL 中国国家标准衡量

按 MRL 中国国家标准衡量，有 5 个采样点的样品存在不同程度的超标农药检出，其中***超市(蛇口店)的超标率最高，为 9.1%，如表 7-14 和图 7-20 所示。

7.2.3.2　按 MRL 欧盟标准衡量

按 MRL 欧盟标准衡量，有 35 个采样点的样品存在不同程度的超标农药检出，其中***超市(三联店)的超标率最高，为 60.0%，如表 7-15 和图 7-21 所示。

表 7-14　超过 MRL 中国国家标准水果蔬菜在不同采样点分布

序号	采样点	样品总数	超标数量	超标率(%)	行政区域
1	***超市(龙华西店)	29	1	3.4	宝安区
2	***超市	19	1	5.3	宝安区
3	***街市布心店 B75	16	1	6.2	罗湖区
4	***市场	14	1	7.1	南山区
5	***超市(蛇口店)	11	1	9.1	南山区

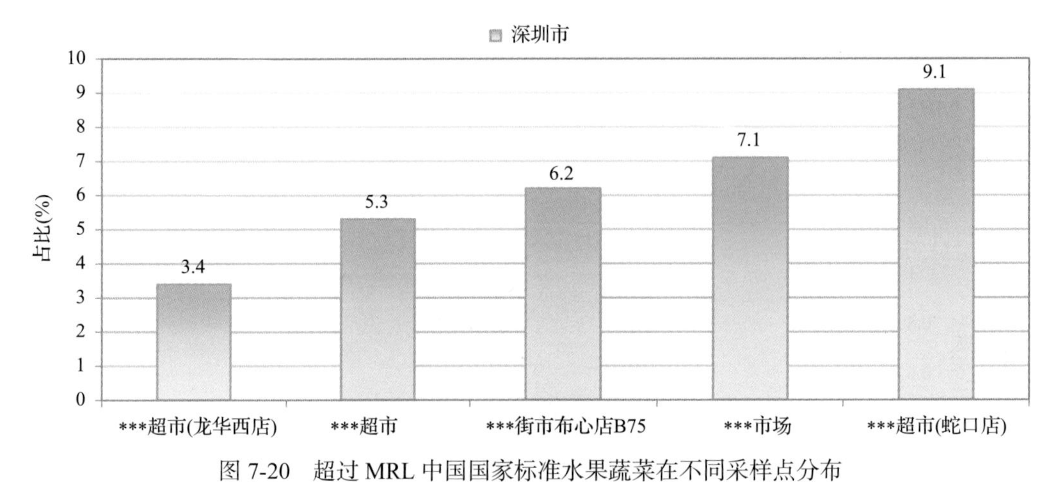

图 7-20　超过 MRL 中国国家标准水果蔬菜在不同采样点分布

表 7-15　超过 MRL 欧盟标准水果蔬菜在不同采样点分布

序号	采样点	样品总数	超标数量	超标率(%)	行政区域
1	***市场	67	9	13.4	福田区
2	***超市(黄贝路店)	44	8	18.2	罗湖区
3	***超市(南新店)	30	7	23.3	南山区
4	***超市(梅林店)	30	7	23.3	福田区
5	***超市	30	8	26.7	福田区
6	***超市(东湖店)	30	3	10.0	罗湖区
7	***超市(龙华西店)	29	12	41.4	宝安区
8	***超市(翠竹店)	28	5	17.9	罗湖区
9	***市场	28	5	17.9	南山区
10	***超市(中信店)	27	10	37.0	福田区
11	***超市	22	1	4.5	罗湖区
12	***超市	19	8	42.1	宝安区
13	***水果店	17	5	29.4	罗湖区
14	***街市布心店 B75	16	5	31.2	罗湖区
15	***市场	15	4	26.7	宝安区
16	***街市布心店 B04	14	3	21.4	罗湖区
17	***市场	14	4	28.6	南山区
18	***超市(大浪店)	12	2	16.7	宝安区
19	***超市(香蜜湖店)	11	1	9.1	福田区
20	***街市	11	2	18.2	宝安区
21	***超市(蛇口店)	11	4	36.4	南山区
22	***蔬菜店	9	3	33.3	宝安区

续表

序号	采样点	样品总数	超标数量	超标率(%)	行政区域
23	***超市	8	2	25.0	罗湖区
24	***超市(民治店)	8	2	25.0	宝安区
25	***市场	7	1	14.3	福田区
26	***超市(南油店)	6	2	33.3	南山区
27	***超市	6	1	16.7	宝安区
28	***市场	6	1	16.7	宝安区
29	***超市	6	1	16.7	南山区
30	***超市(振中店)	5	1	20.0	福田区
31	***街市	5	1	20.0	福田区
32	***超市(燕南路店)	5	1	20.0	福田区
33	***超市(三联店)	5	3	60.0	宝安区
34	***超市(龙华店)	3	1	33.3	宝安区
35	***超市(新洲店)	2	1	50.0	福田区

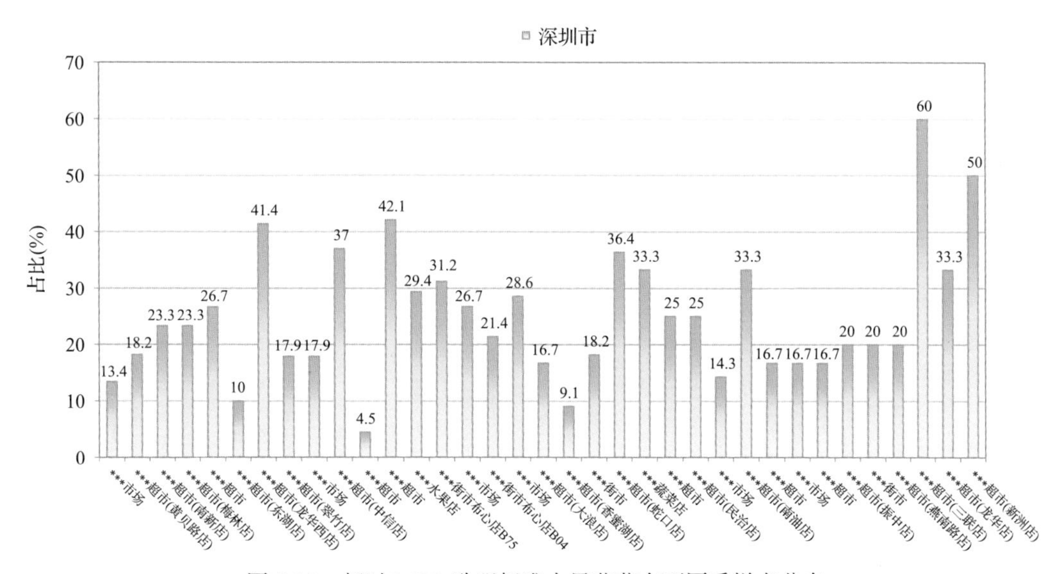

图 7-21　超过 MRL 欧盟标准水果蔬菜在不同采样点分布

7.2.3.3　按 MRL 日本标准衡量

按 MRL 日本标准衡量，有 35 个采样点的样品存在不同程度的超标农药检出，其中***市场和***超市(书香门第店)的超标率最高，为 50.0%，如表 7-16 和图 7-22 所示。

表 7-16　超过 MRL 日本标准水果蔬菜在不同采样点分布

序号	采样点	样品总数	超标数量	超标率(%)	行政区域
1	***市场	67	9	13.4	福田区
2	***超市(黄贝路店)	44	10	22.7	罗湖区
3	***超市(南新店)	30	7	23.3	南山区
4	***超市(梅林店)	30	6	20.0	福田区
5	***超市	30	9	30.0	福田区
6	***超市(东湖店)	30	4	13.3	罗湖区
7	***超市(龙华西店)	29	11	37.9	宝安区
8	***超市(翠竹店)	28	4	14.3	罗湖区
9	***市场	28	6	21.4	南山区
10	***超市(中信店)	27	10	37.0	福田区
11	***超市	22	2	9.1	罗湖区
12	***超市	19	7	36.8	宝安区
13	***水果店	17	5	29.4	罗湖区
14	***街市布心店 B75	16	2	12.5	罗湖区
15	***市场	15	5	33.3	宝安区
16	***街市布心店 B04	14	4	28.6	罗湖区
17	***市场	14	7	50.0	南山区
18	***超市(大浪店)	12	4	33.3	宝安区
19	***超市(香蜜湖店)	11	1	9.1	福田区
20	***街市	11	3	27.3	宝安区
21	***超市(蛇口店)	11	3	27.3	南山区
22	***蔬菜店	9	3	33.3	宝安区
23	***超市	8	2	25.0	罗湖区
24	***超市(民治店)	8	2	25.0	宝安区
25	***市场	7	2	28.6	福田区
26	***超市(南油店)	6	1	16.7	南山区
27	***超市(民治店)	6	1	16.7	宝安区
28	***超市	6	1	16.7	南山区
29	***超市(振中店)	5	1	20.0	福田区
30	***街市	5	1	20.0	福田区
31	***超市(坂田店)	5	1	20.0	宝安区
32	***超市(燕南路店)	5	1	20.0	福田区
33	***超市(三联店)	5	1	20.0	宝安区
34	***超市(龙华店)	3	1	33.3	宝安区
35	***超市(书香门第店)	2	1	50.0	宝安区

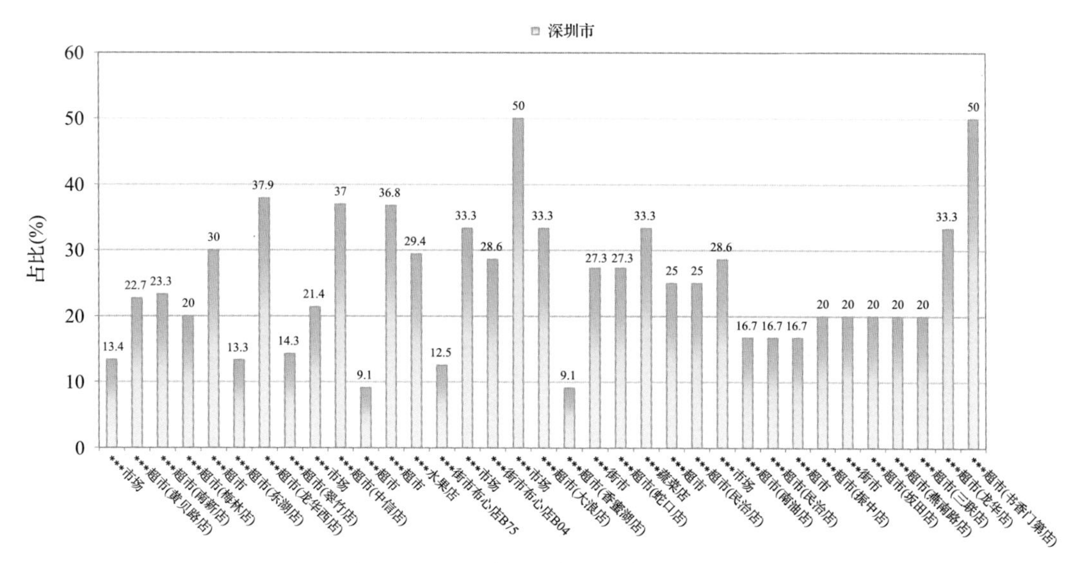

图 7-22　超过 MRL 日本标准水果蔬菜在不同采样点分布

7.2.3.4　按 MRL 中国香港标准衡量

按 MRL 中国香港标准衡量，有 8 个采样点的样品存在不同程度的超标农药检出，其中***超市(蛇口店)的超标率最高，为 9.1%，如表 7-17 和图 7-23 所示。

7.2.3.5　按 MRL 美国标准衡量

按 MRL 美国标准衡量，有 1 个采样点的样品存在超标农药检出，超标率为 2.3%，如表 7-18 和图 7-24 所示。

7.2.3.6　按 MRL CAC 标准衡量

按 MRL CAC 标准衡量，所有采样点的样品均未检出超标农药残留。

表 7-17　超过 MRL 中国香港标准水果蔬菜在不同采样点分布

序号	采样点	样品总数	超标数量	超标率(%)	行政区域
1	***市场	67	1	1.5	福田区
2	***超市(南新店)	30	1	3.3	南山区
3	***超市(梅林店)	30	1	3.3	福田区
4	***超市(龙华西店)	29	1	3.4	宝安区
5	***超市	19	1	5.3	宝安区
6	***水果店	17	1	5.9	罗湖区
7	***市场	14	1	7.1	南山区
8	***超市(蛇口店)	11	1	9.1	南山区

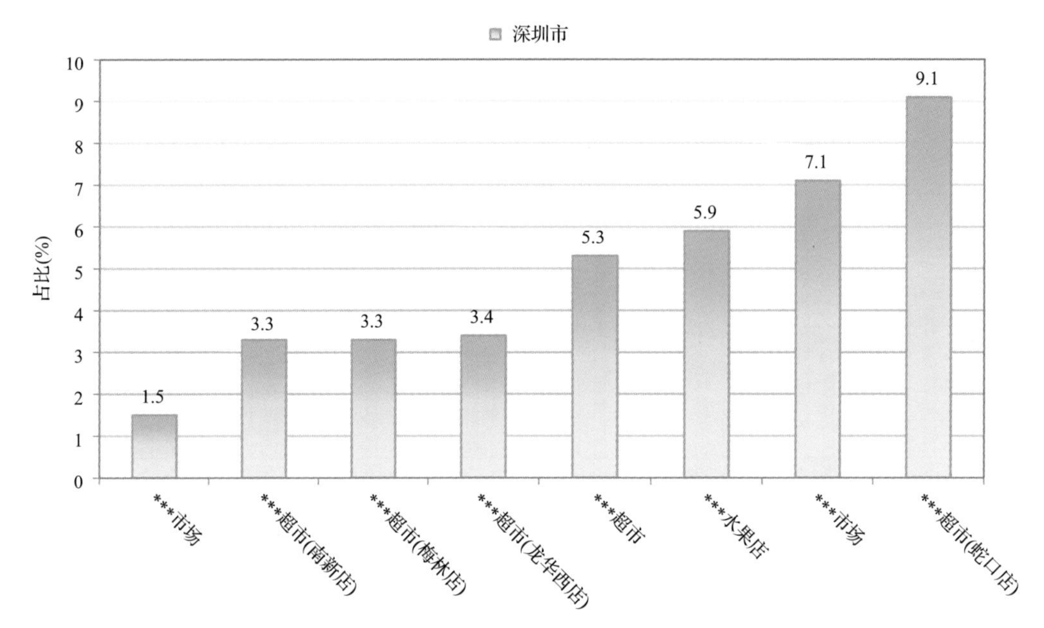

图 7-23　超过 MRL 中国香港标准水果蔬菜在不同采样点分布

表 7-18　超过 MRL 美国标准水果蔬菜在不同采样点分布

序号	采样点	样品总数	超标数量	超标率(%)	行政区域
1	***超市(黄贝路店)	44	1	2.3	罗湖区

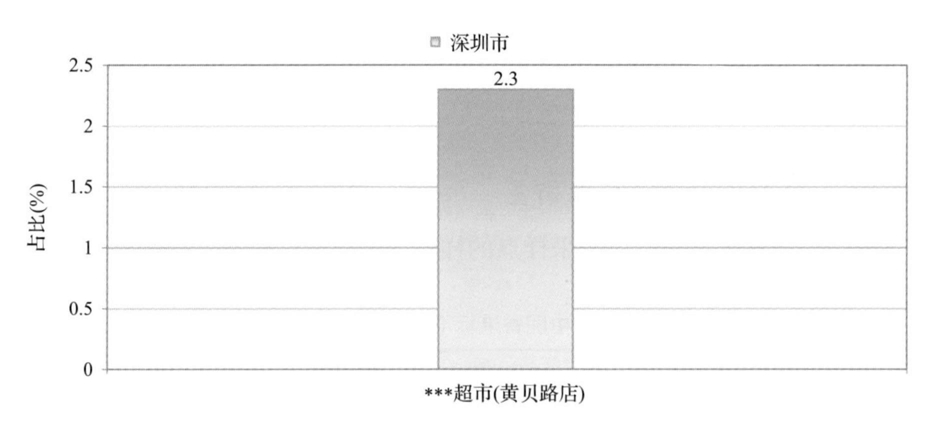

图 7-24　超过 MRL 美国标准水果蔬菜在不同采样点分布

7.3　水果中农药残留分布

7.3.1　检出农药品种和频次排前 10 的水果

本次残留侦测的水果共 27 种，包括猕猴桃、山竹、桃、西瓜、哈密瓜、香蕉、柿子、木瓜、苹果、柑、香瓜、葡萄、草莓、李子、柚、枇杷、梨、芒果、枣、橘、樱桃、橙、柠檬、火龙果、菠萝、杨桃和甜瓜。

根据检出农药品种及频次进行排名，将各项排名前 10 的水果样品检出情况列表说明，详见表 7-19。

表 7-19 检出农药品种和频次排名前 10 的水果

检出农药品种排名前 10(品种)	①橙(12),②橘(11),③草莓(10),④柑(7),⑤哈密瓜(7),⑥柠檬(7),⑦火龙果(6),⑧菠萝(5),⑨香蕉(5),⑩杨桃(5)
检出农药频次排名前 10(频次)	①橘(20),②橙(17),③火龙果(16),④柠檬(14),⑤枣(14),⑥草莓(12),⑦西瓜(10),⑧柑(9),⑨哈密瓜(9),⑩枇杷(9)
检出禁用、高毒及剧毒农药品种排名前 10(品种)	①草莓(1),②橘(1),③柠檬(1)
检出禁用、高毒及剧毒农药频次排名前 10(频次)	①柠檬(2),②草莓(1),③橘(1)

7.3.2 超标农药品种和频次排前 10 的水果

鉴于 MRL 欧盟标准和日本标准制定比较全面且覆盖率较高,我们参照 MRL 中国国家标准、欧盟标准和日本标准衡量水果样品中农残检出情况，将超标农药品种及频次排名前 10 的水果列表说明，详见表 7-20。

表 7-20 超标农药品种和频次排名前 10 的水果

超标农药品种排名前 10(农药品种数)	MRL 中国国家标准	①橘(1)
	MRL 欧盟标准	①柠檬(3),②草莓(2),③橙(2),④柑(2),⑤火龙果(2),⑥菠萝(1),⑦橘(1),⑧梨(1),⑨芒果(1),⑩枇杷(1)
	MRL 日本标准	①火龙果(3),②橙(2),③柑(2),④菠萝(1),⑤橘(1),⑥梨(1),⑦柠檬(1),⑧枇杷(1),⑨山竹(1),⑩柿子(1)
超标农药频次排名前 10(农药频次数)	MRL 中国国家标准	①橘(1)
	MRL 欧盟标准	①火龙果(8),②柠檬(3),③山竹(3),④西瓜(3),⑤草莓(2),⑥橙(2),⑦柑(2),⑧樱桃(2),⑨菠萝(1),⑩橘(1)
	MRL 日本标准	①火龙果(11),②山竹(3),③西瓜(3),④橙(2),⑤柑(2),⑥樱桃(2),⑦菠萝(1),⑧橘(1),⑨梨(1),⑩柠檬(1)

7.4 蔬菜中农药残留分布

7.4.1 检出农药品种和频次排前 10 的蔬菜

本次残留侦测的蔬菜共 60 种，包括莲藕、结球甘蓝、甘薯、洋葱、韭菜、芹菜、青蒜、黄瓜、大蒜、蕹菜、紫薯、小茴香、苦苣、芦笋、豇豆、番茄、花椰菜、山药、菠菜、菜用大豆、芥蓝、西葫芦、甜椒、佛手瓜、樱桃番茄、苋菜、辣椒、葱、春菜、奶白菜、人参果、落葵、芋、小白菜、胡萝卜、油麦菜、青花菜、紫甘蓝、叶芥菜、南瓜、豆瓣菜、马铃薯、萝卜、姜、茄子、菜薹、菜豆、小油菜、娃娃菜、大白菜、茼蒿、生菜、食荚豌豆、苦瓜、冬瓜、青菜、竹笋、莴笋、丝瓜和甘薯叶。

根据检出农药品种及频次进行排名，将各项排名前 10 的蔬菜样品检出情况列表说明，详见表 7-21。

表 7-21 检出农药品种和频次排名前 10 的蔬菜

检出农药品种排名前 10(品种)	①萝卜(31),②蕹菜(19),③小白菜(16),④黄瓜(12),⑤韭菜(12),⑥番茄(11),⑦姜(11),⑧芥蓝(10),⑨山药(10),⑩茼蒿(10)
检出农药频次排名前 10(频次)	①萝卜(51),②小白菜(40),③蕹菜(39),④甜椒(25),⑤茼蒿(25),⑥韭菜(24),⑦樱桃番茄(24),⑧青蒜(22),⑨芹菜(21),⑩姜(19)
检出禁用、高毒及剧毒农药品种排名前 10(品种)	①萝卜(4),②蕹菜(2),③菜豆(1),④黄瓜(1),⑤豇豆(1),⑥结球甘蓝(1),⑦芥蓝(1),⑧芦笋(1),⑨落葵(1),⑩甜椒(1)
检出禁用、高毒及剧毒农药频次排名前 10(频次)	①萝卜(6),②蕹菜(6),③紫甘蓝(5),④娃娃菜(4),⑤芦笋(2),⑥菜豆(1),⑦黄瓜(1),⑧豇豆(1),⑨结球甘蓝(1),⑩芥蓝(1)

7.4.2 超标农药品种和频次排前 10 的蔬菜

鉴于 MRL 欧盟标准和日本标准制定比较全面且覆盖率较高，我们参照 MRL 中国国家标准、欧盟标准和日本标准衡量蔬菜样品中农残检出情况，将超标农药品种及频次排名前 10 的蔬菜列表说明，详见表 7-22。

表 7-22 超标农药品种和频次排名前 10 的蔬菜

超标农药品种排名前 10(农药品种数)	MRL 中国国家标准	①芦笋(1),②萝卜(1),③小油菜(1)
	MRL 欧盟标准	①萝卜(13),②蕹菜(9),③小白菜(6),④苦瓜(4),⑤辣椒(4),⑥青蒜(4),⑦甜椒(4),⑧甘薯叶(3),⑨芥蓝(3),⑩韭菜(3)
	MRL 日本标准	①萝卜(12),②菜豆(5),③甘薯叶(3),④豇豆(3),⑤韭菜(3),⑥青蒜(3),⑦蕹菜(3),⑧小白菜(3),⑨姜(2),⑩苦瓜(2)
超标农药频次排名前 10(农药频次数)	MRL 中国国家标准	①芦笋(2),②萝卜(1),③小油菜(1)
	MRL 欧盟标准	①萝卜(14),②青蒜(11),③甜椒(11),④蕹菜(10),⑤南瓜(6),⑥小白菜(6),⑦辣椒(5),⑧樱桃番茄(5),⑨苦瓜(4),⑩西葫芦(4)
	MRL 日本标准	①萝卜(16),②青蒜(10),③菜豆(6),④南瓜(6),⑤紫薯(6),⑥樱桃番茄(5),⑦胡萝卜(4),⑧豇豆(4),⑨西葫芦(4),⑩小白菜(4)

7.5 初步结论

7.5.1 深圳市市售水果蔬菜按 MRL 中国国家标准和国际主要 MRL 标准衡量的合格率

本次侦测的 612 例样品中，204 例样品未检出任何残留农药，占样品总量的 33.3%，

408 例样品检出不同水平、不同种类的残留农药，占样品总量的 66.7%。在这 408 例检出农药残留的样品中：

按 MRL 中国国家标准衡量，有 403 例样品检出残留农药但含量没有超标，占样品总数的 65.8%，有 5 例样品检出了超标农药，占样品总数的 0.8%。

按 MRL 欧盟标准衡量，有 274 例样品检出残留农药但含量没有超标，占样品总数的 44.8%，有 134 例样品检出了超标农药，占样品总数的 21.9%。

按 MRL 日本标准衡量，有 270 例样品检出残留农药但含量没有超标，占样品总数的 44.1%，有 138 例样品检出了超标农药，占样品总数的 22.5%。

按 MRL 中国香港标准衡量，有 400 例样品检出残留农药但含量没有超标，占样品总数的 65.4%，有 8 例样品检出了超标农药，占样品总数的 1.3%。

按 MRL 美国标准衡量，有 407 例样品检出残留农药但含量没有超标，占样品总数的 66.5%，有 1 例样品检出了超标农药，占样品总数的 0.2%。

按 MRL CAC 标准衡量，有 408 例样品检出残留农药但含量没有超标，占样品总数的 66.7%，无样品检出超标农药。

7.5.2　深圳市市售水果蔬菜中检出农药以中低微毒农药为主，占市场主体的 92.8%

这次侦测的 612 例样品包括调味料 1 种 6 例，谷物 1 种 6 例，食用菌 4 种 169 例，水果 27 种 21 例，蔬菜 60 种 410 例，共检出了 83 种农药，检出农药的毒性以中低微毒为主，详见表 7-23。

表 7-23　市场主体农药毒性分布

毒性	检出品种	占比(%)	检出频次	占比(%)
剧毒农药	1	1.2	2	0.2
高毒农药	5	6.0	35	3.7
中毒农药	37	44.6	658	69.7
低毒农药	26	31.3	132	14.0
微毒农药	14	16.9	117	12.4
中低微毒农药，品种占比 92.8%，频次占比 96.1%				

7.5.3　检出剧毒、高毒和禁用农药现象应该警醒

在此次侦测的 612 例样品中有 14 种蔬菜和 3 种水果的 38 例样品检出了 9 种 40 频次的剧毒和高毒或禁用农药，占样品总量的 6.2%。其中剧毒农药灭线磷以及高毒农药敌敌畏、兹克威和三唑磷检出频次较高。

按 MRL 中国国家标准衡量，剧毒农药高毒农药按超标程度比较，橘中水胺硫磷超标 22.9 倍，芦笋中甲胺磷超标 9.8 倍。

剧毒、高毒或禁用农药的检出情况及按照 MRL 中国国家标准衡量的超标情况见表 7-24。

表 7-24　剧毒、高毒或禁用农药的检出及超标明细

序号	农药名称	样品名称	检出频次	超标频次	最大超标倍数	超标率
1.1	灭线磷*▲	萝卜	2	0	0	0.0%
2.1	三唑磷◊	芫荽	3	0	0	0.0%
2.2	三唑磷◊	蕹菜	2	0	0	0.0%
2.3	三唑磷◊	甜椒	1	0	0	0.0%
2.4	三唑磷◊	黄瓜	1	0	0	0.0%
3.1	兹克威◊	紫甘蓝	5	0	0	0.0%
3.2	兹克威◊	娃娃菜	4	0	0	0.0%
3.3	兹克威◊	结球甘蓝	1	0	0	0.0%
3.4	兹克威◊	萝卜	1	0	0	0.0%
3.5	兹克威◊	落葵	1	0	0	0.0%
4.1	敌敌畏◊	蕹菜	4	0	0	0.0%
4.2	敌敌畏◊	柠檬	2	0	0	0.0%
4.3	敌敌畏◊	萝卜	2	0	0	0.0%
4.4	敌敌畏◊	小油菜	1	0	0	0.0%
4.5	敌敌畏◊	小白菜	1	0	0	0.0%
4.6	敌敌畏◊	芥蓝	1	0	0	0.0%
4.7	敌敌畏◊	草莓	1	0	0	0.0%
4.8	敌敌畏◊	豇豆	1	0	0	0.0%
5.1	水胺硫磷◊▲	橘	1	1	22.9	100.0%
6.1	甲胺磷◊▲	芦笋	2	2	9.8	100.0%
7.1	六六六▲	菜豆	1	0	0	0.0%
8.1	杀虫脒▲	萝卜	1	1	0.54	100.0%
9.1	硫丹▲	鲜食玉米	1	0	0	0.0%
合计			40	4		10.0%

注：超标倍数参照 MRL 中国国家标准衡量

这些超标的剧毒和高毒农药都是中国政府早有规定禁止在水果蔬菜中使用的，为什么还屡次被检出，应该引起警惕。

7.5.4　残留限量标准与先进国家或地区标准差距较大

944 频次的检出结果与我国公布的《食品中农药最大残留限量》(GB 2763—2014) 对比，有 144 频次能找到对应的 MRL 中国国家标准，占 15.3%；还有 800 频次的侦测数据无相关 MRL 标准供参考，占 84.7%。

与国际上现行 MRL 标准对比发现：

有 944 频次能找到对应的 MRL 欧盟标准，占 100.0%；

有 944 频次能找到对应的 MRL 日本标准，占 100.0%；

有 263 频次能找到对应的 MRL 中国香港标准，占 27.9%；

有 204 频次能找到对应的 MRL 美国标准，占 21.6%；

有 70 频次能找到对应的 MRL CAC 标准，占 7.4%；

由上可见，MRL 中国国家标准与先进国家或地区标准还有很大差距，我们无标准，境外有标准，这就会导致我们在国际贸易中，处于受制于人的被动地位。

7.5.5 水果蔬菜单种样品检出 10~31 种农药残留，拷问农药使用的科学性

通过此次监测发现，橙、橘和草莓是检出农药品种最多的 3 种水果，萝卜、蕹菜和小白菜是检出农药品种最多的 3 种蔬菜，从中检出农药品种及频次详见表 7-25。

表 7-25 单种样品检出农药品种及频次

样品名称	样品总数	检出农药样品数	检出率	检出农药品种数	检出农药(频次)
萝卜	40	23	57.5%	31	哒螨灵(5)，氟丙菊酯(5)，速灭威(5)，敌敌畏(2)，毒死蜱(2)，甲萘威(2)，甲霜灵(2)，嘧菌环胺(2)，嘧霉胺(2)，灭线磷(2)，仲丁威(2)，3,4,5-混杀威(1)，3,5-二氯苯胺(1)，丙溴磷(1)，虫螨腈(1)，甲醚菊酯(1)，腈菌唑(1)，联苯肼酯(1)，联苯菊酯(1)，邻苯二甲酰亚胺(1)，氯菊酯(1)，马拉硫磷(1)，炔丙菊酯(1)，三甲苯草酮(1)，杀虫脒(1)，杀螟硫磷(1)，霜霉威(1)，肟菌酯(1)，戊唑醇(1)，异戊乙净(1)，兹克威(1)
蕹菜	12	12	100.0%	19	速灭威(6)，哒螨灵(4)，敌敌畏(4)，氟丙菊酯(4)，仲丁威(4)，联苯菊酯(3)，三唑磷(2)，2,6-二氯苯甲酰胺(1)，3,4,5-混杀威(1)，吡丙醚(1)，虫螨腈(1)，毒死蜱(1)，甲霜灵(1)，邻苯二甲酰亚胺(1)，嘧霉胺(1)，生物苄呋菊酯(1)，烯唑醇(1)，乙霉威(1)，异丙威(1)
小白菜	18	12	66.7%	16	氟丙菊酯(8)，速灭威(7)，仲丁威(7)，哒螨灵(4)，毒死蜱(3)，吡喃灵(1)，虫螨腈(1)，敌敌畏(1)，甲萘威(1)，甲霜灵(1)，联苯菊酯(1)，嘧霉胺(1)，生物苄呋菊酯(1)，霜霉威(1)，五氯苯甲腈(1)，异丙威(1)
橙	11	8	72.7%	12	嘧霉胺(5)，毒死蜱(2)，丙溴磷(1)，哒螨灵(1)，氟丙菊酯(1)，甲醚菊酯(1)，磷酸三丁酯(1)，嘧菌酯(1)，速灭威(1)，特草灵(1)，异丙威(1)，仲丁威(1)
橘	7	5	71.4%	11	嘧菌酯(4)，毒死蜱(3)，速灭威(3)，哒螨灵(2)，仲丁威(2)，吡螨胺(1)，氟丙菊酯(1)，甲醚菊酯(1)，联苯菊酯(1)，氯菊酯(1)，水胺硫磷(1)
草莓	4	4	100.0%	10	速灭威(3)，3,5-二氯苯胺(1)，哒螨灵(1)，敌敌畏(1)，甲萘威(1)，联苯肼酯(1)，马拉硫磷(1)，嘧霉胺(1)，肟菌酯(1)，仲丁威(1)

上述 6 种水果蔬菜，检出农药 10～31 种，是多种农药综合防治，还是未严格实施农业良好管理规范(GAP)，抑或根本就是乱施药，值得我们思考。

第 8 章　GC-Q-TOF/MS 侦测深圳市市售水果蔬菜农药残留膳食暴露风险与预警风险评估

8.1　农药残留风险评估方法

8.1.1　深圳市农药残留侦测数据分析与统计

庞国芳院士科研团队建立的农药残留高通量侦测技术以高分辨精确质量数(0.0001 *m/z* 为基准)为识别标准，采用 GC-Q-TOF/MS 技术对 507 种农药化学污染物进行侦测。

科研团队于 2016 年 3 月~2017 年 11 月在深圳市所属 4 个区的 42 个采样点，随机采集了 612 例水果蔬菜样品，采样点分布在超市和农贸市场，具体位置如图 8-1 所示，各月内水果蔬菜样品采集数量如表 8-1 所示。

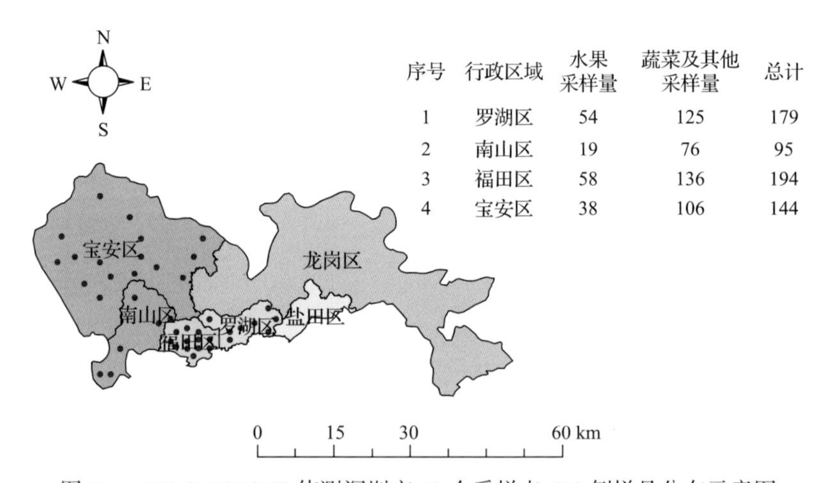

图 8-1　GC-Q-TOF/MS 侦测深圳市 42 个采样点 612 例样品分布示意图

表 8-1　深圳市各月内采集水果蔬菜样品数列表

时间	样品数(例)
2016 年 3 月	176
2016 年 11 月	3
2017 年 3 月	116
2017 年 5 月	61
2017 年 11 月	256

利用 GC-Q-TOF/MS 技术对 612 例样品中的农药进行侦测，侦测出残留农药 82 种，943 频次。侦测出农药残留水平如表 8-2 和图 8-2 所示。检出频次最高的前 10 种农药如表 8-3 所示。从检测结果中可以看出，在水果蔬菜中农药残留普遍存在，且有些水果蔬菜存在高浓度的农药残留，这些可能存在膳食暴露风险，对人体健康产生危害，因此，为了定量地评价水果蔬菜中农药残留的风险程度，有必要对其进行风险评价。

表 8-2　侦测出农药的不同残留水平及其所占比例列表

残留水平(μg/kg)	检出频次	占比(%)
1 ~ 5(含)	388	41.1
5 ~ 10(含)	243	25.8
10 ~ 100(含)	259	27.5
100 ~ 1000(含)	52	5.5
>1000	1	0.1
合计	943	100

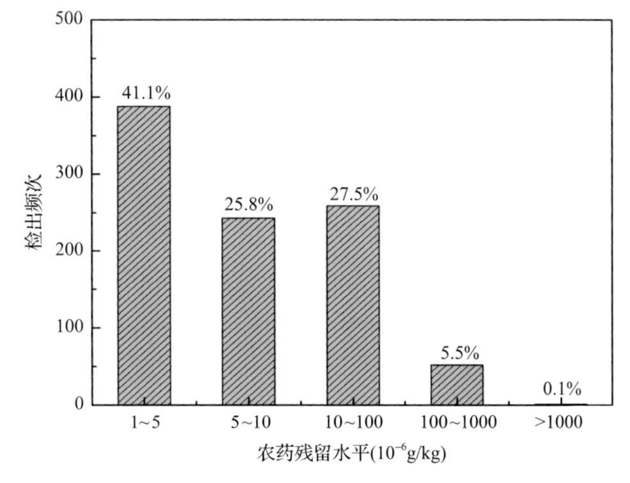

图 8-2　残留农药侦测出浓度频数分布图

表 8-3　检出频次最高的前 10 种农药列表

序号	农药	检出频次
1	哒螨灵	167
2	速灭威	119
3	甲萘威	100
4	氟丙菊酯	68
5	毒死蜱	59
6	仲丁威	51
7	嘧霉胺	24
8	3,4,5-混杀威	23
9	联苯菊酯	22
10	炔丙菊酯	20

8.1.2　农药残留风险评价模型

对深圳市水果蔬菜中农药残留分别开展暴露风险评估和预警风险评估。膳食暴露风险评估利用食品安全指数模型对水果蔬菜中的残留农药对人体可能产生的危害程度进行评价，该模型结合残留监测和膳食暴露评估评价化学污染物的危害；预警风险评价模型运用风险系数(risk index，*R*)，风险系数综合考虑了危害物的超标率、施检频率及其本身敏感性的影响，能直观而全面地反映出危害物在一段时间内的风险程度。

8.1.2.1　食品安全指数模型

为了加强食品安全管理，《中华人民共和国食品安全法》第二章第十七条规定“国家建立食品安全风险评估制度，运用科学方法，根据食品安全风险监测信息、科学数据以及有关信息，对食品、食品添加剂、食品相关产品中生物性、化学性和物理性危害因素进行风险评估”[1]，膳食暴露评估是食品危险度评估的重要组成部分，也是膳食安全性的衡量标准[2]。国际上最早研究膳食暴露风险评估的机构主要是 JMPR(FAO、WHO 农药残留联合会议)，该组织自 1995 年就已制定了急性毒性物质的风险评估急性毒性农药残留摄入量的预测。1960 年美国规定食品中不得加入致癌物质进而提出零阈值理论，渐渐零阈值理论发展成在一定概率条件下可接受风险的概念[3]，后衍变为食品中每日允许最大摄入量(ADI)，而国际食品农药残留法典委员会(CCPR)认为 ADI 不是独立风险评估的唯一标准[4]，1995 年 JMPR 开始研究农药急性膳食暴露风险评估，并对食品国际短期摄入量的计算方法进行了修正，亦对膳食暴露评估准则及评估方法进行了修正[5]，2002 年，在对世界上现行的食品安全评价方法，尤其是国际公认的 CAC 的评价方法、全球环境监测系统/食品污染监测和评估规划(WHO GEMS/Food)及 FAO、WHO 食品添加剂联合专家委员会(JECFA)和 JMPR 对食品安全风险评估工作研究的基础之上，检验检疫食品安全管理的研究人员提出了结合残留监控和膳食暴露评估，以食品安全指数 IFS 计算食品中各种化学污染物对消费者的健康危害程度[6]。IFS 是表示食品安全状态的新方法，可有效地评价某种农药的安全性，进而评价食品中各种农药化学污染物对消费者健康的整体危害程度[7,8]。从理论上分析，IFS_c可指出食品中的污染物 c 对消费者健康是否存在危害及危害的程度[9]。其优点在于操作简单且结果容易被接受和理解，不需要大量的数据来对结果进行验证，使用默认的标准假设或者模型即可[10,11]。

1) IFS_c 的计算

IFS_c计算公式如下：

$$IFS_c=\frac{EDI_c \times f}{SI_c \times bw} \tag{8-1}$$

式中，c 为所研究的农药；EDI_c为农药 c 的实际日摄入量估算值，等于$\sum(R_i \times F_i \times E_i \times P_i)$（$i$ 为食品种类；R_i为食品 i 中农药 c 的残留水平，mg/kg；F_i为食品 i 的估计日消费量，g/(人·天)；E_i为食品 i 的可食用部分因子；P_i为食品 i 的加工处理因子）；SI_c为安全摄入量，可采用每日允许最大摄入量 ADI；bw 为人平均体重，kg；f为校正因子，如果安全摄入量采用 ADI，则 f 取 1。

$IFS_c \ll 1$，农药 c 对食品安全没有影响；$IFS_c \leqslant 1$，农药 c 对食品安全的影响可以接受；$IFS_c > 1$，农药 c 对食品安全的影响不可接受。

本次评价中：

$IFS_c \leqslant 0.1$，农药 c 对水果蔬菜安全没有影响；

$0.1 < IFS_c \leqslant 1$，农药 c 对水果蔬菜安全的影响可以接受；

$IFS_c > 1$，农药 c 对水果蔬菜安全的影响不可接受。

本次评价中残留水平 R_i 取值为中国检验检疫科学研究院庞国芳院士课题组利用以高分辨精确质量数(0.0001 m/z)为基准的 GC-Q-TOF/MS 侦测技术于 2015 年 5 月 ~ 2017 年 9 月对深圳市水果蔬菜农药残留的侦测结果，估计日消费量 F_i 取值 0.38 kg/(人·天)，E_i=1，P_i=1，f=1，SI_c 采用《食品安全国家标准　食品中农药最大残留限量》(GB 2763—2016)中 ADI 值(具体数值见表 8-4)，人平均体重(bw)取值 60 kg。

表 8-4　深圳市水果蔬菜中侦测出农药的 ADI 值

序号	农药	ADI	序号	农药	ADI	序号	农药	ADI
1	霜霉威	0.4	22	生物苄呋菊酯	0.03	43	杀螟硫磷	0.006
2	醚菌酯	0.4	23	吡唑醚菌酯	0.03	44	喹螨醚	0.005
3	马拉硫磷	0.3	24	腈菌唑	0.03	45	烯唑醇	0.005
4	嘧霉胺	0.2	25	三唑醇	0.03	46	六六六	0.005
5	嘧菌酯	0.2	26	虫酰肼	0.02	47	敌敌畏	0.004
6	腐霉利	0.1	27	抗蚜威	0.02	48	甲胺磷	0.004
7	吡丙醚	0.1	28	稻瘟灵	0.016	49	乙霉威	0.004
8	多效唑	0.1	29	异丙隆	0.015	50	水胺硫磷	0.003
9	异丙甲草胺	0.1	30	毒死蜱	0.01	51	异丙威	0.002
10	甲霜灵	0.08	31	联苯菊酯	0.01	52	三唑磷	0.001
11	莠灭净	0.072	32	联苯肼酯	0.01	53	杀虫脒	0.001
12	仲丁威	0.06	33	氟吡菌酰胺	0.01	54	灭线磷	0.0004
13	氯菊酯	0.05	34	噁霜灵	0.01	55	速灭威	—
14	环嗪酮	0.05	35	双甲脒	0.01	56	氟丙菊酯	—
15	肟菌酯	0.04	36	哒螨灵	0.01	57	3,4,5-混杀威	—
16	扑草净	0.04	37	茚虫威	0.01	58	炔丙菊酯	—
17	三环唑	0.04	38	甲萘威	0.008	59	吡喃灵	—
18	丙溴磷	0.03	39	萎锈灵	0.008	60	邻苯二甲酰亚胺	—
19	虫螨腈	0.03	40	倍硫磷	0.007	61	3,5-二氯苯胺	—
20	戊唑醇	0.03	41	氟硅唑	0.007	62	兹克威	—
21	嘧菌环胺	0.03	42	硫丹	0.006	63	甲醚菊酯	—

续表

序号	农药	ADI	序号	农药	ADI	序号	农药	ADI
64	四氢吩胺	—	71	五氯苯	—	78	双苯酰草胺	—
65	特草灵	—	72	五氯苯甲腈	—	79	五氯苯胺	—
66	烯虫炔酯	—	73	异戊乙净	—	80	烯虫酯	—
67	新燕灵	—	74	2,6-二氯苯甲酰胺	—	81	溴丁酰草胺	—
68	环丙津	—	75	吡螨胺	—	82	乙嘧酚磺酸酯	—
69	戊草丹	—	76	磷酸三丁酯	—			
70	三甲苯草酮	—	77	扑灭津	—			

注：“—”表示为国家标准中无 ADI 值规定；ADI 值单位为 mg/kg bw

2) 计算 $\mathrm{IFS_c}$ 的平均值 $\overline{\mathrm{IFS}}$，评价农药对食品安全的影响程度

以 $\overline{\mathrm{IFS}}$ 评价各种农药对人体健康危害的总程度，评价模型见公式(8-2)。

$$\overline{\mathrm{IFS}}=\frac{\sum_{i=1}^{n}\mathrm{IFS_c}}{n} \tag{8-2}$$

$\overline{\mathrm{IFS}} \ll 1$，所研究消费者人群的食品安全状态很好；$\overline{\mathrm{IFS}} \leqslant 1$，所研究消费者人群的食品安全状态可以接受；$\overline{\mathrm{IFS}}>1$，所研究消费者人群的食品安全状态不可接受。

本次评价中：

$\overline{\mathrm{IFS}} \leqslant 0.1$，所研究消费者人群的水果蔬菜安全状态很好；

$0.1<\overline{\mathrm{IFS}} \leqslant 1$，所研究消费者人群的水果蔬菜安全状态可以接受；

$\overline{\mathrm{IFS}}>1$，所研究消费者人群的水果蔬菜安全状态不可接受。

8.1.2.2 预警风险评估模型

2003 年，我国检验检疫食品安全管理的研究人员根据 WTO 的有关原则和我国的具体规定，结合危害物本身的敏感性、风险程度及其相应的施检频率，首次提出了食品中危害物风险系数 *R* 的概念[12]。*R* 是衡量一个危害物的风险程度大小最直观的参数，即在一定时期内其超标率或阳性检出率的高低，但受其施检测率的高低及其本身的敏感性(受关注程度)影响。该模型综合考察了农药在蔬菜中的超标率、施检频率及其本身敏感性，能直观而全面地反映出农药在一段时间内的风险程度[13]。

1) *R* 计算方法

危害物的风险系数综合考虑了危害物的超标率或阳性检出率、施检频率和其本身的敏感性影响，并能直观而全面地反映出危害物在一段时间内的风险程度。风险系数 *R* 的计算公式如式(8-3)：

$$R = aP + \frac{b}{F} + S \tag{8-3}$$

式中，P 为该种危害物的超标率；F 为危害物的施检频率；S 为危害物的敏感因子；a, b 分别为相应的权重系数。

本次评价中 F=1；S=1；a=100；b=0.1，对参数 P 进行计算，计算时首先判断是否为禁用农药，如果为非禁用农药，P=超标的样品数(侦测出的含量高于食品最大残留限量标准值，即 MRL)除以总样品数(包括超标、不超标、未检出)；如果为禁用农药，则检出即为超标，P=能检出的样品数除以总样品数。判断深圳市水果蔬菜农药残留是否超标的标准限值 MRL 分别以 MRL 中国国家标准[14]和 MRL 欧盟标准作为对照，具体值列于本报告附表一中。

2) 评价风险程度

R≤1.5，受检农药处于低度风险；

1.5<R≤2.5，受检农药处于中度风险；

R>2.5，受检农药处于高度风险。

8.1.2.3 食品膳食暴露风险和预警风险评估应用程序的开发

1) 应用程序开发的步骤

为成功开发膳食暴露风险和预警风险评估应用程序，与软件工程师多次沟通讨论，逐步提出并描述清楚计算需求，开发了初步应用程序。为明确出不同水果蔬菜、不同农药、不同地域和不同季节的风险水平，向软件工程师提出不同的计算需求，软件工程师对计算需求进行逐一地分析，经过反复的细节沟通，需求分析得到明确后，开始进行解决方案的设计，在保证需求的完整性、一致性的前提下，编写出程序代码，最后设计出满足需求的风险评估专用计算软件，并通过一系列的软件测试和改进，完成专用程序的开发。软件开发基本步骤见图 8-3。

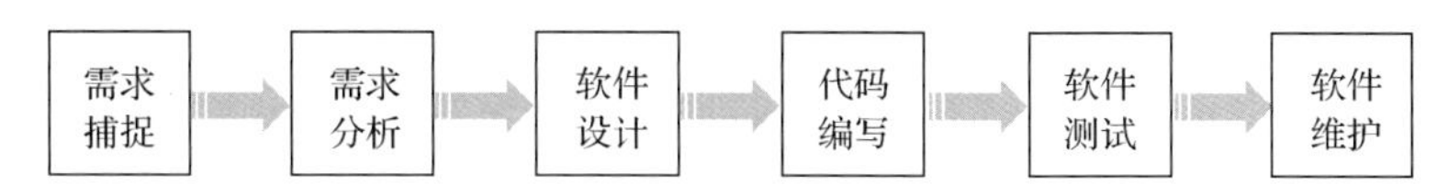

图 8-3 专用程序开发总体步骤

2) 膳食暴露风险评估专业程序开发的基本要求

首先直接利用公式(8-1)，分别计算 LC-Q-TOF/MS 和 GC-Q-TOF/MS 仪器侦测出的各水果蔬菜样品中每种农药 IFS_c，将结果列出。为考察超标农药和禁用农药的使用安全性，分别以我国《食品安全国家标准 食品中农药最大残留限量》(GB 2763—2016)和欧盟食品中农药最大残留限量(以下简称 MRL 中国国家标准和 MRL 欧盟标准)为标准，对侦测出的禁用农药和超标的非禁用农药 IFS_c 单独进行评价；按 IFS_c 大小列表，并找出 IFS_c 值排名前 20 的样本重点关注。

对不同水果蔬菜 i 中每一种侦测出的农药 c 的安全指数进行计算，多个样品时求平均值。若监测数据为该市多个月的数据，则逐月、逐季度分别列出每个月、每个季度内每一种水果蔬菜 i 对应的每一种农药 c 的 IFS_c。

按农药种类，计算整个监测时间段内每种农药的 IFS_c，不区分水果蔬菜。若检测数据为该市多个月的数据，则需分别计算每个月、每个季度内每种农药的 IFS_c。

3）预警风险评估专业程序开发的基本要求

分别以 MRL 中国国家标准和 MRL 欧盟标准，按公式(8-3)逐个计算不同水果蔬菜、不同农药的风险系数，禁用农药和非禁用农药分别列表。

为清楚了解各种农药的预警风险，不分时间，不分水果蔬菜，按禁用农药和非禁用农药分类，分别计算各种侦测出农药全部检测时段内风险系数。由于有 MRL 中国国家标准的农药种类太少，无法计算超标数，非禁用农药的风险系数只以 MRL 欧盟标准为标准进行计算。若检测数据为多个月的，则按月计算每个月、每个季度内每种禁用农药残留的风险系数和以 MRL 欧盟标准为标准的非禁用农药残留的风险系数。

4）风险程度评价专业应用程序的开发方法

采用 Python 计算机程序设计语言，Python 是一个高层次地结合了解释性、编译性、互动性和面向对象的脚本语言。风险评价专用程序主要功能包括：分别读入每例样品 LC-Q-TOF/MS 和 GC-Q-TOF/MS 农药残留检测数据，根据风险评价工作要求，依次对不同农药、不同食品、不同时间、不同采样点的 IFS_c 值和 R 值分别进行数据计算，筛选出禁用农药、超标农药(分别与 MRL 中国国家标准、MRL 欧盟标准限值进行对比)单独重点分析，再分别对各农药、各水果蔬菜种类分类处理，设计出计算和排序程序，编写计算机代码，最后将生成的膳食暴露风险评估和超标风险评估定量计算结果列入设计好的各个表格中，并定性判断风险对目标的影响程度，直接用文字描述风险发生的高低，如“不可接受”、“可以接受”、“没有影响”、“高度风险”、“中度风险”、“低度风险”。

8.2 GC-Q-TOF/MS 侦测深圳市市售水果蔬菜农药残留膳食暴露风险评估

8.2.1 每例水果蔬菜样品中农药残留安全指数分析

基于农药残留侦测数据，发现在 612 例样品中侦测出农药 943 频次，计算样品中每种残留农药的安全指数 IFS_c，并分析农药对样品安全的影响程度，结果详见附表二，农药残留对水果蔬菜样品安全的影响程度频次分布情况如图 8-4 所示。

由图 8-4 可以看出，农药残留对样品安全的影响不可接受的频次为 1，占 0.11%；农药残留对样品安全的影响可以接受的频次为 21，占 2.22%；农药残留对样品安全的没有影响的频次为 583，占 61.76%。分析发现，在 2017 年 3 月内有 1 种农药对样品安全影响不可接受，其他月份内，农药对样品安全的影响均在可以接受和没有影响的范围内。表 8-5 为对水果蔬菜样品中安全指数不可接受的农药残留列表。

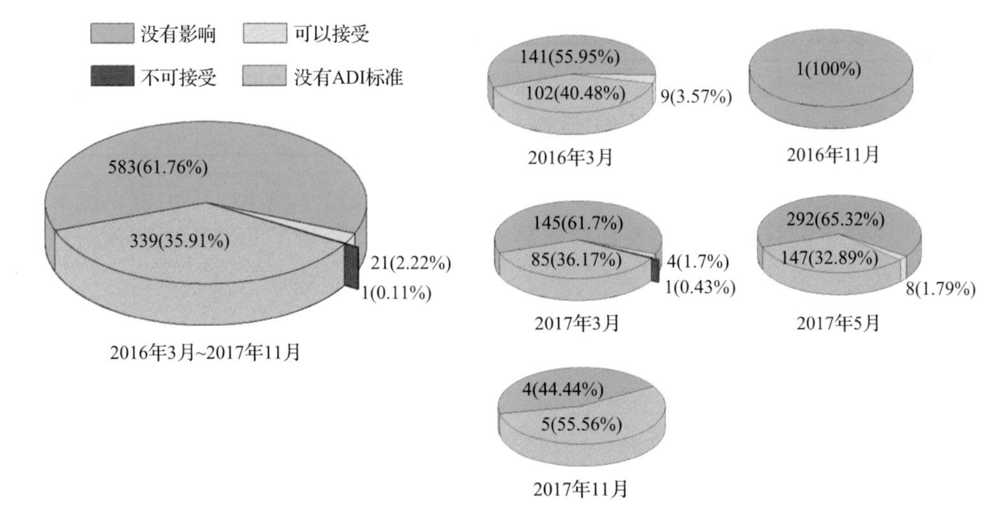

图 8-4 农药残留对水果蔬菜样品安全的影响程度频次分布图

表 8-5 水果蔬菜样品中安全影响不可接受的农药残留列表

序号	样品编号	采样点	基质	农药	含量(mg/kg)	IFS_c
1	20170323-440300-SZCIQ-OR-19A	***超市(龙华西店)	橘	水胺硫磷	0.4782	1.0095

部分样品侦测出禁用农药 6 种 8 频次,为了明确残留的禁用农药对样品安全的影响,分析侦测出禁用农药残留的样品安全指数,禁用农药残留对水果蔬菜样品安全的影响程度频次分布情况如图 8-5 所示,农药残留对样品安全的影响不可接受的频次为 1,占 12.5%;农药残留对样品安全的影响可以接受的频次为 4,占 50%;农药残留对样品安全没有影响的频次为 3,占 37.5%。从图中可以看出,2016 年 11 月和 2017 年 11 月的水果蔬菜中未侦测出禁用农药残留,其余 3 个月份的水果蔬菜样品中均侦测出禁用农药残留,分析发现,在该 5 个月份内只有 2017 年 3 月内有 1 种禁用农药对样品安全影响不可接受,2017 年 5 月份内禁用农药对样品安全没有影响。表 8-6 列出了水果蔬菜样品中侦测出的禁用农药残留不可接受的安全指数表。

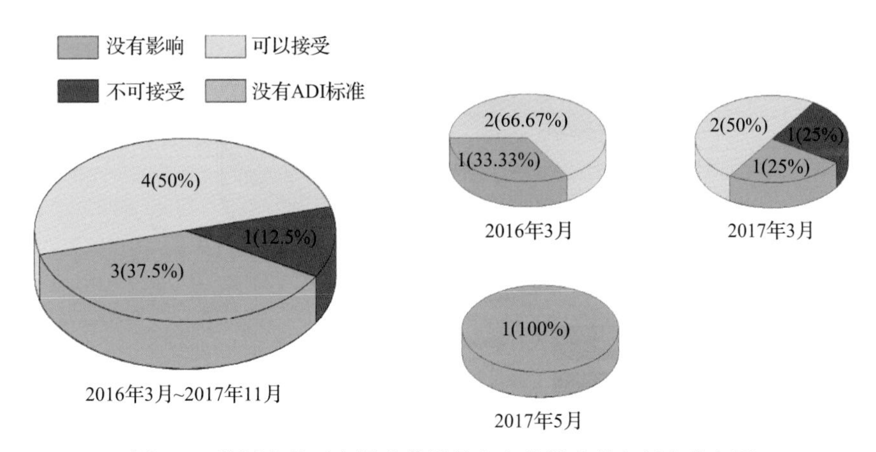

图 8-5 禁用农药对水果蔬菜样品安全的影响程度频次分布图

表 8-6 水果蔬菜样品中侦测出的禁用农药残留不可接受的安全指数表

序号	样品编号	采样点	基质	农药	含量(mg/kg)	IFS_c
1	20170323-440300-SZCIQ-OR-19A	***超市(龙华西店)	橘	水胺硫磷	0.4782	1.0095

此外，本次侦测发现部分样品中非禁用农药残留量超过了 MRL 中国国家标准和欧盟标准，为了明确超标的非禁用农药对样品安全的影响，分析了非禁用农药残留超标的样品安全指数。

水果蔬菜残留量超过 MRL 中国国家标准的非禁用农药残留安全指数如表 8-7 所示。可以看出侦测出超过 MRL 中国国家标准的非禁用农药为毒死蜱，其对样品安全的影响为可以接受。

表 8-7 水果蔬菜样品中侦测出的非禁用农药残留安全指数表(MRL 中国国家标准)

序号	样品编号	采样点	基质	农药	含量(mg/kg)	中国国家标准	IFS_c	影响程度
1	20170510-440300-SZCIQ-CL-15A	***超市	小油菜	毒死蜱	0.2193	0.1	0.1389	可以接受

残留量超过 MRL 欧盟标准的非禁用农药对水果蔬菜样品安全的影响程度频次分布情况如图 8-6 所示。可以看出超过 MRL 欧盟标准的非禁用农药共 161 频次，其中农药没有 ADI 标准的频次为 66，占 40.99%；农药残留对样品安全的影响可以接受的频次为 14，占 8.7%；农药残留对样品安全没有影响的频次为 81，占 50.31%。表 8-8 列出了水果蔬菜样品中安全指数排名前 10 的残留超标非禁用农药列表。

在 612 例样品中，205 例样品未侦测出农药残留，407 例样品中侦测出农药残留，计算每例有农药侦测出样品的 $\overline{IFS}$ 值，进而分析样品的安全状态，结果如图 8-7 所示(未侦测出农药的样品安全状态视为很好)。可以看出，未侦测出样品安全状态不可接受的样品，2.12%的样品安全状态可以接受；86.27%的样品安全状态很好。表 8-9 列出了水果蔬菜安全指数排名前 10 的样品列表。

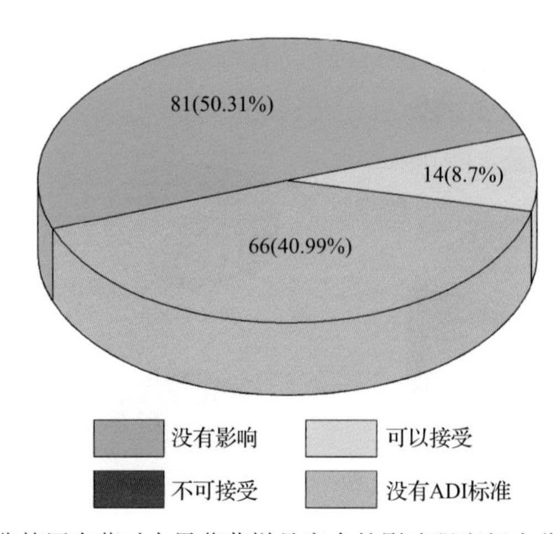

图 8-6 残留超标的非禁用农药对水果蔬菜样品安全的影响程度频次分布图(MRL 欧盟标准)

表 8-8　水果蔬菜样品中安全指数排名前 10 的残留超标非禁用农药列表(MRL 欧盟标准)

序号	样品编号	采样点	基质	农药	含量(mg/kg)	欧盟标准	IFS_c	影响程度
1	20170510-440300-SZCIQ-YS-34A	***超市(南新店)	芫荽	三唑磷	0.1283	0.01	0.8126	可以接受
2	20170510-440300-SZCIQ-YS-33A	***市场	芫荽	三唑磷	0.1107	0.01	0.7011	可以接受
3	20170323-440300-SZCIQ-KG-19A	***超市(龙华西店)	苦瓜	氟硅唑	0.7322	0.01	0.6625	可以接受
4	20170510-440300-SZCIQ-QS-29A	***店 B04	青蒜	丙溴磷	2.745	0.02	0.5795	可以接受
5	20170510-440300-SZCIQ-IP-22A	***超市(大浪店)	蕹菜	烯唑醇	0.3888	0.01	0.4925	可以接受
6	20160321-440300-SZCIQ-DJ-07A	***超市(东湖店)	菜豆	茚虫威	0.5364	0.5	0.3397	可以接受
7	20160314-440300-SZCIQ-LB-03A	***店 B75	萝卜	敌敌畏	0.1701	0.01	0.2693	可以接受
8	20170510-440300-SZCIQ-PP-34A	***超市(南新店)	甜椒	丙溴磷	0.9948	0.01	0.2100	可以接受
9	20160317-440300-SZCIQ-IP-17A	***超市(南新店)	蕹菜	三唑磷	0.0322	0.01	0.2039	可以接受
10	20170510-440300-SZCIQ-PB-35A	***超市(南油店)	小白菜	异丙威	0.0544	0.01	0.1723	可以接受

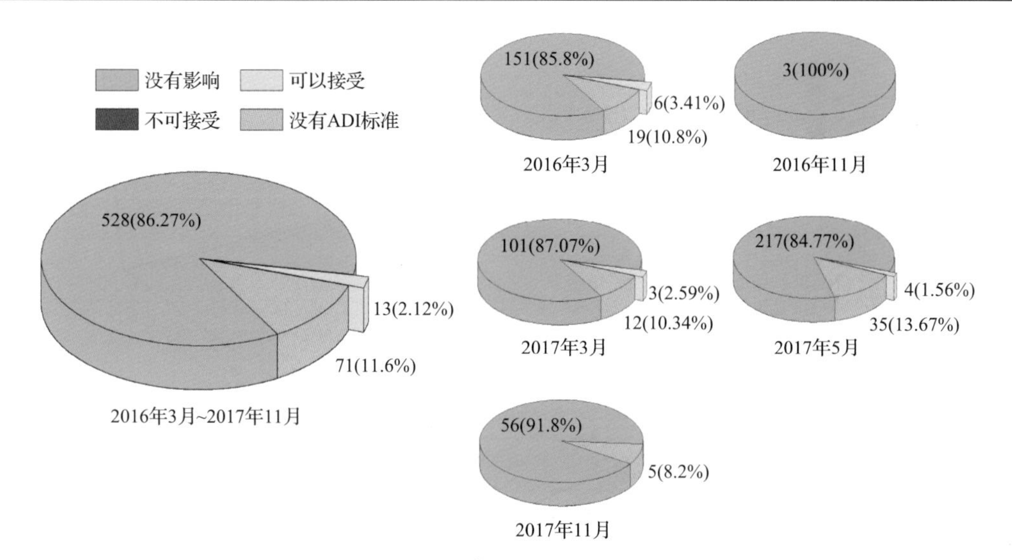

图 8-7　水果蔬菜样品安全状态分布图

表 8-9　水果蔬菜安全指数排名前 10 的样品列表

序号	样品编号	采样点	基质	$\overline{IFS}$	影响程度
1	20170323-440300-SZCIQ-LS-26A	***超市(蛇口店)	芦笋	0.8517	可以接受
2	20170510-440300-SZCIQ-IP-22A	***超市(大浪店)	蕹菜	0.4925	可以接受
3	20160322-440300-SZCIQ-DJ-26A	***水果店	菜豆	0.4207	可以接受

续表

序号	样品编号	采样点	基质	$\overline{IFS}$	影响程度
4	20170510-440300-SZCIQ-YS-34A	***超市(南新店)	芫荽	0.4095	可以接受
5	20170323-440300-SZCIQ-KG-19A	***超市(龙华西店)	苦瓜	0.3369	可以接受
6	20160322-440300-SZCIQ-DJ-28A	***超市(书香门第店)	菜豆	0.2820	可以接受
7	20170323-440300-SZCIQ-OR-19A	***超市(龙华西店)	橘	0.2528	可以接受
8	20160314-440300-SZCIQ-LB-03A	***街市布心店 B75	萝卜	0.1834	可以接受
9	20170510-440300-SZCIQ-YS-33A	***市场	芫荽	0.1794	可以接受
10	20160321-440300-SZCIQ-DJ-07A	***超市(东湖店)	菜豆	0.1736	可以接受

8.2.2　单种水果蔬菜中农药残留安全指数分析

本次 93 种水果蔬菜共侦测出 82 种农药，检出频次为 943 次，其中 28 种农药残留没有 ADI 标准，54 种农药存在 ADI 标准。4 种水果蔬菜未侦测出任何农药，6 种水果蔬菜(甘薯、娃娃菜、紫甘蓝等)侦测出农药残留全部没有 ADI 标准，对其他的 83 种水果蔬菜按不同种类分别计算侦测出的具有 ADI 标准的各种农药的 IFS_c 值，农药残留对水果蔬菜的安全指数分布图如图 8-8 所示。

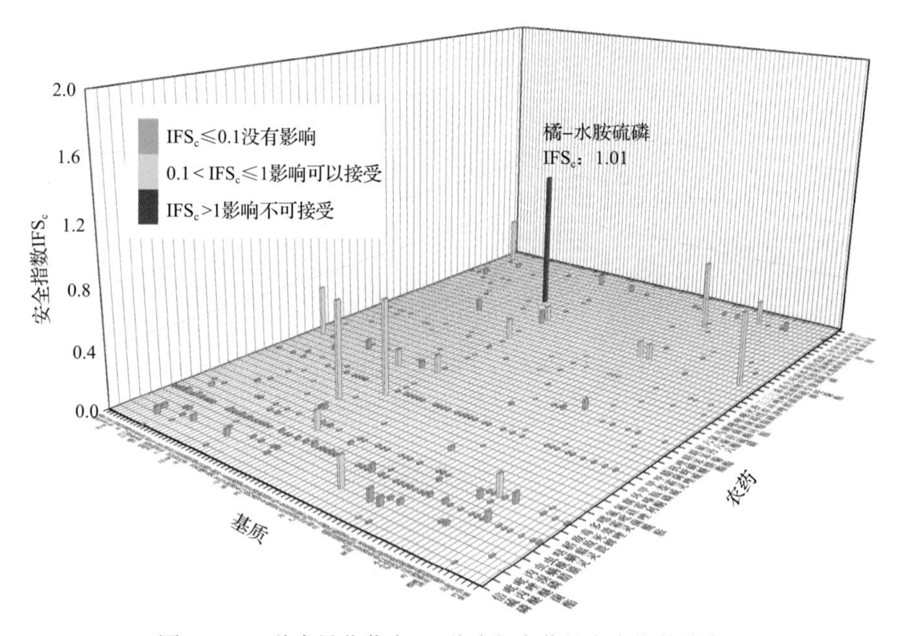

图 8-8　83 种水果蔬菜中 54 种残留农药的安全指数分布图

分析发现橘中的水胺硫磷残留对食品安全影响不可接受，如表 8-10 所示。

表 8-10　单种水果蔬菜中安全影响不可接受的残留农药安全指数表

序号	基质	农药	检出频次	检出率(%)	IFS>1 的频次	IFS>1 的比例(%)	IFS_c
1	橘	水胺硫磷	1	5.0	1	5.0	1.01

本次侦测中，89 种水果蔬菜和 82 种残留农药(包括没有 ADI 标准)共涉及 508 个分析样本，农药对单种水果蔬菜安全的影响程度分布情况如图 8-9 所示。可以看出，63.19%的样本中农药对水果蔬菜安全没有影响，3.15%的样本中农药对水果蔬菜安全的影响可以接受，0.2%的样本中农药对水果蔬菜安全的影响不可接受。

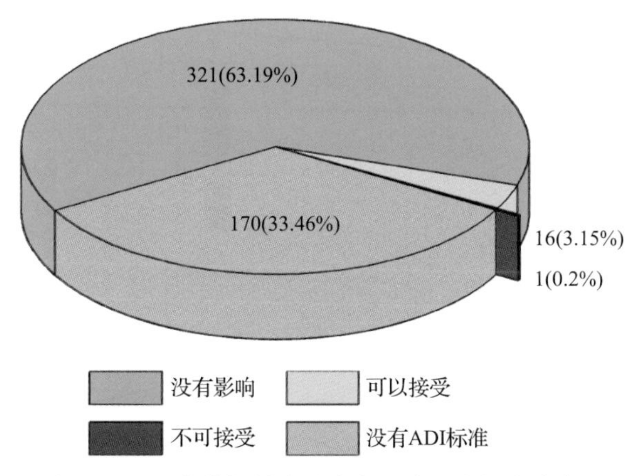

图 8-9　508 个分析样本的安全影响程度频次分布图

此外，分别计算 83 种水果蔬菜中所有侦测出农药 $\mathrm{IFS_c}$ 的平均值 $\overline{\mathrm{IFS}}$，分析每种水果蔬菜的安全状态，结果如图 8-10 所示，分析发现，83 种水果蔬菜的安全状态均在可以接受和很好范围内，其中，4 种水果蔬菜(4.82%)的安全状态可以接受，79 种(95.18%)水果蔬菜的安全状态很好。

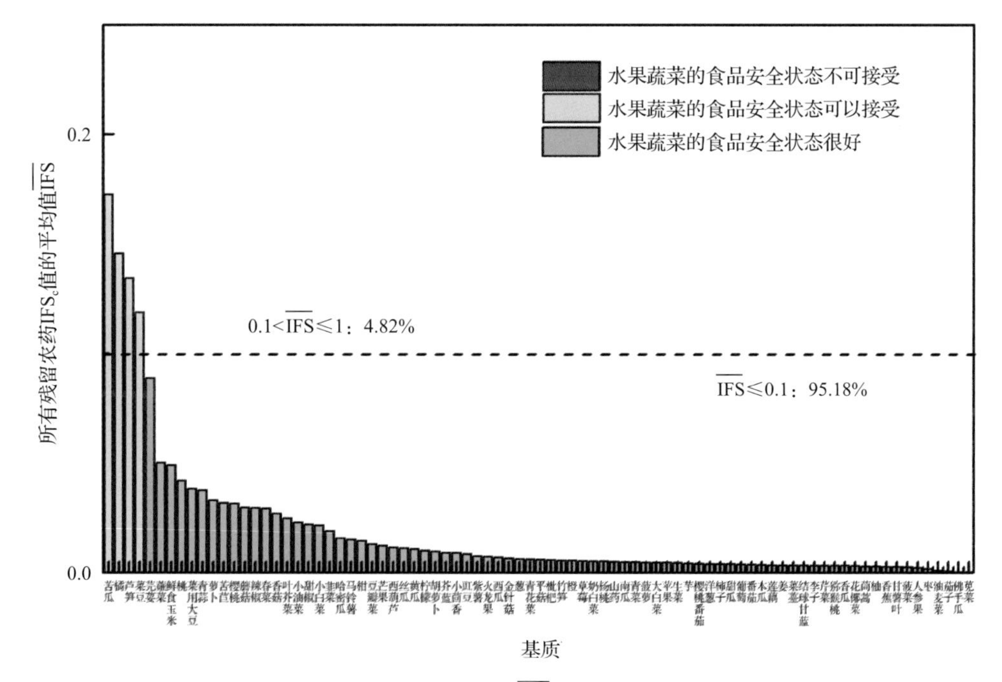

图 8-10　83 种水果蔬菜的 $\overline{\mathrm{IFS}}$ 值和安全状态统计图

对每个月内每种水果蔬菜中农药的 IFS_c 进行分析，并计算每月内每种水果蔬菜的 $\overline{IFS}$ 值，以评价每种水果蔬菜的安全状态，结果如图 8-11 所示，可以看出，各月份水果蔬菜的安全状态均处于很好和可以接受的范围内，各月份内单种水果蔬菜安全状态统计情况如图 8-12 所示。

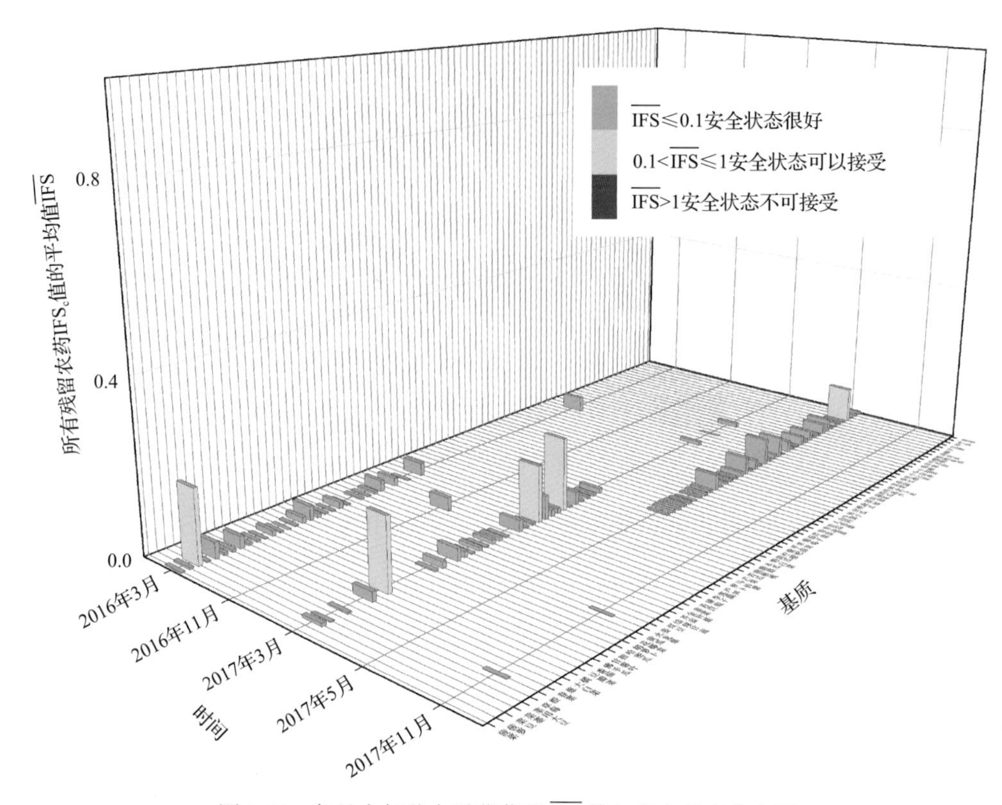

图 8-11　各月内每种水果蔬菜的 $\overline{IFS}$ 值与安全状态分布图

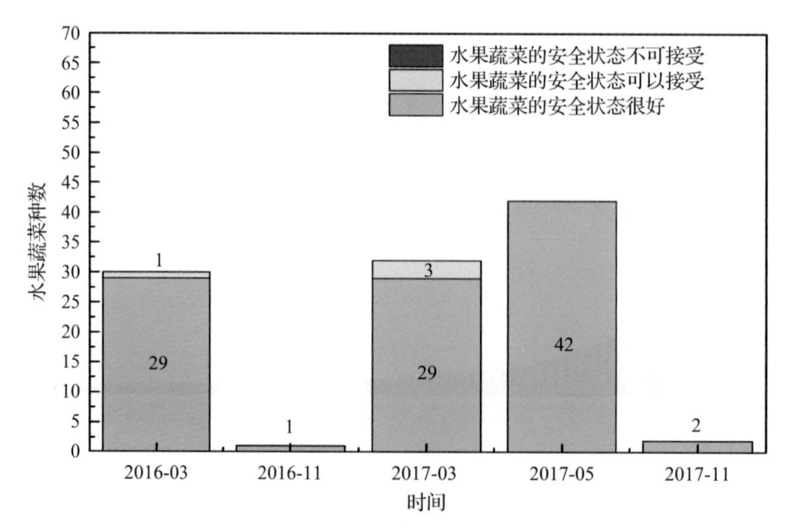

图 8-12　各月份内单种水果蔬菜安全状态统计图

8.2.3 所有水果蔬菜中农药残留安全指数分析

计算所有水果蔬菜中 54 种农药的 $\overline{IFS_c}$ 值，结果如图 8-13 及表 8-11 所示。

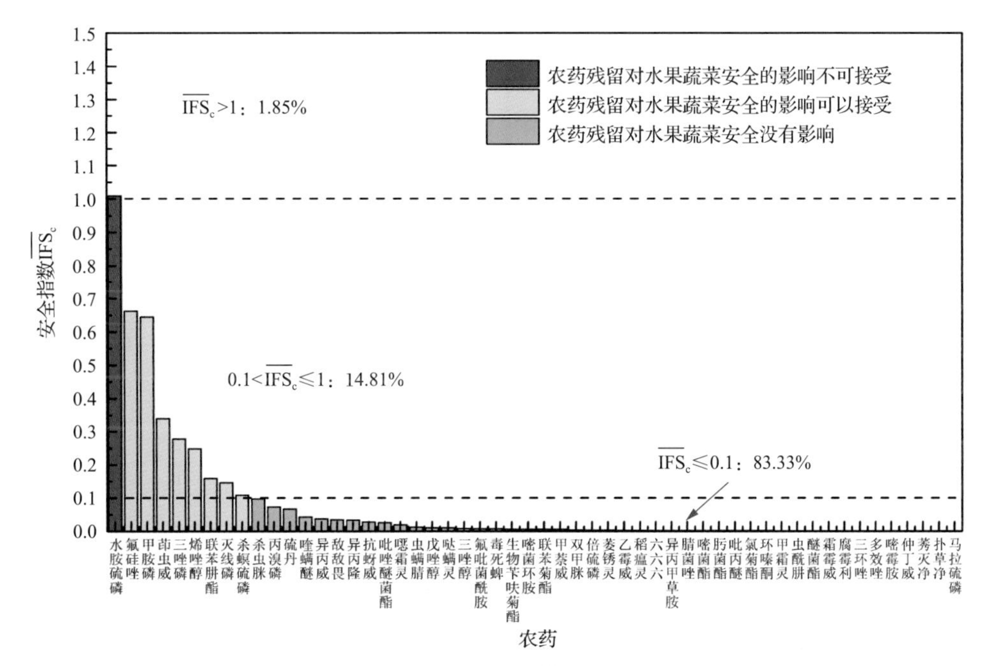

图 8-13 54 种残留农药对水果蔬菜的安全影响程度统计图

表 8-11 水果蔬菜中 54 种农药残留的安全指数表

序号	农药	检出频次	检出率(%)	$\overline{IFS_c}$	影响程度	序号	农药	检出频次	检出率(%)	$\overline{IFS_c}$	影响程度
1	水胺硫磷	1	0.11	1.0095	不可接受	15	敌敌畏	13	1.38	0.0349	没有影响
2	氟硅唑	1	0.11	0.6625	可以接受	16	异丙隆	1	0.11	0.0340	没有影响
3	甲胺磷	2	0.21	0.6447	可以接受	17	抗蚜威	1	0.11	0.0282	没有影响
4	茚虫威	1	0.11	0.3397	可以接受	18	吡唑醚菌酯	2	0.21	0.0262	没有影响
5	三唑磷	7	0.74	0.2779	可以接受	19	噁霜灵	3	0.32	0.0194	没有影响
6	烯唑醇	2	0.21	0.2478	可以接受	20	虫螨腈	12	1.27	0.0131	没有影响
7	联苯肼酯	6	0.64	0.1585	可以接受	21	戊唑醇	7	0.74	0.0105	没有影响
8	灭线磷	2	0.21	0.1457	可以接受	22	哒螨灵	167	17.71	0.0101	没有影响
9	杀螟硫磷	1	0.11	0.1087	可以接受	23	三唑醇	1	0.11	0.0085	没有影响
10	杀虫脒	1	0.11	0.0975	没有影响	24	氟吡菌酰胺	4	0.42	0.0080	没有影响
11	丙溴磷	15	1.59	0.0735	没有影响	25	毒死蜱	59	6.26	0.0077	没有影响
12	硫丹	1	0.11	0.0666	没有影响	26	生物苄呋菊酯	6	0.64	0.0065	没有影响
13	喹螨醚	3	0.32	0.0431	没有影响	27	嘧菌环胺	6	0.64	0.0062	没有影响
14	异丙威	18	1.91	0.0372	没有影响	28	联苯菊酯	22	2.33	0.0060	没有影响

续表

序号	农药	检出频次	检出率(%)	$\overline{IFS_c}$	影响程度	序号	农药	检出频次	检出率(%)	$\overline{IFS_c}$	影响程度
29	甲萘威	100	10.60	0.0058	没有影响	42	环嗪酮	1	0.11	0.0016	没有影响
30	双甲脒	1	0.11	0.0042	没有影响	43	甲霜灵	10	1.06	0.0016	没有影响
31	倍硫磷	1	0.11	0.0038	没有影响	44	虫酰肼	1	0.11	0.0016	没有影响
32	萎锈灵	1	0.11	0.0037	没有影响	45	醚菌酯	3	0.32	0.0015	没有影响
33	乙霉威	1	0.11	0.0029	没有影响	46	霜霉威	5	0.53	0.0013	没有影响
34	稻瘟灵	1	0.11	0.0026	没有影响	47	腐霉利	8	0.85	0.0009	没有影响
35	六六六	1	0.11	0.0022	没有影响	48	三环唑	1	0.11	0.0009	没有影响
36	异丙甲草胺	1	0.11	0.0020	没有影响	49	多效唑	1	0.11	0.0009	没有影响
37	腈菌唑	1	0.11	0.0019	没有影响	50	嘧霉胺	24	2.55	0.0008	没有影响
38	嘧菌酯	7	0.74	0.0018	没有影响	51	仲丁威	51	5.41	0.0005	没有影响
39	肟菌酯	3	0.32	0.0018	没有影响	52	莠灭净	4	0.42	0.0003	没有影响
40	吡丙醚	5	0.53	0.0017	没有影响	53	扑草净	1	0.11	0.0002	没有影响
41	氯菊酯	4	0.42	0.0016	没有影响	54	马拉硫磷	2	0.21	0.0001	没有影响

水胺硫磷的$\overline{IFS_c}$大于 1，其他农药的$\overline{IFS_c}$均小于 1，说明水胺硫磷对水果蔬菜安全的影响不可接受，其他农药对水果蔬菜安全的影响均在没有影响和可以接受的范围内，其中14.81%的农药对水果蔬菜安全的影响可以接受，83.33%的农药对水果蔬菜安全没有影响。

对每个月内所有水果蔬菜中残留农药的$\overline{IFS_c}$进行分析，结果如图 8-14 所示。分析

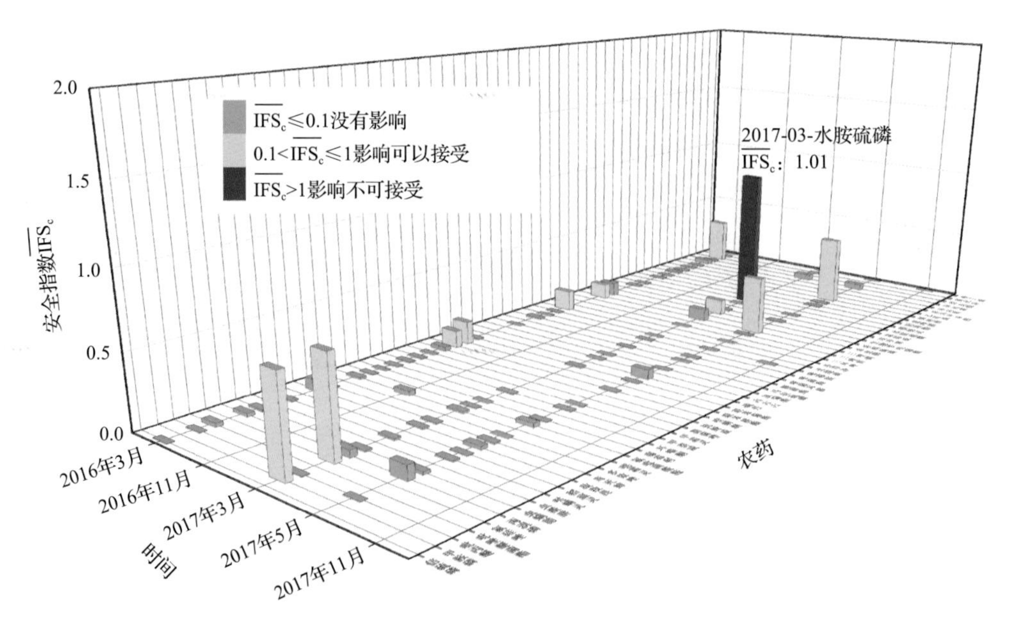

图 8-14　各月份内水果蔬菜中每种残留农药的安全指数分布图

发现，2017 年 3 月的水胺硫磷对水果蔬菜安全的影响不可接受，该月份的其他农药和其他月份的所有农药对水果蔬菜安全的影响均处于没有影响和可以接受的范围内。每月内不同农药对水果蔬菜安全影响程度的统计如图 8-15 所示。

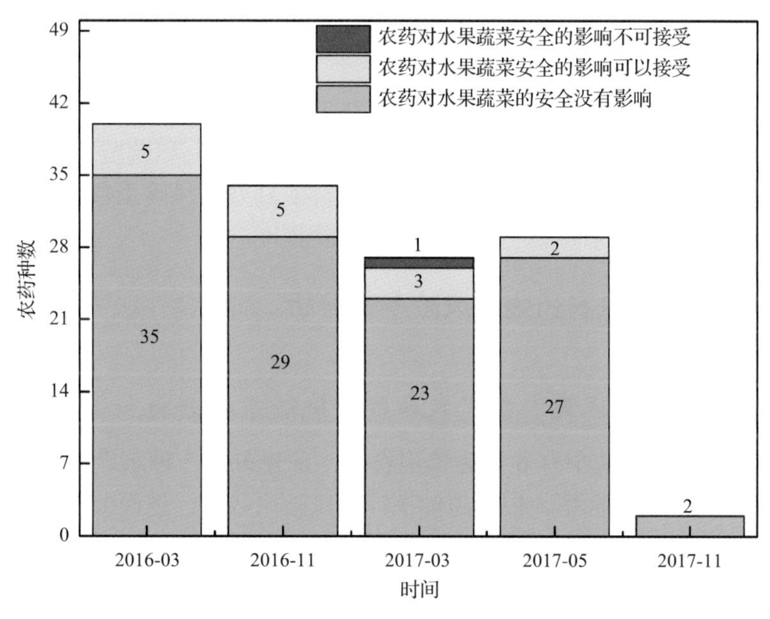

图 8-15　各月份内农药对水果蔬菜安全影响程度的统计图

计算每个月内水果蔬菜的 $\overline{IFS}$，以分析每月内水果蔬菜的安全状态，结果如图 8-16 所示，可以看出，5 个月份的水果蔬菜安全状态均处于很好的范围内。

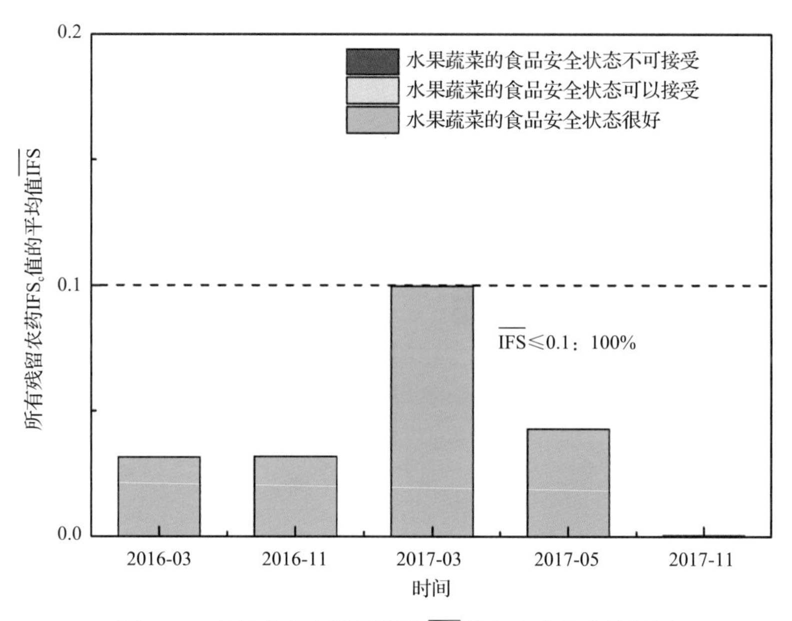

图 8-16　各月份内水果蔬菜的 $\overline{IFS}$ 值与安全状态统计图

8.3　GC-Q-TOF/MS 侦测深圳市市售水果蔬菜农药残留预警风险评估

基于深圳市水果蔬菜样品中农药残留 GC-Q-TOF/MS 侦测数据，分析禁用农药的检出率，同时参照中华人民共和国国家标准 GB 2763—2016 和欧盟农药最大残留限量(MRL)标准分析非禁用农药残留的超标率，并计算农药残留风险系数。分析单种水果蔬菜中农药残留以及所有水果蔬菜中农药残留的风险程度。

8.3.1　单种水果蔬菜中农药残留风险系数分析

8.3.1.1　单种水果蔬菜中禁用农药残留风险系数分析

侦出的 82 种残留农药中有 6 种为禁用农药，且分布在 5 种水果蔬菜中，计算 5 种水果蔬菜中禁用农药的超标率，根据超标率计算风险系数 R，进而分析水果蔬菜中禁用农药的风险程度，结果如图 8-17 与表 8-12 所示。分析发现 6 种禁用农药在 5 种水果蔬菜中的残留处均于高度风险。

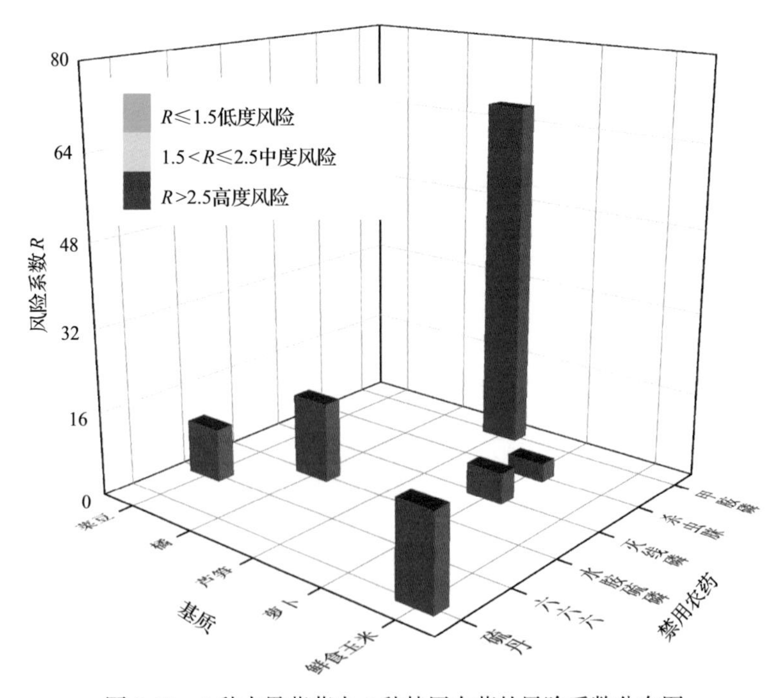

图 8-17　5 种水果蔬菜中 6 种禁用农药的风险系数分布图

表 8-12 5 种水果蔬菜中 6 种禁用农药的风险系数列表

序号	基质	农药	检出频次	检出率(%)	风险系数 *R*	风险程度
1	芦笋	甲胺磷	2	66.67	67.77	高度风险
2	鲜食玉米	硫丹	1	16.67	17.77	高度风险
3	橘	水胺硫磷	1	14.29	15.39	高度风险
4	菜豆	六六六	1	9.09	10.19	高度风险
5	萝卜	灭线磷	2	5.00	6.10	高度风险
6	萝卜	杀虫脒	1	2.50	3.60	高度风险

8.3.1.2 基于 MRL 中国国家标准的单种水果蔬菜中非禁用农药残留风险系数分析

参照中华人民共和国国家标准 GB 2763—2016 中农药残留限量计算每种水果蔬菜中每种非禁用农药的超标率，进而计算其风险系数，根据风险系数大小判断残留农药的预警风险程度，水果蔬菜中非禁用农药残留风险程度分布情况如图 8-18 所示。

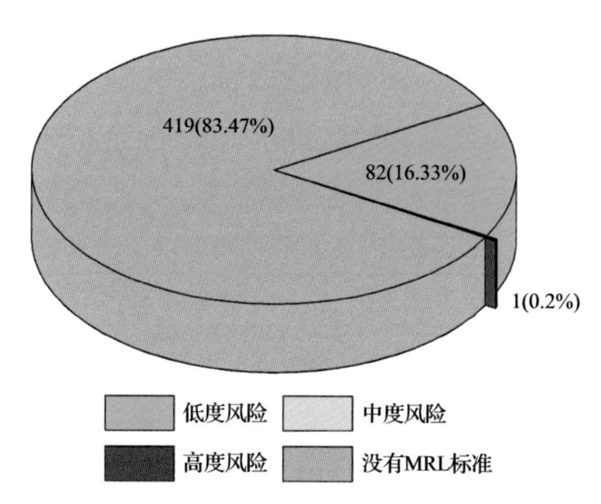

图 8-18 水果蔬菜中非禁用农药风险程度的频次分布图(MRL 中国国家标准)

本次分析中，发现在 89 种水果蔬菜侦测出 76 种残留非禁用农药，涉及样本 502 个，在 502 个样本中，0.2%处于高度风险，16.33%处于低度风险，此外发现有 419 个样本没有 MRL 中国国家标准值，无法判断其风险程度，有 MRL 中国国家标准值的 83 个样本涉及 42 种水果蔬菜中的 20 种非禁用农药，其风险系数 *R* 值如图 8-19 所示。表 8-13 为非禁用农药残留处于高度风险的水果蔬菜列表。

8.3.1.3 基于 MRL 欧盟标准的单种水果蔬菜中非禁用农药残留风险系数分析

参照 MRL 欧盟标准计算每种水果蔬菜中每种非禁用农药的超标率，进而计算其风险系数，根据风险系数大小判断农药残留的预警风险程度，水果蔬菜中非禁用农药残留风险程度分布情况如图 8-20 所示。

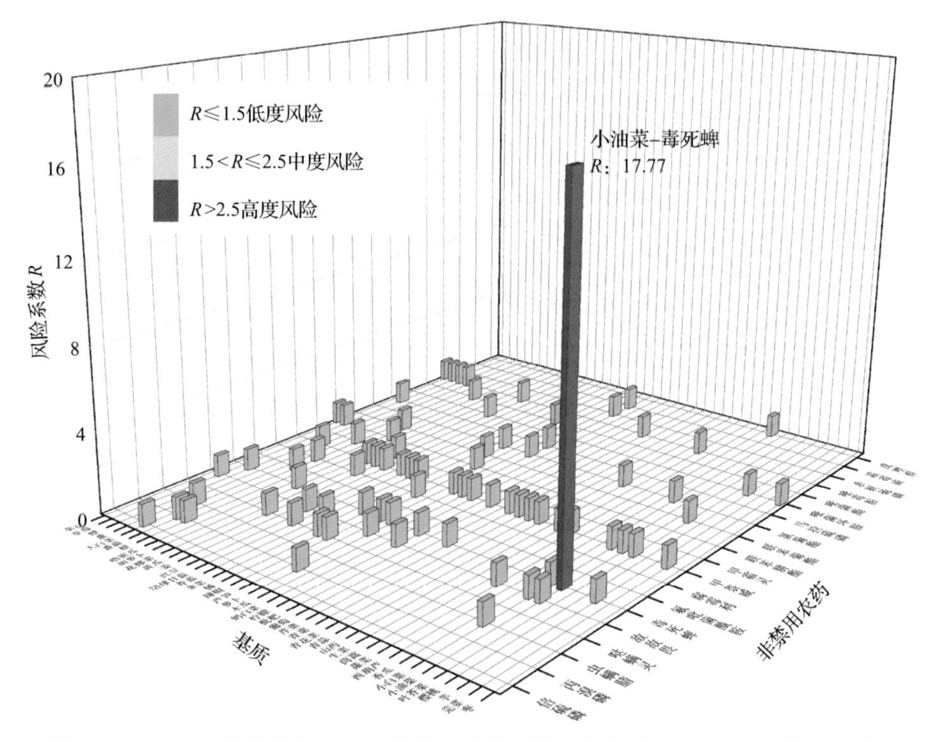

图 8-19 42 种水果蔬菜中 20 种非禁用农药的风险系数分布图（MRL 中国国家标准）

表 8-13 单种水果蔬菜中处于高度风险的非禁用农药风险系数表（MRL 中国国家标准）

序号	基质	农药	超标频次	超标率 P(%)	风险系数 R
1	小油菜	毒死蜱	1	16.67	17.77

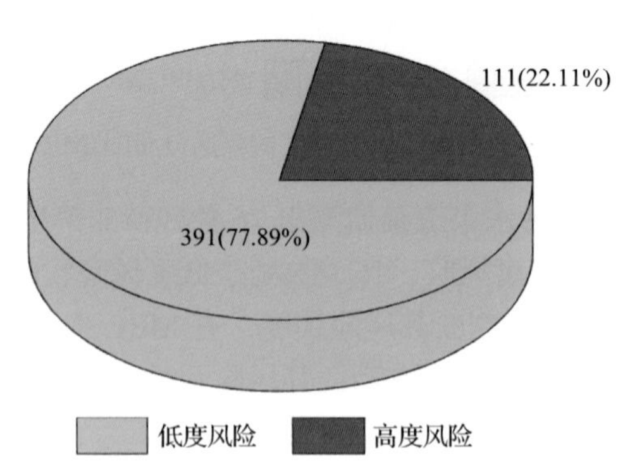

图 8-20 水果蔬菜中非禁用农药的风险程度的频次分布图（MRL 欧盟标准）

本次分析中，发现在 89 种水果蔬菜中共侦测出 76 种非禁用农药，涉及样本 502 个，其中，22.11%处于高度风险，涉及 55 种水果蔬菜和 41 种农药；77.89%处于低度风险，涉及 86 种水果蔬菜和 60 种农药。单种水果蔬菜中的非禁用农药风险系数分布图如图 8-21 所示。单种水果蔬菜中处于高度风险的非禁用农药风险系数如图 8-22 和表 8-14 所示。

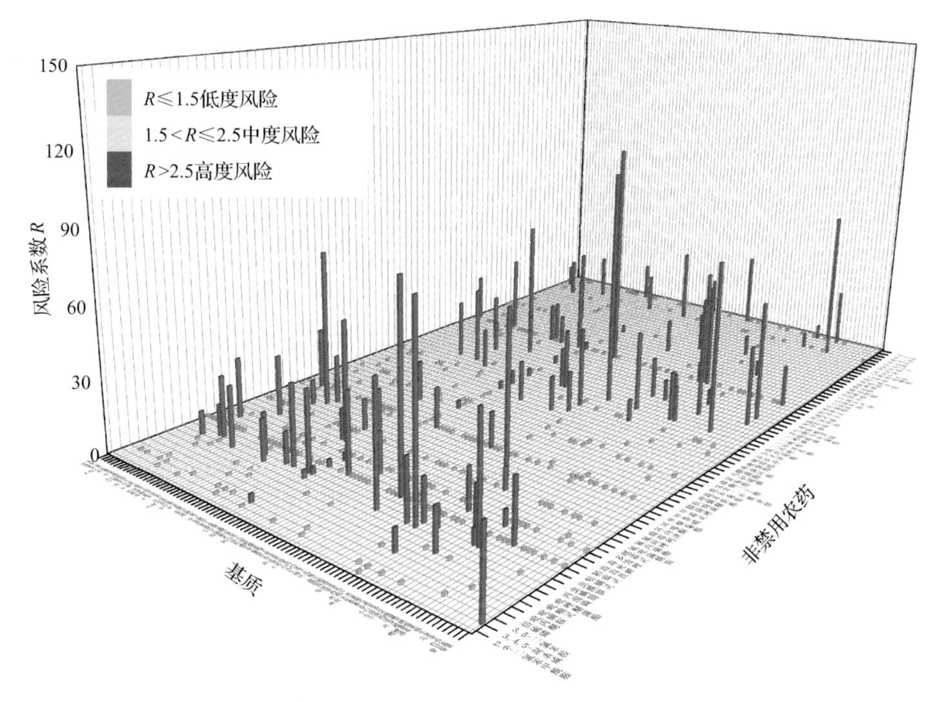

图 8-21　89 种水果蔬菜中 76 种非禁用农药的风险系数分布图(MRL 欧盟标准)

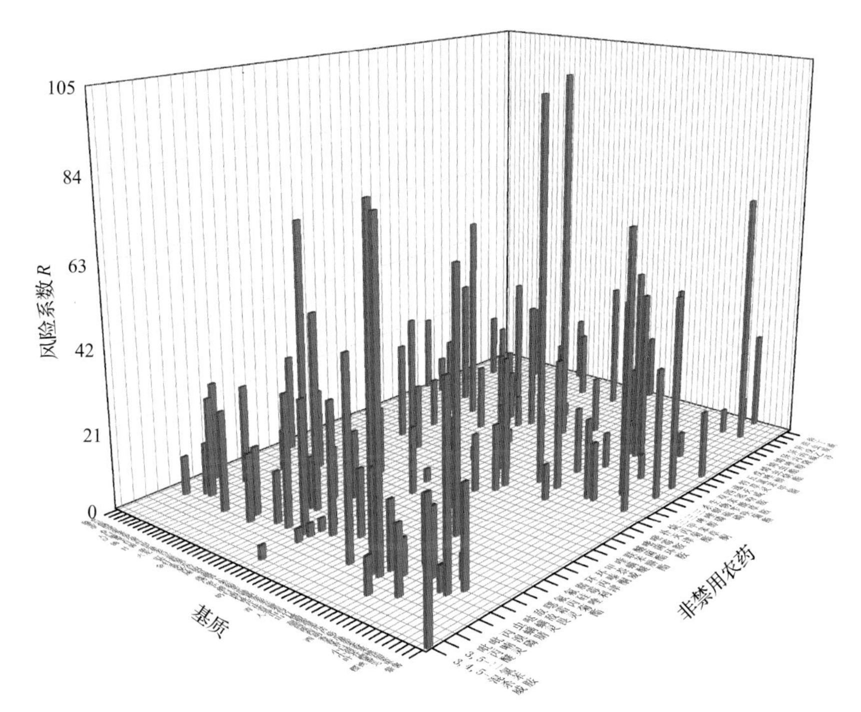

图 8-22　单种水果蔬菜中处于高度风险的非禁用农药的风险系数分布图(MRL 欧盟标准)

表 8-14　单种水果蔬菜中处于高度风险的非禁用农药的风险系数表（MRL 欧盟标准）

序号	基质	农药	超标频次	超标率 *P*(%)	风险系数 *R*
1	南瓜	速灭威	6	100	101.10
2	山竹	炔丙菊酯	3	100	101.10
3	青蒜	哒螨灵	5	83.33	84.43
4	甜椒	丙溴磷	5	83.33	84.43
5	樱桃番茄	炔丙菊酯	5	71.43	72.53
6	甘薯	环丙津	2	66.67	67.77
7	甜椒	腐霉利	4	66.67	67.77
8	樱桃	异丙威	2	66.67	67.77
9	火龙果	四氢吩胺	5	55.56	56.66
10	苦苣	噁霜灵	1	50.00	51.10
11	青蒜	丙溴磷	3	50.00	51.10
12	西瓜	速灭威	3	50.00	51.10
13	小茴香	三唑醇	1	50.00	51.10
14	小茴香	虫螨腈	1	50.00	51.10
15	芫荽	生物苄呋菊酯	3	50.00	51.10
16	西葫芦	速灭威	4	44.44	45.54
17	佛手瓜	特草灵	1	33.33	34.43
18	火龙果	炔丙菊酯	3	33.33	34.43
19	姜	烯虫炔酯	2	33.33	34.43
20	辣椒	虫螨腈	2	33.33	34.43
21	莲藕	速灭威	2	33.33	34.43
22	芦笋	虫螨腈	1	33.33	34.43
23	蘑菇	哒螨灵	2	33.33	34.43
24	蘑菇	异丙威	2	33.33	34.43
25	青蒜	嘧霉胺	2	33.33	34.43
26	人参果	仲丁威	1	33.33	34.43
27	茼蒿	炔丙菊酯	2	33.33	34.43
28	芫荽	三唑磷	2	33.33	34.43
29	紫薯	3,4,5-混杀威	2	33.33	34.43
30	草莓	敌敌畏	1	25.00	26.10
31	草莓	甲萘威	1	25.00	26.10
32	豆瓣菜	噁霜灵	1	25.00	26.10
33	豆瓣菜	虫螨腈	1	25.00	26.10

续表

序号	基质	农药	超标频次	超标率 P(%)	风险系数 R
34	柑	丙溴磷	1	25.00	26.10
35	柑	炔丙菊酯	1	25.00	26.10
36	枇杷	炔丙菊酯	1	25.00	26.10
37	桃	丙溴磷	1	25.00	26.10
38	叶芥菜	仲丁威	1	25.00	26.10
39	叶芥菜	哒螨灵	1	25.00	26.10
40	菠萝	特草灵	1	20.00	21.10
41	甘薯叶	双苯酰草胺	1	20.00	21.10
42	甘薯叶	异戊乙净	1	20.00	21.10
43	甘薯叶	环嗪酮	1	20.00	21.10
44	香瓜	炔丙菊酯	1	20.00	21.10
45	春菜	异丙隆	1	16.67	17.77
46	豇豆	虫螨腈	1	16.67	17.77
47	芥蓝	丙溴磷	1	16.67	17.77
48	芥蓝	仲丁威	1	16.67	17.77
49	芥蓝	扑灭津	1	16.67	17.77
50	金针菇	特草灵	1	16.67	17.77
51	金针菇	速灭威	1	16.67	17.77
52	韭菜	三甲苯草酮	1	16.67	17.77
53	韭菜	喹螨醚	1	16.67	17.77
54	韭菜	生物苄呋菊酯	1	16.67	17.77
55	辣椒	异丙威	1	16.67	17.77
56	辣椒	烯虫酯	1	16.67	17.77
57	辣椒	腐霉利	1	16.67	17.77
58	芒果	甲萘威	1	16.67	17.77
59	奶白菜	醚菌酯	1	16.67	17.77
60	柠檬	仲丁威	1	16.67	17.77
61	柠檬	敌敌畏	1	16.67	17.77
62	柠檬	炔丙菊酯	1	16.67	17.77
63	青蒜	嘧菌环胺	1	16.67	17.77
64	山药	烯虫炔酯	1	16.67	17.77
65	甜椒	三唑磷	1	16.67	17.77
66	甜椒	虫螨腈	1	16.67	17.77
67	蕹菜	敌敌畏	2	16.67	17.77

续表

序号	基质	农药	超标频次	超标率 P(%)	风险系数 R
68	香菇	吡喃灵	1	16.67	17.77
69	香菇	哒螨灵	1	16.67	17.77
70	枣	速灭威	1	16.67	17.77
71	芹菜	五氯苯甲腈	1	14.29	15.39
72	芹菜	醚菌酯	1	14.29	15.39
73	青花菜	甲萘威	1	14.29	15.39
74	香蕉	炔丙菊酯	1	14.29	15.39
75	大白菜	虫螨腈	1	12.50	13.60
76	黄瓜	三唑磷	1	12.50	13.60
77	苦瓜	噁霜灵	1	12.50	13.60
78	苦瓜	氟硅唑	1	12.50	13.60
79	苦瓜	虫螨腈	1	12.50	13.60
80	苦瓜	速灭威	1	12.50	13.60
81	番茄	腐霉利	1	10.00	11.10
82	菜豆	茚虫威	1	9.09	10.19
83	橙	丙溴磷	1	9.09	10.19
84	橙	特草灵	1	9.09	10.19
85	蕹菜	三唑磷	1	8.33	9.43
86	蕹菜	吡丙醚	1	8.33	9.43
87	蕹菜	嘧霉胺	1	8.33	9.43
88	蕹菜	氟丙菊酯	1	8.33	9.43
89	蕹菜	烯唑醇	1	8.33	9.43
90	蕹菜	生物苄呋菊酯	1	8.33	9.43
91	蕹菜	虫螨腈	1	8.33	9.43
92	蕹菜	速灭威	1	8.33	9.43
93	梨	四氢吩胺	1	7.69	8.79
94	小白菜	五氯苯甲腈	1	5.56	6.66
95	小白菜	仲丁威	1	5.56	6.66
96	小白菜	异丙威	1	5.56	6.66
97	小白菜	敌敌畏	1	5.56	6.66
98	小白菜	生物苄呋菊酯	1	5.56	6.66
99	小白菜	虫螨腈	1	5.56	6.66
100	萝卜	嘧霉胺	2	5.00	6.10
101	萝卜	3,5-二氯苯胺	1	2.50	3.60

续表

序号	基质	农药	超标频次	超标率 P(%)	风险系数 R
102	萝卜	丙溴磷	1	2.50	3.60
103	萝卜	哒螨灵	1	2.50	3.60
104	萝卜	嘧菌环胺	1	2.50	3.60
105	萝卜	戊唑醇	1	2.50	3.60
106	萝卜	敌敌畏	1	2.50	3.60
107	萝卜	杀螟硫磷	1	2.50	3.60
108	萝卜	炔丙菊酯	1	2.50	3.60
109	萝卜	联苯肼酯	1	2.50	3.60
110	萝卜	虫螨腈	1	2.50	3.60
111	萝卜	速灭威	1	2.50	3.60

8.3.2 所有水果蔬菜中农药残留风险系数分析

8.3.2.1 所有水果蔬菜中禁用农药残留风险系数分析

在侦测出的 82 种农药中有 6 种为禁用农药，计算所有水果蔬菜中禁用农药的风险系数，结果如表 8-15 所示。6 种禁用农药均处于低度风险。

表 8-15 水果蔬菜中 6 种禁用农药的风险系数表

序号	农药	检出频次	检出率 P(%)	风险系数 R	风险程度
1	甲胺磷	2	0.33	1.43	低度风险
2	灭线磷	2	0.33	1.43	低度风险
3	硫丹	1	0.16	1.26	低度风险
4	六六六	1	0.16	1.26	低度风险
5	杀虫脒	1	0.16	1.26	低度风险
6	水胺硫磷	1	0.16	1.26	低度风险

对每个月内的禁用农药的风险系数进行分析，结果如图 8-23 和表 8-16 所示。

8.3.2.2 所有水果蔬菜中非禁用农药残留风险系数分析

参照 MRL 欧盟标准计算所有水果蔬菜中每种非禁用农药残留的风险系数，如图 8-24 与表 8-17 所示。在侦测出的 76 种非禁用农药中，5 种农药(6.58%)残留处于高度风险，12 种农药(15.79%)残留处于中度风险，59 种农药(77.63%)残留处于低度风险。

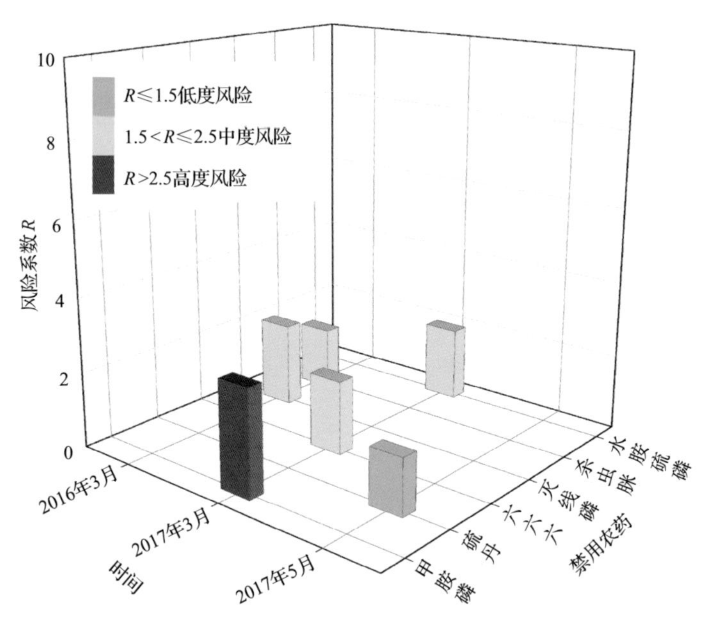

图 8-23　各月份内水果蔬菜中禁用农药残留的风险系数分布图

表 8-16　各月份内水果蔬菜中禁用农药的风险系数表

序号	年月	农药	检出频次	检出率(%)	风险系数 R	风险程度
1	2016 年 3 月	灭线磷	2	1.14	2.24	中度风险
2	2016 年 3 月	杀虫脒	1	0.57	1.67	中度风险
3	2017 年 3 月	甲胺磷	2	1.72	2.82	高度风险
4	2017 年 3 月	六六六	1	0.86	1.96	中度风险
5	2017 年 3 月	水胺硫磷	1	0.86	1.96	中度风险
6	2017 年 5 月	硫丹	1	0.39	1.49	低度风险

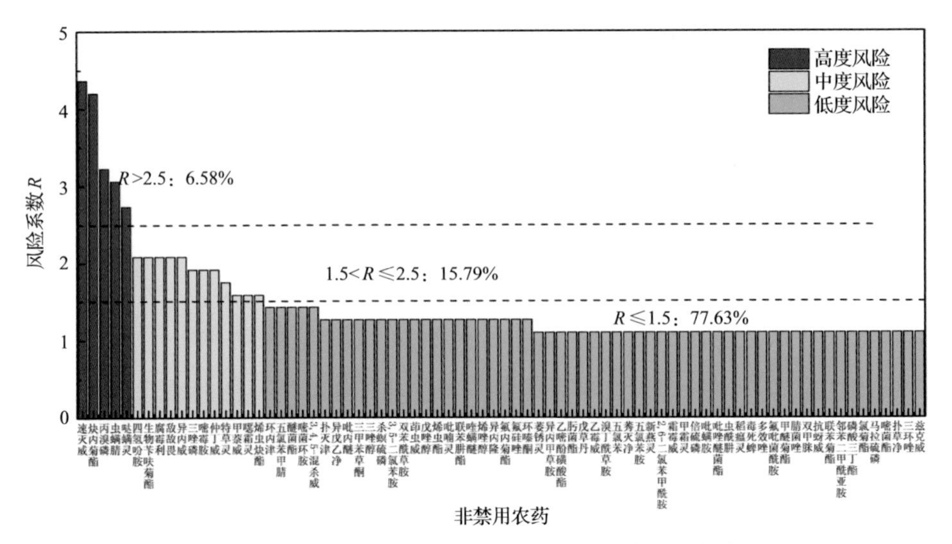

图 8-24　水果蔬菜中 76 种非禁用农药的风险程度统计图

表 8-17　水果蔬菜中 76 种非禁用农药的风险系数表

序号	农药	超标频次	超标率 P(%)	风险系数 R	风险程度
1	速灭威	20	3.27	4.37	高度风险
2	炔丙菊酯	19	3.10	4.20	高度风险
3	丙溴磷	13	2.12	3.22	高度风险
4	虫螨腈	12	1.96	3.06	高度风险
5	哒螨灵	10	1.63	2.73	高度风险
6	四氢吩胺	6	0.98	2.08	中度风险
7	生物苄呋菊酯	6	0.98	2.08	中度风险
8	腐霉利	6	0.98	2.08	中度风险
9	敌敌畏	6	0.98	2.08	中度风险
10	异丙威	6	0.98	2.08	中度风险
11	三唑磷	5	0.82	1.92	中度风险
12	嘧霉胺	5	0.82	1.92	中度风险
13	仲丁威	5	0.82	1.92	中度风险
14	特草灵	4	0.65	1.75	中度风险
15	甲萘威	3	0.49	1.59	中度风险
16	噁霜灵	3	0.49	1.59	中度风险
17	烯虫炔酯	3	0.49	1.59	中度风险
18	环丙津	2	0.33	1.43	低度风险
19	五氯苯甲腈	2	0.33	1.43	低度风险
20	醚菌酯	2	0.33	1.43	低度风险
21	嘧菌环胺	2	0.33	1.43	低度风险
22	3,4,5-混杀威	2	0.33	1.43	低度风险
23	扑灭津	1	0.16	1.26	低度风险
24	异戊乙净	1	0.16	1.26	低度风险
25	吡丙醚	1	0.16	1.26	低度风险
26	三甲苯草酮	1	0.16	1.26	低度风险
27	三唑醇	1	0.16	1.26	低度风险
28	杀螟硫磷	1	0.16	1.26	低度风险
29	3,5-二氯苯胺	1	0.16	1.26	低度风险
30	双苯酰草胺	1	0.16	1.26	低度风险
31	茚虫威	1	0.16	1.26	低度风险
32	戊唑醇	1	0.16	1.26	低度风险
33	烯虫酯	1	0.16	1.26	低度风险

续表

序号	农药	超标频次	超标率 P(%)	风险系数 R	风险程度
34	吡喃灵	1	0.16	1.26	低度风险
35	联苯肼酯	1	0.16	1.26	低度风险
36	喹螨醚	1	0.16	1.26	低度风险
37	烯唑醇	1	0.16	1.26	低度风险
38	异丙隆	1	0.16	1.26	低度风险
39	氟丙菊酯	1	0.16	1.26	低度风险
40	氟硅唑	1	0.16	1.26	低度风险
41	环嗪酮	1	0.16	1.26	低度风险
42	萎锈灵	0	0	1.10	低度风险
43	异丙甲草胺	0	0	1.10	低度风险
44	乙嘧酚磺酸酯	0	0	1.10	低度风险
45	肟菌酯	0	0	1.10	低度风险
46	戊草丹	0	0	1.10	低度风险
47	乙霉威	0	0	1.10	低度风险
48	溴丁酰草胺	0	0	1.10	低度风险
49	五氯苯	0	0	1.10	低度风险
50	莠灭净	0	0	1.10	低度风险
51	五氯苯胺	0	0	1.10	低度风险
52	新燕灵	0	0	1.10	低度风险
53	2,6-二氯苯甲酰胺	0	0	1.10	低度风险
54	霜霉威	0	0	1.10	低度风险
55	甲霜灵	0	0	1.10	低度风险
56	倍硫磷	0	0	1.10	低度风险
57	吡螨胺	0	0	1.10	低度风险
58	吡唑醚菌酯	0	0	1.10	低度风险
59	虫酰肼	0	0	1.10	低度风险
60	稻瘟灵	0	0	1.10	低度风险
61	毒死蜱	0	0	1.10	低度风险
62	多效唑	0	0	1.10	低度风险
63	氟吡菌酰胺	0	0	1.10	低度风险
64	甲醚菊酯	0	0	1.10	低度风险

续表

序号	农药	超标频次	超标率 P(%)	风险系数 R	风险程度
65	腈菌唑	0	0	1.10	低度风险
66	双甲脒	0	0	1.10	低度风险
67	抗蚜威	0	0	1.10	低度风险
68	联苯菊酯	0	0	1.10	低度风险
69	邻苯二甲酰亚胺	0	0	1.10	低度风险
70	磷酸三丁酯	0	0	1.10	低度风险
71	氯菊酯	0	0	1.10	低度风险
72	马拉硫磷	0	0	1.10	低度风险
73	嘧菌酯	0	0	1.10	低度风险
74	扑草净	0	0	1.10	低度风险
75	三环唑	0	0	1.10	低度风险
76	兹克威	0	0	1.10	低度风险

对每个月份内的非禁用农药的风险系数分析，每月内非禁用农药风险程度分布图如图 8-25 所示。5 个月份内处于高度风险的农药数排序为 2017 年 3 月(9)>2017 年 5 月(7)>2016 年 3 月(5)>2017 年 11 月(2)>2016 年 11 月(1)。

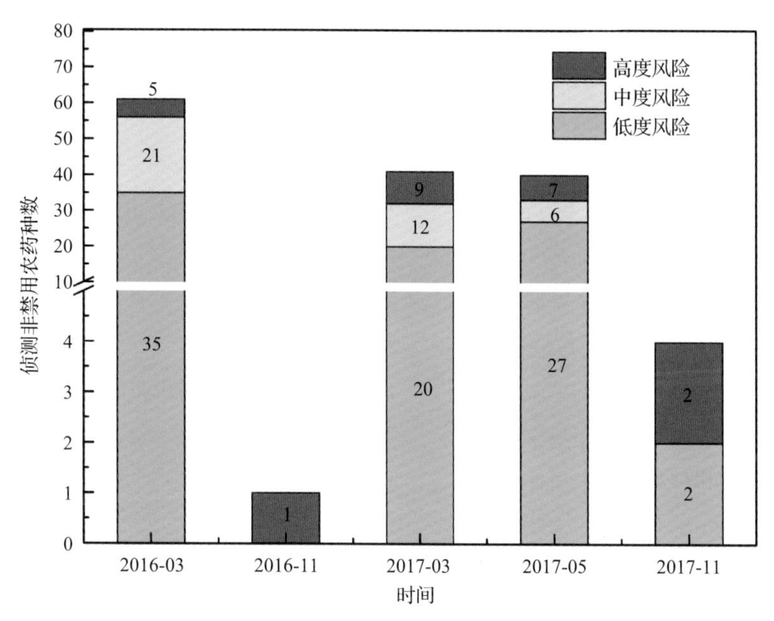

图 8-25　各月份水果蔬菜中非禁用农药残留的风险程度分布图

5 个月份内水果蔬菜中非禁用农药处于中度风险和高度风险的风险系数如图 8-26 和表 8-18 所示。

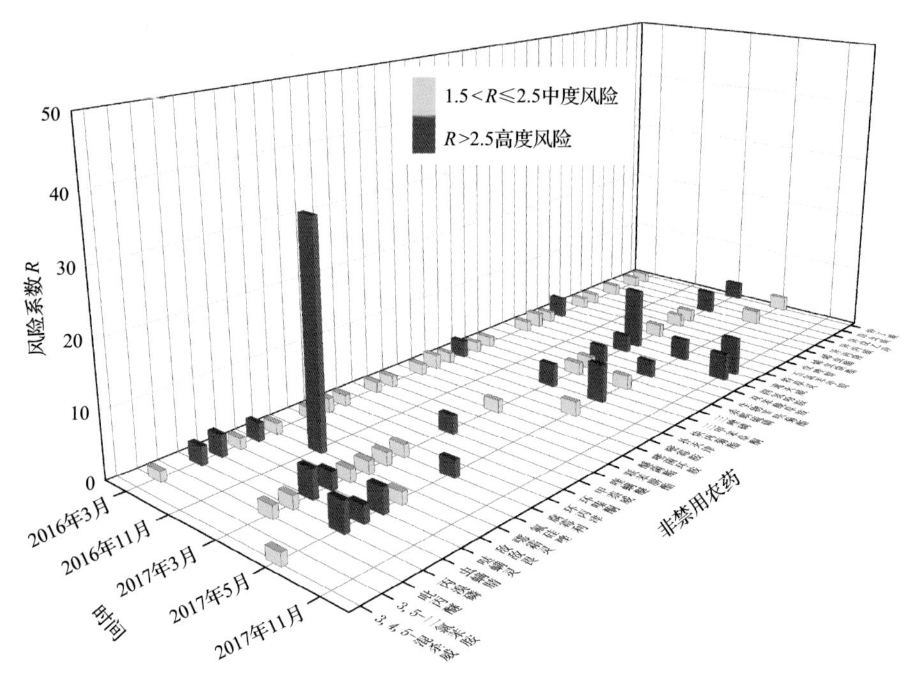

图 8-26　各月份水果蔬菜中非禁用农药处于中度风险和高度风险的风险系数分布图

表 8-18　各月份水果蔬菜中非禁用农药处于中度风险和高度风险的风险系数表

序号	年月	农药	超标频次	超标率 P(%)	风险系数 R	风险程度
1	2016 年 3 月	虫螨腈	4	2.27	3.37	高度风险
2	2016 年 3 月	特草灵	4	2.27	3.37	高度风险
3	2016 年 3 月	丙溴磷	3	1.70	2.80	高度风险
4	2016 年 3 月	敌敌畏	3	1.70	2.80	高度风险
5	2016 年 3 月	炔丙菊酯	3	1.70	2.80	高度风险
6	2016 年 3 月	环丙津	2	1.14	2.24	中度风险
7	2016 年 3 月	嘧霉胺	2	1.14	2.24	中度风险
8	2016 年 3 月	四氢吩胺	2	1.14	2.24	中度风险
9	2016 年 3 月	3,5-二氯苯胺	1	0.57	1.67	中度风险
10	2016 年 3 月	哒螨灵	1	0.57	1.67	中度风险
11	2016 年 3 月	噁霜灵	1	0.57	1.67	中度风险
12	2016 年 3 月	腐霉利	1	0.57	1.67	中度风险
13	2016 年 3 月	环嗪酮	1	0.57	1.67	中度风险
14	2016 年 3 月	喹螨醚	1	0.57	1.67	中度风险
15	2016 年 3 月	联苯肼酯	1	0.57	1.67	中度风险
16	2016 年 3 月	嘧菌环胺	1	0.57	1.67	中度风险
17	2016 年 3 月	扑灭津	1	0.57	1.67	中度风险

续表

序号	年月	农药	超标频次	超标率 *P*(%)	风险系数 *R*	风险程度
18	2016 年 3 月	三甲苯草酮	1	0.57	1.67	中度风险
19	2016 年 3 月	三唑磷	1	0.57	1.67	中度风险
20	2016 年 3 月	双苯酰草胺	1	0.57	1.67	中度风险
21	2016 年 3 月	速灭威	1	0.57	1.67	中度风险
22	2016 年 3 月	戊唑醇	1	0.57	1.67	中度风险
23	2016 年 3 月	烯虫炔酯	1	0.57	1.67	中度风险
24	2016 年 3 月	异丙隆	1	0.57	1.67	中度风险
25	2016 年 3 月	异戊乙净	1	0.57	1.67	中度风险
26	2016 年 3 月	茚虫威	1	0.57	1.67	中度风险
27	2016 年 11 月	噁霜灵	1	33.33	34.43	高度风险
28	2017 年 3 月	速灭威	10	8.62	9.72	高度风险
29	2017 年 3 月	虫螨腈	4	3.45	4.55	高度风险
30	2017 年 3 月	炔丙菊酯	3	2.59	3.69	高度风险
31	2017 年 3 月	异丙威	3	2.59	3.69	高度风险
32	2017 年 3 月	哒螨灵	2	1.72	2.82	高度风险
33	2017 年 3 月	甲萘威	2	1.72	2.82	高度风险
34	2017 年 3 月	生物苄呋菊酯	2	1.72	2.82	高度风险
35	2017 年 3 月	四氢吩胺	2	1.72	2.82	高度风险
36	2017 年 3 月	仲丁威	2	1.72	2.82	高度风险
37	2017 年 3 月	吡丙醚	1	0.86	1.96	中度风险
38	2017 年 3 月	丙溴磷	1	0.86	1.96	中度风险
39	2017 年 3 月	敌敌畏	1	0.86	1.96	中度风险
40	2017 年 3 月	噁霜灵	1	0.86	1.96	中度风险
41	2017 年 3 月	氟硅唑	1	0.86	1.96	中度风险
42	2017 年 3 月	腐霉利	1	0.86	1.96	中度风险
43	2017 年 3 月	醚菌酯	1	0.86	1.96	中度风险
44	2017 年 3 月	三唑磷	1	0.86	1.96	中度风险
45	2017 年 3 月	杀螟硫磷	1	0.86	1.96	中度风险
46	2017 年 3 月	五氯苯甲腈	1	0.86	1.96	中度风险
47	2017 年 3 月	烯虫炔酯	1	0.86	1.96	中度风险
48	2017 年 3 月	烯虫酯	1	0.86	1.96	中度风险
49	2017 年 5 月	炔丙菊酯	13	5.08	6.18	高度风险
50	2017 年 5 月	丙溴磷	9	3.52	4.62	高度风险

续表

序号	年月	农药	超标频次	超标率 P(%)	风险系数 R	风险程度
51	2017 年 5 月	哒螨灵	7	2.73	3.83	高度风险
52	2017 年 5 月	速灭威	6	2.34	3.44	高度风险
53	2017 年 5 月	虫螨腈	4	1.56	2.66	高度风险
54	2017 年 5 月	腐霉利	4	1.56	2.66	高度风险
55	2017 年 5 月	生物苄呋菊酯	4	1.56	2.66	高度风险
56	2017 年 5 月	嘧霉胺	3	1.17	2.27	中度风险
57	2017 年 5 月	三唑磷	3	1.17	2.27	中度风险
58	2017 年 5 月	异丙威	3	1.17	2.27	中度风险
59	2017 年 5 月	仲丁威	3	1.17	2.27	中度风险
60	2017 年 5 月	3,4,5-混杀威	2	0.78	1.88	中度风险
61	2017 年 5 月	敌敌畏	2	0.78	1.88	中度风险
62	2017 年 11 月	速灭威	3	4.92	6.02	高度风险
63	2017 年 11 月	四氢吩胺	2	3.28	4.38	高度风险

8.4　GC-Q-TOF/MS 侦测深圳市市售水果蔬菜农药残留风险评估结论与建议

农药残留是影响水果蔬菜安全和质量的主要因素，也是我国食品安全领域备受关注的敏感话题和亟待解决的重大问题之一[15,16]。各种水果蔬菜均存在不同程度的农药残留现象，本研究主要针对深圳市各类水果蔬菜存在的农药残留问题，基于 2016 年 3 月～2017 年 11 月对深圳市 612 例水果蔬菜样品中农药残留侦测得出的 943 个侦测结果，分别采用食品安全指数模型和风险系数模型，开展水果蔬菜中农药残留的膳食暴露风险和预警风险评估。水果蔬菜样品取自超市和农贸市场，符合大众的膳食来源，风险评价时更具有代表性和可信度。

本研究力求通用简单地反映食品安全中的主要问题，且为管理部门和大众容易接受，为政府及相关管理机构建立科学的食品安全信息发布和预警体系提供科学的规律与方法，加强对农药残留的预警和食品安全重大事件的预防，控制食品风险。

8.4.1　深圳市水果蔬菜中农药残留膳食暴露风险评价结论

1）水果蔬菜样品中农药残留安全状态评价结论

采用食品安全指数模型，对 2016 年 3 月～2017 年 11 月期间深圳市水果蔬菜食品农药残留膳食暴露风险进行评价，根据 IFS_c 的计算结果发现，水果蔬菜中农药的 $\overline{IFS}$ 为 0.0774，说明深圳市水果蔬菜总体处于很好的安全状态，但部分禁用农药、高残留农药在蔬菜、水果中仍有侦测出，导致膳食暴露风险的存在，成为不安全因素。

2) 单种水果蔬菜中农药膳食暴露风险不可接受情况评价结论

单种水果蔬菜中农药残留安全指数分析结果显示，农药对单种水果蔬菜安全影响不可接受(IFS_c>1)的样本数共 1 个，占总样本数的 0.2%，样本为橘中的水胺硫磷，说明橘中的水胺硫磷会对消费者身体健康造成较大的膳食暴露风险。水胺硫磷属于禁用的剧毒农药，且橘为较常见的水果，百姓日常食用量较大，长期食用大量残留水胺硫磷的橘会对人体造成不可接受的影响。本次检测发现水胺硫磷在橘样品中多次侦测出，是未严格实施农业良好管理规范(GAP)，抑或是农药滥用，应该引起相关管理部门的警惕，应加强对橘中的水胺硫磷的严格管控。

3) 禁用农药膳食暴露风险评价

本次检测发现部分水果蔬菜样品中有禁用农药侦测出，侦测出禁用农药 6 种，检出频次为 8，水果蔬菜样品中的禁用农药 IFS_c 计算结果表明，禁用农药残留膳食暴露风险不可接受的频次为 1，占 12.5%；可以接受的频次为 4，占 50%；没有影响的频次为 3，占 37.5%。对于水果蔬菜样品中所有农药而言，膳食暴露风险不可接受的频次为 1，仅占总体频次的 0.11%。可以看出，禁用农药的膳食暴露风险不可接受的比例远高于总体水平，这在一定程度上说明禁用农药更容易导致严重的膳食暴露风险。此外，膳食暴露风险不可接受的残留禁用农药为水胺硫磷，因此，应该加强对禁用农药水胺硫磷的管控力度。为何在国家明令禁止禁用农药喷洒的情况下，还能在多种水果蔬菜中多次侦测出禁用农药残留并造成不可接受的膳食暴露风险，这应该引起相关部门的高度警惕，应该在禁止禁用农药喷洒的同时，严格管控禁用农药的生产和售卖，从根本上杜绝安全隐患。

8.4.2　深圳市水果蔬菜中农药残留预警风险评价结论

1) 单种水果蔬菜中禁用农药残留的预警风险评价结论

本次检测过程中，在 5 种水果蔬菜中检测超 6 种禁用农药，禁用农药为：六六六、水胺硫磷、甲胺磷、灭线磷、杀虫脒和硫丹，水果蔬菜为：菜豆、橘、芦笋、萝卜、鲜食玉米，水果蔬菜中禁用农药的风险系数分析结果显示，6 种禁用农药均处于高度风险，说明在单种水果蔬菜中禁用农药的残留会导致较高的预警风险。

2) 单种水果蔬菜中非禁用农药残留的预警风险评价结论

以 MRL 中国国家标准为标准，计算水果蔬菜中非禁用农药风险系数情况下，502 个样本中，1 个处于高度风险(0.2%)，82 个处于低度风险(16.33%)，419 个样本没有 MRL 中国国家标准(83.47%)。以 MRL 欧盟标准为标准，计算水果蔬菜中非禁用农药风险系数情况下，发现有 111 个处于高度风险(22.11%)，391 个处于低度风险(77.89%)。基于两种 MRL 标准，评价的结果差异显著，可以看出 MRL 欧盟标准比中国国家标准更加严格和完善，过于宽松的 MRL 中国国家标准值能否有效保障人体的健康有待研究。

8.4.3 加强深圳市水果蔬菜食品安全建议

我国食品安全风险评价体系仍不够健全，相关制度不够完善，多年来，由于农药用药次数多、用药量大或用药间隔时间短，产品残留量大，农药残留所造成的食品安全问题日益严峻，给人体健康带来了直接或间接的危害。据估计，美国与农药有关的癌症患者数约占全国癌症患者总数的50%，中国更高。同样，农药对其他生物也会形成直接杀伤和慢性危害，植物中的农药可经过食物链逐级传递并不断蓄积，对人和动物构成潜在威胁，并影响生态系统。

基于本次农药残留侦测数据的风险评价结果，提出以下几点建议：

1) 加快食品安全标准制定步伐

我国食品标准中对农药每日允许最大摄入量ADI的数据严重缺乏，在本次评价所涉及的82种农药中，仅有65.9%的农药具有ADI值，而34.1%的农药中国尚未规定相应的ADI值，亟待完善。

我国食品中农药最大残留限量值的规定严重缺乏，对评估涉及的不同水果蔬菜中不同农药508个MRL限值进行统计来看，我国仅制定出88个标准，标准完整率仅为17.3%，欧盟的完整率达到100%（表8-19）。因此，中国更应加快MRL标准的制定步伐。

表8-19　我国国家食品标准农药的ADI、MRL值与欧盟标准的数量差异

分类		中国ADI	MRL中国国家标准	MRL欧盟标准
标准限值（个）	有	54	88	508
	无	28	420	0
总数（个）		82	508	508
无标准限值比例		34.1%	82.7%	0

此外，MRL中国国家标准限值普遍高于欧盟标准限值，这些标准中共有59个高于欧盟。过高的MRL值难以保障人体健康，建议继续加强对限值基准和标准的科学研究，将农产品中的危险性减少到尽可能低的水平。

2) 加强农药的源头控制和分类监管

在深圳市某些水果蔬菜中仍有禁用农药残留，利用GC-Q-TOF/MS技术侦测出6种禁用农药，检出频次为8次，残留禁用农药均存在较大的膳食暴露风险和预警风险。早已列入黑名单的禁用农药在我国并未真正退出，有些药物由于价格便宜、工艺简单，此类高毒农药一直生产和使用。建议在我国采取严格有效的控制措施，从源头控制禁用农药。

对于非禁用农药，在我国作为“田间地头”最典型单位的县级蔬果产地中，农药残留的检测几乎缺失。建议根据农药的毒性，对高毒、剧毒、中毒农药实现分类管理，减少使用高毒和剧毒高残留农药，进行分类监管。

3) 加强残留农药的生物修复及降解新技术

市售果蔬中残留农药的品种多、频次高、禁用农药多次检出这一现状，说明了我国的田间土壤和水体因农药长期、频繁、不合理的使用而遭到严重污染。为此，建议中国相关部门出台相关政策，鼓励高校及科研院所积极开展分子生物学、酶学等研究，加强土壤、水体中残留农药的生物修复及降解新技术研究，切实加大农药监管力度，以控制农药的面源污染问题。

综上所述，在本工作基础上，根据蔬菜残留危害，可进一步针对其成因提出和采取严格管理、大力推广无公害蔬菜种植与生产、健全食品安全控制技术体系、加强蔬菜食品质量检测体系建设和积极推行蔬菜食品质量追溯制度等相应对策。建立和完善食品安全综合评价指数与风险监测预警系统，对食品安全进行实时、全面的监控与分析，为我国的食品安全科学监管与决策提供新的技术支持，可实现各类检验数据的信息化系统管理，降低食品安全事故的发生。

南 宁 市

第 9 章　LC-Q-TOF/MS 侦测南宁市 381 例市售水果蔬菜样品农药残留报告

从南宁市所属 4 个区，随机采集了 381 例水果蔬菜样品，使用液相色谱-四极杆飞行时间质谱（LC-Q-TOF/MS）对 565 种农药化学污染物进行示范侦测（7 种负离子模式 ESI^- 未涉及）。

9.1　样品种类、数量与来源

9.1.1　样品采集与检测

为了真实反映百姓餐桌上水果蔬菜中农药残留污染状况，本次所有检测样品均由检验人员于 2016 年 9 月至 2017 年 4 月期间，从南宁市所属 4 个采样点，包括 2 个农贸市场 2 个超市，以随机购买方式采集，总计 37 批 381 例样品，从中检出农药 40 种，263 频次。采样及监测概况见图 9-1 及表 9-1，样品及采样点明细见表 9-2 及表 9-3（侦测原始数据见附表 1）。

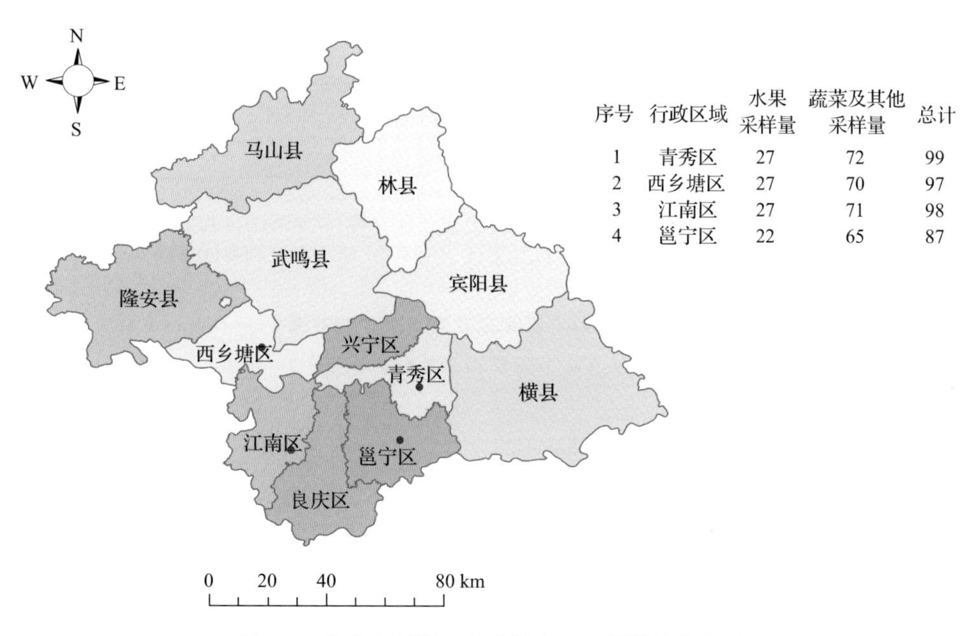

序号	行政区域	水果采样量	蔬菜及其他采样量	总计
1	青秀区	27	72	99
2	西乡塘区	27	70	97
3	江南区	27	71	98
4	邕宁区	22	65	87

图 9-1　南宁市所属 4 个采样点 381 例样品分布图

表 9-1　农药残留监测总体概况

采样地区	南宁市所属 4 个区
采样点(超市+农贸市场)	4
样本总数	381
检出农药品种/频次	40/263
各采样点样本农药残留检出率范围	28.9%~40.2%

表 9-2　样品分类及数量

样品分类	样品名称(数量)	数量小计
1. 调味料		4
1)叶类调味料	芫荽(4)	4
2. 谷物		4
1)旱粮类谷物	鲜食玉米(4)	4
3. 水果		103
1)仁果类水果	苹果(4),山楂(3),梨(4),枇杷(3)	14
2)核果类水果	桃(4),枣(4),李子(4)	12
3)浆果和其他小型水果	猕猴桃(4),葡萄(4),草莓(3)	11
4)瓜果类水果	西瓜(4),哈密瓜(4),香瓜(4),甜瓜(3)	15
5)热带和亚热带水果	山竹(4),柿子(4),香蕉(4),木瓜(4),芒果(4),杨桃(3),火龙果(4),菠萝(4)	31
6)柑橘类水果	柑(4),柚(4),橘(4),橙(4),柠檬(4)	20
4. 食用菌		16
1)蘑菇类	平菇(4),香菇(4),蘑菇(4),金针菇(4)	16
5. 蔬菜		254
1)豆类蔬菜	豇豆(4),菜用大豆(4),菜豆(8),食荚豌豆(4)	20
2)鳞茎类蔬菜	大蒜(4),洋葱(4),韭菜(4),葱(4)	16
3)水生类蔬菜	莲藕(4),豆瓣菜(4)	8
4)叶菜类蔬菜	小茴香(4),芹菜(4),蕹菜(8),苦苣(3),菠菜(4),春菜(4),苋菜(7),小白菜(12),叶芥菜(4),油麦菜(4),大白菜(8),生菜(4),小油菜(4),娃娃菜(4),茼蒿(3),莴笋(4),甘薯叶(4),青菜(4)	89
5)芸薹属类蔬菜	结球甘蓝(7),花椰菜(8),芥蓝(4),青花菜(4),紫甘蓝(4),菜薹(3)	30
6)茄果类蔬菜	番茄(4),甜椒(4),人参果(3),辣椒(4),樱桃番茄(4),茄子(2)	21
7)茎类蔬菜	芦笋(4)	4
8)瓜类蔬菜	黄瓜(4),西葫芦(3),佛手瓜(4),南瓜(4),苦瓜(4),冬瓜(4),丝瓜(4)	27
9)其他类蔬菜	竹笋(3)	3
10)根茎类和薯芋类蔬菜	甘薯(4),紫薯(4),山药(4),胡萝卜(4),芋(4),萝卜(8),姜(4),马铃薯(4)	36
合计	1.调味料 1 种 2.谷物 1 种 3.水果 27 种 4.食用菌 4 种 5.蔬菜 57 种	381

表9-3 南宁市采样点信息

采样点序号	行政区域	采样点
农贸市场(2)		
1	江南区	***市场
2	邕宁区	***市场
超市(2)		
1	西乡塘区	***超市(友爱店)
2	青秀区	***超市(金湖店)

9.1.2 检测结果

这次使用的检测方法是庞国芳院士团队最新研发的不需使用标准品对照，而以高分辨精确质量数(0.0001 *m/z*)为基准的LC-Q-TOF/MS检测技术，对于381例样品，每个样品均侦测了565种农药化学污染物的残留现状。通过本次侦测，在381例样品中共计检出农药化学污染物40种，检出263频次。

9.1.2.1 各采样点样品检出情况

统计分析发现4个采样点中，被测样品的农药检出率范围为28.9%~40.2%。其中，***市场的检出率最高，为40.2%。***超市(友爱店)的检出率最低，为28.9%，见图9-2。

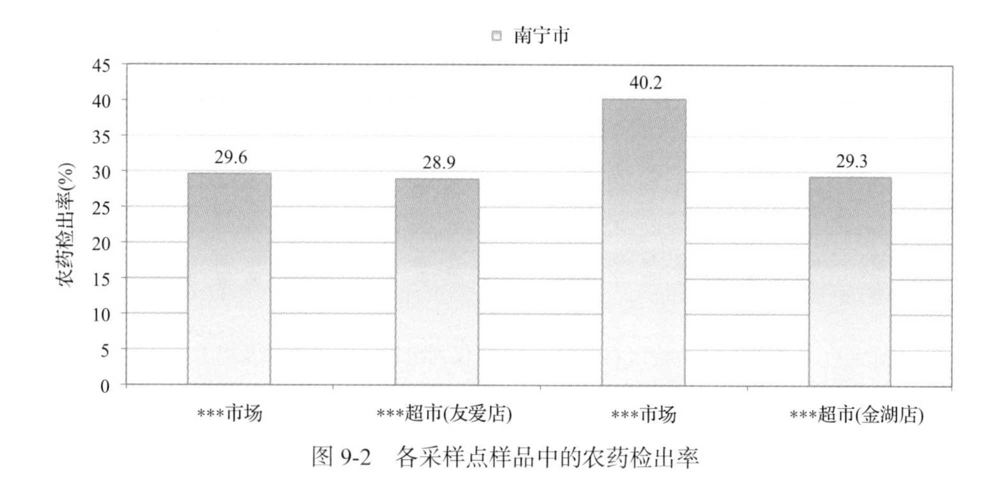

图9-2 各采样点样品中的农药检出率

9.1.2.2 检出农药的品种总数与频次

统计分析发现，对于381例样品中565种农药化学污染物的侦测，共检出农药263频次，涉及农药40种，结果如图9-3所示。其中烯酰吗啉检出频次最高，共检出28次。检出频次排名前10的农药如下：①烯酰吗啉(28)；②多菌灵(26)；③毒死蜱(24)；④苯醚甲环唑(18)；⑤吡唑醚菌酯(13)；⑥嘧菌酯(13)；⑦戊唑醇(13)；⑧哒螨灵(12)；⑨氟硅唑(12)；⑩啶虫脒(9)。

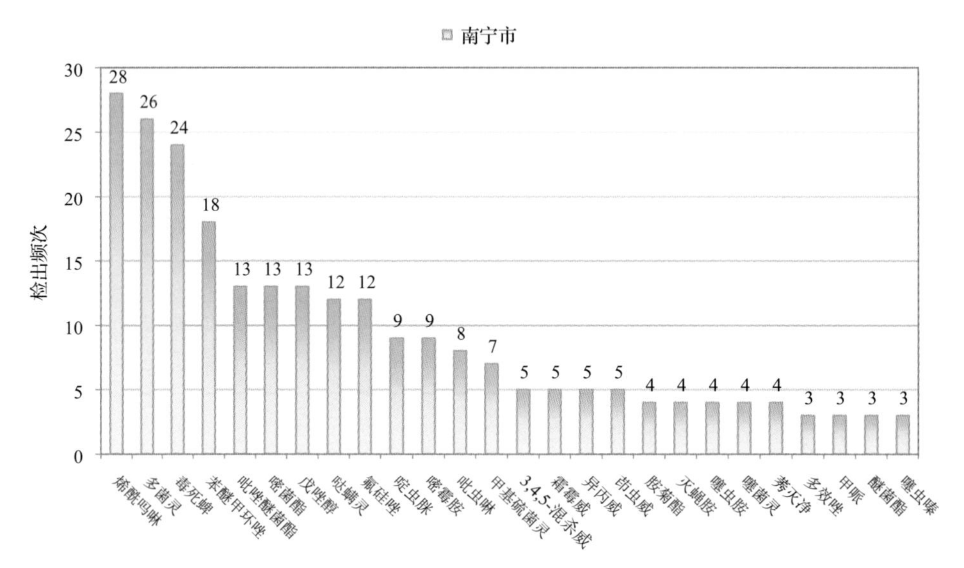

图 9-3　检出农药品种及频次(仅列出 3 频次及以上的数据)

由图 9-4 可见，枣、食荚豌豆、小白菜、油麦菜、大白菜、番茄和葡萄这 7 种果蔬样品中检出的农药品种数较高，均超过 5 种，其中，枣检出农药品种最多，为 12 种。由图 9-5 可见，油麦菜、枣和食荚豌豆这 3 种果蔬样品中的农药检出频次较高，均超过 20 次，其中，油麦菜和枣检出农药频次最高，均为 26 次。

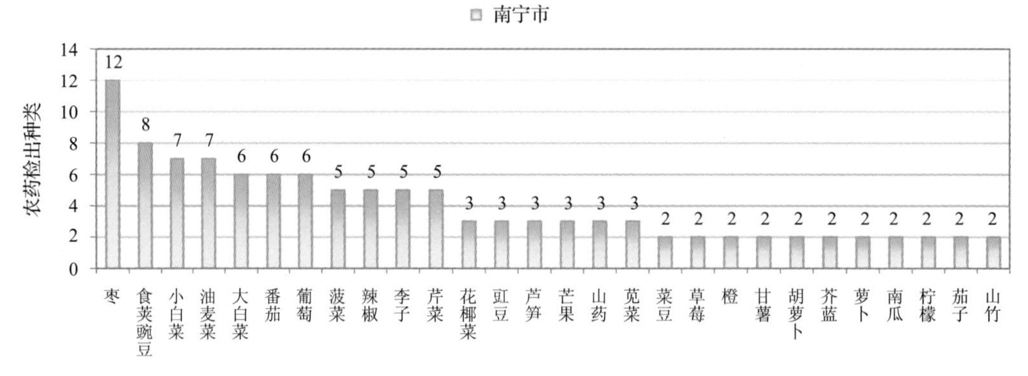

图 9-4　单种水果蔬菜检出农药的种类数(仅列出检出农药 2 种及以上的数据)

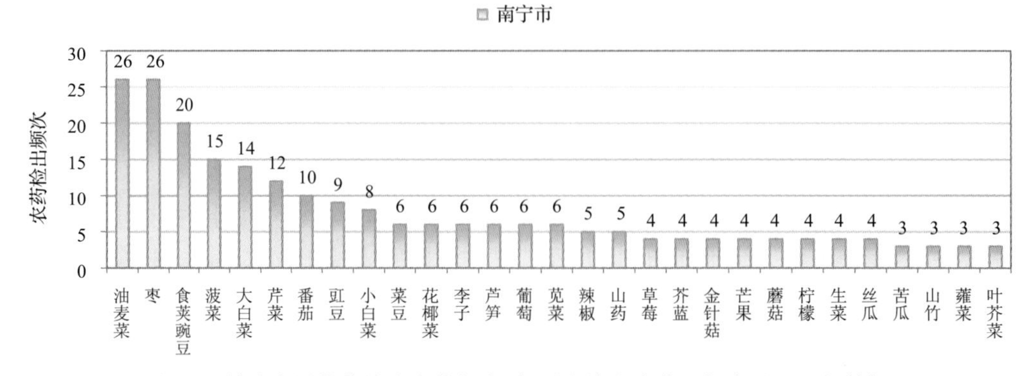

图 9-5　单种水果蔬菜检出农药频次(仅列出检出农药 3 频次及以上的数据)

9.1.2.3　单例样品农药检出种类与占比

对单例样品检出农药种类和频次进行统计发现，未检出农药的样品占总样品数的 68.2%，检出 1 种农药的样品占总样品数的 18.4%，检出 2~5 种农药的样品占总样品数的 10.5%，检出 6~10 种农药的样品占总样品数的 2.9%。每例样品中平均检出农药为 0.7 种，数据见表 9-4 及图 9-6。

表 9-4　单例样品检出农药品种占比

检出农药品种数	样品数量/占比(%)
未检出	260/68.2
1 种	70/18.4
2~5 种	40/10.5
6~10 种	11/2.9
单例样品平均检出农药品种	0.7 种

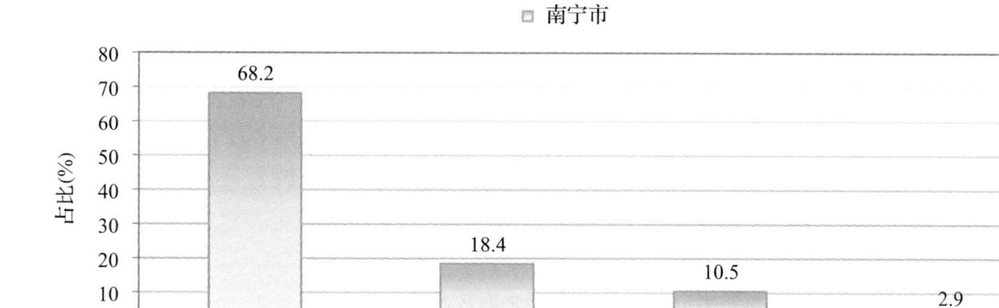

图 9-6　单例样品平均检出农药品种及占比

9.1.2.4　检出农药类别与占比

所有检出农药按功能分类，包括杀菌剂、杀虫剂、除草剂、植物生长调节剂、增效剂共 5 类。其中杀菌剂与杀虫剂为主要检出的农药类别，分别占总数的 47.5%和 40.0%，见表 9-5 及图 9-7。

表 9-5　检出农药所属类别及占比

农药类别	数量/占比(%)
杀菌剂	19/47.5
杀虫剂	16/40.0
除草剂	2/5.0
植物生长调节剂	2/5.0
增效剂	1/2.5

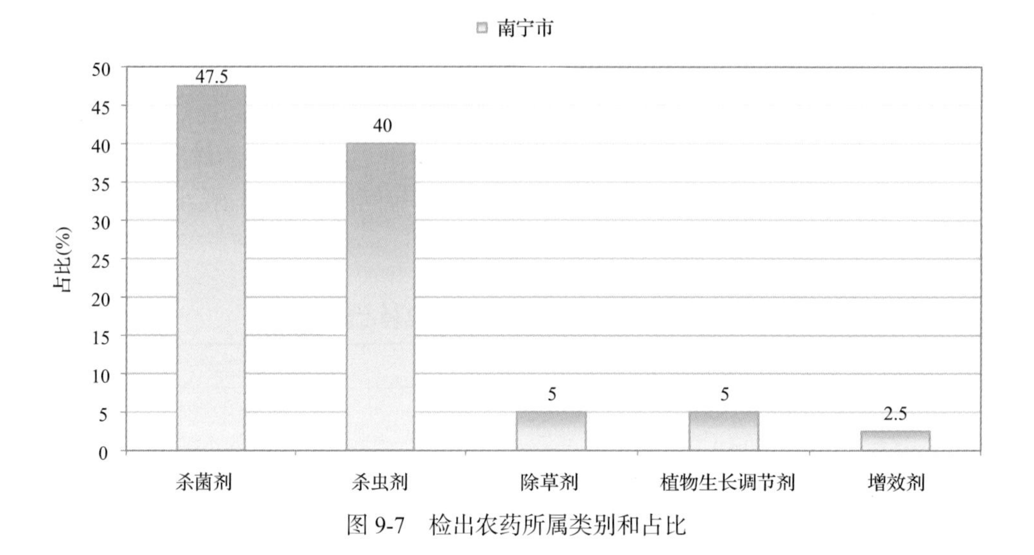

图 9-7 检出农药所属类别和占比

9.1.2.5 检出农药的残留水平

按检出农药残留水平进行统计，残留水平在 1~5 μg/kg(含)的农药占总数的 0.0%，在 5~10 μg/kg(含)的农药占总数的 0.8%，在 10~100 μg/kg(含)的农药占总数的 70.3%，在 100~1000 μg/kg(含)的农药占总数的 25.1%，在>1000 μg/kg 的农药占总数的 3.8%。

由此可见，这次检测的 37 批 381 例水果蔬菜样品中农药多数处于中高残留水平。结果见表 9-6 及图 9-8，数据见附表 2。

表 9-6 农药残留水平及占比

残留水平(μg/kg)	检出频次数/占比(%)
1~5(含)	0/0.0
5~10(含)	2/0.8
10~100(含)	185/70.3
100~1000(含)	66/25.1
>1000	10/3.8

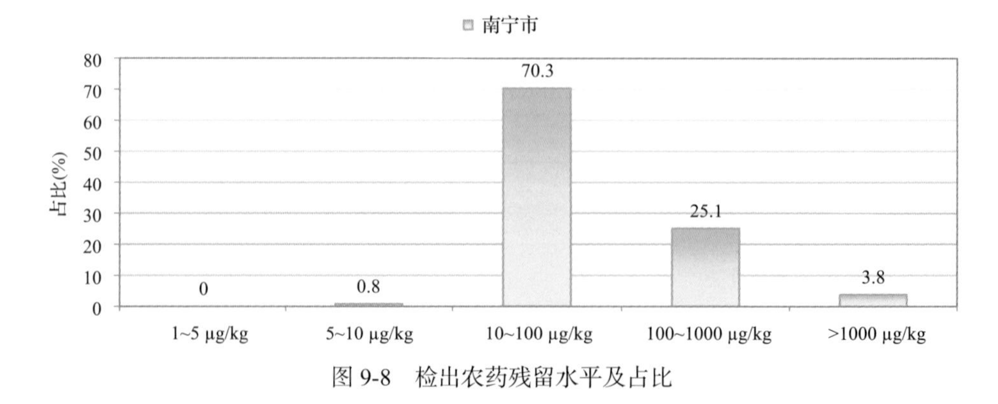

图 9-8 检出农药残留水平及占比

9.1.2.6　检出农药的毒性类别、检出频次和超标频次及占比

对这次检出的 40 种 263 频次的农药，按剧毒、高毒、中毒、低毒和微毒这五个毒性类别进行分类，从中可以看出，南宁市目前普遍使用的农药为中低微毒农药，品种占 97.5%，频次占 99.2%。结果见表 9-7 及图 9-9。

表 9-7　检出农药毒性类别及占比

毒性分类	农药品种/占比(%)	检出频次/占比(%)	超标频次/超标率(%)
剧毒农药	0/0	0/0.0	0/0.0
高毒农药	1/2.5	2/0.8	2/100.0
中毒农药	22/55.0	136/51.7	0/0.0
低毒农药	7/17.5	51/19.4	0/0.0
微毒农药	10/25.0	74/28.1	0/0.0

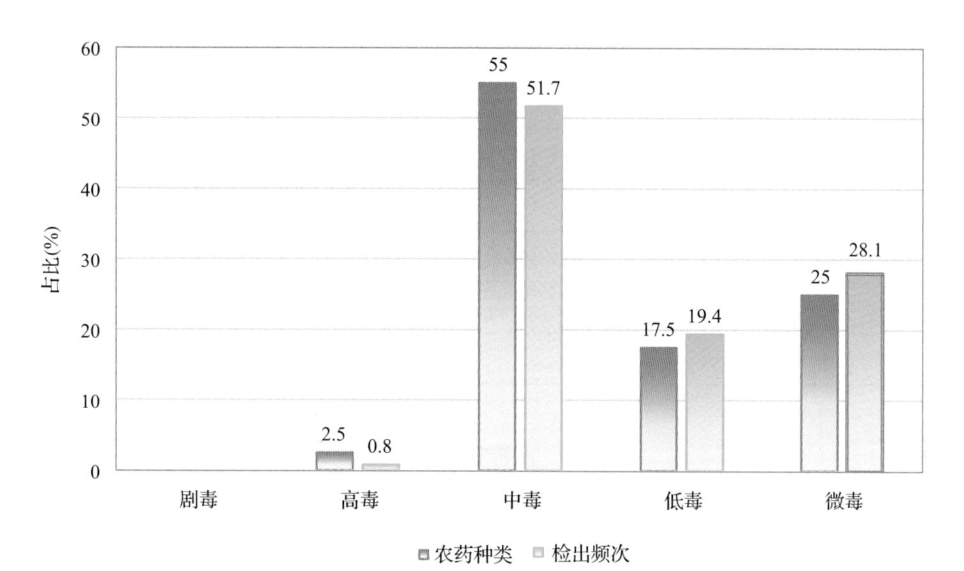

图 9-9　检出农药的毒性分类和占比

9.1.2.7　检出剧毒/高毒类农药的品种和频次

值得特别关注的是，在此次侦测的 381 例样品中有 1 种水果的 2 例样品检出了 1 种 2 频次的剧毒和高毒农药，占样品总量的 0.5%，详见图 9-10、表 9-8 及表 9-9。

在检出的剧毒和高毒农药中，有 1 种是我国早已禁止在果树和蔬菜上使用的：氧乐果。禁用农药的检出情况见表 9-10。

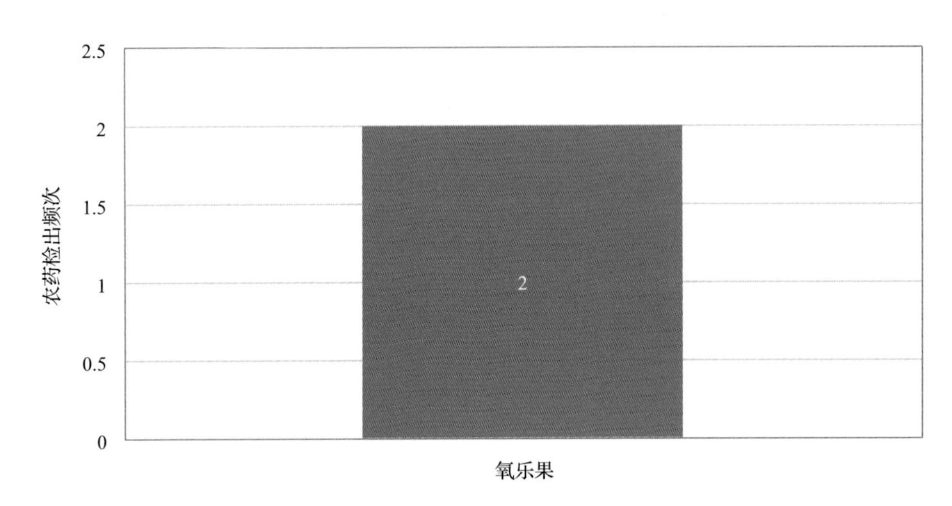

图 9-10　检出剧毒/高毒农药的样品情况

*表示允许在水果和蔬菜上使用的农药

表 9-8　剧毒农药检出情况

序号	农药名称	检出频次	超标频次	超标率
		水果中未检出剧毒农药		
	小计	0	0	超标率：0.0%
		蔬菜中未检出剧毒农药		
	小计	0	0	超标率：0.0%
	合计	0	0	超标率：0.0%

表 9-9　高毒农药检出情况

序号	农药名称	检出频次	超标频次	超标率
		从 1 种水果中检出 1 种高毒农药，共计检出 2 次		
1	氧乐果	2	2	100.0%
	小计	2	2	超标率：100.0%
		蔬菜中未检出高毒农药		
	小计	0	0	超标率：0.0%
	合计	2	2	超标率：100.0%

此次抽检的果蔬样品中，没有检出剧毒农药。

表 9-10　禁用农药检出情况

序号	农药名称	检出频次	超标频次	超标率
从 1 种水果中检出 1 种禁用农药，共计检出 2 次				
1	氧乐果	2	2	100.0%
小计		2	2	超标率：100.0%
蔬菜中未检出禁用农药				
小计		0	0	超标率：0.0%
合计		2	2	超标率：100.0%

注：超标结果参考 MRL 中国国家标准计算

样品中检出高毒农药残留水平超过 MRL 中国国家标准的频次为 2 次，其中：芒果检出氧乐果超标 2 次。本次检出结果表明，高毒农药的使用现象依旧存在，详见表 9-11。

表 9-11　各样本中检出剧毒/高毒农药情况

样品名称	农药名称	检出频次	超标频次	检出浓度(μg/kg)
水果 1 种				
芒果	氧乐果▲	2	2	54.6[a], 45.7[a]
小计		2	2	超标率：100.0%
蔬菜 0 种				
小计		0	0	超标率：0.0%
合计		2	2	超标率：100.0%

9.2　农药残留检出水平与最大残留限量标准对比分析

我国于 2014 年 3 月 20 日正式颁布并于 2014 年 8 月 1 日正式实施食品农药残留限量国家标准《食品中农药最大残留限量》(GB 2763—2014)。该标准包括 371 个农药条目，涉及最大残留限量(MRL)标准 3653 项。将 263 频次检出农药的浓度水平与 3653 项 MRL 中国国家标准进行核对，其中只有 52 频次的农药找到了对应的 MRL 标准，占 19.8%，还有 211 频次的侦测数据则无相关 MRL 标准供参考，占 80.2%。

将此次侦测结果与国际上现行 MRL 标准对比发现，在 263 频次的检出结果中有 263 频次的结果找到了对应的 MRL 欧盟标准，占 100.0%，其中，240 频次的结果有明确对应的 MRL 标准，占 91.3%，其余 23 频次按照欧盟一律标准判定，占 8.7%；有 263 频次的结果找到了对应的 MRL 日本标准，占 100.0%，其中，151 频次的结果有明确对应的 MRL 标准，占 57.4%，其余 112 频次按照日本一律标准判定，占 42.6%；有 148 频次的结果找到了对应的 MRL 中国香港标准，占 56.3%；有 122 频次的结果找到了对应的 MRL 美国标准，占 46.4%；有 66 频次的结果找到了对应的 MRL CAC 标准，占 25.1%(见图 9-11 和图 9-12，数据见附表 3 至附表 8)。

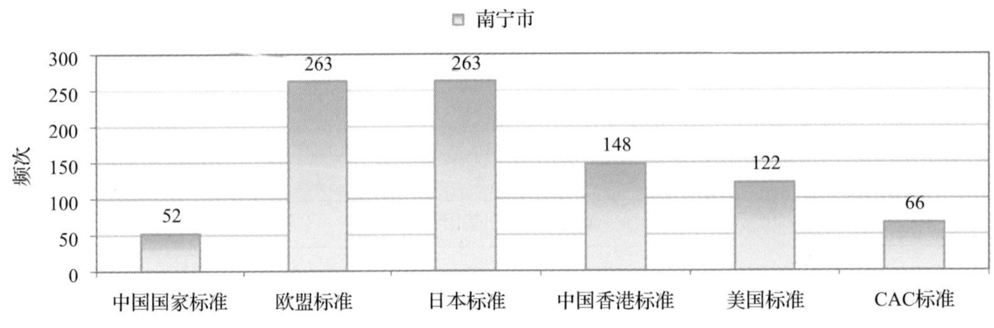

图 9-11　263 频次检出农药可用 MRL 中国国家标准、欧盟标准、日本标准、中国香港标准、美国标准、CAC 标准判定衡量的数量

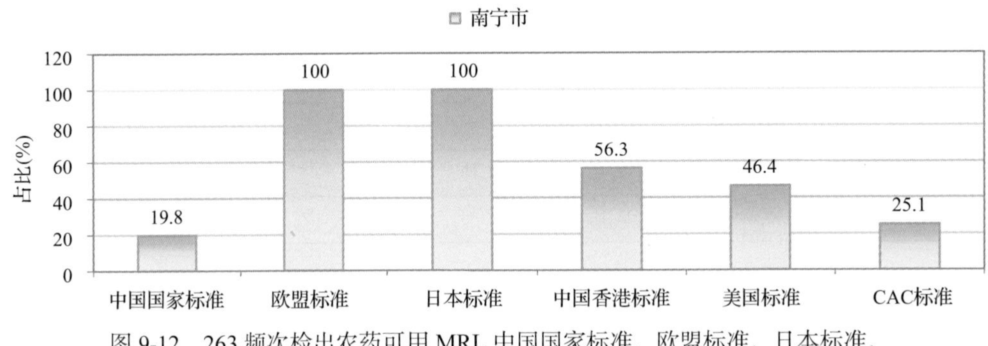

图 9-12　263 频次检出农药可用 MRL 中国国家标准、欧盟标准、日本标准、中国香港标准、美国标准、CAC 标准衡量的占比

9.2.1　超标农药样品分析

本次侦测的 381 例样品中，260 例样品未检出任何残留农药，占样品总量的 68.2%，121 例样品检出不同水平、不同种类的残留农药，占样品总量的 31.8%。在此，我们将本次侦测的农残检出情况与 MRL 中国国家标准、欧盟标准、日本标准、中国香港标准、美国标准和 CAC 标准这 6 大国际主流 MRL 标准进行对比分析，样品农残检出与超标情况见图 9-13、表 9-12 和图 9-14，详细数据见附表 9 至附表 14。

表 9-12　各 MRL 标准下样本农残检出与超标数量及占比

	中国国家标准	欧盟标准	日本标准	中国香港标准	美国标准	CAC 标准
	数量/占比(%)	数量/占比(%)	数量/占比(%)	数量/占比(%)	数量/占比(%)	数量/占比(%)
未检出	260/68.2	260/68.2	260/68.2	260/68.2	260/68.2	260/68.2
检出未超标	119/31.2	66/17.3	53/13.9	117/30.7	116/30.4	120/31.5
检出超标	2/0.5	55/14.4	68/17.8	4/1.0	5/1.3	1/0.3

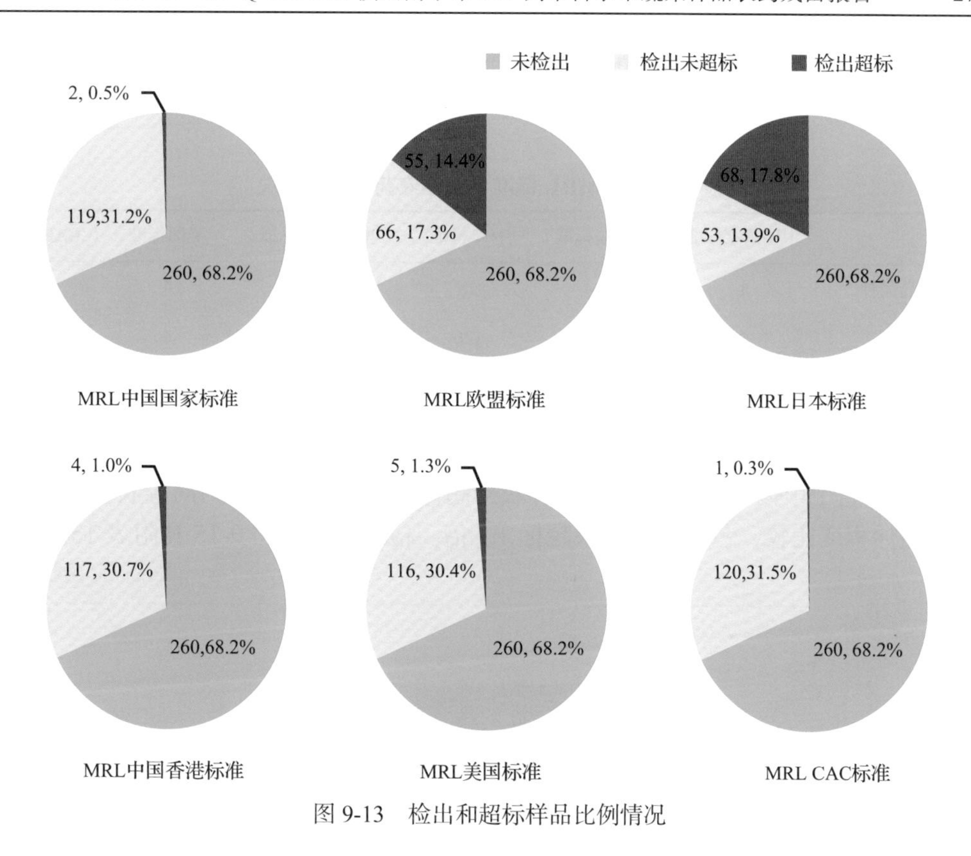

图 9-13　检出和超标样品比例情况

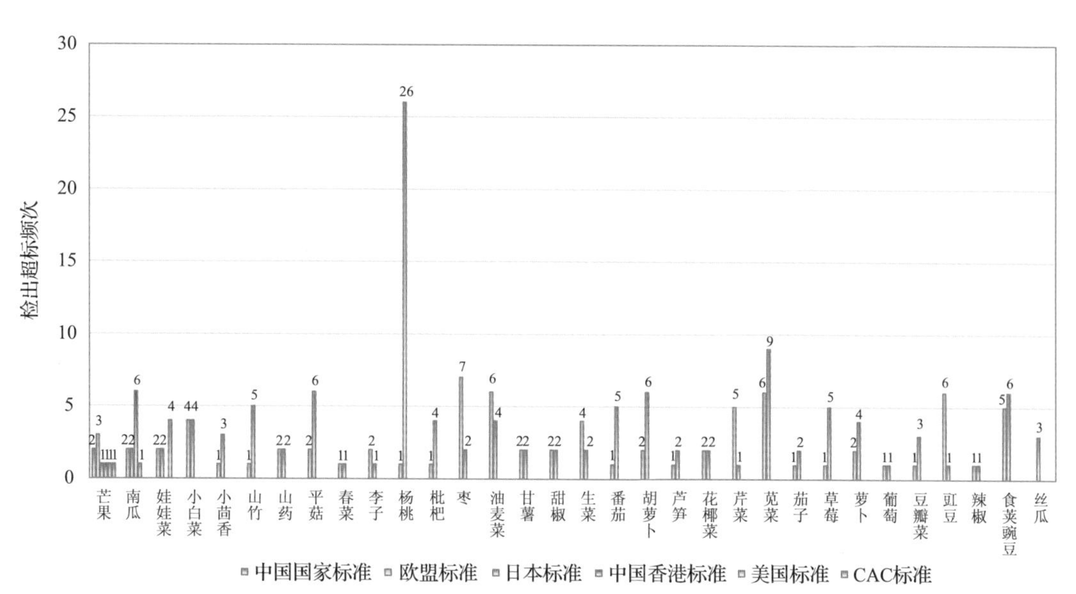

图 9-14　超过 MRL 中国国家标准、欧盟标准、日本标准、中国香港标准、美国标准和 CAC 标准结果在水果蔬菜中的分布

9.2.2　超标农药种类分析

按 MRL 中国国家标准、欧盟标准、日本标准、中国香港标准、美国标准和 CAC

标准这 6 大国际主流 MRL 标准衡量，本次侦测检出的农药超标品种及频次情况见表 9-13。

表 9-13　各 MRL 标准下超标农药品种及频次

	中国国家标准	欧盟标准	日本标准	中国香港标准	美国标准	CAC 标准
超标农药品种	1	24	28	3	4	1
超标农药频次	2	78	120	7	6	1

9.2.2.1　按 MRL 中国国家标准衡量

按 MRL 中国国家标准衡量，有 1 种农药超标，检出 2 频次，为高毒农药氧乐果。按超标程度比较，芒果中氧乐果超标 1.7 倍。检测结果见图 9-15 和附表 15。

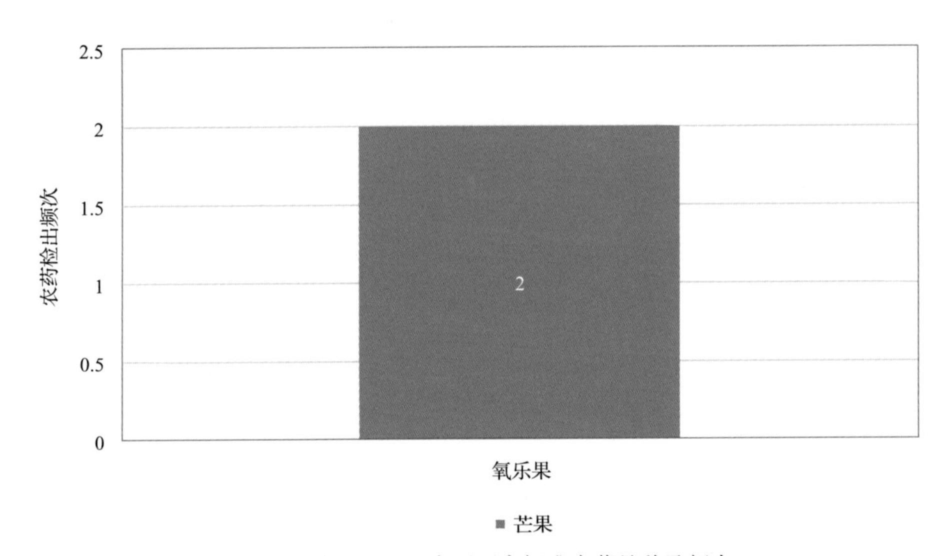

图 9-15　超过 MRL 中国国家标准农药品种及频次

9.2.2.2　按 MRL 欧盟标准衡量

按 MRL 欧盟标准衡量，共有 24 种农药超标，检出 78 频次，分别为高毒农药氧乐果，中毒农药莠灭净、戊唑醇、三环唑、毒死蜱、烯唑醇、3,4,5-混杀威、噁霜灵、啶虫脒、氟硅唑、哒螨灵、丙溴磷、异稻瘟净、异丙威和鱼藤酮，低毒农药烯酰吗啉和胺菊酯，微毒农药多菌灵、吡唑醚菌酯、增效醚、异噁酰草胺、甲基硫菌灵、醚菌酯和霜霉威。

按超标程度比较，枣中醚菌酯超标 333.0 倍，小白菜中氟硅唑超标 72.1 倍，小白菜中烯唑醇超标 44.1 倍，油麦菜中氟硅唑超标 39.7 倍，葡萄中霜霉威超标 39.0 倍。检测结果见图 9-16 和附表 16。

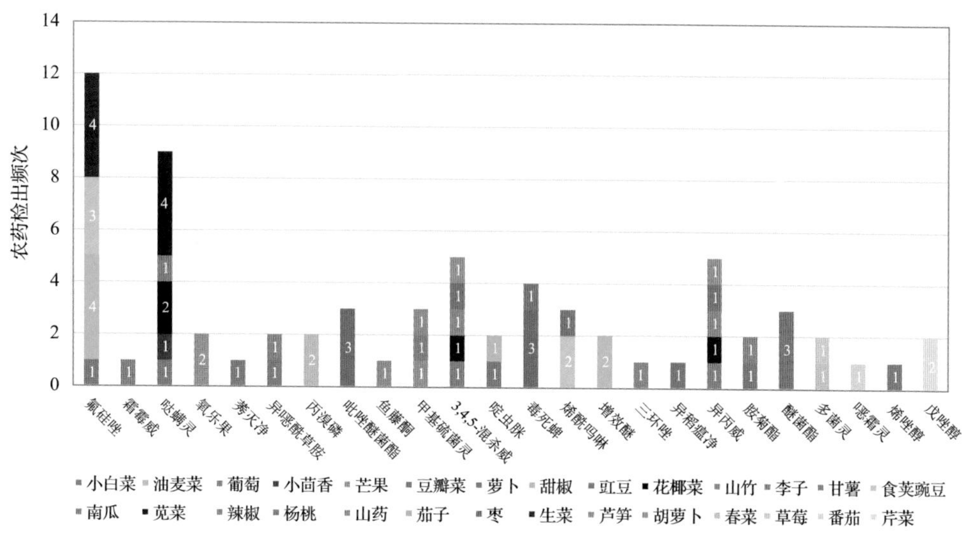

图 9-16　超过 MRL 欧盟标准农药品种及频次

9.2.2.3　按 MRL 日本标准衡量

按 MRL 日本标准衡量，共有 28 种农药超标，检出 120 频次，分别为中毒农药莠灭净、甲哌、多效唑、戊唑醇、三环唑、毒死蜱、烯唑醇、3,4,5-混杀威、苯醚甲环唑、茚虫威、啶虫脒、氟硅唑、哒螨灵、吡虫啉、异稻瘟净、异丙威和鱼藤酮，低毒农药烯酰吗啉、肟菌酯、乙嘧酚磺酸酯和噻嗪酮，微毒农药多菌灵、吡唑醚菌酯、嘧菌酯、异噁酰草胺、甲基硫菌灵、醚菌酯和霜霉威。

按超标程度比较，枣中醚菌酯超标 333.0 倍，花椰菜中哒螨灵超标 184.2 倍，芒果中甲基硫菌灵超标 117.5 倍，李子中甲基硫菌灵超标 103.1 倍，李子中哒螨灵超标 75.7 倍。检测结果见图 9-17 和附表 17。

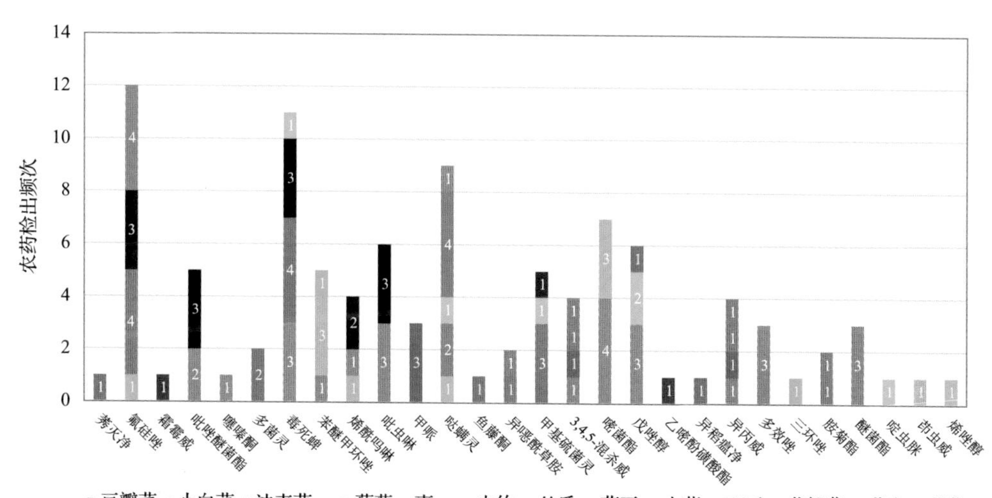

图 9-17　超过 MRL 日本标准农药品种及频次

9.2.2.4　按 MRL 中国香港标准衡量

按 MRL 中国香港标准衡量，共有 3 种农药超标，检出 7 频次，分别为中毒农药毒死蜱和啶虫脒，微毒农药吡唑醚菌酯。

按超标程度比较，豇豆中毒死蜱超标 29.7 倍，豇豆中吡唑醚菌酯超标 27.3 倍，茄子中啶虫脒超标 0.01 倍。检测结果见图 9-18 和附表 18。

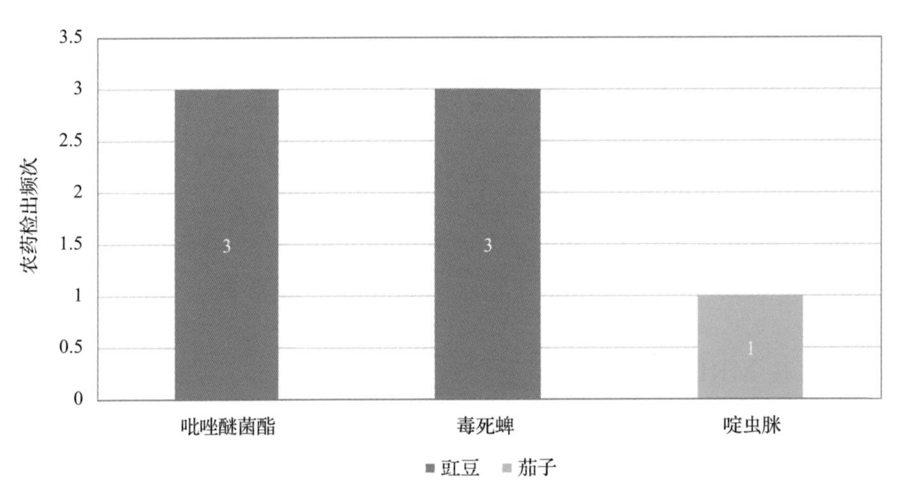

图 9-18　超过 MRL 中国香港标准农药品种及频次

9.2.2.5　按 MRL 美国标准衡量

按 MRL 美国标准衡量，共有 4 种农药超标，检出 6 频次，分别为中毒农药毒死蜱和啶虫脒，微毒农药吡唑醚菌酯和甲基硫菌灵。

按超标程度比较，豇豆中毒死蜱超标 5.1 倍，李子中甲基硫菌灵超标 1.1 倍，豇豆中吡唑醚菌酯超标 0.1 倍，茄子中啶虫脒超标 0.01 倍。检测结果见图 9-19 和附表 19。

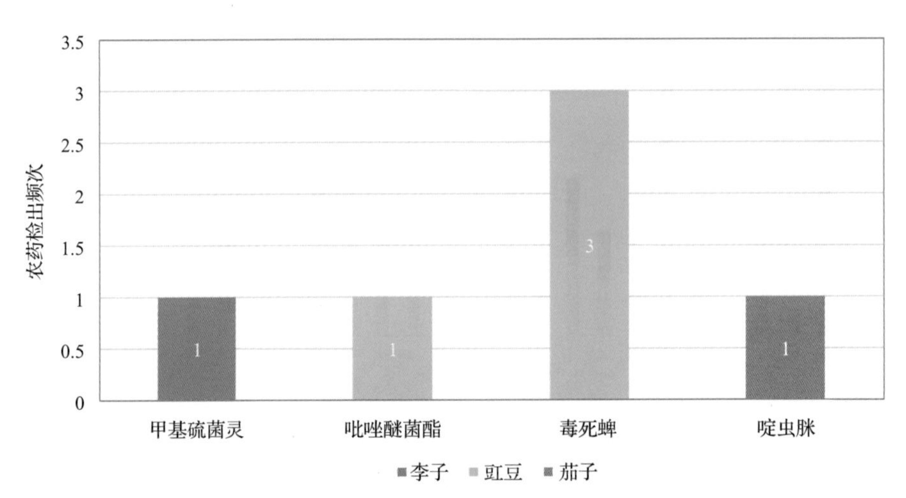

图 9-19　超过 MRL 美国标准农药品种及频次

9.2.2.6　按 MRL CAC 标准衡量

按 MRL CAC 标准衡量，有 1 种农药超标，检出 1 频次，为中毒农药啶虫脒。按超标程度比较，茄子中啶虫脒超标 0.01 倍。检测结果见图 9-20 和附表 20。

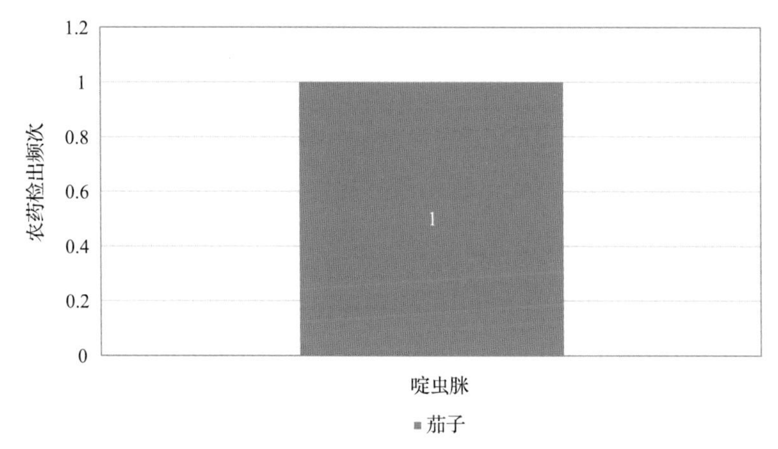

图 9-20　超过 MRL CAC 标准农药品种及频次

9.2.3　4 个采样点超标情况分析

9.2.3.1　按 MRL 中国国家标准衡量

按 MRL 中国国家标准衡量，有 2 个采样点的样品存在不同程度的超标农药检出，其中***市场的超标率最高，为 1.1%，如表 9-14 和图 9-21 所示。

表 9-14　超过 MRL 中国国家标准水果蔬菜在不同采样点分布

序号	采样点	样品总数	超标数量	超标率(%)	行政区域
1	***超市(金湖店)	99	1	1.0	青秀区
2	***市场	87	1	1.1	邕宁区

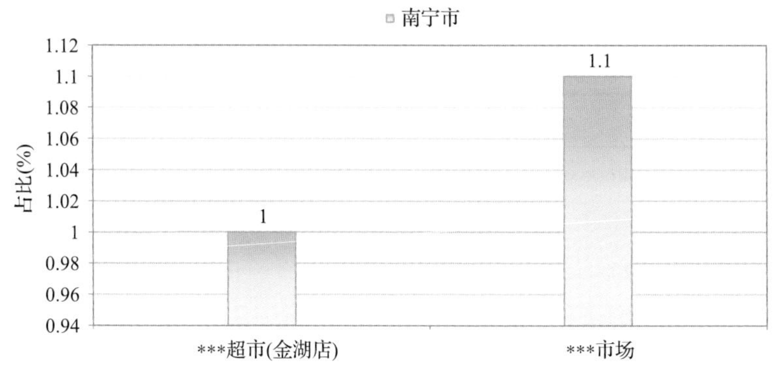

图 9-21　超过 MRL 中国国家标准水果蔬菜在不同采样点分布

9.2.3.2　按 MRL 欧盟标准衡量

按 MRL 欧盟标准衡量，所有采样点的样品均存在不同程度的超标农药检出，其中***市场的超标率最高，为 19.5%，如表 9-15 和图 9-22 所示。

表 9-15　超过 MRL 欧盟标准水果蔬菜在不同采样点分布

序号	采样点	样品总数	超标数量	超标率(%)	行政区域
1	***超市(金湖店)	99	15	15.2	青秀区
2	***市场	98	12	12.2	江南区
3	***超市(友爱店)	97	11	11.3	西乡塘区
4	***市场	87	17	19.5	邕宁区

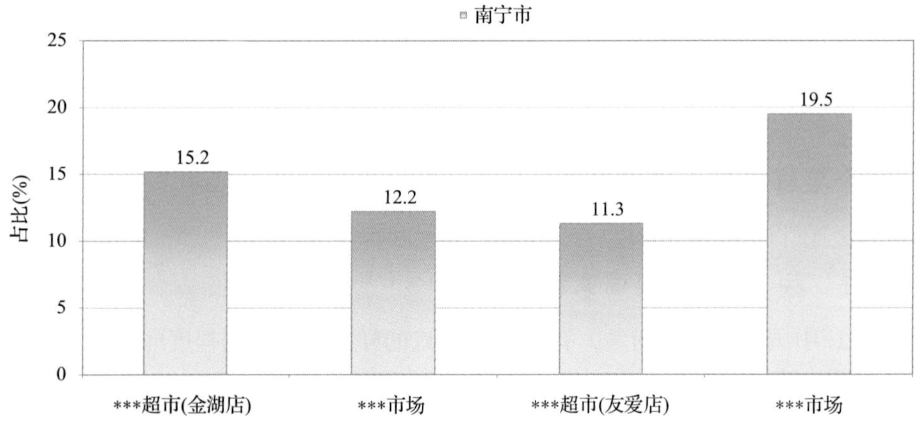

图 9-22　超过 MRL 欧盟标准水果蔬菜在不同采样点分布

9.2.3.3　按 MRL 日本标准衡量

按 MRL 日本标准衡量，所有采样点的样品均存在不同程度的超标农药检出，其中***市场的超标率最高，为 24.1%，如表 9-16 和图 9-23 所示。

表 9-16　超过 MRL 日本标准水果蔬菜在不同采样点分布

序号	采样点	样品总数	超标数量	超标率(%)	行政区域
1	***超市(金湖店)	99	15	15.2	青秀区
2	***市场	98	16	16.3	江南区
3	***超市(友爱店)	97	16	16.5	西乡塘区
4	***市场	87	21	24.1	邕宁区

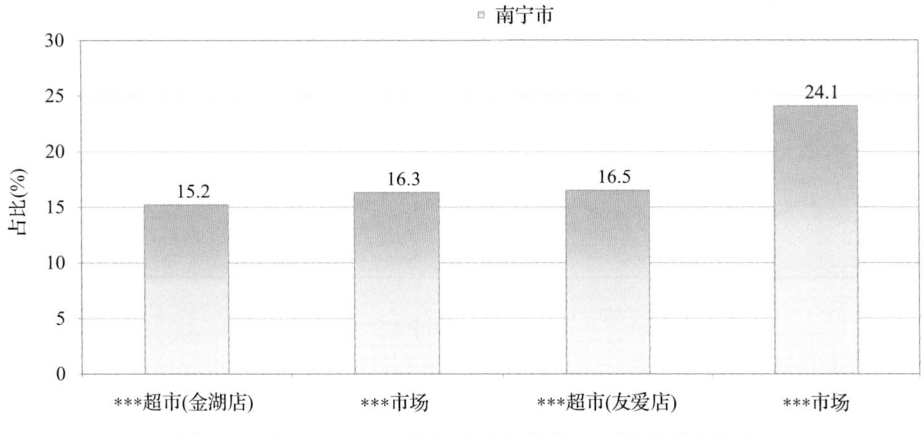

图 9-23　超过 MRL 日本标准水果蔬菜在不同采样点分布

9.2.3.4　按 MRL 中国香港标准衡量

按 MRL 中国香港标准衡量，有 3 个采样点的样品存在不同程度的超标农药检出，其中***超市(金湖店)的超标率最高，为 2.0%，如表 9-17 和图 9-24 所示。

表 9-17　超过 MRL 中国香港标准水果蔬菜在不同采样点分布

序号	采样点	样品总数	超标数量	超标率(%)	行政区域
1	***超市(金湖店)	99	2	2.0	青秀区
2	***超市(友爱店)	97	1	1.0	西乡塘区
3	***市场	87	1	1.1	邕宁区

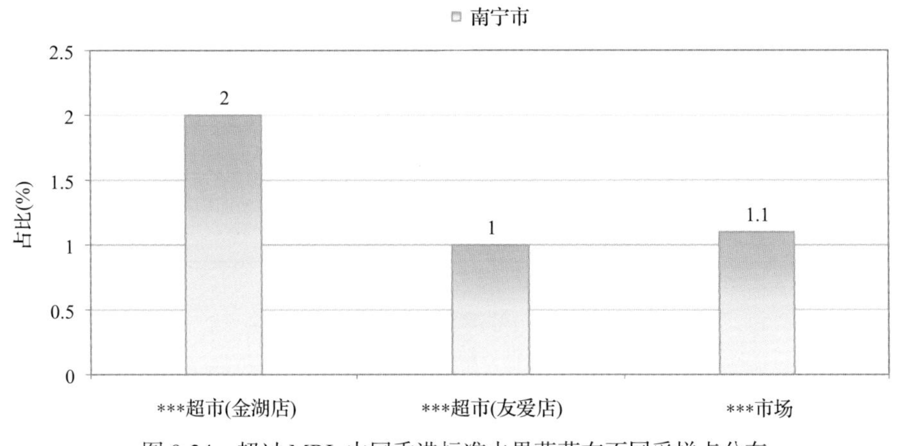

图 9-24　超过 MRL 中国香港标准水果蔬菜在不同采样点分布

9.2.3.5　按 MRL 美国标准衡量

按 MRL 美国标准衡量，所有采样点的样品均存在不同程度的超标农药检出，其中***超市(金湖店)的超标率最高，为 2.0%，如表 9-18 和图 9-25 所示。

表 9-18　超过 MRL 美国标准水果蔬菜在不同采样点分布

序号	采样点	样品总数	超标数量	超标率(%)	行政区域
1	***超市(金湖店)	99	2	2.0	青秀区
2	***市场	98	1	1.0	江南区
3	***超市(友爱店)	97	1	1.0	西乡塘区
4	***市场	87	1	1.1	邕宁区

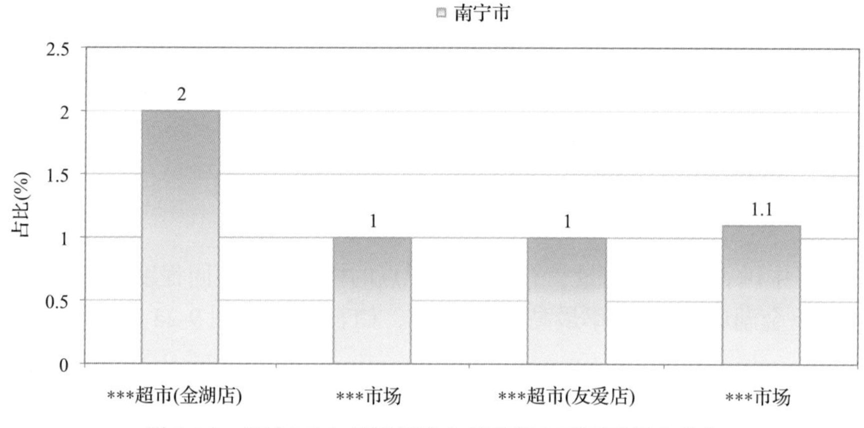

图 9-25　超过 MRL 美国标准水果蔬菜在不同采样点分布

9.2.3.6　按 MRL CAC 标准衡量

按 MRL CAC 标准衡量，有 1 个采样点的样品存在超标农药检出，超标率为 1.0%，如表 9-19 和图 9-26 所示。

表 9-19　超过 MRL CAC 标准水果蔬菜在不同采样点分布

序号	采样点	样品总数	超标数量	超标率(%)	行政区域
1	***超市(金湖店)	99	1	1.0	青秀区

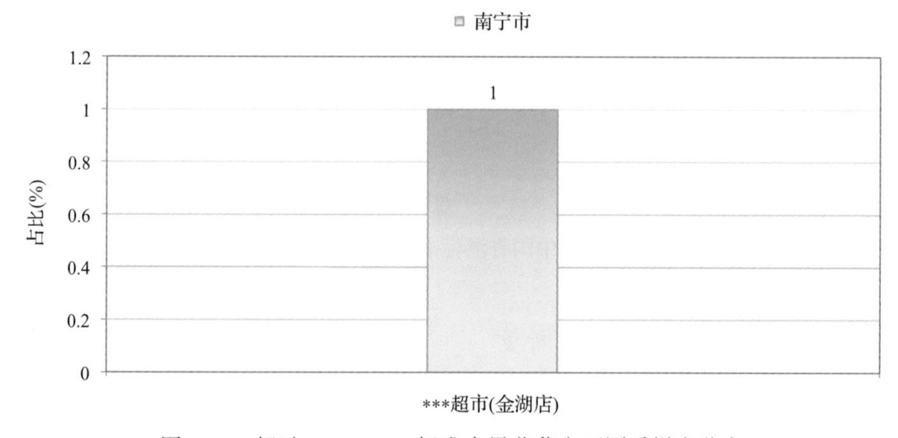

图 9-26　超过 MRL CAC 标准水果蔬菜在不同采样点分布

9.3　水果中农药残留分布

9.3.1　检出农药品种和频次排前 10 的水果

本次残留侦测的水果共 27 种，包括桃、山竹、西瓜、猕猴桃、柿子、哈密瓜、香蕉、木瓜、苹果、柑、香瓜、葡萄、山楂、草莓、枣、李子、芒果、梨、柚、枇杷、橘、橙、柠檬、杨桃、火龙果、菠萝和甜瓜。

根据检出农药品种及频次进行排名，将各项排名前 10 位的水果样品检出情况列表说明，详见表 9-20。

表 9-20　检出农药品种和频次排名前 10 的水果

检出农药品种排名前 10(品种)	①枣(12),②葡萄(6),③李子(5),④芒果(3),⑤草莓(2),⑥橙(2),⑦柠檬(2),⑧山竹(2),⑨枇杷(1),⑩苹果(1)
检出农药频次排名前 10(频次)	①枣(26),②李子(6),③葡萄(6),④草莓(4),⑤芒果(4),⑥柠檬(4),⑦山竹(3),⑧橙(2),⑨枇杷(1),⑩苹果(1)
检出禁用、高毒及剧毒农药品种排名前 10(品种)	①芒果(1)
检出禁用、高毒及剧毒农药频次排名前 10(频次)	①芒果(2)

9.3.2　超标农药品种和频次排前 10 的水果

鉴于欧盟和日本的 MRL 标准制定比较全面且覆盖率较高，我们参照中国、欧盟和日本的 MRL 标准衡量水果样品中农残检出情况，将超标农药品种及频次排名前 10 的水果列表说明，详见表 9-21。

表 9-21　超标农药品种和频次排名前 10 的水果

超标农药品种排名前 10(农药品种数)	MRL 中国国家标准	①芒果(1)
	MRL 欧盟标准	①枣(5),②李子(2),③芒果(2),④草莓(1),⑤枇杷(1),⑥葡萄(1),⑦山竹(1),⑧杨桃(1)
	MRL 日本标准	①枣(12),②李子(5),③葡萄(2),④山竹(2),⑤芒果(1),⑥柠檬(1),⑦枇杷(1),⑧杨桃(1)
超标农药频次排名前 10(农药频次数)	MRL 中国国家标准	①芒果(2)
	MRL 欧盟标准	①枣(7),②芒果(3),③李子(2),④草莓(1),⑤枇杷(1),⑥葡萄(1),⑦山竹(1),⑧杨桃(1)
	MRL 日本标准	①枣(26),②李子(6),③山竹(3),④葡萄(2),⑤芒果(1),⑥柠檬(1),⑦枇杷(1),⑧杨桃(1)

通过对各品种水果样本总数及检出率进行综合分析发现，枣、葡萄和李子的残留污染最为严重，在此，我们参照 MRL 中国国家标准、欧盟标准和日本标准对这 3 种水果的农残检出情况进行进一步分析。

9.3.3 农药残留检出率较高的水果样品分析

9.3.3.1 枣

这次共检测 4 例枣样品，全部检出了农药残留，检出率为 100.0%，检出农药共计 12 种。其中嘧菌酯、吡虫啉、毒死蜱、多效唑和醚菌酯检出频次较高，分别检出了 4、3、3、3 和 3 次。枣中农药检出品种和频次见图 9-27，超标农药见图 9-28 和表 9-22。

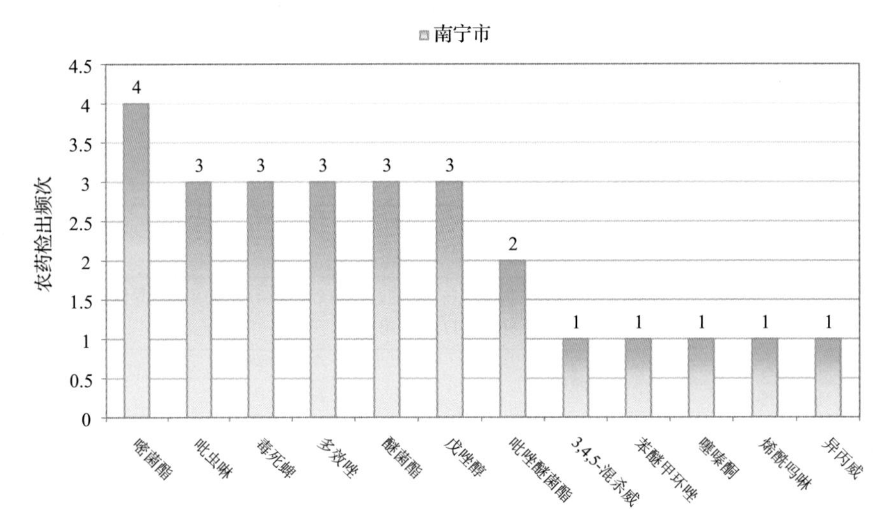

图 9-27　枣样品检出农药品种和频次分析

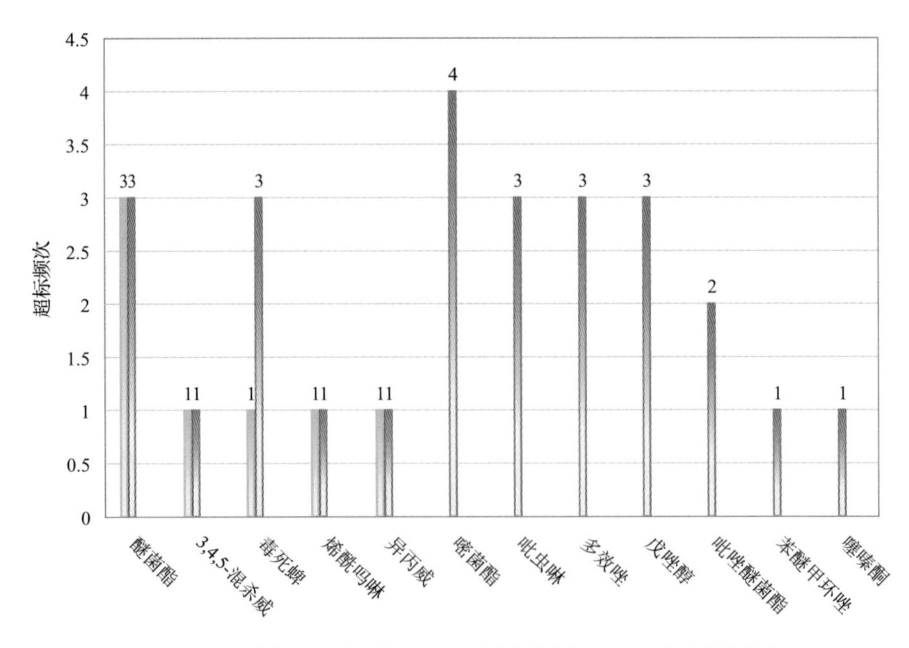

图 9-28　枣样品中超标农药分析

表 9-22　枣中农药残留超标情况明细表

样品总数			检出农药样品数	样品检出率(%)	检出农药品种总数
4			4	100	12
	超标农药品种	超标农药频次	按照 MRL 中国国家标准、欧盟标准和日本标准衡量超标农药名称及频次		
中国国家标准	0	0			
欧盟标准	5	7	醚菌酯(3),3,4,5-混杀威(1),毒死蜱(1),烯酰吗啉(1),异丙威(1)		
日本标准	12	26	嘧菌酯(4),吡虫啉(3),毒死蜱(3),多效唑(3),醚菌酯(3),戊唑醇(3),吡唑醚菌酯(2),3,4,5-混杀威(1),苯醚甲环唑(1),噻嗪酮(1),烯酰吗啉(1),异丙威(1)		

9.3.3.2　葡萄

这次共检测 4 例葡萄样品，1 例样品中检出了农药残留，检出率为 25.0%，检出农药共计 6 种。其中苯醚甲环唑、喹氧灵、嘧菌酯、嘧霉胺和霜霉威检出频次较高，分别检出了 1、1、1、1 和 1 次。葡萄中农药检出品种和频次见图 9-29，超标农药见图 9-30 和表 9-23。

表 9-23　葡萄中农药残留超标情况明细表

样品总数			检出农药样品数	样品检出率(%)	检出农药品种总数
4			1	25	6
	超标农药品种	超标农药频次	按照 MRL 中国国家标准、欧盟标准和日本标准衡量超标农药名称及频次		
中国国家标准	0	0			
欧盟标准	1	1	霜霉威(1)		
日本标准	2	2	霜霉威(1),乙嘧酚磺酸酯(1)		

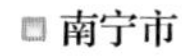

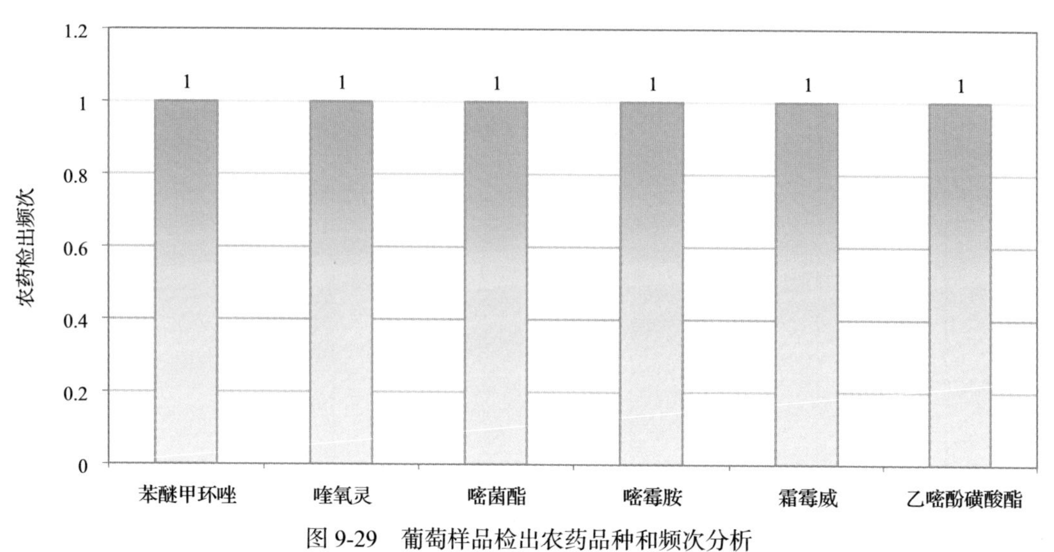

图 9-29　葡萄样品检出农药品种和频次分析

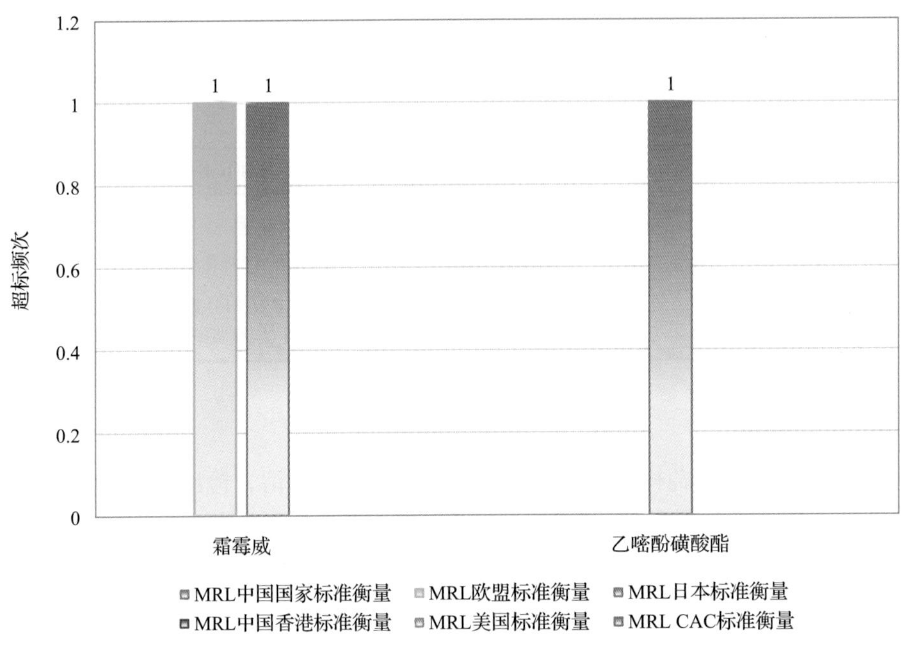

图 9-30　葡萄样品中超标农药分析

9.3.3.3　李子

这次共检测 4 例李子样品，3 例样品中检出了农药残留，检出率为 75.0%，检出农药共计 5 种。其中戊唑醇、哒螨灵、啶虫脒、毒死蜱和甲基硫菌灵检出频次较高，分别检出了 2、1、1、1 和 1 次。李子中农药检出品种和频次见图 9-31，超标农药见图 9-32 和表 9-24。

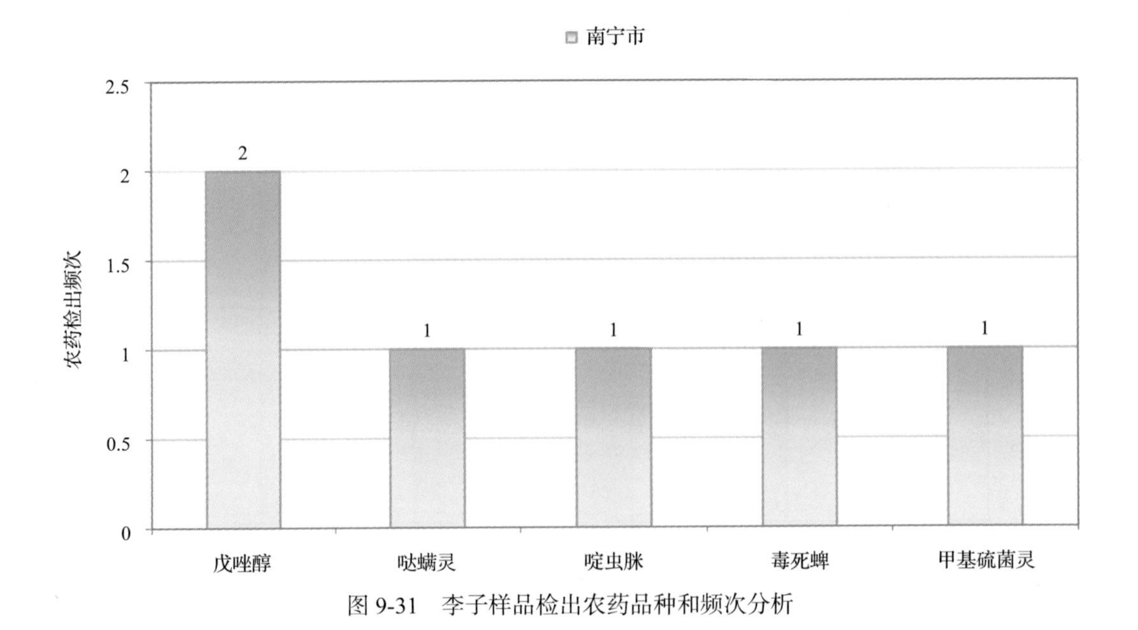

图 9-31　李子样品检出农药品种和频次分析

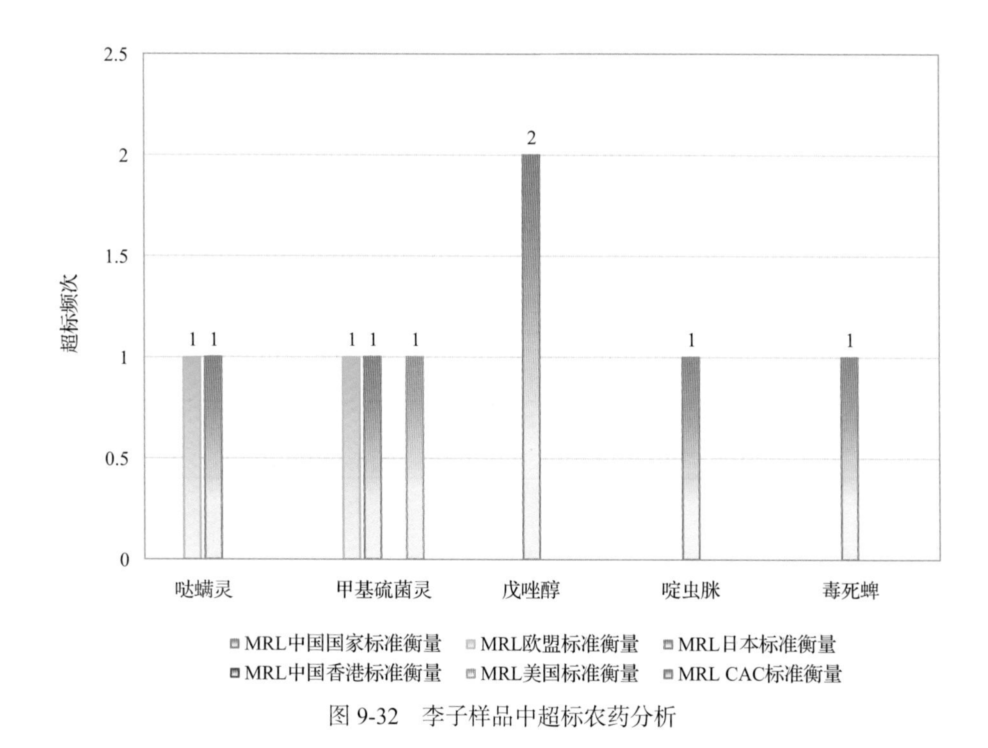

图 9-32　李子样品中超标农药分析

表 9-24　李子中农药残留超标情况明细表

样品总数			检出农药样品数	样品检出率(%)	检出农药品种总数
4			3	75	5
	超标农药品种	超标农药频次	按照 MRL 中国国家标准、欧盟标准和日本标准衡量超标农药名称及频次		
中国国家标准	0	0			
欧盟标准	2	2	哒螨灵(1),甲基硫菌灵(1)		
日本标准	5	6	戊唑醇(2),哒螨灵(1),啶虫脒(1),毒死蜱(1),甲基硫菌灵(1)		

9.4　蔬菜中农药残留分布

9.4.1　检出农药品种和频次排前 10 的蔬菜

本次残留侦测的蔬菜共 57 种，包括小茴香、甘薯、芹菜、紫薯、蕹菜、大蒜、洋葱、黄瓜、苦苣、莲藕、韭菜、结球甘蓝、芦笋、山药、豇豆、番茄、花椰菜、菠菜、甜椒、芥蓝、菜用大豆、西葫芦、人参果、春菜、苋菜、辣椒、葱、佛手瓜、樱桃番茄、青花菜、小白菜、紫甘蓝、南瓜、胡萝卜、豆瓣菜、芋、叶芥菜、油麦菜、萝卜、姜、马铃薯、茄子、大白菜、菜豆、菜薹、食荚豌豆、苦瓜、生菜、小油菜、娃娃菜、冬瓜、茼蒿、丝瓜、竹笋、莴笋、甘薯叶和青菜。

根据检出农药品种及频次进行排名，将各项排名前 10 位的蔬菜样品检出情况列表说明，详见表 9-25。

表 9-25　检出农药品种和频次排名前 10 的蔬菜

检出农药品种排名前 10(品种)	①食荚豌豆(8),②小白菜(7),③油麦菜(7),④大白菜(6),⑤番茄(6),⑥菠菜(5),⑦辣椒(5),⑧芹菜(5),⑨花椰菜(3),⑩豇豆(3)
检出农药频次排名前 10(频次)	①油麦菜(26),②食荚豌豆(20),③菠菜(15),④大白菜(14),⑤芹菜(12),⑥番茄(10),⑦豇豆(9),⑧小白菜(8),⑨菜豆(6),⑩花椰菜(6)
检出禁用、高毒及剧毒农药品种排名前 10(品种)	
检出禁用、高毒及剧毒农药频次排名前 10(频次)	

9.4.2　超标农药品种和频次排前 10 的蔬菜

鉴于 MRL 欧盟标准和日本标准制定比较全面且覆盖率较高，我们参照 MRL 中国国家标准、欧盟标准和日本标准衡量蔬菜样品中农残检出情况，将超标农药品种及频次排名前 10 的蔬菜列表说明，详见表 9-26。

表 9-26　超标农药品种和频次排名前 10 的蔬菜

超标农药品种排名前 10(农药品种数)	MRL 中国国家标准	
	MRL 欧盟标准	①小白菜(4),②苋菜(3),③甘薯(2),④胡萝卜(2),⑤豇豆(2),⑥萝卜(2),⑦南瓜(2),⑧芹菜(2),⑨山药(2),⑩食荚豌豆(2)
	MRL 日本标准	①小白菜(4),②豇豆(3),③山药(3),④苋菜(3),⑤菜豆(2),⑥大白菜(2),⑦甘薯(2),⑧胡萝卜(2),⑨辣椒(2),⑩芦笋(2)
超标农药频次排名前 10(农药频次数)	MRL 中国国家标准	
	MRL 欧盟标准	①豇豆(6),②苋菜(6),③油麦菜(6),④芹菜(5),⑤食荚豌豆(5),⑥生菜(4),⑦小白菜(4),⑧甘薯(2),⑨胡萝卜(2),⑩花椰菜(2)
	MRL 日本标准	①豇豆(9),②菜豆(6),③苋菜(6),④芹菜(5),⑤山药(5),⑥食荚豌豆(5),⑦生菜(4),⑧丝瓜(4),⑨小白菜(4),⑩油麦菜(4)

通过对各品种蔬菜样本总数及检出率进行综合分析发现，食荚豌豆、油麦菜和小白菜的残留污染最为严重，在此，我们参照 MRL 中国国家标准、欧盟标准和日本标准对这 3 种蔬菜的农残检出情况进行进一步分析。

9.4.3　农药残留检出率较高的蔬菜样品分析

9.4.3.1　食荚豌豆

这次共检测 4 例食荚豌豆样品，3 例样品中检出了农药残留，检出率为 75.0%，检出农药共计 8 种。其中苯醚甲环唑、氟硅唑、嘧霉胺、戊唑醇和吡虫啉检出频次较高，分别检出了 3、3、3、3 和 2 次。食荚豌豆中农药检出品种和频次见图 9-33，超标农药见图 9-34 和表 9-27。

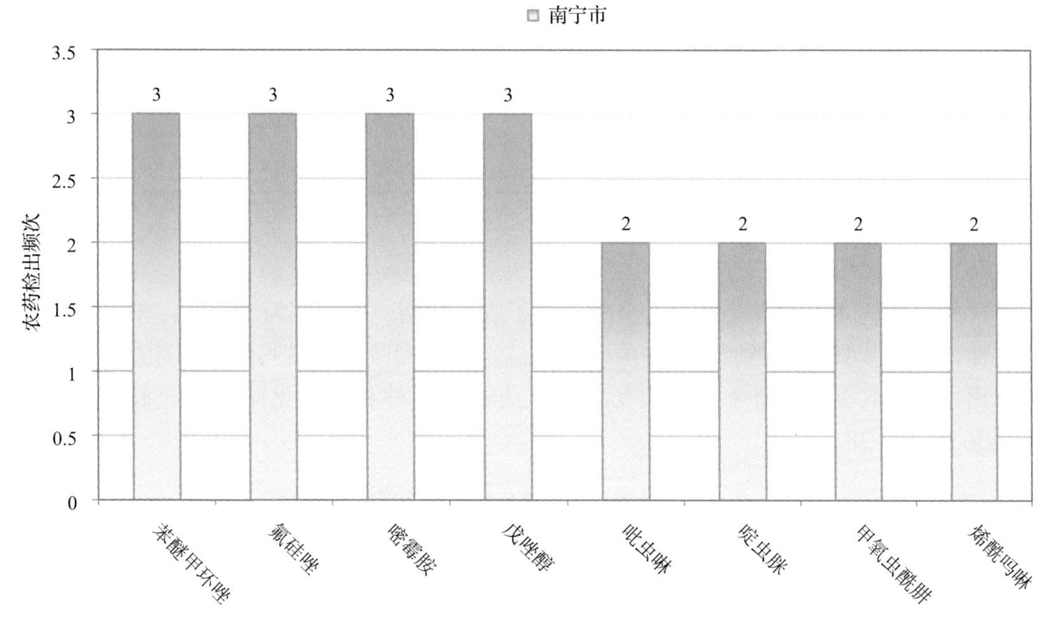

图 9-33　食荚豌豆样品检出农药品种和频次分析(仅列出 2 频次及以上的数据)

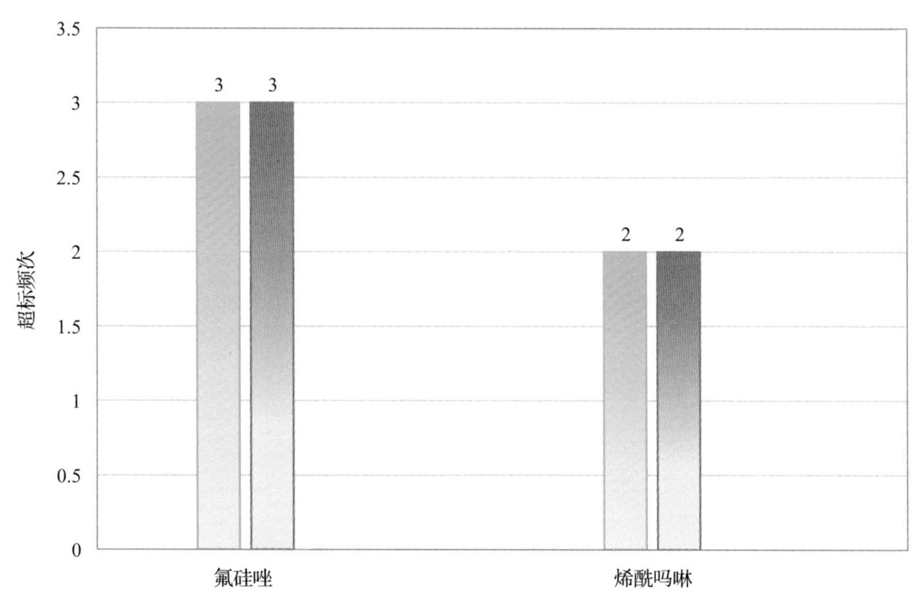

图 9-34　食荚豌豆样品中超标农药分析

表 9-27 食荚豌豆中农药残留超标情况明细表

样品总数			检出农药样品数	样品检出率(%)	检出农药品种总数
4			3	75	8
	超标农药品种	超标农药频次	按照 MRL 中国国家标准、欧盟标准和日本标准衡量超标农药名称及频次		
中国国家标准	0	0			
欧盟标准	2	5	氟硅唑(3),烯酰吗啉(2)		
日本标准	2	5	氟硅唑(3),烯酰吗啉(2)		

9.4.3.2 油麦菜

这次共检测 4 例油麦菜样品，全部检出了农药残留，检出率为 100.0%，检出农药共计 7 种。其中苯醚甲环唑、吡唑醚菌酯、氟硅唑、灭蝇胺和烯酰吗啉检出频次较高，分别检出了 4、4、4、4 和 4 次。油麦菜中农药检出品种和频次见图 9-35，超标农药见图 9-36 和表 9-28。

表 9-28 油麦菜中农药残留超标情况明细表

样品总数			检出农药样品数	样品检出率(%)	检出农药品种总数
4			4	100	7
	超标农药品种	超标农药频次	按照 MRL 中国国家标准、欧盟标准和日本标准衡量超标农药名称及频次		
中国国家标准	0	0			
欧盟标准	2	6	氟硅唑(4),增效醚(2)		
日本标准	1	4	氟硅唑(4)		

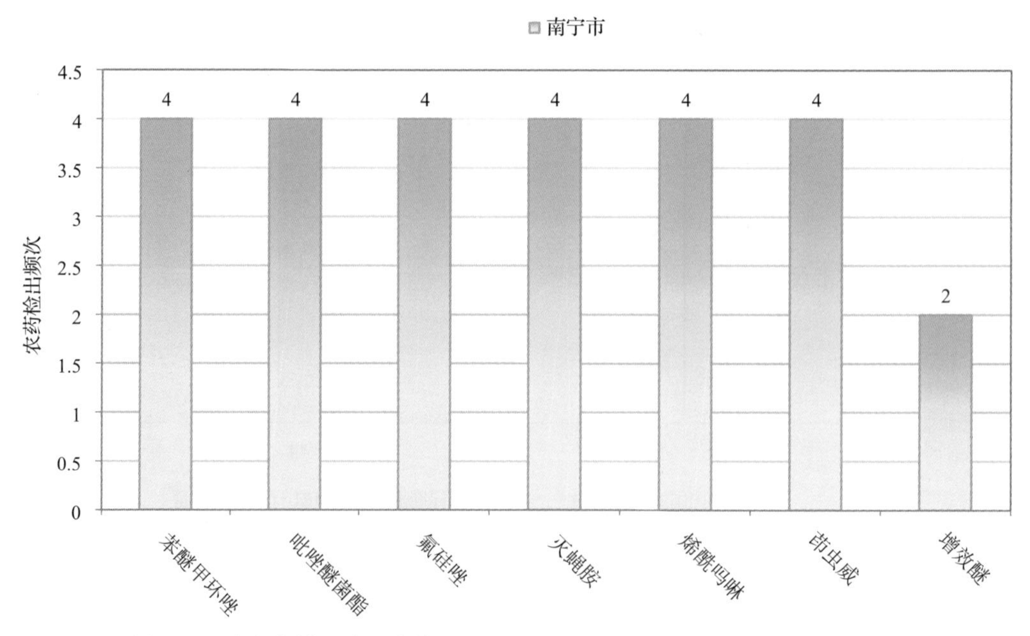

图 9-35 油麦菜样品检出农药品种和频次分析(仅列出 2 频次及以上的数据)

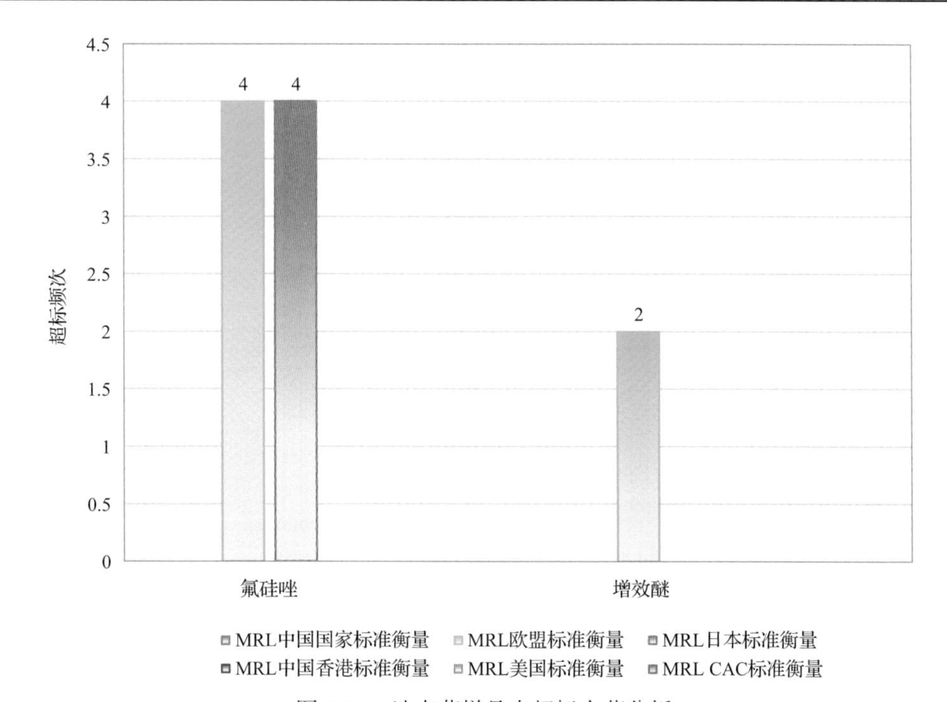

图 9-36 油麦菜样品中超标农药分析

9.4.3.3 小白菜

这次共检测 12 例小白菜样品，3 例样品中检出了农药残留，检出率为 25.0%，检出农药共计 7 种。其中毒死蜱、哒螨灵、啶虫脒、氟硅唑和霜霉威检出频次较高，分别检出了 2、1、1、1 和 1 次。小白菜中农药检出品种和频次见图 9-37，超标农药见图 9-38 和表 9-29。

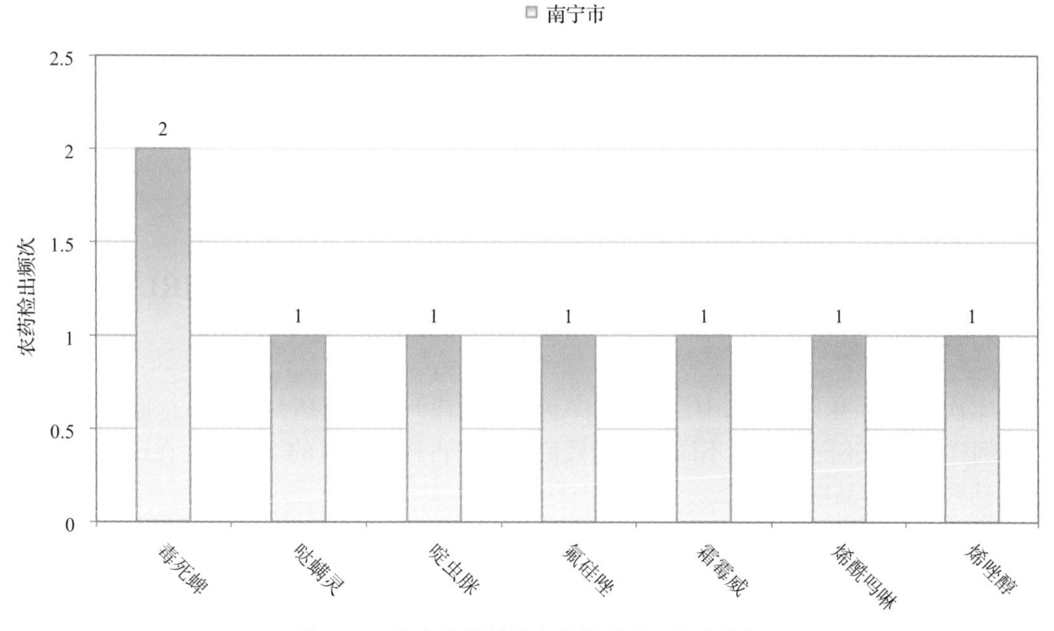

图 9-37 小白菜样品检出农药品种和频次分析

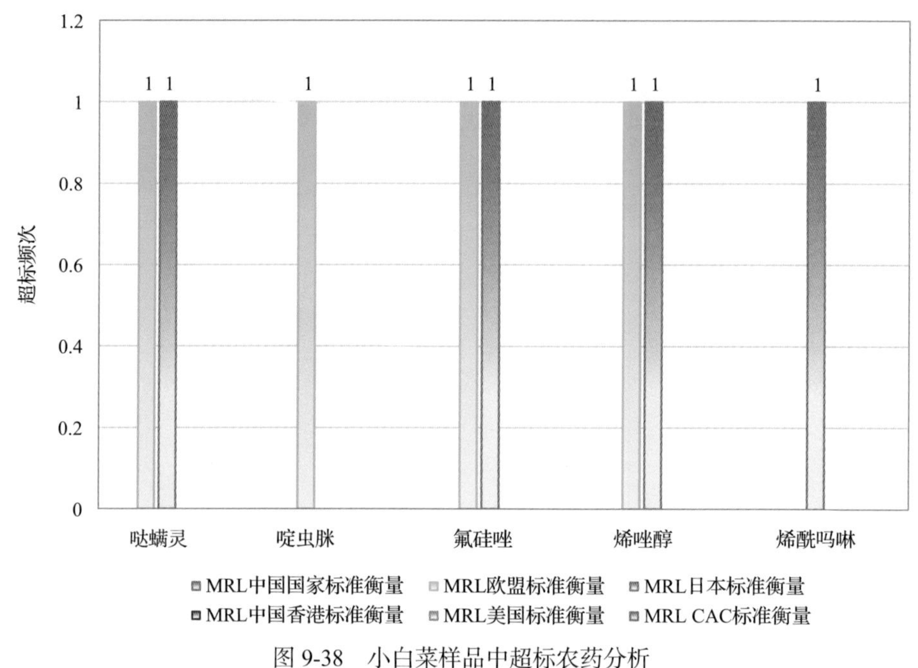

图 9-38　小白菜样品中超标农药分析

表 9-29　小白菜中农药残留超标情况明细表

样品总数			检出农药样品数	样品检出率(%)	检出农药品种总数
12			3	25	7
	超标农药品种	超标农药频次	按照 MRL 中国国家标准、欧盟标准和日本标准衡量超标农药名称及频次		
中国国家标准	0	0			
欧盟标准	4	4	哒螨灵(1),啶虫脒(1),氟硅唑(1),烯唑醇(1)		
日本标准	4	4	哒螨灵(1),氟硅唑(1),烯酰吗啉(1),烯唑醇(1)		

9.5　初 步 结 论

9.5.1　南宁市市售水果蔬菜按 MRL 中国国家标准和国际主要 MRL 标准衡量的合格率

本次侦测的 381 例样品中，260 例样品未检出任何残留农药，占样品总量的 68.2%，121 例样品检出不同水平、不同种类的残留农药，占样品总量的 31.8%。在这 121 例检出农药残留的样品中：

按 MRL 中国国家标准衡量，有 119 例样品检出残留农药但含量没有超标，占样品总数的 31.2%，有 2 例样品检出了超标农药，占样品总数的 0.5%。

按 MRL 欧盟标准衡量，有 66 例样品检出残留农药但含量没有超标，占样品总数的

17.3%，有 55 例样品检出了超标农药，占样品总数的 14.4%。

按 MRL 日本标准衡量，有 53 例样品检出残留农药但含量没有超标，占样品总数的 13.9%，有 68 例样品检出了超标农药，占样品总数的 17.8%。

按 MRL 中国香港标准衡量，有 117 例样品检出残留农药但含量没有超标，占样品总数的 30.7%，有 4 例样品检出了超标农药，占样品总数的 1.0%。

按 MRL 美国标准衡量，有 116 例样品检出残留农药但含量没有超标，占样品总数的 30.4%，有 5 例样品检出了超标农药，占样品总数的 1.3%。

按 MRL CAC 标准衡量，有 120 例样品检出残留农药但含量没有超标，占样品总数的 31.5%，有 1 例样品检出了超标农药，占样品总数的 0.3%。

9.5.2　南宁市市售水果蔬菜中检出农药以中低微毒农药为主，占市场主体的 97.5%

这次侦测的 381 例样品包括调味料 1 种 4 例，谷物 1 种 4 例，食用菌 4 种 103 例，水果 27 种 16 例，蔬菜 57 种 254 例，共检出了 40 种农药，检出农药的毒性以中低微毒为主，详见表 9-30。

表 9-30　市场主体农药毒性分布

毒性	检出品种	占比	检出频次	占比
高毒农药	1	2.5%	2	0.8%
中毒农药	22	55.0%	136	51.7%
低毒农药	7	17.5%	51	19.4%
微毒农药	10	25.0%	74	28.1%
中低微毒农药，品种占比 97.5%，频次占比 99.2%				

9.5.3　检出剧毒、高毒和禁用农药现象应该警醒

在此次侦测的 381 例样品中有 1 种水果的 2 例样品检出了 1 种 2 频次的剧毒和高毒或禁用农药，占样品总量的 0.5%。其中高毒农药氧乐果检出频次较高。

按 MRL 中国国家标准衡量，高毒农药氧乐果，检出 2 次，超标 2 次；按超标程度比较，芒果中氧乐果超标 1.7 倍。

剧毒、高毒或禁用农药的检出情况及按照 MRL 中国国家标准衡量的超标情况见表 9-31。

表 9-31　剧毒、高毒或禁用农药的检出及超标明细

序号	农药名称	样品名称	检出频次	超标频次	最大超标倍数	超标率
1.1	氧乐果◊▲	芒果	2	2	1.73	100.0%
合计			2	2		100.0%

注：超标倍数参照 MRL 中国国家标准衡量

这些超标的剧毒和高毒农药都是中国政府早有规定禁止在水果蔬菜中使用的，为什么还屡次被检出，应该引起警惕。

9.5.4　残留限量标准与先进国家或地区标准差距较大

263 频次的检出结果与我国公布的《食品中农药最大残留限量》(GB 2763—2014) 对比，有 52 频次能找到对应的 MRL 中国国家标准，占 19.8%；还有 211 频次的侦测数据无相关 MRL 标准供参考，占 80.2%。

与国际上现行 MRL 标准对比发现：

有 263 频次能找到对应的 MRL 欧盟标准，占 100.0%；

有 263 频次能找到对应的 MRL 日本标准，占 100.0%；

有 148 频次能找到对应的 MRL 中国香港标准，占 56.3%；

有 122 频次能找到对应的 MRL 美国标准，占 46.4%；

有 66 频次能找到对应的 MRL CAC 标准，占 25.1%；

由上可见，MRL 中国国家标准与先进国家或地区标准还有很大差距，我们无标准，境外有标准，这就会导致我们在国际贸易中，处于受制于人的被动地位。

9.5.5　水果蔬菜单种样品检出 5~12 种农药残留，拷问农药使用的科学性

通过此次监测发现，枣、葡萄和李子是检出农药品种最多的 3 种水果，食荚豌豆、小白菜和油麦菜是检出农药品种最多的 3 种蔬菜，从中检出农药品种及频次详见表 9-32。

表 9-32　单种样品检出农药品种及频次

样品名称	样品总数	检出农药样品数	检出率	检出农药品种数	检出农药(频次)
食荚豌豆	4	3	75.0%	8	苯醚甲环唑(3),氟硅唑(3),嘧霉胺(3),戊唑醇(3),吡虫啉(2),啶虫脒(2),甲氧虫酰肼(2),烯酰吗啉(2)
小白菜	12	3	25.0%	7	毒死蜱(2),哒螨灵(1),啶虫脒(1),氟硅唑(1),霜霉威(1),烯酰吗啉(1),烯唑醇(1)
油麦菜	4	4	100.0%	7	苯醚甲环唑(4),吡唑醚菌酯(4),氟硅唑(4),灭蝇胺(4),烯酰吗啉(4),茚虫威(4),增效醚(2)
枣	4	4	100.0%	12	嘧菌酯(4),吡虫啉(3),毒死蜱(3),多效唑(3),醚菌酯(3),戊唑醇(3),吡唑醚菌酯(2),3,4,5-混杀威(1),苯醚甲环唑(1),噻嗪酮(1),烯酰吗啉(1),异丙威(1)
葡萄	4	1	25.0%	6	苯醚甲环唑(1),喹氧灵(1),嘧菌酯(1),嘧霉胺(1),霜霉威(1),乙嘧酚磺酸酯(1)
李子	4	3	75.0%	5	戊唑醇(2),哒螨灵(1),啶虫脒(1),毒死蜱(1),甲基硫菌灵(1)

上述 6 种水果蔬菜，检出农药 5~12 种，是多种农药综合防治，还是未严格实施农业良好管理规范(GAP)，抑或根本就是乱施药，值得我们思考。

第 10 章　LC-Q-TOF/MS 侦测南宁市市售水果蔬菜农药残留膳食暴露风险与预警风险评估

10.1　农药残留风险评估方法

10.1.1　南宁市农药残留侦测数据分析与统计

庞国芳院士科研团队建立的农药残留高通量侦测技术以高分辨精确质量数(0.0001 *m/z* 为基准)为识别标准，采用 LC-Q-TOF/MS 技术对 565 种农药化学污染物进行侦测。

科研团队于 2016 年 9 月~2017 年 4 月在南宁市所属 4 个区的 4 个采样点，随机采集了 381 例水果蔬菜样品，采样点分布在超市和农贸市场，具体位置如图 10-1 所示，各月内水果蔬菜样品采集数量如表 10-1 所示。

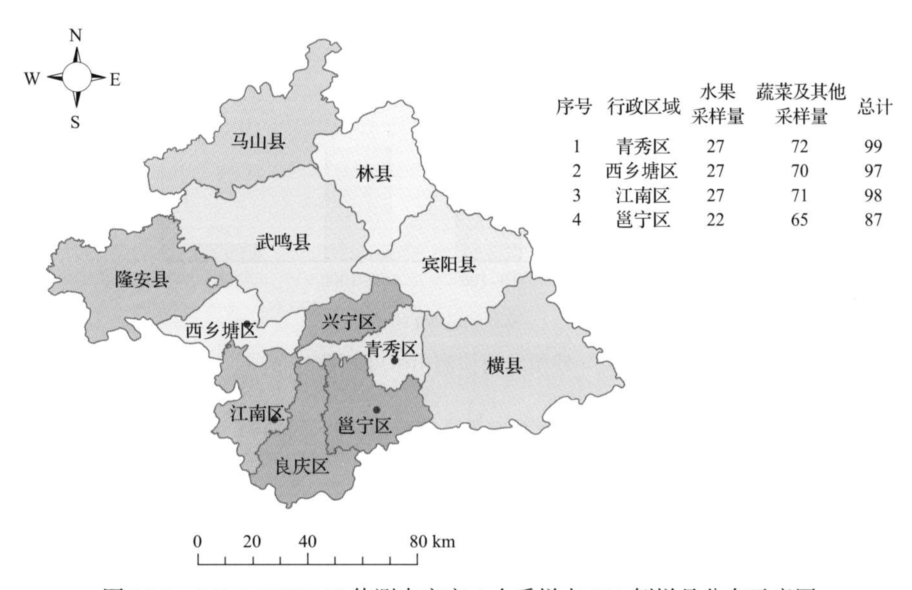

图 10-1　LC-Q-TOF/MS 侦测南宁市 4 个采样点 381 例样品分布示意图

表 10-1　南宁市各月内采集水果蔬菜样品数列表

时间	样品数(例)
2016 年 9 月	177
2016 年 10 月	165
2017 年 3 月	36
2017 年 4 月	3

利用 LC-Q-TOF/MS 技术对 381 例样品中的农药进行侦测，侦测出残留农药 40 种，263 频次。侦测出农药残留水平如表 10-2 和图 10-2 所示。检出频次最高的前十种农药如表 10-3 所示。从检测结果中可以看出，在水果蔬菜中农药残留普遍存在，且有些水果蔬菜存在高浓度的农药残留，这些可能存在膳食暴露风险，对人体健康产生危害，因此，为了定量地评价水果蔬菜中农药残留的风险程度，有必要对其进行风险评价。

表 10-2　侦测出农药的不同残留水平及其所占比例列表

残留水平(μg/kg)	检出频次	占比(%)
5~10(含)	2	0.8
10~100(含)	185	70.3
100~1000(含)	66	25.1
>1000	10	3.8
合计	263	100

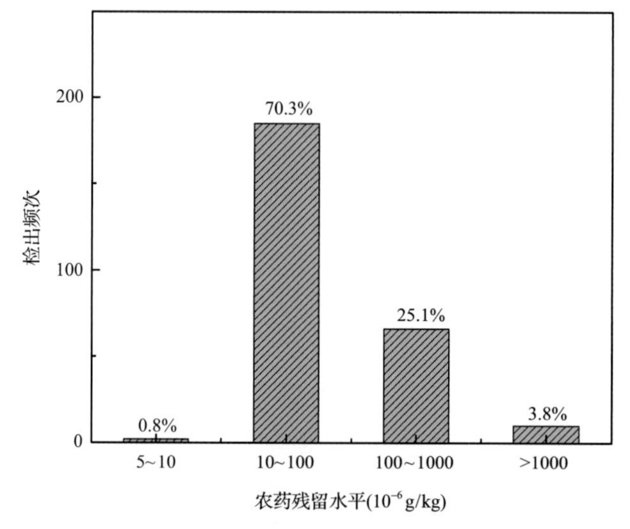

图 10-2　残留农药侦测出浓度频数分布图

表 10-3　检出频次最高的前 10 种农药列表

序号	农药	检出频次
1	烯酰吗啉	28
2	多菌灵	26
3	毒死蜱	24
4	苯醚甲环唑	18
5	吡唑醚菌酯	13
6	嘧菌酯	13
7	戊唑醇	13
8	氟硅唑	12
9	哒螨灵	12
10	啶虫脒	9

10.1.2　农药残留风险评价模型

对南宁市水果蔬菜中农药残留分别开展暴露风险评估和预警风险评估。膳食暴露风险评估利用食品安全指数模型对水果蔬菜中的残留农药对人体可能产生的危害程度进行评价，该模型结合残留监测和膳食暴露评估评价化学污染物的危害；预警风险评价模型运用风险系数(risk index，*R*)，风险系数综合考虑了危害物的超标率、施检频率及其本身敏感性的影响，能直观而全面地反映出危害物在一段时间内的风险程度。

10.1.2.1　食品安全指数模型

为了加强食品安全管理，《中华人民共和国食品安全法》第二章第十七条规定“国家建立食品安全风险评估制度，运用科学方法，根据食品安全风险监测信息、科学数据以及有关信息，对食品、食品添加剂、食品相关产品中生物性、化学性和物理性危害因素进行风险评估”[1]，膳食暴露评估是食品危险度评估的重要组成部分，也是膳食安全性的衡量标准[2]。国际上最早研究膳食暴露风险评估的机构主要是 JMPR(FAO、WHO 农药残留联合会议)，该组织自 1995 年就已制定了急性毒性物质的风险评估急性毒性农药残留摄入量的预测。1960 年美国规定食品中不得加入致癌物质进而提出零阈值理论，渐渐零阈值理论发展成在一定概率条件下可接受风险的概念[3]，后衍变为食品中每日允许最大摄入量(ADI)，而国际食品农药残留法典委员会(CCPR)认为 ADI 不是独立风险评估的唯一标准[4]，1995 年 JMPR 开始研究农药急性膳食暴露风险评估，并对食品国际短期摄入量的计算方法进行了修正，亦对膳食暴露评估准则及评估方法进行了修正[5]，2002 年，在对世界上现行的食品安全评价方法，尤其是国际公认的 CAC 的评价方法、全球环境监测系统/食品污染监测和评估规划(WHO GEMS/Food)及 FAO、WHO 食品添加剂联合专家委员会(JECFA)和 JMPR 对食品安全风险评估工作研究的基础之上，检验检疫食品安全管理的研究人员提出了结合残留监控和膳食暴露评估，以食品安全指数 IFS 计算食品中各种化学污染物对消费者的健康危害程度[6]。IFS 是表示食品安全状态的新方法，可有效地评价某种农药的安全性，进而评价食品中各种农药化学污染物对消费者健康的整体危害程度[7, 8]。从理论上分析，IFS_c 可指出食品中的污染物 c 对消费者健康是否存在危害及危害的程度[9]。其优点在于操作简单且结果容易被接受和理解，不需要大量的数据来对结果进行验证，使用默认的标准假设或者模型即可[10, 11]。

1) IFS_c 的计算

IFS_c 计算公式如下：

$$IFS_c = \frac{EDI_c \times f}{SI_c \times bw} \tag{10-1}$$

式中，c 为所研究的农药；EDI_c 为农药 c 的实际日摄入量估算值，等于 $\sum(R_i \times F_i \times E_i \times P_i)$ (*i* 为食品种类；R_i 为食品 *i* 中农药 c 的残留水平，mg/kg；F_i 为食品 *i* 的估计日消费量，g/(人·天)；E_i 为食品 *i* 的可食用部分因子；P_i 为食品 *i* 的加工处理因子)；SI_c 为安全摄入量，可采用每日允许最大摄入量 ADI；bw 为人平均体重，kg；f 为校正因子，如果安全摄入量采用 ADI，则 f 取 1。

$IFS_c \ll 1$，农药 c 对食品安全没有影响；$IFS_c \leqslant 1$，农药 c 对食品安全的影响可以接受；$IFS_c > 1$，农药 c 对食品安全的影响不可接受。

本次评价中：

$IFS_c \leqslant 0.1$，农药 c 对水果蔬菜安全没有影响；

$0.1 < IFS_c \leqslant 1$，农药 c 对水果蔬菜安全的影响可以接受；

$IFS_c > 1$，农药 c 对水果蔬菜安全的影响不可接受。

本次评价中残留水平 R_i 取值为中国检验检疫科学研究院庞国芳院士课题组利用以高分辨精确质量数（0.0001 m/z）为基准的 GC-Q-TOF/MS 侦测技术于 2016 年 9 月~2017 年 4 月对南宁市水果蔬菜农药残留的侦测结果，估计日消费量 F_i 取值 0.38 kg/（人·天），E_i=1，P_i=1，f=1，SI_c 采用《食品安全国家标准　食品中农药最大残留限量》（GB 2763—2016）中 ADI 值（具体数值见表 10-4），人平均体重（bw）取值 60 kg。

表 10-4　南宁市水果蔬菜中侦测出农药的 ADI 值

序号	农药	ADI	序号	农药	ADI
1	醚菌酯	0.4	21	丙溴磷	0.03
2	霜霉威	0.4	22	多菌灵	0.03
3	喹氧灵	0.2	23	戊唑醇	0.03
4	嘧菌酯	0.2	24	抑霉唑	0.03
5	嘧霉胺	0.2	25	苯醚甲环唑	0.01
6	烯酰吗啉	0.2	26	哒螨灵	0.01
7	增效醚	0.2	27	毒死蜱	0.01
8	多效唑	0.1	28	噁霜灵	0.01
9	甲氧虫酰肼	0.1	29	茚虫威	0.01
10	噻虫胺	0.1	30	噻嗪酮	0.009
11	噻菌灵	0.1	31	氟硅唑	0.007
12	甲基硫菌灵	0.08	32	烯唑醇	0.005
13	噻虫嗪	0.08	33	异丙威	0.002
14	莠灭净	0.072	34	鱼藤酮	0.0004
15	啶虫脒	0.07	35	氧乐果	0.0003
16	吡虫啉	0.06	36	3,4,5-混杀威	—
17	灭蝇胺	0.06	37	胺菊酯	—
18	三环唑	0.04	38	甲哌	—
19	异稻瘟净	0.035	39	乙嘧酚磺酸酯	—
20	吡唑醚菌酯	0.03	40	异噁酰草胺	—

注：“—”表示为国家标准中无 ADI 值规定；ADI 值单位为 mg/kg bw

2) 计算 IFS_c 的平均值 $\overline{IFS}$，评价农药对食品安全的影响程度

以 $\overline{IFS}$ 评价各种农药对人体健康危害的总程度，评价模型见公式(10-2)。

$$\overline{IFS} = \frac{\sum_{i=1}^{n} IFS_c}{n} \tag{10-2}$$

$\overline{IFS} \ll 1$，所研究消费者人群的食品安全状态很好；$\overline{IFS} \leqslant 1$，所研究消费者人群的食品安全状态可以接受；$\overline{IFS} > 1$，所研究消费者人群的食品安全状态不可接受。

本次评价中：

$\overline{IFS} \leqslant 0.1$，所研究消费者人群的水果蔬菜安全状态很好；

$0.1 < \overline{IFS} \leqslant 1$，所研究消费者人群的水果蔬菜安全状态可以接受；

$\overline{IFS} > 1$，所研究消费者人群的水果蔬菜安全状态不可接受。

10.1.2.2 预警风险评估模型

2003 年，我国检验检疫食品安全管理的研究人员根据 WTO 的有关原则和我国的具体规定，结合危害物本身的敏感性、风险程度及其相应的施检频率，首次提出了食品中危害物风险系数 R 的概念[12]。R 是衡量一个危害物的风险程度大小最直观的参数，即在一定时期内其超标率或阳性检出率的高低，但受其施检测率的高低及其本身的敏感性(受关注程度)影响。该模型综合考察了农药在蔬菜中的超标率、施检频率及其本身敏感性，能直观而全面地反映出农药在一段时间内的风险程度[13]。

1) R 计算方法

危害物的风险系数综合考虑了危害物的超标率或阳性检出率、施检频率和其本身的敏感性影响，并能直观而全面地反映出危害物在一段时间内的风险程度。风险系数 R 的计算公式如式(10-3)：

$$R = aP + \frac{b}{F} + S \tag{10-3}$$

式中，P 为该种危害物的超标率；F 为危害物的施检频率；S 为危害物的敏感因子；a, b 分别为相应的权重系数。

本次评价中 F=1；S=1；a =100；b =0.1，对参数 P 进行计算，计算时首先判断是否为禁用农药，如果为非禁用农药，P=超标的样品数(侦测出的含量高于食品最大残留限量标准值，即 MRL)除以总样品数(包括超标、不超标、未检出)；如果为禁用农药，则检出即为超标，P=能检出的样品数除以总样品数。判断南宁市水果蔬菜农药残留是否超标的标准限值 MRL 分别以 MRL 中国国家标准[14]和 MRL 欧盟标准作为对照，具体值列于本报告附表一中。

2) 评价风险程度

$R \leqslant 1.5$，受检农药处于低度风险；

$1.5 < R \leq 2.5$，受检农药处于中度风险；

$R > 2.5$，受检农药处于高度风险。

10.1.2.3 食品膳食暴露风险和预警风险评估应用程序的开发

1）应用程序开发的步骤

为成功开发膳食暴露风险和预警风险评估应用程序，与软件工程师多次沟通讨论，逐步提出并描述清楚计算需求，开发了初步应用程序。为明确出不同水果蔬菜、不同农药、不同地域和不同季节的风险水平，向软件工程师提出不同的计算需求，软件工程师对计算需求进行逐一地分析，经过反复的细节沟通，需求分析得到明确后，开始进行解决方案的设计，在保证需求的完整性、一致性的前提下，编写出程序代码，最后设计出满足需求的风险评估专用计算软件，并通过一系列的软件测试和改进，完成专用程序的开发。软件开发基本步骤见图 10-3。

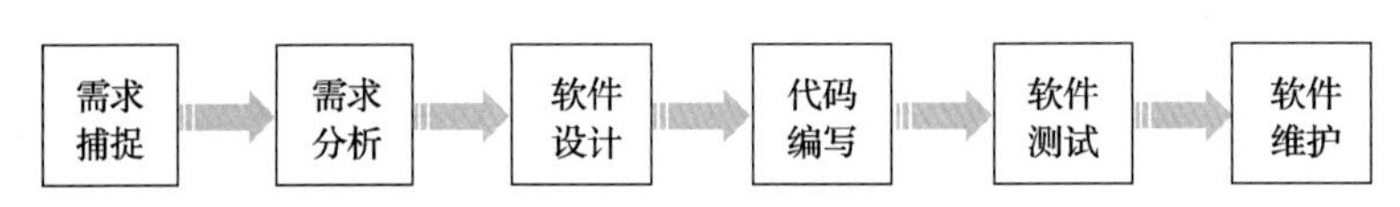

图 10-3　专用程序开发总体步骤

2）膳食暴露风险评估专业程序开发的基本要求

首先直接利用公式（10-1），分别计算 LC-Q-TOF/MS 和 GC-Q-TOF/MS 仪器侦测出的各水果蔬菜样品中每种农药 IFS_c，将结果列出。为考察超标农药和禁用农药的使用安全性，分别以我国《食品安全国家标准　食品中农药最大残留限量》（GB 2763—2016）和欧盟食品中农药最大残留限量（以下简称 MRL 中国国家标准和 MRL 欧盟标准）为标准，对侦测出的禁用农药和超标的非禁用农药 IFS_c 单独进行评价；按 IFS_c 大小列表，并找出 IFS_c 值排名前 20 的样本重点关注。

对不同水果蔬菜 i 中每一种侦测出的农药 c 的安全指数进行计算，多个样品时求平均值。若监测数据为该市多个月的数据，则逐月、逐季度分别列出每个月、每个季度内每一种水果蔬菜 i 对应的每一种农药 c 的 IFS_c。

按农药种类，计算整个监测时间段内每种农药的 IFS_c，不区分水果蔬菜。若检测数据为该市多个月的数据，则需分别计算每个月、每个季度内每种农药的 IFS_c。

3）预警风险评估专业程序开发的基本要求

分别以 MRL 中国国家标准和 MRL 欧盟标准，按公式（10-3）逐个计算不同水果蔬菜、不同农药的风险系数，禁用农药和非禁用农药分别列表。

为清楚了解各种农药的预警风险，不分时间，不分水果蔬菜，按禁用农药和非禁用农药分类，分别计算各种侦测出农药全部检测时段内风险系数。由于有 MRL 中国国家标准的农药种类太少，无法计算超标数，非禁用农药的风险系数只以 MRL 欧盟标准为标准，进行计算。若检测数据为多个月的，则按月计算每个月、每个季度内每种禁用农药残留的风险系数和以 MRL 欧盟标准为标准的非禁用农药残留的风险系数。

4) 风险程度评价专业应用程序的开发方法

采用 Python 计算机程序设计语言，Python 是一个高层次地结合了解释性、编译性、互动性和面向对象的脚本语言。风险评价专用程序主要功能包括：分别读入每例样品 LC-Q-TOF/MS 和 GC-Q-TOF/MS 农药残留检测数据，根据风险评价工作要求，依次对不同农药、不同食品、不同时间、不同采样点的 IFS_c 值和 R 值分别进行数据计算，筛选出禁用农药、超标农药(分别与 MRL 中国国家标准、MRL 欧盟标准限值进行对比)单独重点分析，再分别对各农药、各水果蔬菜种类分类处理，设计出计算和排序程序，编写计算机代码，最后将生成的膳食暴露风险评估和超标风险评估定量计算结果列入设计好的各个表格中，并定性判断风险对目标的影响程度，直接用文字描述风险发生的高低，如“不可接受”、“可以接受”、“没有影响”、“高度风险”、“中度风险”、“低度风险”。

10.2　LC-Q-TOF/MS 侦测南宁市市售水果蔬菜农药残留膳食暴露风险评估

10.2.1　每例水果蔬菜样品中农药残留安全指数分析

基于农药残留侦测数据，发现在 381 例样品中侦测出农药 263 频次，计算样品中每种残留农药的安全指数 IFS_c，并分析农药对样品安全的影响程度，结果详见附表二，农药残留对水果蔬菜样品安全的影响程度频次分布情况如图 10-4 所示。

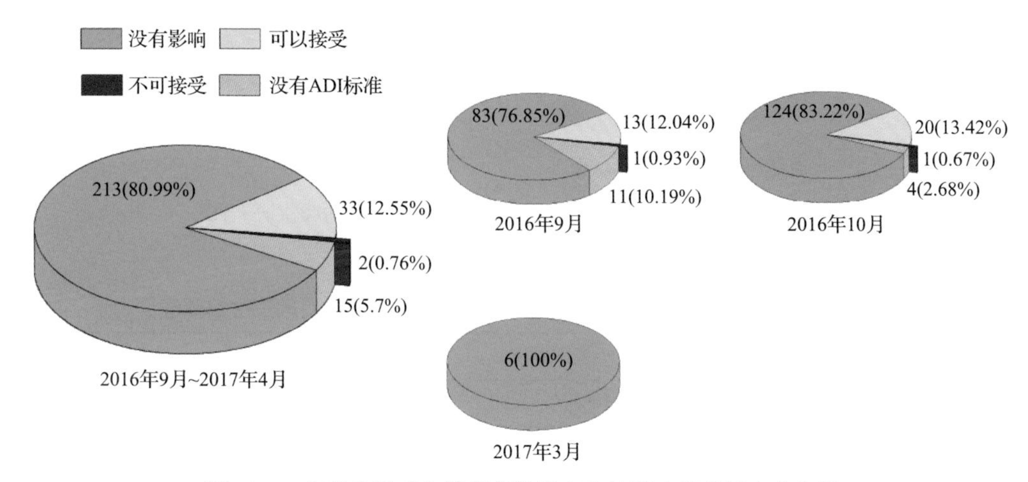

图 10-4　农药残留对水果蔬菜样品安全的影响程度频次分布图

由图 10-4 可以看出，农药残留对样品安全的影响不可接受的频次为 2，占 0.76%；农药残留对样品安全的影响可以接受的频次为 33，占 12.55%；农药残留对样品安全没有影响的频次为 213，占 80.99%。分析发现，在 2016 年 9 月、2016 年 10 月内分别有一种农药对样品安全影响不可接受，在 2017 年 3 月内农药对样品安全的影响在没有影响的范围内，2017 年 4 月内未侦测出农药残留。表 10-5 为水果蔬菜样品中安全指数不可接受的农药残留列表。

表 10-5 水果蔬菜样品中安全影响不可接受的农药残留列表

序号	样品编号	采样点	基质	农药	含量(mg/kg)	IFS_c
1	20161016-450100-SZCIQ-HC-02A	***超市(金湖店)	花椰菜	哒螨灵	1.852	1.1729
2	20160930-450100-SZCIQ-MG-02A	***超市(金湖店)	芒果	氧乐果	0.0546	1.1527

部分样品侦测出禁用农药 1 种 2 频次，为了明确残留的禁用农药对样品安全的影响，分析侦测出禁用农药残留的样品安全指数，禁用农药残留对水果蔬菜样品安全的影响程度频次分布情况如图 10-5 所示，农药残留对样品安全的影响不可接受的频次为 1，占 50%；农药残留对样品安全的影响可以接受的频次为 1，占 50%。由图中可以看出 2016 年 10 月和 2017 年 3 月内的水果蔬菜中未侦测出禁用农药残留，2016 年 9 月内有一种禁用农药对样品安全影响不可接受。表 10-6 列出了水果蔬菜样品中侦测出的禁用农药残留不可接受的安全指数表。

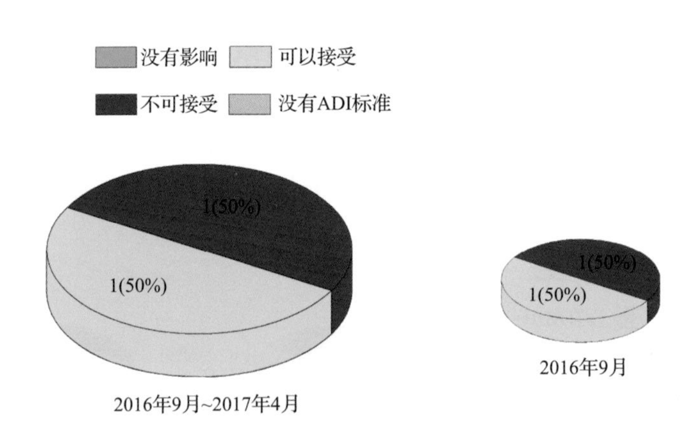

图 10-5 禁用农药对水果蔬菜样品安全影响程度的频次分布图

表 10-6 水果蔬菜样品中侦测出的禁用农药残留不可接受的安全指数表

序号	样品编号	采样点	基质	农药	含量(mg/kg)	IFS_c
1	20160930-450100-SZCIQ-MG-02A	***超市(金湖店)	芒果	氧乐果	0.0546	1.1527

此外，本次侦测发现部分样品中非禁用农药残留量超过了 MRL 中国国家标准和欧盟标准，为了明确超标的非禁用农药对样品安全的影响，分析了非禁用农药残留超标的

样品安全指数。

侦测出超过 MRL 中国国家标准的非禁用农药共 1 频次，其对样品安全的影响为可以接受。表 10-7 为水果蔬菜样品中侦测出的非禁用农药残留安全指数表。

表 10-7 水果蔬菜样品中侦测出的非禁用农药残留安全指数表(MRL 中国国家标准)

序号	样品编号	采样点	基质	农药	含量 (mg/kg)	中国国家标准	IFS_c	影响程度
1	20161005-450100-SZCIQ-GP-04A	***市场	葡萄	苯醚甲环唑	0.5137	0.5	0.3253	可以接受

残留量超过 MRL 欧盟标准的非禁用农药对水果蔬菜样品安全的影响程度频次分布情况如图 10-6 所示。可以看出超过 MRL 欧盟标准的非禁用农药共 76 频次，其中农药没有 ADI 的频次为 11，占 14.47%；农药残留对样品安全不可接受的频次为 1，占 1.32%；农药残留对样品安全的影响可以接受的频次为 27，占 35.53%；农药残留对样品安全没有影响的频次为 37，占 48.68%。表 10-8 为水果蔬菜样品中不可接受的残留超标非禁用农药安全指数列表。

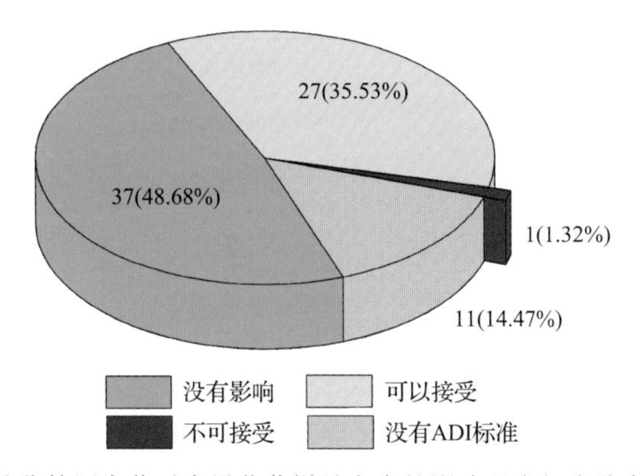

图 10-6 残留超标的非禁用农药对水果蔬菜样品安全的影响程度频次分布图(MRL 欧盟标准)

表 10-8 对水果蔬菜样品中不可接受的残留超标非禁用农药安全指数列表(MRL 欧盟标准)

序号	样品编号	采样点	基质	农药	含量 (mg/kg)	欧盟标准	IFS_c
1	20161016-450100-SZCIQ-HC-02A	***超市(金湖店)	花椰菜	哒螨灵	1.852	0.05	1.1729

在 381 例样品中，260 例样品未侦测出农药残留，121 例样品中侦测出农药残留，计算每例有农药侦测出样品的 $\overline{IFS}$ 值，进而分析样品的安全状态结果如图 10-7 所示(未侦测出农药的样品安全状态视为很好)。可以看出，11.57%的样品安全状态可以接受；82.64%的样品安全状态很好。此外，可以看出各月份内的样品安全状态均在很好和可以

接受的范围内。表 10-9 为水果蔬菜安全指数排名前 10 的样品列表。

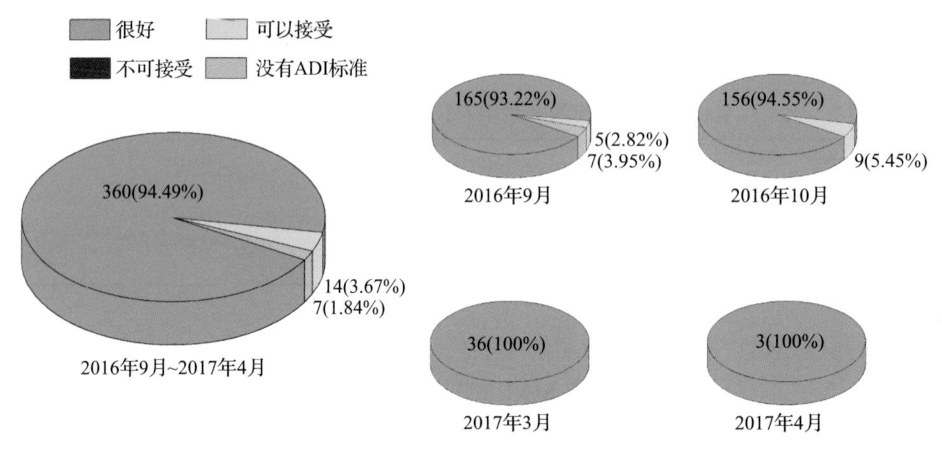

图 10-7　水果蔬菜样品安全状态分布图

表 10-9　水果蔬菜安全指数排名前 10 的样品列表

序号	样品编号	采样点	基质	$\overline{IFS}$	安全状态
1	20160930-450100-SZCIQ-MG-04A	***市场	芒果	0.9648	可以接受
2	20160930-450100-SZCIQ-MG-02A	***超市（金湖店）	芒果	0.4181	可以接受
3	20161016-450100-SZCIQ-HC-02A	***超市（金湖店）	花椰菜	0.3943	可以接受
4	20161016-450100-SZCIQ-HC-01A	***市场	花椰菜	0.3470	可以接受
5	20160930-450100-SZCIQ-SZ-02A	***超市（金湖店）	山竹	0.2823	可以接受
6	20161018-450100-SZCIQ-PB-04A	***市场	小白菜	0.2298	可以接受
7	20161005-450100-SZCIQ-LE-01A	***市场	生菜	0.2038	可以接受
8	20161005-450100-SZCIQ-LE-03A	***超市（友爱店）	生菜	0.1876	可以接受
9	20161018-450100-SZCIQ-AM-03A	***超市（友爱店）	苋菜	0.1790	可以接受
10	20161018-450100-SZCIQ-AM-01A	***市场	苋菜	0.1667	可以接受

10.2.2　单种水果蔬菜中农药残留安全指数分析

本次 90 种水果蔬菜共侦测出 40 种农药，检出频次为 263 次，其中 5 种农药残留没有 ADI 标准，35 种农药存在 ADI 标准。40 种水果蔬菜未侦测出任何农药，3 种水果蔬菜（南瓜、娃娃菜和萝卜）侦测出农药残留全部没有 ADI 标准，对其他的 47 种水果蔬菜按不同种类分别计算侦测出的具有 ADI 标准的各种农药的 IFS_c 值，农药残留对水果蔬菜的安全指数分布图如图 10-8 所示。

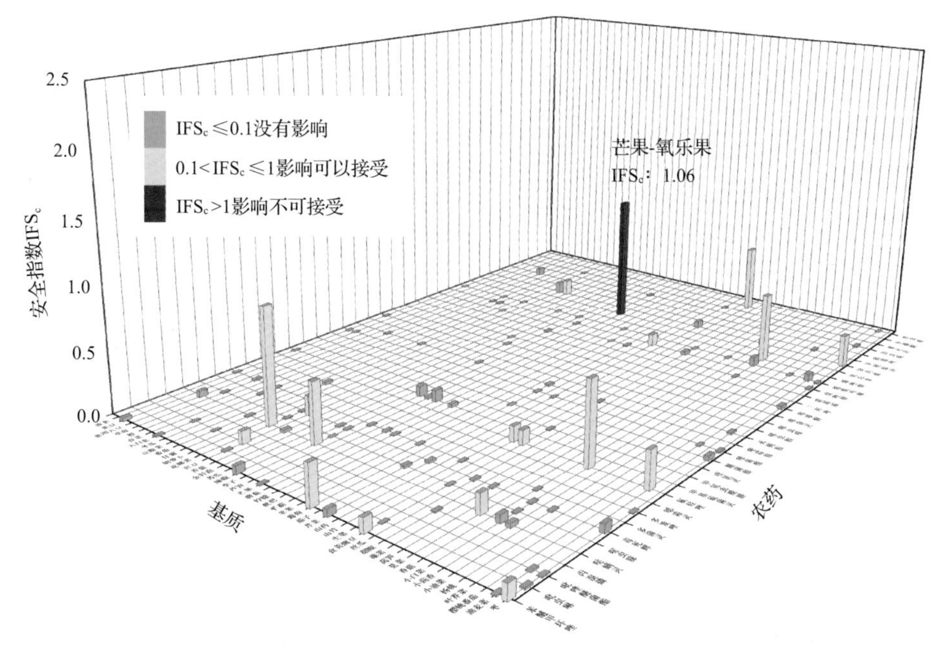

图10-8 47种水果蔬菜中35种残留农药的安全指数分布图

分析发现芒果中的氧乐果残留对食品安全影响不可接受，如表10-10所示。

表10-10 单种水果蔬菜中安全影响不可接受的残留农药安全指数表

序号	基质	农药	检出频次	检出率(%)	IFS>1的频次	IFS>1的比例(%)	IFS_c
1	芒果	氧乐果	2	0.5	1	0.25	1.0587

本次侦测中，50种水果蔬菜和40种残留农药(包括没有ADI标准)共涉及134个分析样本，农药对单种水果蔬菜安全的影响程度分布情况如图10-9所示。可以看出，77.61%的样本中农药对水果蔬菜安全没有影响，12.69%的样本中农药对水果蔬菜安全的影响可以接受，0.75%的样本中农药对水果蔬菜安全的影响不可接受。

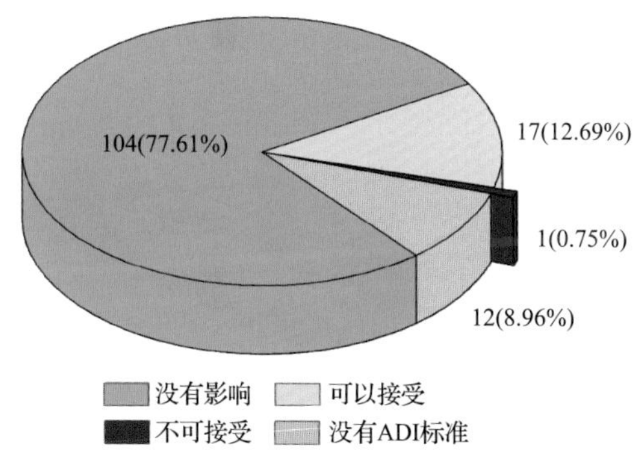

图10-9 134个分析样本的安全影响程度频次分布图

此外，分别计算47种水果蔬菜中所有侦测出农药IFS_c的平均值$\overline{IFS}$，分析每种水果蔬菜的安全状态，结果如图10-10所示，分析发现，47种水果蔬菜的安全状态均在可以接受和很好的范围内；其中，8 种水果蔬菜（17.02%）的安全状态可以接受，39 种（82.98%）水果蔬菜的安全状态很好。

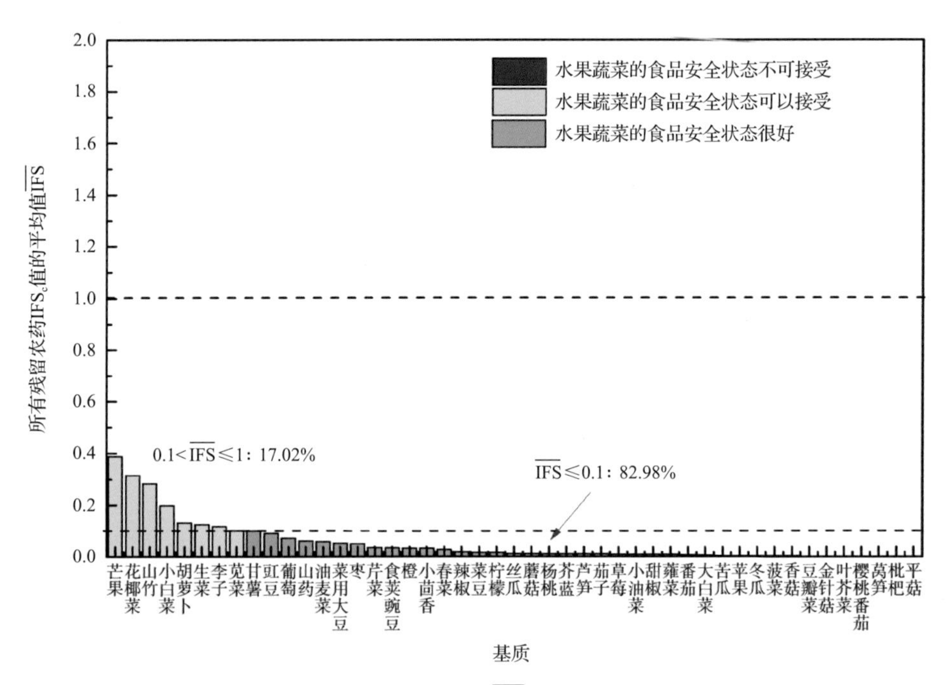

图 10-10　47 种水果蔬菜的 $\overline{IFS}$ 值和安全状态统计图

对每个月内每种水果蔬菜中农药的 IFS_c 进行分析，并计算每月内每种水果蔬菜的 $\overline{IFS}$ 值，以评价每种水果蔬菜的安全状态，结果如图 10-11 所示，可以看出，各月份的所有水果蔬菜的安全状态均处于很好和可以接受的范围内，各月份内单种水果蔬菜安全状态统计情况如图 10-12 所示。

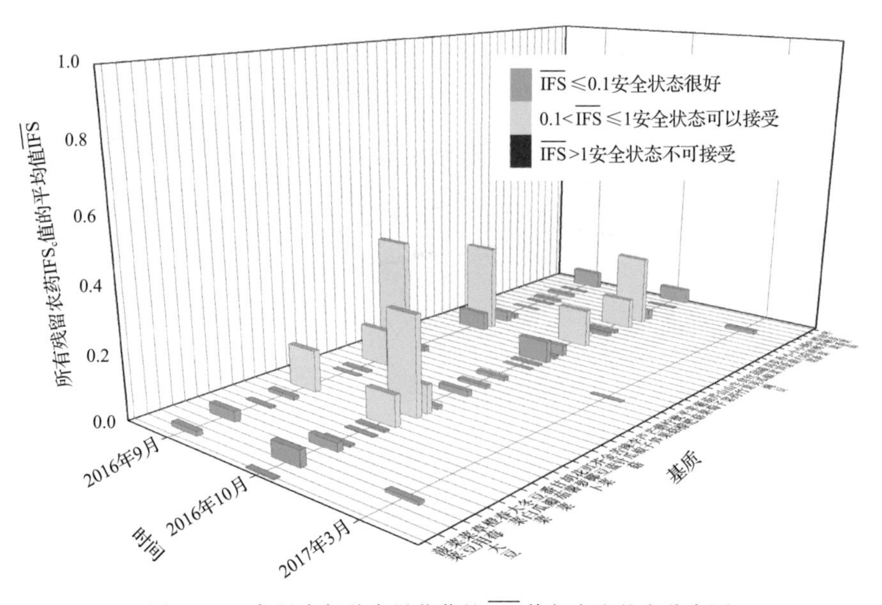

图 10-11　各月内每种水果蔬菜的 $\overline{IFS}$ 值与安全状态分布图

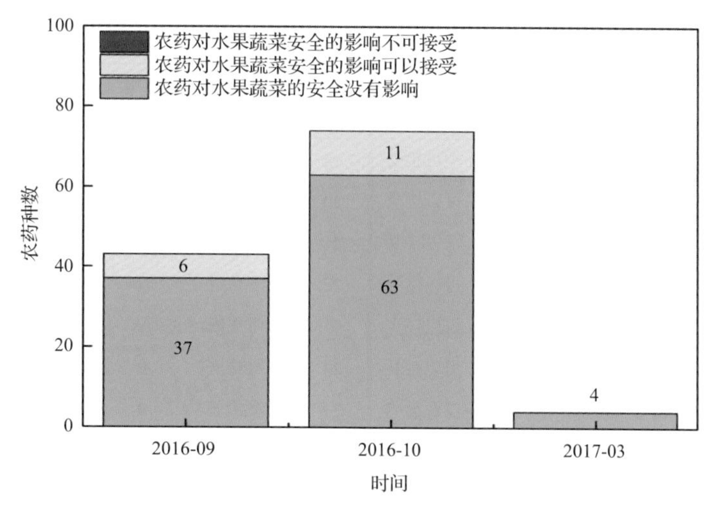

图 10-12　各月份内单种水果蔬菜安全状态统计图

10.2.3　所有水果蔬菜中农药残留安全指数分析

计算所有水果蔬菜中 35 种农药的 $\overline{IFS}_c$ 值，结果如图 10-13 及表 10-11 所示。

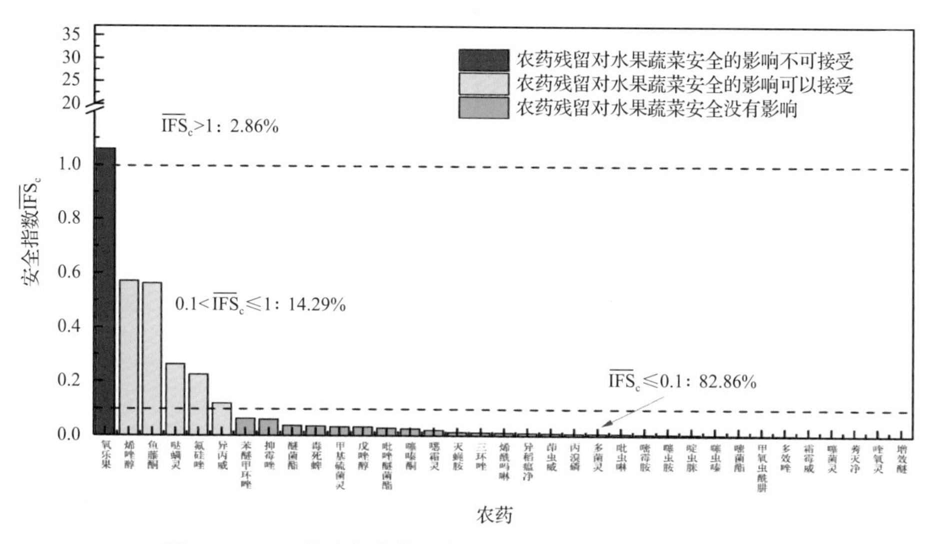

图 10-13　35 种残留农药对水果蔬菜的安全影响程度统计图

分析发现，只有氧乐果的 $\overline{IFS}_c$ 大于 1，其他农药的 $\overline{IFS}_c$ 均小于 1，说明氧乐果对水果蔬菜安全的影响不可接受，其他农药对水果蔬菜安全的影响均在没有影响和可以接受的范围内，其中 14.29%的农药对水果蔬菜安全的影响可以接受，82.86%的农药对水果蔬菜安全没有影响。

对每个月内所有水果蔬菜中残留农药的 $\overline{IFS}_c$ 进行分析，结果如图 10-14 所示。分析发现，2016 年 9 月的氧乐果对水果蔬菜安全的影响不可接受，2016 年 10 月和 2017 年 3 月份的所有农药对水果蔬菜安全的影响均处于没有影响和可以接受的范围内。每月内不同农药对水果蔬菜安全影响程度的统计如图 10-15 所示。

表 10-11　水果蔬菜中 35 种农药残留的安全指数表

序号	农药	检出频次	检出率(%)	$\overline{IFS}_c$	影响程度	序号	农药	检出频次	检出率(%)	$\overline{IFS}_c$	影响程度
1	氧乐果	2	0.76	1.0587	不可接受	19	异稻瘟净	1	0.38	0.0103	没有影响
2	烯唑醇	1	0.38	0.5711	可以接受	20	茚虫威	5	1.90	0.0097	没有影响
3	鱼藤酮	1	0.38	0.5621	可以接受	21	丙溴磷	2	0.76	0.0087	没有影响
4	哒螨灵	12	4.56	0.2622	可以接受	22	多菌灵	26	9.89	0.0084	没有影响
5	氟硅唑	12	4.56	0.2249	可以接受	23	吡虫啉	8	3.04	0.0080	没有影响
6	异丙威	5	1.90	0.1184	可以接受	24	嘧霉胺	9	3.42	0.0061	没有影响
7	苯醚甲环唑	18	6.84	0.0623	没有影响	25	噻虫胺	4	1.52	0.0059	没有影响
8	抑霉唑	1	0.38	0.0590	没有影响	26	啶虫脒	9	3.42	0.0055	没有影响
9	醚菌酯	3	1.14	0.0373	没有影响	27	噻虫嗪	3	1.14	0.0043	没有影响
10	毒死蜱	24	9.13	0.0357	没有影响	28	嘧菌酯	13	4.94	0.0033	没有影响
11	甲基硫菌灵	7	2.66	0.0323	没有影响	29	甲氧虫酰肼	2	0.76	0.0026	没有影响
12	戊唑醇	13	4.94	0.0323	没有影响	30	多效唑	3	1.14	0.0025	没有影响
13	吡唑醚菌酯	13	4.94	0.0285	没有影响	31	霜霉威	5	1.90	0.0018	没有影响
14	噻嗪酮	1	0.38	0.0261	没有影响	32	噻菌灵	4	1.52	0.0011	没有影响
15	噁霜灵	1	0.38	0.0209	没有影响	33	莠灭净	4	1.52	0.0011	没有影响
16	灭蝇胺	4	1.52	0.0134	没有影响	34	喹氧灵	1	0.38	0.0009	没有影响
17	三环唑	1	0.38	0.0122	没有影响	35	增效醚	2	0.76	0.0006	没有影响
18	烯酰吗啉	28	10.65	0.0116	没有影响						

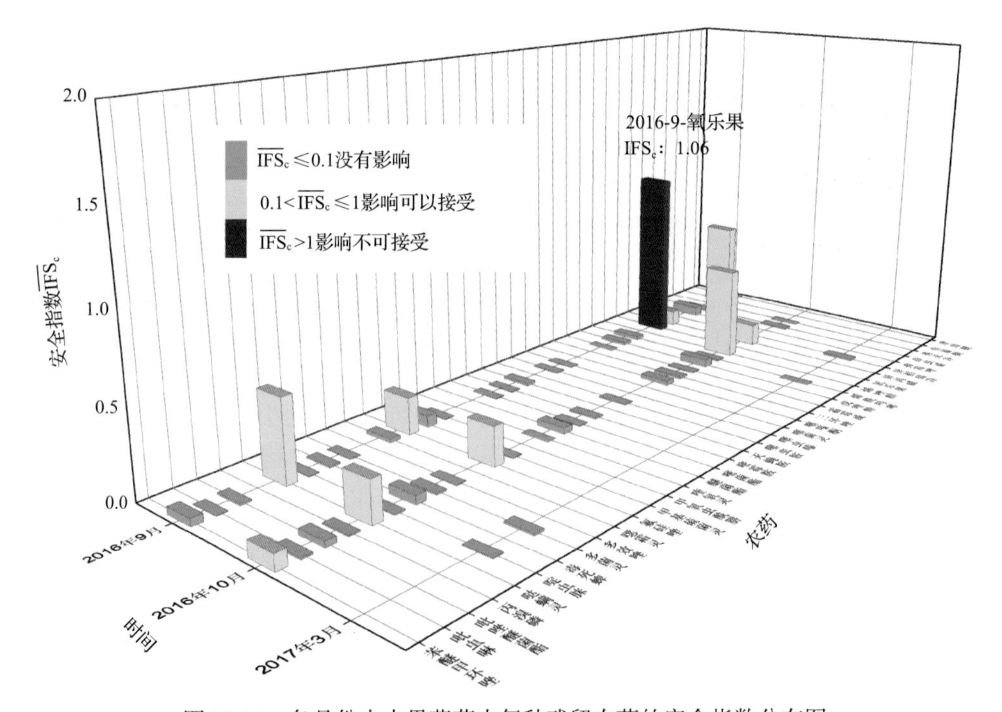

图 10-14　各月份内水果蔬菜中每种残留农药的安全指数分布图

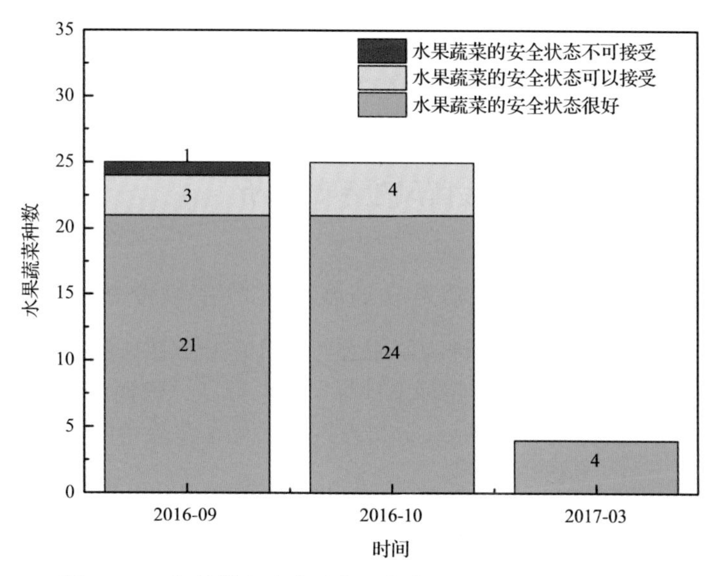

图 10-15 各月份内农药对水果蔬菜安全影响程度的统计图

计算每个月内水果蔬菜的 $\overline{IFS}$，以分析每月内水果蔬菜的安全状态，结果如图 10-16 所示，可以看出，各月份的水果蔬菜安全状态均处于很好和可以接受的范围内。分析发现，在 33.33%的月份内，水果蔬菜安全状态可以接受，66.67%的月份内水果蔬菜的安全状态很好。

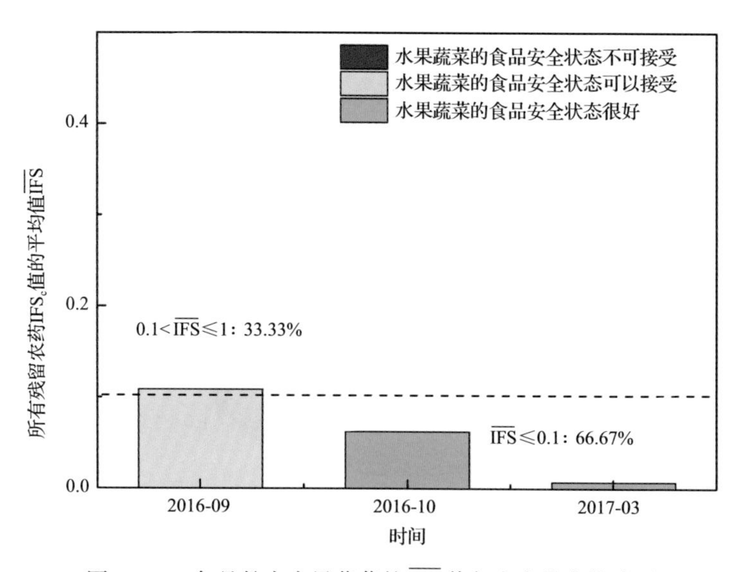

图 10-16 各月份内水果蔬菜的 $\overline{IFS}$ 值与安全状态统计图

10.3 LC-Q-TOF/MS 侦测南宁市市售水果蔬菜农药残留预警风险评估

基于南宁市水果蔬菜样品中农药残留 LC-Q-TOF/MS 侦测数据，分析禁用农药的检出率，同时参照中华人民共和国国家标准 GB 2763—2016 和欧盟农药最大残留限量(MRL)标准分析非禁用农药残留的超标率，并计算农药残留风险系数。分析单种水果蔬菜中农药残留以及所有水果蔬菜中农药残留的风险程度。

10.3.1　单种水果蔬菜中农药残留风险系数分析

10.3.1.1　单种水果蔬菜中禁用农药残留风险系数分析

侦出的 40 种残留农药中有 1 种为禁用农药，且它分布在 1 种水果蔬菜中，计算水果蔬菜中禁用农药的超标率，根据超标率计算风险系数 *R*，进而分析水果蔬菜中禁用农药的风险程度，结果如表 10-12 所示。分析发现氧乐果在芒果中的残留处于高度风险。

表 10-12　1 种水果蔬菜中 1 种禁用农药的风险系数列表

序号	基质	农药	检出频次	检出率(%)	风险系数 *R*	风险程度
1	芒果	氧乐果	2	50	51.10	高度风险

10.3.1.2　基于 MRL 中国国家标准的单种水果蔬菜中非禁用农药残留风险系数分析

参照中华人民共和国国家标准 GB 2763—2016 中农药残留限量计算每种水果蔬菜中每种非禁用农药的超标率，进而计算其风险系数，根据风险系数大小判断残留农药的预警风险程度，水果蔬菜中非禁用农药残留风险程度分布情况如图 10-17 所示。

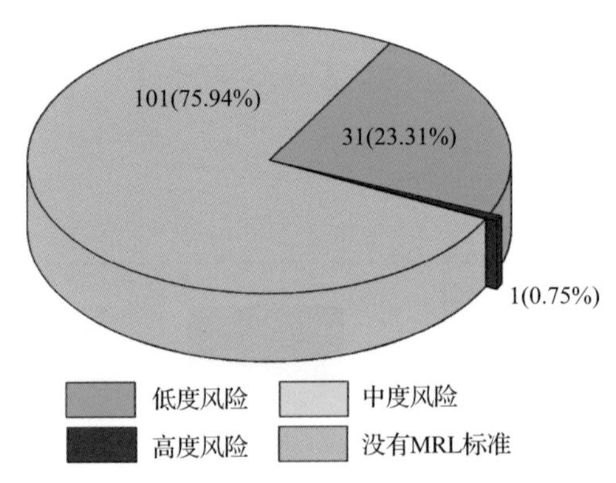

图 10-17　水果蔬菜中非禁用农药风险程度的频次分布图(MRL 中国国家标准)

本次分析中，发现在 50 种水果蔬菜侦测出 39 种残留非禁用农药，涉及样本 133 个，在 133 个样本中，0.75%处于高度风险，23.31%处于低度风险，此外发现有 101 个样本没有 MRL 中国国家标准值，无法判断其风险程度，有 MRL 中国国家标准值的 32 个样本涉及 19 种水果蔬菜中的 13 种非禁用农药，其风险系数 *R* 值如图 10-18 所示。表 10-13 为非禁用农药残留处于高度风险的水果蔬菜列表。

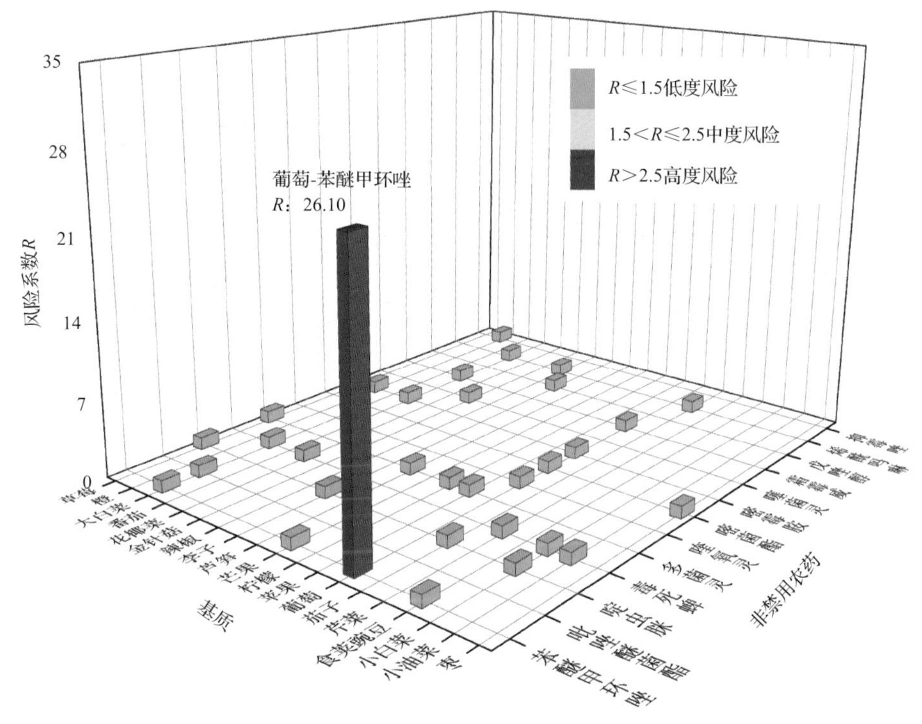

图 10-18　19 种水果蔬菜中 13 种非禁用农药的风险系数分布图(MRL 中国国家标准)

表 10-13　单种水果蔬菜中处于高度风险的非禁用农药风险系数表(MRL 中国国家标准)

序号	基质	农药	超标频次	超标率 P(%)	风险系数 R
1	葡萄	苯醚甲环唑	1	25	26.10

10.3.1.3　基于 MRL 欧盟标准的单种水果蔬菜中非禁用农药残留风险系数分析

参照 MRL 欧盟标准计算每种水果蔬菜中每种非禁用农药的超标率，进而计算其风险系数，根据风险系数大小判断农药残留的预警风险程度，水果蔬菜中非禁用农药残留风险程度分布情况如图 10-19 所示。

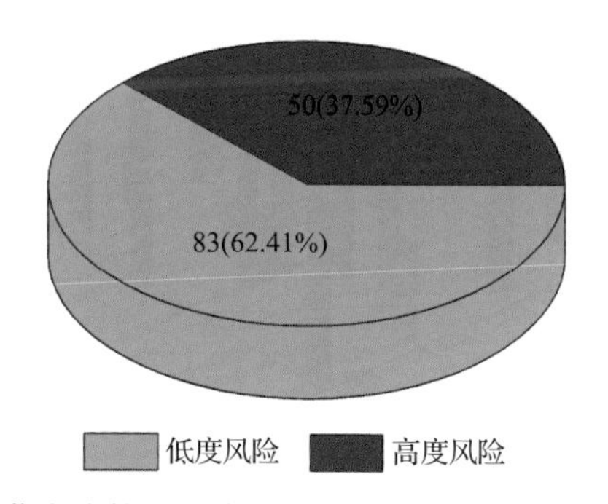

图 10-19　水果蔬菜中非禁用农药的风险程度的频次分布图(MRL 欧盟标准)

本次分析中，发现在 50 种水果蔬菜中共侦测出 39 种非禁用农药，涉及样本 133 个，其中，37.59%处于高度风险，涉及 31 种水果蔬菜和 23 种农药；62.41%处于低度风险，涉及 36 种水果蔬菜和 25 种农药。单种水果蔬菜中的非禁用农药风险系数分布图如图 10-20 所示。单种水果蔬菜中处于高度风险的非禁用农药风险系数如图 10-21 和表 10-14 所示。

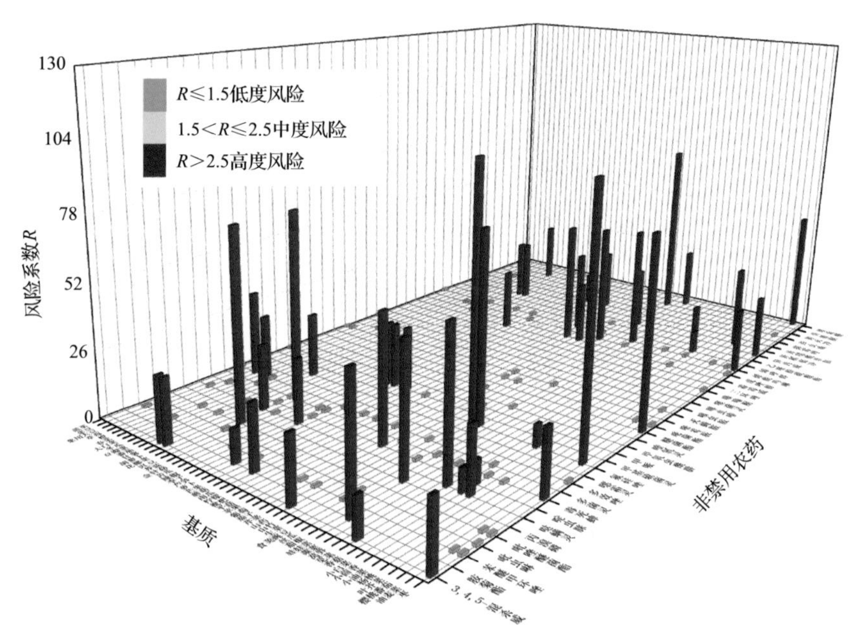

图 10-20　50 种水果蔬菜中 39 种非禁用农药的风险系数分布图（MRL 欧盟标准）

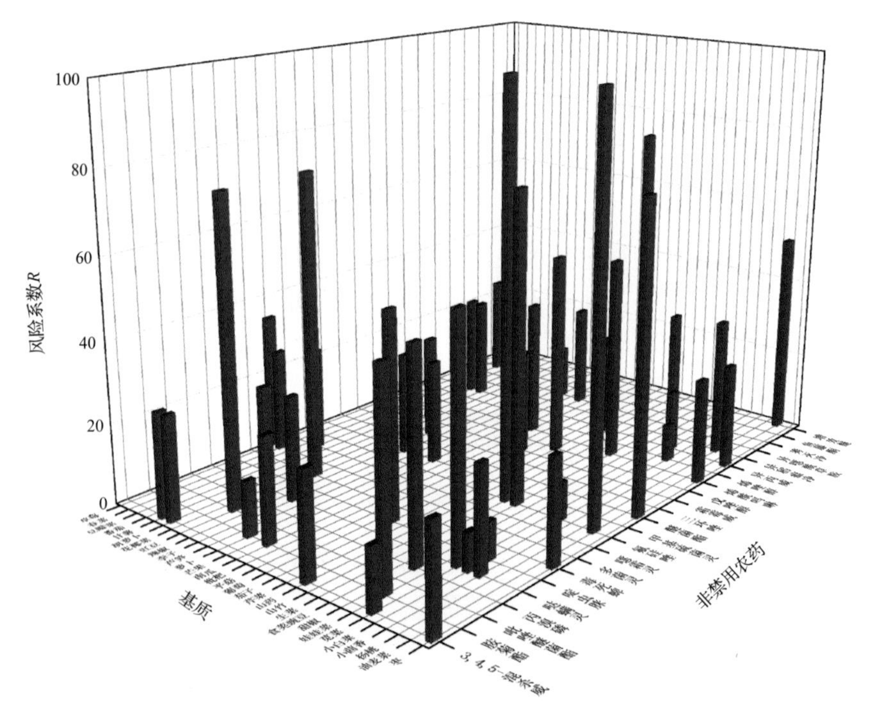

图 10-21　单种水果蔬菜中处于高度风险的非禁用农药的风险系数分布图（MRL 欧盟标准）

表 10-14　单种水果蔬菜中处于高度风险的非禁用农药的风险系数表(MRL 欧盟标准)

序号	基质	农药	超标频次	超标率 P(%)	风险系数 R
1	生菜	氟硅唑	4	100.00	101.10
2	油麦菜	氟硅唑	4	100.00	101.10
3	豇豆	吡唑醚菌酯	3	75.00	76.10
4	豇豆	毒死蜱	3	75.00	76.10
5	芹菜	莠灭净	3	75.00	76.10
6	食荚豌豆	氟硅唑	3	75.00	76.10
7	枣	醚菌酯	3	75.00	76.10
8	苋菜	哒螨灵	4	57.14	58.24
9	平菇	霜霉威	2	50.00	51.10
10	茄子	啶虫脒	1	50.00	51.10
11	芹菜	戊唑醇	2	50.00	51.10
12	食荚豌豆	烯酰吗啉	2	50.00	51.10
13	甜椒	丙溴磷	2	50.00	51.10
14	娃娃菜	胺菊酯	2	50.00	51.10
15	油麦菜	增效醚	2	50.00	51.10
16	草莓	多菌灵	1	33.33	34.43
17	枇杷	烯酰吗啉	1	33.33	34.43
18	杨桃	异稻瘟净	1	33.33	34.43
19	春菜	多菌灵	1	25.00	26.10
20	豆瓣菜	莠灭净	1	25.00	26.10
21	番茄	噁霜灵	1	25.00	26.10
22	甘薯	3,4,5-混杀威	1	25.00	26.10
23	甘薯	异丙威	1	25.00	26.10
24	胡萝卜	3,4,5-混杀威	1	25.00	26.10
25	胡萝卜	异丙威	1	25.00	26.10
26	花椰菜	哒螨灵	2	25.00	26.10
27	辣椒	三环唑	1	25.00	26.10
28	李子	哒螨灵	1	25.00	26.10
29	李子	甲基硫菌灵	1	25.00	26.10
30	芦笋	甲基硫菌灵	1	25.00	26.10
31	芒果	甲基硫菌灵	1	25.00	26.10
32	南瓜	异噁酰草胺	1	25.00	26.10

续表

序号	基质	农药	超标频次	超标率 P(%)	风险系数 R
33	南瓜	胺菊酯	1	25.00	26.10
34	葡萄	霜霉威	1	25.00	26.10
35	山药	3,4,5-混杀威	1	25.00	26.10
36	山药	异丙威	1	25.00	26.10
37	山竹	鱼藤酮	1	25.00	26.10
38	小茴香	哒螨灵	1	25.00	26.10
39	枣	3,4,5-混杀威	1	25.00	26.10
40	枣	异丙威	1	25.00	26.10
41	枣	毒死蜱	1	25.00	26.10
42	枣	烯酰吗啉	1	25.00	26.10
43	苋菜	3,4,5-混杀威	1	14.29	15.39
44	苋菜	异丙威	1	14.29	15.39
45	萝卜	异噁酰草胺	1	12.50	13.60
46	萝卜	胺菊酯	1	12.50	13.60
47	小白菜	哒螨灵	1	8.33	9.43
48	小白菜	啶虫脒	1	8.33	9.43
49	小白菜	氟硅唑	1	8.33	9.43
50	小白菜	烯唑醇	1	8.33	9.43

10.3.2　所有水果蔬菜中农药残留风险系数分析

10.3.2.1　所有水果蔬菜中禁用农药残留风险系数分析

在侦测出的 40 种农药中有 1 种为禁用农药，计算所有水果蔬菜中禁用农药的风险系数，结果如表 10-15 所示。禁用农药氧乐果处于中度风险。

表 10-15　水果蔬菜中 1 种禁用农药的风险系数表

序号	农药	检出频次	检出率 P(%)	风险系数 R	风险程度
1	氧乐果	2	0.52	1.62	中度风险

对每个月内的禁用农药的风险系数进行分析，结果如表 10-16 所示。

表 10-16　各月份内水果蔬菜中禁用农药的风险系数表

序号	年月	农药	检出频次	检出率 P(%)	风险系数 R	风险程度
1	2016 年 9 月	氧乐果	2	1.13	2.23	中度风险

10.3.2.2　所有水果蔬菜中非禁用农药残留风险系数分析

参照 MRL 欧盟标准计算所有水果蔬菜中每种非禁用农药残留的风险系数，如图 10-22 与表 10-17 所示。在侦测出的 39 种非禁用农药中，2 种农药(5.13%)残留处于高度风险，16 种农药(41.03%)残留处于中度风险，21 种农药(53.85%)残留处于低度风险。

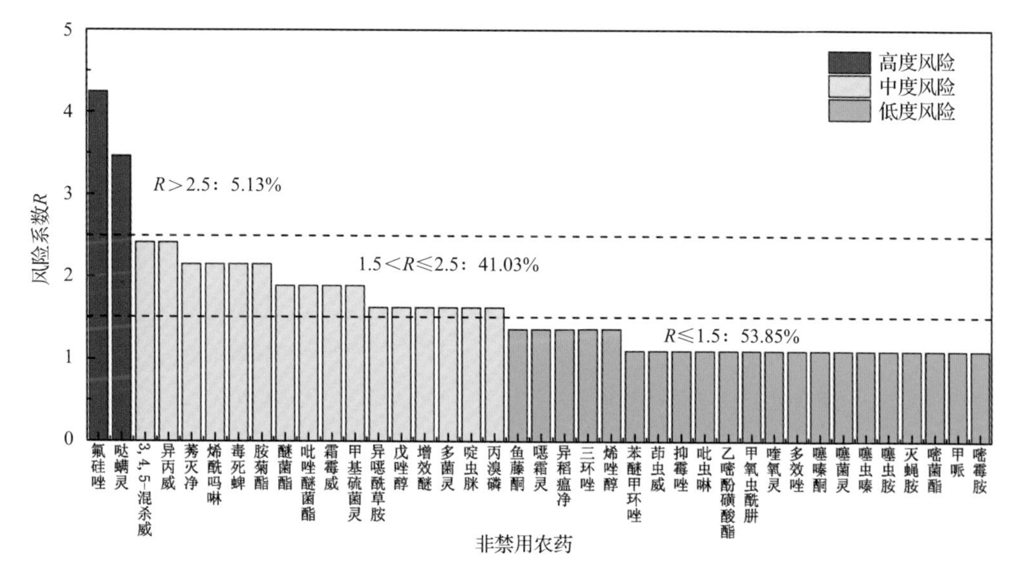

图 10-22　水果蔬菜中 39 种非禁用农药的风险程度统计图

表 10-17　水果蔬菜中 39 种非禁用农药的风险系数表

序号	农药	超标频次	超标率 P(%)	风险系数 R	风险程度
1	氟硅唑	12	3.15	4.25	高度风险
2	哒螨灵	9	2.36	3.46	高度风险
3	3,4,5-混杀威	5	1.31	2.41	中度风险
4	异丙威	5	1.31	2.41	中度风险
5	莠灭净	4	1.05	2.15	中度风险
6	烯酰吗啉	4	1.05	2.15	中度风险
7	毒死蜱	4	1.05	2.15	中度风险
8	胺菊酯	4	1.05	2.15	中度风险
9	醚菌酯	3	0.79	1.89	中度风险
10	吡唑醚菌酯	3	0.79	1.89	中度风险
11	霜霉威	3	0.79	1.89	中度风险

续表

序号	农药	超标频次	超标率 P(%)	风险系数 R	风险程度
12	甲基硫菌灵	3	0.79	1.89	中度风险
13	异噁酰草胺	2	0.52	1.62	中度风险
14	戊唑醇	2	0.52	1.62	中度风险
15	增效醚	2	0.52	1.62	中度风险
16	多菌灵	2	0.52	1.62	中度风险
17	啶虫脒	2	0.52	1.62	中度风险
18	丙溴磷	2	0.52	1.62	中度风险
19	鱼藤酮	1	0.26	1.36	低度风险
20	噁霜灵	1	0.26	1.36	低度风险
21	异稻瘟净	1	0.26	1.36	低度风险
22	三环唑	1	0.26	1.36	低度风险
23	烯唑醇	1	0.26	1.36	低度风险
24	苯醚甲环唑	0	0.00	1.10	低度风险
25	茚虫威	0	0.00	1.10	低度风险
26	抑霉唑	0	0.00	1.10	低度风险
27	吡虫啉	0	0.00	1.10	低度风险
28	乙嘧酚磺酸酯	0	0.00	1.10	低度风险
29	甲氧虫酰肼	0	0.00	1.10	低度风险
30	喹氧灵	0	0.00	1.10	低度风险
31	多效唑	0	0.00	1.10	低度风险
32	噻嗪酮	0	0.00	1.10	低度风险
33	噻菌灵	0	0.00	1.10	低度风险
34	噻虫嗪	0	0.00	1.10	低度风险
35	噻虫胺	0	0.00	1.10	低度风险
36	灭蝇胺	0	0.00	1.10	低度风险
37	嘧菌酯	0	0.00	1.10	低度风险
38	甲哌	0	0.00	1.10	低度风险
39	嘧霉胺	0	0.00	1.10	低度风险

对每个月份内的非禁用农药的风险系数分析，每月内非禁用农药风险程度分布图如图 10-23 所示。3 个月份内处于高度风险的农药数排序为 2016 年 10 月 (9)>2017 年 3 月

(3)>2016 年 9 月(2)。

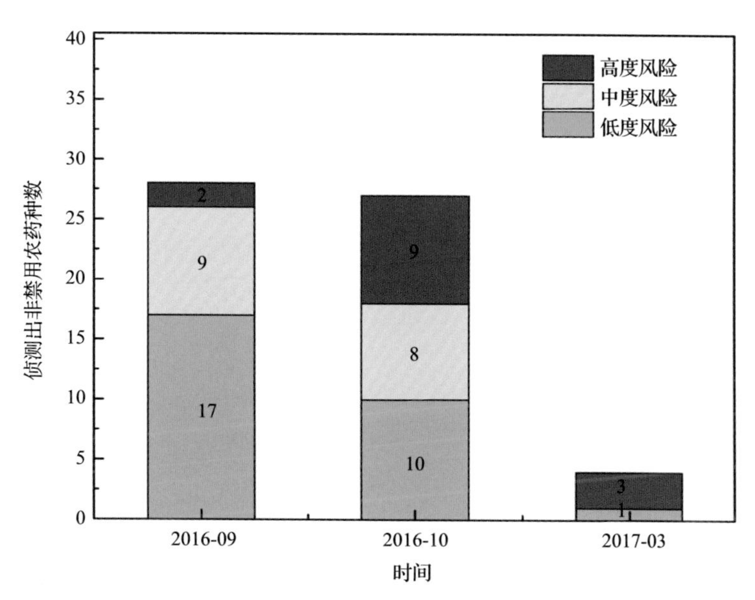

图 10-23　各月份水果蔬菜中非禁用农药残留的风险程度分布图

3 个月份内水果蔬菜中非禁用农药处于中度风险和高度风险的风险系数如图 10-24 和表 10-18 所示。

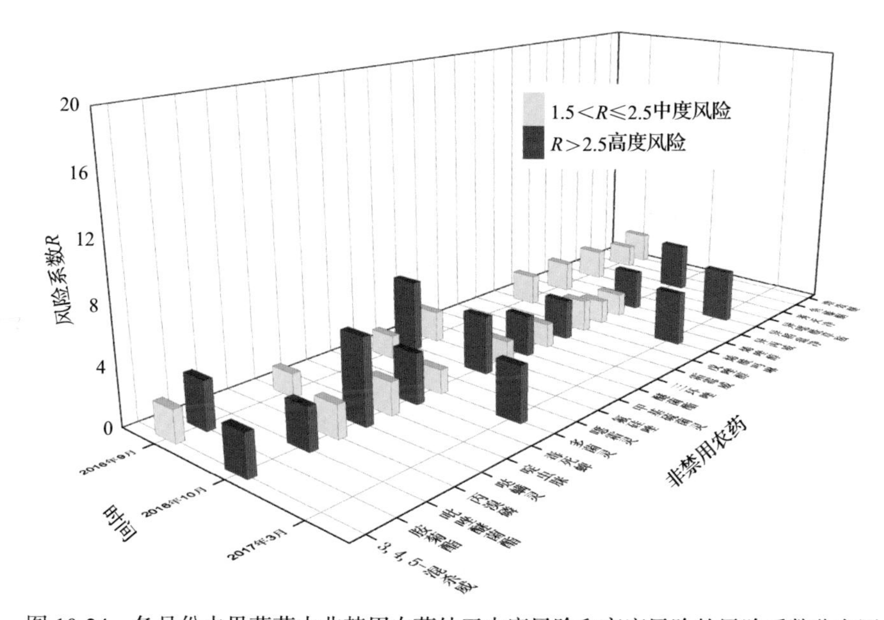

图 10-24　各月份水果蔬菜中非禁用农药处于中度风险和高度风险的风险系数分布图

表 10-18　各月份水果蔬菜中非禁用农药处于中度风险和高度风险的风险系数表

序号	年月	农药	超标频次	超标率 *P*(%)	风险系数 *R*	风险程度
1	2016 年 9 月	氟硅唑	7	3.95	5.05	高度风险
2	2016 年 9 月	胺菊酯	4	2.26	3.36	高度风险
3	2016 年 9 月	3,4,5-混杀威	2	1.13	2.23	中度风险
4	2016 年 9 月	甲基硫菌灵	2	1.13	2.23	中度风险
5	2016 年 9 月	烯酰吗啉	2	1.13	2.23	中度风险
6	2016 年 9 月	异丙威	2	1.13	2.23	中度风险
7	2016 年 9 月	异噁酰草胺	2	1.13	2.23	中度风险
8	2016 年 9 月	增效醚	2	1.13	2.23	中度风险
9	2016 年 9 月	哒螨灵	1	0.56	1.66	中度风险
10	2016 年 9 月	噁霜灵	1	0.56	1.66	中度风险
11	2016 年 9 月	鱼藤酮	1	0.56	1.66	中度风险
12	2016 年 10 月	哒螨灵	8	4.85	5.95	高度风险
13	2016 年 10 月	氟硅唑	5	3.03	4.13	高度风险
14	2016 年 10 月	毒死蜱	4	2.42	3.52	高度风险
15	2016 年 10 月	莠灭净	4	2.42	3.52	高度风险
16	2016 年 10 月	3,4,5-混杀威	3	1.82	2.92	高度风险
17	2016 年 10 月	吡唑醚菌酯	3	1.82	2.92	高度风险
18	2016 年 10 月	醚菌酯	3	1.82	2.92	高度风险
19	2016 年 10 月	霜霉威	3	1.82	2.92	高度风险
20	2016 年 10 月	异丙威	3	1.82	2.92	高度风险
21	2016 年 10 月	丙溴磷	2	1.21	2.31	中度风险
22	2016 年 10 月	啶虫脒	2	1.21	2.31	中度风险
23	2016 年 10 月	戊唑醇	2	1.21	2.31	中度风险
24	2016 年 10 月	多菌灵	1	0.61	1.71	中度风险
25	2016 年 10 月	甲基硫菌灵	1	0.61	1.71	中度风险
26	2016 年 10 月	三环唑	1	0.61	1.71	中度风险
27	2016 年 10 月	烯酰吗啉	1	0.61	1.71	中度风险
28	2016 年 10 月	烯唑醇	1	0.61	1.71	中度风险
29	2017 年 3 月	多菌灵	1	2.78	3.88	高度风险
30	2017 年 3 月	烯酰吗啉	1	2.78	3.88	高度风险
31	2017 年 3 月	异稻瘟净	1	2.78	3.88	高度风险

10.4　LC-Q-TOF/MS 侦测南宁市市售水果蔬菜农药残留风险评估结论与建议

农药残留是影响水果蔬菜安全和质量的主要因素，也是我国食品安全领域备受关注的敏感话题和亟待解决的重大问题之一[15,16]。各种水果蔬菜均存在不同程度的农药残留现象，本研究主要针对南宁市各类水果蔬菜存在的农药残留问题，基于 2016 年 9 月~2017 年 4 月对南宁市 381 例水果蔬菜样品中农药残留侦测得出的 263 个侦测结果，分别采用食品安全指数模型和风险系数模型，开展水果蔬菜中农药残留的膳食暴露风险和预警风险评估。水果蔬菜样品取自超市和农贸市场，符合大众的膳食来源，风险评价时更具有代表性和可信度。

本研究力求通用简单地反映食品安全中的主要问题，且为管理部门和大众容易接受，为政府及相关管理机构建立科学的食品安全信息发布和预警体系提供科学的规律与方法，加强对农药残留的预警和食品安全重大事件的预防，控制食品风险。

10.4.1　南宁市水果蔬菜中农药残留膳食暴露风险评价结论

1) 水果蔬菜样品中农药残留安全状态评价结论

采用食品安全指数模型，对 2016 年 9 月~2017 年 4 月期间南宁市水果蔬菜食品农药残留膳食暴露风险进行评价，根据 IFS_c 的计算结果发现，水果蔬菜中农药的 $\overline{IFS}$ 为 0.0929，说明南宁市水果蔬菜总体处于很好的安全状态，但部分禁用农药、高残留农药在蔬菜、水果中仍有侦测出，导致膳食暴露风险的存在，成为不安全因素。

2) 单种水果蔬菜中农药膳食暴露风险不可接受情况评价结论

单种水果蔬菜中农药残留安全指数分析结果显示，农药对单种水果蔬菜安全影响不可接受($IFS_c>1$)的样本数共 1 个，占总样本数的 0.75%，样本为芒果中的氧乐果，说明芒果中的氧乐果会对消费者身体健康造成较大的膳食暴露风险。氧乐果属于禁用的剧毒农药，且芒果为较常见的水果蔬菜，百姓日常食用量较大，长期食用大量残留氧乐果的芒果会对人体造成不可接受的影响，本次检测发现氧乐果在芒果样品中多次侦测出，是未严格实施农业良好管理规范(GAP)，抑或是农药滥用，这应该引起相关管理部门的警惕，应加强对芒果中氧乐果的严格管控。

3) 禁用农药膳食暴露风险评价

本次检测发现部分水果蔬菜样品中有禁用农药侦测出，侦测出禁用农药 1 种，检出频次为 2，水果蔬菜样品中的禁用农药 IFS_c 计算结果表明，禁用农药残留膳食暴露风险不可接受的频次为 1，占 50%；可以接受的频次为 1，占 50%；对于水果蔬菜样品中所有农药而言，膳食暴露风险不可接受的频次为 2，仅占总体频次的 0.76%。可以看出，禁用农药的膳食暴露风险不可接受的比例远高于总体水平，这在一定程度上说明禁用农药更容易导致严重的膳食暴露风险。此外，膳食暴露风险不可接受的残留禁用农药均为氧乐果，因此，应该加强对禁用农药氧乐果的管控力度。为何在国家明令禁止禁用农药喷洒的情况下，还能在多种水果蔬菜中多次侦测出禁用农药残留并造成不可接受的膳食暴露风险，这应该引起相关部门的高度警惕，应该在禁止禁用农药喷洒的同时，严格管控禁用农药的生产和售卖，从根本上杜绝安全隐患。

10.4.2　南宁市水果蔬菜中农药残留预警风险评价结论

1）单种水果蔬菜中禁用农药残留的预警风险评价结论

本次检测过程中，在 1 种水果蔬菜中检测出 1 种禁用农药，禁用农药为氧乐果，水果蔬菜为芒果，水果蔬菜中禁用农药的风险系数分析结果显示，氧乐果在芒果中的残留处于高度风险，说明在单种水果蔬菜中禁用农药的残留会导致较高的预警风险。

2）单种水果蔬菜中非禁用农药残留的预警风险评价结论

以 MRL 中国国家标准为标准，计算水果蔬菜中非禁用农药风险系数情况下，133 个样本中，1 个处于高度风险（0.75%），31 个处于低度风险（23.31%），101 个样本没有 MRL 中国国家标准（75.94%）。以 MRL 欧盟标准为标准，计算水果蔬菜中非禁用农药风险系数情况下，发现有 50 个处于高度风险（37.59%），83 个处于低度风险（62.41%）。基于两种 MRL 标准，评价的结果差异显著，可以看出 MRL 欧盟标准比中国国家标准更加严格和完善，过于宽松的 MRL 中国国家标准值能否有效保障人体的健康有待研究。

10.4.3　加强南宁市水果蔬菜食品安全建议

我国食品安全风险评价体系仍不够健全，相关制度不够完善，多年来，由于农药用药次数多、用药量大或用药间隔时间短，产品残留量大，农药残留所造成的食品安全问题日益严峻，给人体健康带来了直接或间接的危害。据估计，美国与农药有关的癌症患者数约占全国癌症患者总数的 50%，中国更高。同样，农药对其他生物也会形成直接杀伤和慢性危害，植物中的农药可经过食物链逐级传递并不断蓄积，对人和动物构成潜在威胁，并影响生态系统。

基于本次农药残留侦测数据的风险评价结果，提出以下几点建议：

1）加快食品安全标准制定步伐

我国食品标准中对农药每日允许最大摄入量 ADI 的数据严重缺乏，在本次评价所涉及的 40 种农药中，仅有 87.5%的农药具有 ADI 值，而 12.5%的农药中国尚未规定相应的 ADI 值，亟待完善。

我国食品中农药最大残留限量值的规定严重缺乏，对评估涉及的不同水果蔬菜中不同农药 134 个 MRL 限值进行统计来看，我国仅制定出 33 个标准，我国标准完整率仅为 24.6%，欧盟的完整率达到 100%（表 10-19）。因此，中国更应加快 MRL 标准的制定步伐。

表 10-19　我国国家食品标准农药的 ADI、MRL 值与欧盟标准的数量差异

分类		中国 ADI	MRL 中国国家标准	MRL 欧盟标准
标准限值(个)	有	35	33	134
	无	5	101	0
总数(个)		40	134	134
无标准限值比例		12.5%	75.4%	0

此外，MRL 中国国家标准限值普遍高于欧盟标准限值，这些标准中共有 13 个高于欧盟。过高的 MRL 值难以保障人体健康，建议继续加强对限值基准和标准的科学研究，将农产品中的危险性减少到尽可能低的水平。

2) 加强农药的源头控制和分类监管

在南宁市某些水果蔬菜中仍有禁用农药残留，利用 LC-Q-TOF/MS 技术侦测出 1 种禁用农药，检出频次为 2 次，残留禁用农药均存在较大的膳食暴露风险和预警风险。早已列入黑名单的禁用农药在我国并未真正退出，有些药物由于价格便宜、工艺简单，此类高毒农药一直生产和使用。建议在我国采取严格有效的控制措施，从源头控制禁用农药。

对于非禁用农药，在我国作为“田间地头”最典型单位的县级蔬果产地中，农药残留的检测几乎缺失。建议根据农药的毒性，对高毒、剧毒、中毒农药实现分类管理，减少使用高毒和剧毒高残留农药，进行分类监管。

3) 加强残留农药的生物修复及降解新技术

市售果蔬中残留农药的品种多、频次高、禁用农药多次检出这一现状，说明了我国的田间土壤和水体因农药长期、频繁、不合理的使用而遭到严重污染。为此，建议中国相关部门出台相关政策，鼓励高校及科研院所积极开展分子生物学、酶学等研究，加强土壤、水体中残留农药的生物修复及降解新技术研究，切实加大农药监管力度，以控制农药的面源污染问题。

综上所述，在本工作基础上，根据蔬菜残留危害，可进一步针对其成因提出和采取严格管理、大力推广无公害蔬菜种植与生产、健全食品安全控制技术体系、加强蔬菜食品质量检测体系建设和积极推行蔬菜食品质量追溯制度等相应对策。建立和完善食品安全综合评价指数与风险监测预警系统，对食品安全进行实时、全面的监控与分析，为我国的食品安全科学监管与决策提供新的技术支持，可实现各类检验数据的信息化系统管理，降低食品安全事故的发生。

第 11 章　GC-Q-TOF/MS 侦测南宁市 381 例市售水果蔬菜样品农药残留报告

从南宁市所属 4 个区，随机采集了 381 例水果蔬菜样品，使用气相色谱-四级杆飞行时间质谱(GC-Q-TOF/MS)对 507 种农药化学污染物进行示范侦测，现将侦测结果报告如下。

11.1　样品种类、数量与来源

11.1.1　样品采集与检测

为了真实反映百姓餐桌上水果蔬菜中农药残留污染状况，本次所有检测样品均由检验人员于 2016 年 9 月至 2017 年 4 月期间，从南宁市所属 4 个采样点，包括 2 个农贸市场 2 个超市，以随机购买方式采集，总计 37 批 381 例样品，从中检出农药 46 种，484 频次。采样及监测概况见图 11-1 及表 11-1，样品及采样点明细见表 11-2 及表 11-3(侦测原始数据见附表 1)。

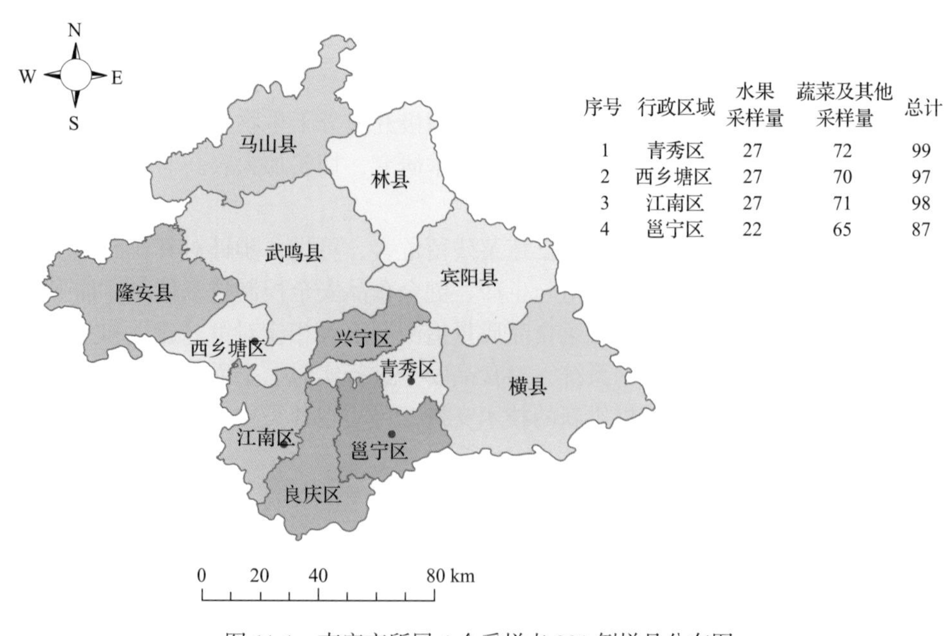

图 11-1　南宁市所属 4 个采样点 381 例样品分布图

表 11-1　农药残留监测总体概况

采样地区	南宁市所属 4 个区
采样点(超市+农贸市场)	4
样本总数	381
检出农药品种/频次	46/484
各采样点样本农药残留检出率范围	51.0%~65.7%

表 11-2　样品分类及数量

样品分类	样品名称(数量)	数量小计
1. 调味料		4
1)叶类调味料	芫荽(4)	4
2. 谷物		4
1)旱粮类谷物	鲜食玉米(4)	4
3. 水果		103
1)仁果类水果	苹果(4),山楂(3),梨(4),枇杷(3)	14
2)核果类水果	桃(4),枣(4),李子(4)	12
3)浆果和其他小型水果	猕猴桃(4),葡萄(4),草莓(3)	11
4)瓜果类水果	西瓜(4),哈密瓜(4),香瓜(4),甜瓜(3)	15
5)热带和亚热带水果	山竹(4),柿子(4),香蕉(4),木瓜(4),芒果(4),杨桃(3),火龙果(4),菠萝(4)	31
6)柑橘类水果	柑(4),柚(4),橘(4),橙(4),柠檬(4)	20
4. 食用菌		16
1)蘑菇类	平菇(4),香菇(4),蘑菇(4),金针菇(4)	16
5. 蔬菜		254
1)豆类蔬菜	豇豆(4),菜用大豆(4),菜豆(8),食荚豌豆(4)	20
2)鳞茎类蔬菜	大蒜(4),洋葱(4),韭菜(4),葱(4)	16
3)水生类蔬菜	莲藕(4),豆瓣菜(4)	8
4)叶菜类蔬菜	小茴香(4),芹菜(4),蕹菜(8),苦苣(3),菠菜(4),春菜(4),苋菜(7),小白菜(12),叶芥菜(4),油麦菜(4),大白菜(8),生菜(4),小油菜(4),娃娃菜(4),茼蒿(3),莴笋(4),甘薯叶(4),青菜(4)	89
5)芸薹属类蔬菜	结球甘蓝(7),花椰菜(8),芥蓝(4),青花菜(4),紫甘蓝(4),菜薹(3)	30
6)茄果类蔬菜	番茄(4),甜椒(4),人参果(3),辣椒(4),樱桃番茄(4),茄子(2)	21
7)茎类蔬菜	芦笋(4)	4
8)瓜类蔬菜	黄瓜(4),西葫芦(3),佛手瓜(4),南瓜(4),苦瓜(4),冬瓜(4),丝瓜(4)	27
9)其他类蔬菜	竹笋(3)	3
10)根茎类和薯芋类蔬菜	甘薯(4),紫薯(4),山药(4),胡萝卜(4),芋(4),萝卜(8),姜(4),马铃薯(4)	36
合计	1.调味料 1 种 2.谷物 1 种 3.水果 27 种 4.食用菌 4 种 5.蔬菜 57 种	381

表 11-3　南宁市采样点信息

采样点序号	行政区域	采样点
农贸市场(2)		
1	江南区	***市场
2	邕宁区	***市场
超市(2)		
1	西乡塘区	***超市(友爱店)
2	青秀区	***超市(金湖店)

11.1.2　检测结果

这次使用的检测方法是庞国芳院士团队最新研发的不需使用标准品对照，而以高分辨精确质量数(0.0001*m/z*)为基准的 GC-Q-TOF/MS 检测技术，对于 381 例样品，每个样品均侦测了 507 种农药化学污染物的残留现状。通过本次侦测，在 381 例样品中共计检出农药化学污染物 46 种，检出 484 频次，4 个采样点样品中农药残留的检出情况见图 11-2，检出的农药品种和频次见图 11-3，单种水果蔬菜检出农药的种类见图 11-4，单种水果蔬菜检出农药的频次见图 11-5，单例样品平均检出农药品种及占比见图 11-6，检测的农药类别见图 11-7，检出农药残留水平见图 11-8。

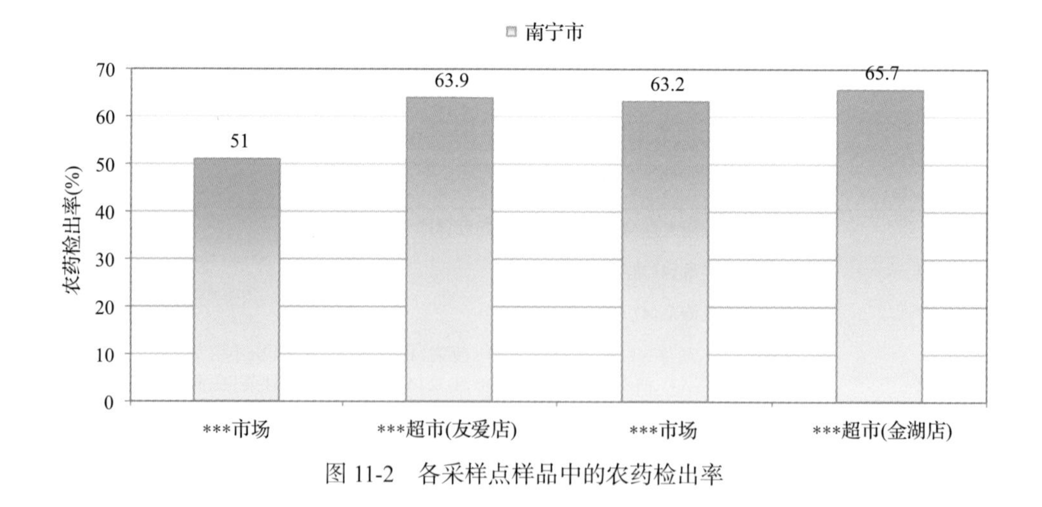

图 11-2　各采样点样品中的农药检出率

11.1.2.1　各采样点样品检出情况

统计分析发现 4 个采样点中，被测样品的农药检出率范围为 51.0%~65.7%。其中，***超市(金湖店)的检出率最高，为 65.7%。***市场的检出率最低，为 51.0%，见图 11-2。

11.1.2.2　检出农药的品种总数与频次

统计分析发现，对于 381 例样品中 507 种农药化学污染物的侦测，共检出农药 484

频次，涉及农药46种，结果如图11-3所示。其中甲萘威检出频次最高，共检出94次。检出频次排名前10的农药如下：①甲萘威(94)；②哒螨灵(77)；③速灭威(53)；④毒死蜱(41)；⑤炔丙菊酯(26)；⑥仲丁威(19)；⑦氟丙菊酯(15)；⑧嘧霉胺(13)；⑨异丙威(12)；⑩3,5-二氯苯胺(11)。

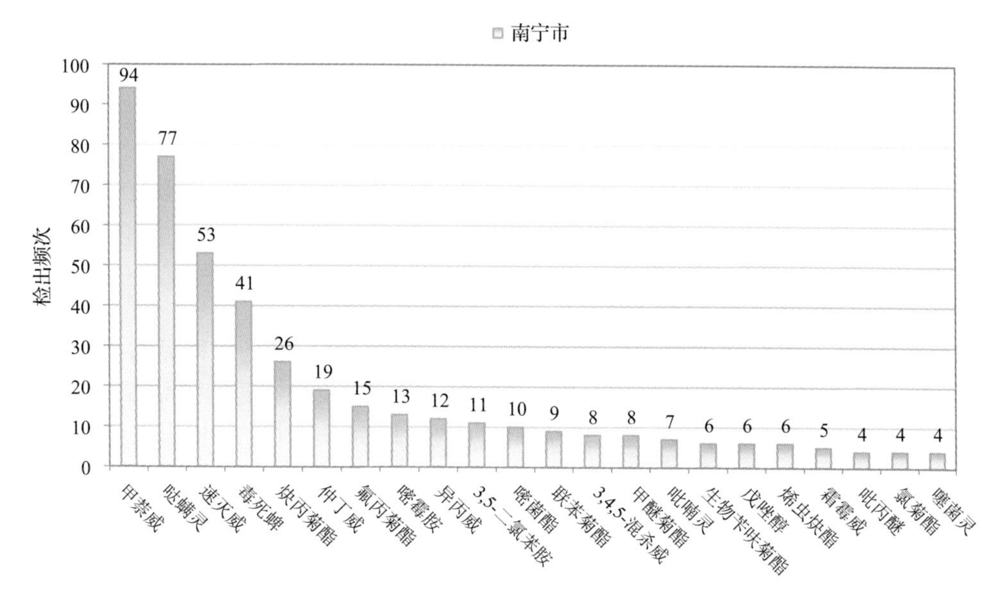

图11-3　检出农药品种及频次(仅列出4频次及以上的数据)

由图11-4可见，小白菜、姜、枣、芫荽、金针菇、辣椒、小茴香、葱、大白菜、花椰菜、蘑菇、南瓜、柠檬、苋菜和紫薯这15种果蔬样品中检出的农药品种数较高，均超过5种，其中，小白菜检出农药品种最多，为10种。由图11-5可见，小白菜、姜、枣、南瓜、柠檬、油麦菜、葱、花椰菜、金针菇、辣椒、苋菜、小茴香、樱桃番茄、芫荽和橙这15种果蔬样品中的农药检出频次较高，均超过10次，其中，小白菜检出农药频次最高，为23次。

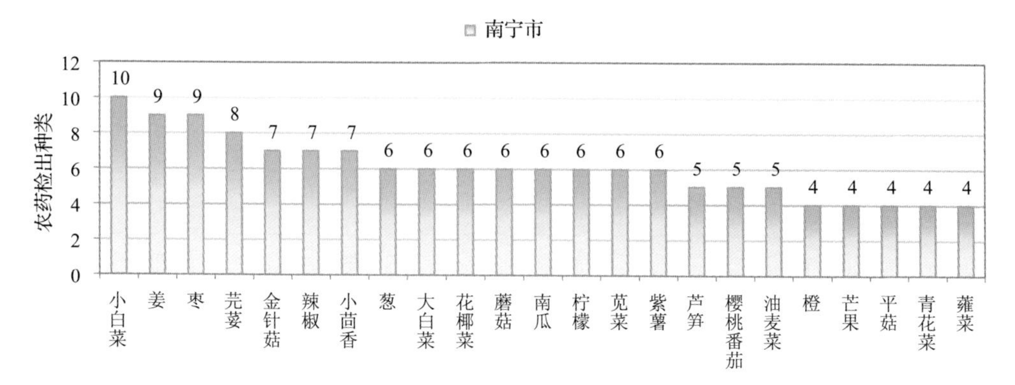

图11-4　单种水果蔬菜检出农药的种类数(仅列出检出农药4种及以上的数据)

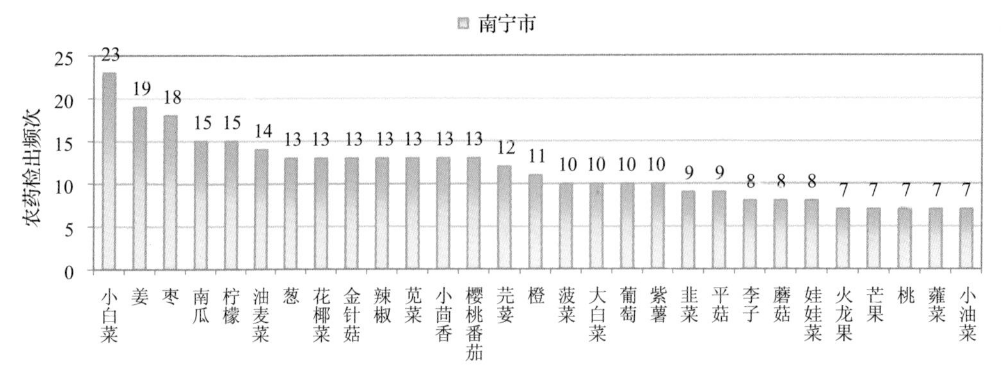

图 11-5　单种水果蔬菜检出农药频次（仅列出检出农药 7 频次及以上的数据）

11.1.2.3　单例样品农药检出种类与占比

对单例样品检出农药种类和频次进行统计发现，未检出农药的样品占总样品数的 39.1%，检出 1 种农药的样品占总样品数的 27.0%，检出 2~5 种农药的样品占总样品数的 32.5%，检出 6~10 种农药的样品占总样品数的 1.3%。每例样品中平均检出农药为 1.3 种，数据见表 11-4 及图 11-6。

表 11-4　单例样品检出农药品种占比

检出农药品种数	样品数量/占比(%)
未检出	149/39.1
1 种	103/27.0
2~5 种	124/32.5
6~10 种	5/1.3
单例样品平均检出农药品种	1.3 种

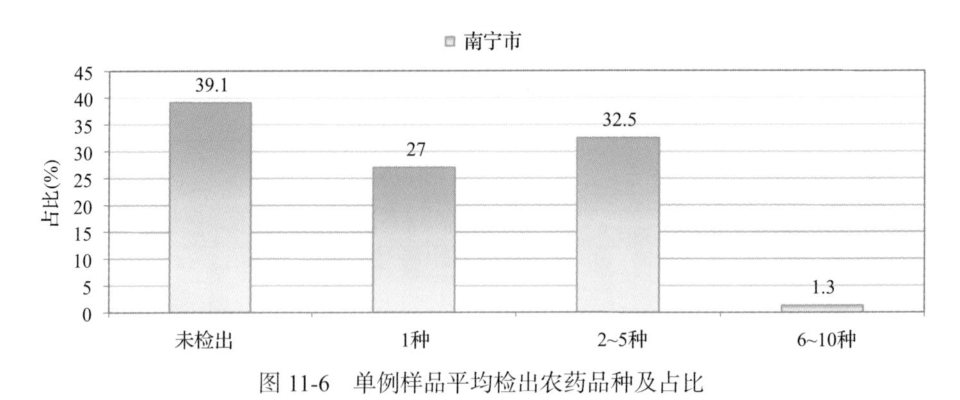

图 11-6　单例样品平均检出农药品种及占比

11.1.2.4　检出农药类别与占比

所有检出农药按功能分类，包括杀虫剂、杀菌剂、除草剂、植物生长调节剂和其他共 5 类。其中杀虫剂与杀菌剂为主要检出的农药类别，分别占总数的 47.8%和 37.0%，见表 11-5 及图 11-7。

表 11-5 检出农药所属类别及占比

农药类别	数量/占比(%)
杀虫剂	22/47.8
杀菌剂	17/37.0
除草剂	5/10.9
植物生长调节剂	1/2.2
其他	1/2.2

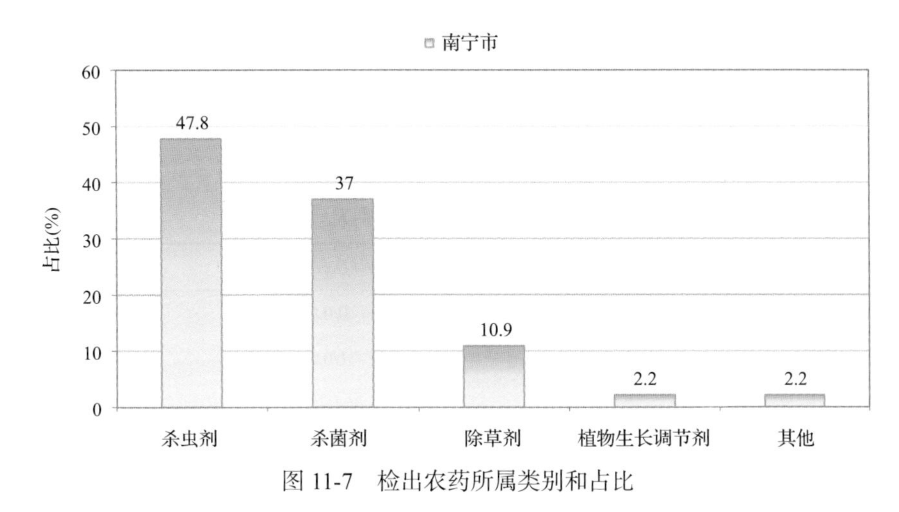

图 11-7 检出农药所属类别和占比

11.1.2.5 检出农药的残留水平

按检出农药残留水平进行统计，残留水平在 1~5 μg/kg(含)的农药占总数的 34.1%，在 5~10 μg/kg(含)的农药占总数的 28.3%，在 10~100 μg/kg(含)的农药占总数的 30.2%，在 100~1000 μg/kg(含)的农药占总数的 5.8%，在>1000 μg/kg 的农药占总数的 1.7%。

由此可见，这次检测的 37 批 381 例水果蔬菜样品中农药多数处于较低残留水平。结果见表 11-6 及图 11-8，数据见附表 2。

表 11-6 农药残留水平及占比

残留水平(μg/kg)	检出频次数/占比(%)
1~5(含)	165/34.1
5~10(含)	137/28.3
10~100(含)	146/30.2
100~1000(含)	28/5.8
>1000	8/1.7

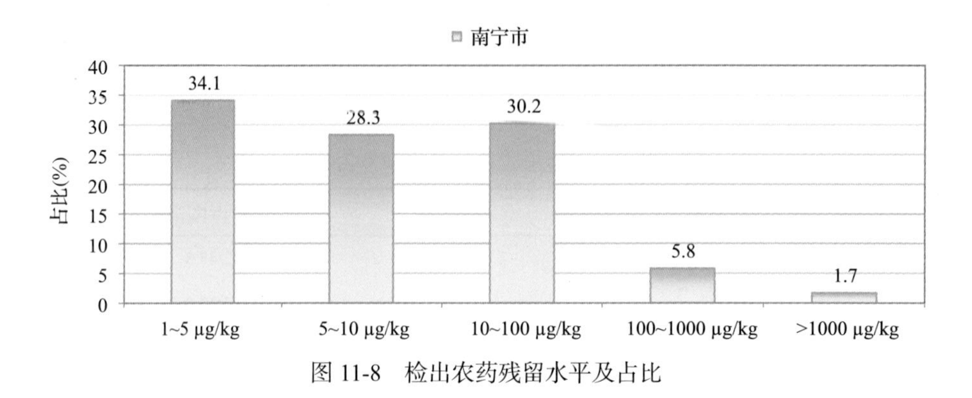

图 11-8　检出农药残留水平及占比

11.1.2.6　检出农药的毒性类别、检出频次和超标频次及占比

对这次检出的 46 种 484 频次的农药，按剧毒、高毒、中毒、低毒和微毒这五个毒性类别进行分类，从中可以看出，南宁市目前普遍使用的农药为中低微毒农药，品种占 97.8%，频次占 99.8%。结果见表 11-7 及图 11-9。

表 11-7　检出农药毒性类别及占比

毒性分类	农药品种/占比(%)	检出频次/占比(%)	超标频次/超标率(%)
剧毒农药	0/0	0/0.0	0/0.0
高毒农药	1/2.2	1/0.2	0/0.0
中毒农药	19/41.3	364/75.2	3/0.8
低毒农药	16/34.8	66/13.6	0/0.0
微毒农药	10/21.7	53/11.0	0/0.0

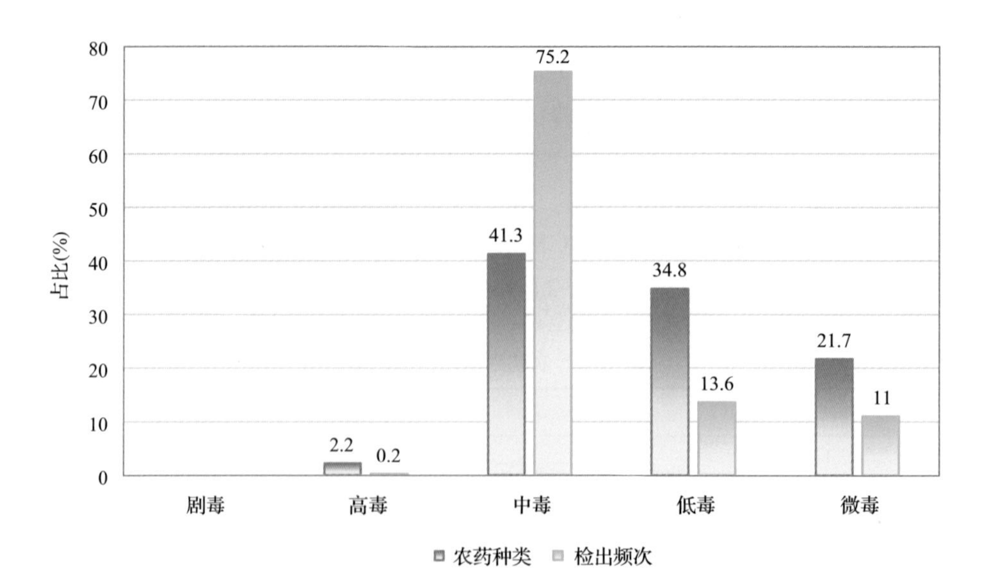

图 11-9　检出农药的毒性分类和占比

11.1.2.7 检出剧毒/高毒类农药的品种和频次

值得特别关注的是，在此次侦测的 381 例样品中有 1 种蔬菜的 1 例样品检出了 1 种 1 频次的剧毒和高毒农药，占样品总量的 0.3%，详见图 11-10、表 11-8 及表 11-9。

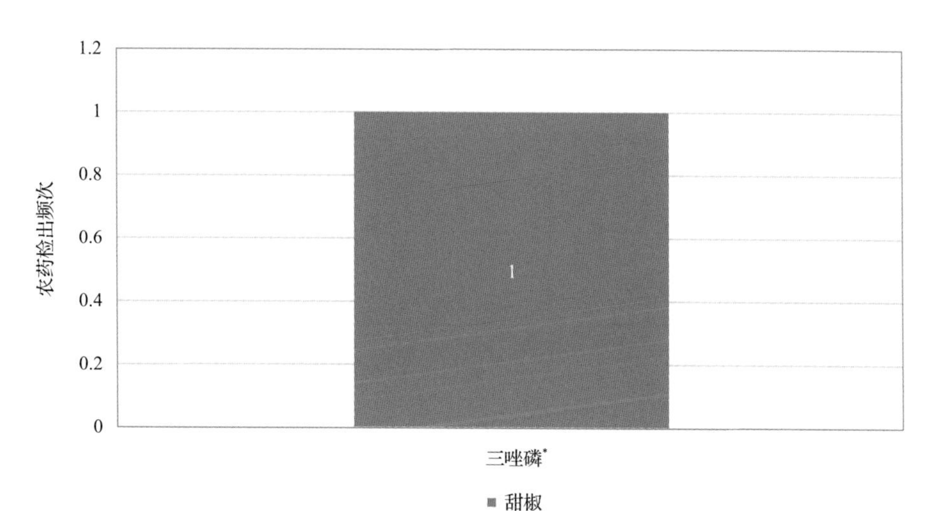

图 11-10 检出剧毒/高毒农药的样品情况

*表示允许在水果和蔬菜上使用的农药

表 11-8 剧毒农药检出情况

序号	农药名称	检出频次	超标频次	超标率
		水果中未检出剧毒农药		
	小计	0	0	超标率：0.0%
		蔬菜中未检出剧毒农药		
	小计	0	0	超标率：0.0%
	合计	0	0	超标率：0.0%

表 11-9 高毒农药检出情况

序号	农药名称	检出频次	超标频次	超标率
		水果中未检出高毒农药		
	小计	0	0	超标率：0.0%
		从 1 种蔬菜中检出 1 种高毒农药，共计检出 1 次		
1	三唑磷	1	0	0.0%
	小计	1	0	超标率：0.0%
	合计	1	0	超标率：0.0%

此次抽检的果蔬样品中，没有检出剧毒农药。

样品中高毒农药残留水平没有超过 MRL 中国国家标准，但本次检出结果仍表明，高毒农药的使用现象依旧存在。详见表 11-10。

表 11-10　各样本中检出剧毒/高毒农药情况

样品名称	农药名称	检出频次	超标频次	检出浓度(μg/kg)
		水果 0 种		
小计		0	0	超标率：0.0%
		蔬菜 1 种		
甜椒	三唑磷	1	0	2.0
小计		1	0	超标率：0.0%
合计		1	0	超标率：0.0%

11.2　农药残留检出水平与最大残留限量标准对比分析

我国于 2014 年 3 月 20 日正式颁布并于 2014 年 8 月 1 日正式实施食品农药残留限量国家标准《食品中农药最大残留限量》(GB 2763—2014)。该标准包括 371 个农药条目，涉及最大残留限量(MRL)标准 3653 项。将 484 频次检出农药的浓度水平与 3653 项 MRL 中国国家标准进行核对，其中只有 126 频次的农药找到了对应的 MRL 标准，占 26.0%，还有 358 频次的侦测数据则无相关 MRL 标准供参考，占 74.0%。

将此次侦测结果与国际上现行 MRL 标准对比发现，在 484 频次的检出结果中有 484 频次的结果找到了对应的 MRL 欧盟标准，占 100.0%，其中，319 频次的结果有明确对应的 MRL 标准，占 65.9%，其余 165 频次按照欧盟一律标准判定，占 34.1%；有 484 频次的结果找到了对应的 MRL 日本标准，占 100.0%，其中，237 频次的结果有明确对应的 MRL 标准，占 49.0%，其余 247 频次按照日本一律标准判定，占 51.0%；有 186 频次的结果找到了对应的 MRL 中国香港标准，占 38.4%；有 160 频次的结果找到了对应的 MRL 美国标准，占 33.1%；有 51 频次的结果找到了对应的 MRL CAC 标准，占 10.5%(见图 11-11 和图 11-12，数据见附表 3 至附表 8)。

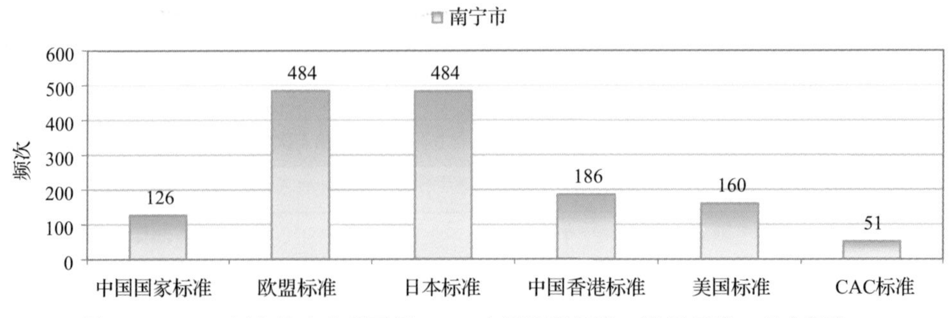

图 11-11　484 频次检出农药可用 MRL 中国国家标准、欧盟标准、日本标准、中国香港标准、美国标准、CAC 标准判定衡量的数量

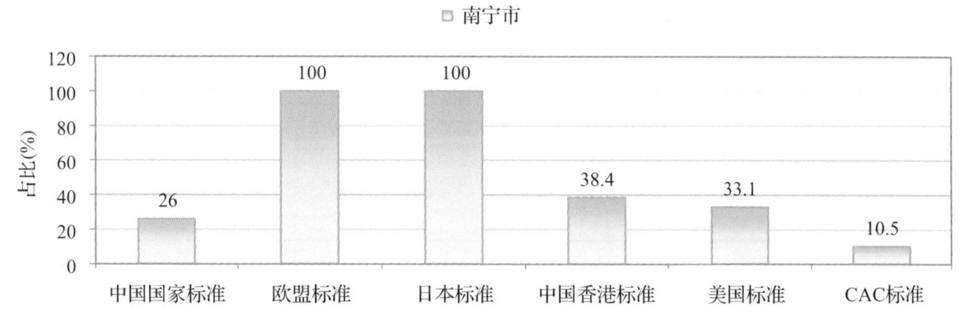

图 11-12　484 频次检出农药可用 MRL 中国国家标准、欧盟标准、日本标准、中国香港标准、美国标准、CAC 标准衡量的占比

11.2.1　超标农药样品分析

本次侦测的 381 例样品中，149 例样品未检出任何残留农药，占样品总量的 39.1%，232 例样品检出不同水平、不同种类的残留农药，占样品总量的 60.9%。在此，我们将本次侦测的农残检出情况与中国国家标准、欧盟标准、日本标准、中国香港标准、美国标准和 CAC 标准这 6 大国际主流 MRL 标准进行对比分析，样品农残检出与超标情况见图 11-13、表 11-11 和图 11-14，详细数据见附表 9 至附表 14。

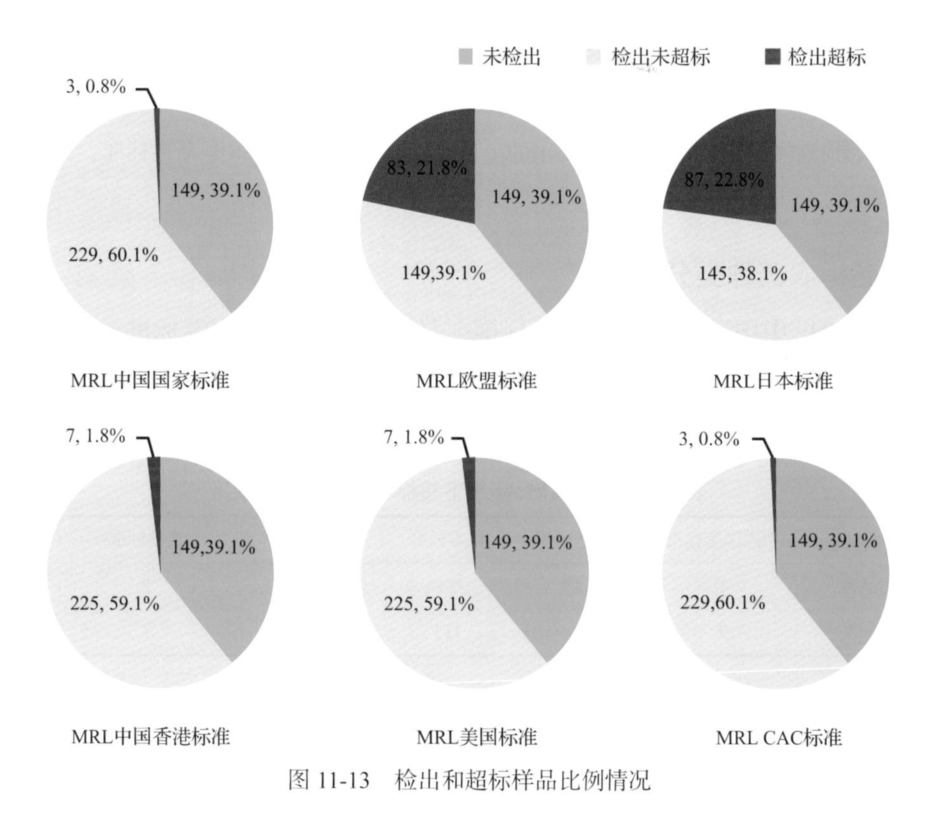

图 11-13　检出和超标样品比例情况

表 11-11　各 MRL 标准下样本农残检出与超标数量及占比

	中国国家标准	欧盟标准	日本标准	中国香港标准	美国标准	CAC 标准
	数量/占比(%)	数量/占比(%)	数量/占比(%)	数量/占比(%)	数量/占比(%)	数量/占比(%)
未检出	149/39.1	149/39.1	149/39.1	149/39.1	149/39.1	149/39.1
检出未超标	229/60.1	149/39.1	145/38.1	225/59.1	225/59.1	229/60.1
检出超标	3/0.8	83/21.8	87/22.8	7/1.8	7/1.8	3/0.8

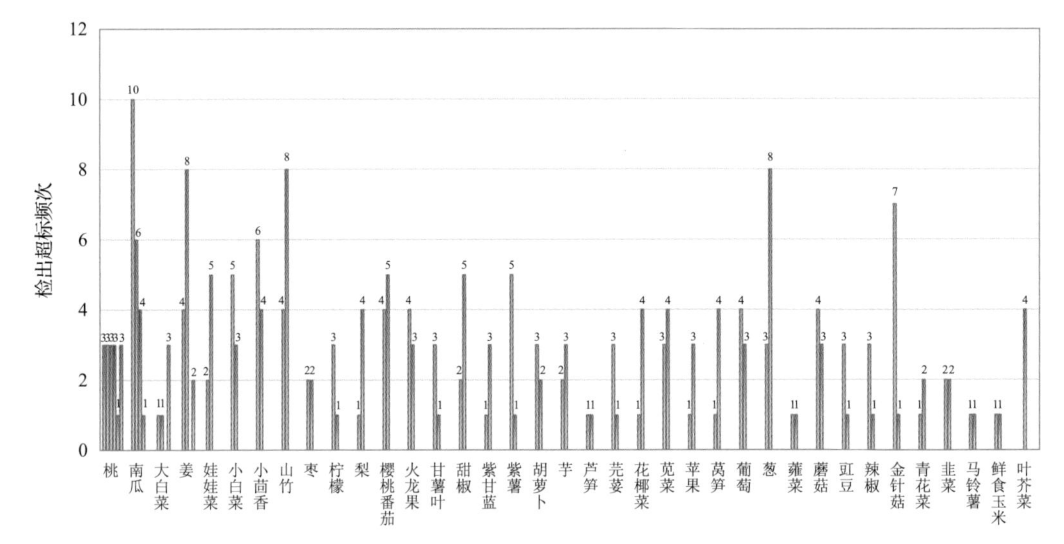

图 11-14　超过 MRL 中国国家标准、欧盟标准、日本标准、中国香港标准、美国标准和 CAC 标准结果在水果蔬菜中的分布

11.2.2　超标农药种类分析

按照 MRL 中国国家标准、欧盟标准、日本标准、中国香港标准、美国标准和 CAC 标准这 6 大国际主流 MRL 标准衡量，本次侦测检出的农药超标品种及频次情况见表 11-12。

表 11-12　各 MRL 标准下超标农药品种及频次

	中国国家标准	欧盟标准	日本标准	中国香港标准	美国标准	CAC 标准
超标农药品种	1	23	23	2	2	1
超标农药频次	3	105	113	7	7	3

11.2.2.1　按 MRL 中国国家标准衡量

按 MRL 中国国家标准衡量，有 1 种农药超标，检出 3 频次，为中毒农药氟硅唑。按超标程度比较，桃中氟硅唑超标 22.0 倍。检测结果见图 11-15 和附表 15。

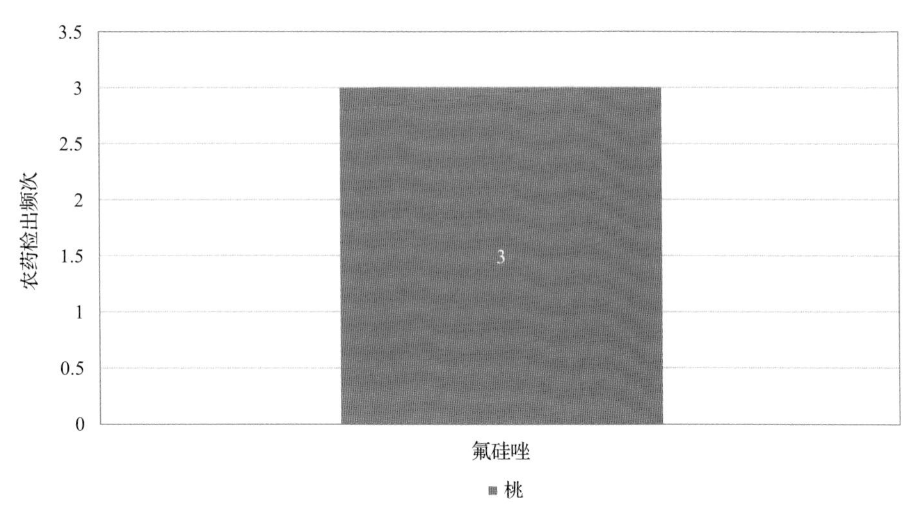

图 11-15　超过 MRL 中国国家标准农药品种及频次

11.2.2.2　按 MRL 欧盟标准衡量

按 MRL 欧盟标准衡量，共有 23 种农药超标，检出 105 频次，分别为中毒农药仲丁威、毒死蜱、甲萘威、喹螨醚、炔丙菊酯、3,4,5-混杀威、速灭威、氟硅唑、哒螨灵、丙溴磷和异丙威，低毒农药吡喃灵、己唑醇、烯虫炔酯、戊草丹、四氢吩胺和甲醚菊酯，微毒农药溴丁酰草胺、吡丙醚、生物苄呋菊酯、醚菌酯、烯虫酯和霜霉威。

按超标程度比较，金针菇中炔丙菊酯超标 579.4 倍，桃中氟硅唑超标 458.8 倍，蘑菇中炔丙菊酯超标 156.9 倍，芫荽中四氢吩胺超标 143.7 倍，小茴香中炔丙菊酯超标 120.0 倍。检测结果见图 11-16 和附表 16。

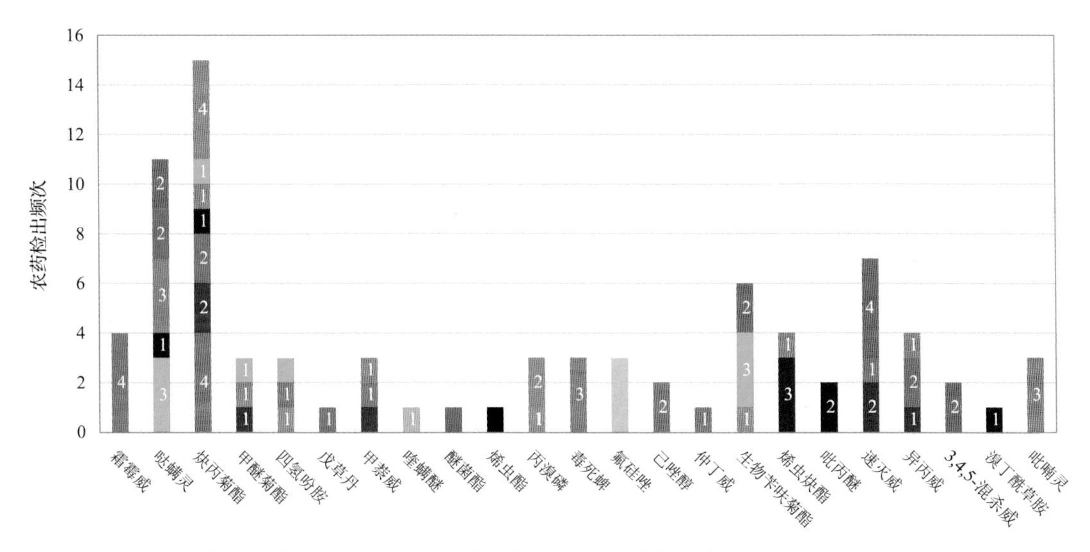

图 11-16　超过 MRL 欧盟标准农药品种及频次

11.2.2.3　按 MRL 日本标准衡量

按 MRL 日本标准衡量，共有 23 种农药超标，检出 113 频次，分别为中毒农药联苯菊酯、多效唑、戊唑醇、毒死蜱、炔丙菊酯、3,4,5-混杀威、喹螨醚、速灭威、氟硅唑、哒螨灵、异丙威和丙溴磷，低毒农药吡喃灵、戊草丹、己唑醇、烯虫炔酯、四氢吩胺和甲醚菊酯，微毒农药溴丁酰草胺、嘧菌酯、醚菌酯、烯虫酯和霜霉威。

按超标程度比较，金针菇中炔丙菊酯超标 579.4 倍，桃中氟硅唑超标 458.8 倍，蘑菇中炔丙菊酯超标 156.9 倍，芫荽中四氢吩胺超标 143.7 倍，小茴香中炔丙菊酯超标 120.0 倍。检测结果见图 11-17 和附表 17。

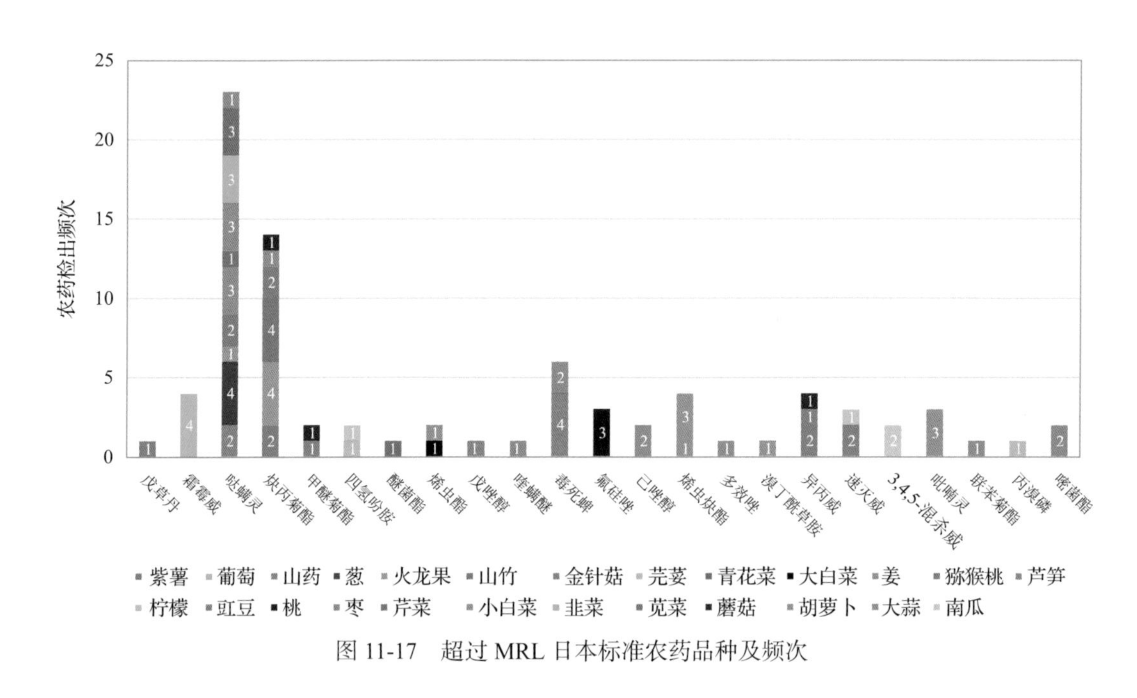

图 11-17　超过 MRL 日本标准农药品种及频次

11.2.2.4　按 MRL 中国香港标准衡量

按 MRL 中国香港标准衡量，共有 2 种农药超标，检出 7 频次，分别为中毒农药毒死蜱和氟硅唑。

按超标程度比较，桃中氟硅唑超标 22.0 倍，豇豆中毒死蜱超标 6.5 倍。检测结果见图 11-18 和附表 18。

11.2.2.5　按 MRL 美国标准衡量

按 MRL 美国标准衡量，共有 2 种农药超标，检出 7 频次，分别为中毒农药毒死蜱和炔丙菊酯。

按超标程度比较，金针菇中炔丙菊酯超标 4.8 倍，蘑菇中炔丙菊酯超标 0.6 倍，豇豆中毒死蜱超标 0.5 倍，小茴香中炔丙菊酯超标 0.2 倍。检测结果见图 11-19 和附

表 19。

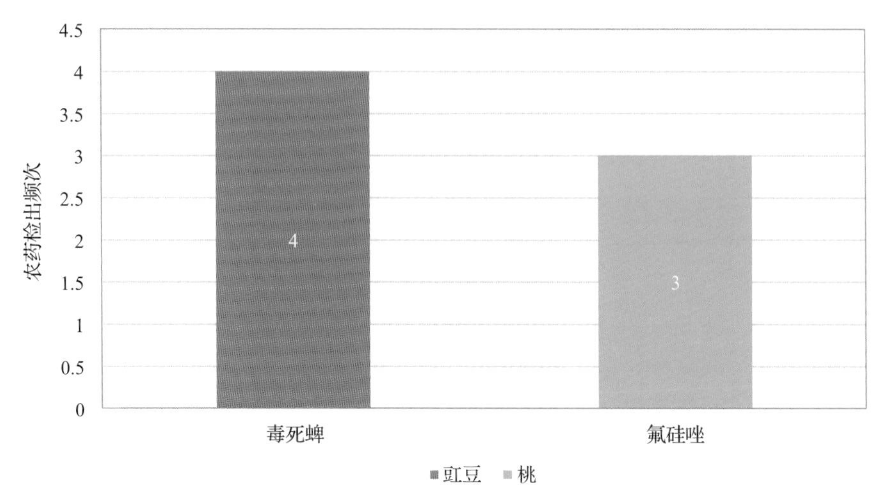

图 11-18　超过 MRL 中国香港标准农药品种及频次

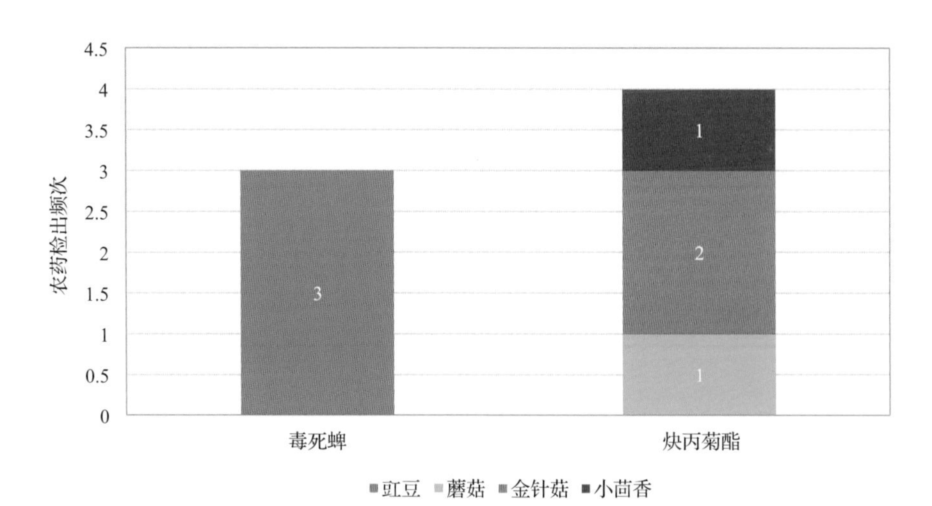

图 11-19　超过 MRL 美国标准农药品种及频次

11.2.2.6　按 MRL CAC 标准衡量

按 MRL CAC 标准衡量，有 1 种农药超标，检出 3 频次，为中毒农药氟硅唑。按超标程度比较，桃中氟硅唑超标 22.0 倍。检测结果见图 11-20 和附表 20。

11.2.3　4 个采样点超标情况分析

11.2.3.1　按 MRL 中国国家标准衡量

按 MRL 中国国家标准衡量，有 3 个采样点的样品存在不同程度的超标农药检出，

其中***市场的超标率最高，为 1.1%，如表 11-13 和图 11-21 所示。

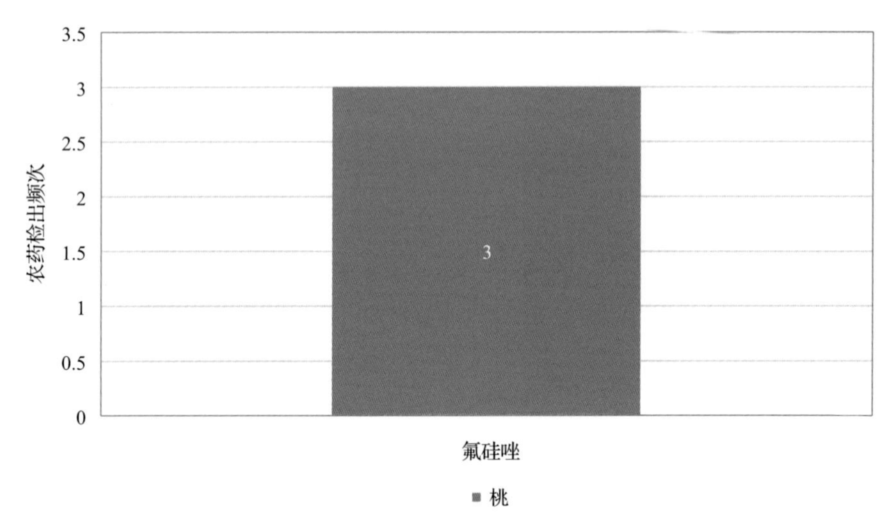

图 11-20　超过 MRL CAC 标准农药品种及频次

表 11-13　超过 MRL 中国国家标准水果蔬菜在不同采样点分布

序号	采样点	样品总数	超标数量	超标率(%)	行政区域
1	***市场	98	1	1.0	江南区
2	***超市(友爱店)	97	1	1.0	西乡塘区
3	***市场	87	1	1.1	邕宁区

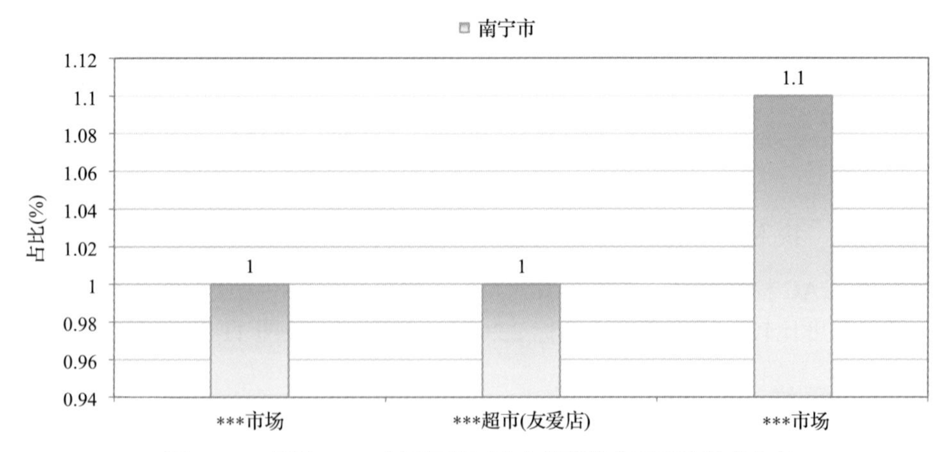

图 11-21　超过 MRL 中国国家标准水果蔬菜在不同采样点分布

11.2.3.2 按 MRL 欧盟标准衡量

按 MRL 欧盟标准衡量，所有采样点的样品存在不同程度的超标农药检出，其中***市场的超标率最高，为 25.3%，如表 11-14 和图 11-22 所示。

表 11-14 超过 MRL 欧盟标准水果蔬菜在不同采样点分布

序号	采样点	样品总数	超标数量	超标率(%)	行政区域
1	***超市(金湖店)	99	20	20.2	青秀区
2	***市场	98	17	17.3	江南区
3	***超市(友爱店)	97	24	24.7	西乡塘区
4	***市场	87	22	25.3	邕宁区

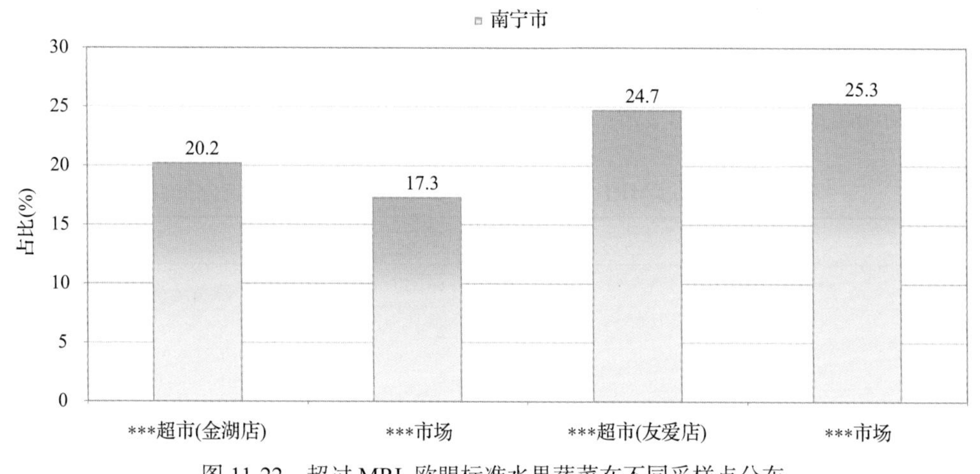

图 11-22 超过 MRL 欧盟标准水果蔬菜在不同采样点分布

11.2.3.3 按 MRL 日本标准衡量

按 MRL 日本标准衡量，所有采样点的样品存在不同程度的超标农药检出，其中***超市(金湖店)的超标率最高，为 25.3%，如表 11-15 和图 11-23 所示。

表 11-15 超过 MRL 日本标准水果蔬菜在不同采样点分布

序号	采样点	样品总数	超标数量	超标率(%)	行政区域
1	***超市(金湖店)	99	25	25.3	青秀区
2	***市场	98	17	17.3	江南区
3	***超市(友爱店)	97	24	24.7	西乡塘区
4	***市场	87	21	24.1	邕宁区

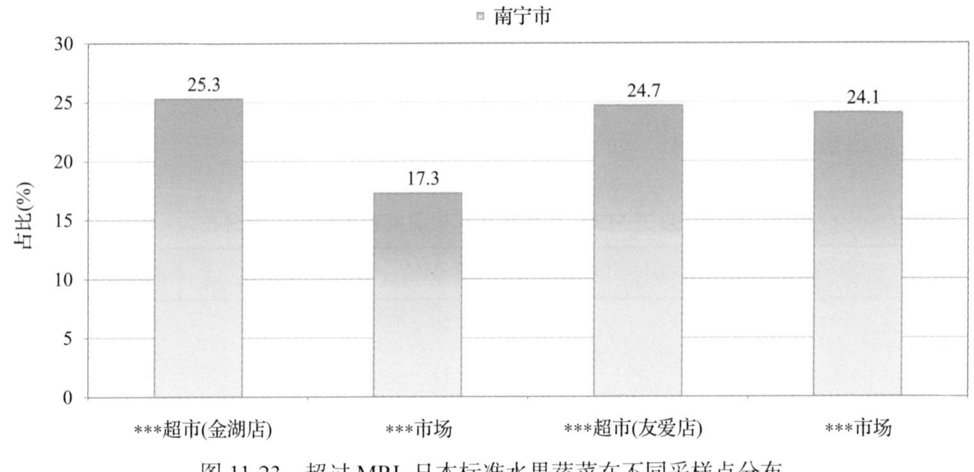

图 11-23　超过 MRL 日本标准水果蔬菜在不同采样点分布

11.2.3.4　按 MRL 中国香港标准衡量

按 MRL 中国香港标准衡量，所有采样点的样品存在不同程度的超标农药检出，其中***市场的超标率最高，为 2.3%，如表 11-16 和图 11-24 所示。

表 11-16　超过 MRL 中国香港标准水果蔬菜在不同采样点分布

序号	采样点	样品总数	超标数量	超标率(%)	行政区域
1	***超市(金湖店)	99	1	1.0	青秀区
2	***市场	98	2	2.0	江南区
3	***超市(友爱店)	97	2	2.1	西乡塘区
4	***市场	87	2	2.3	邕宁区

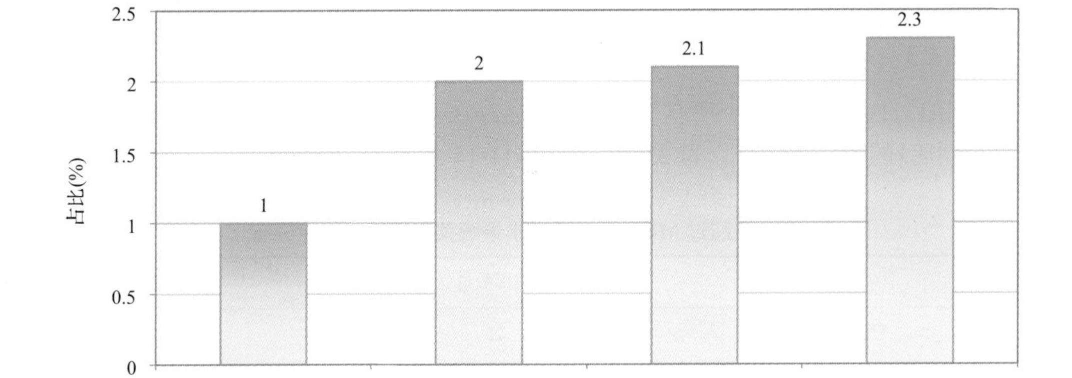

图 11-24　超过 MRL 中国香港标准水果蔬菜在不同采样点分布

11.2.3.5 按 MRL 美国标准衡量

按 MRL 美国标准衡量，所有采样点的样品存在不同程度的超标农药检出，其中***市场的超标率最高，为 3.4%，如表 11-17 和图 11-25 所示。

表 11-17 超过 MRL 美国标准水果蔬菜在不同采样点分布

序号	采样点	样品总数	超标数量	超标率(%)	行政区域
1	***超市(金湖店)	99	2	2.0	青秀区
2	***市场	98	1	1.0	江南区
3	***超市(友爱店)	97	1	1.0	西乡塘区
4	***市场	87	3	3.4	邕宁区

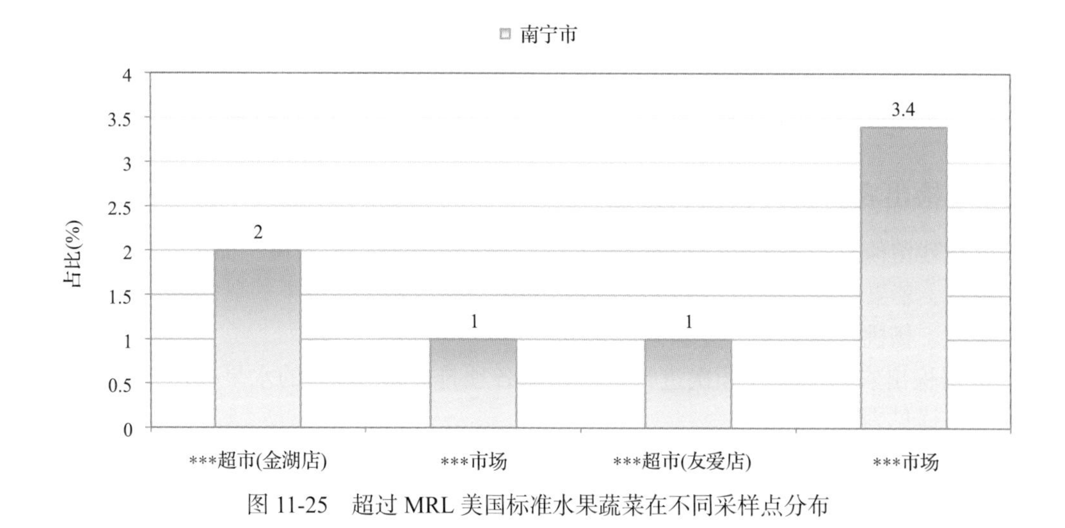

图 11-25 超过 MRL 美国标准水果蔬菜在不同采样点分布

11.2.3.6 按 MRL CAC 标准衡量

按 MRL CAC 标准衡量，有 3 个采样点的样品存在不同程度的超标农药检出，其中***市场的超标率最高，为 1.1%，如表 11-18 和图 11-26 所示。

表 11-18 超过 MRL CAC 标准水果蔬菜在不同采样点分布

序号	采样点	样品总数	超标数量	超标率(%)	行政区域
1	***市场	98	1	1.0	江南区
2	***超市(友爱店)	97	1	1.0	西乡塘区
3	***市场	87	1	1.1	邕宁区

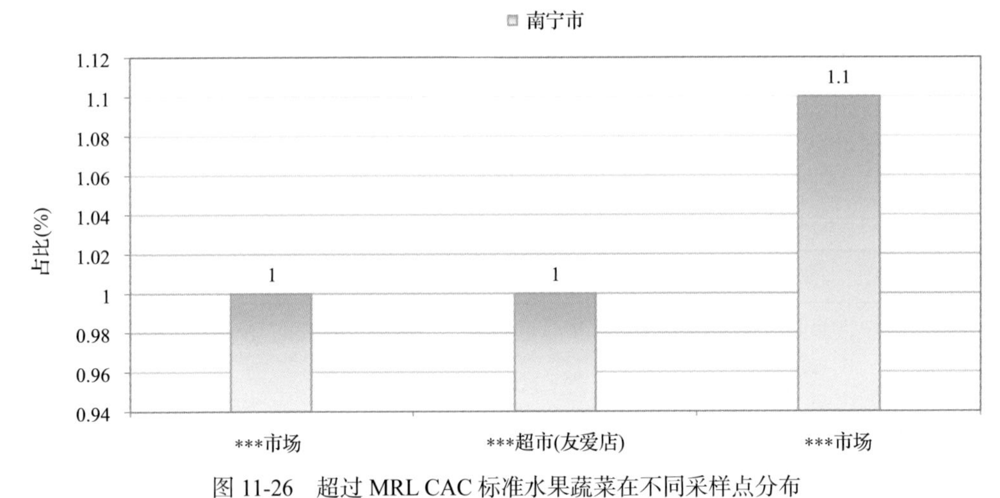

图 11-26　超过 MRL CAC 标准水果蔬菜在不同采样点分布

11.3　水果中农药残留分布

11.3.1　检出农药品种和频次排前 10 的水果

本次残留侦测的水果共 27 种，包括桃、山竹、西瓜、猕猴桃、柿子、哈密瓜、香蕉、木瓜、苹果、柑、香瓜、葡萄、山楂、草莓、枣、李子、芒果、梨、柚、枇杷、橘、橙、柠檬、杨桃、火龙果、菠萝和甜瓜。

根据检出农药品种及频次进行排名，将各项排名前 10 位的水果样品检出情况列表说明，详见表 11-19。

表 11-19　检出农药品种和频次排名前 10 的水果

检出农药品种排名前 10(品种)	①枣(9),②柠檬(6),③橙(4),④芒果(4),⑤草莓(3),⑥李子(3),⑦葡萄(3),⑧火龙果(2),⑨梨(2),⑩木瓜(2)
检出农药频次排名前 10(频次)	①枣(18),②柠檬(15),③橙(11),④葡萄(10),⑤李子(8),⑥火龙果(7),⑦芒果(7),⑧桃(7),⑨草莓(5),⑩西瓜(5)
检出禁用、高毒及剧毒农药品种排名前 10(品种)	
检出禁用、高毒及剧毒农药频次排名前 10(频次)	

11.3.2　超标农药品种和频次排前 10 的水果

鉴于 MRL 欧盟标准和日本标准制定比较全面且覆盖率较高，我们参照 MRL 中国国家标准、欧盟标准和日本标准衡量水果样品中农残检出情况，将超标农药品种及频次排名前 10 的水果列表说明，详见表 11-20。

表 11-20　超标农药品种和频次排名前 10 的水果

超标农药品种排名前 10 （农药品种数）	MRL 中国国家标准	①桃（1）
	MRL 欧盟标准	①柠檬（3），②火龙果（1），③梨（1），④苹果（1），⑤葡萄（1），⑥山竹（1），⑦桃（1），⑧枣（1）
	MRL 日本标准	①枣（5），②火龙果（2），③柠檬（2），④梨（1），⑤猕猴桃（1），⑥苹果（1），⑦葡萄（1），⑧山竹（1），⑨桃（1），⑩杨桃（1）
超标农药频次排名前 10 （农药频次数）	MRL 中国国家标准	①桃（3）
	MRL 欧盟标准	①火龙果（4），②葡萄（4），③山竹（4），④柠檬（3），⑤桃（3），⑥枣（2），⑦梨（1），⑧苹果（1）
	MRL 日本标准	①枣（8），②火龙果（5），③葡萄（4），④山竹（4），⑤桃（3），⑥柠檬（2），⑦杨桃（2），⑧梨（1），⑨猕猴桃（1），⑩苹果（1）

通过对各品种水果样本总数及检出率进行综合分析发现，枣、柠檬和橙的残留污染最为严重，在此，我们参照 MRL 中国国家标准、欧盟标准日本标准对这 3 种水果的农残检出情况进行进一步分析。

11.3.3　农药残留检出率较高的水果样品分析

11.3.3.1　枣

这次共检测 4 例枣样品，全部检出了农药残留，检出率为 100.0%，检出农药共计 9 种。其中毒死蜱、联苯菊酯、速灭威、己唑醇和甲萘威检出频次较高，分别检出了 3、3、3、2 和 2 次。枣中农药检出品种和频次见图 11-27，超标农药见图 11-28 和表 11-21。

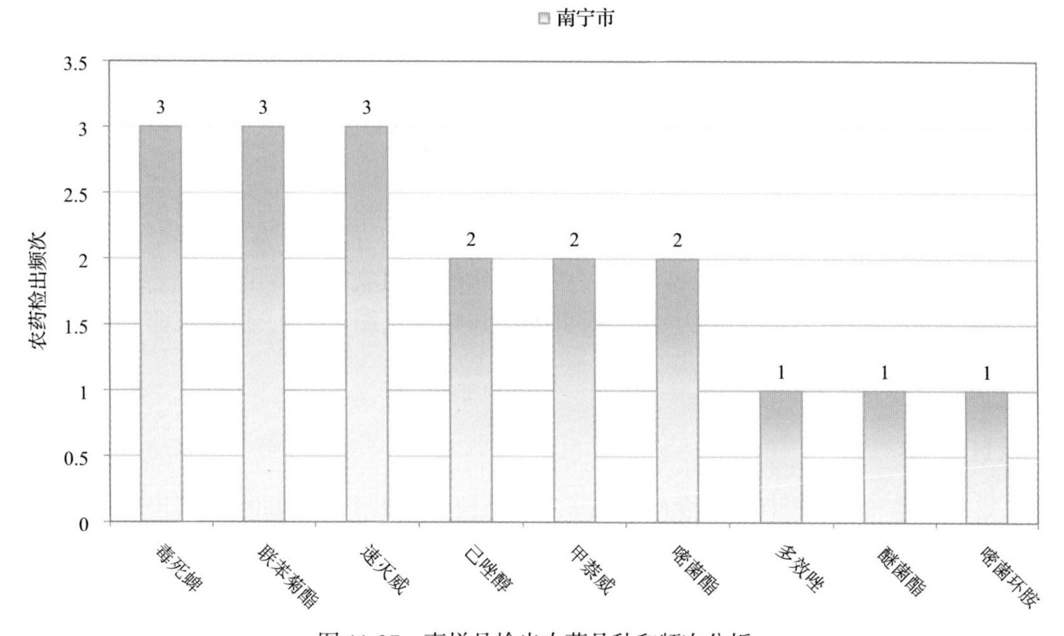

图 11-27　枣样品检出农药品种和频次分析

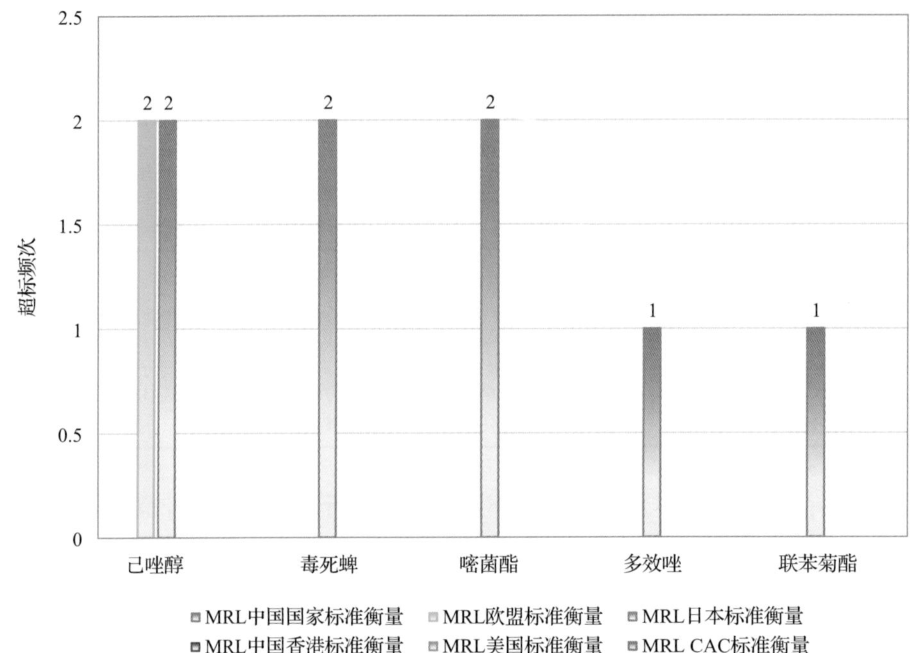

图 11-28　枣样品中超标农药分析

表 11-21　枣中农药残留超标情况明细表

样品总数			检出农药样品数	样品检出率(%)	检出农药品种总数
4			4	100	9
	超标农药品种	超标农药频次	按照 MRL 中国国家标准、欧盟标准和日本标准衡量超标农药名称及频次		
中国国家标准	0	0			
欧盟标准	1	2	己唑醇(2)		
日本标准	5	8	毒死蜱(2),己唑醇(2),嘧菌酯(2),多效唑(1),联苯菊酯(1)		

11.3.3.2　柠檬

这次共检测 4 例柠檬样品，全部检出了农药残留，检出率为 100.0%，检出农药共计 6 种。其中嘧菌酯、异丙威、速灭威、毒死蜱和四氢吩胺检出频次较高，分别检出了 4、4、3、2 和 1 次。柠檬中农药检出品种和频次见图 11-29，超标农药见图 11-30 和表 11-22。

11.3.3.3　橙

这次共检测 4 例橙样品，全部检出了农药残留，检出率为 100.0%，检出农药共计 4 种。其中嘧霉胺、噻菌灵、肟菌酯和速灭威检出频次较高，分别检出了 3、3、3 和 2 次。橙中农药检出品种和频次见图 11-31，超标农药见表 11-23。

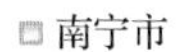

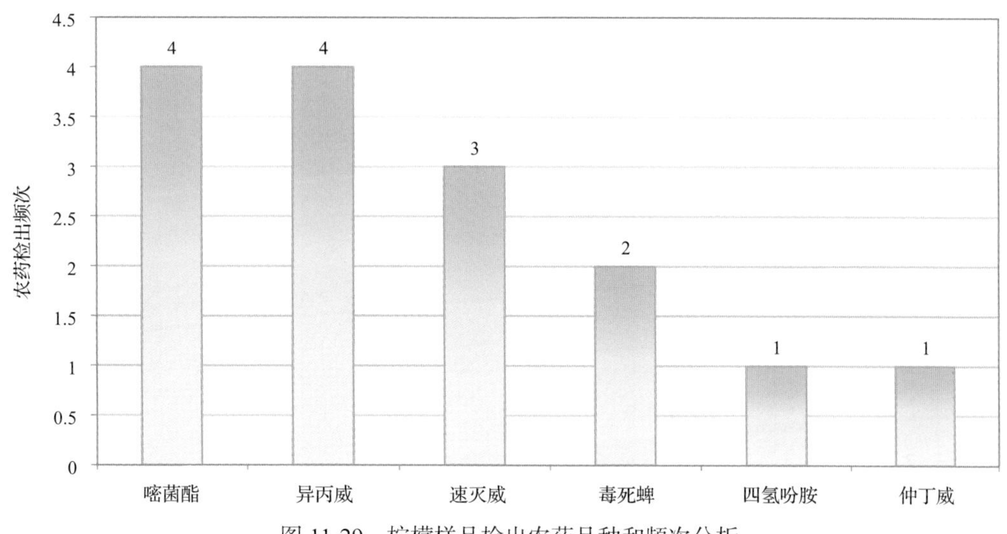

图 11-29　柠檬样品检出农药品种和频次分析

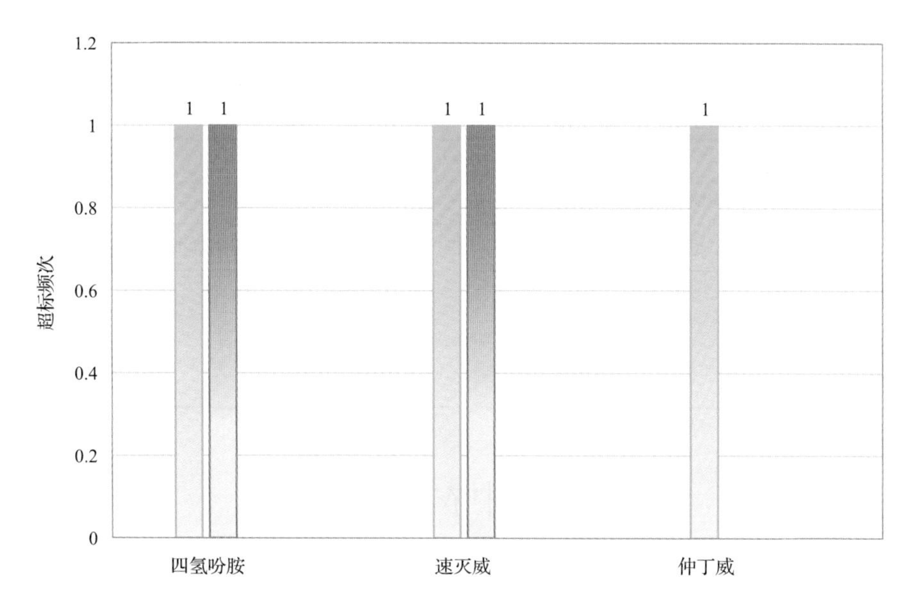

图 11-30　柠檬样品中超标农药分析

表 11-22　柠檬中农药残留超标情况明细表

样品总数		检出农药样品数	样品检出率(%)	检出农药品种总数
4		4	100	6
	超标农药品种	超标农药频次	按照 MRL 中国国家标准、欧盟标准和日本标准衡量超标农药名称及频次	
中国国家标准	0	0		
欧盟标准	3	3	四氢吩胺(1),速灭威(1),仲丁威(1)	
日本标准	2	2	四氢吩胺(1),速灭威(1)	

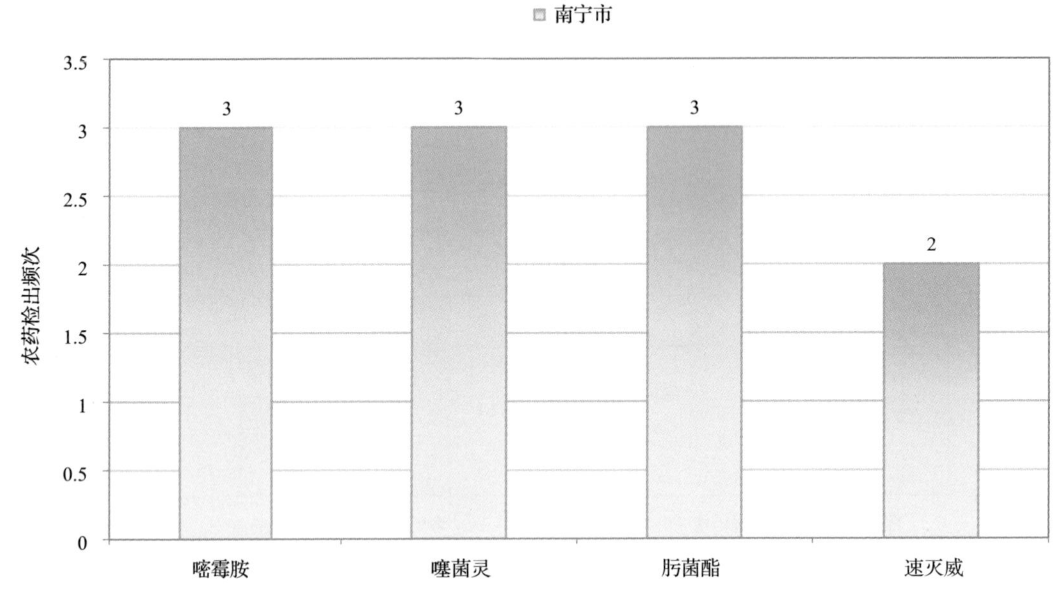

图 11-31　橙样品检出农药品种和频次分析(仅列出 2 频次及以上的数据)

表 11-23　橙中农药残留超标情况明细表

样品总数			检出农药样品数	样品检出率(%)	检出农药品种总数
4			4	100	4
	超标农药品种	超标农药频次	按照 MRL 中国国家标准、欧盟标准和日本标准衡量超标农药名称及频次		
中国国家标准	0	0			
欧盟标准	0	0			
日本标准	0	0			

11.4　蔬菜中农药残留分布

11.4.1　检出农药品种和频次排前 10 的蔬菜

本次残留侦测的蔬菜共 57 种，包括小茴香、甘薯、芹菜、紫薯、蕹菜、大蒜、洋葱、黄瓜、苦苣、莲藕、韭菜、结球甘蓝、芦笋、山药、豇豆、番茄、花椰菜、菠菜、甜椒、芥蓝、菜用大豆、西葫芦、人参果、春菜、苋菜、辣椒、葱、佛手瓜、樱桃番茄、青花菜、小白菜、紫甘蓝、南瓜、胡萝卜、豆瓣菜、芋、叶芥菜、油麦菜、萝卜、姜、马铃薯、茄子、大白菜、菜豆、菜薹、食荚豌豆、苦瓜、生菜、小油菜、娃娃菜、冬瓜、茼蒿、丝瓜、竹笋、莴笋、甘薯叶和青菜。

根据检出农药品种及频次进行排名，将各项排名前 10 位的蔬菜样品检出情况列表说明，详见表 11-24。

表 11-24　检出农药品种和频次排名前 10 的蔬菜

检出农药品种排名前 10(品种)	①小白菜(10),②姜(9),③辣椒(7),④小茴香(7),⑤葱(6),⑥大白菜(6),⑦花椰菜(6),⑧南瓜(6),⑨苋菜(6),⑩紫薯(6)
检出农药频次排名前 10(频次)	①小白菜(23),②姜(19),③南瓜(15),④油麦菜(14),⑤葱(13),⑥花椰菜(13),⑦辣椒(13),⑧苋菜(13),⑨小茴香(13),⑩樱桃番茄(13)
检出禁用、高毒及剧毒农药品种排名前 10(品种)	①甜椒(1),②苋菜(1)
检出禁用、高毒及剧毒农药频次排名前 10(频次)	①甜椒(1),②苋菜(1)

11.4.2　超标农药品种和频次排前 10 的蔬菜

鉴于 MRL 欧盟标准和日本标准制定比较全面且覆盖率较高，我们参照 MRL 中国国家标准、欧盟标准和日本标准衡量蔬菜样品中农残检出情况，将超标农药品种及频次排名前 10 的蔬菜列表说明，详见表 11-25。

表 11-25　超标农药品种和频次排名前 10 的蔬菜

超标农药品种排名前 10 (农药品种数)	MRL 中国国家标准	
	MRL 欧盟标准	①南瓜(4),②小白菜(4),③小茴香(4),④紫薯(3),⑤姜(2),⑥辣椒(2),⑦葱(1),⑧大白菜(1),⑨甘薯叶(1),⑩胡萝卜(1)
	MRL 日本标准	①姜(4),②小白菜(3),③小茴香(3),④紫薯(3),⑤辣椒(2),⑥南瓜(2),⑦菠菜(1),⑧葱(1),⑨大白菜(1),⑩大蒜(1)
超标农药频次排名前 10 (农药频次数)	MRL 中国国家标准	
	MRL 欧盟标准	①南瓜(10),②小茴香(6),③小白菜(5),④紫薯(5),⑤姜(4),⑥樱桃番茄(4),⑦葱(3),⑧甘薯叶(3),⑨胡萝卜(3),⑩豇豆(3)
	MRL 日本标准	①姜(8),②南瓜(6),③小白菜(5),④紫薯(5),⑤菠菜(4),⑥葱(4),⑦豇豆(4),⑧樱桃番茄(4),⑨甘薯叶(3),⑩胡萝卜(3)

通过对各品种蔬菜样本总数及检出率进行综合分析发现，小白菜、姜和小茴香的残留污染最为严重，在此，我们参照 MRL 中国国家标准、欧盟标准和日本标准对这 3 种蔬菜的农残检出情况进行进一步分析。

11.4.3　农药残留检出率较高的蔬菜样品分析

11.4.3.1　小白菜

这次共检测 12 例小白菜样品，9 例样品中检出了农药残留，检出率为 75.0%，检出农药共计 10 种。其中甲萘威、哒螨灵、吡丙醚、毒死蜱和氟丙菊酯检出频次较高，分别检出了 8、4、2、2 和 2 次。小白菜中农药检出品种和频次见图 11-32，超标农药见图 11-33 和表 11-26。

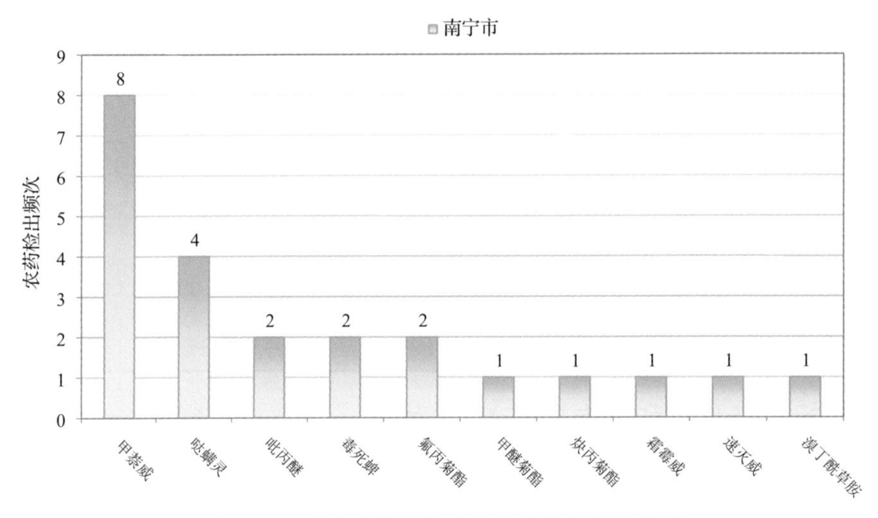

图 11-32　小白菜样品检出农药品种和频次分析

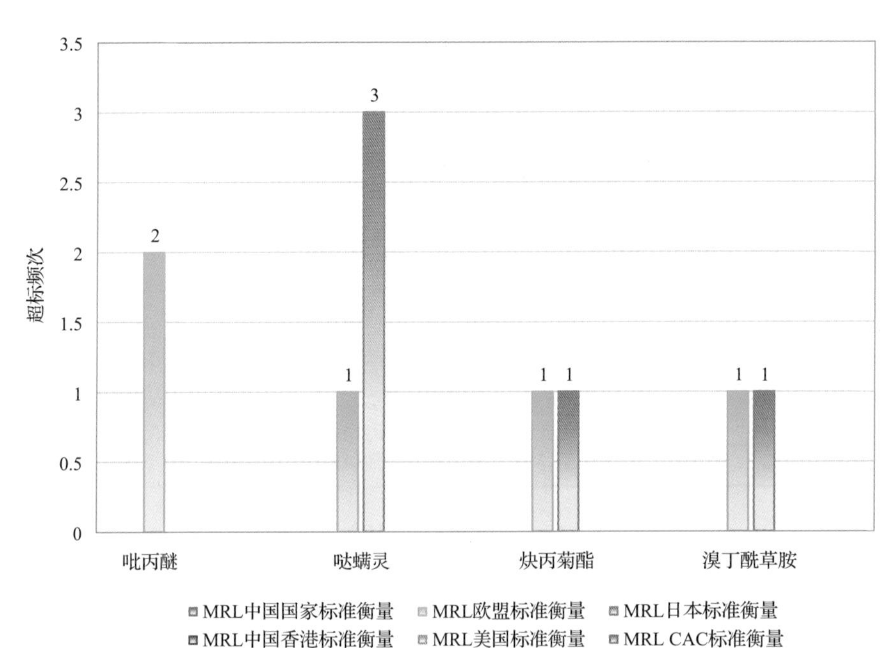

图 11-33　小白菜样品中超标农药分析

表 11-26　小白菜中农药残留超标情况明细表

样品总数			检出农药样品数	样品检出率(%)	检出农药品种总数
12			9	75	10
	超标农药品种	超标农药频次	按照 MRL 中国国家标准、欧盟标准和日本标准衡量超标农药名称及频次		
中国国家标准	0	0			
欧盟标准	4	5	吡丙醚(2),哒螨灵(1),炔丙菊酯(1),溴丁酰草胺(1)		
日本标准	3	5	哒螨灵(3),炔丙菊酯(1),溴丁酰草胺(1)		

11.4.3.2　姜

这次共检测 4 例姜样品，全部检出了农药残留，检出率为 100.0%，检出农药共计 9 种。其中吡喃灵、仲丁威、哒螨灵、甲萘威和速灭威检出频次较高，分别检出了 4、4、3、2 和 2 次。姜中农药检出品种和频次见图 11-34，超标农药见图 11-35 和表 11-27。

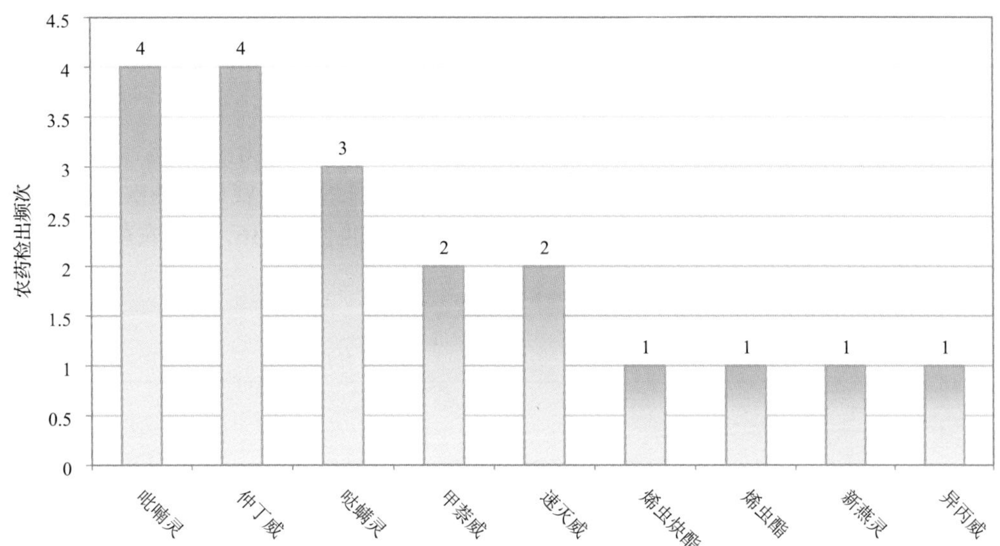

图 11-34　姜样品检出农药品种和频次分析

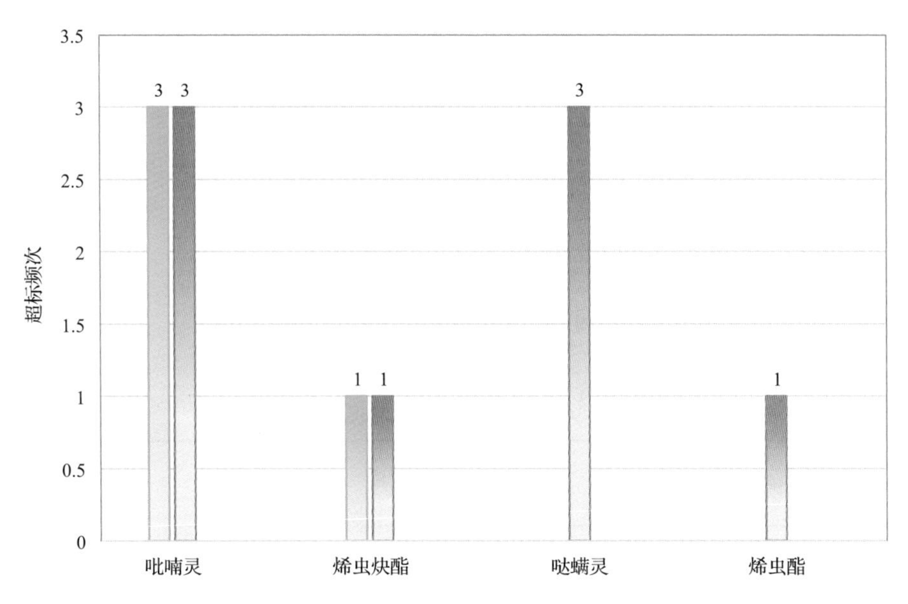

图 11-35　姜样品中超标农药分析

表 11-27 姜中农药残留超标情况明细表

样品总数			检出农药样品数	样品检出率(%)	检出农药品种总数
4			4	100	9
	超标农药品种	超标农药频次	按照 MRL 中国国家标准、欧盟标准和日本标准衡量超标农药名称及频次		
中国国家标准	0	0			
欧盟标准	2	4	吡喃灵(3),烯虫炔酯(1)		
日本标准	4	8	吡喃灵(3),哒螨灵(3),烯虫炔酯(1),烯虫酯(1)		

11.4.3.3 小茴香

这次共检测 4 例小茴香样品，全部检出了农药残留，检出率为 100.0%，检出农药共计 7 种。其中哒螨灵、生物苄呋菊酯、速灭威、甲醚菊酯和甲萘威检出频次较高，分别检出了 4、3、2、1 和 1 次。小茴香中农药检出品种和频次见图 11-36，超标农药见图 11-37 和表 11-28。

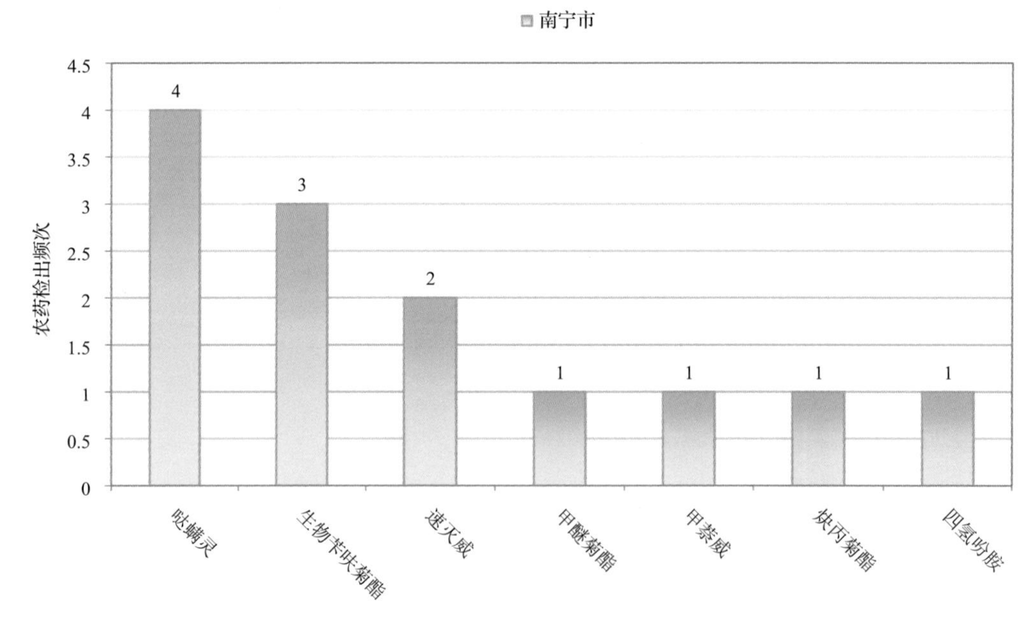

图 11-36 小茴香样品检出农药品种和频次分析

表 11-28 小茴香中农药残留超标情况明细表

样品总数			检出农药样品数	样品检出率(%)	检出农药品种总数
4			4	100	7
	超标农药品种	超标农药频次	按照 MRL 中国国家标准、欧盟标准和日本标准衡量超标农药名称及频次		
中国国家标准	0	0			
欧盟标准	4	6	生物苄呋菊酯(3),甲醚菊酯(1),炔丙菊酯(1),四氢吩胺(1)		
日本标准	3	3	甲醚菊酯(1),炔丙菊酯(1),四氢吩胺(1)		

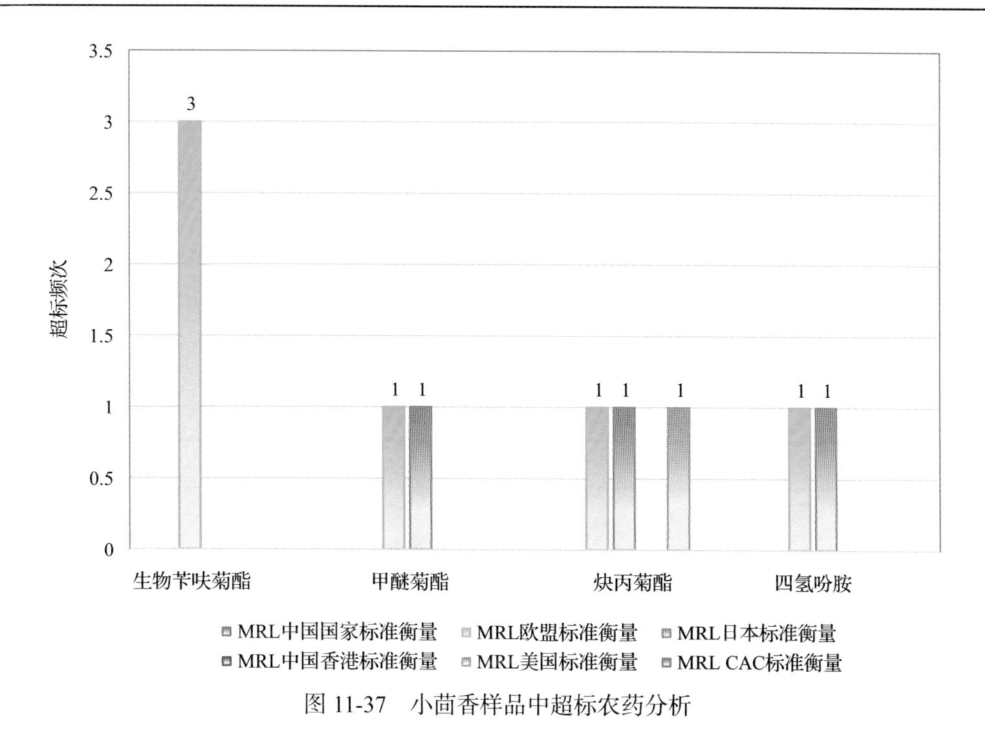

图 11-37 小茴香样品中超标农药分析

11.5 初 步 结 论

11.5.1 南宁市市售水果蔬菜按 MRL 中国国家标准和国际主要 MRL 标准衡量的合格率

本次侦测的 381 例样品中，149 例样品未检出任何残留农药，占样品总量的 39.1%，232 例样品检出不同水平、不同种类的残留农药，占样品总量的 60.9%。在这 232 例检出农药残留的样品中：

按 MRL 中国国家标准衡量，有 229 例样品检出残留农药但含量没有超标，占样品总数的 60.1%，有 3 例样品检出了超标农药，占样品总数的 0.8%。

按 MRL 欧盟标准衡量，有 149 例样品检出残留农药但含量没有超标，占样品总数的 39.1%，有 83 例样品检出了超标农药，占样品总数的 21.8%。

按 MRL 日本标准衡量，有 145 例样品检出残留农药但含量没有超标，占样品总数的 38.1%，有 87 例样品检出了超标农药，占样品总数的 22.8%。

按 MRL 中国香港标准衡量，有 225 例样品检出残留农药但含量没有超标，占样品总数的 59.1%，有 7 例样品检出了超标农药，占样品总数的 1.8%。

按 MRL 美国标准衡量，有 225 例样品检出残留农药但含量没有超标，占样品总数的 59.1%，有 7 例样品检出了超标农药，占样品总数的 1.8%。

按 MRL CAC 标准衡量，有 229 例样品检出残留农药但含量没有超标，占样品总数的 60.1%，有 3 例样品检出了超标农药，占样品总数的 0.8%。

11.5.2 南宁市市售水果蔬菜中检出农药以中低微毒农药为主，占市场主体的 97.8%

这次侦测的 381 例样品包括调味料 1 种 4 例，谷物 1 种 4 例，水果 27 种 103 例，食用菌 4 种 16 例，蔬菜 57 种 254 例，共检出了 46 种农药，检出农药的毒性以中低微毒为主，详见表 11-29。

表 11-29　市场主体农药毒性分布

毒性	检出品种	占比	检出频次	占比
高毒农药	1	2.2%	1	0.2%
中毒农药	19	41.3%	364	75.2%
低毒农药	16	34.8%	66	13.6%
微毒农药	10	21.7%	53	11.0%
中低微毒农药，品种占比 97.8%，频次占比 99.8%				

11.5.3 检出剧毒、高毒和禁用农药现象应该警醒

在此次侦测的 381 例样品中有 2 种蔬菜的 2 例样品检出了 2 种 2 频次的剧毒和高毒或禁用农药，占样品总量的 0.5%。其中高毒农药三唑磷检出频次较高。

剧毒、高毒或禁用农药的检出情况及按照 MRL 中国国家标准衡量的超标情况见表 11-30。

表 11-30　剧毒、高毒或禁用农药的检出及超标明细

序号	农药名称	样品名称	检出频次	超标频次	最大超标倍数	超标率
1.1	三唑磷◊	甜椒	1	0	0	0.0%
2.1	硫丹▲	苋菜	1	0	0	0.0%
合计			2	0		0.0%

注：超标倍数参照 MRL 中国国家标准衡量

这些超标的剧毒和高毒农药都是中国政府早有规定禁止在水果蔬菜中使用的，为什么还屡次被检出，应该引起警惕。

11.5.4 残留限量标准与先进国家或地区标准差距较大

484 频次的检出结果与我国公布的《食品中农药最大残留限量》（GB 2763—2014）对比，有 126 频次能找到对应的 MRL 中国国家标准，占 26.0%；还有 358 频次的侦测数据无相关 MRL 标准供参考，占 74.0%。

与国际上现行 MRL 标准对比发现：

有 484 频次能找到对应的 MRL 欧盟标准，占 100.0%；

有 484 频次能找到对应的 MRL 日本标准，占 100.0%；

有 186 频次能找到对应的 MRL 中国香港标准，占 38.4%；

有 160 频次能找到对应的 MRL 美国标准，占 33.1%；

有 51 频次能找到对应的 MRL CAC 标准，占 10.5%。

由上可见，MRL 中国国家标准与先进国家或地区标准还有很大差距，我们无标准，境外有标准，这就会导致我们在国际贸易中，处于受制于人的被动地位。

11.5.5 水果蔬菜单种样品检出 4~10 种农药残留，拷问农药使用的科学性

通过此次监测发现，枣、柠檬和橙是检出农药品种最多的 3 种水果，小白菜、姜和辣椒是检出农药品种最多的 3 种蔬菜，从中检出农药品种及频次详见表 11-31。

表 11-31 单种样品检出农药品种及频次

样品名称	样品总数	检出农药样品数	检出率	检出农药品种数	检出农药(频次)
小白菜	12	9	75.0%	10	甲萘威(8),哒螨灵(4),吡丙醚(2),毒死蜱(2),氟丙菊酯(2),甲醚菊酯(1),炔丙菊酯(1),霜霉威(1),速灭威(1),溴丁酰草胺(1)
姜	4	4	100.0%	9	吡喃灵(4),仲丁威(4),哒螨灵(3),甲萘威(2),速灭威(2),烯虫炔酯(1),烯虫酯(1),新燕灵(1),异丙威(1)
辣椒	4	3	75.0%	7	嘧霉胺(3),3,4,5-混杀威(2),毒死蜱(2),炔丙菊酯(2),烯虫炔酯(2),哒螨灵(1),速灭威(1)
枣	4	4	100.0%	9	毒死蜱(3),联苯菊酯(3),速灭威(3),己唑醇(2),甲萘威(2),嘧菌酯(2),多效唑(1),醚菌酯(1),嘧菌环胺(1)
柠檬	4	4	100.0%	6	嘧菌酯(4),异丙威(4),速灭威(3),毒死蜱(2),四氢吩胺(1),仲丁威(1)
橙	4	4	100.0%	4	嘧霉胺(3),噻菌灵(3),肟菌酯(3),速灭威(2)

上述 6 种水果蔬菜，检出农药 4~10 种，是多种农药综合防治，还是未严格实施农业良好管理规范(GAP)，抑或根本就是乱施药，值得我们思考。

第 12 章　GC-Q-TOF/MS 侦测南宁市市售水果蔬菜农药残留膳食暴露风险与预警风险评估

12.1　农药残留风险评估方法

12.1.1　南宁市农药残留检测数据分析与统计

庞国芳院士科研团队建立的农药残留高通量侦测技术以高分辨精确质量数(0.0001*m/z*为基准)为识别标准，采用 GC-Q-TOF/MS 技术对 507 种农药化学污染物进行检测。

科研团队于 2016 年 9 月~2017 年 4 月在南宁市所属 4 个区的 4 个采样点，随机采集了 381 例水果蔬菜样品，采样点分布在超市和农贸市场，具体位置如图 12-1 所示，各月内水果蔬菜样品采集数量如表 12-1 所示。

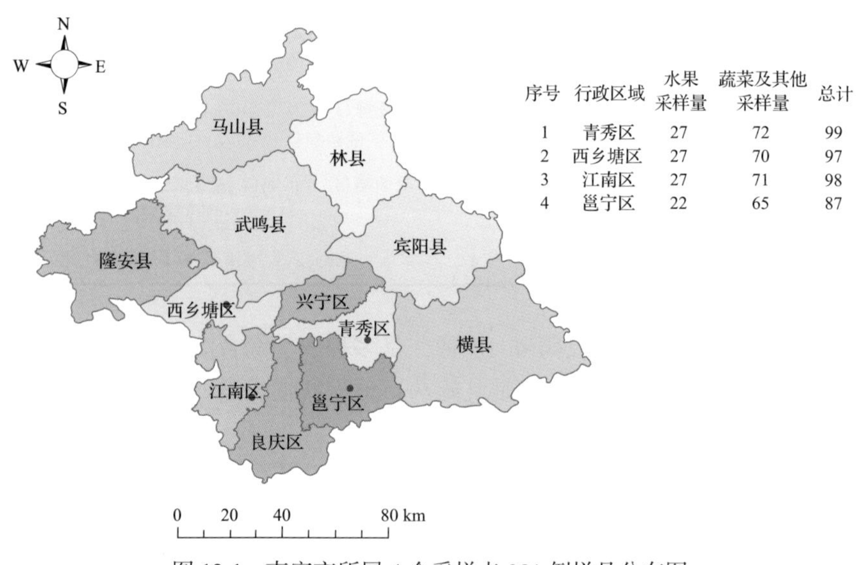

序号	行政区域	水果采样量	蔬菜及其他采样量	总计
1	青秀区	27	72	99
2	西乡塘区	27	70	97
3	江南区	27	71	98
4	邕宁区	22	65	87

图 12-1　南宁市所属 4 个采样点 381 例样品分布图

表 12-1　南宁市各月内水果蔬菜样品采集情况

时间	样品数(例)
2016 年 9 月	177
2016 年 10 月	165
2017 年 3 月	36
2017 年 4 月	3

利用 GC-Q-TOF/MS 技术对 381 例样品中的农药残留进行侦测，侦测出残留农药 46 种，484 频次。侦测出农药残留水平如表 12-2 和图 12-2 所示。检出频次最高的前十种农药如表 12-3 所示。从检测结果中可以看出，在水果蔬菜中农药残留普遍存在，且有些水果蔬菜存在高浓度的农药残留，这些可能存在膳食暴露风险，对人体健康产生危害，因此，为了定量地评价水果蔬菜中农药残留的风险程度，有必要对其进行风险评价。

表 12-2 侦测出农药的不同残留水平及其所占比例

残留水平(μg/kg)	检出频次	占比(%)
1~5(含)	165	34.09
5~10(含)	137	28.31
10~100(含)	146	30.17
100~1000(含)	28	5.79
>1000	8	1.65
合计	484	100

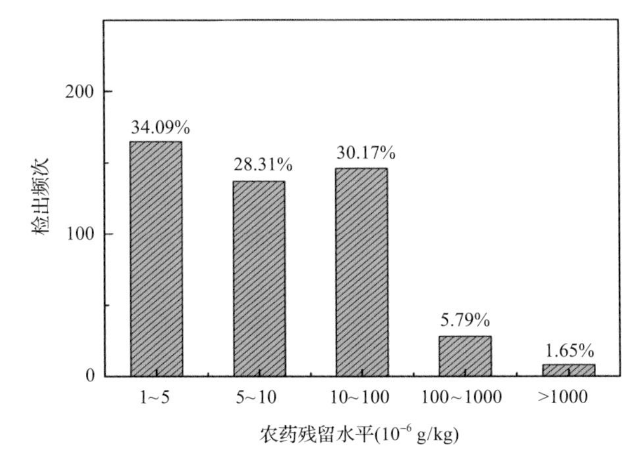

图 12-2 残留农药侦测出浓度频数分布

表 12-3 检出频次最高的前 10 种农药列表

序号	农药	检出频次
1	甲萘威	94
2	哒螨灵	77
3	速灭威	53
4	毒死蜱	41
5	炔丙菊酯	26
6	仲丁威	19
7	氟丙菊酯	15
8	嘧霉胺	13
9	异丙威	12
10	3,5-二氯苯胺	11

12.1.2　农药残留风险评价模型

对南宁市水果蔬菜中农药残留分别开展暴露风险评估和预警风险评估。膳食暴露风险评价利用食品安全指数模型对水果蔬菜中的残留农药对人体可能产生的危害程度进行评价，该模型结合残留监测和膳食暴露评估评价化学污染物的危害；预警风险评价模型运用风险系数(risk index，*R*)，风险系数综合考虑了危害物的超标率、施检频率及其本身敏感性的影响，能直观而全面地反映出危害物在一段时间内的风险程度。

12.1.2.1　食品安全指数模型

为了加强食品安全管理，《中华人民共和国食品安全法》第二章第十七条规定“国家建立食品安全风险评估制度，运用科学方法，根据食品安全风险监测信息、科学数据以及有关信息，对食品、食品添加剂、食品相关产品中生物性、化学性和物理性危害因素进行风险评估”[1]，膳食暴露评估是食品危险度评估的重要组成部分，也是膳食安全性的衡量标准[2]。国际上最早研究膳食暴露风险评估的机构主要是 JMPR(FAO、WHO农药残留联合会议)，该组织自 1995 年就已制定了急性毒性物质的风险评估急性毒性农药残留摄入量的预测。1960 年美国规定食品中不得加入致癌物质进而提出零阈值理论，渐渐零阈值理论发展成在一定概率条件下可接受风险的概念[3]，后衍变为食品中每日允许最大摄入量(ADI)，而农药残留法典委员会(CCPR)认为 ADI 不是独立风险评估的唯一标准[4]，1995 年 JMPR 开始研究农药急性膳食暴露风险评估，并对食品国际短期摄入量的计算方法进行了修正，亦对膳食暴露评估准则及评估方法进行了修正[5]，2002 年，在对世界上现行的食品安全评价方法，尤其是国际公认的 CAC 评价方法、WHO GEMS/Food(全球环境监测系统/食品污染监测和评估规划)及 JECFA(FAO、WHO 食品添加剂联合专家委员会)和 JMPR 对食品安全风险评估工作研究的基础之上，检验检疫食品安全管理的研究人员提出了结合残留监控和膳食暴露评估，以食品安全指数 IFS 计算食品中各种化学污染物对消费者的健康危害程度[6]。IFS 是表示食品安全状态的新方法，可有效地评价某种农药的安全性，进而评价食品中各种农药化学污染物对消费者健康的整体危害程度[7, 8]。从理论上分析，IFS_c 可指出食品中的污染物 c 对消费者健康是否存在危害及危害的程度[9]。其优点在于操作简单且结果容易被接受和理解，不需要大量的数据来对结果进行验证，使用默认的标准假设或者模型即可[10, 11]。

1) IFS_c 的计算

IFS_c 计算公式如下：

$$IFS_c=\frac{EDI_c \times f}{SI_c \times bw} \tag{12-1}$$

式中，c 为所研究的农药；EDI_c 为农药 c 的实际日摄入量估算值，等于 $\sum(R_i \times F_i \times E_i \times P_i)$ (*i* 为食品种类；R_i 为食品 *i* 中农药 c 的残留水平，mg/kg；F_i 为食品 *i* 的估计日消费量，g/(人·天)；E_i 为食品 *i* 的可食用部分因子；P_i 为食品 *i* 的加工处理因子)；SI_c 为安全摄入量，可采用每日允许最大摄入量 ADI；bw 为人平均体重，kg；*f* 为校正因子，如果安全摄入量采用 ADI，则 f 取 1。

$IFS_c \ll 1$，农药 c 对食品安全没有影响；$IFS_c \leq 1$，农药 c 对食品安全的影响可以接受；$IFS_c > 1$，农药 c 对食品安全的影响不可接受。

本次评价中：

$IFS_c \leq 0.1$，农药 c 对水果蔬菜安全没有影响；

$0.1 < IFS_c \leq 1$，农药 c 对水果蔬菜安全的影响可以接受；

$IFS_c > 1$，农药 c 对水果蔬菜安全的影响不可接受。

本次评价中残留水平 R_i 取值为中国检验检疫科学研究院庞国芳院士课题组利用以高分辨精确质量数(0.0001 *m/z*)为基准的 GC-Q-TOF/MS 侦测技术于 2016 年 9 月~2017 年 4 月对南宁市水果蔬菜农药残留的侦测结果，估计日消费量 F_i 取值 0.38 kg/(人·天)，E_i=1，P_i=1，f=1，SI_c 采用《食品安全国家标准 食品中农药最大残留限量》(GB 2763—2016)中 ADI 值(具体数值见表 12-4)，人平均体重(bw)取值 60 kg。

表 12-4 南宁市水果蔬菜中残留农药 ADI 值

序号	农药	ADI	序号	农药	ADI
1	醚菌酯	0.4	24	甲萘威	0.008
2	霜霉威	0.4	25	氟硅唑	0.007
3	嘧菌酯	0.2	26	硫丹	0.006
4	嘧霉胺	0.2	27	己唑醇	0.005
5	吡丙醚	0.1	28	喹螨醚	0.005
6	多效唑	0.1	29	乐果	0.002
7	腐霉利	0.1	30	异丙威	0.002
8	噻菌灵	0.1	31	三唑磷	0.001
9	甲霜灵	0.08	32	3,4,5-混杀威	—
10	仲丁威	0.06	33	3,5-二氯苯胺	—
11	氯菊酯	0.05	34	吡喃灵	—
12	扑草净	0.04	35	氰丙菊酯	—
13	肟菌酯	0.04	36	甲醚菊酯	—
14	丙溴磷	0.03	37	邻苯二甲酰亚胺	—
15	嘧菌环胺	0.03	38	炔丙菊酯	—
16	生物苄呋菊酯	0.03	39	四氢吩胺	—
17	戊唑醇	0.03	40	速灭威	—
18	西玛津	0.018	41	戊草丹	—
19	哒螨灵	0.01	42	烯虫炔酯	—
20	毒死蜱	0.01	43	烯虫酯	—
21	噁霜灵	0.01	44	新燕灵	—
22	联苯菊酯	0.01	45	溴丁酰草胺	—
23	噻嗪酮	0.009	46	乙嘧酚磺酸酯	—

注："—"表示为国家标准中无 ADI 值规定；ADI 值单位为 mg/kg bw

2) 计算 IFS_c 的平均值 $\overline{IFS}$，判断农药对食品安全影响程度

以 $\overline{IFS}$ 评价各种农药对人体健康危害的总程度，评价模型见公式(12-2)。

$$\overline{IFS}=\frac{\sum_{i=1}^{n}IFS_c}{n} \tag{12-2}$$

$\overline{IFS}\ll 1$，所研究消费者人群的食品安全状态很好；$\overline{IFS}\leqslant 1$，所研究消费者人群的食品安全状态可以接受；$\overline{IFS}>1$，所研究消费者人群的食品安全状态不可接受。

本次评价中：

$\overline{IFS}\leqslant 0.1$，所研究消费者人群的水果蔬菜安全状态很好；

$0.1<\overline{IFS}\leqslant 1$，所研究消费者人群的水果蔬菜安全状态可以接受；

$\overline{IFS}>1$，所研究消费者人群的水果蔬菜安全状态不可接受。

12.1.2.2 预警风险评价模型

2003 年，我国检验检疫食品安全管理的研究人员根据 WTO 的有关原则和我国的具体规定，结合危害物本身的敏感性、风险程度及其相应的施检频率，首次提出了食品中危害物风险系数 R 的概念[12]。R 是衡量一个危害物的风险程度大小最直观的参数，即在一定时期内其超标率或阳性检出率的高低,但受其施检测率的高低及其本身的敏感性(受关注程度)影响。该模型综合考察了农药在蔬菜中的超标率、施检频率及其本身敏感性，能直观而全面地反映出农药在一段时间内的风险程度[13]。

1) R 计算方法

危害物的风险系数综合考虑了危害物的超标率或阳性检出率、施检频率和其本身的敏感性影响，并能直观而全面地反映出危害物在一段时间内的风险程度。风险系数 R 的计算公式如式(12-3)：

$$R=aP+\frac{b}{F}+S \tag{12-3}$$

式中，P 为该种危害物的超标率；F 为危害物的施检频率；S 为危害物的敏感因子；a, b 分别为相应的权重系数。

本次评价中 F=1；S=1；a=100；b=0.1，对参数 P 进行计算，计算时首先判断是否为禁药，如果为非禁药，P=超标的样品数(检测出的含量高于食品最大残留限量标准值，即 MRL)除以总样品数(包括超标、不超标、未检出)；如果为禁药，则检出即为超标，P=能检出的样品数除以总样品数。判断南宁市水果蔬菜农药残留是否超标的标准限值 MRL 分别以 MRL 中国国家标准[14]和 MRL 欧盟标准作为对照，具体值列于本报告附表一中。

2) 判断风险程度

$R \leqslant 1.5$，受检农药处于低度风险；

$1.5 < R \leqslant 2.5$，受检农药处于中度风险；

$R > 2.5$，受检农药处于高度风险。

12.1.2.3　食品膳食暴露风险和预警风险评价应用程序的开发

1) 应用程序开发的步骤

为成功开发膳食暴露风险和预警风险评价应用程序，与软件工程师多次沟通讨论，逐步提出并描述清楚计算需求，开发了初步应用程序。在软件应用过程中，根据风险评价拟得到结果的变化，计算需求发生变更，这些变化给软件工程师进行需求分析带来一定的困难，经过各种细节的沟通，需求分析得到明确后，开始进行解决方案的设计，在保证需求的完整性、一致性的前提下，编写代码，最后设计出风险评价专用计算软件。软件开发基本步骤见图 12-3。

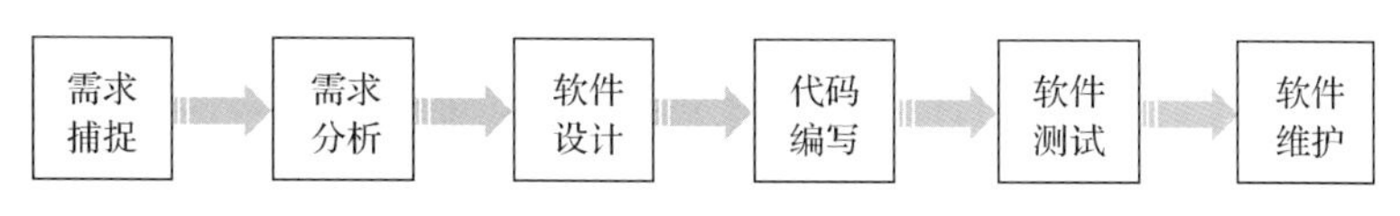

图 12-3　专用程序开发总体步骤

2) 膳食暴露风险评价专业程序开发的基本要求

首先直接利用公式(12-1)，分别计算 LC-Q-TOF/MS 和 GC-Q-TOF/MS 仪器侦测出的各水果蔬菜样品中每种农药 IFS_c，将结果列出。为考察超标农药和禁用农药的使用安全性，分别以我国《食品安全国家标准　食品中农药最大残留限量》(GB 2763—2016) 和欧盟食品中农药最大残留限量(以下简称 MRL 中国国家标准和 MRL 欧盟标准) 为标准，对侦测出的禁药和超标的非禁药 IFS_c 单独进行评价；按 IFS_c 大小列表，并找出 IFS_c 值排名前 20 的样本重点关注。

对不同水果蔬菜 i 中每一种侦测出的农药 c 的安全指数进行计算，多个样品时求平均值。若监测数据为该市多个月的数据，则逐月、逐季度分别列出每个月、每个季度内每一种水果蔬菜 i 对应的每一种农药 c 的 IFS_c。

按农药种类，计算整个监测时间段内每种农药的 IFS_c，不区分水果蔬菜。若检测数据为该市多个月的数据，则需分别计算每个月、每个季度内每种农药的 IFS_c。

3) 预警风险评价专业程公式序开发的基本要求

分别以 MRL 中国国家标准和 MRL 欧盟标准，按公式(12-3) 逐个计算不同水果蔬菜、不同农药的风险系数，禁药和非禁药分别列表。

为清楚了解各种农药的预警风险，不分时间，不分水果蔬菜，按禁用农药和非禁药分类，分别计算各种侦测出农药全部检测时段内风险系数。由于有 MRL 中国国家标准的农药种类太少，无法计算超标数，非禁药的风险系数只以 MRL 欧盟标准为标准，进行计算。若检测数据为多个月的，则按月计算每个月、每个季度内每种禁用农药残留的风险系数和以 MRL 欧盟标准为标准的非禁药残留的风险系数。

4) 风险程度评价专业应用程序的开发方法

采用 Python 计算机程序设计语言，Python 是一个高层次地结合了解释性、编译性、互动性和面向对象的脚本语言。风险评价专用程序主要功能包括：分别读入每例样品 LC-Q-TOF/MS 和 GC-Q-TOF/MS 农药残留检测数据，根据风险评价工作要求，依次对不同农药、不同食品、不同时间、不同采样点的 IFS_c 值和 R 值分别进行数据计算，筛选出禁用农药、超标农药（分别与 MRL 中国国家标准、MRL 欧盟标准限值进行对比）单独重点分析，再分别对各农药、各水果蔬菜种类分类处理，设计出计算和排序程序，编写计算机代码，最后将生成的膳食暴露风险评价和超标风险评价定量计算结果列入设计好的各个表格中，并定性判断风险对目标的影响程度，直接用文字描述风险发生的高低，如“不可接受”、“可以接受”、“没有影响”、“高度风险”、“中度风险”、“低度风险”。

12.2　GC-Q-TOF/MS 侦测南宁市市售水果蔬菜农药残留膳食暴露风险评估

12.2.1　水果蔬菜样品中农药残留安全指数分析

基于农药残留检测数据，发现在 381 例样品中侦测出农药 484 频次，计算样品中每种残留农药的安全指数 IFS_c，并分析农药对样品安全的影响程度，结果详见附表二，农药残留对水果蔬菜样品的安全影响程度频次分布情况如图 12-4 所示。

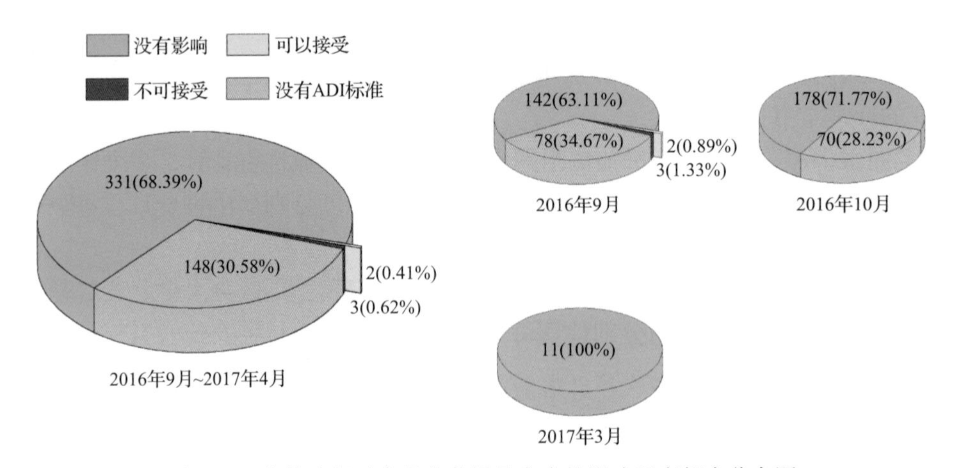

图 12-4　农药残留对水果蔬菜样品安全的影响程度频次分布图

由图 12-4 可以看出，农药残留对样品安全的影响不可接受的频次为 3，占 0.62%；农药残留对样品安全的影响可以接受的频次为 2，占 0.41%；农药残留对样品安全的没有影响的频次为 331，占 68.39%。分析发现，在 4 个月份内只有 2016 年 9 月内有 1 种农药对样品安全影响不可接受，2017 年 4 月未侦测出农药残留，其他月份内，农药对样品安全的影响均在可以接受和没有影响的范围内。表 12-5 为对水果蔬菜样品安全影响不可接受的农药残留列表。

表 12-5　水果蔬菜样品中安全影响不可接受的农药残留列表

序号	样品编号	采样点	基质	农药	含量(mg/kg)	IFS_c
1	20160930-450100-SZCIQ-PH-01A	***市场	桃	氟硅唑	2.1193	1.9175
2	20160930-450100-SZCIQ-PH-03A	***超市(友爱店)	桃	氟硅唑	1.8107	1.6383
3	20160930-450100-SZCIQ-PH-04A	***市场	桃	氟硅唑	4.5984	4.1605

此次检测，发现部分样品侦测出禁用农药，为了明确残留的禁用农药对样品安全的影响，分析侦测出禁药残留的样品安全指数，如表 12-6 所示，列出了水果蔬菜样品中侦测出的残留禁用农药的安全指数表，表中表明，侦测出禁用农药 1 种 1 频次，对样品安全的影响为没有影响，侦测出禁用农药的月份为 2016 年 10 月。

表 12-6　水果蔬菜样品中侦测出的残留禁用农药的安全指数表

序号	样品编号	采样点	基质	禁用农药	含量(mg/kg)	IFS_c	影响程度
1	20161018-450100-SZCIQ-AM-02A	***超市(金湖店)	苋菜	硫丹	0.05	0.0528	没有影响

此外，本次检测发现部分样品中非禁用农药残留量超过 MRL 中国国家标准和欧盟标准，为了明确超标的非禁药对样品安全的影响，分析非禁药残留超标的样品安全指数，图 12-5 和图 12-6 分别为残留量超过 MRL 中国国家标准和欧盟标准的非禁用农药对水果蔬菜样品安全的影响程度频次分布图。

由图 12-5 可以看出，水果蔬菜样品中侦测出超过 MRL 中国国家标准的非禁用农药共 3 频次，非禁用农药残留对样品安全的影响均为不可接受。表 12-7 为水果蔬菜样品中残留量超过 MRL 中国国家标准的非禁用农药的安全指数表。

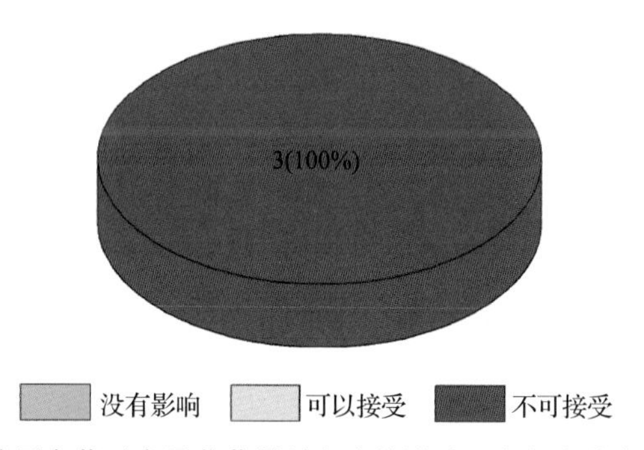

图 12-5　残留超标的非禁用农药对水果蔬菜样品安全的影响程度频次分布图(MRL 中国国家标准)

表 12-7 水果蔬菜样品中残留超标的非禁用农药安全指数表（MRL 中国国家标准）

序号	样品编号	采样点	基质	农药	含量(mg/kg)	中国国家标准	IFS_c	影响程度
1	20160930-450100-SZCIQ-PH-04A	***市场	桃	氟硅唑	4.5984	0.2	4.1605	不可接受
2	20160930-450100-SZCIQ-PH-01A	***市场	桃	氟硅唑	2.1193	0.2	1.9175	不可接受
3	20160930-450100-SZCIQ-PH-03A	***超市（友爱店）	桃	氟硅唑	1.8107	0.2	1.6383	不可接受

由图 12-6 可以看出，水果蔬菜样品中侦测出超过 MRL 欧盟标准的非禁用农药共 105 频次，其中农药残留对样品安全的影响不可接受的频次为 3，占 2.86%；农药残留对样品安全的影响可以接受的频次为 2，占 1.9%；农药残留对样品安全没有影响的频次为 47，占 44.76%。表 12-8 为水果蔬菜样品中残留量超过 MRL 欧盟标准的非禁用农药的安全指数表。

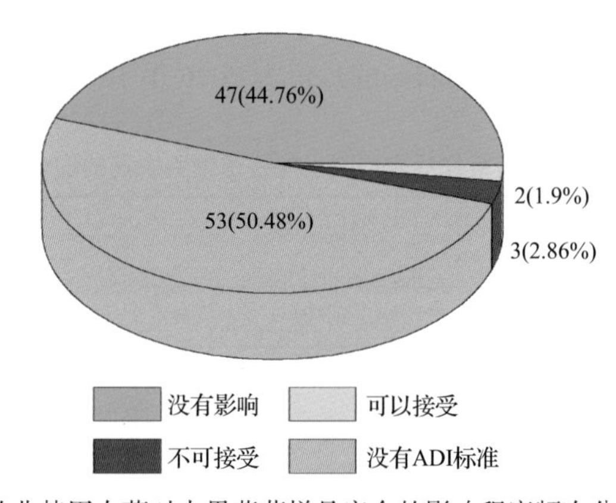

图 12-6 残留超标的非禁用农药对水果蔬菜样品安全的影响程度频次分布图（MRL 欧盟标准）

表 12-8 对水果蔬菜样品安全影响不可接受的残留超标非禁用农药安全指数表（MRL 欧盟标准）

序号	样品编号	采样点	基质	农药	含量(mg/kg)	欧盟标准	IFS_c
1	20160930-450100-SZCIQ-PH-04A	***市场	桃	氟硅唑	4.5984	0.01	4.1605
2	20160930-450100-SZCIQ-PH-01A	***市场	桃	氟硅唑	2.1193	0.01	1.9175
3	20160930-450100-SZCIQ-PH-03A	***超市（友爱店）	桃	氟硅唑	1.8107	0.01	1.6383

在 381 例样品中，149 例样品未检测出农药残留，232 例样品中检测出农药残留，计算每例有农药侦测出的样品的 $\overline{IFS}$ 值，进而分析样品的安全状态，结果如图 12-7 所示（未侦测出农药的样品安全状态视为很好）。可以看出，0.26%的样品安全状态不可接受，0.79%的样品安全状态可以接受，92.91%的样品安全状态很好。此外可以看出，只有 2016 年 9 月内有 1 例样品安全状态不可接受，其他月份内的样品安全状态均在很好和可以接受的范围内。表 12-9 列出了安全状态不可接受的水果蔬菜样品。

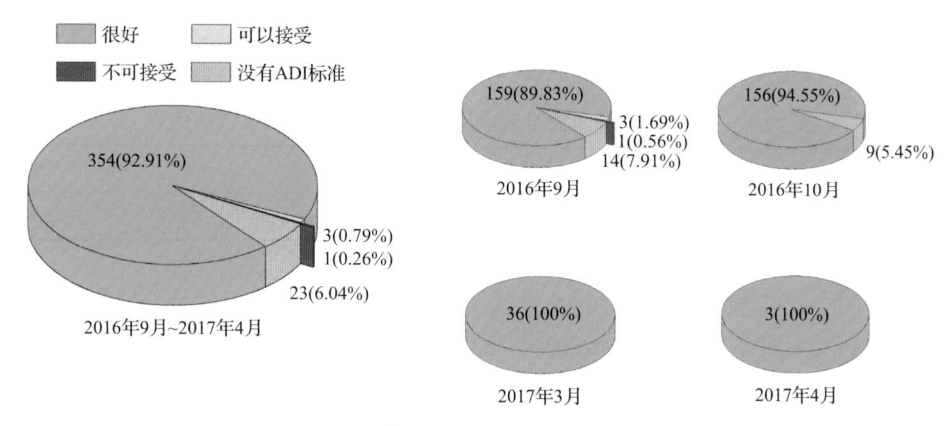

图 12-7 水果蔬菜样品安全状态分布图

表 12-9 安全状态不可接受的水果蔬菜样品列表

序号	样品编号	采样点	基质	$\overline{IFS}$
1	20160930-450100-SZCIQ-PH-04A	***市场	桃	2.0817

12.2.2 单种水果蔬菜中农药残留安全指数分析

本次 90 种水果蔬菜共侦测出 46 种农药，检出频次为 484 次，其中 15 种农药残留没有 ADI 标准，31 种农药存在 ADI 标准。18 种水果蔬菜未侦测出任何农药，5 种水果蔬菜(苦瓜、梨、山竹、苹果和丝瓜)侦测出农药残留全部没有 ADI 标准，对其他的 67 种水果蔬菜按不同种类分别计算侦测出的具有 ADI 标准的各种农药的 IFS_c 值，农药残留对水果蔬菜的安全指数分布图如图 12-8 所示。

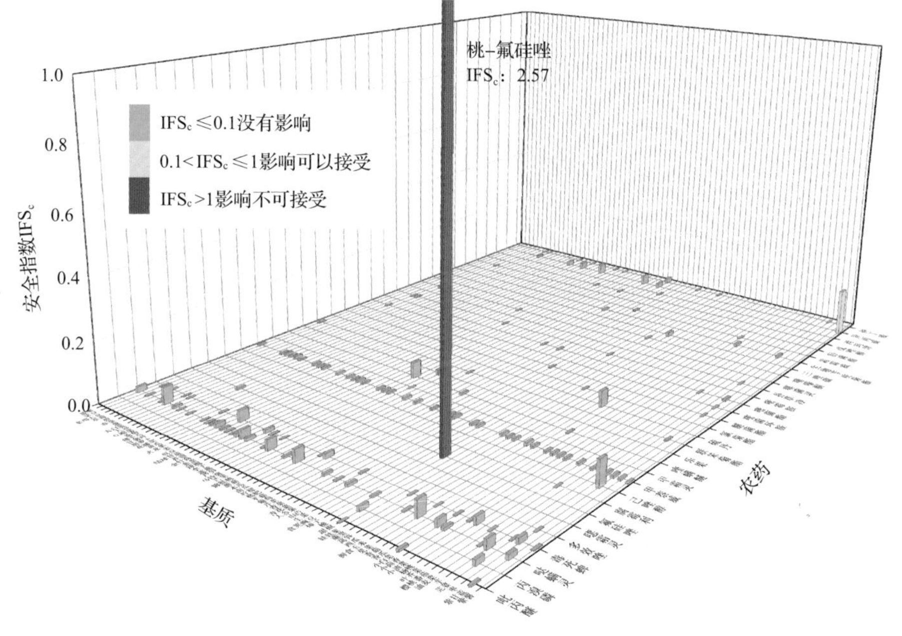

图 12-8 67 种水果蔬菜中 31 种残留农药的安全指数

分析发现桃中的氟硅唑残留对食品安全影响不可接受，如表 12-10 所示。

表 12-10　单种水果蔬菜安全影响不可接受的残留农药安全指数表

序号	基质	农药	检出频次	检出率(%)	IFS>1 的频次	IFS>1 的比例(%)	IFS_c
1	桃	氟硅唑	3	42.86	3	42.86	2.5721

本次检测中，72 种水果蔬菜和 46 种残留农药(包括没有 ADI 标准)共涉及 236 个分析样本，农药对单种水果蔬菜安全的影响程度的分布情况如图 12-9 所示。可以看出，65.68%的样本中农药对水果蔬菜安全没有影响，0.42%的样本中农药对水果蔬菜安全的影响可以接受，0.42%的样本中农药对水果蔬菜安全的影响不可接受。

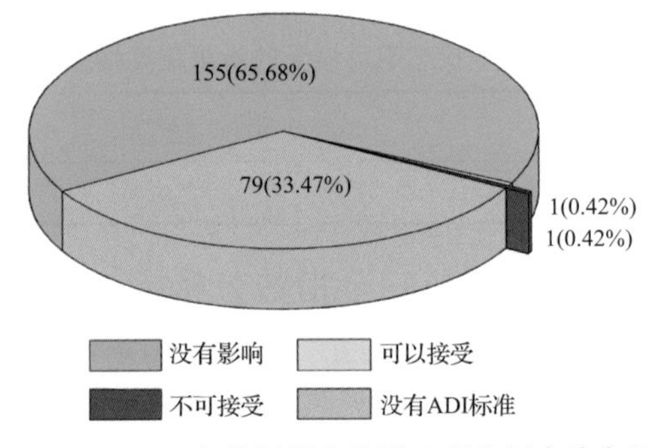

图 12-9　236 个分析样本的影响程度频次分布图

分别计算 67 种水果蔬菜中所有侦测出农药 IFS_c 的平均值 $\overline{IFS}$，分析每种水果蔬菜的安全状态，结果如图 12-10 所示，分析发现，1 种水果蔬菜(1.49%)的安全状态不可接受，66 种(98.51%)水果蔬菜的安全状态很好。

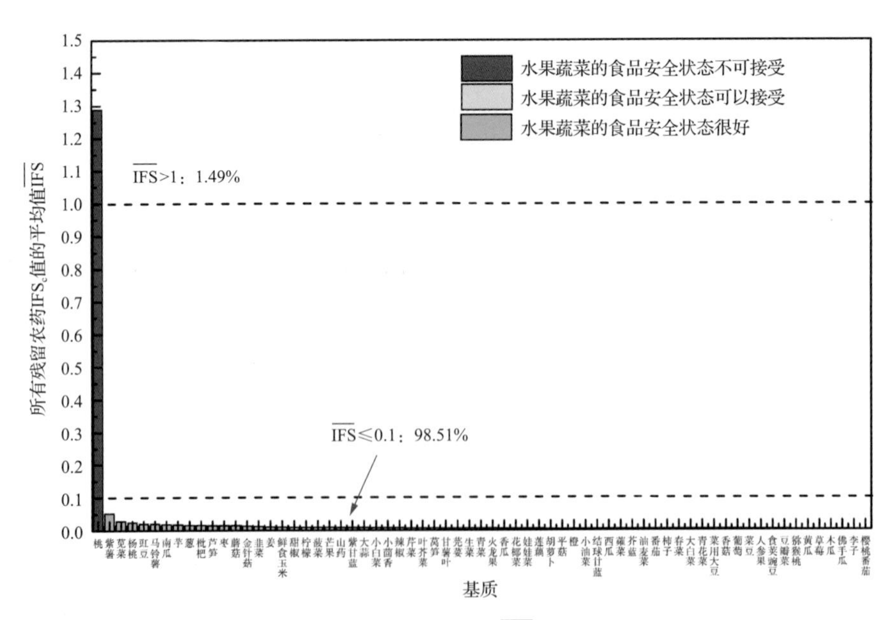

图 12-10　67 种水果蔬菜的 $\overline{IFS}$ 值和安全状态

对每个月内每种水果蔬菜中残留农药的 IFS_c 进行分析，并计算每月内每种水果蔬菜的 $\overline{IFS}$ 值，以评价每种水果蔬菜的安全状态，结果如图 12-11 所示，可以看出，只有 2016 年 9 月桃的安全状态不可接受，该月份其余种类的水果蔬菜和其他月份的所有种类水果蔬菜的安全状态均处于很好范围内，各月份内单种水果蔬菜安全状态分布情况如图 12-12 所示。

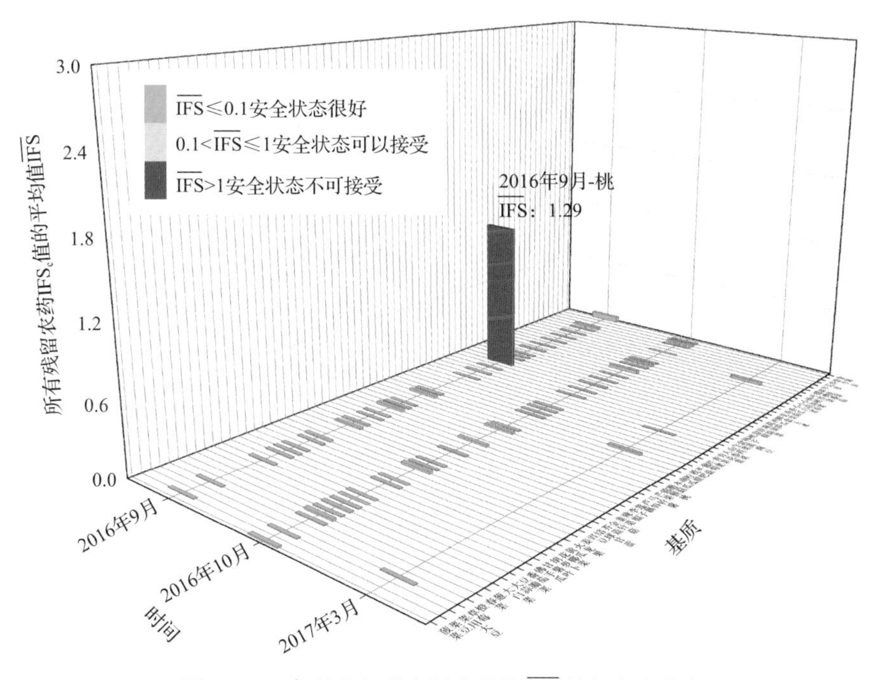

图 12-11　各月内每种水果蔬菜的 $\overline{IFS}$ 值与安全状态

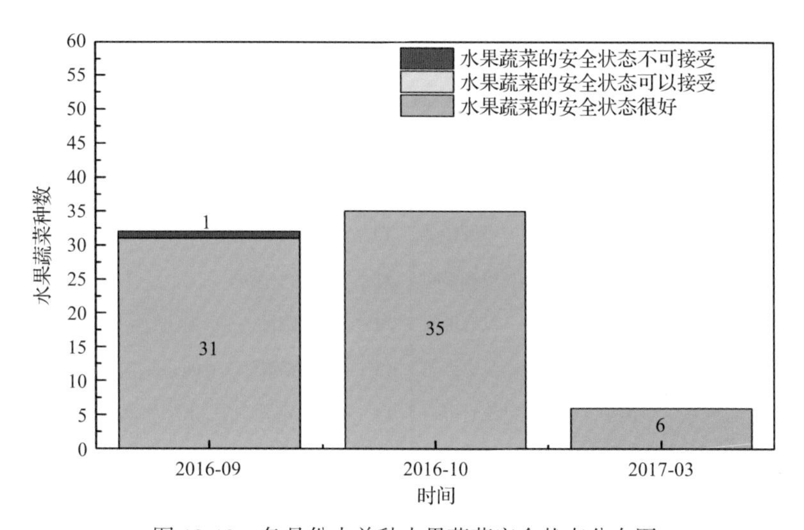

图 12-12　各月份内单种水果蔬菜安全状态分布图

12.2.3 所有水果蔬菜中农药残留安全指数分析

计算所有水果蔬菜中 31 种残留农药的 $\overline{IFS}_c$ 值，结果如图 12-13 及表 12-11 所示。

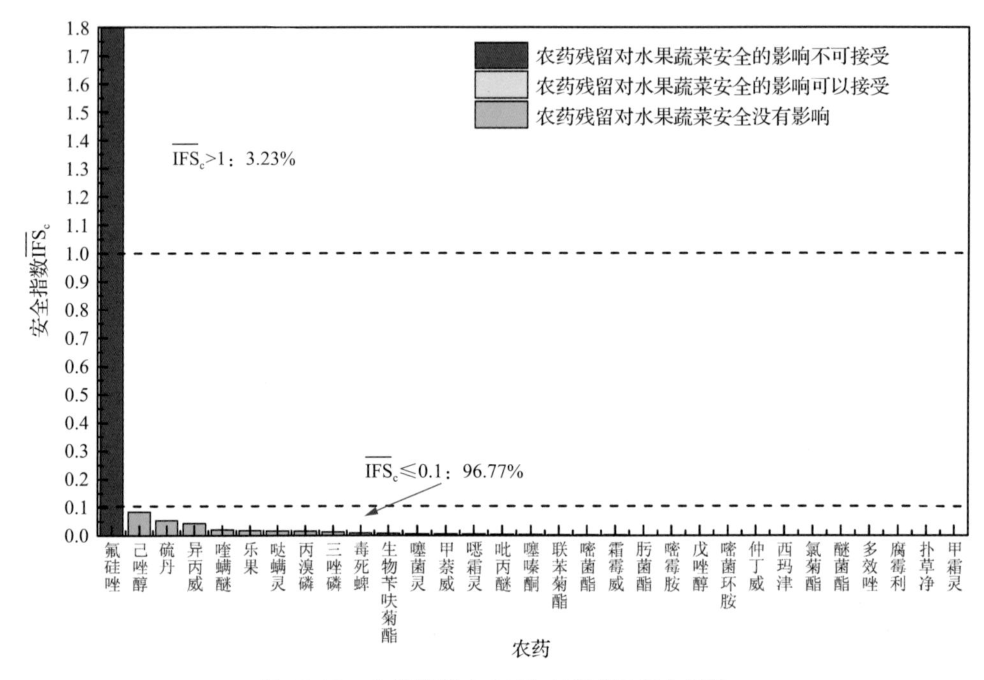

图 12-13　水果蔬菜中 31 种农药残留安全指数

分析发现，只有氟硅唑的 $\overline{IFS}_c$ 大于 1，其他农药的 $\overline{IFS}_c$ 均小于 1，说明氟硅唑对水果蔬菜安全的影响不可接受，其他农药对水果蔬菜的影响均在没有影响的范围内，其中 96.77%的农药对水果蔬菜的安全没有影响。

表 12-11　水果蔬菜中 31 种残留农药的安全指数表

序号	农药	检出频次	检出率 (%)	$\overline{IFS}_c$	影响程度	序号	农药	检出频次	检出率 (%)	$\overline{IFS}_c$	影响程度
1	氟硅唑	3	0.62	2.5721	不可接受	10	毒死蜱	41	8.47	0.0088	没有影响
2	己唑醇	2	0.41	0.0858	没有影响	11	生物苄呋菊酯	6	1.24	0.0076	没有影响
3	硫丹	1	0.21	0.0528	没有影响	12	噻菌灵	4	0.83	0.0067	没有影响
4	异丙威	12	2.48	0.0431	没有影响	13	甲萘威	94	19.42	0.0061	没有影响
5	喹螨醚	3	0.62	0.0206	没有影响	14	噁霜灵	1	0.21	0.0055	没有影响
6	乐果	2	0.41	0.0176	没有影响	15	吡丙醚	4	0.83	0.0046	没有影响
7	哒螨灵	77	15.91	0.0164	没有影响	16	噻嗪酮	1	0.21	0.0033	没有影响
8	丙溴磷	3	0.62	0.0156	没有影响	17	联苯菊酯	9	1.86	0.0027	没有影响
9	三唑磷	1	0.21	0.0127	没有影响	18	嘧菌酯	10	2.07	0.0027	没有影响

续表

序号	农药	检出频次	检出率(%)	$\overline{\text{IFS}}_c$	影响程度
19	霜霉威	5	1.03	0.0026	没有影响
20	肟菌酯	3	0.62	0.0017	没有影响
21	嘧霉胺	13	2.69	0.0016	没有影响
22	戊唑醇	6	1.24	0.0015	没有影响
23	嘧菌环胺	3	0.62	0.0015	没有影响
24	仲丁威	19	3.93	0.0014	没有影响
25	西玛津	1	0.21	0.0013	没有影响
26	氯菊酯	4	0.83	0.0012	没有影响
27	醚菌酯	2	0.41	0.0011	没有影响
28	多效唑	1	0.21	0.0009	没有影响
29	腐霉利	3	0.62	0.0003	没有影响
30	扑草净	1	0.21	0.0002	没有影响
31	甲霜灵	1	0.21	0.0002	没有影响

对每个月内所有水果蔬菜中残留农药的 $\overline{\text{IFS}}_c$ 进行分析，结果如图 12-14 所示。分析发现只有 2016 年 9 月内的氟硅唑对水果蔬菜安全的影响不可接受，该月份的其他农药和其他月份的所有农药对水果蔬菜安全的影响均处于没有影响的范围内。每月内不同种类农药对水果蔬菜安全影响程度的比例分布如图 12-15 所示。

计算每个月内水果蔬菜的 $\overline{\text{IFS}}$，以分析每月内水果蔬菜的安全状态，结果如图 12-16 所示，可以看出，各月份的水果蔬菜安全状态均处于很好和可以接受的范围内。分析发现，在 33.33%的月份内，水果蔬菜安全状态可以接受，66.67%的月份内水果蔬菜的安全状态很好。

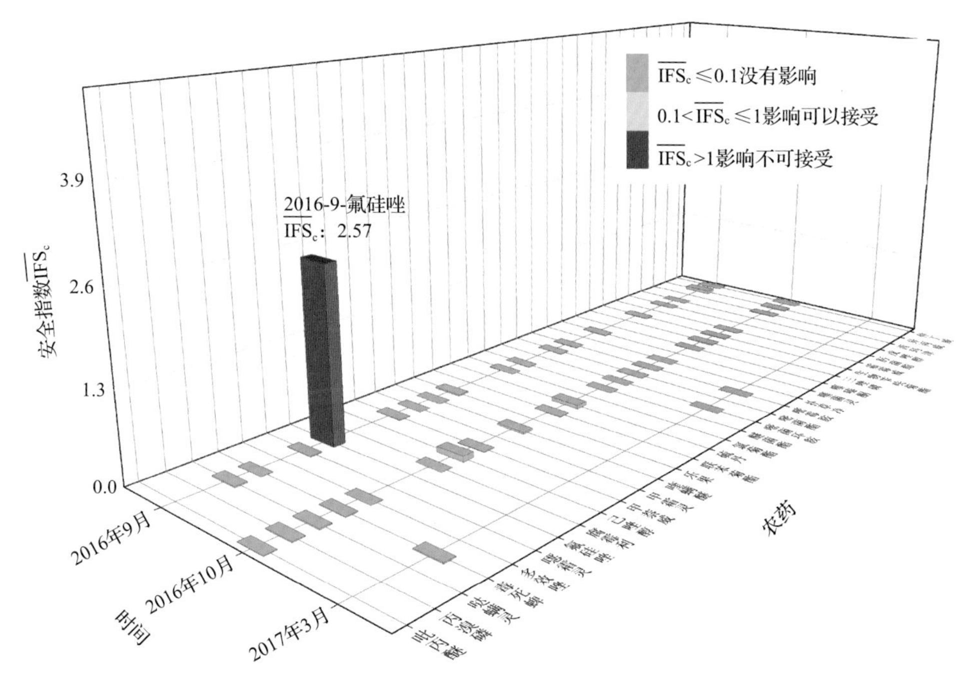

图 12-14 各月份内水果蔬菜中每种残留农药的安全指数

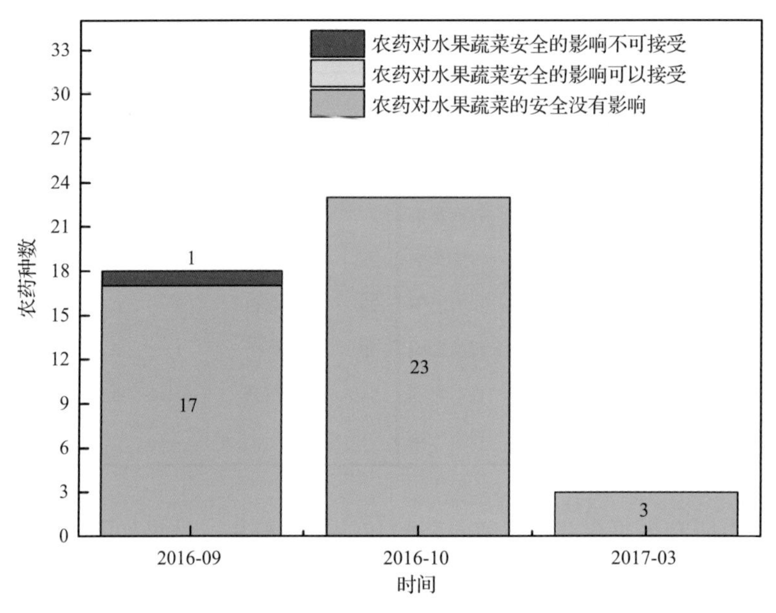

图 12-15　各月份内农药对水果蔬菜安全影响程度的分布图

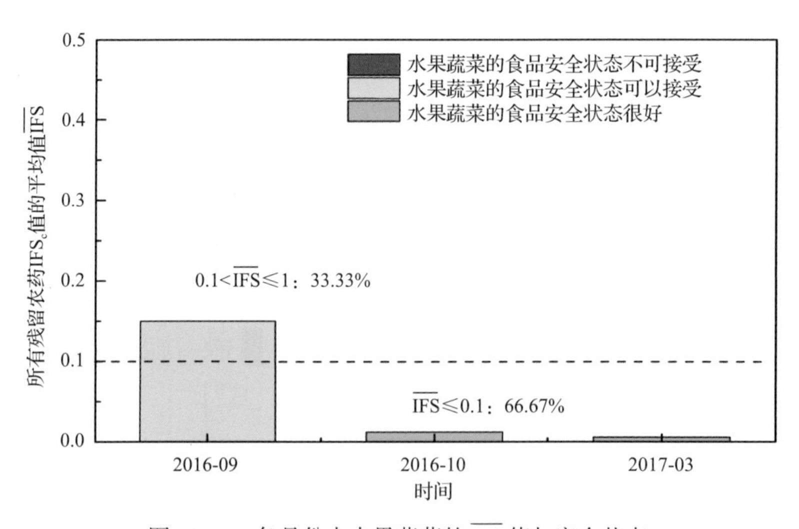

图 12-16　各月份内水果蔬菜的 $\overline{\text{IFS}}$ 值与安全状态

12.3　GC-Q-TOF/MS 侦测南宁市市售水果蔬菜农药残留预警风险评估

基于南宁市水果蔬菜样品中农药残留 GC-Q-TOF/MS 侦测数据，分析禁用农药的检出率，同时参照中华人民共和国国家标准 GB 2763—2016 和欧盟农药最大残留限量(MRL)标准分析非禁用农药残留的超标率，并计算农药残留风险系数。分析单种水果蔬菜中农药残留以及所有水果蔬菜中农药残留的风险程度。

12.3.1 单种水果蔬菜中农药残留风险系数分析

12.3.1.1 单种水果蔬菜中禁用农药残留风险系数分析

侦测出的 46 种残留农药中有 1 种为禁用农药，且它分布在 1 种水果蔬菜中，计算 1 种水果蔬菜中禁用农药的超标率，根据超标率计算风险系数 R，进而分析水果蔬菜中禁用农药的风险程度，结果如表 12-12 所示。由表可知禁用农药硫丹在苋菜的残留处于高度风险。

表 12-12 1 种水果蔬菜中 1 种禁用农药的风险系数列表

序号	基质	农药	检出频次	检出率(%)	风险系数 R	风险程度
1	苋菜	硫丹	1	14.29	15.39	高度风险

12.3.1.2 基于 MRL 中国国家标准的单种水果蔬菜中非禁用农药残留风险系数分析

参照中华人民共和国国家标准 GB 2763—2016 中农药残留限量计算每种水果蔬菜中每种非禁用农药的超标率，进而计算其风险系数，根据风险系数大小判断残留农药的预警风险程度，水果蔬菜中非禁用农药残留风险程度分布情况如图 12-17 所示。

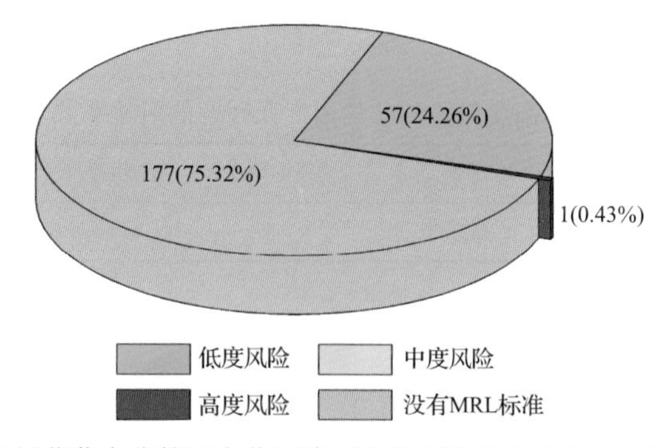

图 12-17 水果蔬菜中非禁用农药风险程度的频次分布图(MRL 中国国家标准)

本次分析中，发现在 72 种水果蔬菜侦测出 45 种残留非禁用农药，涉及样本 235 个，在 235 个样本中，0.43%处于高度风险，24.26%处于低度风险，此外发现有 177 个样本没有 MRL 中国国家标准值，无法判断其风险程度，有 MRL 中国国家标准值的 58 个样本涉及 47 种水果蔬菜中的 11 种非禁用农药，其风险系数 R 值如图 2-18 所示。表 12-13 为非禁用农药残留处于高度风险的水果蔬菜列表。

12.3.1.3 基于 MRL 欧盟标准的单种水果蔬菜中非禁用农药残留风险系数分析

参照 MRL 欧盟标准计算每种水果蔬菜中每种非禁用农药的超标率，进而计算其风险系数，根据风险系数大小判断残留农药的预警风险程度，水果蔬菜中非禁用农药残留风险程度分布情况如图 12-19 所示。

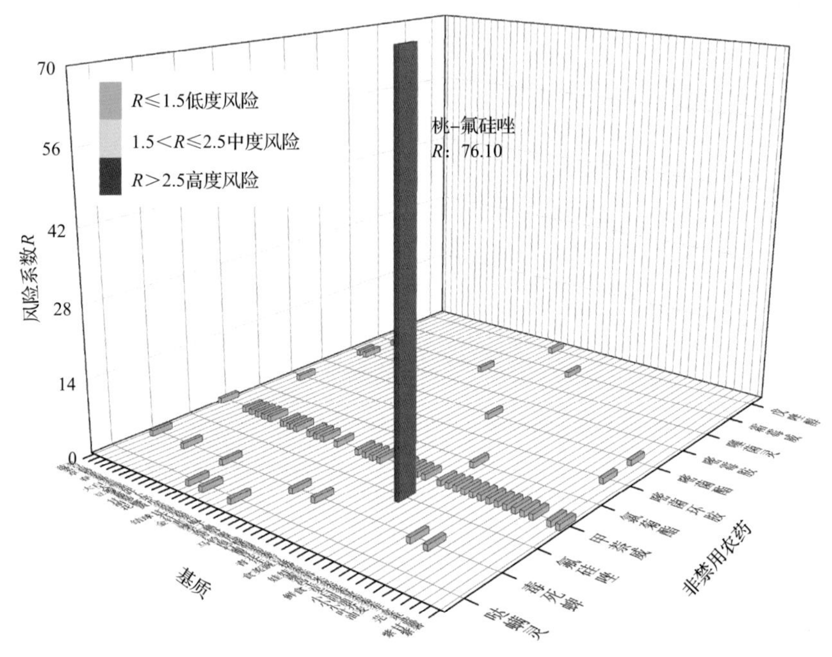

图 12-18　47 种水果蔬菜中 11 种非禁用农药的风险系数（MRL 中国国家标准）

表 12-13　单种水果蔬菜中处于高度风险的非禁用农药残留的风险系数表（MRL 中国国家标准）

序号	基质	农药	超标频次	超标率 *P*(%)	风险系数 *R*
1	桃	氟硅唑	3	75.00	76.10

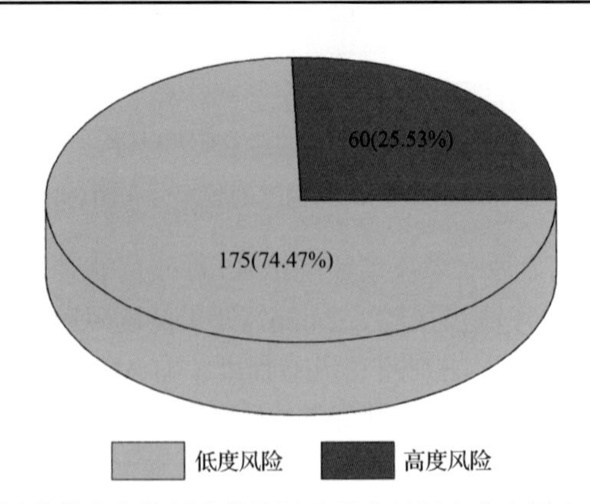

图 12-19　水果蔬菜中非禁用农药的风险程度的频次分布图（MRL 欧盟标准）

本次分析中，发现在 72 种水果蔬菜侦测出 45 种残留非禁用农药，涉及样本 235 个，在 235 个样本中，25.53%的农药残留处于高度风险，涉及 36 种水果蔬菜中的 23 种农药，74.47%处于低度风险，涉及 69 种水果蔬菜中的 36 种农药。单种水果蔬菜中的每种非禁用农药残留的风险系数 R 值如图 12-20 所示。单种水果蔬菜中处于高度风险的非禁用农药残留的风险系数如图 12-21 和表 12-14 所示。

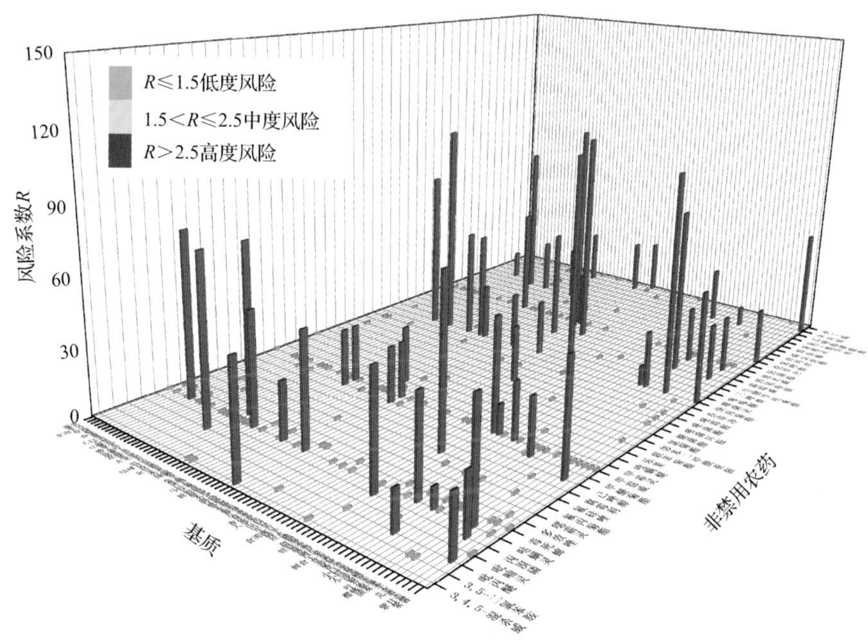

图 12-20　72 种水果蔬菜中 45 非禁用农药残留的风险系数(MRL 欧盟标准)

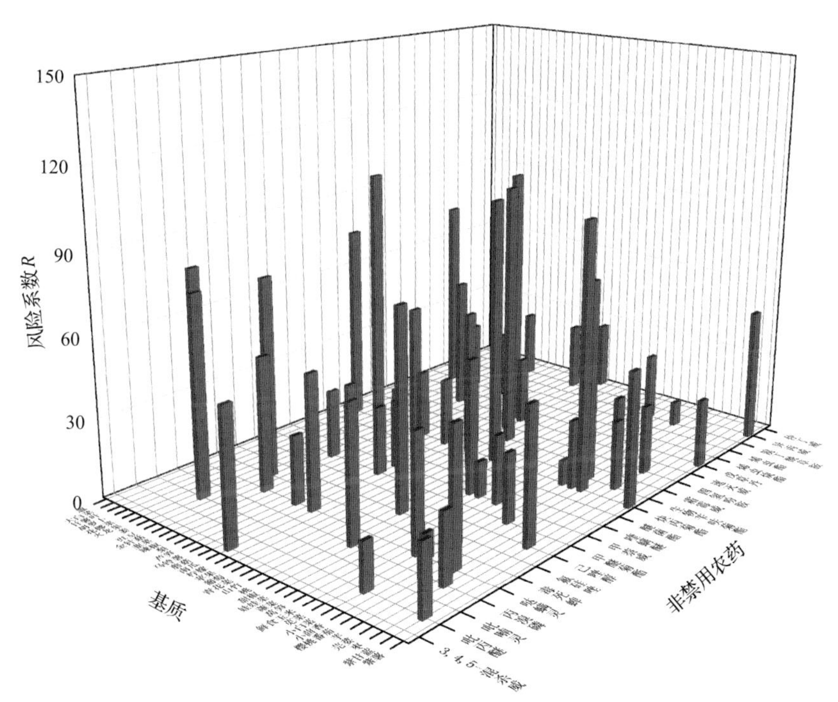

图 12-21　单种水果蔬菜中处于高度风险的非禁用农药残留的风险系数(MRL 欧盟标准)

表 12-14　单种水果蔬菜中处于高度风险的非禁用农药残留的风险系数表（MRL 欧盟标准）

序号	基质	农药	超标频次	超标率 P(%)	风险系数 R
1	火龙果	炔丙菊酯	4	100	101.10
2	南瓜	速灭威	4	100	101.10
3	葡萄	霜霉威	4	100	101.10
4	山竹	炔丙菊酯	4	100	101.10
5	樱桃番茄	炔丙菊酯	4	100	101.10
6	葱	哒螨灵	3	75.00	76.10
7	甘薯叶	炔丙菊酯	3	75.00	76.10
8	胡萝卜	烯虫炔酯	3	75.00	76.10
9	姜	吡喃灵	3	75.00	76.10
10	豇豆	毒死蜱	3	75.00	76.10
11	桃	氟硅唑	3	75.00	76.10
12	小茴香	生物苄呋菊酯	3	75.00	76.10
13	金针菇	炔丙菊酯	2	50.00	51.10
14	金针菇	速灭威	2	50.00	51.10
15	韭菜	哒螨灵	2	50.00	51.10
16	辣椒	炔丙菊酯	2	50.00	51.10
17	南瓜	3,4,5-混杀威	2	50.00	51.10
18	南瓜	哒螨灵	2	50.00	51.10
19	南瓜	生物苄呋菊酯	2	50.00	51.10
20	甜椒	丙溴磷	2	50.00	51.10
21	娃娃菜	甲萘威	2	50.00	51.10
22	芋	哒螨灵	2	50.00	51.10
23	枣	己唑醇	2	50.00	51.10
24	紫薯	异丙威	2	50.00	51.10
25	紫薯	炔丙菊酯	2	50.00	51.10
26	苋菜	哒螨灵	3	42.86	43.96
27	姜	烯虫炔酯	1	25.00	26.10
28	金针菇	异丙威	1	25.00	26.10
29	金针菇	甲萘威	1	25.00	26.10
30	金针菇	甲醚菊酯	1	25.00	26.10
31	辣椒	烯虫炔酯	1	25.00	26.10
32	梨	炔丙菊酯	1	25.00	26.10
33	芦笋	喹螨醚	1	25.00	26.10

续表

序号	基质	农药	超标频次	超标率 P(%)	风险系数 R
34	马铃薯	哒螨灵	1	25.00	26.10
35	蘑菇	异丙威	1	25.00	26.10
36	蘑菇	炔丙菊酯	1	25.00	26.10
37	蘑菇	甲萘威	1	25.00	26.10
38	蘑菇	甲醚菊酯	1	25.00	26.10
39	柠檬	仲丁威	1	25.00	26.10
40	柠檬	四氢吩胺	1	25.00	26.10
41	柠檬	速灭威	1	25.00	26.10
42	苹果	炔丙菊酯	1	25.00	26.10
43	青花菜	醚菌酯	1	25.00	26.10
44	莴笋	溴丁酰草胺	1	25.00	26.10
45	鲜食玉米	甲萘威	1	25.00	26.10
46	小茴香	四氢吩胺	1	25.00	26.10
47	小茴香	炔丙菊酯	1	25.00	26.10
48	小茴香	甲醚菊酯	1	25.00	26.10
49	芫荽	丙溴磷	1	25.00	26.10
50	芫荽	四氢吩胺	1	25.00	26.10
51	芫荽	生物苄呋菊酯	1	25.00	26.10
52	紫甘蓝	吡丙醚	1	25.00	26.10
53	紫薯	戊草丹	1	25.00	26.10
54	小白菜	吡丙醚	2	16.67	17.77
55	大白菜	烯虫酯	1	12.50	13.60
56	花椰菜	仲丁威	1	12.50	13.60
57	蕹菜	甲萘威	1	12.50	13.60
58	小白菜	哒螨灵	1	8.33	9.43
59	小白菜	溴丁酰草胺	1	8.33	9.43
60	小白菜	炔丙菊酯	1	8.33	9.43

12.3.2 所有水果蔬菜中农药残留的风险系数分析

12.3.2.1 所有水果蔬菜中禁用农药残留风险系数分析

在侦测出的 46 种农药中有 1 种为禁用农药，计算每种禁用农药的风险系数，结果如表 12-15 所示。硫丹处于低度风险。

表 12-15　水果蔬菜中 1 种禁用农药残留的风险系数表

序号	农药	检出频次	检出率 P(%)	风险系数 R	风险程度
1	硫丹	1	0.26	1.3625	低度风险

对每个月内的禁用农药的风险系数进行分别分析，结果如表 12-16 所示。

表 12-16　各月份内水果蔬菜中禁用农药残留的风险系数表

序号	年月	农药	检出频次	检出率 P(%)	风险系数 R	风险程度
1	2016 年 10 月	硫丹	1	0.61	1.7061	中度风险

12.3.2.2　所有水果蔬菜中非禁用农药残留风险系数分析

参照 MRL 欧盟标准计算所有水果蔬菜中每种非禁用农药残留的风险系数，如图 12-22 与表 12-17 所示。在侦测出的 45 种非禁用农药中，5 种农药(11.11%)残留处于高度风险，14 种农药(31.11%)残留处于中度风险，26 种农药(57.78%)残留处于低度风险。

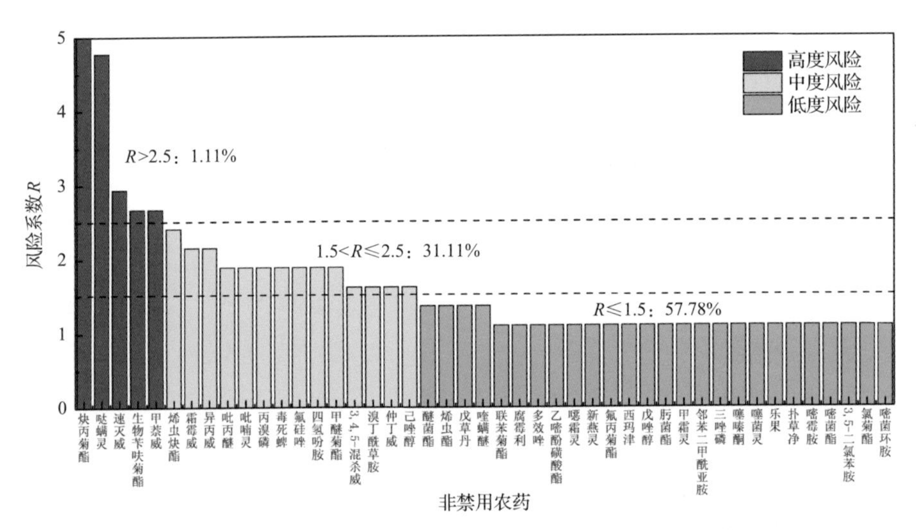

图 12-22　水果蔬菜中 45 种非禁用农药残留的风险系数

表 12-17　水果蔬菜中 45 种非禁用农药残留的风险系数表

序号	农药	超标频次	超标率 P(%)	风险系数 R	风险程度
1	炔丙菊酯	26	6.82	7.92	高度风险
2	哒螨灵	14	3.67	4.77	高度风险
3	速灭威	7	1.84	2.94	高度风险
4	生物苄呋菊酯	6	1.57	2.67	高度风险
5	甲萘威	6	1.57	2.67	高度风险
6	烯虫炔酯	5	1.31	2.41	中度风险
7	霜霉威	4	1.05	2.15	中度风险

续表

序号	农药	超标频次	超标率 P(%)	风险系数 R	风险程度
8	异丙威	4	1.05	2.15	中度风险
9	吡丙醚	3	0.79	1.89	中度风险
10	吡喃灵	3	0.79	1.89	中度风险
11	丙溴磷	3	0.79	1.89	中度风险
12	毒死蜱	3	0.79	1.89	中度风险
13	氟硅唑	3	0.79	1.89	中度风险
14	四氢吩胺	3	0.79	1.89	中度风险
15	甲醚菊酯	3	0.79	1.89	中度风险
16	3,4,5-混杀威	2	0.52	1.62	中度风险
17	溴丁酰草胺	2	0.52	1.62	中度风险
18	仲丁威	2	0.52	1.62	中度风险
19	己唑醇	2	0.52	1.62	中度风险
20	醚菌酯	1	0.26	1.36	低度风险
21	烯虫酯	1	0.26	1.36	低度风险
22	戊草丹	1	0.26	1.36	低度风险
23	喹螨醚	1	0.26	1.36	低度风险
24	联苯菊酯	0	0	1.10	低度风险
25	腐霉利	0	0	1.10	低度风险
26	多效唑	0	0	1.10	低度风险
27	乙嘧酚磺酸酯	0	0	1.10	低度风险
28	噁霜灵	0	0	1.10	低度风险
29	新燕灵	0	0	1.10	低度风险
30	氟丙菊酯	0	0	1.10	低度风险
31	西玛津	0	0	1.10	低度风险
32	戊唑醇	0	0	1.10	低度风险
33	肟菌酯	0	0	1.10	低度风险
34	甲霜灵	0	0	1.10	低度风险
35	邻苯二甲酰亚胺	0	0	1.10	低度风险
36	三唑磷	0	0	1.10	低度风险
37	噻嗪酮	0	0	1.10	低度风险
38	噻菌灵	0	0	1.10	低度风险
39	乐果	0	0	1.10	低度风险
40	扑草净	0	0	1.10	低度风险
41	嘧霉胺	0	0	1.10	低度风险
42	嘧菌酯	0	0	1.10	低度风险
43	3,5-二氯苯胺	0	0	1.10	低度风险
44	氯菊酯	0	0	1.10	低度风险
45	嘧菌环胺	0	0	1.10	低度风险

对每个月份内的非禁用农药的风险系数分别分析，图 12-23 为每月内非禁药风险程度分布图。3 个月份内处于高度风险农药数排序为 2016 年 9 月(8)>2016 年 10 月(7)>2017 年 3 月(0)。

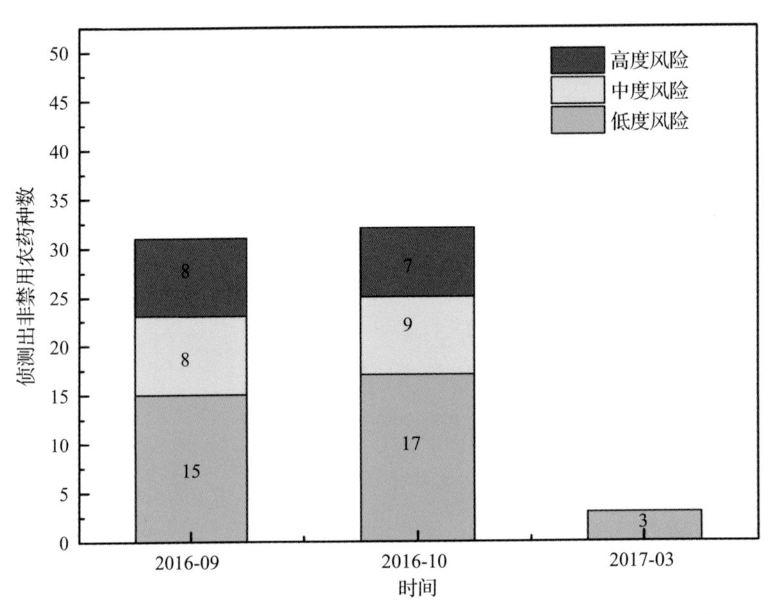

图 12-23　各月份内水果蔬菜中非禁用农药残留的风险程度分布图

3 个月份内处于中度风险和高度风险的农药的风险系数如图 12-24 和表 12-18 所示。

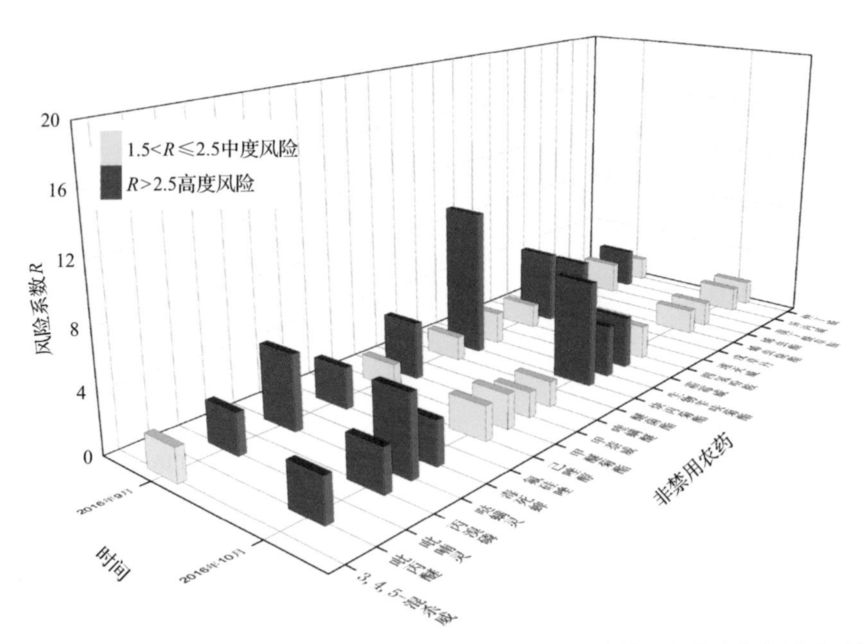

图 12-24　各月份内水果蔬菜中处于中度风险和高度风险的非禁用农药残留的风险系数

表 12-18　各月份内水果蔬菜中处于中度风险和高度风险的非禁用农药残留的风险系数表

序号	年月	农药	超标频次	超标率 P	风险系数 R	风险程度
1	2016 年 9 月	炔丙菊酯	16	9.04	10.14	高度风险
2	2016 年 9 月	哒螨灵	7	3.95	5.05	高度风险
3	2016 年 9 月	速灭威	7	3.95	5.05	高度风险
4	2016 年 9 月	甲萘威	5	2.82	3.92	高度风险
5	2016 年 9 月	烯虫炔酯	4	2.26	3.36	高度风险
6	2016 年 9 月	吡喃灵	3	1.69	2.79	高度风险
7	2016 年 9 月	氟硅唑	3	1.69	2.79	高度风险
8	2016 年 9 月	异丙威	3	1.69	2.79	高度风险
9	2016 年 9 月	3,4,5-混杀威	2	1.13	2.23	中度风险
10	2016 年 9 月	生物苄呋菊酯	2	1.13	2.23	中度风险
11	2016 年 9 月	溴丁酰草胺	2	1.13	2.23	中度风险
12	2016 年 9 月	甲醚菊酯	1	0.56	1.66	中度风险
13	2016 年 9 月	醚菌酯	1	0.56	1.66	中度风险
14	2016 年 9 月	四氢吩胺	1	0.56	1.66	中度风险
15	2016 年 9 月	戊草丹	1	0.56	1.66	中度风险
16	2016 年 9 月	仲丁威	1	0.56	1.66	中度风险
17	2016 年 10 月	炔丙菊酯	10	6.06	7.16	高度风险
18	2016 年 10 月	哒螨灵	7	4.24	5.34	高度风险
19	2016 年 10 月	生物苄呋菊酯	4	2.42	3.52	高度风险
20	2016 年 10 月	霜霉威	4	2.42	3.52	高度风险
21	2016 年 10 月	吡丙醚	3	1.82	2.92	高度风险
22	2016 年 10 月	丙溴磷	3	1.82	2.92	高度风险
23	2016 年 10 月	毒死蜱	3	1.82	2.92	高度风险
24	2016 年 10 月	己唑醇	2	1.21	2.31	中度风险
25	2016 年 10 月	甲醚菊酯	2	1.21	2.31	中度风险
26	2016 年 10 月	四氢吩胺	2	1.21	2.31	中度风险
27	2016 年 10 月	甲萘威	1	0.61	1.71	中度风险
28	2016 年 10 月	喹螨醚	1	0.61	1.71	中度风险
29	2016 年 10 月	烯虫炔酯	1	0.61	1.71	中度风险
30	2016 年 10 月	烯虫酯	1	0.61	1.71	中度风险
31	2016 年 10 月	异丙威	1	0.61	1.71	中度风险
32	2016 年 10 月	仲丁威	1	0.61	1.71	中度风险

12.4 GC-Q-TOF/MS 侦测南宁市市售水果蔬菜农药残留风险评估结论与建议

农药残留是影响水果蔬菜安全和质量的主要因素，也是我国食品安全领域备受关注的敏感话题和亟待解决的重大问题之一[15,16]。各种水果蔬菜均存在不同程度的农药残留现象，本报告主要针对南宁市各类水果蔬菜存在的农药残留问题，基于 2016 年 9 月~2017 年 4 月对南宁市 381 例水果蔬菜样品中农药残留得出的 484 个检测结果，分别采用食品安全指数和风险系数两种方法，开展水果蔬菜中农药残留的膳食暴露风险和预警风险评估。

本报告力求通用简单地反映食品安全中的主要问题且为管理部门和大众容易接受，为政府及相关管理机构建立科学的食品安全信息发布和预警体系提供科学的规律与方法，加强对农药残留的预警和食品安全重大事件的预防，控制食品风险。水果蔬菜样品取自超市和农贸市场，符合大众的膳食来源，风险评价时更具有代表性和可信度。

12.4.1 南宁市水果蔬菜中农药残留膳食暴露风险评价结论

1) 水果蔬菜中农药残留安全状态评价结论

采用食品安全指数模型，对 2016 年 9 月~2017 年 4 月期间南宁市水果蔬菜食品农药残留膳食暴露风险进行评价，根据 IFS_c 的计算结果发现，水果蔬菜中农药的 $\overline{IFS}$ 为 0.09355，说明南宁市水果蔬菜总体处于很好的安全状态，但部分禁用农药、高残留农药在蔬菜、水果中仍有侦测出，导致膳食暴露风险的存在，成为不安全因素。

2) 单种水果蔬菜中农药膳食暴露风险不可接受情况评价结论

单种水果蔬菜中农药残留安全指数分析结果显示，农药对单种水果蔬菜安全影响不可接受($IFS_c>1$)的样本数共 1 个，占总样本数的 0.42%，样本为桃中的氟硅唑，说明桃中的氟硅唑会对消费者身体健康造成较大的膳食暴露风险。桃为较常见的水果品种，百姓日常食用量较大，长期食用大量残留氟硅唑的桃会对人体造成不可接受的影响，本次检测发现氟硅唑在桃样品中多次侦测出，是未严格实施农业良好管理规范(GAP)，抑或是农药滥用，这应该引起相关管理部门的警惕，应加强对桃中氟硅唑的严格管控。

3) 禁用农药膳食暴露风险评价

本次检测发现部分水果蔬菜样品中有禁用农药侦测出，侦测出禁用农药 1 种为硫丹，检出频次为 1，水果蔬菜样品中的禁用农药 IFS_c 计算结果表明，禁用农药残留膳食暴露风险为没有影响。虽然残留禁用农药没有造成不可接受的膳食暴露风险，但为何在国家明令禁止禁用农药喷洒的情况下，还能在多种果蔬中多次侦测出禁用农药残留，这应该引起相关部门的高度警惕，应该在禁止禁用农药喷洒的同时，严格管控禁用农药的生产和售卖，从根本上杜绝安全隐患。

12.4.2　南宁市水果蔬菜中农药残留预警风险评价结论

1) 单种水果蔬菜中禁用农药残留的预警风险评价结论

本次检测过程中, 在 1 种水果蔬菜中检测超出 1 种禁用农药, 禁用农药种类为硫丹, 水果蔬菜种类为苋菜，水果蔬菜中禁用农药的风险系数分析结果显示，禁用农药硫丹在苋菜中的残留处于高度风险，说明在单种水果蔬菜中禁用农药的残留，会导致较高的预警风险。

2) 单种水果蔬菜中非禁用农药残留的预警风险评价结论

以 MRL 中国国家标准为标准，计算水果蔬菜中非禁用农药风险系数情况下，235 个样本中，1 个处于高度风险(0.43%)，57 个处于低度风险(24.26%)，177 个样本没有 MRL 中国国家标准(75.32%)。以 MRL 欧盟标准为标准，计算水果蔬菜中非禁用农药风险系数情况下，发现有 60 个处于高度风险(25.53%)，175 个处于低度风险(74.47%)。利用两种农药 MRL 标准评价的结果差异显著, 可以看出 MRL 欧盟标准比中国国家标准更加严格和完善，过于宽松的 MRL 中国国家标准值能否有效保障人体的健康有待研究。

12.4.3　加强南宁市水果蔬菜食品安全建议

我国食品安全风险评价体系仍不够健全，相关制度不够完善，多年来，由于农药用药次数多、用药量大或用药间隔时间短，产品残留量大，农药残留所带来的食品安全问题突出，给人体健康带来了直接或间接的危害，据估计，美国与农药有关的癌症患者数约占全国癌症患者总数的 50%，中国更高。同样，农药对其他生物也会形成直接杀伤和慢性危害, 植物中的农药可经过食物链逐级传递并不断蓄积, 对人和动物构成潜在威胁, 并影响生态系统。

基于本次农药残留检测与风险评价结果，提出以下几点建议：

1) 加快完善食品安全标准

我国食品标准中对部分农药每日允许最大摄入量 ADI 的规定仍缺乏, 本次评价基础检测数据中涉及的 46 个品种中，67.39%有规定，仍有 32.61%尚无规定值。

我国食品中农药最大残留限量值的规定严重缺乏，对评估涉及的不同水果蔬菜中不同农药 236 个 MRL 限值进行统计来看，我国仅制定出 58 个标准，我国标准完整率仅为 19.9%, 欧盟的完整率达到 100%(表 12-19)。因此, 中国更应加快 MRL 标准的制定步伐。

表 12-19　中国与欧盟的 ADI 和 MRL 标准限值的对比分析

分类		中国 ADI	MRL 中国国家标准	MRL 欧盟标准
标准限值(个)	有	31	58	236
	无	15	178	0
总数(个)		46	236	236
无标准限值比例		32.61%	75.42%	0

此外，MRL 中国国家标准限值普遍高于欧盟标准限值，这些标准中共有 45 个高于欧盟。过高的 MRL 值难以保障人体健康，建议继续加强对限值基准和标准的科学研究，将农产品中的危险性减少到尽可能低的水平。

2) 加强农药的源头控制和分类监管

在南宁市某些水果蔬菜中仍有禁用农药侦测出，利用 GC-Q-TOF/MS 侦测出 1 种禁用农药，检出频次为 1 次，残留禁用农药均存在较大的膳食暴露风险和预警风险。早已列入黑名单的禁用农药并未真正退出，有些药物由于价格便宜、工艺简单，此类高毒农药一直生产和使用。建议在我国采取严格有效的控制措施，进行禁用农药的源头控制。

对于非禁用农药，在我国作为"田间地头"最典型单位的县级蔬果产地中，农药残留的检测几乎缺失。建议根据农药的毒性，对高毒、剧毒、中毒农药实现分类管理，减少使用高毒和剧毒高残留农药，进行分类监管。

3) 加强残留农药的生物修复及降解新技术

市售果蔬中残留农药的品种多、频次高、禁用农药多次检出这一现状，说明了我国的田间土壤和水体因农药长期、频繁、不合理的使用而遭到严重污染。为此，建议中国相关部门出台相关政策，鼓励高校及科研院所积极开展分子生物学、酶学等研究，加强土壤、水体中残留农药的生物修复及降解新技术研究，切实加大农药监管力度，以控制农药的面源污染问题。

4) 在南宁市率先强化管控并建立风险预警系统分析平台

本评价结果提示，在水果蔬菜尤其是蔬菜用药中，应结合农药的使用周期、生物毒性和降解特性，加强对禁用农药和高风险农药的管控。

在本工作基础上，根据蔬菜残留危害，可进一步针对其成因提出和采取相应严格管理、大力推广无公害蔬菜种植与生产、健全食品安全控制技术体系、加强蔬菜食品质量检测体系建设和积极推行蔬菜食品质量追溯制度等相应对策。建立和完善食品安全综合评价指数与风险监测预警系统，建议依托南宁市科研院所、高校科研实力，在南宁市率先建立风险预警系统分析平台，对食品安全进行实时、全面的监控与分析，为南宁市乃至全国的食品安全科学监管与决策提供新的技术支持，可实现各类检验数据的信息化系统管理，并降低食品安全事故的发生。

海 口 市

第 13 章　LC-Q-TOF/MS 侦测海口市 411 例市售水果蔬菜样品农药残留报告

从海口市所属 4 个区，随机采集了 411 例水果蔬菜样品，使用液相色谱-四极杆飞行时间质谱（LC-Q-TOF/MS）对 565 种农药化学污染物进行示范侦测（7 种负离子模式 ESI⁻未涉及）。

13.1　样品种类、数量与来源

13.1.1　样品采集与检测

为了真实反映百姓餐桌上水果蔬菜中农药残留污染状况，本次所有检测样品均由检验人员于 2016 年 11 月至 2017 年 9 月期间，从海口市所属 13 个采样点，包括 6 个农贸市场 7 个超市，以随机购买方式采集，总计 17 批 411 例样品，从中检出农药 72 种，704 频次。采样点及监测概况见表 13-1 及图 13-1，样品及采样点明细见表 13-2 及表 13-3（侦测原始数据见附表 1）。

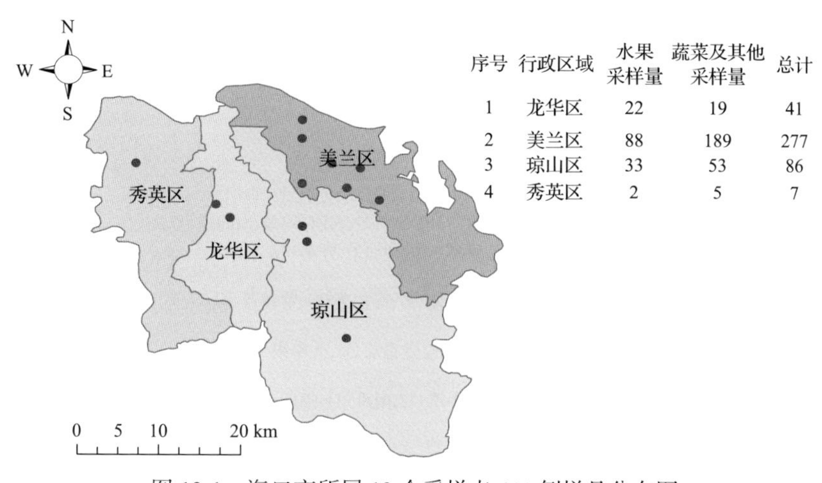

序号	行政区域	水果采样量	蔬菜及其他采样量	总计
1	龙华区	22	19	41
2	美兰区	88	189	277
3	琼山区	33	53	86
4	秀英区	2	5	7

图 13-1　海口市所属 13 个采样点 411 例样品分布图

表 13-1　农药残留监测总体概况

采样地区	海口市所属 4 个区
采样点（超市+农贸市场）	13
样本总数	411
检出农药品种/频次	72/704
各采样点样本农药残留检出率范围	0.0%~87.1%

表 13-2 样品分类及数量

样品分类	样品名称(数量)	数量小计
1. 调味料		2
1)叶类调味料	芫荽(2)	2
2. 谷物		1
1)旱粮类谷物	鲜食玉米(1)	1
3. 水果		145
1)仁果类水果	苹果(11),梨(11),枇杷(3)	25
2)核果类水果	桃(4),李子(4),枣(1),樱桃(1)	10
3)浆果和其他小型水果	猕猴桃(10),葡萄(11),草莓(1)	22
4)瓜果类水果	西瓜(2),哈密瓜(11),香瓜(1),甜瓜(1)	15
5)热带和亚热带水果	山竹(5),香蕉(2),柿子(1),木瓜(2),芒果(11),火龙果(12),菠萝(6),杨桃(1),番石榴(4)	44
6)柑橘类水果	柑(1),柚(7),橘(3),柠檬(10),金橘(3),橙(5)	29
4. 食用菌		26
1)蘑菇类	香菇(7),平菇(1),蘑菇(2),金针菇(8),杏鲍菇(8)	26
5. 蔬菜		237
1)豆类蔬菜	豇豆(2),菜豆(11)	13
2)鳞茎类蔬菜	洋葱(12),韭菜(3),大蒜(1),青蒜(1),葱(2),蒜薹(9)	28
3)水生类蔬菜	莲藕(2)	2
4)叶菜类蔬菜	芹菜(10),蕹菜(2),小茴香(1),菠菜(2),春菜(1),奶白菜(1),小白菜(8),叶芥菜(1),油麦菜(7),生菜(12),大白菜(2),小油菜(1),茼蒿(1),娃娃菜(1),莴笋(7),甘薯叶(2),青菜(1)	60
5)芸薹属类蔬菜	结球甘蓝(7),花椰菜(6),芥蓝(3),青花菜(8),紫甘蓝(6)	30
6)茄果类蔬菜	番茄(12),甜椒(5),辣椒(6),樱桃番茄(1),人参果(1),茄子(12)	37
7)瓜类蔬菜	黄瓜(12),西葫芦(11),佛手瓜(1),南瓜(1),冬瓜(1),苦瓜(6),丝瓜(6)	38
8)根茎类和薯芋类蔬菜	紫薯(1),甘薯(1),山药(1),胡萝卜(11),芋(1),萝卜(12),马铃薯(1),姜(1)	29
合计	1.调味料 1 种 2.谷物 1 种 3.水果 29 种 4.食用菌 5 种 5.蔬菜 52 种	411

表 13-3　海口市采样点信息

采样点序号	行政区域	采样点
农贸市场(6)		
1	琼山区	***市场
2	美兰区	***市场
3	美兰区	***市场
4	美兰区	***市场
5	龙华区	***市场
6	龙华区	***市场
超市(7)		
1	琼山区	***超市(龙昆南店)
2	琼山区	***超市(红城湖店)
3	秀英区	***市场
4	美兰区	***超市(名门店)
5	美兰区	***超市(国兴店)
6	美兰区	***超市(和平大道店)
7	美兰区	***超市(海口南亚店)

13.1.2　检测结果

这次使用的检测方法是庞国芳院士团队最新研发的不需使用标准品对照，而以高分辨精确质量数(0.0001 *m/z*)为基准的 LC-Q-TOF/MS 检测技术，对于 411 例样品，每个样品均侦测了 565 种农药化学污染物的残留现状。通过本次侦测，在 411 例样品中共计检出农药化学污染物 72 种，检出 704 频次。

13.1.2.1　各采样点样品检出情况

统计分析发现 13 个采样点中，被测样品的农药检出率范围为 0.0%~87.1%。其中，***市场的检出率最高，为 87.1%，***超市(红城湖店)的检出率最低，无农药检出，见图 13-2。

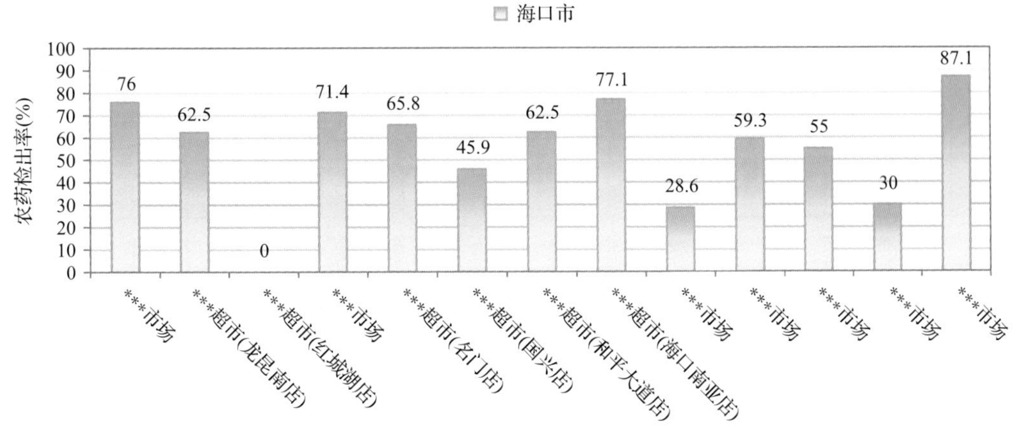

图 13-2　各采样点样品中的农药检出率

13.1.2.2 检出农药的品种总数与频次

统计分析发现，对于 411 例样品中 565 种农药化学污染物的侦测，共检出农药 704 频次，涉及农药 72 种，结果如图 13-3 所示。其中烯酰吗啉检出频次最高，共检出 88 次。检出频次排名前 10 的农药如下：①烯酰吗啉(88)；②啶虫脒(50)；③苯醚甲环唑(47)；④吡唑醚菌酯(44)；⑤嘧菌酯(44)；⑥多菌灵(43)；⑦吡虫啉(31)；⑧丙环唑(25)；⑨甲霜灵(24)；⑩霜霉威(23)。

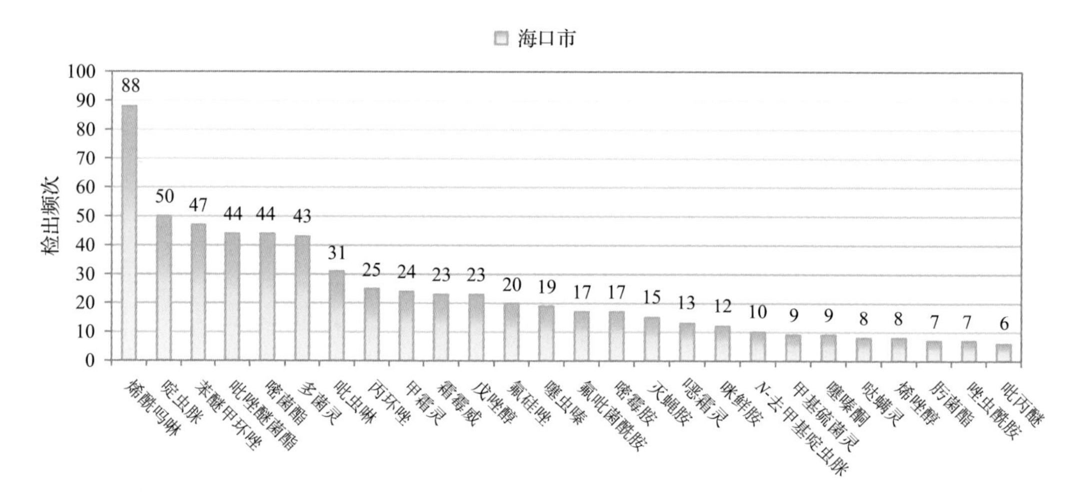

图 13-3 检出农药品种及频次(仅列出 6 频次及以上的数据)

由图 13-4 可见，芹菜、生菜、番茄和油麦菜这 4 种果蔬样品中检出的农药品种数较高，均超过 15 种，其中，芹菜检出农药品种最多，为 22 种。由图 13-5 可见，油麦菜、生菜、芹菜和葡萄这 4 种果蔬样品中的农药检出频次较高，均超过 40 次，其中，油麦菜检出农药频次最高，为 64 次。

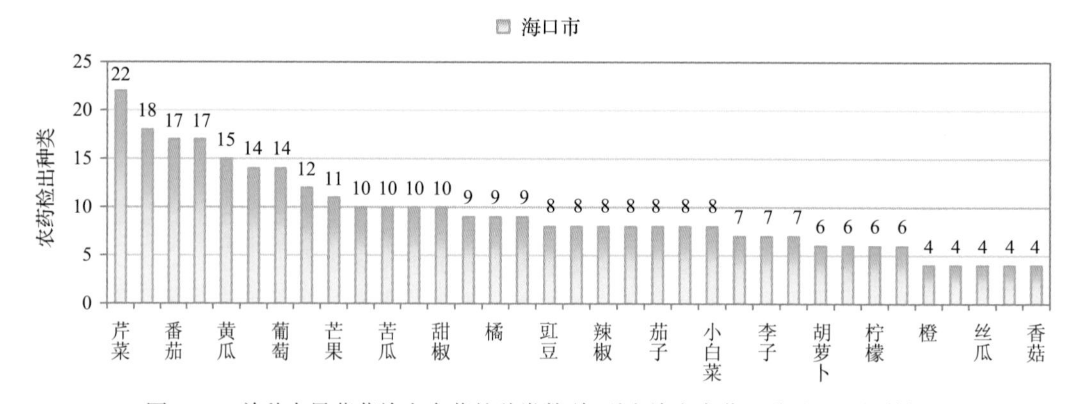

图 13-4 单种水果蔬菜检出农药的种类数(仅列出检出农药 4 种及以上的数据)

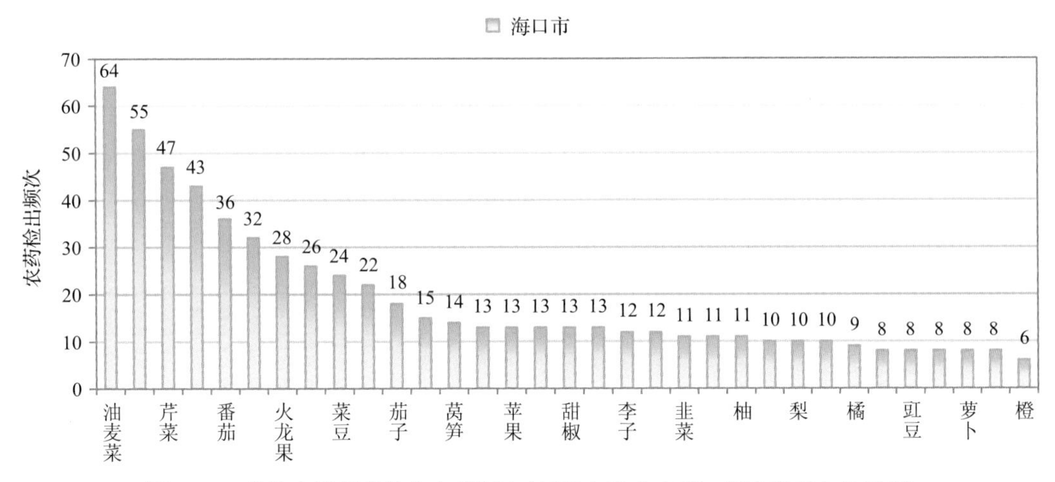

图 13-5 单种水果蔬菜检出农药频次(仅列出检出农药 6 频次及以上的数据)

13.1.2.3 单例样品农药检出种类与占比

对单例样品检出农药种类和频次进行统计发现，未检出农药的样品占总样品数的 38.2%，检出 1 种农药的样品占总样品数的 23.8%，检出 2~5 种农药的样品占总样品数的 30.7%，检出 6~10 种农药的样品占总样品数的 6.3%，检出大于 10 种农药的样品占总样品数的 1.0%。每例样品中平均检出农药为 1.7 种，数据见表 13-4 及图 13-6。

表 13-4 单例样品检出农药品种占比

检出农药品种数	样品数量/占比(%)
未检出	157/38.2
1 种	98/23.8
2~5 种	126/30.7
6~10 种	26/6.3
大于 10 种	4/1.0
单例样品平均检出农药品种	1.7 种

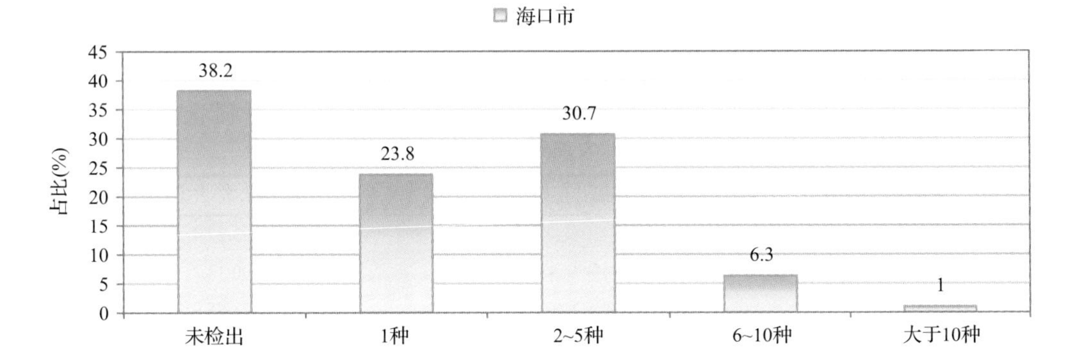

图 13-6 单例样品平均检出农药品种及占比

13.1.2.4　检出农药类别与占比

所有检出农药按功能分类，包括杀菌剂、杀虫剂、除草剂、植物生长调节剂共 4 类。其中杀菌剂与杀虫剂为主要检出的农药类别，分别占总数的 47.2%和 44.4%，见表 13-5 及图 13-7。

表 13-5　检出农药所属类别及占比

农药类别	数量/占比(%)
杀菌剂	34/47.2
杀虫剂	32/44.4
除草剂	3/4.2
植物生长调节剂	3/4.2

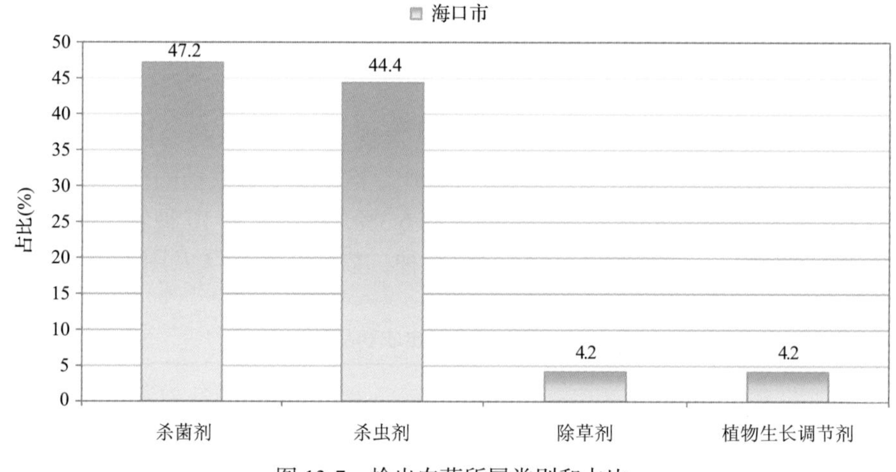

图 13-7　检出农药所属类别和占比

13.1.2.5　检出农药的残留水平

按检出农药残留水平进行统计，残留水平在 1~5 μg/kg(含)的农药占总数的 27.4%，在 5~10 μg/kg(含)的农药占总数的 14.2%，在 10~100 μg/kg(含)的农药占总数的 45.9%，在 100~1000 μg/kg(含)的农药占总数的 10.1%，在>1000 μg/kg 的农药占总数的 2.4%。

由此可见，这次检测的 17 批 411 例水果蔬菜样品中农药多数处于中高残留水平。结果见表 13-6 及图 13-8，数据见附表 2。

表 13-6　农药残留水平及占比

残留水平(μg/kg)	检出频次数/占比(%)
1~5(含)	193/27.4
5~10(含)	100/14.2
10~100(含)	323/45.9
100~1000(含)	71/10.1
>1000	17/2.4

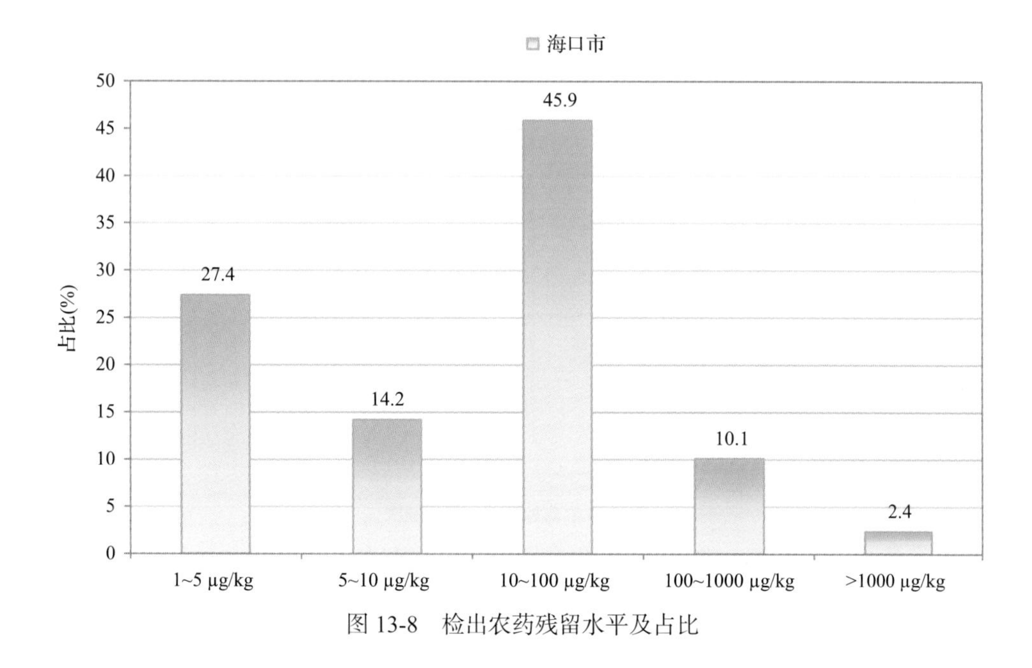

图 13-8　检出农药残留水平及占比

13.1.2.6　检出农药的毒性类别、检出频次和超标频次及占比

对这次检出的 72 种 704 频次的农药，按剧毒、高毒、中毒、低毒和微毒这五个毒性类别进行分类，从中可以看出，海口市目前普遍使用的农药为中低微毒农药，品种占 93.1%，频次占 98.4%。结果见表 13-7 及图 13-9。

表 13-7　检出农药毒性类别及占比

毒性分类	农药品种/占比(%)	检出频次/占比(%)	超标频次/超标率(%)
剧毒农药	1/1.4	1/0.1	0/0.0
高毒农药	4/5.6	10/1.4	6/60.0
中毒农药	30/41.7	325/46.2	1/0.3
低毒农药	23/31.9	181/25.7	1/0.6
微毒农药	14/19.4	187/26.6	1/0.5

13.1.2.7　检出剧毒/高毒类农药的品种和频次

值得特别关注的是，在此次侦测的 411 例样品中有 4 种蔬菜 5 种水果的 10 例样品检出了 5 种 11 频次的剧毒和高毒农药，占样品总量的 2.4%，详见图 13-10、表 13-8 及表 13-9。

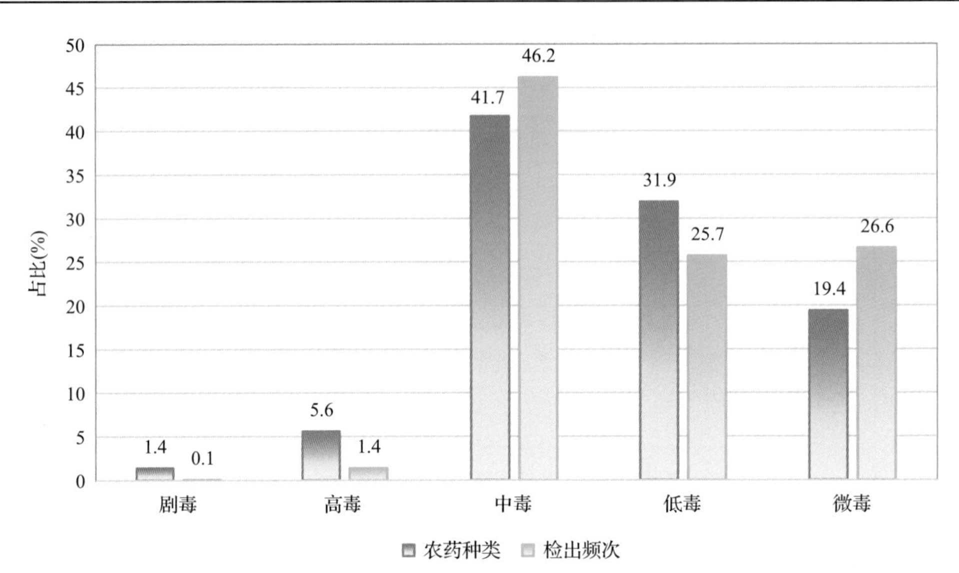

图 13-9　检出农药的毒性分类和占比

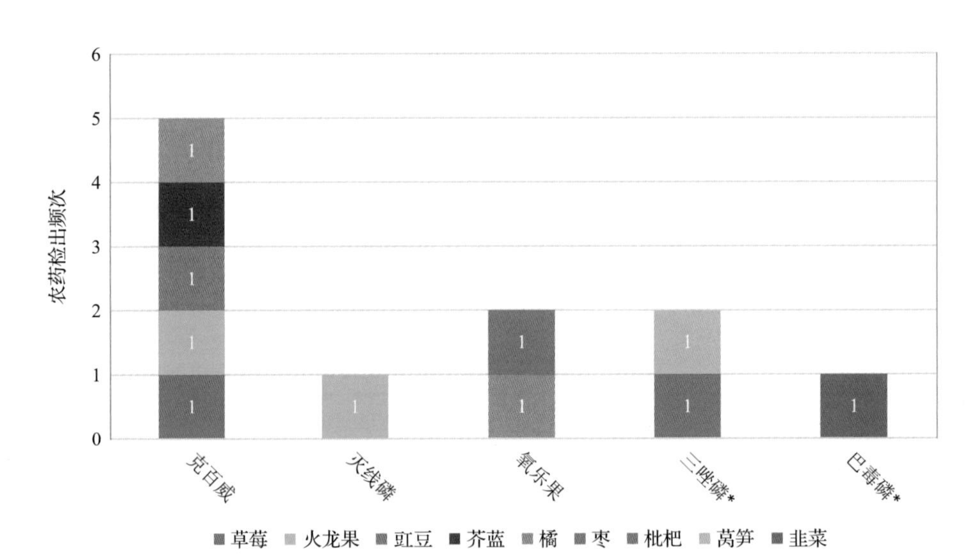

图 13-10　检出剧毒/高毒农药的样品情况

*表示允许在水果和蔬菜上使用的农药

表 13-8　剧毒农药检出情况

序号	农药名称	检出频次	超标频次	超标率
从 1 种水果中检出 1 种剧毒农药，共计检出 1 次				
1	灭线磷*	1	0	0.0%
	小计	1	0	超标率：0.0%
蔬菜中未检出剧毒农药				
	小计	0	0	超标率：0.0%
	合计	1	0	超标率：0.0%

表 13-9　高毒农药检出情况

序号	农药名称	检出频次	超标频次	超标率
从 5 种水果中检出 3 种高毒农药，共计检出 6 次				
1	克百威	3	2	66.7%
2	氧乐果	2	2	100.0%
3	三唑磷	1	0	0.0%
	小计	6	4	超标率：66.7%
从 4 种蔬菜中检出 3 种高毒农药，共计检出 4 次				
1	克百威	2	2	100.0%
2	巴毒磷	1	0	0.0%
3	三唑磷	1	0	0.0%
	小计	4	2	超标率：50.0%
	合计	10	6	超标率：60.0%

在检出的剧毒和高毒农药中，有 3 种是我国早已禁止在果树和蔬菜上使用的，分别是：克百威、氧乐果和灭线磷。禁用农药的检出情况见表 13-10。

表 13-10　禁用农药检出情况

序号	农药名称	检出频次	超标频次	超标率
从 4 种水果中检出 3 种禁用农药，共计检出 6 次				
1	克百威	3	2	66.7%
2	氧乐果	2	2	100.0%
3	灭线磷*	1	0	0.0%
	小计	6	4	超标率：66.7%
从 2 种蔬菜中检出 1 种禁用农药，共计检出 2 次				
1	克百威	2	2	100.0%
	小计	2	2	超标率：100.0%
	合计	8	6	超标率：75.0%

注：表超标结果参考中国 MRL 标准计算

此次抽检的果蔬样品中，有 1 种水果检出了剧毒农药，为：火龙果中检出灭线磷 1 次。

样品中检出剧毒和高毒农药残留水平超过 MRL 中国国家标准的频次为 6 次，其中：枣检出氧乐果超标 1 次；橘检出克百威超标 1 次，检出氧乐果超标 1 次；草莓检出克百威超标 1 次；芥蓝检出克百威超标 1 次；豇豆检出克百威超标 1 次。本次检出结果表明，高毒、剧毒农药的使用现象依旧存在，详见表 13-11。

表 13-11 各样本中检出剧毒/高毒农药情况

样品名称	农药名称	检出频次	超标频次	检出浓度(μg/kg)
水果 5 种				
枇杷	三唑磷	1	0	4.8
枣	氧乐果▲	1	1	20.3[a]
橘	克百威▲	1	1	135.2[a]
橘	氧乐果▲	1	1	24.1[a]
火龙果	克百威▲	1	0	16.1
火龙果	灭线磷*▲	1	0	2.0
草莓	克百威▲	1	1	223.9[a]
小计		7	4	超标率：57.1%
蔬菜 4 种				
芥蓝	克百威▲	1	1	22.3[a]
莴笋	三唑磷	1	0	1.5
豇豆	克百威▲	1	1	58.6[a]
韭菜	巴毒磷	1	0	26.2
小计		4	2	超标率：50.0%
合计		11	6	超标率：54.5%

13.2 农药残留检出水平与最大残留限量标准对比分析

我国于 2014 年 3 月 20 日正式颁布并于 2014 年 8 月 1 日正式实施食品农药残留限量国家标准《食品中农药最大残留限量》(GB 2763—2014)。该标准包括 371 个农药条目，涉及最大残留限量(MRL)标准 3653 项。将 704 频次检出农药的浓度水平与 3653 项 MRL 中国国家标准进行核对，其中只有 234 频次的农药找到了对应的 MRL 标准，占 33.2%，还有 470 频次的侦测数据则无相关 MRL 标准供参考，占 66.8%。

将此次侦测结果与国际上现行 MRL 标准对比发现，在 704 频次的检出结果中有 704 频次的结果找到了对应的 MRL 欧盟标准，占 100.0%，其中，671 频次的结果有明确对应的 MRL 标准，占 95.3%，其余 33 频次按照欧盟一律标准判定，占 4.7%；有 704 频次的结果找到了对应的 MRL 日本标准，占 100.0%，其中，505 频次的结果有明确对应的 MRL 标准，占 71.7%，其余 199 频次按照日本一律标准判定，占 28.3%；有 407 频次的结果找到了对应的 MRL 中国香港标准，占 57.8%；有 416 频次的结果找到了对应的 MRL 美国标准，占 59.1%；有 322 频次的结果找到了对应的 MRL CAC 标准，占 45.7%(见图 13-11 和图 13-12，数据见附表 3 至附表 8)。

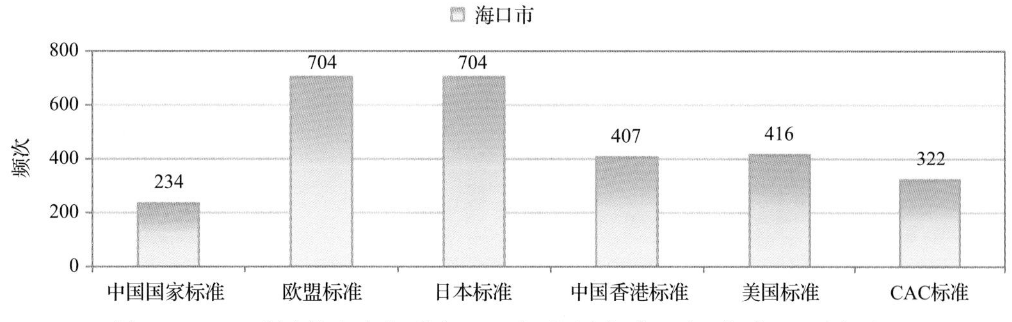

图 13-11　704 频次检出农药可用 MRL 中国国家标准、欧盟标准、日本标准、中国香港标准、美国标准、CAC 标准判定衡量的数量

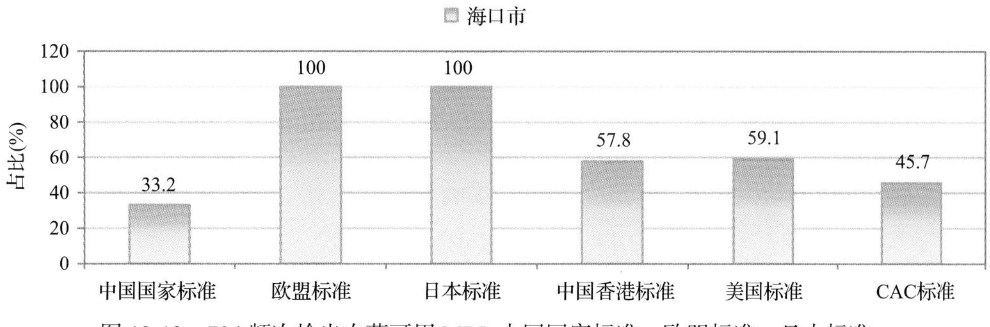

图 13-12　704 频次检出农药可用 MRL 中国国家标准、欧盟标准、日本标准、中国香港标准、美国标准、CAC 标准衡量的占比

13.2.1　超标农药样品分析

本次侦测的 411 例样品中，157 例样品未检出任何残留农药，占样品总量的 38.2%，254 例样品检出不同水平、不同种类的残留农药，占样品总量的 61.8%。在此，我们将本次侦测的农残检出情况与 MRL 中国国家标准、欧盟标准、日本标准、中国香港标准、美国标准和 CAC 标准这 6 大国际主流 MRL 标准进行对比分析，样品农残检出与超标情况见表 13-12、图 13-13 和图 13-14，详细数据见附表 9 至附表 14。

表 13-12　各 MRL 标准下样本农残检出与超标数量及占比

	中国国家标准	欧盟标准	日本标准	中国香港标准	美国标准	CAC 标准
	数量/占比(%)	数量/占比(%)	数量/占比(%)	数量/占比(%)	数量/占比(%)	数量/占比(%)
未检出	157/38.2	157/38.2	157/38.2	157/38.2	157/38.2	157/38.2
检出未超标	246/59.9	177/43.1	178/43.3	249/60.6	250/60.8	251/61.1
检出超标	8/1.9	77/18.7	76/18.5	5/1.2	4/1.0	3/0.7

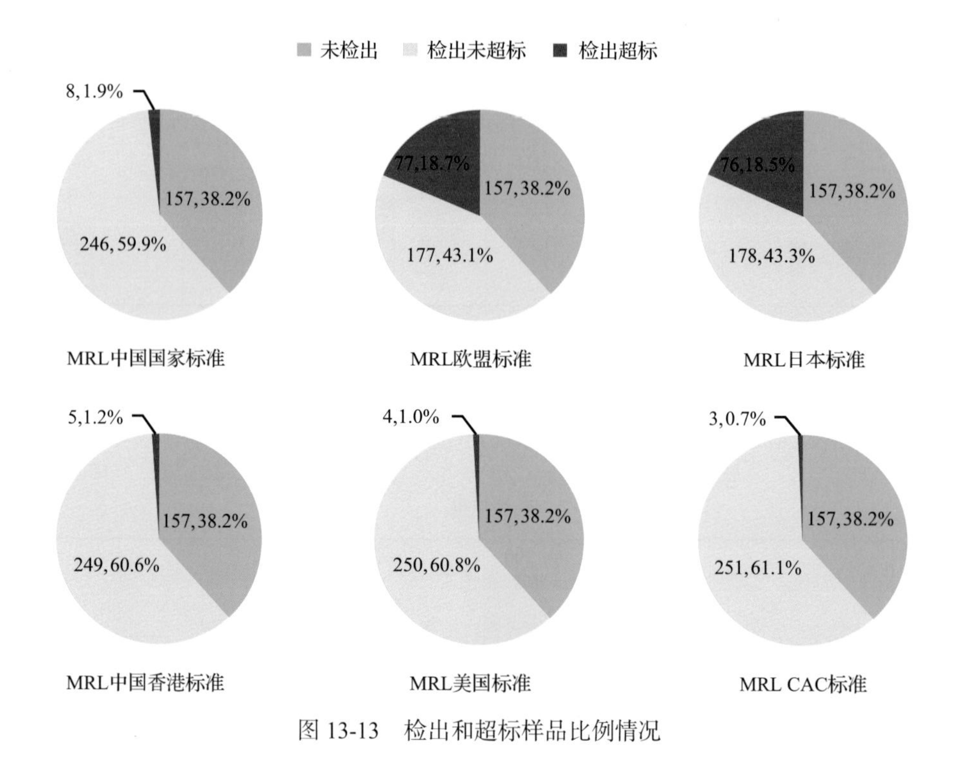

图 13-13　检出和超标样品比例情况

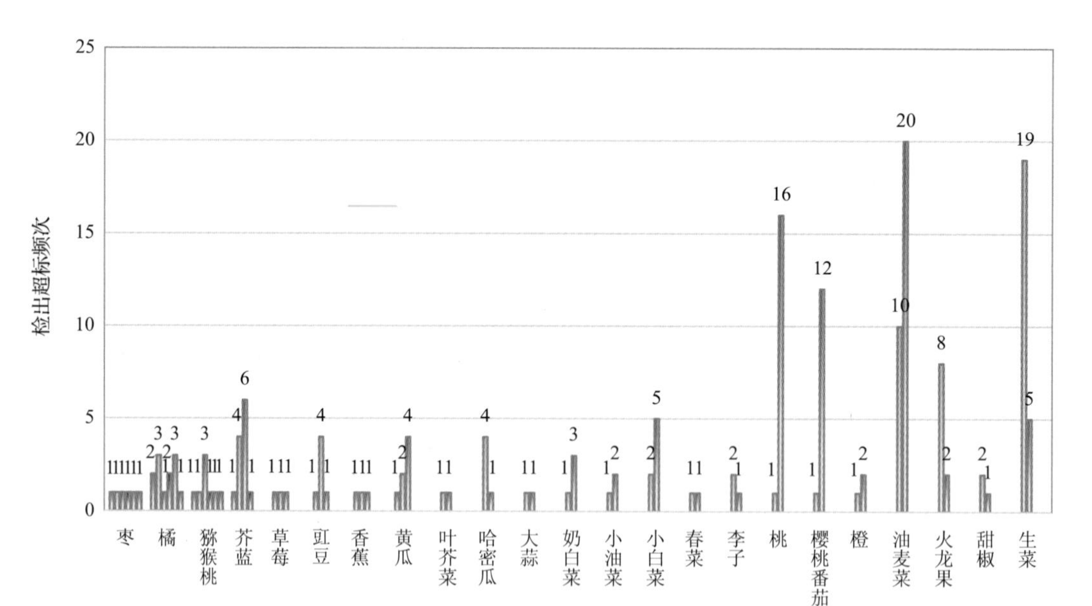

图 13-14-1　超过 MRL 中国国家标准、欧盟标准、日本标准、中国香港标准、美国标准和 CAC 标准结果在水果蔬菜中的分布

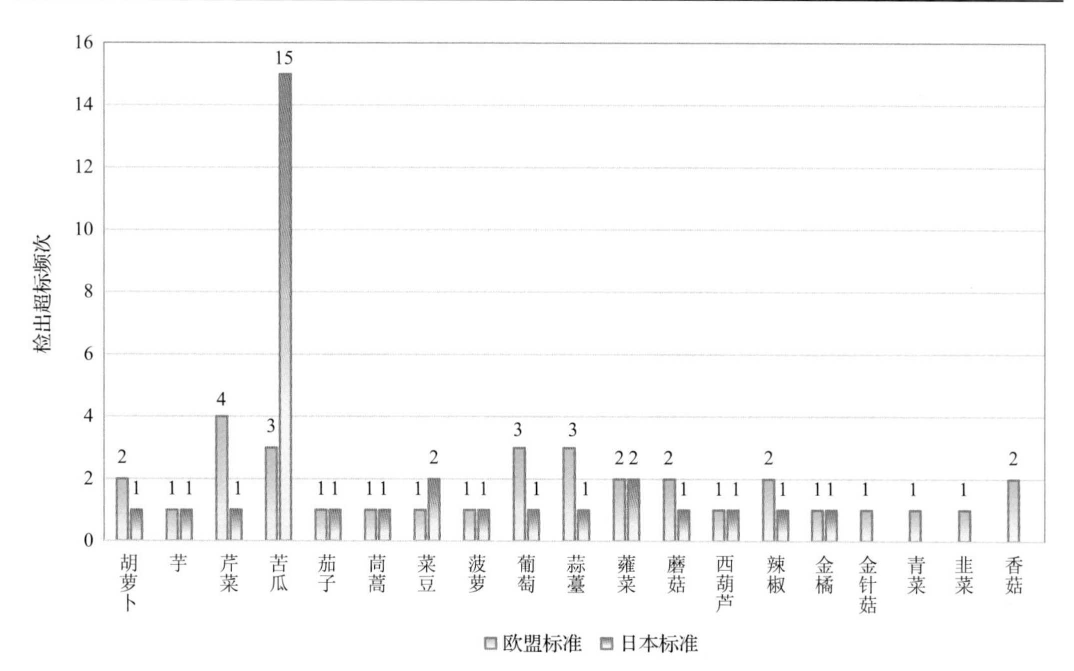

图 13-14-2 超过 MRL 中国国家标准、欧盟标准、日本标准、中国香港标准、美国标准和 CAC 标准结果在水果蔬菜中的分布

13.2.2 超标农药种类分析

按 MRL 中国国家标准、欧盟标准、日本标准、中国香港标准、美国标准和 CAC 标准这 6 大国际主流标准衡量，本次侦测检出的农药超标品种及频次情况见表 13-13。

表 13-13 各 MRL 标准下超标农药品种及频次

	中国国家标准	欧盟标准	日本标准	中国香港标准	美国标准	CAC 标准
超标农药品种	5	41	39	4	4	3
超标农药频次	9	105	122	5	5	3

13.2.2.1 按 MRL 中国国家标准衡量

按 MRL 中国国家标准衡量，共有 5 种农药超标，检出 9 频次，分别为高毒农药克百威和氧乐果，中毒农药甲氨基阿维菌素，低毒农药氯吡脲，微毒农药吡唑醚菌酯。

按超标程度比较，草莓中克百威超标 10.2 倍，橘中克百威超标 5.8 倍，豇豆中克百威超标 1.9 倍，香蕉中吡唑醚菌酯超标 0.5 倍，猕猴桃中氯吡脲超标 0.4 倍。检测结果见图 13-15 和附表 15。

13.2.2.2 按 MRL 欧盟标准衡量

按 MRL 欧盟标准衡量，共有 41 种农药超标，检出 105 频次，分别为高毒农药克百威、巴毒磷和氧乐果，中毒农药乐果、噻唑磷、咪鲜胺、多效唑、戊唑醇、烯唑醇、甲

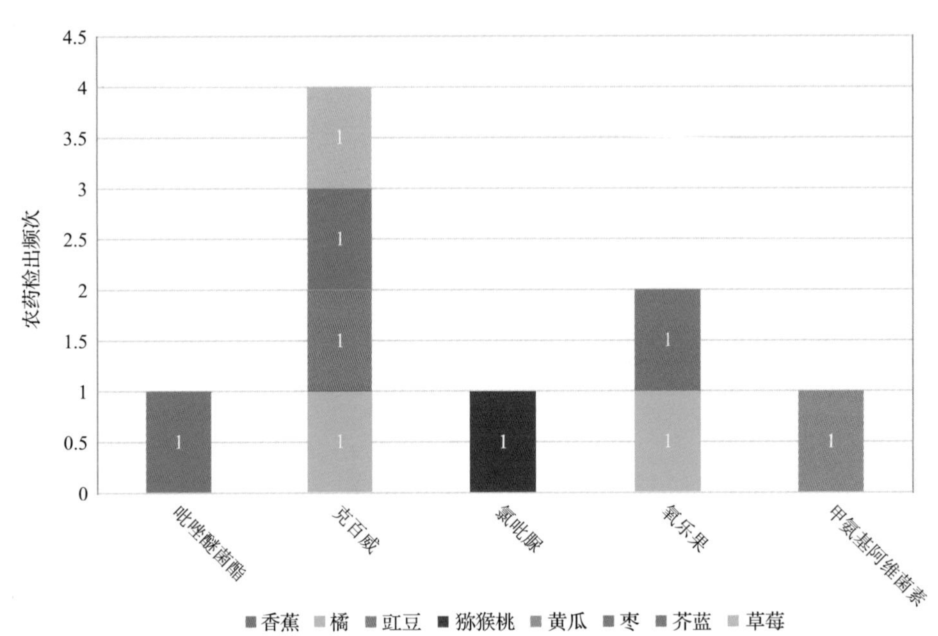

图 13-15　超过 MRL 中国国家标准农药品种及频次

霜灵、3,4,5-混杀威、苯醚甲环唑、甲氨基阿维菌素、噁霜灵、丙环唑、唑虫酰胺、啶虫脒、氟硅唑、哒螨灵、十三吗啉、异稻瘟净、异丙威和 *N*-去甲基啶虫脒，低毒农药烯酰吗啉、氯吡脲、嘧霉胺、苯噻菌胺、己唑醇、苄呋菊酯、烯啶虫胺、噻菌灵、6-苄氨基嘌呤、噻吩磺隆、炔螨特和环庚草醚，微毒农药多菌灵、吡唑醚菌酯、嘧菌酯、甲基硫菌灵、醚菌酯和霜霉威。

按超标程度比较，芹菜中嘧霉胺超标 166.3 倍，油麦菜中氟硅唑超标 136.3 倍，小油菜中氟硅唑超标 54.6 倍，草莓中克百威超标 43.8 倍，蕹菜中霜霉威超标 43.3 倍。检测结果见图 13-16 和附表 16。

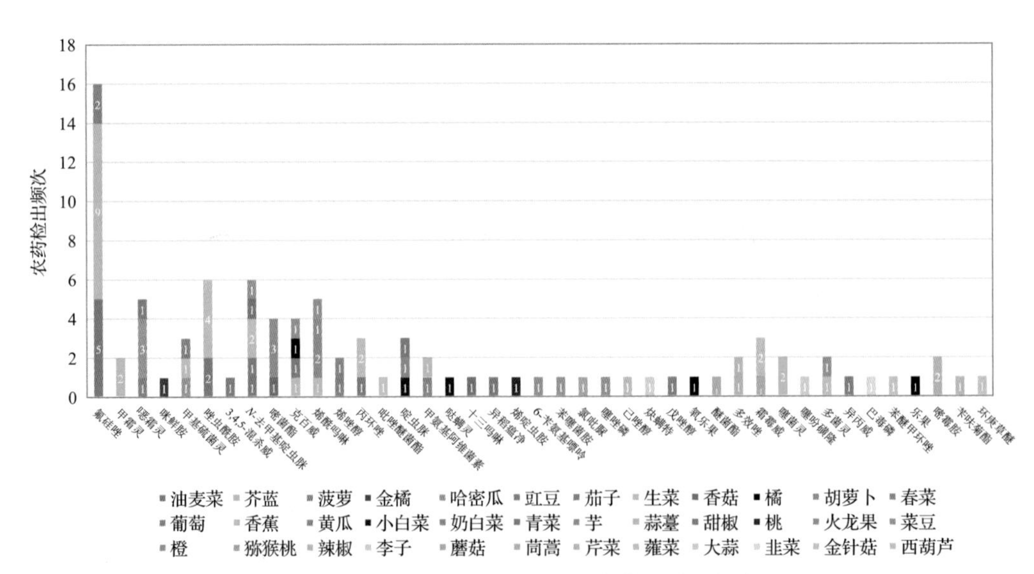

图 13-16　超过 MRL 欧盟标准农药品种及频次

13.2.2.3 按 MRL 日本标准衡量

按 MRL 日本标准衡量，共有 39 种农药超标，检出 122 频次，分别为高毒农药克百威、巴毒磷和氧乐果，中毒农药噻唑磷、多效唑、戊唑醇、三环唑、甲霜灵、烯唑醇、3,4,5-混杀威、苯醚甲环唑、噁霜灵、丙环唑、氟硅唑、哒螨灵、吡虫啉、异稻瘟净、异丙威和 *N*-去甲基啶虫脒，低毒农药灭蝇胺、烯酰吗啉、嘧霉胺、嘧菌环胺、氟吡菌酰胺、苯噻菌胺、6-苄氨基嘌呤、噻吩磺隆、噻嗪酮、环庚草醚和炔螨特，微毒农药多菌灵、吡唑醚菌酯、缬霉威、嘧菌酯、甲基硫菌灵、吡丙醚、肟菌酯、醚菌酯和霜霉威。

按超标程度比较，芥蓝中烯酰吗啉超标 397.0 倍，生菜中甲基硫菌灵超标 177.2 倍，芹菜中嘧霉胺超标 166.3 倍，菜豆中嘧菌酯超标 143.2 倍，油麦菜中氟硅唑超标 136.3 倍。检测结果见图 13-17 和附表 17。

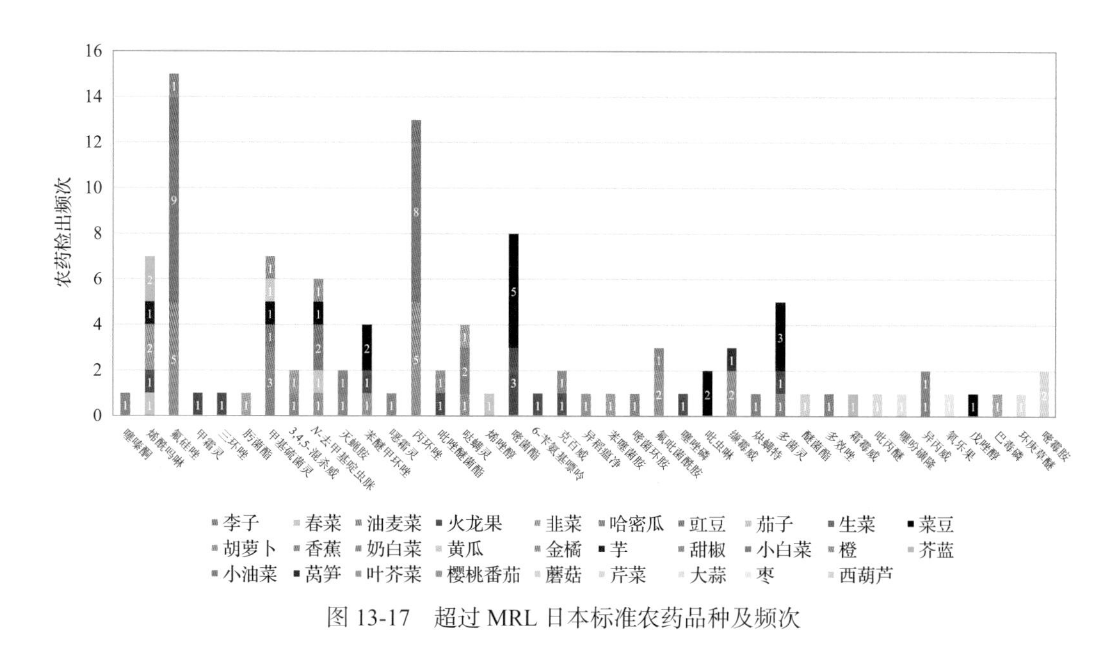

图 13-17 超过 MRL 日本标准农药品种及频次

13.2.2.4 按 MRL 中国香港标准衡量

按 MRL 中国香港标准衡量，共有 4 种农药超标，检出 5 频次，分别为中毒农药苯醚甲环唑，低毒农药烯酰吗啉和氯吡脲，微毒农药吡唑醚菌酯。

按超标程度比较，芥蓝中烯酰吗啉超标 3.0 倍，猕猴桃中氯吡脲超标 0.8 倍，香蕉中吡唑醚菌酯超标 0.5 倍，油麦菜中苯醚甲环唑超标 0.1 倍。检测结果见图 13-18 和附表 18。

13.2.2.5 按 MRL 美国标准衡量

按 MRL 美国标准衡量，共有 4 种农药超标，检出 5 频次，分别为中毒农药甲霜灵和甲氨基阿维菌素，低毒农药烯酰吗啉和氯吡脲。

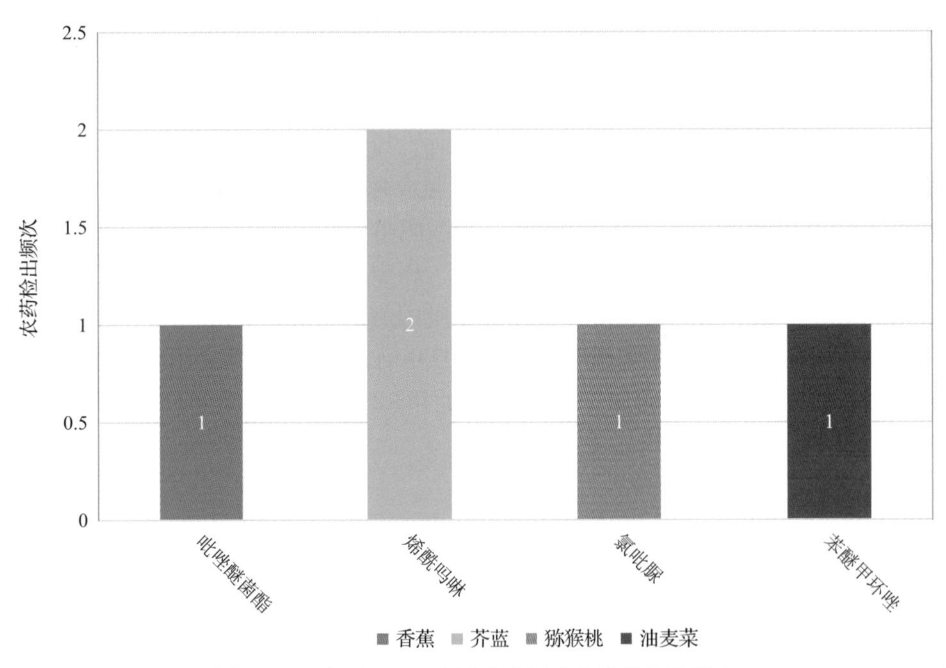

图 13-18　超过 MRL 中国香港标准农药品种及频次

按超标程度比较，芥蓝中甲霜灵超标 4.8 倍，猕猴桃中氯吡脲超标 0.8 倍，芥蓝中烯酰吗啉超标 0.3 倍，黄瓜中甲氨基阿维菌素超标 0.01 倍。检测结果见图 13-19 和附表 19。

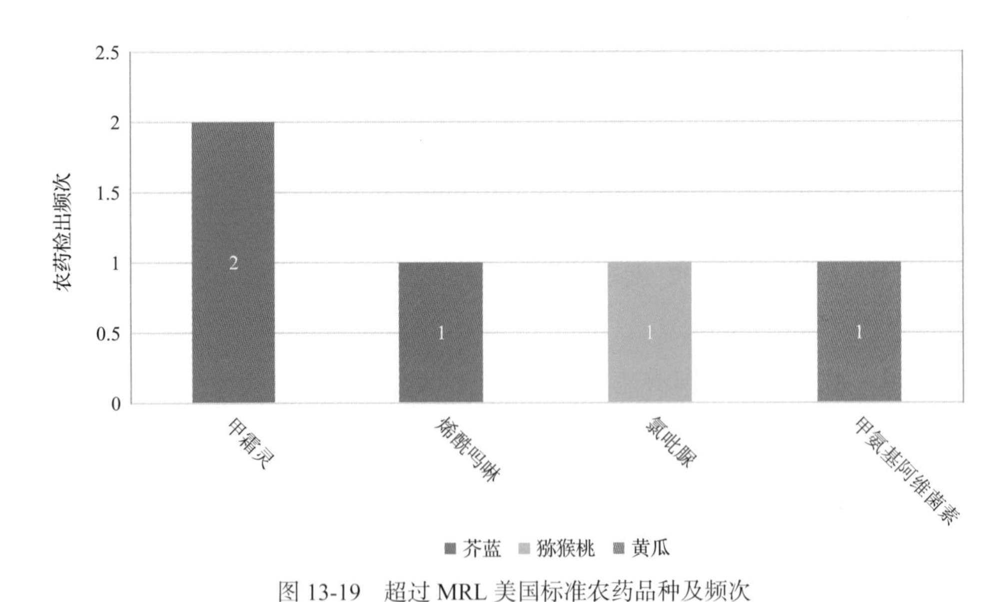

图 13-19　超过 MRL 美国标准农药品种及频次

13.2.2.6　按 MRL CAC 标准衡量

按 MRL CAC 标准衡量，共有 3 种农药超标，检出 3 频次，分别为中毒农药苯醚甲环唑和甲氨基阿维菌素，微毒农药吡唑醚菌酯。

按超标程度比较，黄瓜中甲氨基阿维菌素超标 1.9 倍，香蕉中吡唑醚菌酯超标 0.5 倍，油麦菜中苯醚甲环唑超标 0.1 倍。检测结果见图 13-20 和附表 20。

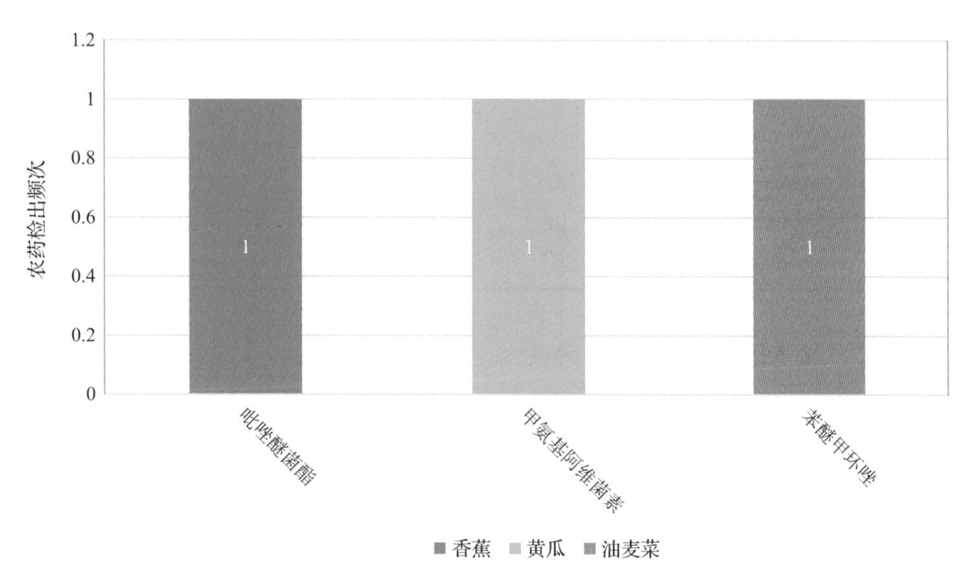

图 13-20　超过 MRL CAC 标准农药品种及频次

13.2.3　13 个采样点超标情况分析

13.2.3.1　按 MRL 中国国家标准衡量

按 MRL 中国国家标准衡量，有 7 个采样点的样品存在不同程度的超标农药检出，其中***市场的超标率最高，为 14.3%，如图 13-21 和表 13-14 所示。

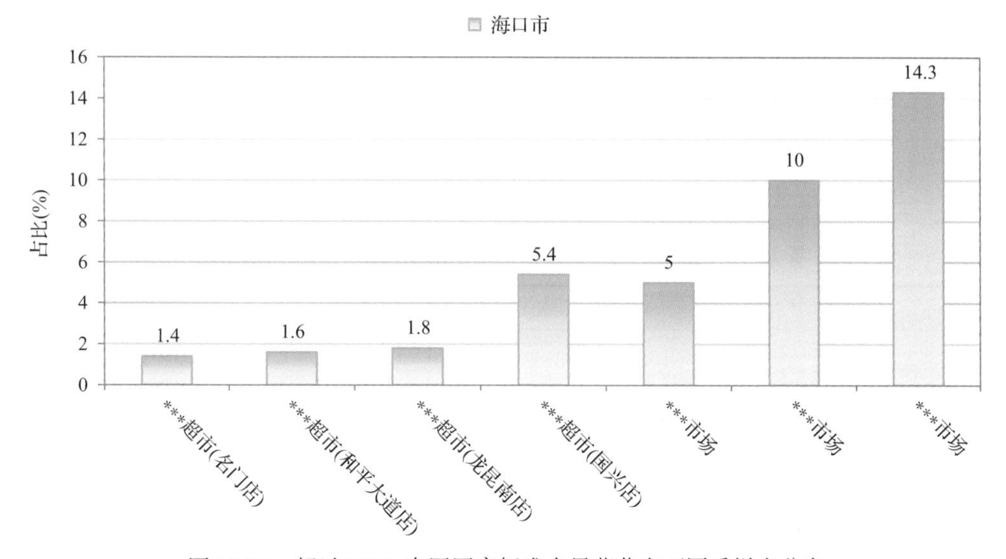

图 13-21　超过 MRL 中国国家标准水果蔬菜在不同采样点分布

表 13-14 超过 MRL 中国国家标准水果蔬菜在不同采样点分布

序号	采样点	样品总数	超标数量	超标率(%)	行政区域
1	***超市(名门店)	73	1	1.4	美兰区
2	***超市(和平大道店)	64	1	1.6	美兰区
3	***超市(龙昆南店)	56	1	1.8	琼山区
4	***超市(国兴店)	37	2	5.4	美兰区
5	***市场	20	1	5.0	美兰区
6	***市场	10	1	10.0	龙华区
7	***市场	7	1	14.3	秀英区

13.2.3.2 按 MRL 欧盟标准衡量

按 MRL 欧盟标准衡量，有 12 个采样点的样品存在不同程度的超标农药检出，其中***市场的超标率最高，为 42.9%，如图 13-22 和表 13-15 所示。

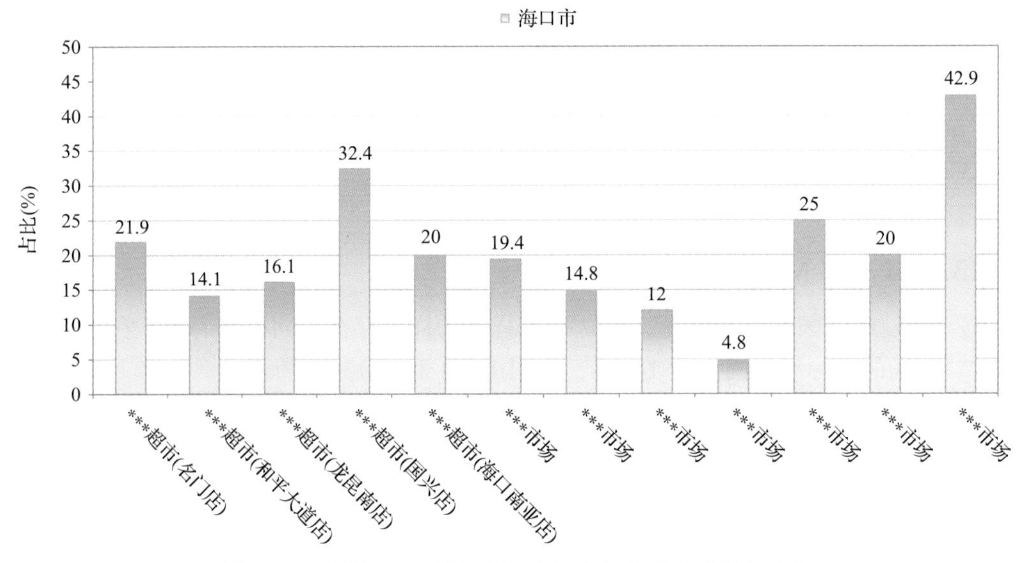

图 13-22 超过 MRL 欧盟标准水果蔬菜在不同采样点分布

表 13-15 超过 MRL 欧盟标准水果蔬菜在不同采样点分布

序号	采样点	样品总数	超标数量	超标率(%)	行政区域
1	***超市(名门店)	73	16	21.9	美兰区
2	***超市(和平大道店)	64	9	14.1	美兰区
3	***超市(龙昆南店)	56	9	16.1	琼山区
4	***超市(国兴店)	37	12	32.4	美兰区
5	***超市(海口南亚店)	35	7	20.0	美兰区
6	***市场	31	6	19.4	龙华区

续表

序号	采样点	样品总数	超标数量	超标率(%)	行政区域
7	***市场	27	4	14.8	美兰区
8	***市场	25	3	12.0	琼山区
9	***市场	21	1	4.8	美兰区
10	***市场	20	5	25.0	美兰区
11	***市场	10	2	20.0	龙华区
12	***市场	7	3	42.9	秀英区

13.2.3.3 按 MRL 日本标准衡量

按 MRL 日本标准衡量，有 12 个采样点的样品存在不同程度的超标农药检出，其中***市场的超标率最高，为 30.0%，如图 13-23 和表 13-16 所示。

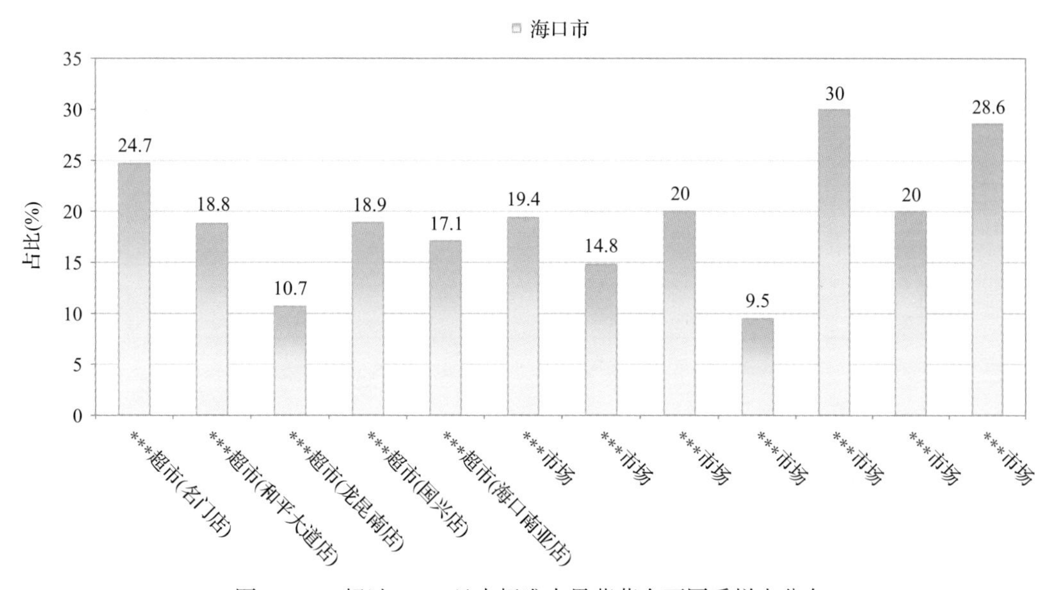

图 13-23 超过 MRL 日本标准水果蔬菜在不同采样点分布

表 13-16 超过 MRL 日本标准水果蔬菜在不同采样点分布

序号	采样点	样品总数	超标数量	超标率(%)	行政区域
1	***超市(名门店)	73	18	24.7	美兰区
2	***超市(和平大道店)	64	12	18.8	美兰区
3	***超市(龙昆南店)	56	6	10.7	琼山区
4	***超市(国兴店)	37	7	18.9	美兰区
5	***超市(海口南亚店)	35	6	17.1	美兰区
6	***市场	31	6	19.4	龙华区
7	***市场	27	4	14.8	美兰区

续表

序号	采样点	样品总数	超标数量	超标率(%)	行政区域
8	***市场	25	5	20.0	琼山区
9	***市场	21	2	9.5	美兰区
10	***市场	20	6	30.0	美兰区
11	***市场	10	2	20.0	龙华区
12	***市场	7	2	28.6	秀英区

13.2.3.4　按 MRL 中国香港标准衡量

按 MRL 中国香港标准衡量，有 4 个采样点的样品存在不同程度的超标农药检出，其中***市场的超标率最高，为 10.0%，如图 13-24 和表 13-17 所示。

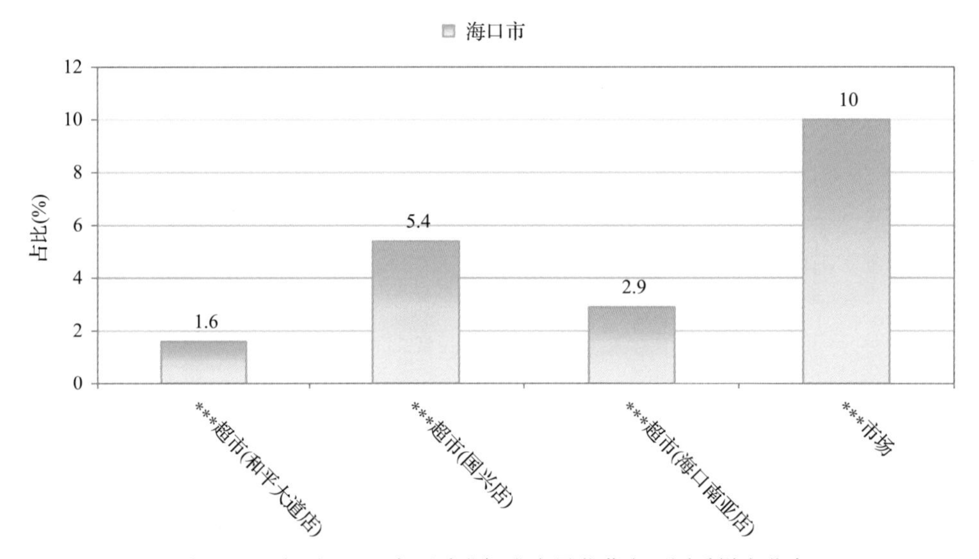

图 13-24　超过 MRL 中国香港标准水果蔬菜在不同采样点分布

表 13-17　超过 MRL 中国香港标准水果蔬菜在不同采样点分布

序号	采样点	样品总数	超标数量	超标率(%)	行政区域
1	***超市(和平大道店)	64	1	1.6	美兰区
2	***超市(国兴店)	37	2	5.4	美兰区
3	***超市(海口南亚店)	35	1	2.9	美兰区
4	***市场	10	1	10.0	龙华区

13.2.3.5　按 MRL 美国标准衡量

按 MRL 美国标准衡量，有 3 个采样点的样品存在不同程度的超标农药检出，其中***超市(和平大道店)的超标率最高，为 3.1%，如图 13-25 和表 13-18 所示。

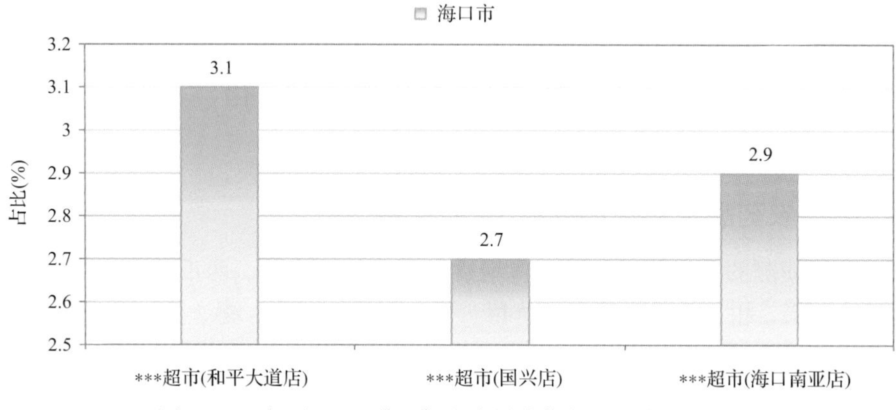

图 13-25　超过 MRL 美国标准水果蔬菜在不同采样点分布

表 13-18　超过 MRL 美国标准水果蔬菜在不同采样点分布

序号	采样点	样品总数	超标数量	超标率(%)	行政区域
1	***超市(和平大道店)	64	2	3.1	美兰区
2	***超市(国兴店)	37	1	2.7	美兰区
3	***超市(海口南亚店)	35	1	2.9	美兰区

13.2.3.6　按 MRL CAC 标准衡量

按 MRL CAC 标准衡量，有 3 个采样点的样品存在不同程度的超标农药检出，其中***市场的超标率最高，为 10.0%，如图 13-26 和表 13-19 所示。

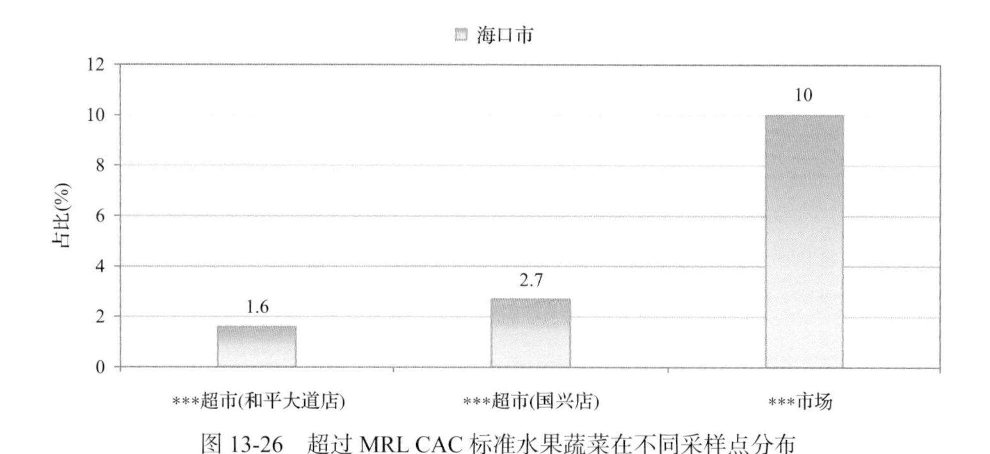

图 13-26　超过 MRL CAC 标准水果蔬菜在不同采样点分布

表 13-19　超过 MRL CAC 标准水果蔬菜在不同采样点分布

序号	采样点	样品总数	超标数量	超标率(%)	行政区域
1	***超市(和平大道店)	64	1	1.6	美兰区
2	***超市(国兴店)	37	1	2.7	美兰区
3	***市场	10	1	10.0	龙华区

13.3 水果中农药残留分布

13.3.1 检出农药品种和频次排前 10 的水果

本次残留侦测的水果共 29 种，包括猕猴桃、桃、山竹、西瓜、哈密瓜、香蕉、柿子、木瓜、苹果、柑、香瓜、葡萄、草莓、梨、李子、芒果、枣、柚、枇杷、樱桃、橘、火龙果、柠檬、金橘、橙、菠萝、杨桃、番石榴和甜瓜。

根据检出农药品种及频次进行排名，将各项排名前 10 位的水果样品检出情况列表说明，详见表 13-20。

表 13-20 检出农药品种和频次排名前 10 的水果

检出农药品种排名前 10(品种)	①火龙果(14),②葡萄(14),③芒果(11),④哈密瓜(10),⑤猕猴桃(10),⑥橘(9),⑦苹果(8),⑧梨(7),⑨李子(7),⑩柚(7)
检出农药频次排名前 10(频次)	①葡萄(43),②火龙果(28),③哈密瓜(26),④芒果(22),⑤苹果(13),⑥李子(12),⑦猕猴桃(12),⑧柚(11),⑨梨(10),⑩柠檬(10)
检出禁用、高毒及剧毒农药品种排名前 10(品种)	①火龙果(2),②橘(2),③草莓(1),④枇杷(1),⑤枣(1)
检出禁用、高毒及剧毒农药频次排名前 10(频次)	①火龙果(2),②橘(2),③草莓(1),④枇杷(1),⑤枣(1)

13.3.2 超标农药品种和频次排前 10 的水果

鉴于 MRL 欧盟标准和日本标准制定比较全面且覆盖率较高，我们参照 MRL 中国国家标准、欧盟标准和日本标准衡量水果样品中农残检出情况，将超标农药品种及频次排名前 10 的水果列表说明，详见表 13-21。

表 13-21 超标农药品种和频次排名前 10 的水果

超标农药品种排名前 10(农药品种数)	MRL 中国国家标准	①橘(2),②草莓(1),③猕猴桃(1),④香蕉(1),⑤枣(1)
	MRL 欧盟标准	①火龙果(6),②橘(3),③哈密瓜(2),④李子(2),⑤葡萄(2),⑥菠萝(1),⑦草莓(1),⑧橙(1),⑨金橘(1),⑩猕猴桃(1)
	MRL 日本标准	①火龙果(10),②李子(5),③哈密瓜(2),④橙(1),⑤金橘(1),⑥橘(1),⑦柠檬(1),⑧葡萄(1),⑨香蕉(1),⑩枣(1)
超标农药频次排名前 10(农药频次数)	MRL 中国国家标准	①橘(2),②草莓(1),③猕猴桃(1),④香蕉(1),⑤枣(1)
	MRL 欧盟标准	①火龙果(8),②哈密瓜(4),③橘(3),④葡萄(3),⑤李子(2),⑥菠萝(1),⑦草莓(1),⑧橙(1),⑨金橘(1),⑩猕猴桃(1)
	MRL 日本标准	①火龙果(12),②李子(5),③哈密瓜(4),④橙(1),⑤金橘(1),⑥橘(1),⑦柠檬(1),⑧葡萄(1),⑨香蕉(1),⑩枣(1)

通过对各品种水果样本总数及检出率进行综合分析发现，葡萄、火龙果和芒果的残留污染最为严重，在此，我们参照 MRL 中国国家标准、欧盟标准和日本标准对这 3 种水果的农残检出情况进行进一步分析。

13.3.3　农药残留检出率较高的水果样品分析

13.3.3.1　葡萄

这次共检测 11 例葡萄样品，10 例样品中检出了农药残留，检出率为 90.9%，检出农药共计 14 种。其中吡唑醚菌酯、烯酰吗啉、嘧菌酯、戊唑醇和苯醚甲环唑检出频次较高，分别检出了 7、6、5、5 和 4 次。葡萄中农药检出品种和频次见图 13-27，超标农药见图 13-28 和表 13-22。

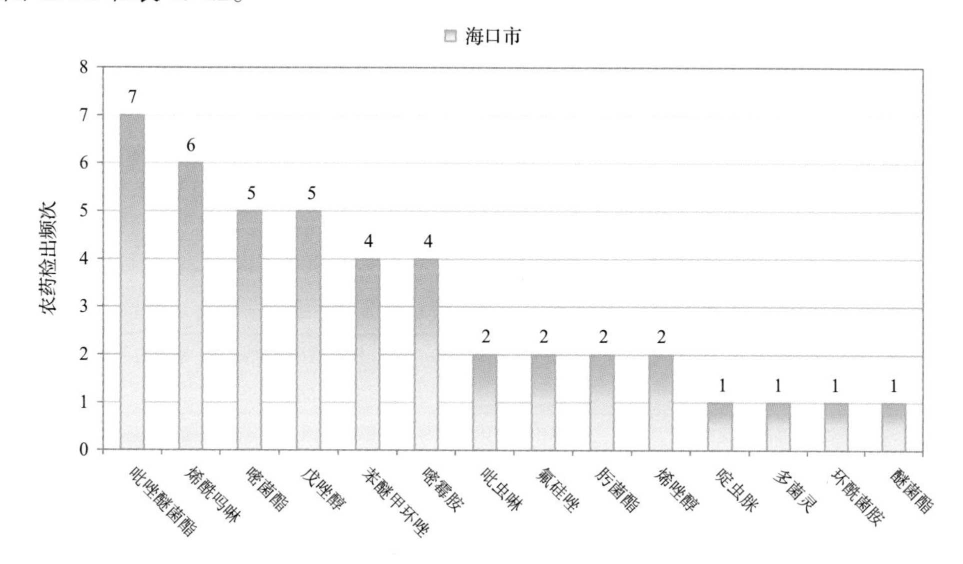

图 13-27　葡萄样品检出农药品种和频次分析

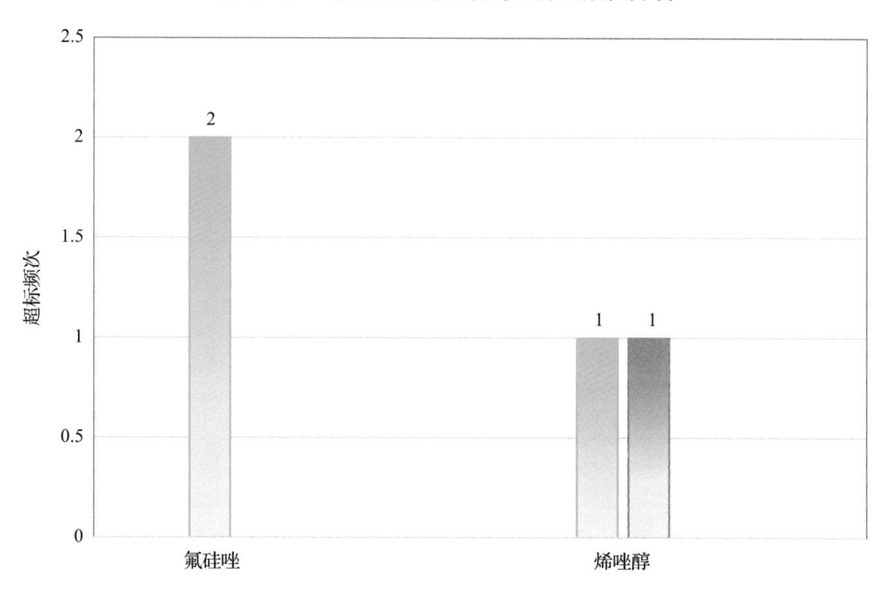

图 13-28　葡萄样品中超标农药分析

表 13-22 葡萄中农药残留超标情况明细表

样品总数			检出农药样品数	样品检出率(%)	检出农药品种总数
11			10	90.9	14
	超标农药品种	超标农药频次	按照 MRL 中国国家标准、欧盟标准和日本标准衡量超标农药名称及频次		
中国国家标准	0	0			
欧盟标准	2	3	氟硅唑(2),烯唑醇(1)		
日本标准	1	1	烯唑醇(1)		

13.3.3.2 火龙果

这次共检测 12 例火龙果样品，8 例样品中检出了农药残留，检出率为 66.7%，检出农药共计 14 种。其中苯醚甲环唑、甲霜灵、嘧菌酯、多菌灵和吡唑醚菌酯检出频次较高，分别检出了 5、4、4、3 和 2 次。火龙果中农药检出品种和频次见图 13-29，超标农药见图 13-30 和表 13-23。

表 13-23 火龙果中农药残留超标情况明细表

样品总数			检出农药样品数	样品检出率(%)	检出农药品种总数
12			8	66.7	14
	超标农药品种	超标农药频次	按照 MRL 中国国家标准、欧盟标准和日本标准衡量超标农药名称及频次		
中国国家标准	0	0			
欧盟标准	6	8	嘧菌酯(3),6-苄氨基嘌呤(1),多菌灵(1),克百威(1),噻唑磷(1),烯酰吗啉(1)		
日本标准	10	12	嘧菌酯(3),6-苄氨基嘌呤(1),苯醚甲环唑(1),吡唑醚菌酯(1),多菌灵(1),甲霜灵(1),克百威(1),噻唑磷(1),三环唑(1),烯酰吗啉(1)		

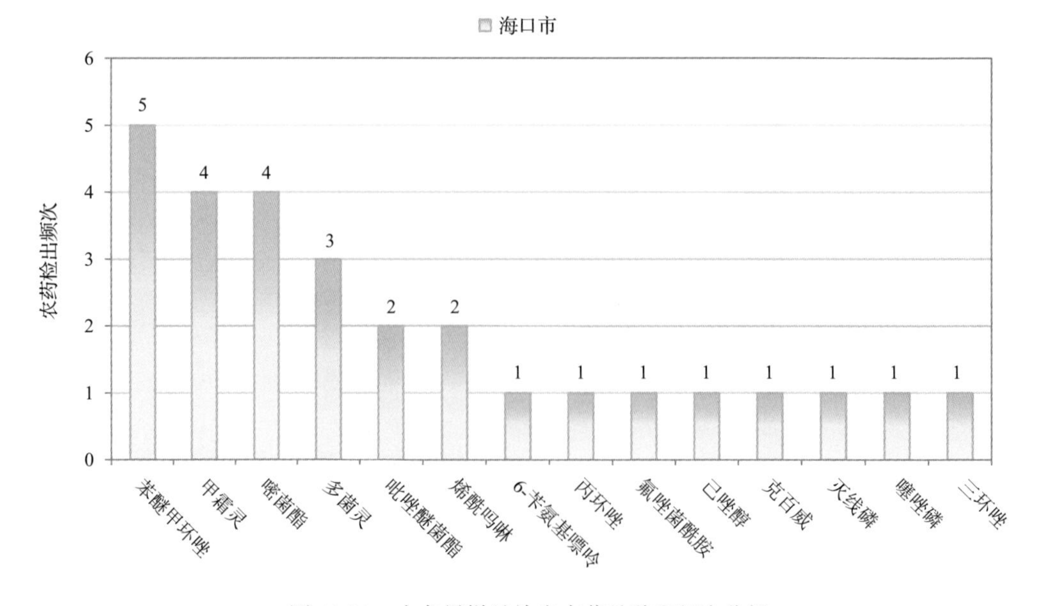

图 13-29 火龙果样品检出农药品种和频次分析

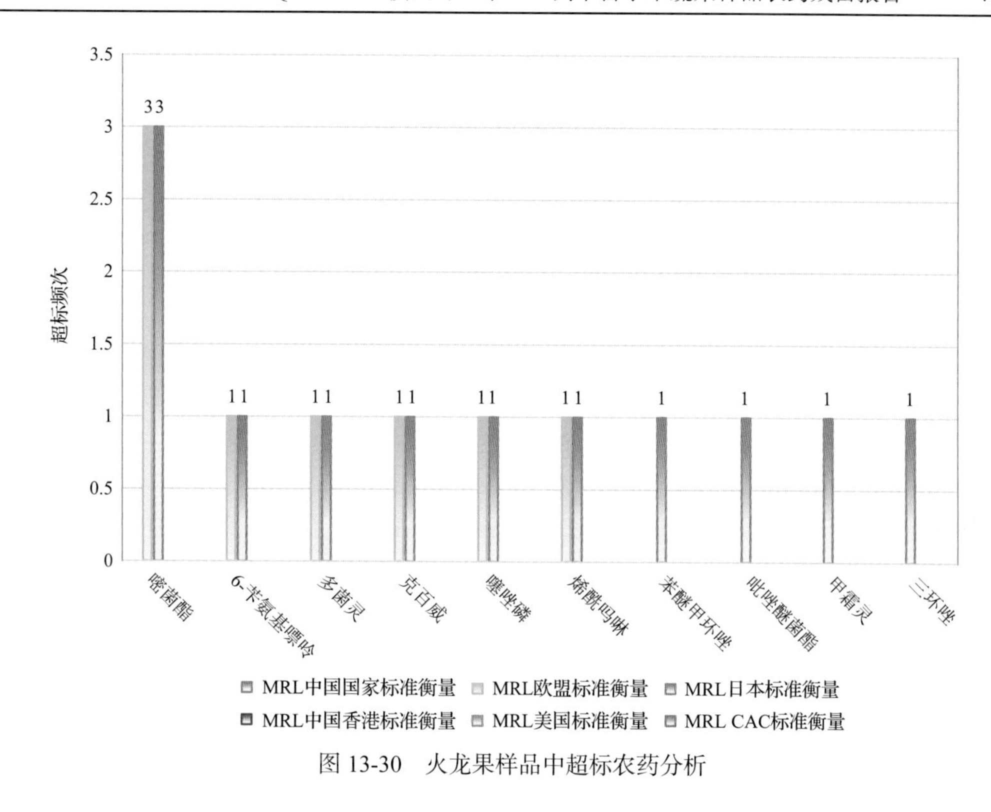

图 13-30　火龙果样品中超标农药分析

13.3.3.3　芒果

这次共检测 11 例芒果样品，10 例样品中检出了农药残留，检出率为 90.9%，检出农药共计 11 种。其中嘧菌酯、吡虫啉、吡唑醚菌酯、多菌灵和苯醚甲环唑检出频次较高，分别检出了 5、3、3、3 和 2 次。芒果中农药检出品种和频次见图 13-31。

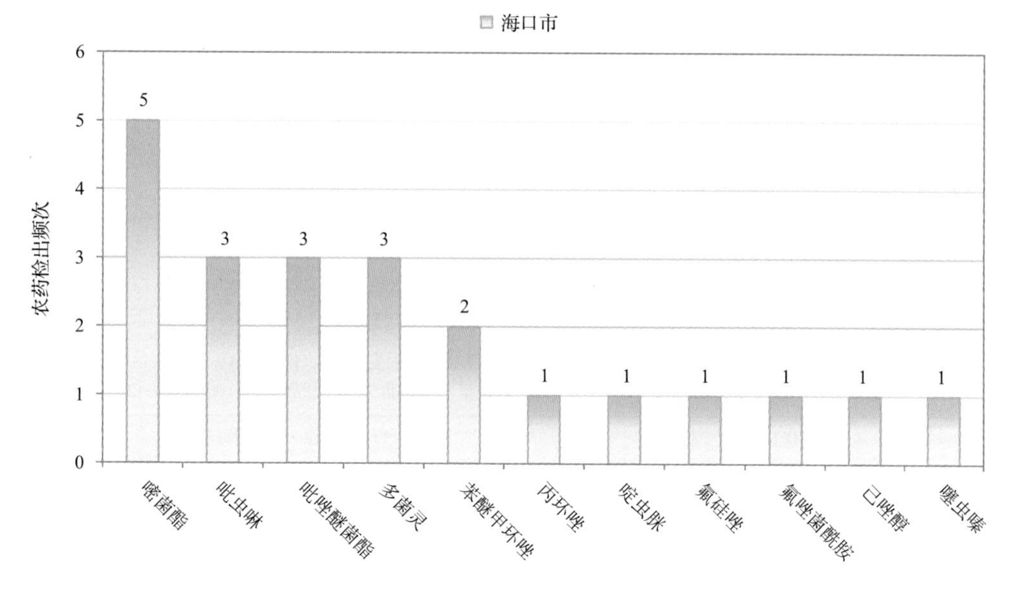

图 13-31　芒果样品检出农药品种和频次分析

13.4　蔬菜中农药残留分布

13.4.1　检出农药品种和频次排前 10 的蔬菜

本次残留侦测的蔬菜共 52 种，包括洋葱、莲藕、芹菜、黄瓜、韭菜、紫薯、蕹菜、结球甘蓝、小茴香、甘薯、大蒜、青蒜、豇豆、番茄、花椰菜、菠菜、山药、甜椒、西葫芦、芥蓝、春菜、辣椒、奶白菜、葱、樱桃番茄、人参果、佛手瓜、胡萝卜、青花菜、紫甘蓝、小白菜、芋、叶芥菜、南瓜、油麦菜、萝卜、茄子、马铃薯、姜、冬瓜、菜豆、生菜、大白菜、小油菜、苦瓜、茼蒿、娃娃菜、丝瓜、莴笋、蒜薹、甘薯叶和青菜。

根据检出农药品种及频次进行排名，将各项排名前 10 位的蔬菜样品检出情况列表说明，详见表 13-24。

表 13-24　检出农药品种和频次排名前 10 的蔬菜

检出农药品种排名前 10（品种）	①芹菜（22），②生菜（18），③番茄（17），④油麦菜（17），⑤黄瓜（15），⑥菜豆（12），⑦苦瓜（10），⑧甜椒（10），⑨芥蓝（9），⑩莴笋（9）
检出农药频次排名前 10（频次）	①油麦菜（64），②生菜（55），③芹菜（47），④番茄（36），⑤黄瓜（32），⑥菜豆（24），⑦茄子（18），⑧苦瓜（15），⑨莴笋（14），⑩芥蓝（13）
检出禁用、高毒及剧毒农药品种排名前 10（品种）	①豇豆（1），②芥蓝（1），③韭菜（1），④莴笋（1）
检出禁用、高毒及剧毒农药频次排名前 10（频次）	①豇豆（1），②芥蓝（1），③韭菜（1），④莴笋（1）

13.4.2　超标农药品种和频次排前 10 的蔬菜

鉴于 MRL 欧盟标准和日本标准制定比较全面且覆盖率较高，我们参照 MRL 中国国家标准、欧盟标准和日本标准衡量蔬菜样品中农残检出情况，将超标农药品种及频次排名前 10 的蔬菜列表说明，详见表 13-25。

表 13-25　超标农药品种和频次排名前 10 的蔬菜

超标农药品种排名前 10（农药品种数）	MRL 中国国家标准	①黄瓜（1），②豇豆（1），③芥蓝（1）
	MRL 欧盟标准	①生菜（6），②油麦菜（5），③豇豆（4），④芥蓝（3），⑤芹菜（3），⑥黄瓜（2），⑦苦瓜（2），⑧辣椒（2），⑨蒜薹（2），⑩甜椒（2）
	MRL 日本标准	①菜豆（7），②豇豆（6），③油麦菜（6），④芹菜（4），⑤生菜（4），⑥春菜（2），⑦芥蓝（2），⑧韭菜（2），⑨甜椒（2），⑩小白菜（2）
超标农药频次排名前 10（农药频次数）	MRL 中国国家标准	①黄瓜（1），②豇豆（1），③芥蓝（1）
	MRL 欧盟标准	①生菜（19），②油麦菜（10），③豇豆（4），④芥蓝（4），⑤芹菜（4），⑥苦瓜（3），⑦蒜薹（3），⑧胡萝卜（2），⑨黄瓜（2），⑩辣椒（2）
	MRL 日本标准	①生菜（20），②油麦菜（16），③菜豆（15），④豇豆（6），⑤芹菜（5），⑥芥蓝（3），⑦小白菜（3），⑧春菜（2），⑨胡萝卜（2），⑩韭菜（2）

通过对各品种蔬菜样本总数及检出率进行综合分析发现，芹菜、生菜和油麦菜的残留污染最为严重，在此，我们参照 MRL 中国国家标准、欧盟标准和日本标准对这 3 种蔬菜的农残检出情况进行进一步分析。

13.4.3　农药残留检出率较高的蔬菜样品分析

13.4.3.1　芹菜

这次共检测 10 例芹菜样品，9 例样品中检出了农药残留，检出率为 90.0%，检出农药共计 22 种。其中苯醚甲环唑、戊唑醇、嘧菌酯、丙环唑和吡唑醚菌酯检出频次较高，分别检出了 6、6、5、4 和 3 次。芹菜中农药检出品种和频次见图 13-32，超标农药见图 13-33 和表 13-26。

表 13-26　芹菜中农药残留超标情况明细表

样品总数	检出农药样品数	样品检出率(%)	检出农药品种总数
10	9	90	22

	超标农药品种	超标农药频次	按照 MRL 中国国家标准、欧盟标准和日本标准衡量超标农药名称及频次
中国国家标准	0	0	
欧盟标准	3	4	嘧霉胺(2),多效唑(1),戊唑醇(1)
日本标准	4	5	嘧霉胺(2),吡丙醚(1),多效唑(1),戊唑醇(1)

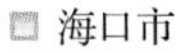

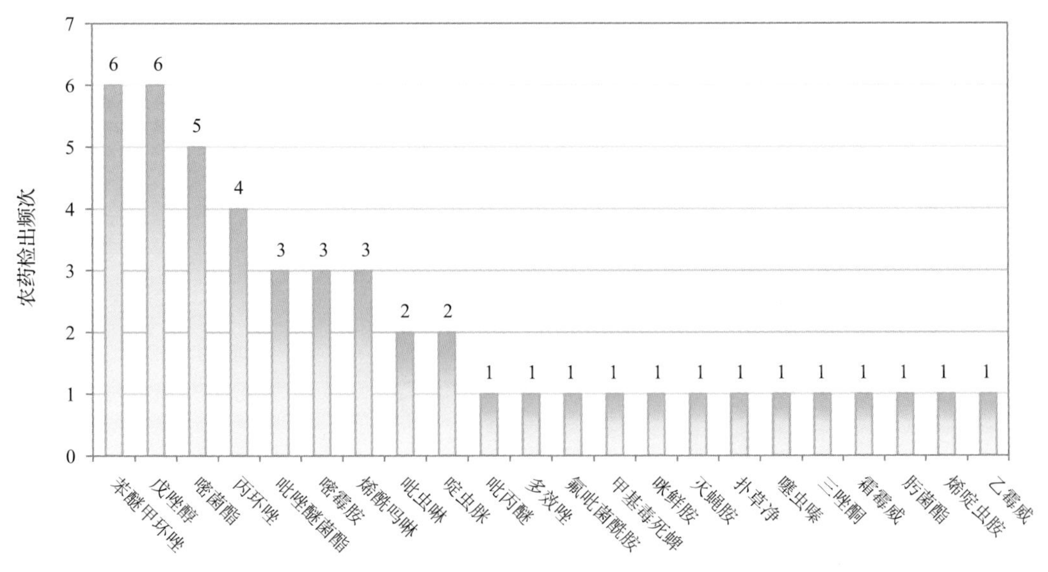

图 13-32　芹菜样品检出农药品种和频次分析

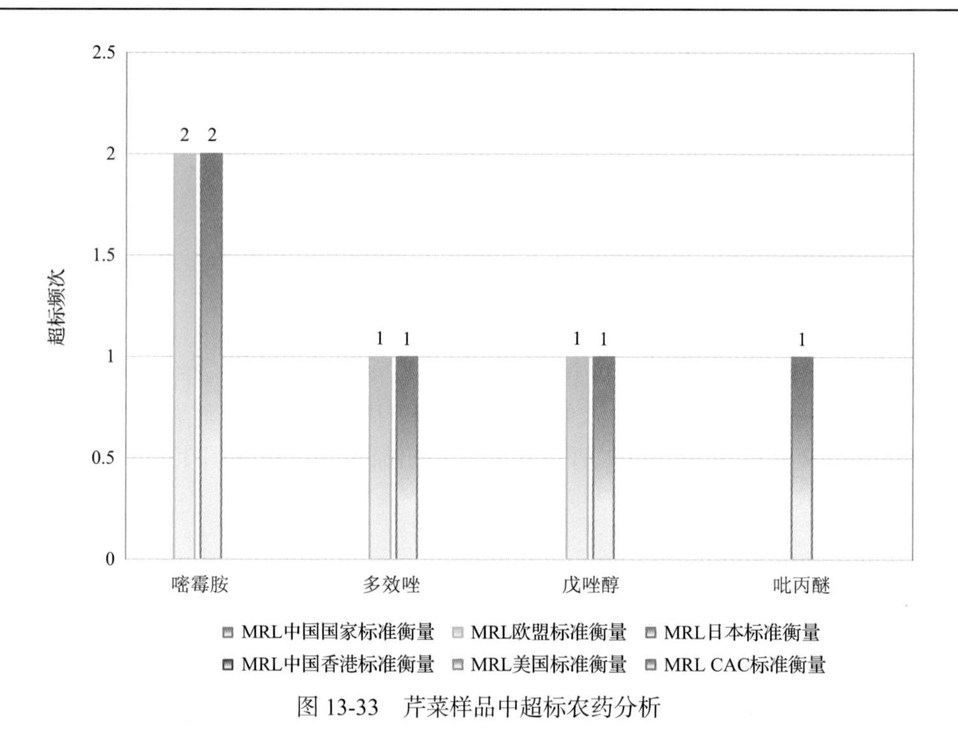

图 13-33　芹菜样品中超标农药分析

13.4.3.2　生菜

这次共检测 12 例生菜样品，10 例样品中检出了农药残留，检出率为 83.3%，检出农药共计 18 种。其中氟硅唑、烯酰吗啉、丙环唑、唑虫酰胺和嘧霉胺检出频次较高，分别检出了 10、9、8、5 和 4 次。生菜中农药检出品种和频次见图 13-34，超标农药见图 13-35 和表 13-27。

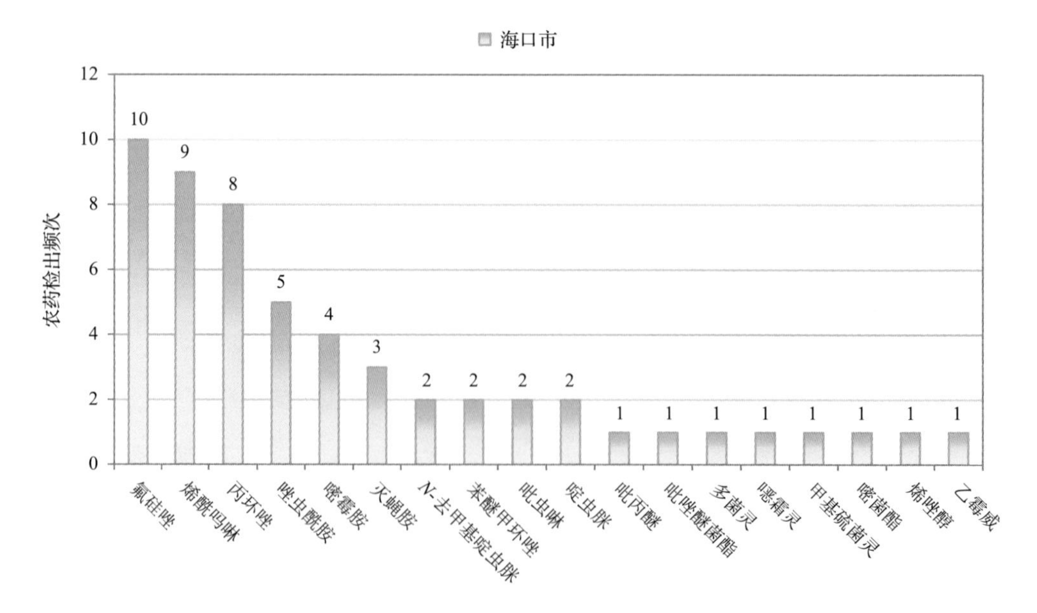

图 13-34　生菜样品检出农药品种和频次分析

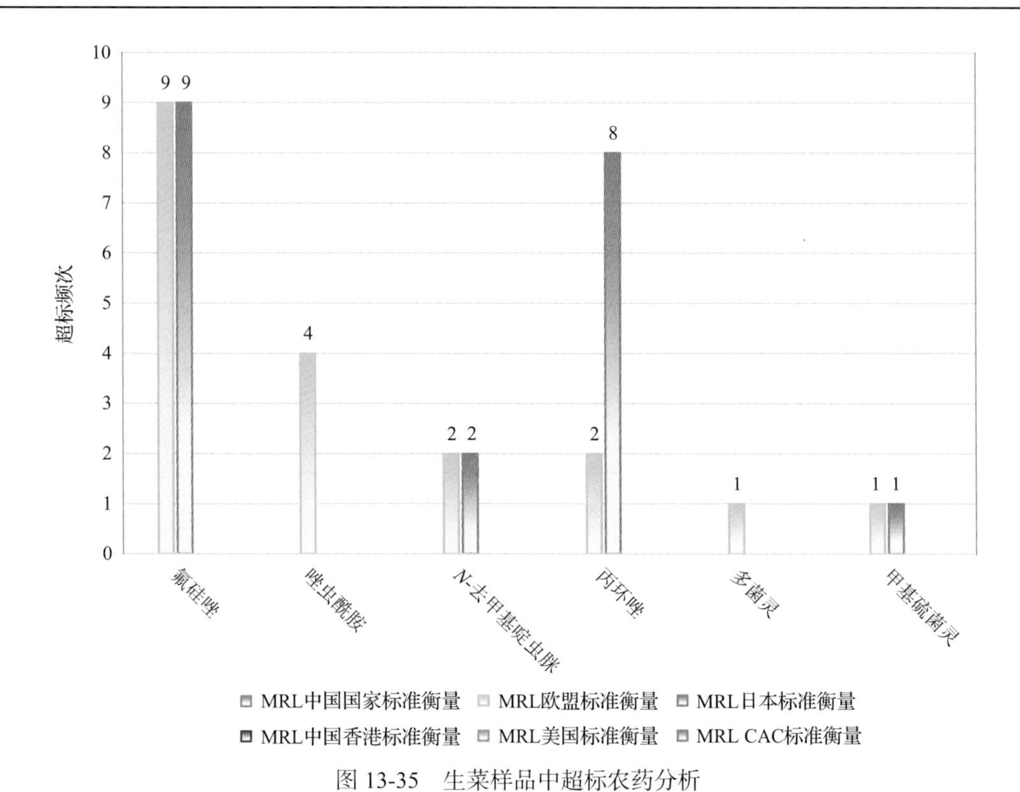

图 13-35　生菜样品中超标农药分析

表 13-27　生菜中农药残留超标情况明细表

样品总数			检出农药样品数	样品检出率(%)	检出农药品种总数
12			10	83.3	18
	超标农药品种	超标农药频次	按照 MRL 中国国家标准、欧盟标准和日本标准衡量超标农药名称及频次		
中国国家标准	0	0			
欧盟标准	6	19	氟硅唑(9),唑虫酰胺(4),*N*-去甲基啶虫脒(2),丙环唑(2),多菌灵(1),甲基硫菌灵(1)		
日本标准	4	20	氟硅唑(9),丙环唑(8),*N*-去甲基啶虫脒(2),甲基硫菌灵(1)		

13.4.3.3　油麦菜

这次共检测 7 例油麦菜样品，全部检出了农药残留，检出率为 100.0%，检出农药共计 17 种。其中烯酰吗啉、丙环唑、戊唑醇、啶虫脒和氟硅唑检出频次较高，分别检出了 7、6、6、5 和 5 次。油麦菜中农药检出品种和频次见图 13-36，超标农药见图 13-37 和表 13-28。

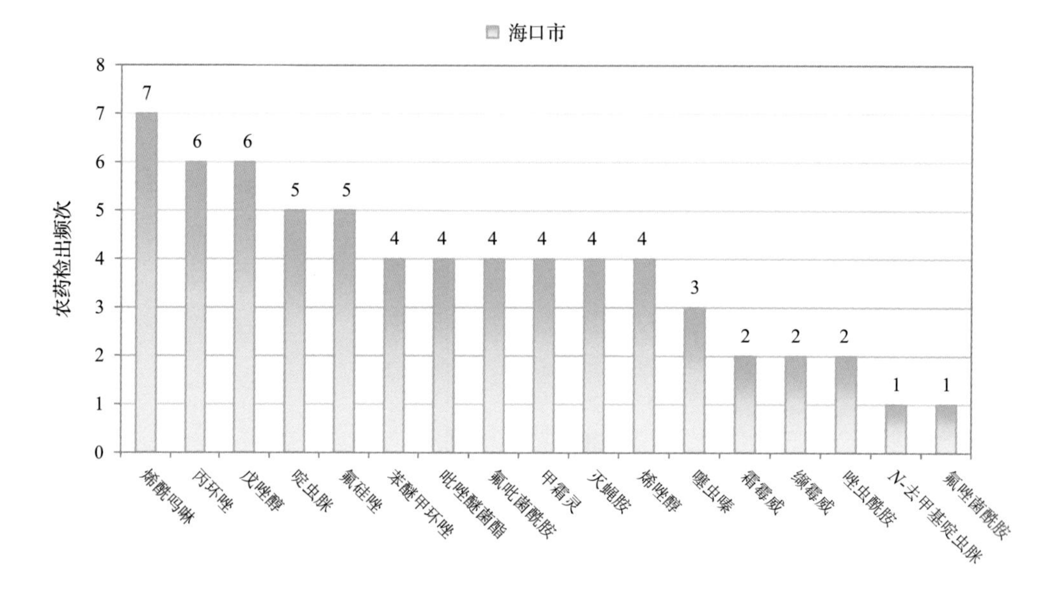

图 13-36　油麦菜样品检出农药品种和频次分析

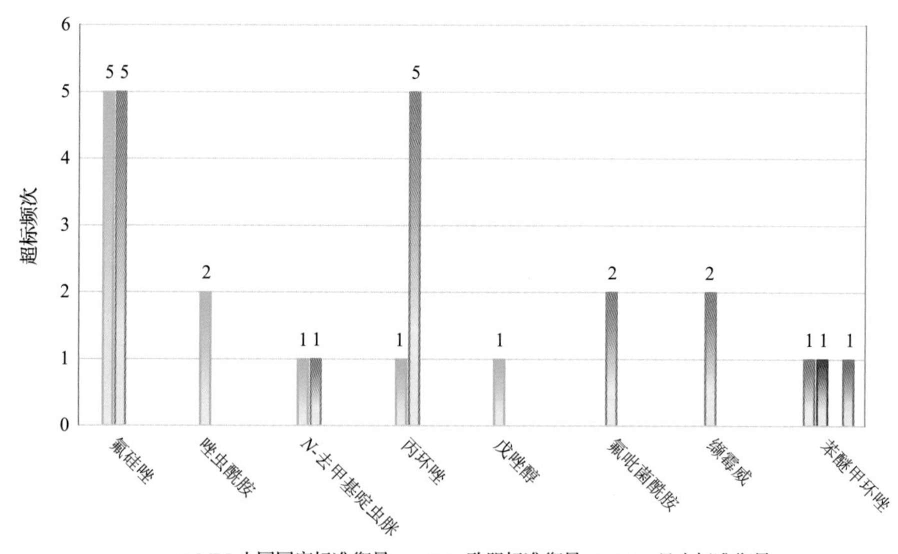

图 13-37　油麦菜样品中超标农药分析

表 13-28　油麦菜中农药残留超标情况明细表

样品总数			检出农药样品数	样品检出率(%)	检出农药品种总数
7			7	100	17
	超标农药品种	超标农药频次	按照 MRL 中国国家标准、欧盟标准和日本标准衡量超标农药名称及频次		
中国国家标准	0	0			
欧盟标准	5	10	氟硅唑(5),唑虫酰胺(2),N-去甲基啶虫脒(1),丙环唑(1),戊唑醇(1)		
日本标准	6	16	丙环唑(5),氟硅唑(5),氟吡菌酰胺(2),缬霉威(2),N-去甲基啶虫脒(1),苯醚甲环唑(1)		

13.5　初步结论

13.5.1　海口市市售水果蔬菜按 MRL 中国国家标准和国际主要 MRL 标准衡量的合格率

本次侦测的 411 例样品中，157 例样品未检出任何残留农药，占样品总量的 38.2%，254 例样品检出不同水平、不同种类的残留农药，占样品总量的 61.8%。在这 254 例检出农药残留的样品中：

按 MRL 中国国家标准衡量，有 246 例样品检出残留农药但含量没有超标，占样品总数的 59.9%，有 8 例样品检出了超标农药，占样品总数的 1.9%。

按 MRL 欧盟标准衡量，有 177 例样品检出残留农药但含量没有超标，占样品总数的 43.1%，有 77 例样品检出了超标农药，占样品总数的 18.7%。

按 MRL 日本标准衡量，有 178 例样品检出残留农药但含量没有超标，占样品总数的 43.3%，有 76 例样品检出了超标农药，占样品总数的 18.5%。

按 MRL 中国香港标准衡量，有 249 例样品检出残留农药但含量没有超标，占样品总数的 60.6%，有 5 例样品检出了超标农药，占样品总数的 1.2%。

按 MRL 美国标准衡量，有 250 例样品检出残留农药但含量没有超标，占样品总数的 60.8%，有 4 例样品检出了超标农药，占样品总数的 1.0%。

按 MRL CAC 标准衡量，有 251 例样品检出残留农药但含量没有超标，占样品总数的 61.1%，有 3 例样品检出了超标农药，占样品总数的 0.7%。

13.5.2　海口市市售水果蔬菜中检出农药以中低微毒农药为主，占市场主体的 93.1%

这次侦测的 411 例样品包括调味料 1 种 2 例，谷物 1 种 1 例，食用菌 5 种 145 例，水果 29 种 26 例，蔬菜 52 种 237 例，共检出了 72 种农药，检出农药的毒性以中低微毒为主，详见表 13-29。

表 13-29　市场主体农药毒性分布

毒性	检出品种	占比(%)	检出频次	占比(%)
剧毒农药	1	1.4	1	0.1
高毒农药	4	5.6	10	1.4
中毒农药	30	41.7	325	46.2
低毒农药	23	31.9	181	25.7
微毒农药	14	19.4	187	26.6
中低微毒农药，品种占比 93.1%，频次占比 98.4%				

13.5.3 检出剧毒、高毒和禁用农药现象应该警醒

在此次侦测的 411 例样品中有 4 种蔬菜和 5 种水果的 10 例样品检出了 5 种 11 频次的剧毒和高毒或禁用农药，占样品总量的 2.4%。其中剧毒农药灭线磷以及高毒农药克百威、三唑磷和氧乐果检出频次较高。

按 MRL 中国国家标准衡量，高毒农药克百威，检出 5 次，超标 4 次；氧乐果，检出 2 次，超标 2 次；按超标程度比较，草莓中克百威超标 10.2 倍，橘中克百威超标 5.8 倍，豇豆中克百威超标 1.9 倍，橘中氧乐果超标 0.2 倍，芥蓝中克百威超标 0.1 倍。

剧毒、高毒或禁用农药的检出情况及按照 MRL 中国国家标准衡量的超标情况见表 13-30。

表 13-30　剧毒、高毒或禁用农药的检出及超标明细

序号	农药名称	样品名称	检出频次	超标频次	最大超标倍数	超标率
1.1	灭线磷*▲	火龙果	1	0	0	0.0%
2.1	三唑磷◊	枇杷	1	0	0	0.0%
2.2	三唑磷◊	莴笋	1	0	0	0.0%
3.1	克百威◊▲	草莓	1	1	10.195	100.0%
3.2	克百威◊▲	橘	1	1	5.76	100.0%
3.3	克百威◊▲	豇豆	1	1	1.93	100.0%
3.4	克百威◊▲	芥蓝	1	1	0.115	100.0%
3.5	克百威◊▲	火龙果	1	0	0	0.0%
4.1	巴毒磷◊	韭菜	1	0	0	0.0%
5.1	氧乐果◊▲	橘	1	1	0.205	100.0%
5.2	氧乐果◊▲	枣	1	1	0.015	100.0%
合计			11	6		54.5%

注：超标倍数参照 MRL 中国国家标准衡量

这些超标的剧毒和高毒农药都是中国政府早有规定禁止在水果蔬菜中使用的，为什么还屡次被检出，应该引起警惕。

13.5.4 残留限量标准与先进国家或地区标准差距较大

704 频次的检出结果与我国公布的《食品中农药最大残留限量》（GB 2763—2014）对比，有 234 频次能找到对应的 MRL 中国国家标准，占 33.2%；还有 470 频次的侦测数据无相关 MRL 标准供参考，占 66.8%。

与国际上现行 MRL 标准对比发现：

有 704 频次能找到对应的 MRL 欧盟标准，占 100.0%；

有 704 频次能找到对应的 MRL 日本标准，占 100.0%；

有 407 频次能找到对应的 MRL 中国香港标准，占 57.8%；

有 416 频次能找到对应的 MRL 美国标准，占 59.1%；

有 322 频次能找到对应的 MRL CAC 标准，占 45.7%；

由上可见，MRL 中国国家标准与先进国家或地区标准还有很大差距，我们无标准，境外有标准，这就会导致我们在国际贸易中，处于受制于人的被动地位。

13.5.5　水果蔬菜单种样品检出 11~22 种农药残留，拷问农药使用的科学性

通过此次监测发现，火龙果、葡萄和芒果是检出农药品种最多的 3 种水果，芹菜、生菜和番茄是检出农药品种最多的 3 种蔬菜，从中检出农药品种及频次详见表 13-31。

表 13-31　单种样品检出农药品种及频次

样品名称	样品总数	检出农药样品数	检出率	检出农药品种数	检出农药(频次)
芹菜	10	9	90.0%	22	苯醚甲环唑(6),戊唑醇(6),嘧菌酯(5),丙环唑(4),吡唑醚菌酯(3),嘧霉胺(3),烯酰吗啉(3),吡虫啉(2),啶虫脒(2),吡丙醚(1),多效唑(1),氟吡菌酰胺(1),甲基毒死蜱(1),咪鲜胺(1),灭蝇胺(1),扑草净(1),噻虫嗪(1),三唑酮(1),霜霉威(1),肟菌酯(1),烯啶虫胺(1),乙霉威(1)
生菜	12	10	83.3%	18	氟硅唑(10),烯酰吗啉(9),丙环唑(8),唑虫酰胺(5),嘧霉胺(4),灭蝇胺(3),*N*-去甲基啶虫脒(2),苯醚甲环唑(2),吡虫啉(2),啶虫脒(2),吡丙醚(1),吡唑醚菌酯(1),多菌灵(1),噁霜灵(1),甲基硫菌灵(1),嘧菌酯(1),烯唑醇(1),乙霉威(1)
番茄	12	9	75.0%	17	烯酰吗啉(5),氟吡菌酰胺(4),苯醚甲环唑(3),吡丙醚(3),啶虫脒(3),嘧菌酯(3),吡虫啉(2),多菌灵(2),噁霜灵(2),肟菌酯(2),苯噻菌胺(1),吡唑醚菌酯(1),丙环唑(1),氟硅唑(1),噻虫嗪(1),噻唑磷(1),戊唑醇(1)
火龙果	12	8	66.7%	14	苯醚甲环唑(5),甲霜灵(4),嘧菌酯(4),多菌灵(3),吡唑醚菌酯(2),烯酰吗啉(2),6-苄氨基嘌呤(1),丙环唑(1),氟唑菌酰胺(1),己唑醇(1),克百威(1),灭线磷(1),噻唑磷(1),三环唑(1)
葡萄	11	10	90.9%	14	吡唑醚菌酯(7),烯酰吗啉(6),嘧菌酯(5),戊唑醇(5),苯醚甲环唑(4),嘧霉胺(4),吡虫啉(2),氟硅唑(2),肟菌酯(2),烯唑醇(2),啶虫脒(1),多菌灵(1),环酰菌胺(1),醚菌酯(1)
芒果	11	10	90.9%	11	嘧菌酯(5),吡虫啉(3),吡唑醚菌酯(3),多菌灵(3),苯醚甲环唑(2),丙环唑(1),啶虫脒(1),氟硅唑(1),氟唑菌酰胺(1),己唑醇(1),噻虫嗪(1)

上述 6 种水果蔬菜，检出农药 11~22 种，是多种农药综合防治，还是未严格实施农业良好管理规范(GAP)，抑或根本就是乱施药，值得我们思考。

第14章 LC-Q-TOF/MS侦测海口市市售水果蔬菜农药残留膳食暴露风险与预警风险评估

14.1 农药残留风险评估方法

14.1.1 海口市农药残留侦测数据分析与统计

庞国芳院士科研团队建立的农药残留高通量侦测技术以高分辨精确质量数(0.0001 *m/z* 为基准)为识别标准，采用 LC-Q-TOF/MS 技术对 565 种农药化学污染物进行侦测。

科研团队于 2016 年 11 月~2017 年 9 月在海口市所属 4 个区的 13 个采样点，随机采集了 411 例水果蔬菜样品，采样点分布在超市和市场，具体位置如图 14-1 所示，各月内水果蔬菜样品采集数量如表 14-1 所示。

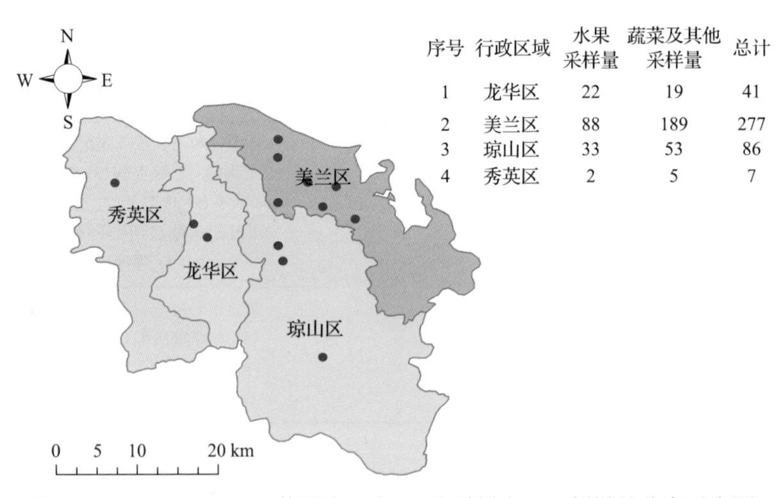

图 14-1 LC-Q-TOF/MS 侦测海口市 13 个采样点 411 例样品分布示意图

表 14-1 海口市各月内采集水果蔬菜样品数列表

时间	样品数(例)
2016 年 11 月	43
2017 年 4 月	75
2017 年 5 月	115
2017 年 9 月	178

利用 LC-Q-TOF/MS 技术对 411 例样品中的农药进行侦测，侦测出残留农药 72 种，

704 频次。侦测出农药残留水平如表 14-2 和图 14-2 所示。检出频次最高的前 10 种农药如表 14-3 所示。从检测结果中可以看出，在水果蔬菜中农药残留普遍存在，且有些水果蔬菜存在高浓度的农药残留，这些可能存在膳食暴露风险，对人体健康产生危害，因此，为了定量地评价水果蔬菜中农药残留的风险程度，有必要对其进行风险评价。

表 14-2　侦测出农药的不同残留水平及其所占比例列表

残留水平(μg/kg)	检出频次	占比(%)
1~5(含)	193	27.4
5~10(含)	100	14.2
10~100(含)	323	45.9
100~1000(含)	71	10.1
>1000	17	2.4
合计	704	100

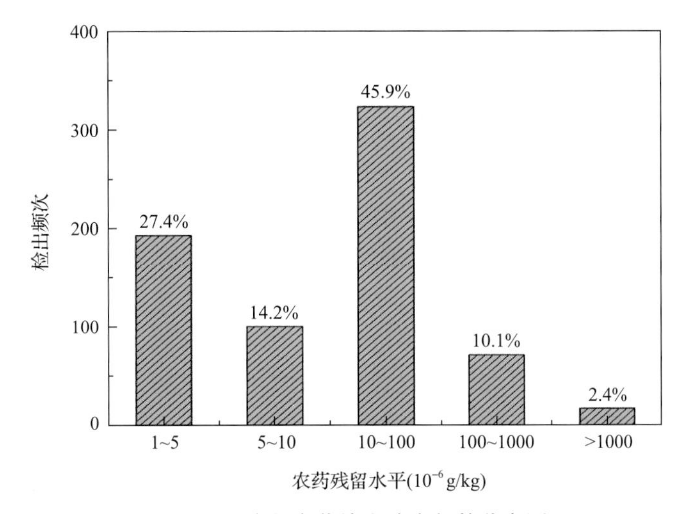

图 14-2　残留农药检出浓度频数分布图

表 14-3　检出频次最高的前 10 种农药列表

序号	农药	检出频次
1	烯酰吗啉	88
2	啶虫脒	50
3	苯醚甲环唑	47
4	吡唑醚菌酯	44
5	嘧菌酯	44
6	多菌灵	43
7	吡虫啉	31
8	丙环唑	25
9	甲霜灵	24
10	霜霉威	23

14.1.2 农药残留风险评价模型

对海口市水果蔬菜中农药残留分别开展暴露风险评估和预警风险评估。膳食暴露风险评估利用食品安全指数模型对水果蔬菜中的残留农药对人体可能产生的危害程度进行评价，该模型结合残留监测和膳食暴露评估评价化学污染物的危害；预警风险评价模型运用风险系数(risk index，*R*)，风险系数综合考虑了危害物的超标率、施检频率及其本身敏感性的影响，能直观而全面地反映出危害物在一段时间内的风险程度。

14.1.2.1 食品安全指数模型

为了加强食品安全管理，《中华人民共和国食品安全法》第二章第十七条规定“国家建立食品安全风险评估制度，运用科学方法，根据食品安全风险监测信息、科学数据以及有关信息，对食品、食品添加剂、食品相关产品中生物性、化学性和物理性危害因素进行风险评估”[1]，膳食暴露评估是食品危险度评估的重要组成部分，也是膳食安全性的衡量标准[2]。国际上最早研究膳食暴露风险评估的机构主要是 JMPR(FAO、WHO 农药残留联合会议)，该组织自 1995 年就已制定了急性毒性物质的风险评估急性毒性农药残留摄入量的预测。1960 年美国规定食品中不得加入致癌物质进而提出零阈值理论，渐渐零阈值理论发展成在一定概率条件下可接受风险的概念[3]，后衍变为食品中每日允许最大摄入量(ADI)，而国际食品农药残留法典委员会(CCPR)认为 ADI 不是独立风险评估的唯一标准[4]，1995 年 JMPR 开始研究农药急性膳食暴露风险评估，并对食品国际短期摄入量的计算方法进行了修正，亦对膳食暴露评估准则及评估方法进行了修正[5]，2002 年，在对世界上现行的食品安全评价方法，尤其是国际公认的 CAC 评价方法、全球环境监测系统/食品污染监测和评估规划(WHO GEMS/Food)及 FAO、WHO 食品添加剂联合专家委员会(JECFA)和 JMPR 对食品安全风险评估工作研究的基础之上，检验检疫食品安全管理的研究人员提出了结合残留监控和膳食暴露评估，以食品安全指数 IFS 计算食品中各种化学污染物对消费者的健康危害程度[6]。IFS 是表示食品安全状态的新方法，可有效地评价某种农药的安全性，进而评价食品中各种农药化学污染物对消费者健康的整体危害程度[7, 8]。从理论上分析，IFS_c 可指出食品中的污染物 c 对消费者健康是否存在危害及危害的程度[9]。其优点在于操作简单且结果容易被接受和理解，不需要大量的数据来对结果进行验证，使用默认的标准假设或者模型即可[10, 11]。

1) IFS_c 的计算

IFS_c 计算公式如下：

$$IFS_c = \frac{EDI_c \times f}{SI_c \times bw} \tag{14-1}$$

式中，c 为所研究的农药；EDI_c 为农药 c 的实际日摄入量估算值，等于 $\sum(R_i \times F_i \times E_i \times P_i)$ (i 为食品种类；R_i 为食品 i 中农药 c 的残留水平，mg/kg；F_i 为食品 i 的估计日消费量，g/(人·天)；E_i 为食品 i 的可食用部分因子；P_i 为食品 i 的加工处理因子)；SI_c 为安全摄入量，可采用每日允许最大摄入量 ADI；bw 为人平均体重，kg；f 为校正因子，如果安全摄入量采用 ADI，则 f 取 1。

$IFS_c \ll 1$，农药 c 对食品安全没有影响；$IFS_c \leqslant 1$，农药 c 对食品安全的影响可以接受；$IFS_c > 1$，农药 c 对食品安全的影响不可接受。

本次评价中：

$IFS_c \leqslant 0.1$，农药 c 对水果蔬菜安全没有影响；

$0.1 < IFS_c \leqslant 1$，农药 c 对水果蔬菜安全的影响可以接受；

$IFS_c > 1$，农药 c 对水果蔬菜安全的影响不可接受。

本次评价中残留水平 R_i 取值为中国检验检疫科学研究院庞国芳院士课题组利用以高分辨精确质量数(0.0001 *m/z*)为基准的 LC-Q-TOF/MS 侦测技术于 2016 年 11 月~2017 年 9 月对海口市水果蔬菜农药残留的侦测结果，估计日消费量 F_i 取值 0.38 kg/(人·天)，E_i=1，P_i=1，f=1，SI_c 采用《食品安全国家标准　食品中农药最大残留限量》(GB 2763—2016)中 ADI 值(具体数值见表 14-4)，人平均体重(bw)取值 60 kg。

表 14-4　海口市水果蔬菜中侦测出农药的 ADI 值

序号	农药	ADI	序号	农药	ADI	序号	农药	ADI
1	烯啶虫胺	0.53	25	肟菌酯	0.04	49	唑虫酰胺	0.006
2	霜霉威	0.4	26	扑草净	0.04	50	烯唑醇	0.005
3	醚菌酯	0.4	27	三环唑	0.04	51	己唑醇	0.005
4	马拉硫磷	0.3	28	异稻瘟净	0.035	52	噻唑磷	0.004
5	烯酰吗啉	0.2	29	吡唑醚菌酯	0.03	53	乙霉威	0.004
6	嘧菌酯	0.2	30	多菌灵	0.03	54	异丙威	0.002
7	嘧霉胺	0.2	31	戊唑醇	0.03	55	乐果	0.002
8	环酰菌胺	0.2	32	嘧菌环胺	0.03	56	乙硫磷	0.002
9	双炔酰菌胺	0.2	33	三唑酮	0.03	57	克百威	0.001
10	吡丙醚	0.1	34	抑霉唑	0.03	58	三唑磷	0.001
11	多效唑	0.1	35	氟环唑	0.02	59	甲氨基阿维菌素	0.0005
12	噻菌灵	0.1	36	苯醚甲环唑	0.01	60	灭线磷	0.0004
13	甲氧虫酰肼	0.1	37	氟吡菌酰胺	0.01	61	氧乐果	0.0003
14	甲霜灵	0.08	38	噁霜灵	0.01	62	*N*-去甲基啶虫脒	—
15	噻虫嗪	0.08	39	咪鲜胺	0.01	63	苯噻菌胺	—
16	甲基硫菌灵	0.08	40	哒螨灵	0.01	64	氟唑菌酰胺	—
17	啶虫脒	0.07	41	噻虫啉	0.01	65	缬霉威	—
18	丙环唑	0.07	42	毒死蜱	0.01	66	3,4,5-混杀威	—
19	氯吡脲	0.07	43	甲基毒死蜱	0.01	67	苄呋菊酯	—
20	噻吩磺隆	0.07	44	炔螨特	0.01	68	6-苄氨基嘌呤	—
21	吡虫啉	0.06	45	茚虫威	0.01	69	巴毒磷	—
22	灭蝇胺	0.06	46	噻嗪酮	0.009	70	二甲嘧酚	—
23	螺虫乙酯	0.05	47	氟硅唑	0.007	71	环庚草醚	—
24	乙螨唑	0.05	48	倍硫磷	0.007	72	十三吗啉	—

注："—"表示为国家标准中无 ADI 值规定；ADI 值单位为 mg/kg bw

2) 计算 IFS_c 的平均值 $\overline{IFS}$，评价农药对食品安全的影响程度

以 $\overline{IFS}$ 评价各种农药对人体健康危害的总程度，评价模型见公式(14-2)。

$$\overline{IFS}=\frac{\sum_{i=1}^{n}IFS_c}{n} \tag{14-2}$$

$\overline{IFS}\ll 1$，所研究消费者人群的食品安全状态很好；$\overline{IFS}\leqslant 1$，所研究消费者人群的食品安全状态可以接受；$\overline{IFS}>1$，所研究消费者人群的食品安全状态不可接受。

本次评价中：

$\overline{IFS}\leqslant 0.1$，所研究消费者人群的水果蔬菜安全状态很好；

$0.1<\overline{IFS}\leqslant 1$，所研究消费者人群的水果蔬菜安全状态可以接受；

$\overline{IFS}>1$，所研究消费者人群的水果蔬菜安全状态不可接受。

14.1.2.2 预警风险评估模型

2003 年，我国检验检疫食品安全管理的研究人员根据 WTO 的有关原则和我国的具体规定，结合危害物本身的敏感性、风险程度及其相应的施检频率，首次提出了食品中危害物风险系数 R 的概念[12]。R 是衡量一种危害物的风险程度大小最直观的参数，即在一定时期内其超标率或阳性检出率的高低，但受其施检测率的高低及其本身的敏感性(受关注程度)影响。该模型综合考察了农药在蔬菜中的超标率、施检频率及其本身敏感性，能直观而全面地反映出农药在一段时间内的风险程度[13]。

1) R 计算方法

危害物的风险系数综合考虑了危害物的超标率或阳性检出率、施检频率和其本身的敏感性影响，并能直观而全面地反映出危害物在一段时间内的风险程度。风险系数 R 的计算公式如式(14-3)：

$$R=aP+\frac{b}{F}+S \tag{14-3}$$

式中，P 为该种危害物的超标率；F 为危害物的施检频率；S 为危害物的敏感因子；a, b 分别为相应的权重系数。

本次评价中 F=1；S=1；a =100；b =0.1，对参数 P 进行计算，计算时首先判断是否为禁用农药，如果为非禁用农药，P=超标的样品数(侦测出的含量高于食品最大残留限量标准值，即 MRL)除以总样品数(包括超标、不超标、未检出)；如果为禁用农药，则检出即为超标，P=能检出的样品数除以总样品数。判断海口市水果蔬菜农药残留是否超标的标准限值 MRL 分别以 MRL 中国国家标准[14]和 MRL 欧盟标准作为对照，具体值列于本报告附表一中。

2) 评价风险程度

$R\leqslant 1.5$，受检农药处于低度风险；

$1.5<R\leqslant 2.5$，受检农药处于中度风险；

$R>2.5$，受检农药处于高度风险。

14.1.2.3　食品膳食暴露风险和预警风险评估应用程序的开发

1) 应用程序开发的步骤

为成功开发膳食暴露风险和预警风险评估应用程序，与软件工程师多次沟通讨论，逐步提出并描述清楚计算需求，开发了初步应用程序。为明确出不同水果蔬菜、不同农药、不同地域和不同季节的风险水平，向软件工程师提出不同的计算需求，软件工程师对计算需求进行逐一地分析，经过反复的细节沟通，需求分析得到明确后，开始进行解决方案的设计，在保证需求的完整性、一致性的前提下，编写出程序代码，最后设计出满足需求的风险评估专用计算软件，并通过一系列的软件测试和改进，完成专用程序的开发。软件开发基本步骤见图 14-3。

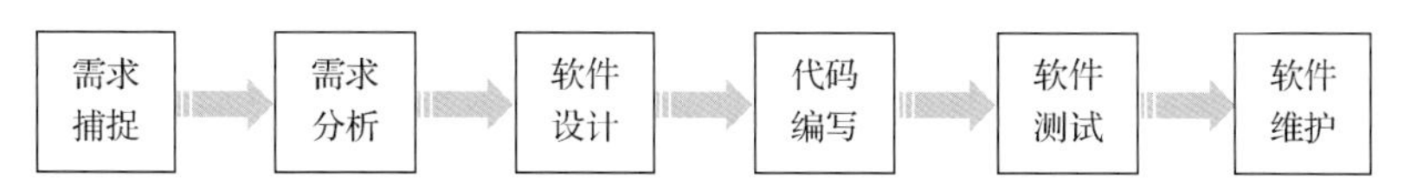

图 14-3　专用程序开发总体步骤

2) 膳食暴露风险评估专业程序开发的基本要求

首先直接利用公式(14-1)，分别计算 LC-Q-TOF/MS 和 GC-Q-TOF/MS 仪器侦测出的各水果蔬菜样品中每种农药 IFS_c，将结果列出。为考察超标农药和禁用农药的使用安全性，分别以我国《食品安全国家标准　食品中农药最大残留限量》(GB 2763—2016) 和欧盟食品中农药最大残留限量(以下简称 MRL 中国国家标准和 MRL 欧盟标准) 为标准，对侦测出的禁用农药和超标的非禁用农药 IFS_c 单独进行评价；按 IFS_c 大小列表，并找出 IFS_c 值排名前 20 的样本重点关注。

对不同水果蔬菜 i 中每一种侦测出的农药 c 的安全指数进行计算，多个样品时求平均值。若监测数据为该市多个月的数据，则逐月、逐季度分别列出每个月、每个季度内每一种水果蔬菜 i 对应的每一种农药 c 的 IFS_c。

按农药种类，计算整个监测时间段内每种农药的 IFS_c，不区分水果蔬菜。若检测数据为该市多个月的数据，则需分别计算每个月、每个季度内每种农药的 IFS_c。

3) 预警风险评估专业程序开发的基本要求

分别以 MRL 中国国家标准和 MRL 欧盟标准，按公式(14-3) 逐个计算不同水果蔬菜、不同农药的风险系数，禁用农药和非禁用农药分别列表。

为清楚了解各种农药的预警风险，不分时间，不分水果蔬菜，按禁用农药和非禁用农药分类，分别计算各种侦测出农药全部检测时段内风险系数。由于有 MRL 中国国家标准的农药种类太少，无法计算超标数，非禁用农药的风险系数只以 MRL 欧盟标准为标准进行计算。若检测数据为多个月的，则按月计算每个月、每个季度内每种禁用农药残留的风险系数和以 MRL 欧盟标准为标准的非禁用农药残留的风险系数。

4) 风险程度评价专业应用程序的开发方法

采用 Python 计算机程序设计语言，Python 是一个高层次地结合了解释性、编译性、互动性和面向对象的脚本语言。风险评价专用程序主要功能包括：分别读入每例样品 LC-Q-TOF/MS 和 GC-Q-TOF/MS 农药残留检测数据，根据风险评价工作要求，依次对不同农药、不同食品、不同时间、不同采样点的 IFS_c 值和 R 值分别进行数据计算，筛选出禁用农药、超标农药(分别与 MRL 中国国家标准、MRL 欧盟标准限值进行对比)单独重点分析，再分别对各农药、各水果蔬菜种类分类处理，设计出计算和排序程序，编写计算机代码，最后将生成的膳食暴露风险评估和超标风险评估定量计算结果列入设计好的各个表格中，并定性判断风险对目标的影响程度，直接用文字描述风险发生的高低，如“不可接受”、“可以接受”、“没有影响”、“高度风险”、“中度风险”、“低度风险”。

14.2 LC-Q-TOF/MS 侦测海口市市售水果蔬菜农药残留膳食暴露风险评估

14.2.1 每例水果蔬菜样品中农药残留安全指数分析

基于农药残留侦测数据，发现在 411 例样品中侦测出农药 704 频次，计算样品中每种残留农药的安全指数 IFS_c，并分析农药对样品安全的影响程度，结果详见附表二，农药残留对水果蔬菜样品安全的影响程度频次分布情况如图 14-4 所示。

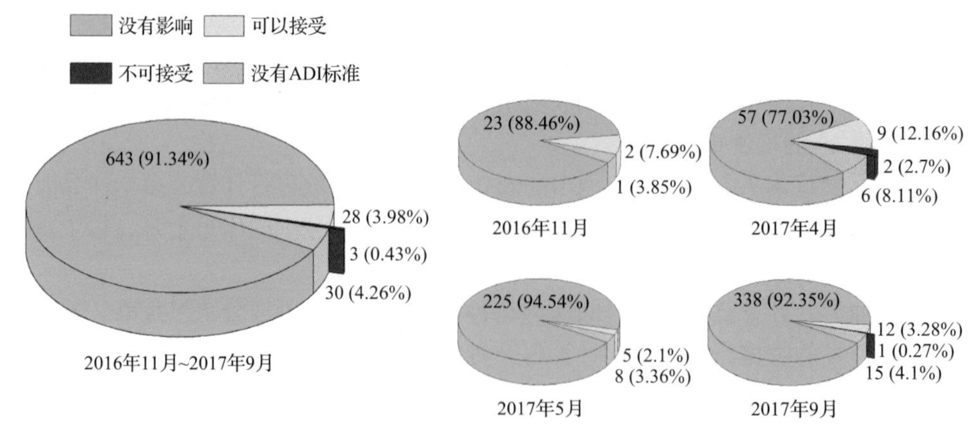

图 14-4 农药残留对水果蔬菜样品安全的影响程度频次分布图

由图 14-4 可以看出，农药残留对样品安全的影响不可接受的频次为 3，占 0.43%；农药残留对样品安全的影响可以接受的频次为 28，占 3.98%；农药残留对样品安全的没有影响的频次为 643，占 91.34%。分析发现，在 4 个月份内有 2 个月份出现不可接受频次，排序为：2017 年 4 月(2)＞2017 年 9 月(1)，其他 2 个月份内，农药对样品安全的影响均在可以接受和没有影响的范围内。表 14-5 为对水果蔬菜样品中安全指数不可接受的农药残留列表。

表 14-5　水果蔬菜样品中安全影响不可接受的农药残留列表

序号	样品编号	采样点	基质	农药	含量(mg/kg)	IFS_c
1	20170425-460100-SZCIQ-ST-02A	***超市(国兴店)	草莓	克百威	0.2239	1.4180
2	20170425-460100-SZCIQ-YM-02A	***超市(国兴店)	油麦菜	苯醚甲环唑	2.1430	1.3572
3	20170920-460100-CAIQ-YM-22A	***市场	油麦菜	氟硅唑	1.3728	1.2421

部分样品侦测出禁用农药 3 种 8 频次，为了明确残留的禁用农药对样品安全的影响，分析侦测出禁用农药残留的样品安全指数，禁用农药残留对水果蔬菜样品安全的影响程度频次分布情况如图 14-5 所示，农药残留对样品安全的影响不可接受的频次为 1，占 12.5%；农药残留对样品安全的影响可以接受的频次为 6，占 75%；农药残留对样品安全没有影响的频次为 1，占 12.5%。从图中可以看出，2017 年 9 月的水果蔬菜中未侦测出禁用农药残留，其余 3 个月份的水果蔬菜样品中均侦测出禁用农药残留，分析发现，在该 3 个月份内只有 2017 年 4 月内有 1 种禁用农药对样品安全影响不可接受，其他月份内，禁用农药对样品安全的影响均在可以接受和没有影响的范围内。表 14-6 列出了水果蔬菜样品中侦测出的禁用农药残留不可接受的安全指数表。

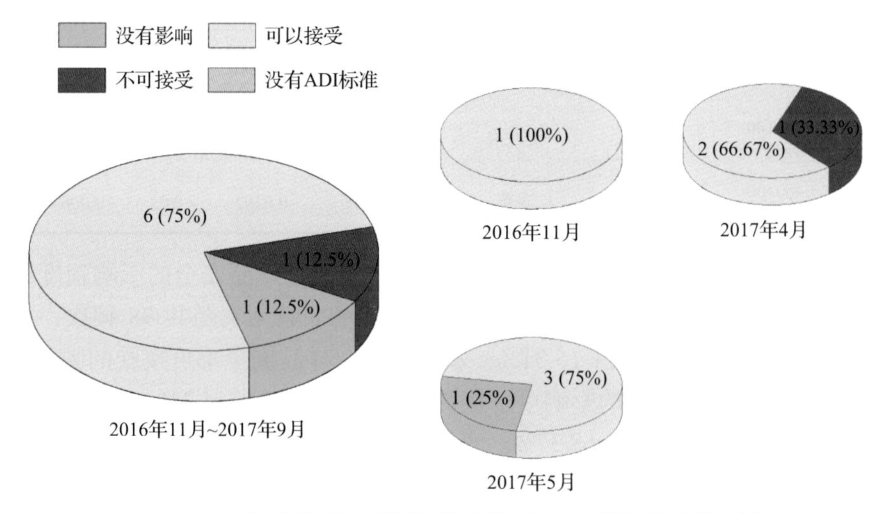

图 14-5　禁用农药对水果蔬菜样品安全影响程度的频次分布图

表 14-6　水果蔬菜样品中侦测出的禁用农药残留不可接受的安全指数表

序号	样品编号	采样点	基质	农药	含量(mg/kg)	IFS_c
1	20170425-460100-SZCIQ-ST-02A	***超市(国兴店)	草莓	克百威	0.2239	1.4180

此外，本次侦测发现部分样品中非禁用农药残留量超过了 MRL 中国国家标准和欧盟标准，为了明确超标的非禁用农药对样品安全的影响，分析了非禁用农药残留超标的样品安全指数。

水果蔬菜残留量超过 MRL 中国国家标准的非禁用农药对水果蔬菜样品安全的影响

程度频次分布情况如图 14-6 所示。可以看出侦测出超过 MRL 中国国家标准的非禁用农药共 3 频次，其中农药残留对样品安全的影响可以接受的频次为 1，占 33.3%；农药残留对样品安全没有影响的频次为 2，占 66.67%。表 14-7 为水果蔬菜样品中侦测出的非禁用农药残留安全指数表。

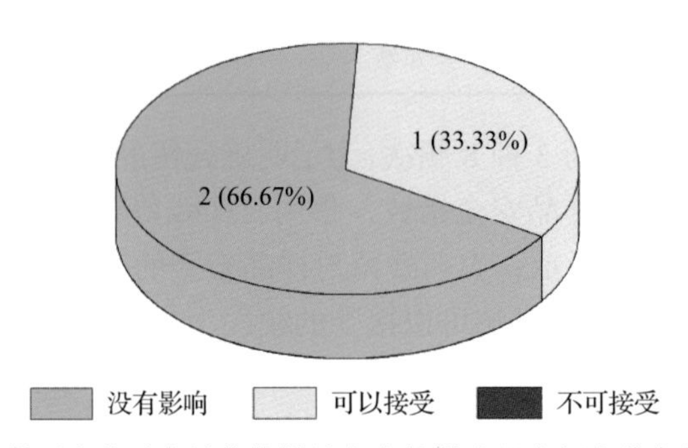

图 14-6　残留超标的非禁用农药对水果蔬菜样品安全的影响程度频次分布图(MRL 中国国家标准)

表 14-7　水果蔬菜样品中侦测出的非禁用农药残留安全指数表(MRL 中国国家标准)

序号	样品编号	采样点	基质	农药	含量(mg/kg)	中国国家标准	IFS_c	影响程度
1	20170918-460100-CAIQ-CU-17A	***超市(和平大道店)	黄瓜	甲氨基阿维菌素	0.0206	0.02	0.2609	可以接受
2	20170425-460100-SZCIQ-MH-02A	***超市(国兴店)	猕猴桃	氯吡脲	0.0711	0.05	0.0064	没有影响
3	20161109-460100-SZCIQ-XJ-01A	***菜市场	香蕉	吡唑醚菌酯	0.0302	0.02	0.0064	没有影响

残留量超过 MRL 欧盟标准的非禁用农药对水果蔬菜样品安全的影响程度频次分布情况如图 14-7 所示。可以看出超过 MRL 欧盟标准的非禁用农药共 98 频次，其中农药没有 ADI 标准的频次为 15，占 15.31%；农药残留对样品安全不可接受的频次为 1，占 1.02%；农药残留对样品安全的影响可以接受的频次为 15，占 15.31%；农药残留对样品安全没有影响的频次为 67，占 68.37%。表 14-8 为水果蔬菜样品中不可接受的残留超标非禁用农药安全指数列表。

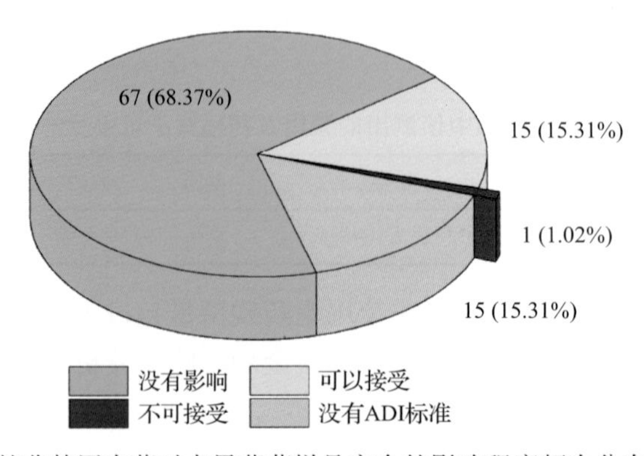

图 14-7　残留超标的非禁用农药对水果蔬菜样品安全的影响程度频次分布图(MRL 欧盟标准)

表 14-8 对水果蔬菜样品中不可接受的残留超标非禁用农药安全指数列表(MRL 欧盟标准)

序号	样品编号	采样点	基质	农药	含量(mg/kg)	欧盟标准	IFS_c
1	20170920-460100-CAIQ-YM-22A	***市场	油麦菜	氟硅唑	1.3728	0.01	1.2421

在 411 例样品中，157 例样品未侦测出农药残留，254 例样品中侦测出农药残留，计算每例有农药侦测出样品的 $\overline{IFS}$ 值，进而分析样品的安全状态，结果如图 14-8 所示(未侦测出农药的样品安全状态视为很好)。可以看出，2.43%的样品安全状态可以接受；96.84%的样品安全状态很好。此外，可以看出 4 个月份内的样品安全状态均在很好和可以接受的范围内。表 14-9 列出了水果蔬菜安全指数排名前 10 的样品列表。

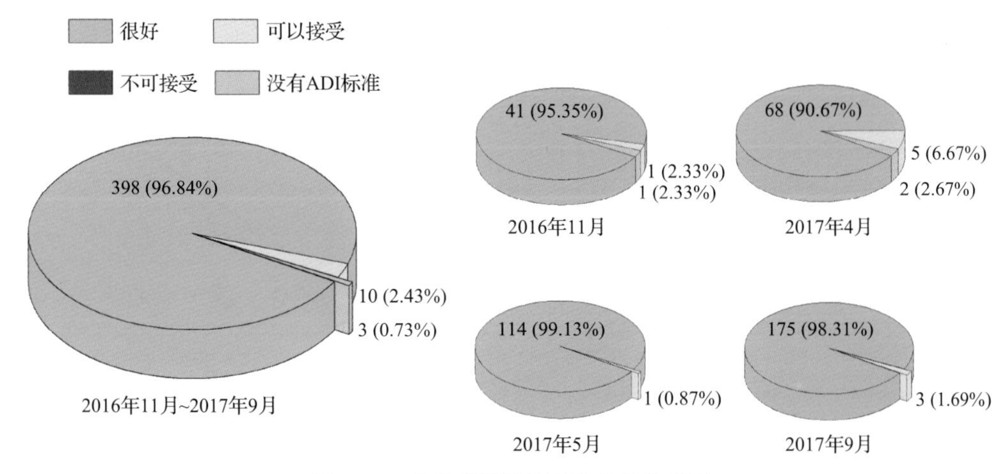

图 14-8 水果蔬菜样品安全状态分布图

表 14-9 水果蔬菜安全指数排名前 10 的样品列表

序号	样品编号	采样点	基质	$\overline{IFS}$	安全状态
1	20170425-460100-SZCIQ-ST-02A	***超市(国兴店)	草莓	0.4734	可以接受
2	20161109-460100-SZCIQ-JU-04A	***市场	枣	0.4286	可以接受
3	20170425-460100-SZCIQ-YM-02A	***超市(国兴店)	油麦菜	0.3685	可以接受
4	20170518-460100-USI-OR-20A	***超市(龙昆南店)	橘	0.2216	可以接受
5	20170920-460100-CAIQ-HL-22A	***市场	火龙果	0.2087	可以接受
6	20170920-460100-CAIQ-YM-22A	***市场	油麦菜	0.2015	可以接受
7	20170425-460100-SZCIQ-CL-03A	***超市(名门店)	小油菜	0.1689	可以接受
8	20170425-460100-SZCIQ-JD-03A	***超市(名门店)	豇豆	0.1240	可以接受
9	20170918-460100-CAIQ-GS-17A	***超市(和平大道店)	蒜薹	0.1154	可以接受
10	20170425-460100-SZCIQ-CC-03A	***超市(名门店)	春菜	0.1103	可以接受

14.2.2 单种水果蔬菜中农药残留安全指数分析

本次 88 种水果蔬菜共侦测出 72 种农药，检出频次为 704 次，其中 11 种农药残留没有 ADI 标准，61 种农药存在 ADI 标准。22 种水果蔬菜未侦测出任何农药，2 种水果蔬菜（姜和樱桃番茄）侦测出农药残留全部没有 ADI 标准，对其他的 64 种水果蔬菜按不同种类分别计算侦测出的具有 ADI 标准的各种农药的 IFS_c 值，农药残留对水果蔬菜的安全指数分布图如图 14-9 所示。

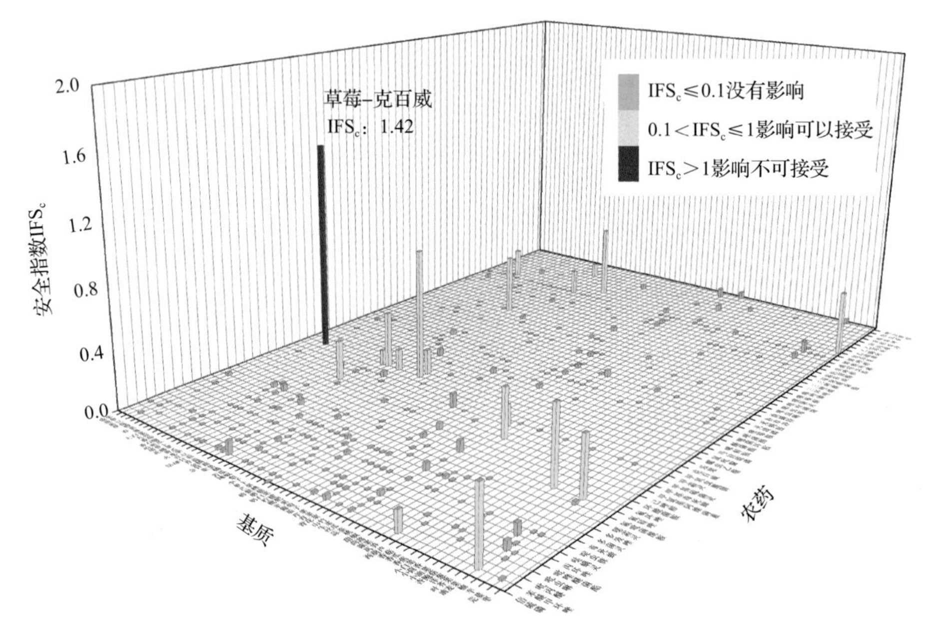

图 14-9　64 种水果蔬菜中 61 种残留农药的安全指数分布图

分析发现草莓中的克百威残留对食品安全影响不可接受，如表 14-10 所示。

表 14-10　单种水果蔬菜中安全影响不可接受的残留农药安全指数表

序号	基质	农药	检出频次	检出率(%)	IFS>1 的频次	IFS>1 的比例(%)	IFS_c
1	草莓	克百威	1	33.33%	1	33.33%	1.4180

本次侦测中，66 种水果蔬菜和 72 种残留农药（包括没有 ADI 标准）共涉及 385 个分析样本，农药对单种水果蔬菜安全的影响程度分布情况如图 14-10 所示。可以看出，

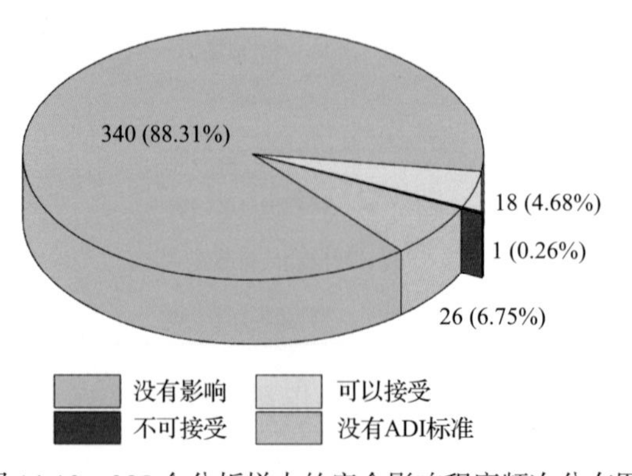

图 14-10　385 个分析样本的安全影响程度频次分布图

88.31%的样本中农药对水果蔬菜安全没有影响，4.68%的样本中农药对水果蔬菜安全的影响可以接受，0.26%的样本中农药对水果蔬菜安全的影响不可接受。

此外，分别计算 64 种水果蔬菜中所有侦测出农药 IFS_c 的平均值 $\overline{IFS}$，分析每种水果蔬菜的安全状态，结果如图 14-11 所示，分析发现 5 种水果蔬菜（7.81%）的安全状态可以接受，59 种（92.18%）水果蔬菜的安全状态很好。

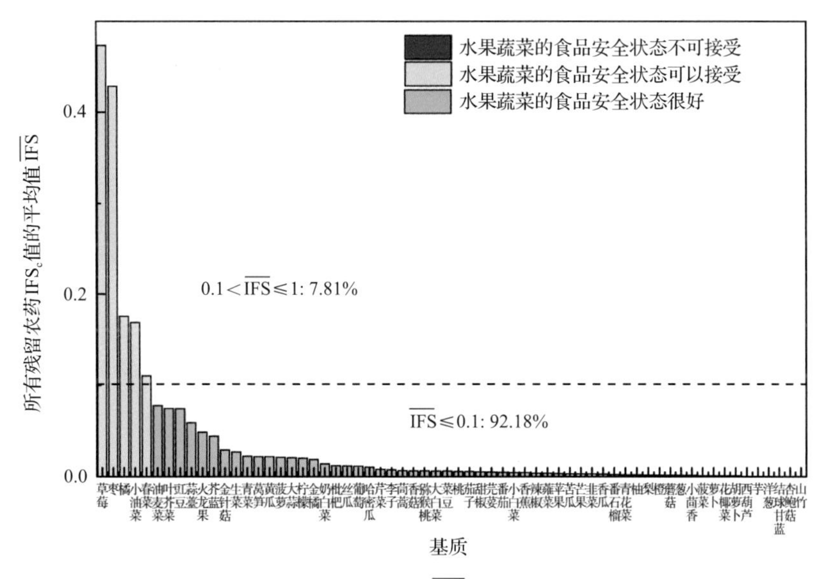

图 14-11　64 种水果蔬菜的 $\overline{IFS}$ 值和安全状态统计图

对每个月内每种水果蔬菜中农药的 IFS_c 进行分析，并计算每月内每种水果蔬菜的 $\overline{IFS}$ 值，以评价每种水果蔬菜的安全状态，结果如图 14-12 所示，可以看出，各月份的

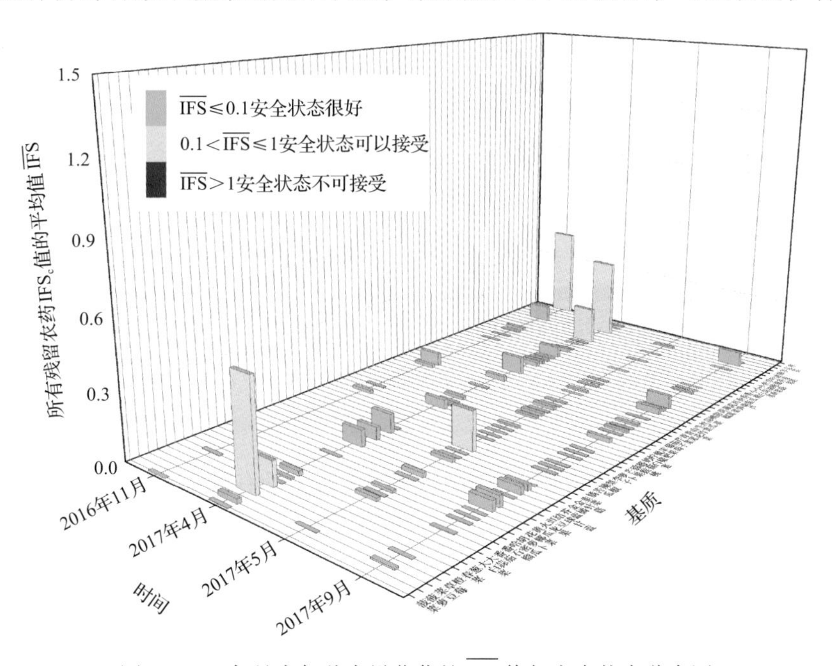

图 14-12　各月内每种水果蔬菜的 $\overline{IFS}$ 值与安全状态分布图

所有水果蔬菜的安全状态均处于很好和可以接受的范围内，各月份内单种水果蔬菜安全状态统计情况如图 14-13 所示。

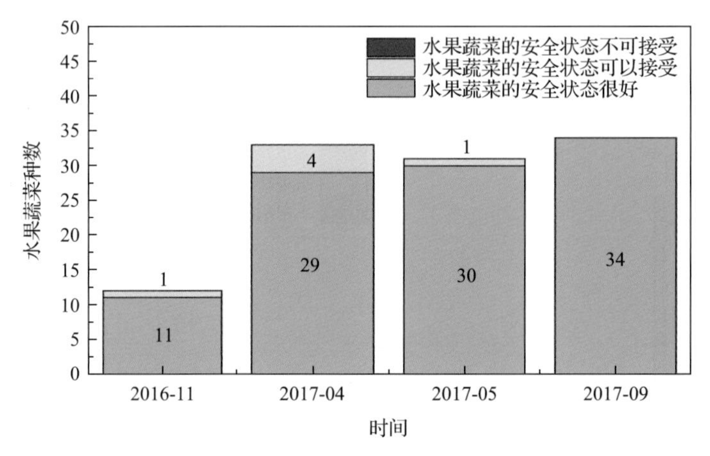

图 14-13　各月份内单种水果蔬菜安全状态统计图

14.2.3　所有水果蔬菜中农药残留安全指数分析

计算所有水果蔬菜中 61 种农药的 $\overline{IFS_c}$ 值，结果如图 14-14 及表 14-11 所示。

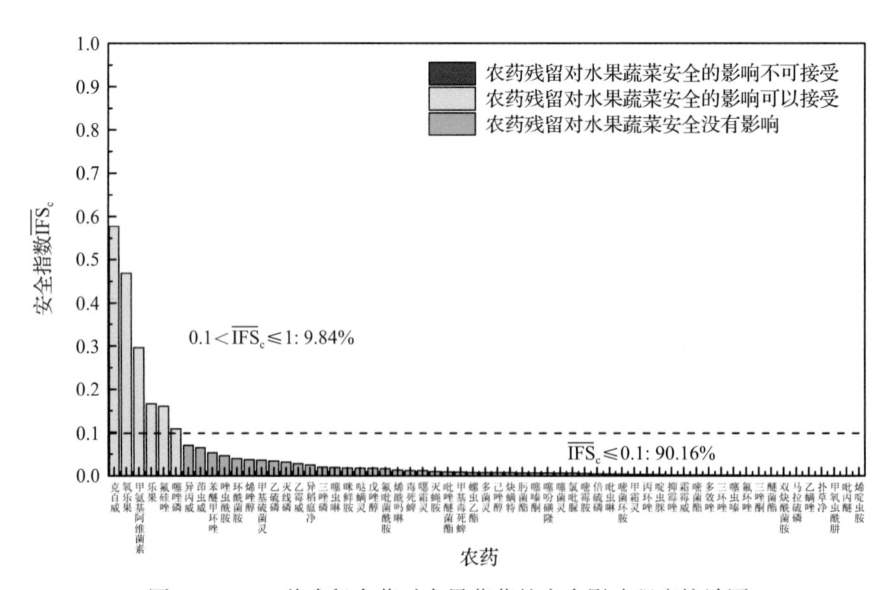

图 14-14　61 种残留农药对水果蔬菜的安全影响程度统计图

分析发现，61 种农药对水果蔬菜安全的影响均在没有影响和可以接受的范围内，其中 9.84%的农药对水果蔬菜安全的影响可以接受，90.16%的农药对水果蔬菜安全没有影响。

表 14-11　水果蔬菜中 61 种农药残留的安全指数表

序号	农药	检出频次	检出率(%)	$\overline{IFS_c}$	影响程度	序号	农药	检出频次	检出率(%)	$\overline{IFS_c}$	影响程度
1	克百威	5	0.71	0.5777	可以接受	32	己唑醇	4	0.57	0.0074	没有影响
2	氧乐果	2	0.28	0.4687	可以接受	33	炔螨特	1	0.14	0.0073	没有影响
3	甲氨基阿维菌素	2	0.28	0.2964	可以接受	34	肟菌酯	7	0.99	0.0072	没有影响
4	乐果	1	0.14	0.1659	可以接受	35	噻嗪酮	9	1.28	0.0070	没有影响
5	氟硅唑	20	2.84	0.1601	可以接受	36	噻吩磺隆	1	0.14	0.0069	没有影响
6	噻唑磷	4	0.57	0.1085	可以接受	37	噻菌灵	5	0.71	0.0064	没有影响
7	异丙威	2	0.28	0.0705	没有影响	38	氯吡脲	1	0.14	0.0064	没有影响
8	茚虫威	1	0.14	0.0647	没有影响	39	嘧霉胺	17	2.41	0.0059	没有影响
9	苯醚甲环唑	47	6.68	0.0530	没有影响	40	倍硫磷	1	0.14	0.0047	没有影响
10	唑虫酰胺	7	0.99	0.0461	没有影响	41	吡虫啉	31	4.40	0.0040	没有影响
11	环酰菌胺	1	0.14	0.0401	没有影响	42	嘧菌环胺	2	0.28	0.0039	没有影响
12	烯唑醇	8	1.14	0.0371	没有影响	43	甲霜灵	24	3.41	0.0038	没有影响
13	甲基硫菌灵	9	1.28	0.0360	没有影响	44	丙环唑	25	3.55	0.0037	没有影响
14	乙硫磷	1	0.14	0.0345	没有影响	45	啶虫脒	50	7.10	0.0028	没有影响
15	灭线磷	1	0.14	0.0317	没有影响	46	抑霉唑	1	0.14	0.0025	没有影响
16	乙霉威	2	0.28	0.0276	没有影响	47	霜霉威	23	3.27	0.0024	没有影响
17	异稻瘟净	1	0.14	0.0248	没有影响	48	嘧菌酯	44	6.25	0.0024	没有影响
18	三唑磷	2	0.28	0.0200	没有影响	49	多效唑	5	0.71	0.0022	没有影响
19	噻虫啉	3	0.43	0.0193	没有影响	50	三环唑	1	0.14	0.0019	没有影响
20	咪鲜胺	12	1.70	0.0182	没有影响	51	噻虫嗪	19	2.70	0.0017	没有影响
21	哒螨灵	8	1.14	0.0179	没有影响	52	氟环唑	1	0.14	0.0016	没有影响
22	戊唑醇	23	3.27	0.0178	没有影响	53	三唑酮	1	0.14	0.0014	没有影响
23	氟吡菌酰胺	17	2.41	0.0162	没有影响	54	醚菌酯	2	0.28	0.0012	没有影响
24	烯酰吗啉	88	12.50	0.0129	没有影响	55	双炔酰菌胺	1	0.14	0.0011	没有影响
25	毒死蜱	1	0.14	0.0118	没有影响	56	马拉硫磷	1	0.14	0.0010	没有影响
26	噁霜灵	13	1.85	0.0117	没有影响	57	乙螨唑	1	0.14	0.0008	没有影响
27	灭蝇胺	15	2.13	0.0098	没有影响	58	扑草净	1	0.14	0.0004	没有影响
28	吡唑醚菌酯	44	6.25	0.0089	没有影响	59	甲氧虫酰肼	1	0.14	0.0003	没有影响
29	甲基毒死蜱	1	0.14	0.0084	没有影响	60	吡丙醚	6	0.85	0.0002	没有影响
30	螺虫乙酯	1	0.14	0.0078	没有影响	61	烯啶虫胺	3	0.43	0.0001	没有影响
31	多菌灵	43	6.11	0.0077	没有影响						

对每个月内所有水果蔬菜中残留农药的 $\overline{IFS_c}$ 进行分析，结果如图 14-15 所示。分析发现，各月份的所有农药对水果蔬菜安全的影响均处于没有影响和可以接受的范围内。每月内不同农药对水果蔬菜安全影响程度的统计如图 14-16 所示。

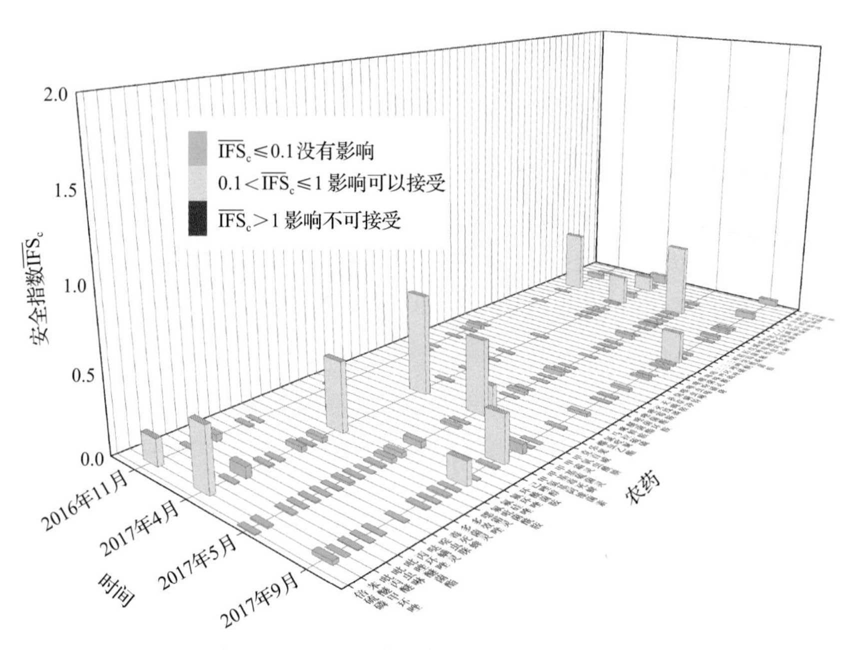

图 14-15　各月份内水果蔬菜中每种残留农药的安全指数分布图

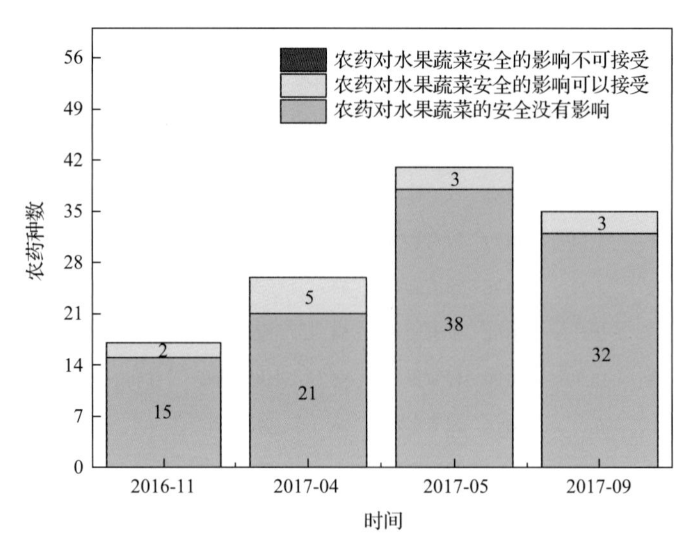

图 14-16　各月份内农药对水果蔬菜安全影响程度的统计图

计算每个月内水果蔬菜的 $\overline{IFS}$，以分析每月内水果蔬菜的安全状态，结果如图 14-17 所示，可以看出，各月份的水果蔬菜安全状态均处于很好的范围内。

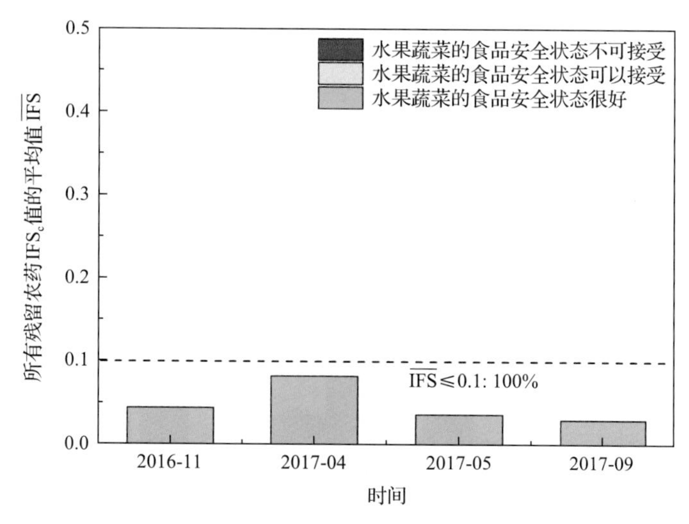

图 14-17　各月份内水果蔬菜的 $\overline{IFS}$ 值与安全状态统计图

14.3　LC-Q-TOF/MS 侦测海口市市售水果蔬菜农药残留预警风险评估

基于海口市水果蔬菜样品中农药残留 LC-Q-TOF/MS 侦测数据，分析禁用农药的检出率，同时参照中华人民共和国国家标准 GB 2763—2016 和欧盟农药最大残留限量(MRL)标准分析非禁用农药残留的超标率，并计算农药残留风险系数。分析单种水果蔬菜中农药残留以及所有水果蔬菜中农药残留的风险程度。

14.3.1　单种水果蔬菜中农药残留风险系数分析

14.3.1.1　单种水果蔬菜中禁用农药残留风险系数分析

侦测出的 72 种残留农药中有 3 种为禁用农药，且分布在 6 种水果蔬菜中，计算 6 种水果蔬菜中禁用农药的超标率，根据超标率计算风险系数 R，进而分析水果蔬菜中禁用农药的风险程度，结果如图 14-18 与表 14-12 所示。分析发现 3 种禁用农药在 6 种水果蔬菜中的残留处均于高度风险。

14.3.1.2　基于 MRL 中国国家标准的单种水果蔬菜中非禁用农药残留风险系数分析

参照中华人民共和国国家标准 GB 2763—2016 中农药残留限量计算每种水果蔬菜中每种非禁用农药的超标率，进而计算其风险系数，根据风险系数大小判断残留农药的预警风险程度，水果蔬菜中非禁用农药残留风险程度分布情况如图 14-19 所示。

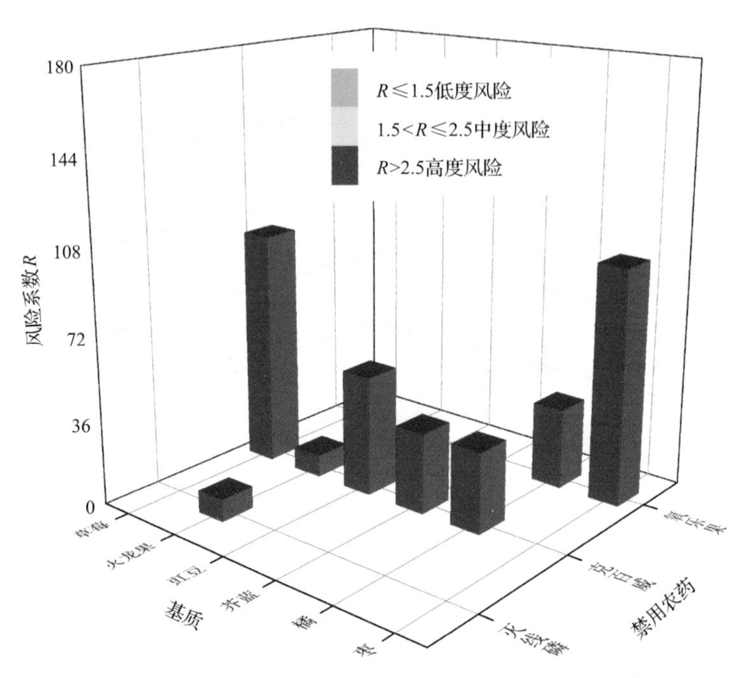

图 14-18 6 种水果蔬菜中 3 种禁用农药的风险系数分布图

表 14-12 6 种水果蔬菜中 3 种禁用农药的风险系数列表

序号	基质	农药	检出频次	检出率(%)	风险系数 R	风险程度
1	草莓	克百威	1	100	101.10	高度风险
2	枣	氧乐果	1	8.33	101.10	高度风险
3	豇豆	克百威	1	8.33	51.10	高度风险
4	芥蓝	克百威	1	50.00	34.43	高度风险
5	橘	克百威	1	33.33	34.43	高度风险
6	橘	氧乐果	1	33.33	34.43	高度风险
7	火龙果	克百威	1	33.33	9.43	高度风险
8	火龙果	灭线磷	1	100.00	9.43	高度风险

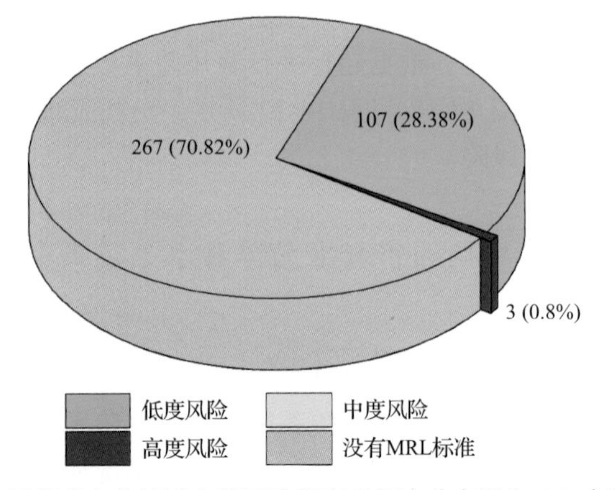

图 14-19 水果蔬菜中非禁用农药风险程度的频次分布图(MRL 中国国家标准)

本次分析中，发现在 65 种水果蔬菜侦测出 69 种残留非禁用农药，涉及样本 377 个，在 377 个样本中，0.8%处于高度风险，28.38%处于低度风险，此外发现有 267 个样本没有 MRL 中国国家标准值，无法判断其风险程度，有 MRL 中国国家标准值的 110 个样本涉及 38 种水果蔬菜中的 35 种非禁用农药，其风险系数 R 值如图 14-20 所示。表 14-13 为非禁用农药残留处于高度风险的水果蔬菜列表。

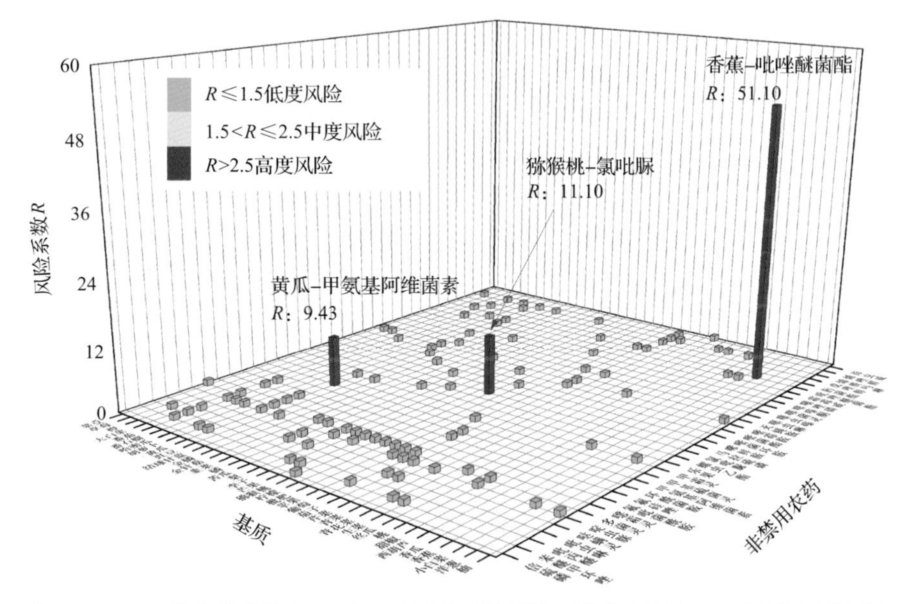

图 14-20　38 种水果蔬菜中 35 种非禁用农药的风险系数分布图(MRL 中国国家标准)

表 14-13　单种水果蔬菜中处于高度风险的非禁用农药风险系数表(MRL 中国国家标准)

序号	基质	农药	超标频次	超标率 P(%)	风险系数 R
1	香蕉	吡唑醚菌酯	1	50.00	51.10
2	猕猴桃	氯吡脲	1	10.00	11.10
3	黄瓜	甲氨基阿维菌素	1	8.33	9.43

14.3.1.3　基于 MRL 欧盟标准的单种水果蔬菜中非禁用农药残留风险系数分析

参照 MRL 欧盟标准计算每种水果蔬菜中每种非禁用农药的超标率，进而计算其风险系数，根据风险系数大小判断农药残留的预警风险程度，水果蔬菜中非禁用农药残留风险程度分布情况如图 14-21 所示。

本次分析中，发现在 65 种水果蔬菜中共侦测出 69 种非禁用农药，涉及样本 377 个，其中，18.3%处于高度风险，涉及 40 种水果蔬菜和 39 种农药；81.7%处于低度风险，涉及 58 种水果蔬菜和 56 种农药。单种水果蔬菜中的非禁用农药风险系数分布图如图 14-22 所示。单种水果蔬菜中处于高度风险的非禁用农药风险系数如图 14-23 和表 14-14 所示。

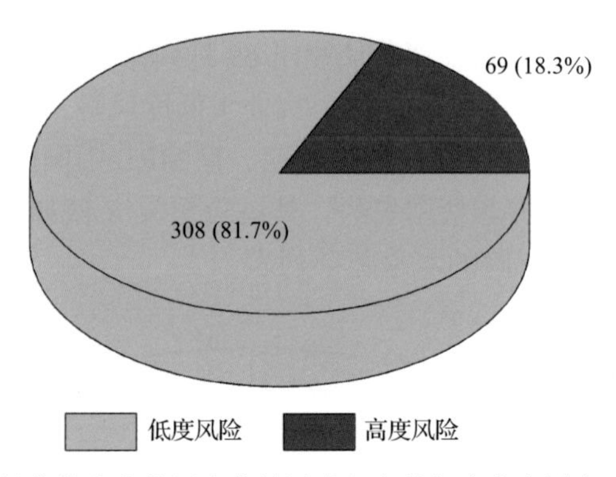

图 14-21　水果蔬菜中非禁用农药的风险程度的频次分布图(MRL 欧盟标准)

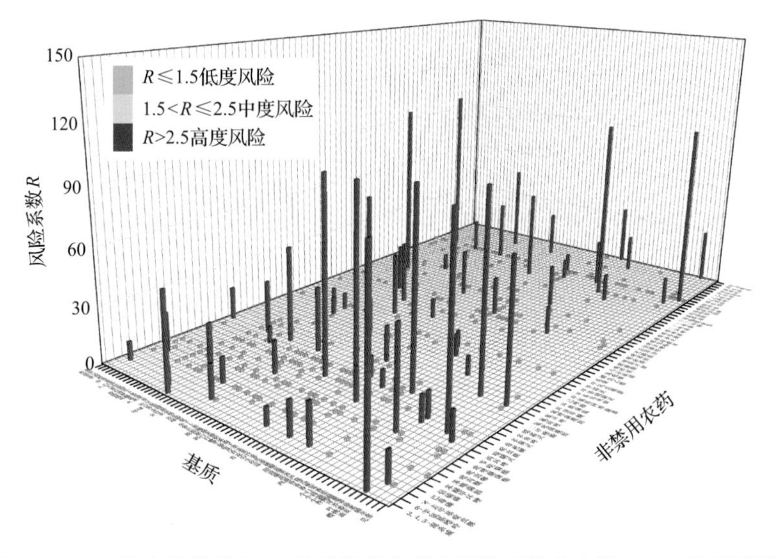

图 14-22　65 种水果蔬菜中 69 种非禁用农药的风险系数分布图(MRL 欧盟标准)

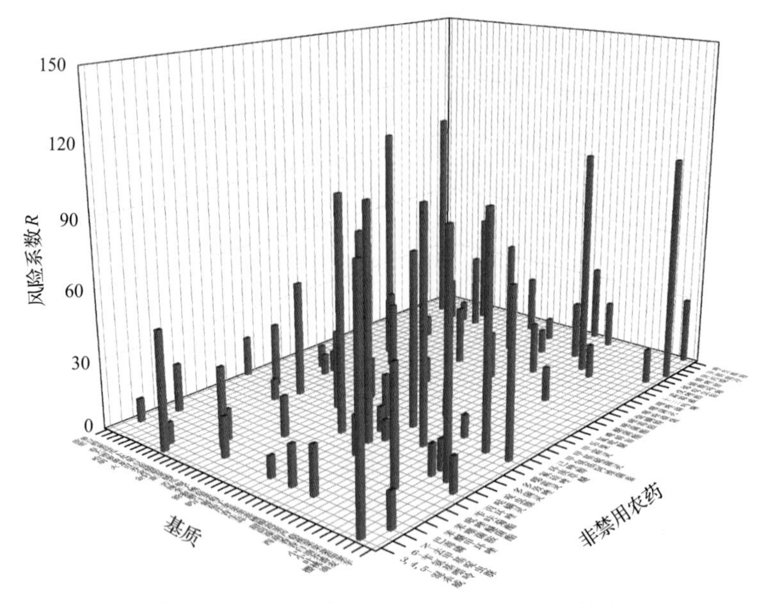

图 14-23　单种水果蔬菜中处于高度风险的非禁用农药的风险系数分布图(MRL 欧盟标准)

表 14-14　单种水果蔬菜中处于高度风险的非禁用农药的风险系数表(MRL 欧盟标准)

序号	基质	农药	超标频次	超标率 P(%)	风险系数 R
1	春菜	烯唑醇	1	100	101.10
2	大蒜	噻吩磺隆	1	100	101.10
3	奶白菜	啶虫脒	1	100	101.10
4	青菜	啶虫脒	1	100	101.10
5	茼蒿	多效唑	1	100	101.10
6	蕹菜	霜霉威	2	100	101.10
7	小油菜	氟硅唑	1	100	101.10
8	叶芥菜	哒螨灵	1	100	101.10
9	樱桃番茄	3,4,5-混杀威	1	100	101.10
10	芋	烯酰吗啉	1	100	101.10
11	生菜	氟硅唑	9	75.00	76.10
12	油麦菜	氟硅唑	5	71.43	72.53
13	芥蓝	甲霜灵	2	66.67	67.77
14	豇豆	3,4,5-混杀威	1	50.00	51.10
15	豇豆	噁霜灵	1	50.00	51.10
16	豇豆	异丙威	1	50.00	51.10
17	蘑菇	醚菌酯	1	50.00	51.10
18	蘑菇	霜霉威	1	50.00	51.10
19	香蕉	吡唑醚菌酯	1	50.00	51.10
20	芥蓝	烯酰吗啉	1	33.33	34.43
21	金橘	咪鲜胺	1	33.33	34.43
22	韭菜	巴毒磷	1	33.33	34.43
23	橘	乐果	1	33.33	34.43
24	苦瓜	噁霜灵	2	33.33	34.43
25	生菜	唑虫酰胺	4	33.33	34.43
26	油麦菜	唑虫酰胺	2	28.57	29.67
27	哈密瓜	噁霜灵	3	27.27	28.37
28	火龙果	嘧菌酯	3	25.00	26.10
29	李子	异丙威	1	25.00	26.10
30	李子	炔螨特	1	25.00	26.10
31	桃	烯啶虫胺	1	25.00	26.10
32	蒜薹	噻菌灵	2	22.22	23.32
33	橙	苯噻菌胺	1	20.00	21.10
34	芹菜	嘧霉胺	2	20.00	21.10

续表

序号	基质	农药	超标频次	超标率 P(%)	风险系数 R
35	甜椒	*N*-去甲基啶虫脒	1	20.00	21.10
36	甜椒	异稻瘟净	1	20.00	21.10
37	胡萝卜	烯酰吗啉	2	18.18	19.28
38	葡萄	氟硅唑	2	18.18	19.28
39	菠萝	噁霜灵	1	16.67	17.77
40	苦瓜	*N*-去甲基啶虫脒	1	16.67	17.77
41	辣椒	己唑醇	1	16.67	17.77
42	辣椒	苄呋菊酯	1	16.67	17.77
43	生菜	*N*-去甲基啶虫脒	2	16.67	17.77
44	生菜	丙环唑	2	16.67	17.77
45	香菇	十三吗啉	1	14.29	15.39
46	香菇	嘧菌酯	1	14.29	15.39
47	油麦菜	*N*-去甲基啶虫脒	1	14.29	15.39
48	油麦菜	丙环唑	1	14.29	15.39
49	油麦菜	戊唑醇	1	14.29	15.39
50	金针菇	苯醚甲环唑	1	12.50	13.60
51	小白菜	哒螨灵	1	12.50	13.60
52	小白菜	啶虫脒	1	12.50	13.60
53	蒜薹	甲氨基阿维菌素	1	11.11	12.21
54	猕猴桃	氯吡脲	1	10.00	11.10
55	芹菜	多效唑	1	10.00	11.10
56	芹菜	戊唑醇	1	10.00	11.10
57	菜豆	*N*-去甲基啶虫脒	1	9.09	10.19
58	哈密瓜	甲基硫菌灵	1	9.09	10.19
59	葡萄	烯唑醇	1	9.09	10.19
60	西葫芦	环庚草醚	1	9.09	10.19
61	黄瓜	甲基硫菌灵	1	8.33	9.43
62	黄瓜	甲氨基阿维菌素	1	8.33	9.43
63	火龙果	6-苄氨基嘌呤	1	8.33	9.43
64	火龙果	噻唑磷	1	8.33	9.43
65	火龙果	多菌灵	1	8.33	9.43
66	火龙果	烯酰吗啉	1	8.33	9.43
67	茄子	*N*-去甲基啶虫脒	1	8.33	9.43
68	生菜	多菌灵	1	8.33	9.43
69	生菜	甲基硫菌灵	1	8.33	9.43

14.3.2 所有水果蔬菜中农药残留风险系数分析

14.3.2.1 所有水果蔬菜中禁用农药残留风险系数分析

在侦测出的 72 种农药中有 3 种为禁用农药，计算所有水果蔬菜中禁用农药的风险系数，结果如表 14-15 所示。禁用农药克百威、氧乐果 2 种禁用农药处于中度风险，灭线磷处于低度风险。

表 14-15 水果蔬菜中 3 种禁用农药的风险系数表

序号	农药	检出频次	检出率 P(%)	风险系数 R	风险程度
1	克百威	5	1.22	2.32	中度风险
2	氧乐果	2	0.49	1.59	中度风险
3	灭线磷	1	0.24	1.34	低度风险

对每个月内的禁用农药的风险系数进行分析，结果如图 14-24 和表 14-16 所示。

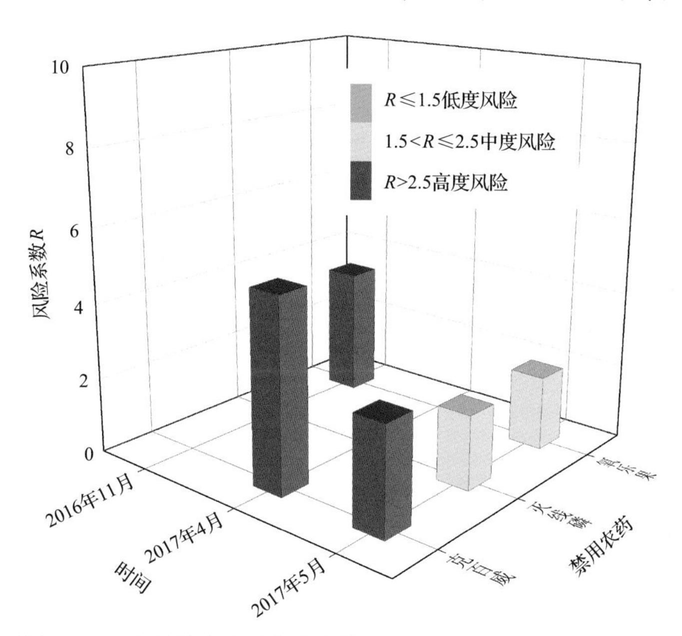

图 14-24 各月份内水果蔬菜中禁用农药残留的风险系数分布图

表 14-16 各月份内水果蔬菜中禁用农药的风险系数表

序号	年月	农药	检出频次	检出率 P(%)	风险系数 R	风险程度
1	2016 年 11 月	氧乐果	1	2.33	3.43	高度风险
2	2017 年 4 月	克百威	3	4.00	5.10	高度风险
3	2017 年 5 月	克百威	2	1.74	2.84	高度风险
4	2017 年 5 月	灭线磷	1	0.87	1.97	中度风险
5	2017 年 5 月	氧乐果	1	0.87	1.97	中度风险

14.3.2.2　所有水果蔬菜中非禁用农药残留风险系数分析

参照 MRL 欧盟标准计算所有水果蔬菜中每种非禁用农药残留的风险系数，如图 14-25 与表 14-17 所示。在侦测出的 69 种非禁用农药中，4 种农药（5.80%）残留处于高度风险，17 种农药（24.64%）残留处于中度风险，48 种农药（69.57%）残留处于低度风险。

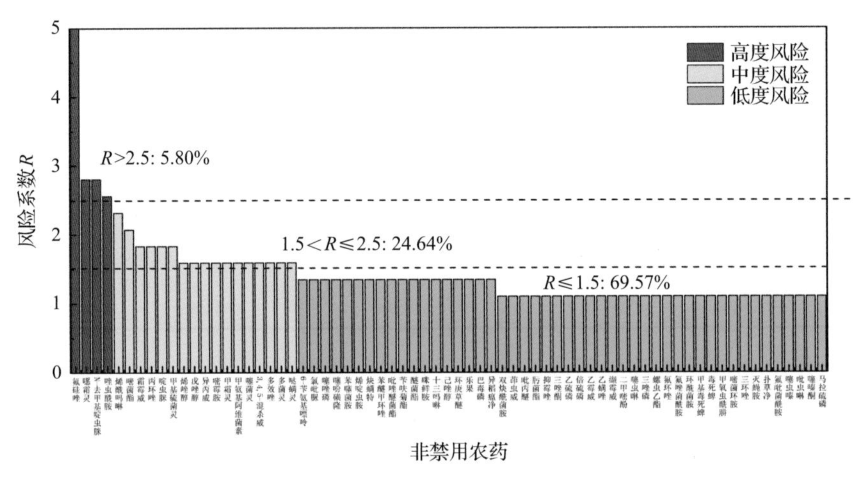

图 14-25　水果蔬菜中 69 种非禁用农药的风险程度统计图

表 14-17　水果蔬菜中 69 种非禁用农药的风险系数表

序号	农药	超标频次	超标率 P(%)	风险系数 R	风险程度
1	氟硅唑	17	4.14	5.24	高度风险
2	噁霜灵	7	1.70	2.80	高度风险
3	*N*-去甲基啶虫脒	7	1.70	2.80	高度风险
4	唑虫酰胺	6	1.46	2.56	高度风险
5	烯酰吗啉	5	1.22	2.32	中度风险
6	嘧菌酯	4	0.97	2.07	中度风险
7	霜霉威	3	0.73	1.83	中度风险
8	丙环唑	3	0.73	1.83	中度风险
9	啶虫脒	3	0.73	1.83	中度风险
10	甲基硫菌灵	3	0.73	1.83	中度风险
11	烯唑醇	2	0.49	1.59	中度风险
12	戊唑醇	2	0.49	1.59	中度风险
13	异丙威	2	0.49	1.59	中度风险
14	嘧霉胺	2	0.49	1.59	中度风险
15	甲霜灵	2	0.49	1.59	中度风险
16	甲氨基阿维菌素	2	0.49	1.59	中度风险

续表

序号	农药	超标频次	超标率 P(%)	风险系数 R	风险程度
17	噻菌灵	2	0.49	1.59	中度风险
18	3,4,5-混杀威	2	0.49	1.59	中度风险
19	多效唑	2	0.49	1.59	中度风险
20	多菌灵	2	0.49	1.59	中度风险
21	哒螨灵	2	0.49	1.59	中度风险
22	6-苄氨基嘌呤	1	0.24	1.34	低度风险
23	氯吡脲	1	0.24	1.34	低度风险
24	噻唑磷	1	0.24	1.34	低度风险
25	噻吩磺隆	1	0.24	1.34	低度风险
26	苯噻菌胺	1	0.24	1.34	低度风险
27	烯啶虫胺	1	0.24	1.34	低度风险
28	炔螨特	1	0.24	1.34	低度风险
29	苯醚甲环唑	1	0.24	1.34	低度风险
30	吡唑醚菌酯	1	0.24	1.34	低度风险
31	苄呋菊酯	1	0.24	1.34	低度风险
32	醚菌酯	1	0.24	1.34	低度风险
33	咪鲜胺	1	0.24	1.34	低度风险
34	十三吗啉	1	0.24	1.34	低度风险
35	己唑醇	1	0.24	1.34	低度风险
36	环庚草醚	1	0.24	1.34	低度风险
37	乐果	1	0.24	1.34	低度风险
38	巴毒磷	1	0.24	1.34	低度风险
39	异稻瘟净	1	0.24	1.34	低度风险
40	双炔酰菌胺	0	0	1.10	低度风险
41	苗虫威	0	0	1.10	低度风险
42	吡丙醚	0	0	1.10	低度风险
43	肟菌酯	0	0	1.10	低度风险
44	抑霉唑	0	0	1.10	低度风险
45	三唑酮	0	0	1.10	低度风险
46	乙硫磷	0	0	1.10	低度风险
47	倍硫磷	0	0	1.10	低度风险
48	乙霉威	0	0	1.10	低度风险
49	乙螨唑	0	0	1.10	低度风险
50	缬霉威	0	0	1.10	低度风险
51	二甲嘧酚	0	0	1.10	低度风险

续表

序号	农药	超标频次	超标率 P(%)	风险系数 R	风险程度
52	噻虫啉	0	0	1.10	低度风险
53	三唑磷	0	0	1.10	低度风险
54	螺虫乙酯	0	0	1.10	低度风险
55	氟环唑	0	0	1.10	低度风险
56	氟唑菌酰胺	0	0	1.10	低度风险
57	环酰菌胺	0	0	1.10	低度风险
58	甲基毒死蜱	0	0	1.10	低度风险
59	毒死蜱	0	0	1.10	低度风险
60	甲氧虫酰肼	0	0	1.10	低度风险
61	嘧菌环胺	0	0	1.10	低度风险
62	三环唑	0	0	1.10	低度风险
63	灭蝇胺	0	0	1.10	低度风险
64	扑草净	0	0	1.10	低度风险
65	氟吡菌酰胺	0	0	1.10	低度风险
66	噻虫嗪	0	0	1.10	低度风险
67	吡虫啉	0	0	1.10	低度风险
68	噻嗪酮	0	0	1.10	低度风险
69	马拉硫磷	0	0	1.10	低度风险

对每个月份内的非禁用农药的风险系数分析，每月内非禁用农药风险程度分布图如图 14-26 所示。12 个月份内处于高度风险的农药数排序为 2016 年 11 月(5)=2017 年 4 月(5)=2017 年 9 月(5)>2017 年 5 月(3)。

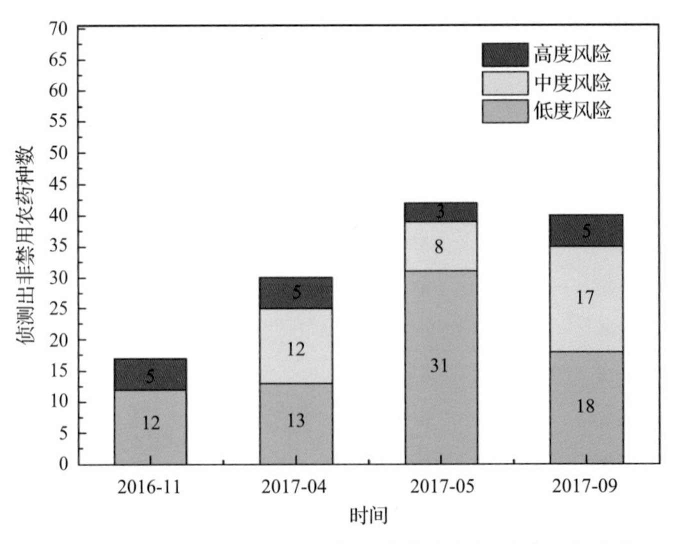

图 14-26　各月份水果蔬菜中非禁用农药残留的风险程度分布图

4 个月份内水果蔬菜中非禁用农药处于中度风险和高度风险的风险系数如图 14-27 和表 14-18 所示。

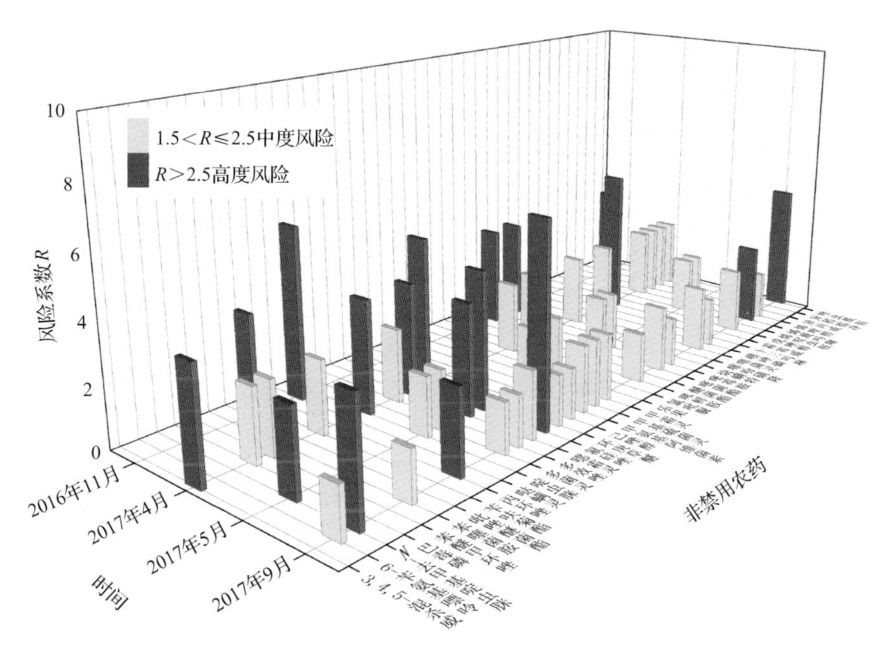

图 14-27　各月份水果蔬菜中非禁用农药处于中度风险和高度风险的风险系数分布图

表 14-18　各月份水果蔬菜中非禁用农药处于中度风险和高度风险的风险系数表

序号	年月	农药	超标频次	超标率 P(%)	风险系数 R	风险程度
1	2016 年 11 月	哒螨灵	2	4.65	5.75	高度风险
2	2016 年 11 月	吡唑醚菌酯	1	2.33	3.43	高度风险
3	2016 年 11 月	嘧菌酯	1	2.33	3.43	高度风险
4	2016 年 11 月	炔螨特	1	2.33	3.43	高度风险
5	2016 年 11 月	异丙威	1	2.33	3.43	高度风险
6	2017 年 4 月	氟硅唑	3	4.00	5.10	高度风险
7	2017 年 4 月	霜霉威	3	4.00	5.10	高度风险
8	2017 年 4 月	3,4,5-混杀威	2	2.67	3.77	高度风险
9	2017 年 4 月	啶虫脒	2	2.67	3.77	高度风险
10	2017 年 4 月	噁霜灵	2	2.67	3.77	高度风险
11	2017 年 4 月	巴毒磷	1	1.33	2.43	中度风险
12	2017 年 4 月	苯醚甲环唑	1	1.33	2.43	中度风险
13	2017 年 4 月	苄呋菊酯	1	1.33	2.43	中度风险
14	2017 年 4 月	多效唑	1	1.33	2.43	中度风险
15	2017 年 4 月	氯吡脲	1	1.33	2.43	中度风险

续表

序号	年月	农药	超标频次	超标率 P(%)	风险系数 R	风险程度
16	2017 年 4 月	醚菌酯	1	1.33	2.43	中度风险
17	2017 年 4 月	噻吩磺隆	1	1.33	2.43	中度风险
18	2017 年 4 月	十三吗啉	1	1.33	2.43	中度风险
19	2017 年 4 月	烯酰吗啉	1	1.33	2.43	中度风险
20	2017 年 4 月	烯唑醇	1	1.33	2.43	中度风险
21	2017 年 4 月	异丙威	1	1.33	2.43	中度风险
22	2017 年 4 月	异稻瘟净	1	1.33	2.43	中度风险
23	2017 年 5 月	氟硅唑	4	3.48	4.58	高度风险
24	2017 年 5 月	噁霜灵	3	2.61	3.71	高度风险
25	2017 年 5 月	*N*-去甲基啶虫脒	2	1.74	2.84	高度风险
26	2017 年 5 月	啶虫脒	1	0.87	1.97	中度风险
27	2017 年 5 月	多菌灵	1	0.87	1.97	中度风险
28	2017 年 5 月	甲基硫菌灵	1	0.87	1.97	中度风险
29	2017 年 5 月	乐果	1	0.87	1.97	中度风险
30	2017 年 5 月	嘧菌酯	1	0.87	1.97	中度风险
31	2017 年 5 月	嘧霉胺	1	0.87	1.97	中度风险
32	2017 年 5 月	烯啶虫胺	1	0.87	1.97	中度风险
33	2017 年 5 月	烯酰吗啉	1	0.87	1.97	中度风险
34	2017 年 9 月	氟硅唑	10	5.62	6.72	高度风险
35	2017 年 9 月	唑虫酰胺	6	3.37	4.47	高度风险
36	2017 年 9 月	*N*-去甲基啶虫脒	5	2.81	3.91	高度风险
37	2017 年 9 月	丙环唑	3	1.69	2.79	高度风险
38	2017 年 9 月	烯酰吗啉	3	1.69	2.79	高度风险
39	2017 年 9 月	噁霜灵	2	1.12	2.22	中度风险
40	2017 年 9 月	甲氨基阿维菌素	2	1.12	2.22	中度风险
41	2017 年 9 月	甲基硫菌灵	2	1.12	2.22	中度风险
42	2017 年 9 月	甲霜灵	2	1.12	2.22	中度风险
43	2017 年 9 月	嘧菌酯	2	1.12	2.22	中度风险
44	2017 年 9 月	噻菌灵	2	1.12	2.22	中度风险
45	2017 年 9 月	戊唑醇	2	1.12	2.22	中度风险
46	2017 年 9 月	6-苄氨基嘌呤	1	0.56	1.66	中度风险
47	2017 年 9 月	苯噻菌胺	1	0.56	1.66	中度风险
48	2017 年 9 月	多菌灵	1	0.56	1.66	中度风险
49	2017 年 9 月	多效唑	1	0.56	1.66	中度风险

续表

序号	年月	农药	超标频次	超标率 P(%)	风险系数 R	风险程度
50	2017 年 9 月	环庚草醚	1	0.56	1.66	中度风险
51	2017 年 9 月	己唑醇	1	0.56	1.66	中度风险
52	2017 年 9 月	咪鲜胺	1	0.56	1.66	中度风险
53	2017 年 9 月	嘧霉胺	1	0.56	1.66	中度风险
54	2017 年 9 月	噻唑磷	1	0.56	1.66	中度风险
55	2017 年 9 月	烯唑醇	1	0.56	1.66	中度风险

14.4　LC-Q-TOF/MS 侦测海口市市售水果蔬菜农药残留风险评估结论与建议

农药残留是影响水果蔬菜安全和质量的主要因素，也是我国食品安全领域备受关注的敏感话题和亟待解决的重大问题之一[15,16]。各种水果蔬菜均存在不同程度的农药残留现象，本研究主要针对海口市各类水果蔬菜存在的农药残留问题，基于 2016 年 11 月~2017 年 9 月对海口市 411 例水果蔬菜样品中农药残留侦测得出的 704 个侦测结果，分别采用食品安全指数模型和风险系数模型，开展水果蔬菜中农药残留的膳食暴露风险和预警风险评估。水果蔬菜样品取自超市和市场，符合大众的膳食来源，风险评价时更具有代表性和可信度。

本研究力求通用简单地反映食品安全中的主要问题，且为管理部门和大众容易接受，为政府及相关管理机构建立科学的食品安全信息发布和预警体系提供科学的规律与方法，加强对农药残留的预警和食品安全重大事件的预防，控制食品风险。

14.4.1　海口市水果蔬菜中农药残留膳食暴露风险评价结论

1) 水果蔬菜样品中农药残留安全状态评价结论

采用食品安全指数模型，对 2016 年 11 月~2017 年 9 月期间海口市水果蔬菜食品农药残留膳食暴露风险进行评价，根据 IFS_c 的计算结果发现，水果蔬菜中农药的 $\overline{IFS}$ 为 0.0415，说明海口市水果蔬菜总体处于很好的安全状态，但部分禁用农药、高残留农药在蔬菜、水果中仍有侦测出，导致膳食暴露风险的存在，成为不安全因素。

2) 单种水果蔬菜中农药膳食暴露风险不可接受情况评价结论

单种水果蔬菜中农药残留安全指数分析结果显示，农药对单种水果蔬菜安全影响不可接受 ($IFS_c>1$) 的样本数共 1 个，占总样本数的 0.26%，样本为草莓中的克百威，说明草莓中的克百威会对消费者身体健康造成较大的膳食暴露风险。克百威属于禁用的剧毒农药，且草莓为较常见的水果，百姓日常食用量较大，长期食用大量残留克百威的草莓会对人体造成不可接受的影响。本次检测发现克百威在草莓样品中多次侦测出，是未严格实施农业良好管理规范(GAP)，抑或是农药滥用，应该引起相关管理部门的警惕，应加强对草莓中克百威的严格管控。

3) 禁用农药膳食暴露风险评价

本次检测发现部分水果蔬菜样品中有禁用农药侦测出，侦测出禁用农药 3 种，检出频次为 8，水果蔬菜样品中的禁用农药 IFS_c 计算结果表明，禁用农药残留膳食暴露风险不可接受的频次为 1，占 12.5%；可以接受的频次为 6，占 75%；没有影响的频次为 1，占 12.5%。对于水果蔬菜样品中所有农药而言，膳食暴露风险不可接受的频次为 3，仅占总体频次的 0.43%。可以看出，禁用农药的膳食暴露风险不可接受的比例远高于总体水平，这在一定程度上说明禁用农药更容易导致严重的膳食暴露风险。此外，膳食暴露风险不可接受的残留禁用农药为克百威，因此，应该加强对禁用农药克百威的管控力度。为何在国家明令禁止禁用农药喷洒的情况下，还能在多种水果蔬菜中多次侦测出禁用农药残留并造成不可接受的膳食暴露风险，这应该引起相关部门的高度警惕，应该在禁止禁用农药喷洒的同时，严格管控禁用农药的生产和售卖，从根本上杜绝安全隐患。

14.4.2　海口市水果蔬菜中农药残留预警风险评价结论

1) 单种水果蔬菜中禁用农药残留的预警风险评价结论

本次检测过程中，在 6 种水果蔬菜中检测超出 3 种禁用农药，禁用农药为：克百威、氧乐果和灭线磷，水果蔬菜为：草莓、枣、豇豆、芥蓝、橘、火龙果，水果蔬菜中禁用农药的风险系数分析结果显示，3 种禁用农药在 6 种水果蔬菜中的残留均处于高度风险，说明在单种水果蔬菜中禁用农药的残留会导致较高的预警风险。

2) 单种水果蔬菜中非禁用农药残留的预警风险评价结论

以 MRL 中国国家标准为标准，计算水果蔬菜中非禁用农药风险系数情况下，377 个样本中，3 个处于高度风险(0.8%)，107 个处于低度风险(28.38%)，267 个样本没有 MRL 中国国家标准(70.82%)。以 MRL 欧盟标准为标准，计算水果蔬菜中非禁用农药风险系数情况下，发现有 69 个处于高度风险(18.3%)，308 个处于低度风险(81.7%)。基于两种 MRL 标准，评价的结果差异显著，可以看出 MRL 欧盟标准比中国国家标准更加严格和完善，过于宽松的 MRL 中国国家标准值能否有效保障人体的健康有待研究。

14.4.3　加强海口市水果蔬菜食品安全建议

我国食品安全风险评价体系仍不够健全，相关制度不够完善，多年来，由于农药用药次数多、用药量大或用药间隔时间短，产品残留量大，农药残留所造成的食品安全问题日益严峻，给人体健康带来了直接或间接的危害。据估计，美国与农药有关的癌症患者数约占全国癌症患者总数的 50%，中国更高。同样，农药对其他生物也会形成直接杀伤和慢性危害，植物中的农药可经过食物链逐级传递并不断蓄积，对人和动物构成潜在威胁，并影响生态系统。

基于本次农药残留侦测数据的风险评价结果，提出以下几点建议：

1) 加快食品安全标准制定步伐

我国食品标准中对农药每日允许最大摄入量 ADI 的数据严重缺乏，在本次评价所涉及的 72 种农药中，仅有 84.7%的农药具有 ADI 值，而 15.3%的农药中国尚未规定相应的 ADI 值，亟待完善。

我国食品中农药最大残留限量值的规定严重缺乏，对评估涉及的不同水果蔬菜中不同农药 385 个 MRL 限值进行统计来看，我国仅制定出 118 个标准，标准完整率仅为 30.6%，而欧盟的完整率达到 100%(表 14-19)。因此，中国更应加快 MRL 标准的制定步伐。

表 14-19　我国国家食品标准农药的 ADI、MRL 值与欧盟标准的数量差异

分类		中国 ADI	MRL 中国国家标准	MRL 欧盟标准
标准限值(个)	有	61	118	385
	无	11	267	0
总数(个)		72	385	385
无标准限值比例		15.3%	69.4%	0

此外，MRL 中国国家标准限值普遍高于欧盟标准限值，这些标准中共有 61 个高于欧盟。过高的 MRL 值难以保障人体健康，建议继续加强对限值基准和标准的科学研究，将农产品中的危险性减少到尽可能低的水平。

2) 加强农药的源头控制和分类监管

在海口市某些水果蔬菜中仍有禁用农药残留，利用 LC-Q-TOF/MS 技术侦测出 3 种禁用农药，检出频次为 8 次，残留禁用农药均存在较大的膳食暴露风险和预警风险。早已列入黑名单的禁用农药在我国并未真正退出，有些药物由于价格便宜、工艺简单，此类高毒农药一直生产和使用。建议在我国采取严格有效的控制措施，从源头控制禁用农药。

对于非禁用农药，在我国作为“田间地头”最典型单位的县级蔬果产地中，农药残留的检测几乎缺失。建议根据农药的毒性，对高毒、剧毒、中毒农药实现分类管理，减少使用高毒和剧毒高残留农药，进行分类监管。

3) 加强残留农药的生物修复及降解新技术

市售果蔬中残留农药的品种多、频次高、禁用农药多次检出这一现状，说明了我国的田间土壤和水体因农药长期、频繁、不合理的使用而遭到严重污染。为此，建议中国相关部门出台相关政策，鼓励高校及科研院所积极开展分子生物学、酶学等研究，加强土壤、水体中残留农药的生物修复及降解新技术研究，切实加大农药监管力度，以控制农药的面源污染问题。

综上所述，在本工作基础上，根据蔬菜残留危害，可进一步针对其成因提出和采取严格管理、大力推广无公害蔬菜种植与生产、健全食品安全控制技术体系、加强蔬菜食品质量检测体系建设和积极推行蔬菜食品质量追溯制度等相应对策。建立和完善食品安全综合评价指数与风险监测预警系统，对食品安全进行实时、全面的监控与分析，为我国的食品安全科学监管与决策提供新的技术支持，可实现各类检验数据的信息化系统管理，降低食品安全事故的发生。

第 15 章　GC-Q-TOF/MS 侦测海口市 411 例市售水果蔬菜样品农药残留报告

课题组从海口市所属 4 个区，随机采集了 411 例水果蔬菜样品，使用气相色谱-四极杆飞行时间质谱（GC-Q-TOF/MS）对 507 种农药化学污染物进行示范侦测。

15.1　样品种类、数量与来源

15.1.1　样品采集与检测

为了真实反映百姓餐桌上水果蔬菜中农药残留污染状况，本次所有检测样品均由检验人员于 2016 年 11 月至 2017 年 9 月期间，从海口市所属 13 个采样点，包括 6 个农贸市场 7 个超市，以随机购买方式采集，总计 17 批 411 例样品，从中检出农药 79 种，554 频次。采样点及监测概况见图 15-1 及表 15-1，样品及采样点明细见表 15-2 及表 15-3（侦测原始数据见附表 1）。

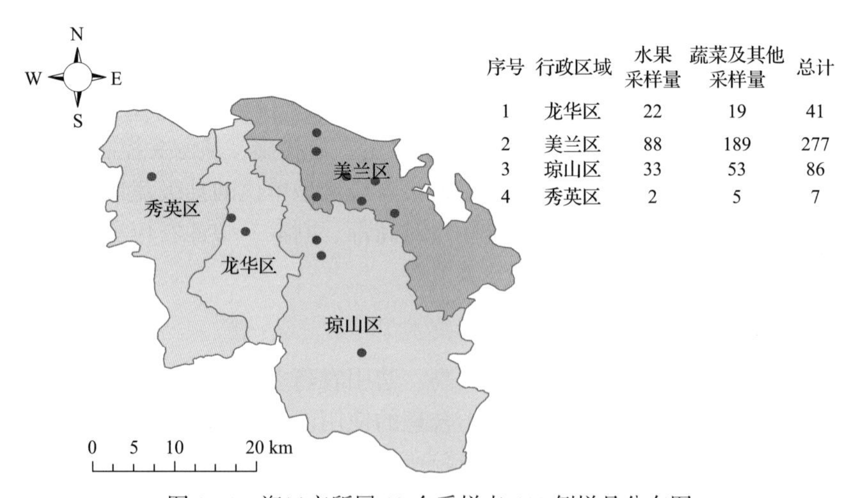

序号	行政区域	水果采样量	蔬菜及其他采样量	总计
1	龙华区	22	19	41
2	美兰区	88	189	277
3	琼山区	33	53	86
4	秀英区	2	5	7

图 15-1　海口市所属 13 个采样点 411 例样品分布图

表 15-1　农药残留监测总体概况

采样地区	海口市所属 4 个区
采样点（超市+农贸市场）	13
样本总数	411
检出农药品种/频次	79/554
各采样点样本农药残留检出率范围	0.0%~84.0%

表 15-2　样品分类及数量

样品分类	样品名称(数量)	数量小计
1. 调味料		2
1)叶类调味料	芫荽(2)	2
2. 谷物		1
1)旱粮类谷物	鲜食玉米(1)	1
3. 食用菌		26
1)蘑菇类	香菇(7),平菇(1),蘑菇(2),金针菇(8),杏鲍菇(8)	26
4. 水果		145
1)仁果类水果	苹果(11),梨(11),枇杷(3)	25
2)核果类水果	桃(4),李子(4),枣(1),樱桃(1)	10
3)浆果和其他小型水果	猕猴桃(10),葡萄(11),草莓(1)	22
4)瓜果类水果	西瓜(2),哈密瓜(11),香瓜(1),甜瓜(1)	15
5)热带和亚热带水果	山竹(5),香蕉(2),柿子(1),木瓜(2),芒果(11),火龙果(12), 菠萝(6),杨桃(1),番石榴(4)	44
6)柑橘类水果	柑(1),柚(7),橘(3),柠檬(10),金橘(3),橙(5)	29
5. 蔬菜		237
1)豆类蔬菜	豇豆(2),菜豆(11)	13
2)鳞茎类蔬菜	洋葱(12),韭菜(3),大蒜(1),青蒜(1),葱(2),蒜薹(9)	28
3)水生类蔬菜	莲藕(2)	2
4)叶菜类蔬菜	芹菜(10),蕹菜(2),小茴香(1),菠菜(2),春菜(1),奶白菜(1), 小白菜(8),叶芥菜(1),油麦菜(7),生菜(12),大白菜(2), 小油菜(1),茼蒿(1),娃娃菜(1),莴笋(7),甘薯叶(2),青菜(1)	60
5)芸薹属类蔬菜	结球甘蓝(7),花椰菜(6),芥蓝(3),青花菜(8),紫甘蓝(6)	30
6)茄果类蔬菜	番茄(12),甜椒(5),辣椒(6),樱桃番茄(1),人参果(1),茄子(12)	37
7)瓜类蔬菜	黄瓜(12),西葫芦(11),佛手瓜(1),南瓜(1),冬瓜(1), 苦瓜(6),丝瓜(6)	38
8)根茎类和薯芋类蔬菜	紫薯(1),甘薯(1),山药(1),胡萝卜(11),芋(1),萝卜(12), 马铃薯(1),姜(1)	29
合计	1.调味料 1 种 2.谷物 1 种 3.食用菌 5 种 4.水果 29 种 5.蔬菜 52 种	411

表 15-3　海口市采样点信息

采样点序号	行政区域	采样点
市场(6)		
1	琼山区	***市场
2	美兰区	***市场
3	美兰区	***市场
4	美兰区	***市场

续表

采样点序号	行政区域	采样点
5	龙华区	***市场
6	龙华区	***市场
超市(7)		
1	琼山区	***超市(龙昆南店)
2	琼山区	***超市(红城湖店)
3	秀英区	***市场
4	美兰区	***超市(名门店)
5	美兰区	***超市(国兴店)
6	美兰区	***超市(和平大道店)
7	美兰区	***超市(海口南亚店)

15.1.2 检测结果

这次使用的检测方法是庞国芳院士团队最新研发的不需使用标准品对照，而以高分辨精确质量数(0.0001 *m/z*)为基准的 GC-Q-TOF/MS 检测技术，对于 411 例样品，每个样品均侦测了 507 种农药化学污染物的残留现状。通过本次侦测，在 411 例样品中共计检出农药化学污染物 79 种，检出 554 频次。

15.1.2.1 各采样点样品检出情况

统计分析发现 13 个采样点中，被测样品的农药检出率范围为 0.0%~84.0%。其中，***市场的检出率最高，为 84.0%。***超市(红城湖店)的检出率最低，为 0.0%，见图 15-2。

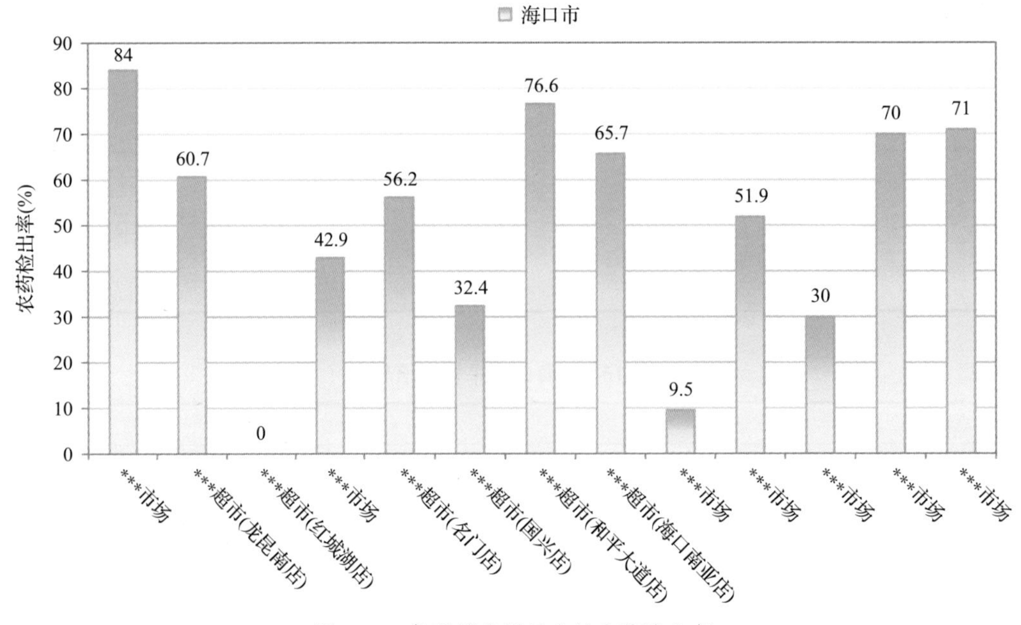

图 15-2 各采样点样品中的农药检出率

15.1.2.2　检出农药的品种总数与频次

统计分析发现，对于 411 例样品中 507 种农药化学污染物的侦测，共检出农药 554 频次，涉及农药 79 种，结果如图 15-3 所示。其中毒死蜱检出频次最高，共检出 62 次。检出频次排名前 10 的农药如下：①毒死蜱(62)；②威杀灵(40)；③嘧霉胺(28)；④腐霉利(25)；⑤仲丁威(24)；⑥戊唑醇(21)；⑦氟硅唑(20)；⑧联苯(18)；⑨烯虫酯(16)；⑩唑虫酰胺(15)。

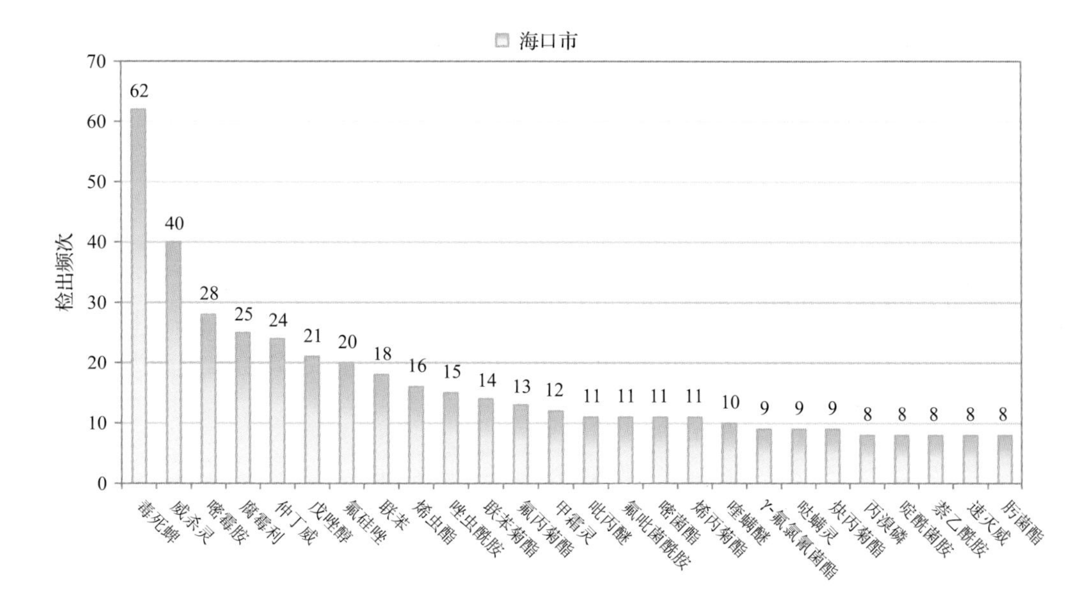

图 15-3　检出农药品种及频次(仅列出 8 频次及以上的数据)

由图 15-4 可见，芹菜、油麦菜和芒果这 3 种果蔬样品中检出的农药品种数较高，等于或超过 15 种，其中，芹菜检出农药品种最多，为 20 种。由图 15-5 可见，油麦菜、生菜、芹菜和葡萄这 4 种果蔬样品中的农药检出频次较高，均超过 30 次，其中，油麦菜检出农药频次最高，为 53 次。

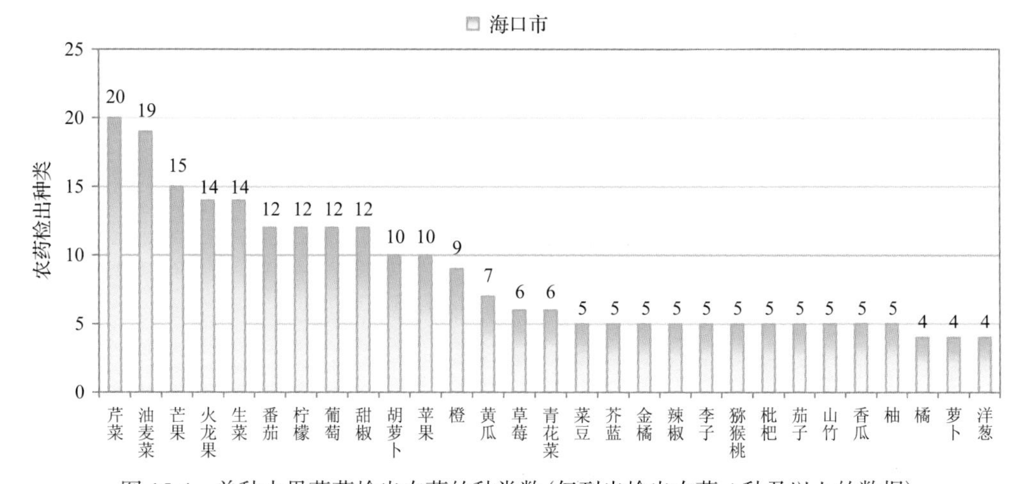

图 15-4　单种水果蔬菜检出农药的种类数(仅列出检出农药 4 种及以上的数据)

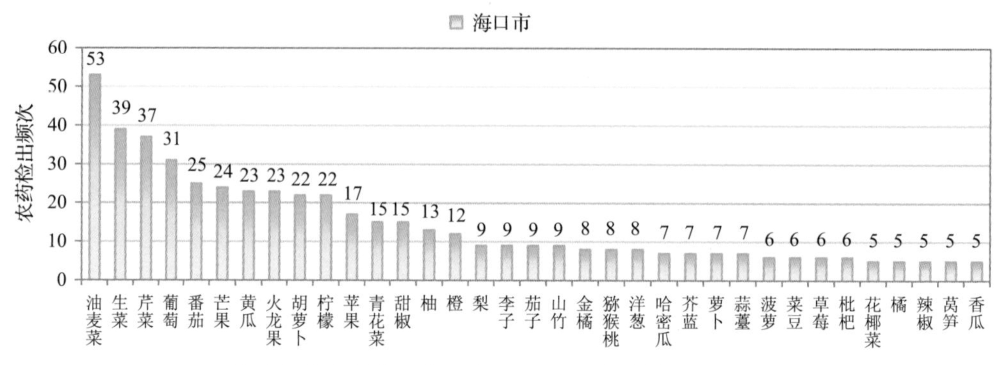

图 15-5　单种水果蔬菜检出农药频次(仅列出检出农药 5 频次及以上的数据)

15.1.2.3　单例样品农药检出种类与占比

对单例样品检出农药种类和频次进行统计发现，未检出农药的样品占总样品数的 43.1%，检出 1 种农药的样品占总样品数的 23.6%，检出 2~5 种农药的样品占总样品数的 29.2%，检出 6~10 种农药的样品占总样品数的 4.1%。每例样品中平均检出农药为 1.3 种，数据见表 15-4 及图 15-6。

表 15-4　单例样品检出农药品种占比

检出农药品种数	样品数量/占比(%)
未检出	177/43.1
1 种	97/23.6
2~5 种	120/29.2
6~10 种	17/4.1
单例样品平均检出农药品种	1.3 种

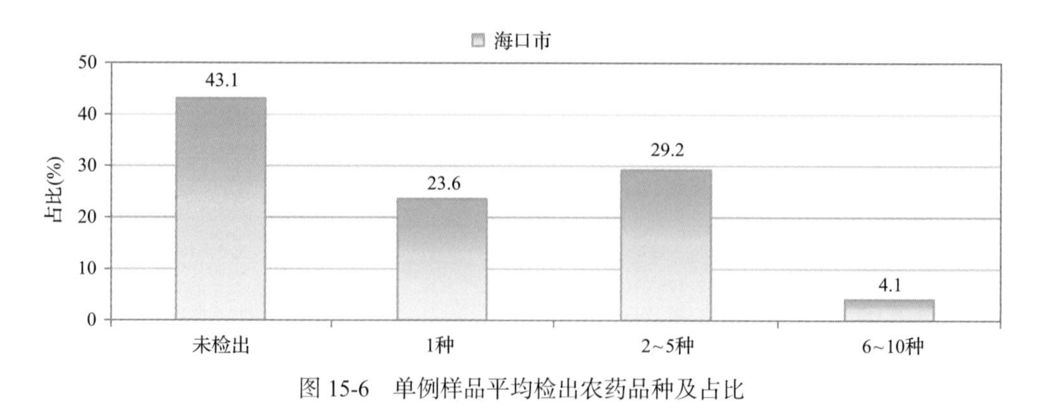

图 15-6　单例样品平均检出农药品种及占比

15.1.2.4　检出农药类别与占比

所有检出农药按功能分类，包括杀虫剂、杀菌剂、除草剂、植物生长调节剂、增效剂和其他共 6 类。其中杀虫剂与杀菌剂为主要检出的农药类别，分别占总数的 48.1%和

34.2%，见表 15-5 及图 15-7。

表 15-5　检出农药所属类别及占比

农药类别	数量/占比(%)
杀虫剂	38/48.1
杀菌剂	27/34.2
除草剂	9/11.4
植物生长调节剂	3/3.8
增效剂	1/1.3
其他	1/1.3

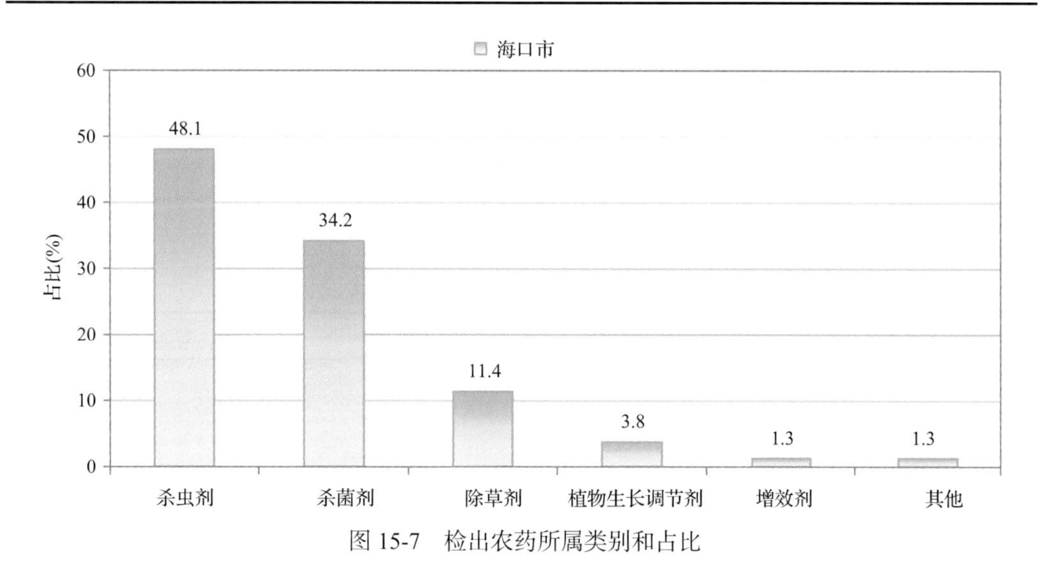

图 15-7　检出农药所属类别和占比

15.1.2.5　检出农药的残留水平

按检出农药残留水平进行统计，残留水平在 1~5 μg/kg(含)的农药占总数的 23.3%，在 5~10 μg/kg(含)的农药占总数的 10.1%，在 10~100 μg/kg(含)的农药占总数的 48.9%，在 100~1000 μg/kg(含)的农药占总数的 14.4%，在>1000 μg/kg 的农药占总数的 3.2%。

由此可见，这次检测的 17 批 411 例水果蔬菜样品中农药多数处于中高残留水平，结果见表 15-6 及图 15-8，数据见附表 2。

表 15-6　农药残留水平及占比

残留水平(μg/kg)	检出频次数/占比(%)
1~5(含)	129/23.3
5~10(含)	56/10.1
10~100(含)	271/48.9
100~1000(含)	80/14.4
>1000	18/3.2

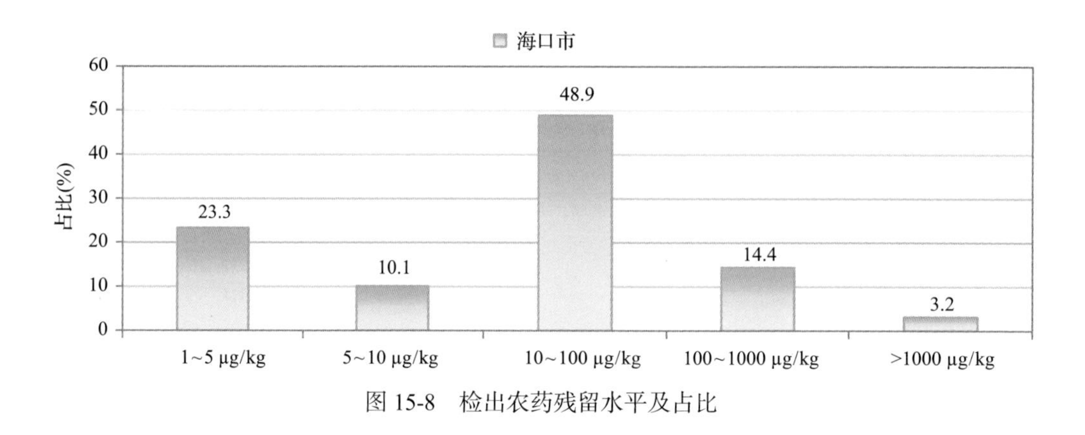

图 15-8　检出农药残留水平及占比

15.1.2.6　检出农药的毒性类别、检出频次和超标频次及占比

对这次检出的 79 种 554 频次的农药，按剧毒、高毒、中毒、低毒和微毒这五个毒性类别进行分类，从中可以看出，海口市目前普遍使用的农药为中低微毒农药，品种占 96.2%，频次占 98.6%。结果见表 15-7 及图 15-9。

表 15-7　检出农药毒性类别及占比

毒性分类	农药品种/占比(%)	检出频次/占比(%)	超标频次/超标率(%)
剧毒农药	0/0	0/0.0	0/0.0
高毒农药	3/3.8	8/1.4	3/37.5
中毒农药	38/48.1	285/51.4	3/1.1
低毒农药	21/26.6	141/25.5	0/0.0
微毒农药	17/21.5	120/21.7	1/0.8

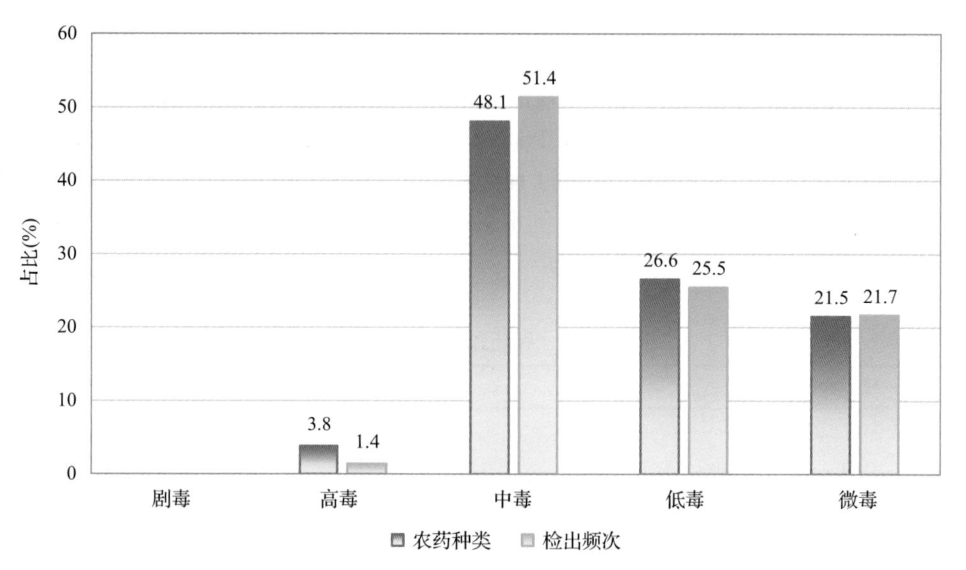

图 15-9　检出农药的毒性分类和占比

15.1.2.7　检出剧毒/高毒类农药的品种和频次

值得特别关注的是，在此次侦测的 411 例样品中有 3 种蔬菜 2 种水果的 8 例样品检出了 3 种 8 频次的剧毒和高毒农药，占样品总量的 1.9%，详见图 15-10、表 15-8 及表 15-9。

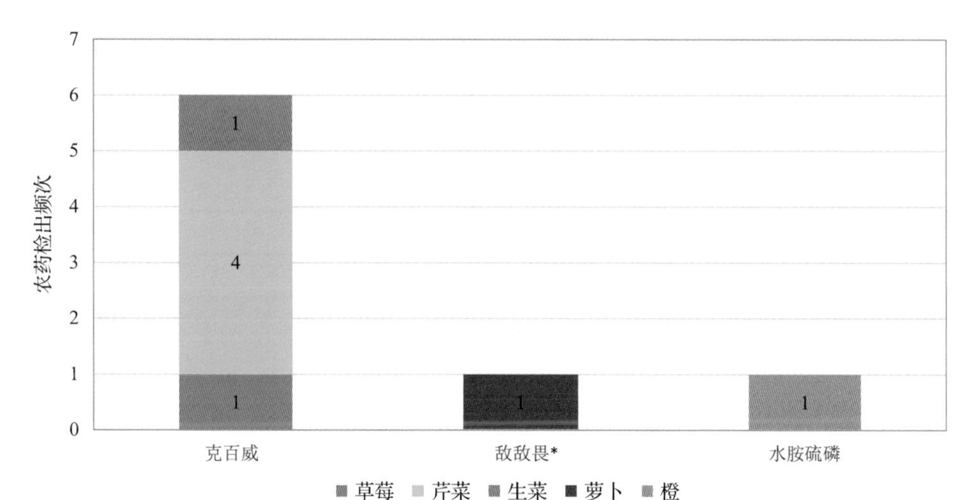

图 15-10　检出剧毒/高毒农药的样品情况

*表示允许在水果和蔬菜上使用的农药

表 15-8　剧毒农药检出情况

序号	农药名称	检出频次	超标频次	超标率
		水果中未检出剧毒农药		
	小计	0	0	超标率：0.0%
		蔬菜中未检出剧毒农药		
	小计	0	0	超标率：0.0%
	合计	0	0	超标率：0.0%

表 15-9　高毒农药检出情况

序号	农药名称	检出频次	超标频次	超标率
		从 2 种水果中检出 2 种高毒农药，共计检出 2 次		
1	克百威	1	0	0.0%
2	水胺硫磷	1	1	100.0%
	小计	2	1	超标率：50.0%
		从 3 种蔬菜中检出 2 种高毒农药，共计检出 6 次		
1	克百威	5	2	40.0%
2	敌敌畏	1	0	0.0%
	小计	6	2	超标率：33.3%
	合计	8	3	超标率：37.5%

在检出的剧毒和高毒农药中，有 2 种是我国早已禁止在果树和蔬菜上使用的，分别是：克百威和水胺硫磷。禁用农药的检出情况见表 15-10。

表 15-10 禁用农药检出情况

序号	农药名称	检出频次	超标频次	超标率
从 3 种水果中检出 3 种禁用农药，共计检出 3 次				
1	克百威	1	0	0.0%
2	硫丹	1	0	0.0%
3	水胺硫磷	1	1	100.0%
小计		3	1	超标率：33.3%
从 2 种蔬菜中检出 2 种禁用农药，共计检出 6 次				
1	克百威	5	2	40.0%
2	氟虫腈	1	0	0.0%
小计		6	2	超标率：33.3%
合计		9	3	超标率：33.3%

注：超标结果参考 MRL 中国国家标准计算

此次抽检的果蔬样品中，没有检出剧毒农药。

样品中检出高毒农药残留水平超过 MRL 中国国家标准的频次为 3 次，其中：橙检出水胺硫磷超标 1 次；芹菜检出克百威超标 2 次。本次检出结果表明，高毒农药的使用现象依旧存在，详见表 15-11。

表 15-11 各样本中检出剧毒/高毒农药情况

样品名称	农药名称	检出频次	超标频次	检出浓度(μg/kg)
水果 2 种				
橙	水胺硫磷▲	1	1	554.7[a]
草莓	克百威▲	1	0	3.7
小计		2	1	超标率：50.0%
蔬菜 3 种				
生菜	克百威▲	1	0	8.7
芹菜	克百威▲	4	2	1.2, 24.0[a], 1.5, 40.0[a]
萝卜	敌敌畏	1	0	3.6
小计		6	2	超标率：33.3%
合计		8	3	超标率：37.5%

15.2 农药残留检出水平与最大残留限量标准对比分析

我国于 2014 年 3 月 20 日正式颁布并于 2014 年 8 月 1 日正式实施食品农药残留限

量国家标准《食品中农药最大残留限量》(GB 2763—2014)。该标准包括 371 个农药条目，涉及最大残留限量(MRL)标准 3653 项。将 554 频次检出农药的浓度水平与 3653 项 MRL 中国国家标准进行核对，其中只有 130 频次的农药找到了对应的 MRL 标准，占 23.5%，还有 424 频次的侦测数据则无相关 MRL 标准供参考，占 76.5%。

将此次侦测结果与国际上现行 MRL 标准对比发现，在 554 频次的检出结果中有 554 频次的结果找到了对应的 MRL 欧盟标准，占 100.0%，其中，396 频次的结果有明确对应的 MRL 标准，占 71.5%，其余 158 频次按照欧盟一律标准判定，占 28.5%；有 554 频次的结果找到了对应的 MRL 日本标准，占 100.0%，其中，291 频次的结果有明确对应的 MRL 标准，占 52.5%，其余 263 频次按照日本一律标准判定，占 47.5%；有 195 频次的结果找到了对应的 MRL 中国香港标准，占 35.2%；有 187 频次的结果找到了对应的 MRL 美国标准，占 33.8%；有 133 频次的结果找到了对应的 MRL CAC 标准，占 24.0%(见图 15-11 和图 15-12，数据见附表 3 至附表 8)。

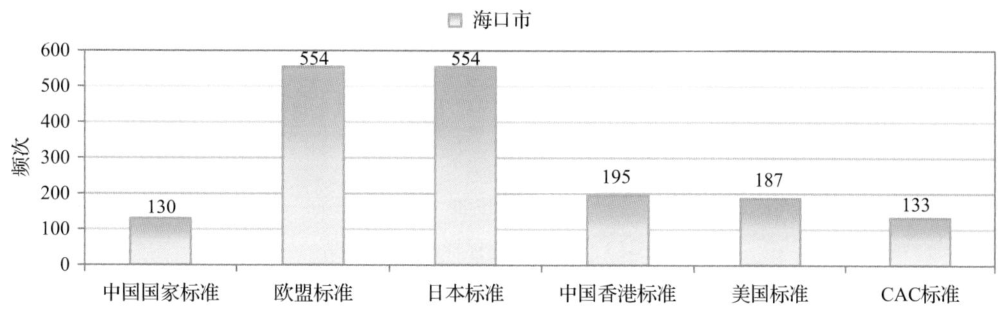

图 15-11　554 频次检出农药可用 MRL 中国国家标准、欧盟标准、日本标准、中国香港标准、美国标准、CAC 标准判定衡量的数量

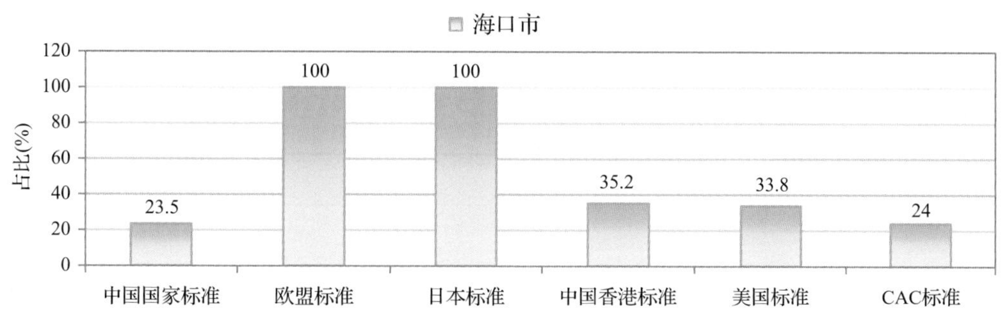

图 15-12　554 频次检出农药可用 MRL 中国国家标准、欧盟标准、日本标准、中国香港标准、美国标准、CAC 标准衡量的占比

15.2.1　超标农药样品分析

本次侦测的 411 例样品中，177 例样品未检出任何残留农药，占样品总量的 43.1%，234 例样品检出不同水平、不同种类的残留农药，占样品总量的 56.9%。在此，我们将本次侦测的农残检出情况与 MRL 中国国家标准、欧盟标准、日本标准、中国香港标准、

美国标准和 CAC 标准这 6 大国际主流 MRL 标准进行对比分析，样品农残检出与超标情况见图 15-13、表 15-12 和图 15-14，详细数据见附表 9 至附表 14。

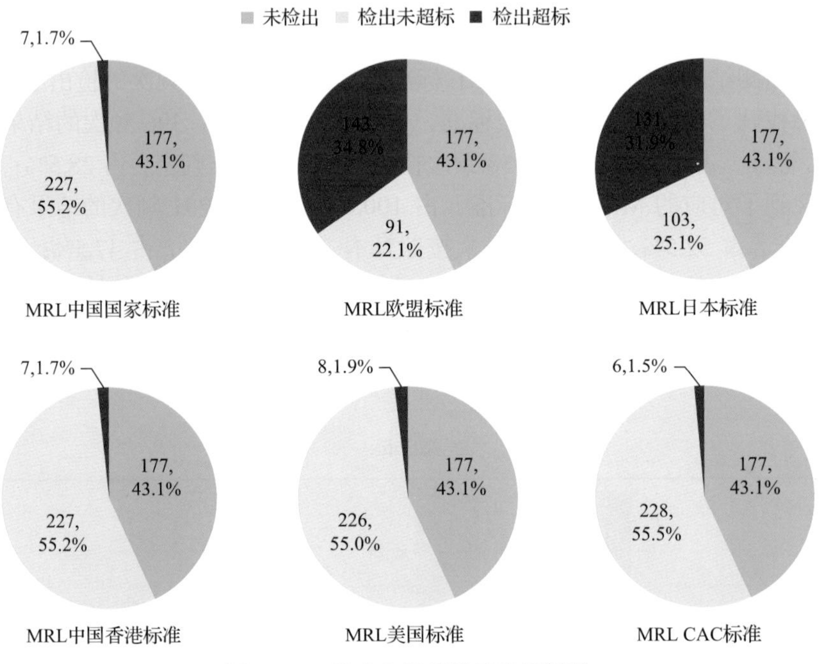

图 15-13　检出和超标样品比例情况

表 15-12　各 MRL 标准下样本农残检出与超标数量及占比

	中国国家标准	欧盟标准	日本标准	中国香港标准	美国标准	CAC 标准
	数量/占比(%)	数量/占比(%)	数量/占比(%)	数量/占比(%)	数量/占比(%)	数量/占比(%)
未检出	177/43.1	177/43.1	177/43.1	177/43.1	177/43.1	177/43.1
检出未超标	227/55.2	91/22.1	103/25.1	227/55.2	226/55.0	228/55.5
检出超标	7/1.7	143/34.8	131/31.9	7/1.7	8/1.9	6/1.5

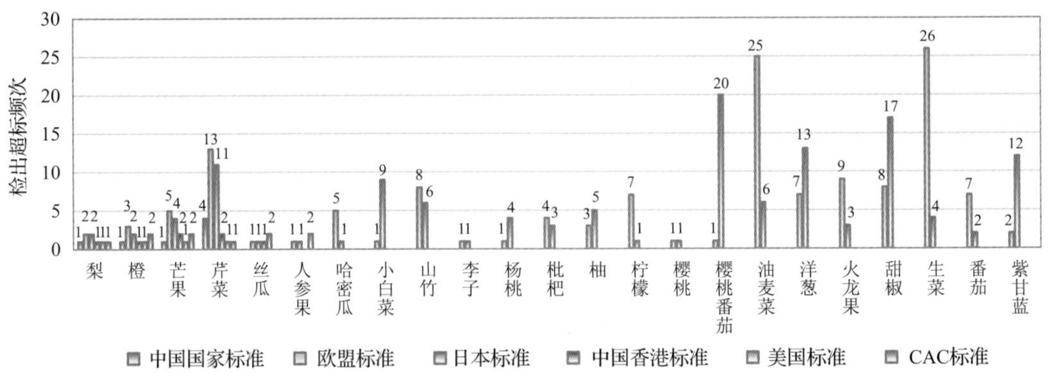

图 15-14-1　超过 MRL 中国国家标准、欧盟标准、日本标准、中国香港标准、美国标准和 CAC 标准结果在水果蔬菜中的分布

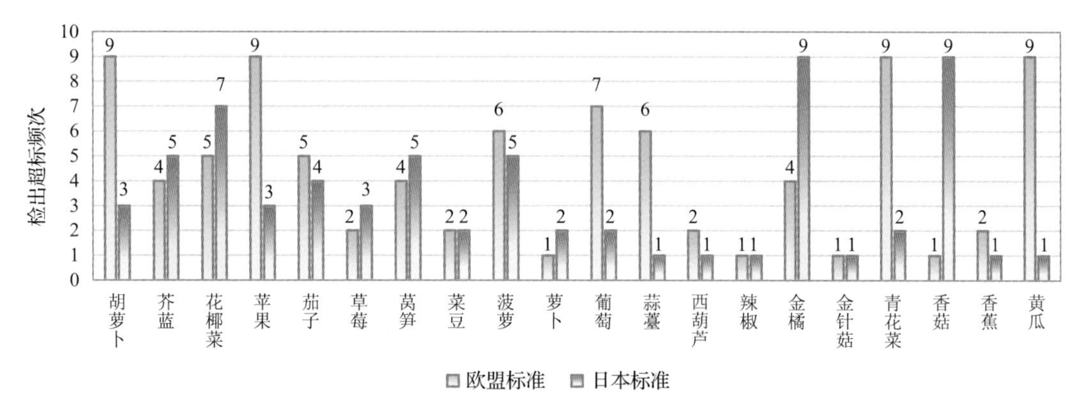

图 15-14-2　超过 MRL 中国国家标准、欧盟标准、日本标准、中国香港标准、美国标准和 CAC 标准结果在水果蔬菜中的分布

15.2.2　超标农药种类分析

按 MRL 中国国家标准、欧盟标准、日本标准、中国香港标准、美国标准和 CAC 标准这 6 大国际主流 MRL 标准衡量，本次侦测检出的农药超标品种及频次情况见表 15-13。

表 15-13　各 MRL 标准下超标农药品种及频次

	中国国家标准	欧盟标准	日本标准	中国香港标准	美国标准	CAC 标准
超标农药品种	4	50	47	4	5	4
超标农药频次	7	230	196	7	8	6

15.2.2.1　按 MRL 中国国家标准衡量

按 MRL 中国国家标准衡量，共有 4 种农药超标，检出 7 频次，分别为高毒农药克百威和水胺硫磷，中毒农药毒死蜱，微毒农药嘧菌酯。

按超标程度比较，橙中水胺硫磷超标 26.7 倍，芹菜中毒死蜱超标 3.0 倍，芹菜中克百威超标 1.0 倍，梨中毒死蜱超标 0.5 倍，芒果中嘧菌酯超标 0.4 倍。检测结果见图 15-15 和附表 15。

15.2.2.2　按 MRL 欧盟标准衡量

按 MRL 欧盟标准衡量，共有 50 种农药超标，检出 230 频次，分别为高毒农药克百威和水胺硫磷，中毒农药氯菊酯、除虫菊素 I 、氟虫腈、多效唑、仲丁威、毒死蜱、烯唑醇、甲霜灵、喹螨醚、甲氰菊酯、炔丙菊酯、三唑醇、γ-氟氯氰菌酯、虫螨腈、稻瘟灵、噁霜灵、速灭威、唑虫酰胺、双甲脒、丙硫克百威、氟硅唑、二甲戊灵、丙溴磷、异丙威、棉铃威和烯丙菊酯，低毒农药嘧霉胺、螺螨酯、己唑醇、烯虫炔酯、四氢吩胺、氟唑菌酰胺、甲醚菊酯、威杀灵、联苯、萘乙酸、炔螨特和 3,5-二氯苯胺，微毒农药萘乙酰胺、氟丙菊酯、腐霉利、嘧菌酯、解草腈、拌种咯、啶氧菌酯、吡丙醚、醚菌酯和烯虫酯。

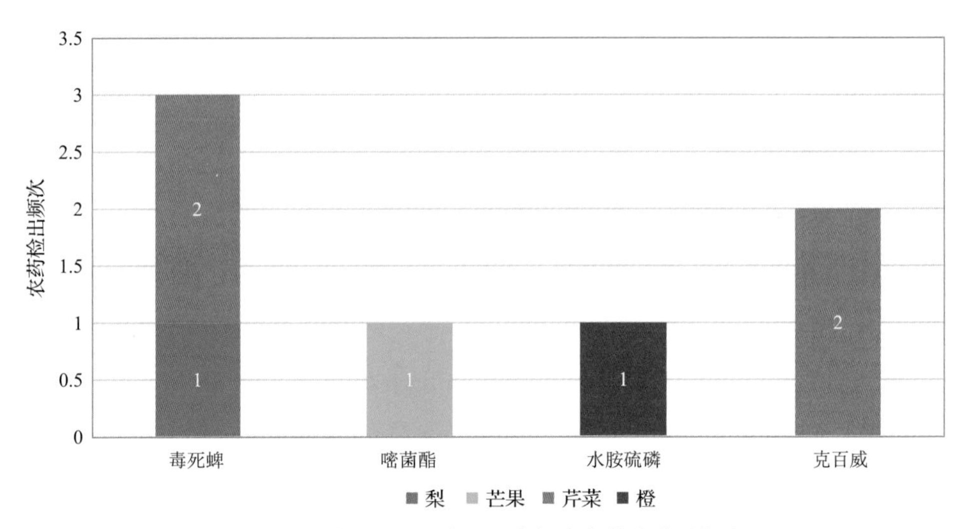

图 15-15　超过 MRL 中国国家标准农药品种及频次

按超标程度比较，油麦菜中唑虫酰胺超标 502.1 倍，胡萝卜中棉铃威超标 292.2 倍，火龙果中四氢吩胺超标 234.6 倍，油麦菜中腐霉利超标 224.8 倍，生菜中唑虫酰胺超标 204.7 倍。检测结果见图 15-16 和附表 16。

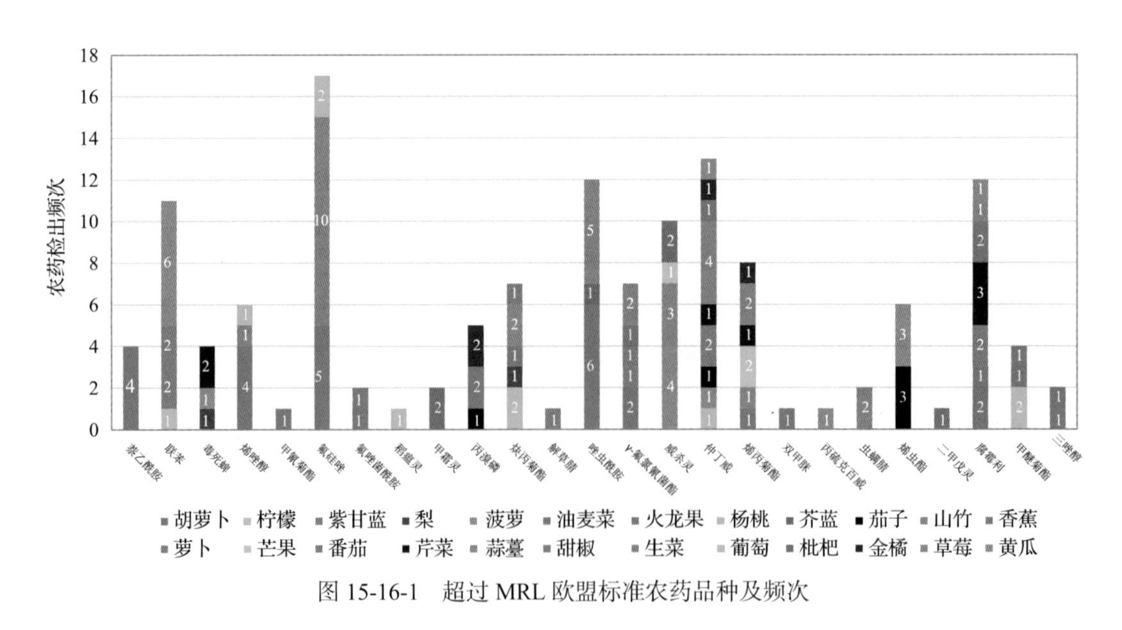

图 15-16-1　超过 MRL 欧盟标准农药品种及频次

15.2.2.3　按 MRL 日本标准衡量

按 MRL 日本标准衡量，共有 47 种农药超标，检出 196 频次，分别为高毒农药水胺硫磷，中毒农药氯菊酯、除虫菊素Ⅰ、氟虫腈、多效唑、戊唑醇、毒死蜱、甲霜灵、烯唑醇、甲氰菊酯、炔丙菊酯、γ-氟氯氰菌酯、喹螨醚、稻瘟灵、唑虫酰胺、速灭威、双甲脒、丙硫克百威、氟硅唑、二甲戊灵、棉铃威、异丙威、丙溴磷和烯丙菊酯，低毒农药嘧霉胺、氟吡菌酰胺、萎锈灵、己唑醇、烯虫炔酯、四氢吩胺、氟唑菌酰胺、甲醚菊

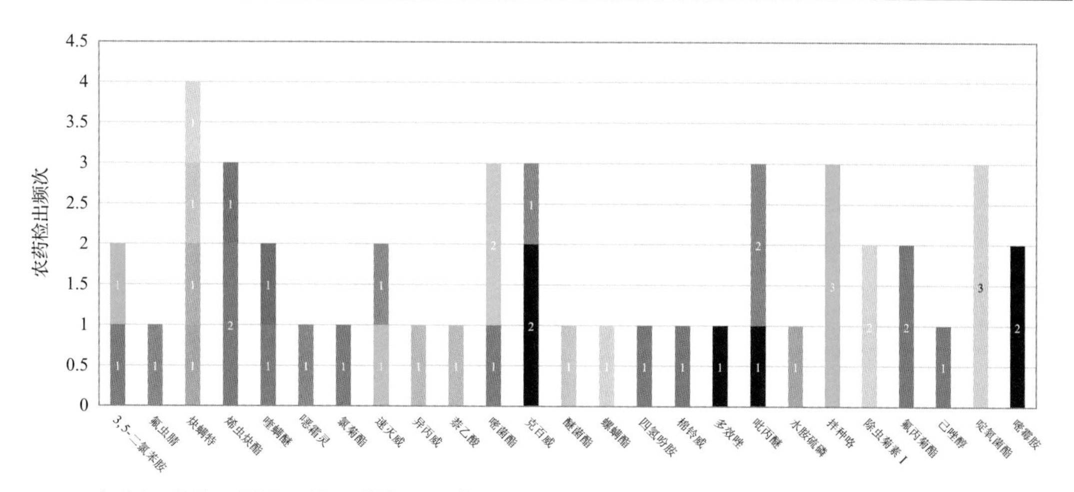

图 15-16-2 超过 MRL 欧盟标准农药品种及频次

酯、威杀灵、联苯、噻嗪酮、萘乙酸、炔螨特和 3,5-二氯苯胺，微毒农药萘乙酰胺、腐霉利、嘧菌酯、解草腈、拌种咯、啶氧菌酯、吡丙醚、醚菌酯和烯虫酯。

按超标程度比较，火龙果中四氢吩胺超标 234.6 倍，胡萝卜中烯丙菊酯超标 186.7 倍，香菇中炔螨特超标 121.1 倍，生菜中 γ-氟氯氰菌酯超标 82.5 倍，枇杷中二甲戊灵超标 70.4 倍。检测结果见图 15-17 和附表 17。

15.2.2.4 按 MRL 中国香港标准衡量

按 MRL 中国香港标准衡量，共有 4 种农药超标，检出 7 频次，分别为中毒农药毒死蜱和丙溴磷，低毒农药螺螨酯，微毒农药嘧菌酯。

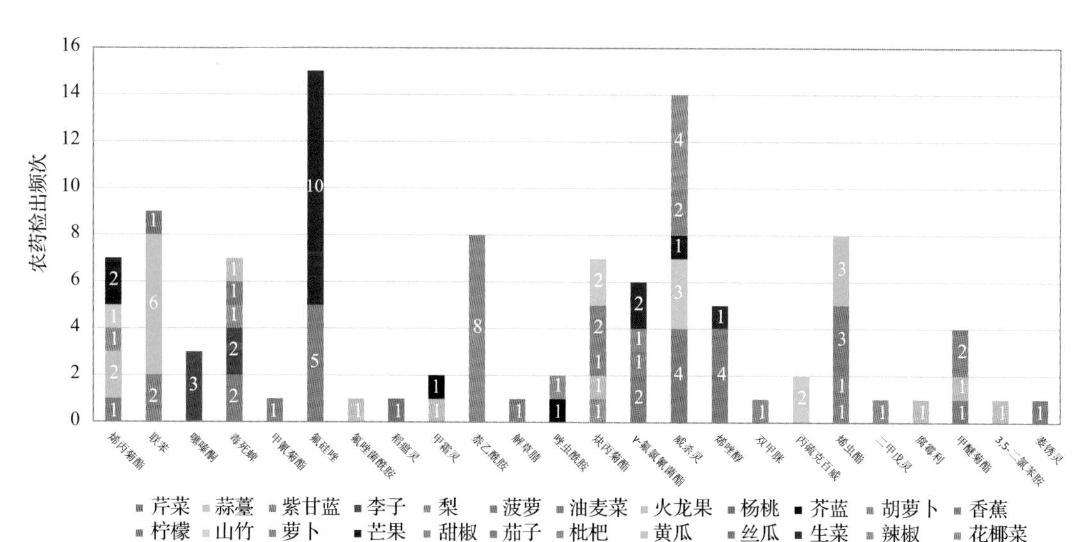

图 15-17-1 超过 MRL 日本标准农药品种及频次

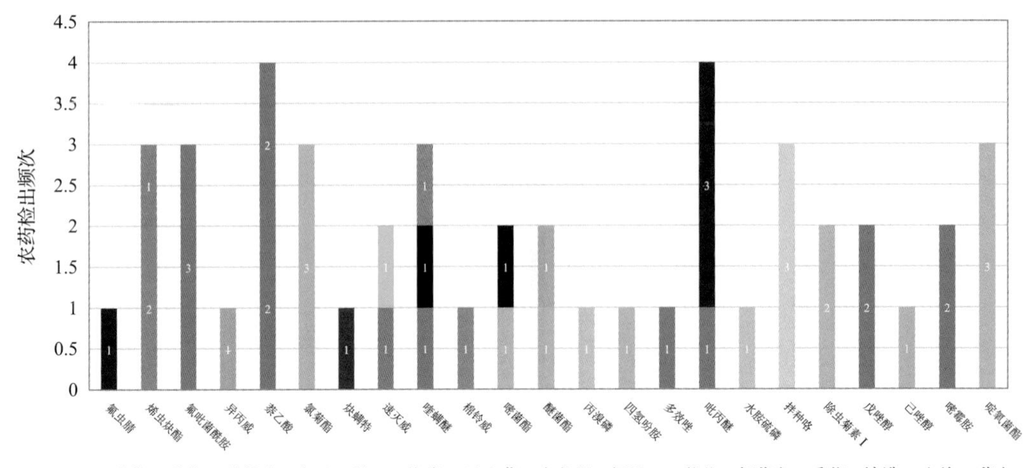

图 15-17-2　超过 MRL 日本标准农药品种及频次

按超标程度比较，芹菜中毒死蜱超标 3.0 倍，芒果中嘧菌酯超标 1.0 倍，苹果中螺螨酯超标 0.7 倍，梨中毒死蜱超标 0.5 倍，橙中丙溴磷超标 0.4 倍。检测结果见图 15-18 和附表 18。

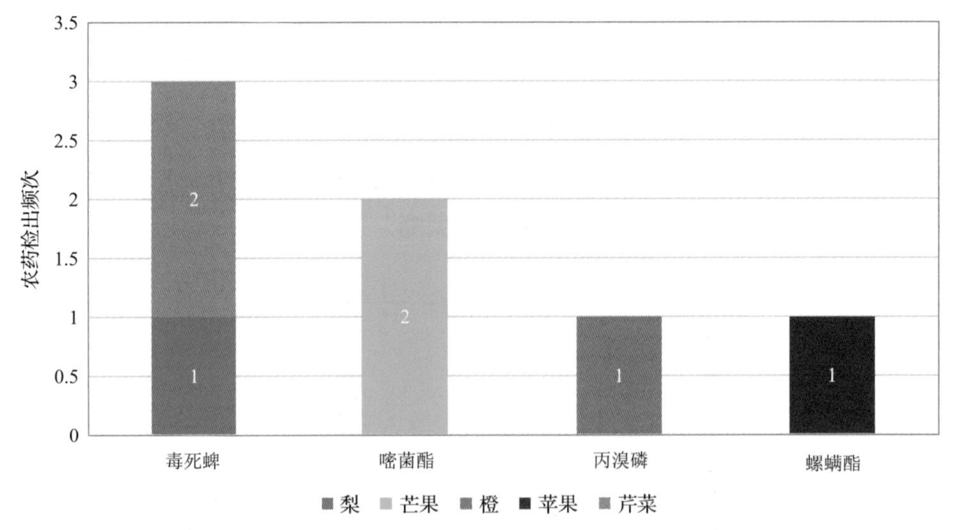

图 15-18　超过 MRL 中国香港标准农药品种及频次

15.2.2.5　按 MRL 美国标准衡量

按 MRL 美国标准衡量，共有 5 种农药超标，检出 8 频次，分别为中毒农药毒死蜱、甲霜灵、γ-氟氯氰菌酯和二甲戊灵，低毒农药螺螨酯。

按超标程度比较，枇杷中二甲戊灵超标 34.7 倍，梨中毒死蜱超标 28.3 倍，芥蓝中甲霜灵超标 6.9 倍，苹果中毒死蜱超标 5.2 倍，苹果中螺螨酯超标 0.7 倍。检测结果见图 15-19 和附表 19。

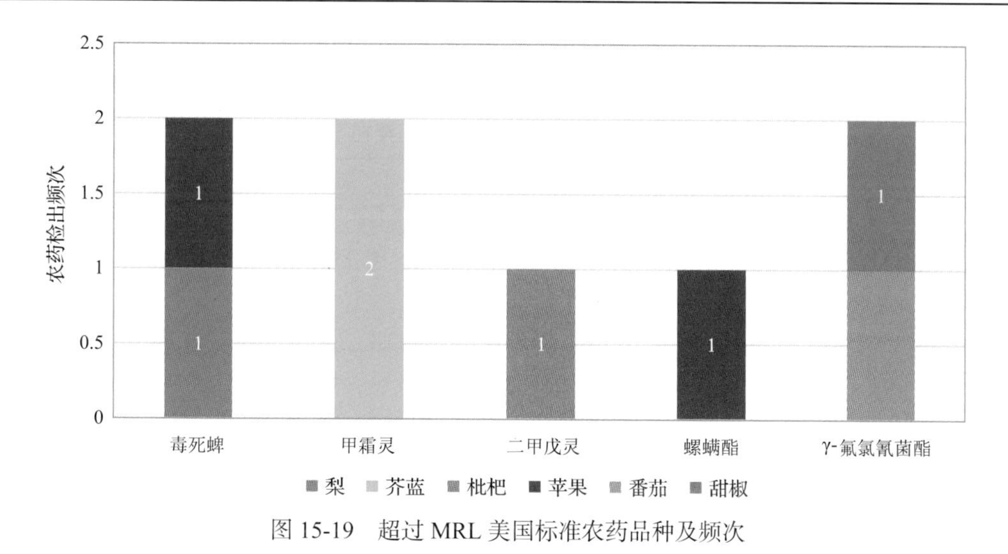

图 15-19　超过 MRL 美国标准农药品种及频次

15.2.2.6　按 MRL CAC 标准衡量

按 MRL CAC 标准衡量，共有 4 种农药超标，检出 6 频次，分别为中毒农药毒死蜱和氯氰菊酯，低毒农药螺螨酯，微毒农药嘧菌酯。

按超标程度比较，芒果中嘧菌酯超标 1.0 倍，油麦菜中氯氰菊酯超标 0.7 倍，苹果中螺螨酯超标 0.7 倍，梨中毒死蜱超标 0.5 倍。检测结果见图 15-20 和附表 20。

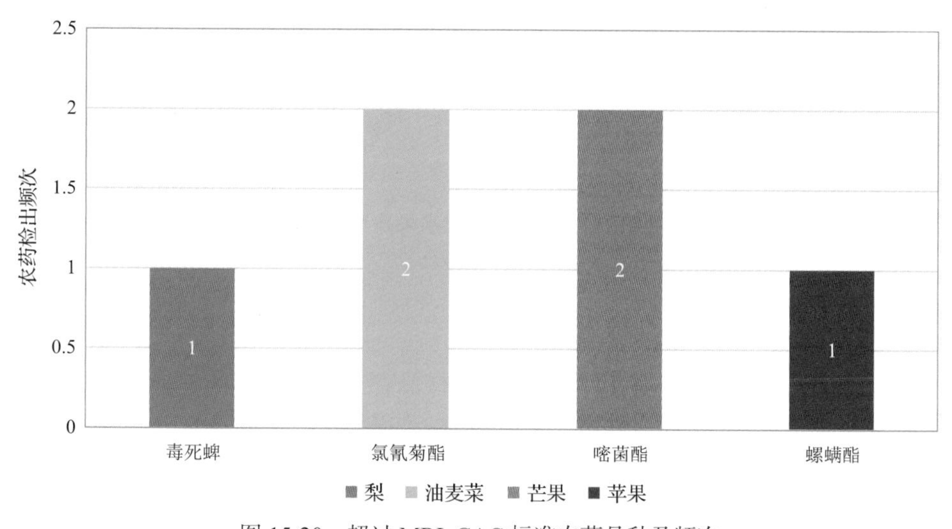

图 15-20　超过 MRL CAC 标准农药品种及频次

15.2.3　13 个采样点超标情况分析

15.2.3.1　按 MRL 中国国家标准衡量

按 MRL 中国国家标准衡量，有 5 个采样点的样品存在不同程度的超标农药检出，

其中***市场的超标率最高，为 10.0%，如表 15-14 和图 15-21 所示。

表 15-14 超过 MRL 中国国家标准水果蔬菜在不同采样点分布

序号	采样点	样品总数	超标数量	超标率(%)	行政区域
1	***超市(名门店)	73	1	1.4	美兰区
2	***超市(和平大道店)	64	1	1.6	美兰区
3	***超市(龙昆南店)	56	2	3.6	琼山区
4	***市场	31	2	6.5	龙华区
5	***市场	10	1	10.0	龙华区

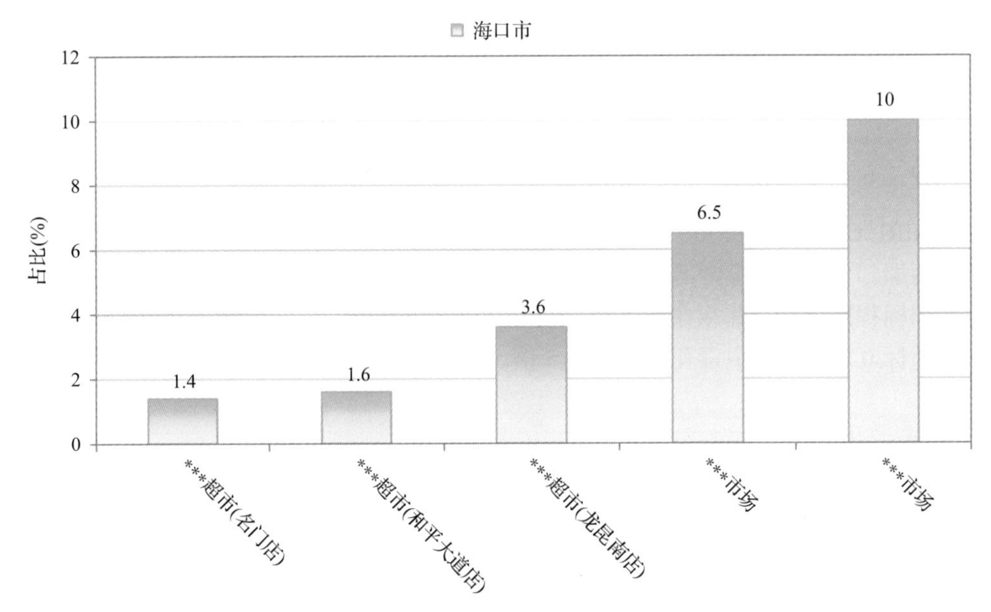

图 15-21 超过 MRL 中国国家标准水果蔬菜在不同采样点分布

15.2.3.2 按 MRL 欧盟标准衡量

按 MRL 欧盟标准衡量，有 12 个采样点的样品存在不同程度的超标农药检出，其中***超市(和平大道店)的超标率最高，为 53.1%，如表 15-15 和图 15-22 所示。

表 15-15 超过 MRL 欧盟标准水果蔬菜在不同采样点分布

序号	采样点	样品总数	超标数量	超标率(%)	行政区域
1	***超市(名门店)	73	25	34.2	美兰区
2	***超市(和平大道店)	64	34	53.1	美兰区
3	***超市(龙昆南店)	56	20	35.7	琼山区
4	***超市(国兴店)	37	6	16.2	美兰区

续表

序号	采样点	样品总数	超标数量	超标率(%)	行政区域
5	***超市(海口南亚店)	35	17	48.6	美兰区
6	***市场	31	12	38.7	龙华区
7	***市场	27	8	29.6	美兰区
8	***市场	25	13	52.0	琼山区
9	***市场	21	1	4.8	美兰区
10	***市场	20	2	10.0	美兰区
11	***市场	10	4	40.0	龙华区
12	***市场	7	1	14.3	秀英区

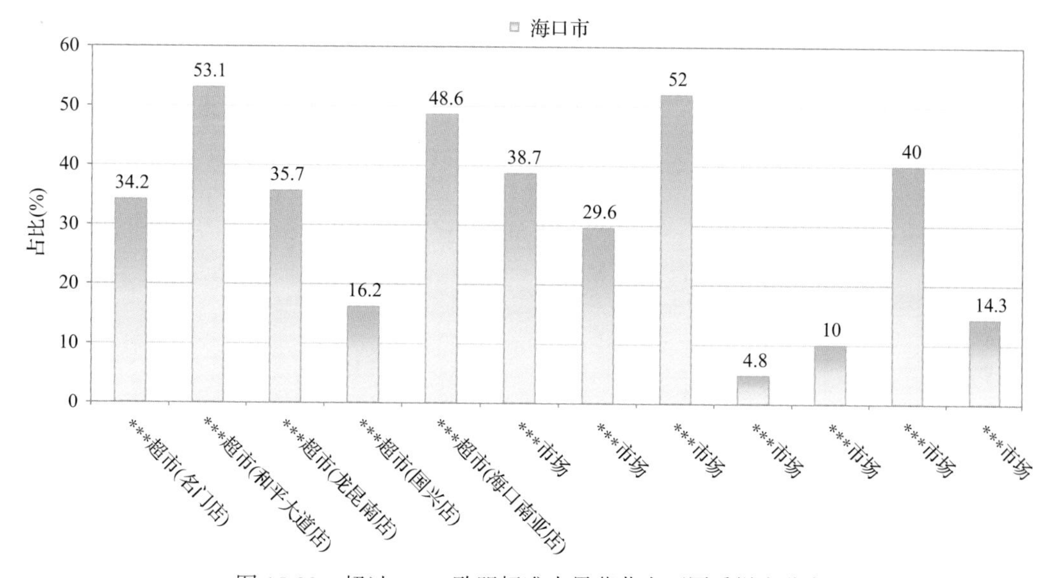

图 15-22　超过 MRL 欧盟标准水果蔬菜在不同采样点分布

15.2.3.3　按 MRL 日本标准衡量

按 MRL 日本标准衡量，有 12 个采样点的样品存在不同程度的超标农药检出，其中***超市(和平大道店)的超标率最高，为 45.3%，如表 15-16 和图 15-23 所示。

表 15-16　超过 MRL 日本标准水果蔬菜在不同采样点分布

序号	采样点	样品总数	超标数量	超标率(%)	行政区域
1	***超市(名门店)	73	23	31.5	美兰区
2	***超市(和平大道店)	64	29	45.3	美兰区
3	***超市(龙昆南店)	56	21	37.5	琼山区
4	***超市(国兴店)	37	5	13.5	美兰区

续表

序号	采样点	样品总数	超标数量	超标率(%)	行政区域
5	***超市(海口南亚店)	35	15	42.9	美兰区
6	***市场	31	13	41.9	龙华区
7	***市场	27	6	22.2	美兰区
8	***市场	25	11	44.0	琼山区
9	***市场	21	1	4.8	美兰区
10	***市场	20	2	10.0	美兰区
11	***市场	10	4	40.0	龙华区
12	***市场	7	1	14.3	秀英区

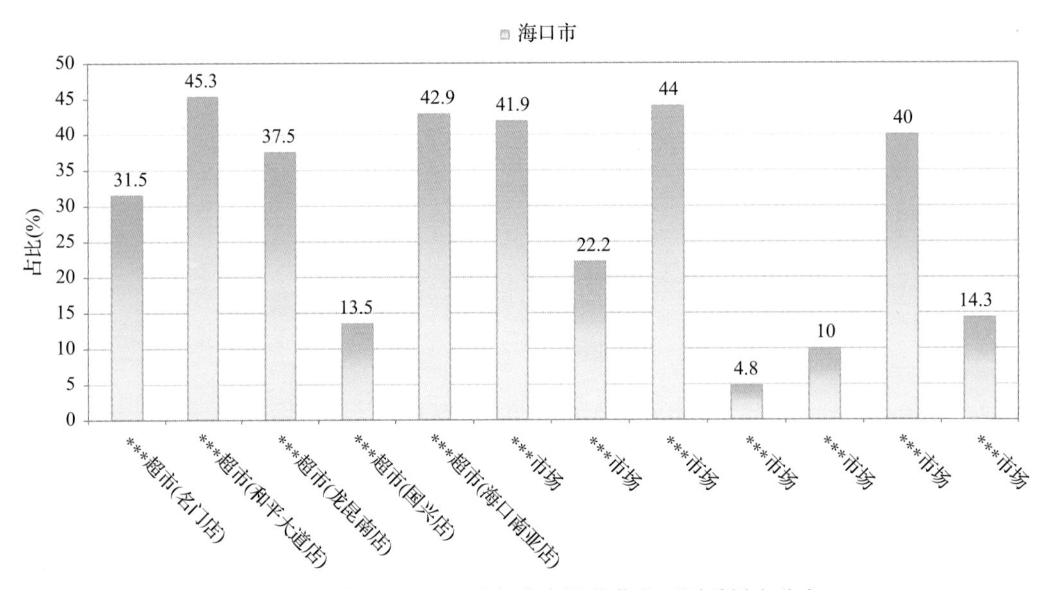

图 15-23　超过 MRL 日本标准水果蔬菜在不同采样点分布

15.2.3.4　按 MRL 中国香港标准衡量

按 MRL 中国香港标准衡量，有 4 个采样点的样品存在不同程度的超标农药检出，其中***市场的超标率最高，为 10.0%，如表 15-17 和图 15-24 所示。

表 15-17　超过 MRL 中国香港水果蔬菜在不同采样点分布

序号	采样点	样品总数	超标数量	超标率(%)	行政区域
1	***超市(和平大道店)	64	3	4.7	美兰区
2	***超市(龙昆南店)	56	1	1.8	琼山区
3	***市场	31	2	6.5	龙华区
4	***市场	10	1	10.0	龙华区

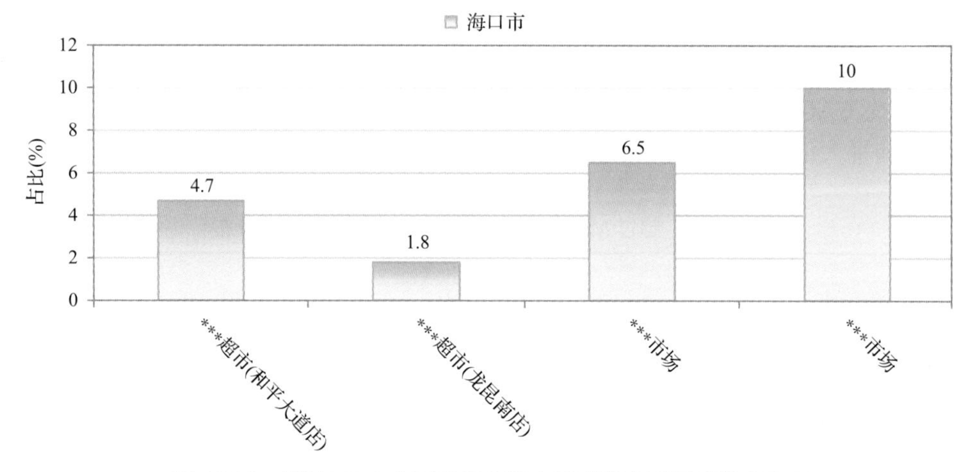

图 15-24 超过 MRL 中国香港标准水果蔬菜在不同采样点分布

15.2.3.5 按 MRL 美国标准衡量

按 MRL 美国标准衡量，有 5 个采样点的样品存在不同程度的超标农药检出，其中***超市(和平大道店)的超标率最高，为 4.7%，如表 15-18 和图 15-25 所示。

表 15-18 超过 MRL 美国标准水果蔬菜在不同采样点分布

序号	采样点	样品总数	超标数量	超标率(%)	行政区域
1	***超市(名门店)	73	2	2.7	美兰区
2	***超市(和平大道店)	64	3	4.7	美兰区
3	***超市(龙昆南店)	56	1	1.8	琼山区
4	***超市(海口南亚店)	35	1	2.9	美兰区
5	***市场	31	1	3.2	龙华区

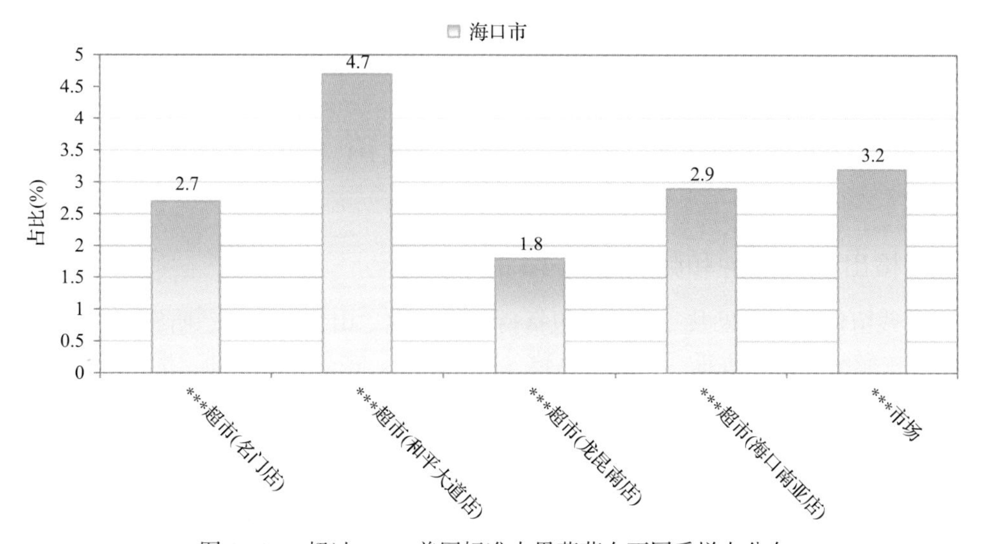

图 15-25 超过 MRL 美国标准水果蔬菜在不同采样点分布

15.2.3.6 按 MRL CAC 标准衡量

按 MRL CAC 标准衡量，有 4 个采样点的样品存在不同程度的超标农药检出，其中***超市(和平大道店)的超标率最高，为 4.7%，如表 15-19 和图 15-26 所示。

表 15-19 超过 MRL CAC 水果蔬菜在不同采样点分布

序号	采样点	样品总数	超标数量	超标率(%)	行政区域
1	***超市(和平大道店)	64	3	4.7	美兰区
2	***超市(龙昆南店)	56	1	1.8	琼山区
3	***超市(海口南亚店)	35	1	2.9	美兰区
4	***市场	31	1	3.2	龙华区

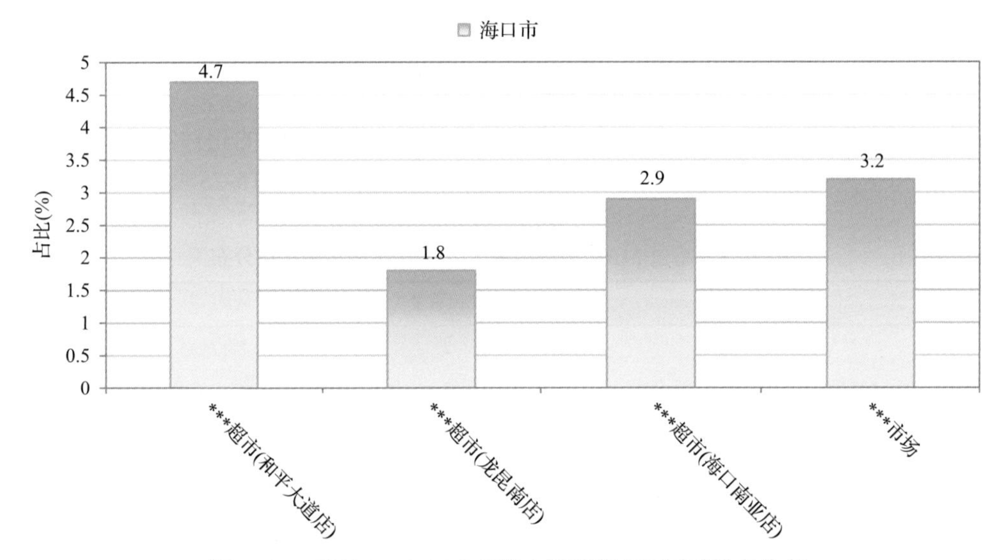

图 15-26 超过 MRL CAC 标准水果蔬菜在不同采样点分布

15.3 水果中农药残留分布

15.3.1 检出农药品种和频次排前 10 的水果

本次残留侦测的水果共 29 种，包括猕猴桃、桃、山竹、西瓜、哈密瓜、香蕉、柿子、木瓜、苹果、柑、香瓜、葡萄、草莓、梨、李子、芒果、枣、柚、枇杷、樱桃、橘、火龙果、柠檬、金橘、橙、菠萝、杨桃、番石榴和甜瓜。

根据检出农药品种及频次进行排名，将各项排名前 10 位的水果样品检出情况列表说明，详见表 15-20。

表 15-20　检出农药品种和频次排名前 10 的水果

检出农药品种排名前 10(品种)	①芒果(15),②火龙果(14),③柠檬(12),④葡萄(12),⑤苹果(10),⑥橙(9),⑦草莓(6),⑧金橘(5),⑨李子(5),⑩猕猴桃(5)
检出农药频次排名前 10(频次)	①葡萄(31),②芒果(24),③火龙果(23),④柠檬(22),⑤苹果(17),⑥柚(13),⑦橙(12),⑧梨(9),⑨李子(9),⑩山竹(9)
检出禁用、高毒及剧毒农药品种排名前 10(品种)	①草莓(1),②橙(1),③李子(1)
检出禁用、高毒及剧毒农药频次排名前 10(频次)	①草莓(1),②橙(1),③李子(1)

15.3.2　超标农药品种和频次排前 10 的水果

鉴于 MRL 欧盟标准和日本标准制定比较全面且覆盖率较高，我们参照 MRL 中国国家标准、欧盟标准和日本标准衡量水果样品中农残检出情况，将超标农药品种及频次排名前 10 的水果列表说明，详见表 15-21。

表 15-21　超标农药品种和频次排名前 10 的水果

超标农药品种排名前 10(农药品种数)	MRL 中国国家标准	①橘(2),②梨(1),③芒果(1)
	MRL 欧盟标准	①火龙果(9),②柠檬(5),③苹果(5),④山竹(5),⑤葡萄(4),⑥菠萝(3),⑦橙(3),⑧金橘(3),⑨芒果(3),⑩枇杷(3)
	MRL 日本标准	①火龙果(11),②山竹(5),③李子(3),④芒果(3),⑤柠檬(3),⑥枇杷(3),⑦苹果(3),⑧葡萄(3),⑨菠萝(2),⑩橙(2)
超标农药频次排名前 10(农药频次数)	MRL 中国国家标准	①橙(1),②梨(1),③芒果(1)
	MRL 欧盟标准	①火龙果(9),②苹果(9),③山竹(8),④柠檬(7),⑤葡萄(7),⑥菠萝(6),⑦哈密瓜(5),⑧芒果(5),⑨金橘(4),⑩枇杷(4)
	MRL 日本标准	①火龙果(13),②山竹(9),③苹果(7),④李子(6),⑤菠萝(5),⑥柠檬(5),⑦葡萄(5),⑧芒果(4),⑨枇杷(4),⑩柚(3)

通过对各品种水果样本总数及检出率进行综合分析发现，芒果、火龙果和葡萄的残留污染最为严重，在此，我们参照 MRL 中国国家标准、欧盟标准和日本标准对这 3 种水果的农残检出情况进行进一步分析。

15.3.3　农药残留检出率较高的水果样品分析

15.3.3.1　芒果

这次共检测 11 例芒果样品，10 例样品中检出了农药残留，检出率为 90.9%，检出农药共计 15 种。其中毒死蜱、嘧菌酯、氟丙菊酯、烯丙菊酯和吡丙醚检出频次较高，分别检出了 6、3、2、2 和 1 次。芒果中农药检出品种和频次见图 15-27，超标农药见图 15-28 和表 15-22。

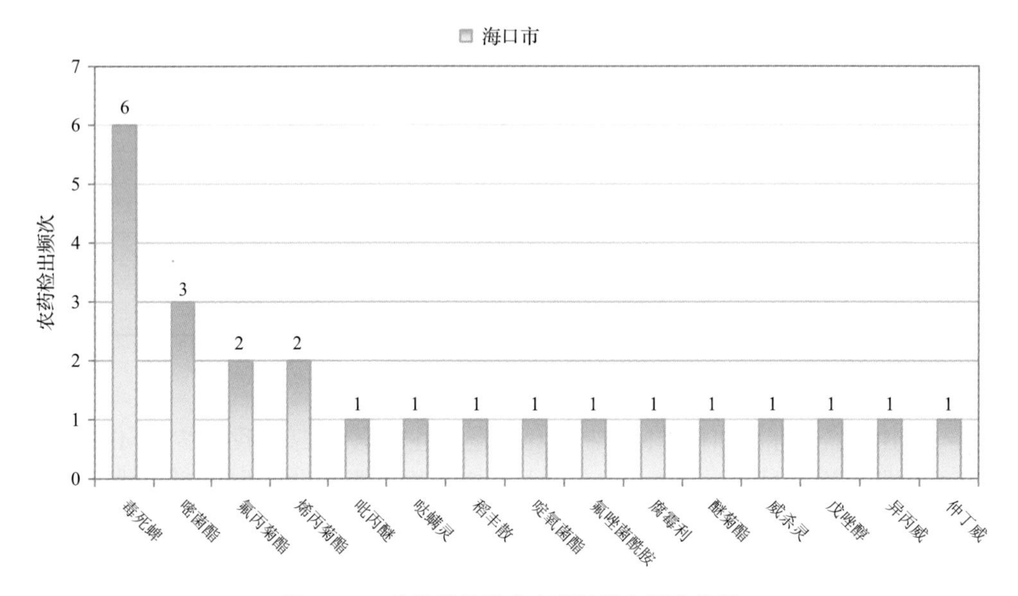

图 15-27　芒果样品检出农药品种和频次分析

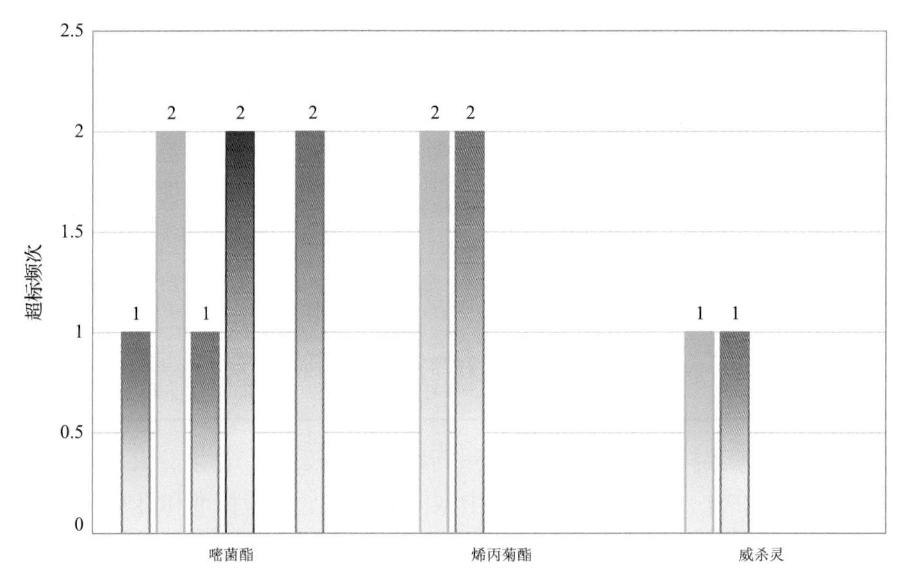

图 15-28　芒果样品中超标农药分析

表 15-22　芒果中农药残留超标情况明细表

样品总数			检出农药样品数	样品检出率(%)	检出农药品种总数
11			10	90.9	15
	超标农药品种	超标农药频次	按照 MRL 中国国家标准、欧盟标准和日本标准衡量超标农药名称及频次		
中国国家标准	1	1	嘧菌酯(1)		
欧盟标准	3	5	嘧菌酯(2),烯丙菊酯(2),威杀灵(1)		
日本标准	3	4	烯丙菊酯(2),嘧菌酯(1),威杀灵(1)		

15.3.3.2　火龙果

这次共检测 12 例火龙果样品，8 例样品中检出了农药残留，检出率为 66.7%，检出农药共计 14 种。其中氟丙菊酯、氯菊酯、3,5-二氯苯胺、毒死蜱和已唑醇检出频次较高，分别检出了 3、3、2、2 和 2 次。火龙果中农药检出品种和频次见图 15-29，超标农药见图 15-30 和表 15-23。

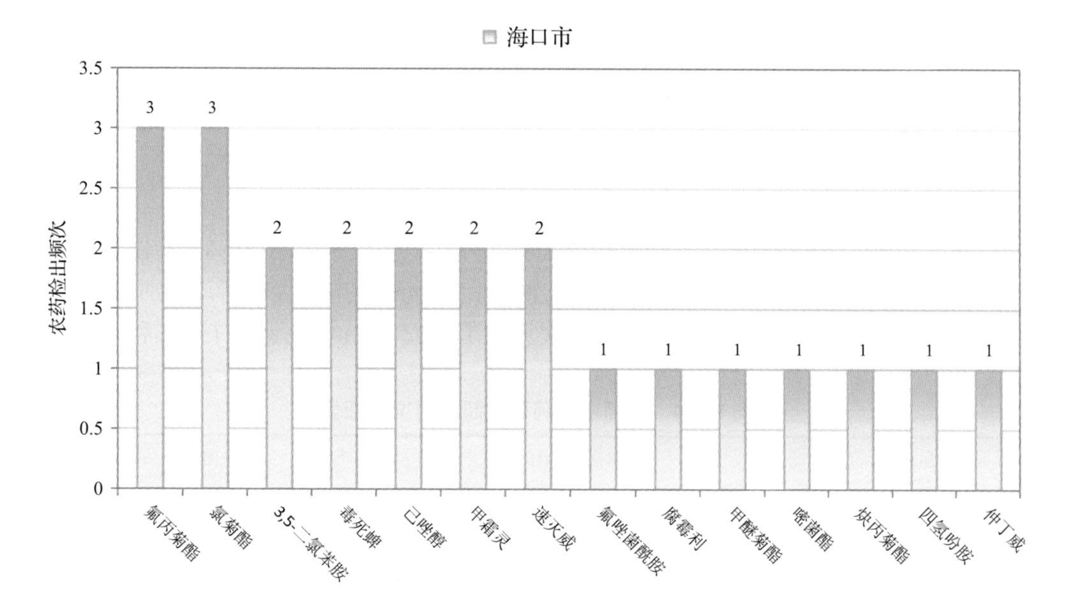

图 15-29　火龙果样品检出农药品种和频次分析

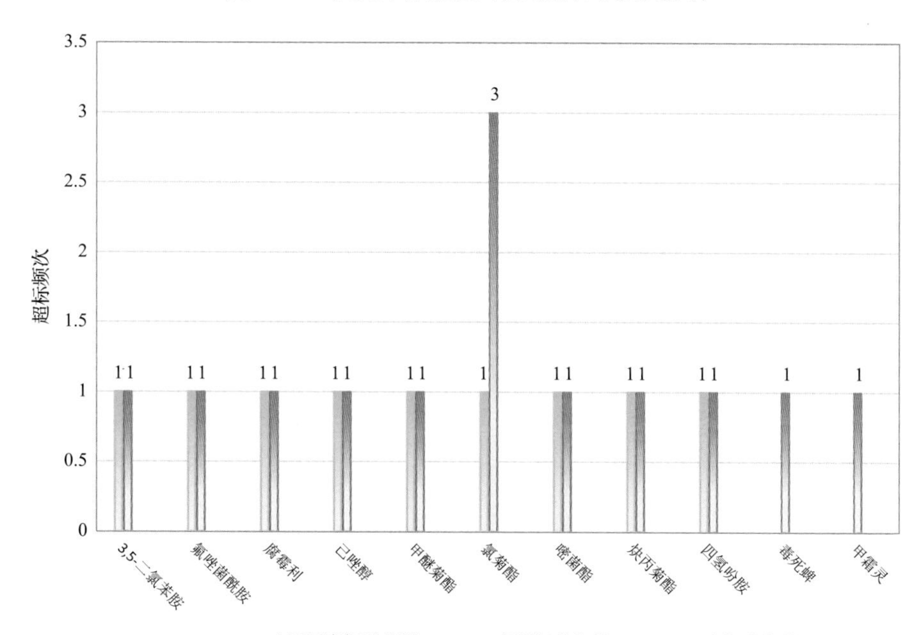

图 15-30　火龙果样品中超标农药分析

表 15-23 火龙果中农药残留超标情况明细表

样品总数			检出农药样品数	样品检出率(%)	检出农药品种总数
12			8	66.7	14
	超标农药品种	超标农药频次	按照 MRL 中国国家标准、欧盟标准和日本标准衡量超标农药名称及频次		
中国国家标准	0	0			
欧盟标准	9	9	3,5-二氯苯胺(1),氟唑菌酰胺(1),腐霉利(1),己唑醇(1),甲醚菊酯(1),氯菊酯(1),嘧菌酯(1),炔丙菊酯(1),四氢吩胺(1)		
日本标准	11	13	氯菊酯(3),3,5-二氯苯胺(1),毒死蜱(1),氟唑菌酰胺(1),腐霉利(1),己唑醇(1),甲醚菊酯(1),甲霜灵(1),嘧菌酯(1),炔丙菊酯(1),四氢吩胺(1)		

15.3.3.3 葡萄

这次共检测 11 例葡萄样品，全部检出了农药残留，检出率为 100.0%，检出农药共计 12 种。其中嘧霉胺、啶酰菌胺、嘧菌酯、拌种咯和戊唑醇检出频次较高，分别检出了 7、4、4、3 和 3 次。葡萄中农药检出品种和频次见图 15-31，超标农药见图 15-32 和表 15-24。

表 15-24 葡萄中农药残留超标情况明细表

样品总数			检出农药样品数	样品检出率(%)	检出农药品种总数
11			11	100	12
	超标农药品种	超标农药频次	按照 MRL 中国国家标准、欧盟标准和日本标准衡量超标农药名称及频次		
中国国家标准	0	0			
欧盟标准	4	7	拌种咯(3),氟硅唑(2),3,5-二氯苯胺(1),烯唑醇(1)		
日本标准	3	5	拌种咯(3),3,5-二氯苯胺(1),烯唑醇(1)		

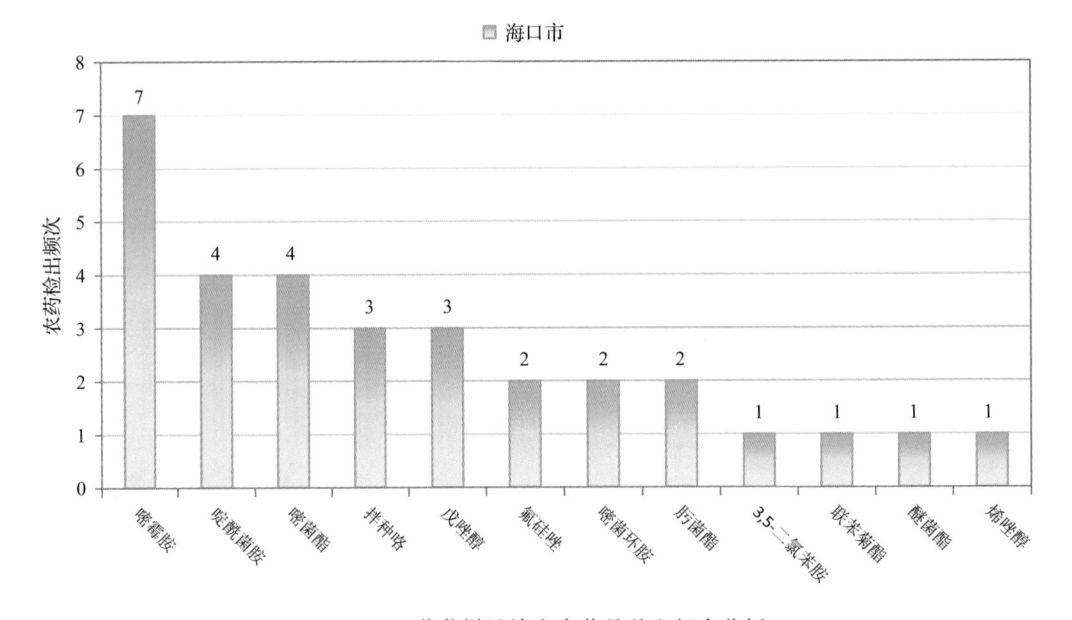

图 15-31 葡萄样品检出农药品种和频次分析

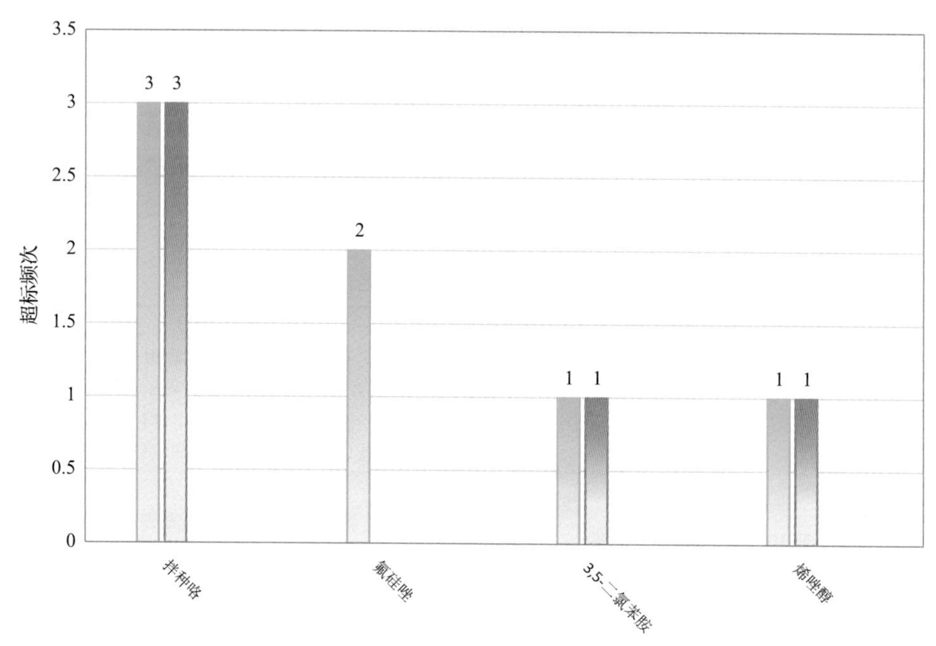

图 15-32　葡萄样品中超标农药分析

15.4　蔬菜中农药残留分布

15.4.1　检出农药品种和频次排前 10 的蔬菜

本次残留侦测的蔬菜共 52 种，包括洋葱、莲藕、芹菜、黄瓜、韭菜、紫薯、蕹菜、结球甘蓝、小茴香、甘薯、大蒜、青蒜、豇豆、番茄、花椰菜、菠菜、山药、甜椒、西葫芦、芥蓝、春菜、辣椒、奶白菜、葱、樱桃番茄、人参果、佛手瓜、胡萝卜、青花菜、紫甘蓝、小白菜、芋、叶芥菜、南瓜、油麦菜、萝卜、茄子、马铃薯、姜、冬瓜、菜豆、生菜、大白菜、小油菜、苦瓜、茼蒿、娃娃菜、丝瓜、莴笋、蒜薹、甘薯叶和青菜。

根据检出农药品种及频次进行排名，将各项排名前 10 的蔬菜样品检出情况列表说明，详见表 15-25。

表 15-25　检出农药品种和频次排名前 10 的蔬菜

检出农药品种排名前 10(品种)	①芹菜(20),②油麦菜(19),③生菜(14),④番茄(12),⑤甜椒(12),⑥胡萝卜(10),⑦黄瓜(7),⑧青花菜(6),⑨菜豆(5),⑩芥蓝(5)
检出农药频次排名前 10(频次)	①油麦菜(53),②生菜(39),③芹菜(37),④番茄(25),⑤黄瓜(23),⑥胡萝卜(22),⑦青花菜(15),⑧甜椒(15),⑨茄子(9),⑩洋葱(8)
检出禁用、高毒及剧毒农药品种排名前 10(品种)	①生菜(2),②萝卜(1),③芹菜(1)
检出禁用、高毒及剧毒农药频次排名前 10(频次)	①芹菜(4),②生菜(2),③萝卜(1)

15.4.2　超标农药品种和频次排前 10 的蔬菜

鉴于 MRL 欧盟标准和日本标准制定比较全面且覆盖率较高，我们参照 MRL 中国国家标准、欧盟标准和日本标准衡量蔬菜样品中农残检出情况，将超标农药品种及频次排名前 10 的蔬菜列表说明，详见表 15-26。

表 15-26　超标农药品种和频次排名前 10 的蔬菜

超标农药品种排名前 10（农药品种数）	MRL 中国国家标准	①芹菜(2)
	MRL 欧盟标准	①生菜(10),②油麦菜(10),③芹菜(8),④甜椒(6),⑤胡萝卜(5),⑥番茄(4),⑦芥蓝(3),⑧茄子(3),⑨青花菜(3),⑩洋葱(3)
	MRL 日本标准	①油麦菜(9),②芹菜(7),③生菜(5),④胡萝卜(4),⑤菜豆(3),⑥番茄(3),⑦芥蓝(3),⑧青花菜(3),⑨甜椒(3),⑩花椰菜(2)
超标农药频次排名前 10（农药频次数）	MRL 中国国家标准	①芹菜(4)
	MRL 欧盟标准	①生菜(26),②油麦菜(25),③芹菜(13),④胡萝卜(9),⑤黄瓜(9),⑥青花菜(9),⑦甜椒(8),⑧番茄(7),⑨洋葱(7),⑩蒜薹(6)
	MRL 日本标准	①油麦菜(20),②生菜(17),③胡萝卜(12),④芹菜(11),⑤黄瓜(9),⑥青花菜(9),⑦洋葱(6),⑧花椰菜(5),⑨番茄(4),⑩莴笋(4)

通过对各品种蔬菜样本总数及检出率进行综合分析发现，芹菜、油麦菜和生菜的残留污染最为严重，在此，我们参照 MRL 中国国家标准、欧盟标准和日本标准对这 3 种蔬菜的农残检出情况进行进一步分析。

15.4.3　农药残留检出率较高的蔬菜样品分析

15.4.3.1　芹菜

这次共检测 10 例芹菜样品，9 例样品中检出了农药残留，检出率为 90.0%，检出农药共计 20 种。其中戊唑醇、克百威、毒死蜱、腐霉利和嘧霉胺检出频次较高，分别检出了 6、4、3、3 和 3 次。芹菜中农药检出品种和频次见图 15-33，超标农药见图 15-34 和表 15-27。

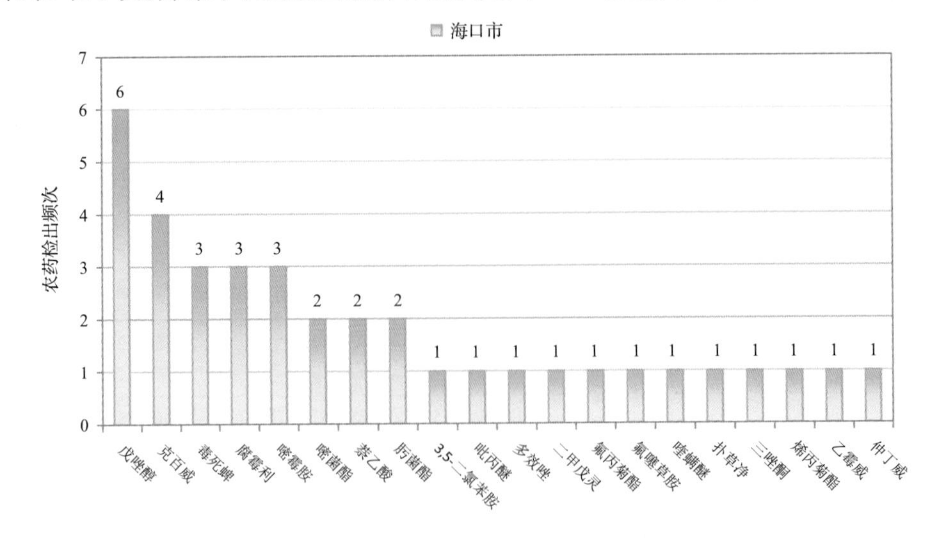

图 15-33　芹菜样品检出农药品种和频次分析

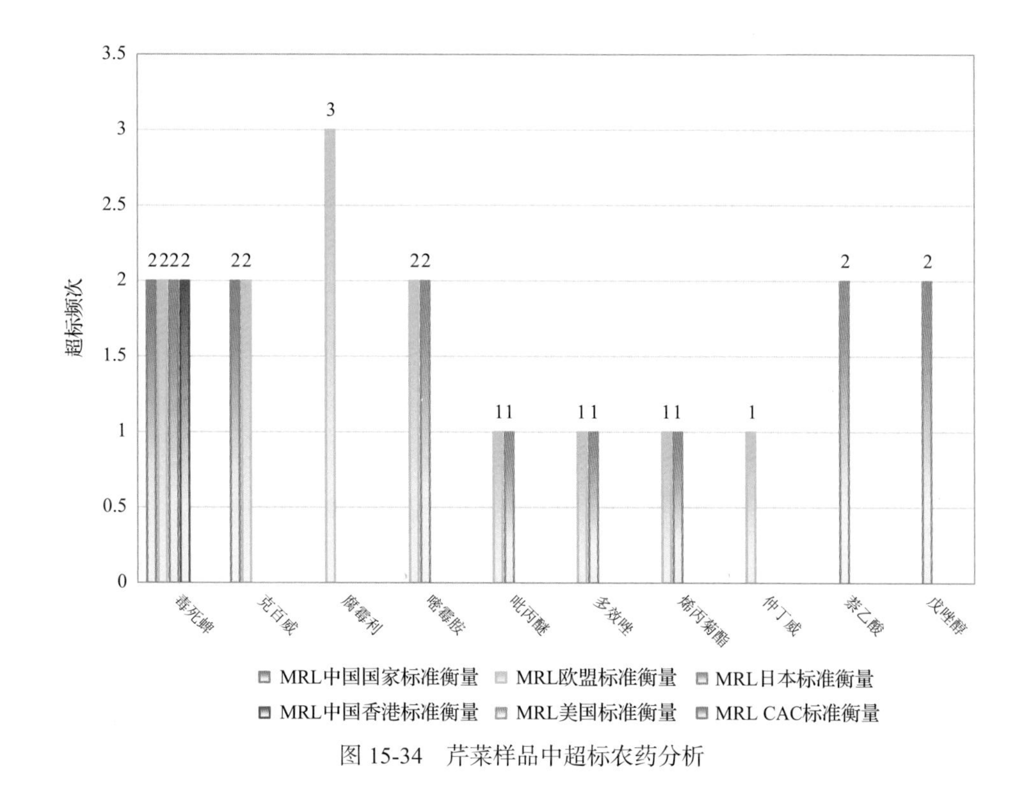

图 15-34　芹菜样品中超标农药分析

表 15-27　芹菜中农药残留超标情况明细表

样品总数			检出农药样品数	样品检出率(%)	检出农药品种总数
10			9	90	20
	超标农药品种	超标农药频次	按照 MRL 中国国家标准、欧盟标准和日本标准衡量超标农药名称及频次		
中国国家标准	2	4	毒死蜱(2),克百威(2)		
欧盟标准	8	13	腐霉利(3),毒死蜱(2),克百威(2),嘧霉胺(2),吡丙醚(1),多效唑(1),烯丙菊酯(1),仲丁威(1)		
日本标准	7	11	毒死蜱(2),嘧霉胺(2),萘乙酸(2),戊唑醇(2),吡丙醚(1),多效唑(1),烯丙菊酯(1)		

15.4.3.2　油麦菜

这次共检测 7 例油麦菜样品，全部检出了农药残留，检出率为 100.0%，检出农药共计 19 种。其中唑虫酰胺、氟丙菊酯、氟硅唑、戊唑醇和烯唑醇检出频次较高，分别检出了 6、5、5、5 和 5 次。油麦菜中农药检出品种和频次见图 15-35，超标农药见图 15-36 和表 15-28。

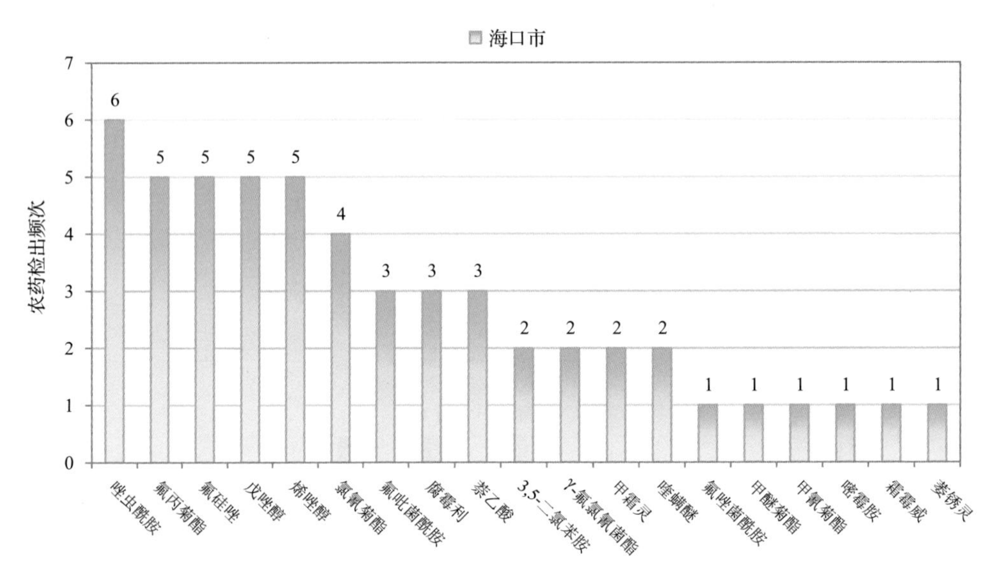

图 15-35　油麦菜样品检出农药品种和频次分析

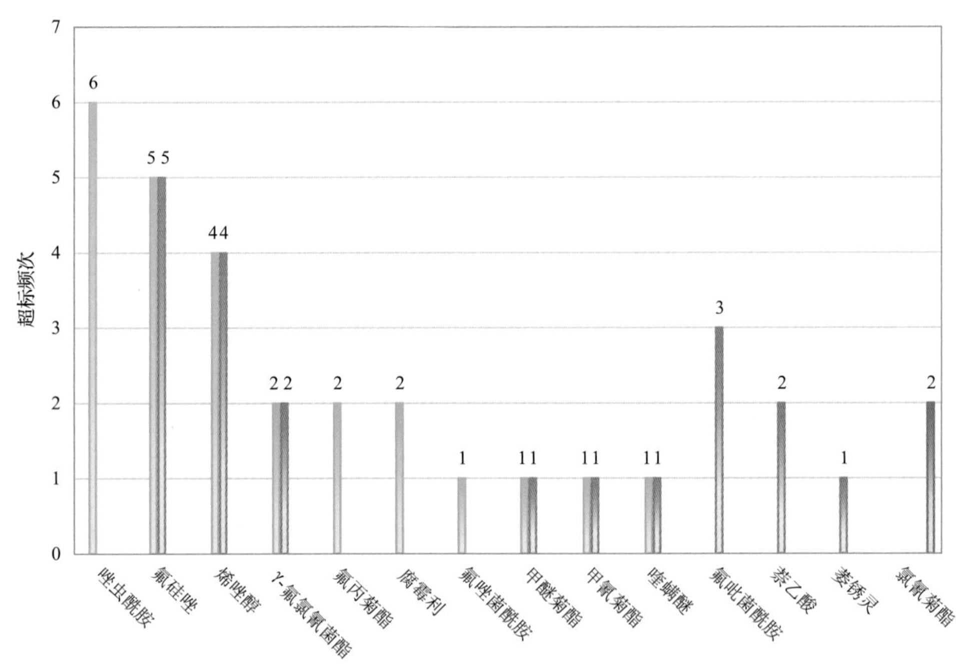

图 15-36　油麦菜样品中超标农药分析

15.4.3.3　生菜

这次共检测 12 例生菜样品，11 例样品中检出了农药残留，检出率为 91.7%，检出农药共计 14 种。其中氟硅唑、嘧霉胺、唑虫酰胺、吡丙醚和氯氰菊酯检出频次较高，分别检出了 11、6、5、3 和 3 次。生菜中农药检出品种和频次见图 15-37，超标农药见图 15-38 和表 15-29。

表 15-28　油麦菜中农药残留超标情况明细表

样品总数			检出农药样品数	样品检出率(%)	检出农药品种总数
7			7	100	19
	超标农药品种	超标农药频次	按照 MRL 中国国家标准、欧盟标准和日本标准衡量超标农药名称及频次		
中国国家标准	0	0			
欧盟标准	10	25	唑虫酰胺(6),氟硅唑(5),烯唑醇(4),γ-氟氯氰菌酯(2),氟丙菊酯(2),腐霉利(2),氟唑菌酰胺(1),甲醚菊酯(1),甲氰菊酯(1),喹螨醚(1)		
日本标准	9	20	氟硅唑(5),烯唑醇(4),氟吡菌酰胺(3),γ-氟氯氰菌酯(2),萘乙酸(2),甲醚菊酯(1),甲氰菊酯(1),喹螨醚(1),萎锈灵(1)		

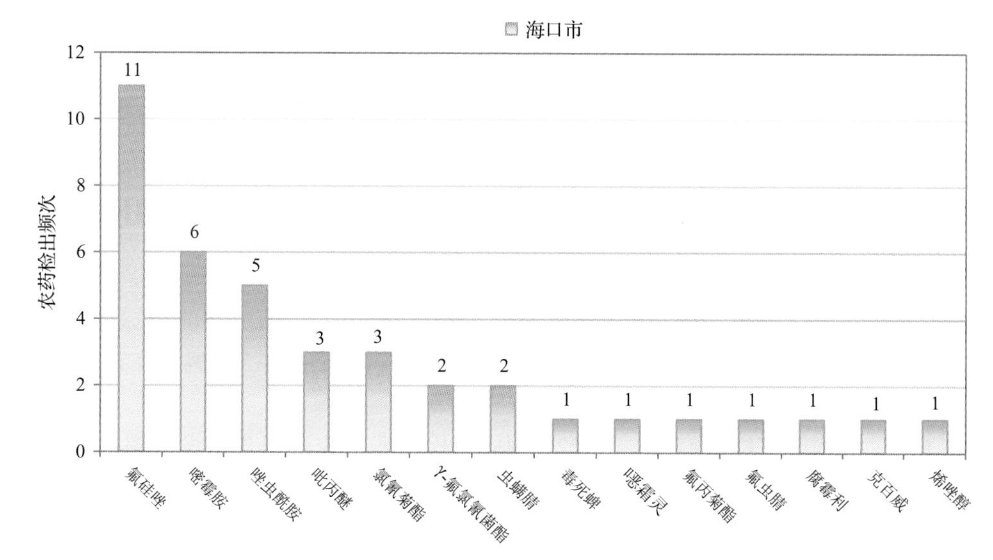

图 15-37　生菜样品检出农药品种和频次分析

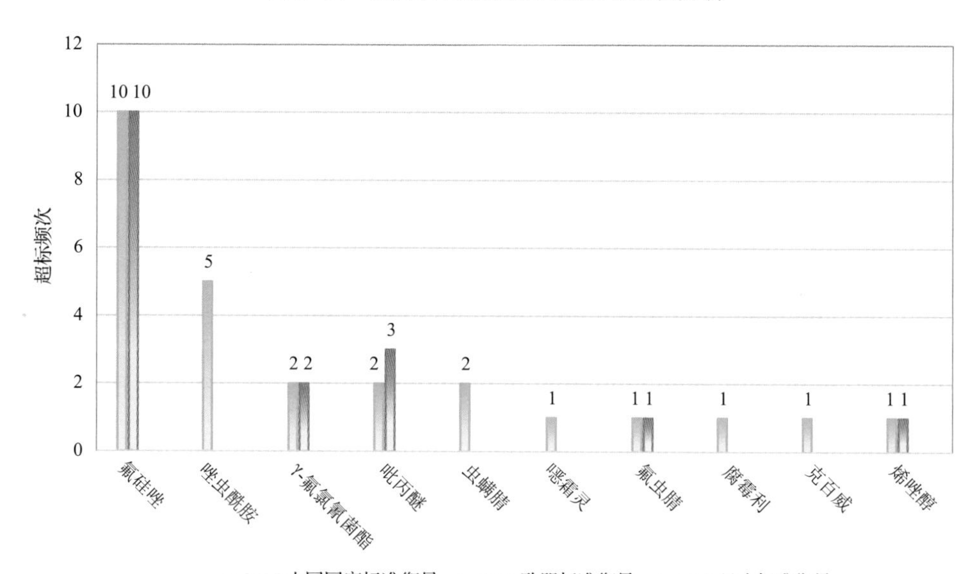

图 15-38　生菜样品中超标农药分析

表 15-29　生菜中农药残留超标情况明细表

样品总数			检出农药样品数	样品检出率(%)	检出农药品种总数
12			11	91.7	14
	超标农药品种	超标农药频次	按照 MRL 中国国家标准、欧盟标准和日本标准衡量超标农药名称及频次		
中国国家标准	0	0			
欧盟标准	10	26	氟硅唑(10),唑虫酰胺(5),γ-氟氯氰菌酯(2),吡丙醚(2),虫螨腈(2),噁霜灵(1),氟虫腈(1),腐霉利(1),克百威(1),烯唑醇(1)		
日本标准	5	17	氟硅唑(10),吡丙醚(3),γ-氟氯氰菌酯(2),氟虫腈(1),烯唑醇(1)		

15.5　初 步 结 论

15.5.1　海口市市售水果蔬菜按 MRL 中国国家标准和国际主要 MRL 标准衡量的合格率

本次侦测的 411 例样品中，177 例样品未检出任何残留农药，占样品总量的 43.1%，234 例样品检出不同水平、不同种类的残留农药，占样品总量的 56.9%。在这 234 例检出农药残留的样品中：

按 MRL 中国国家标准衡量，有 227 例样品检出残留农药但含量没有超标，占样品总数的 55.2%，有 7 例样品检出了超标农药，占样品总数的 1.7%。

按 MRL 欧盟标准衡量，有 91 例样品检出残留农药但含量没有超标，占样品总数的 22.1%，有 143 例样品检出了超标农药，占样品总数的 34.8%。

按 MRL 日本标准衡量，有 103 例样品检出残留农药但含量没有超标，占样品总数的 25.1%，有 131 例样品检出了超标农药，占样品总数的 31.9%。

按 MRL 中国香港标准衡量，有 227 例样品检出残留农药但含量没有超标，占样品总数的 55.2%，有 7 例样品检出了超标农药，占样品总数的 1.7%。

按 MRL 美国标准衡量，有 226 例样品检出残留农药但含量没有超标，占样品总数的 55.0%，有 8 例样品检出了超标农药，占样品总数的 1.9%。

按 MRL CAC 标准衡量，有 228 例样品检出残留农药但含量没有超标，占样品总数的 55.5%，有 6 例样品检出了超标农药，占样品总数的 1.5%。

15.5.2　海口市市售水果蔬菜中检出农药以中低微毒农药为主，占市场主体的 96.2%

这次侦测的 411 例样品包括调味料 1 种 2 例，谷物 1 种 1 例，食用菌 5 种 26 例，水果 29 种 145 例，蔬菜 52 种 237 例，共检出了 79 种农药，检出农药的毒性以中低微毒为主，详见表 15-30。

表 15-30　市场主体农药毒性分布

毒性	检出品种	占比(%)	检出频次	占比(%)
高毒农药	3	3.8	8	1.4
中毒农药	38	48.1	285	51.4
低毒农药	21	26.6	141	25.5
微毒农药	17	21.5	120	21.7
中低微毒农药，品种占比 96.2%，频次占比 98.6%				

15.5.3　检出剧毒、高毒和禁用农药现象应该警醒

在此次侦测的 411 例样品中有 3 种蔬菜和 3 种水果的 9 例样品检出了 5 种 10 频次的剧毒和高毒或禁用农药，占样品总量的 2.2%。其中高毒农药克百威、敌敌畏和水胺硫磷检出频次较高。

按 MRL 中国国家标准衡量，高毒农药克百威，检出 6 次，超标 2 次；水胺硫磷，检出 1 次，超标 1 次；按超标程度比较，橙中水胺硫磷超标 26.7 倍，芹菜中克百威超标 1.0 倍。

剧毒、高毒或禁用农药的检出情况及按照 MRL 中国国家标准衡量的超标情况见表 15-31。

表 15-31　剧毒、高毒或禁用农药的检出及超标明细

序号	农药名称	样品名称	检出频次	超标频次	最大超标倍数	超标率
1.1	克百威◊▲	芹菜	4	2	1	50.0%
1.2	克百威◊▲	生菜	1	0	0	0.0%
1.3	克百威◊▲	草莓	1	0	0	0.0%
2.1	敌敌畏◊	萝卜	1	0	0	0.0%
3.1	水胺硫磷◊▲	橙	1	1	26.735	100.0%
4.1	氟虫腈▲	生菜	1	0	0	0.0%
5.1	硫丹▲	李子	1	0	0	0.0%
合计			10	3		30.0%

注：超标倍数参照 MRL 中国国家标准衡量

这些超标的剧毒和高毒农药都是中国政府早有规定禁止在水果蔬菜中使用的，为什么还屡次被检出，应该引起警惕。

15.5.4　残留限量标准与先进国家或地区标准差距较大

554 频次的检出结果与我国公布的《食品中农药最大残留限量》(GB 2763—2014) 对比，有 130 频次能找到对应的 MRL 中国国家标准，占 23.5%；还有 424 频次的侦测数据无相关 MRL 标准供参考，占 76.5%。

与国际上现行 MRL 标准对比发现：

有 554 频次能找到对应的 MRL 欧盟标准，占 100.0%；

有 554 频次能找到对应的 MRL 日本标准，占 100.0%；

有 195 频次能找到对应的 MRL 中国香港标准，占 35.2%；

有 187 频次能找到对应的 MRL 美国标准，占 33.8%；

有 133 频次能找到对应的 MRL CAC 标准，占 24.0%。

由上可见，MRL 中国国家标准与先进国家或地区标准还有很大差距，我们无标准，境外有标准，这就会导致我们在国际贸易中，处于受制于人的被动地位。

15.5.5 水果蔬菜单种样品检出 12~20 种农药残留，拷问农药使用的科学性

通过此次监测发现，芒果、火龙果和柠檬是检出农药品种最多的 3 种水果，芹菜、油麦菜和生菜是检出农药品种最多的 3 种蔬菜，从中检出农药品种及频次详见表 15-32。

表 15-32 单种样品检出农药品种及频次

样品名称	样品总数	检出农药样品数	检出率	检出农药品种数	检出农药(频次)
芹菜	10	9	90.0%	20	戊唑醇(6),克百威(4),毒死蜱(3),腐霉利(3),嘧霉胺(3),嘧菌酯(2),萘乙酸(2),肟菌酯(2),3,5-二氯苯胺(1),吡丙醚(1),多效唑(1),二甲戊灵(1),氟丙菊酯(1),氟噻草胺(1),喹螨醚(1),扑草净(1),三唑酮(1),烯丙菊酯(1),乙霉威(1),仲丁威(1)
油麦菜	7	7	100.0%	19	唑虫酰胺(6),氟丙菊酯(5),氟硅唑(5),戊唑醇(5),烯唑醇(5),氯氰菊酯(4),氟吡菌酰胺(3),腐霉利(3),萘乙酸(3),3,5-二氯苯胺(2),γ-氟氯氰菌酯(2),甲霜灵(2),喹螨醚(2),氟唑菌酰胺(1),甲醚菊酯(1),甲氰菊酯(1),嘧霉胺(1),霜霉威(1),萎锈灵(1)
生菜	12	11	91.7%	14	氟硅唑(11),嘧霉胺(6),唑虫酰胺(5),吡丙醚(3),氯氰菊酯(3),γ-氟氯氰菌酯(2),虫螨腈(2),毒死蜱(1),噁霜灵(1),氟丙菊酯(1),氟虫腈(1),腐霉利(1),克百威(1),烯唑醇(1)
芒果	11	10	90.9%	15	毒死蜱(6),嘧菌酯(3),氟丙菊酯(2),烯丙菊酯(2),吡丙醚(1),哒螨灵(1),稻丰散(1),啶氧菌酯(1),氟唑菌酰胺(1),腐霉利(1),醚菊酯(1),威杀灵(1),戊唑醇(1),异丙威(1),仲丁威(1)
火龙果	12	8	66.7%	14	氟丙菊酯(3),氯菊酯(3),3,5-二氯苯胺(2),毒死蜱(2),己唑醇(2),甲霜灵(2),速灭威(2),氟唑菌酰胺(1),腐霉利(1),甲醚菊酯(1),嘧菌酯(1),炔丙菊酯(1),四氢吩胺(1),仲丁威(1)
柠檬	10	9	90.0%	12	毒死蜱(8),甲醚菊酯(2),炔丙菊酯(2),仲丁威(2),丙溴磷(1),哒螨灵(1),联苯(1),嘧霉胺(1),速灭威(1),特草灵(1),威杀灵(1),异丙威(1)

上述 6 种水果蔬菜，检出农药 12~20 种，是多种农药综合防治，还是未严格实施农业良好管理规范(GAP)，抑或根本就是乱施药，值得我们思考。

第 16 章　GC-Q-TOF/MS 侦测海口市市售水果蔬菜农药残留膳食暴露风险与预警风险评估

16.1　农药残留风险评估方法

16.1.1　海口市农药残留侦测数据分析与统计

庞国芳院士科研团队建立的农药残留高通量侦测技术以高分辨精确质量数(0.0001 *m/z* 为基准)为识别标准，采用 GC-Q-TOF/MS 技术对 507 种农药化学污染物进行侦测。

科研团队于 2016 年 11 月~2017 年 9 月在海口市所属 4 个区的 13 个采样点，随机采集了 411 例水果蔬菜样品，采样点分布在超市和市场，具体位置如图 16-1 所示，各月内水果蔬菜样品采集数量如表 16-1 所示。

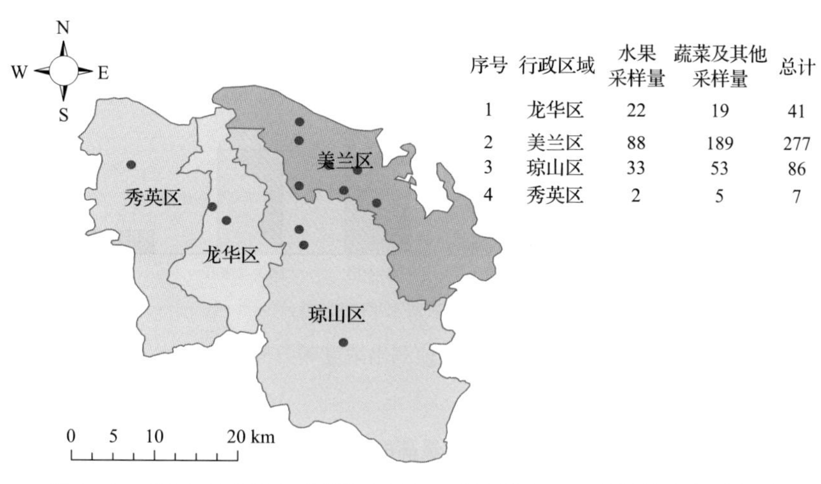

图 16-1　GC-Q-TOF/MS 侦测海口市 13 个采样点 411 例样品分布示意图

表 16-1　海口市各月内采集水果蔬菜样品数列表

时间	样品数(例)
2016 年 11 月	43
2017 年 4 月	75
2017 年 5 月	115
2017 年 9 月	178

利用 GC-Q-TOF/MS 技术对 411 例样品中的农药进行侦测，侦测出残留农药 79 种，553 频次。侦测出农药残留水平如表 16-2 和图 16-2 所示。检出频次最高的前 10 种农药

如表 16-3 所示。从检测结果中可以看出，在水果蔬菜中农药残留普遍存在，且有些水果蔬菜存在高浓度的农药残留，这些可能存在膳食暴露风险，对人体健康产生危害，因此，为了定量地评价水果蔬菜中农药残留的风险程度，有必要对其进行风险评价。

表 16-2　侦测出农药的不同残留水平及其所占比例列表

残留水平(μg/kg)	检出频次	占比(%)
1~5(含)	129	23.3
5~10(含)	56	10.1
10~100(含)	270	48.8
100~1000(含)	80	14.5
>1000	18	3.3
合计	553	100

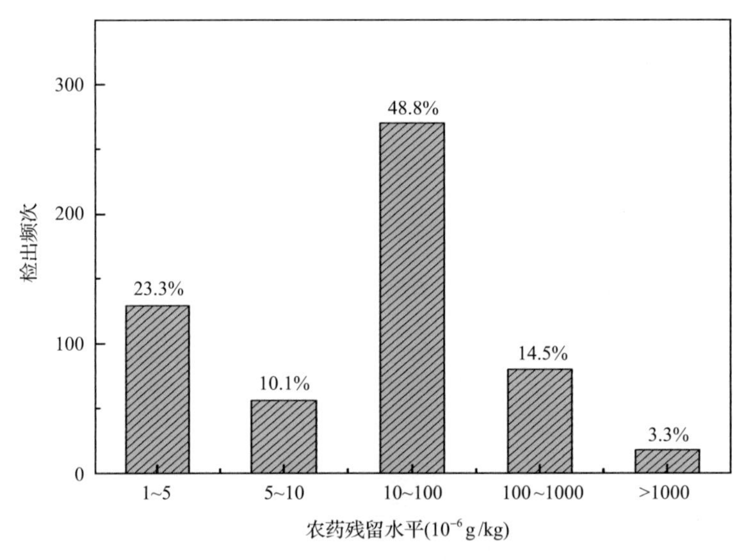

图 16-2　残留农药侦测出浓度频数分布图

表 16-3　检出频次最高的前 10 种农药列表

序号	农药	检出频次
1	毒死蜱	62
2	威杀灵	40
3	嘧霉胺	28
4	腐霉利	25
5	仲丁威	24
6	戊唑醇	21
7	氟硅唑	20
8	联苯	18
9	烯虫酯	16
10	唑虫酰胺	15

16.1.2　农药残留风险评价模型

对海口市水果蔬菜中农药残留分别开展暴露风险评估和预警风险评估。膳食暴露风险评估利用食品安全指数模型对水果蔬菜中的残留农药对人体可能产生的危害程度进行评价，该模型结合残留监测和膳食暴露评估评价化学污染物的危害；预警风险评价模型运用风险系数(risk index，R)，风险系数综合考虑了危害物的超标率、施检频率及其本身敏感性的影响，能直观而全面地反映出危害物在一段时间内的风险程度。

16.1.2.1　食品安全指数模型

为了加强食品安全管理，《中华人民共和国食品安全法》第二章第十七条规定“国家建立食品安全风险评估制度，运用科学方法，根据食品安全风险监测信息、科学数据以及有关信息，对食品、食品添加剂、食品相关产品中生物性、化学性和物理性危害因素进行风险评估”[1]，膳食暴露评估是食品危险度评估的重要组成部分，也是膳食安全性的衡量标准[2]。国际上最早研究膳食暴露风险评估的机构主要是 JMPR(FAO、WHO 农药残留联合会议)，该组织自 1995 年就已制定了急性毒性物质的风险评估急性毒性农药残留摄入量的预测。1960 年美国规定食品中不得加入致癌物质进而提出零阈值理论，渐渐零阈值理论发展成在一定概率条件下可接受风险的概念[3]，后衍变为食品中每日允许最大摄入量(ADI)，而国际食品农药残留法典委员会(CCPR)认为 ADI 不是独立风险评估的唯一标准[4]，1995 年 JMPR 开始研究农药急性膳食暴露风险评估，并对食品国际短期摄入量的计算方法进行了修正，亦对膳食暴露评估准则及评估方法进行了修正[5]，2002 年，在对世界上现行的食品安全评价方法，尤其是国际公认的 CAC 的评价方法、全球环境监测系统/食品污染监测和评估规划(WHO GEMS/Food)及 FAO、WHO 食品添加剂联合专家委员会(JECFA)和 JMPR 对食品安全风险评估工作研究的基础之上，检验检疫食品安全管理的研究人员提出了结合残留监控和膳食暴露评估，以食品安全指数 IFS 计算食品中各种化学污染物对消费者的健康危害程度[6]。IFS 是表示食品安全状态的新方法，可有效地评价某种农药的安全性，进而评价食品中各种农药化学污染物对消费者健康的整体危害程度[7, 8]。从理论上分析，IFS_c 可指出食品中的污染物 c 对消费者健康是否存在危害及危害的程度[9]。其优点在于操作简单且结果容易被接受和理解，不需要大量的数据来对结果进行验证，使用默认的标准假设或者模型即可[10, 11]。

1) IFS_c 的计算

IFS_c 计算公式如下：

$$IFS_c = \frac{EDI_c \times f}{SI_c \times bw} \tag{16-1}$$

式中，c 为所研究的农药；EDI_c 为农药 c 的实际日摄入量估算值，等于 $\sum(R_i \times F_i \times E_i \times P_i)$（$i$ 为食品种类；R_i 为食品 i 中农药 c 的残留水平，mg/kg；F_i 为食品 i 的估计日消费量，g/(人·天)；E_i 为食品 i 的可食用部分因子；P_i 为食品 i 的加工处理因子）；SI_c 为安全摄入量，可采用每日允许最大摄入量 ADI；bw 为人平均体重，kg；f 为校正因子，如果安全摄入量采用 ADI，则 f 取 1。

$IFS_c \ll 1$，农药 c 对食品安全没有影响；$IFS_c \leqslant 1$，农药 c 对食品安全的影响可以接受；$IFS_c > 1$，农药 c 对食品安全的影响不可接受。

本次评价中：

$IFS_c \leqslant 0.1$，农药 c 对水果蔬菜安全没有影响；

$0.1 < IFS_c \leqslant 1$，农药 c 对水果蔬菜安全的影响可以接受；

$IFS_c > 1$，农药 c 对水果蔬菜安全的影响不可接受。

本次评价中残留水平 R_i 取值为中国检验检疫科学研究院庞国芳院士课题组利用以高分辨精确质量数(0.0001m/z)为基准的 GC-Q-TOF/MS 侦测技术于 2016 年 11 月~2017 年 9 月对海口市水果蔬菜农药残留的侦测结果，估计日消费量 F_i 取值 0.38 kg/(人·天)，E_i=1，P_i=1，f=1，SI_c 采用《食品安全国家标准　食品中农药最大残留限量》(GB 2763—2016)中 ADI 值(具体数值见表 16-4)，人平均体重(bw)取值 60 kg。

表 16-4　海口市水果蔬菜中检出农药的 ADI 值

序号	农药	ADI	序号	农药	ADI	序号	农药	ADI
1	霜霉威	0.4	28	氯氰菊酯	0.02	55	氟虫腈	0.0002
2	醚菌酯	0.4	29	莠去津	0.02	56	威杀灵	—
3	嘧霉胺	0.2	30	稻瘟灵	0.016	57	联苯	—
4	嘧菌酯	0.2	31	毒死蜱	0.01	58	烯虫酯	—
5	增效醚	0.2	32	联苯菊酯	0.01	59	氟丙菊酯	—
6	萘乙酸	0.15	33	氟吡菌酰胺	0.01	60	烯丙菊酯	—
7	腐霉利	0.1	34	哒螨灵	0.01	61	γ-氟氯氰菌酯	—
8	吡丙醚	0.1	35	炔螨特	0.01	62	炔丙菊酯	—
9	多效唑	0.1	36	丙硫克百威	0.01	63	萘乙酰胺	—
10	噻菌灵	0.1	37	螺螨酯	0.01	64	速灭威	—
11	啶氧菌酯	0.09	38	噁霜灵	0.01	65	3,5-二氯苯胺	—
12	甲霜灵	0.08	39	双甲脒	0.01	66	甲醚菊酯	—
13	仲丁威	0.06	40	亚胺硫磷	0.01	67	双苯酰草胺	—
14	氯菊酯	0.05	41	噻嗪酮	0.009	68	拌种咯	—
15	啶酰菌胺	0.04	42	萎锈灵	0.008	69	氟唑菌酰胺	—
16	肟菌酯	0.04	43	氟硅唑	0.007	70	烯虫炔酯	—
17	扑草净	0.04	44	唑虫酰胺	0.006	71	除虫菊素 I	—
18	戊唑醇	0.03	45	硫丹	0.006	72	邻苯二甲酰亚胺	—
19	丙溴磷	0.03	46	喹螨醚	0.005	73	3,4,5-混杀威	—
20	三唑醇	0.03	47	烯唑醇	0.005	74	氟噻草胺	—
21	虫螨腈	0.03	48	己唑醇	0.005	75	解草腈	—
22	二甲戊灵	0.03	49	敌敌畏	0.004	76	棉铃威	—
23	甲氰菊酯	0.03	50	乙霉威	0.004	77	四氢吩胺	—
24	嘧菌环胺	0.03	51	稻丰散	0.003	78	特草灵	—
25	醚菊酯	0.03	52	水胺硫磷	0.003	79	特丁通	—
26	三唑酮	0.03	53	异丙威	0.002			
27	氟乐灵	0.025	54	克百威	0.001			

注：“—”表示为国家标准中无 ADI 值规定；ADI 值单位为 mg/kg bw

2) 计算 IFS_c 的平均值 $\overline{IFS}$，评价农药对食品安全的影响程度

以 $\overline{IFS}$ 评价各种农药对人体健康危害的总程度，评价模型见公式(16-2)。

$$\overline{IFS}=\frac{\sum_{i=1}^{n} IFS_c}{n} \tag{16-2}$$

$\overline{IFS} \ll 1$，所研究消费者人群的食品安全状态很好；$\overline{IFS} \leqslant 1$，所研究消费者人群的食品安全状态可以接受；$\overline{IFS} > 1$，所研究消费者人群的食品安全状态不可接受。

本次评价中：

$\overline{IFS} \leqslant 0.1$，所研究消费者人群的水果蔬菜安全状态很好；

$0.1 < \overline{IFS} \leqslant 1$，所研究消费者人群的水果蔬菜安全状态可以接受；

$\overline{IFS} > 1$，所研究消费者人群的水果蔬菜安全状态不可接受。

16.1.2.2　预警风险评估模型

2003 年，我国检验检疫食品安全管理的研究人员根据 WTO 的有关原则和我国的具体规定，结合危害物本身的敏感性、风险程度及其相应的施检频率，首次提出了食品中危害物风险系数 R 的概念[12]。R 是衡量一个危害物的风险程度大小最直观的参数，即在一定时期内其超标率或阳性检出率的高低,但受其施检测率的高低及其本身的敏感性(受关注程度)影响。该模型综合考察了农药在蔬菜中的超标率、施检频率及其本身敏感性，能直观而全面地反映出农药在一段时间内的风险程度[13]。

1) R 计算方法

危害物的风险系数综合考虑了危害物的超标率或阳性检出率、施检频率和其本身的敏感性影响，并能直观而全面地反映出危害物在一段时间内的风险程度。风险系数 R 的计算公式如式(16-3)：

$$R = aP + \frac{b}{F} + S \tag{16-3}$$

式中，P 为该种危害物的超标率；F 为危害物的施检频率；S 为危害物的敏感因子；a, b 分别为相应的权重系数。

本次评价中 F=1；S=1；a=100；b=0.1，对参数 P 进行计算，计算时首先判断是否为禁用农药，如果为非禁用农药，P=超标的样品数(侦测出的含量高于食品最大残留限量标准值，即 MRL)除以总样品数(包括超标、不超标、未检出)；如果为禁用农药，则检出即为超标，P=能检出的样品数除以总样品数。判断海口市水果蔬菜农药残留是否超标的标准限值 MRL 分别以 MRL 中国国家标准[14]和 MRL 欧盟标准作为对照，具体值列于本报告附表一中。

2) 评价风险程度

$R \leqslant 1.5$，受检农药处于低度风险；

$1.5 < R \leqslant 2.5$，受检农药处于中度风险；

$R > 2.5$，受检农药处于高度风险。

16.1.2.3 食品膳食暴露风险和预警风险评估应用程序的开发

1) 应用程序开发的步骤

为成功开发膳食暴露风险和预警风险评估应用程序，与软件工程师多次沟通讨论，逐步提出并描述清楚计算需求，开发了初步应用程序。为明确出不同水果蔬菜、不同农药、不同地域和不同季节的风险水平，向软件工程师提出不同的计算需求，软件工程师对计算需求进行逐一地分析，经过反复的细节沟通，需求分析得到明确后，开始进行解决方案的设计，在保证需求的完整性、一致性的前提下，编写出程序代码，最后设计出满足需求的风险评估专用计算软件，并通过一系列的软件测试和改进，完成专用程序的开发。软件开发基本步骤见图 16-3。

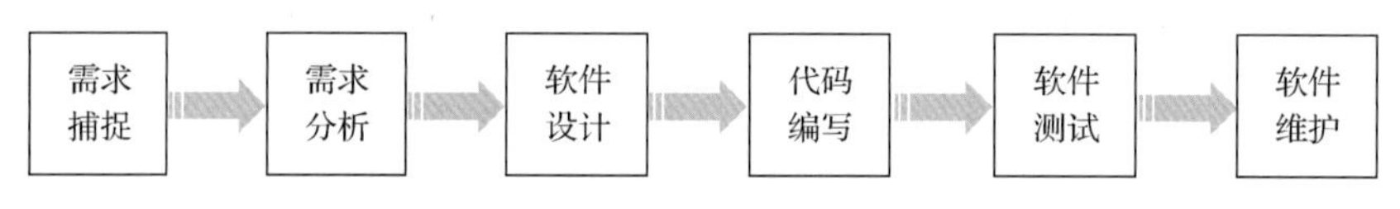

图 16-3 专用程序开发总体步骤

2) 膳食暴露风险评估专业程序开发的基本要求

首先直接利用公式(16-1)，分别计算 LC-Q-TOF/MS 和 GC-Q-TOF/MS 仪器侦测出的各水果蔬菜样品中每种农药 IFS_c，将结果列出。为考察超标农药和禁用农药的使用安全性，分别以我国《食品安全国家标准　食品中农药最大残留限量》(GB 2763—2016) 和欧盟食品中农药最大残留限量(以下简称 MRL 中国国家标准和 MRL 欧盟标准)为标准，对侦测出的禁用农药和超标的非禁用农药 IFS_c 单独进行评价；按 IFS_c 大小列表，并找出 IFS_c 值排名前 20 的样本重点关注。

对不同水果蔬菜 i 中每一种侦测出的农药 c 的安全指数进行计算，多个样品时求平均值。若监测数据为该市多个月的数据，则逐月、逐季度分别列出每个月、每个季度内每一种水果蔬菜 i 对应的每一种农药 c 的 IFS_c。

按农药种类，计算整个监测时间段内每种农药的 IFS_c，不区分水果蔬菜。若检测数据为该市多个月的数据，则需分别计算每个月、每个季度内每种农药的 IFS_c。

3) 预警风险评估专业程序开发的基本要求

分别以 MRL 中国国家标准和 MRL 欧盟标准，按公式(16-3)逐个计算不同水果蔬菜、不同农药的风险系数，禁用农药和非禁用农药分别列表。

为清楚了解各种农药的预警风险，不分时间，不分水果蔬菜，按禁用农药和非禁用农药分类，分别计算各种侦测出农药全部检测时段内风险系数。由于有 MRL 中国国家标准的农药种类太少，无法计算超标数，非禁用农药的风险系数只以 MRL 欧盟标准为标准，进行计算。若检测数据为多个月的，则按月计算每个月、每个季度内每种禁用农药残留的风险系数和以 MRL 欧盟标准为标准的非禁用农药残留的风险系数。

4) 风险程度评价专业应用程序的开发方法

采用 Python 计算机程序设计语言，Python 是一个高层次地结合了解释性、编译性、互动性和面向对象的脚本语言。风险评价专用程序主要功能包括：分别读入每例样品 LC-Q-TOF/MS 和 GC-Q-TOF/MS 农药残留检测数据，根据风险评价工作要求，依次对不同农药、不同食品、不同时间、不同采样点的 IFS_c 值和 R 值分别进行数据计算，筛选出禁用农药、超标农药(分别与 MRL 中国国家标准、MRL 欧盟标准限值进行对比)单独重点分析，再分别对各农药、各水果蔬菜种类分类处理，设计出计算和排序程序，编写计算机代码，最后将生成的膳食暴露风险评估和超标风险评估定量计算结果列入设计好的各个表格中，并定性判断风险对目标的影响程度，直接用文字描述风险发生的高低，如“不可接受”、“可以接受”、“没有影响”、“高度风险”、“中度风险”、“低度风险”。

16.2　GC-Q-TOF/MS 侦测海口市市售水果蔬菜农药残留膳食暴露风险评估

16.2.1　每例水果蔬菜样品中农药残留安全指数分析

基于农药残留侦测数据，发现在 411 例样品中侦测出农药 553 频次，计算样品中每种残留农药的安全指数 IFS_c，并分析农药对样品安全的影响程度，结果详见附表二，农药残留对水果蔬菜样品安全的影响程度频次分布情况如图 16-4 所示。

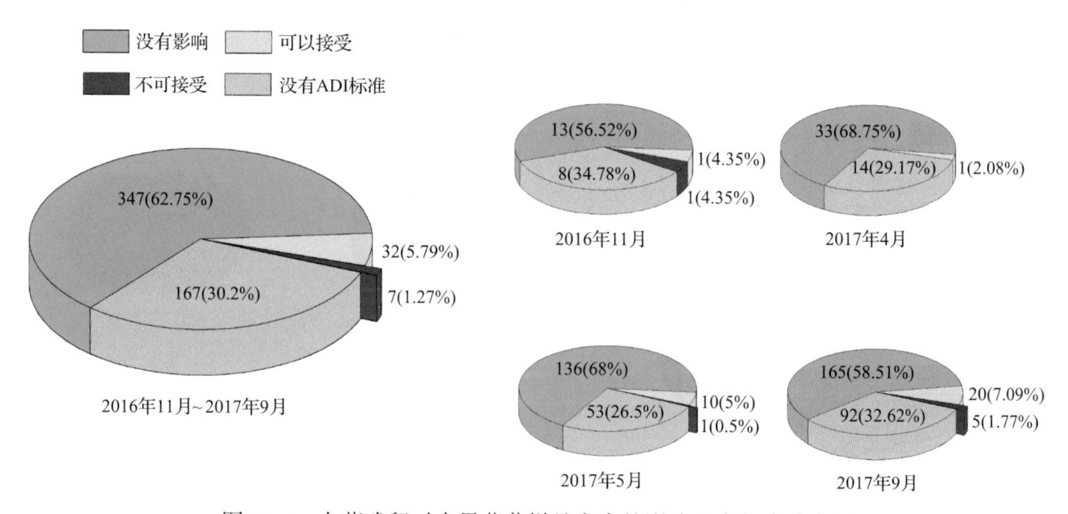

图 16-4　农药残留对水果蔬菜样品安全的影响程度频次分布图

由图 16-4 可以看出，农药残留对样品安全的影响不可接受的频次为 7，占 1.27%；农药残留对样品安全的影响可以接受的频次为 32，占 5.79%；农药残留对样品安全的没有影响的频次为 347，占 62.75%。分析发现，在 4 个月份内有 3 个月份出现不可接受频次，排序为 2017 年 9 月(5)>2016 年 11 月(1)=2017 年 5 月(1)，2017 年 4 月内农药对样品安全的影响均在可以接受和没有影响的范围内。表 16-5 为对水果蔬菜样品中安全指数不可接受的农药残留列表。

表 16-5　水果蔬菜样品中安全影响不可接受的农药残留列表

序号	样品编号	采样点	基质	农药	含量(mg/kg)	IFS_c
1	20161109-460100-SZCIQ-CZ-01A	***市场	橙	水胺硫磷	0.5547	1.1710
2	20170518-460100-USI-YM-22A	***市场	油麦菜	唑虫酰胺	1.6678	1.7605
3	20170918-460100-CAIQ-LE-17A	***超市(和平大道店)	生菜	唑虫酰胺	2.0565	2.1708
4	20170918-460100-CAIQ-YM-17A	***超市(和平大道店)	油麦菜	唑虫酰胺	2.4765	2.6141
5	20170918-460100-CAIQ-YM-18A	***超市(海口南亚店)	油麦菜	唑虫酰胺	5.0306	5.3101
6	20170919-460100-CAIQ-LE-19A	***超市(龙昆南店)	生菜	唑虫酰胺	1.5765	1.6641
7	20170919-460100-CAIQ-LE-20A	***超市(名门店)	生菜	唑虫酰胺	1.7793	1.8782

部分样品侦测出禁用农药 4 种 9 频次，为了明确残留的禁用农药对样品安全的影响，分析侦测出禁用农药残留的样品安全指数，禁用农药残留对水果蔬菜样品安全的影响程度频次分布情况如图 16-5 所示，农药残留对样品安全的影响不可接受的频次为 1，占 11.11%；农药残留对样品安全的影响可以接受的频次为 3，占 33.33%；农药残留对样品安全没有影响的频次为 5，占 55.56%。由图中可以看出 2016 年 11 月内有一种禁用农药对样品安全影响不可接受，其他月份内，禁用农药对样品安全的影响均在可以接受和没有影响的范围内。表 16-6 列出了水果蔬菜样品中侦测出的禁用农药残留不可接受的安全指数表。

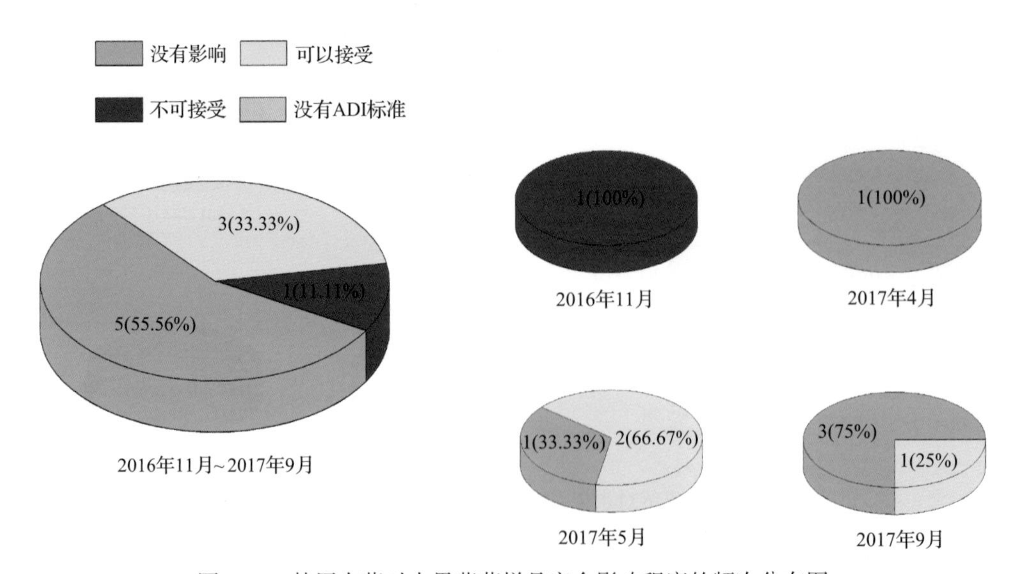

图 16-5　禁用农药对水果蔬菜样品安全影响程度的频次分布图

表 16-6　水果蔬菜样品中侦测出的禁用农药残留不可接受的安全指数表

序号	样品编号	采样点	基质	农药	含量(mg/kg)	IFS_c
1	20161109-460100-SZCIQ-CZ-01A	***市场	橙	水胺硫磷	0.5547	1.1710

此外，本次侦测发现部分样品中非禁用农药残留量超过了 MRL 中国国家标准和欧盟标准，为了明确超标的非禁用农药对样品安全的影响，分析了非禁用农药残留超标的样品安全指数。

水果蔬菜残留量超过 MRL 中国国家标准的非禁用农药对水果蔬菜样品安全的影响程度频次分布情况如图 16-6 所示。可以看出侦测出超过 MRL 中国国家标准的非禁用农药共 5 频次，其中农药残留对样品安全的影响可以接受的频次为 3，占 60%；农药残留对样品安全没有影响的频次为 2，占 40%。表 16-7 为水果蔬菜样品中侦测出的非禁用农药残留安全指数表。

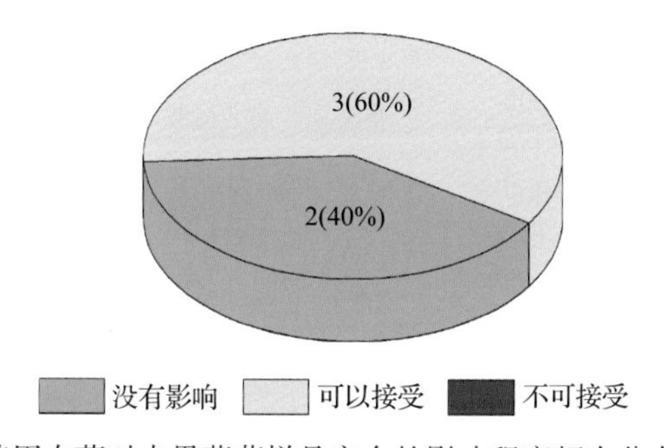

图 16-6　残留超标的非禁用农药对水果蔬菜样品安全的影响程度频次分布图(MRL 中国国家标准)

表 16-7　水果蔬菜样品中侦测出的非禁用农药残留安全指数表(MRL 中国国家标准)

序号	样品编号	采样点	基质	农药	含量(mg/kg)	中国国家标准	IFS_c	影响程度
1	20170920-460100-CAIQ-PE-22A	***市场	梨	毒死蜱	1.4632	1	0.9267	可以接受
2	20170518-460100-USI-MG-20A	***超市(龙昆南店)	芒果	嘧菌酯	1.4101	1	0.0447	没有影响
3	20170918-460100-CAIQ-AP-17A	***超市(和平大道店)	苹果	螺螨酯	1.3200	0.5	0.8360	可以接受
4	20170918-460100-CAIQ-CE-17A	***超市(和平大道店)	芹菜	毒死蜱	0.2021	0.05	0.1280	可以接受
5	20170920-460100-CAIQ-CE-22A	***市场	芹菜	毒死蜱	0.0785	0.05	0.0497	没有影响

残留量超过 MRL 欧盟标准的非禁用农药对水果蔬菜样品安全的影响程度频次分布情况如图 16-7 所示。可以看出超过 MRL 欧盟标准的非禁用农药共 225 频次，其中农药没有 ADI 标准的频次为 106，占 47.11%；农药残留对样品安全不可接受的频次为 6，占 2.67%；农药残留对样品安全的影响可以接受的频次为 20，占 8.89%；农药残留对样品安全没有影响的频次为 93，占 41.33%。表 16-8 为水果蔬菜样品中不可接受的残留超标非禁用农药安全指数列表。

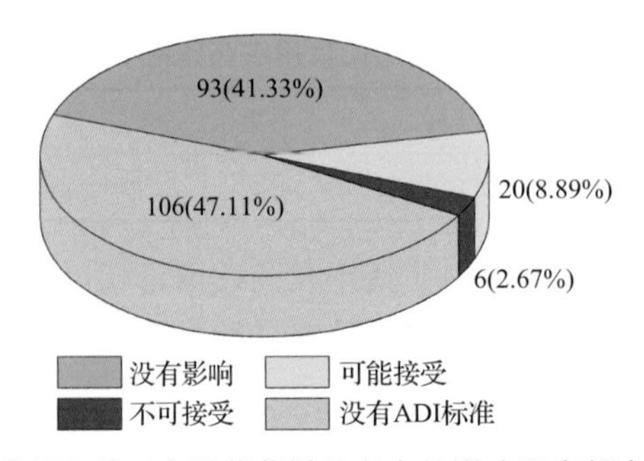

图 16-7　残留超标的非禁用农药对水果蔬菜样品安全的影响程度频次分布图(MRL 欧盟标准)

表 16-8　对水果蔬菜样品中不可接受的残留超标非禁用农药安全指数列表(MRL 欧盟标准)

序号	样品编号	采样点	基质	农药	含量(mg/kg)	欧盟标准	IFS_c
1	20170918-460100-CAIQ-LE-17A	***超市(和平大道店)	生菜	噻虫酰胺	2.0565	0.01	2.1708
2	20170919-460100-CAIQ-LE-20A	***超市(名门店)	生菜	噻虫酰胺	1.7793	0.01	1.8782
3	20170919-460100-CAIQ-LE-19A	***超市(龙昆南店)	生菜	噻虫酰胺	1.5765	0.01	1.6641
4	20170918-460100-CAIQ-YM-18A	***超市(海口南亚店)	油麦菜	噻虫酰胺	5.0306	0.01	5.3101
5	20170918-460100-CAIQ-YM-17A	***超市(和平大道店)	油麦菜	噻虫酰胺	2.4765	0.01	2.6141
6	20170518-460100-USI-YM-22A	***市场	油麦菜	噻虫酰胺	1.6678	0.01	1.7605

在 411 例样品中，177 例样品未侦测出农药残留，234 例样品中侦测出农药残留，计算每例有农药侦测出样品的 $\overline{IFS}$ 值，进而分析样品的安全状态，结果如图 16-8 所示(未侦测出农药的样品安全状态视为很好)。可以看出，各月份内的样品安全状态均在很好和可以接受的范围内；其中，4.87%的样品安全状态可以接受；83.7%的样品安全状态很好。表 16-9 列出了水果蔬菜安全指数排名前 10 的样品列表。

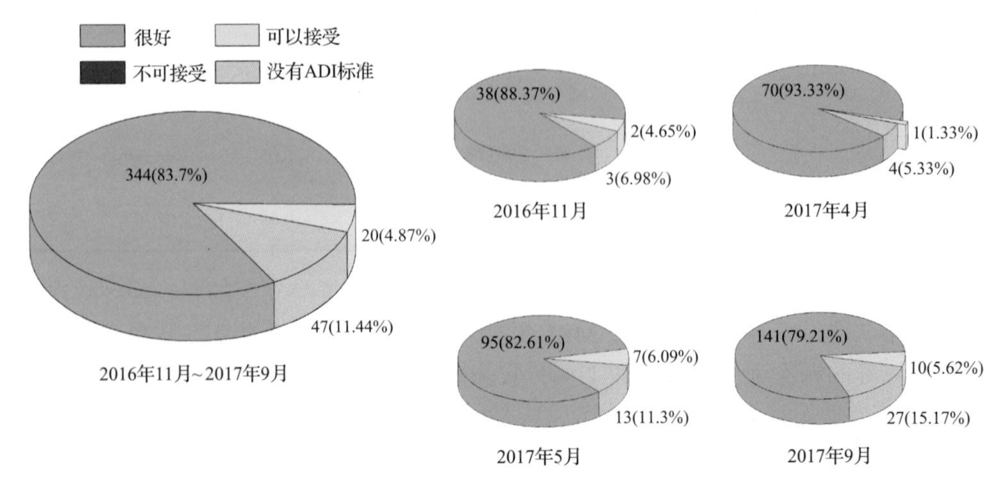

图 16-8　水果蔬菜样品安全状态分布图

表 16-9　水果蔬菜安全指数排名前 10 的样品列表

序号	样品编号	采样点	基质	$\overline{IFS}$	安全状态
1	20170920-460100-CAIQ-PE-22A	***市场	梨	0.9267	可以接受
2	20170918-460100-CAIQ-YM-18A	***超市(海口南亚店)	油麦菜	0.8425	可以接受
3	20170919-460100-CAIQ-MS-19A	***超市(龙昆南店)	香菇	0.7732	可以接受
4	20170918-460100-CAIQ-YM-17A	***超市(和平大道店)	油麦菜	0.4765	可以接受
5	20170918-460100-CAIQ-LE-17A	***超市(和平大道店)	生菜	0.4664	可以接受
6	20170919-460100-CAIQ-LE-19A	***超市(龙昆南店)	生菜	0.4360	可以接受
7	20161109-460100-SZCIQ-CZ-01A	***市场	橙	0.4075	可以接受
8	20170518-460100-USI-LQ-21A	***超市(名门店)	枇杷	0.3940	可以接受
9	20170918-460100-CAIQ-AP-17A	***超市(和平大道店)	苹果	0.3613	可以接受
10	20170919-460100-CAIQ-LE-20A	***超市(名门店)	生菜	0.3392	可以接受

16.2.2　单种水果蔬菜中农药残留安全指数分析

本次 88 种水果蔬菜共侦测出 79 种农药，检出频次为 553 次，其中 24 种农药残留没有 ADI 标准，55 种农药存在 ADI 标准。30 种水果蔬菜未侦测出任何农药，4 种水果蔬菜(青菜、人参果、樱桃番茄和紫甘蓝)侦测出农药残留全部没有 ADI 标准，对其他的 54 种水果蔬菜按不同种类分别计算侦测出的具有 ADI 标准的各种农药的 IFS_c 值，农药残留对水果蔬菜的安全指数分布图如图 16-9 所示。

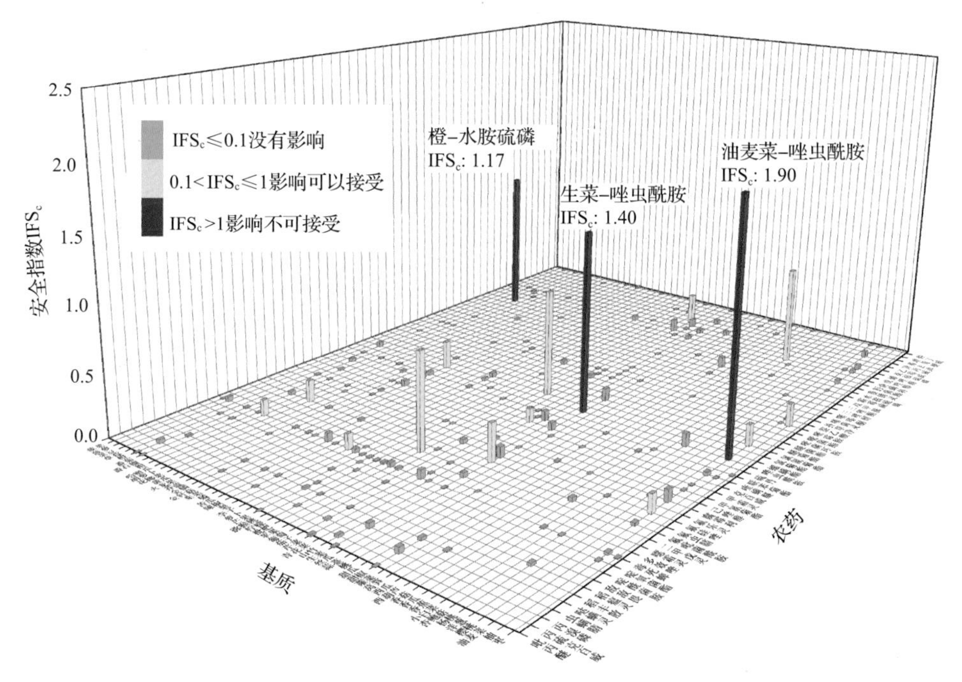

图 16-9　54 种水果蔬菜中 55 种残留农药的安全指数分布图

分析发现橙中的水胺硫磷、生菜和油麦菜中的唑虫酰胺共 3 种水果蔬菜的农药残留对食品安全影响不可接受，如表 16-10 所示。

表 16-10　单种水果蔬菜中安全影响不可接受的残留农药安全指数表

序号	基质	农药	检出频次	检出率(%)	IFS>1 的频次	IFS>1 的比例(%)	IFS_c
1	油麦菜	唑虫酰胺	6	11.32	3	5.66	1.9000
2	生菜	唑虫酰胺	5	12.82	3	7.69	1.3991
3	橙	水胺硫磷	1	8.33	1	8.33	1.1710

本次侦测中，58 种水果蔬菜和 79 种残留农药(包括没有 ADI 标准)共涉及 302 个分析样本，农药对单种水果蔬菜安全的影响程度分布情况如图 16-10 所示。可以看出，65.89%的样本中农药对水果蔬菜安全没有影响，4.64%的样本中农药对水果蔬菜安全的影响可以接受，0.99%的样本中农药对水果蔬菜安全的影响不可接受。

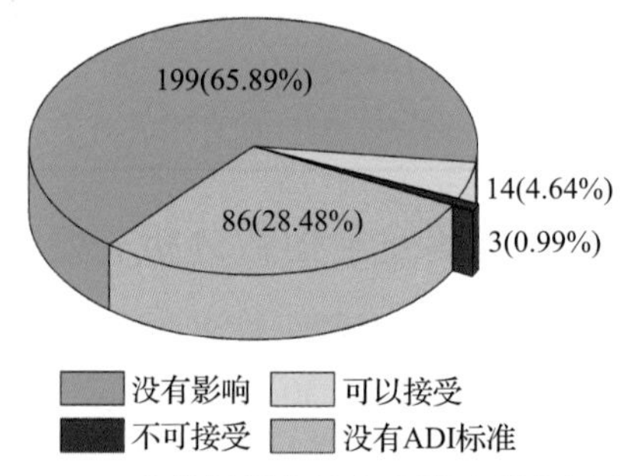

图 16-10　302 个分析样本的安全影响程度频次分布图

此外，分别计算 54 种水果蔬菜中所有侦测出农药 IFS_c 的平均值 $\overline{IFS}$，分析每种水果蔬菜的安全状态，结果如图 16-11 所示，分析发现，8 种水果蔬菜(14.81%)的安全状态可以接受，46 种(85.19%)水果蔬菜的安全状态很好。

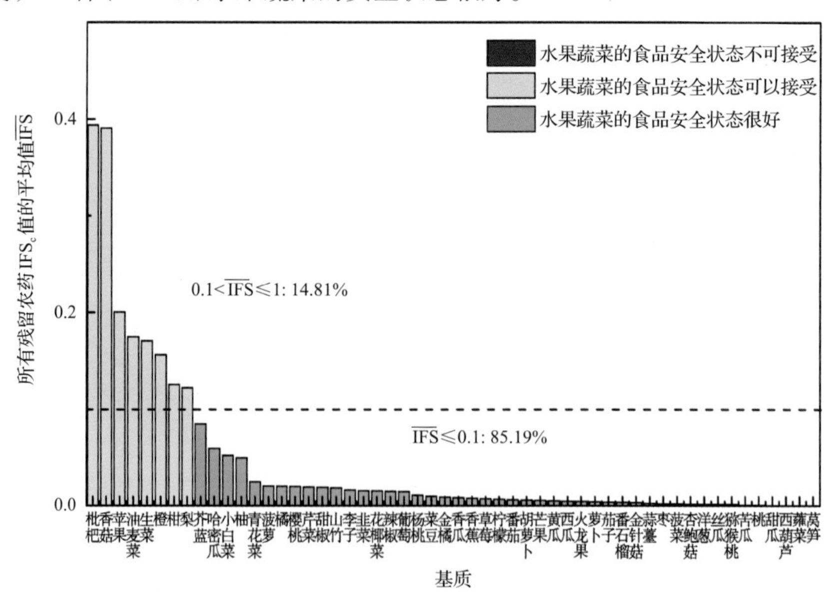

图 16-11　54 种水果蔬菜的 $\overline{IFS}$ 值和安全状态统计图

对每个月内每种水果蔬菜中农药的 IFS_c 进行分析，并计算每月内每种水果蔬菜的 $\overline{IFS}$ 值，以评价每种水果蔬菜的安全状态，结果如图 16-12 所示，可以看出，各月份的所有水果蔬菜的安全状态均处于很好和可以接受的范围内，各月份内单种水果蔬菜安全状态统计情况如图 16-13 所示。

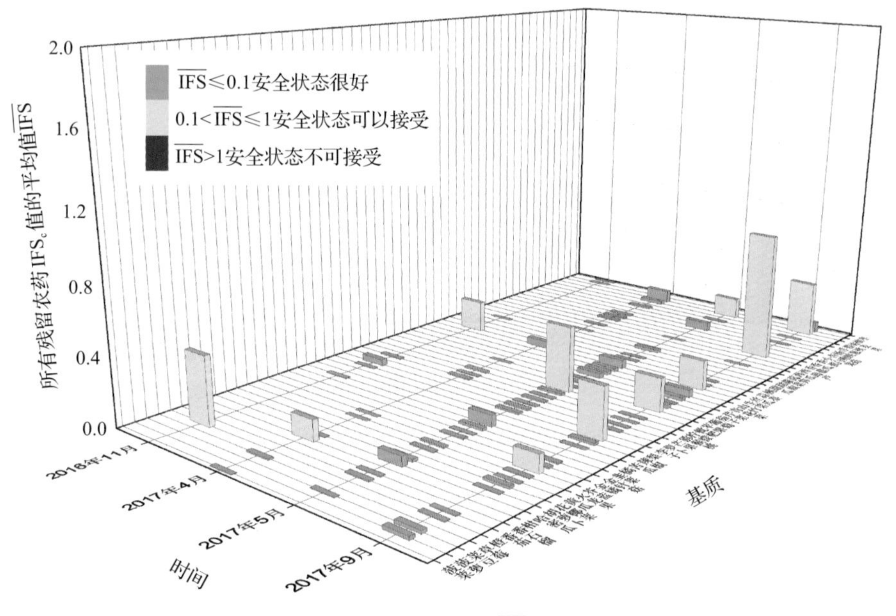

图 16-12 各月内每种水果蔬菜的 $\overline{IFS}$ 值与安全状态分布图

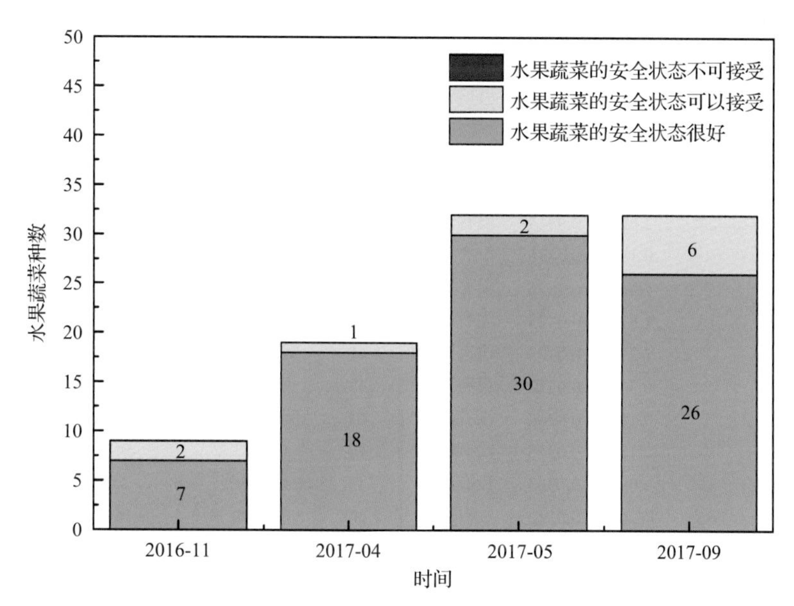

图 16-13 各月份内单种水果蔬菜安全状态统计图

16.2.3 所有水果蔬菜中农药残留安全指数分析

计算所有水果蔬菜中 55 种农药的 $\overline{IFS}_c$ 值，结果如图 16-14 及表 16-11 所示。

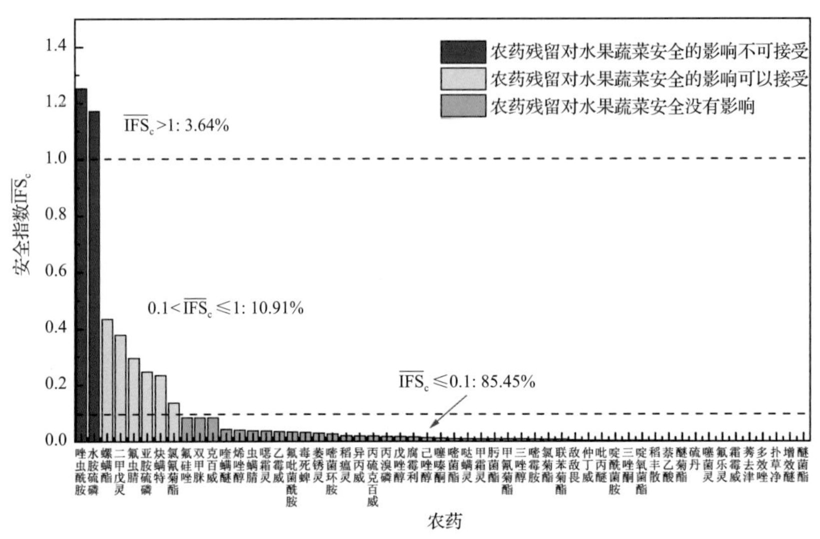

图 16-14　55 种残留农药对水果蔬菜的安全影响程度统计图

表 16-11　水果蔬菜中 55 种农药残留的安全指数表

序号	农药	检出频次	检出率(%)	$\overline{IFS}_c$	影响程度	序号	农药	检出频次	检出率(%)	$\overline{IFS}_c$	影响程度
1	唑虫酰胺	15	2.71	1.2521	不可接受	29	嘧菌酯	11	1.99	0.0095	没有影响
2	水胺硫磷	1	0.18	1.1710	不可接受	30	哒螨灵	9	1.63	0.0093	没有影响
3	螺螨酯	2	0.36	0.4340	可以接受	31	甲霜灵	12	2.17	0.0089	没有影响
4	二甲戊灵	2	0.36	0.3774	可以接受	32	肟菌酯	8	1.45	0.0085	没有影响
5	氟虫腈	1	0.18	0.2945	可以接受	33	甲氰菊酯	2	0.36	0.0084	没有影响
6	亚胺硫磷	1	0.18	0.2464	可以接受	34	三唑醇	3	0.54	0.0083	没有影响
7	炔螨特	4	0.72	0.2333	可以接受	35	嘧霉胺	28	5.06	0.0076	没有影响
8	氯氰菊酯	7	1.27	0.1367	可以接受	36	氯菊酯	2	0.36	0.0071	没有影响
9	氟硅唑	20	3.62	0.0845	没有影响	37	联苯菊酯	14	2.53	0.0067	没有影响
10	双甲脒	1	0.18	0.0835	没有影响	38	敌敌畏	1	0.18	0.0057	没有影响
11	克百威	6	1.08	0.0835	没有影响	39	仲丁威	24	4.34	0.0036	没有影响
12	喹螨醚	10	1.81	0.0423	没有影响	40	吡丙醚	11	1.99	0.0034	没有影响
13	烯唑醇	7	1.27	0.0403	没有影响	41	啶酰菌胺	8	1.45	0.0032	没有影响
14	虫螨腈	2	0.36	0.0372	没有影响	42	三唑酮	1	0.18	0.0026	没有影响
15	噁霜灵	1	0.18	0.0366	没有影响	43	啶氧菌酯	4	0.72	0.0026	没有影响
16	乙霉威	1	0.18	0.0345	没有影响	44	稻丰散	1	0.18	0.0025	没有影响
17	氟吡菌酰胺	11	1.99	0.0333	没有影响	45	萘乙酸	6	1.08	0.0018	没有影响
18	毒死蜱	62	11.21	0.0312	没有影响	46	醚菊酯	1	0.18	0.0017	没有影响
19	萎锈灵	1	0.18	0.0292	没有影响	47	硫丹	1	0.18	0.0015	没有影响
20	嘧菌环胺	2	0.36	0.0261	没有影响	48	噻菌灵	1	0.18	0.0013	没有影响
21	稻瘟灵	1	0.18	0.0201	没有影响	49	氟乐灵	1	0.18	0.0013	没有影响
22	异丙威	4	0.72	0.0191	没有影响	50	霜霉威	6	1.08	0.0011	没有影响
23	丙硫克百威	2	0.36	0.0185	没有影响	51	莠去津	1	0.18	0.0011	没有影响
24	丙溴磷	8	1.45	0.0172	没有影响	52	多效唑	3	0.54	0.0008	没有影响
25	戊唑醇	21	3.80	0.0169	没有影响	53	扑草净	1	0.18	0.0004	没有影响
26	腐霉利	25	4.52	0.0153	没有影响	54	增效醚	1	0.18	0.0002	没有影响
27	己唑醇	2	0.36	0.0126	没有影响	55	醚菌酯	2	0.36	0.0001	没有影响
28	噻嗪酮	3	0.54	0.0115	没有影响						

分析发现，只有唑虫酰胺和水胺硫磷的 $\overline{IFS}_c$ 大于 1，其他农药的 $\overline{IFS}_c$ 均小于 1，说明唑虫酰胺和水胺硫磷对水果蔬菜安全的影响不可接受，其他农药对水果蔬菜安全的影响均在没有影响和可以接受的范围内，其中 10.91%的农药对水果蔬菜安全的影响可以接受，85.45%的农药对水果蔬菜安全没有影响。

对每个月内所有水果蔬菜中残留农药的 $\overline{IFS}_c$ 进行分析，结果如图 16-15 所示。分析发现，2016 年 11 月的水胺硫磷和 2017 年 9 月的唑虫酰胺对水果蔬菜安全的影响不可接受，该 2 个月份的其他农药和其他月份的所有农药对水果蔬菜安全的影响均处于没有影响和可以接受的范围内。每月内不同农药对水果蔬菜安全影响程度的统计如图 16-16 所示。

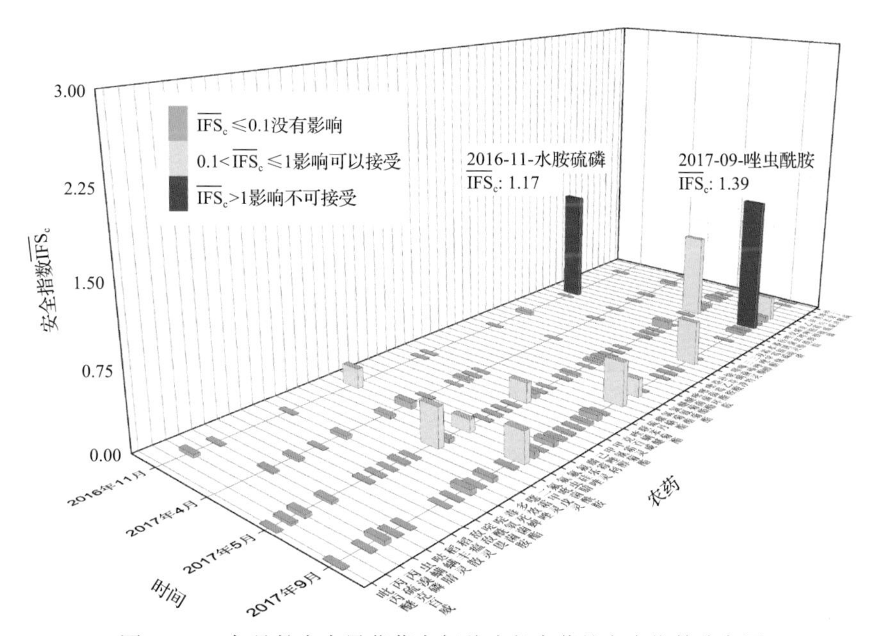

图 16-15　各月份内水果蔬菜中每种残留农药的安全指数分布图

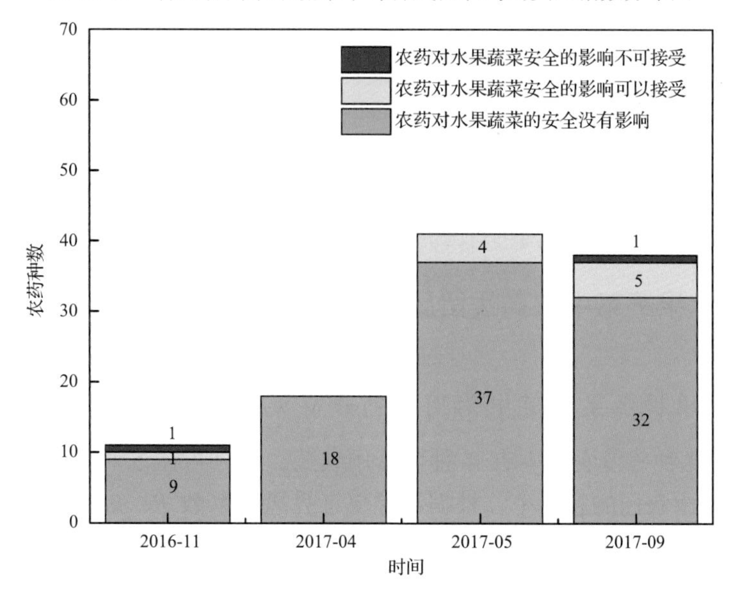

图 16-16　各月份内农药对水果蔬菜安全影响程度的统计图

计算每个月内水果蔬菜的$\overline{\text{IFS}}$，以分析每月内水果蔬菜的安全状态，结果如图 16-17 所示，可以看出，各月份内的水果蔬菜安全状态均处于很好和可以接受的范围内。分析发现，在 25%的月份内，水果蔬菜安全状态可以接受，75%的月份内水果蔬菜的安全状态很好。

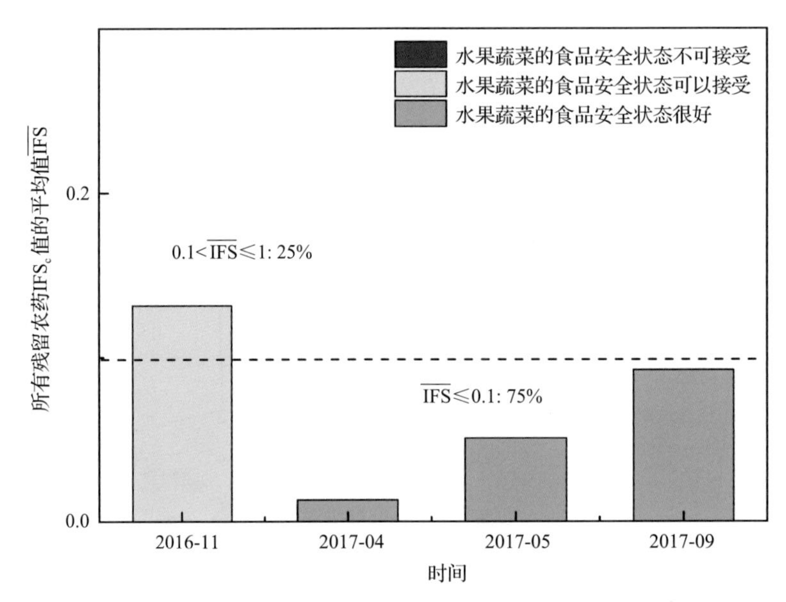

图 16-17　各月份内水果蔬菜的$\overline{\text{IFS}}$值与安全状态统计图

16.3　GC-Q-TOF/MS 侦测海口市市售水果蔬菜农药残留预警风险评估

基于海口市水果蔬菜样品中农药残留 GC-Q-TOF/MS 侦测数据，分析禁用农药的检出率，同时参照中华人民共和国国家标准 GB 2763—2016 和欧盟农药最大残留限量(MRL)标准分析非禁用农药残留的超标率，并计算农药残留风险系数。分析单种水果蔬菜中农药残留以及所有水果蔬菜中农药残留的风险程度。

16.3.1　单种水果蔬菜中农药残留风险系数分析

16.3.1.1　单种水果蔬菜中禁用农药残留风险系数分析

侦测出的 79 种残留农药中有 4 种为禁用农药，且分布在 5 种水果蔬菜中，计算 5 种水果蔬菜中禁用农药的超标率，根据超标率计算风险系数 R，进而分析水果蔬菜中禁用农药的风险程度，结果如图 16-18 与表 16-12 所示。分析发现 4 种禁用农药在 5 种水果蔬菜中的残留处均于高度风险。

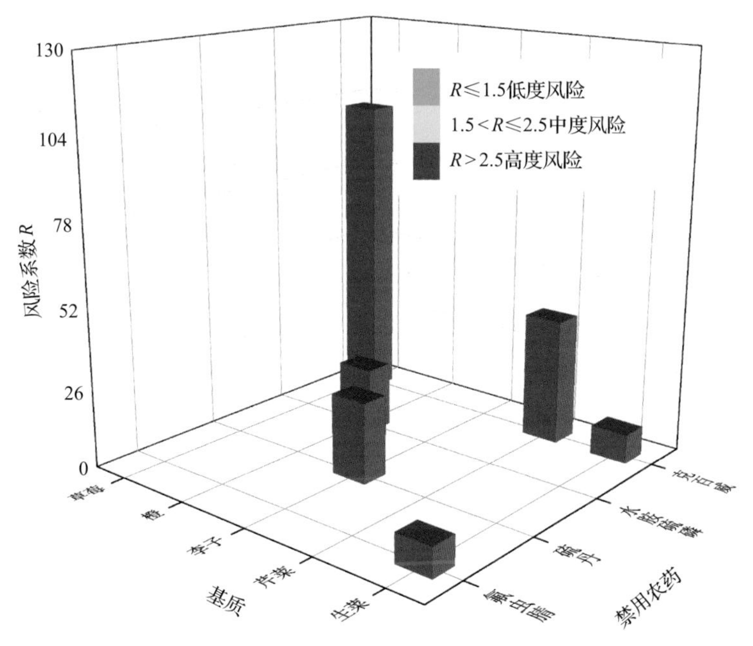

图 16-18　5 种水果蔬菜中 4 种禁用农药的风险系数分布图

表 16-12　5 种水果蔬菜中 4 种禁用农药的风险系数列表

序号	基质	农药	检出频次	检出率(%)	风险系数 R	风险程度
1	草莓	克百威	1	100	101.10	高度风险
2	橙	水胺硫磷	1	20.00	21.10	高度风险
3	李子	硫丹	1	25.00	26.10	高度风险
4	芹菜	克百威	4	40.00	41.10	高度风险
5	生菜	克百威	1	8.33	9.43	高度风险
6	生菜	氟虫腈	1	8.33	9.43	高度风险

16.3.1.2　基于 MRL 中国国家标准的单种水果蔬菜中非禁用农药残留风险系数分析

参照中华人民共和国国家标准 GB 2763—2016 中农药残留限量计算每种水果蔬菜中每种非禁用农药的超标率，进而计算其风险系数，根据风险系数大小判断残留农药的预警风险程度，水果蔬菜中非禁用农药残留风险程度分布情况如图 16-19 所示。

本次分析中，发现在 58 种水果蔬菜中侦测出 75 种残留非禁用农药，涉及样本 296 个，在 296 个样本中，1.35%处于高度风险，19.93%处于低度风险，此外发现有 233 个样本没有 MRL 中国国家标准值，无法判断其风险程度，有 MRL 中国国家标准值的 63 个样本涉及 26 种水果蔬菜中的 28 种非禁用农药，其风险系数 R 值如图 16-20 所示。表 16-13 为非禁用农药残留处于高度风险的水果蔬菜列表。

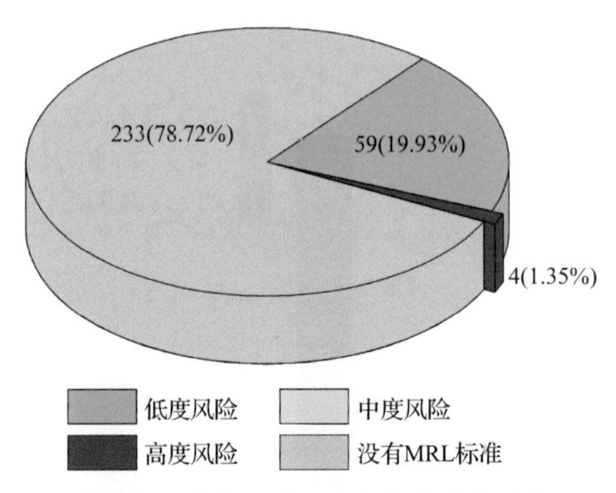

图 16-19　水果蔬菜中非禁用农药风险程度的频次分布图(MRL 中国国家标准)

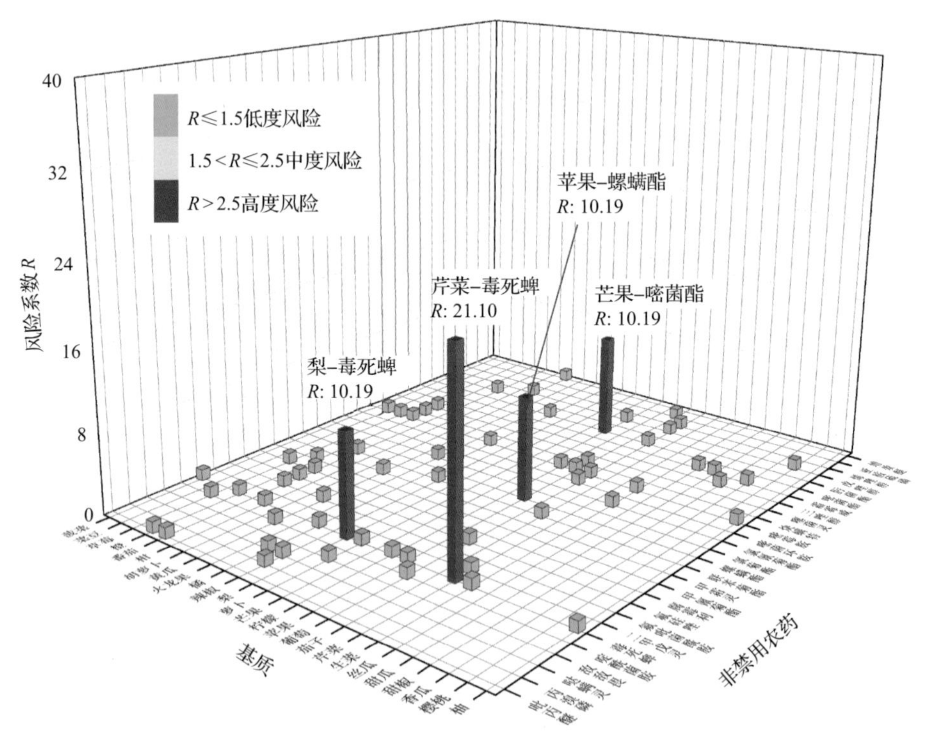

图 16-20　26 种水果蔬菜中 28 种非禁用农药的风险系数分布图(MRL 中国国家标准)

表 16-13　单种水果蔬菜中处于高度风险的非禁用农药风险系数表(MRL 中国国家标准)

序号	基质	农药	超标频次	超标率 *P*(%)	风险系数 *R*
1	芹菜	毒死蜱	2	20.00	21.10
2	梨	毒死蜱	1	9.09	10.19
3	芒果	嘧菌酯	1	9.09	10.19
4	苹果	螺螨酯	1	9.09	10.19

16.3.1.3　基于 MRL 欧盟标准的单种水果蔬菜中非禁用农药残留风险系数分析

参照 MRL 欧盟标准计算每种水果蔬菜中每种非禁用农药的超标率，进而计算其风险系数，根据风险系数大小判断农药残留的预警风险程度，水果蔬菜中非禁用农药残留风险程度分布情况如图 16-21 所示。

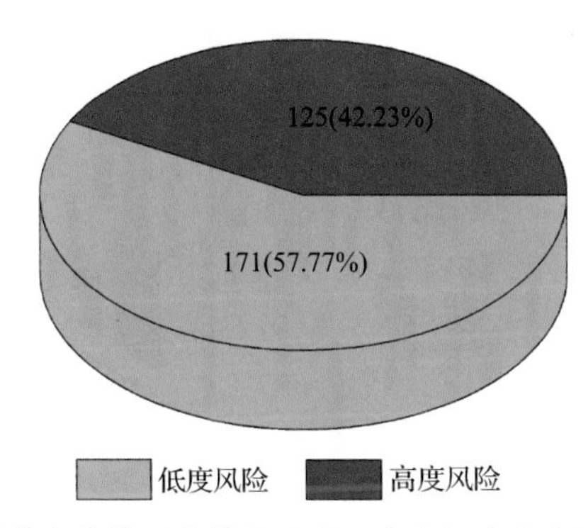

图 16-21　水果蔬菜中非禁用农药的风险程度的频次分布图(MRL 欧盟标准)

本次分析中，发现在 58 种水果蔬菜中共侦测出 75 种非禁用农药，涉及样本 296 个，其中，42.23%处于高度风险，涉及 43 种水果蔬菜和 47 种农药；57.77%处于低度风险，涉及 52 种水果蔬菜和 54 种农药。单种水果蔬菜中的非禁用农药风险系数分布图如图 16-22 所示。单种水果蔬菜中处于高度风险的非禁用农药风险系数如图 16-23 和表 16-14 所示。

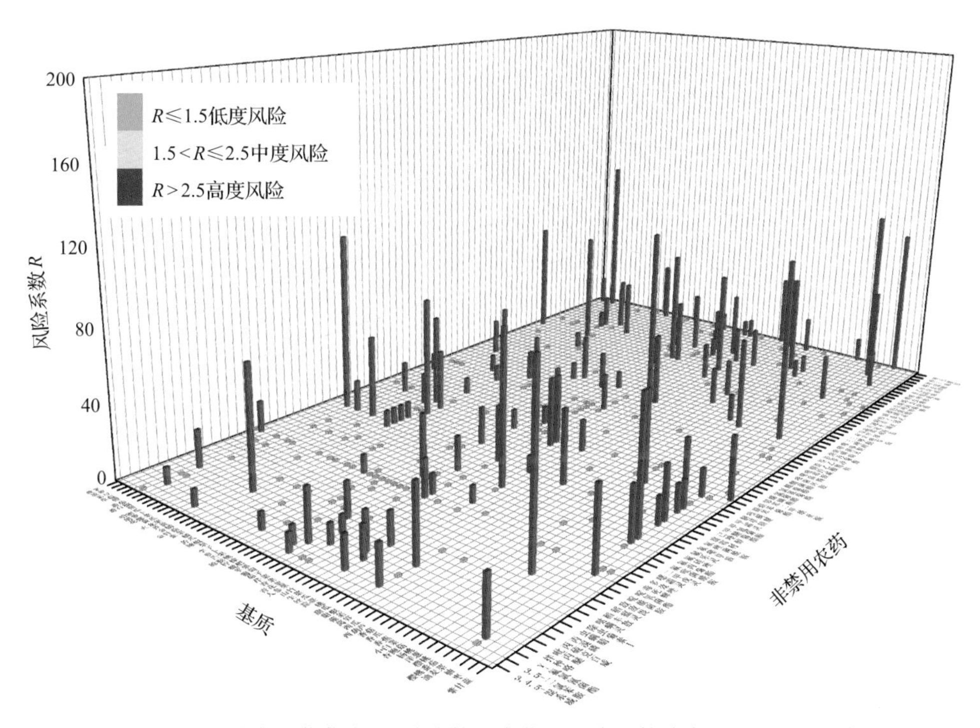

图 16-22　58 种水果蔬菜中 75 种非禁用农药的风险系数分布图(MRL 欧盟标准)

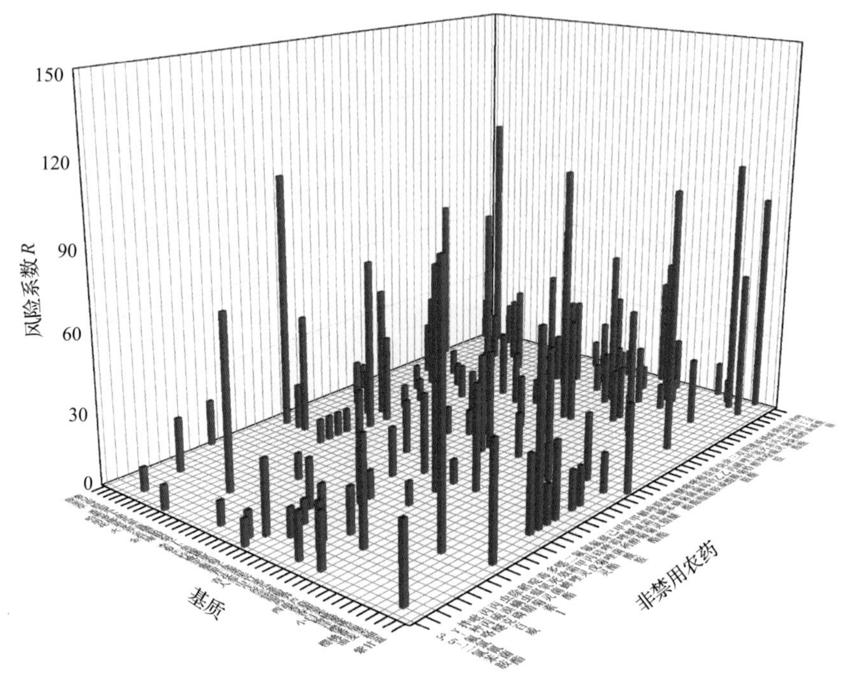

图 16-23　单种水果蔬菜中处于高度风险的非禁用农药的风险系数分布图(MRL 欧盟标准)

表 16-14　单种水果蔬菜中处于高度风险的非禁用农药的风险系数表(MRL 欧盟标准)

序号	基质	农药	超标频次	超标率 P(%)	风险系数 R
1	草莓	仲丁威	1	100	101.10
2	草莓	腐霉利	1	100	101.10
3	人参果	炔丙菊酯	1	100	101.10
4	杨桃	稻瘟灵	1	100	101.10
5	樱桃	异丙威	1	100	101.10
6	樱桃番茄	炔丙菊酯	1	100	101.10
7	油麦菜	唑虫酰胺	6	85.71	86.81
8	生菜	氟硅唑	10	83.33	84.43
9	油麦菜	氟硅唑	5	71.43	72.53
10	菠萝	威杀灵	4	66.67	67.77
11	花椰菜	威杀灵	4	66.67	67.77
12	芥蓝	甲霜灵	2	66.67	67.77
13	金橘	丙溴磷	2	66.67	67.77
14	枇杷	威杀灵	2	66.67	67.77
15	山竹	威杀灵	3	60.00	61.10
16	莴笋	烯虫酯	4	57.14	58.24

续表

序号	基质	农药	超标频次	超标率 P(%)	风险系数 R
17	油麦菜	烯唑醇	4	57.14	58.24
18	黄瓜	联苯	6	50.00	51.10
19	香蕉	炔丙菊酯	1	50.00	51.10
20	香蕉	解草腈	1	50.00	51.10
21	哈密瓜	腐霉利	5	45.45	46.55
22	蒜薹	仲丁威	4	44.44	45.54
23	柚	啶氧菌酯	3	42.86	43.96
24	生菜	唑虫酰胺	5	41.67	42.77
25	山竹	炔丙菊酯	2	40.00	41.10
26	甜椒	丙溴磷	2	40.00	41.10
27	甜椒	腐霉利	2	40.00	41.10
28	青花菜	喹螨醚	3	37.50	38.60
29	青花菜	烯虫酯	3	37.50	38.60
30	青花菜	联苯	3	37.50	38.60
31	胡萝卜	萘乙酰胺	4	36.36	37.46
32	苹果	威杀灵	4	36.36	37.46
33	芥蓝	唑虫酰胺	1	33.33	34.43
34	芥蓝	喹螨醚	1	33.33	34.43
35	金橘	仲丁威	1	33.33	34.43
36	金橘	烯丙菊酯	1	33.33	34.43
37	枇杷	二甲戊灵	1	33.33	34.43
38	枇杷	烯虫炔酯	1	33.33	34.43
39	紫甘蓝	联苯	2	33.33	34.43
40	芹菜	腐霉利	3	30.00	31.10
41	油麦菜	γ-氟氯氰菌酯	2	28.57	29.67
42	油麦菜	氟丙菊酯	2	28.57	29.67
43	油麦菜	腐霉利	2	28.57	29.67
44	葡萄	拌种咯	3	27.27	28.37
45	黄瓜	烯虫酯	3	25.00	26.10
46	李子	炔螨特	1	25.00	26.10
47	茄子	烯虫酯	3	25.00	26.10
48	洋葱	威杀灵	3	25.00	26.10
49	洋葱	联苯	3	25.00	26.10
50	蒜薹	烯丙菊酯	2	22.22	23.32

续表

序号	基质	农药	超标频次	超标率 P(%)	风险系数 R
51	橙	丙溴磷	1	20.00	21.10
52	橙	炔螨特	1	20.00	21.10
53	柠檬	炔丙菊酯	2	20.00	21.10
54	柠檬	甲醚菊酯	2	20.00	21.10
55	芹菜	嘧霉胺	2	20.00	21.10
56	芹菜	毒死蜱	2	20.00	21.10
57	山竹	丙硫克百威	1	20.00	21.10
58	山竹	烯丙菊酯	1	20.00	21.10
59	山竹	速灭威	1	20.00	21.10
60	甜椒	γ-氟氯氰菌酯	1	20.00	21.10
61	甜椒	三唑醇	1	20.00	21.10
62	甜椒	仲丁威	1	20.00	21.10
63	甜椒	双甲脒	1	20.00	21.10
64	胡萝卜	烯虫炔酯	2	18.18	19.28
65	芒果	嘧菌酯	2	18.18	19.28
66	芒果	烯丙菊酯	2	18.18	19.28
67	苹果	除虫菊素 I	2	18.18	19.28
68	葡萄	氟硅唑	2	18.18	19.28
69	菠萝	仲丁威	1	16.67	17.77
70	菠萝	毒死蜱	1	16.67	17.77
71	番茄	仲丁威	2	16.67	17.77
72	番茄	联苯	2	16.67	17.77
73	番茄	腐霉利	2	16.67	17.77
74	花椰菜	喹螨醚	1	16.67	17.77
75	辣椒	唑虫酰胺	1	16.67	17.77
76	生菜	γ-氟氯氰菌酯	2	16.67	17.77
77	生菜	吡丙醚	2	16.67	17.77
78	生菜	虫螨腈	2	16.67	17.77
79	丝瓜	联苯	1	16.67	17.77
80	香菇	炔螨特	1	14.29	15.39
81	油麦菜	喹螨醚	1	14.29	15.39
82	油麦菜	氟唑菌酰胺	1	14.29	15.39
83	油麦菜	甲氰菊酯	1	14.29	15.39
84	油麦菜	甲醚菊酯	1	14.29	15.39

续表

序号	基质	农药	超标频次	超标率 *P*(%)	风险系数 *R*
85	金针菇	萘乙酸	1	12.50	13.60
86	小白菜	唑虫酰胺	1	12.50	13.60
87	柠檬	仲丁威	1	10.00	11.10
88	柠檬	联苯	1	10.00	11.10
89	柠檬	速灭威	1	10.00	11.10
90	芹菜	仲丁威	1	10.00	11.10
91	芹菜	吡丙醚	1	10.00	11.10
92	芹菜	多效唑	1	10.00	11.10
93	芹菜	烯丙菊酯	1	10.00	11.10
94	菜豆	唑虫酰胺	1	9.09	10.19
95	菜豆	醚菌酯	1	9.09	10.19
96	胡萝卜	三唑醇	1	9.09	10.19
97	胡萝卜	棉铃威	1	9.09	10.19
98	胡萝卜	烯丙菊酯	1	9.09	10.19
99	梨	毒死蜱	1	9.09	10.19
100	梨	炔丙菊酯	1	9.09	10.19
101	芒果	威杀灵	1	9.09	10.19
102	苹果	γ-氟氯氰菌酯	1	9.09	10.19
103	苹果	炔螨特	1	9.09	10.19
104	苹果	螺螨酯	1	9.09	10.19
105	葡萄	3,5-二氯苯胺	1	9.09	10.19
106	葡萄	烯唑醇	1	9.09	10.19
107	西葫芦	烯丙菊酯	1	9.09	10.19
108	西葫芦	烯虫酯	1	9.09	10.19
109	番茄	γ-氟氯氰菌酯	1	8.33	9.43
110	火龙果	3,5-二氯苯胺	1	8.33	9.43
111	火龙果	嘧菌酯	1	8.33	9.43
112	火龙果	四氢吩胺	1	8.33	9.43
113	火龙果	己唑醇	1	8.33	9.43
114	火龙果	氟唑菌酰胺	1	8.33	9.43
115	火龙果	氯菊酯	1	8.33	9.43
116	火龙果	炔丙菊酯	1	8.33	9.43
117	火龙果	甲醚菊酯	1	8.33	9.43
118	火龙果	腐霉利	1	8.33	9.43
119	萝卜	γ-氟氯氰菌酯	1	8.33	9.43
120	茄子	丙溴磷	1	8.33	9.43

续表

序号	基质	农药	超标频次	超标率 P(%)	风险系数 R
121	茄子	仲丁威	1	8.33	9.43
122	生菜	噁霜灵	1	8.33	9.43
123	生菜	烯唑醇	1	8.33	9.43
124	生菜	腐霉利	1	8.33	9.43
125	洋葱	仲丁威	1	8.33	9.43

16.3.2　所有水果蔬菜中农药残留风险系数分析

16.3.2.1　所有水果蔬菜中禁用农药残留风险系数分析

在侦测出的 79 种农药中有 4 种为禁用农药，计算所有水果蔬菜中禁用农药的风险系数，结果如表 16-15 所示。禁用农药克百威处于高度风险，氟虫腈、硫丹和水胺硫磷 3 种禁用农药处于低度风险。

表 16-15　水果蔬菜中 4 种禁用农药的风险系数表

序号	农药	检出频次	检出率 P(%)	风险系数 R	风险程度
1	克百威	6	1.46	2.56	高度风险
2	氟虫腈	1	0.24	1.34	低度风险
3	硫丹	1	0.24	1.34	低度风险
4	水胺硫磷	1	0.24	1.34	低度风险

对每个月内的禁用农药的风险系数进行分析，结果如图 16-24 和表 16-16 所示。

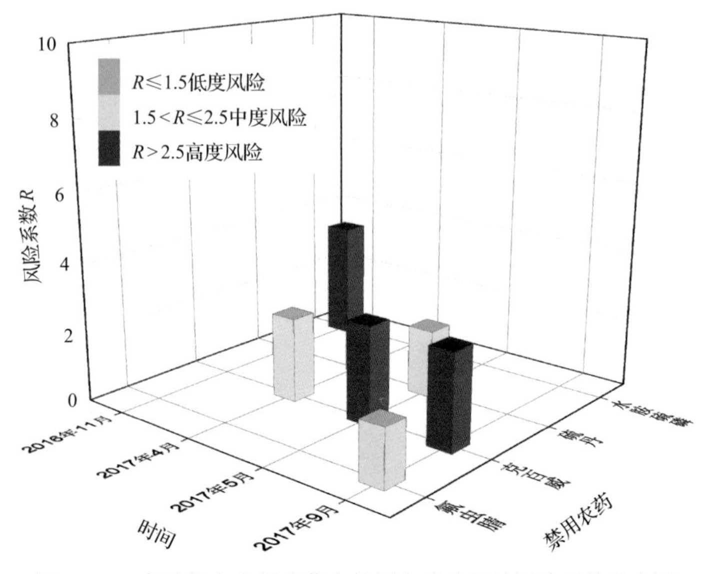

图 16-24　各月份内水果蔬菜中禁用农药残留的风险系数分布图

表 16-16　各月份内水果蔬菜中禁用农药的风险系数表

序号	年月	农药	检出频次	检出率 *P*(%)	风险系数 *R*	风险程度
1	2016 年 11 月	水胺硫磷	1	2.33	3.43	高度风险
2	2017 年 4 月	克百威	1	1.33	2.43	中度风险
3	2017 年 5 月	克百威	2	1.74	2.84	高度风险
4	2017 年 5 月	硫丹	1	0.87	1.97	中度风险
5	2017 年 9 月	克百威	3	1.69	2.79	高度风险
6	2017 年 9 月	氟虫腈	1	0.56	1.66	中度风险

16.3.2.2　所有水果蔬菜中非禁用农药残留风险系数分析

参照 MRL 欧盟标准计算所有水果蔬菜中每种非禁用农药残留的风险系数，结果如图 16-25 与表 16-17 所示。在侦测出的 75 种非禁用农药中，13 种农药(17.33%)残留处于高度风险，18 种农药(24.00%)残留处于中度风险，44 种农药(58.67%)残留处于低度风险。

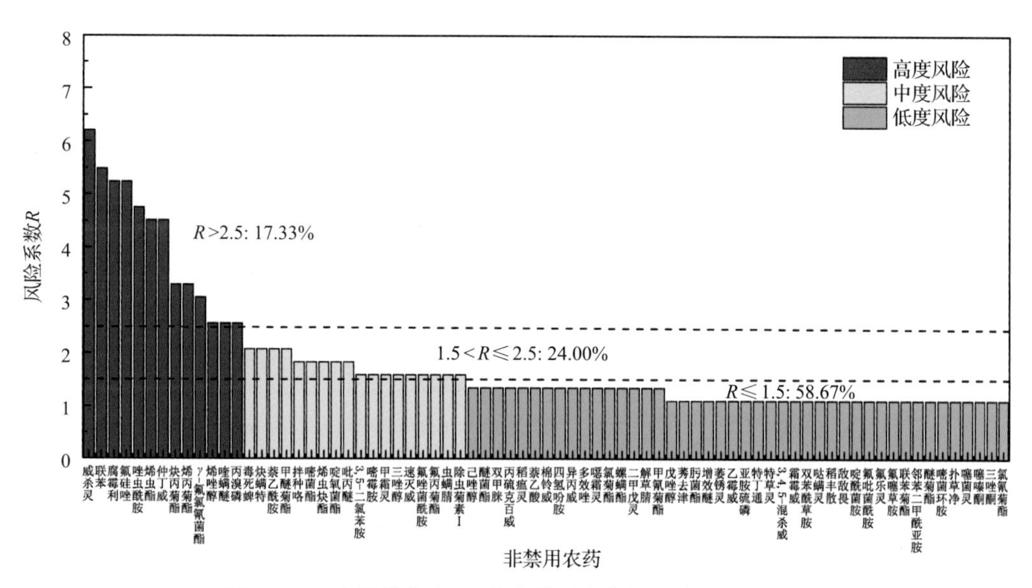

图 16-25　水果蔬菜中 75 种非禁用农药的风险程度统计图

表 16-17　水果蔬菜中 75 种非禁用农药的风险系数表

序号	农药	超标频次	超标率 *P*(%)	风险系数 *R*	风险程度
1	威杀灵	21	5.11	6.21	高度风险
2	联苯	18	4.38	5.48	高度风险
3	腐霉利	17	4.14	5.24	高度风险
4	氟硅唑	17	4.14	5.24	高度风险
5	唑虫酰胺	15	3.65	4.75	高度风险

续表

序号	农药	超标频次	超标率 P(%)	风险系数 R	风险程度
6	烯虫酯	14	3.41	4.51	高度风险
7	仲丁威	14	3.41	4.51	高度风险
8	炔丙菊酯	9	2.19	3.29	高度风险
9	烯丙菊酯	9	2.19	3.29	高度风险
10	γ-氟氯氰菌酯	8	1.95	3.05	高度风险
11	烯唑醇	6	1.46	2.56	高度风险
12	喹螨醚	6	1.46	2.56	高度风险
13	丙溴磷	6	1.46	2.56	高度风险
14	毒死蜱	4	0.97	2.07	中度风险
15	炔螨特	4	0.97	2.07	中度风险
16	萘乙酰胺	4	0.97	2.07	中度风险
17	甲醚菊酯	4	0.97	2.07	中度风险
18	拌种咯	3	0.73	1.83	中度风险
19	嘧菌酯	3	0.73	1.83	中度风险
20	烯虫炔酯	3	0.73	1.83	中度风险
21	啶氧菌酯	3	0.73	1.83	中度风险
22	吡丙醚	3	0.73	1.83	中度风险
23	3,5-二氯苯胺	2	0.49	1.59	中度风险
24	嘧霉胺	2	0.49	1.59	中度风险
25	甲霜灵	2	0.49	1.59	中度风险
26	三唑醇	2	0.49	1.59	中度风险
27	速灭威	2	0.49	1.59	中度风险
28	氟唑菌酰胺	2	0.49	1.59	中度风险
29	氰丙菊酯	2	0.49	1.59	中度风险
30	虫螨腈	2	0.49	1.59	中度风险
31	除虫菊素 I	2	0.49	1.59	中度风险
32	己唑醇	1	0.24	1.34	低度风险
33	醚菌酯	1	0.24	1.34	低度风险
34	双甲脒	1	0.24	1.34	低度风险
35	丙硫克百威	1	0.24	1.34	低度风险
36	稻瘟灵	1	0.24	1.34	低度风险
37	萘乙酸	1	0.24	1.34	低度风险
38	棉铃威	1	0.24	1.34	低度风险
39	四氢吩胺	1	0.24	1.34	低度风险
40	异丙威	1	0.24	1.34	低度风险

续表

序号	农药	超标频次	超标率 P(%)	风险系数 R	风险程度
41	多效唑	1	0.24	1.34	低度风险
42	噁霜灵	1	0.24	1.34	低度风险
43	氯菊酯	1	0.24	1.34	低度风险
44	螺螨酯	1	0.24	1.34	低度风险
45	二甲戊灵	1	0.24	1.34	低度风险
46	解草腈	1	0.24	1.34	低度风险
47	甲氰菊酯	1	0.24	1.34	低度风险
48	戊唑醇	0	0	1.10	低度风险
49	莠去津	0	0	1.10	低度风险
50	肟菌酯	0	0	1.10	低度风险
51	增效醚	0	0	1.10	低度风险
52	萎锈灵	0	0	1.10	低度风险
53	乙霉威	0	0	1.10	低度风险
54	亚胺硫磷	0	0	1.10	低度风险
55	特丁通	0	0	1.10	低度风险
56	特草灵	0	0	1.10	低度风险
57	3,4,5-混杀威	0	0	1.10	低度风险
58	霜霉威	0	0	1.10	低度风险
59	双苯酰草胺	0	0	1.10	低度风险
60	哒螨灵	0	0	1.10	低度风险
61	稻丰散	0	0	1.10	低度风险
62	敌敌畏	0	0	1.10	低度风险
63	啶酰菌胺	0	0	1.10	低度风险
64	氟吡菌酰胺	0	0	1.10	低度风险
65	氟乐灵	0	0	1.10	低度风险
66	氟噻草胺	0	0	1.10	低度风险
67	联苯菊酯	0	0	1.10	低度风险
68	邻苯二甲酰亚胺	0	0	1.10	低度风险
69	醚菊酯	0	0	1.10	低度风险
70	嘧菌环胺	0	0	1.10	低度风险
71	扑草净	0	0	1.10	低度风险
72	噻菌灵	0	0	1.10	低度风险
73	噻嗪酮	0	0	1.10	低度风险
74	三唑酮	0	0	1.10	低度风险
75	氯氰菊酯	0	0	1.10	低度风险

对每个月份内的非禁用农药的风险系数进行分析，每月内非禁用农药风险程度分布图如图 16-26 所示。4 个月份内处于高度风险的农药数排序为 2017 年 5 月(17)>2017 年 9 月(15)>2016 年 11 月(5)>2017 年 4 月(3)。

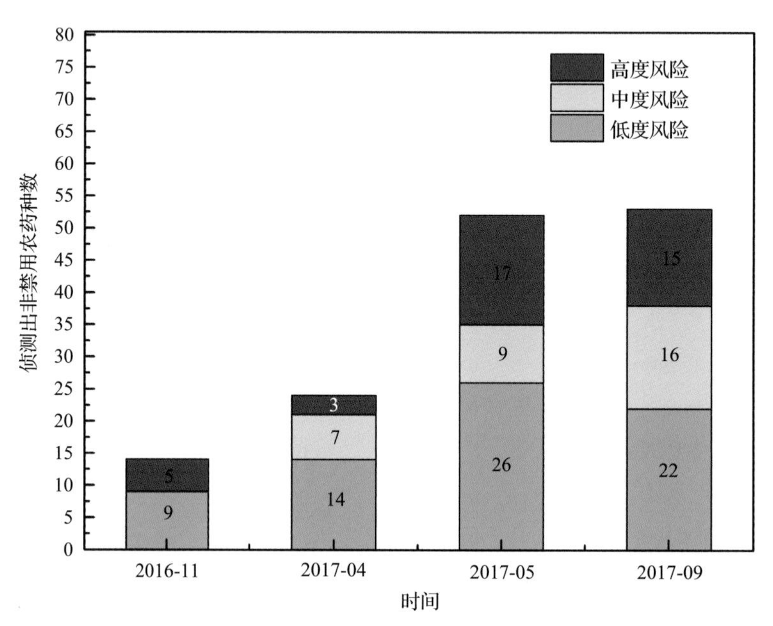

图 16-26　各月份水果蔬菜中非禁用农药残留的风险程度分布图

4 个月份内水果蔬菜中非禁用农药处于中度风险和高度风险的风险系数如图 16-27 和表 16-18 所示。

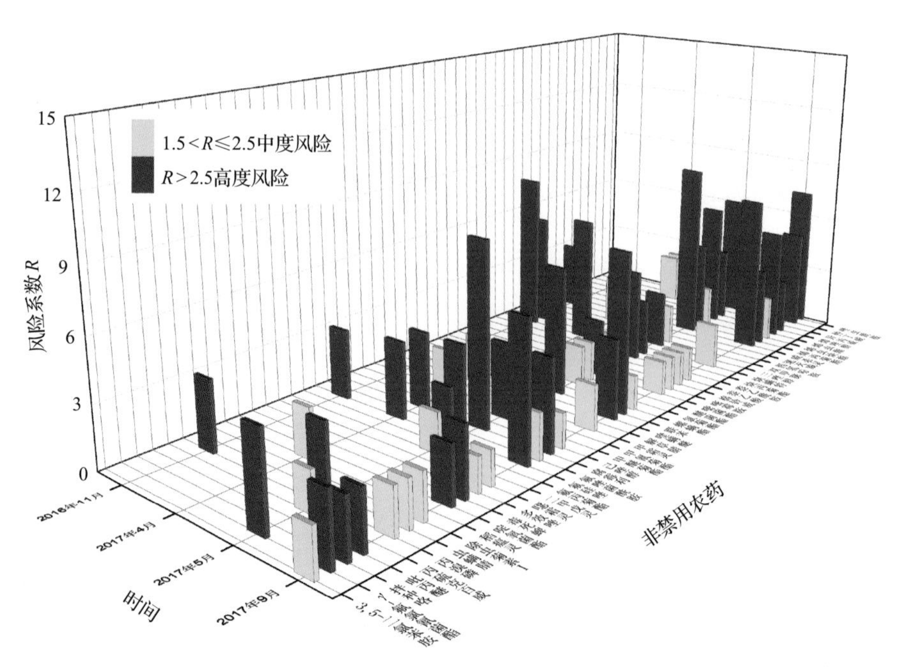

图 16-27　各月份水果蔬菜中非禁用农药处于中度风险和高度风险的风险系数分布图

表 16-18　各月份水果蔬菜中非禁用农药处于中度风险和高度风险的风险系数表

序号	年月	农药	超标频次	超标率 P(%)	风险系数 R	风险程度
1	2016 年 11 月	炔丙菊酯	3	6.98	8.08	高度风险
2	2016 年 11 月	炔螨特	2	4.65	5.75	高度风险
3	2016 年 11 月	丙溴磷	1	2.33	3.43	高度风险
4	2016 年 11 月	氟硅唑	1	2.33	3.43	高度风险
5	2016 年 11 月	速灭威	1	2.33	3.43	高度风险
6	2017 年 4 月	炔丙菊酯	4	5.33	6.43	高度风险
7	2017 年 4 月	氟硅唑	2	2.67	3.77	高度风险
8	2017 年 4 月	腐霉利	2	2.67	3.77	高度风险
9	2017 年 4 月	稻瘟灵	1	1.33	2.43	中度风险
10	2017 年 4 月	甲醚菊酯	1	1.33	2.43	中度风险
11	2017 年 4 月	解草腈	1	1.33	2.43	中度风险
12	2017 年 4 月	四氢吩胺	1	1.33	2.43	中度风险
13	2017 年 4 月	速灭威	1	1.33	2.43	中度风险
14	2017 年 4 月	异丙威	1	1.33	2.43	中度风险
15	2017 年 4 月	仲丁威	1	1.33	2.43	中度风险
16	2017 年 5 月	腐霉利	9	7.83	8.93	高度风险
17	2017 年 5 月	威杀灵	9	7.83	8.93	高度风险
18	2017 年 5 月	联苯	6	5.22	6.32	高度风险
19	2017 年 5 月	烯虫酯	6	5.22	6.32	高度风险
20	2017 年 5 月	仲丁威	6	5.22	6.32	高度风险
21	2017 年 5 月	γ-氟氯氰菌酯	4	3.48	4.58	高度风险
22	2017 年 5 月	氟硅唑	4	3.48	4.58	高度风险
23	2017 年 5 月	萘乙酰胺	4	3.48	4.58	高度风险
24	2017 年 5 月	烯丙菊酯	4	3.48	4.58	高度风险
25	2017 年 5 月	唑虫酰胺	4	3.48	4.58	高度风险
26	2017 年 5 月	丙溴磷	3	2.61	3.71	高度风险
27	2017 年 5 月	甲醚菊酯	3	2.61	3.71	高度风险
28	2017 年 5 月	烯唑醇	3	2.61	3.71	高度风险
29	2017 年 5 月	氟丙菊酯	2	1.74	2.84	高度风险
30	2017 年 5 月	嘧菌酯	2	1.74	2.84	高度风险
31	2017 年 5 月	炔丙菊酯	2	1.74	2.84	高度风险
32	2017 年 5 月	三唑醇	2	1.74	2.84	高度风险

续表

序号	年月	农药	超标频次	超标率 P(%)	风险系数 R	风险程度
33	2017 年 5 月	丙硫克百威	1	0.87	1.97	中度风险
34	2017 年 5 月	二甲戊灵	1	0.87	1.97	中度风险
35	2017 年 5 月	甲氰菊酯	1	0.87	1.97	中度风险
36	2017 年 5 月	喹螨醚	1	0.87	1.97	中度风险
37	2017 年 5 月	氯菊酯	1	0.87	1.97	中度风险
38	2017 年 5 月	醚菌酯	1	0.87	1.97	中度风险
39	2017 年 5 月	嘧霉胺	1	0.87	1.97	中度风险
40	2017 年 5 月	双甲脒	1	0.87	1.97	中度风险
41	2017 年 5 月	烯虫炔酯	1	0.87	1.97	中度风险
42	2017 年 9 月	联苯	12	6.74	7.84	高度风险
43	2017 年 9 月	威杀灵	12	6.74	7.84	高度风险
44	2017 年 9 月	唑虫酰胺	11	6.18	7.28	高度风险
45	2017 年 9 月	氟硅唑	10	5.62	6.72	高度风险
46	2017 年 9 月	烯虫酯	8	4.49	5.59	高度风险
47	2017 年 9 月	仲丁威	7	3.93	5.03	高度风险
48	2017 年 9 月	腐霉利	6	3.37	4.47	高度风险
49	2017 年 9 月	喹螨醚	5	2.81	3.91	高度风险
50	2017 年 9 月	烯丙菊酯	5	2.81	3.91	高度风险
51	2017 年 9 月	γ-氟氯氰菌酯	4	2.25	3.35	高度风险
52	2017 年 9 月	毒死蜱	4	2.25	3.35	高度风险
53	2017 年 9 月	拌种咯	3	1.69	2.79	高度风险
54	2017 年 9 月	吡丙醚	3	1.69	2.79	高度风险
55	2017 年 9 月	啶氧菌酯	3	1.69	2.79	高度风险
56	2017 年 9 月	烯唑醇	3	1.69	2.79	高度风险
57	2017 年 9 月	3,5-二氯苯胺	2	1.12	2.22	中度风险
58	2017 年 9 月	丙溴磷	2	1.12	2.22	中度风险
59	2017 年 9 月	虫螨腈	2	1.12	2.22	中度风险
60	2017 年 9 月	除虫菊素 I	2	1.12	2.22	中度风险
61	2017 年 9 月	氟唑菌酰胺	2	1.12	2.22	中度风险
62	2017 年 9 月	甲霜灵	2	1.12	2.22	中度风险
63	2017 年 9 月	炔螨特	2	1.12	2.22	中度风险
64	2017 年 9 月	烯虫炔酯	2	1.12	2.22	中度风险
65	2017 年 9 月	多效唑	1	0.56	1.66	中度风险
66	2017 年 9 月	噁霜灵	1	0.56	1.66	中度风险

续表

序号	年月	农药	超标频次	超标率 P(%)	风险系数 R	风险程度
67	2017 年 9 月	己唑醇	1	0.56	1.66	中度风险
68	2017 年 9 月	螺螨酯	1	0.56	1.66	中度风险
69	2017 年 9 月	嘧菌酯	1	0.56	1.66	中度风险
70	2017 年 9 月	嘧霉胺	1	0.56	1.66	中度风险
71	2017 年 9 月	棉铃威	1	0.56	1.66	中度风险
72	2017 年 9 月	萘乙酸	1	0.56	1.66	中度风险

16.4　GC-Q-TOF/MS 侦测海口市市售水果蔬菜农药残留风险评估结论与建议

农药残留是影响水果蔬菜安全和质量的主要因素，也是我国食品安全领域备受关注的敏感话题和亟待解决的重大问题之一[15,16]。各种水果蔬菜均存在不同程度的农药残留现象，本研究主要针对海口市各类水果蔬菜存在的农药残留问题，基于 2016 年 11 月~2017 年 9 月对海口市 411 例水果蔬菜样品中农药残留侦测得出的 553 个侦测结果，分别采用食品安全指数模型和风险系数模型，开展水果蔬菜中农药残留的膳食暴露风险和预警风险评估。水果蔬菜样品取自超市和市场，符合大众的膳食来源，风险评价时更具有代表性和可信度。

本研究力求通用简单地反映食品安全中的主要问题，且为管理部门和大众容易接受，为政府及相关管理机构建立科学的食品安全信息发布和预警体系提供科学的规律与方法，加强对农药残留的预警和食品安全重大事件的预防，控制食品风险。

16.4.1　海口市水果蔬菜中农药残留膳食暴露风险评价结论

1) 水果蔬菜样品中农药残留安全状态评价结论

采用食品安全指数模型，对 2016 年 11 月~2017 年 9 月期间海口市水果蔬菜样品农药残留膳食暴露风险进行评价，根据 IFS_c 的计算结果发现，水果蔬菜中农药的 $\overline{IFS}$ 为 0.08997，说明海口市水果蔬菜总体处于很好的安全状态，但部分禁用农药、高残留农药在蔬菜、水果中仍有侦测出，导致膳食暴露风险的存在，成为不安全因素。

2) 单种水果蔬菜中农药膳食暴露风险不可接受情况评价结论

单种水果蔬菜中农药残留安全指数分析结果显示，农药对单种水果蔬菜安全影响不可接受 ($IFS_c>1$) 的样本数共 3 个，占总样本数的 0.99%，3 个样本分别为油麦菜中的噻虫酰胺、生菜中的噻虫酰胺和橙中的水胺硫磷，说明油麦菜、生菜中的噻虫酰胺和橙中的水胺硫磷会对消费者身体健康造成较大的膳食暴露风险。水胺硫磷属于禁用的剧毒农药，且橙为较常见的水果，百姓日常食用量较大，长期食用大量残留水胺硫磷的橙会对人体造成不可接受的影响。本次检测发现水胺硫磷在橙样品中多次侦测出，是未严格实施农业良好管理规范(GAP)，抑或是农药滥用，应该引起相关管理部门的警惕，应加强对橙中水胺硫磷的严格管控。

3) 禁用农药膳食暴露风险评价

本次检测发现部分水果蔬菜样品中有禁用农药侦测出，侦测出禁用农药 4 种，检出频次为 9，水果蔬菜样品中的禁用农药 IFS_c 计算结果表明，禁用农药残留膳食暴露风险不可接受的频次为 1，占 11.11%；可以接受的频次为 3，占 33.33%；没有影响的频次为 5，占 55.56%。对于水果蔬菜样品中所有农药而言，膳食暴露风险不可接受的频次为 7，仅占总体频次的 1.27%。可以看出，禁用农药的膳食暴露风险不可接受的比例远高于总体水平，这在一定程度上说明禁用农药更容易导致严重的膳食暴露风险。此外，膳食暴露风险不可接受的残留禁用农药为水胺硫磷，因此，应该加强对禁用农药水胺硫磷的管控力度。为何在国家明令禁止禁用农药喷洒的情况下，还能在多种水果蔬菜中多次侦测出禁用农药残留并造成不可接受的膳食暴露风险，这应该引起相关部门的高度警惕，应该在禁止禁用农药喷洒的同时，严格管控禁用农药的生产和售卖，从根本上杜绝安全隐患。

16.4.2 海口市水果蔬菜中农药残留预警风险评价结论

1) 单种水果蔬菜中禁用农药残留的预警风险评价结论

本次检测过程中，在 5 种水果蔬菜中检测超出 4 种禁用农药，禁用农药为：克百威、水胺硫磷、硫丹和氟虫腈，水果蔬菜为：草莓、橙、李子、芹菜、生菜，水果蔬菜中禁用农药的风险系数分析结果显示，4 种禁用农药在 5 种水果蔬菜中的残留均处于高度风险，说明在单种水果蔬菜中禁用农药的残留会导致较高的预警风险。

2) 单种水果蔬菜中非禁用农药残留的预警风险评价结论

以 MRL 中国国家标准为标准，计算水果蔬菜中非禁用农药风险系数情况下，296 个样本中，4 个处于高度风险(1.35%)，59 个处于低度风险(19.93%)，233 个样本没有 MRL 中国国家标准(78.72%)。以 MRL 欧盟标准为标准，计算水果蔬菜中非禁用农药风险系数情况下，发现有 125 个处于高度风险(42.23%)，171 个处于低度风险(57.77%)。基于两种 MRL 标准，评价的结果差异显著，可以看出 MRL 欧盟标准比中国国家标准更加严格和完善，过于宽松的 MRL 中国国家标准值能否有效保障人体的健康有待研究。

16.4.3 加强海口市水果蔬菜食品安全建议

我国食品安全风险评价体系仍不够健全，相关制度不够完善，多年来，由于农药用药次数多、用药量大或用药间隔时间短，产品残留量大，农药残留所造成的食品安全问题日益严峻，给人体健康带来了直接或间接的危害。据估计，美国与农药有关的癌症患者数约占全国癌症患者总数的 50%，中国更高。同样，农药对其他生物也会形成直接杀伤和慢性危害，植物中的农药可经过食物链逐级传递并不断蓄积，对人和动物构成潜在威胁，并影响生态系统。

基于本次农药残留侦测数据的风险评价结果，提出以下几点建议：

1) 加快食品安全标准制定步伐

我国食品标准中对农药每日允许最大摄入量 ADI 的数据严重缺乏，在本次评价所涉及的 79 种农药中，仅有 69.6%的农药具有 ADI 值，而 30.4%的农药中国尚未规定相应的 ADI 值，亟待完善。

我国食品中农药最大残留限量值的规定严重缺乏，对评估涉及的不同水果蔬菜中不同农药 302 个 MRL 限值进行统计来看，我国仅制定出 68 个标准，标准完整率仅为 22.5%，而欧盟的完整率达到 100%（表 16-19）。因此，中国更应加快 MRL 标准的制定步伐。

表 16-19　我国国家食品标准农药的 ADI、MRL 值与欧盟标准的数量差异

分类		中国 ADI	MRL 中国国家标准	MRL 欧盟标准
标准限值（个）	有	55	68	302
	无	24	234	0
总数（个）		79	302	302
无标准限值比例		30.4%	77.5%	0

此外，MRL 中国国家标准限值普遍高于欧盟标准限值，这些标准中共有 39 个高于欧盟。过高的 MRL 值难以保障人体健康，建议继续加强对限值基准和标准的科学研究，将农产品中的危险性减少到尽可能低的水平。

2) 加强农药的源头控制和分类监管

在海口市某些水果蔬菜中仍有禁用农药残留，利用 GC-Q-TOF/MS 技术侦测出 4 种禁用农药，检出频次为 9 次，残留禁用农药均存在较大的膳食暴露风险和预警风险。早已列入黑名单的禁用农药在我国并未真正退出，有些药物由于价格便宜、工艺简单，此类高毒农药一直生产和使用。建议在我国采取严格有效的控制措施，从源头控制禁用农药。

对于非禁用农药，在我国作为“田间地头”最典型单位的县级蔬果产地中，农药残留的检测几乎缺失。建议根据农药的毒性，对高毒、剧毒、中毒农药实现分类管理，减少使用高毒和剧毒高残留农药，进行分类监管。

3) 加强残留农药的生物修复及降解新技术

市售果蔬中残留农药的品种多、频次高、禁用农药多次检出这一现状，说明了我国的田间土壤和水体因农药长期、频繁、不合理的使用而遭到严重污染。为此，建议中国相关部门出台相关政策，鼓励高校及科研院所积极开展分子生物学、酶学等研究，加强土壤、水体中残留农药的生物修复及降解新技术研究，切实加大农药监管力度，以控制农药的面源污染问题。

综上所述，在本工作基础上，根据蔬菜残留危害，可进一步针对其成因提出和采取严格管理、大力推广无公害蔬菜种植与生产、健全食品安全控制技术体系、加强蔬菜食品质量检测体系建设和积极推行蔬菜食品质量追溯制度等相应对策。建立和完善食品安全综合评价指数与风险监测预警系统，对食品安全进行实时、全面的监控与分析，为我国的食品安全科学监管与决策提供新的技术支持，可实现各类检验数据的信息化系统管理，降低食品安全事故的发生。

海南蔬菜产区

第 17 章　LC-Q-TOF/MS 侦测海南蔬菜产区 724 例市售水果蔬菜样品农药残留报告

从海南蔬菜产区(澄迈县、三亚市、文昌市、陵水黎族自治县)随机采集了 724 例水果蔬菜样品，使用液相色谱-四极杆飞行时间质谱(LC-Q-TOF/MS)对 565 种农药化学污染物进行示范侦测(7 种负离子模式 ESI⁻未涉及)。

17.1　样品种类、数量与来源

17.1.1　样品采集与检测

为了真实反映百姓餐桌上水果蔬菜中农药残留污染状况，本次所有检测样品均由检验人员于 2017 年 5 月至 9 月期间，从海南蔬菜产区所属 18 个采样点，包括 4 个农贸市场 14 个超市，以随机购买方式采集，总计 30 批 724 例样品，从中检出农药 82 种，1245 频次。采样及监测概况见图 17-1 及表 17-1，样品及采样点明细见表 17-2 及表 17-3(侦测原始数据见附表 1)。

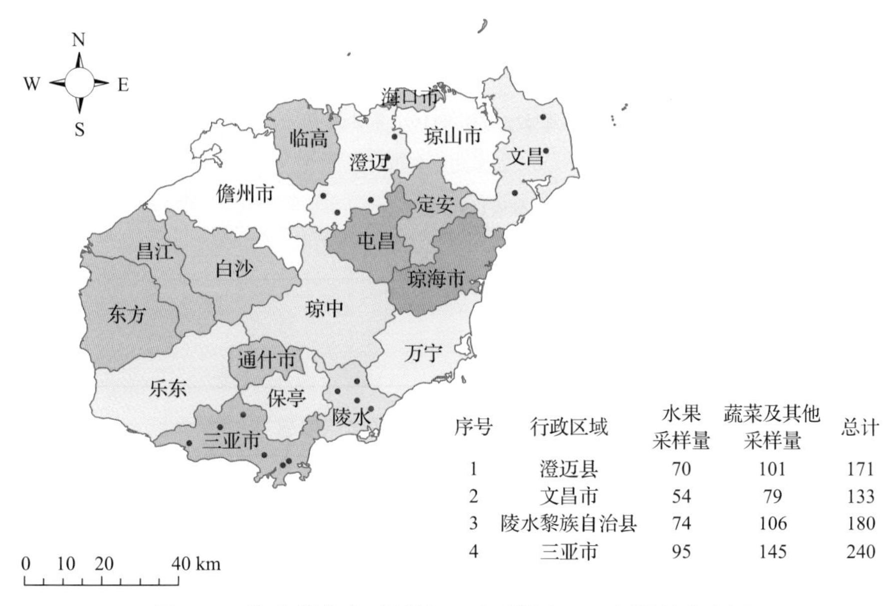

序号	行政区域	水果采样量	蔬菜及其他采样量	总计
1	澄迈县	70	101	171
2	文昌市	54	79	133
3	陵水黎族自治县	74	106	180
4	三亚市	95	145	240

图 17-1　海南蔬菜产区所属 18 个采样点 724 例样品分布图

表 17-1　农药残留监测总体概况

采样地区	海南蔬菜产区
采样点(超市+农贸市场)	18
样本总数	724
检出农药品种/频次	82/1245
各采样点样本农药残留检出率范围	50.0%~79.6%

表 17-2　样品分类及数量

样品分类	样品名称(数量)	数量小计
1. 食用菌		43
1)蘑菇类	香菇(5)，金针菇(20)，杏鲍菇(18)	43
2. 水果		293
1)仁果类水果	苹果(29)，梨(29)，枇杷(6)	64
2)核果类水果	桃(10)，李子(11)	21
3)浆果和其他小型水果	猕猴桃(20)，葡萄(19)	39
4)瓜果类水果	哈密瓜(16)	16
5)热带和亚热带水果	山竹(10)，莲雾(8)，龙眼(11)，芒果(17)，火龙果(30)，番石榴(7)	83
6)柑橘类水果	柚(10)，橘(11)，柠檬(24)，金橘(13)，橙(12)	70
3. 蔬菜		388
1)豆类蔬菜	菜豆(23)	23
2)鳞茎类蔬菜	韭菜(9)，洋葱(23)，蒜薹(17)	49
3)叶菜类蔬菜	芹菜(22)，油麦菜(13)，小白菜(9)，生菜(19)，莴笋(4)	67
4)芸薹属类蔬菜	结球甘蓝(15)，芥蓝(3)，青花菜(16)，紫甘蓝(9)	43
5)瓜类蔬菜	黄瓜(29)，西葫芦(26)，苦瓜(9)，丝瓜(11)	75
6)茄果类蔬菜	番茄(26)，甜椒(13)，辣椒(14)，茄子(27)	80
7)根茎类和薯芋类蔬菜	胡萝卜(29)，萝卜(22)	51
合计	1. 食用菌 3 种 2. 水果 19 种 3. 蔬菜 23 种	724

表 17-3　海南蔬菜产区采样点信息

采样点序号	行政区域	采样点
农贸市场(4)		
1	三亚市天涯区	***市场
2	三亚市天涯区	***市场
3	文昌市	***市场
4	陵水黎族自治县	***市场

续表

采样点序号	行政区域	采样点
超市(14)		
1	三亚市天涯区	***超市(国际购物中心店)
2	三亚市天涯区	***超市(胜利店)
3	三亚市天涯区	***超市(解放四路店)
4	三亚市天涯区	***超市(三亚店)
5	文昌市	***超市(恒兴商业城店)
6	文昌市	***超市(文建店)
7	澄迈县	***超市
8	澄迈县	***超市(澄迈店)
9	澄迈县	***市场
10	澄迈县	***市场
11	澄迈县	***超市
12	陵水黎族自治县	***超市
13	陵水黎族自治县	***超市(陵水店)
14	陵水黎族自治县	***超市(陵水店)

17.1.2　检测结果

这次使用的检测方法是庞国芳院士团队最新研发的不需使用标准品对照，而以高分辨精确质量数(0.0001 *m/z*)为基准的 LC-Q-TOF/MS 检测技术，对于 724 例样品，每个样品均侦测了 565 种农药化学污染物的残留现状。通过本次侦测，在 724 例样品中共计检出农药化学污染物 82 种，检出 1245 频次。

17.1.2.1　各采样点样品检出情况

统计分析发现 18 个采样点中，被测样品的农药检出率范围为 50.0%~79.6%。其中，***超市(文建店)的检出率最高，为 79.6%，***超市(三亚店)的检出率最低，为 50.0%，见图 17-2。

17.1.2.2　检出农药的品种总数与频次

统计分析发现，对于 724 例样品中 565 种农药化学污染物的侦测，共检出农药 1245 频次，涉及农药 82 种，结果如图 17-3 所示。其中多菌灵检出频次最高，共检出 127 次。检出频次排名前 10 的农药如下：①多菌灵(127)；②烯酰吗啉(108)；③苯醚甲环唑(89)；④啶虫脒(88)；⑤嘧菌酯(77)；⑥吡唑醚菌酯(74)；⑦吡虫啉(56)；⑧甲霜灵(53)；⑨霜霉威(47)；⑩戊唑醇(44)。

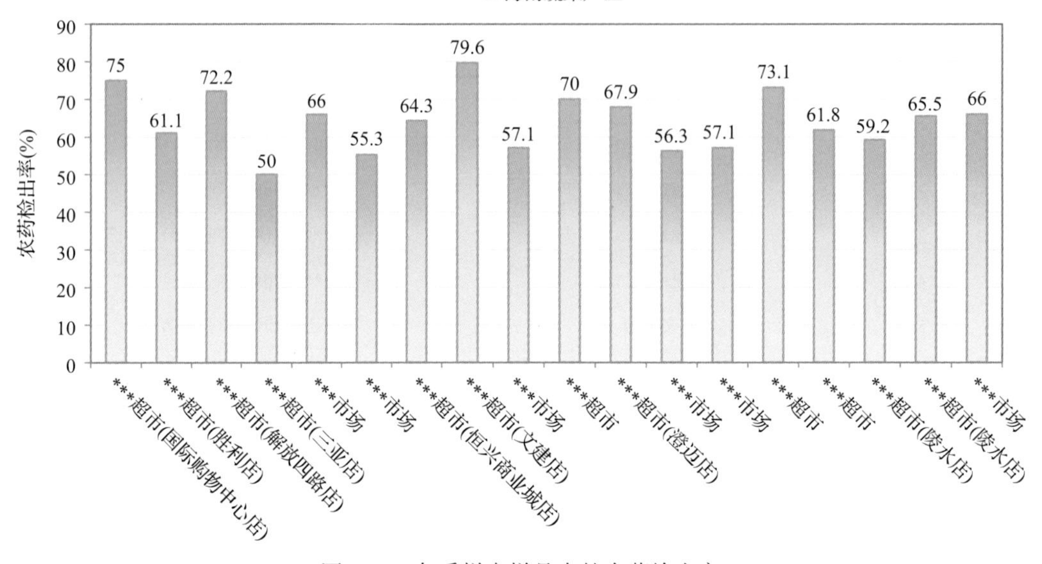

图 17-2　各采样点样品中的农药检出率

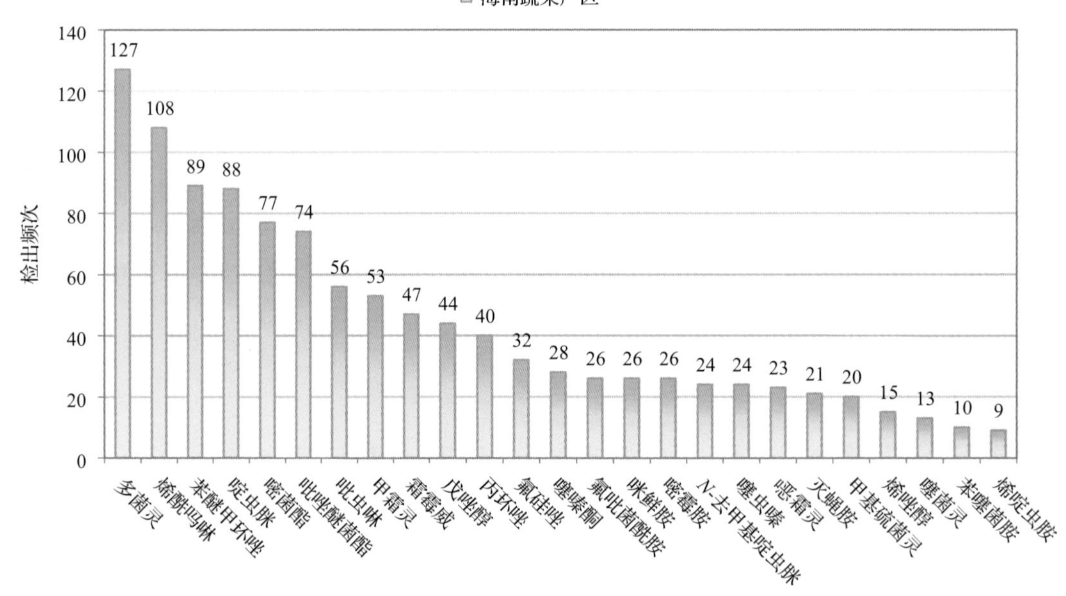

图 17-3　检出农药品种及频次(仅列出 9 频次及以上的数据)

由图 17-4 可见，葡萄、芹菜、猕猴桃、黄瓜和油麦菜这 5 种果蔬样品中检出的农药品种数较多，均超过 20 种，其中，葡萄检出农药品种最多，为 36 种。由图 17-5 可见，葡萄、油麦菜和番茄这 3 种果蔬样品中的农药检出频次较高，均超过 80 次(含)，其中，葡萄检出农药频次最高，为 120 次。

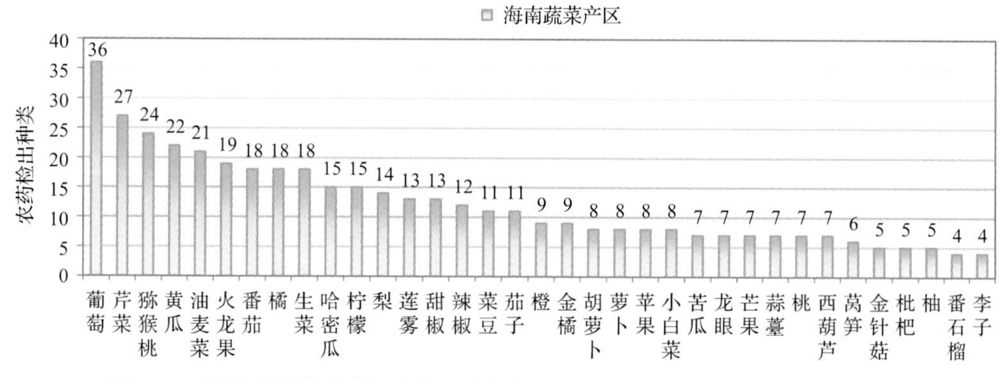

图 17-4　单种水果蔬菜检出农药的种类数(仅列出检出农药 4 种及以上的数据)

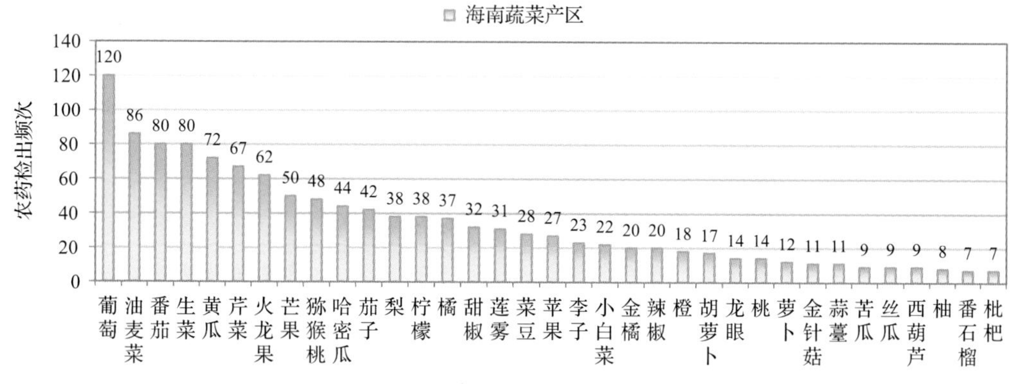

图 17-5　单种水果蔬菜检出农药频次(仅列出检出农药 7 频次及以上的数据)

17.1.2.3　单例样品农药检出种类与占比

对单例样品检出农药种类和频次进行统计发现，未检出农药的样品占总样品数的 36.5%，检出 1 种农药的样品占总样品数的 22.2%，检出 2~5 种农药的样品占总样品数的 35.5%，检出 6~10 种农药的样品占总样品数的 5.2%，检出大于 10 种农药的样品占总样品数的 0.6%。每例样品中平均检出农药为 1.7 种，数据见表 17-4 及图 17-6。

表 17-4　单例样品检出农药品种占比

检出农药品种数	样品数量/占比(%)
未检出	264/36.5
1 种	161/22.2
2~5 种	257/35.5
6~10 种	38/5.2
大于 10 种	4/0.6
单例样品平均检出农药品种	1.7 种

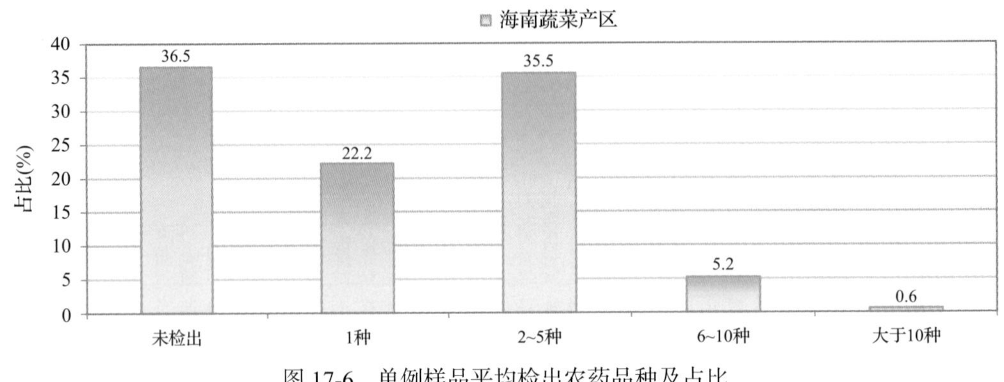

图 17-6　单例样品平均检出农药品种及占比

17.1.2.4　检出农药类别与占比

所有检出农药按功能分类，包括杀菌剂、杀虫剂、植物生长调节剂、除草剂共 4 类。其中杀菌剂与杀虫剂为主要检出的农药类别，分别占总数的 47.6%和 43.9%，见表 17-5 及图 17-7。

表 17-5　检出农药所属类别及占比

农药类别	数量/占比(%)
杀菌剂	39/47.6
杀虫剂	36/43.9
植物生长调节剂	4/4.9
除草剂	3/3.7

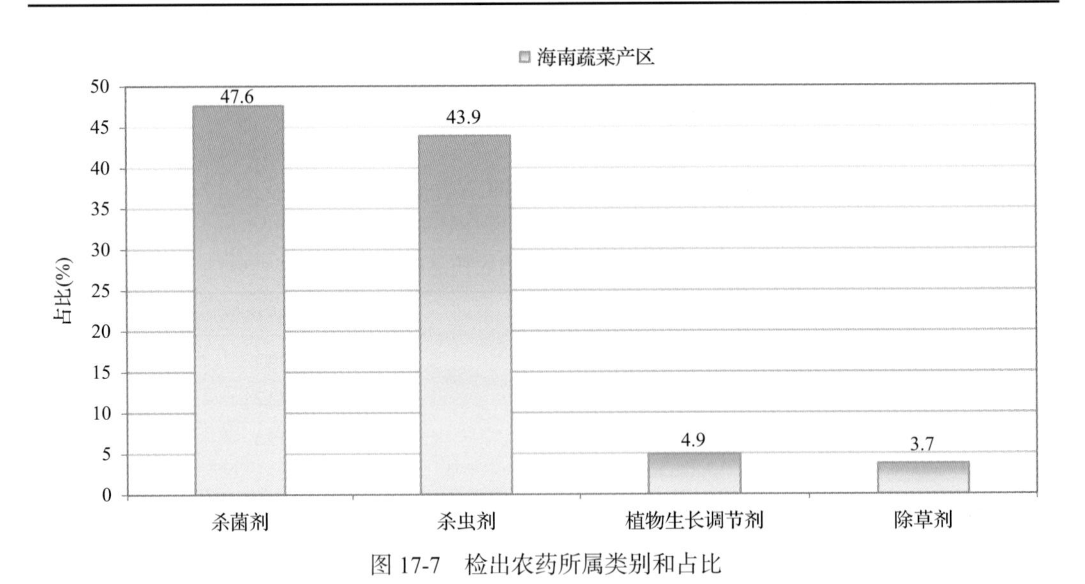

图 17-7　检出农药所属类别和占比

17.1.2.5 检出农药的残留水平

按检出农药残留水平进行统计，残留水平在 1~5 μg/kg(含)的农药占总数的 31.1%，在 5~10 μg/kg(含)的农药占总数的 18.9%，在 10~100 μg/kg(含)的农药占总数的 40.4%，在 100~1000 μg/kg(含)的农药占总数的 8.7%，在>1000 μg/kg 的农药占总数的 1.0%。

由此可见，这次检测的 30 批 724 例水果蔬菜样品中农药多数处于中高残留水平。结果见表 17-6 及图 17-8，数据见附表 2。

表 17-6 农药残留水平及占比

残留水平(μg/kg)	检出频次数/占比(%)
1~5(含)	387/31.1
5~10(含)	235/18.9
10~100(含)	503/40.4
100~1000(含)	108/8.7
>1000	12/1.0

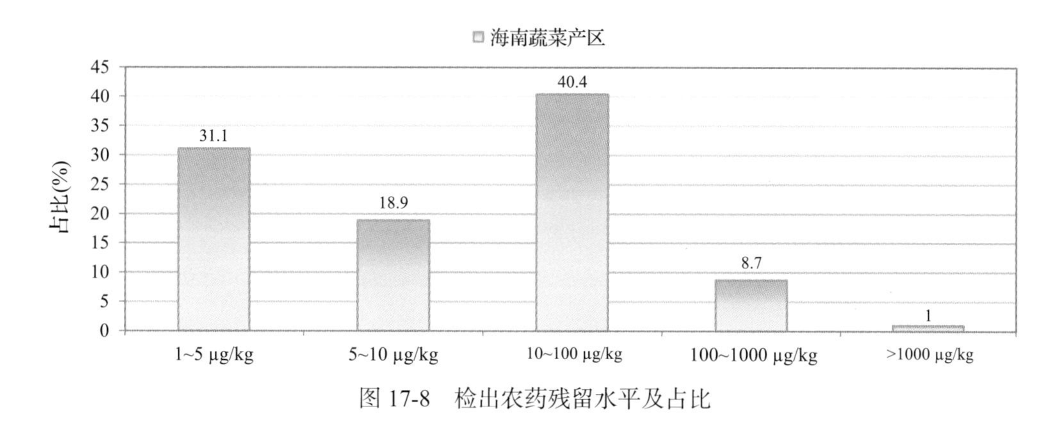

图 17-8 检出农药残留水平及占比

17.1.2.6 检出农药的毒性类别、检出频次和超标频次及占比

对这次检出的 82 种 1245 频次的农药，按剧毒、高毒、中毒、低毒和微毒这五个毒性类别进行分类，从中可以看出，海南蔬菜产区目前普遍使用的农药为中低微毒农药，品种占 92.7%，频次占 98.6%。结果见表 17-7 及图 17-9。

表 17-7 检出农药毒性类别及占比

毒性分类	农药品种/占比(%)	检出频次/占比(%)	超标频次/超标率(%)
剧毒农药	1/1.2	5/0.4	1/20.0
高毒农药	5/6.1	12/1.0	4/33.3
中毒农药	34/41.5	581/46.7	0/0.0
低毒农药	25/30.5	274/22.0	0/0.0
微毒农药	17/20.7	373/30.0	3/0.8

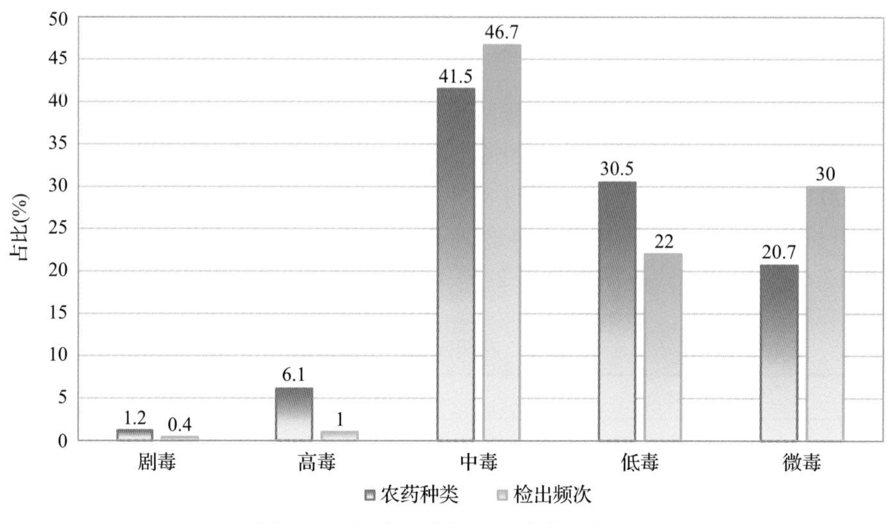

图 17-9　检出农药的毒性分类和占比

17.1.2.7　检出剧毒/高毒类农药的品种和频次

值得特别关注的是，在此次侦测的 724 例样品中有 5 种蔬菜和 6 种水果的 16 例样品检出了 6 种 17 频次的剧毒和高毒农药，占样品总量的 2.2%，详见图 17-10、表 17-8 及表 17-9。

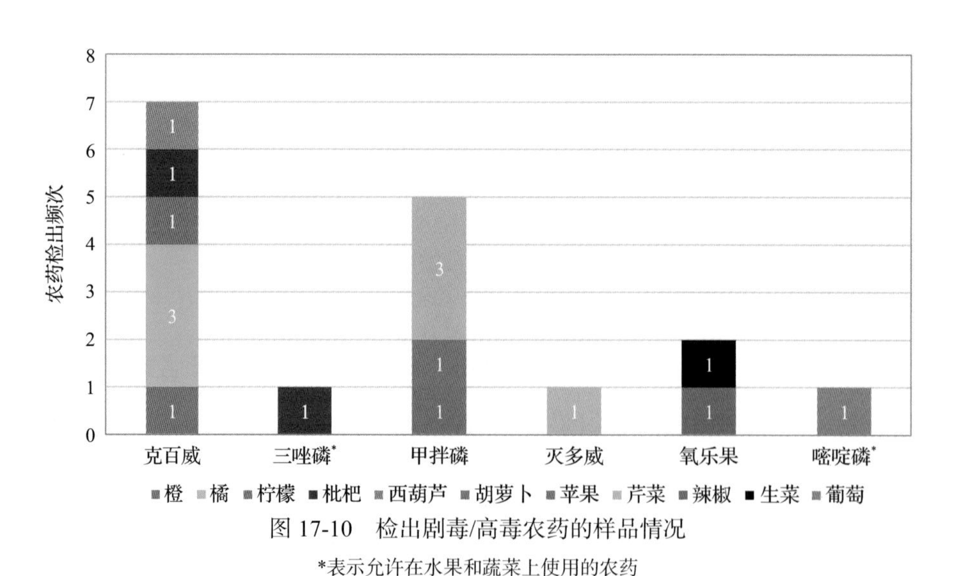

图 17-10　检出剧毒/高毒农药的样品情况

*表示允许在水果和蔬菜上使用的农药

表 17-8　剧毒农药检出情况

序号	农药名称	检出频次	超标频次	超标率
从 1 种水果中检出 1 种剧毒农药，共计检出 1 次				
1	甲拌磷*	1	0	0.0%
小计		1	0	超标率：0.0%

续表

序号	农药名称	检出频次	超标频次	超标率
		从 2 种蔬菜中检出 1 种剧毒农药，共计检出 4 次		
1	甲拌磷*	4	1	25.0%
	小计	4	1	超标率：25.0%
	合计	5	1	超标率：20.0%

表 17-9　高毒农药检出情况

序号	农药名称	检出频次	超标频次	超标率
		从 5 种水果中检出 3 种高毒农药，共计检出 8 次		
1	克百威	6	3	50.0%
2	嘧啶磷	1	0	0.0%
3	三唑磷	1	0	0.0%
	小计	8	3	超标率：37.5%
		从 4 种蔬菜中检出 3 种高毒农药，共计检出 4 次		
1	氧乐果	2	1	50.0%
2	克百威	1	0	0.0%
3	灭多威	1	0	0.0%
	小计	4	1	超标率：25.0%
	合计	12	4	超标率：33.3%

在检出的剧毒和高毒农药中，有 4 种是我国早已禁止在果树和蔬菜上使用的，分别是：克百威、甲拌磷、灭多威和氧乐果。禁用农药的检出情况见表 17-10。

表 17-10　禁用农药检出情况

序号	农药名称	检出频次	超标频次	超标率
		从 5 种水果中检出 2 种禁用农药，共计检出 7 次		
1	克百威	6	3	50.0%
2	甲拌磷*	1	0	0.0%
	小计	7	3	超标率：42.9%
		从 5 种蔬菜中检出 4 种禁用农药，共计检出 8 次		
1	甲拌磷*	4	1	25.0%
2	氧乐果	2	1	50.0%
3	克百威	1	0	0.0%
4	灭多威	1	0	0.0%
	小计	8	2	超标率：25.0%
	合计	15	5	超标率：33.3%

注：超标结果参考 MRL 中国国家标准计算

此次抽检的果蔬样品中，有 1 种水果 2 种蔬菜检出了剧毒农药，分别是：苹果中检出甲拌磷 1 次；胡萝卜中检出甲拌磷 1 次；芹菜中检出甲拌磷 3 次。

样品中检出剧毒和高毒农药残留水平超过 MRL 中国国家标准的频次为 5 次，其中：柠檬检出克百威超标 1 次；橘检出克百威超标 2 次；芹菜检出甲拌磷超标 1 次；辣椒检出氧乐果超标 1 次。本次检出结果表明，高毒、剧毒农药的使用现象依旧存在，详见表 17-11。

表 17-11　各样本中检出剧毒/高毒农药情况

样品名称	农药名称	检出频次	超标频次	检出浓度(μg/kg)
		水果 6 种		
枇杷	三唑磷	1	0	4.0
枇杷	克百威▲	1	0	6.3
柠檬	克百威▲	1	1	92.2[a]
橘	克百威▲	3	2	78.5[a], 4.6, 69.9[a]
橙	克百威▲	1	0	3.8
苹果	甲拌磷*▲	1	0	1.5
葡萄	嘧啶磷	1	0	1.9
小计		9	3	超标率：33.3%
		蔬菜 5 种		
生菜	氧乐果▲	1	0	5.9
胡萝卜	甲拌磷*▲	1	0	9.4
芹菜	灭多威▲	1	0	302.4
芹菜	甲拌磷*▲	3	1	4.9, 897.7[a], 5.6
西葫芦	克百威▲	1	0	8.9
辣椒	氧乐果▲	1	1	1035.8[a]
小计		8	2	超标率：25.0%
合计		17	5	超标率：29.4%

17.2　农药残留检出水平与最大残留限量标准对比分析

我国于 2014 年 3 月 20 日正式颁布并于 2014 年 8 月 1 日正式实施食品农药残留限量国家标准《食品中农药最大残留限量》(GB 2763—2014)。该标准包括 371 个农药条目，涉及最大残留限量(MRL)标准 3653 项。将 1245 频次检出农药的浓度水平与 3653 项 MRL 中国国家标准进行核对，其中只有 494 频次的农药找到了对应的 MRL 标准，占 39.7%，还有 751 频次的侦测数据则无相关 MRL 标准供参考，占 60.3%。

将此次侦测结果与国际上现行 MRL 标准对比发现，在 1245 频次的检出结果中有 1245 频次的结果找到了对应的 MRL 欧盟标准，占 100.0%，其中，1183 频次的结果有明确对应的 MRL 标准，占 95.0%，其余 62 频次按照欧盟一律标准判定，占 5.0%；有 1245 频次的结果找到了对应的 MRL 日本标准，占 100.0%，其中，869 频次的结果有明确对应的 MRL 标准，占 69.8%，其余 376 频次按照日本一律标准判定，占 30.2%；有 739 频次的结果找到了对应的 MRL 中国香港标准，占 59.4%；有 675 频次的结果找到了对应的 MRL 美国标准，占 54.2%；有 627 频次的结果找到了对应的 MRL CAC 标准，占 50.4%（见图 17-11 和图 17-12，数据见附表 3 至附表 8）。

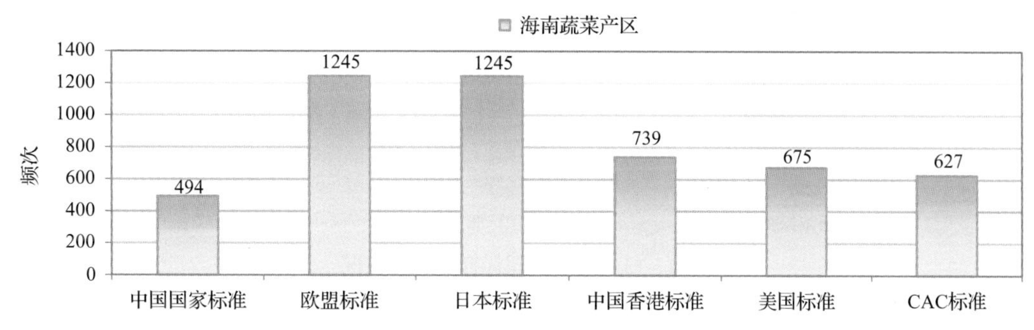

图 17-11　1245 频次检出农药可用 MRL 中国国家标准、欧盟标准、日本标准、中国香港标准、美国标准、CAC 标准判定衡量的数量

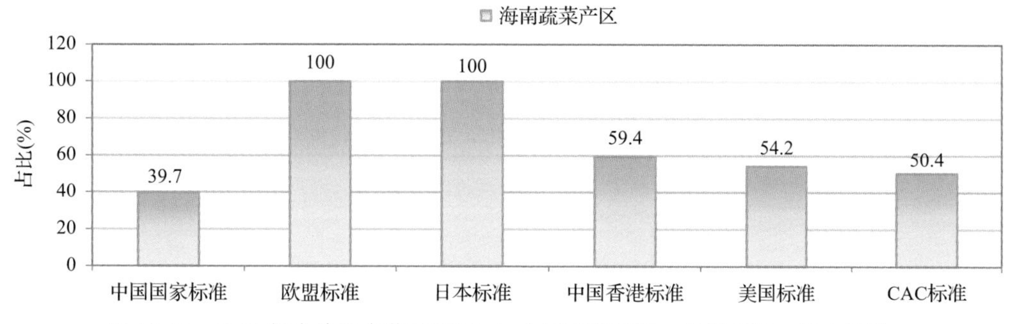

图 17-12　1245 频次检出农药可用 MRL 中国国家标准、欧盟标准、日本标准、中国香港标准、美国标准、CAC 标准衡量的占比

17.2.1　超标农药样品分析

本次侦测的 724 例样品中，264 例样品未检出任何残留农药，占样品总量的 36.5%，460 例样品检出不同水平、不同种类的残留农药，占样品总量的 63.5%。在此，我们将本次侦测的农残检出情况与中国国家标准、欧盟标准、日本标准、中国香港标准、美国标准和 CAC 标准这 6 大国际主流 MRL 标准进行对比分析，样品农残检出与超标情况见图 17-13、表 17-12 和图 17-14，详细数据见附表 9 至附表 14。

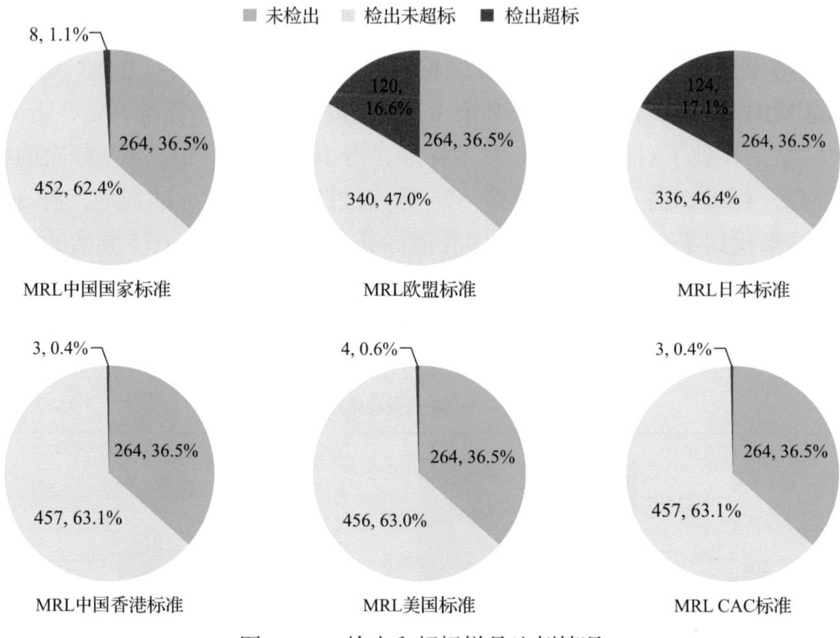

图 17-13　检出和超标样品比例情况

表 17-12　各 MRL 标准下样本农残检出与超标数量及占比

	中国国家标准	欧盟标准	日本标准	中国香港标准	美国标准	CAC 标准
	数量/占比(%)	数量/占比(%)	数量/占比(%)	数量/占比(%)	数量/占比(%)	数量/占比(%)
未检出	264/36.5	264/36.5	264/36.5	264/36.5	264/36.5	264/36.5
检出未超标	452/62.4	340/47.0	336/46.4	457/63.1	456/63.0	457/63.1
检出超标	8/1.1	120/16.6	124/17.1	3/0.4	4/0.6	3/0.4

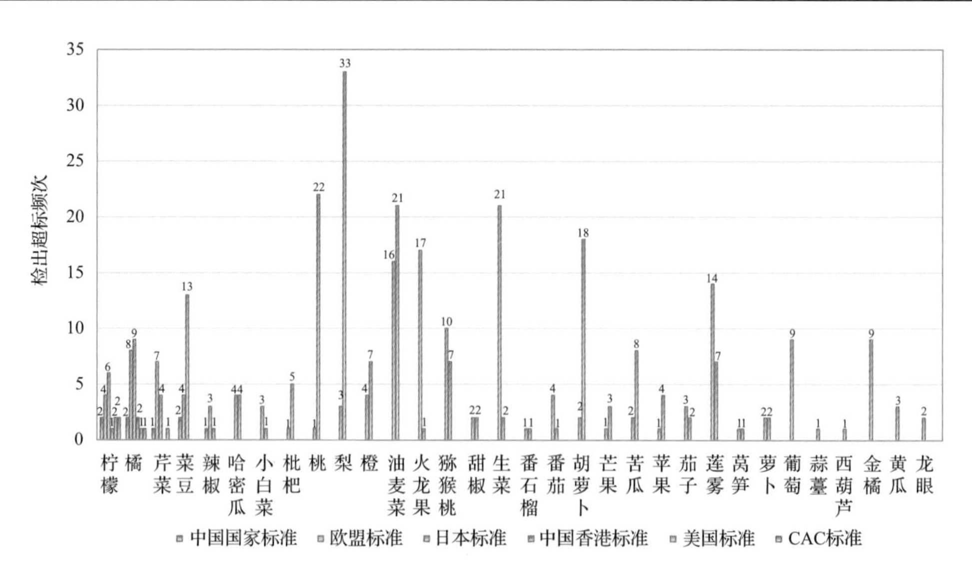

图 17-14　超过 MRL 中国国家标准、欧盟标准、日本标准、中国香港标准、美国标准和 CAC 标准结果在水果蔬菜中的分布

17.2.2 超标农药种类分析

按照 MRL 中国国家标准、欧盟标准、日本标准、中国香港标准、美国标准和 CAC 标准这 6 大国际主流 MRL 标准衡量，本次侦测检出的农药超标品种及频次情况见表 17-13。

表 17-13 各 MRL 标准下超标农药品种及频次

	中国国家标准	欧盟标准	日本标准	中国香港标准	美国标准	CAC 标准
超标农药品种	4	43	40	3	3	2
超标农药频次	8	164	185	3	4	3

17.2.2.1 按 MRL 中国国家标准衡量

按 MRL 中国国家标准衡量，共有 4 种农药超标，检出 8 频次，分别为剧毒农药甲拌磷，高毒农药克百威和氧乐果，微毒农药多菌灵。

按超标程度比较，芹菜中甲拌磷超标 88.8 倍，辣椒中氧乐果超标 50.8 倍，柠檬中克百威超标 3.6 倍，橘中克百威超标 2.9 倍，菜豆中多菌灵超标 1.0 倍。检测结果见图 17-15 和附表 15。

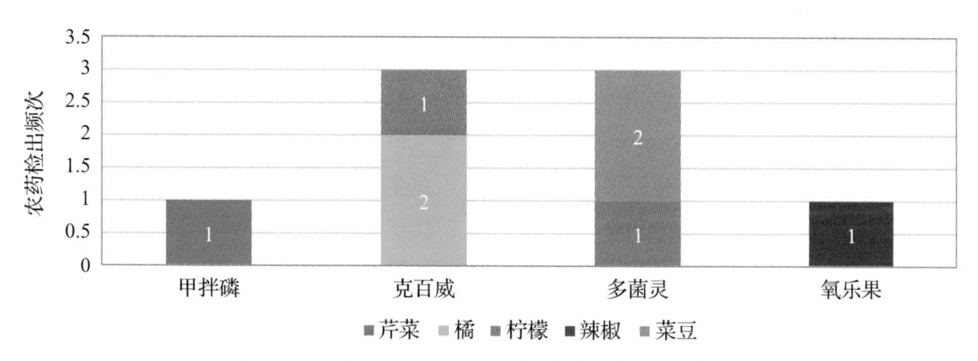

图 17-15 超过 MRL 中国国家标准农药品种及频次

17.2.2.2 按 MRL 欧盟标准衡量

按 MRL 欧盟标准衡量，共有 43 种农药超标，检出 164 频次，分别为剧毒农药甲拌磷，高毒农药灭多威、克百威和氧乐果，中毒农药噻唑磷、咪鲜胺、敌百虫、烯唑醇、三唑醇、苯醚甲环唑、甲氨基阿维菌素、噁霜灵、丙环唑、唑虫酰胺、啶虫脒、氟硅唑、腈菌唑、抑霉唑、吡虫啉、丙溴磷、喹硫磷、异丙威和 *N*-去甲基啶虫脒，低毒农药烯酰吗啉、呋虫胺、氯吡脲、嘧霉胺、二甲嘧酚、苯噻菌胺、己唑醇、烯啶虫胺、噻苯咪唑-5-羟基、噻菌灵、6-苄氨基嘌呤和氟唑菌酰胺，微毒农药多菌灵、吡唑醚菌酯、乙霉威、甲咪唑烟酸、嘧菌酯、甲基硫菌灵、吡丙醚和霜霉威。

按超标程度比较，辣椒中氧乐果超标 102.6 倍，芹菜中甲拌磷超标 88.8 倍，油麦菜中氟硅唑超标 59.4 倍，萝卜中敌百虫超标 38.0 倍，火龙果中嘧菌酯超标 32.7 倍。检测结果见图 17-16 和附表 16。

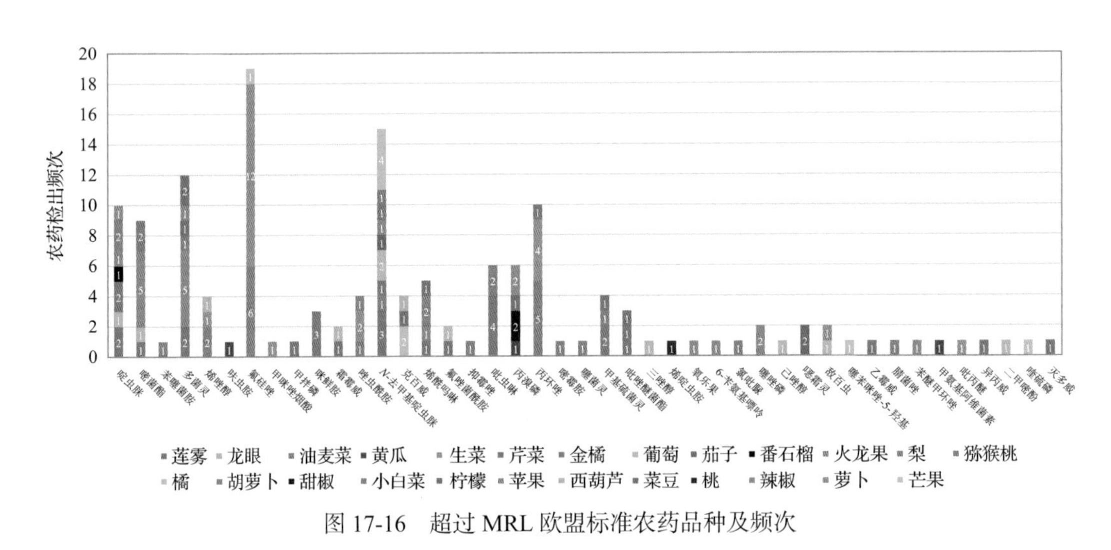

图 17-16　超过 MRL 欧盟标准农药品种及频次

17.2.2.3　按 MRL 日本标准衡量

按 MRL 日本标准衡量，共有 40 种农药超标，检出 185 频次，分别为剧毒农药甲拌磷，高毒农药氧乐果，中毒农药噻唑磷、咪鲜胺、敌百虫、戊唑醇、甲霜灵、烯唑醇、噻虫嗪、苯醚甲环唑、丙环唑、啶虫脒、氟硅唑、腈菌唑、哒螨灵、抑霉唑、吡虫啉、异丙威、喹硫磷和 *N*-去甲基啶虫脒，低毒农药灭蝇胺、烯酰吗啉、嘧霉胺、二甲嘧酚、氟吡菌酰胺、苯噻菌胺、噻苯咪唑-5-羟基、6-苄氨基嘌呤和噻嗪酮，微毒农药多菌灵、环酰菌胺、吡唑醚菌酯、乙嘧酚、缬霉威、甲咪唑烟酸、嘧菌酯、甲基硫菌灵、苯菌酮、吡丙醚和霜霉威。

按超标程度比较，柠檬中甲基硫菌灵超标 997.0 倍，金橘中甲基硫菌灵超标 126.1 倍，菜豆中多菌灵超标 97.9 倍，莲雾中多菌灵超标 97.2 倍，火龙果中多菌灵超标 89.6 倍。检测结果见图 17-17 和附表 17。

17.2.2.4　按 MRL 中国香港标准衡量

按 MRL 中国香港标准衡量，共有 3 种农药超标，检出 3 频次，分别为中毒农药敌百虫和啶虫脒，微毒农药多菌灵。

按超标程度比较，萝卜中啶虫脒超标 4.4 倍，萝卜中敌百虫超标 2.9 倍，柠檬中多菌灵超标 0.6 倍。检测结果见图 17-18 和附表 18。

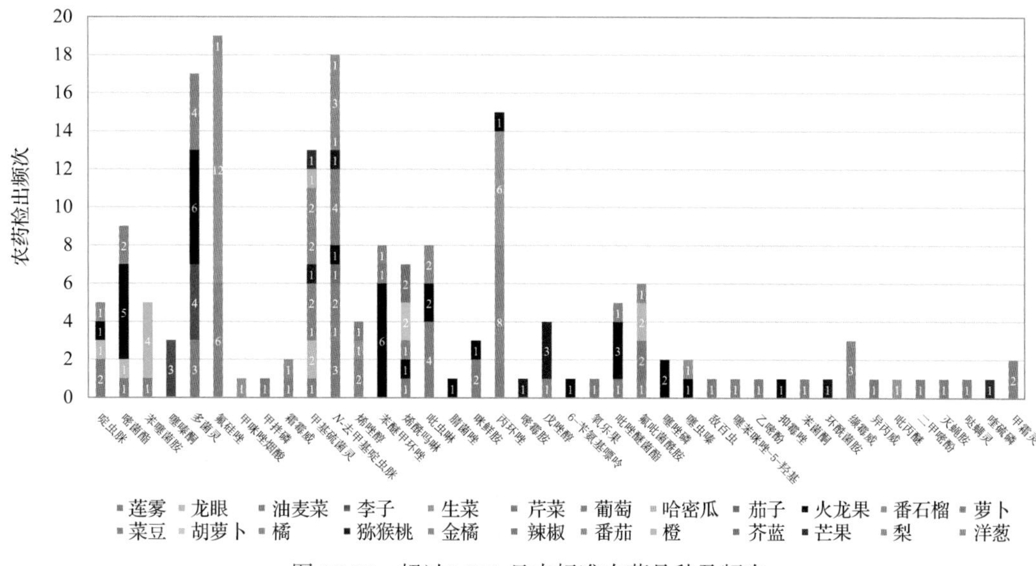

图 17-17　超过 MRL 日本标准农药品种及频次

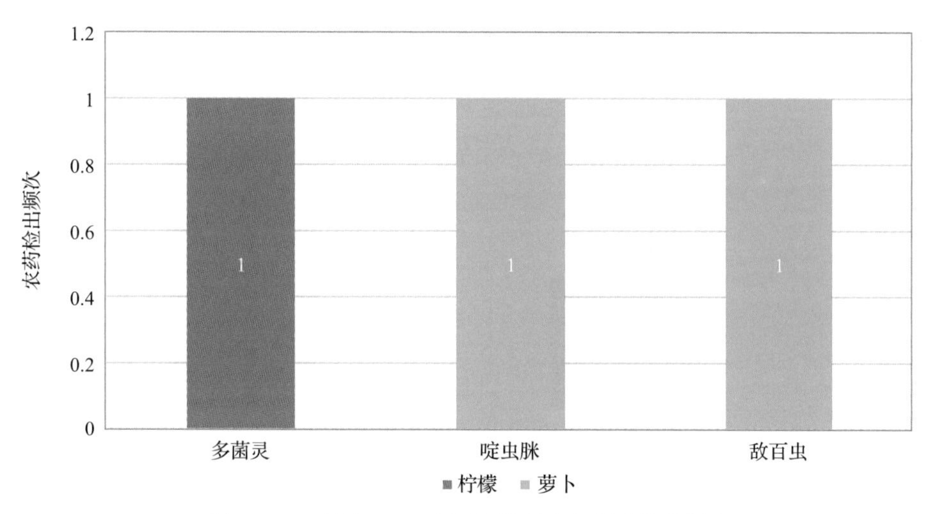

图 17-18　超过 MRL 中国香港标准农药品种及频次

17.2.2.5　按 MRL 美国标准衡量

按 MRL 美国标准衡量，共有 3 种农药超标，检出 4 频次，分别为中毒农药噻虫嗪、啶虫脒和吡虫啉。

按超标程度比较，萝卜中啶虫脒超标 4.4 倍，葡萄中噻虫嗪超标 0.5 倍，橘中吡虫啉超标 0.3 倍。检测结果见图 17-19 和附表 19。

17.2.2.6　按 MRL CAC 标准衡量

按 MRL CAC 标准衡量，共有 2 种农药超标，检出 3 频次，分别为中毒农药甲氨基阿维菌素，微毒农药多菌灵。

按超标程度比较，黄瓜中甲氨基阿维菌素超标 1.2 倍，菜豆中多菌灵超标 1.0 倍。检测结果见图 17-20 和附表 20。

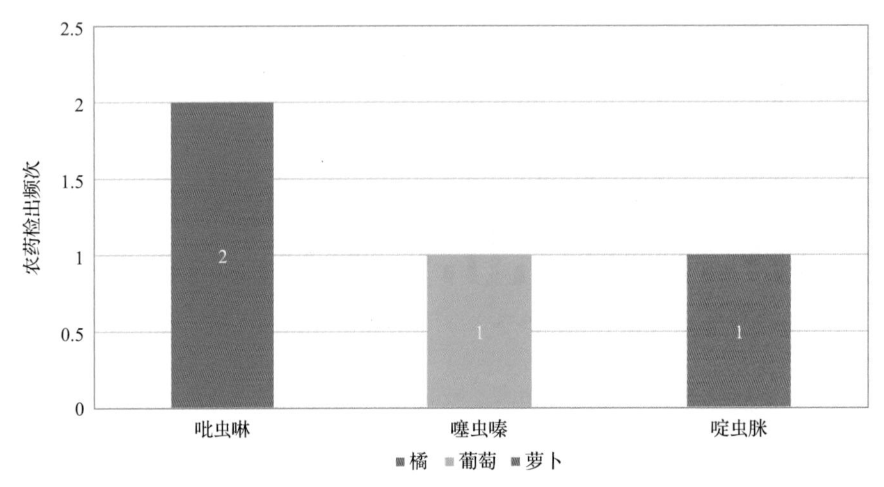

图 17-19　超过 MRL 美国标准农药品种及频次

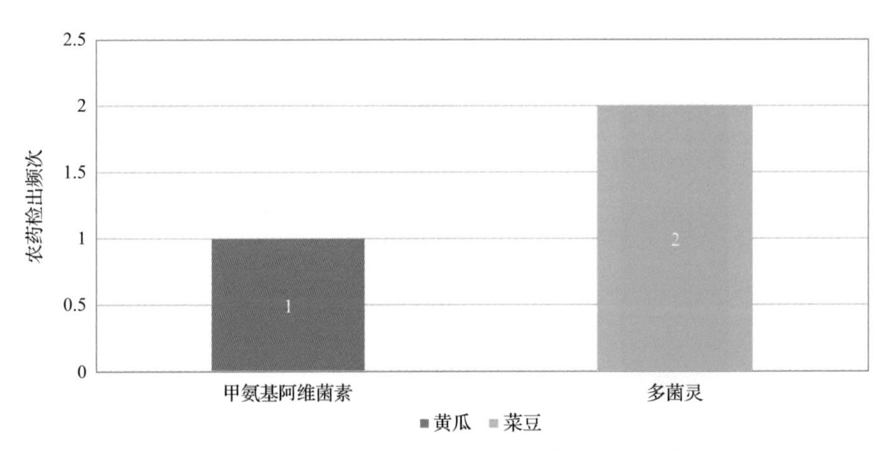

图 17-20　超过 MRL CAC 标准农药品种及频次

17.2.3　18 个采样点超标情况分析

17.2.3.1　按 MRL 中国国家标准衡量

按 MRL 中国国家标准衡量，有 7 个采样点的样品存在不同程度的超标农药检出，其中***超市(解放四路店)的超标率最高，为 5.6%，如表 17-14 和图 17-21 所示。

17.2.3.2　按 MRL 欧盟标准衡量

按 MRL 欧盟标准衡量，所有采样点的样品均存在不同程度的超标农药检出，其中***超市的超标率最高，为 26.7%，如表 17-15 和图 17-22 所示。

表 17-14　超过 MRL 中国国家标准水果蔬菜在不同采样点分布

	采样点	样品总数	超标数量	超标率(%)	行政区域
1	***市场	53	1	1.9	三亚市天涯区
2	***超市(文建店)	49	1	2.0	文昌市
3	***超市(陵水店)	49	1	2.0	陵水黎族自治县
4	***超市(***商业城店)	42	1	2.4	文昌市
5	***市场	42	2	4.8	文昌市
6	***超市(国际购物中心店)	20	1	5.0	三亚市天涯区
7	***超市(解放四路店)	18	1	5.6	三亚市天涯区

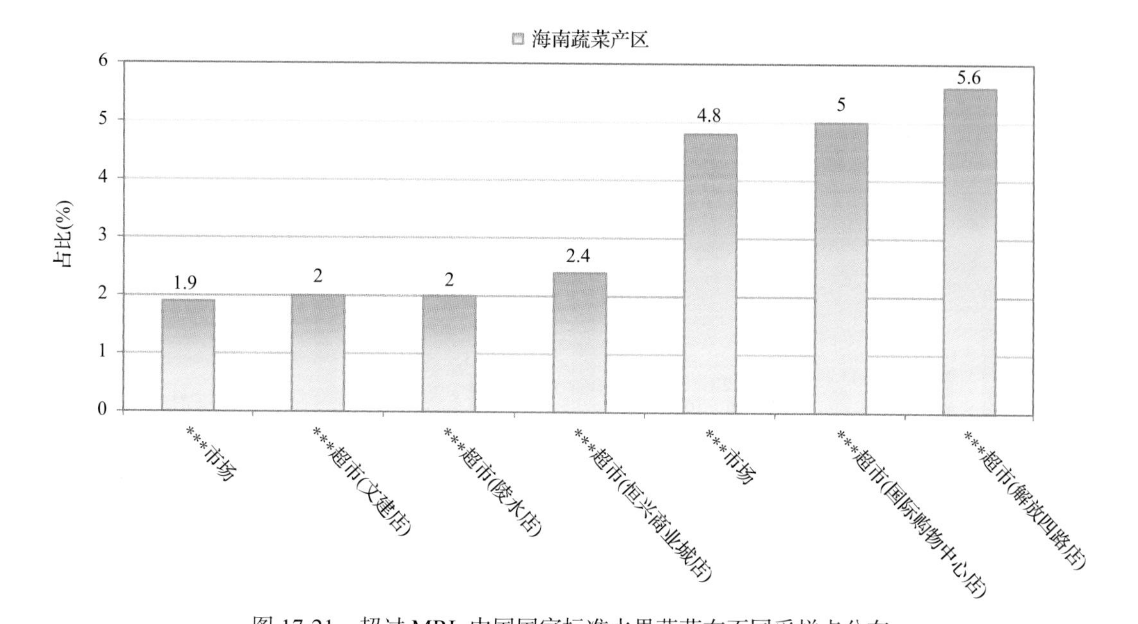

图 17-21　超过 MRL 中国国家标准水果蔬菜在不同采样点分布

表 17-15　超过 MRL 欧盟标准水果蔬菜在不同采样点分布

序号	采样点	样品总数	超标数量	超标率(%)	行政区域
1	***超市	55	11	20.0	陵水黎族自治县
2	***超市(胜利店)	54	8	14.8	三亚市天涯区
3	***超市(澄迈店)	53	7	13.2	澄迈县
4	***市场	53	7	13.2	三亚市天涯区
5	***超市(文建店)	49	12	24.5	文昌市
6	***超市(陵水店)	49	6	12.2	陵水黎族自治县
7	***超市(三亚店)	48	5	10.4	三亚市天涯区
8	***市场	48	7	14.6	澄迈县
9	***市场	47	11	23.4	陵水黎族自治县

续表

序号	采样点	样品总数	超标数量	超标率(%)	行政区域
10	***市场	47	5	10.6	三亚市天涯区
11	***超市(恒兴商业城店)	42	6	14.3	文昌市
12	***市场	42	7	16.7	文昌市
13	***超市	30	8	26.7	澄迈县
14	***超市(陵水店)	29	6	20.7	陵水黎族自治县
15	***超市	26	5	19.2	澄迈县
16	***超市(国际购物中心店)	20	4	20.0	三亚市天涯区
17	***超市(解放四路店)	18	2	11.1	三亚市天涯区
18	***市场	14	3	21.4	澄迈县

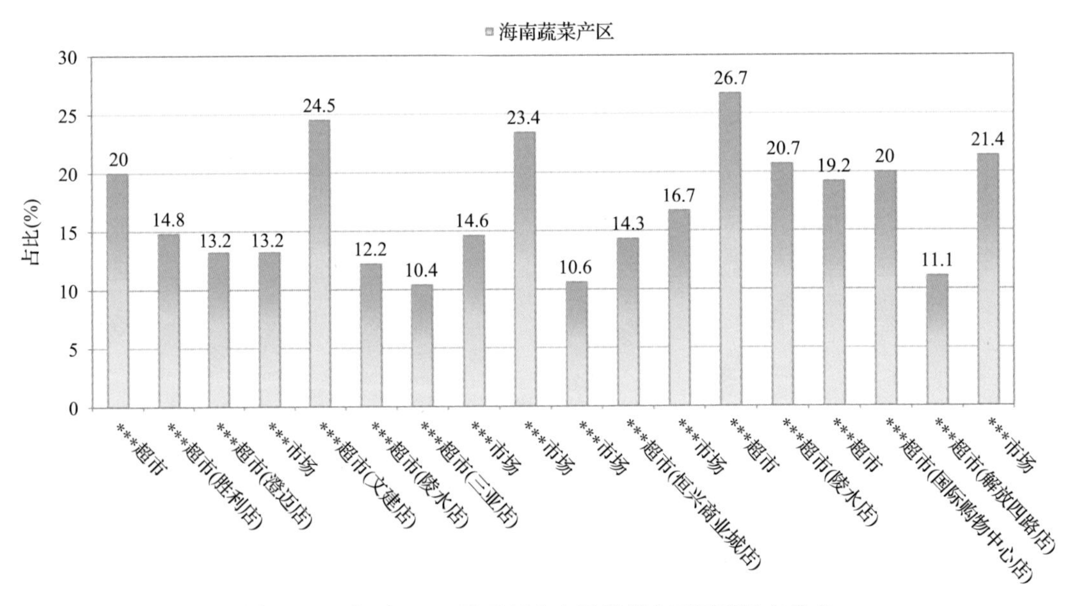

图 17-22　超过 MRL 欧盟标准水果蔬菜在不同采样点分布

17.2.3.3　按 MRL 日本标准衡量

按 MRL 日本标准衡量，所有采样点的样品均存在不同程度的超标农药检出，其中***超市(国际购物中心店)的超标率最高，为 30.0%，如图 17-23 和表 17-16 所示。

17.2.3.4　按 MRL 中国香港标准衡量

按 MRL 中国香港标准衡量，有 3 个采样点的样品存在不同程度的超标农药检出，其中***超市(国际购物中心店)的超标率最高，为 5.0%，如表 17-17 和图 17-24 所示。

表 17-16　超过 MRL 日本标准水果蔬菜在不同采样点分布

序号	采样点	样品总数	超标数量	超标率(%)	行政区域
1	***超市	55	10	18.2	陵水黎族自治县
2	***超市(胜利店)	54	5	9.3	三亚市天涯区
3	***超市(澄迈店)	53	7	13.2	澄迈县
4	***市场	53	8	15.1	三亚市天涯区
5	***超市(文建店)	49	12	24.5	文昌市
6	***超市(陵水店)	49	9	18.4	陵水黎族自治县
7	***超市(三亚店)	48	7	14.6	三亚市天涯区
8	***市场	48	5	10.4	澄迈县
9	***市场	47	12	25.5	陵水黎族自治县
10	***市场	47	6	12.8	三亚市天涯区
11	***超市(恒兴商业城店)	42	6	14.3	文昌市
12	***市场	42	8	19.0	文昌市
13	***超市	30	8	26.7	澄迈县
14	***超市(陵水店)	29	6	20.7	陵水黎族自治县
15	***超市	26	5	19.2	澄迈县
16	***超市(国际购物中心店)	20	6	30.0	三亚市天涯区
17	***超市(解放四路店)	18	2	11.1	三亚市天涯区
18	***市场	14	2	14.3	澄迈县

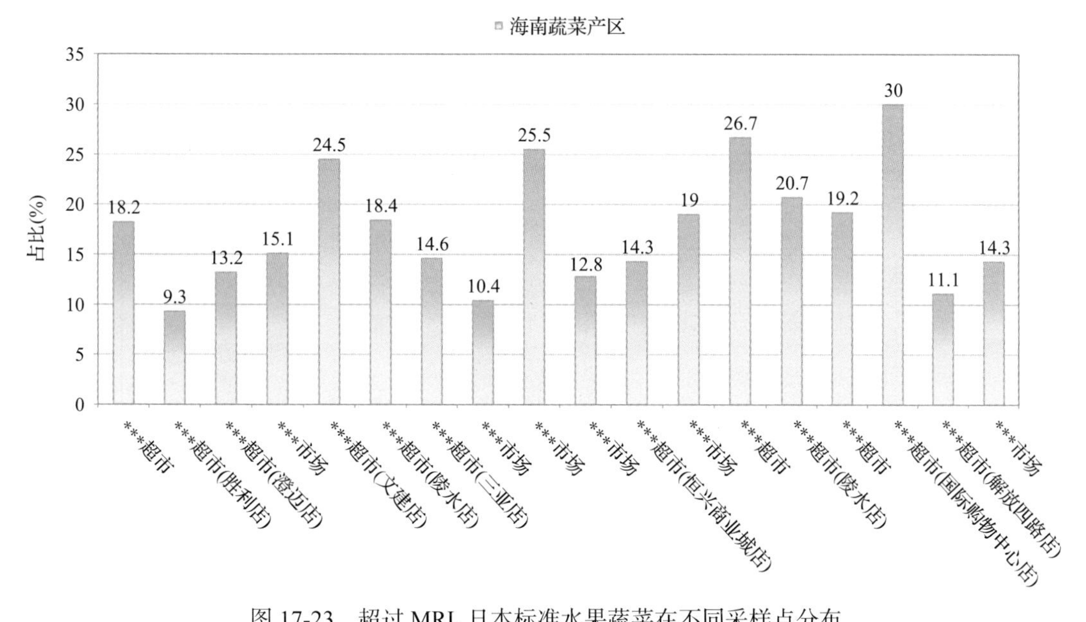

图 17-23　超过 MRL 日本标准水果蔬菜在不同采样点分布

表 17-17　超过 MRL 中国香港标准水果蔬菜在不同采样点分布

序号	采样点	样品总数	超标数量	超标率(%)	行政区域
1	***超市(三亚店)	48	1	2.1	三亚市天涯区
2	***超市	30	1	3.3	澄迈县
3	***超市(国际购物中心店)	20	1	5.0	三亚市天涯区

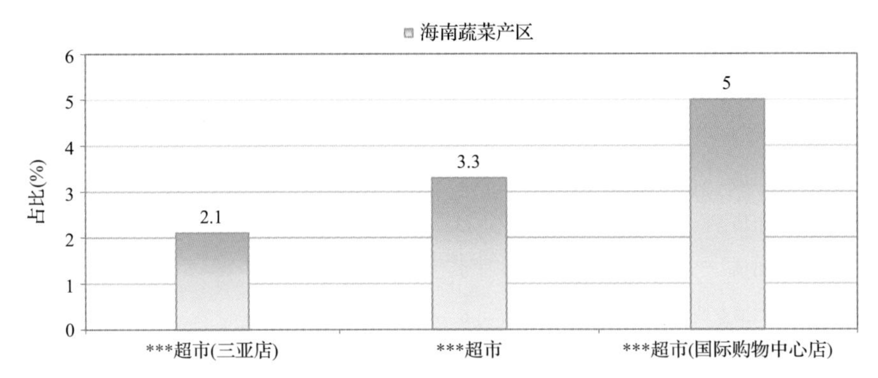

图 17-24　超过 MRL 中国香港标准水果蔬菜在不同采样点分布

17.2.3.5　按 MRL 美国标准衡量

按 MRL 美国标准衡量，有 3 个采样点的样品存在不同程度的超标农药检出，其中***超市(澄迈店)的超标率最高，为 3.8%，如表 17-18 和图 17-25 所示。

表 17-18　超过 MRL 美国标准水果蔬菜在不同采样点分布

序号	采样点	样品总数	超标数量	超标率(%)	行政区域
1	***超市(胜利店)	54	1	1.9	三亚市天涯区
2	***超市(澄迈店)	53	2	3.8	澄迈县
3	***超市	30	1	3.3	澄迈县

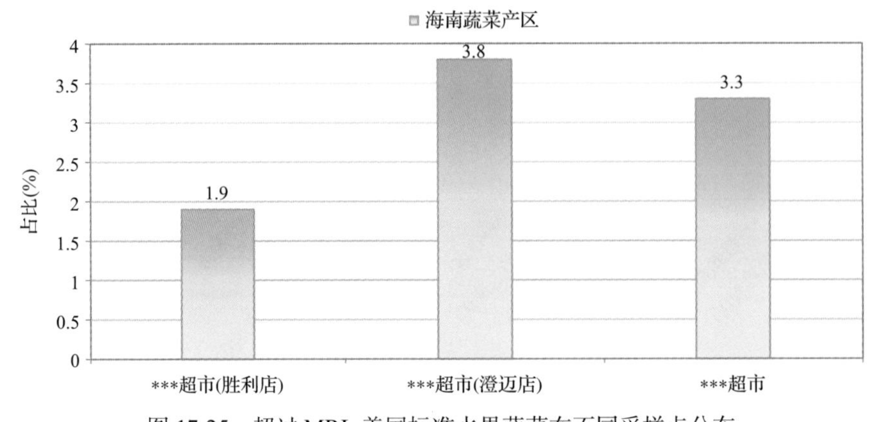

图 17-25　超过 MRL 美国标准水果蔬菜在不同采样点分布

17.2.3.6 按 MRL CAC 标准衡量

按 MRL CAC 标准衡量，有 3 个采样点的样品存在不同程度的超标农药检出，其中***超市(恒兴商业城店)和***市场的超标率最高，均为 2.4%，如表 17-19 和图 17-26 所示。

表 17-19 超过 MRL CAC 标准水果蔬菜在不同采样点分布

序号	采样点	样品总数	超标数量	超标率(%)	行政区域
1	***超市(文建店)	49	1	2.0	文昌市
2	***超市(恒兴商业城店)	42	1	2.4	文昌市
3	***市场	42	1	2.4	文昌市

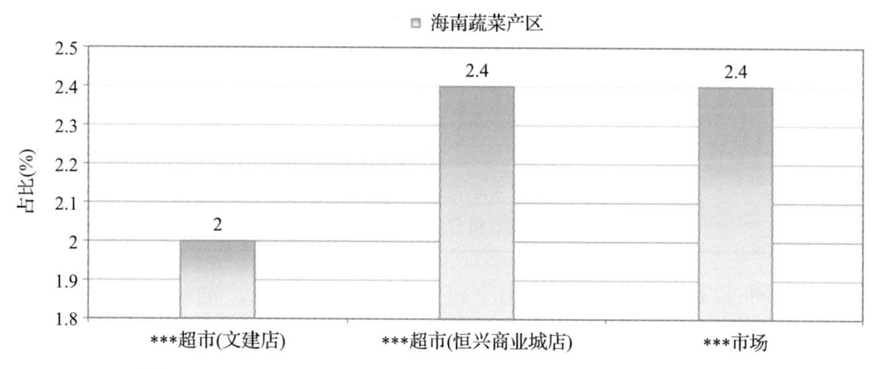

图 17-26 超过 MRL CAC 标准水果蔬菜在不同采样点分布

17.3 水果中农药残留分布

17.3.1 检出农药品种和频次排前 10 的水果

本次残留侦测的水果共 19 种，包括猕猴桃、桃、山竹、莲雾、哈密瓜、龙眼、苹果、葡萄、芒果、李子、柚、梨、枇杷、橘、火龙果、番石榴、柠檬、金橘和橙。

根据检出农药品种及频次进行排名，将各项排名前 10 位的水果样品检出情况列表说明，详见表 17-20。

表 17-20 检出农药品种和频次排名前 10 的水果

检出农药品种排名前 10(品种)	①葡萄(36)，②猕猴桃(24)，③火龙果(19)，④橘(18)，⑤哈密瓜(15)，⑥柠檬(15)，⑦梨(14)，⑧莲雾(13)，⑨橙(9)，⑩金橘(9)
检出农药频次排名前 10(频次)	①葡萄(120)，②火龙果(62)，③芒果(50)，④猕猴桃(48)，⑤哈密瓜(44)，⑥梨(38)，⑦柠檬(38)，⑧橘(37)，⑨莲雾(31)，⑩苹果(27)
检出禁用、高毒及剧毒农药品种排名前 10(品种)	①枇杷(2)，②橙(1)，③橘(1)，④柠檬(1)，⑤苹果(1)，⑥葡萄(1)
检出禁用、高毒及剧毒农药频次排名前 10(频次)	①橘(3)，②枇杷(2)，③橙(1)，④柠檬(1)，⑤苹果(1)，⑥葡萄(1)

17.3.2 超标农药品种和频次排前 10 的水果

鉴于 MRL 欧盟标准和日本标准制定比较全面且覆盖率较高，我们参照 MRL 中国国家标准、欧盟标准和日本标准衡量水果样品中农残检出情况，将超标农药品种及频次排名前 10 的水果列表说明，详见表 17-21。

表 17-21 超标农药品种和频次排名前 10 的水果

超标农药品种排名前 10（农药品种数）	MRL 中国国家标准	①柠檬(2)，②橘(1)
	MRL 欧盟标准	①猕猴桃(9)，②火龙果(8)，③葡萄(8)，④莲雾(7)，⑤金橘(5)，⑥橘(4)，⑦柠檬(4)，⑧哈密瓜(3)，⑨梨(2)，⑩龙眼(2)
	MRL 日本标准	①火龙果(15)，②莲雾(9)，③葡萄(7)，④猕猴桃(5)，⑤橘(4)，⑥金橘(3)，⑦橙(2)，⑧哈密瓜(2)，⑨李子(2)，⑩龙眼(2)
超标农药频次排名前 10（农药频次数）	MRL 中国国家标准	①橘(2)，②柠檬(2)
	MRL 欧盟标准	①火龙果(17)，②莲雾(14)，③猕猴桃(10)，④金橘(9)，⑤葡萄(9)，⑥橘(8)，⑦橙(4)，⑧哈密瓜(4)，⑨柠檬(4)，⑩梨(3)
	MRL 日本标准	①火龙果(33)，②莲雾(18)，③橘(9)，④葡萄(8)，⑤李子(7)，⑥猕猴桃(7)，⑦柠檬(6)，⑧橙(5)，⑨哈密瓜(4)，⑩金橘(4)

通过对各品种水果样本总数及检出率进行综合分析发现，葡萄、猕猴桃和火龙果的残留污染最为严重，在此，我们参照 MRL 中国国家标准、欧盟标准和日本标准对这 3 种水果的农残检出情况进行进一步分析。

17.3.3 农药残留检出率较高的水果样品分析

17.3.3.1 葡萄

这次共检测 19 例葡萄样品，全部检出了农药残留，检出率为 100.0%，检出农药共计 36 种。其中吡唑醚菌酯、嘧菌酯、苯醚甲环唑、烯酰吗啉和戊唑醇检出频次较高，分别检出了 14、13、11、9 和 8 次。葡萄中农药检出品种和频次见图 17-27，超标农药见图 17-28 和表 17-22。

表 17-22 葡萄中农药残留超标情况明细表

样品总数			检出农药样品数	样品检出率(%)	检出农药品种总数
19			19	100	36
	超标农药品种	超标农药频次	按照 MRL 中国国家标准、欧盟标准和日本标准衡量超标农药名称及频次		
中国国家标准	0	0			
欧盟标准	8	9	*N*-去甲基啶虫脒(2)，敌百虫(1)，二甲嘧酚(1)，氟唑菌酰胺(1)，己唑醇(1)，三唑醇(1)，霜霉威(1)，烯唑醇(1)		
日本标准	7	8	*N*-去甲基啶虫脒(2)，苯菌酮(1)，二甲嘧酚(1)，灭蝇胺(1)，霜霉威(1)，烯唑醇(1)，乙嘧酚(1)		

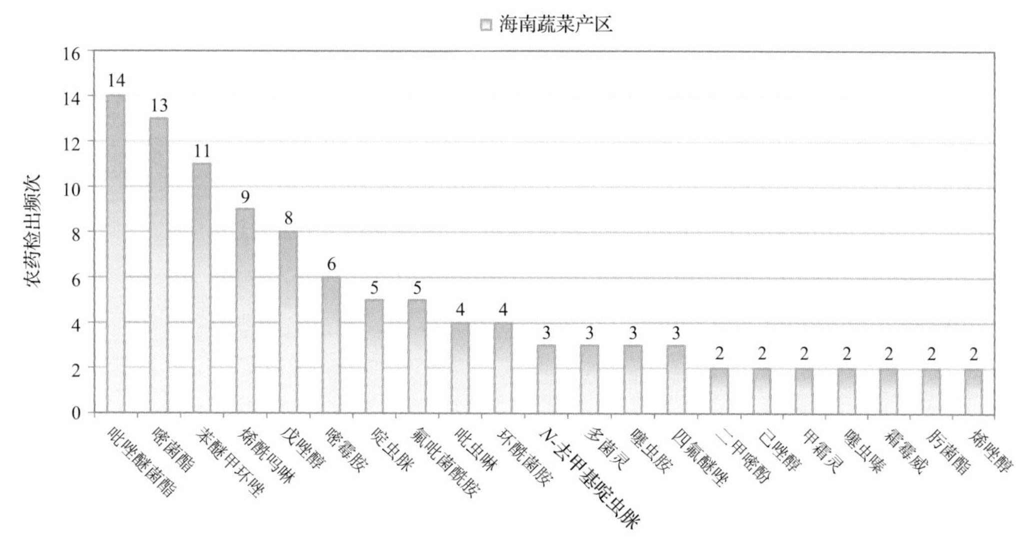

图 17-27　葡萄样品检出农药品种和频次分析(仅列出 2 频次及以上的数据)

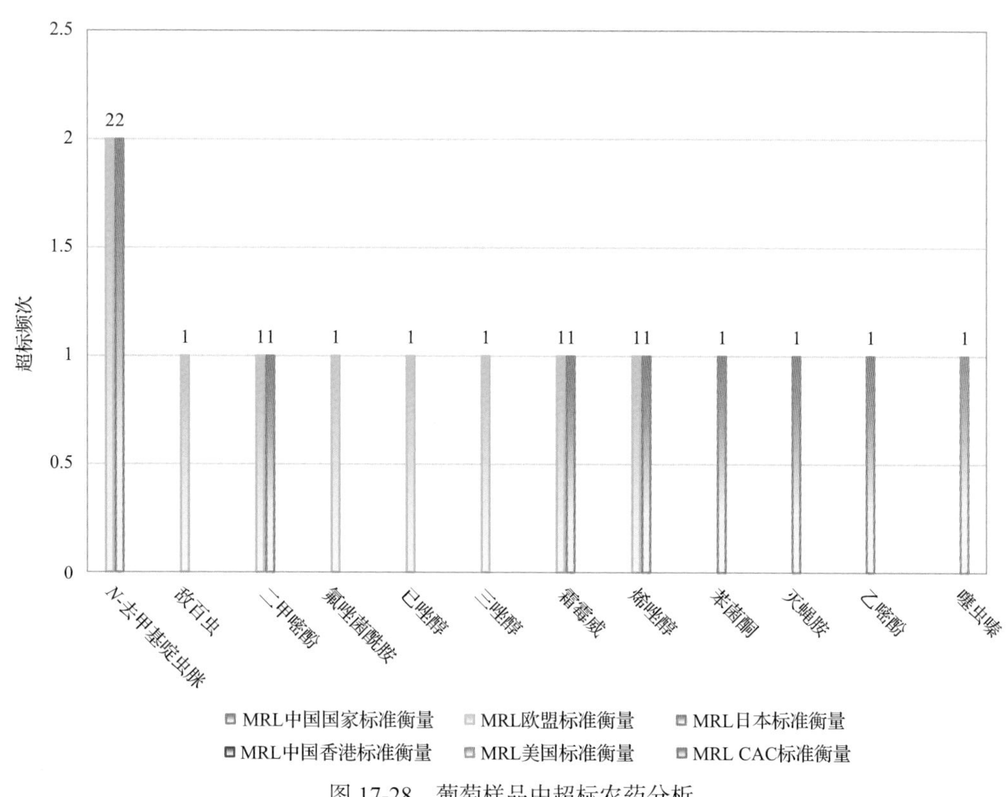

图 17-28　葡萄样品中超标农药分析

17.3.3.2　猕猴桃

这次共检测 20 例猕猴桃样品，16 例样品中检出了农药残留，检出率为 80.0%，检出农药共计 24 种。其中吡唑醚菌酯、戊唑醇、吡虫啉、咪鲜胺和多菌灵检出频次较高，分别检出了 6、6、4、4 和 3 次。猕猴桃中农药检出品种和频次见图 17-29，超标农药见图 17-30 和表 17-23。

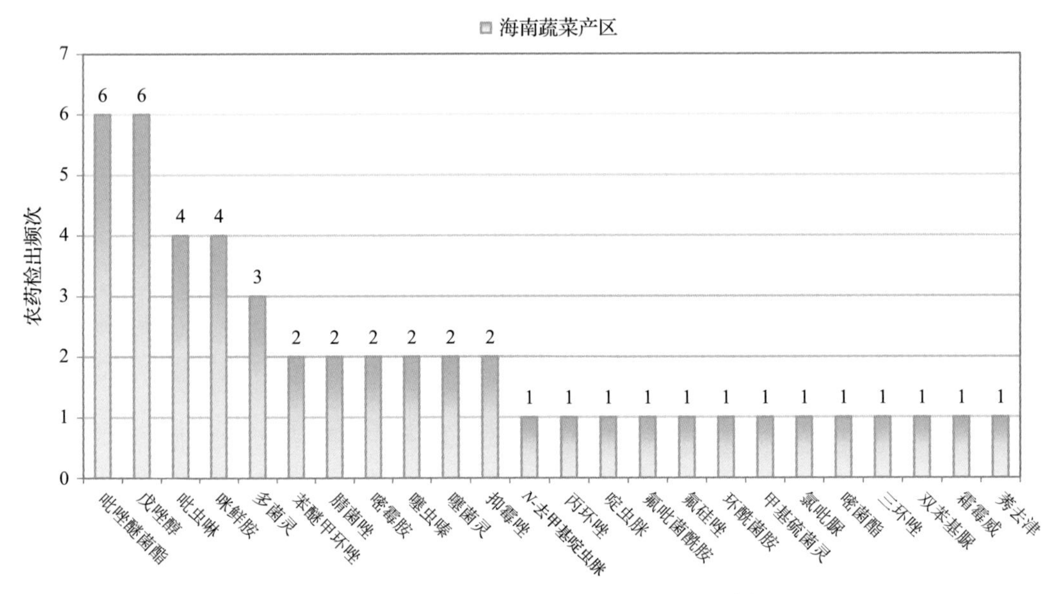

图 17-29 猕猴桃样品检出农药品种和频次分析

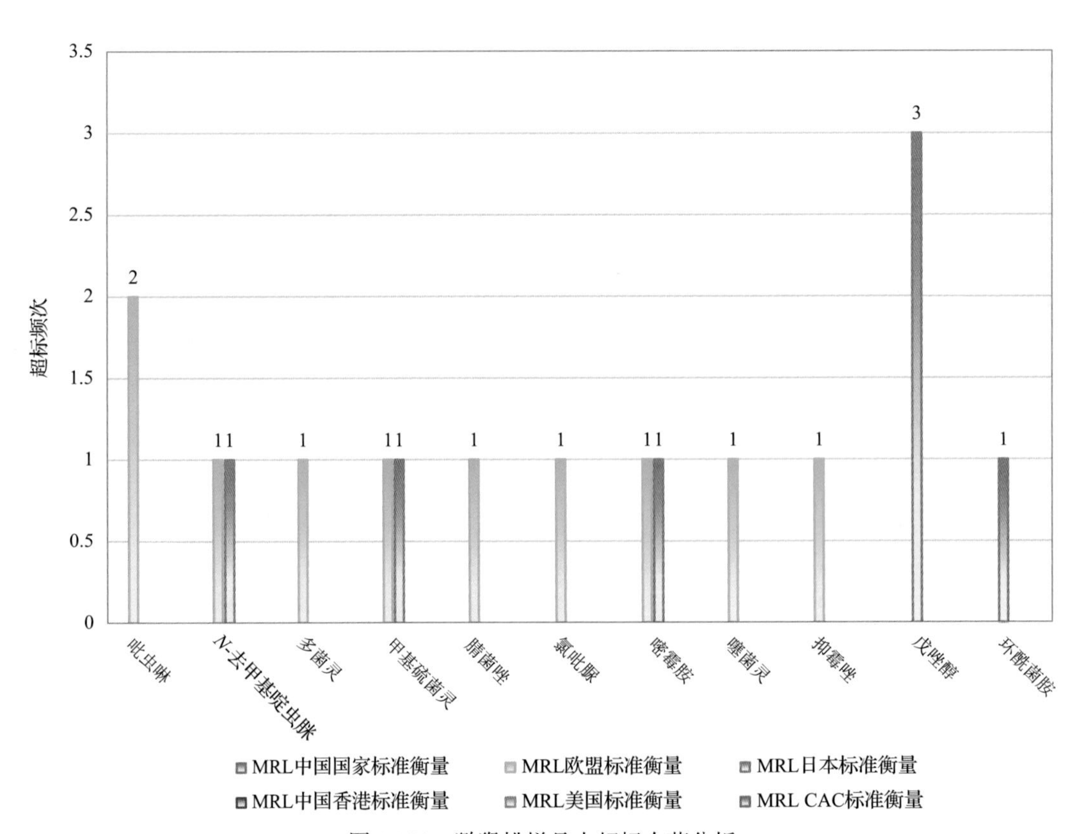

图 17-30 猕猴桃样品中超标农药分析

表 17-23　猕猴桃中农药残留超标情况明细表

样品总数 20			检出农药样品数 16	样品检出率(%) 80	检出农药品种总数 24
	超标农药品种	超标农药频次	按照 MRL 中国国家标准、欧盟标准和日本标准衡量超标农药名称及频次		
中国国家标准	0	0			
欧盟标准	9	10	吡虫啉(2), *N*-去甲基啶虫脒(1), 多菌灵(1), 甲基硫菌灵(1), 腈菌唑(1), 氯吡脲(1), 嘧霉胺(1), 噻菌灵(1), 抑霉唑(1)		
日本标准	5	7	戊唑醇(3), *N*-去甲基啶虫脒(1), 环酰菌胺(1), 甲基硫菌灵(1), 嘧霉胺(1)		

17.3.3.3　火龙果

这次共检测 30 例火龙果样品，22 例样品中检出了农药残留，检出率为 73.3%，检出农药共计 19 种。其中苯醚甲环唑、多菌灵、甲霜灵、嘧菌酯和烯酰吗啉检出频次较高，分别检出了 12、9、8、7 和 4 次。火龙果中农药检出品种和频次见图 17-31，超标农药见图 17-32 和表 17-24。

表 17-24　火龙果中农药残留超标情况明细表

样品总数 30			检出农药样品数 22	样品检出率(%) 73.3	检出农药品种总数 19
	超标农药品种	超标农药频次	按照 MRL 中国国家标准、欧盟标准和日本标准衡量超标农药名称及频次		
中国国家标准	0	0			
欧盟标准	8	17	多菌灵(5), 嘧菌酯(5), 噻唑膦(2), 6-苄氨基嘌呤(1), *N*-去甲基啶虫脒(1), 苯醚甲环唑(1), 啶虫脒(1), 烯酰吗啉(1)		
日本标准	15	33	苯醚甲环唑(6), 多菌灵(6), 嘧菌酯(5), 吡唑醚菌酯(3), 吡虫啉(2), 噻唑膦(2), 6-苄氨基嘌呤(1), *N*-去甲基啶虫脒(1), 丙环唑(1), 啶虫脒(1), 腈菌唑(1), 咪鲜胺(1), 噻虫嗪(1), 烯酰吗啉(1), 抑霉唑(1)		

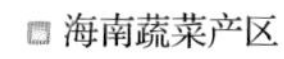

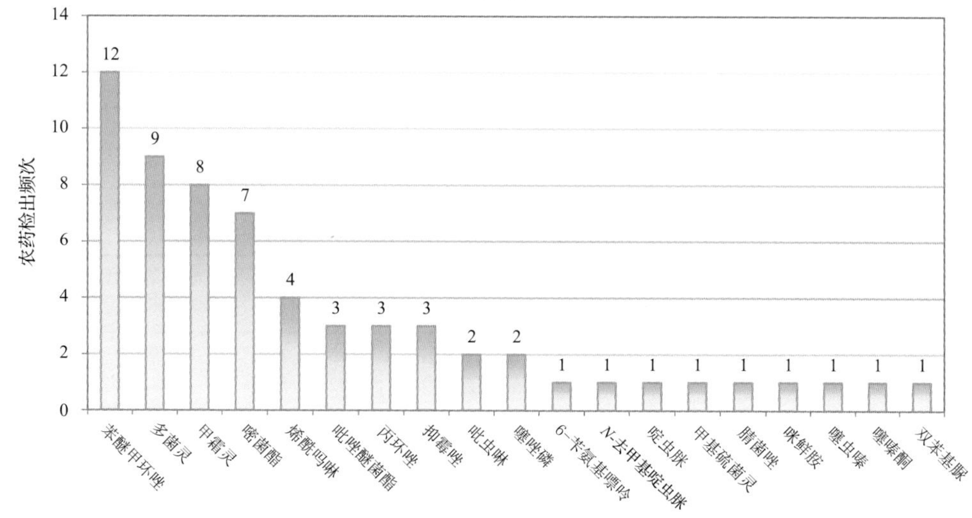

图 17-31　火龙果样品检出农药品种和频次分析

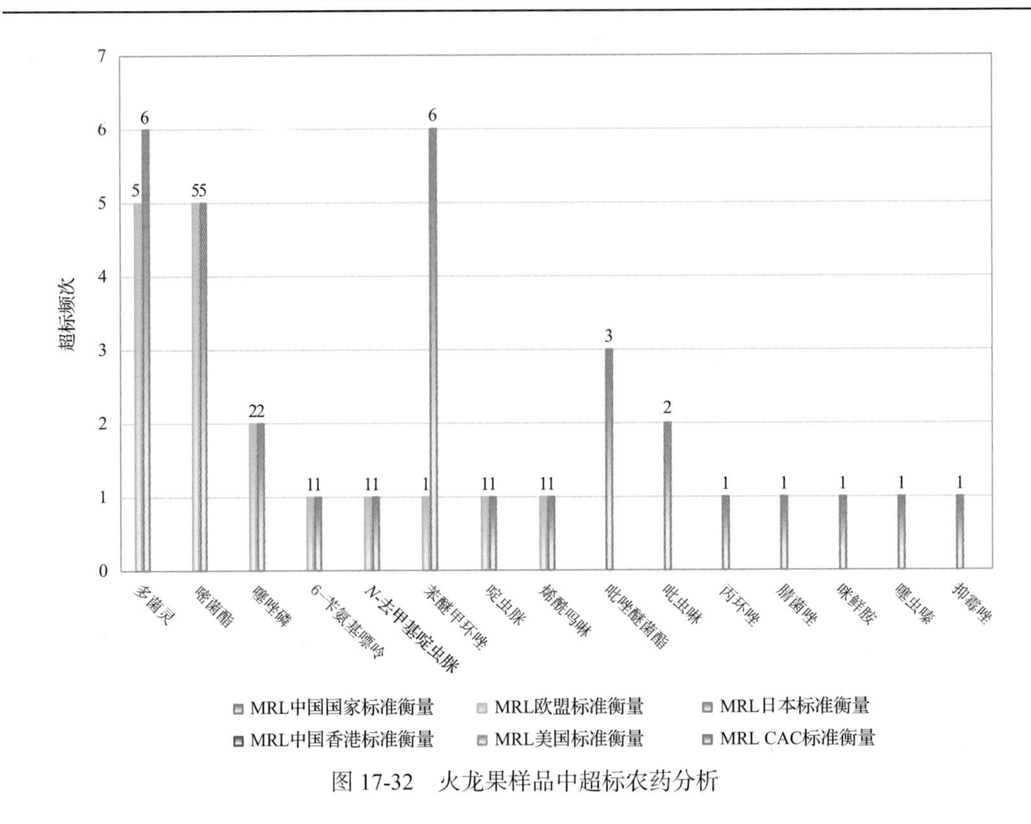

图 17-32　火龙果样品中超标农药分析

17.4　蔬菜中农药残留分布

17.4.1　检出农药品种和频次排前 10 的蔬菜

本次残留侦测的蔬菜共 23 种，包括韭菜、结球甘蓝、洋葱、黄瓜、芹菜、番茄、西葫芦、甜椒、芥蓝、辣椒、油麦菜、胡萝卜、青花菜、紫甘蓝、小白菜、茄子、萝卜、苦瓜、生菜、菜豆、莴笋、蒜薹和丝瓜。

根据检出农药品种及频次进行排名，将各项排名前 10 位的蔬菜样品检出情况列表说明，详见表 17-25。

表 17-25　检出农药品种和频次排名前 10 的蔬菜

检出农药品种排名前 10(品种)	①芹菜(27),②黄瓜(22),③油麦菜(21),④番茄(18),⑤生菜(18),⑥甜椒(13),⑦辣椒(12),⑧菜豆(11),⑨茄子(11),⑩胡萝卜(8)
检出农药频次排名前 10(频次)	①油麦菜(86),②番茄(80),③生菜(80),④黄瓜(72),⑤芹菜(67),⑥茄子(42),⑦甜椒(32),⑧菜豆(28),⑨小白菜(22),⑩辣椒(20)
检出禁用、高毒及剧毒农药品种排名前 10(品种)	①芹菜(2),②胡萝卜(1),③辣椒(1),④生菜(1),⑤西葫芦(1)
检出禁用、高毒及剧毒农药频次排名前 10(频次)	①芹菜(4),②胡萝卜(1),③辣椒(1),④生菜(1),⑤西葫芦(1)

17.4.2 超标农药品种和频次排前 10 的蔬菜

鉴于 MRL 欧盟标准和日本标准制定比较全面且覆盖率较高，我们参照 MRL 中国国家标准、欧盟标准和日本标准衡量蔬菜样品中农残检出情况，将超标农药品种及频次排名前 10 的蔬菜列表说明，详见表 17-26。

表 17-26 超标农药品种和频次排名前 10 的蔬菜

超标农药品种排名前 10（农药品种数）	MRL 中国国家标准	①菜豆(1)，②辣椒(1)，③芹菜(1)
	MRL 欧盟标准	①芹菜(7)，②生菜(6)，③油麦菜(6)，④菜豆(3)，⑤黄瓜(3)，⑥番茄(2)，⑦苦瓜(2)，⑧辣椒(2)，⑨萝卜(2)，⑩茄子(2)
	MRL 日本标准	①菜豆(8)，②油麦菜(7)，③生菜(5)，④番茄(4)，⑤萝卜(3)，⑥芹菜(3)，⑦胡萝卜(1)，⑧芥蓝(1)，⑨苦瓜(1)，⑩辣椒(1)
超标农药频次排名前 10（农药频次数）	MRL 中国国家标准	①菜豆(2)，②辣椒(1)，③芹菜(1)
	MRL 欧盟标准	①生菜(21)，②油麦菜(16)，③芹菜(7)，④菜豆(4)，⑤番茄(4)，⑥黄瓜(3)，⑦辣椒(3)，⑧茄子(3)，⑨小白菜(3)，⑩胡萝卜(2)
	MRL 日本标准	①油麦菜(22)，②生菜(21)，③菜豆(13)，④番茄(7)，⑤芹菜(4)，⑥萝卜(3)，⑦胡萝卜(2)，⑧芥蓝(2)，⑨苦瓜(1)，⑩辣椒(1)

通过对各品种蔬菜样本总数及检出率进行综合分析发现，芹菜、黄瓜和油麦菜的残留污染最为严重，在此，我们参照 MRL 中国国家标准、欧盟标准和日本标准对这 3 种蔬菜的农残检出情况进行进一步分析。

17.4.3 农药残留检出率较高的蔬菜样品分析

17.4.3.1 芹菜

这次共检测 22 例芹菜样品，16 例样品中检出了农药残留，检出率为 72.7%，检出农药共计 27 种。其中苯醚甲环唑、丙环唑、嘧菌酯、戊唑醇和吡虫啉检出频次较高，分别检出了 11、5、5、5 和 4 次。芹菜中农药检出品种和频次见图 17-33，超标农药见图 17-34 和表 17-27。

表 17-27 芹菜中农药残留超标情况明细表

样品总数			检出农药样品数	样品检出率(%)	检出农药品种总数
22			16	72.7	27
	超标农药品种	超标农药频次	按照 MRL 中国国家标准、欧盟标准和日本标准衡量超标农药名称及频次		
中国国家标准	1	1	甲拌磷(1)		
欧盟标准	7	7	吡唑醚菌酯(1)，丙环唑(1)，氟唑菌酰胺(1)，甲拌磷(1)，灭多威(1)，乙霉威(1)，异丙威(1)		
日本标准	3	4	氟吡菌酰胺(2)，甲拌磷(1)，异丙威(1)		

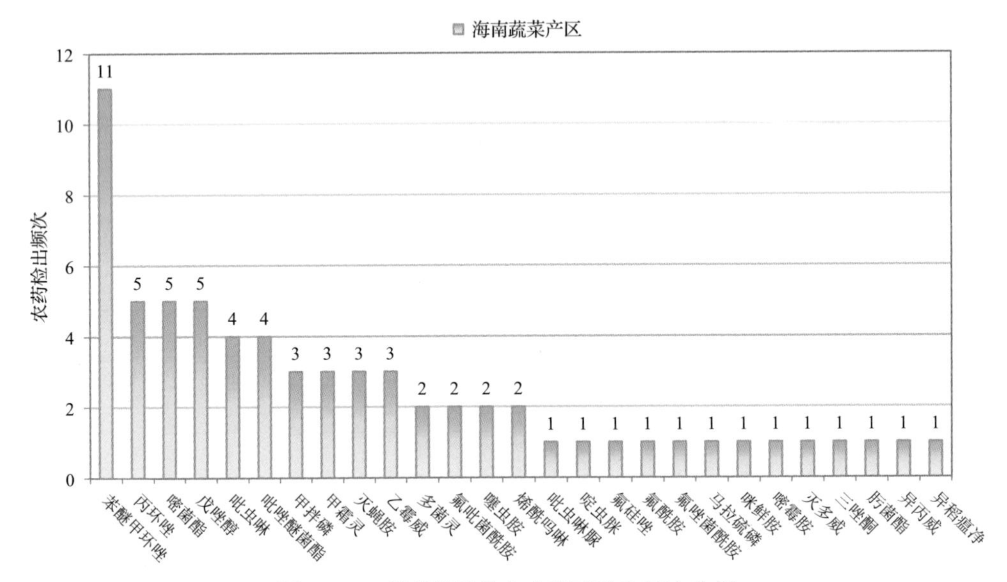

图 17-33　芹菜样品检出农药品种和频次分析

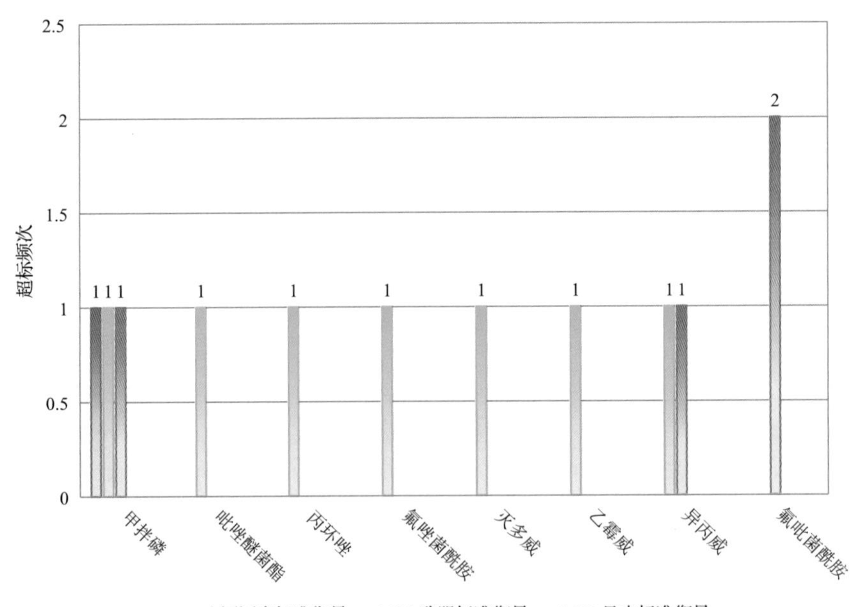

图 17-34　芹菜样品中超标农药分析

17.4.3.2　黄瓜

这次共检测 29 例黄瓜样品，24 例样品中检出了农药残留，检出率为 82.8%，检出农药共计 22 种。其中甲霜灵、霜霉威、烯酰吗啉、多菌灵和氟吡菌酰胺检出频次较高，分别检出了 15、12、10、5 和 5 次。黄瓜中农药检出品种和频次见图 17-35，超标农药见图 17-36 和表 17-28。

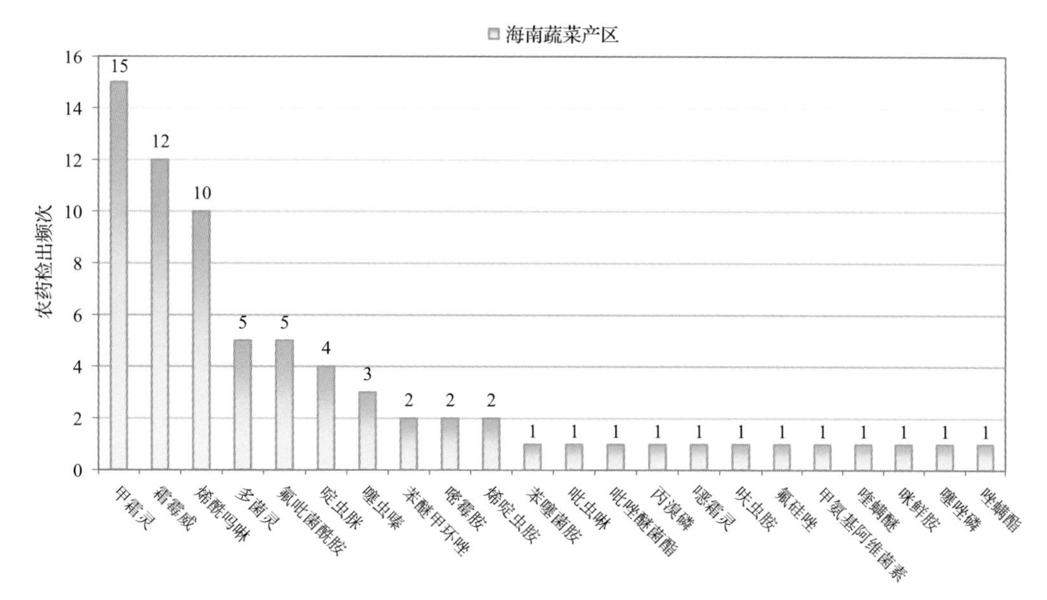

图 17-35　黄瓜样品检出农药品种和频次分析

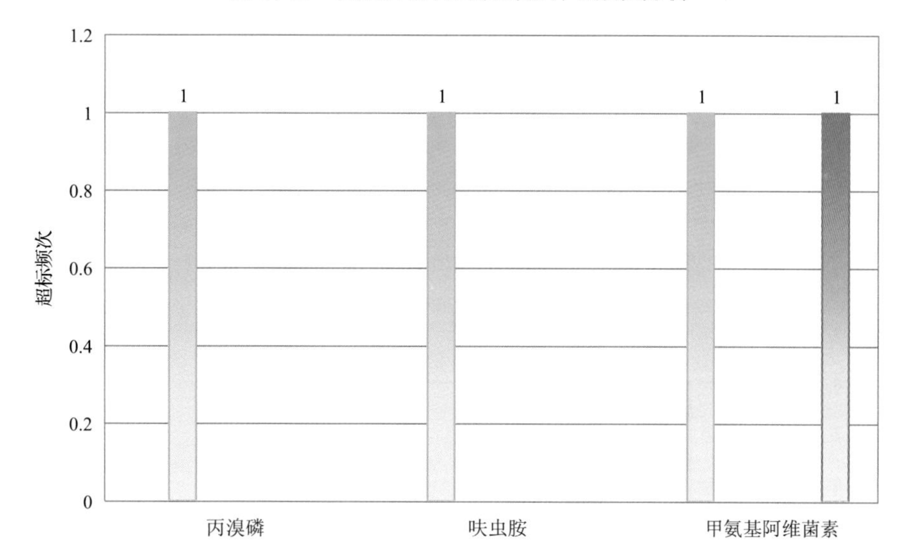

图 17-36　黄瓜样品中超标农药分析

表 17-28　黄瓜中农药残留超标情况明细表

样品总数 29			检出农药样品数 24	样品检出率(%) 82.8	检出农药品种总数 22
	超标农药品种	超标农药频次	按照 MRL 中国国家标准、欧盟标准和日本标准衡量超标农药名称及频次		
中国国家标准	0	0			
欧盟标准	3	3	丙溴磷(1)，呋虫胺(1)，甲氨基阿维菌素(1)		
日本标准	0	0			

17.4.3.3　油麦菜

这次共检测 13 例油麦菜样品，全部检出了农药残留，检出率为 100.0%，检出农药共计 21 种。其中丙环唑、烯酰吗啉、氟硅唑、灭蝇胺和烯唑醇检出频次较高，分别检出了 12、12、7、7 和 7 次。油麦菜中农药检出品种和频次见图 17-37，超标农药见图 17-38 和表 17-29。

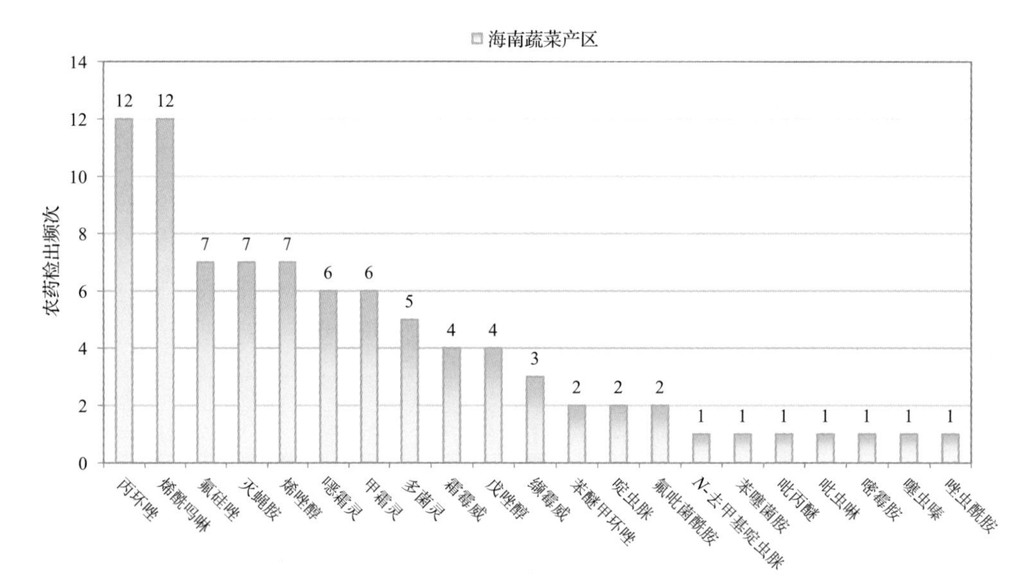

图 17-37　油麦菜样品检出农药品种和频次分析

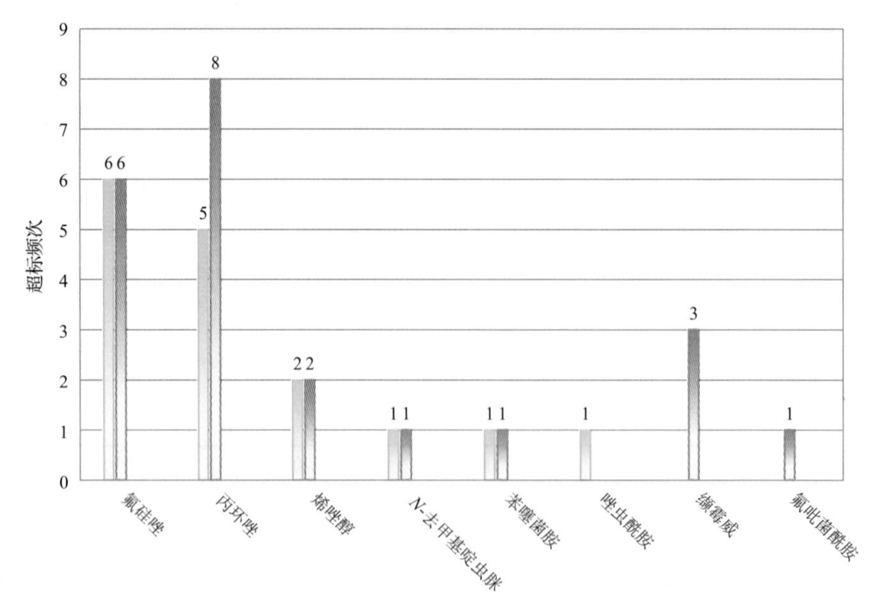

图 17-38　油麦菜样品中超标农药分析

表 17-29 油麦菜中农药残留超标情况明细表

样品总数 13			检出农药样品数 13	样品检出率(%) 100	检出农药品种总数 21
	超标农药品种	超标农药频次	按照 MRL 中国国家标准、欧盟标准和日本标准衡量超标农药名称及频次		
中国国家标准	0	0			
欧盟标准	6	16	氟硅唑(6)，丙环唑(5)，烯唑醇(2)，*N*-去甲基啶虫脒(1)，苯噻菌胺(1)，唑虫酰胺(1)		
日本标准	7	22	丙环唑(8)，氟硅唑(6)，缬霉威(3)，烯唑醇(2)，*N*-去甲基啶虫脒(1)，苯噻菌胺(1)，氟吡菌酰胺(1)		

17.5 初步结论

17.5.1 海南蔬菜产区市售水果蔬菜按 MRL 中国国家标准和国际主要 MRL 标准衡量的合格率

本次侦测的 724 例样品中，264 例样品未检出任何残留农药，占样品总量的 36.5%，460 例样品检出不同水平、不同种类的残留农药，占样品总量的 63.5%。在这 460 例检出农药残留的样品中：

按 MRL 中国国家标准衡量，有 452 例样品检出残留农药但含量没有超标，占样品总数的 62.4%，有 8 例样品检出了超标农药，占样品总数的 1.1%。

按 MRL 欧盟标准衡量，有 340 例样品检出残留农药但含量没有超标，占样品总数的 47.0%，有 120 例样品检出了超标农药，占样品总数的 16.6%。

按 MRL 日本标准衡量，有 336 例样品检出残留农药但含量没有超标，占样品总数的 46.4%，有 124 例样品检出了超标农药，占样品总数的 17.1%。

按 MRL 中国香港标准衡量，有 457 例样品检出残留农药但含量没有超标，占样品总数的 63.1%，有 3 例样品检出了超标农药，占样品总数的 0.4%。

按 MRL 美国标准衡量，有 456 例样品检出残留农药但含量没有超标，占样品总数的 63.0%，有 4 例样品检出了超标农药，占样品总数的 0.6%。

按 MRL CAC 标准衡量，有 457 例样品检出残留农药但含量没有超标，占样品总数的 63.1%，有 3 例样品检出了超标农药，占样品总数的 0.4%。

17.5.2 海南蔬菜产区市售水果蔬菜中检出农药以中低微毒农药为主，占市场主体的 92.7%

这次侦测的 724 例样品包括食用菌 3 种 43 例，水果 19 种 293 例，蔬菜 23 种 388 例，共检出了 82 种农药，检出农药的毒性以中低微毒为主，详见表 17-30。

表 17-30 市场主体农药毒性分布

毒性	检出品种	占比	检出频次	占比
剧毒农药	1	1.2%	5	0.4%
高毒农药	5	6.1%	12	1.0%
中毒农药	34	41.5%	581	46.7%
低毒农药	25	30.5%	274	22.0%
微毒农药	17	20.7%	373	30.0%
中低微毒农药，品种占比 92.7%，频次占比 98.6%				

17.5.3 检出剧毒、高毒和禁用农药现象应该警醒

在此次侦测的 724 例样品中有 5 种蔬菜和 6 种水果的 16 例样品检出了 6 种 17 频次的剧毒和高毒或禁用农药，占样品总量的 2.2%。其中剧毒农药甲拌磷以及高毒农药克百威、氧乐果和嘧啶磷检出频次较高。

按 MRL 中国国家标准衡量，剧毒农药甲拌磷，检出 5 次，超标 1 次；高毒农药克百威，检出 7 次，超标 3 次；氧乐果，检出 2 次，超标 1 次；按超标程度比较，芹菜中甲拌磷超标 88.8 倍，辣椒中氧乐果超标 50.8 倍，柠檬中克百威超标 3.6 倍，橘中克百威超标 2.9 倍。

剧毒、高毒或禁用农药的检出情况及按照 MRL 中国国家标准衡量的超标情况见表 17-31。

表 17-31 剧毒、高毒或禁用农药的检出及超标明细

序号	农药名称	样品名称	检出频次	超标频次	最大超标倍数	超标率
1.1	甲拌磷*▲	芹菜	3	1	88.77	33.3%
1.2	甲拌磷*▲	胡萝卜	1	0	0	0.0%
1.3	甲拌磷*▲	苹果	1	0	0	0.0%
2.1	三唑磷◊	枇杷	1	0	0	0.0%
3.1	克百威◊▲	橘	3	2	2.925	66.7%
3.2	克百威◊▲	柠檬	1	1	3.61	100.0%
3.3	克百威◊▲	枇杷	1	0	0	0.0%
3.4	克百威◊▲	橙	1	0	0	0.0%
3.5	克百威◊▲	西葫芦	1	0	0	0.0%
4.1	嘧啶磷◊	葡萄	1	0	0	0.0%
5.1	氧乐果◊▲	辣椒	1	1	50.79	100.0%
5.2	氧乐果◊▲	生菜	1	0	0	0.0%
6.1	灭多威◊▲	芹菜	1	0	0	0.0%
合计			17	5		29.4%

注：超标倍数参照 MRL 中国国家标准衡量

这些超标的剧毒和高毒农药都是中国政府早有规定禁止在水果蔬菜中使用的，为什么还屡次被检出，应该引起警惕。

17.5.4 残留限量标准与先进国家或地区标准差距较大

1245 频次的检出结果与我国公布的《食品中农药最大残留限量》(GB 2763—2014)对比，有 494 频次能找到对应的 MRL 中国国家标准，占 39.7%；还有 751 频次的侦测数据无相关 MRL 标准供参考，占 60.3%。

与国际上现行 MRL 标准对比发现：

有 1245 频次能找到对应的 MRL 欧盟标准，占 100.0%；

有 1245 频次能找到对应的 MRL 日本标准，占 100.0%；

有 739 频次能找到对应的 MRL 中国香港标准，占 59.4%；

有 675 频次能找到对应的 MRL 美国标准，占 54.2%；

有 627 频次能找到对应的 MRL CAC 标准，占 50.4%。

由上可见，MRL 中国国家标准与先进国家或地区标准还有很大差距，我们无标准，境外有标准，这就会导致我们在国际贸易中，处于受制于人的被动地位。

17.5.5 水果蔬菜单种样品检出 19~36 种农药残留，拷问农药使用的科学性

通过此次监测发现，葡萄、猕猴桃和火龙果是检出农药品种最多的 3 种水果，芹菜、黄瓜和油麦菜是检出农药品种最多的 3 种蔬菜，从中检出农药品种及频次详见表 17-32。

表 17-32 单种样品检出农药品种及频次

样品名称	样品总数	检出农药样品数	检出率	检出农药品种数	检出农药(频次)
芹菜	22	16	72.7%	27	苯醚甲环唑(11)，丙环唑(5)，嘧菌酯(5)，戊唑醇(5)，吡虫啉(4)，吡唑醚菌酯(4)，甲拌磷(3)，甲霜灵(3)，灭蝇胺(3)，乙霉威(3)，多菌灵(2)，氟吡菌酰胺(2)，噻虫胺(2)，烯酰吗啉(2)，吡虫啉脲(1)，啶虫脒(1)，氟硅唑(1)，氟酰胺(1)，氟唑菌酰胺(1)，马拉硫磷(1)，咪鲜胺(1)，嘧霉胺(1)，灭多威(1)，三唑酮(1)，肟菌酯(1)，异丙威(1)，异稻瘟净(1)
黄瓜	29	24	82.8%	22	甲霜灵(15)，霜霉威(12)，烯酰吗啉(10)，多菌灵(5)，氟吡菌酰胺(5)，啶虫脒(4)，噻虫嗪(3)，苯醚甲环唑(2)，嘧霉胺(2)，烯啶虫胺(2)，苯噻菌胺(1)，吡虫啉(1)，吡唑醚菌酯(1)，丙溴磷(1)，噁霜灵(1)，呋虫胺(1)，氟硅唑(1)，甲氨基阿维菌素(1)，喹螨醚(1)，咪鲜胺(1)，噻唑磷(1)，唑螨酯(1)
油麦菜	13	13	100.0%	21	丙环唑(12)，烯酰吗啉(12)，氟硅唑(7)，灭蝇胺(7)，烯唑醇(7)，噁霜灵(6)，甲霜灵(6)，多菌灵(5)，霜霉威(4)，戊唑醇(4)，缬霉威(3)，苯醚甲环唑(2)，啶虫脒(2)，氟吡菌酰胺(2)，*N*-去甲基啶虫脒(1)，苯噻菌胺(1)，吡丙醚(1)，吡虫啉(1)，嘧霉胺(1)，噻虫嗪(1)，唑虫酰胺(1)

续表

样品名称	样品总数	检出农药样品数	检出率	检出农药品种数	检出农药(频次)
葡萄	19	19	100.0%	36	吡唑醚菌酯(14)，嘧菌酯(13)，苯醚甲环唑(11)，烯酰吗啉(9)，戊唑醇(8)，嘧霉胺(6)，啶虫脒(5)，氟吡菌酰胺(5)，吡虫啉(4)，环酰菌胺(4)，*N*-去甲基啶虫脒(3)，多菌灵(3)，噻虫胺(3)，四氟醚唑(3)，二甲嘧酚(2)，已唑醇(2)，甲霜灵(2)，噻虫嗪(2)，霜霉威(2)，肟菌酯(2)，烯唑醇(2)，苯菌酮(1)，吡虫啉脲(1)，丙环唑(1)，敌百虫(1)，氟唑菌酰胺(1)，腈菌唑(1)，喹氧灵(1)，嘧啶磷(1)，灭蝇胺(1)，噻嗪酮(1)，三唑醇(1)，戊菌唑(1)，新燕灵(1)，乙螨唑(1)，乙嘧酚(1)
猕猴桃	20	16	80.0%	24	吡唑醚菌酯(6)，戊唑醇(6)，吡虫啉(4)，咪鲜胺(4)，多菌灵(3)，苯醚甲环唑(2)，腈菌唑(2)，嘧霉胺(2)，噻虫嗪(2)，噻菌灵(2)，抑霉唑(2)，*N*-去甲基啶虫脒(1)，丙环唑(1)，啶虫脒(1)，氟吡菌酰胺(1)，氟硅唑(1)，环酰菌胺(1)，甲基硫菌灵(1)，氯吡脲(1)，嘧菌酯(1)，三环唑(1)，双苯基脲(1)，霜霉威(1)，莠去津(1)
火龙果	30	22	73.3%	19	苯醚甲环唑(12)，多菌灵(9)，甲霜灵(8)，嘧菌酯(7)，烯酰吗啉(4)，吡唑醚菌酯(3)，丙环唑(3)，抑霉唑(3)，吡虫啉(2)，噻唑磷(2)，6-苄氨基嘌呤(1)，*N*-去甲基啶虫脒(1)，啶虫脒(1)，甲基硫菌灵(1)，腈菌唑(1)，咪鲜胺(1)，噻虫嗪(1)，噻嗪酮(1)，双苯基脲(1)

上述 6 种水果蔬菜，检出农药 19~36 种，是多种农药综合防治，还是未严格实施农业良好管理规范(GAP)，抑或根本就是乱施药，值得我们思考。

第18章 LC-Q-TOF/MS侦测海南蔬菜产区市售水果蔬菜农药残留膳食暴露风险与预警风险评估

18.1 农药残留风险评估方法

18.1.1 海南蔬菜产区农药残留侦测数据分析与统计

庞国芳院士科研团队建立的农药残留高通量侦测技术以高分辨精确质量数(0.0001 *m/z* 为基准)为识别标准，采用 LC-Q-TOF/MS 技术对 565 种农药化学污染物进行侦测。

科研团队于 2017 年 5 月~2017 年 9 月在海南蔬菜产区所属 4 个县市的 18 个采样点，随机采集了 724 例水果蔬菜样品，采样点分布在超市和农贸市场，具体位置如图 18-1 所示，各月内水果蔬菜样品采集数量如表 18-1 所示。

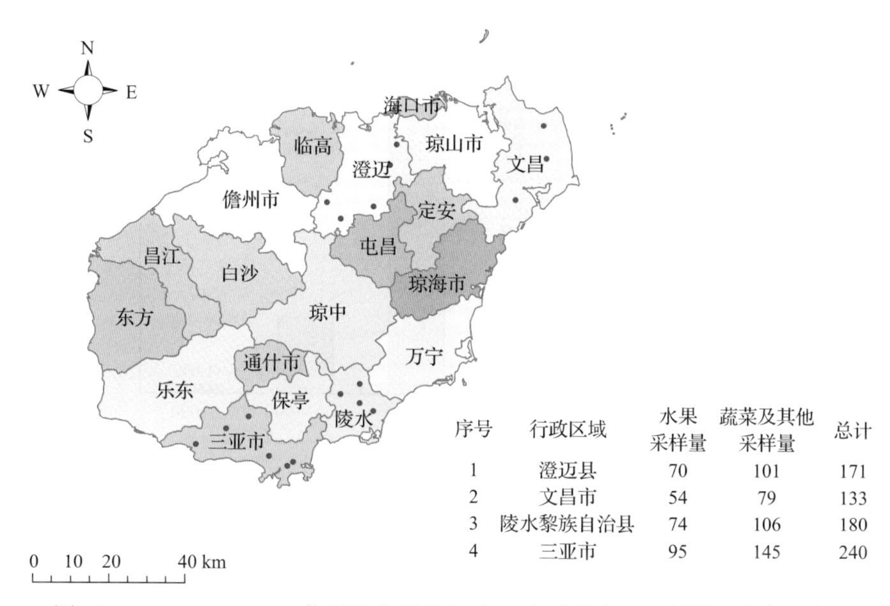

图 18-1 LC-Q-TOF/MS 侦测海南蔬菜产区 18 个采样点 724 例样品分布示意图

表 18-1 海南蔬菜产区各月内采集水果蔬菜样品数列表

时间	样品数(例)
2017 年 5 月	447
2017 年 9 月	277

利用 LC-Q-TOF/MS 技术对 724 例样品中的农药进行侦测，侦测出残留农药 82 种，1245 频次。侦测出农药残留水平如表 18-2 和图 18-2 所示。检出频次最高的前 10 种农药如表 18-3 所示。从侦测结果中可以看出，在水果蔬菜中农药残留普遍存在，且有些水果蔬菜存在高浓度的农药残留，这些可能存在膳食暴露风险，对人体健康产生危害，因此，为了定量地评价水果蔬菜中农药残留的风险程度，有必要对其进行风险评价。

表 18-2　侦测出农药的不同残留水平及其所占比例列表

残留水平(μg/kg)	检出频次	占比(%)
1~5(含)	383	30.8
5~10(含)	237	19.0
10~100(含)	505	40.5
100~1000(含)	108	8.7
>1000	12	1.0
合计	1245	100

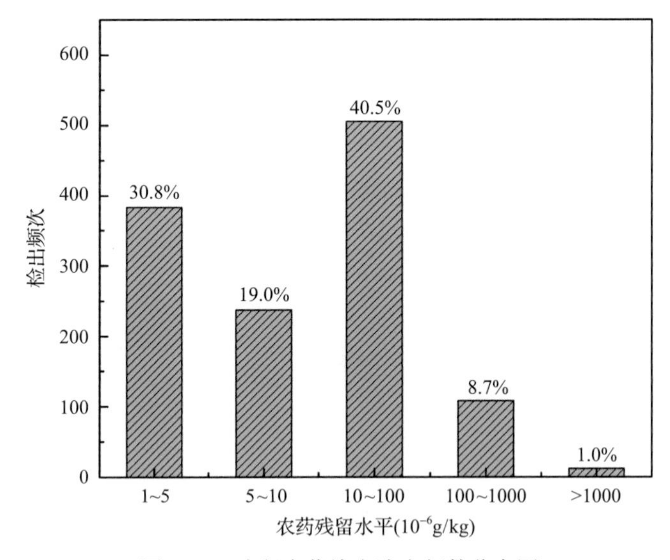

图 18-2　残留农药检出浓度频数分布图

表 18-3　检出频次最高的前 10 种农药列表

序号	农药	检出频次
1	多菌灵	127
2	烯酰吗啉	108
3	苯醚甲环唑	89
4	啶虫脒	88
5	嘧菌酯	77

续表

序号	农药	检出频次
6	吡唑醚菌酯	74
7	吡虫啉	56
8	甲霜灵	53
9	霜霉威	47
10	戊唑醇	44

18.1.2 农药残留风险评价模型

对海南蔬菜产区水果蔬菜中农药残留分别开展暴露风险评估和预警风险评估。膳食暴露风险评估利用食品安全指数模型对水果蔬菜中的残留农药对人体可能产生的危害程度进行评价，该模型结合残留监测和膳食暴露评估评价化学污染物的危害；预警风险评价模型运用风险系数(risk index，*R*)，风险系数综合考虑了危害物的超标率、施检频率及其本身敏感性的影响，能直观而全面地反映出危害物在一段时间内的风险程度。

18.1.2.1 食品安全指数模型

为了加强食品安全管理，《中华人民共和国食品安全法》第二章第十七条规定“国家建立食品安全风险评估制度，运用科学方法，根据食品安全风险监测信息、科学数据以及有关信息，对食品、食品添加剂、食品相关产品中生物性、化学性和物理性危害因素进行风险评估”[1]，膳食暴露评估是食品危险度评估的重要组成部分，也是膳食安全性的衡量标准[2]。国际上最早研究膳食暴露风险评估的机构主要是JMPR(FAO、WHO农药残留联合会议)，该组织自1995年就已制定了急性毒性物质的风险评估急性毒性农药残留摄入量的预测。1960年美国规定食品中不得加入致癌物质进而提出零阈值理论，渐渐零阈值理论发展成在一定概率条件下可接受风险的概念[3]，后衍变为食品中每日允许最大摄入量(ADI)，而国际食品农药残留法典委员会(CCPR)认为ADI不是独立风险评估的唯一标准[4]，1995年JMPR开始研究农药急性膳食暴露风险评估，并对食品国际短期摄入量的计算方法进行了修正，亦对膳食暴露评估准则及评估方法进行了修正[5]，2002年，在对世界上现行的食品安全评价方法，尤其是国际公认的CAC评价方法、全球环境监测系统/食品污染监测和评估规划(WHO GEMS/Food)及FAO、WHO食品添加剂联合专家委员会(JECFA)和JMPR对食品安全风险评估工作研究的基础之上，检验检疫食品安全管理的研究人员提出了结合残留监控和膳食暴露评估，以食品安全指数IFS计算食品中各种化学污染物对消费者的健康危害程度[6]。IFS是表示食品安全状态的新方法，可有效地评价某种农药的安全性，进而评价食品中各种农药化学污染物对消费者健康的整体危害程度[7, 8]。从理论上分析，IFS_c可指出食品中的污染物c对消费者健康是否存在危害及危害的程度[9]。其优点在于操作简单且结果容易被接受和理解，不需要大量的数据来对结果进行验证，使用默认的标准假设或者模型即可[10, 11]。

1) IFS_c 的计算

IFS_c 计算公式如下：

$$IFS_c = \frac{EDI_c \times f}{SI_c \times bw} \tag{18-1}$$

式中，c 为所研究的农药；EDI_c 为农药 c 的实际日摄入量估算值，等于 $\Sigma(R_i \times F_i \times E_i \times P_i)$（$i$ 为食品种类；R_i 为食品 i 中农药 c 的残留水平，mg/kg；F_i 为食品 i 的估计日消费量，g/(人·天)；E_i 为食品 i 的可食用部分因子；P_i 为食品 i 的加工处理因子）；SI_c 为安全摄入量，可采用每日允许最大摄入量 ADI；bw 为人平均体重，kg；f 为校正因子，如果安全摄入量采用 ADI，则 f 取 1。

$IFS_c \ll 1$，农药 c 对食品安全没有影响；$IFS_c \leq 1$，农药 c 对食品安全的影响可以接受；$IFS_c > 1$，农药 c 对食品安全的影响不可接受。

本次评价中：

$IFS_c \leq 0.1$，农药 c 对水果蔬菜安全没有影响；

$0.1 < IFS_c \leq 1$，农药 c 对水果蔬菜安全的影响可以接受；

$IFS_c > 1$，农药 c 对水果蔬菜安全的影响不可接受。

本次评价中残留水平 R_i 取值为中国检验检疫科学研究院庞国芳院士课题组利用以高分辨精确质量数（0.0001 m/z）为基准的 LC-Q-TOF/MS 侦测技术于 2017 年 5 月~2017 年 9 月对海南蔬菜产区水果蔬菜农药残留的侦测结果，估计日消费量 F_i 取值 0.38kg/(人·天)，E_i=1，P_i=1，f=1，SI_c 采用《食品安全国家标准　食品中农药最大残留限量》（GB 2763—2016）中 ADI 值（具体数值见表 18-4），人平均体重（bw）取值 60 kg。

2) 计算 IFS_c 的平均值 $\overline{IFS}$，评价农药对食品安全的影响程度

以 $\overline{IFS}$ 评价各种农药对人体健康危害的总程度，评价模型见公式（18-2）。

$$\overline{IFS} = \frac{\sum_{i=1}^{n} IFS_c}{n} \tag{18-2}$$

$\overline{IFS} \ll 1$，所研究消费者人群的食品安全状态很好；$\overline{IFS} \leq 1$，所研究消费者人群的食品安全状态可以接受；$\overline{IFS} > 1$，所研究消费者人群的食品安全状态不可接受。

本次评价中：

$\overline{IFS} \leq 0.1$，所研究消费者人群的水果蔬菜安全状态很好；

$0.1 < \overline{IFS} \leq 1$，所研究消费者人群的水果蔬菜安全状态可以接受；

$\overline{IFS} > 1$，所研究消费者人群的水果蔬菜安全状态不可接受。

表 18-4 海南蔬菜产区水果蔬菜中侦测出农药的 ADI 值

序号	农药	ADI	序号	农药	ADI	序号	农药	ADI
1	唑嘧菌胺	10	29	三环唑	0.04	57	己唑醇	0.005
2	甲咪唑烟酸	0.7	30	异稻瘟净	0.035	58	乙霉威	0.004
3	烯啶虫胺	0.53	31	乙嘧酚	0.035	59	噻唑磷	0.004
4	霜霉威	0.4	32	抑霉唑	0.03	60	异丙威	0.002
5	马拉硫磷	0.3	33	戊唑醇	0.03	61	敌百虫	0.002
6	烯酰吗啉	0.2	34	戊菌唑	0.03	62	三唑磷	0.001
7	嘧霉胺	0.2	35	三唑酮	0.03	63	克百威	0.001
8	嘧菌酯	0.2	36	三唑醇	0.03	64	甲拌磷	0.0007
9	喹氧灵	0.2	37	腈菌唑	0.03	65	喹硫磷	0.0005
10	环酰菌胺	0.2	38	多菌灵	0.03	66	甲氨基阿维菌素	0.0005
11	呋虫胺	0.2	39	丙溴磷	0.03	67	氧乐果	0.0003
12	噻菌灵	0.1	40	吡唑醚菌酯	0.03	68	新燕灵	—
13	噻虫胺	0.1	41	莠去津	0.02	69	缬霉威	—
14	甲氧虫酰肼	0.1	42	灭多威	0.02	70	四氟醚唑	—
15	多效唑	0.1	43	氟环唑	0.02	71	双苯基脲	—
16	吡丙醚	0.1	44	唑螨酯	0.01	72	三氟甲吡醚	—
17	氟酰胺	0.09	45	噻虫啉	0.01	73	噻苯咪唑-5-羟基	—
18	噻虫嗪	0.08	46	咪鲜胺	0.01	74	嘧啶磷	—
19	甲霜灵	0.08	47	氟吡菌酰胺	0.01	75	氟唑菌酰胺	—
20	甲基硫菌灵	0.08	48	噁霜灵	0.01	76	二甲嘧酚	—
21	氯吡脲	0.07	49	毒死蜱	0.01	77	吡螨胺	—
22	啶虫脒	0.07	50	哒螨灵	0.01	78	吡虫啉脲	—
23	丙环唑	0.07	51	苯醚甲环唑	0.01	79	苯噻菌胺	—
24	灭蝇胺	0.06	52	噻嗪酮	0.009	80	苯菌酮	—
25	吡虫啉	0.06	53	氟硅唑	0.007	81	*N*-去甲基啶虫脒	—
26	乙螨唑	0.05	54	唑虫酰胺	0.006	82	6-苄氨基嘌呤	—
27	螺虫乙酯	0.05	55	烯唑醇	0.005			
28	肟菌酯	0.04	56	喹螨醚	0.005			

注：“—”表示为国家标准中无 ADI 值规定；ADI 值单位为 mg/kg bw

18.1.2.2 预警风险评估模型

2003 年，我国检验检疫食品安全管理的研究人员根据 WTO 的有关原则和我国的具体规定，结合危害物本身的敏感性、风险程度及其相应的施检频率，首次提出了食品中危害物风险系数 R 的概念[12]。R 是衡量一个危害物的风险程度大小最直观的参数，即在一定时期内其超标率或阳性检出率的高低，但受其施检频率的高低及其本身的敏感性（受关注程度）影响。该模型综合考察了农药在蔬菜中的超标率、施检频率及其本身敏感性，能直观而全面地反映出农药在一段时间内的风险程度[13]。

1）R 计算方法

危害物的风险系数综合考虑了危害物的超标率或阳性检出率、施检频率和其本身的敏感性影响，并能直观而全面地反映出危害物在一段时间内的风险程度。风险系数 R 的计算公式如式（18-3）：

$$R = aP + \frac{b}{F} + S \tag{18-3}$$

式中，P 为该种危害物的超标率；F 为危害物的施检频率；S 为危害物的敏感因子；a, b 分别为相应的权重系数。

本次评价中 F=1；S=1；a =100；b =0.1，对参数 P 进行计算，计算时首先判断是否为禁用农药，如果为非禁用农药，P=超标的样品数（侦测出的含量高于食品最大残留限量标准值，即 MRL）除以总样品数（包括超标、不超标、未侦测出）；如果为禁用农药，则侦测出即为超标，P=能侦测出的样品数除以总样品数。判断海南蔬菜产区水果蔬菜农药残留是否超标的标准限值 MRL 分别以 MRL 中国国家标准[14]和 MRL 欧盟标准作为对照，具体值列于本报告附表一中。

2）评价风险程度

$R \leqslant 1.5$，受检农药处于低度风险；

$1.5 < R \leqslant 2.5$，受检农药处于中度风险；

$R > 2.5$，受检农药处于高度风险。

18.1.2.3 食品膳食暴露风险和预警风险评估应用程序的开发

1）应用程序开发的步骤

为成功开发膳食暴露风险和预警风险评估应用程序，与软件工程师多次沟通讨论，逐步提出并描述清楚计算需求，开发了初步应用程序。为明确出不同水果蔬菜、不同农药、不同地域和不同季节的风险水平，向软件工程师提出不同的计算需求，软件工程师对计算需求进行逐一分析，经过反复的细节沟通，需求分析得到明确后，开始进行解决方案的设计，在保证需求的完整性、一致性的前提下，编写出程序代码，最后设计出满足需求的风险评估专用计算软件，并通过一系列的软件测试和改进，完成专用程序的开发。软件开发基本步骤见图 18-3。

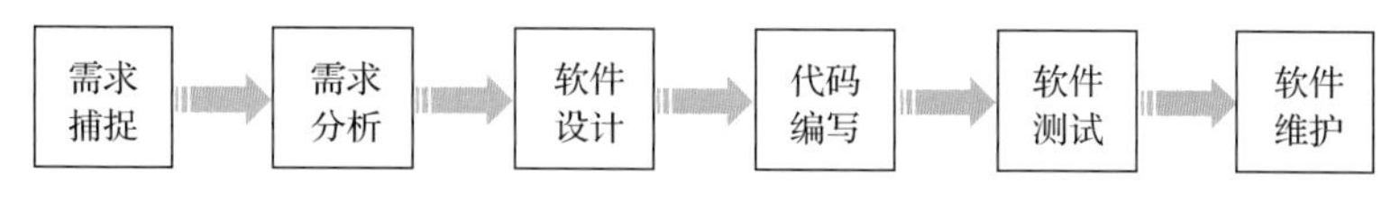

图 18-3 专用程序开发总体步骤

2) 膳食暴露风险评估专业程序开发的基本要求

首先直接利用公式(18-1)，分别计算 LC-Q-TOF/MS 和 GC-Q-TOF/MS 仪器侦测出的各水果蔬菜样品中每种农药 IFS_c，将结果列出。为考察超标农药和禁用农药的使用安全性，分别以我国《食品安全国家标准食品中农药最大残留限量》(GB 2763—2016) 和欧盟食品中农药最大残留限量(以下简称 MRL 中国国家标准和 MRL 欧盟标准)为标准，对侦测出的禁用农药和超标的非禁用农药 IFS_c 单独进行评价；按 IFS_c 大小列表，并找出 IFS_c 值排名前 20 的样本重点关注。

对不同水果蔬菜 i 中每一种侦测出的农药 c 的安全指数进行计算，多个样品时求平均值。若监测数据为该市多个月的数据，则逐月、逐季度分别列出每个月、每个季度内每一种水果蔬菜 i 对应的每一种农药 c 的 IFS_c。

按农药种类，计算整个监测时间段内每种农药的 IFS_c，不区分水果蔬菜。若侦测数据为该市多个月的数据，则需分别计算每个月、每个季度内每种农药的 IFS_c。

3) 预警风险评估专业程序开发的基本要求

分别以 MRL 中国国家标准和 MRL 欧盟标准，按公式(18-3)逐个计算不同水果蔬菜、不同农药的风险系数，禁用农药和非禁用农药分别列表。

为清楚了解各种农药的预警风险，不分时间，不分水果蔬菜，按禁用农药和非禁用农药分类，分别计算各种侦测出农药全部侦测时段内风险系数。由于有 MRL 中国国家标准的农药种类太少，无法计算超标数，非禁用农药的风险系数只以 MRL 欧盟标准为标准，进行计算。若侦测数据为多个月的，则按月计算每个月、每个季度内每种禁用农药残留的风险系数和以 MRL 欧盟标准为标准的非禁用农药残留的风险系数。

4) 风险程度评价专业应用程序的开发方法

采用 Python 计算机程序设计语言，Python 是一个高层次地结合了解释性、编译性、互动性和面向对象的脚本语言。风险评价专用程序主要功能包括：分别读入每例样品 LC-Q-TOF/MS 和 GC-Q-TOF/MS 农药残留侦测数据，根据风险评价工作要求，依次对不同农药、不同食品、不同时间、不同采样点的 IFS_c 值和 R 值分别进行数据计算，筛选出禁用农药、超标农药(分别与 MRL 中国国家标准、MRL 欧盟标准限值进行对比)单独重点分析，再分别对各农药、各水果蔬菜种类分类处理，设计出计算和排序程序，编写计算机代码，最后将生成的膳食暴露风险评估和超标风险评估定量计算结果列入设计好的各个表格中，并定性判断风险对目标的影响程度，直接用文字描述风险发生的高低，如“不可接受”、“可以接受”、“没有影响”、“高度风险”、“中度风险”、“低度风险”。

18.2 LC-Q-TOF/MS 侦测海南蔬菜产区市售水果蔬菜农药残留膳食暴露风险评估

18.2.1 每例水果蔬菜样品中农药残留安全指数分析

基于农药残留侦测数据，发现在 724 例样品中侦测出农药 1245 频次，计算样品中每种残留农药的安全指数 IFS_c，并分析农药对样品安全的影响程度，结果详见附表二，农药残留对水果蔬菜样品安全的影响程度频次分布情况如图 18-4 所示。

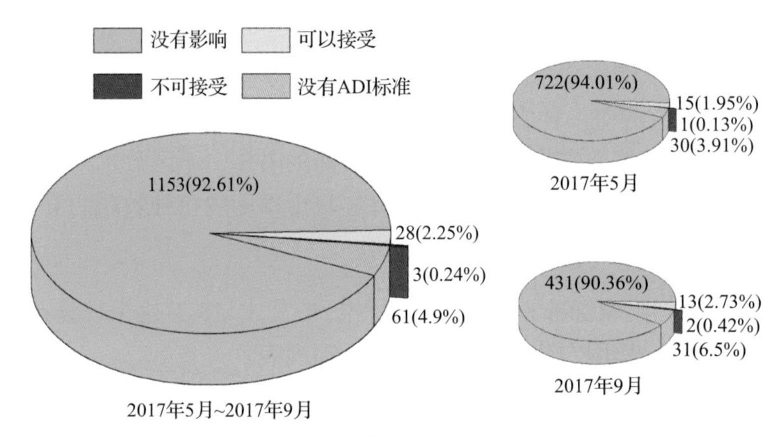

图 18-4 农药残留对水果蔬菜样品安全的影响程度频次分布图

由图 18-4 可以看出，农药残留对样品安全的影响不可接受的频次为 3，占 0.24%；农药残留对样品安全的影响可以接受的频次为 28，占 2.25%；农药残留对样品安全没有影响的频次为 1153，占 92.61%。分析发现，在 2 个月份内均有侦测出农药对样品安全影响不可接受，其他月份内，农药对样品安全的影响均在可以接受和没有影响的范围内。表 18-5 为对水果蔬菜样品中安全指数不可接受的农药残留列表。

表 18-5 水果蔬菜样品中安全影响不可接受的农药残留列表

序号	样品编号	采样点	基质	农药	含量 (mg/kg)	IFS_c
1	20170925-469028-CAIQ-LJ-30A	***超市(陵水店)	辣椒	氧乐果	1.0358	21.8669
2	20170927-460200-CAIQ-CE-33A	***超市(解放四路店)	芹菜	甲拌磷	0.8977	8.1220
3	20170524-460200-USI-LB-35A	***超市(三亚店)	萝卜	敌百虫	0.39	1.2350

部分样品侦测出禁用农药 4 种 15 频次，为了明确残留的禁用农药对样品安全的影响，分析侦测出禁用农药残留的样品安全指数，禁用农药残留对水果蔬菜样品安全的影响程度频次分布情况如图 18-5 所示，农药残留对样品安全的影响不可接受的频次为 2，

占 13.33%；农药残留对样品安全的影响可以接受的频次为 4，占 26.67%；农药残留对样品安全没有影响的频次为 9，占 60%。由图中可以看出所有月份的水果蔬菜样品中均侦测出禁用农药残留，分析发现，只有 2017 年 9 月禁用农药对样品安全影响不可接受，频次为 2，其他月份内，禁用农药对样品安全的影响均在可以接受和没有影响的范围内。表 18-6 列出了水果蔬菜样品中侦测出的禁用农药残留不可接受的安全指数表。

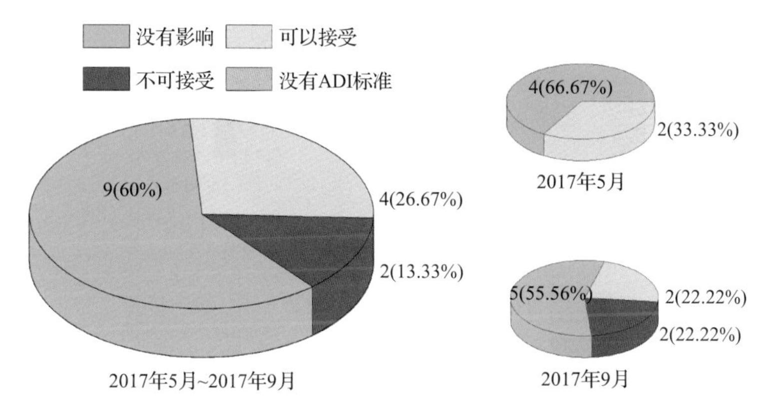

图 18-5 禁用农药对水果蔬菜样品安全影响程度的频次分布图

表 18-6 水果蔬菜样品中侦测出的禁用农药残留不可接受的安全指数表

序号	样品编号	采样点	基质	农药	含量(mg/kg)	IFS_c
1	20170925-469028-CAIQ-LJ-30A	***超市(陵水店)	辣椒	氧乐果	1.0358	21.8669
2	20170927-460200-CAIQ-CE-33A	***超市(解放四路店)	芹菜	甲拌磷	0.8977	8.1220

此外，本次侦测发现部分样品中非禁用农药残留量超过了 MRL 中国国家标准和欧盟标准，为了明确超标的非禁用农药对样品安全的影响，分析了非禁用农药残留超标的样品安全指数。

水果蔬菜残留量超过 MRL 中国国家标准的非禁用农药共 3 频次，农药残留对样品安全的影响均为可以接受。表 18-7 为水果蔬菜样品中侦测出的非禁用农药残留安全指数表。

表 18-7 水果蔬菜样品中侦测出的非禁用农药残留安全指数表(MRL 中国国家标准)

序号	样品编号	采样点	基质	农药	含量(mg/kg)	中国国家标准	IFS_c	影响程度
1	20170923-469005-CAIQ-DJ-28A	***市场	菜豆	蔬菜	多菌灵	0.5	0.2088	可以接受
2	20170923-469005-CAIQ-DJ-26A	***超市(文建店)	菜豆	蔬菜	多菌灵	0.5	0.1878	可以接受
3	20170927-460200-CAIQ-NM-32A	***超市(国际购物中心店)	柠檬	水果	多菌灵	0.5	0.1689	可以接受

残留量超过 MRL 欧盟标准的非禁用农药对水果蔬菜样品安全的影响程度频次分布情况如图 18-6 所示。可以看出超过 MRL 欧盟标准的非禁用农药共 156 频次，其中农药

没有 ADI 标准的频次为 30，占 19.23%；农药残留对样品安全不可接受的频次为 1，占 0.64%；农药残留对样品安全的影响可以接受的频次为 18，占 11.54%；农药残留对样品安全没有影响的频次为 107，占 68.59%。表 18-8 为水果蔬菜样品中不可接受的残留超标非禁用农药安全指数列表。

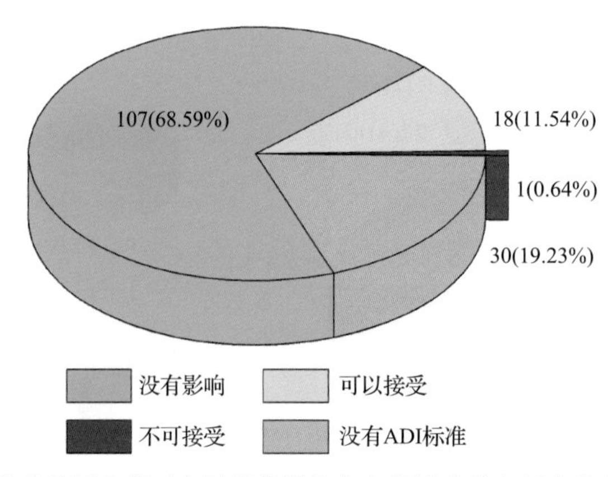

图 18-6 残留超标的非禁用农药对水果蔬菜样品安全的影响程度频次分布图（MRL 欧盟标准）

表 18-8 对水果蔬菜样品中不可接受的残留超标非禁用农药安全指数列表（MRL 欧盟标准）

序号	样品编号	采样点	基质	农药	含量 (mg/kg)	欧盟标准	IFS_c
1	20170524-460200-USI-LB-35A	***超市（三亚店）	萝卜	敌百虫	0.39	0.01	1.2350

在 724 例样品中，264 例样品未侦测出农药残留，460 例样品中侦测出农药残留，计算每例有农药侦测出样品的 $\overline{IFS}$ 值，进而分析样品的安全状态，结果如图 18-7 所示（未侦测出农药的样品安全状态视为很好）。可以看出，0.41%的样品安全状态不可接受；0.97%的样品安全状态可以接受；97.93%的样品安全状态很好。此外，可以看出 2017 年 5 月和 2017 年 9 月均有样品安全状态不可接受，这两个月份内的其他样品安全状态均在很好和可以接受的范围内。表 18-9 列出了安全状态不可接受的水果蔬菜样品。

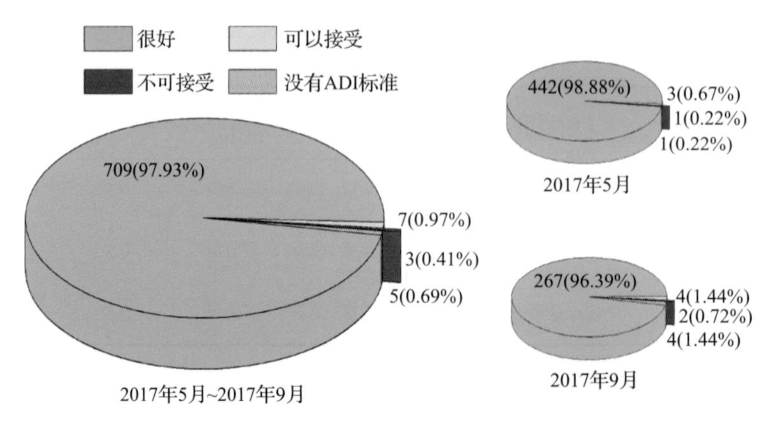

图 18-7 水果蔬菜样品安全状态分布图

表 18-9 水果蔬菜安全状态不可接受的样品列表

序号	样品编号	采样点	基质	$\overline{IFS}$
1	20170925-469028-CAIQ-LJ-30A	***超市(陵水店)	辣椒	10.9340
2	20170524-460200-USI-LB-35A	***超市(三亚店)	萝卜	1.2350
3	20170927-460200-CAIQ-CE-33A	***超市(解放四路店)	芹菜	1.0369

18.2.2 单种水果蔬菜中农药残留安全指数分析

本次 45 种水果蔬菜种侦测出 82 种农药，检出频次为 1245 次，其中 15 种农药没有 ADI 标准，67 种农药存在 ADI 标准。1 种水果蔬菜未侦测出任何农药，对其他的 44 种水果蔬菜按不同种类分别计算侦测出的具有 ADI 标准的各种农药的 IFS_c 值，农药残留对水果蔬菜的安全指数分布图如图 18-8 所示。

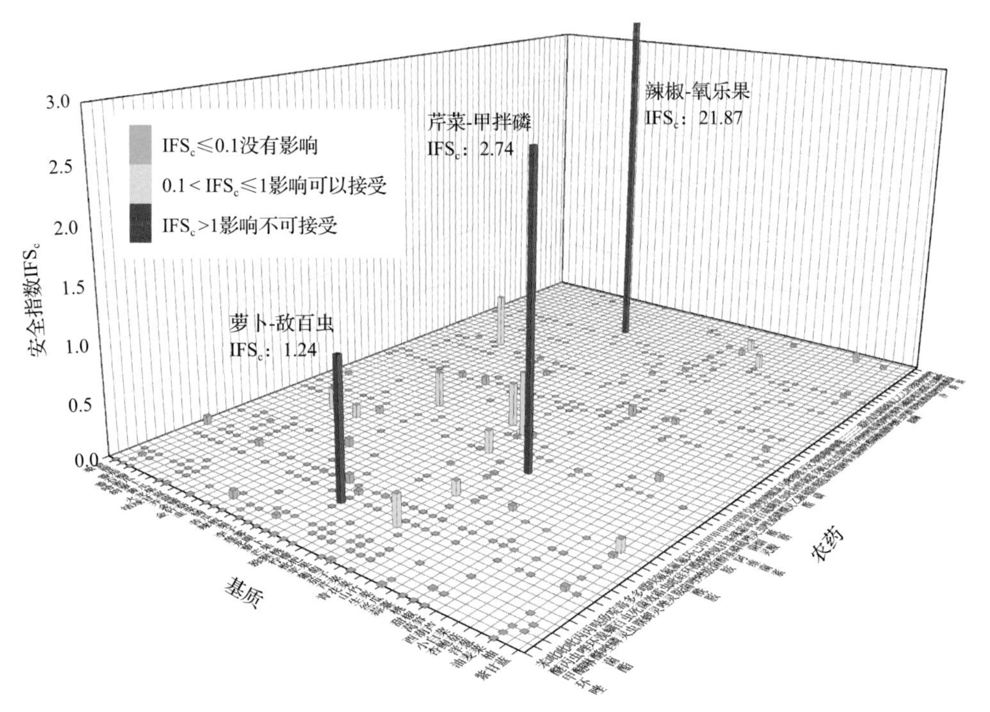

图 18-8 44 种水果蔬菜中 67 种残留农药的安全指数分布图

分析发现 3 种水果蔬菜(萝卜、芹菜和辣椒)中的敌百虫、甲拌磷和氧乐果残留对食品安全影响不可接受，如表 18-10 所示。

表 18-10 单种水果蔬菜中安全影响不可接受的残留农药安全指数表

序号	基质	农药	检出频次	检出率(%)	IFS>1 的频次	IFS>1 的比例(%)	IFS_c
1	辣椒	氧乐果	1	5.00	1	5.00	21.8669
2	芹菜	甲拌磷	3	4.48	1	1.49	2.7390
3	萝卜	敌百虫	1	8.33	1	8.33	1.2350

本次侦测中，44 种水果蔬菜和 82 种残留农药（包括没有 ADI 标准）共涉及 449 个分析样本，农药对单种水果蔬菜安全的影响程度分布情况如图 18-9 所示。可以看出，88.42%的样本中农药对水果蔬菜安全没有影响，2.67%的样本中农药对水果蔬菜安全的影响可以接受，0.67%的样本中农药对水果蔬菜安全的影响不可接受。

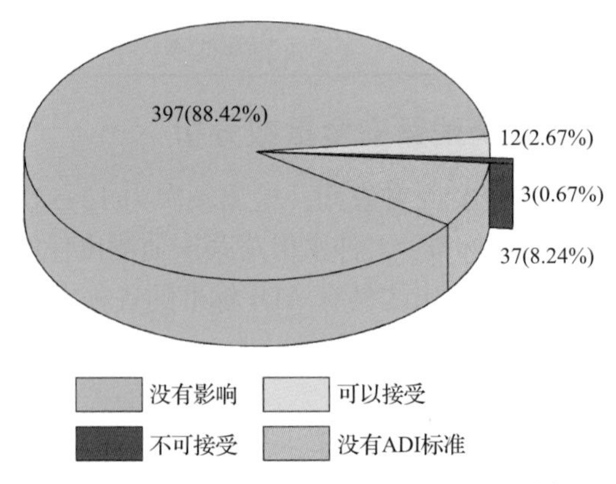

图 18-9　449 个分析样本的影响程度频次分布图

此外，分别计算 44 种水果蔬菜中所有侦测出农药 IFS_c 的平均值 $\overline{IFS}$，分析每种水果蔬菜的安全状态，结果如图 18-10 所示，分析发现，1 种水果蔬菜（2.27%）的安全状态不可接受，2 种水果蔬菜（4.55%）的安全状态可以接受，41 种（93.18%）水果蔬菜的安全状态很好。

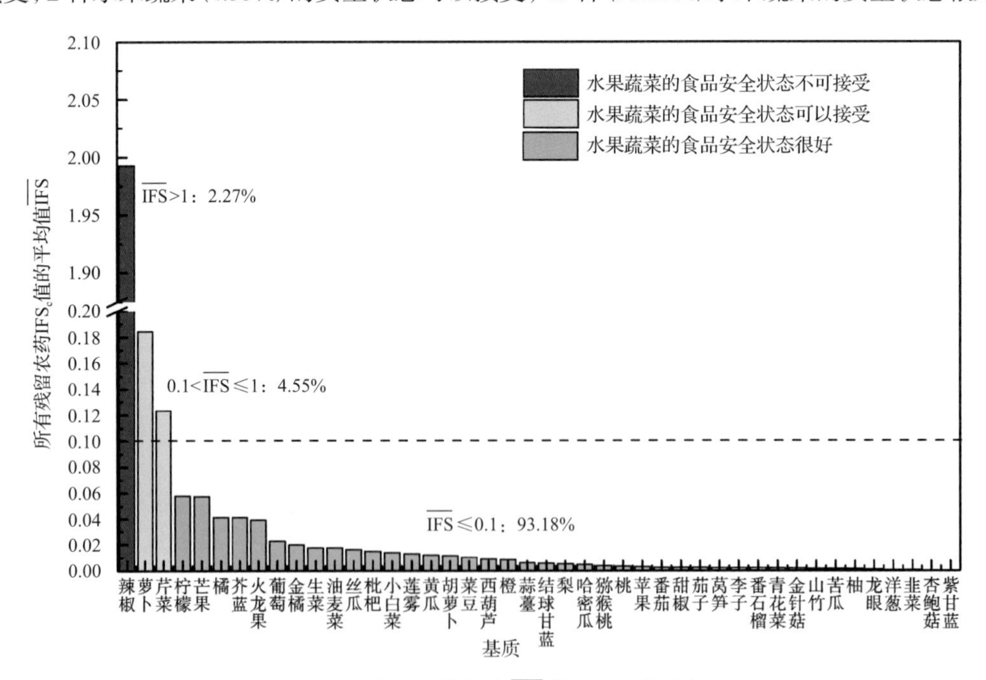

图 18-10　44 种水果蔬菜的 $\overline{IFS}$ 值和安全状态统计图

对每个月内每种水果蔬菜中农药的 IFS_c 进行分析，并计算每月内每种水果蔬菜的 $\overline{IFS}$ 值，以评价每种水果蔬菜的安全状态，结果如图 18-11 所示，可以看出，只有 2017 年 9 月的辣椒的安全状态不可接受，该月份其余水果蔬菜和其他月份的所有水果蔬菜的安全状态均处于很好和可以接受的范围内，各月份内单种水果蔬菜安全状态统计情况如图 18-12 所示。

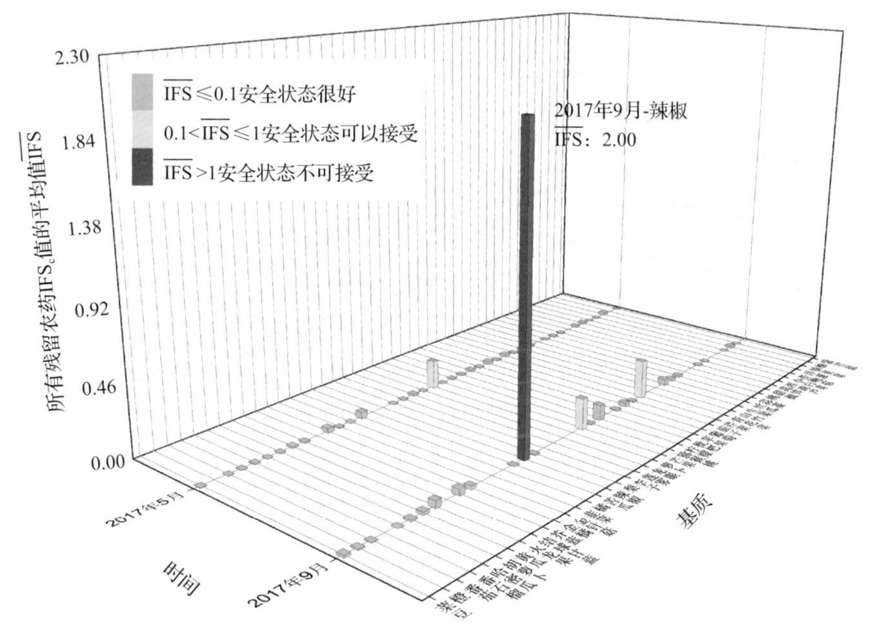

图 18-11　各月内每种水果蔬菜的 $\overline{IFS}$ 值与安全状态分布图

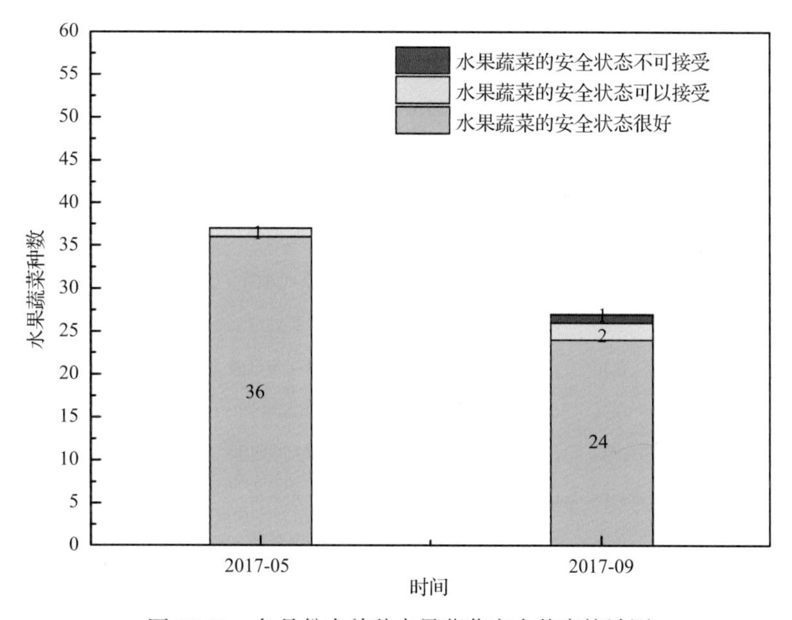

图 18-12　各月份内单种水果蔬菜安全状态统计图

18.2.3　所有水果蔬菜中农药残留安全指数分析

计算所有水果蔬菜中 67 种农药的 $\overline{IFS_c}$ 值，结果如表 18-11 及图 18-13 所示。

表 18-11　水果蔬菜中 67 种农药残留的安全指数表

序号	农药	检出频次	检出率(%)	$\overline{IFS_c}$	影响程度	序号	农药	检出频次	检出率(%)	$\overline{IFS_c}$	影响程度
1	氧乐果	2	0.16	10.9957	不可接受	35	嘧霉胺	26	2.09	0.0053	没有影响
2	甲拌磷	5	0.40	1.6631	不可接受	36	噁霜灵	23	1.85	0.0052	没有影响
3	敌百虫	2	0.16	0.7583	可以接受	37	戊唑醇	44	3.53	0.0047	没有影响
4	喹硫磷	1	0.08	0.3977	可以接受	38	喹螨醚	1	0.08	0.0046	没有影响
5	克百威	7	0.56	0.2390	可以接受	39	噻菌灵	13	1.04	0.0044	没有影响
6	甲氨基阿维菌素	2	0.16	0.1577	可以接受	40	抑霉唑	6	0.48	0.0037	没有影响
7	噻唑磷	7	0.56	0.1557	可以接受	41	吡唑醚菌酯	74	5.94	0.0033	没有影响
8	异丙威	1	0.08	0.1051	可以接受	42	啶虫脒	88	7.07	0.0031	没有影响
9	灭多威	1	0.08	0.0958	没有影响	43	哒螨灵	4	0.32	0.0030	没有影响
10	乙霉威	3	0.24	0.0600	没有影响	44	丙环唑	40	3.21	0.0028	没有影响
11	甲基硫菌灵	20	1.61	0.0495	没有影响	45	噻虫嗪	24	1.93	0.0025	没有影响
12	氟硅唑	32	2.57	0.0490	没有影响	46	甲霜灵	53	4.26	0.0020	没有影响
13	毒死蜱	1	0.08	0.0360	没有影响	47	噻虫胺	7	0.56	0.0020	没有影响
14	唑虫酰胺	6	0.48	0.0349	没有影响	48	氯吡脲	1	0.08	0.0016	没有影响
15	氟吡菌酰胺	26	2.09	0.0339	没有影响	49	嘧菌酯	77	6.18	0.0013	没有影响
16	噻虫啉	1	0.08	0.0326	没有影响	50	三唑酮	2	0.16	0.0013	没有影响
17	灭蝇胺	21	1.69	0.0290	没有影响	51	唑螨酯	1	0.08	0.0013	没有影响
18	三唑磷	1	0.08	0.0253	没有影响	52	氟环唑	1	0.08	0.0012	没有影响
19	咪鲜胺	26	2.09	0.0238	没有影响	53	霜霉威	47	3.78	0.0010	没有影响
20	乙嘧酚	1	0.08	0.0222	没有影响	54	多效唑	4	0.32	0.0008	没有影响
21	环酰菌胺	5	0.40	0.0197	没有影响	55	呋虫胺	2	0.16	0.0008	没有影响
22	多菌灵	127	10.20	0.0148	没有影响	56	吡丙醚	5	0.40	0.0008	没有影响
23	己唑醇	4	0.32	0.0140	没有影响	57	异稻瘟净	1	0.08	0.0008	没有影响
24	烯唑醇	15	1.20	0.0129	没有影响	58	莠去津	1	0.08	0.0007	没有影响
25	肟菌酯	5	0.40	0.0125	没有影响	59	甲咪唑烟酸	1	0.08	0.0005	没有影响
26	腈菌唑	7	0.56	0.0117	没有影响	60	戊菌唑	1	0.08	0.0004	没有影响
27	吡虫啉	56	4.50	0.0104	没有影响	61	甲氧虫酰肼	1	0.08	0.0003	没有影响
28	苯醚甲环唑	89	7.15	0.0090	没有影响	62	喹氧灵	1	0.08	0.0003	没有影响
29	乙螨唑	1	0.08	0.0081	没有影响	63	氟酰胺	1	0.08	0.0003	没有影响
30	螺虫乙酯	2	0.16	0.0078	没有影响	64	马拉硫磷	2	0.16	0.0003	没有影响
31	三唑醇	2	0.16	0.0074	没有影响	65	三环唑	1	0.08	0.0002	没有影响
32	噻嗪酮	28	2.25	0.0069	没有影响	66	烯啶虫胺	9	0.72	0.0001	没有影响
33	丙溴磷	6	0.48	0.0059	没有影响	67	唑嘧菌胺	1	0.08	0.0000	没有影响
34	烯酰吗啉	108	8.67	0.0053	没有影响						

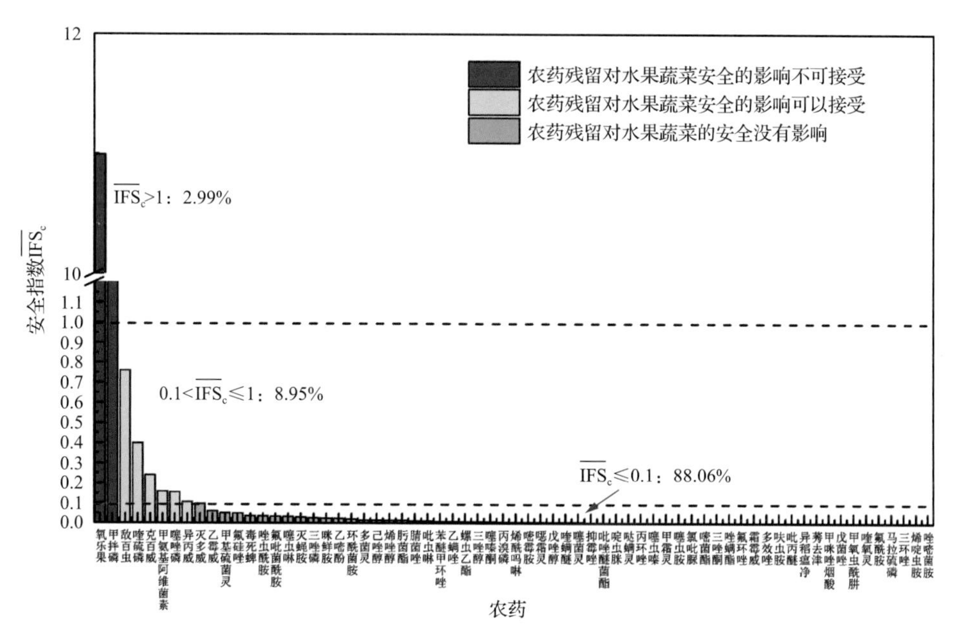

图 18-13　67 种残留农药对水果蔬菜的安全影响程度统计图

分析发现，氧乐果和甲拌磷的$\overline{IFS}_c$大于 1，其他农药的$\overline{IFS}_c$均小于 1，说明氧乐果和甲拌磷对水果蔬菜安全的影响不可接受，其他农药对水果蔬菜安全的影响均在没有影响和可接受的范围内，其中 8.95%的农药对水果蔬菜安全的影响可以接受，88.06%的农药对水果蔬菜安全没有影响。

对每个月内所有水果蔬菜中残留农药的$\overline{IFS}_c$进行分析，结果如图 18-14 所示。分析

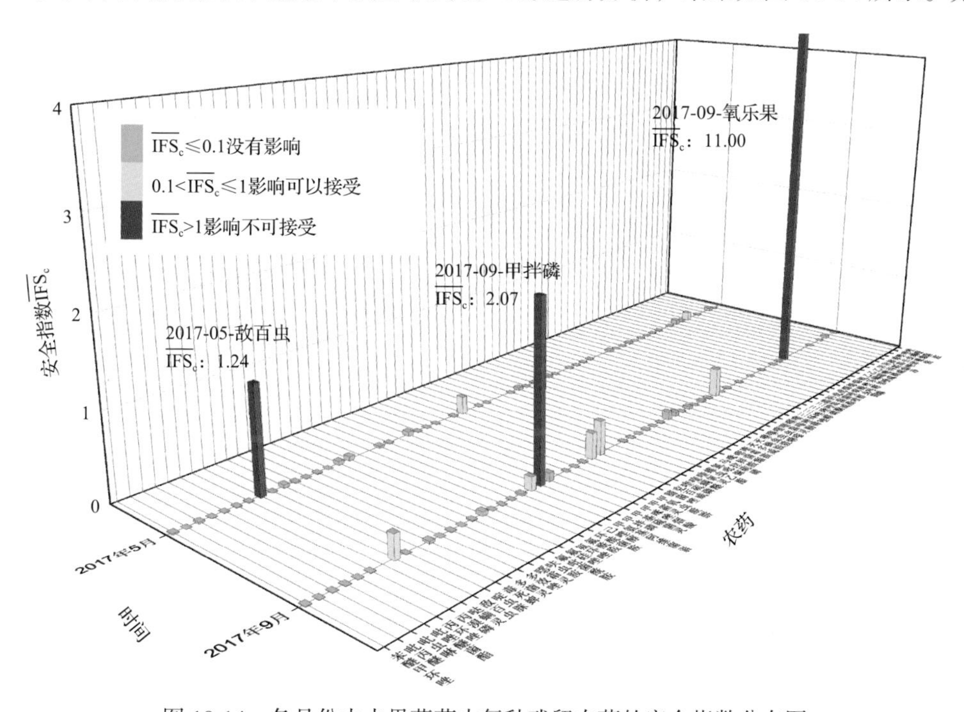

图 18-14　各月份内水果蔬菜中每种残留农药的安全指数分布图

发现，2017 年 5 月的敌百虫、2017 年 9 月的甲拌磷和氧乐果对水果蔬菜安全的影响不可接受，该 2 个月份的其他农药对水果蔬菜安全的影响均处于没有影响和可以接受的范围内。每月内不同农药对水果蔬菜安全影响程度的统计如图 18-15 所示。

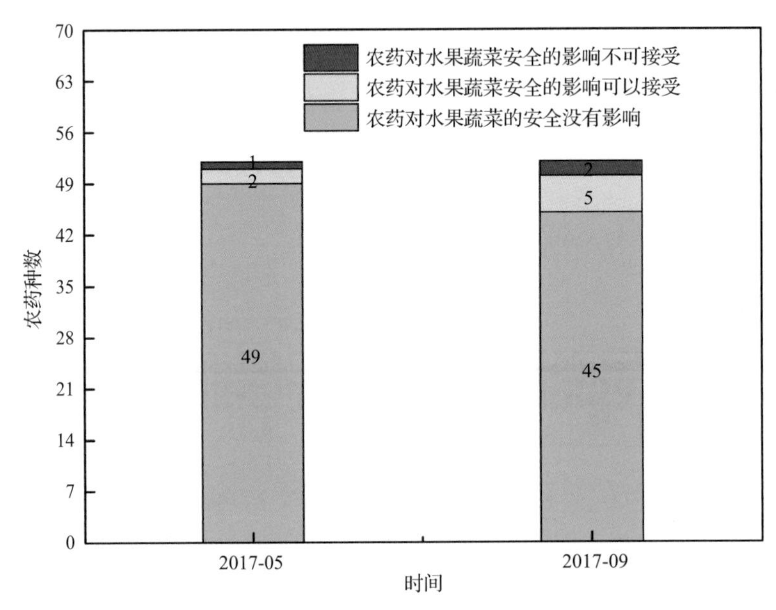

图 18-15　各月份内农药对水果蔬菜安全影响程度的统计图

计算每个月内水果蔬菜的 $\overline{IFS}$，以分析每月内水果蔬菜的安全状态，结果如图 18-16 所示，可以看出，所有月份的水果蔬菜安全状态均处于很好和可以接受的范围内。分析发现，在 50%的月份内，水果蔬菜安全状态可以接受，50%的月份内水果蔬菜的安全状态很好。

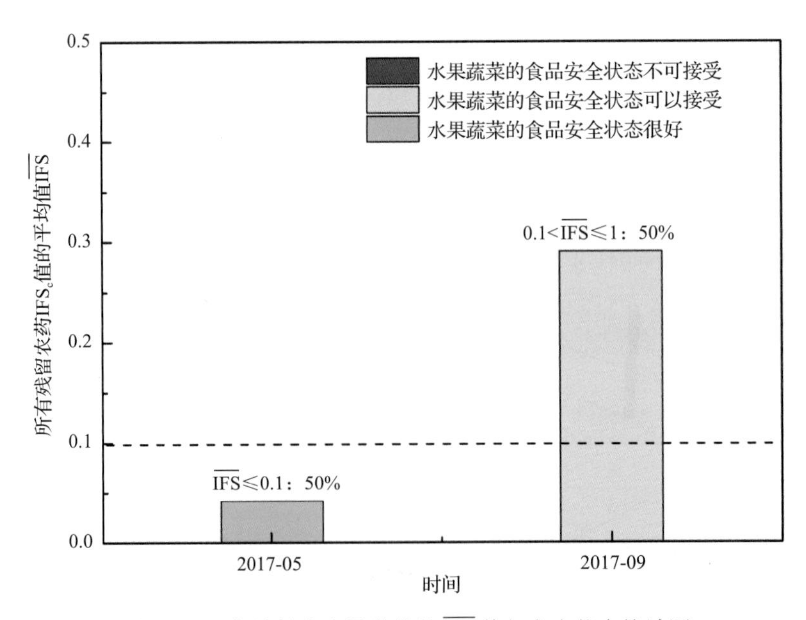

图 18-16　各月份内水果蔬菜的 $\overline{IFS}$ 值与安全状态统计图

18.3　LC-Q-TOF/MS 侦测海南蔬菜产区市售水果蔬菜农药残留预警风险评估

基于海南蔬菜产区水果蔬菜样品中农药残留 LC-Q-TOF/MS 侦测数据，分析禁用农药的检出率，同时参照中华人民共和国国家标准 GB 2763—2016 和欧盟农药最大残留限量(MRL)标准分析非禁用农药残留的超标率，并计算农药残留风险系数。分析单种水果蔬菜中农药残留以及所有水果蔬菜中农药残留的风险程度。

18.3.1　单种水果蔬菜中农药残留风险系数分析

18.3.1.1　单种水果蔬菜中禁用农药残留风险系数分析

侦测出的 82 种残留农药中有 4 种为禁用农药，且它们分布在 10 种水果蔬菜中，计算 10 种水果蔬菜中禁用农药的超标率，根据超标率计算风险系数 R，进而分析水果蔬菜中禁用农药的风险程度，结果如图 18-17 与表 18-12 所示。分析发现 4 种禁用农药在 10 种水果蔬菜中的残留处均于高度风险。

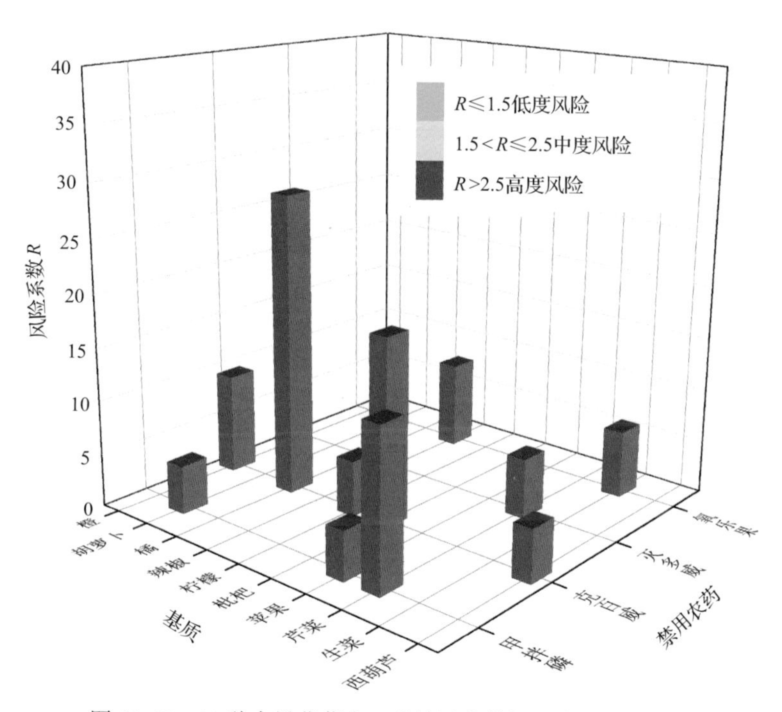

图 18-17　10 种水果蔬菜中 4 种禁用农药的风险系数分布图

表 18-12　10 种水果蔬菜中 4 种禁用农药的风险系数列表

序号	基质	农药	检出频次	检出率(%)	风险系数 *R*	风险程度
1	橘	克百威	3	27.27	28.37	高度风险
2	枇杷	克百威	1	16.67	17.77	高度风险
3	芹菜	甲拌磷	3	13.64	14.74	高度风险
4	橙	克百威	1	8.33	9.43	高度风险
5	辣椒	氧乐果	1	7.14	8.24	高度风险
6	生菜	氧乐果	1	5.26	6.36	高度风险
7	芹菜	灭多威	1	4.55	5.65	高度风险
8	柠檬	克百威	1	4.17	5.27	高度风险
9	西葫芦	克百威	1	3.85	4.95	高度风险
10	胡萝卜	甲拌磷	1	3.45	4.55	高度风险
11	苹果	甲拌磷	1	3.45	4.55	高度风险

18.3.1.2　基于 MRL 中国国家标准的单种水果蔬菜中非禁用农药残留风险系数分析

参照中华人民共和国国家标准 GB 2763—2016 中农药残留限量计算每种水果蔬菜中每种非禁用农药的超标率，进而计算其风险系数，根据风险系数大小判断残留农药的预警风险程度，水果蔬菜中非禁用农药残留风险程度分布情况如图 18-18 所示。

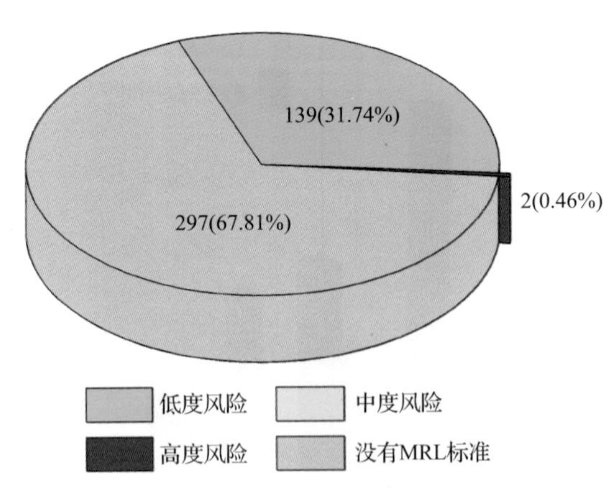

图 18-18　水果蔬菜中非禁用农药风险程度的频次分布图(MRL 中国国家标准)

本次分析中，发现在 44 种水果蔬菜侦测出 78 种残留非禁用农药，涉及样本 438 个，在 438 个样本中，0.46%处于高度风险，31.74%处于低度风险，此外发现有 297 个样本没有 MRL 中国国家标准值，无法判断其风险程度，有 MRL 中国国家标准值的 141 个样本涉及 34 种水果蔬菜中的 40 种非禁用农药，其风险系数 *R* 值如图 18-19 所示。表 18-13 为非禁用农药残留处于高度风险的水果蔬菜列表。

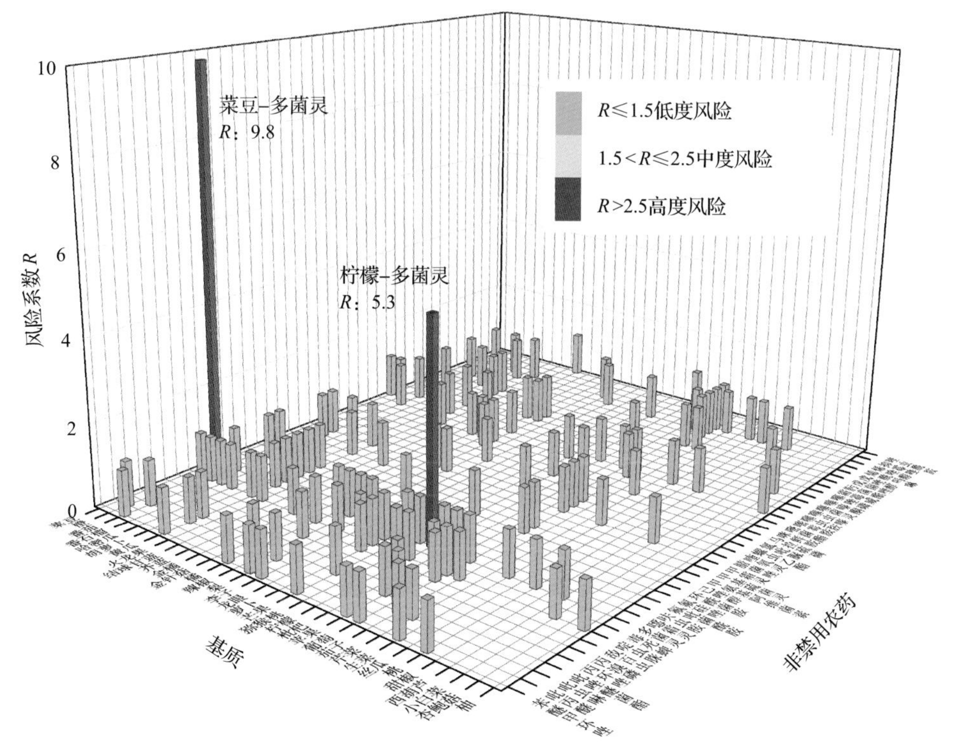

图18-19 34种水果蔬菜中40种非禁用农药的风险系数分布图(MRL中国国家标准)

表18-13 单种水果蔬菜中处于高度风险的非禁用农药风险系数表(MRL中国国家标准)

序号	基质	农药	超标频次	超标率 P(%)	风险系数 R
1	菜豆	多菌灵	2	8.70	9.80
2	柠檬	多菌灵	1	4.17	5.27

18.3.1.3 基于MRL欧盟标准的单种水果蔬菜中非禁用农药残留风险系数分析

参照MRL欧盟标准计算每种水果蔬菜中每种非禁用农药的超标率，进而计算其风险系数，根据风险系数大小判断农药残留的预警风险程度，水果蔬菜中非禁用农药残留风险程度分布情况如图18-20所示。

本次分析中，发现在44种水果蔬菜中共侦测出78种非禁用农药，涉及样本438个，其中，21.23%处于高度风险，涉及30种水果蔬菜和39种农药；78.77%处于低度风险，涉及44种水果蔬菜和64种农药。单种水果蔬菜中的非禁用农药风险系数分布图如图18-21所示。单种水果蔬菜中处于高度风险的非禁用农药风险系数如图18-22和表18-14所示。

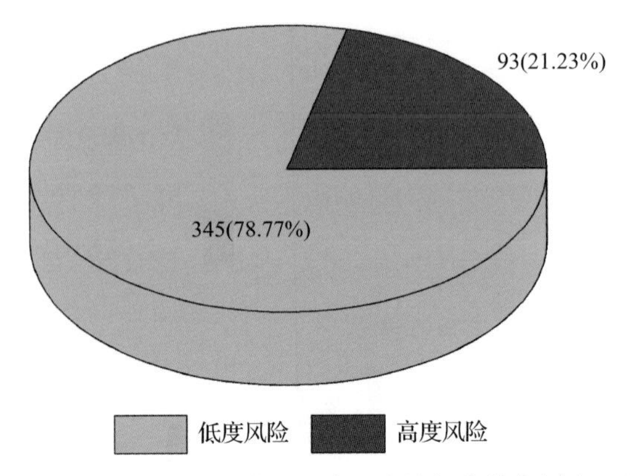

图 18-20 水果蔬菜中非禁用农药的风险程度的频次分布图(MRL 欧盟标准)

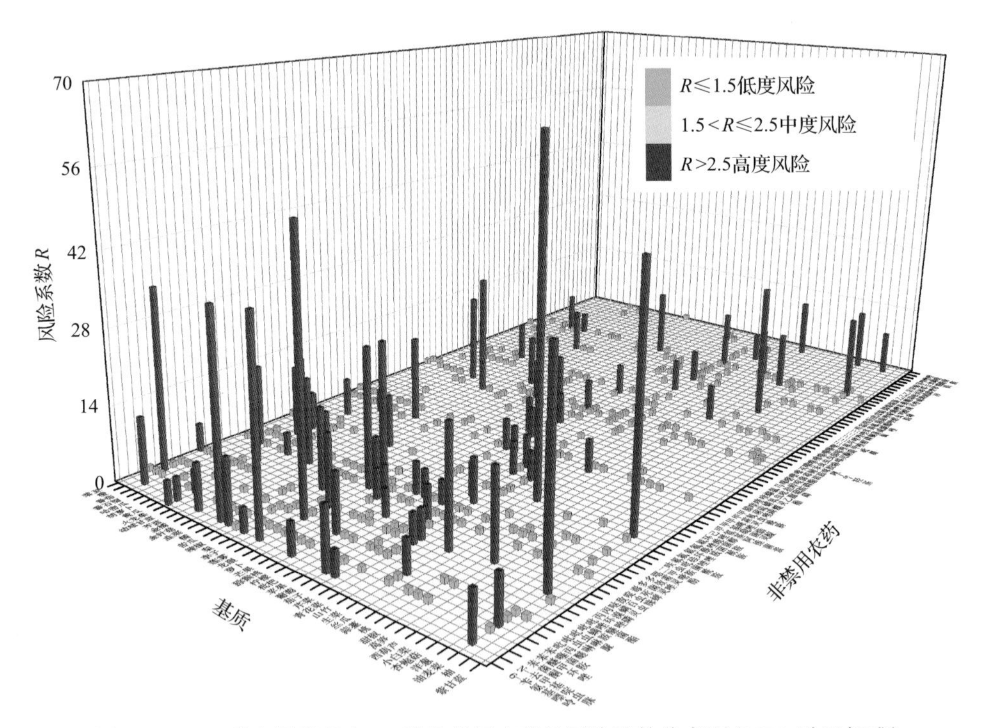

图 18-21 44 种水果蔬菜中 78 种非禁用农药的风险系数分布图(MRL 欧盟标准)

表 18-14 单种水果蔬菜中处于高度风险的非禁用农药的风险系数表(MRL 欧盟标准)

序号	基质	农药	超标频次	超标率 *P*(%)	风险系数 *R*
1	生菜	氟硅唑	12	63.16	64.26
2	莲雾	吡虫啉	4	50.00	51.10
3	油麦菜	氟硅唑	6	46.15	47.25
4	油麦菜	丙环唑	5	38.46	39.56
5	莲雾	*N*-去甲基啶虫脒	3	37.50	38.60
6	橘	*N*-去甲基啶虫脒	4	36.36	37.46

续表

序号	基质	农药	超标频次	超标率 P(%)	风险系数 R
7	橙	苯噻菌胺	4	33.33	34.43
8	莲雾	啶虫脒	2	25.00	26.10
9	莲雾	多菌灵	2	25.00	26.10
10	莴笋	三唑醇	1	25.00	26.10
11	金橘	咪鲜胺	3	23.08	24.18
12	小白菜	啶虫脒	2	22.22	23.32
13	生菜	丙环唑	4	21.05	22.15
14	火龙果	嘧菌酯	5	16.67	17.77
15	火龙果	多菌灵	5	16.67	17.77
16	金橘	啶虫脒	2	15.38	16.48
17	金橘	甲基硫菌灵	2	15.38	16.48
18	甜椒	丙溴磷	2	15.38	16.48
19	油麦菜	烯唑醇	2	15.38	16.48
20	番石榴	啶虫脒	1	14.29	15.39
21	辣椒	丙溴磷	2	14.29	15.39
22	哈密瓜	噁霜灵	2	12.50	13.60
23	莲雾	吡唑醚菌酯	1	12.50	13.60
24	莲雾	嘧菌酯	1	12.50	13.60
25	莲雾	烯酰吗啉	1	12.50	13.60
26	番茄	*N*-去甲基啶虫脒	3	11.54	12.64
27	苦瓜	*N*-去甲基啶虫脒	1	11.11	12.21
28	苦瓜	噁霜灵	1	11.11	12.21
29	小白菜	唑虫酰胺	1	11.11	12.21
30	葡萄	*N*-去甲基啶虫脒	2	10.53	11.63
31	生菜	唑虫酰胺	2	10.53	11.63
32	猕猴桃	吡虫啉	2	10.00	11.10
33	桃	烯啶虫胺	1	10.00	11.10
34	橘	噻苯咪唑-5-羟基	1	9.09	10.19
35	橘	氟硅唑	1	9.09	10.19
36	龙眼	啶虫脒	1	9.09	10.19
37	龙眼	嘧菌酯	1	9.09	10.19
38	菜豆	多菌灵	2	8.70	9.80
39	金橘	*N*-去甲基啶虫脒	1	7.69	8.79
40	金橘	霜霉威	1	7.69	8.79
41	油麦菜	*N*-去甲基啶虫脒	1	7.69	8.79

续表

序号	基质	农药	超标频次	超标率 P(%)	风险系数 R
42	油麦菜	唑虫酰胺	1	7.69	8.79
43	油麦菜	苯噻菌胺	1	7.69	8.79
44	茄子	噁霜灵	2	7.41	8.51
45	胡萝卜	烯酰吗啉	2	6.90	8.00
46	梨	嘧菌酯	2	6.90	8.00
47	火龙果	噻唑磷	2	6.67	7.77
48	哈密瓜	呋虫胺	1	6.25	7.35
49	哈密瓜	氟唑菌酰胺	1	6.25	7.35
50	芒果	喹硫磷	1	5.88	6.98
51	蒜薹	噻菌灵	1	5.88	6.98
52	葡萄	三唑醇	1	5.26	6.36
53	葡萄	二甲嘧酚	1	5.26	6.36
54	葡萄	己唑醇	1	5.26	6.36
55	葡萄	敌百虫	1	5.26	6.36
56	葡萄	氟唑菌酰胺	1	5.26	6.36
57	葡萄	烯唑醇	1	5.26	6.36
58	葡萄	霜霉威	1	5.26	6.36
59	生菜	吡丙醚	1	5.26	6.36
60	生菜	烯唑醇	1	5.26	6.36
61	生菜	甲咪唑烟酸	1	5.26	6.36
62	猕猴桃	*N*-去甲基啶虫脒	1	5.00	6.10
63	猕猴桃	嘧霉胺	1	5.00	6.10
64	猕猴桃	噻菌灵	1	5.00	6.10
65	猕猴桃	多菌灵	1	5.00	6.10
66	猕猴桃	抑霉唑	1	5.00	6.10
67	猕猴桃	氯吡脲	1	5.00	6.10
68	猕猴桃	甲基硫菌灵	1	5.00	6.10
69	猕猴桃	腈菌唑	1	5.00	6.10
70	萝卜	啶虫脒	1	4.55	5.65
71	萝卜	敌百虫	1	4.55	5.65
72	芹菜	丙环唑	1	4.55	5.65
73	芹菜	乙霉威	1	4.55	5.65
74	芹菜	吡唑醚菌酯	1	4.55	5.65
75	芹菜	异丙威	1	4.55	5.65
76	芹菜	氟唑菌酰胺	1	4.55	5.65

续表

序号	基质	农药	超标频次	超标率 P(%)	风险系数 R
77	菜豆	吡唑醚菌酯	1	4.35	5.45
78	菜豆	烯酰吗啉	1	4.35	5.45
79	柠檬	丙溴磷	1	4.17	5.27
80	柠檬	多菌灵	1	4.17	5.27
81	柠檬	甲基硫菌灵	1	4.17	5.27
82	番茄	氟硅唑	1	3.85	4.95
83	茄子	*N*-去甲基啶虫脒	1	3.70	4.80
84	黄瓜	丙溴磷	1	3.45	4.55
85	黄瓜	呋虫胺	1	3.45	4.55
86	黄瓜	甲氨基阿维菌素	1	3.45	4.55
87	梨	*N*-去甲基啶虫脒	1	3.45	4.55
88	苹果	多菌灵	1	3.45	4.55
89	火龙果	6-苄氨基嘌呤	1	3.33	4.43
90	火龙果	*N*-去甲基啶虫脒	1	3.33	4.43
91	火龙果	啶虫脒	1	3.33	4.43
92	火龙果	烯酰吗啉	1	3.33	4.43
93	火龙果	苯醚甲环唑	1	3.33	4.43

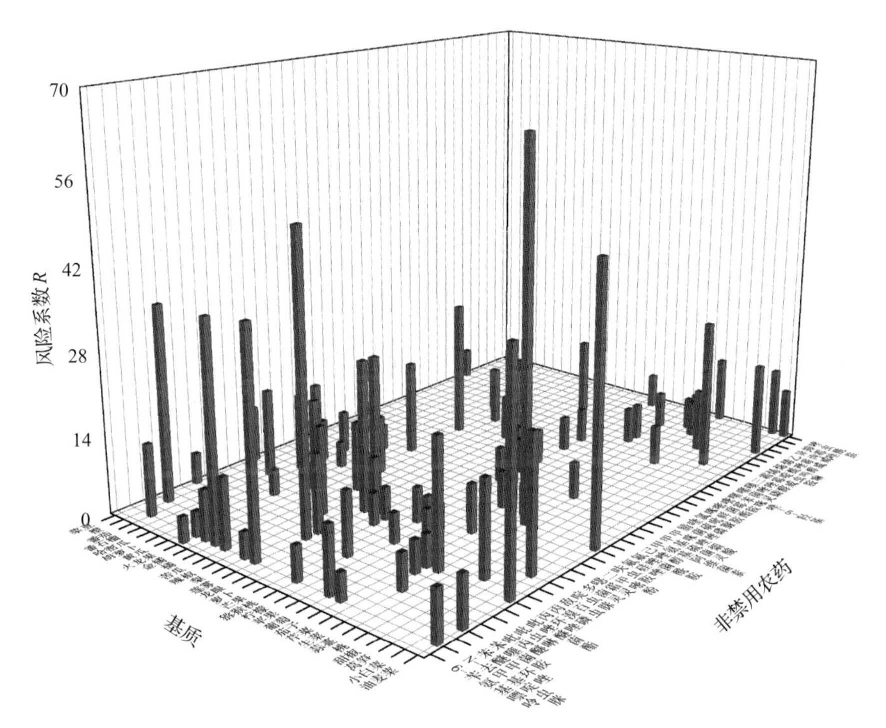

图 18-22　单种水果蔬菜中处于高度风险的非禁用农药的风险系数分布图(MRL 欧盟标准)

18.3.2 所有水果蔬菜中农药残留风险系数分析

18.3.2.1 所有水果蔬菜中禁用农药残留风险系数分析

在侦测出的 82 种农药中有 4 种为禁用农药，计算所有水果蔬菜中禁用农药的风险系数，结果如表 18-15 所示。禁用农药克百威、甲拌磷处于中度风险，剩余 2 种禁用农药处于低度风险。

表 18-15 水果蔬菜中 4 种禁用农药的风险系数表

序号	农药	检出频次	检出率(%)	风险系数 *R*	风险程度
1	克百威	7	0.97	2.07	中度风险
2	甲拌磷	5	0.69	1.79	中度风险
3	氧乐果	2	0.28	1.38	低度风险
4	灭多威	1	0.14	1.24	低度风险

对每个月内的禁用农药的风险系数进行分析，结果如图 18-23 和表 18-16 所示。

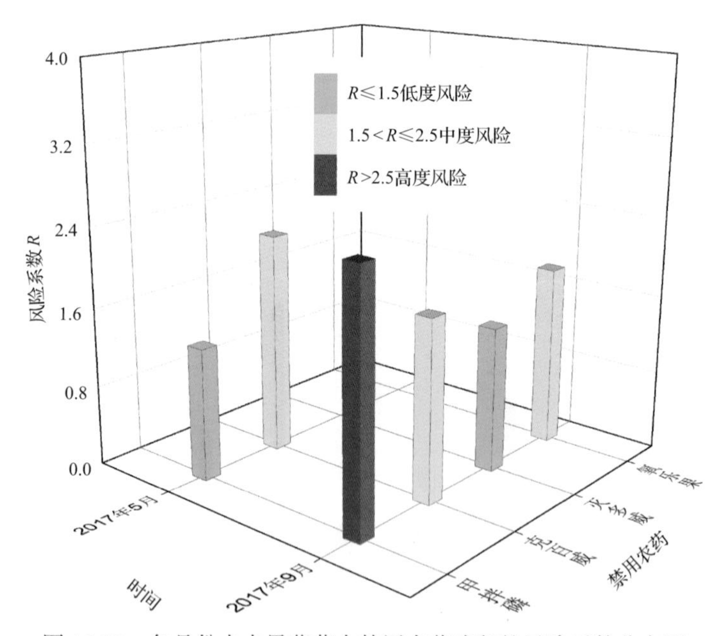

图 18-23 各月份内水果蔬菜中禁用农药残留的风险系数分布图

18.3.2.2 所有水果蔬菜中非禁用农药残留风险系数分析

参照 MRL 欧盟标准计算所有水果蔬菜中每种非禁用农药残留的风险系数，如图 18-24 与表 18-17 所示。在侦测出的 78 种非禁用农药中，3 种农药(3.85%)残留处于高度风险，14 种农药(17.95%)残留处于中度风险，61 种农药(78.20%)残留处于低度风险。

表 18-16　各月份内水果蔬菜中禁用农药的风险系数表

序号	年月	农药	检出频次	检出率(%)	风险系数 R	风险程度
1	2017 年 5 月	克百威	5	1.12%	2.22	中度风险
2	2017 年 5 月	甲拌磷	1	0.22%	1.32	低度风险
3	2017 年 9 月	甲拌磷	4	1.44%	2.54	高度风险
4	2017 年 9 月	克百威	2	0.72%	1.82	中度风险
5	2017 年 9 月	氧乐果	2	0.72%	1.82	中度风险
6	2017 年 9 月	灭多威	1	0.36%	1.46	低度风险

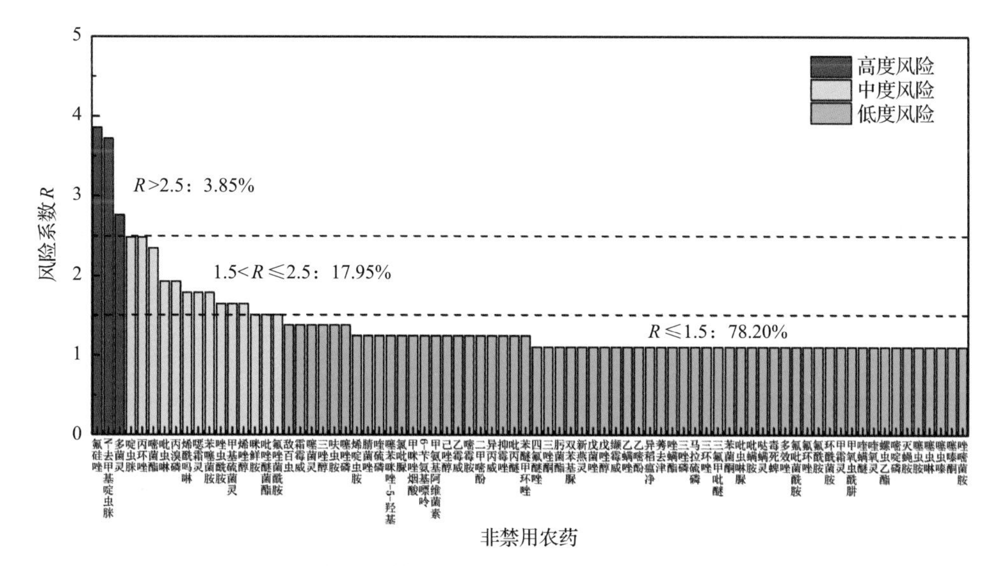

图 18-24　水果蔬菜中 78 种非禁用农药的风险程度统计图

表 18-17　水果蔬菜中 78 种非禁用农药的风险系数表

序号	农药	超标频次	超标率 P(%)	风险系数 R	风险程度
1	氟硅唑	20	2.76	3.86	高度风险
2	*N*-去甲基啶虫脒	19	2.62	3.72	高度风险
3	多菌灵	12	1.66	2.76	高度风险
4	啶虫脒	10	1.38	2.48	中度风险
5	丙环唑	10	1.38	2.48	中度风险
6	嘧菌酯	9	1.24	2.34	中度风险
7	吡虫啉	6	0.83	1.93	中度风险
8	丙溴磷	6	0.83	1.93	中度风险
9	烯酰吗啉	5	0.69	1.79	中度风险
10	噁霜灵	5	0.69	1.79	中度风险
11	苯噻菌胺	5	0.69	1.79	中度风险

续表

序号	农药	超标频次	超标率 P(%)	风险系数 R	风险程度
12	唑虫酰胺	4	0.55	1.65	中度风险
13	甲基硫菌灵	4	0.55	1.65	中度风险
14	烯唑醇	4	0.55	1.65	中度风险
15	咪鲜胺	3	0.41	1.51	中度风险
16	吡唑醚菌酯	3	0.41	1.51	中度风险
17	氟唑菌酰胺	3	0.41	1.51	中度风险
18	敌百虫	2	0.28	1.38	低度风险
19	霜霉威	2	0.28	1.38	低度风险
20	噻菌灵	2	0.28	1.38	低度风险
21	三唑醇	2	0.28	1.38	低度风险
22	呋虫胺	2	0.28	1.38	低度风险
23	噻唑磷	2	0.28	1.38	低度风险
24	烯啶虫胺	1	0.14	1.24	低度风险
25	腈菌唑	1	0.14	1.24	低度风险
26	喹硫磷	1	0.14	1.24	低度风险
27	噻苯咪唑-5-羟基	1	0.14	1.24	低度风险
28	氯吡脲	1	0.14	1.24	低度风险
29	甲咪唑烟酸	1	0.14	1.24	低度风险
30	6-苄氨基嘌呤	1	0.14	1.24	低度风险
31	甲氨基阿维菌素	1	0.14	1.24	低度风险
32	己唑醇	1	0.14	1.24	低度风险
33	乙霉威	1	0.14	1.24	低度风险
34	嘧霉胺	1	0.14	1.24	低度风险
35	二甲嘧酚	1	0.14	1.24	低度风险
36	异丙威	1	0.14	1.24	低度风险
37	抑霉唑	1	0.14	1.24	低度风险
38	吡丙醚	1	0.14	1.24	低度风险
39	苯醚甲环唑	1	0.14	1.24	低度风险
40	四氟醚唑	0	0	1.10	低度风险
41	三唑酮	0	0	1.10	低度风险
42	肟菌酯	0	0	1.10	低度风险
43	双苯基脲	0	0	1.10	低度风险
44	新燕灵	0	0	1.10	低度风险
45	戊菌唑	0	0	1.10	低度风险

续表

序号	农药	超标频次	超标率 P(%)	风险系数 R	风险程度
46	戊唑醇	0	0	1.10	低度风险
47	缬霉威	0	0	1.10	低度风险
48	乙螨唑	0	0	1.10	低度风险
49	乙嘧酚	0	0	1.10	低度风险
50	异稻瘟净	0	0	1.10	低度风险
51	莠去津	0	0	1.10	低度风险
52	唑螨酯	0	0	1.10	低度风险
53	三唑磷	0	0	1.10	低度风险
54	马拉硫磷	0	0	1.10	低度风险
55	三环唑	0	0	1.10	低度风险
56	三氟甲吡醚	0	0	1.10	低度风险
57	苯菌酮	0	0	1.10	低度风险
58	吡虫啉脲	0	0	1.10	低度风险
59	吡螨胺	0	0	1.10	低度风险
60	哒螨灵	0	0	1.10	低度风险
61	毒死蜱	0	0	1.10	低度风险
62	多效唑	0	0	1.10	低度风险
63	氟吡菌酰胺	0	0	1.10	低度风险
64	氟环唑	0	0	1.10	低度风险
65	氟酰胺	0	0	1.10	低度风险
66	环酰菌胺	0	0	1.10	低度风险
67	甲霜灵	0	0	1.10	低度风险
68	甲氧虫酰肼	0	0	1.10	低度风险
69	喹螨醚	0	0	1.10	低度风险
70	喹氧灵	0	0	1.10	低度风险
71	螺虫乙酯	0	0	1.10	低度风险
72	嘧啶磷	0	0	1.10	低度风险
73	灭蝇胺	0	0	1.10	低度风险
74	噻虫胺	0	0	1.10	低度风险
75	噻虫啉	0	0	1.10	低度风险
76	噻虫嗪	0	0	1.10	低度风险
77	噻嗪酮	0	0	1.10	低度风险
78	唑嘧菌胺	0	0	1.10	低度风险

对每个月份内的非禁用农药的风险系数分析，每月内非禁用农药风险程度分布图如图 18-25 所示。2 个月份内处于高度风险的农药数排序为 2017 年 9 月(8)>2017 年 5 月(4)。

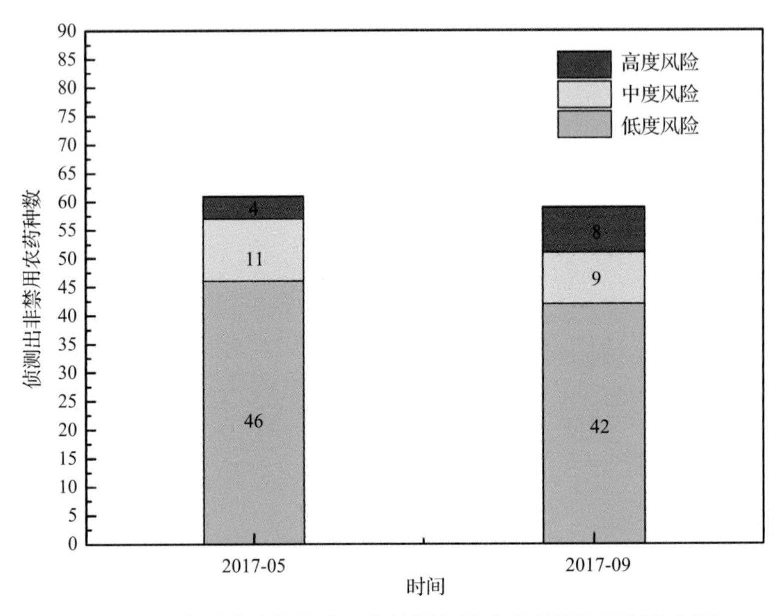

图 18-25　各月份水果蔬菜中非禁用农药残留的风险程度分布图

2 个月份内水果蔬菜中非禁用农药处于中度风险和高度风险的风险系数如图 18-26 和表 18-18 所示。

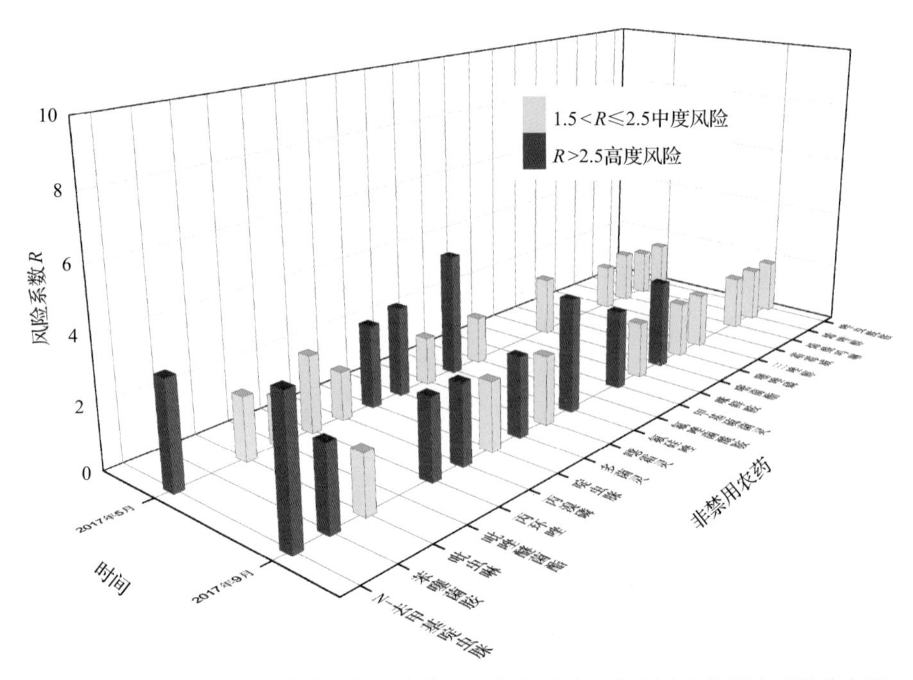

图 18-26　各月份水果蔬菜中非禁用农药处于中度风险和高度风险的风险系数分布图

表 18-18 各月份水果蔬菜中非禁用农药处于中度风险和高度风险的风险系数表

序号	年月	农药	超标频次	超标率 P(%)	风险系数 R	风险程度
1	2017 年 5 月	氟硅唑	13	2.91	4.01	高度风险
2	2017 年 5 月	*N*-去甲基啶虫脒	10	2.24	3.34	高度风险
3	2017 年 5 月	多菌灵	8	1.79	2.89	高度风险
4	2017 年 5 月	啶虫脒	7	1.57	2.67	高度风险
5	2017 年 5 月	丙环唑	6	1.34	2.44	中度风险
6	2017 年 5 月	吡虫啉	4	0.89	1.99	中度风险
7	2017 年 5 月	嘧菌酯	4	0.89	1.99	中度风险
8	2017 年 5 月	烯酰吗啉	3	0.67	1.77	中度风险
9	2017 年 5 月	吡唑醚菌酯	2	0.45	1.55	中度风险
10	2017 年 5 月	丙溴磷	2	0.45	1.55	中度风险
11	2017 年 5 月	噁霜灵	2	0.45	1.55	中度风险
12	2017 年 5 月	氟唑菌酰胺	2	0.45	1.55	中度风险
13	2017 年 5 月	霜霉威	2	0.45	1.55	中度风险
14	2017 年 5 月	烯唑醇	2	0.45	1.55	中度风险
15	2017 年 5 月	唑虫酰胺	2	0.45	1.55	中度风险
16	2017 年 9 月	*N*-去甲基啶虫脒	9	3.25	4.35	高度风险
17	2017 年 9 月	氟硅唑	7	2.53	3.63	高度风险
18	2017 年 9 月	嘧菌酯	5	1.81	2.91	高度风险
19	2017 年 9 月	苯噻菌胺	4	1.44	2.54	高度风险
20	2017 年 9 月	丙环唑	4	1.44	2.54	高度风险
21	2017 年 9 月	丙溴磷	4	1.44	2.54	高度风险
22	2017 年 9 月	多菌灵	4	1.44	2.54	高度风险
23	2017 年 9 月	甲基硫菌灵	4	1.44	2.54	高度风险
24	2017 年 9 月	啶虫脒	3	1.08	2.18	中度风险
25	2017 年 9 月	噁霜灵	3	1.08	2.18	中度风险
26	2017 年 9 月	吡虫啉	2	0.72	1.82	中度风险
27	2017 年 9 月	咪鲜胺	2	0.72	1.82	中度风险
28	2017 年 9 月	噻唑磷	2	0.72	1.82	中度风险
29	2017 年 9 月	三唑醇	2	0.72	1.82	中度风险
30	2017 年 9 月	烯酰吗啉	2	0.72	1.82	中度风险
31	2017 年 9 月	烯唑醇	2	0.72	1.82	中度风险
32	2017 年 9 月	唑虫酰胺	2	0.72	1.82	中度风险

18.4　LC-Q-TOF/MS 侦测海南蔬菜产区市售水果蔬菜农药残留风险评估结论与建议

农药残留是影响水果蔬菜安全和质量的主要因素，也是我国食品安全领域备受关注的敏感话题和亟待解决的重大问题之一[15,16]。各种水果蔬菜均存在不同程度的农药残留现象，本研究主要针对海南蔬菜产区各类水果蔬菜存在的农药残留问题，基于 2017 年 5 月~2017 年 9 月对海南蔬菜产区 724 例水果蔬菜样品中农药残留侦测得出的 1245 个侦测结果，分别采用食品安全指数模型和风险系数模型，开展水果蔬菜中农药残留的膳食暴露风险和预警风险评估。水果蔬菜样品取自超市和农贸市场，符合大众的膳食来源，风险评价时更具有代表性和可信度。

本研究力求通用简单地反映食品安全中的主要问题，且为管理部门和大众容易接受，为政府及相关管理机构建立科学的食品安全信息发布和预警体系提供科学的规律与方法，加强对农药残留的预警和食品安全重大事件的预防，控制食品风险。

18.4.1　海南蔬菜产区水果蔬菜中农药残留膳食暴露风险评价结论

1) 水果蔬菜样品中农药残留安全状态评价结论

采用食品安全指数模型，对 2017 年 5 月~2017 年 9 月期间海南蔬菜产区水果蔬菜食品农药残留膳食暴露风险进行评价，根据 IFS_c 的计算结果发现，水果蔬菜中农药的 $\overline{IFS}$ 为 0.2264，说明海南蔬菜产区水果蔬菜总体处于可以接受的安全状态，但部分禁用农药、高残留农药在蔬菜、水果中仍有侦测出，导致膳食暴露风险的存在，成为不安全因素。

2) 单种水果蔬菜中农药膳食暴露风险不可接受情况评价结论

单种水果蔬菜中农药残留安全指数分析结果显示，农药对单种水果蔬菜安全影响不可接受($IFS_c>1$)的样本数共 3 个，占总样本数的 0.67%，3 个样本分别为辣椒中的氧乐果、芹菜中的甲拌磷和萝卜中的敌百虫，说明辣椒中的氧乐果、芹菜中的甲拌磷和萝卜中的敌百虫会对消费者身体健康造成较大的膳食暴露风险。氧乐果和甲拌磷属于禁用的剧毒农药，且辣椒和芹菜均为较常见的蔬菜，百姓日常食用量较大，长期食用大量残留氧乐果的辣椒和甲拌磷的芹菜会对人体造成不可接受的影响。本次侦测发现氧乐果、甲拌磷和敌百虫分别在辣椒、芹菜和萝卜样品中多次并大量侦测出，是未严格实施农业良好管理规范(GAP)，抑或是农药滥用，这应该引起相关管理部门的警惕，应加强对辣椒中氧乐果、芹菜中甲拌磷和萝卜中敌百虫的严格管控。

3) 禁用农药膳食暴露风险评价

本次侦测发现部分水果蔬菜样品中有禁用农药侦测出，侦测出禁用农药 4 种，检出频次为 15，水果蔬菜样品中的禁用农药 IFS_c 计算结果表明，禁用农药残留膳食暴露风险不可接受的频次为 2，占 13.33%；可以接受的频次为 4，占 26.67%；没有影响的频次为

9，占 60%。对于水果蔬菜样品中所有农药而言，膳食暴露风险不可接受的频次为 3，仅占总体频次的 0.24%。可以看出，禁用农药的膳食暴露风险不可接受的比例远高于总体水平，这在一定程度上说明禁用农药更容易导致严重的膳食暴露风险。此外，膳食暴露风险不可接受的残留禁用农药为氧乐果和甲拌磷，因此，应该加强对禁用农药氧乐果和甲拌磷的管控力度。为何在国家明令禁止禁用农药喷洒的情况下，还能在多种水果蔬菜中多次侦测出禁用农药残留并造成不可接受的膳食暴露风险，这应该引起相关部门的高度警惕，应该在禁止禁用农药喷洒的同时，严格管控禁用农药的生产和售卖，从根本上杜绝安全隐患。

18.4.2 海南蔬菜产区水果蔬菜中农药残留预警风险评价结论

1) 单种水果蔬菜中禁用农药残留的预警风险评价结论

本次侦测过程中，在 10 种水果蔬菜中侦测超出 4 种禁用农药，禁用农药为：甲拌磷、克百威、灭多威和氧乐果，水果蔬菜为：西葫芦、生菜、芹菜、苹果、枇杷、柠檬、辣椒、橘、胡萝卜和橙，水果蔬菜中禁用农药的风险系数分析结果显示，4 种禁用农药在 10 种水果蔬菜中的残留均处于高度风险，说明在单种水果蔬菜中禁用农药的残留会导致较高的预警风险。

2) 单种水果蔬菜中非禁用农药残留的预警风险评价结论

以 MRL 中国国家标准为标准，计算水果蔬菜中非禁用农药风险系数情况下，438 个样本中，2 个处于高度风险(0.46%)，139 个处于低度风险(31.74%)，297 个样本没有 MRL 中国国家标准(67.81%)。以 MRL 欧盟标准为标准，计算水果蔬菜中非禁用农药风险系数情况下，发现有 93 个处于高度风险(21.23%)，345 个处于低度风险(78.77%)。基于两种 MRL 标准，评价的结果差异显著，可以看出 MRL 欧盟标准比中国国家标准更加严格和完善，过于宽松的 MRL 中国国家标准值能否有效保障人体的健康有待研究。

18.4.3 加强海南蔬菜产区水果蔬菜食品安全建议

我国食品安全风险评价体系仍不够健全，相关制度不够完善，多年来，由于农药用药次数多、用药量大或用药间隔时间短，产品残留量大，农药残留所造成的食品安全问题日益严峻，给人体健康带来了直接或间接的危害。据估计，美国与农药有关的癌症患者数约占全国癌症患者总数的 50%，中国更高。同样，农药对其他生物也会形成直接杀伤和慢性危害，植物中的农药可经过食物链逐级传递并不断蓄积，对人和动物构成潜在威胁，并影响生态系统。

基于本次农药残留侦测数据的风险评价结果，提出以下几点建议：

1) 加快食品安全标准制定步伐

我国食品标准中对农药每日允许最大摄入量 ADI 的数据严重缺乏，在本次评价所涉及的 82 种农药中，仅有 81.7%的农药具有 ADI 值，而 18.3%的农药中国尚未规定相应的 ADI 值，亟待完善。

我国食品中农药最大残留限量值的规定严重缺乏，对评估涉及的不同水果蔬菜中不同农药 449 个 MRL 限值进行统计来看，我国仅制定出 152 个标准，我国标准完整率仅为 33.9%，欧盟的完整率达到 100%（表 18-19）。因此，中国更应加快 MRL 标准的制定步伐。

表 18-19　我国国家食品标准农药的 ADI、MRL 值与欧盟标准的数量差异

分类		中国 ADI	MRL 中国国家标准	MRL 欧盟标准
标准限值（个）	有	67	152	449
	无	15	297	0
总数（个）		82	449	449
无标准限值比例（%）		18.3	66.1	0

此外，MRL 中国国家标准限值普遍高于欧盟标准限值，这些标准中共有 83 个高于欧盟。过高的 MRL 值难以保障人体健康，建议继续加强对限值基准和标准的科学研究，将农产品中的危险性减少到尽可能低的水平。

2）加强农药的源头控制和分类监管

在海南蔬菜产区某些水果蔬菜中仍有禁用农药残留，利用 LC-Q-TOF/MS 技术侦测出 4 种禁用农药，检出频次为 15 次，残留禁用农药均存在较大的膳食暴露风险和预警风险。早已列入黑名单的禁用农药在我国并未真正退出，有些药物由于价格便宜、工艺简单，此类高毒农药一直生产和使用。建议在我国采取严格有效的控制措施，从源头控制禁用农药。

对于非禁用农药，在我国作为“田间地头”最典型单位的县级蔬果产地中，农药残留的侦测几乎缺失。建议根据农药的毒性，对高毒、剧毒、中毒农药实现分类管理，减少使用高毒和剧毒高残留农药，进行分类监管。

3）加强残留农药的生物修复及降解新技术

市售果蔬中残留农药的品种多、频次高、禁用农药多次检出这一现状，说明了我国的田间土壤和水体因农药长期、频繁、不合理的使用而遭到严重污染。为此，建议中国相关部门出台相关政策，鼓励高校及科研院所积极开展分子生物学、酶学等研究，加强土壤、水体中残留农药的生物修复及降解新技术研究，切实加大农药监管力度，以控制农药的面源污染问题。

综上所述，在本工作基础上，根据蔬菜残留危害，可进一步针对其成因提出和采取严格管理、大力推广无公害蔬菜种植与生产、健全食品安全控制技术体系、加强蔬菜食品质量侦测体系建设和积极推行蔬菜食品质量追溯制度等相应对策。建立和完善食品安全综合评价指数与风险监测预警系统，对食品安全进行实时、全面的监控与分析，为我国的食品安全科学监管与决策提供新的技术支持，可实现各类检验数据的信息化系统管理，降低食品安全事故的发生。

第 19 章　GC-Q-TOF/MS 侦测海南蔬菜产区 724 例市售水果蔬菜样品农药残留报告

从海南蔬菜产区(澄迈县、三亚市、文昌市、陵水黎族自治县)随机采集了 724 例水果蔬菜样品，使用气相色谱-四极杆飞行时间质谱(GC-Q-TOF/MS)对 507 种农药化学污染物进行示范侦测。

19.1　样品种类、数量与来源

19.1.1　样品采集与检测

为了真实反映百姓餐桌上水果蔬菜中农药残留污染状况，本次所有检测样品均由检验人员于 2017 年 5 月至 9 月期间，从海南蔬菜产区所属 18 个采样点，包括 4 个农贸市场 14 个超市，以随机购买方式采集，总计 30 批 724 例样品，从中检出农药 105 种，1091 频次。采样及监测概况见图 19-1 及表 19-1，样品及采样点明细见表 19-2 及表 19-3(侦测原始数据见附表 1)。

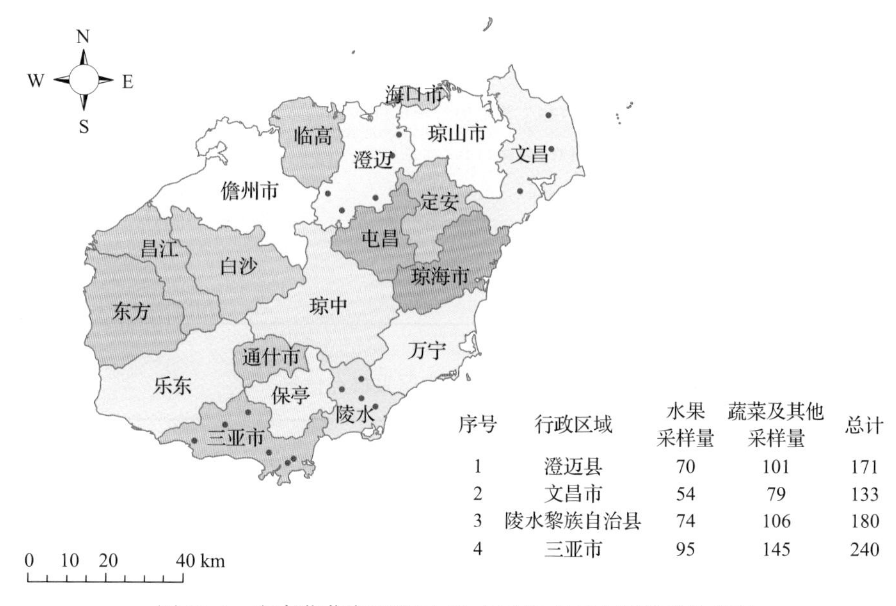

序号	行政区域	水果采样量	蔬菜及其他采样量	总计
1	澄迈县	70	101	171
2	文昌市	54	79	133
3	陵水黎族自治县	74	106	180
4	三亚市	95	145	240

图 19-1　海南蔬菜产区所属 18 个采样点 724 例样品分布图

表 19-1　农药残留监测总体概况

采样地区	海南蔬菜产区
采样点(超市+农贸市场)	18
样本总数	724
检出农药品种/频次	105/1091
各采样点样本农药残留检出率范围	59.2%~83.3%

表 19-2　样品分类及数量

样品分类	样品名称(数量)	数量小计
1. 食用菌		43
1)蘑菇类	香菇(5)，金针菇(20)，杏鲍菇(18)	43
2. 水果		293
1)仁果类水果	苹果(29)，梨(29)，枇杷(6)	64
2)核果类水果	桃(10)，李子(11)	21
3)浆果和其他小型水果	猕猴桃(20)，葡萄(19)	39
4)瓜果类水果	哈密瓜(16)	16
5)热带和亚热带水果	山竹(10)，莲雾(8)，龙眼(11)，芒果(17)，火龙果(30)，番石榴(7)	83
6)柑橘类水果	柚(10)，橘(11)，柠檬(24)，金橘(13)，橙(12)	70
3. 蔬菜		388
1)豆类蔬菜	菜豆(23)	23
2)鳞茎类蔬菜	韭菜(9)，洋葱(23)，蒜薹(17)	49
3)叶菜类蔬菜	芹菜(22)，油麦菜(13)，小白菜(9)，生菜(19)，莴笋(4)	67
4)芸薹属类蔬菜	结球甘蓝(15)，芥蓝(3)，青花菜(16)，紫甘蓝(9)	43
5)瓜类蔬菜	黄瓜(29)，西葫芦(26)，苦瓜(9)，丝瓜(11)	75
6)茄果类蔬菜	番茄(26)，甜椒(13)，辣椒(14)，茄子(27)	80
7)根茎类和薯芋类蔬菜	胡萝卜(29)，萝卜(22)	51
合计	1. 食用菌 3 种 2. 水果 19 种 3. 蔬菜 23 种	724

表 19-3　海南蔬菜产区采样点信息

采样点序号	行政区域	采样点
农贸市场(4)		
1	三亚市天涯区	***市场
2	三亚市天涯区	***市场
3	文昌市	***市场
4	陵水黎族自治县	***市场

续表

采样点序号	行政区域	采样点
超市(14)		
1	三亚市天涯区	***超市(国际购物中心店)
2	三亚市天涯区	***超市(胜利店)
3	三亚市天涯区	***超市(解放四路店)
4	三亚市天涯区	***超市(三亚店)
5	文昌市	***超市(恒兴商业城店)
6	文昌市	***超市(文建店)
7	澄迈县	***超市
8	澄迈县	***超市(澄迈店)
9	澄迈县	***市场
10	澄迈县	***市场
11	澄迈县	***超市
12	陵水黎族自治县	***超市
13	陵水黎族自治县	***超市(陵水店)
14	陵水黎族自治县	***超市(陵水店)

19.1.2 检测结果

这次使用的检测方法是庞国芳院士团队最新研发的不需使用标准品对照，而以高分辨精确质量数(0.0001*m/z*)为基准的 GC-Q-TOF/MS 检测技术，对于 724 例样品，每个样品均侦测了 507 种农药化学污染物的残留现状。通过本次侦测，在 724 例样品中共计检出农药化学污染物 105 种，检出 1091 频次。

19.1.2.1　各采样点样品检出情况

统计分析发现 18 个采样点中，被测样品的农药检出率范围为 59.2%~83.3%。其中，***超市的检出率最高，为 83.3%。***超市(陵水店)的检出率最低，为 59.2%，见图 19-2。

19.1.2.2　检出农药的品种总数与频次

统计分析发现，对于 724 例样品中 507 种农药化学污染物的侦测，共检出农药 1091 频次，涉及农药 105 种，结果如图 19-3 所示。其中毒死蜱检出频次最高，共检出 122 次。检出频次排名前 10 的农药如下：①毒死蜱(122)；②威杀灵(65)；③腐霉利(52)；④烯丙菊酯(48)；⑤戊唑醇(47)；⑥联苯(42)；⑦联苯菊酯(42)；⑧仲丁威(39)；⑨嘧霉胺(38)；⑩氟硅唑(36)。

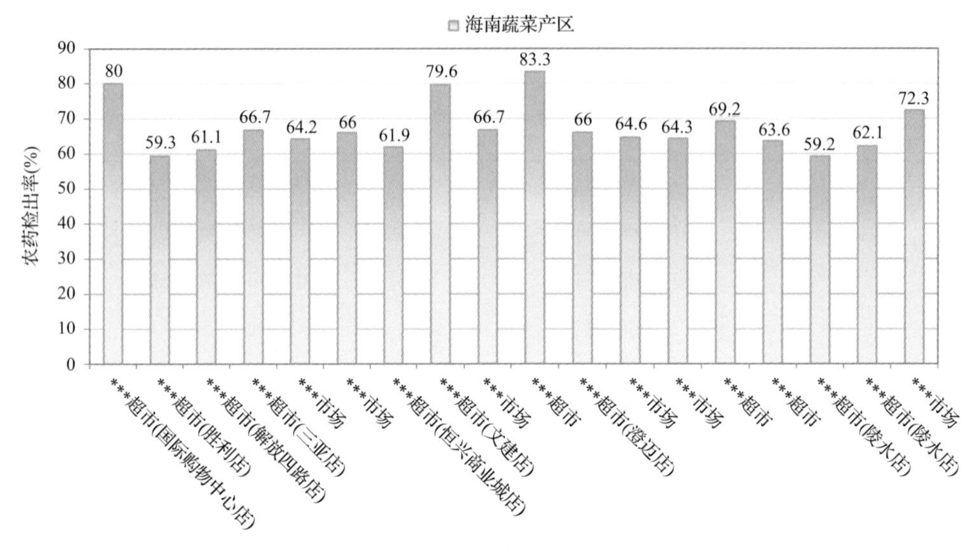

图 19-2　各采样点样品中的农药检出率

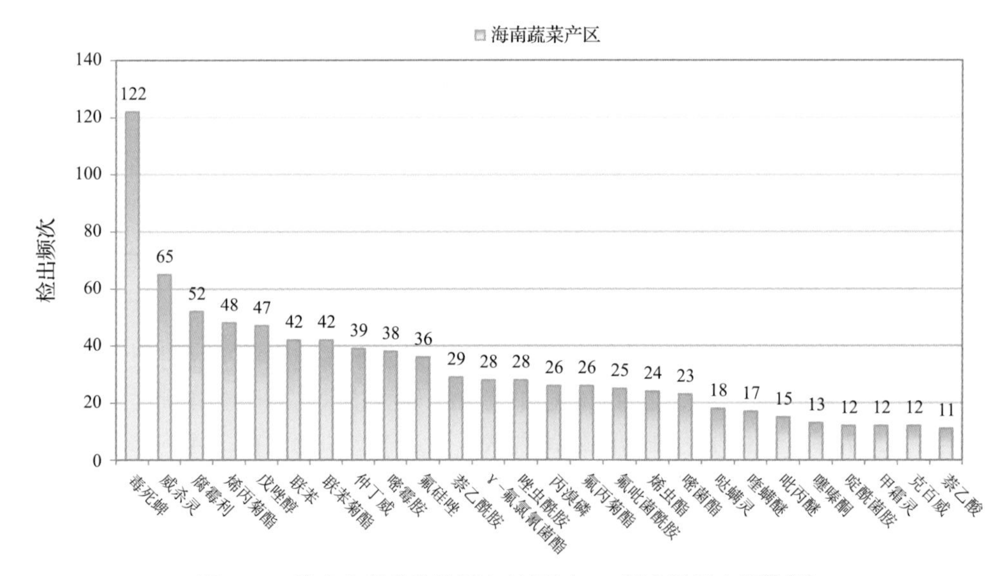

图 19-3　检出农药品种及频次(仅列出 11 频次及以上的数据)

由图 19-4 可见，葡萄、芹菜和番茄这 3 种果蔬样品中检出的农药品种数较高，均超过 20 种，其中，葡萄检出农药品种最多，为 34 种。由图 19-5 可见，葡萄、芹菜和胡萝卜这 3 种果蔬样品中的农药检出频次较高，均超过 70 次，其中，葡萄检出农药频次最高，为 79 次。

19.1.2.3　单例样品农药检出种类与占比

对单例样品检出农药种类和频次进行统计发现，未检出农药的样品占总样品数的 33.3%，检出 1 种农药的样品占总样品数的 26.9%，检出 2~5 种农药的样品占总样品数的 37.2%，检出 6~10 种农药的样品占总样品数的 2.5%，检出大于 10 种农药的样品占总样品数的 0.1%。每例样品中平均检出农药为 1.5 种，数据见表 19-4 及图 19-6。

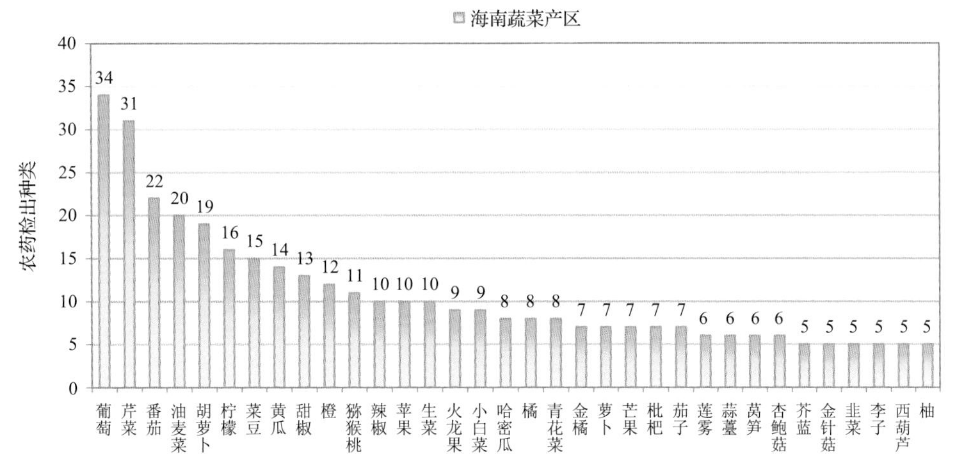

图 19-4　单种水果蔬菜检出农药的种类数(仅列出检出农药 5 种及以上的数据)

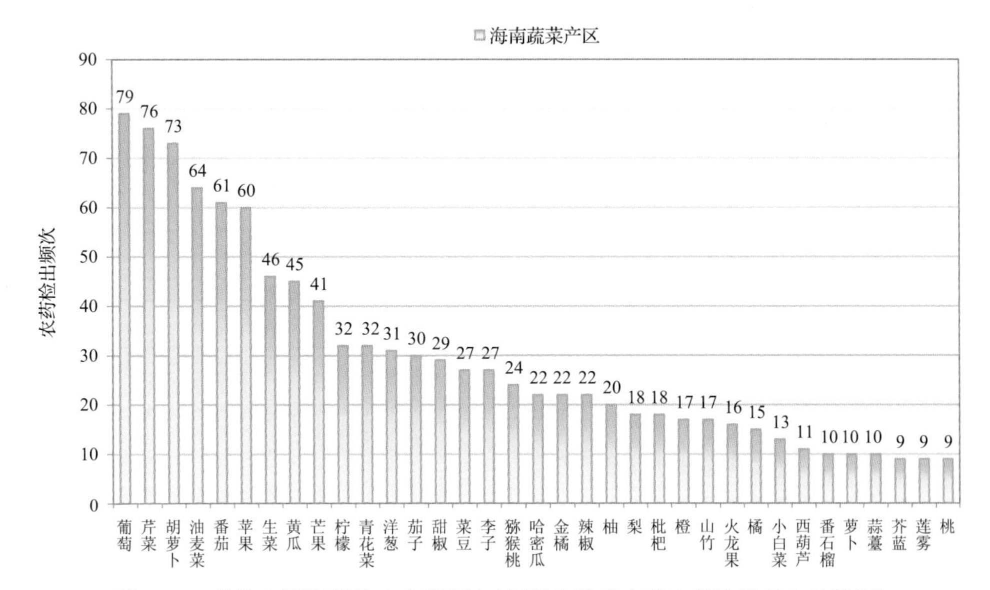

图 19-5　单种水果蔬菜检出农药频次(仅列出检出农药 9 频次及以上的数据)

表 19-4　单例样品检出农药品种占比

检出农药品种数	样品数量/占比(%)
未检出	241/33.3
1 种	195/26.9
2~5 种	269/37.2
6~10 种	18/2.5
大于 10 种	1/0.1
单例样品平均检出农药品种	1.5 种

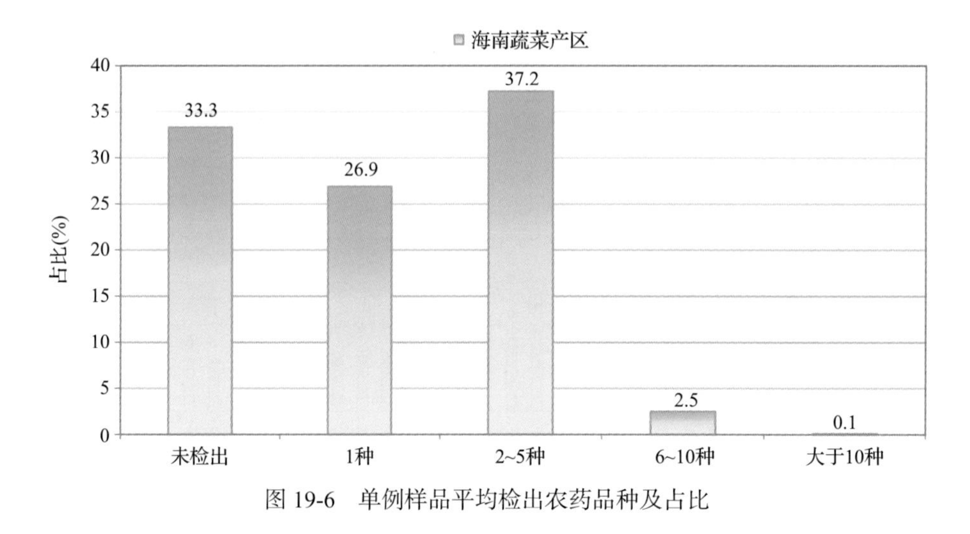

图 19-6　单例样品平均检出农药品种及占比

19.1.2.4　检出农药类别与占比

所有检出农药按功能分类，包括杀虫剂、杀菌剂、除草剂、植物生长调节剂、增效剂共 5 类。其中杀虫剂与杀菌剂为主要检出的农药类别，分别占总数的 46.7%和 37.1%，见表 19-5 及图 19-7。

表 19-5　检出农药所属类别及占比

农药类别	数量/占比(%)
杀虫剂	49/46.7
杀菌剂	39/37.1
除草剂	13/12.4
植物生长调节剂	3/2.9
增效剂	1/1.0

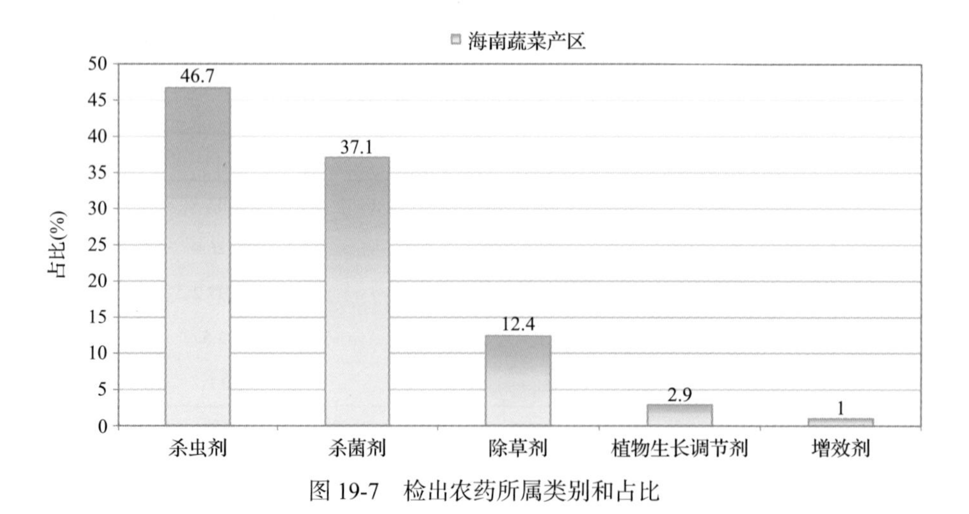

图 19-7　检出农药所属类别和占比

19.1.2.5　检出农药的残留水平

按检出农药残留水平进行统计，残留水平在 1~5 μg/kg(含)的农药占总数的 18.1%，在 5~10 μg/kg(含)的农药占总数的 12.6%，在 10~100 μg/kg(含)的农药占总数的 52.6%，在 100~1000 μg/kg(含)的农药占总数的 14.4%，在>1000 μg/kg 的农药占总数的 2.3%。

由此可见，这次检测的 30 批 724 例水果蔬菜样品中农药多数处于中高残留水平。结果见表 19-6 及图 19-8，数据见附表 2。

表 19-6　农药残留水平及占比

残留水平(μg/kg)	检出频次数/占比(%)
1~5(含)	197/18.1
5~10(含)	138/12.6
10~100(含)	574/52.6
100~1000(含)	157/14.4
>1000	25/2.3

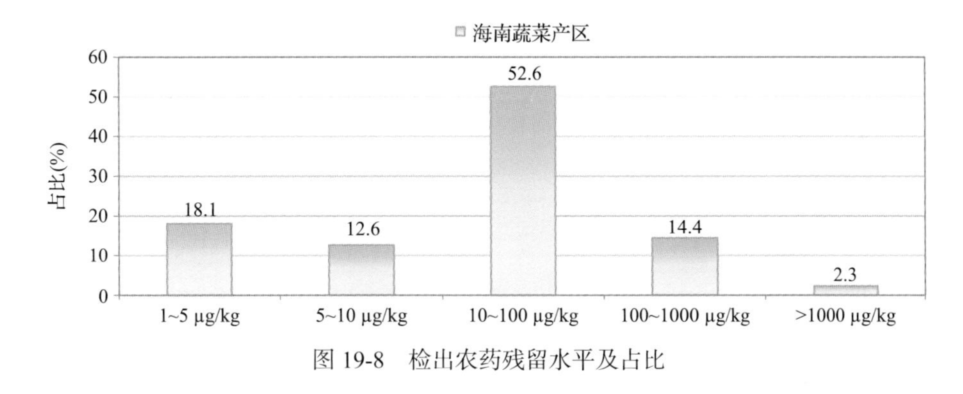

图 19-8　检出农药残留水平及占比

19.1.2.6　检出农药的毒性类别、检出频次和超标频次及占比

对这次检出的 105 种 1091 频次的农药，按剧毒、高毒、中毒、低毒和微毒这五个毒性类别进行分类，从中可以看出，海南蔬菜产区目前普遍使用的农药为中低微毒农药，品种占 93.3%，频次占 97.7%。结果见表 19-7 及图 19-9。

表 19-7　检出农药毒性类别及占比

毒性分类	农药品种/占比(%)	检出频次/占比(%)	超标频次/超标率(%)
剧毒农药	1/1.0	2/0.2	2/100.0
高毒农药	6/5.7	23/2.1	3/13.0
中毒农药	41/39.0	568/52.1	1/0.2
低毒农药	36/34.3	282/25.8	0/0.0
微毒农药	21/20.0	216/19.8	0/0.0

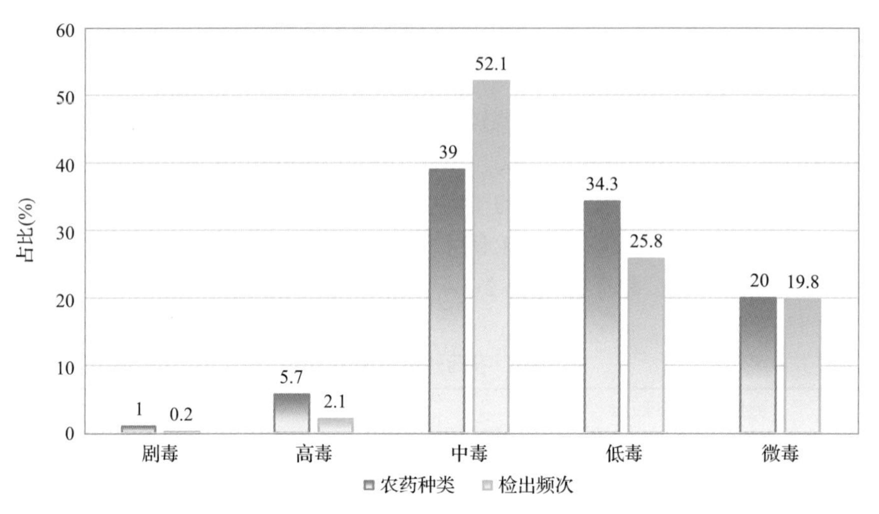

图 19-9　检出农药的毒性分类和占比

19.1.2.7　检出剧毒/高毒类农药的品种和频次

值得特别关注的是，在此次侦测的 724 例样品中有 4 种蔬菜 7 种水果的 24 例样品检出了 7 种 25 频次的剧毒和高毒农药，占样品总量的 3.3%，详见图 19-10、表 19-8 及表 19-9。

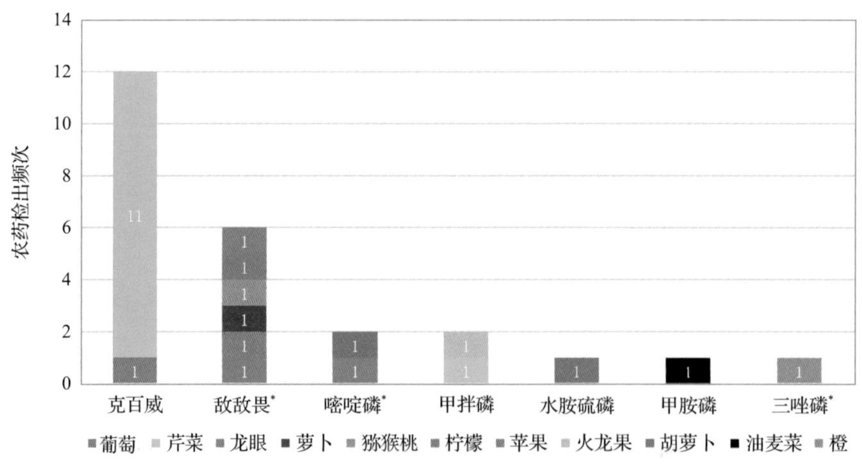

图 19-10　检出剧毒/高毒农药的样品情况

*表示允许在水果和蔬菜上使用的农药

表 19-8　剧毒农药检出情况

序号	农药名称	检出频次	超标频次	超标率
从 1 种水果中检出 1 种剧毒农药，共计检出 1 次				
1	甲拌磷*	1	1	100.0%
	小计	1	1	超标率：100.0%

续表

序号	农药名称	检出频次	超标频次	超标率
从 1 种蔬菜中检出 1 种剧毒农药，共计检出 1 次				
1	甲拌磷*	1	1	100.0%
	小计	1	1	超标率：100.0%
	合计	2	2	超标率：100.0%

表 19-9　高毒农药检出情况

序号	农药名称	检出频次	超标频次	超标率
从 6 种水果中检出 4 种高毒农药，共计检出 8 次				
1	敌敌畏	5	0	0.0%
2	克百威	1	0	0.0%
3	嘧啶磷	1	0	0.0%
4	三唑磷	1	0	0.0%
	小计	8	0	超标率：0.0%
从 4 种蔬菜中检出 5 种高毒农药，共计检出 15 次				
1	克百威	11	3	27.3%
2	敌敌畏	1	0	0.0%
3	甲胺磷	1	0	0.0%
4	嘧啶磷	1	0	0.0%
5	水胺硫磷	1	0	0.0%
	小计	15	3	超标率：20.0%
	合计	23	3	超标率：13.0%

在检出的剧毒和高毒农药中，有 4 种是我国早已禁止在果树和蔬菜上使用的，分别是：克百威、甲拌磷、甲胺磷和水胺硫磷。禁用农药的检出情况见表 19-10。

表 19-10　禁用农药检出情况

序号	农药名称	检出频次	超标频次	超标率
从 3 种水果中检出 4 种禁用农药，共计检出 6 次				
1	硫丹	3	0	0.0%
2	甲拌磷*	1	1	100.0%
3	克百威	1	0	0.0%
4	氰戊菊酯	1	1	100.0%
	小计	6	2	超标率：33.3%

续表

序号	农药名称	检出频次	超标频次	超标率
从 4 种蔬菜中检出 6 种禁用农药，共计检出 17 次				
1	克百威	11	3	27.3%
2	硫丹	2	0	0.0%
3	除草醚	1	0	0.0%
4	甲胺磷	1	0	0.0%
5	甲拌磷*	1	1	100.0%
6	水胺硫磷	1	0	0.0%
小计		17	4	超标率：23.5%
合计		23	6	超标率：26.1%

注：超标结果参考 MRL 中国国家标准计算

此次抽检的果蔬样品中，有 1 种水果 1 种蔬菜检出了剧毒农药，分别是：火龙果中检出甲拌磷 1 次；芹菜中检出甲拌磷 1 次。

样品中检出剧毒和高毒农药残留水平超过 MRL 中国国家标准的频次为 5 次，其中：火龙果检出甲拌磷超标 1 次；芹菜检出克百威超标 3 次，检出甲拌磷超标 1 次。本次检出结果表明，高毒、剧毒农药的使用现象依旧存在，详见表 19-11。

表 19-11 各样本中检出剧毒/高毒农药情况

样品名称	农药名称	检出频次	超标频次	检出浓度(μg/kg)
水果 7 种				
柠檬	敌敌畏	1	0	33.1
橙	三唑磷	1	0	11.0
火龙果	甲拌磷*▲	1	1	11.9[a]
猕猴桃	敌敌畏	1	0	20.4
苹果	敌敌畏	1	0	120.0
葡萄	克百威▲	1	0	7.8
葡萄	嘧啶磷	1	0	19.0
葡萄	敌敌畏	1	0	23.5
龙眼	敌敌畏	1	0	6.3
小计		9	1	超标率：11.1%
蔬菜 4 种				
油麦菜	甲胺磷▲	1	0	7.1
胡萝卜	嘧啶磷	1	0	2.5
胡萝卜	水胺硫磷▲	1	0	49.1
芹菜	克百威▲	11	3	13.5, 19.9, 14.5, 1.8, 2.4, 32.4[a], 23.2[a], 9.0, 1.5, 37.5[a], 16.6
芹菜	甲拌磷*▲	1	1	99.6[a]
萝卜	敌敌畏	1	0	14.3
小计		16	4	超标率：25.0%
合计		25	5	超标率：20.0%

19.2　农药残留检出水平与最大残留限量标准对比分析

我国于 2014 年 3 月 20 日正式颁布并于 2014 年 8 月 1 日正式实施食品农药残留限量国家标准《食品中农药最大残留限量》(GB 2763—2014)。该标准包括 371 个农药条目，涉及最大残留限量(MRL)标准 3653 项。将 1091 频次检出农药的浓度水平与 3653 项 MRL 中国国家标准进行核对，其中只有 264 频次的农药找到了对应的 MRL 标准，占 24.2%，还有 827 频次的侦测数据则无相关 MRL 标准供参考，占 75.8%。

将此次侦测结果与国际上现行 MRL 标准对比发现，在 1091 频次的检出结果中有 1091 频次的结果找到了对应的 MRL 欧盟标准，占 100.0%，其中，798 频次的结果有明确对应的 MRL 标准，占 73.1%，其余 293 频次按照欧盟一律标准判定，占 26.9%；有 1091 频次的结果找到了对应的 MRL 日本标准，占 100.0%，其中，570 频次的结果有明确对应的 MRL 标准，占 52.2%，其余 521 频次按照日本一律标准判定，占 47.8%；有 382 频次的结果找到了对应的 MRL 中国香港标准，占 35.0%；有 356 频次的结果找到了对应的 MRL 美国标准，占 32.6%；有 249 频次的结果找到了对应的 MRL CAC 标准，占 22.8%(见图 19-11 和图 19-12，数据见附表 3 至附表 8)。

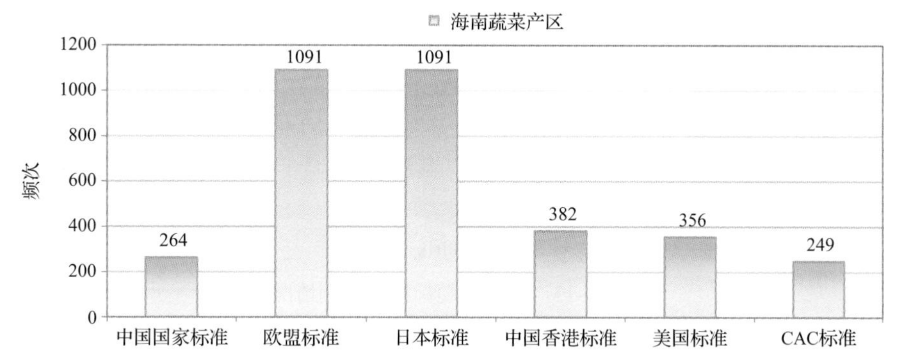

图 19-11　1091 频次检出农药可用 MRL 中国国家标准、欧盟标准、日本标准、中国香港标准、美国标准、CAC 标准判定衡量的数量

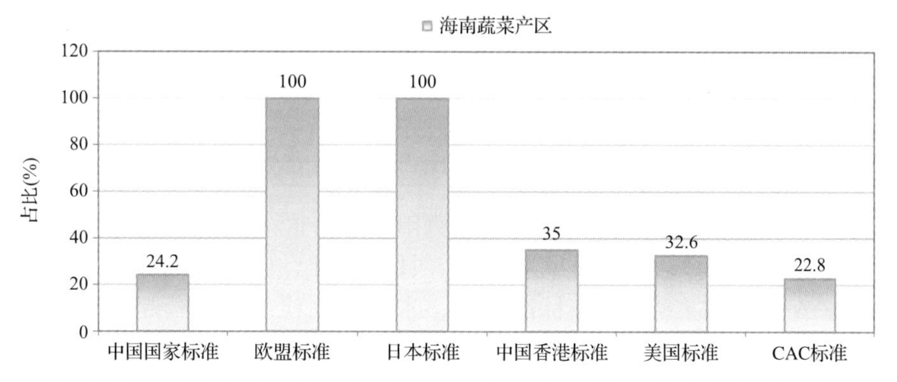

图 19-12　1091 频次检出农药可用 MRL 中国国家标准、欧盟标准、日本标准、中国香港标准、美国标准、CAC 标准衡量的占比

19.2.1　超标农药样品分析

本次侦测的 724 例样品中，241 例样品未检出任何残留农药，占样品总量的 33.3%，483 例样品检出不同水平、不同种类的残留农药，占样品总量的 66.7%。在此，我们将本次侦测的农残检出情况与 MRL 中国国家标准、欧盟标准、日本标准、中国香港标准、美国标准和 CAC 标准这 6 大国际主流 MRL 标准进行对比分析，样品农残检出与超标情况见图 19-13、表 19-12 和图 19-14，详细数据见附表 9 至附表 14。

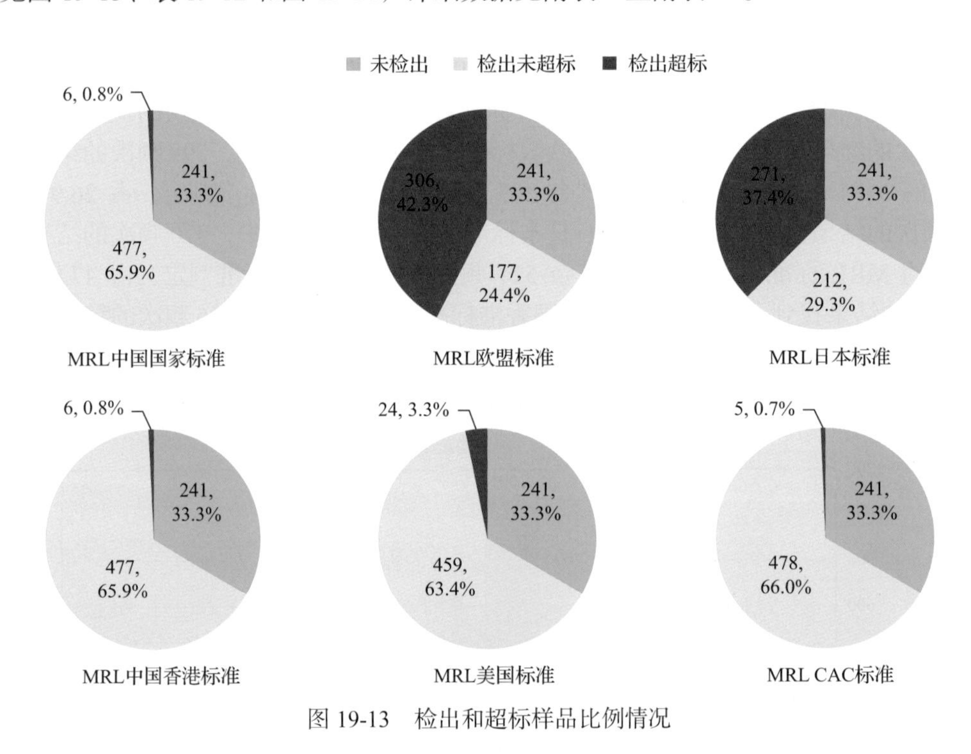

图 19-13　检出和超标样品比例情况

表 19-12　各 MRL 标准下样本农残检出与超标数量及占比

	中国国家标准 数量/占比(%)	欧盟标准 数量/占比(%)	日本标准 数量/占比(%)	中国香港标准 数量/占比(%)	美国标准 数量/占比(%)	CAC 标准 数量/占比(%)
未检出	241/33.3	241/33.3	241/33.3	241/33.3	241/33.3	241/33.3
检出未超标	477/65.9	177/24.4	212/29.3	477/65.9	459/63.4	478/66.0
检出超标	6/0.8	306/42.3	271/37.4	6/0.8	24/3.3	5/0.7

19.2.2　超标农药种类分析

按照 MRL 中国国家标准、欧盟标准、日本标准、中国香港标准、美国标准和 CAC 标准这 6 大国际主流 MRL 标准衡量，本次侦测检出的农药超标品种及频次情况见表 19-13。

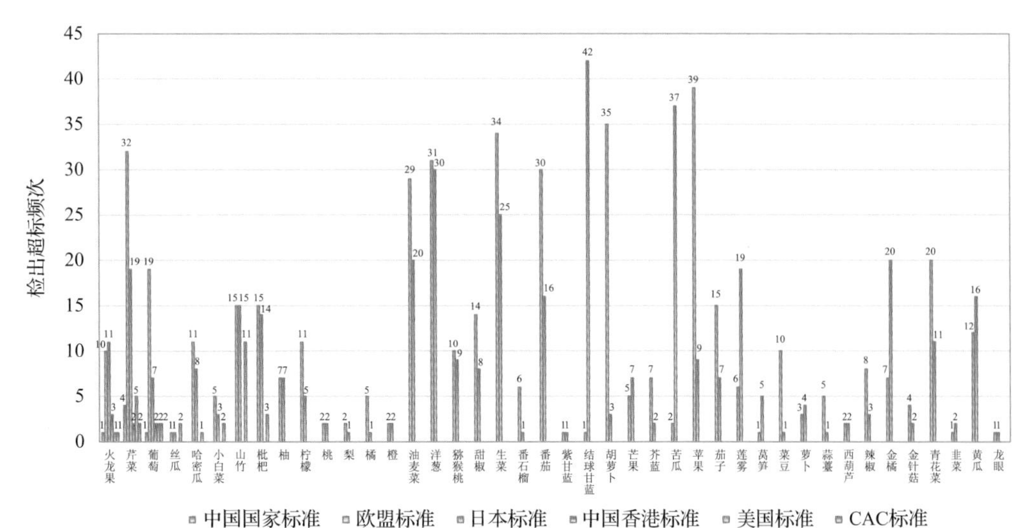

图 19-14　超过 MRL 中国国家标准、欧盟标准、日本标准、中国香港标准、美国标准和 CAC 标准结果在水果蔬菜中的分布

表 19-13　各 MRL 标准下超标农药品种及频次

	中国国家标准	欧盟标准	日本标准	中国香港标准	美国标准	CAC 标准
超标农药品种	3	64	57	4	5	3
超标农药频次	6	476	400	7	27	5

19.2.2.1　按 MRL 中国国家标准衡量

按 MRL 中国国家标准衡量，共有 3 种农药超标，检出 6 频次，分别为剧毒农药甲拌磷，高毒农药克百威，中毒农药氰戊菊酯。

按超标程度比较，芹菜中甲拌磷超标 9.0 倍，芹菜中克百威超标 0.9 倍，火龙果中甲拌磷超标 0.2 倍，葡萄中氰戊菊酯超标 0.2 倍。检测结果见图 19-15 和附表 15。

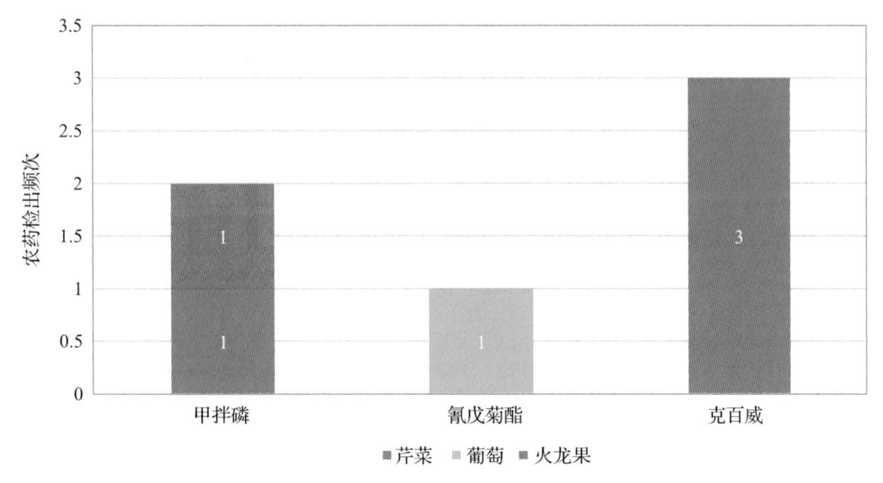

图 19-15　超过 MRL 中国国家标准农药品种及频次

19.2.2.2　按 MRL 欧盟标准衡量

按 MRL 欧盟标准衡量，共有 64 种农药超标，检出 476 频次，分别为剧毒农药甲拌磷，高毒农药嘧啶磷、克百威、三唑磷、水胺硫磷和敌敌畏，中毒农药除虫菊素 I 、仲丁威、毒死蜱、烯唑醇、硫丹、甲萘威、喹螨醚、甲氰菊酯、除草醚、炔丙菊酯、三唑醇、γ-氟氯氰菌酯、虫螨腈、乙硫磷、高效氯氟氰菊酯、噁霜灵、唑虫酰胺、丙硫克百威、氟硅唑、二甲戊灵、哒螨灵、丙溴磷、喹硫磷、异丙威和烯丙菊酯，低毒农药嘧霉胺、氟吡菌酰胺、螺螨酯、己唑醇、烯虫炔酯、戊草丹、噻菌灵、丙硫磷、胺菊酯、新燕灵、氟唑菌酰胺、甲醚菊酯、威杀灵、联苯、杀螨酯、萘乙酸、噻嗪酮、炔螨特、3,5-二氯苯胺、五氯苯胺和丁草胺，微毒农药萘乙酰胺、乙霉威、氟丙菊酯、腐霉利、溴丁酰草胺、嘧菌酯、五氯硝基苯、拌种咯、啶氧菌酯、吡丙醚、醚菌酯和烯虫酯。

按超标程度比较，油麦菜中唑虫酰胺超标 746.4 倍，生菜中唑虫酰胺超标 180.4 倍，山竹中烯丙菊酯超标 177.8 倍，油麦菜中 γ-氟氯氰菌酯超标 154.1 倍，火龙果中 γ-氟氯氰菌酯超标 149.6 倍。检测结果见图 19-16 和附表 16。

19.2.2.3　按 MRL 日本标准衡量

按 MRL 日本标准衡量，共有 57 种农药超标，检出 400 频次，分别为剧毒农药甲拌磷，高毒农药嘧啶磷、三唑磷、水胺硫磷和敌敌畏，中毒农药联苯菊酯、除虫菊素 I 、戊唑醇、毒死蜱、烯唑醇、三唑醇、炔丙菊酯、γ-氟氯氰菌酯、除草醚、喹螨醚、虫螨腈、唑虫酰胺、高效氯氟氰菊酯、双甲脒、丙硫克百威、氟硅唑、二甲戊灵、哒螨灵、异丙威、丙溴磷、喹硫磷和烯丙菊酯，低毒农药嘧霉胺、氟吡菌酰胺、螺螨酯、戊草丹、烯虫炔酯、噻菌灵、胺菊酯、新燕灵、甲醚菊酯、威杀灵、联苯、杀螨酯、噻嗪酮、丁草胺、萘乙酸、3,5-二氯苯胺和五氯苯胺，微毒农药萘乙酰胺、缬霉威、溴丁酰草胺、

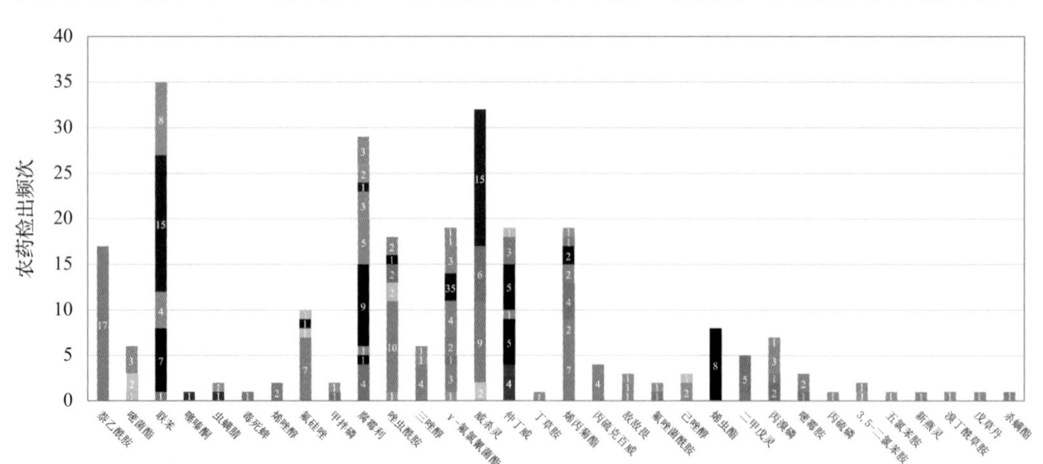

图 19-16-1　超过 MRL 欧盟标准农药品种及频次

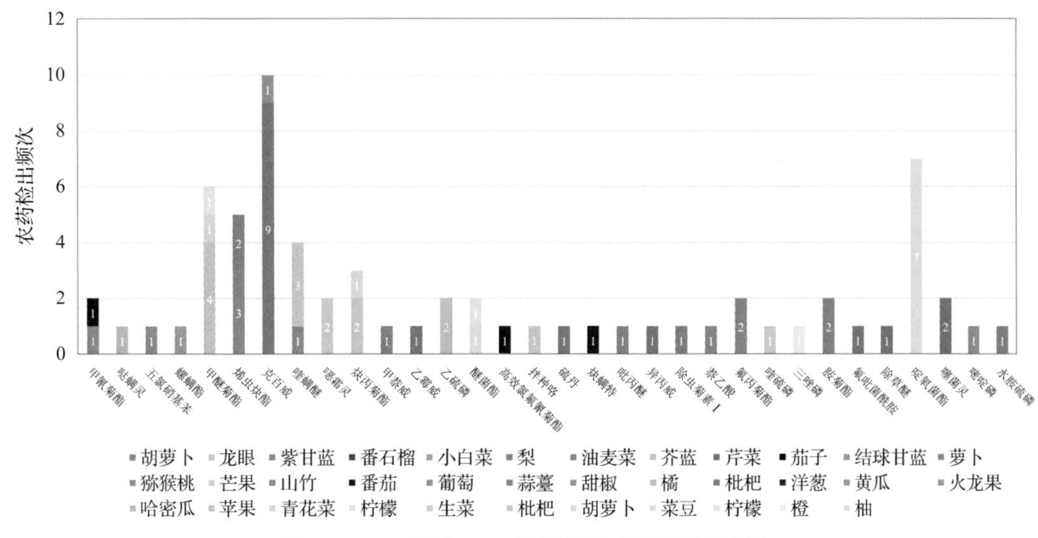

图 19-16-2　超过 MRL 欧盟标准农药品种及频次

腐霉利、嘧菌酯、五氯硝基苯、拌种咯、啶氧菌酯、百菌清、啶酰菌胺、吡丙醚、醚菌酯和烯虫酯。

按超标程度比较，山竹中烯丙菊酯超标 177.8 倍，油麦菜中 γ-氟氯氰菌酯超标 154.1 倍，火龙果中 γ-氟氯氰菌酯超标 149.6 倍，菜豆中百菌清超标 149.4 倍，火龙果中嘧菌酯超标 133.9 倍。检测结果见图 19-17 和附表 17。

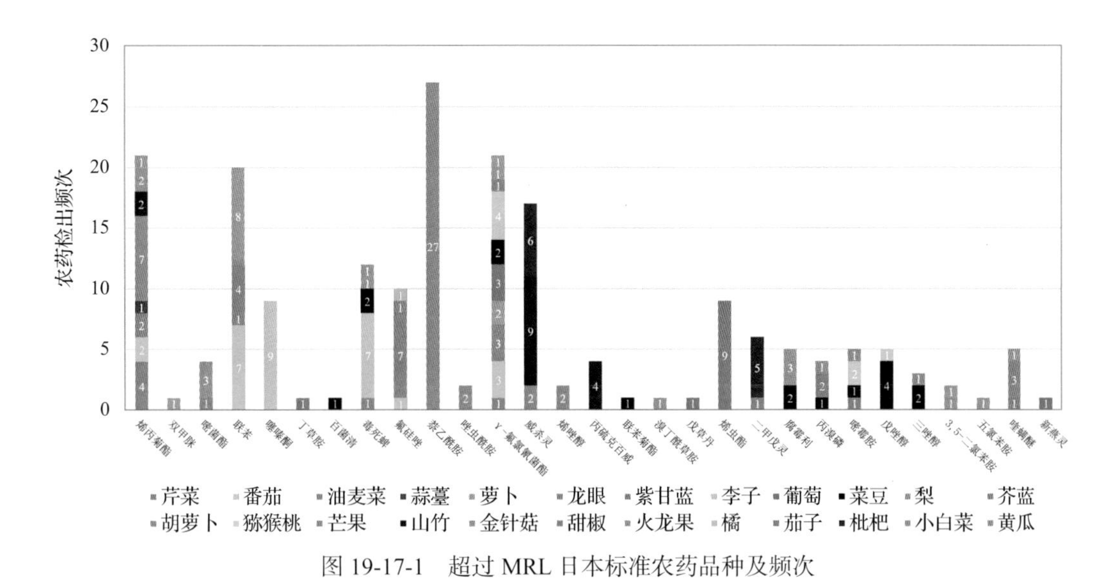

图 19-17-1　超过 MRL 日本标准农药品种及频次

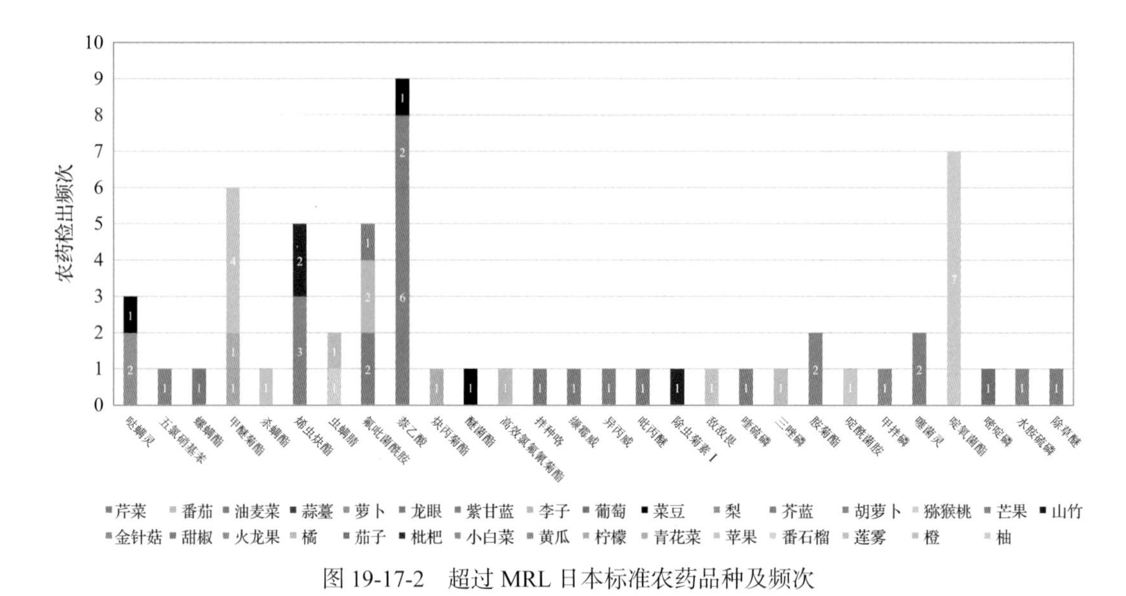

图 19-17-2　超过 MRL 日本标准农药品种及频次

19.2.2.4　按 MRL 中国香港标准衡量

按 MRL 中国香港标准衡量，共有 4 种农药超标，检出 7 频次，分别为中毒农药毒死蜱和丙溴磷，低毒农药螺螨酯，微毒农药嘧菌酯。

按超标程度比较，菜豆中毒死蜱超标 4.5 倍，甜椒中螺螨酯超标 1.5 倍，甜椒中丙溴磷超标 1.4 倍，芒果中嘧菌酯超标 0.2 倍。检测结果见图 19-18 和附表 18。

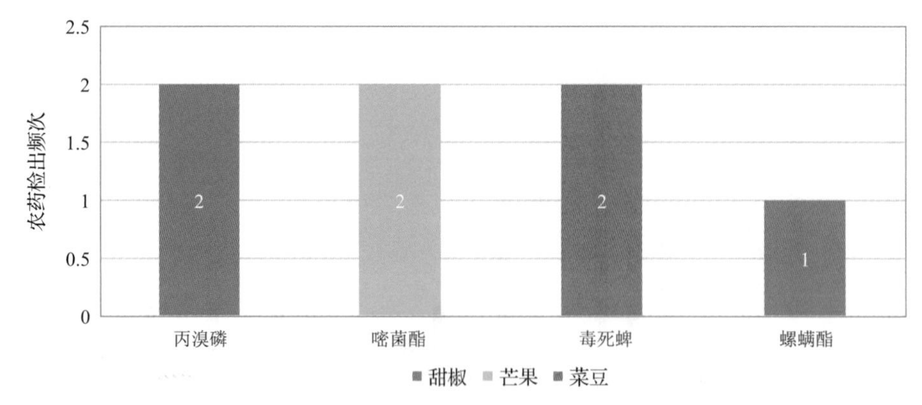

图 19-18　超过 MRL 中国香港标准农药品种及频次

19.2.2.5　按 MRL 美国标准衡量

按 MRL 美国标准衡量，共有 5 种农药超标，检出 27 频次，分别为中毒农药戊唑醇、毒死蜱、γ-氟氯氰菌酯、高效氯氟氰菊酯和二甲戊灵。

按超标程度比较，枇杷中二甲戊灵超标 41.8 倍，梨中毒死蜱超标 9.1 倍，葡萄中毒死蜱超标 6.0 倍，苹果中毒死蜱超标 2.5 倍，苹果中 γ-氟氯氰菌酯超标 2.5 倍。检测结果见图 19-19 和附表 19。

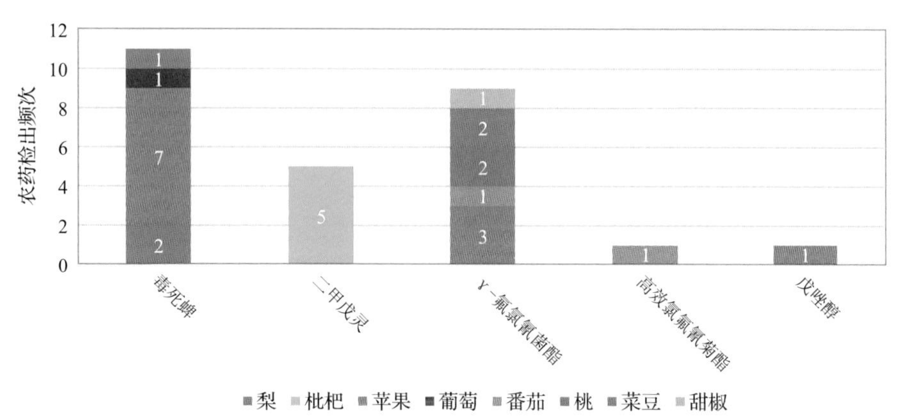

图 19-19 超过 MRL 美国标准农药品种及频次

19.2.2.6 按 MRL CAC 标准衡量

按 MRL CAC 标准衡量，共有 3 种农药超标，检出 5 频次，分别为中毒农药毒死蜱，低毒农药螺螨酯，微毒农药嘧菌酯。

按超标程度比较，菜豆中毒死蜱超标 4.5 倍，甜椒中螺螨酯超标 1.5 倍，芒果中嘧菌酯超标 0.2 倍。检测结果见图 19-20 和附表 20。

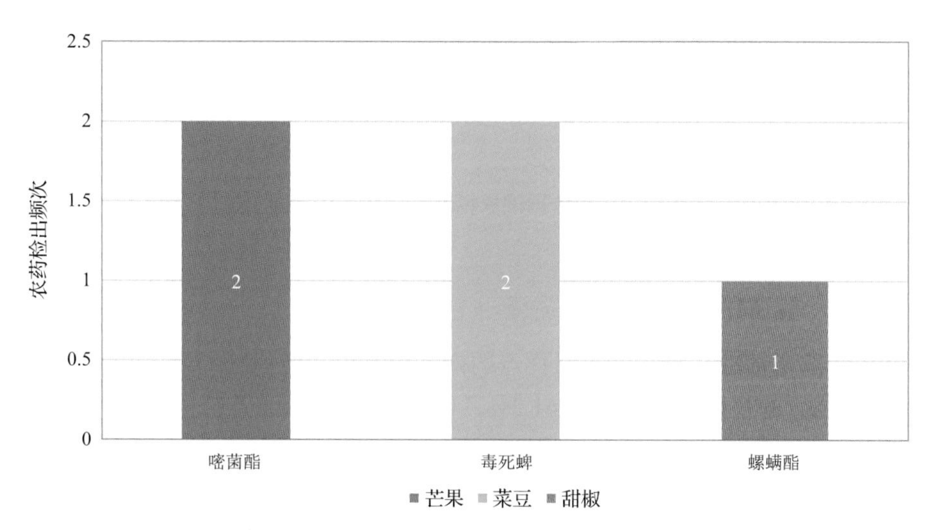

图 19-20 超过 MRL CAC 标准农药品种及频次

19.2.3 18 个采样点超标情况分析

19.2.3.1 按 MRL 中国国家标准衡量

按 MRL 中国国家标准衡量，有 5 个采样点的样品存在不同程度的超标农药检出，

其中***超市(解放四路店)的超标率最高，为 5.6%，如表 19-14 和图 19-21 所示。

表 19-14　超过 MRL 中国国家标准水果蔬菜在不同采样点分布

序号	采样点	样品总数	超标数量	超标率(%)	行政区域
1	***市场	53	1	1.9	三亚市天涯区
2	***市场	47	2	4.3	三亚市天涯区
3	***超市	26	1	3.8	澄迈县
4	***超市(国际购物中心店)	20	1	5.0	三亚市天涯区
5	***超市(解放四路店)	18	1	5.6	三亚市天涯区

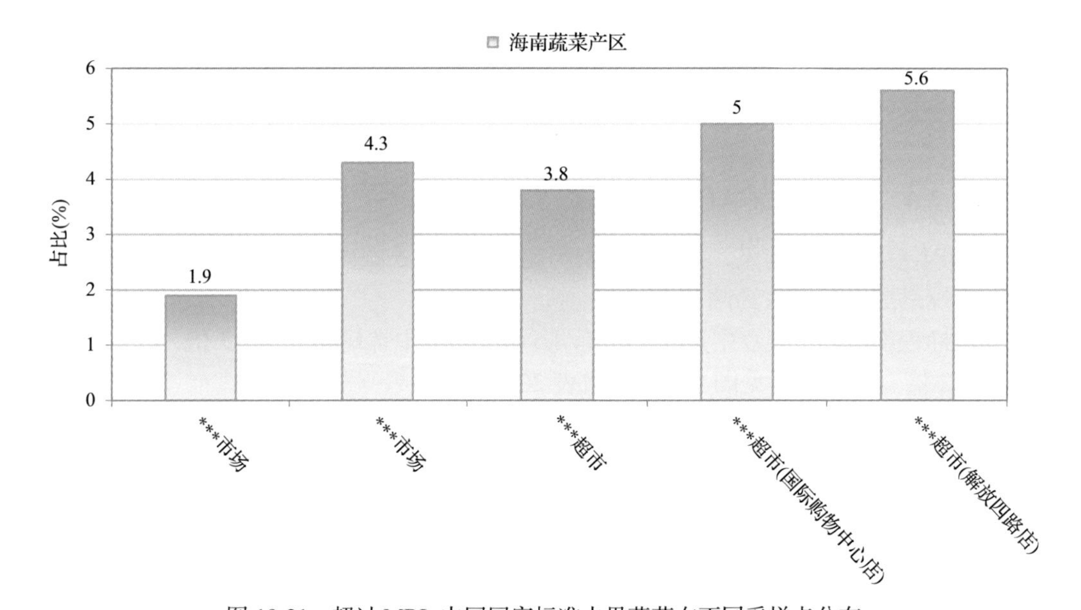

图 19-21　超过 MRL 中国国家标准水果蔬菜在不同采样点分布

19.2.3.2　按 MRL 欧盟标准衡量

按 MRL 欧盟标准衡量，所有采样点的样品均存在不同程度的超标农药检出，其中***超市(文建店)的超标率最高，为 61.2%，如表 19-15 和图 19-22 所示。

表 19-15　超过 MRL 欧盟标准水果蔬菜在不同采样点分布

序号	采样点	样品总数	超标数量	超标率(%)	行政区域
1	***超市	55	20	36.4	陵水黎族自治县
2	***超市(胜利店)	54	23	42.6	三亚市天涯区
3	***超市(澄迈店)	53	24	45.3	澄迈县
4	***市场	53	23	43.4	三亚市天涯区
5	***超市(文建店)	49	30	61.2	文昌市

续表

序号	采样点	样品总数	超标数量	超标率(%)	行政区域
6	***超市(陵水店)	49	14	28.6	陵水黎族自治县
7	***超市(三亚店)	48	19	39.6	三亚市天涯区
8	***市场	48	19	39.6	澄迈县
9	***市场	47	23	48.9	陵水黎族自治县
10	***市场	47	22	46.8	三亚市天涯区
11	***超市(恒兴商业城店)	42	14	33.3	文昌市
12	***市场	42	15	35.7	文昌市
13	***超市	30	16	53.3	澄迈县
14	***超市(陵水店)	29	11	37.9	陵水黎族自治县
15	***超市	26	12	46.2	澄迈县
16	***超市(国际购物中心店)	20	9	45.0	三亚市天涯区
17	***超市(解放四路店)	18	8	44.4	三亚市天涯区
18	***市场	14	4	28.6	澄迈县

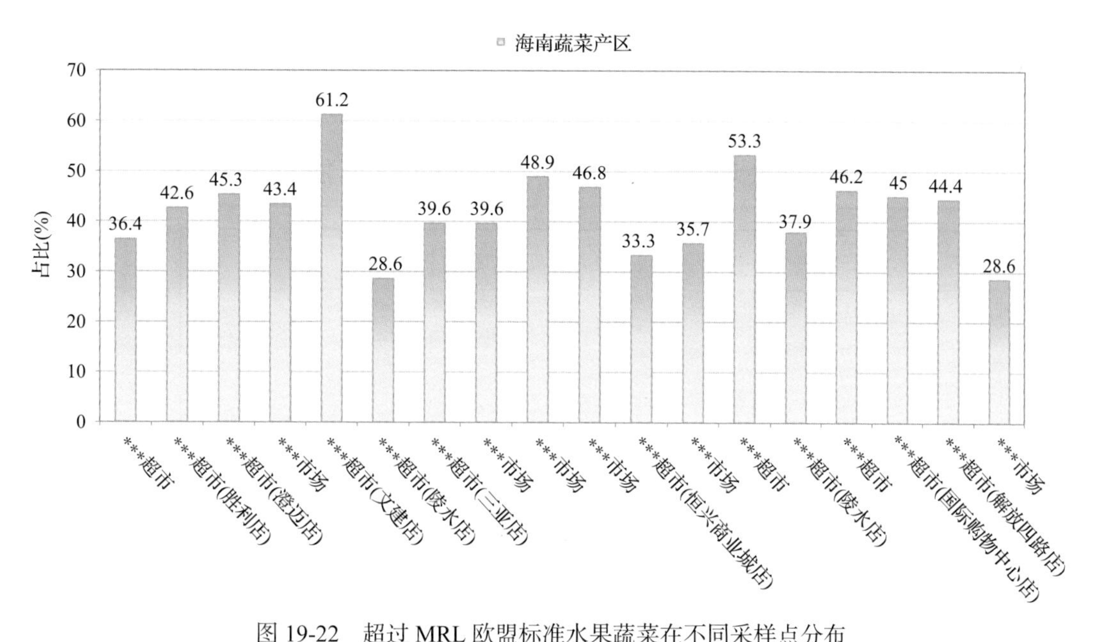

图 19-22　超过 MRL 欧盟标准水果蔬菜在不同采样点分布

19.2.3.3　按 MRL 日本标准衡量

按 MRL 日本标准衡量，所有采样点的样品均存在不同程度的超标农药检出，其中***超市的超标率最高，为 53.3%，如表 19-16 和图 19-23 所示。

表 19-16　超过 MRL 日本标准水果蔬菜在不同采样点分布

序号	采样点	样品总数	超标数量	超标率(%)	行政区域
1	***超市	55	19	34.5	陵水黎族自治县
2	***超市(胜利店)	54	20	37.0	三亚市天涯区
3	***超市(澄迈店)	53	19	35.8	澄迈县
4	***市场	53	20	37.7	三亚市天涯区
5	***超市(文建店)	49	23	46.9	文昌市
6	***超市(陵水店)	49	16	32.7	陵水黎族自治县
7	***超市(三亚店)	48	18	37.5	三亚市天涯区
8	***市场	48	16	33.3	澄迈县
9	***市场	47	21	44.7	陵水黎族自治县
10	***市场	47	17	36.2	三亚市天涯区
11	***超市(恒兴商业城店)	42	16	38.1	文昌市
12	***市场	42	15	35.7	文昌市
13	***超市	30	16	53.3	澄迈县
14	***超市(陵水店)	29	9	31.0	陵水黎族自治县
15	***超市	26	10	38.5	澄迈县
16	***超市(国际购物中心店)	20	7	35.0	三亚市天涯区
17	***超市(解放四路店)	18	5	27.8	三亚市天涯区
18	***市场	14	4	28.6	澄迈县

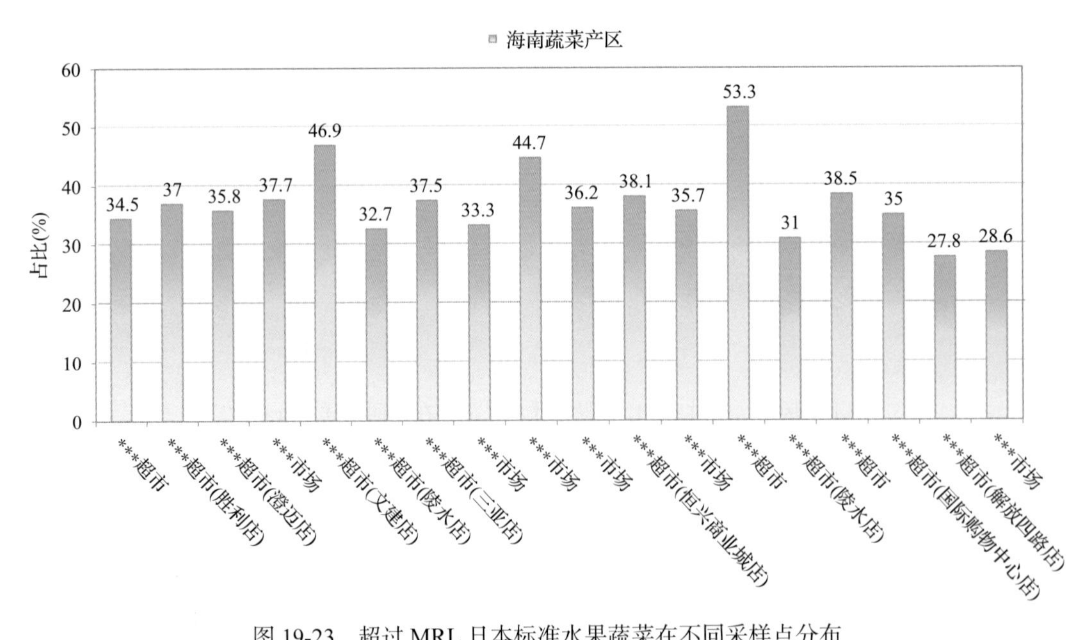

图 19-23　超过 MRL 日本标准水果蔬菜在不同采样点分布

19.2.3.4　按 MRL 中国香港标准衡量

按 MRL 中国香港标准衡量，有 4 个采样点的样品存在不同程度的超标农药检出，其中***超市(恒兴商业城店)和***市场的超标率最高，为 4.8%，如表 19-17 和图 19-24 所示。

表 19-17　超过 MRL 中国香港标准水果蔬菜在不同采样点分布

序号	采样点	样品总数	超标数量	超标率(%)	行政区域
1	***超市	55	1	1.8	陵水黎族自治县
2	***市场	53	1	1.9	三亚市天涯区
3	***超市(恒兴商业城店)	42	2	4.8	文昌市
4	***市场	42	2	4.8	文昌市

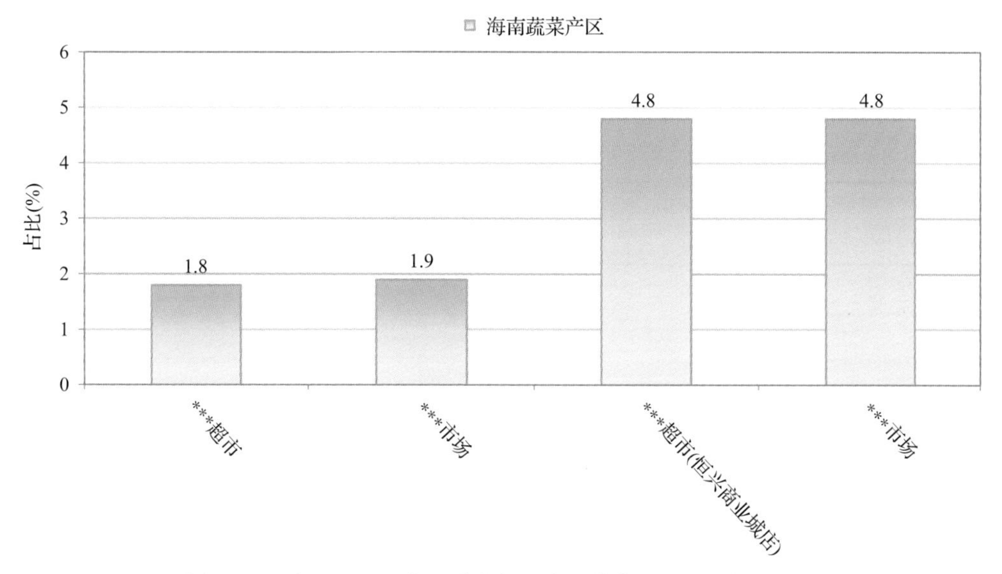

图 19-24　超过 MRL 中国香港标准水果蔬菜在不同采样点分布

19.2.3.5　按 MRL 美国标准衡量

按 MRL 美国标准衡量，有 14 个采样点的样品存在不同程度的超标农药检出，其中***超市(解放四路店)的超标率最高，为 16.7%，如表 19-18 和图 19-25 所示。

19.2.3.6　按 MRL CAC 标准衡量

按 MRL CAC 标准衡量，有 3 个采样点的样品存在不同程度的超标农药检出，其中***超市(恒兴商业城店)和***市场的超标率最高，为 4.8%，如表 19-19 和图 19-26 所示。

表 19-18　超过 MRL 美国标准水果蔬菜在不同采样点分布

序号	采样点	样品总数	超标数量	超标率(%)	行政区域
1	***超市(胜利店)	54	2	3.7	三亚市天涯区
2	***超市(澄迈店)	53	2	3.8	澄迈县
3	***超市(文建店)	49	1	2.0	文昌市
4	***超市(陵水店)	49	2	4.1	陵水黎族自治县
5	***超市(三亚店)	48	4	8.3	三亚市天涯区
6	***市场	47	2	4.3	陵水黎族自治县
7	***市场	47	2	4.3	三亚市天涯区
8	***超市(恒兴商业城店)	42	1	2.4	文昌市
9	***市场	42	1	2.4	文昌市
10	***超市	30	1	3.3	澄迈县
11	***超市(陵水店)	29	1	3.4	陵水黎族自治县
12	***超市	26	1	3.8	澄迈县
13	***超市(国际购物中心店)	20	1	5.0	三亚市天涯区
14	***超市(解放四路店)	18	3	16.7	三亚市天涯区

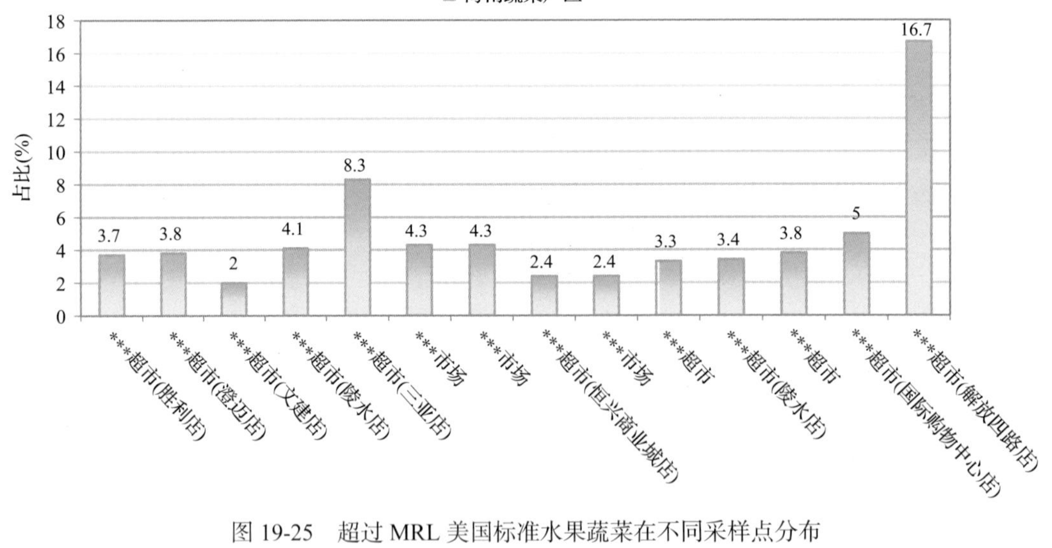

图 19-25　超过 MRL 美国标准水果蔬菜在不同采样点分布

表 19-19　超过 MRL CAC 标准水果蔬菜在不同采样点分布

序号	采样点	样品总数	超标数量	超标率(%)	行政区域
1	***超市	55	1	1.8	陵水黎族自治县
2	***超市(恒兴商业城店)	42	2	4.8	文昌市
3	***市场	42	2	4.8	文昌市

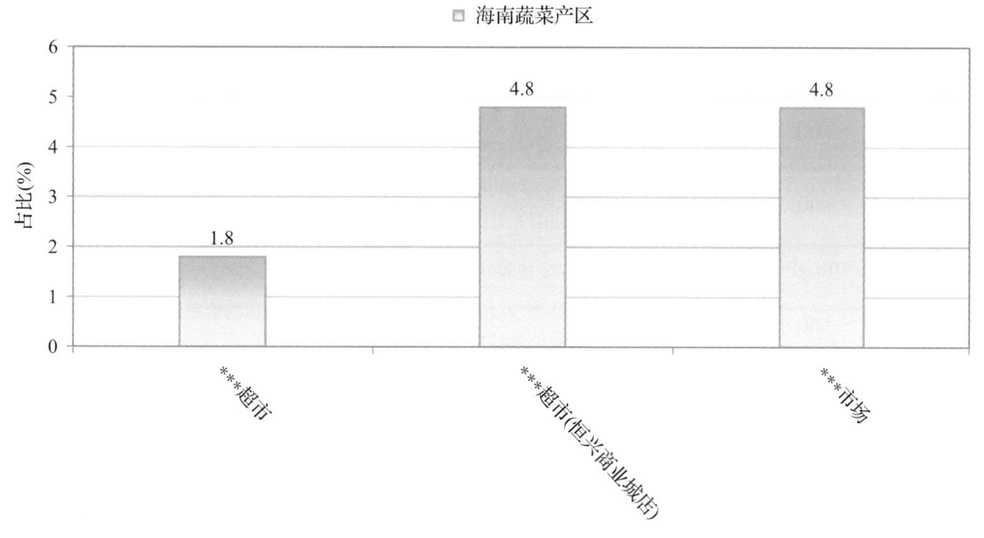

图 19-26　超过 MRL CAC 标准水果蔬菜在不同采样点分布

19.3　水果中农药残留分布

19.3.1　检出农药品种和频次排前 10 的水果

本次残留侦测的水果共 19 种，包括猕猴桃、桃、山竹、莲雾、哈密瓜、龙眼、苹果、葡萄、芒果、李子、柚、梨、枇杷、橘、火龙果、番石榴、柠檬、金橘和橙。

根据检出农药品种及频次进行排名，将各项排名前 10 位的水果样品检出情况列表说明，详见表 19-20。

表 19-20　检出农药品种和频次排名前 10 的水果

检出农药品种排名前 10(品种)	①葡萄(34),②柠檬(16),③橙(12),④猕猴桃(11),⑤苹果(10),⑥火龙果(9),⑦哈密瓜(8),⑧橘(8),⑨金橘(7),⑩芒果(7)
检出农药频次排名前 10(频次)	①葡萄(79),②苹果(60),③芒果(41),④柠檬(32),⑤李子(27),⑥猕猴桃(24),⑦哈密瓜(22),⑧金橘(22),⑨柚(20),⑩梨(18)
检出禁用、高毒及剧毒农药品种排名前 10(品种)	①葡萄(4),②橙(1),③火龙果(1),④李子(1),⑤龙眼(1),⑥猕猴桃(1),⑦柠檬(1),⑧苹果(1)
检出禁用、高毒及剧毒农药频次排名前 10(频次)	①葡萄(4),②李子(3),③橙(1),④火龙果(1),⑤龙眼(1),⑥猕猴桃(1),⑦柠檬(1),⑧苹果(1)

19.3.2　超标农药品种和频次排前 10 的水果

鉴于 MRL 欧盟标准和日本标准的制定比较全面且覆盖率较高，我们参照 MRL 中国国家标准、欧盟标准和日本标准的衡量水果样品中农残检出情况，将超标农药品种及频次排名前 10 的水果列表说明，详见表 19-21。

表 19-21 超标农药品种和频次排名前 10 的水果

超标农药品种排名前 10（农药品种数）	MRL 中国国家标准	①火龙果(1)，②葡萄(1)
	MRL 欧盟标准	①葡萄(12)，②柠檬(8)，③苹果(7)，④火龙果(6)，⑤猕猴桃(6)，⑥金橘(5)，⑦枇杷(5)，⑧橘(4)，⑨番石榴(3)，⑩哈密瓜(3)
	MRL 日本标准	①火龙果(7)，②苹果(6)，③猕猴桃(5)，④葡萄(5)，⑤莲雾(4)，⑥柠檬(4)，⑦枇杷(4)，⑧山竹(3)，⑨橙(2)，⑩哈密瓜(2)
超标农药频次排名前 10（农药频次数）	MRL 中国国家标准	①火龙果(1)，②葡萄(1)
	MRL 欧盟标准	①苹果(39)，②葡萄(19)，③枇杷(15)，④山竹(15)，⑤哈密瓜(11)，⑥柠檬(11)，⑦火龙果(10)，⑧猕猴桃(10)，⑨金橘(7)，⑩柚(7)
	MRL 日本标准	①苹果(37)，②李子(16)，③山竹(15)，④枇杷(14)，⑤火龙果(11)，⑥猕猴桃(9)，⑦哈密瓜(8)，⑧莲雾(7)，⑨葡萄(7)，⑩柚(7)

通过对各品种水果样本总数及检出率进行综合分析发现，葡萄、柠檬和橙的残留污染最为严重，在此，我们参照 MRL 中国国家标准、欧盟标准和日本标准对这 3 种水果的农残检出情况进行进一步分析。

19.3.3 农药残留检出率较高的水果样品分析

19.3.3.1 葡萄

这次共检测 19 例葡萄样品，18 例样品中检出了农药残留，检出率为 94.7%，检出农药共计 34 种。其中嘧菌酯、啶酰菌胺、嘧霉胺、戊唑醇和腐霉利检出频次较高，分别检出了 7、6、6、6 和 5 次。葡萄中农药检出品种和频次见图 19-27，超标农药见图 19-28 和表 19-22。

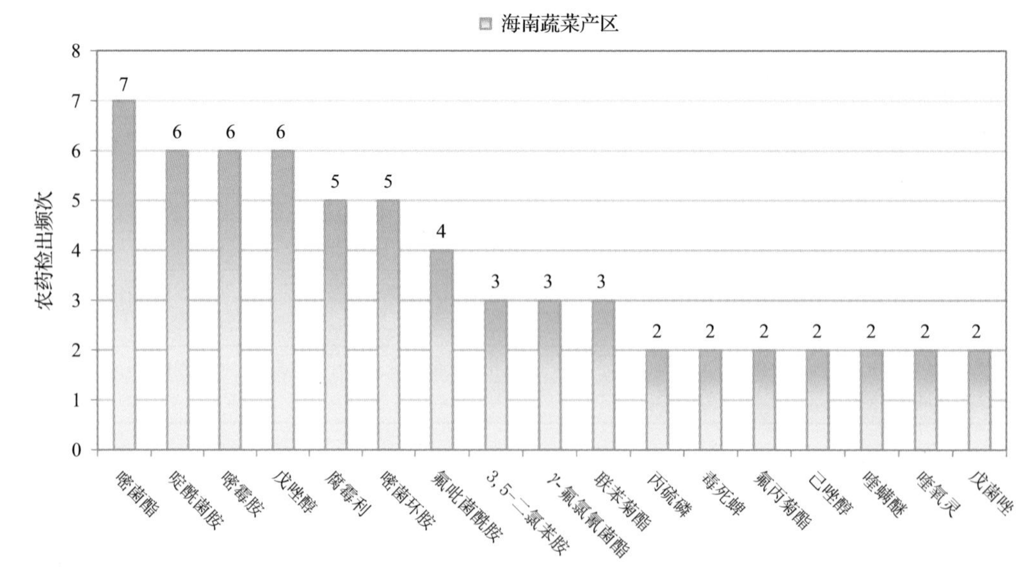

图 19-27 葡萄样品检出农药品种和频次分析(仅列出 2 频次及以上的数据)

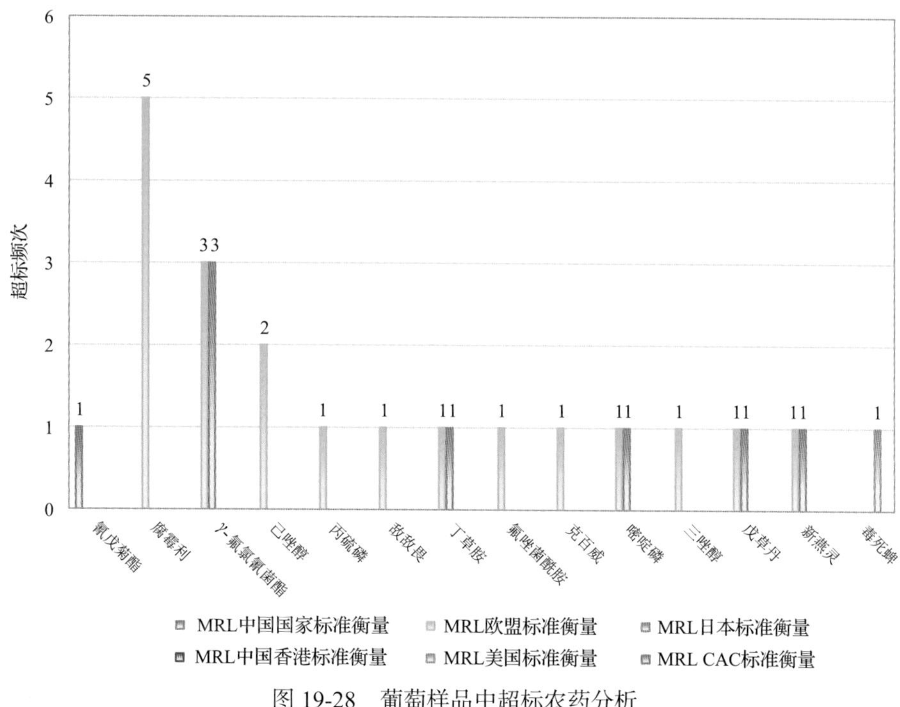

图 19-28 葡萄样品中超标农药分析

表 19-22 葡萄中农药残留超标情况明细表

样品总数 19			检出农药样品数 18	样品检出率(%) 94.7	检出农药品种总数 34
	超标农药品种	超标农药频次	按照 MRL 中国国家标准、欧盟标准和日本标准衡量超标农药名称及频次		
中国国家标准	1	1	氰戊菊酯(1)		
欧盟标准	12	19	腐霉利(5), γ-氟氯氰菌酯(3), 己唑醇(2), 丙硫磷(1), 敌敌畏(1), 丁草胺(1), 氟唑菌酰胺(1), 克百威(1), 嘧啶磷(1), 三唑醇(1), 戊草丹(1), 新燕灵(1)		
日本标准	5	7	γ-氟氯氰菌酯(3), 丁草胺(1), 嘧啶磷(1), 戊草丹(1), 新燕灵(1)		

19.3.3.2 柠檬

这次共检测 24 例柠檬样品，18 例样品中检出了农药残留，检出率为 75.0%，检出农药共计 16 种。其中毒死蜱、丙溴磷、甲氰菊酯、烯丙菊酯和乙硫磷检出频次较高，分别检出了 11、3、3、2 和 2 次。柠檬中农药检出品种和频次见图 19-29，超标农药见图 19-30 和表 19-23。

19.3.3.3 橙

这次共检测 12 例橙样品，9 例样品中检出了农药残留，检出率为 75.0%，检出农药共计 12 种。其中吡丙醚、毒死蜱、丙溴磷、甲氰菊酯和甲霜灵检出频次较高，分别检出了 3、3、2、1 和 1 次。橙中农药检出品种和频次见图 19-31，超标农药见图 19-32 和表 19-24。

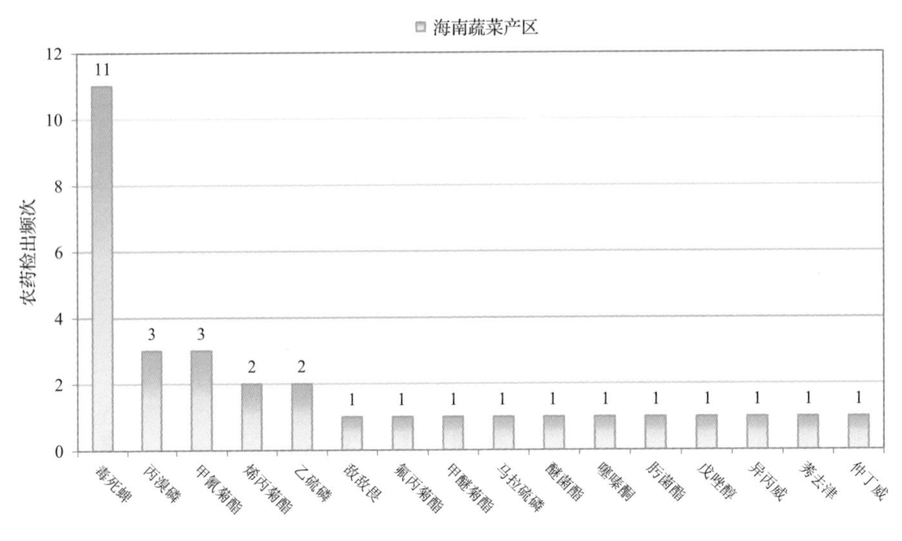

图 19-29　柠檬样品检出农药品种和频次分析

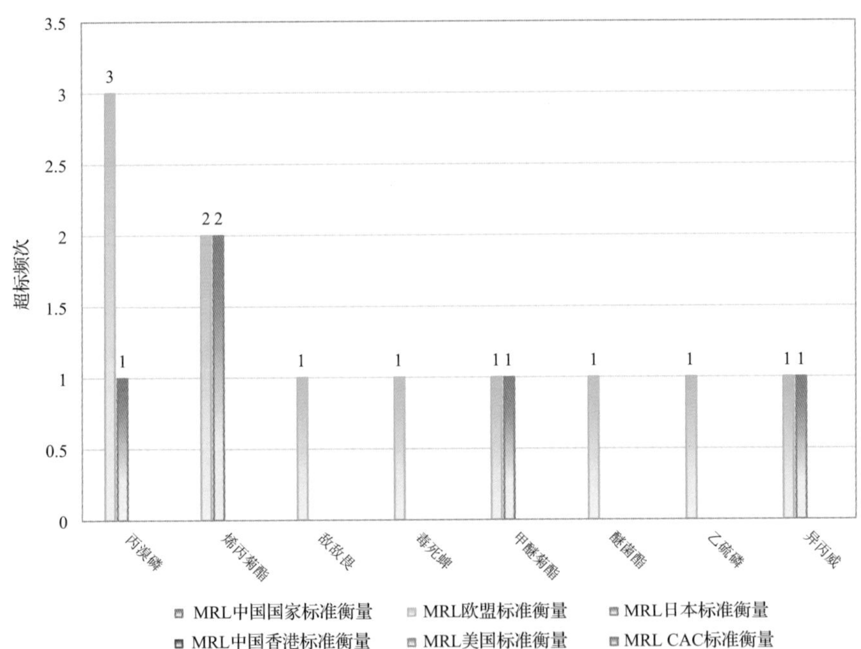

图 19-30　柠檬样品中超标农药分析

表 19-23　柠檬中农药残留超标情况明细表

样品总数			检出农药样品数	样品检出率(%)	检出农药品种总数
24			18	75	16
	超标农药品种	超标农药频次	按照 MRL 中国国家标准、欧盟标准和日本标准衡量超标农药名称及频次		
中国国家标准	0	0			
欧盟标准	8	11	丙溴磷(3)，烯丙菊酯(2)，敌敌畏(1)，毒死蜱(1)，甲醚菊酯(1)，醚菌酯(1)，乙硫磷(1)，异丙威(1)		
日本标准	4	5	烯丙菊酯(2)，丙溴磷(1)，甲醚菊酯(1)，异丙威(1)		

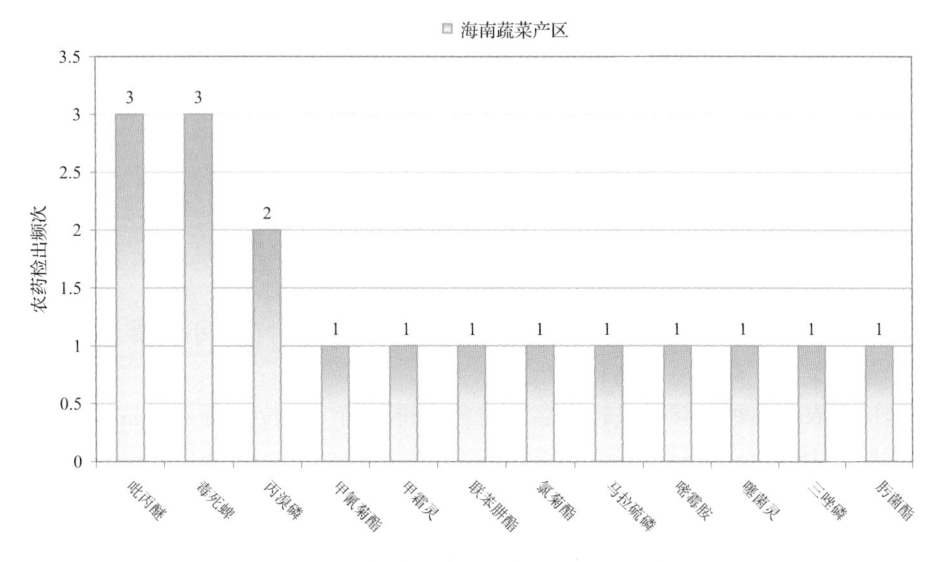

图 19-31 橙样品检出农药品种和频次分析

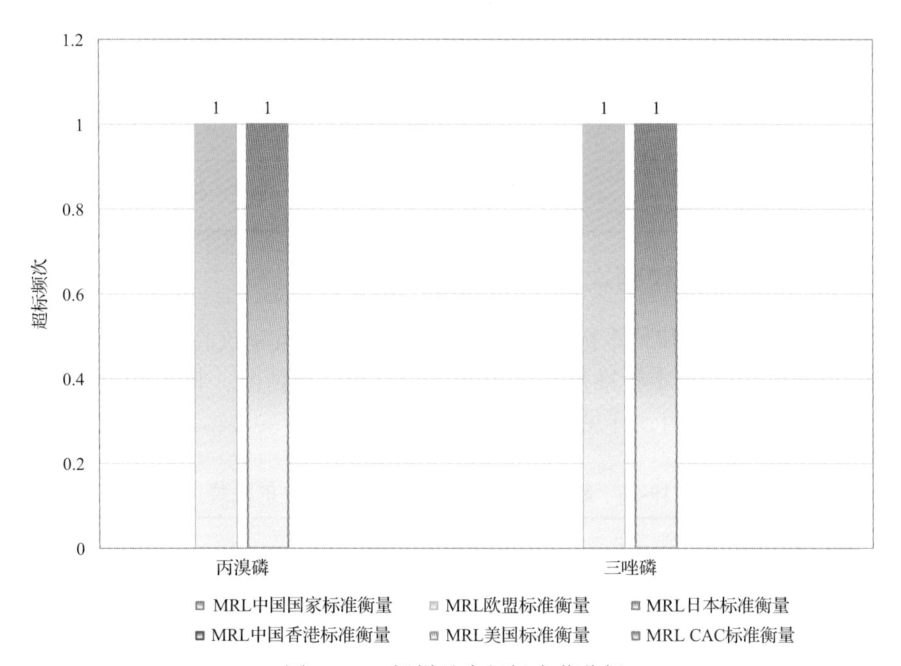

图 19-32 橙样品中超标农药分析

表 19-24 橙中农药残留超标情况明细表

样品总数			检出农药样品数	样品检出率(%)	检出农药品种总数
12			9	75	12
	超标农药品种	超标农药频次	按照 MRL 中国国家标准、欧盟标准和日本标准衡量超标农药名称及频次		
中国国家标准	0	0			
欧盟标准	2	2	丙溴磷(1), 三唑磷(1)		
日本标准	2	2	丙溴磷(1), 三唑磷(1)		

19.4 蔬菜中农药残留分布

19.4.1 检出农药品种和频次排前 10 的蔬菜

本次残留侦测的蔬菜共 23 种，包括韭菜、结球甘蓝、洋葱、黄瓜、芹菜、番茄、西葫芦、甜椒、芥蓝、辣椒、油麦菜、胡萝卜、青花菜、紫甘蓝、小白菜、茄子、萝卜、苦瓜、生菜、菜豆、莴笋、蒜薹和丝瓜。

根据检出农药品种及频次进行排名，将各项排名前 10 位的蔬菜样品检出情况列表说明，详见表 19-25。

表 19-25 检出农药品种和频次排名前 10 的蔬菜

检出农药品种排名前 10(品种)	①芹菜(31),②番茄(22),③油麦菜(20),④胡萝卜(19),⑤菜豆(15),⑥黄瓜(14),⑦甜椒(13),⑧辣椒(10),⑨生菜(10),⑩小白菜(9)
检出农药频次排名前 10(频次)	①芹菜(76),②胡萝卜(73),③油麦菜(64),④番茄(61),⑤生菜(46),⑥黄瓜(45),⑦青花菜(32),⑧洋葱(31),⑨茄子(30),⑩甜椒(29)
检出禁用、高毒及剧毒农药品种排名前 10(品种)	①芹菜(4),②胡萝卜(2),③萝卜(1),④西葫芦(1),⑤油麦菜(1)
检出禁用、高毒及剧毒农药频次排名前 10(频次)	①芹菜(14),②胡萝卜(2),③萝卜(1),④西葫芦(1),⑤油麦菜(1)

19.4.2 超标农药品种和频次排前 10 的蔬菜

鉴于 MRL 欧盟标准和日本标准的制定比较全面且覆盖率较高，我们参照 MRL 中国国家标准、欧盟标准和日本标准衡量蔬菜样品中农残检出情况，将超标农药品种及频次排名前 10 的蔬菜列表说明，详见表 19-26。

表 19-26 超标农药品种和频次排名前 10 的蔬菜

超标农药品种排名前 10(农药品种数)	MRL 中国国家标准	①芹菜(2)
	MRL 欧盟标准	①芹菜(15),②番茄(9),③油麦菜(9),④菜豆(7),⑤胡萝卜(7),⑥甜椒(6),⑦青花菜(5),⑧生菜(5),⑨小白菜(5),⑩黄瓜(4)
	MRL 日本标准	①菜豆(12),②芹菜(9),③油麦菜(9),④胡萝卜(7),⑤番茄(6),⑥青花菜(5),⑦黄瓜(4),⑧芥蓝(4),⑨生菜(4),⑩甜椒(4)
超标农药频次排名前 10(农药频次数)	MRL 中国国家标准	①芹菜(4)
	MRL 欧盟标准	①胡萝卜(35),②生菜(34),③芹菜(32),④洋葱(31),⑤番茄(30),⑥油麦菜(29),⑦青花菜(20),⑧茄子(15),⑨甜椒(14),⑩黄瓜(12)
	MRL 日本标准	①胡萝卜(42),②洋葱(30),③生菜(25),④青花菜(20),⑤油麦菜(20),⑥菜豆(19),⑦芹菜(19),⑧番茄(16),⑨黄瓜(11),⑩茄子(9)

通过对各品种蔬菜样本总数及检出率进行综合分析发现，芹菜、番茄和油麦菜的残留污染最为严重，在此，我们参照 MRL 中国国家标准、欧盟标准和日本标准对这 3 种蔬菜的农残检出情况进行进一步分析。

19.4.3　农药残留检出率较高的蔬菜样品分析

19.4.3.1　芹菜

这次共检测 22 例芹菜样品，21 例样品中检出了农药残留，检出率为 95.5%，检出农药共计 31 种。其中克百威、萘乙酸、腐霉利、戊唑醇和毒死蜱检出频次较高，分别检出了 11、7、5、5 和 4 次。芹菜中农药检出品种和频次见图 19-33，超标农药见图 19-34 和表 19-27。

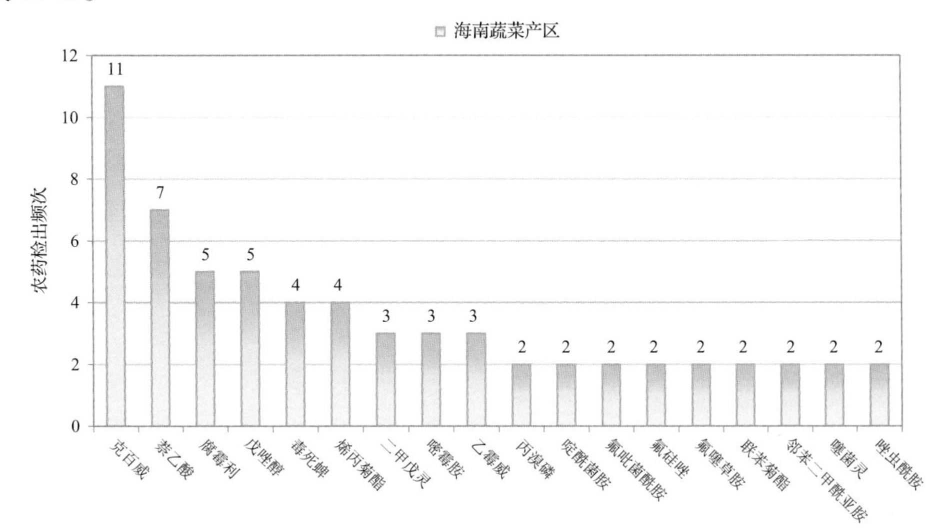

图 19-33　芹菜样品检出农药品种和频次分析(仅列出 2 频次及以上的数据)

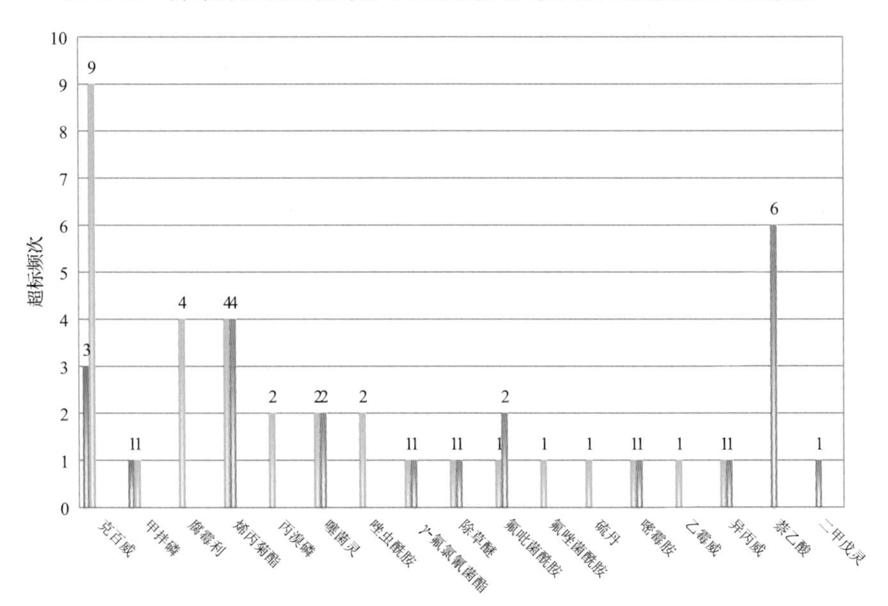

图 19-34　芹菜样品中超标农药分析

表 19-27　芹菜中农药残留超标情况明细表

样品总数 22			检出农药样品数 21	样品检出率(%) 95.5	检出农药品种总数 31
	超标农药品种	超标农药频次	按照 MRL 中国国家标准、欧盟标准和日本标准衡量超标农药名称及频次		
中国国家标准	2	4	克百威(3)，甲拌磷(1)		
欧盟标准	15	32	克百威(9)，腐霉利(4)，烯丙菊酯(4)，丙溴磷(2)，噻菌灵(2)，唑虫酰胺(2)，γ-氟氯氰菌酯(1)，除草醚(1)，氟吡菌酰胺(1)，氟唑菌酰胺(1)，甲拌磷(1)，硫丹(1)，嘧霉胺(1)，乙霉威(1)，异丙威(1)		
日本标准	9	19	萘乙酸(6)，烯丙菊酯(4)，氟吡菌酰胺(2)，噻菌灵(2)，γ-氟氯氰菌酯(1)，除草醚(1)，二甲戊灵(1)，嘧霉胺(1)，异丙威(1)		

19.4.3.2　番茄

这次共检测 26 例番茄样品，21 例样品中检出了农药残留，检出率为 80.8%，检出农药共计 22 种。其中仲丁威、腐霉利、联苯、戊唑醇和联苯菊酯检出频次较高，分别检出了 10、9、7、5 和 4 次。番茄中农药检出品种和频次见图 19-35，超标农药见图 19-36 和表 19-28。

19.4.3.3　油麦菜

这次共检测 13 例油麦菜样品，12 例样品中检出了农药残留，检出率为 92.3%，检出农药共计 20 种。其中唑虫酰胺、氟丙菊酯、氟硅唑、氯氰菊酯和戊唑醇检出频次较高，分别检出了 10、8、7、7 和 5 次。油麦菜中农药检出品种和频次见图 19-37，超标农药见图 19-38 和表 19-29。

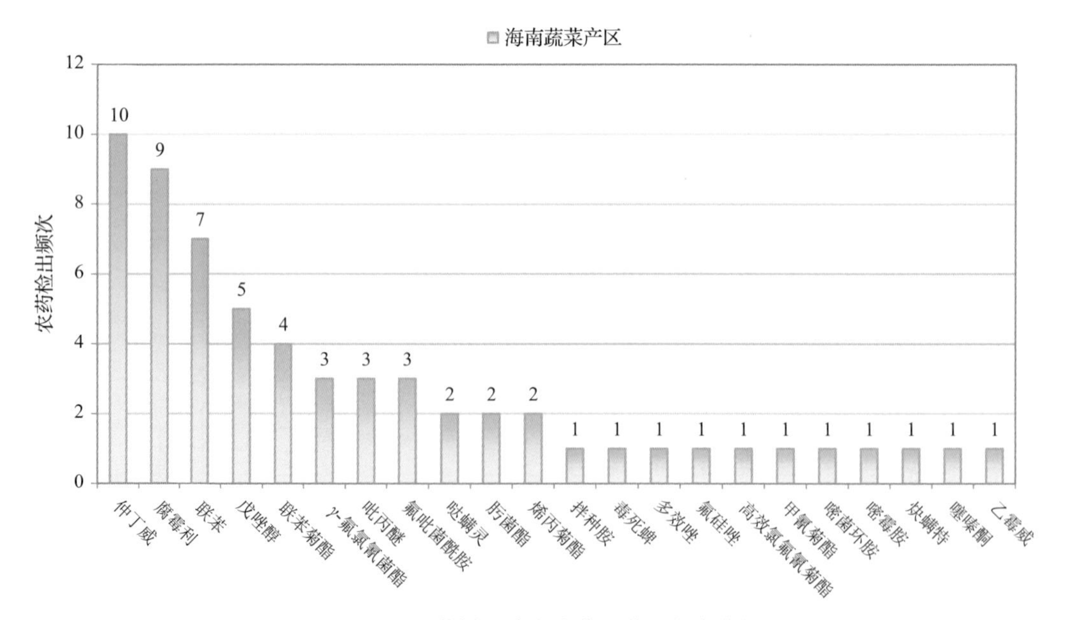

图 19-35　番茄样品检出农药品种和频次分析

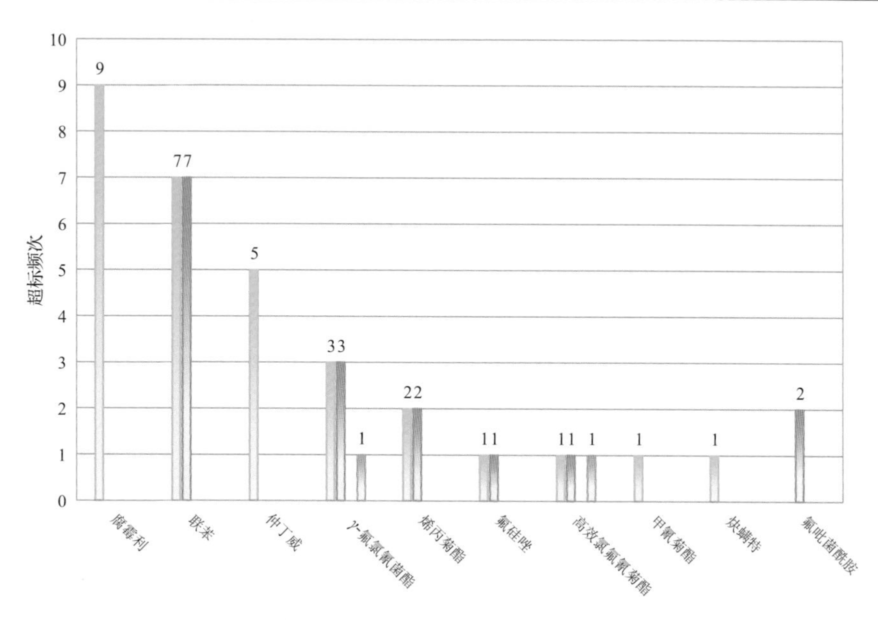

图 19-36　番茄样品中超标农药分析

表 19-28　番茄中农药残留超标情况明细表

样品总数			检出农药样品数	样品检出率(%)	检出农药品种总数
26			21	80.8	22
	超标农药品种	超标农药频次	按照 MRL 中国国家标准、欧盟标准和日本标准衡量超标农药名称及频次		
中国国家标准	0	0			
欧盟标准	9	30	腐霉利(9)，联苯(7)，仲丁威(5)，γ-氟氯氰菌酯(3)，烯丙菊酯(2)，氟硅唑(1)，高效氯氟氰菊酯(1)，甲氰菊酯(1)，炔螨特(1)		
日本标准	6	16	联苯(7)，γ-氟氯氰菌酯(3)，氟吡菌酰胺(2)，烯丙菊酯(2)，氟硅唑(1)，高效氯氟氰菊酯(1)		

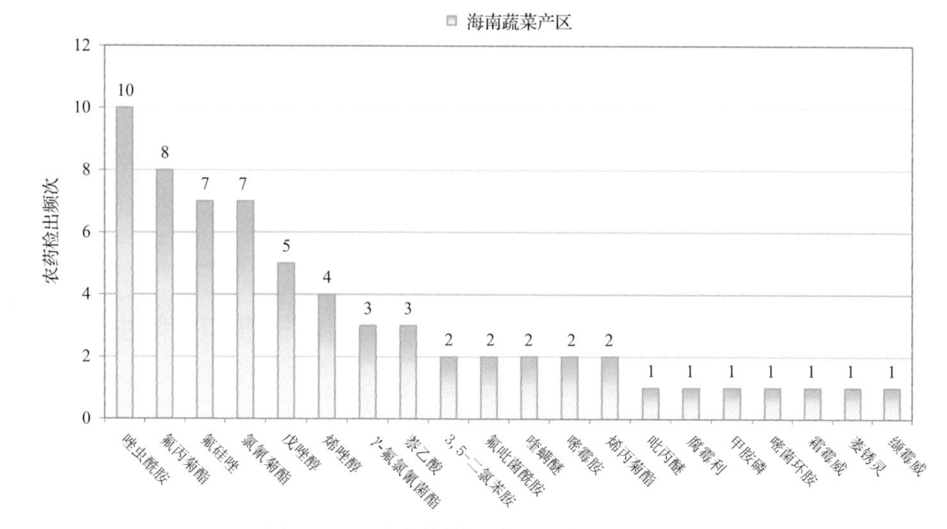

图 19-37　油麦菜样品检出农药品种和频次分析

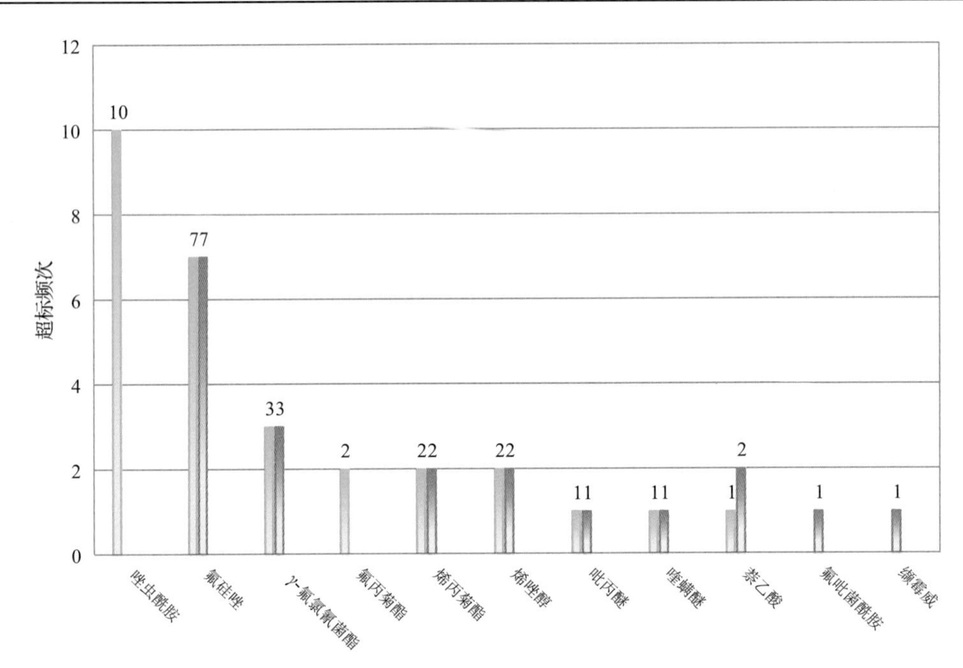

图 19-38　油麦菜样品中超标农药分析

表 19-29　油麦菜中农药残留超标情况明细表

样品总数 13			检出农药样品数 12	样品检出率(%) 92.3	检出农药品种总数 20
	超标农药品种	超标农药频次	按照 MRL 中国国家标准、欧盟标准和日本标准衡量超标农药名称及频次		
中国国家标准	0	0			
欧盟标准	9	29	唑虫酰胺(10)，氟硅唑(7)，γ-氟氯氰菌酯(3)，氟丙菊酯(2)，烯丙菊酯(2)，烯唑醇(2)，吡丙醚(1)，喹螨醚(1)，萘乙酸(1)		
日本标准	9	20	氟硅唑(7)，γ-氟氯氰菌酯(3)，萘乙酸(2)，烯丙菊酯(2)，烯唑醇(2)，吡丙醚(1)，氟吡菌酰胺(1)，喹螨醚(1)，缬霉威(1)		

19.5　初步结论

19.5.1　海南蔬菜产区市售水果蔬菜按 MRL 中国国家标准和国际主要 MRL 标准衡量的合格率

本次侦测的 724 例样品中，241 例样品未检出任何残留农药，占样品总量的 33.3%，483 例样品检出不同水平、不同种类的残留农药，占样品总量的 66.7%。在这 483 例检出农药残留的样品中：

按 MRL 中国国家标准衡量，有 477 例样品检出残留农药但含量没有超标，占样品总数的 65.9%，有 6 例样品检出了超标农药，占样品总数的 0.8%。

按 MRL 欧盟标准衡量，有 177 例样品检出残留农药但含量没有超标，占样品总数的 24.4%，有 306 例样品检出了超标农药，占样品总数的 42.3%。

按 MRL 日本标准衡量，有 212 例样品检出残留农药但含量没有超标，占样品总数的 29.3%，有 271 例样品检出了超标农药，占样品总数的 37.4%。

按 MRL 中国香港标准衡量，有 477 例样品检出残留农药但含量没有超标，占样品总数的 65.9%，有 6 例样品检出了超标农药，占样品总数的 0.8%。

按 MRL 美国标准衡量，有 459 例样品检出残留农药但含量没有超标，占样品总数的 63.4%，有 24 例样品检出了超标农药，占样品总数的 3.3%。

按 MRL CAC 标准衡量，有 478 例样品检出残留农药但含量没有超标，占样品总数的 66.0%，有 5 例样品检出了超标农药，占样品总数的 0.7%。

19.5.2 海南蔬菜产区市售水果蔬菜中检出农药以中低微毒农药为主，占市场主体的 93.3%

这次侦测的 724 例样品包括食用菌 3 种 43 例，水果 19 种 293 例，蔬菜 23 种 388 例，共检出了 105 种农药，检出农药的毒性以中低微毒为主，详见表 19-30。

表 19-30 市场主体农药毒性分布

毒性	检出品种	占比	检出频次	占比
剧毒农药	1	1.0%	2	0.2%
高毒农药	6	5.7%	23	2.1%
中毒农药	41	39.0%	568	52.1%
低毒农药	36	34.3%	282	25.8%
微毒农药	21	20.0%	216	19.8%
中低微毒农药，品种占比 93.3%，频次占比 97.7%				

19.5.3 检出剧毒、高毒和禁用农药现象应该警醒

在此次侦测的 724 例样品中有 5 种蔬菜和 8 种水果的 29 例样品检出了 10 种 32 频次的剧毒和高毒或禁用农药，占样品总量的 4.0%。其中剧毒农药甲拌磷以及高毒农药克百威、敌敌畏和嘧啶磷检出频次较高。

按 MRL 中国国家标准衡量，剧毒农药甲拌磷，检出 2 次，超标 2 次；高毒农药克百威，检出 12 次，超标 3 次；按超标程度比较，芹菜中甲拌磷超标 9.0 倍，芹菜中克百威超标 0.9 倍，火龙果中甲拌磷超标 0.2 倍，葡萄中氰戊菊酯超标 0.2 倍。

剧毒、高毒或禁用农药的检出情况及按照 MRL 中国国家标准衡量的超标情况见表 19-31。

表 19-31　剧毒、高毒或禁用农药的检出及超标明细

序号	农药名称	样品名称	检出频次	超标频次	最大超标倍数	超标率
1.1	甲拌磷*▲	芹菜	1	1	8.96	100.0%
1.2	甲拌磷*▲	火龙果	1	1	0.19	100.0%
2.1	三唑磷◊	橙	1	0	0	0.0%
3.1	克百威◊▲	芹菜	11	3	0.875	27.3%
3.2	克百威◊▲	葡萄	1	0	0	0.0%
4.1	嘧啶磷◊	胡萝卜	1	0	0	0.0%
4.2	嘧啶磷◊	葡萄	1	0	0	0.0%
5.1	敌敌畏◊	柠檬	1	0	0	0.0%
5.2	敌敌畏◊	猕猴桃	1	0	0	0.0%
5.3	敌敌畏◊	苹果	1	0	0	0.0%
5.4	敌敌畏◊	萝卜	1	0	0	0.0%
5.5	敌敌畏◊	葡萄	1	0	0	0.0%
5.6	敌敌畏◊	龙眼	1	0	0	0.0%
6.1	水胺硫磷◊▲	胡萝卜	1	0	0	0.0%
7.1	甲胺磷◊▲	油麦菜	1	0	0	0.0%
8.1	氰戊菊酯▲	葡萄	1	1	0.163	100.0%
9.1	硫丹▲	李子	3	0	0	0.0%
9.2	硫丹▲	芹菜	1	0	0	0.0%
9.3	硫丹▲	西葫芦	1	0	0	0.0%
10.1	除草醚▲	芹菜	1	0	0	0.0%
合计			32	6		18.8%

注：超标倍数参照 MRL 中国国家标准衡量

这些超标的剧毒和高毒农药都是中国政府早有规定禁止在水果蔬菜中使用的，为什么还屡次被检出，应该引起警惕。

19.5.4　残留限量标准与先进国家或地区标准差距较大

1091 频次的检出结果与我国公布的《食品中农药最大残留限量》(GB 2763—2014) 对比，有 264 频次能找到对应的 MRL 中国国家标准，占 24.2%；还有 827 频次的侦测数据无相关 MRL 标准供参考，占 75.8%。

与国际上现行 MRL 标准对比发现：

有 1091 频次能找到对应的 MRL 欧盟标准，占 100.0%；

有 1091 频次能找到对应的 MRL 日本标准，占 100.0%；

有 382 频次能找到对应的 MRL 中国香港标准，占 35.0%；

有 356 频次能找到对应的 MRL 美国标准，占 32.6%；

有 249 频次能找到对应的 MRL CAC 标准，占 22.8%。

由上可见，MRL 中国国家标准与先进国家或地区标准还有很大差距，我们无标准，境外有标准，这就会导致我们在国际贸易中，处于受制于人的被动地位。

19.5.5　水果蔬菜单种样品检出 12~34 种农药残留，拷问农药使用的科学性

通过此次监测发现，葡萄、柠檬和橙是检出农药品种最多的 3 种水果，芹菜、番茄和油麦菜是检出农药品种最多的 3 种蔬菜，从中检出农药品种及频次详见表 19-32。

表 19-32　单种样品检出农药品种及频次

样品名称	样品总数	检出农药样品数	检出率	检出农药品种数	检出农药(频次)
芹菜	22	21	95.5%	31	克百威(11)，萘乙酸(7)，腐霉利(5)，戊唑醇(5)，毒死蜱(4)，烯丙菊酯(4)，二甲戊灵(3)，嘧霉胺(3)，乙霉威(3)，丙溴磷(2)，啶酰菌胺(2)，氟吡菌酰胺(2)，氟硅唑(2)，氟噻草胺(2)，联苯菊酯(2)，邻苯二甲酰亚胺(2)，噻菌灵(2)，唑虫酰胺(2)，γ-氟氯氰菌酯(1)，百菌清(1)，除草醚(1)，多效唑(1)，氟唑菌酰胺(1)，甲拌磷(1)，硫丹(1)，马拉硫磷(1)，扑草净(1)，肟菌酯(1)，五氯苯甲腈(1)，异丙威(1)，异稻瘟净(1)
番茄	26	21	80.8%	22	仲丁威(10)，腐霉利(9)，联苯(7)，戊唑醇(5)，联苯菊酯(4)，γ-氟氯氰菌酯(3)，吡丙醚(3)，氟吡菌酰胺(3)，哒螨灵(2)，肟菌酯(2)，烯丙菊酯(2)，拌种胺(1)，毒死蜱(1)，多效唑(1)，氟硅唑(1)，高效氯氟氰菊酯(1)，甲氰菊酯(1)，嘧菌环胺(1)，嘧霉胺(1)，炔螨特(1)，噻嗪酮(1)，乙霉威(1)
油麦菜	13	12	92.3%	20	唑虫酰胺(10)，氟丙菊酯(8)，氟硅唑(7)，氯氰菊酯(7)，戊唑醇(5)，烯唑醇(4)，γ-氟氯氰菌酯(3)，萘乙酸(3)，3, 5-二氯苯胺(2)，氟吡菌酰胺(2)，喹螨醚(2)，嘧霉胺(2)，烯丙菊酯(2)，吡丙醚(1)，腐霉利(1)，甲胺磷(1)，嘧菌环胺(1)，霜霉威(1)，萎锈灵(1)，缬霉威(1)
葡萄	19	18	94.7%	34	嘧菌酯(7)，啶酰菌胺(6)，嘧霉胺(6)，戊唑醇(6)，腐霉利(5)，嘧菌环胺(5)，氟吡菌酰胺(4)，3, 5-二氯苯胺(3)，γ-氟氯氰菌酯(3)，联苯菊酯(3)，丙硫磷(2)，毒死蜱(2)，氟丙菊酯(2)，己唑醇(2)，喹螨醚(2)，喹氧灵(2)，戊菌唑(2)，敌敌畏(1)，丁草胺(1)，丁羟茴香醚(1)，氟唑菌酰胺(1)，甲基嘧啶磷(1)，腈菌唑(1)，克百威(1)，联苯肼酯(1)，邻苯二甲酰亚胺(1)，氯氰菊酯(1)，嘧啶磷(1)，氰戊菊酯(1)，三唑醇(1)，四氟醚唑(1)，肟菌酯(1)，戊草丹(1)，新燕灵(1)
柠檬	24	18	75.0%	16	毒死蜱(11)，丙溴磷(3)，甲氰菊酯(3)，烯丙菊酯(2)，乙硫磷(2)，敌敌畏(1)，氟丙菊酯(1)，甲醚菊酯(1)，马拉硫磷(1)，醚菌酯(1)，噻嗪酮(1)，肟菌酯(1)，戊唑醇(1)，异丙威(1)，莠去津(1)，仲丁威(1)
橙	12	9	75.0%	12	吡丙醚(3)，毒死蜱(3)，丙溴磷(2)，甲氰菊酯(1)，甲霜灵(1)，联苯肼酯(1)，氯菊酯(1)，马拉硫磷(1)，嘧霉胺(1)，噻菌灵(1)，三唑磷(1)，肟菌酯(1)

上述 6 种水果蔬菜，检出农药 12~34 种，是多种农药综合防治，还是未严格实施农业良好管理规范(GAP)，抑或根本就是乱施药，值得我们思考。

第 20 章　GC-Q-TOF/MS 侦测海南蔬菜产区市售水果蔬菜农药残留膳食暴露风险与预警风险评估

20.1　农药残留风险评估方法

20.1.1　海南蔬菜产区农药残留侦测数据分析与统计

庞国芳院士科研团队建立的农药残留高通量侦测技术以高分辨精确质量数（0.0001 *m/z* 为基准）为识别标准，采用 GC-Q-TOF/MS 技术对 507 种农药化学污染物进行侦测。

科研团队于 2017 年 5 月~2017 年 9 月在海南蔬菜产区所属 4 个县市的 18 个采样点，随机采集了 724 例水果蔬菜样品，采样点分布在超市和农贸市场，具体位置如图 20-1 所示，各月内水果蔬菜样品采集数量如表 20-1 所示。

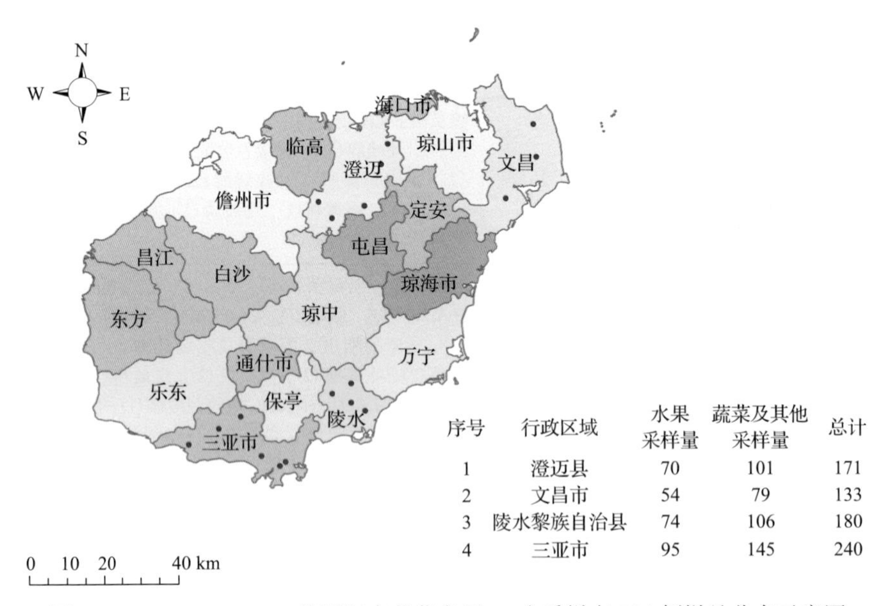

图 20-1　GC-Q-TOF/MS 侦测海南蔬菜产区 18 个采样点 724 例样品分布示意图

表 20-1　海南蔬菜产区各月内采集水果蔬菜样品数列表

时间	样品数（例）
2017 年 5 月	447
2017 年 9 月	277

利用 GC-Q-TOF/MS 技术对 724 例样品中的农药进行侦测，侦测出残留农药 105 种，1091 频次。侦测出农药残留水平如表 20-2 和图 20-2 所示。检出频次最高的前 10 种农药如表 20-3 所示。从侦测结果中可以看出，在水果蔬菜中农药残留普遍存在，且有些水果蔬菜存在高浓度的农药残留，这些可能存在膳食暴露风险，对人体健康产生危害，因此，为了定量地评价水果蔬菜中农药残留的风险程度，有必要对其进行风险评价。

表 20-2　侦测出农药的不同残留水平及其所占比例列表

残留水平(μg/kg)	检出频次	占比(%)
1~5(含)	192	17.6
5~10(含)	139	12.7
10~100(含)	577	52.9
100~1000(含)	158	14.5
>1000	25	2.3
合计	1091	100

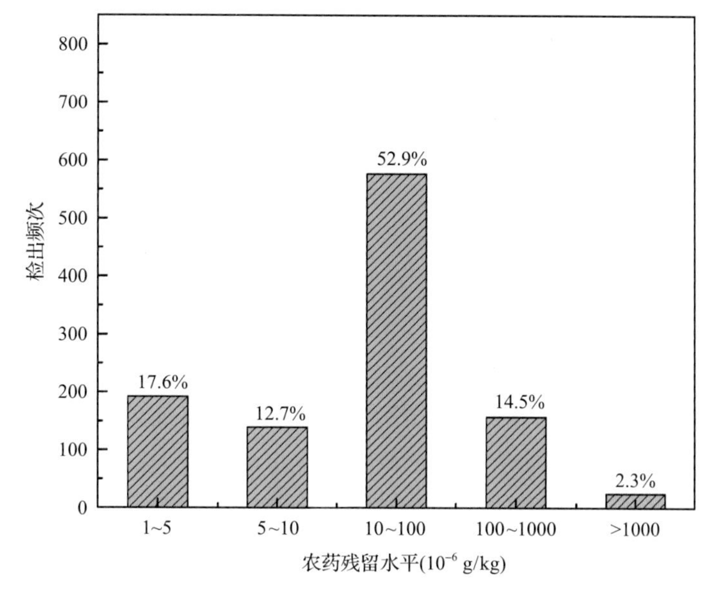

图 20-2　残留农药检出浓度频数分布图

表 20-3　检出频次最高的前 10 种农药列表

序号	农药	检出频次
1	毒死蜱	122
2	威杀灵	65
3	腐霉利	52
4	烯丙菊酯	48

续表

序号	农药	检出频次
5	戊唑醇	47
6	联苯	42
7	联苯菊酯	42
8	仲丁威	39
9	嘧霉胺	38
10	氟硅唑	36

20.1.2 农药残留风险评价模型

对海南蔬菜产区水果蔬菜中农药残留分别开展暴露风险评估和预警风险评估。膳食暴露风险评估利用食品安全指数模型对水果蔬菜中的残留农药对人体可能产生的危害程度进行评价，该模型结合残留监测和膳食暴露评估评价化学污染物的危害；预警风险评价模型运用风险系数(risk index，*R*)，风险系数综合考虑了危害物的超标率、施检频率及其本身敏感性的影响，能直观而全面地反映出危害物在一段时间内的风险程度。

20.1.2.1 食品安全指数模型

为了加强食品安全管理，《中华人民共和国食品安全法》第二章第十七条规定“国家建立食品安全风险评估制度，运用科学方法，根据食品安全风险监测信息、科学数据以及有关信息，对食品、食品添加剂、食品相关产品中生物性、化学性和物理性危害因素进行风险评估”[1]，膳食暴露评估是食品危险度评估的重要组成部分，也是膳食安全性的衡量标准[2]。国际上最早研究膳食暴露风险评估的机构主要是JMPR(FAO、WHO农药残留联合会议)，该组织自1995年就已制定了急性毒性物质的风险评估急性毒性农药残留摄入量的预测。1960年美国规定食品中不得加入致癌物质进而提出零阈值理论，渐渐零阈值理论发展成在一定概率条件下可接受风险的概念[3]，后衍变为食品中每日允许最大摄入量(ADI)，而国际食品农药残留法典委员会(CCPR)认为ADI不是独立风险评估的唯一标准[4]，1995年JMPR开始研究农药急性膳食暴露风险评估，并对食品国际短期摄入量的计算方法进行了修正，亦对膳食暴露评估准则及评估方法进行了修正[5]，2002年，在对世界上现行的食品安全评价方法，尤其是国际公认的CAC评价方法、全球环境监测系统/食品污染监测和评估规划(WHO GEMS/Food)及FAO、WHO食品添加剂联合专家委员会(JECFA)和JMPR对食品安全风险评估工作研究的基础之上，检验检疫食品安全管理的研究人员提出了结合残留监控和膳食暴露评估，以食品安全指数IFS计算食品中各种化学污染物对消费者的健康危害程度[6]。IFS是表示食品安全状态的新方法，可有效地评价某种农药的安全性，进而评价食品中各种农药化学污染物对消费者健康的整体危害程度[7, 8]。从理论上分析，IFS_c可指出食品中的污染物c对消费者健康是否存在危害及危害的程度[9]。其优点在于操作简单且结果容易被接受和理解，不需要大量的数据来对结果进行验证，使用默认的标准假设或者模型即可[10, 11]。

1) IFS_c 的计算

IFS_c 计算公式如下：

$$IFS_c = \frac{EDI_c \times f}{SI_c \times bw} \tag{20-1}$$

式中，c 为所研究的农药；EDI_c 为农药 c 的实际日摄入量估算值，等于 $\Sigma(R_i \times F_i \times E_i \times P_i)$（$i$ 为食品种类；R_i 为食品 i 中农药 c 的残留水平，mg/kg；F_i 为食品 i 的估计日消费量，g/(人·天)；E_i 为食品 i 的可食用部分因子；P_i 为食品 i 的加工处理因子）；SI_c 为安全摄入量，可采用每日允许最大摄入量 ADI；bw 为人平均体重，kg；f 为校正因子，如果安全摄入量采用 ADI，则 f 取 1。

$IFS_c \ll 1$，农药 c 对食品安全没有影响；$IFS_c \leq 1$，农药 c 对食品安全的影响可以接受；$IFS_c > 1$，农药 c 对食品安全的影响不可接受。

本次评价中：

$IFS_c \leq 0.1$，农药 c 对水果蔬菜安全没有影响；

$0.1 < IFS_c \leq 1$，农药 c 对水果蔬菜安全的影响可以接受；

$IFS_c > 1$，农药 c 对水果蔬菜安全的影响不可接受。

本次评价中残留水平 R_i 取值为中国检验检疫科学研究院庞国芳院士课题组利用以高分辨精确质量数（0.0001 m/z）为基准的 GC-Q-TOF/MS 侦测技术于 2017 年 5 月~2017 年 9 月对海南蔬菜产区水果蔬菜农药残留的侦测结果，估计日消费量 F_i 取值 0.38 kg/(人·天)，E_i=1，P_i=1，f=1，SI_c 采用《食品安全国家标准　食品中农药最大残留限量》（GB 2763—2016）中 ADI 值（具体数值见表 20-4），人平均体重（bw）取值 60 kg。

2) 计算 IFS_c 的平均值 $\overline{IFS}$，评价农药对食品安全的影响程度

以 $\overline{IFS}$ 评价各种农药对人体健康危害的总程度，评价模型见公式（20-2）。

$$\overline{IFS} = \frac{\sum_{i=1}^{n} IFS_c}{n} \tag{20-2}$$

$\overline{IFS} \ll 1$，所研究消费者人群的食品安全状态很好；$\overline{IFS} \leq 1$，所研究消费者人群的食品安全状态可以接受；$\overline{IFS} > 1$，所研究消费者人群的食品安全状态不可接受。

本次评价中：

$\overline{IFS} \leq 0.1$，所研究消费者人群的水果蔬菜安全状态很好；

$0.1 < \overline{IFS} \leq 1$，所研究消费者人群的水果蔬菜安全状态可以接受；

$\overline{IFS} > 1$，所研究消费者人群的水果蔬菜安全状态不可接受。

表 20-4　海南蔬菜产区水果蔬菜中侦测出农药的 ADI 值

序号	农药	ADI	序号	农药	ADI	序号	农药	ADI
1	醚菌酯	0.4	36	氰戊菊酯	0.02	71	威杀灵	—
2	霜霉威	0.4	37	高效氯氟氰菊酯	0.02	72	氟丙菊酯	—
3	马拉硫磷	0.3	38	百菌清	0.02	73	联苯	—
4	嘧菌酯	0.2	39	莠去津	0.02	74	萘乙酰胺	—
5	嘧霉胺	0.2	40	氟吡菌酰胺	0.01	75	除虫菊素 I	—
6	喹氧灵	0.2	41	联苯菊酯	0.01	76	烯虫酯	—
7	增效醚	0.2	42	毒死蜱	0.01	77	γ-氟氯氰菌酯	—
8	萘乙酸	0.15	43	哒螨灵	0.01	78	溴丁酰草胺	—
9	腐霉利	0.1	44	丙硫克百威	0.01	79	双苯酰草胺	—
10	多效唑	0.1	45	炔螨特	0.01	80	麦草氟异丙酯	—
11	吡丙醚	0.1	46	螺螨酯	0.01	81	拌种咯	—
12	噻菌灵	0.1	47	双甲脒	0.01	82	3,5-二氯苯胺	—
13	丁草胺	0.1	48	联苯肼酯	0.01	83	三氟甲吡醚	—
14	啶氧菌酯	0.09	49	噁霜灵	0.01	84	烯虫炔酯	—
15	甲霜灵	0.08	50	五氯硝基苯	0.01	85	甲醚菊酯	—
16	二苯胺	0.08	51	噻嗪酮	0.009	86	邻苯二甲酰亚胺	—
17	仲丁威	0.06	52	甲萘威	0.008	87	炔丙菊酯	—
18	氯菊酯	0.05	53	萎锈灵	0.008	88	氟噻草胺	—
19	啶酰菌胺	0.04	54	氟硅唑	0.007	89	氟唑菌酰胺	—
20	肟菌酯	0.04	55	硫丹	0.006	90	丙硫磷	—
21	扑草净	0.04	56	唑虫酰胺	0.006	91	嘧啶磷	—
22	异稻瘟净	0.035	57	己唑醇	0.005	92	吡螨胺	—
23	三唑醇	0.03	58	烯唑醇	0.005	93	丁羟茴香醚	—
24	丙溴磷	0.03	59	喹螨醚	0.005	94	四氟醚唑	—
25	戊唑醇	0.03	60	敌敌畏	0.004	95	五氯苯甲腈	—
26	嘧菌环胺	0.03	61	乙霉威	0.004	96	五氯苯胺	—
27	二甲戊灵	0.03	62	甲胺磷	0.004	97	杀螨酯	—
28	甲氰菊酯	0.03	63	水胺硫磷	0.003	98	特丁通	—
29	虫螨腈	0.03	64	乙硫磷	0.002	99	胺菊酯	—
30	三唑酮	0.03	65	异丙威	0.002	100	拌种胺	—
31	腈菌唑	0.03	66	克百威	0.001	101	缬霉威	—
32	戊菌唑	0.03	67	三唑磷	0.001	102	新燕灵	—
33	甲基嘧啶磷	0.03	68	甲拌磷	0.0007	103	戊草丹	—
34	氟乐灵	0.025	69	喹硫磷	0.0005	104	除草醚	—
35	氯氰菊酯	0.02	70	烯丙菊酯	—	105	五氯苯	—

注：“—”表示为国家标准中无 ADI 值规定；ADI 值单位为 mg/kg bw

20.1.2.2　预警风险评估模型

2003 年，我国检验检疫食品安全管理的研究人员根据 WTO 的有关原则和我国的具体规定，结合危害物本身的敏感性、风险程度及其相应的施检频率，首次提出了食品中危害物风险系数 R 的概念[12]。R 是衡量一个危害物的风险程度大小最直观的参数，即在一定时期内其超标率或阳性检出率的高低，但受其施检频率的高低及其本身的敏感性(受关注程度)影响。该模型综合考察了农药在蔬菜中的超标率、施检频率及其本身敏感性，能直观而全面地反映出农药在一段时间内的风险程度[13]。

1) R 计算方法

危害物的风险系数综合考虑了危害物的超标率或阳性检出率、施检频率和其本身的敏感性影响，并能直观而全面地反映出危害物在一段时间内的风险程度。风险系数 R 的计算公式如式(20-3)：

$$R = aP + \frac{b}{F} + S \tag{20-3}$$

式中，P 为该种危害物的超标率；F 为危害物的施检频率；S 为危害物的敏感因子；a, b 分别为相应的权重系数。

本次评价中 F=1；S=1；a =100；b =0.1，对参数 P 进行计算，计算时首先判断是否为禁用农药，如果为非禁用农药，P=超标的样品数(侦测出的含量高于食品最大残留限量标准值，即 MRL)除以总样品数(包括超标、不超标、未侦测出)；如果为禁用农药，则侦测出即为超标，P=能侦测出的样品数除以总样品数。判断海南蔬菜产区水果蔬菜农药残留是否超标的标准限值 MRL 分别以 MRL 中国国家标准[14]和 MRL 欧盟标准作为对照，具体值列于本报告附表一中。

2) 评价风险程度

$R \leqslant 1.5$，受检农药处于低度风险；

$1.5 < R \leqslant 2.5$，受检农药处于中度风险；

$R > 2.5$，受检农药处于高度风险。

20.1.2.3　食品膳食暴露风险和预警风险评估应用程序的开发

1) 应用程序开发的步骤

为成功开发膳食暴露风险和预警风险评估应用程序，与软件工程师多次沟通讨论，逐步提出并描述清楚计算需求，开发了初步应用程序。为明确出不同水果蔬菜、不同农药、不同地域和不同季节的风险水平，向软件工程师提出不同的计算需求，软件工程师对计算需求进行逐一分析，经过反复的细节沟通，需求分析得到明确后，开始进行解决方案的设计，在保证需求的完整性、一致性的前提下，编写出程序代码，最后设计出满足需求的风险评估专用计算软件，并通过一系列的软件测试和改进，完成专用程序的开发。软件开发基本步骤见图 20-3。

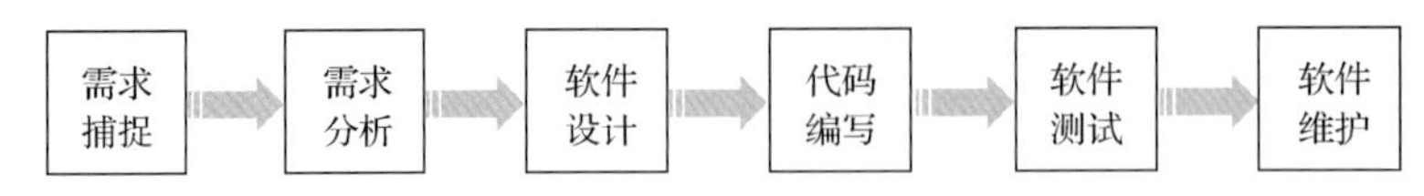

图 20-3　专用程序开发总体步骤

2）膳食暴露风险评估专业程序开发的基本要求

首先直接利用公式（20-1），分别计算 LC-Q-TOF/MS 和 GC-Q-TOF/MS 仪器侦测出的各水果蔬菜样品中每种农药 IFS_c，将结果列出。为考察超标农药和禁用农药的使用安全性，分别以我国《食品安全国家标准食品中农药最大残留限量》（GB 2763—2016）和欧盟食品中农药最大残留限量（以下简称 MRL 中国国家标准和 MRL 欧盟标准）为标准，对侦测出的禁用农药和超标的非禁用农药 IFS_c 单独进行评价；按 IFS_c 大小列表，并找出 IFS_c 值排名前 20 的样本重点关注。

对不同水果蔬菜 i 中每一种侦测出的农药 c 的安全指数进行计算，多个样品时求平均值。若监测数据为该市多个月的数据，则逐月、逐季度分别列出每个月、每个季度内每一种水果蔬菜 i 对应的每一种农药 c 的 IFS_c。

按农药种类，计算整个监测时间段内每种农药的 IFS_c，不区分水果蔬菜。若侦测数据为该市多个月的数据，则需分别计算每个月、每个季度内每种农药的 IFS_c。

3）预警风险评估专业程序开发的基本要求

分别以 MRL 中国国家标准和 MRL 欧盟标准，按公式（20-3）逐个计算不同水果蔬菜、不同农药的风险系数，禁用农药和非禁用农药分别列表。

为清楚了解各种农药的预警风险，不分时间，不分水果蔬菜，按禁用农药和非禁用农药分类，分别计算各种侦测出农药全部侦测时段内风险系数。由于有 MRL 中国国家标准的农药种类太少，无法计算超标数，非禁用农药的风险系数只以 MRL 欧盟标准为标准，进行计算。若侦测数据为多个月的，则按月计算每个月、每个季度内每种禁用农药残留的风险系数和以 MRL 欧盟标准为标准的非禁用农药残留的风险系数。

4）风险程度评价专业应用程序的开发方法

采用 Python 计算机程序设计语言，Python 是一个高层次地结合了解释性、编译性、互动性和面向对象的脚本语言。风险评价专用程序主要功能包括：分别读入每例样品 LC-Q-TOF/MS 和 GC-Q-TOF/MS 农药残留侦测数据，根据风险评价工作要求，依次对不同农药、不同食品、不同时间、不同采样点的 IFS_c 值和 R 值分别进行数据计算，筛选出禁用农药、超标农药（分别与 MRL 中国国家标准、MRL 欧盟标准限值进行对比）单独重点分析，再分别对各农药、各水果蔬菜种类分类处理，设计出计算和排序程序，编写计算机代码，最后将生成的膳食暴露风险评估和超标风险评估定量计算结果列入设计好的各个表格中，并定性判断风险对目标的影响程度，直接用文字描述风险发生的高低，如“不可接受”、“可以接受”、“没有影响”、“高度风险”、“中度风险”、“低度风险”。

20.2　GC-Q-TOF/MS 侦测海南蔬菜产区市售水果蔬菜农药残留膳食暴露风险评估

20.2.1　每例水果蔬菜样品中农药残留安全指数分析

基于农药残留侦测数据，发现在 724 例样品中侦测出农药 1091 频次，计算样品中每种残留农药的安全指数 IFS_c，并分析农药对样品安全的影响程度，结果详见附表二，农药残留对水果蔬菜样品安全的影响程度频次分布情况如图 20-4 所示。

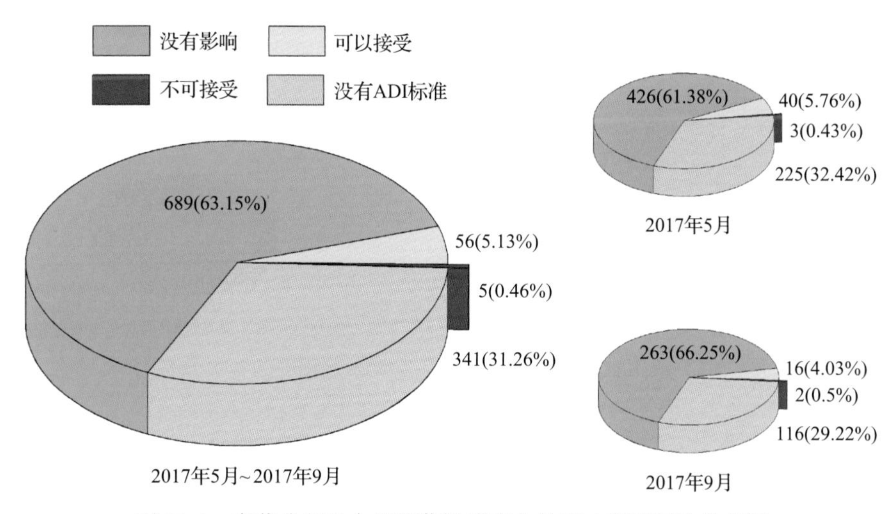

图 20-4　农药残留对水果蔬菜样品安全的影响程度频次分布图

由图 20-4 可以看出，农药残留对样品安全的影响不可接受的频次为 5，占 0.46%；农药残留对样品安全的影响可以接受的频次为 56，占 5.13%；农药残留对样品安全没有影响的频次为 689，占 63.15%。分析发现，在 2017 年 5 月和 2017 年 9 月内均有农药对样品安全影响不可接受，其他月份内，农药对样品安全的影响均在可以接受和没有影响的范围内。表 20-5 为对水果蔬菜样品中安全指数不可接受的农药残留列表。

表 20-5　水果蔬菜样品中安全影响不可接受的农药残留列表

序号	样品编号	采样点	基质	农药	含量 (mg/kg)	IFS_c
1	20170927-460200-CAIQ-YM-35A	***超市（胜利店）	油麦菜	唑虫酰胺	7.4742	7.8894
2	20170923-469005-CAIQ-LE-28A	***市场	生菜	唑虫酰胺	1.8141	1.9149
3	20170523-469028-USI-YM-34A	***市场	油麦菜	唑虫酰胺	1.6441	1.7354
4	20170523-469028-USI-YM-33A	***超市	油麦菜	唑虫酰胺	1.5903	1.6787
5	20170521-469023-USI-YM-30A	***市场	油麦菜	唑虫酰胺	0.9599	1.0132

部分样品侦测出禁用农药 7 种 23 频次，为了明确残留的禁用农药对样品安全的影响，分析侦测出禁用农药残留的样品安全指数，禁用农药残留对水果蔬菜样品安全的影响程度频次分布情况如图 20-5 所示，农药残留对样品安全的影响可以接受的频次为 8，占 34.78%；农药残留对样品安全没有影响的频次为 14，占 60.87%。由图中可以看出，所有月份的水果蔬菜样品中均侦测出禁用农药残留，分析发现，所有其他月份内，禁用农药对样品安全的影响均在可以接受和没有影响的范围内。表 20-6 列出了水果蔬菜样品中侦测出的残留禁用农药的安全指数表。

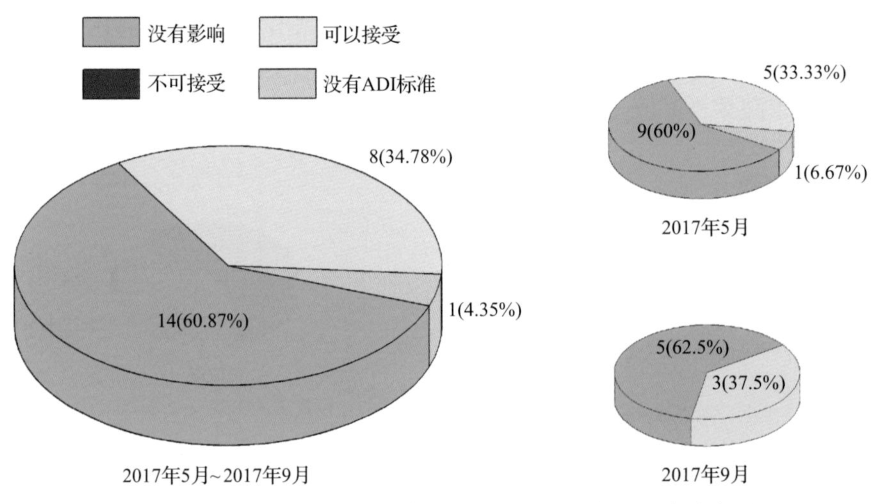

图 20-5　禁用农药对水果蔬菜样品安全影响程度的频次分布图

表 20-6　水果蔬菜样品中侦测出的残留禁用农药的安全指数表

序号	样品编号	采样点	基质	农药	含量(mg/kg)	IFS_c	影响程度
1	20170927-460200-CAIQ-CE-33A	***超市(解放四路店)	芹菜	甲拌磷	0.0996	0.9011	可以接受
2	20170521-469023-CAIQ-CE-27A	***超市	芹菜	克百威	0.0375	0.2375	可以接受
3	20170524-460200-USI-CE-38A	***市场	芹菜	克百威	0.0324	0.2052	可以接受
4	20170520-460200-USI-CE-26A	***市场	芹菜	克百威	0.0232	0.1469	可以接受
5	20170523-469028-USI-CE-34A	***市场	芹菜	克百威	0.0199	0.1260	可以接受
6	20170927-460200-CAIQ-HL-32A	***超市(国际购物中心店)	火龙果	甲拌磷	0.0119	0.1077	可以接受
7	20170521-469023-USI-CE-28A	***超市	芹菜	克百威	0.0166	0.1051	可以接受
8	20170927-460200-CAIQ-HU-36A	***市场	胡萝卜	水胺硫磷	0.0491	0.1037	可以接受
9	20170524-460200-USI-CE-36A	***超市(胜利店)	芹菜	克百威	0.0145	0.0918	没有影响
10	20170518-469028-USI-CE-31A	***超市(陵水店)	芹菜	克百威	0.0135	0.0855	没有影响

续表

序号	样品编号	采样点	基质	农药	含量(mg/kg)	IFS_c	影响程度
11	20170524-460200-USI-CE-36A	***超市(胜利店)	芹菜	硫丹	0.0793	0.0837	没有影响
12	20170927-460200-CAIQ-GP-36A	***市场	葡萄	氰戊菊酯	0.2326	0.0737	没有影响
13	20170524-460200-USI-CE-37A	***市场	芹菜	克百威	0.009	0.0570	没有影响
14	20170927-460200-CAIQ-GP-34A	***超市(三亚店)	葡萄	克百威	0.0078	0.0494	没有影响
15	20170927-460200-CAIQ-CE-34A	***超市(三亚店)	芹菜	克百威	0.0024	0.0152	没有影响
16	20170927-460200-CAIQ-CE-33A	***超市(解放四路店)	芹菜	克百威	0.0018	0.0114	没有影响
17	20170521-469023-USI-YM-30A	***市场	油麦菜	甲胺磷	0.0071	0.0112	没有影响
18	20170922-469023-CAIQ-CE-23A	***超市(澄迈店)	芹菜	克百威	0.0015	0.0095	没有影响
19	20170523-469028-USI-XH-33A	***超市	西葫芦	硫丹	0.0079	0.0083	没有影响
20	20170524-460200-USI-LZ-35A	***超市(三亚店)	李子	硫丹	0.0021	0.0022	没有影响
21	20170521-469023-USI-LZ-29A	***超市(澄迈店)	李子	硫丹	0.002	0.0021	没有影响
22	20170523-469028-USI-LZ-33A	***超市	李子	硫丹	0.0014	0.0015	没有影响
23	20170521-469023-CAIQ-CE-27A	***超市	芹菜	除草醚	0.0414	—	—

此外，本次侦测发现部分样品中非禁用农药残留量超过了 MRL 中国国家标准和欧盟标准，为了明确超标的非禁用农药对样品安全的影响，分析了非禁用农药残留超标的样品安全指数。

水果蔬菜残留量超过 MRL 中国国家标准的非禁用农药共 2 频次，农药残留对样品安全的影响均为可以接受。表 20-7 为水果蔬菜样品中侦测出的非禁用农药残留安全指数表。

表 20-7　水果蔬菜样品中侦测出的非禁用农药残留安全指数表(MRL 中国国家标准)

序号	样品编号	采样点	基质	农药	含量(mg/kg)	中国国家标准	IFS_c	影响程度
1	20170518-469028-USI-AP-32A	***超市(陵水店)	苹果	敌敌畏	0.12	0.1	0.1900	可以接受
2	20170518-469005-CAIQ-TO-25A	***超市(***商业城店)	番茄	高效氯氟氰菊酯	0.3313	0.2	0.1049	可以接受

残留量超过 MRL 欧盟标准的非禁用农药对水果蔬菜样品安全的影响程度频次分布情况如图 20-6 所示。可以看出超过 MRL 欧盟标准的非禁用农药共 461 频次，其中农药没有 ADI 标准的频次为 225，占 48.81%；农药残留对样品安全不可接受的频次为 5，占

1.08%；农药残留对样品安全的影响可以接受的频次为 38，占 8.24%；农药残留对样品安全没有影响的频次为 193，占 41.87%。表 20-8 为水果蔬菜样品中不可接受的残留超标非禁用农药安全指数列表。

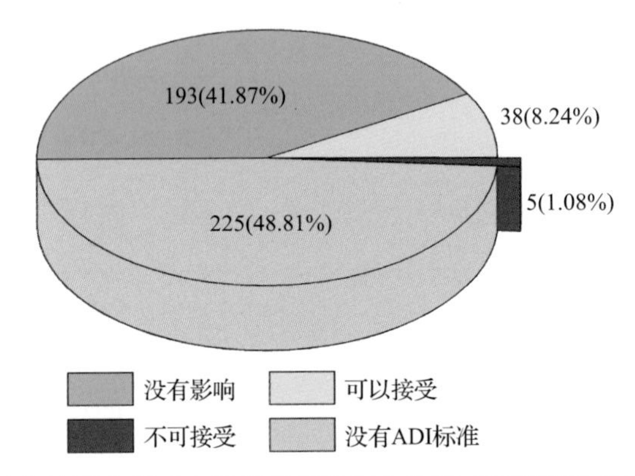

图 20-6 残留超标的非禁用农药对水果蔬菜样品安全的影响程度频次分布图(MRL 欧盟标准)

表 20-8 对水果蔬菜样品中不可接受的残留超标非禁用农药安全指数列表(MRL 欧盟标准)

序号	样品编号	采样点	基质	农药	含量(mg/kg)	欧盟标准	IFS_c
1	20170927-460200-CAIQ-YM-35A	***超市(胜利店)	油麦菜	唑虫酰胺	7.4742	0.01	7.8894
2	20170923-469005-CAIQ-LE-28A	***市场	生菜	唑虫酰胺	1.8141	0.01	1.9149
3	20170523-469028-USI-YM-34A	***市场	油麦菜	唑虫酰胺	1.6441	0.01	1.7354
4	20170523-469028-USI-YM-33A	***超市	油麦菜	唑虫酰胺	1.5903	0.01	1.6787
5	20170521-469023-USI-YM-30A	***市场	油麦菜	唑虫酰胺	0.9599	0.01	1.0132

在 724 例样品中，241 例样品未侦测出农药残留，483 例样品中侦测出农药残留，计算每例有农药侦测出样品的 $\overline{IFS}$ 值，进而分析样品的安全状态，结果如图 20-7 所示(未

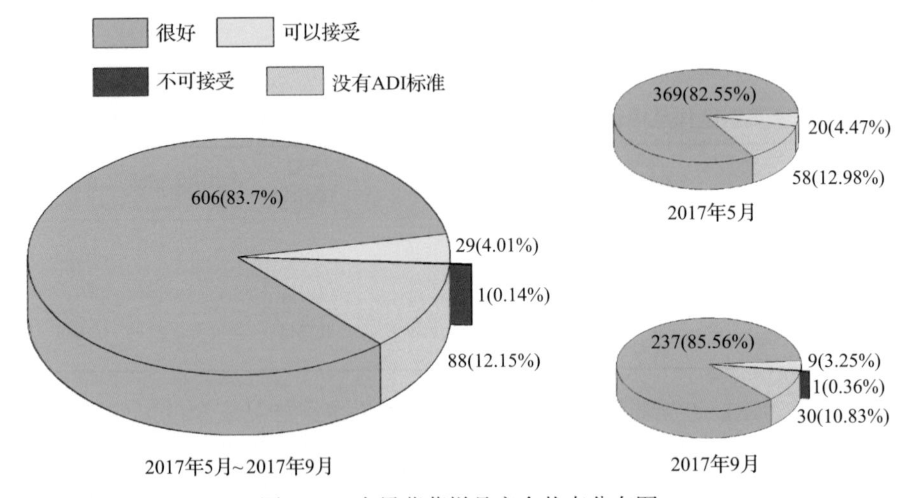

图 20-7 水果蔬菜样品安全状态分布图

侦测出农药的样品安全状态视为很好）。可以看出，0.14%的样品安全状态不可接受；4.01%的样品安全状态可以接受；83.7%的样品安全状态很好。此外，可以看出只有 2017 年 9 月有 1 例样品安全状态不可接受，其他月份内的样品安全状态均在很好和可以接受的范围内。表 20-9 列出了安全状态不可接受的水果蔬菜样品。

表 20-9　水果蔬菜安全状态不可接受的样品列表

序号	样品编号	采样点	基质	$\overline{IFS}$
1	20170927-460200-CAIQ-YM-35A	***超市（胜利店）	油麦菜	1.3544

20.2.2　单种水果蔬菜中农药残留安全指数分析

本次 45 种水果蔬菜中侦测出 105 种农药，检出频次为 1091 次，其中 36 种农药没有 ADI 标准，69 种农药存在 ADI 标准。所有水果蔬菜均侦测出农药，丝瓜和紫甘蓝等 2 种水果蔬菜侦测出农药残留全部没有 ADI 标准，对其他的 43 种水果蔬菜按不同种类分别计算侦测出的具有 ADI 标准的各种农药的 IFS_c 值，农药残留对水果蔬菜的安全指数分布图如图 20-8 所示。

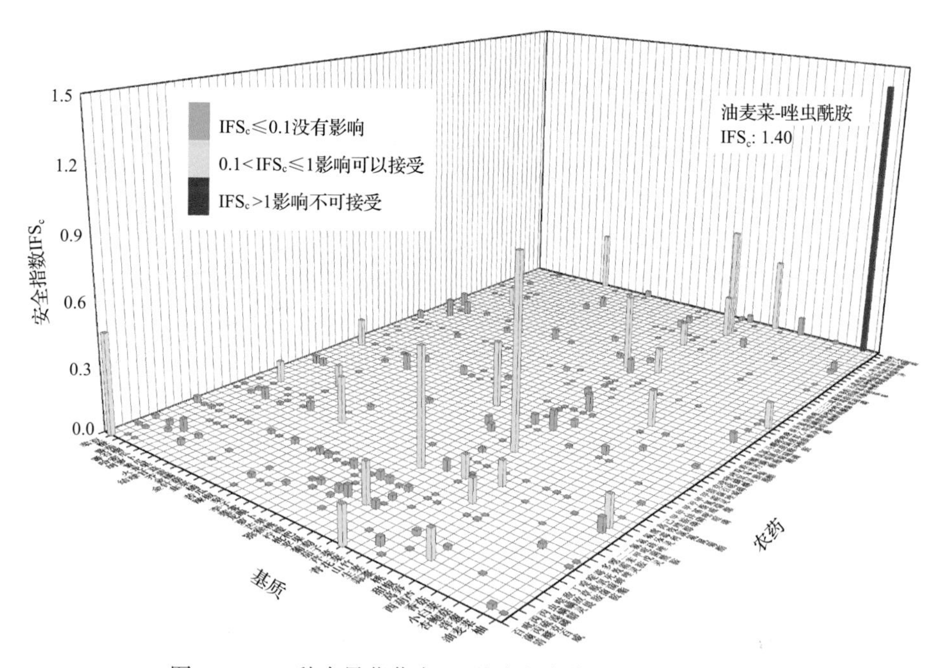

图 20-8　43 种水果蔬菜中 69 种残留农药的安全指数分布图

分析发现 1 种水果蔬菜（油麦菜）中的唑虫酰胺残留对食品安全影响不可接受，如表 20-10 所示。

表 20-10　单种水果蔬菜中安全影响不可接受的残留农药安全指数表

序号	基质	农药	检出频次	检出率（%）	IFS>1 的频次	IFS>1 的比例（%）	IFS_c
1	油麦菜	唑虫酰胺	10	15.63	4	6.25	1.3962

本次侦测中，45 种水果蔬菜和 105 种残留农药(包括没有 ADI 标准)共涉及 401 个分析样本，农药对单种水果蔬菜安全的影响程度分布情况如图 20-9 所示。可以看出，66.83%的样本中农药对水果蔬菜安全没有影响，6.23%的样本中农药对水果蔬菜安全的影响可以接受，0.25%的样本中农药对水果蔬菜安全的影响不可接受。

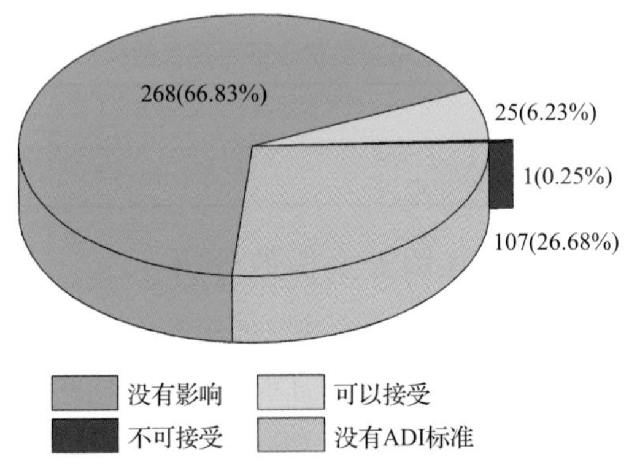

图 20-9　401 个分析样本的影响程度频次分布图

此外，分别计算 43 种水果蔬菜中所有侦测出农药 IFS_c 的平均值 $\overline{IFS}$，分析每种水果蔬菜的安全状态，结果如图 20-10 所示，分析发现，4 种水果蔬菜(9.30%)的安全状态可以接受，39 种(90.70%)水果蔬菜的安全状态很好。

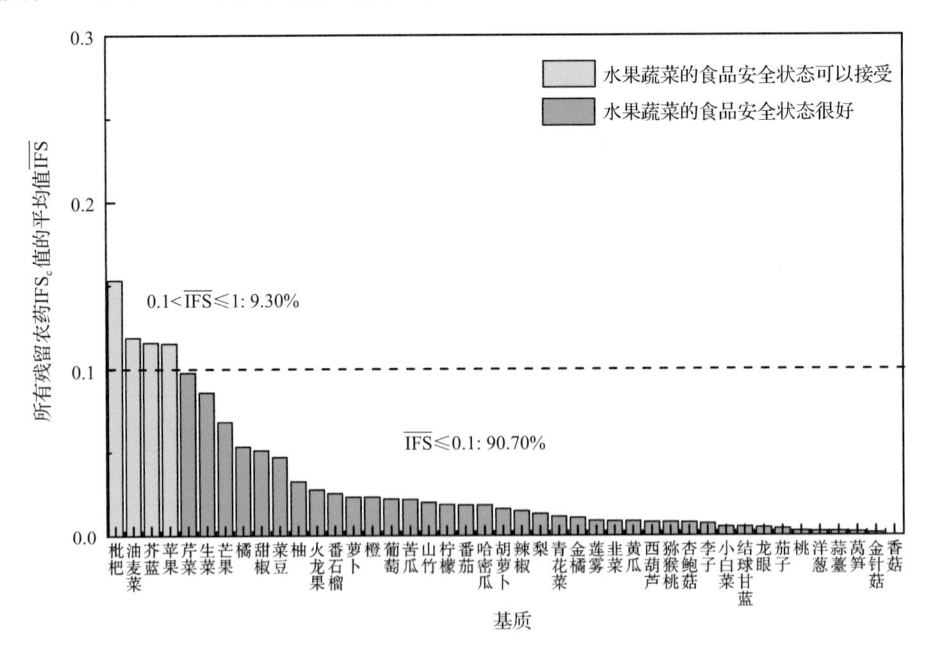

图 20-10　43 种水果蔬菜的 $\overline{IFS}$ 值和安全状态统计图

对每个月内每种水果蔬菜中农药的 IFS_c 进行分析，并计算每月内每种水果蔬菜的 $\overline{IFS}$ 值，以评价每种水果蔬菜的安全状态，结果如图 20-11 所示，可以看出，所有月份的所有水果蔬菜安全状态均处于很好和可以接受的范围内，各月份内单种水果蔬菜安全状态统计情况如图 20-12 所示。

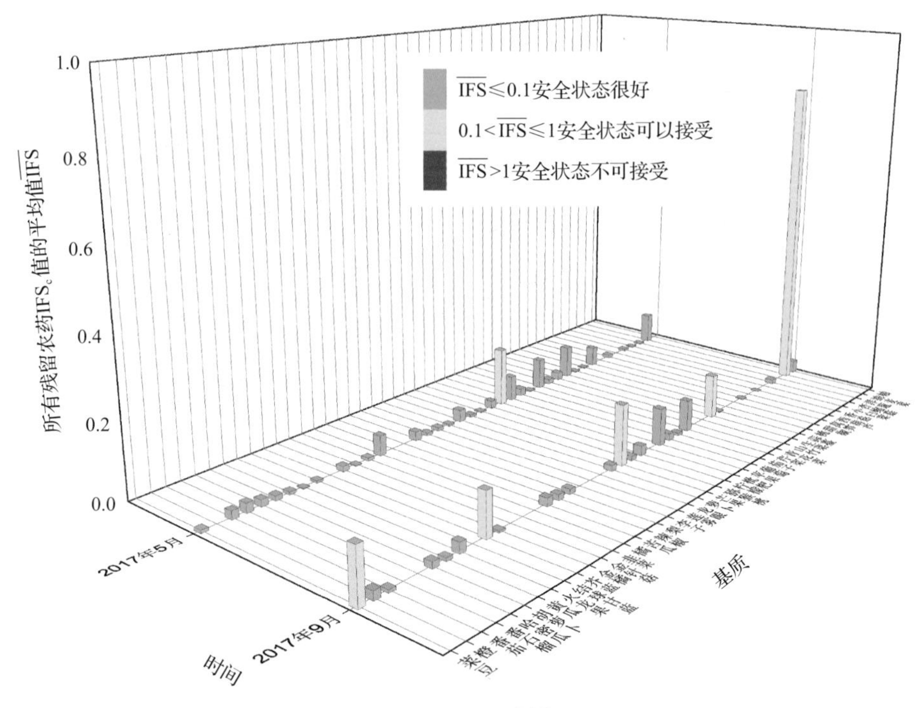

图 20-11　各月内每种水果蔬菜的 $\overline{IFS}$ 值与安全状态分布图

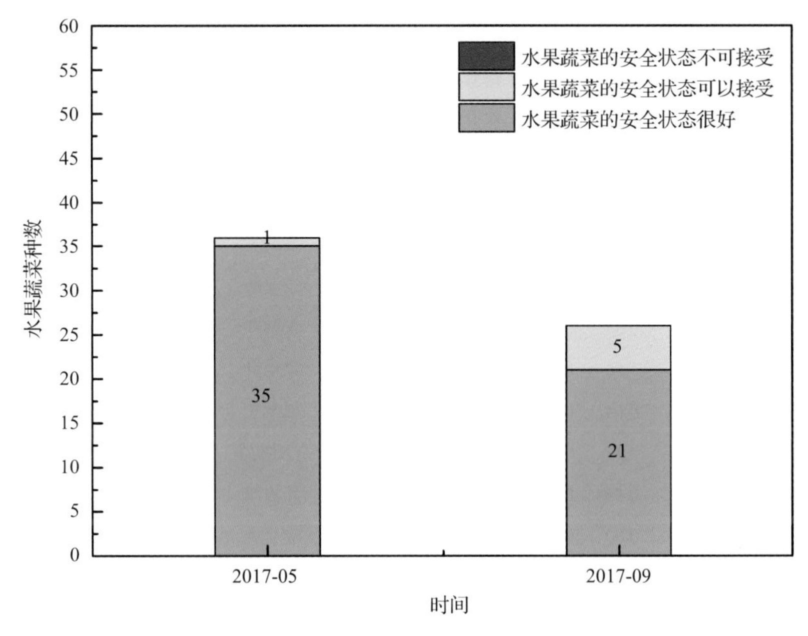

图 20-12　各月份内单种水果蔬菜安全状态统计图

20.2.3　所有水果蔬菜中农药残留安全指数分析

计算所有水果蔬菜中 69 种农药的 $\overline{IFS}_c$ 值，结果如表 20-11 及图 20-13 所示。

表 20-11　水果蔬菜中 69 种农药残留的安全指数表

序号	农药	检出频次	检出率 (%)	$\overline{IFS_c}$	影响程度	序号	农药	检出频次	检出率 (%)	$\overline{IFS_c}$	影响程度
1	唑虫酰胺	28	2.57	0.6401	可以接受	36	嘧菌酯	23	2.11	0.0133	没有影响
2	甲拌磷	2	0.18	0.5044	可以接受	37	五氯硝基苯	1	0.09	0.0131	没有影响
3	二甲戊灵	8	0.73	0.3401	可以接受	38	腈菌唑	3	0.27	0.0131	没有影响
4	百菌清	2	0.18	0.3252	可以接受	39	虫螨腈	3	0.27	0.0124	没有影响
5	喹硫磷	1	0.09	0.3167	可以接受	40	啶酰菌胺	12	1.10	0.0123	没有影响
6	异丙威	2	0.18	0.2996	可以接受	41	甲胺磷	1	0.09	0.0112	没有影响
7	炔螨特	4	0.37	0.2163	可以接受	42	三唑醇	9	0.82	0.0110	没有影响
8	乙霉威	4	0.37	0.1643	可以接受	43	联苯菊酯	42	3.85	0.0082	没有影响
9	噁霜灵	2	0.18	0.1115	可以接受	44	嘧霉胺	38	3.48	0.0076	没有影响
10	高效氯氟氰菊酯	1	0.09	0.1049	可以接受	45	戊唑醇	47	4.31	0.0066	没有影响
11	水胺硫磷	1	0.09	0.1037	可以接受	46	嘧菌环胺	8	0.73	0.0062	没有影响
12	克百威	12	1.10	0.0951	没有影响	47	萘乙酸	11	1.01	0.0053	没有影响
13	氟硅唑	36	3.30	0.0928	没有影响	48	氯菊酯	1	0.09	0.0045	没有影响
14	联苯肼酯	2	0.18	0.0743	没有影响	49	甲霜灵	12	1.10	0.0037	没有影响
15	氰戊菊酯	1	0.09	0.0737	没有影响	50	啶氧菌酯	8	0.73	0.0033	没有影响
16	螺螨酯	5	0.46	0.0729	没有影响	51	吡丙醚	15	1.37	0.0031	没有影响
17	三唑磷	1	0.09	0.0697	没有影响	52	三唑酮	1	0.09	0.0029	没有影响
18	敌敌畏	6	0.55	0.0574	没有影响	53	仲丁威	39	3.57	0.0027	没有影响
19	氯氰菊酯	8	0.73	0.0450	没有影响	54	腐霉利	52	4.77	0.0025	没有影响
20	烯唑醇	9	0.82	0.0448	没有影响	55	甲基嘧啶磷	1	0.09	0.0023	没有影响
21	噻菌灵	6	0.55	0.0442	没有影响	56	霜霉威	2	0.18	0.0022	没有影响
22	乙硫磷	4	0.37	0.0439	没有影响	57	萎锈灵	1	0.09	0.0018	没有影响
23	氟吡菌酰胺	25	2.29	0.0418	没有影响	58	丁草胺	1	0.09	0.0014	没有影响
24	丙硫克百威	4	0.37	0.0393	没有影响	59	戊菌唑	2	0.18	0.0013	没有影响
25	喹螨醚	17	1.56	0.0342	没有影响	60	氟乐灵	1	0.09	0.0009	没有影响
26	甲氰菊酯	7	0.64	0.0330	没有影响	61	二苯胺	2	0.18	0.0008	没有影响
27	丙溴磷	26	2.38	0.0232	没有影响	62	异稻瘟净	1	0.09	0.0007	没有影响
28	肟菌酯	6	0.55	0.0222	没有影响	63	莠去津	1	0.09	0.0006	没有影响
29	双甲脒	1	0.09	0.0210	没有影响	64	喹氧灵	2	0.18	0.0005	没有影响
30	硫丹	5	0.46	0.0196	没有影响	65	多效唑	8	0.73	0.0005	没有影响
31	甲萘威	2	0.18	0.0192	没有影响	66	扑草净	1	0.09	0.0003	没有影响
32	噻嗪酮	13	1.19	0.0186	没有影响	67	醚菌酯	2	0.18	0.0002	没有影响
33	哒螨灵	18	1.65	0.0166	没有影响	68	增效醚	1	0.09	0.0002	没有影响
34	毒死蜱	122	11.18	0.0161	没有影响	69	马拉硫磷	3	0.27	0.0001	没有影响
35	己唑醇	4	0.37	0.0154	没有影响						

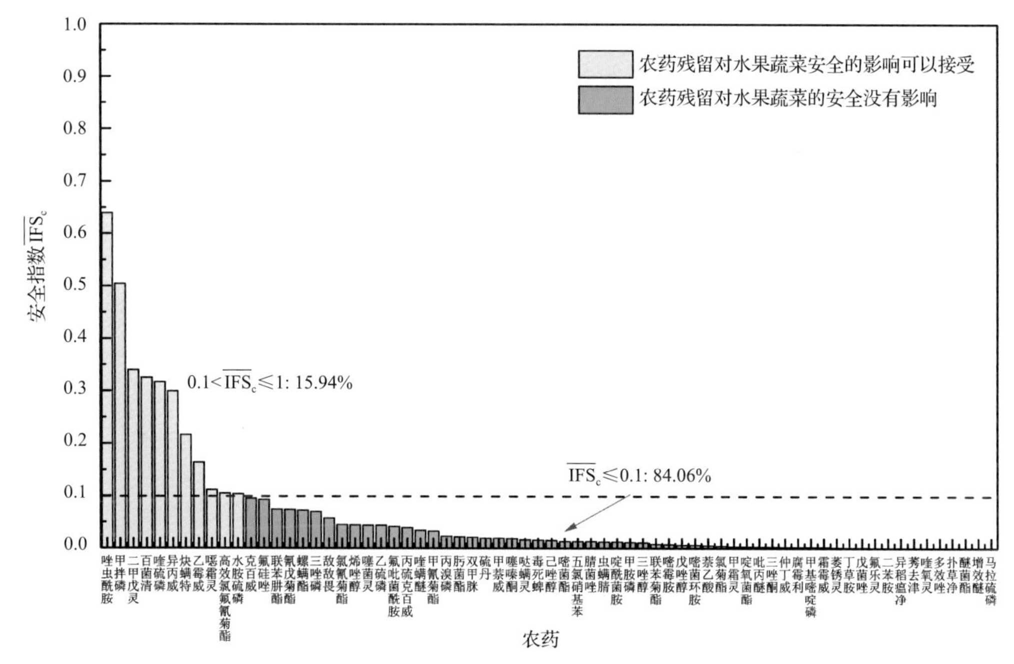

图 20-13　69 种残留农药对水果蔬菜的安全影响程度统计图

分析发现，所有农药的$\overline{IFS}_c$均小于 1，说明所有农药对水果蔬菜安全的影响均在没有影响和可以接受的范围内，其中 15.94%的农药对水果蔬菜安全的影响可以接受，84.06%的农药对水果蔬菜安全没有影响。

对每个月内所有水果蔬菜中残留农药的$\overline{IFS}_c$进行分析，结果如图 20-14 所示。分析

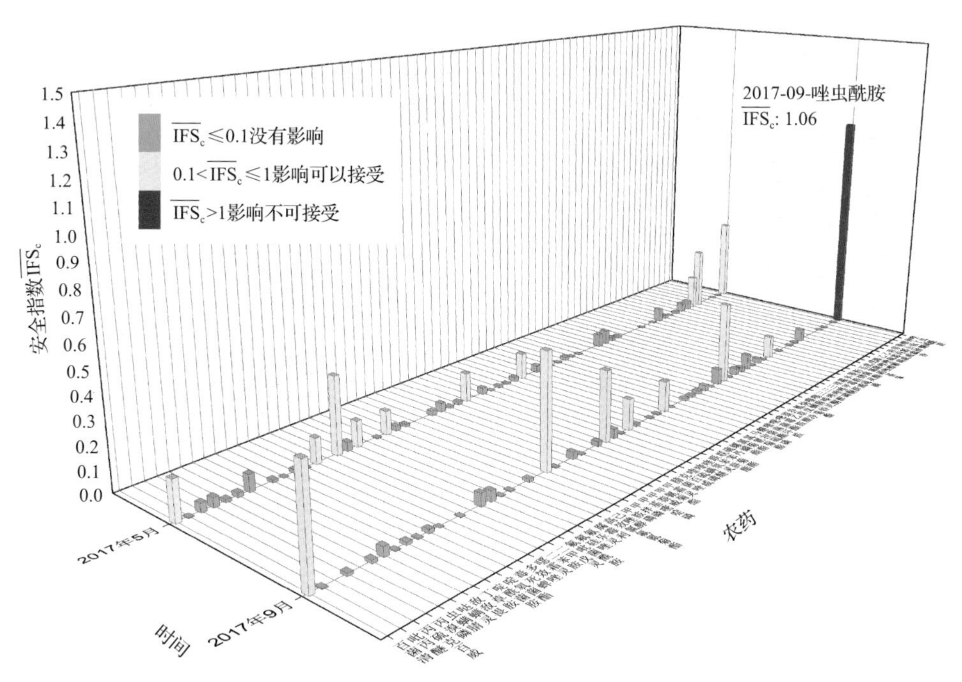

图 20-14　各月份内水果蔬菜中每种残留农药的安全指数分布图

发现，2017 年 9 月的唑虫酰胺对水果蔬菜安全影响不可接受，该月份的其他农药和其他月份的所有农药对水果蔬菜安全的影响均处于没有影响和可以接受的范围内。每月内不同农药对水果蔬菜安全影响程度的统计如图 20-15 所示。

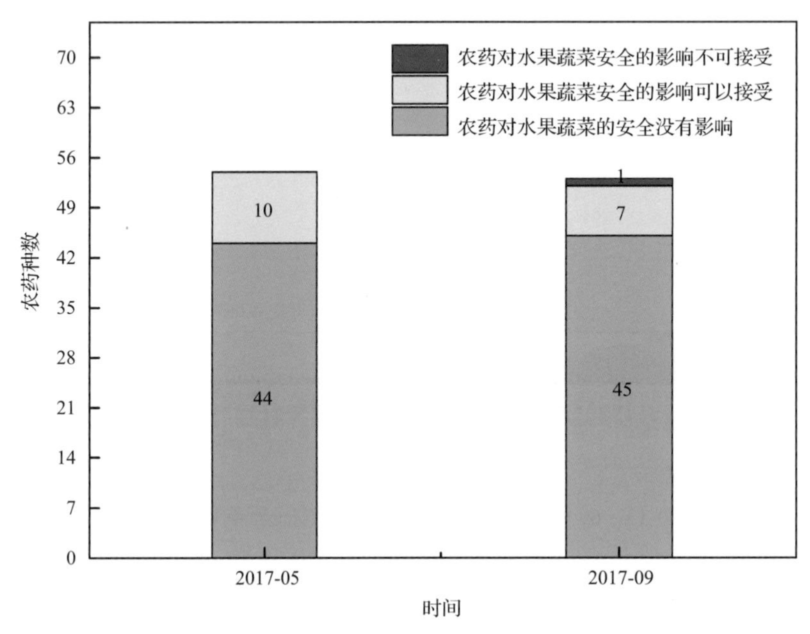

图 20-15　各月份内农药对水果蔬菜安全影响程度的统计图

计算每个月内水果蔬菜的 $\overline{\mathrm{IFS}}$，以分析每月内水果蔬菜的安全状态，结果如图 20-16 所示，可以看出，所有月份的水果蔬菜安全状态均处于很好的范围内。

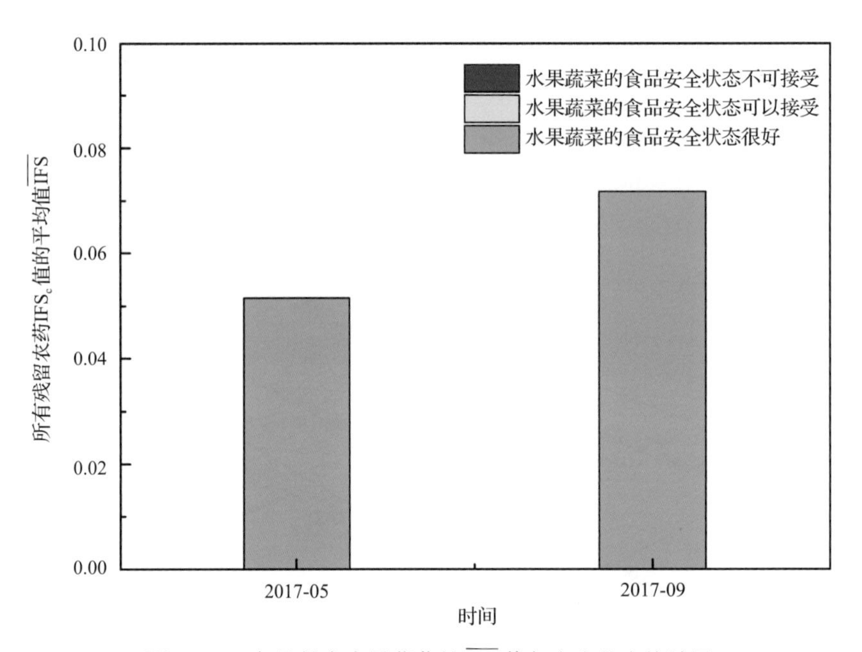

图 20-16　各月份内水果蔬菜的 $\overline{\mathrm{IFS}}$ 值与安全状态统计图

20.3　GC-Q-TOF/MS 侦测海南蔬菜产区市售水果蔬菜农药残留预警风险评估

基于海南蔬菜产区水果蔬菜样品中农药残留 GC-Q-TOF/MS 侦测数据，分析禁用农药的检出率，同时参照中华人民共和国国家标准 GB 2763—2016 和欧盟农药最大残留限量(MRL)标准分析非禁用农药残留的超标率，并计算农药残留风险系数。分析单种水果蔬菜中农药残留以及所有水果蔬菜中农药残留的风险程度。

20.3.1　单种水果蔬菜中农药残留风险系数分析

20.3.1.1　单种水果蔬菜中禁用农药残留风险系数分析

侦测出的 105 种残留农药中有 7 种为禁用农药，且它们分布在 7 种水果蔬菜中，计算 7 种水果蔬菜中禁用农药的超标率，根据超标率计算风险系数 R，进而分析水果蔬菜中禁用农药的风险程度，结果如图 20-17 与表 20-12 所示。分析发现 7 种禁用农药在 7 种水果蔬菜中的残留均处于高度风险。

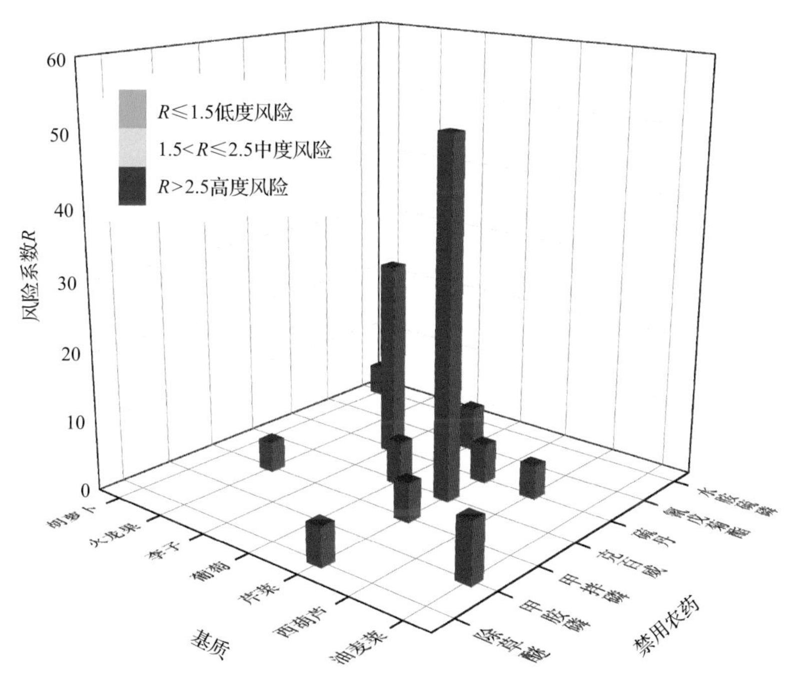

图 20-17　7 种水果蔬菜中 7 种禁用农药的风险系数分布图

表 20-12 7 种水果蔬菜中 7 种禁用农药的风险系数列表

序号	基质	农药	检出频次	检出率(%)	风险系数 *R*	风险程度
1	芹菜	克百威	11	50.00	51.10	高度风险
2	李子	硫丹	3	27.27	28.37	高度风险
3	油麦菜	甲胺磷	1	7.69	8.79	高度风险
4	葡萄	克百威	1	5.26	6.36	高度风险
5	葡萄	氰戊菊酯	1	5.26	6.36	高度风险
6	芹菜	甲拌磷	1	4.55	5.65	高度风险
7	芹菜	硫丹	1	4.55	5.65	高度风险
8	芹菜	除草醚	1	4.55	5.65	高度风险
9	西葫芦	硫丹	1	3.85	4.95	高度风险
10	胡萝卜	水胺硫磷	1	3.45	4.55	高度风险
11	火龙果	甲拌磷	1	3.33	4.43	高度风险

20.3.1.2 基于 MRL 中国国家标准的单种水果蔬菜中非禁用农药残留风险系数分析

参照中华人民共和国国家标准 GB 2763—2016 中农药残留限量计算每种水果蔬菜中每种非禁用农药的超标率，进而计算其风险系数，根据风险系数大小判断残留农药的预警风险程度，水果蔬菜中非禁用农药残留风险程度分布情况如图 20-18 所示。

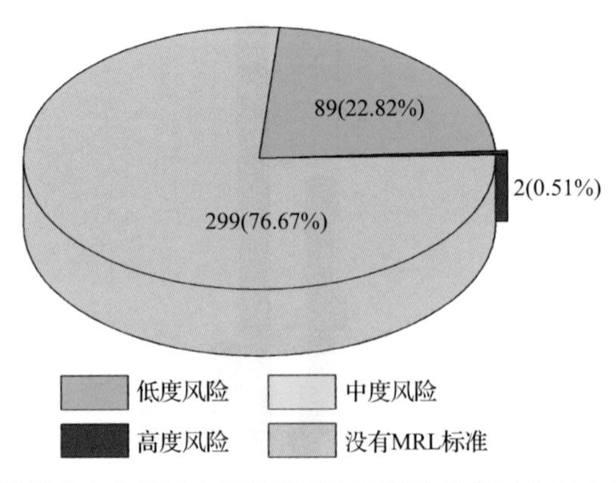

图 20-18 水果蔬菜中非禁用农药风险程度的频次分布图(MRL 中国国家标准)

本次分析中，发现在 45 种水果蔬菜侦测出 98 种残留非禁用农药，涉及样本 390 个，在 390 个样本中，0.51%处于高度风险，22.82%处于低度风险，此外发现有 299 个样本没有 MRL 中国国家标准值，无法判断其风险程度，有 MRL 中国国家标准值的 91 个样本涉及 27 种水果蔬菜中的 34 种非禁用农药，其风险系数 *R* 值如图 20-19 所示。表 20-13 为非禁用农药残留处于高度风险的水果蔬菜列表。

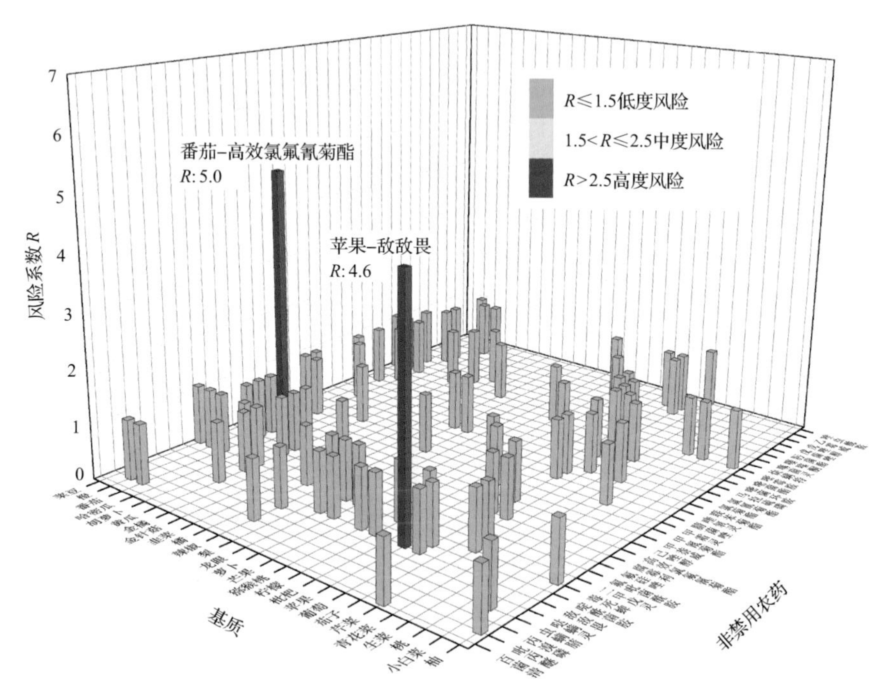

图 20-19 27 种水果蔬菜中 34 种非禁用农药的风险系数分布图(MRL 中国国家标准)

表 20-13 单种水果蔬菜中处于高度风险的非禁用农药风险系数表(MRL 中国国家标准)

序号	基质	农药	超标频次	超标率 P(%)	风险系数 R
1	番茄	高效氯氟氰菊酯	1	3.85	4.95
2	苹果	敌敌畏	1	3.45	4.55

20.3.1.3 基于 MRL 欧盟标准的单种水果蔬菜中非禁用农药残留风险系数分析

参照 MRL 欧盟标准计算每种水果蔬菜中每种非禁用农药的超标率，进而计算其风险系数，根据风险系数大小判断农药残留的预警风险程度，水果蔬菜中非禁用农药残留风险程度分布情况如图 20-20 所示。

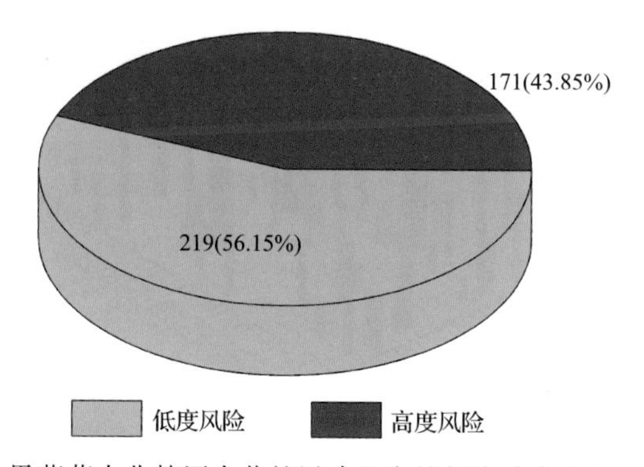

图 20-20 水果蔬菜中非禁用农药的风险程度的频次分布图(MRL 欧盟标准)

本次分析中，发现在 45 种水果蔬菜中共侦测出 98 种非禁用农药，涉及样本 390 个，其中，43.85%处于高度风险，涉及 42 种水果蔬菜和 59 种农药；56.15%处于低度风险，涉及 43 种水果蔬菜和 69 种农药。单种水果蔬菜中的非禁用农药风险系数分布图如图 20-21 所示。单种水果蔬菜中处于高度风险的非禁用农药风险系数如图 20-22 和表 20-14 所示。

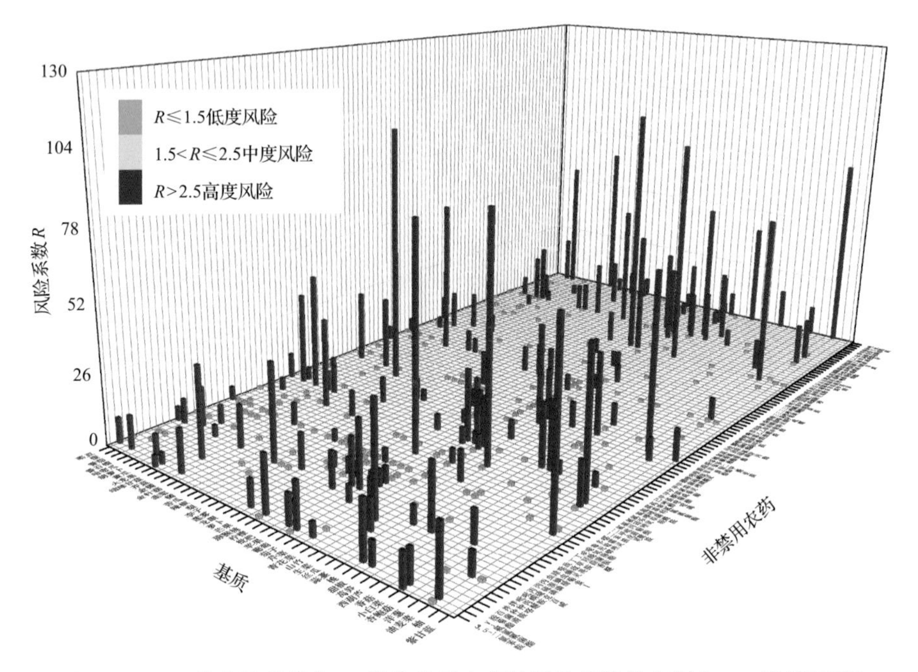

图 20-21　45 种水果蔬菜中 98 种非禁用农药的风险系数分布图(MRL 欧盟标准)

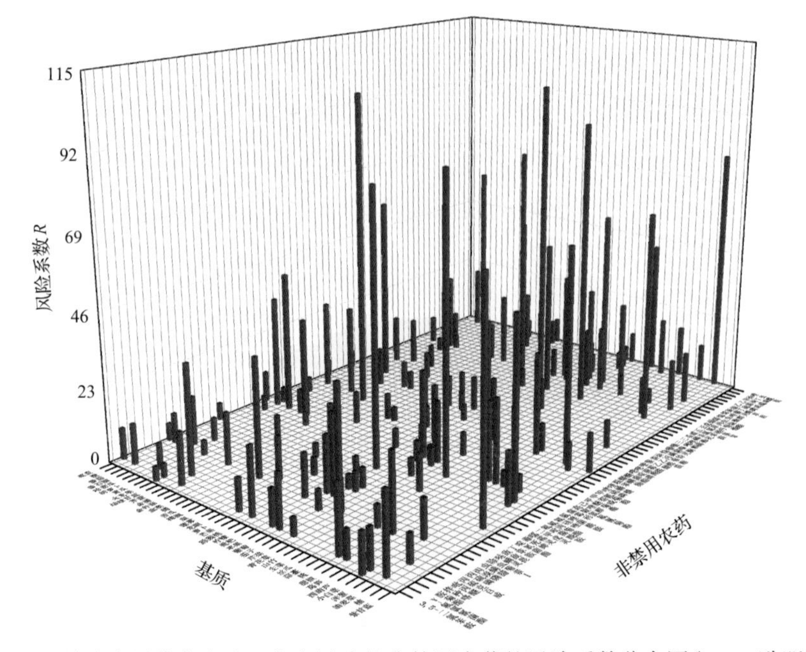

图 20-22　单种水果蔬菜中处于高度风险的非禁用农药的风险系数分布图(MRL 欧盟标准)

表 20-14 单种水果蔬菜中处于高度风险的非禁用农药的风险系数表（MRL 欧盟标准）

序号	基质	农药	超标频次	超标率 P(%)	风险系数 R
1	芥蓝	喹螨醚	3	100	101.10
2	枇杷	威杀灵	6	100	101.10
3	山竹	威杀灵	9	90.00	91.10
4	生菜	氟硅唑	17	89.47	90.57
5	枇杷	二甲戊灵	5	83.33	84.43
6	油麦菜	唑虫酰胺	10	76.92	78.02
7	柚	啶氧菌酯	7	70.00	71.10
8	芥蓝	唑虫酰胺	2	66.67	67.77
9	洋葱	威杀灵	15	65.22	66.32
10	洋葱	联苯	15	65.22	66.32
11	胡萝卜	萘乙酰胺	17	58.62	59.72
12	番石榴	仲丁威	4	57.14	58.24
13	青花菜	烯虫酯	9	56.25	57.35
14	油麦菜	氟硅唑	7	53.85	54.95
15	莲雾	烯丙菊酯	4	50.00	51.10
16	苹果	威杀灵	14	48.28	49.38
17	哈密瓜	腐霉利	7	43.75	44.85
18	生菜	唑虫酰胺	8	42.11	43.21
19	山竹	丙硫克百威	4	40.00	41.10
20	青花菜	喹螨醚	6	37.50	38.60
21	辣椒	丙溴磷	5	35.71	36.81
22	番茄	腐霉利	9	34.62	35.72
23	芥蓝	拌种咯	1	33.33	34.43
24	芥蓝	氟硅唑	1	33.33	34.43
25	枇杷	烯虫炔酯	2	33.33	34.43
26	甜椒	联苯	4	30.77	31.87
27	茄子	烯虫酯	8	29.63	30.73
28	黄瓜	联苯	8	27.59	28.69
29	苹果	烯丙菊酯	8	27.59	28.69
30	番茄	联苯	7	26.92	28.02
31	葡萄	腐霉利	5	26.32	27.42
32	生菜	烯唑醇	5	26.32	27.42
33	莴笋	腐霉利	1	25.00	26.10
34	胡萝卜	烯丙菊酯	7	24.14	25.24

续表

序号	基质	农药	超标频次	超标率 P(%)	风险系数 R
35	苹果	除虫菊素 I	7	24.14	25.24
36	甜椒	丙溴磷	3	23.08	24.18
37	甜椒	腐霉利	3	23.08	24.18
38	油麦菜	γ-氟氯氰菌酯	3	23.08	24.18
39	苦瓜	烯丙菊酯	2	22.22	23.32
40	猕猴桃	γ-氟氯氰菌酯	4	20.00	21.10
41	山竹	烯丙菊酯	2	20.00	21.10
42	桃	γ-氟氯氰菌酯	2	20.00	21.10
43	番茄	仲丁威	5	19.23	20.33
44	哈密瓜	烯丙菊酯	3	18.75	19.85
45	青花菜	联苯	3	18.75	19.85
46	茄子	仲丁威	5	18.52	19.62
47	橘	乙硫磷	2	18.18	19.28
48	芹菜	烯丙菊酯	4	18.18	19.28
49	芹菜	腐霉利	4	18.18	19.28
50	蒜薹	仲丁威	3	17.65	18.75
51	枇杷	甲萘威	1	16.67	17.77
52	枇杷	除虫菊素 I	1	16.67	17.77
53	葡萄	γ-氟氯氰菌酯	3	15.79	16.89
54	金橘	γ-氟氯氰菌酯	2	15.38	16.48
55	金橘	丙溴磷	2	15.38	16.48
56	甜椒	唑虫酰胺	2	15.38	16.48
57	油麦菜	氰丙菊酯	2	15.38	16.48
58	油麦菜	烯丙菊酯	2	15.38	16.48
59	油麦菜	烯唑醇	2	15.38	16.48
60	番石榴	噻嗪酮	1	14.29	15.39
61	番石榴	虫螨腈	1	14.29	15.39
62	胡萝卜	三唑醇	4	13.79	14.89
63	苹果	甲醚菊酯	4	13.79	14.89
64	莲雾	虫螨腈	1	12.50	13.60
65	莲雾	螺螨酯	1	12.50	13.60
66	柠檬	丙溴磷	3	12.50	13.60
67	芒果	嘧菌酯	2	11.76	12.86
68	芒果	威杀灵	2	11.76	12.86
69	番茄	γ-氟氯氰菌酯	3	11.54	12.64

续表

序号	基质	农药	超标频次	超标率 P(%)	风险系数 R
70	韭菜	烯丙菊酯	1	11.11	12.21
71	小白菜	3,5-二氯苯胺	1	11.11	12.21
72	小白菜	γ-氟氯氰菌酯	1	11.11	12.21
73	小白菜	五氯苯胺	1	11.11	12.21
74	小白菜	唑虫酰胺	1	11.11	12.21
75	小白菜	虫螨腈	1	11.11	12.21
76	紫甘蓝	联苯	1	11.11	12.21
77	葡萄	己唑醇	2	10.53	11.63
78	生菜	吡丙醚	2	10.53	11.63
79	生菜	噁霜灵	2	10.53	11.63
80	胡萝卜	烯虫炔酯	3	10.34	11.44
81	苹果	γ-氟氯氰菌酯	3	10.34	11.44
82	火龙果	嘧菌酯	3	10.00	11.10
83	火龙果	腐霉利	3	10.00	11.10
84	金针菇	烯丙菊酯	2	10.00	11.10
85	猕猴桃	嘧霉胺	2	10.00	11.10
86	橘	仲丁威	1	9.09	10.19
87	橘	己唑醇	1	9.09	10.19
88	橘	氟硅唑	1	9.09	10.19
89	龙眼	嘧菌酯	1	9.09	10.19
90	萝卜	γ-氟氯氰菌酯	2	9.09	10.19
91	芹菜	丙溴磷	2	9.09	10.19
92	芹菜	唑虫酰胺	2	9.09	10.19
93	芹菜	噻菌灵	2	9.09	10.19
94	丝瓜	联苯	1	9.09	10.19
95	菜豆	γ-氟氯氰菌酯	2	8.70	9.80
96	菜豆	三唑醇	2	8.70	9.80
97	菜豆	腐霉利	2	8.70	9.80
98	橙	三唑磷	1	8.33	9.43
99	橙	丙溴磷	1	8.33	9.43
100	柠檬	烯丙菊酯	2	8.33	9.43
101	番茄	烯丙菊酯	2	7.69	8.79
102	金橘	嘧霉胺	1	7.69	8.79
103	金橘	毒死蜱	1	7.69	8.79
104	金橘	炔螨特	1	7.69	8.79

续表

序号	基质	农药	超标频次	超标率 *P*(%)	风险系数 *R*
105	甜椒	γ-氟氯氰菌酯	1	7.69	8.79
106	甜椒	螺螨酯	1	7.69	8.79
107	油麦菜	吡丙醚	1	7.69	8.79
108	油麦菜	喹螨醚	1	7.69	8.79
109	油麦菜	萘乙酸	1	7.69	8.79
110	辣椒	仲丁威	1	7.14	8.24
111	辣椒	唑虫酰胺	1	7.14	8.24
112	辣椒	甲氰菊酯	1	7.14	8.24
113	胡萝卜	胺菊酯	2	6.90	8.00
114	黄瓜	腐霉利	2	6.90	8.00
115	苹果	炔螨特	2	6.90	8.00
116	结球甘蓝	三唑醇	1	6.67	7.77
117	哈密瓜	哒螨灵	1	6.25	7.35
118	青花菜	炔丙菊酯	1	6.25	7.35
119	青花菜	甲醚菊酯	1	6.25	7.35
120	芒果	喹硫磷	1	5.88	6.98
121	蒜薹	丙溴磷	1	5.88	6.98
122	蒜薹	烯丙菊酯	1	5.88	6.98
123	葡萄	丁草胺	1	5.26	6.36
124	葡萄	三唑醇	1	5.26	6.36
125	葡萄	丙硫磷	1	5.26	6.36
126	葡萄	嘧啶磷	1	5.26	6.36
127	葡萄	戊草丹	1	5.26	6.36
128	葡萄	敌敌畏	1	5.26	6.36
129	葡萄	新燕灵	1	5.26	6.36
130	葡萄	氟唑菌酰胺	1	5.26	6.36
131	金针菇	仲丁威	1	5.00	6.10
132	金针菇	嘧霉胺	1	5.00	6.10
133	猕猴桃	仲丁威	1	5.00	6.10
134	猕猴桃	敌敌畏	1	5.00	6.10
135	猕猴桃	杀螨酯	1	5.00	6.10
136	猕猴桃	腐霉利	1	5.00	6.10
137	萝卜	敌敌畏	1	4.55	5.65
138	芹菜	γ-氟氯氰菌酯	1	4.55	5.65

续表

序号	基质	农药	超标频次	超标率 P(%)	风险系数 R
139	芹菜	乙霉威	1	4.55	5.65
140	芹菜	嘧霉胺	1	4.55	5.65
141	芹菜	异丙威	1	4.55	5.65
142	芹菜	氟吡菌酰胺	1	4.55	5.65
143	芹菜	氟唑菌酰胺	1	4.55	5.65
144	菜豆	丙溴磷	1	4.35	5.45
145	菜豆	毒死蜱	1	4.35	5.45
146	菜豆	萘乙酸	1	4.35	5.45
147	菜豆	醚菌酯	1	4.35	5.45
148	洋葱	腐霉利	1	4.35	5.45
149	柠檬	乙硫磷	1	4.17	5.27
150	柠檬	异丙威	1	4.17	5.27
151	柠檬	敌敌畏	1	4.17	5.27
152	柠檬	毒死蜱	1	4.17	5.27
153	柠檬	甲醚菊酯	1	4.17	5.27
154	柠檬	醚菌酯	1	4.17	5.27
155	番茄	氟硅唑	1	3.85	4.95
156	番茄	炔螨特	1	3.85	4.95
157	番茄	甲氰菊酯	1	3.85	4.95
158	番茄	高效氯氟氰菊酯	1	3.85	4.95
159	西葫芦	烯丙菊酯	1	3.85	4.95
160	西葫芦	腐霉利	1	3.85	4.95
161	茄子	唑虫酰胺	1	3.70	4.80
162	茄子	腐霉利	1	3.70	4.80
163	胡萝卜	五氯硝基苯	1	3.45	4.55
164	黄瓜	丙溴磷	1	3.45	4.55
165	黄瓜	烯丙菊酯	1	3.45	4.55
166	梨	毒死蜱	1	3.45	4.55
167	梨	甲氰菊酯	1	3.45	4.55
168	苹果	敌敌畏	1	3.45	4.55
169	火龙果	3,5-二氯苯胺	1	3.33	4.43
170	火龙果	γ-氟氯氰菌酯	1	3.33	4.43
171	火龙果	溴丁酰草胺	1	3.33	4.43

20.3.2 所有水果蔬菜中农药残留风险系数分析

20.3.2.1 所有水果蔬菜中禁用农药残留风险系数分析

在侦测出的 105 种农药中有 7 种为禁用农药，计算所有水果蔬菜中禁用农药的风险系数，结果如表 20-15 所示。禁用农药克百威处于高度风险，禁用农药硫丹处于中度风险，剩余 5 种禁用农药处于低度风险。

表 20-15 水果蔬菜中 7 种禁用农药的风险系数表

序号	农药	检出频次	检出率(%)	风险系数 *R*	风险程度
1	克百威	12	1.66	2.76	高度风险
2	硫丹	5	0.69	1.79	中度风险
3	甲拌磷	2	0.28	1.38	低度风险
4	除草醚	1	0.14	1.24	低度风险
5	甲胺磷	1	0.14	1.24	低度风险
6	氰戊菊酯	1	0.14	1.24	低度风险
7	水胺硫磷	1	0.14	1.24	低度风险

对每个月内的禁用农药的风险系数进行分析，结果如图 20-23 和表 20-16 所示。

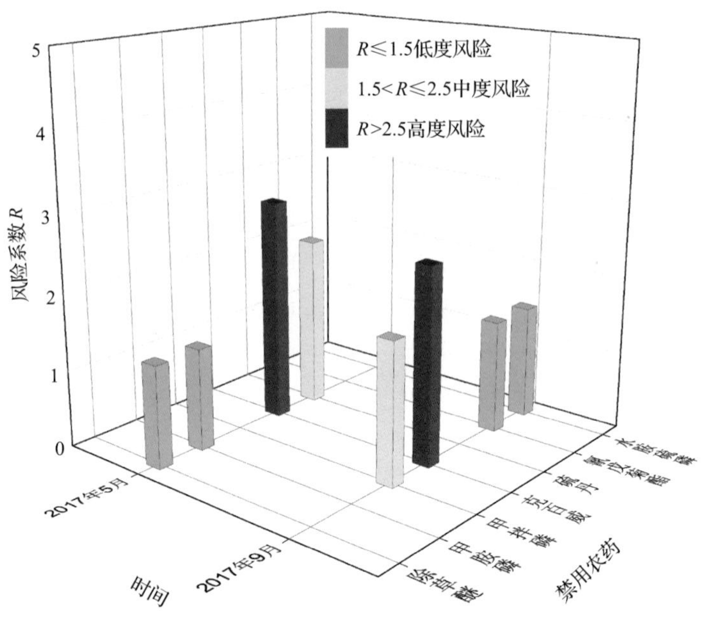

图 20-23 各月份内水果蔬菜中禁用农药残留的风险系数分布图

表 20-16　各月份内水果蔬菜中禁用农药的风险系数表

序号	年月	农药	检出频次	检出率(%)	风险系数 R	风险程度
1	2017 年 5 月	克百威	8	1.79	2.89	高度风险
2	2017 年 5 月	硫丹	5	1.12	2.22	中度风险
3	2017 年 5 月	除草醚	1	0.22	1.32	低度风险
4	2017 年 5 月	甲胺磷	1	0.22	1.32	低度风险
5	2017 年 9 月	克百威	4	1.44	2.54	高度风险
6	2017 年 9 月	甲拌磷	2	0.72	1.82	中度风险
7	2017 年 9 月	氰戊菊酯	1	0.36	1.46	低度风险
8	2017 年 9 月	水胺硫磷	1	0.36	1.46	低度风险

20.3.2.2　所有水果蔬菜中非禁用农药残留风险系数分析

参照 MRL 欧盟标准计算所有水果蔬菜中每种非禁用农药残留的风险系数，如图 20-24 与表 20-17 所示。在侦测出的 98 种非禁用农药中，11 种农药(11.22%)残留处于高度风险，19 种农药(19.39%)残留处于中度风险，68 种农药(69.39%)残留处于低度风险。

对每个月份内的非禁用农药的风险系数分析，每月内非禁用农药风险程度分布图如图 20-25 所示。2 个月份内处于高度风险的农药数排序为 2017 年 9 月(12)>2017 年 5 月(11)。

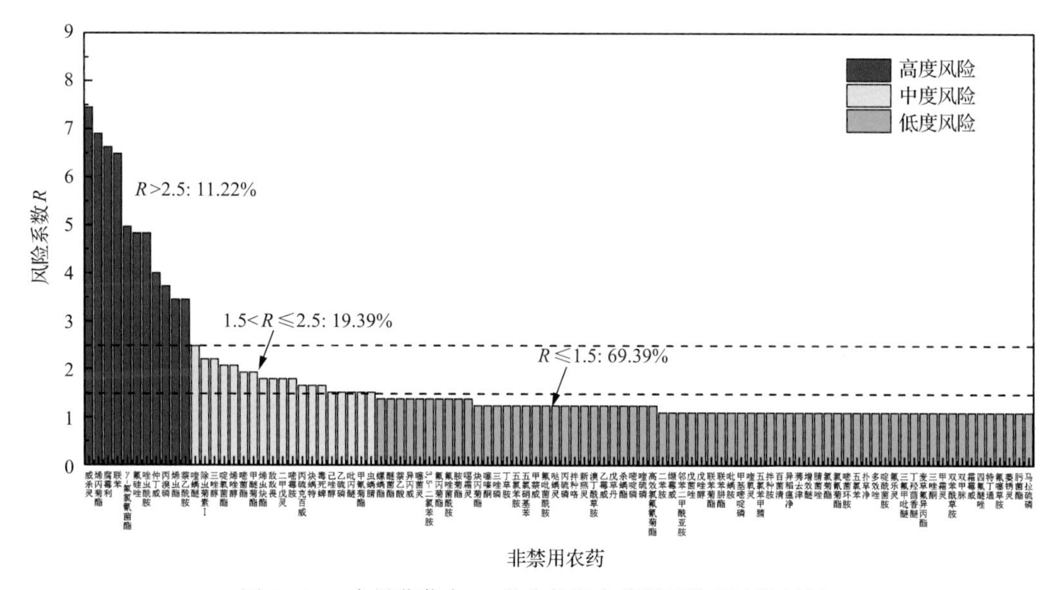

图 20-24　水果蔬菜中 98 种非禁用农药的风险程度统计图

表 20-17　水果蔬菜中 98 种非禁用农药的风险系数表

序号	农药	超标频次	超标率 *P*(%)	风险系数 *R*	风险程度
1	威杀灵	46	6.35	7.45	高度风险
2	烯丙菊酯	42	5.80	6.90	高度风险
3	腐霉利	40	5.52	6.62	高度风险
4	联苯	39	5.39	6.49	高度风险
5	γ-氟氯氰菌酯	28	3.87	4.97	高度风险
6	氟硅唑	27	3.73	4.83	高度风险
7	唑虫酰胺	27	3.73	4.83	高度风险
8	仲丁威	21	2.90	4.00	高度风险
9	丙溴磷	19	2.62	3.72	高度风险
10	烯虫酯	17	2.35	3.45	高度风险
11	萘乙酰胺	17	2.35	3.45	高度风险
12	喹螨醚	10	1.38	2.48	中度风险
13	除虫菊素 I	8	1.10	2.20	中度风险
14	三唑醇	8	1.10	2.20	中度风险
15	啶氧菌酯	7	0.97	2.07	中度风险
16	烯唑醇	7	0.97	2.07	中度风险
17	嘧菌酯	6	0.83	1.93	中度风险
18	甲醚菊酯	6	0.83	1.93	中度风险
19	烯虫炔酯	5	0.69	1.79	中度风险
20	敌敌畏	5	0.69	1.79	中度风险
21	二甲戊灵	5	0.69	1.79	中度风险
22	嘧霉胺	5	0.69	1.79	中度风险
23	丙硫克百威	4	0.55	1.65	中度风险
24	炔螨特	4	0.55	1.65	中度风险
25	毒死蜱	4	0.55	1.65	中度风险
26	己唑醇	3	0.41	1.51	中度风险
27	乙硫磷	3	0.41	1.51	中度风险
28	吡丙醚	3	0.41	1.51	中度风险
29	甲氰菊酯	3	0.41	1.51	中度风险
30	虫螨腈	3	0.41	1.51	中度风险
31	螺螨酯	2	0.28	1.38	低度风险
32	醚菌酯	2	0.28	1.38	低度风险
33	萘乙酸	2	0.28	1.38	低度风险

续表

序号	农药	超标频次	超标率 P(%)	风险系数 R	风险程度
34	异丙威	2	0.28	1.38	低度风险
35	噻菌灵	2	0.28	1.38	低度风险
36	3,5-二氯苯胺	2	0.28	1.38	低度风险
37	氟丙菊酯	2	0.28	1.38	低度风险
38	氟唑菌酰胺	2	0.28	1.38	低度风险
39	胺菊酯	2	0.28	1.38	低度风险
40	噁霜灵	2	0.28	1.38	低度风险
41	炔丙菊酯	1	0.14	1.24	低度风险
42	噻嗪酮	1	0.14	1.24	低度风险
43	三唑磷	1	0.14	1.24	低度风险
44	丁草胺	1	0.14	1.24	低度风险
45	五氯苯胺	1	0.14	1.24	低度风险
46	五氯硝基苯	1	0.14	1.24	低度风险
47	甲萘威	1	0.14	1.24	低度风险
48	氟吡菌酰胺	1	0.14	1.24	低度风险
49	哒螨灵	1	0.14	1.24	低度风险
50	丙硫磷	1	0.14	1.24	低度风险
51	拌种咯	1	0.14	1.24	低度风险
52	新燕灵	1	0.14	1.24	低度风险
53	溴丁酰草胺	1	0.14	1.24	低度风险
54	乙霉威	1	0.14	1.24	低度风险
55	戊草丹	1	0.14	1.24	低度风险
56	杀螨酯	1	0.14	1.24	低度风险
57	嘧啶磷	1	0.14	1.24	低度风险
58	喹硫磷	1	0.14	1.24	低度风险
59	高效氯氟氰菊酯	1	0.14	1.24	低度风险
60	二苯胺	0	0	1.10	低度风险
61	缬霉威	0	0	1.10	低度风险
62	邻苯二甲酰亚胺	0	0	1.10	低度风险
63	戊菌唑	0	0	1.10	低度风险
64	戊唑醇	0	0	1.10	低度风险
65	联苯菊酯	0	0	1.10	低度风险
66	联苯肼酯	0	0	1.10	低度风险
67	吡螨胺	0	0	1.10	低度风险

续表

序号	农药	超标频次	超标率 P(%)	风险系数 R	风险程度
68	甲基嘧啶磷	0	0	1.10	低度风险
69	喹氧灵	0	0	1.10	低度风险
70	五氯苯甲腈	0	0	1.10	低度风险
71	拌种胺	0	0	1.10	低度风险
72	百菌清	0	0	1.10	低度风险
73	异稻瘟净	0	0	1.10	低度风险
74	莠去津	0	0	1.10	低度风险
75	增效醚	0	0	1.10	低度风险
76	腈菌唑	0	0	1.10	低度风险
77	氯菊酯	0	0	1.10	低度风险
78	氯氰菊酯	0	0	1.10	低度风险
79	嘧菌环胺	0	0	1.10	低度风险
80	五氯苯	0	0	1.10	低度风险
81	扑草净	0	0	1.10	低度风险
82	多效唑	0	0	1.10	低度风险
83	啶酰菌胺	0	0	1.10	低度风险
84	氟乐灵	0	0	1.10	低度风险
85	三氟甲吡醚	0	0	1.10	低度风险
86	丁羟茴香醚	0	0	1.10	低度风险
87	麦草氟异丙酯	0	0	1.10	低度风险
88	三唑酮	0	0	1.10	低度风险
89	甲霜灵	0	0	1.10	低度风险
90	双苯酰草胺	0	0	1.10	低度风险
91	双甲脒	0	0	1.10	低度风险
92	霜霉威	0	0	1.10	低度风险
93	四氟醚唑	0	0	1.10	低度风险
94	特丁通	0	0	1.10	低度风险
95	氟噻草胺	0	0	1.10	低度风险
96	萎锈灵	0	0	1.10	低度风险
97	肟菌酯	0	0	1.10	低度风险
98	马拉硫磷	0	0	1.10	低度风险

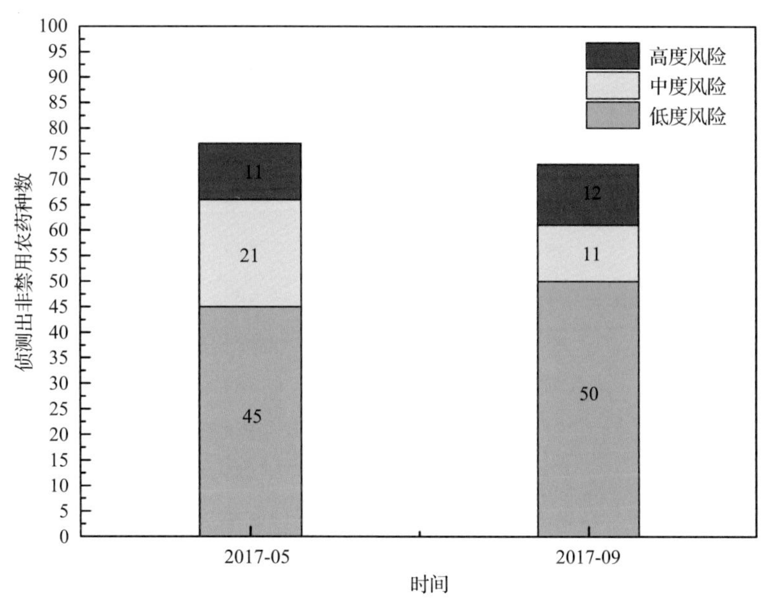

图 20-25　各月份水果蔬菜中非禁用农药残留的风险程度分布图

2 个月份内水果蔬菜中非禁用农药处于中度风险和高度风险的风险系数如图 20-26 和表 20-18 所示。

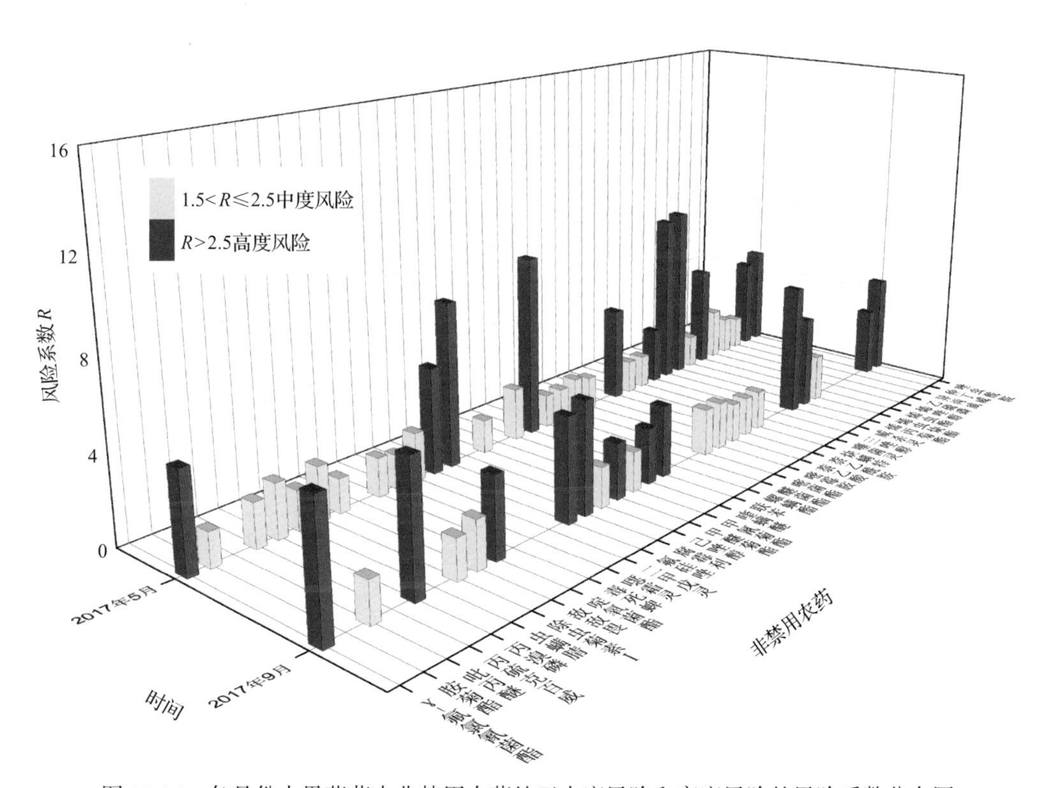

图 20-26　各月份水果蔬菜中非禁用农药处于中度风险和高度风险的风险系数分布图

表 20-18　各月份水果蔬菜中非禁用农药处于中度风险和高度风险的风险系数表

序号	年月	农药	超标频次	超标率 *P*(%)	风险系数 *R*	风险程度
1	2017 年 5 月	联苯	33	7.38	8.48	高度风险
2	2017 年 5 月	烯丙菊酯	33	7.38	8.48	高度风险
3	2017 年 5 月	威杀灵	32	7.16	8.26	高度风险
4	2017 年 5 月	腐霉利	29	6.49	7.59	高度风险
5	2017 年 5 月	氟硅唑	17	3.80	4.90	高度风险
6	2017 年 5 月	烯虫酯	17	3.80	4.90	高度风险
7	2017 年 5 月	唑虫酰胺	17	3.80	4.90	高度风险
8	2017 年 5 月	γ-氟氯氰菌酯	15	3.36	4.46	高度风险
9	2017 年 5 月	萘乙酰胺	15	3.36	4.46	高度风险
10	2017 年 5 月	仲丁威	15	3.36	4.46	高度风险
11	2017 年 5 月	三唑醇	7	1.57	2.67	高度风险
12	2017 年 5 月	丙溴磷	6	1.34	2.44	中度风险
13	2017 年 5 月	除虫菊素 I	6	1.34	2.44	中度风险
14	2017 年 5 月	喹螨醚	6	1.34	2.44	中度风险
15	2017 年 5 月	烯唑醇	6	1.34	2.44	中度风险
16	2017 年 5 月	二甲戊灵	5	1.12	2.22	中度风险
17	2017 年 5 月	丙硫克百威	4	0.89	1.99	中度风险
18	2017 年 5 月	虫螨腈	3	0.67	1.77	中度风险
19	2017 年 5 月	毒死蜱	3	0.67	1.77	中度风险
20	2017 年 5 月	嘧菌酯	3	0.67	1.77	中度风险
21	2017 年 5 月	乙硫磷	3	0.67	1.77	中度风险
22	2017 年 5 月	胺菊酯	2	0.45	1.55	中度风险
23	2017 年 5 月	敌敌畏	2	0.45	1.55	中度风险
24	2017 年 5 月	噁霜灵	2	0.45	1.55	中度风险
25	2017 年 5 月	甲醚菊酯	2	0.45	1.55	中度风险
26	2017 年 5 月	螺螨酯	2	0.45	1.55	中度风险
27	2017 年 5 月	醚菌酯	2	0.45	1.55	中度风险
28	2017 年 5 月	嘧霉胺	2	0.45	1.55	中度风险
29	2017 年 5 月	炔螨特	2	0.45	1.55	中度风险
30	2017 年 5 月	噻菌灵	2	0.45	1.55	中度风险
31	2017 年 5 月	烯虫炔酯	2	0.45	1.55	中度风险
32	2017 年 5 月	异丙威	2	0.45	1.55	中度风险
33	2017 年 9 月	威杀灵	14	5.05	6.15	高度风险

续表

序号	年月	农药	超标频次	超标率 P(%)	风险系数 R	风险程度
34	2017 年 9 月	γ-氟氯氰菌酯	13	4.69	5.79	高度风险
35	2017 年 9 月	丙溴磷	13	4.69	5.79	高度风险
36	2017 年 9 月	腐霉利	11	3.97	5.07	高度风险
37	2017 年 9 月	氟硅唑	10	3.61	4.71	高度风险
38	2017 年 9 月	唑虫酰胺	10	3.61	4.71	高度风险
39	2017 年 9 月	烯丙菊酯	9	3.25	4.35	高度风险
40	2017 年 9 月	啶氧菌酯	7	2.53	3.63	高度风险
41	2017 年 9 月	联苯	6	2.17	3.27	高度风险
42	2017 年 9 月	仲丁威	6	2.17	3.27	高度风险
43	2017 年 9 月	甲醚菊酯	4	1.44	2.54	高度风险
44	2017 年 9 月	喹螨醚	4	1.44	2.54	高度风险
45	2017 年 9 月	敌敌畏	3	1.08	2.18	中度风险
46	2017 年 9 月	嘧菌酯	3	1.08	2.18	中度风险
47	2017 年 9 月	嘧霉胺	3	1.08	2.18	中度风险
48	2017 年 9 月	烯虫炔酯	3	1.08	2.18	中度风险
49	2017 年 9 月	吡丙醚	2	0.72	1.82	中度风险
50	2017 年 9 月	除虫菊素 I	2	0.72	1.82	中度风险
51	2017 年 9 月	己唑醇	2	0.72	1.82	中度风险
52	2017 年 9 月	甲氰菊酯	2	0.72	1.82	中度风险
53	2017 年 9 月	萘乙酸	2	0.72	1.82	中度风险
54	2017 年 9 月	萘乙酰胺	2	0.72	1.82	中度风险
55	2017 年 9 月	炔螨特	2	0.72	1.82	中度风险

20.4　GC-Q-TOF/MS 侦测海南蔬菜产区市售水果蔬菜农药残留风险评估结论与建议

农药残留是影响水果蔬菜安全和质量的主要因素，也是我国食品安全领域备受关注的敏感话题和亟待解决的重大问题之一[15,16]。各种水果蔬菜均存在不同程度的农药残留现象，本研究主要针对海南蔬菜产区各类水果蔬菜存在的农药残留问题，基于 2017 年 5 月~2017 年 9 月对海南蔬菜产区 724 例水果蔬菜样品中农药残留侦测得出的 1091 个侦测结果，分别采用食品安全指数模型和风险系数模型，开展水果蔬菜中农药残留的膳食暴露风险和预警风险评估。水果蔬菜样品取自超市和农贸市场，符合大众的膳食来源，风险评价时更具有代表性和可信度。

本研究力求通用简单地反映食品安全中的主要问题，且为管理部门和大众容易接受，为政府及相关管理机构建立科学的食品安全信息发布和预警体系提供科学的规律与方法，加强对农药残留的预警和食品安全重大事件的预防，控制食品风险。

20.4.1　海南蔬菜产区水果蔬菜中农药残留膳食暴露风险评价结论

1) 水果蔬菜样品中农药残留安全状态评价结论

采用食品安全指数模型，对 2017 年 5 月~2017 年 9 月期间海南蔬菜产区水果蔬菜食品农药残留膳食暴露风险进行评价，根据 IFS_c 的计算结果发现，水果蔬菜中农药的 $\overline{IFS}$ 为 0.0627，说明海南蔬菜产区水果蔬菜总体处于很好的安全状态，但部分禁用农药、高残留农药在蔬菜、水果中仍有侦测出，导致膳食暴露风险的存在，成为不安全因素。

2) 单种水果蔬菜中农药膳食暴露风险不可接受情况评价结论

单种水果蔬菜中农药残留安全指数分析结果显示，农药对单种水果蔬菜安全影响不可接受（$IFS_c>1$）的样本数共 1 个，占总样本数的 0.25%，此样本为油麦菜的唑虫酰胺，说明油麦菜中的唑虫酰胺会对消费者身体健康造成较大的膳食暴露风险。油麦菜为较常见的水果蔬菜，百姓日常食用量较大，长期食用大量残留唑虫酰胺的油麦菜会对人体造成不可接受的影响，本次侦测发现唑虫酰胺在油麦菜样品中多次并大量侦测出，是未严格实施农业良好管理规范（GAP），抑或是农药滥用，这应该引起相关管理部门的警惕，应加强对油麦菜中唑虫酰胺的严格管控。

3) 禁用农药膳食暴露风险评价

本次侦测发现部分水果蔬菜样品中有禁用农药侦测出，侦测出禁用农药 7 种，检出频次为 23，水果蔬菜样品中的禁用农药 IFS_c 计算结果表明，禁用农药残留膳食暴露风险可以接受的频次为 8，占 34.78%；没有影响的频次为 14，占 60.87%。虽然残留禁用农药没有造成不可接受的膳食暴露风险，但为何在国家明令禁止禁用农药喷洒的情况下，还能在多种水果蔬菜中多次侦测出禁用农药残留，这应该引起相关部门的高度警惕，应该在禁止禁用农药喷洒的同时，严格管控禁用农药的生产和售卖，从根本上杜绝安全隐患。

20.4.2　海南蔬菜产区水果蔬菜中农药残留预警风险评价结论

1) 单种水果蔬菜中禁用农药残留的预警风险评价结论

本次侦测过程中，在 7 种水果蔬菜中侦测超出 7 种禁用农药，禁用农药为：除草醚、甲胺磷、甲拌磷、克百威、硫丹、氰戊菊酯和水胺硫磷，水果蔬菜为：油麦菜、西葫芦、芹菜、葡萄、李子、火龙果和胡萝卜，水果蔬菜中禁用农药的风险系数分析结果显示，7 种禁用农药在 7 种水果蔬菜中的残留均处于高度风险，说明在单种水果蔬菜中禁用农药的残留会导致较高的预警风险。

2) 单种水果蔬菜中非禁用农药残留的预警风险评价结论

以 MRL 中国国家标准为标准，计算水果蔬菜中非禁用农药风险系数情况下，390

个样本中，2 个处于高度风险(0.51%)，89 个处于低度风险(22.82%)，299 个没有 MRL 中国国家标准(76.67%)。以 MRL 欧盟标准为标准，计算水果蔬菜中非禁用农药风险系数情况下，发现有 171 个处于高度风险(43.85%)，219 个处于低度风险(56.15%)。基于两种 MRL 标准，评价的结果差异显著，可以看出 MRL 欧盟标准比中国国家标准更加严格和完善，过于宽松的 MRL 中国国家标准值能否有效保障人体的健康有待研究。

20.4.3 加强海南蔬菜产区水果蔬菜食品安全建议

我国食品安全风险评价体系仍不够健全，相关制度不够完善，多年来，由于农药用药次数多、用药量大或用药间隔时间短，产品残留量大，农药残留所造成的食品安全问题日益严峻，给人体健康带来了直接或间接的危害。据估计，美国与农药有关的癌症患者数约占全国癌症患者总数的 50%，中国更高。同样，农药对其他生物也会形成直接杀伤和慢性危害，植物中的农药可经过食物链逐级传递并不断蓄积，对人和动物构成潜在威胁，并影响生态系统。

基于本次农药残留侦测数据的风险评价结果，提出以下几点建议：

1) 加快食品安全标准制定步伐

我国食品标准中对农药每日允许最大摄入量 ADI 的数据严重缺乏，在本次评价所涉及的 105 种农药中，仅有 65.7%的农药具有 ADI 值，而 34.3%的农药中国尚未规定相应的 ADI 值，亟待完善。

我国食品中农药最大残留限量值的规定严重缺乏，对评估涉及的不同水果蔬菜中不同农药 401 个 MRL 限值进行统计来看，我国仅制定出 98 个标准，我国标准完整率仅为 24.4%，欧盟的完整率达到 100%(表 20-19)。因此，中国更应加快 MRL 标准的制定步伐。

表 20-19 我国国家食品标准农药的 ADI、MRL 值与欧盟标准的数量差异

分类		中国 ADI	MRL 中国国家标准	MRL 欧盟标准
标准限值(个)	有	69	98	401
	无	36	303	0
总数(个)		105	401	401
无标准限值比例(%)		34.3	75.6	0

此外，MRL 中国国家标准限值普遍高于欧盟标准限值，这些标准中共有 60 个高于欧盟。过高的 MRL 值难以保障人体健康，建议继续加强对限值基准和标准的科学研究，将农产品中的危险性减少到尽可能低的水平。

2) 加强农药的源头控制和分类监管

在海南蔬菜产区某些水果蔬菜中仍有禁用农药残留，利用 GC-Q-TOF/MS 技术侦测出 7 种禁用农药，检出频次为 23 次，残留禁用农药均存在较大的膳食暴露风险和预警风险。早已列入黑名单的禁用农药在我国并未真正退出，有些药物由于价格便宜、工艺简单，此类高毒农药一直生产和使用。建议在我国采取严格有效的控制措施，从源头控制禁用农药。

对于非禁用农药，在我国作为“田间地头”最典型单位的县级蔬果产地中，农药残留的侦测几乎缺失。建议根据农药的毒性，对高毒、剧毒、中毒农药实现分类管理，减少使用高毒和剧毒高残留农药，进行分类监管。

3) 加强残留农药的生物修复及降解新技术

市售果蔬中残留农药的品种多、频次高、禁用农药多次检出这一现状，说明了我国的田间土壤和水体因农药长期、频繁、不合理的使用而遭到严重污染。为此，建议中国相关部门出台相关政策，鼓励高校及科研院所积极开展分子生物学、酶学等研究，加强土壤、水体中残留农药的生物修复及降解新技术研究，切实加大农药监管力度，以控制农药的面源污染问题。

综上所述，在本工作基础上，根据蔬菜残留危害，可进一步针对其成因提出和采取严格管理、大力推广无公害蔬菜种植与生产、健全食品安全控制技术体系、加强蔬菜食品质量侦测体系建设和积极推行蔬菜食品质量追溯制度等相应对策。建立和完善食品安全综合评价指数与风险监测预警系统，对食品安全进行实时、全面的监控与分析，为我国的食品安全科学监管与决策提供新的技术支持，可实现各类检验数据的信息化系统管理，降低食品安全事故的发生。

参 考 文 献

[1] 全国人民代表大会常务委员会. 中华人民共和国食品安全法[Z]. 2015-04-24.

[2] 钱永忠, 李耘. 农产品质量安全风险评估: 原理、方法和应用[M]. 北京: 中国标准出版社, 2007.

[3] 高仁君, 陈隆智, 郑明奇, 等. 农药对人体健康影响的风险评估[J]. 农药学学报, 2004, 6(3): 8-14.

[4] 高仁君, 王蔚, 陈隆智, 等. JMPR 农药残留急性膳食摄入量计算方法[J]. 中国农学通报, 2006, 22(4): 101-104.

[5] FAO/WHO Recommendation for the revision of the guidelines for predicting dietary intake of pesticide residues, Report of a FAO/WHO Consultation, 2-6 May 1995, York, United Kingdom.

[6] 李聪, 张艺兵, 李朝伟, 等. 暴露评估在食品安全状态评价中的应用[J]. 检验检疫学刊, 2002, 12(1): 11-12.

[7] Liu Y, Li S, Ni Z, et al. Pesticides in persimmons, jujubes and soil from China: Residue levels, risk assessment and relationship between fruits and soils[J]. Science of the Total Environment, 2016, 542(Pt A): 620-628.

[8] Claeys W L, Schmit J F O, Bragard C, et al. Exposure of several Belgian consumer groups to pesticide residues through fresh fruit and vegetable consumption[J]. Food Control, 2011, 22(3): 508-516.

[9] Quijano L, Yusà V, Font G, et al. Chronic cumulative risk assessment of the exposure to organophosphorus, carbamate and pyrethroid and pyrethrin pesticides through fruit and vegetables consumption in the region of Valencia (Spain)[J]. Food & Chemical Toxicology, 2016, 89: 39-46.

[10] Fang L, Zhang S, Chen Z, et al. Risk assessment of pesticide residues in dietary intake of celery in China[J]. Regulatory Toxicology & Pharmacology, 2015, 73(2): 578-586.

[11] Nuapia Y, Chimuka L, Cukrowska E. Assessment of organochlorine pesticide residues in raw food samples from open markets in two African cities[J]. Chemosphere, 2016, 164: 480-487.

[12] 秦燕, 李辉, 李聪. 危害物的风险系数及其在食品检测中的应用[J]. 检验检疫学刊, 2003, 13(5): 13-14.

[13] 金征宇. 食品安全导论[M]. 北京: 化学工业出版社, 2005.

[14] 中华人民共和国国家卫生和计划生育委员会, 中华人民共和国农业部, 中华人民共和国国家食品药品监督管理总局. GB 2763—2016 食品安全国家标准 食品中农药最大残留限量[S]. 2016.

[15] Chen C, Qian Y Z, Chen Q, et al. Evaluation of pesticide residues in fruits and vegetables from Xiamen, China[J]. Food Control, 2011, 22: 1114-1120.

[16] Lehmann E, Turrero N, Kolia M, et al. Dietary risk assessment of pesticides from vegetables and drinking water in gardening areas in Burkina Faso[J]. Science of the Total Environment, 2017, 601-602: 1208-1216.